Springer-Lehrbuch

Gerhard Pahl · Wolfgang Beitz
Jörg Feldhusen · Karl-Heinrich Grote

Pahl/Beitz
Konstruktionslehre

Grundlagen erfolgreicher Produktentwicklung
Methoden und Anwendung

7. Auflage

Mit 445 Abbildungen

Dr. h. c. Dr.-Ing. E. h. Dr.-Ing. Gerhard Pahl
em. Univ.-Professor für Maschinenelemente und Konstruktionslehre
an der technischen Hochschule Darmstadt

Dr.-Ing. E. h. Dr.-Ing. Wolfgang Beitz †
Univ.-Professor für Konstruktionstechnik
an der Technischen Universität Berlin

Dr.-Ing. Jörg Feldhusen
Univ.-Professor für Allgemeine Konstruktionstechnik des Maschinenbaus
an der Rheinisch-Westfälischen Technischen Hochschule Aachen

Dr.-Ing. Karl-H. Grote
Univ.-Professor für Konstruktionstechnik
an der Otto-von-Guericke-Universität Magdeburg und
Visiting Professor am California Institute of Technology (Caltech), Pasadena, USA

Bibliografische Information der Deutschen Bibliothek
Die Deutsche Bibliothek verzeichnet diese Publikation in der Deutschen Nationalbibliografie; detaillierte bibliografische Daten sind im Internet über http://dnb.ddb.de abrufbar.

ISBN-10 3-540-34060-2   Springer Berlin Heidelberg New York
ISBN-13 978-3-540-34060-7   Springer Berlin Heidelberg New York

Dieses Werk ist urheberrechtlich geschützt. Die dadurch begründeten Rechte, insbesondere die der Übersetzung, des Nachdrucks, des Vortrags, der Entnahme von Abbildungen und Tabellen, der Funksendung, der Mikroverfilmung oder der Vervielfältigung auf anderen Wegen und der Speicherung in Datenverarbeitungsanlagen, bleiben, auch bei nur auszugsweiser Verwertung, vorbehalten. Eine Vervielfältigung dieses Werkes oder von Teilen dieses Werkes ist auch im Einzelfall nur in den Grenzen der gesetzlichen Bestimmungen des Urheberrechtsgesetzes der Bundesrepublik Deutschland vom 9. September 1965 in der jeweils geltenden Fassung zulässig. Sie ist grundsätzlich vergütungspflichtig. Zuwiderhandlungen unterliegen den Strafbestimmungen des Urheberrechtsgesetzes.

Springer ist ein Unternehmen vonSpringer Science+Business Media

springer.de

© Springer-Verlag Berlin Heidelberg 2003, 2005, 2007

Die Wiedergabe von Gebrauchsnamen, Handelsnamen, Warenbezeichnungen usw. in diesem Werk berechtigt auch ohne besondere Kennzeichnung nicht zu der Annahme, dass solche Namen im Sinne der Warenzeichen- und Markenschutz-Gesetzgebung als frei zu betrachten wären und daher von jedermann benutzt werden dürften.

Satz und Herstellung: LE-TEX Jelonek, Schmidt & Vöckler GbR, Leipzig, Germany
Umschlaggestaltung: *Erich Kirchner* Heidelberg

Gedruckt auf säurefreiem Papier   7/3180/YL - 5

Vorwort zur 7. Auflage

Die Überlegungen zur Erarbeitung der vorliegenden 7. Auflage des Pahl/Beitz waren relativ kurzfristig nach dem Erscheinen der 6. Auflage erforderlich, da diese, wie auch die vorherigen, auf reges Interesse stieß. Leitlinie bei der Überarbeitung war es, Entwicklungen aufzunehmen, die sich bis zum Erscheinen der 6. Auflage im Wesentlichen als Trends abzeichneten, jetzt aber in der Praxis ihre Bewährungsproben bestanden haben. Insbesondere das Kapitel 3 erfuhr so eine wesentliche Neugestaltung. Hier wurden die neuesten Erkenntnisse zur Produktinnovation inkl. der zwischenzeitlich in der Industrie etablierten TRIZ als Methode zur Lösungsfindung aufgenommen. Diese wird auch in Kapitel 5 als Methode zum Erkennen von Anforderungen vorgestellt. Das Produktlebenszyklus-Management (PLM) als Produktentwicklungsstrategie ist ebenfalls neu in Kapitel 3 integriert. Umgesetzt wird die PLM-Strategie heute mit Hilfe von Produktdatenmanagementsystemen (PDMS). Die Funktionalität und Anwendungsbreite dieser Softwaretools wird deshalb in Kapitel 13 dargestellt.

So soll auch die 7. Auflage dieses Buches die Intention seiner Väter, Prof. Gerhard Pahl und der leider viel zu früh verstorbenen Prof. Wolfgang Beitz, fortsetzen: die Grundlagen der Konstruktions- und Produktentwicklungsmethoden auf moderne Art darzustellen, ohne kurzlebigen Trends zu folgen.

Die Autoren danken zahlreichen Kolleginnen und Kollegen (siehe 5. Auflage). Zum Gelingen dieser 7. Auflage haben insbesondere auch die Mitarbeiterinnen und Mitarbeiter aus unseren Instituten beigetragen. Erwähnt werden soll Herr Dr.-Ing. Brezing, durch dessen Mitarbeit das Kapitel 3 erneuert wurde. Auch den Mitarbeiterinnen und Mitarbeitern des Springer-Verlags und des Springer-Verlagshauses gilt unser ausdrücklicher Dank.

Aachen und Magdeburg im Juni 2006   J. Feldhusen und K.-H. Grote

Vorwort zur 6. Auflage

Die im März 2003 erschienene 5. Auflage hatte einen erfreulich hohen Anklang gefunden, so dass bereits nach einem Jahr eine 6. Auflage erforderlich wurde. In das Kapitel 10, Entwickeln von Baureihen und Baukästen, wurden an Stelle eines Beispiels einige neuere Rationalisierungsansätze aufgenommen und in die bestehende Konstruktionslehre verständlich eingebunden.

Im Übrigen verweisen die Autoren auf das Vorwort der 5. Auflage und danken nach wie vor für die vielfach freundliche Unterstützung insbesondere durch den Verlag, der für eine sorgfältige Ausführung und für ein rechtzeitiges Erscheinen dieser Auflage sorgte.

Darmstadt, Aachen und Magdeburg im April 2004   G. Pahl, J. Feldhusen
und K.-H. Grote

Vorwort zur 5. Auflage

Ein Jahr nach Erscheinen der 4. Auflage verstarb mein Mitautor Wolfgang Beitz nach kurzer tückischer Krankheit viel zu früh. Ein Gedenkkolloquium in Berlin würdigte sein verdienstvolles Wirken auch im Zusammenhang mit diesem Buch. Wie gern hätte ich es gesehen, dass er die portugiesische Ausgabe und den weiter anhaltenden Erfolg unseres gemeinsamen Buches noch hätte erleben können. Unsere Zusammenarbeit war vorbildlich, fruchtbar und immer förderlich. Dafür danke ich ihm sehr.

Das Buch „Pahl/Beitz. – Konstruktionslehre" wurde in acht Sprachen übersetzt und gewann so internationale Bedeutung. Auf Anraten des Springer-Verlags, der eine 5. Auflage des Buches Pahl/Beitz: „Konstruktionslehre", im Sinne einer Kontinuität für notwendig hielt, habe ich zwei jüngere Kollegen als Mitautoren gewinnen können, die aus der Schule von Wolfgang Beitz stammen, sein Gedankengut aufrecht halten und weiter entwickeln: Professor Dr.-Ing. Jörg Feldhusen, der als Entwickler viele Jahre im Fahrzeugbau verantwortlich tätig war und jetzt an der RWTH Aachen auf dem Gebiet der Konstruktionstechnik die Nachfolge von Professor Dr.-Ing. R. Koller angetreten hat sowie Professor Dr.-Ing. Karl-Heinrich Grote, der als Professor intensive Lehr- und Projekterfahrung in den USA gewinnen konnte, als Herausgeber des DUBBEL die Arbeit von Professor Wolfgang Beitz fortsetzt und nun die Konstruktionslehre an der Otto-von-Guericke-Universität in Magdeburg vertritt.

Darmstadt im Juni 2002   Gerhard Pahl

Wir, als ein neues Team, haben die 5. Auflage dieses Buches auf den Weg gebracht und unter Beibehaltung von Bewährtem neue Aspekte einfließen lassen. So wurde die elektronische Datenverarbeitung einschließlich CAD-Technik als ein selbstverständliches Werkzeug in die Grundlagen übernommen. Das Kapitel über den Konstruktionsprozess selbst wurde erweitert und durch neue Betrachtungsweisen gestärkt. So stellen nun die Kapitel 1 bis 4 das notwendige Grundwissen einschließlich denkpsychologischer Aspekte in sich geschlossen dar. Kapitel 5 bis 8 beschreiben die Produktentwicklung von der Aufgabenstellung über die Konzeptfindung bis zum abschließenden Entwurf unter Anwendung des vorgenannten Grundwissens mit vielen Anwendungsbeispielen. Im Kapitel 9 werden wichtige Lösungsfelder einschließlich

Verbundbauweisen, Mechatronik und Adaptronik vorgestellt. Die Kenntnis der Maschinenelemente wird wie immer in diesem Buch vorausgesetzt. Kapitel 10 beschäftigt sich wie gehabt mit Baureihen- und Baukastenentwicklungen. Ausgebaut wurde die stärker in den Vordergrund rückende Qualitätssicherung in Kapitel 11. Das wichtige Thema der Kostenbetrachtung findet der Leser wie gewohnt im Kapitel 12. Angesichts der Einbeziehung der EDV-Technik in die Grundlagen ergänzt das Kapitel 13 das Vorgehen beim Entwickeln und Konstruieren mit Hilfe der CAD-Technik durch allgemein gültige Hinweise. Kapitel 14 gibt eine Übersicht zu den empfohlenen Methoden und berichtet über Erfahrungen in der Praxis. Das Buch schließt mit der Definition von Begriffen, so wie sie in diesem Buch verstanden und angewendet werden sollen. Ein Sachverzeichnis hilft bestimmte Themen rasch wiederzufinden.

Die Konstruktionslehre ist damit auf einen Stand gebracht worden, der auch für die nähere Zukunft als Grundlage für eine erfolgreiche Produktentwicklung dienen kann. Bewusst wird nach wie vor auf kurzlebige Modeerscheinungen verzichtet und nur Grundlegendes angeboten. In diesem Sinne dient es auch als Grundlage für eine Lehre, die übersichtlich und in die Praxis umsetzbar ist. Die Literatur wurde einerseits von Überholtem befreit andererseits durch neuere Veröffentlichungen ergänzt. Sie bietet Interessenten, die sich vertiefen oder Historisches nachvollziehen wollen, zusätzlich eine reichhaltige Fundgrube.

Die Autoren haben in vieler Hinsicht zu danken. Zunächst Frau Professor Dr. L. Blessing, die als Nachfolgerin von Professor Wolfgang Beitz die Bildunterlagen sicherte und sie uns zugänglich machte. Herrn Professor Dr.-Ing. K. Landau, TU Darmstadt, der uns half, die Literatur zur ergonomiegerechten Gestaltung auf den gültigen Stand zu bringen. Den Herren Professoren Dr.-Ing. B. Breuer, Dr.-Ing. H. Hanselka, Dr.-Ing. R. Isermann, und Dr.-Ing. R. Nordmann, alle TU Darmstadt, die die Abschnitte über Mechatronik und Adaptronik mit Hinweisen und durch Bereitstellung von Beispielen und Bildern merklich anreicherten. In diesem Zusammenhang sei auch Herrn Dr.-Ing. M. Semsch für seinen Beitrag gedankt. Herr em. Professor Dr.-Ing. M. Flemming, ETH Zürich, hat uns mit Hinweisen und Bildern zum Thema Faserverbundbauweisen und Struktronik bestens unterstützt. Nicht zuletzt danken wir allen fleißigen Helfern, wie Frau B. Frehse am Institut für Maschinenkonstruktion – Konstruktionstechnik der Universität Magdeburg, die die elektronische Umsetzung der Texte und Abbildungen vorbereitete und auch umgearbeitet hat. Schließlich sei dem Springer-Verlag, insbesondere Herrn Dr. Riedesel und Frau Hestermann-Beyerle sowie Frau D. Rossow und Herrn Schoenefeldt für die immer währende Unterstützung und den hervorragenden Druck der Texte und Abbildungen aufrichtig gedankt.

Darmstadt, Aachen und Magdeburg im Juni 2002 G. Pahl, J. Feldhusen
und K.-H. Grote

Inhaltsverzeichnis

1	**Einführung**			1
	1.1	Der Entwickler und Konstrukteur		1
		1.1.1	Aufgaben und Tätigkeiten	1
		1.1.2	Stellung im Unternehmen	6
		1.1.3	Künftige Aspekte	8
	1.2	Methodisches Vorgehen bei der Produktentwicklung		9
		1.2.1	Anforderungen und Bedarf	9
		1.2.2	Historische Entwicklung	11
		1.2.3	Heutige Methoden	17
			1. Systemtechnik	17
			2. Wertanalyse	19
			3. Konstruktionsmethoden	21
	1.3	Zielsetzung vorliegender methodischer Konstruktionslehre		28
	Literatur			29
2	**Grundlagen**			39
	2.1	Grundlagen technischer Systeme		39
		2.1.1	System, Anlage, Apparat, Maschine, Gerät, Baugruppe, Einzelteil	39
		2.1.2	Energie-, Stoff- und Signalumsatz	41
		2.1.3	Funktionszusammenhang	44
			1. Aufgabenspezifische Beschreibung	44
			2. Allgemein anwendbare Beschreibung	47
			3. Logische Beschreibung	49
		2.1.4	Wirkzusammenhang	51
			1. Physikalische Effekte	52
			2. Geometrische und stoffliche Merkmale	53
		2.1.5	Bauzusammenhang	56
		2.1.6	Systemzusammenhang	56
		2.1.7	Resultierende methodische Leitlinie	57
	2.2	Grundlagen methodischen Vorgehens		59
		2.2.1	Vorgang des Problemlösens	59
		2.2.2	Kennzeichen guter Problemlöser	64
			1. Intelligenz und Kreativität	64
			2. Entscheidungsverhalten	65

	2.2.3	Lösungsprozess als Informationsumsatz	67
	2.2.4	Allgemeine Arbeitsmethodik	68
		1. Wahl des zweckmäßigen Denkens	69
		2. Individuelle Arbeitsstile	70
	2.2.5	Allgemein wiederkehrende Methoden	74
		1. Analysieren	74
		2. Abstrahieren	75
		3. Synthese	75
		4. Methode des gezielten Fragens	76
		5. Methode der Negation und Neukonzeption	76
		6. Methode des Vorwärtsschreitens	76
		7. Methode des Rückwärtsschreitens	77
		8. Methode der Faktorisierung	78
		9. Methode des Systematisierens	78
		10. Arbeitsteilung und Zusammenarbeit	78
2.3	Grundlagen integrierter Rechnerunterstützung		79
	2.3.1	Der Konstruktionsarbeitsplatz	79
	2.3.2	Rechnerinterne Beschreibung von Produktmodellen	80
		1. Mentale Modelle	80
		2. Informationsmodelle	82
		3. Produktmodelle	86
	2.3.3	Datenverwaltung	86
Literatur			89

3 Methoden zur Produktplanung, Lösungssuche und Beurteilung ... 93

3.1	Produktplanung		93
	3.1.1	Neuheitsgrad eines Produkts – Produktinnovation	94
	3.1.2	Produktlebenszyklus	97
		1. Begrifflichkeit	97
		2. Produktlebenszyklusmanagement (PLM)	99
	3.1.3	Unternehmensziele und ihre Auswirkungen	102
	3.1.4	Durchführung der Produktplanung	103
		1. Analysieren der Situation	105
		2. Aufstellen von Suchstrategien	110
		3. Finden von Produktideen	112
		4. Auswählen von Produktideen	117
		5. Definieren von Produkten	119
		6. Umsetzungsplanung und Entwicklungsauftrag	119
		7. Klären und Präzisieren	120
3.2	Lösungssuche		121
	3.2.1	Konventionelle Methoden und Hilfsmittel	122
		1. Kollektionsverfahren	122
		2. Analyse natürlicher Systeme	122
		3. Analyse bekannter technischer Systeme	124

		4. Analogiebetrachtungen 126

                        5. Messungen, Modellversuche 126
        3.2.2   Intuitiv betonte Methoden......................... 127
                        1. Brainstorming 128
                        2. Methode 635................................ 130
                        3. Galeriemethode 131
                        4. Delphi-Methode 132
                        5. Synektik 132
                        6. Kombinierte Anwendung 134
        3.2.3   Theorie des erfinderischen Problemlösens TRIZ 134
                        1. Einordnung der TRIZ in die Allgemeine
                           Konstruktionsmethodik 135
                        2. Methoden und Werkzeuge der TRIZ 135
        3.2.4   Diskursiv betonte Methoden 142
                        1. Systematische Untersuchung des physikalischen
                           Zusammenhangs 142
                        2. Systematische Suche mit Hilfe
                           von Ordnungsschemata....................... 145
                        3. Verwendung von Katalogen 150
        3.2.5   Methoden zur Lösungskombination 156
                        1. Systematische Kombination.................... 159
                        2. Kombinieren mit Hilfe mathematischer Methoden . 160
   3.3   Auswahl- und Bewertungsmethoden 162
        3.3.1   Auswählen geeigneter Lösungsvarianten 162
        3.3.2   Bewerten von Lösungsvarianten 166
                        1. Grundlagen von Bewertungsverfahren 166
                        2. Vergleich von Bewertungsverfahren 181
   Literatur.. 183

4   Der Produktentwicklungsprozess 189
   4.1   Allgemeiner Lösungsprozess............................. 189
   4.2   Arbeitsfluss beim Entwickeln............................ 193
        4.2.1   Inhaltliche Planung 193
        4.2.2   Zeitliche und terminliche Planung 200
        4.2.3   Kostenplanung des Projekts und des Produkts 203
   4.3   Effektive Organisationsformen........................... 203
        4.3.1   Interdisziplinäre Zusammenarbeit 203
        4.3.2   Führung und Teamverhalten...................... 208
   Literatur.. 210

5   Methodisches Klären und Präzisieren 213
   5.1   Bedeutung einer geklärten Aufgabenstellung 213
   5.2   Erarbeiten der Anforderungsliste 214
        5.2.1   Inhalt... 215
        5.2.2   Aufbau 216

           5.2.3   Erkennen und Aufstellen von Anforderungen 217
                    1. Grundlegende Anforderungen 218
                    2. Technisch-kundenspezifische Anforderungen 219
                    3. Attraktivitätsanforderungen 219
                    4. Ergänzen/Erweitern der Anforderungen 219
                    5. Festlegen der Forderungen und Wünsche 221
           5.2.4   Ergänzen/Erweitern der Anforderungen 222
           5.2.5   Beispiele 224
    5.3   Anwenden von Anforderungslisten 226
           5.3.1   Fortschreibung 226
                    1. Anfangssituation 226
                    2. Zeitliche Abhängigkeit 227
           5.3.2   Partielle Anforderungslisten 228
           5.3.3   Weitere Verwendung 228
    5.4   Praxis der Anforderungsliste 229
    Literatur. 230

6 Methodisches Konzipieren 231
    6.1   Arbeitsschritte beim Konzipieren 231
    6.2   Abstrahieren zum Erkennen der wesentlichen Probleme. 232
           6.2.1   Ziel der Abstraktion 232
           6.2.2   Systematische Erweiterung der Problemformulierung. . 234
           6.2.3   Problem erkennen aus der Anforderungsliste 237
    6.3   Aufstellen von Funktionsstrukturen 242
           6.3.1   Gesamtfunktion 242
           6.3.2   Aufgliedern in Teilfunktionen 243
           6.3.3   Praxis der Funktionsstruktur 252
                    1. Falsche Verwendung des Funktionsbegriffs 255
    6.4   Entwickeln von Wirkstrukturen 255
           6.4.1   Suche nach Wirkprinzipien 255
           6.4.2   Kombinieren von Wirkprinzipien 259
           6.4.3   Auswählen geeigneter Wirkstrukturen 261
           6.4.4   Praxis der Wirkstruktur. 263
    6.5   Entwickeln von Konzepten 265
           6.5.1   Konkretisieren zu prinzipiellen Lösungsvarianten 265
           6.5.2   Bewerten von prinzipiellen Lösungsvarianten 268
           6.5.3   Praxis der Konzeptfindung 274
    6.6   Beispiele zum Konzipieren 275
           6.6.1   Eingriff-Mischbatterie für Haushalte 276
                    1. Hauptarbeitsschritt: Klären der Aufgabenstellung
                        und Erarbeiten der Anforderungsliste 276
                    2. Hauptarbeitsschritt: Abstrahieren und Erkennen
                        der wesentlichen Probleme 276
                    3. Hauptarbeitsschritt: Aufstellen
                        der Funktionsstruktur. 279

		4. Hauptarbeitsschritt: Suche nach Lösungsprinzipien zum Erfüllen von Teilfunktionen................. 279

            4. Hauptarbeitsschritt: Suche nach Lösungsprinzipien zum Erfüllen von Teilfunktionen.................. 279
            5. Hauptarbeitsschritt: Auswählen geeigneter Wirkprinzipien............................... 285
            6. Hauptarbeitsschritt: Konkretisieren zu prinzipiellen Lösungsvarianten 285
            7. Hauptarbeitsschritt: Bewerten der prinzipiellen Lösungen....................................... 285
            8. Ergebnis 285
        6.6.2 Prüfstand zum Aufbringen von stoßartigen Lasten ... 288
            1. Hauptarbeitsschritt: Klären der Aufgabe und Erarbeiten der Anforderungsliste 288
            2. Hauptarbeitsschritt: Abstrahieren zum Erkennen der wesentlichen Probleme..................... 288
            3. Hauptarbeitsschritt: Aufstellen von Funktionsstrukturen 291
            4. Hauptarbeitsschritt: Suche nach Lösungsprinzipien zum Erfüllen der Teilfunktionen................. 292
            5. Hauptarbeitsschritt: Kombinieren von Wirkprinzipen zur Wirkstruktur 292
            6. Hauptarbeitsschritt: Auswählen geeigneter Varianten 295
            7. Hauptarbeitsschritt: Konkretisieren zu Konzeptvarianten.......................... 295
            8. Hauptarbeitsschritt: Bewerten der Konzeptvarianten 302
    Literatur... 302

7 Methodisches Entwerfen 305
    7.1 Arbeitsschritte beim Entwerfen........................... 305
    7.2 Leitlinie beim Gestalten 312
    7.3 Grundregeln zur Gestaltung 314
        7.3.1 Eindeutig 315
        7.3.2 Einfach 322
        7.3.3 Sicher.. 327
            1. Begriffe, Art und Bereiche der Sicherheitstechnik .. 327
            2. Prinzipien der unmittelbaren Sicherheitstechnik ... 330
            3. Prinzipien der mittelbaren Sicherheitstechnik 336
            4. Sicherheitstechnische Auslegung und Kontrolle 346
    7.4 Gestaltungsprinzipien 353
        7.4.1 Prinzipien der Kraftleitung 354
            1. Kraftfluss und Prinzip der gleichen Gestaltfestigkeit................. 354
            2. Prinzip der direkten und kurzen Kraftleitung 355
            3. Prinzip der abgestimmten Verformungen 358

		4. Prinzip des Kraftausgleichs 362
	7.4.2	5. Praxis der Kraftleitung........................ 363
		Prinzip der Aufgabenteilung 366
		1. Zuordnung der Teilfunktionen.................. 366
		2. Aufgabenteilung bei unterschiedlichen Funktionen . 368
		3. Aufgabenteilung bei gleicher Funktion 373
	7.4.3	Prinzip der Selbsthilfe 376
		1. Begriffe und Definitionen 376
		2. Selbstverstärkende Lösungen.................... 379
		3. Selbstausgleichende Lösungen 383
		4. Selbstschützende Lösungen 384
	7.4.4	Prinzip der Stabilität und Bistabilität............... 386
		1. Prinzip der Stabilität 387
		2. Prinzip der Bistabilität........................ 389
	7.4.5	Prinzip der fehlerarmen Gestaltung 391
7.5	Gestaltungsrichtlinien................................. 393
	7.5.1	Zuordnung und Übersicht 393
	7.5.2	Ausdehnungsgerecht 394
		1. Erscheinung der Ausdehnung 395
		2. Ausdehnung von Bauteilen 396
		3. Relativausdehnung zwischen Bauteilen 402
	7.5.3	Kriech- und relaxationsgerecht 408
		1. Werkstoffverhalten unter Temperatur 408
		2. Kriechen 410
		3. Relaxation 411
		4. Konstruktive Maßnahmen 414
	7.5.4	Korrosionsgerecht 416
		1. Ursachen und Erscheinungen.................... 416
		2. Korrosion freier Oberflächen 417
		3. Berührungsabhängige Korrosion 421
		4. Beanspruchungsabhängige Korrosion 422
		5. Beispiele korrosionsgerechter Gestaltung.......... 426
	7.5.5	Verschleißgerecht 429
		1. Ursachen und Erscheinungen.................... 429
		2. Konstruktive Maßnahmen 430
	7.5.6	Ergonomiegerecht 431
		1. Ergonomische Grundlagen 431
		2. Tätigkeiten des Menschen und ergonomische Bedingungen................................ 434
		3. Erkennen ergonomischer Anforderungen 436
	7.5.7	Formgebungsgerecht 438
		1. Aufgabe und Zielsetzung 438
		2. Formgebungsgerechte Kennzeichen............... 441
		3. Richtlinien zur Formgebung 442

		7.5.8	Fertigungsgerecht.................................	445
			1. Beziehung Konstruktion – Fertigung	445
			2. Fertigungsgerechte Baustruktur	446
			3. Fertigungsgerechte Gestaltung von Werkstücken ...	453
			4. Fertigungsgerechte Werkstoff- und Halbzeugwahl ..	465
			5. Einsatz von Standard- und Fremdteilen	467
			6. Fertigungsgerechte Unterlagen	468
		7.5.9	Montagegerecht	468
			1. Montageoperationen	468
			2. Montagegerechte Baustruktur	470
			3. Montagegerechte Gestaltung der Fügestellen	470
			4. Montagegerechte Gestaltung der Fügeteile	473
			5. Leitlinie zur Anwendung und Auswahl	473
		7.5.10	Instandhaltungsgerecht............................	479
			1. Zielsetzung und Begriffe	479
			2. Instandhaltungsgerechte Gestaltung	481
		7.5.11	Recyclinggerecht	483
			1. Zielsetzungen und Begriffe	483
			2. Verfahren zum Recycling	485
			3. Recyclinggerechte Gestaltung	487
			4. Beispiele recyclinggerechter Gestaltung...........	493
			5. Bewerten hinsichtlich Recyclingfähigkeit	496
		7.5.12	Risikogerecht	499
			1. Risikobegegnung	499
			2. Beispiele risikogerechter Gestaltung	500
		7.5.13	Normengerecht	505
			1. Zielsetzung der Normung	505
			2. Normenarten	506
			3. Bereitstellung von Normen	508
			4. Normengerechtes Gestalten	509
			5. Normen entwickeln	510
	7.6	Bewerten von Entwürfen		513
	7.7	Beispiel zum Entwerfen		515
	Literatur...			535
8	**Methodisches Ausarbeiten**			551
	8.1	Arbeitsschritte beim methodischen Ausarbeiten		551
	8.2	Systematik der Fertigungsunterlagen		553
		8.2.1 Erzeugnisgliederung		553
		8.2.2 Zeichnungssysteme		556
		8.2.3 Stücklistensysteme		560
		8.2.4 Aspekte des Rechnereinsatzes		566
	8.3	Kennzeichnung von Gegenständen		569
		8.3.1 Nummerungstechnik		569
		1. Sachnummernsysteme		570

XVIII   Inhaltsverzeichnis

                2. Klassifikationsnummernsysteme 572
      8.3.2 Sachmerkmale 573
  Literatur 579

9   Lösungsfelder 581
  9.1   Schlussarten bei mechanischen Verbindungen 581
      9.1.1 Funktionen und generelle Wirkungen 582
      9.1.2 Stoffschluss 583
      9.1.3 Formschluss 584
      9.1.4 Kraftschluss 585
                1. Reibkraftschluss 586
                2. Feldkraftschluss 587
                3. Elastischer Kraftschluss 588
      9.1.5 Anwendungsrichtlinien 588
  9.2   Maschinenelemente und Getriebe 589
  9.3   Antriebe und Steuerungen 590
      9.3.1 Antriebe, Motoren 591
                1. Funktionen 591
                2. Elektrische Antriebe 591
                3. Fluidische Antriebe 593
                4. Anwendungsrichtlinien 597
      9.3.2 Steuerungen 598
                1. Funktionen und Wirkprinzipien 598
                2. Mechanische Steuerungsmittel 599
                3. Fluidische Steuerungsmittel 599
                4. Elektrische Steuerungsmittel 599
                5. Speicherprogrammierbare Steuerungen 600
                6. Numerische Steuerungen 600
                7. Anwendungsrichtlinien 600
  9.4   Verbundbauweisen 601
      9.4.1 Allgemeines 601
      9.4.2 Anwendungen und Grenzen 602
      9.4.3 Bauarten 603
                1. Faserverbundbauweise 603
                2. Sandwichbauweisen 606
                3. Hybride Bauweisen 607
  9.5   Mechatronik 608
      9.5.1 Allgemeine Struktur und Begriffe 608
      9.5.2 Ziele und Grenzen 609
      9.5.3 Entwicklung mechatronischer Lösungen 610
      9.5.4 Beispiele 611
  9.6   Adaptronik 617
      9.6.1 Allgemeines und Begriffe 617
      9.6.2 Ziele und Grenzen 620
      9.6.3 Entwicklung adaptronischer Baustrukturen 620

| | | | | Inhaltsverzeichnis | XIX |

        9.6.4 Beispiele 621
    Literatur 623

10 Entwickeln von Baureihen und Baukästen 629
    10.1 Baureihen 629
        10.1.1 Ähnlichkeitsgesetze 630
        10.1.2 Dezimalgeometrische Normzahlreihen 633
        10.1.3 Darstellung und Größenstufung 636
              1. Normzahldiagramm 636
              2. Wahl der Größenstufung 637
        10.1.4 Geometrisch ähnliche Baureihen 641
        10.1.5 Halbähnliche Baureihen 645
              1. Übergeordnete Ähnlichkeitsgesetze 647
              2. Übergeordnete Aufgabenstellung 649
              3. Übergeordnete wirtschaftliche Forderungen der
                 Fertigung 650
              4. Anpassen mit Hilfe von Exponentengleichungen ... 650
              5. Beispiele 655
        10.1.6 Entwickeln von Baureihen 660
    10.2 Baukästen 662
        10.2.1 Baukastensystematik 663
        10.2.2 Vorgehen beim Entwickeln von Baukästen 667
        10.2.3 Vorteile und Grenzen von Baukastensystemen 678
        10.2.4 Beispiele 680
    10.3 Neuere Rationalisierungsansätze 684
        10.3.1 Modularisierung und Produktarchitektur 684
        10.3.2 Plattformbauweise 686
    Literatur 686

11 Methoden zur qualitätssichernden Produktentwicklung ... 689
    11.1 Nutzung methodischen Vorgehens 689
    11.2 Fehler und Störgrößen 693
    11.3 Fehlerbaumanalyse 694
    11.4 Fehler-Möglichkeits- und Einfluss-Analyse (FMEA) 702
    11.5 Methode QFD 705
    Literatur 708

12 Kostenerkennung 711
    12.1 Beeinflussbare Kosten 711
    12.2 Grundlagen der Kostenrechnung 712
    12.3 Methoden der Kostenerkennung 716
        12.3.1 Vergleichen mit Relativkosten 716
        12.3.2 Schätzen über Materialkostenanteil 722
        12.3.3 Schätzen mit Regressionsrechnungen 722
        12.3.4 Hochrechnen mit Ähnlichkeitsbeziehungen 725

                1. Grundentwurf als Basis 725
                2. Operationselement als Basis 731
         12.3.5 Kostenstrukturen 734
   12.4 Kostenzielvorgabe 737
   12.5 Regeln zur Kostenminimierung 738
   Literatur 740

13 Rechnerunterstützung 743
   13.1 Übersicht 743
   13.2 Ausgewählte Beispiele 749
                1. Durchgängige Rechnerunterstützung 749
                2. Programme für Einzelaufgaben 749
                3. Sonstige CAD-Anwendungen 755
   13.3 Arbeitstechnik mit CAD-Systemen 756
         13.3.1 Erzeugen eines Produktmodells 756
                1. Notwendige Partialmodelle 757
                2. Arbeitstechnik beim Konzipieren 760
                3. Arbeitstechnik beim Entwerfen 761
                4. Generelle Modellierungsstrategie 762
         13.3.2 Beispiele 763
   13.4 Möglichkeiten und Grenzen der CAD-Technik 764
   13.5 CAD-Einführung 765
   13.6 Produktdatenmanagementsysteme (PDMS) 766
   Literatur 771

14 Übersicht und verwendete Begriffe 775
   14.1 Einsatz der Methoden 775
   14.2 Erfahrungen in der Praxis 780
   14.3 Verwendete Begriffe 782
   Literatur 786

Sachverzeichnis 787

1 Einführung
Introduction

1.1 Der Entwickler und Konstrukteur
The engineering designer

1.1.1 Aufgaben und Tätigkeiten
Tasks and activities

Es ist die Aufgabe des Ingenieurs, für technische Probleme Lösungen zu finden. Er stützt sich dabei auf natur- und ingenieurwissenschaftliche Erkenntnisse und berücksichtigt stoffliche, technologische und wirtschaftliche Bedingungen sowie gesetzliche, umwelt- und menschenbezogene Einschränkungen. Die Lösungen müssen vorgegebene und selbsterkannte Anforderungen erfüllen. Nach deren Klärung werden aus anfänglichen Problemen konkrete Teilaufgaben, die der Ingenieur im Prozess der Produktentstehung bearbeitet. Dies geschieht sowohl in Einzelarbeit als auch im Team, in dem interdisziplinäre Produktentwicklung geleistet wird. An der Lösungsfindung und Produktentwicklung ist der *Konstrukteur*, als Synonym für Entwicklungs- und Konstruktionsingenieur, an maßgeblicher und verantwortlicher Stelle tätig. Seine Ideen, Kenntnisse und Fähigkeiten bestimmen die technischen, wirtschaftlichen und ökologischen Eigenschaften des Produkts beim Hersteller und Nutzer.

Entwickeln und Konstruieren ist eine interessante Ingenieurtätigkeit, die

– fast alle Gebiete des menschlichen Lebens berührt,
– sich der Gesetze und Erkenntnisse der Naturwissenschaft bedient,
– zusätzlich auf spezielles Erfahrungswissen aufbaut,
– weitgehend in Eigenverantwortung handelt und
– die Voraussetzungen zur Verwirklichung von Lösungsideen schafft.

Diese vielseitige Tätigkeit kann nach verschiedenen Gesichtspunkten beschrieben werden. Dixon [39] und Penny [144] stellen die konstruktive Arbeit, deren Ergebnis der technische Entwurf ist, in die Mitte einander überschneidender Einflüsse unseres kulturellen und technischen Lebens: Abb. 1.1.

Arbeitspsychologisch ist das Konstruieren eine schöpferisch-geistige Tätigkeit, die ein sicheres Fundament an Grundlagenwissen auf den Gebieten der

1 Einführung

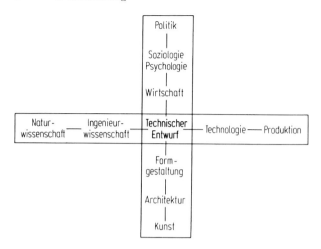

Abb. 1.1. Konstruktive Tätigkeit im Einflussbereich des kulturellen und technischen Lebens nach [39, 144]

Mathematik, Physik, Chemie, Mechanik, Wärme- und Strömungslehre, Elektrotechnik sowie der Fertigungstechnik, Werkstoffkunde und Konstruktionslehre, aber auch Kenntnisse und Erfahrungen des jeweils zu bearbeitenden Fachgebietes erfordert. Dabei sind Entschlusskraft, Entscheidungsfreudigkeit, wirtschaftliche Einsicht, Ausdauer, Optimismus und Teambereitschaft wichtige Eigenschaften, die dem Konstrukteur dienlich und in verantwortlicher Position unerlässlich sind [130] (vgl. 2.2.2).

Methodisch gesehen ist das Konstruieren ein Optimierungsprozess unter gegebenen Zielsetzungen und sich zum Teil widersprechenden Bedingungen. Die Anforderungen ändern sich mit der Zeit, so dass eine konstruktive Lösung nur unter den jeweilig zeitlich vorliegenden Bedingungen als Optimum angestrebt oder verwirklicht werden kann.

Organisatorisch ist das Konstruieren ein wesentlicher Teil des Produktlebenslaufs. Dieser wird vom Markt bzw. einem Bedürfnis initiiert, beginnt mit der Produktplanung und endet nach dem Produktgebrauch beim Recycling oder einer anderen Entsorgungsart: Abb. 1.2. Dieser Prozess stellt eine Wertschaffung von der Idee bis zum Produkt dar, wobei der Konstrukteur seine Aufgaben nur in enger Zusammenarbeit mit anderen Bereichen und Menschen unterschiedlicher Tätigkeit bewältigen kann (vgl. 1.1.2).

Die Aufgaben und Tätigkeiten des Konstrukteurs werden von mehreren Merkmalen beeinflusst:

Aufgabenherkunft: Die Aufgaben werden vornehmlich im Zusammenhang mit Serienprodukten von einer Produktplanung vorbereitet, die u. a. eine gründliche Marktanalyse durchführen muss (vgl. 3.1). Das von der Produktplanung aufgestellte Anforderungsspektrum lässt oft einen größeren Lösungsraum für den Konstrukteur zu.

Bei einem Kundenauftrag für ein konkretes Einzel- oder Kleinserienprodukt sind dagegen häufig engere Anforderungen zu erfüllen. Der Konstruk-

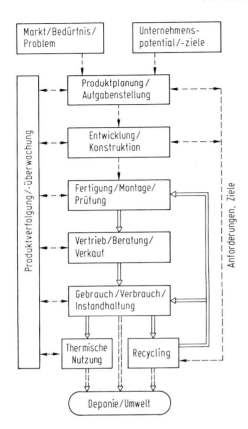

Abb. 1.2. Lebenslauf eines Produkts

teur bewegt sich vorzugsweise im Know-how des Unternehmens aus Vorentwicklungen oder Voraufträgen. Die Entwicklung verläuft in relativ kleinen risikobegrenzenden Schritten.

Gilt die Entwicklung nicht einem Gesamtprodukt, sondern nur einer Baugruppe eines Produkts, so ist der Anforderungs- und Konstruktionsrahmen noch enger und die Abstimmung mit anderen Konstruktionsabteilungen hoch. Im Rahmen der fertigungstechnischen Realisierung eines Produkts fallen auch Konstruktionsaufgaben für Fertigungs- und Prüfeinrichtungen an, bei denen vor allem die Funktionserfüllung und technologische Bedingungen im Vordergrund stehen.

Unternehmensorganisation: Die Organisation innerhalb eines Entwicklungs- und Konstruktionsprozesses richtet sich zunächst nach der Gesamtorganisation eines Unternehmens.

Bei produktorientierten Organisationsformen obliegt die zentrale Verantwortung für die Produktentwicklung und anschließende Fertigung in getrennten Unternehmensbereichen für einzelne Produktgruppen (z. B. für Turboverdichter, Kolbenverdichter, Anlagentechnik).

Bei problemorientierten Organisationsformen (z. B. mit Gruppen für Berechnung, Regelungs- und Steuerungstechnik, mechanischer Konstruktion) erfordert die Arbeitsteilung entsprechende Teil-Aufgabenformulierungen (bzw. Problemformulierungen) sowie eine Koordinierung, z. B. durch einen Projektmanager. Projektmanager sind erforderlich, wenn bei der Entwicklung neuer Produkte von den Abteilungen bzw. Produktgruppen ein selbständiges, zeitlich begrenztes Entwicklungsteam gebildet wird. Das Team verantwortet seine Ergebnisse dann direkt gegenüber der Entwicklungs- bzw. Geschäftsleitung (vgl. 4.3).

Weitere organisatorische Gliederungen können durch zweckmäßige Arbeitsteilung, z. B. hinsichtlich der zu bearbeitenden Konstruktionsphase (Konzepte, Entwürfe, Ausarbeitungen), des erforderlichen Fachgebiets (mechanische Konstruktion, elektrisch-elektronische Konstruktion, Software-Entwicklung) oder hinsichtlich des Entwicklungsdurchlaufes (Vorentwicklung/Versuch, Auftragsabwicklung) entstehen (vgl. 4.2). Bei umfangreichen Projekten mit stark unterschiedlichen Fachgebieten kann darüber hinaus ein paralleles Konstruieren von Baugruppen vorteilhaft sein.

Neuheit: Neukonstruktionen für neue Aufgabenstellungen und Probleme werden mit neuen Lösungsprinzipien durchgeführt. Diese können sich entweder durch Auswahl und Kombination an sich bekannter Prinzipien und Technologien ergeben, oder es muss technisches Neuland betreten werden. Auch wenn bekannte oder nur wenig geänderte Aufgabenstellungen mit neuen Lösungsprinzipien gelöst werden, spricht man von Neukonstruktionen. In der Regel erfordern sie ein Durchlaufen aller Konstruktionsphasen, ein Einbeziehen physikalischer und verfahrenstechnischer Grundlagen sowie eine umfassende technische und wirtschaftliche Aufgabenklärung. Neukonstruktionen können das gesamte Erzeugnis oder nur Baugruppen oder Teile betreffen.

Bei *Anpassungskonstruktionen* bleibt man bei bekannten und bewährten Lösungsprinzipien und passt die Gestaltung an veränderte Randbedingungen an. Dabei ist die Neukonstruktion einzelner Teile und Baugruppen oft nötig. Bei dieser Aufgabenart stehen geometrische, festigkeitsmäßige, fertigungs- und werkstofftechnische Fragestellungen im Vordergrund.

Bei *Variantenkonstruktionen* werden im Zuge der Auftragsabwicklung Größe und/oder Anordnung von Teilen und Baugruppen innerhalb von Grenzen vorausgedachter Systeme variiert (z. B. Baureihen, Baukästen, vgl. 10). Sie erfordern den wesentlichen Konstruktionsaufwand als Neukonstruktion einmalig vorab und ergeben bei der Auftragsabwicklung keine größeren Konstruktionsprobleme mehr. Hierunter fallen auch Konstruktionsarbeiten, bei denen im Auftragsfall unter gleichbleibendem Lösungsprinzip und durchgearbeitetem Entwurf nur die Abmessungen von Einzelteilen geändert werden (Autoren nach [124, 167] bezeichneten dies als „Prinzipkonstruktion" oder „Konstruktion mit festem Prinzip").

In der Praxis lassen sich bei den genannten Konstruktionsarten, die im Wesentlichen einer Grobklassifizierung dienen, häufig keine scharfen Abgrenzungen finden.

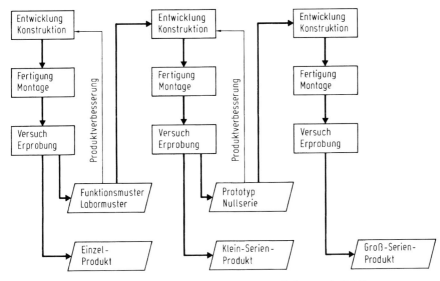

Abb. 1.3. Schrittweises Entwickeln eines Serienprodukts nach [191]

Stückzahl: Konstruktionen für Einzel- und Kleinserienfertigung erfordern wegen fehlender Prototypfertigung zur Risikominderung ein stärkeres Vorausdenken aller physikalischen Vorgänge und Gestaltungsdetails, wobei oft Funktionszuverlässigkeit und Betriebssicherheit bei an sich niedrigen Kosten vorrangig vor wirtschaftlichen Optimierungen gesehen werden.

Aufgaben für Serien- und insbesondere Massenfertigung müssen unter Zuhilfenahme von Baumustern und Prototypen besonders auf angemessene Gebrauchsdauer und auf wirtschaftliche Optimierung gründlich durchgearbeitet werden. Zum Teil sind hierfür mehrere Entwicklungsstufen erforderlich, Abb. 1.3.

Branche: Der Maschinenbau umfasst ein großes Spektrum von Aufgabenstellungen. Infolgedessen sind die Anforderungen und die Art der Lösungen außerordentlich vielfältig und erfordern stets eine aufgabenspezifische Anpassung der Lösungshilfen und der angewendeten Methoden. Fachspezifische Ausprägungen sind nicht selten.

Ziele: Die Lösungen der Probleme bzw. Aufgaben orientieren sich an den jeweiligen Optimierungszielen unter Berücksichtigung vorgegebener Restriktionen. So können neue Funktionen, höhere Gebrauchsdauer, niedrigere Kosten, besondere Fertigungsprobleme, veränderte ergonomische Anforderungen und vieles andere mehr einzeln oder in Kombination jeweilige Entwicklungsziele sein.

Nicht zuletzt erfordert ein gestiegenes Umweltbewusstsein die Neukonzeption von Produkten und Verfahren oder deren Verbesserung, bei der die Aufgabenstellung und das Lösungsprinzip überdacht werden müssen und vom

Konstrukteur eine ganzheitliche Sichtweise oft in Zusammenarbeit mit Spezialisten anderer Disziplinen erfordert.

Diese Vielfalt von Aufgaben und Zielen erfordert vom Konstrukteur mannigfache Fähigkeiten und verschiedene Vorgehensweisen und Arbeitsmittel. Das erforderliche Konstruktionswissen muss recht breit sein, wobei für spezielle Probleme Spezialisten herangezogen werden. Das Beherrschen einer allgemeinen Arbeitsmethodik (vgl. 2.2.4), allgemein einsetzbarer Lösungs- und Beurteilungsmethoden (vgl. 3) sowie die Betrachtung neuer Lösungsfelder (vgl. 9) erleichtert die Durchführung dieser Tätigkeitsvielfalt.

Die Tätigkeiten des Konstrukteurs können grob strukturiert werden in

- konzipierende, d. h. das Lösungsprinzip suchende Arbeiten (vgl. 6), wozu neben den allgemein anwendbaren Methoden spezielle Methoden (vgl. 3) dienen;
- entwerfende, d. h. das Lösungsprinzip durch Gestalt- und Werkstoff-Festlegungen konkretisierende Arbeiten, wozu vor allem die Methoden (vgl. 7 und 10) dienen;
- ausarbeitende, d. h. die Erstellung von Fertigungs- und Nutzungsunterlagen betreffende Tätigkeiten, wozu die Methoden in Kap. 8 hilfreich sind;
- berechnende, darstellende und Informationen beschaffende Tätigkeiten, die in allen Konstruktionsphasen anfallen.

Eine weitere, übliche Grobstrukturierung ist die Unterscheidung von *direkten* Konstruktionstätigkeiten (z. B. Berechnen, Gestalten, Detaillieren), die unmittelbar dem Lösungsweg dienen, und *indirekten* Konstruktionstätigkeiten (z. B. Informationsbeschaffung und -aufbereitung, Besprechungen, Koordinierungen), die nur mittelbar den Konstruktionsfortschritt beeinflussen. Dabei ist der Anteil der indirekten Tätigkeiten möglichst niedrig zu halten.

Die erforderlichen Konstruktionstätigkeiten müssen daher bei einem Konstruktionsprozess in zweckmäßiger Weise in einem überschaubaren Arbeitsfluss mit Hauptphasen und Arbeitsschritten eingeordnet werden, damit sie planbar und steuerbar werden (vgl. 4).

1.1.2 Stellung im Unternehmen
The importance for the company

Der Entwicklungs- und Konstruktionsbereich hat im Unternehmen eine zentrale Bedeutung bei der Produktentstehung und -weiterentwicklung. Vom Konstrukteur werden entscheidend die Produkteigenschaften hinsichtlich Funktionserfüllung, Sicherheit, Ergonomie, Fertigung, Transport, Gebrauch, Instandhaltung und Entsorgung/Recycling bestimmt. Hinzu kommt der große Einfluss des Konstrukteurs auf die Herstellungs- und Gebrauchskosten, auf die Qualität sowie auf die Durchlaufzeiten in der Produktion. Entsprechend dieser Produktverantwortung müssen stets generelle Zielsetzungen beachtet werden (vgl. 2.1.7).

Ein weiterer Grund für die zentrale Stellung im Unternehmen liegt bei der Einordnung von Entwicklung und Konstruktion in den zeitlichen Ablauf des Produktentstehungsprozesses. Entsprechend den Verknüpfungen und Informationsflüssen zwischen den Unternehmensbereichen (Abb. 1.4) sind die produktrealisierenden Bereiche der Fertigung und Montage von den produktplanenden und konzipierenden Konstruktionsbereichen abhängig. Umgekehrt

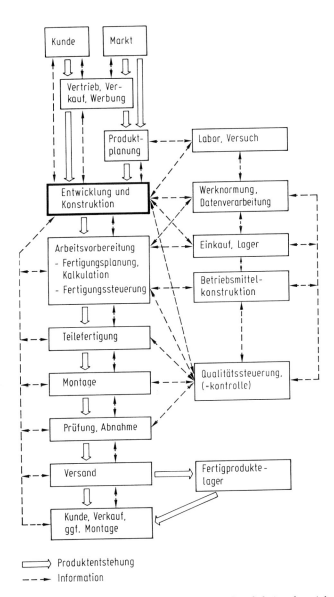

Abb. 1.4. Informationsflüsse zwischen Produktionsbereichen

wird der Konstruktionsbereich von den Erkenntnissen und Erfahrungen des Fertigungsbereichs stark beeinflusst.

Bedingt durch die hohen Anforderungen des kundenorientierten Marktes hinsichtlich leistungsfähigerer und kostengünstigerer Produkte (Produktinnovationen in immer kürzeren Zeitabständen) muss die Produktplanung und der Technische Vertrieb einschließlich Marketing immer stärker den Sachverstand des Ingenieurs heranziehen. Es ist naheliegend, hierzu die Grundlagenkenntnisse und Produkterfahrungen vor allem des Konstrukteurs zu nutzen (vgl. 3.1 und 5).

Die gesetzlich geregelte Produzenten- und Produkthaftung [12] erfordert neben einer höheren Fertigungsqualität eine den neuesten Stand der Technik anwendende, verantwortungs- und umweltbewusste Produktentwicklung.

1.1.3 Künftige Aspekte
Trends

Wichtige Einflüsse auf den Konstruktionsprozess und unmittelbar auf die Tätigkeit des Konstrukteurs kommen durch die Anwendung der Datenverarbeitung. Das methodische und apparative Arbeitsmittel CAD (Computer Aided Design) verändert die einsetzbaren Konstruktionsmethoden (vgl. 13), die Arbeitsstrukturen und die Arbeitsteilung sowie sicher auch die Kreativität und den Denkprozess des einzelnen Konstrukteurs (vgl. 2.2). Es kommen Mitarbeiter wie Systembetreuer, CAD-Assistenten und ähnliche hinzu. Reine Auftragsabwicklungen und Variantenkonstruktionen werden künftig überwiegend rechnergesteuert erfolgen, während der Konstrukteur zwar rechnerunterstützt, aber nach wie vor mit seiner Kreativität, seinen Kenntnissen und Erfahrungen Neukonstruktionen und kundenabhängige Einzelkonstruktionen mit hohem Konstruktionsaufwand bearbeiten wird. Die Entwicklung wissensbasierter Systeme (sog. Expertensysteme) [72,108,178,189] sowie elektronischer Zukaufkataloge [19,20,53,151,183] werden den Komfort zur Informationsbereitstellung über Konstruktionsdaten, bewährte Lösungen, ausgeführte Produktentwicklungen und sonstiges Konstruktionswissen, aber auch zur Berechnung, Optimierung und Lösungskombination erhöhen, den Konstrukteur aber nicht ersetzen. Im Gegenteil, seine Entscheidungskompetenz wird u. a. durch konzentrierte Gegenüberstellung von alternativen Lösungen noch stärker gefordert, ebenso seine Koordinierungsfähigkeit zu beteiligten Spezialisten, die bei der raschen Weiterentwicklung einzelner Wissensgebiete notwendig sind.

Es wird die Tendenz zunehmen, in den einzelnen Unternehmen nur noch im Rahmen der Kernkompetenz Entwicklungen durchzuführen und dann das endgültige Produkt durch Zukaufteile zu vervollständigen (Outsourcing). Für den Entwickler bedeutet dies, Zukaufteile beurteilen zu können, obwohl er sie nicht entwickelt hat. Kritisches Sichten gestützt durch mannigfache konstruktive Detailkenntnisse, gewonnene Erfahrung und die systematische Nutzung von Beurteilungsverfahren (vgl. 3.3) werden ihm dabei helfen.

Organisatorisch und hinsichtlich der informationstechnischen Verknüpfung zu anderen Unternehmensbereichen hat die rechnerintegrierte Fertigung (CIM: Computer Integrated Manufacturing) auch Konsequenzen für den Konstrukteur. Durch Konstruktionsleitsysteme innerhalb einer CIM-Struktur wird eine bessere Planung und Steuerung des Konstruktionsprozesses möglich und notwendig sein, genauso wie das angestrebte ganzheitliche, flexible und zum Teil parallele Arbeiten zur Produkt-, Produktions- und Qualitätsoptimierung bei Minimierung der Entwicklungszeiten, bekannt unter dem Begriff „Simultaneous Engineering" (vgl. 4.3 [13, 40, 188]). Durch den Rechnereinsatz ist eine Tendenz zur Rückverlagerung von fertigungsvorbereitenden Arbeiten in den Konstruktionsbereich zu beobachten.

Neben diesen stärker die Arbeitstechnik des Konstrukteurs betreffenden Entwicklungstrends muss der Konstrukteur verstärkt auch technologisch-werkstofftechnische Entwicklungen (z. B. Kunststoffe, Keramik, recyclingfähige Werkstoffe, neue Fertigungs- und Montageverfahren) sowie Lösungsmöglichkeiten mit Hilfe der Mikroelektronik und Software kennen und berücksichtigen. Künftige Lösungen werden immer mehr im Zusammenhang mit der Mechatronik gesucht werden. Der künftige Maschinenbauer wird dieses Gebiet neben den mechanischen Aspekten in gleicher Weise nutzen.

Zusammenfassend sei festgestellt, dass die Anforderungen an den Konstrukteur hoch sind und noch steigen werden. Hierzu ist eine ständige Weiterbildung notwendig. Aber auch die Primärausbildung muss diesen Anforderungen gerecht werden. So wird es für unabdingbar gehalten [127, 187], dass der später in der Konstruktion arbeitende Ingenieurnachwuchs neben den traditionellen natur- und ingenieurwissenschaftlichen Grundlagenfächern (Mathematik, Mechanik, Thermodynamik, Physik, Chemie, Elektrotechnik/Elektronik, Werkstofftechnik, Konstruktionslehre/Maschinenelemente) die folgenden Wissensgebiete kennenlernt: Mess- und Regelungstechnik, Mechatronik, Getriebetechnik, Produktionstechnik, elektrische Antriebe und elektronische Steuerungen, Maschinendynamik, Strömungstechnik. Ein produktorientiertes (konstruktives) Anwendungsfach sowie Konstruktionsmethodik, einschließlich CAD und CAE, sollte er vertieft haben.

1.2 Methodisches Vorgehen bei der Produktentwicklung
Systematic approach for the product development

1.2.1 Anforderungen und Bedarf
Requirements and needs

Angesichts der großen Bedeutung einer rechtzeitigen Entwicklung marktfähiger Produkte ist ein Vorgehen zur Entwicklung guter Lösungen nötig, das planbar, flexibel, optimierbar und nachprüfbar ist. Ein solches Vorgehen ist nur realisierbar, wenn Konstrukteure über das notwendige Fachwissen hinaus methodisch-systematisch arbeiten können und eine solche Arbeitsmethodik verlangt bzw. durch organisatorische Maßnahmen unterstützt wird.

Man unterscheidet zwischen Konstruktionswissenschaft und Konstruktionsmethodik [90]. Die *Konstruktionswissenschaft* strebt an, mit Hilfe wissenschaftlicher Methoden den Aufbau technischer Systeme und deren Beziehungen zu ihrem Umfeld so zu analysieren, dass aus den erkannten Zusammenhängen und Systemkomponenten Regeln zu deren Entwicklung abgeleitet werden können.

Unter *Konstruktionsmethodik* versteht man ein geplantes Vorgehen mit konkreten Handlungsanweisungen zum Entwickeln und Konstruieren technischer Systeme, die sich aus den Erkenntnissen der Konstruktionswissenschaft und der Denkpsychologie, aber auch aus den Erfahrungen in unterschiedlichen Anwendungen ergeben haben. Hierzu gehören Vorgehenspläne zur inhaltlichen und organisatorischen Verknüpfung von Arbeitsschritten und Konstruktionsphasen, die flexibel an die jeweilige Problemlage angepasst werden (vgl. 4). Die Beachtung von generellen Zielsetzungen und die Verwirklichung von Regeln und Prinzipien (Strategien) insbesondere bei der Gestaltung (vgl. 7 und 10–12) sowie Methoden zur Lösung einzelner Konstruktionsprobleme oder -teilaufgaben (vgl. 3 und 6) sind notwendig.

Hiermit soll aber nicht die *Intuition* oder der aus Erfahrung und mit hoher Begabung fähige Konstrukteur abgewertet werden. Das Gegenteil ist beabsichtigt. Die Hinzunahme methodischer Vorgehensweise wird die Leistungs- und Erfindungsfähigkeit steigern. Jede auch noch so anspruchsvolle logische und methodische Arbeitsweise erfordert stets auch ein hohes Maß an Intuition, d. h. an Einfällen, die unmittelbar eine Lösung in ihrer Gesamtheit erahnen oder erkennen lassen. Ohne Intuition dürfte der echte Erfolg ausbleiben.

Bei Konstruktionsmethoden wird es darauf ankommen, die individuellen Fähigkeiten des Konstrukteurs durch Anleitung und Hilfestellung zu fördern, seine Bereitschaft zur Kreativität zu steigern und gleichzeitig die Notwendigkeit zu objektiver Beurteilung des Ergebnisses einsichtig zu machen. Auf diese Weise lässt sich allgemein das Niveau im Konstruktionsbereich steigern. Durch planmäßiges Vorgehen soll auch das Konstruieren selbst einsichtig und lernbar gemacht werden. Das Erkannte oder Erlernte ist nicht als Dogma zu befolgen, das methodische Vorgehen sollte vielmehr die Tätigkeit des Konstruierens schon im Unbewussten in zweckmäßige Bahnen und Vorstellungen lenken. So wird der Konstrukteur im Zusammenspiel mit den Ingenieuren anderer Aufgaben und Tätigkeiten sich nicht nur behaupten, sondern auch eine leitende Funktion übernehmen [130].

Durch methodisches Konstruieren wird erst eine wirksame *Rationalisierung* des Konstruktions- und Fertigungsprozesses möglich. Bei Neuentwicklungen entstehen durch geordnetes und schrittweises Vorgehen, auch auf teilweise abstrakter Ebene, wiederverwendbare Lösungsdokumente. Eine Problem- und Aufgabenstrukturierung erleichtert das Erkennen von Anwendungsmöglichkeiten für bewährte Lösungen aus Vorentwicklungen und den Einsatz von Lösungskatalogen. Die schrittweise Konkretisierung gefundener

Lösungsprinzipien ermöglicht eine frühzeitige Auswahl und Optimierung mit geringerem Aufwand. Die Baureihen- und Baukastenmethodik bedeutet sowohl für den Konstruktionsbereich, aber vor allem für den Fertigungsprozess einen wichtigen Rationalisierungsansatz (vgl. 10).

Die Konstruktionsmethodik ist ebenfalls unabdingbare Voraussetzung für eine flexible und durchgängige *Rechnerunterstützung* des Konstruktionsprozesses unter Nutzung rechnerinterner Produktmodelle. Ohne sie ist die Entwicklung wissensbasierter Programmsysteme, die rechnergesteuerte Konstruktion von Wirkkomplexen, die Anwendung von gespeicherten Daten und Methoden, die Verknüpfung von Einzelprogrammen, insbesondere von Geometriemodellierern mit Berechnungsprogrammen, sowie die Durchgängigkeit des Datenflusses und die Datenverknüpfung mit anderen Unternehmensbereichen (CIM, PDM) nicht möglich. Eine Vorgehensmethodik erleichtert auch die sinnvolle Arbeitsteilung zwischen Konstrukteur und Rechner und eine anwendungsfreundliche Dialogtechnik.

Das Rationalisierungsbedürfnis schließt aber auch die Kosten- und Qualitätsverantwortung des Konstrukteurs ein. Genauere und schnellere Vorkalkulation mit Hilfe verbesserter Informationsmittel (vgl. 12) ist eine zwingende Forderung im Konstruktionsbereich, ebenso das frühzeitige Erkennen von Schwachstellen. Voraussetzung hierfür ist wiederum eine systematische Aufbereitung der Baustrukturen und der Informationsunterlagen.

Eine *Konstruktionsmethodik* soll

— ein problemorientiertes Vorgehen ermöglichen, d. h. sie muss prinzipiell bei jeder konstruktiven Tätigkeit branchenunabhängig anwendbar sein,
— erfindungs- und erkenntnisfördernd sein, d. h. sie soll das Finden optimaler Lösungen erleichtern,
— mit Begriffen, Methoden und Erkenntnissen anderer Disziplinen verträglich sein,
— Lösungen nicht nur zufallsbedingt erzeugen,
— Lösungen auf verwandte Aufgaben leicht übertragen lassen,
— geeignet sein für den Rechnereinsatz,
— lehr- und erlernbar sein,
— den Erkenntnissen der Denkpsychologie und Arbeitswissenschaft entsprechen, d. h. Arbeit erleichtern, Zeit sparen, Fehlentscheidungen vermeiden und tätige, interessierte Mitarbeit gewährleisten,
— die Planung und Steuerung von Teamarbeit in einem integrierten und interdisziplinären Produktentstehungsprozess erleichtern,
— Anleitung und Richtschnur für Projektleiter von Entwicklungsteams sein.

1.2.2 Historische Entwicklung
Historical development

Es fällt schwer, den wirklichen Ursprung methodischen Konstruierens festzustellen. Ist es Leonardo da Vinci mit seinen Konstruktionen? Der Betrachter der Skizzen dieses frühen, universellen Meisters ist erstaunt – und der heutige Systematiker hätte seine Freude daran –, wie Leonardo eine Lösungsmöglichkeit systematisch nach ihm erkennbaren Gesichtspunkten variiert [118]. Vor dem industriellen Zeitalter war Konstruieren mit technischen Kunstwerken und dem Handwerk eng verknüpft.

Mit Beginn der Technisierung im 19. Jahrhundert wies Redtenbacher [150] in seinen „Prinzipien der Mechanik und des Maschinenbaus" auf Merkmale und Grundsätze hin, die noch heute von großer Bedeutung sind: hinreichende Stärke, kleine Verformung, geringe Abnutzung, geringer Reibungswiderstand, geringer Materialaufwand, leichte Ausführung, leichte Aufstellung, wenig Modelle.

Sein Schüler Reuleaux [152] setzte die Arbeiten fort, kam aber angesichts der sich teilweise widersprechenden Anforderungen zu der Aussage: „Allein die Inbetrachtziehung aller dieser Umstände und ihre richtige Würdigung können nicht in einer absoluten Form gesehen und daher weder allgemein behandelt noch eigentlich gelehrt werden. Sie sind vielmehr einzig Sache der Intelligenz und des Scharfblicks des entwerfenden Ingenieurs". Bei Reuleaux kommt die Fülle der Erscheinungen zum Ausdruck, denen sich eine Konstruktionslehre gegenübersieht und für die sie eine Antwort suchen muss.

Zur Entwicklung des Konstruierens müssen die Beiträge von Bach [11] und Riedler [153] gerechnet werden, die die Werkstoff- und Fertigungsprobleme zu den Festigkeitsproblemen als gleichrangig und sich gegenseitig beeinflussend erkannt hatten.

Rötscher [164] weist auf maßgebende Gestaltungsmerkmale hin: besonderer Zweck, wirkende Kräfte, Herstellung und Bearbeitung sowie den Zusammenbau. Kräfte sollen unmittelbar dort, wo sie entstehen, aufgenommen und auf kürzestem Wege, möglichst als Längskräfte, weitergeleitet werden. Biegemomente sind zu vermeiden. Jeder Umweg bedeutet nicht nur Mehrverbrauch an Werkstoff und Kosten, sondern auch erhebliche Formänderung. Berechnung und Entwurf müssen nebeneinander durchgeführt werden. Man geht vom Gegebenen und Anschlusskonstruktionen aus. Sogleich ist eine maßstäbliche Darstellung zur räumlichen Kontrolle zu wählen. Berechnung ist ein Hilfsmittel, das je nach Erfordernis als Überschlag zur Vorauslegung oder als genauere Nachrechnung zur Überprüfung angewandt wird.

Laudien [107] gibt Hinweise zum Kraftfluss in einem Maschinenteil: Starre Verbindung entsteht durch Verbindung in Kraftrichtung. Wird Elastizität verlangt, so soll auf Umwegen verbunden werden; nicht mehr als nötig vorsehen, keine Überbestimmtheit, nicht mehr Forderungen erfüllen, als gestellt sind. Sparen durch Vereinfachen und knapp Bauen.

Methodische Gesichtspunkte im heutigen Sinne tauchen erst bei Erkens [46] in den 20er Jahren des 20. Jahrhunderts auf. Wesentlich ist ihm ein *schrittweises Vorgehen*, das zum Erreichen einer Kombination angestrebt werden müsse. Diese Arbeitsweise sei gekennzeichnet durch ein *stetiges Prüfen und Abwägen* sowie durch einen *Ausgleich gegensätzlicher Forderungen* und zwar so lange, bis dann, als Ergebnis zahlreicher Gedanken, die Konstruktion entsteht.

Eine umfassende Darstellung der „Technik des Konstruierens" versucht erst Wögerbauer [206], so dass wir seine Arbeiten als den eigentlichen Ausgangspunkt methodischen Konstruierens betrachten. Wögerbauer teilt die *Gesamtaufgabe in Teilaufgaben*, diese in Betriebs- und Verwirklichungsaufgaben. Nach verschiedenen Gesichtspunkten stellt er die beim Konstruieren vielfältig bestehenden Beziehungen der erkennbaren Einflussgrößen zueinander dar. Von den zahlreichen angegebenen Verknüpfungen wird man wegen der fehlenden übergeordneten Gesichtspunkte oft mehr verwirrt als informiert, aber es wird offenbar, was der Konstrukteur zu bedenken hat und was er leisten muss. Wögerbauer erarbeitet die Lösungen selbst noch nicht systematisch. Seine methodische Lösungssuche geht von einer mehr oder weniger intuitiv gefundenen Lösung aus und variiert diese möglichst umfassend nach Grundform, Werkstoff und Herstellung, wobei er bewusst alle erkennbaren Einflüsse einschließt. Dabei stößt er sehr rasch auf die Notwendigkeit, die erhaltene *Lösungsvielfalt einzuschränken*. Dies geschieht durch *Prüfen und Bewerten*, wobei der Kostengesichtspunkt dominierend ist. Wögerbauers sehr umfangreiche *Merkmallisten* unterstützen die Suche nach Lösungen und dienen auch als Prüf- und Bewertungslisten.

Franke [54] fand mit einer logisch-funktionalen Analogie von Elementen unterschiedlicher physikalischer Effekte (elektrische, mechanische, hydraulische Effekte, für gleiche logische Funktionen wie Leiten, Koppeln, Trennen) einen umfassenden Aufbau der Getriebe und gilt deshalb auch als wesentlicher Vertreter eines funktionellen Vergleichs physikalisch unterschiedlicher Lösungselemente. Vor allem Rodenacker [155] setzt später diesen Analogieansatz fort.

Wenn auch vor und während des 2. Weltkrieges bereits ein gewisses Bedürfnis zur Verbesserung und Rationalisierung des Konstruktionsprozesses vorgelegen hat, kam hinzu, dass den genannten Aktivitäten bei der methodischen Durchdringung des Konstruktionsprozesses Grenzen gesetzt waren:

– es fehlten geeignete Darstellungsmöglichkeiten für abstrakte, informative Zusammenhänge,
– die allgemeine Vorstellung hinderte daran, die konstruktive Tätigkeit nicht mehr nur als Kunst, sondern als Tätigkeit wie jede andere im technischen Bereich zu begreifen.

Eine Periode personellen Mangels („Engpass Konstruktion" [190]) verstärkte den Wunsch, auf breiterer Basis die Gedanken an ein methodisches Vorgehen wieder aufzugreifen.

Als förderlich für die heutigen Vorstellungen einer Konstruktionsmethodik müssen die Arbeiten von Kesselring, Tschochner, Niemann, Matousek und Leyer genannt werden.

Bereits 1942 hat Kesselring in seiner Schrift „Die starke Konstruktion" Grundzüge seines konvergierenden Näherungsverfahrens veröffentlicht [98].

Das Vorgehen ist in wesentlichen Punkten in [96, 97] und später in der VDI-Richtlinie 2225 [195] zusammengefasst. Kern des Vorgehens ist die Bewertung von erarbeiteten Gestaltungsvarianten mit *technischen und wirtschaftlichen Beurteilungskriterien*. In seiner Gestaltungslehre gibt er fünf übergeordnete Gestaltungsprinzipien an:

– Prinzip der minimalen Herstellkosten (Sparbau)
– Prinzip vom minimalen Raumbedarf
– Prinzip vom minimalen Gewicht (Leichtbau)
– Prinzip von den minimalen Verlusten
– Prinzip von der günstigsten Handhabung

Zur Gestaltung und Optimierung von Einzelteilen und einfachen technischen Gebilden dient die *Bemessungslehre*, die mit Hilfe mathematischer Methoden vorgeht. Sie ist gekennzeichnet durch die gleichzeitige Anwendung physikalischer und wirtschaftlicher Gesetze. Damit können Bauteilabmessungen, Werkstoffwahl, Fertigungsverfahren und -mittel und dgl. ermittelt werden. Unter Beachtung gewählter Optimierungsmerkmale lässt sich mit Hilfe rein rechnerischer Methoden die günstigste Lösung ermitteln.

Tschochner [179] nennt vier konstruktive Grundrealitäten: *Funktionsprinzip, Werkstoff, Form* und *Abmessung*. Ihre Beziehungen untereinander beeinflussen sich gegenseitig und sind von den Anforderungen, Stückzahl, Kosten usw. abhängig. Der Konstrukteur geht vom Lösungsprinzip aus und schafft dann die weiteren Grundrealitäten Werkstoff und Form, die durch die gewählten Abmessungen aufeinander abgestimmt werden.

Niemann [121] stellt in seinem Buch über Maschinenelemente Gesichtspunkte und Arbeitsmethoden sowie Gestaltungsregeln voran, die man als einen Versuch methodischer Anwendung ansehen muss. Er beginnt mit dem maßstäblichen Gesamtentwurf, der die Hauptmaße und Gesamtanordnung festlegt. Als nächster Schritt wird eine Aufteilung der Gesamtkonstruktion in Teil- und Untergruppen vorgenommen, die eine zeitliche Parallelbearbeitung ermöglicht. Es wird die *Präzisierung der Aufgabe*, die systematische *Lösungsvariation* und eine *kritische* sowie *formale Auswahl der Lösung* gefordert. Diese Forderungen decken sich mit dem heute formulierten Vorgehen im Grundsatz. Niemann stellte damals fest, dass die Methoden zur Auffindung neuer Lösungen noch wenig entwickelt seien. Er ist als einer der Initiatoren anzusehen, der mit Beharrlichkeit und Erfolg das methodische Konstruieren forderte und förderte.

Matousek [112] verweist auf vier wesentliche Einflussgrößen: *Wirkungsweise, Baustoff, Herstellung* und *Gestaltung* und leitet daraus auf Wögerbauer [206] aufbauend das Vorgehen ab, in dem nach dieser Reihenfolge der Entwurf zu bearbeiten sei und bei nicht befriedigendem Kostenergebnis diese Gesichtspunkte in einer mehr oder weniger großen Schleifenbildung erneut zu betrachten sind.

Die Maschinenkonstruktionslehre von Leyer befasst sich schwerpunktmäßig mit der Gestaltung [109]. In einer allgemeinen Gestaltungslehre werden grundlegende *Gestaltungsrichtlinien und Gestaltungsprinzipien* entwickelt. Beim Konstruieren werden drei wesentliche Phasen angegeben. Die erste dient der Festlegung des Prinzips durch eine Idee, Erfindung oder auch durch Übernahme von Bekanntem, die zweite Phase als die der eigentlichen Konstruktion und schließlich die Ausführung. Die zweite Phase ist im Wesentlichen das Entwerfen, bei dem die Gestaltung durch Berechnung unterstützt wird: „Von einer geklärten Aufgabenstellung ausgehend macht die Phantasie oder eine schon bekannte Lösung den Anfang mit einer bestimmten Vorstellung, und zwar an der Stelle, wo das geschieht, was man im Allgemeinen Funktion nennt". Bei der weiteren Durcharbeitung sind Prinzipien oder Regeln zu beachten, z. B. Prinzip der konstanten Wandstärke, Prinzip des Leichtbaus, Phänomen Kraftfluss mit der Forderung nach kraftflussgerechter Gestaltung, Homogenitätsprinzip, ohne die eine erfolgreiche Konstruktion nicht möglich ist. Zusammenfassend kann gesagt werden, dass die Gestaltungsregeln und konstruktiven Hinweise von Leyer deshalb besonders wertvoll sind, weil in der Konstruktionspraxis nach wie vor der Teufel im Detail steckt und Schadensfälle selten durch ein schlechtes Lösungsprinzip, sondern häufig durch eine ungünstige Gestaltung verursacht werden.

Anknüpfend an die zuvor aufgeführten Ansätze zum methodischen Konstruieren begann etwa ab 1965 eine intensive Methodenentwicklung. Sie wurde von Professoren Technischer Hochschulen getragen, die die Konstruktionsarbeit in der Praxis mit ständig steigenden Anforderungen an die Produkte kennengelernt hatten. Sie erkannten, dass eine stärkere Orientierung zur Physik und Mathematik, zur Informatik und zum systematischen Vorgehen bei stärkerer Arbeitsteilung nicht nur nötig, sondern auch möglich ist. Dabei ist es selbstverständlich, dass die Methodenentwicklungen vor allem von dem Fachgebiet bzw. der Branche geprägt wurden, bei dem solche Erfahrungen gewonnen wurden. Die meisten Entwicklungen kommen aus der Feinwerktechnik, Getriebelehre und elektromechanischen Konstruktion, weil dort eindeutige und systematische Zusammenhänge leichter zu finden sind, dann aus der physikalisch orientierten Verfahrenstechnik und schließlich aus dem Großmaschinenbau.

Hansen und weitere Vertreter der *Ilmenauer Schule* (Bischoff, Bock) machten bereits zu Beginn der 50er Jahre Vorschläge zum methodischen Konstruieren [21, 25, 78]. Seine umfassende Konstruktionssystematik stellte Hansen 1965 in der 2. Auflage seines Buches vor [77].

Sein Vorgehen definiert er in einem sog. *Grundsystem*, dessen Arbeitsschritte gleichermaßen für das Konzeptieren, Entwerfen und Gestalten eingesetzt werden. Hansen beginnt mit einer Analyse, Kritik und Präzisierung der Aufgabenstellung, die zum *Grundprinzip* der Entwicklung (Wesenskern der Aufgabe) führt. Das Grundprinzip umfasst die aus der Aufgabe abgeleitete Gesamtfunktion, die Gegebenheiten und ihre Eigenschaften sowie die erforderlichen Maßnahmen. Gesamtfunktion (Funktionsziel und eingrenzende Bedingungen) und Gegebenheiten (Elemente und Eigenschaften) stellen den Kern der Aufgabenstellung mit den vorgegebenen Randbedingungen dar.

Der nächste Arbeitsschritt besteht in einem methodischen Aufsuchen von Lösungselementen und deren Kombination *zu Arbeitsweisen* bzw. *Arbeitsprinzipien*.

Ein wichtiges Anliegen von Hansen ist die Fehlerkritik. Mit ihr sollen die entwickelten Arbeitsweisen hinsichtlich ihrer Eigenschaften und Qualitätsmerkmale analysiert und gegebenenfalls verbessert werden. Die verbesserten Arbeitsweisen werden dann im letzten Schritt bewertet. Durch einen Wertigkeitsvergleich wird die für die Aufgabenstellung optimale Arbeitsweise gefunden.

1974 ist von Hansen ein weiteres Werk mit dem Titel „Konstruktionswissenschaft" erschienen [76]. Das Buch betont mehr theoretische Grundlagen als praktische Richtlinien für die tägliche Konstruktionsarbeit.

In ähnlicher Weise beschreibt Müller [116] mit seinen „Grundlagen der systematischen Heuristik" ein theoretisches und abstraktes Bild des Konstruktionsprozesses bzw. der konstruktiven Tätigkeit. Er bietet damit wesentliche konstruktionswissenschaftliche Grundlagen. Als weitere wesentliche Arbeiten von Müller sind zu nennen [114, 115, 117].

Nach Hansen ist vor allem Rodenacker durch die Entwicklung einer eigenen Konstruktionsmethode hervorgetreten [155–157]. Seine Vorgehensweise ist dadurch gekennzeichnet, dass er die mit einer Aufgabenstellung geforderten *Wirkzusammenhänge* schrittweise aufeinanderfolgend durch *logische, physikalische* und *konstruktive* Wirkzusammenhänge zu erfüllen sucht. Das besondere Anliegen ist das Erkennen und Unterdrücken von Störgrößen und Fehlern möglichst frühzeitig beim Festlegen des physikalischen Geschehens, die generelle Auswahlstrategie vom Einfachen zum Komplizierten sowie das Beachten der Tatsache, dass alle Größen eines technischen Systems unter den Kriterien *Menge, Qualität* und *Kosten* zu betrachten sind. Weitere kennzeichnende Merkmale dieser Konstruktionsmethode sind die Betonung logischer Funktionsstrukturen mit Einzelfunktionen der *zweiwertigen Logik* (Verknüpfen, Trennen) sowie eine solche der Konzeptphase aus der Erkenntnis heraus, dass eine Produktoptimierung vor allem mit einem geeigneten Lösungskonzept beginnen muss. Zusammenfassend kann festgestellt werden, dass beim methodischen Konstruieren nach Rodenacker die Erfassung des physikalischen Geschehens im Vordergrund steht. Aufgrund dieser Tatsache befasst sich Rodenacker nicht nur mit der methodischen Bearbeitung konkreter konstruktiver Aufgaben, sondern auch mit der Methodik des „Erfindens" neuer Geräte und Maschinen. Mit der Frage „Für welche Anwendung ist ein bekannter physikalischer Effekt brauchbar?" sucht er nach Anwendungsmöglichkeiten bekannter physikalischer Effekte. Dieses Vorgehen hat eine große Bedeutung bei der Entwicklung vollkommen neuer Lösungen.

Eine Ergänzung zu den bisher dargelegten Methoden stellen die Gedanken dar, die die einseitige Betonung diskursiven Vorgehens als unbefriedigend und für den Konstrukteur nicht voll einsetzbar empfinden. So leitet Wächtler [199, 200] aus den bekannten kybernetischen Systemen wie Steuern, Regeln und Lernen durch Analogiebetrachtung ab, dass das schöpferische Konstruieren als die schwierigste Prozessform „Lernen" aufgefasst werden kann. Lernen stellt eine höhere Form von Regeln dar, bei der neben quantitativer Variation bei konstanter Qualität (Regeln) auch die Qualität selbst verändert wird.

Entscheidend ist, dass im Zuge einer Optimierung der Konstruktionsprozess nicht statisch, sondern dynamisch als Regelungsprozess aufgefasst wird, bei dem der Informationsrückfluss solange eine Rückschleife durchlaufen muss, bis der Informationsgehalt die zur optimalen Lösung erforderliche Höhe erreicht hat. Der Lernprozess erhöht also ständig den Informationsstand und verbessert so die Eingangsvoraussetzungen für die eigentliche Aktion (Lösungsfindung).

Die zuletzt aufgeführten methodischen Ansätze von Leyer, Hansen, Rodenacker und Wächtler werden im Wesentlichen noch heute angewendet, sie sind häufig in das Vorgehen von Nachfolgern oder anderen Methodik-Schulen integriert.

1.2.3 Heutige Methoden
Current methods

1. Systemtechnik

Bei sozio-ökonomisch-technischen Prozessen haben Vorgehensweisen und Methoden der *Systemtechnik* eine grundlegende Bedeutung erlangt. Sie ist mindestens implizit Grundlage methodischen Vorgehens. Die Systemtechnik als interdisziplinäre Wissenschaft will Methoden, Verfahren und Hilfsmittel zur Analyse, Planung, Auswahl und optimalen Gestaltung komplexer Systeme bereitstellen [14–16, 23, 29, 30, 143, 208].

Technische Gebilde, also auch Erzeugnisse des Maschinen-, Geräte- und Apparatebaus, sind künstliche, konkrete und meistens dynamische Systeme, die aus einer Gesamtheit geordneter Elemente bestehen und aufgrund ihrer Eigenschaften miteinander durch Relationen verknüpft sind. Ein System ist weiterhin dadurch gekennzeichnet, dass es von seiner Umgebung abgegrenzt ist, wobei die Verbindungen zur Umgebung durch die Systemgrenze geschnitten werden: Abb. 1.5. Die Übertragungsleitungen bestimmen das Systemverhalten nach außen. Dadurch wird die Definition einer Funktion möglich, die den Zusammenhang zwischen Eingangs- und Ausgangsgrößen beschreibt und so die Eigenschaftsänderung von Systemgrößen angibt (vgl. 2.1.3).

Ausgehend davon, dass technische Gebilde Systeme darstellen, lag es nahe zu prüfen, ob die Methoden der Systemtechnik auf den Konstruktionsprozess anwendbar sind, zumal die Zielsetzungen der Systemtechnik den eingangs formulierten Forderungen an eine Konstruktionsmethode weitgehend entsprechen [16]. Das systemtechnische Vorgehen beruht auf der allgemeinen Erkenntnis, dass komplexe Problemstellungen zweckmäßig in bestimmten Arbeitsschritten gelöst werden. Solche Arbeitsschritte müssen sich an den Schritten jeder Entwicklungstätigkeit, der Analyse und Synthese, orientieren (vgl. 2.2.5).

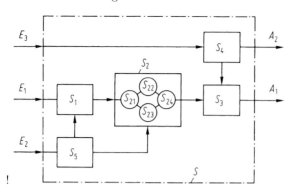

Abb. 1.5. Aufbau eines Systems. S: Systemgrenze des Gesamtsystems; $S_1 \div S_5$: Teilsysteme von S; $S_{21} \div S_{24}$: Teilsysteme bzw. Systemelemente von S_2; $E_1 \div E_3$: Eingangsgrößen (Inputs); $A_1 \div A_2$: Ausgangsgrößen (Outputs)

Abbildung 1.6 zeigt die Vorgehensschritte der Systemtechnik. Das Vorgehen beginnt mit der Gewinnung von Informationen über das geplante System, sog. Systemstudien, die sich aus Marktanalysen, Trendstudien oder bereits konkreten Aufgabenstellungen ergeben können. Allgemeiner kann dieser Schritt auch als Problemanalyse bezeichnet werden. Ziel solcher Systemstudien ist eine klare Formulierung der zu lösenden Probleme bzw. Teilaufgaben, die dann eigentlicher Ausgangspunkt für die Systementwicklung sind. In einem zweiten Schritt oder bereits im Zuge der Systemstudien wird ein Zielprogramm aufgestellt, das die Zielsetzung für das zu schaffende System formal festlegt (Problemformulierung). Solche Zielsetzungen sind wichtige Grundlage für die spätere Bewertung von Lösungsvarianten im Zuge einer optimalen Lösungsfindung für eine gegebene Aufgabenstellung. Die Systemsynthese enthält die eigentliche Entwicklung von Lösungsvarianten auf der Grundlage der in den ersten beiden Schritten gewonnenen Informationen. Diese Informationsverarbeitung soll möglichst mehrere Lösungs- oder Gestaltungsvorschläge für das geplante System erbringen.

Zur Auswahl eines für die Aufgabenstellung optimalen Systems werden nun die gefundenen Lösungsvarianten mit dem eingangs aufgestellten Zielprogramm verglichen, d. h. es wird überprüft, welche Lösung die Anforderungen der Aufgabenstellung am besten erfüllt. Voraussetzung ist die Kenntnis über die Eigenschaften der Lösungsvarianten. In einer Systemanalyse werden deshalb zunächst diese Eigenschaften als Grundlage für die anschließende Systembewertung ermittelt.

Die Bewertung ermöglicht dann das Herausfinden einer relativen Optimallösung und ist deshalb Grundlage für eine Systementscheidung. Die Informationsausgabe erfolgt schließlich mit der Phase der Systemausführungsplanung. Abbildung 1.7 deutet weiterhin an, dass die Arbeitsschritte nicht immer direkt das Entwicklungsziel erreichen lassen, sondern dass häufig erst ein iteratives Vorgehen zu geeigneten Lösungen führt. Eingebaute Entscheidungsstufen erleichtern diesen Optimierungsprozess, der einen Informationsumsatz darstellt.

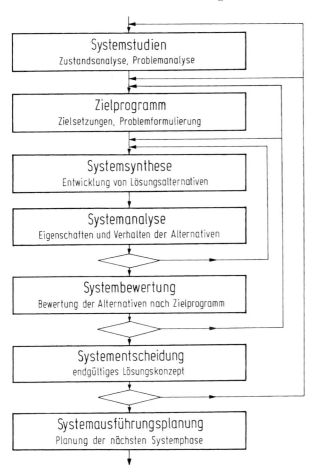

Abb. 1.6. Vorgehensschritte der Systemtechnik

In einem systemtechnischen Vorgehensmodell [23,52] wiederholen sich die Vorgehensschritte in sog. Lebensphasen des Systems, indem der zeitliche Werdegang eines Systems vom Abstrakten zum Konkreten verläuft (Abb. 1.7).

2. Wertanalyse

Die Methode der *Wertanalyse* nach DIN 69910 [37, 66, 196–198] hat in erster Linie das Ziel, Kosten zu senken (vgl. 12). Für dieses Ziel wird aber ein Vorgehen vorgeschlagen, das einem methodischen Gesamtvorgehen, insbesondere für Weiterentwicklungen, entspricht. Abbildung 1.8 zeigt die wesentlichen Arbeitsabschnitte der Wertanalyse, die in der Regel von einer vorhandenen Konstruktion ausgeht, diese hinsichtlich zu erfüllender Funktionen und Kosten analysiert, um für neue Kostenziele anschließend neue Lösungsideen und Lösungen für die geforderten Soll-Funktionen zu suchen. Durch das funktionsorientierte und schrittweise Suchen nach besseren Lösungen hat die Wert-

20   1 Einführung

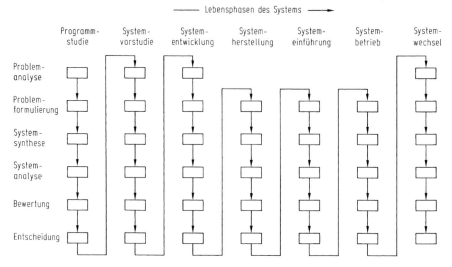

Abb. 1.7. Systemtechnisches Vorgehensmodell in unterschiedlichen Lebensphasen (Konkretisierungsphasen) nach [23, 52]

Projekt vorbereiten
- Team zusammenstellen
- Wertanalyse - Rahmen abgrenzen
- Organisation und Ablauf festlegen

Objektanalyse (Istzustand)
- Funktionen erkennen
- Funktionskosten ermitteln

Soll-Zustand festlegen
- Soll-Funktionen festlegen
- Sonstige Anforderungen ermitteln
- Kostenziele Soll-Funktionen zuordnen

Lösungsideen entwickeln
- Vorhandene Ideen sammeln
- Neue Ideen suchen

Lösungen festlegen
- Lösungsideen bewerten
- Ausgewählte Lösungsideen zu Lösungen ausarbeiten
- Lösungen bewerten und entscheiden

Lösungen verwirklichen
- Ausgewählte Lösungen im Detail ausarbeiten
- Realisierung planen

Abb. 1.8. Generelles Vorgehen der Wertanalyse nach DIN 69910

analyse viele methodische Gemeinsamkeiten mit der allgemeinen Vorgehensmethodik.

Zur Kostenerfassung und -beurteilung werden verschiedene Methoden verwendet (vgl. auch 12). Weiterhin ist Teamarbeit zwingend vorgeschrieben, d. h. die Kommunikation zwischen Fachleuten des Vertriebs, des Einkaufs, der Konstruktion, der Fertigung und Kalkulation (Wertanalyse-Team) sichert eine ganzheitliche Betrachtung von Anforderungen, Material, Gestaltung, Fertigungsverfahren, Lagerhaltung, Normung und Vertriebsgegebenheiten.

Ein weiterer Schwerpunkt ist die Aufteilung der zu erfüllenden Gesamtfunktion in Teilfunktionen abnehmender Komplexität sowie deren Zuordnung zu Funktionsträgern (Baugruppen, Einzelteilen). Aus den kalkulierten Kosten der Einzelteile lässt sich abschätzen, welche Kosten zur Erfüllung der einzelnen Funktionen bis hin zur Gesamtfunktion entstehen. Solche „Funktionskosten" sind dann Grundlage zur Beurteilung von Konzepten oder Entwurfsvarianten, wobei diese minimiert werden sollen bis hin zur Elimination nicht unbedingt notwendiger Funktionen.

In letzterer Zeit gibt es Bemühungen nicht erst nachträglich nach Vorliegen der Entwurfs- oder Einzelteilzeichnungen eine Wertanalyse durchzuführen, sondern schon bei der Konzeptentwicklung im Sinne einer Wertgestaltung die genannten Aspekte wirksam werden zu lassen [65]. Damit nähert sich die Wertanalyse den Zielsetzungen der allgemeinen Konstruktionsmethodik.

3. Konstruktionsmethoden

Nachfolgend werden die heute gängigen Konstruktionsmethoden aufgeführt. Für ein allgemein anerkanntes Vorgehen gelten die VDI-Richtlinien.

Die *VDI-Richtlinie 2222* [192,193] definiert einen Vorgehensplan und Einzelmethoden zum Konzipieren technischer Produkte und spricht damit vor allem die Entwicklung neuer Produkte an. Die neuere *VDI-Richtlinie 2221* [191] schlägt ein generelles Vorgehen zum Entwickeln und Konstruieren technischer Produkte vor, und zwar mit Betonung einer breiten Anwendung im Maschinenbau, der Feinwerktechnik, der Schaltungs- und Softwareentwicklung und der Planung von verfahrenstechnischen Anlagen. Der branchenübergreifende Vorgehensplan (Abb. 1.9) sieht im Zuge der Produktentwicklung sieben grundlegende Arbeitsabschnitte vor, die in Übereinstimmung auch mit den Grundlagen technischer Systeme (vgl. 2.1) und dem eigenen Vorgehensplan (vgl. 4) stehen. Beide Richtlinien wurden von einem VDI-Arbeitsausschuss erarbeitet, in dem die Mehrzahl der in diesem Abschnitt genannten Konstruktionswissenschaftler aus der alten Bundesrepublik und leitende Industriekonstrukteure vertreten waren. Bedingt durch die angestrebte allgemeine Anwendbarkeit ist der Ablauf des Konstruktionsprozesses nur grob strukturiert, und lässt deshalb eine Vielzahl von produkt- und unternehmensspezifischen Vorgehensvarianten zu. Abbildung 1.9 stellt also mehr eine Leitlinie dar, zu der sich detaillierte Arbeitsabläufe zuordnen lassen. Besonders betont wird auch der iterative Charakter des Vorgehens, d. h. der Ablauf der Arbeitsschritte ist nicht starr zu sehen, sondern erfolgt in der Regel durch Überspringen einzelner Arbeitsschritte und/oder Zurückspringen zu vorhergehenden Schritten. Eine solche Flexibilität entspricht der Konstruktionserfahrung und ist für das Anwenden solcher Vorgehenspläne von großer Bedeutung.

An diesen Richtlinien haben eine Reihe Wissenschaftler und Konstrukteure aus dem deutschsprachigen Raum mitgearbeitet, obwohl sie teilweise eigene Schulen oder Methoden entwickelt bzw. vertreten haben. Daneben sind im Ausland zahlreiche Beiträge zur Konstruktionsmethodik entstanden. Auf einen nicht unbedeutenden Teil dieser Veröffentlichungen wird in diesem

22 1 Einführung

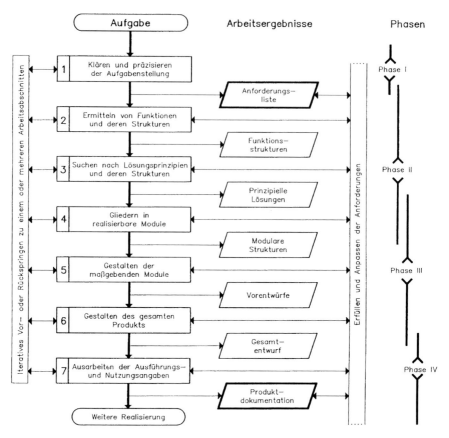

Abb. 1.9. Generelles Vorgehen beim Entwickeln und Konstruieren nach [191]

Buch bei der nachfolgenden Besprechung von Einzelmethoden und Vorgehensweisen im Einzelnen eingegangen bzw. daraus zitiert.

Eine praktisch vollständige Zusammenstellung der internationalen Lehr- und Forschungsaktivitäten ab 1981 ist in den Proceedings der ICED-Konferenzen (International Conference on Engineering Design) zu finden [148].

Nachfolgend wird eine tabellarische Wiedergabe der wichtigsten Veröffentlichungen zur heutigen Methodenentwicklung in chronologischer Reihenfolge als Übersicht dem Leser zur Verfügung gestellt. Aus dieser Tabelle 1.1 sind Entstehung und Umfang erkennbar. Im Literaturverzeichnis können unter dem entsprechenden Autorennamen weitere Beiträge entnommen werden. In der vorangegangen 4. Auflage dieses Buches waren die einzelnen Bemühungen und Verdienste in Textform im Abschn. 1.2.3 gewürdigt worden. Aus Umfangsgründen wird auf deren nochmalige Darstellung verzichtet.

1.2 Methodisches Vorgehen bei der Produktentwicklung

Tabelle 1.1. Chronologische Übersicht zu Konstruktionsmethoden

Jahr	Autor	Thema/Titel	Land	Lit.
1953	Bischoff, Hansen	Rationelles Konstruieren	DDR	21
1955	Bock	Konstruktionssystematik – die Methode der ordnenden Gesichtspunkte	DDR	25
1956	Hansen	Konstruktionssystematik	DDR	78
1963	Pahl	Konstruktionstechnik im thermischen Maschinenbau	D	131
1966	Dixon	Design Engineering: Inventiveness, Analysis and Decision Making	USA	39
1967	Harrisberger	Engineermanship	USA	79
1968	Roth	Systematik der Maschinen und ihrer mechanischen elementaren Funktionen	D	163
1969	Glegg	The Design of the Design, Konstruktionswissenschaft, Weiterentwicklung einer Konstruktionstheorie	GB	68, 69, 70
	Tribus	Wissensbasiertes Konstruieren	USA	177
1970	Beitz	Systemtechnik im Ingenieurbereich	D	16
	Gregory	Creativity in Engineering	GB	71
	Pahl	Wege zur Lösungsfindung	D	129
	Rodenacker	Methodisches Konstruieren, 4. Aufl. 1991	D	155
1972	Pahl, Beitz	Aufsatzreihe „Für die Konstruktionspraxis" (1972–1974)	D	14
1973	Altschuller	Erfinden: Anleitung für Neuerer und Erfinder	USSR	5
	VDI	VDI-Richtlinie 2222, Blatt 1 (Entwurf): Konzipieren technischer Produkte	D	192
1974	Adams	Conceptual Blockbusting: Eine Anleitung, bessere Ideen zu generieren	USA	1
1976	Hennig	Methodik der Verarbeitungsmaschinen	DDR	82
1977	Flursheim	Engineering Design Interfaces	GB	49, 50
	Ostrofsky	Design, Planning and Development Methodology	USA	126
	Pahl, Beitz	Konstruktionslehre, 1. Aufl., 4. Aufl. 1997	D	134
	VDI	VDI-Richtlinie 2222 Blatt 1: Konzipieren technischer Produkte	D	192
1978	Rugenstein	Arbeitsblätter Konstruktionstechnik	DDR	165
1979	Frick	Integration der industriellen Formgestaltung in den Erzeugnis-Entwicklungsprozess, Arbeiten zum Industrial Design	DDR	60, 61, 62

Tabelle 1.1. (Fortsetzung)

Jahr	Autor	Thema/Titel	Land	Lit.
	Klose	Zur Entwicklung einer speicherunterstützten Konstruktion von Maschinen unter Wiederverwendung von Baugruppen	DDR	99, 100
	Polovnikin	Untersuchung und Entwicklung von Konstruktionsmethoden	USSR	146, 147
1981	Gierse	Wertanalyse und Konstruktionsmethodik in der Produktentwicklung	D	67
	Kozma, Sträub (Pahl/Beitz)	Ungarische Übersetzung des Buches Konstruktionslehre	H	141
	Nadler	The Planning and Design Approach	USA	119
	Proceedings of ICED by Hubka	Schriftenreihe WDK ab 1981 im 2-Jahresabstand	CH	148
	Schregenberger	Methodenbewusstes Problemlösen	CH	170
1982	Dietrych, Rugenstein	Einführung in die Konstruktionswissenschaft	PL/D	36
	Roth	Konstruieren mit Konstruktionskatalogen, 1. bis 3. Auflage (2001)	D	160, 161, 162
	VDI	VDI-Richtlinie 2222 Blatt 2: Erstellung und Anwendung von Konstruktionskatalogen	D	193
1983	Andreasen et al.	Design for Assembly	DK	8
	Höhne, G.	Struktursynthese und Variationstechnik beim Konstruieren	DDR	84
1984	Hawkes, Abinett	The Engineering Design Process	GB	80
	Altschuller	Erfinden – Wege zur Lösung technischer Probleme	USSR	4
	Hubka	Theorie technischer Systeme	CH	86, 87
	Walczack (Pahl/Beitz)	Polnische Übersetzung des Buches Konstruktionslehre	PL	139
	Yoshikawa	Automation in Thinking in Design	J	207
1985	Wallace (Pahl/Beitz)	Engineering Design. Edition und Übersetzung des Buches Konstruktionslehre	GB	140
	Archer	The Implications for the Study for Design Methods of Recent Development in Neighbouring Disciplines	GB	10
	Ehrlenspiel, Lindemann	Kostengünstig Entwickeln und Konstruieren	D	41, 43
	Franke	Konstruktionsmethodik und Konstruktionspraxis – eine kritische Betrachtung	D	51
	French	Erfinden und Weiterentwickeln, Bionik, (Conceptual) Design for Engineers	GB	56, 57, 58
	Koller	Konstruktionslehre für den Maschinenbau. Grundlagen, Arbeitsschritte, Prinziplösungen. 3. Auflage 1994	D	101, 102, 103, 104

Tabelle 1.1. (Fortsetzung)

Jahr	Autor	Thema/Titel	Land	Lit.
	van den Kronenberg	Design Methodology as a Condition for Computer Aided Design	NL	185
1986	Odrin	Morphologische Synthese von Systemen	USSR	122
	Altschuller	Theory of Inventive Problem Solving	USSR	2, 3
	Taguchi	Introduction of Quality Engineering	J	175
1987	Andreasen, Hein	Integrated Project Development	DK	7
	Erlenspiel, Figel	Application of Expert Systems in Machine Design	D	42
	Gasparski	On Design Differently	PL	63
	Haies	Analysis of the Engineering Design Process in an Industrial Context, Managing Design	GB	73, 74, 75
	Schlottmann	Konstruktionslehre	DDR	169
	VDI/Wallace	VDI Design Handbook 2221: Systematic Approach to the Design of Technical Systems and Products. Engl. Übersetzung	D	186
	Wallace, Haies	Detailed Analysis of an Engineering Design Project	GB	203
1988	Dixon	On Research Methodology – Towards A Scientific Theory of Engineering Design	USA	38
	Hubka, Eder	Theory of Technical Systems – A Total Concept Theory for Engineering Design	CH/CDN	88, 89
	Jakobsen	Functional Requirements in the Design Process	N	92
	Sun	The Principles of Design, Axiomatic Design	USA	173, 174
	Ullmann, Stauffer, Dietterich	A Model of the Mechanical Design Process Based an Empirical Data	USA	182
	Winner, Pennell et al.	The Role of Concurrent Engineering in Weapon Acquisition	USA	205
1989	Cross	Engineering Design Methods	GB	33
	De Boer	Entscheidungsfindung und Technik beim Methodischen Konstruieren	NL	35
	Elmaragh, Seering, Ullmann	Design Theory and Methodology	USA	45
	Jung	Funktionale Gestaltbildung – Gestaltende Konstruktionslehre für Vorrichtungen, Geräte, Instrumente und Maschinen	D	93, 94
	Pahl/Beitz	Chinesische Übersetzung des Buches Konstruktionslehre	VRC	138
	Ulrich, Seering	Synthesis of Schematic Description in Mechanical Design	USA	184

Tabelle 1.1. (Fortsetzung)

Jahr	Autor	Thema/Titel	Land	Lit.
1990	Birkhofer	Von der Produktidee zum Produkt – Eine kritische Betrachtung zur Auswahl und Bewertung in der Konstruktion	D	17, 18
	Konttinnen (Pahl/Beitz)	Finnische Übersetzung des Buches Pahl/Beitz: Konstruktionslehre	FIN	137
	Kostelic	Design for Quality	YU	105
	Müller	Arbeitsmethoden der Technikwissenschaften – Systematik, Heuristik, Kreativität	DDR	114
	Pighini	Methodological Design of Machine Elements	I	145
	Pugh	Total Design; Integrated Methods for Successful Product Engineering	GB	149
	Rinderle	Konstruktionstechnik und Methodik	USA	154
	Roozenburg, Eekels	Aussagenbreite zu Bewertungs- und Entscheidungsprozessen	NL	158, 159
1991	Andreasen	Methodical Design Framed by New Procedures	DK	6
	Björnemo	Evaluation and Decision Techniques in the Engineering Design Process	S	22
	Boothroyd, Dieter	Beschreibung des Zusammenhangs von automatisierter Montage und Produktkonstruktion	USA	26
	Clark, Fujimoto	Erfolgreiche Produktentwicklung in der Autoindustrie (Strategie, Organisation)	USA	31
	Flemming	Die Bedeutung der Bauweisen für die Konstruktion	CH	47, 48
	Hongo, Nakajima	Relevant Features of the Decade 1981–1991 of the Theories of Design in Japan	J	85
	Kannapan, Marshek	Design Synthetic Reasoning: A Methodology for Mechanical Design	USA	95
	Stauffer	Design Theory and Methodology	USA	172
	Walton	Von der Gestaltung zur Konstruktion im Maschinenbau (From Art to Practice)	USA	204
1992	O'Grady, Young	Constraint Nets for Life Cycle: Concurrent Engineering	USA	123
	Seeger	Integration von Industrial Design in das methodische Konstruieren	D	171
	Ullmann	Anwendungsorientierter Konstruktionsprozess	USA	180, 181
1993	Breiing, Flemming	Theorie und Methoden des Konstruierens	CH	28
	Linde, Hill	Erfolgreich Erfinden. Widerspruchsorientierte Innovationsstrategie	D	110
	Miller	Concurrent Engineering Design	USA	113

1.2 Methodisches Vorgehen bei der Produktentwicklung

Tabelle 1.1. (Fortsetzung)

Jahr	Autor	Thema/Titel	Land	Lit.
	VDI	VDI-Richtlinie 2221: Methodik zum Entwickeln und Konstruieren technischer Systeme und Produkte	D	191
1994	Clausing	Total Quality Development	USA	32
	Blessing	A Process-Based Approach to Computer-Supported Engineering Design	GB	24
	Pahl (Hrsg.)	Psychologische und pädagogische Fragen beim methodischen Konstruieren	D	127
1995	Ehrlenspiel	Integrierte Produktentwicklung	D	40
	Pahl/Beitz	Japanische Übersetzung des Buches Konstruktionslehre	J	136
	Wallace, Blessing, Bauert (Pahl/Beitz)	Engineering Design, 2. Edition und Übersetzung des Buches Konstruktionslehre, 3. Auflage	GB, USA	135
1996	Bralla	Design for Excellence	USA	27
	Cross, Christiaans, Dorst	Internationaler Kongress zur Analyse der Konstruktionsaktivitäten	GB, NL	34
	Hazelrigg	Systems Engineering: An Approach to information-based Design	USA	81
	Waldron, Waldron	Theorie und Methodik des Konstruktionsprozesses	USA	202
1997	Frey, Rivin, Hatamura	Einführung von TRIZ in Japan	J	59
	Magrab	Zusammenfassende Betrachtung von Produktentwicklung und Fertigungs-(prozess)entwicklung	USA	111
1998	Frankenberger, Badke-Schaub, Birkhofer	Konstrukteure als wichtigster Faktor einer erfolgreichen Produktentwicklung	D	55
	Herb (Hrsg.)	Herausgeber des Buches von Terninko, Zusman und Zlotin: TRIZ	D	83
	Hyman	Grundlagen der Konstruktionstechnik	USA	91
	Pahl/Beitz	Koreanische Übersetzung des Buches Konstruktionslehre	ROK	133
	Terninko, Zusman, Zlotin	Systematic Innovation: An introduction to TRIZ	USA	176
1999	Pahl	Denk- und Handlungsweisen beim Konstruieren	D	128
	Samuel, Weir	Produktentwicklung mit starkem Grundlagencharakter zu Maschinenelemente	AU	168

Tabelle 1.1. (Fortsetzung)

Jahr	Autor	Thema/Titel	Land	Lit.
	VDI	VDI-Richtlinie 2223 (Entwurf): Methodisches Entwerfen technischer Produkte	D	194
2000	Pahl/Beitz	Portugiesische Übersetzung des Buches Konstruktionslehre	BR	132
2001	Antonsson, Cagan	Formal Engineering Design Synthesis	USA	9
	Gausemeyer, Ebbesmeyer, Kallmeyer	Produktinnovation mit strategischer Planung	D	64
	Kroll, Condoor, Jansson	Parameteranalyse in der Konzeptphase der Produktentwicklung	USA	106
2002	Sachse	Entwurfsdenken und Darstellungshandeln, Verfestigung von Gedanken beim Konzipieren	D	166
	Eigner, Stelzer	Produktdatenmanagement-Systeme	D	44
	Neudörfer	Konstruieren sicherheitsgerechter Produkte	D	120
	Orloff	Grundlagen der klassischen TRIZ (russisch = Theorie des erfinderischen Problemlösens)	D	125
	Wagner	Wegweiser für Erfinder	D	201

1.3 Zielsetzung vorliegender methodischer Konstruktionslehre
Objectivs of the authors

Beschäftigt man sich mit den zuvor erwähnten Methoden eingehender, ist festzustellen, dass einerseits die Methodenentwicklung stark von denjenigen Fachgebieten beeinflusst wurde, denen die Verfasser in ihrer Berufspraxis entstammten, dass aber andererseits mehr Gemeinsamkeiten vorliegen, als es die zum Teil unterschiedlichen Begriffe und Definitionen aussagen. Die angeführten VDI-Richtlinien 2222 und 2221 bestätigen diese Gemeinsamkeiten, da sie unter Mitwirkung kompetenter Autoren erarbeitet wurden.

Mit dem Hintergrund der praktischen Berufserfahrung im Großmaschinenbau, im Schienenfahrzeugbau und im Automobilbau sowie einer mehrjährigen Erfahrung in der Lehre des Grund- und Hauptstudiums über Konstruktionstechnik wird mit der vorliegenden 5. Auflage eine umfassende „Konstruktionslehre für alle Phasen des Produktentwicklungsprozesses für den Maschinen-, Geräte- und Apparatebau" weiterverfolgt. Die Ausführungen stützen sich im Wesentlichen auf die von den Verfassern Pahl und Beitz herausgegebene Aufsatzreihe „Für die Konstruktionspraxis" [142] und den erschienenen vier Auflagen dieses Buches. Es ist hervorzuheben, dass zwischen der 1. Auflage (1977) und dieser 5. Auflage keine generellen Aussagen als überholt fallengelassen werden mussten.

Diese vorliegende Konstruktionslehre erhebt nicht den Anspruch, vollständig oder abgeschlossen zu sein. Sie bemüht sich aber,

– praxisnah und zugleich lehrbar zu sein,
– vorhandene Methoden im Sinne eines Methodenbaukastens miteinander verträglich darzustellen, ohne eine eigene Schule zu beanspruchen, und nicht kurzlebigen modischen Trends nachzugehen,
– die konstruktiven Grundlagen, Prinzipien und Gestaltungshinweise im Detail festzuhalten und angesichts zunehmender Nutzung von Zukaufteilen und elektronischer Repräsentationen bewusst zu machen,
– für eine erfolgreiche Produktentwicklung als Grundlage und Leitfaden für den Entwickler, Konstrukteur und Projektleiter auch in neuartigen Organisationsformen mit Teamarbeit zu dienen, wobei die Organisation der Prozessführung selbst aber nicht Schwerpunkt dieses Buches ist.

Dem Lernenden sei die vorliegende Konstruktionslehre Einführung und Grundlage, dem Lehrenden Hilfe und Beispiel und dem Praktiker Information, Ergänzung und Weiterbildung. Die Beachtung der hier dargelegten Fakten und methodischen Anleitungen wird eine erfolgreiche Produktentwicklung und Weiterentwicklung im Sinne einer Produktverbesserung sehr unterstützen.

Der in der Methodenanwendung bereits vertraute Leser kann mit Kap. 5 direkt in die Produktentwicklung einsteigen. Gegebenenfalls wird er auf die in den Kap. 2 bis 4 dargestellten Grundlagen zurückgreifen oder sich vergewissern. Der Student oder Berufsanfänger sollte aber diese Grundlagen nicht ignorieren, sondern sie sich zu einem sicheren Fundament erarbeiten.

Literatur
References

1. Adams, J.L.: Conceptual Blockbusting: A Guide to Better Ideas, 3. Edition, Stanford: Addison-Wesley, 1986.
2. Altschuller, G.S.; Zlotin, B.; Zusman, A.V.; Filantov, V.I.: Searching for New Ideas: From Insight to Methodology (russisch). Kartya Moldovenyaska Publishing House, Kishnev, Moldawien 1989.
3. Altschuller, G.S.: Artikelreihe Theory of Inventive Problem Solving: (1955–1985). Management Schule, Sinferoble, Ukraine, 1986.
4. Altschuller, G.S.: Erfinden – Wege zur Lösung technischer Probleme. Technik 1984.
5. Altschuller, G.S.: Erfinden – (k)ein Problem? Anleitung für Neuerer und Erfinder. (org.: Algoritm izobretenija (dt)). Verlag Tribüne, Berlin: 1973.
6. Andreasen, M.M.: Methodical Design Framed by New Procedures. Proceedings of ICED 91, Schriftenreihe WDK 20. Zürich: HEURISTA 1991.

7. Andreasen, M.M.; Hein, L.: Integrated Product Development. Bedford, Berlin: IFS (Publications) Ltd, Springer 1987.
8. Andreasen, M.M.; Kähler, S.; Lund, T.: Design for Assembly. Berlin: Springer 1983. Deutsche Ausgabe: Montagegerechtes Konstruieren. Berlin: Springer 1985.
9. Antonsson, E.K.; Cagan, J.: Formal Engineering Design Synthesis. Cambridge University Press 2001.
10. Archer, L.B.: The Implications for the Study of Design Methods of Recent Developments in Neighbouring Disciplines. Proceedings of ICED 85, Schriftenreihe WDK 12. Zürich: HEURISTA 1985.
11. Bach, C.: Die Maschinenelemente. Stuttgart: Arnold Bergsträsser Verlagsbuchhandlung, 1. Aufl. 1880, 12. Aufl. 1920.
12. Bauer, C.-O.: Anforderungen aus der Produkthaftung an den Konstrukteur. Beispiel: Verbindungstechnik. Konstruktion 42 (1990) 261–265.
13. Beitz, W.: Simultaneous Engineering – Eine Antwort auf die Herausforderungen Qualität, Kosten und Zeit. In: Strategien zur Produktivitätssteigerung – Konzepte und praktische Erfahrungen. ZfB-Ergänzungsheft 2 (1995), 3–11.
14. Beitz, W.: Design Science – The Need for a Scientific Basis for Engineering Design Methodology. Journal of Engineering Design 5 (1994), Nr. 2, 129–133.
15. Beitz, W.: Systemtechnik im Ingenieurbereich. VDI-Berichte Nr. 174. Düsseldorf: VDI-Verlag 1971 (mit weiteren Literaturhinweisen).
16. Beitz, W.: Systemtechnik in der Konstruktion. DIN-Mitteilungen 49 (1970) 295–302.
17. Birkhofer, H.: Konstruieren im Sondermaschinenbau – Erfahrungen mit Methodik und Rechnereinsatz. VDI-Berichte Nr. 812, Düsseldorf: VDI-Verlag 1990.
18. Birkhofer, H.: Von der Produktidee zum Produkt – Eine kritische Betrachtung zur Auswahl und Bewertung in der Konstruktion. Festschrift zum 65. Geburtstag von G. Pahl. Herausgeber: F.G. Kollmann, TU Darmstadt 1990.
19. Birkhofer, H.; Büttner, K.; Reinemuth, J.; Schott, H.: Netzwerkbasiertes Informationsmanagement für die Entwicklung und Konstruktion – Interaktion und Kooperation auf virtuellen Marktplätzen. Konstruktion 47 (1995), 255–262.
20. Birkhofer, H.; Nötzke, D.; Keutgen, I.: Zulieferkomponenten im Internet. Konstruktion 52 (2000) H. 5, 22–23.
21. Bischoff, W.; Hansen, F.: Rationelles Konstruieren. Konstruktionsbücher Bd. 5. Berlin: VEB-Verlag Technik 1953.
22. Björnemo, R.: Evaluation and Decision Techniques in the Engineering Design Process – In Practice. Proceedings of ICED 91, Schriftenreihe WDK 20. Zürich: HEURISTA 1991.
23. Blass, E.: Verfahren mit Systemtechnik entwickelt. VDI-Nachrichten Nr. 29 (1981).
24. Blessing, L.T.M.: A Process-Based Approach to Computer-Supported Engineering Design. Cambridge: C.U.P. 1994.
25. Bock, A.: Konstruktionssystematik – die Methode der ordnenden Gesichtspunkte. Feingerätetechnik 4 (1955) 4.
26. Boothroyd, G.: Dieter, G.E.: Assembly Automation and Product Design. New York, Basel: Verlag Marcel Dekker, Inc. 1991.
27. Bralla, J.G.: Design for Excellence. New York: McGraw-Hill 1996.
28. Breiing, A.; Flemming, M.: Theorie und Methoden des Konstruierens. Berlin: Springer 1993.

29. Büchel, A.: Systems Engineering: Industrielle Organisation 38 (1969) 373–385.
30. Chestnut, H.: Systems Engineering Tools. New York: Wiley & Sons Inc. 1965, 8 ff.
31. Clark, K.B., Fujimoto, T.: Product Development Performance: Strategy, Organization and Management in the World Auto Industry Boston: Harvard Business School Press 1991.
32. Clausing, D.: Total Quality Deelopment. Asme Press, N.Y.: 1994.
33. Cross, N.: Engineering Design Methods. Chichester: J. Wiley & Sons Ltd. 1989.
34. Cross, N.; Christiaans, H.; Dorst, K.: Analysing Design Activity. Delft University of Technology, Niederlande: Verlag John Wiley & Sons, New York 1996.
35. De Boer, S.J.: Decision Methods and Techniques in Methodical Engineering Design. De Lier: Academisch Boeken Centrum 1989.
36. Dietrych, J.; Rugenstein, J.: Einführung in die Konstruktionswissenschaft. Gliwice: Politechnika Slaska IM. W Pstrowskiego 1982.
37. DIN 69910: Wertanalyse, Begriffe, Methode. Berlin Beuth.
38. Dixon, J.R.: On Research Methodology Towards – A Scientific Theory of Engineering Design. In Design Theory 88 (ed. by S.L. Newsome, W.R. Spillers, S. Finger). New York: Springer 1988.
39. Dixon, J.R.: Design Engineering: Inventiveness, Analysis, and Decision Making. New York: McGraw-Hill 1966.
40. Ehrlenspiel, K.: Integrierte Produktentwicklung. München: Hanser 1995.
41. Ehrlenspiel, K.: Kostengünstig konstruieren. Berlin: Springer 1985.
42. Ehrlenspiel, K.; Figel, K.: Applications of Expert Systems in Machine Design. Konstruktion 39 (1987) 280–284.
43. Ehrlenspiel, K.; Kiewert, A.; Lindemann, U.: Kostengünstig Entwickeln und Konstruieren. Berlin: Springer 2002.
44. Eigner, M.; Stelzer, R.: Produktdatenmanagement-Systeme. Berlin: Springer 2002.
45. Elmaragh, W.H.; Seering, W.P.; Ullman, D.G.: Design Theory and Methodology-DTM 89. ASME DE – Vol. 17. New York 1989.
46. Erkens, A.: Beiträge zur Konstruktionserziehung. Z. VDI 72 (1928) 17–21.
47. Flemming, M.: Die Bedeutung von Bauweisen für die Konstruktion. Proceedings of ICED 91, Schriftenreihe WDK 20. Zürich: HEURISTA 1991.
48. Flemming, M.; Ziegmann, G.; Roth, S.: Faserverbundbauweisen. Berlin: Springer 1995.
49. Flursheim, C.: Industrial Design and Engineering. London: The Design Council 1985.
50. Flursheim, C.: Engineering Design Interfaces: A Management Philosophy. London: The Design Council 1977.
51. Franke, H.-J.: Konstruktionsmethodik und Konstruktionspraxis – eine kritische Betrachtung. In: Proceedings of ICED '85 Hamburg. Zürich: HEURISTA 1985.
52. Franke, H.-J.: Der Lebenszyklus technischer Produkte. VDI-Berichte Nr. 512. Düsseldorf: VDI-Verlag 1984.
53. Franke, H.-J.; Lux, S.: Internet-basierte Angebotserstellung für komplexe Produkte. Konstruktion 52 (2000) H. 5, 24–26.
54. Franke, R.: Vom Aufbau der Getriebe. Düsseldorf: VDI-Verlag 1948/1951.
55. Frankenberger, E.; Badke-Schaub, P.; Birkhofer, H.: Designers, The Key to Successful Product Development. London: Springer 1998.

56. French, M.J.: Form, Structure and Mechanism. London: Macmillan 1992.
57. French, M.J.: Invention and Evolution: Design in Nature and Engineering. Cambridge: C.U.P. 1988.
58. French, M.J.: Conceptual Design for Engineers. London, Berlin: The Design Council, Springer 1985.
59. Frey, V.R.; Rivin, E.I.; Hatamura, Y.: TRIZ: Nikkan Konyou Shinbushya. Tokyo 1997.
60. Frick, R.: Erzeugnisqualität und Design. Berlin: Verlag Technik 1996.
61. Frick, R.: Arbeit des Industrial Designers im Entwicklungsteam. Konstruktion 42 (1990) 149–156.
62. Frick, R.: Integration der industriellen Formgestaltung in den Erzeugnis-Entwicklungsprozess. Habilitationsschrift TH Karl-Marx-Stadt 1979.
63. Gasparski, W.: On Design Differently. Proceedings of ICED 87, Schriftenreihe WDK 13. New York: ASME 1987.
64. Gausemeier, J.; Ebbesmeyer, P.; Kallmeyer, F.: Produktinnovation. Strategische Planung und Entwicklung der Produkte von morgen, München, Wien: Hanser, 2001.
65. Gierse, F.J.: Von der Wertanalyse zum Value Management – Versuch einer Begrifferklärung. Konstruktion 50 (1998), H. 6, 35–39.
66. Gierse, F.J.: Funktionen und Funktionen-Strukturen, zentrale Werkzeuge der Wertanalyse. VDI Berichte Nr. 849, Düsseldorf: VDI-Verlag 1990.
67. Gierse, F.J.: Wertanalyse und Konstruktionsmethodik in der Produktentwicklung. VDI-Berichte Nr. 430. Düsseldorf: VDI-Verlag 1981.
68. Glegg, G.L.: The Development of Design. Cambridge: C.U.P. 1981.
69. Glegg, G.L.: The Science of Design. Cambridge: C.U.P. 1973.
70. Glegg, G.L.: The Design of Design. Cambridge: C.U.P. 1969.
71. Gregory, S.A.: Creativity in Engineering. London: Butterworth 1970.
72. Groeger, B.: Ein System zur rechnerunterstützten und wissensbasierten Bearbeitung des Konstruktionsprozesses. Konstruktion 42 (1990) 91–96.
73. Hales, C.: Managing Engineering Design. Harlow: Longman 1993.
74. Hales, C.: Analysis of the Engineering Design Process in an Industrial Context. East-leigh/Hampshire: Gants Hill Publications 1987.
75. Hales, C.; Wallace, K.M.: Systematic Design in Practice. Proceedings of ICED 91, Schriftenreihe WDK 20. Zürich: HEURISTA 1991.
76. Hansen, F.: Konstruktionswissenschaft – Grundlagen und Methoden. München: Hanser 1974.
77. Hansen, F.: Konstruktionssystematik, 2. Aufl. Berlin: VEB-Verlag Technik 1965.
78. Hansen, F.: Konstruktionssystematik. Berlin: VEB-Verlag Technik 1956.
79. Harrisberger, L.: Engineersmanship: A philosophy of design. Belmont: Wadsworth 1967.
80. Hawkes, B.; Abinett, R.: The Engineering Design Process. London: Pitman 1984.
81. Hazelrigg, G.A.: Systems Engineering: An approach to information-based design. Prentice Hall, Upper Sattel River, N.4. 1996.
82. Hennig, J.: Ein Beitrag zur Methodik der Verarbeitungsmaschinenlehre. Habilitationsschrift TU Dresden 1976.
83. Herb, R. (Hrsg.); Terninko, J.; Zusman, A.; Zlotin, B.: TRIZ – der Weg zum konkurrenzlosen Erfolgsprodukt (org. TZZ-98). Verlag moderne Technik, Landsberg: 1998.

84. Höhne, G.: Struktursynthese und Variationstechnik beim Konstruieren. Habilitationsschrift, TH Ilmenau 1983.
85. Hongo, K.; Nakajima, N.: Relevant Features of the Decade 1981–91 of the Theories of Design in Japan. Proceedings of ICED 91, Schriftenreihe WDK 20. Zürich: HEURISTA 1991.
86. Hubka, V.: Theorie technischer Systeme. Berlin: Springer 1984.
87. Hubka, V.; Andreasen, M.M.; Eder, W.E.: Practical Studies in Systematic Design. London, Northampton: Butterworth 1988.
88. Hubka, V.; Eder, W.E.: Einführung in die Konstruktionswissenschaft – Übersicht, Modell, Anleitungen. Berlin: Springer 1992.
89. Hubka, V.; Eder, W.E.: Theory of Technical Systems – A Total Concept Theory for Engineering Design. Berlin: Springer 1988.
90. Hubka, V.; Schregenberger, J.W.: Eine Ordnung konstruktionswissenschaftlicher Aussagen. VDI-Z 131 (1989) 33–36.
91. Hyman, B.: Fundamentals of Engineering Design. Upper Saddle River, Prentice-Hall, 1998.
92. Jakobsen, K.: Functional Requirements in the Design Process. In: „Modern Design Principles". Trondheim: Tapir 1988.
93. Jung, A.: Technologische Gestaltbildung – Herstellung von Geometrie-, Stoff- und Zustandseigenschaften feinmechanischer Bauteile. Berlin: Springer 1991.
94. Jung, A.: Funktionale Gestaltbildung – Gestaltende Konstruktionslehre für Vorrichtungen, Geräte, Instrumente und Maschinen. Berlin: Springer 1989.
95. Kannapan, S.M.; Marshek, K.M.: Design Synthetic Reasoning: A Methodology for Mechanical Design. Research in Engineering Design (1991), Vol. 2, Nr. 4, 221–238.
96. Kesselring, F.: Technische Kompositionslehre. Berlin: Springer 1954.
97. Kesselring, F.: Bewertung von Konstruktionen. Düsseldorf: VDI-Verlag 1951.
98. Kesselring, F.: Die starke Konstruktion. VDI-Z. 86 (1942) 321–330, 749–752.
99. Klose, J.: Konstruktionsinformatik im Maschinenbau. Berlin: Technik 1990.
100. Klose, J.: Zur Entwicklung einer speicherunterstützten Konstruktion von Maschinen unter Wiederverwendung von Baugruppen. Habilitationsschrift TU Dresden 1979.
101. Koller, R.: Konstruktionslehre für den Maschinenbau. Grundlagen zur Neu- und Weiterentwicklung technischer Produkte, 3. Auflage. Berlin: Springer 1994.
102. Koller, R.: CAD – Automatisiertes Zeichnen, Darstellen und Konstruieren. Berlin: Springer 1989.
103. Koller, R.: Entwicklung und Systematik der Bauweisen technischer Systeme – ein Beitrag zur Konstruktionsmethodik. Konstruktion 38 (1986) 1–7.
104. Koller, R.: Konstruktionslehre für den Maschinenbau. Grundlagen, Arbeitsschritte, Prinziplösungen. Berlin: Springer 1985.
105. Kostelic, A.: Design for Quality. Proceedings of ICED 90, Schriftenreihe WDK 19. Zürich: HEURISTA 1990.
106. Kroll, E.; Condoor, S.S.; Jansson, D.G.: Innovative Conceptual Design: Theory and Application of Parameter Analysis. Cambridge: Cambridge University Press 2001.
107. Laudien, K.: Maschinenelemente. Leipzig: Dr. Max Junecke Verlagsbuchhandlung 1931.
108. Lehmann, C.M.: Wissensbasierte Unterstützung von Konstruktionsprozessen. Reihe Produktionstechnik, Bd. 76. München: Hanser 1989.

109. Leyer, A.: Maschinenkonstruktionslehre. Hefte 1–6 technica-Reihe. Basel: Birkhäuser 1963–1971.
110. Linde, H.; Hill, B.: Erfolgreich Erfinden – Widerspruchsorientierte Innovationsstrategie. Darmstadt: Hoppenstedt 1993.
111. Magrab, E.B.: Integrated Product and Process Design and Development: The Product Realisation Process. CRC Press, USA 1997.
112. Matousek, R.: Konstruktionslehre des allgemeinen Maschinenbaus. Berlin: Springer 1957 Reprint.
113. Miller, L.C.: Concurrent Engineering Design: Society of Manufacturing Engineering. Dearborn, Michigan, USA 1993.
114. Müller, J.: Arbeitsmethoden der Technikwissenschaften – Systematik, Heuristik, Kreativität. Berlin: Springer 1990.
115. Müller, J.: Probleme schöpferischer Ingenieurarbeit. Manuskriptdruck TH Karl-Marx-Stadt 1984.
116. Müller, J.: Grundlagen der systematischen Heuristik. Schriften zur soz. Wirtschaftsführung. Berlin: Dietz 1970.
117. Müller, J.; Koch, P. (Hrsg.).: Programmbibliothek zur systematischen Heuristik für Naturwissenschaften und Ingenieure. Techn. wiss. Abhandlungen des Zentralinstituts für Schweißtechnik Nr. 97–99. Halle 1973.
118. N.N.: Leonardo da Vinci. Das Lebensbild eines Genies. Wiesbaden: Vollmer 1955, 493–505.
119. Nadler, G.: The Planning and Design Approach. New York: Wiley 1981.
120. Neudörfer, A.: Konstruieren sicherheitsgerechter Produkte. Berlin: Springer 2002.
121. Niemann, G.: Maschinenelemente, Bd. 1. Berlin: Springer 1. Aufl. 1950, 2. Aufl. 1965, 3. Aufl. 1975 (unter Mitwirkung von M. Hirt).
122. Odrin, W.M.: Morphologische Synthese von Systemen: Aufgabenstellung, Klassifikation, Morphologische Suchmethoden. Kiew: Institut f. Kybernetik, Preprints 3 und 5, 1986.
123. O'Grady, P.; Young, R.E.: Constraint Nets for Life Cycle Engineering: Concurrent Engineering. Proceedings of National Science Foundation Grantees Conference, 1992.
124. Opitz, H. und andere: Die Konstruktion – ein Schwerpunkt der Rationalisierung. Industrie Anzeiger 93 (1971) 1491–1503.
125. Orloff, M.A.: Grundlagen der klassischen TRIZ. Berlin: Springer 2002.
126. Ostrofsky, B.: Design, Planning and Development Methodology. New Jersey: Prentice-Hall, Inc. 1977.
127. Pahl, G. (Hrsg.): Psychologische und pädagogische Fragen beim methodischen Konstruieren. Ladenburger Diskurs. Köln: Verlag TÜV Rheinland 1994.
128. Pahl, G.: Denk- und Handlungsweisen beim Konstruieren. Konstruktion 1999, 11–17.
129. Pahl, G.: Wege zur Lösungsfindung. Industrielle Organisation 39 (1970), Nr. 4.
130. Pahl, G.: Entwurfsingenieur und Konstruktionslehre unterstützen die moderne Konstruktionsarbeit. Konstruktion 19 (1967) 337–344.
131. Pahl, G.: Konstruktionstechnik im thermischen Maschinenbau. Konstruktion (1963), 91–98.
132. Pahl, G.; Beitz, W.: Konstruktionslehre. Portugiesische Übersetzung. Verlag Editora Edgar Blücher Ltda, Sao Paulo, Brasilien 2000.
133. Pahl, G.; Beitz, W.: Konstruktionslehre. Koreanische Übersetzung 1998.

134. Pahl, G.; Beitz, W.: Konstruktionslehre. Berlin: Springer 1. Aufl. 1977, 2. Aufl. 1986, 3. Aufl. 1993, 4. Aufl. 1997.
135. Pahl, G.; Beitz, W.: (transl. and edited by Ken Wallace, Lucienne Blessing and Frank Bauert): Engineering Design – A Systematic Approach. London: Springer 1995.
136. Pahl, G.; Beitz, W.: Engineering Design. Tokio: Baikufan Co. Ltd. 1995.
137. Pahl, G.; Beitz, W.: Koneensuunnittluoppi (transl. by U. Konttinen). Helsinki: Metalliteollisuuden Kustannus Oy 1990.
138. Pahl, G.; Beitz, W.: Konstruktionslehre. Chinesische Übersetzung 1989.
139. Pahl, G.; Beitz, W.: NAUKA konstruowania (transl. by A. Walczak). Warszawa: Wydawnictwa Naukowo Techniczne 1984.
140. Pahl, G.; Beitz, W.: (transl. and edited by K. Wallace): Engineering Design – A Systematic Approach. London/Berlin: The Design Council/Springer 1984.
141. Pahl, G.; Beitz, W.: A greptervezes elmelete es gyakorlata (transl. by M. Kozma, J. Straub, ed. by T. Bercsey, L. Varga). Budapest: Müszaki Könyvkiadö 1981.
142. Pahl, G.; Beitz, W.: Für die Konstruktionspraxis. Aufsatzreihe in der Konstruktion 24 (1972), 25 (1973) und 26 (1974).
143. Patsak, G.: Systemtechnik. Berlin: Springer 1982.
144. Penny, R.K.: Principles of Engineering Design. Postgraduate 46 (1970) 344–349.
145. Pighini, U.: Methodological Design of Machine Elements. Proceedings of ICED 90, Schriftenreihe WDK 19. Zürich: HEURISTA 1990.
146. Polovnikin, A.I. (Hrsg.): Automatisierung des suchenden Konstruierens. Moskau: Radio u. Kommunikation 1981.
147. Polovnikin, A.I.: Untersuchung und Entwicklung von Konstruktionsmethoden. MBT 29 (1979) 7, 297–301.
148. Proceedings of ICED 1981–1995 (ed. by V. Hubka and others), Schriftenreihe WDK 7, 10, 12, 13, 16, 18, 19, 20, 22, 23. Zürich: HEURISTA 1981–1995.
149. Pugh, S.: Total Design; Integrated Methods for Successful Product Engineering. Reading: Addison Wesley 1990.
150. Redtenbacher, F.: Prinzipien der Mechanik und des Maschinenbaus. Mannheim: Bassermann 1852, 257–290.
151. Reinemuth, J.; Birkhofer, H.: Hypormediale Produktkataloge – Flexibles Bereitstellen und Verarbeiten von Zulieferinformationen. Konstruktion 46 (1994), 395–404.
152. Reuleaux, F.; Moll, C.: Konstruktionslehre für den Maschinenbau. Braunschweig: Vieweg 1854.
153. Riedler, A.: Das Maschinenzeichnen. Berlin: Springer 1913.
154. Rinderle, J.R.: Design Theory and Methodology. – DTM 90 ASME DE – Vol. 27. New York 1990.
155. Rodenacker, W.G.: Methodisches Konstruieren. Konstruktionsbücher, Bd. 27. Berlin: Springer 1970, 2. Aufl. 1976, 3. Aufl. 1984, 4. Aufl. 1991.
156. Rodenacker, W.G.: Neue Gedanken zur Konstruktionsmethodik. Konstruktion 43 (1991) 330–334.
157. Rodenacker, W.G.; Claussen, U.: Regeln des Methodischen Konstruierens. Mainz: Krausskopf 1973/74.
158. Roozenburg, N.F.M.; Eekels, J.: Produktontwerpen, Structurr en Methoden. Utrecht: Uitgeverij Lemma B.V. 1991. Englische Ausgabe: Product Design: Fundamentals and Methods. Chister: Wiley 1995.

159. Roozenburg, N.; Eekels, J.: EVAD Evaluation and Decision in Design. Schriftenreihe WDK 17. Zürich: HEURISTA 1990.
160. Roth, K.: Konstruieren mit Konstruktionskatalogen. 3. Auflage, Band I: Konstruktionslehre. Berlin: Springer 2000. Band II: Konstruktionskataloge. Berlin: Springer 2001. Band III: Verbindungen und Verschlüsse, Lösungsfindung. Berlin: Springer 1996.
161. Roth, K.: Modellbildung für das methodische Konstruieren ohne und mit Rechnerunterstützung. VDI-Z (1986) 21–25.
162. Roth, K.: Konstruieren mit Konstruktionskatalogen. Berlin: Springer 1982.
163. Roth, K.: Gliederung und Rahmen einer neuen Maschinen-Geräte-Konstruktionslehre. Feinwerktechnik 72 (1968) 521–528.
164. Rötscher, F.: Die Maschinenelemente. Berlin: Springer 1927.
165. Rugenstein, J.: Arbeitsblätter Konstruktionstechnik. TH Magdeburg 1978/79.
166. Sachse, P.: Idea materialis: Entwurfsdenken und Darstellungshandeln. Über die allmähliche Verfertigung der Gedanken beim Skizzieren und Modellieren. Berlin: Logos 2002.
167. Saling, K.-H.: Prinzip- und Variantenkonstruktion in der Auftragsabwicklung – Voraussetzungen und Grundlagen. VDI-Berichte Nr. 152. Düsseldorf: VDI-Verlag 1970.
168. Samuel, A.; Weir, J.: Introduction to Engineering Design. Butterwoth – Heinemann, Australien 1999.
169. Schlottmann, D.: Konstruktionslehre. Berlin: Technik 1987.
170. Schregenberger, J.W.: Methodenbewusstes Problemlösen – Ein Beitrag zur Ausbildung von Konstrukteuren. Bern: Haupt 1981.
171. Seeger, H.: Design technischer Produkte, Programme und Systeme. Anforderungen, Lösungen und Bewertungen. Berlin: Springer 1992.
172. Stauffer, L.A. (Edited): Design Theory and Methodology – DTM 91. ASME DE – Vol. 31, Suffolk (UK): Mechanical Engineering Publications Ltd. 1991.
173. Suh, N.P.: Axiomatic Design, Advances and Applications. New York, Oxford: Oxford University Press, 2001.
174. Suh, N.P.: The Principles of Design. Oxford/UK: Oxford University Press 1988.
175. Taguchi, G.: Introduction of Quality Engineering. New York: UNIPUB 1986.
176. Terninko, J.; Zusman, A.; Zlotin, B.: Systematic Innovation: An introduction to TRIZ. St. Lucie Press, Florida, USA: 1998.
177. Tribus, G.: Rational Descriptions, Decisions and Design. N.Y.: Pergamon Press, Elmsford, 1969.
178. Tropschuh, P.: Rechnerunterstützung für das Projektieren mit Hilfe eines wissensbasierten Systems. München: Hanser 1989.
179. Tschochner, H.: Konstruieren und Gestalten. Essen: Girardet 1954.
180. Ullman, D.G.: The Mechanical Design Process. New York: McGraw-Hill 1992, 2. Auflage 1997, 3. Auflage 2002.
181. Ullman, D.G.: A Taxonomy for Mechanical Design. Res. Eng. Des. 3 (1992) 179–189.
182. Ullman, D.G.; Stauffer, L.A.; Dietterich, T.G.: A Model of the Mechanical Design Process Based an Emperical Data. AIEDAM, Academic Press (1988), H. 1, 33–52.
183. Ulrich, K.T.; Eppinger, S.D.: Product Design and Development. New York: McGraw-Hill 1995.

184. Ulrich, K.T.; Seering, W.: Synthesis of Schematic Descriptions in Mechanical Design. Research in Engineering Design (1989), Vol. 1, Nr. 1, 3–18.
185. van den Kroonenberg, H.H.: Design Methodology as a Condition for Computer Aided Design. VDI-Berichte Nr. 565, Düsseldorf. VDI-Verlag 1985.
186. VDI Design Handbook 2221: Systematic Approach to the Design of Technical Systems and Products (transl. by K. Wallace). Düsseldorf: VDI-Verlag 1987.
187. VDI: Anforderungen an Konstruktions- und Entwicklungsingenieure – Empfehlungen der VDI-Gesellschaft Entwicklung – Konstruktion – Vertrieb (VDI-EKV) zur Ausbildung. Jahrbuch 92. Düsseldorf: VDI-Verlag 1992.
188. VDI: Simultaneous Engineering – neue Wege des Projektmanagements. VDI-Tagung Frankfurt, Tagungsband. Düsseldorf: VDI-Verlag 1989.
189. VDI-Berichte 775: Expertensysteme in Entwicklung und Konstruktion – Bestandsaufnahme und Entwicklungen. Düsseldorf: VDI-Verlag 1989.
190. VDI-Fachgruppe Konstruktion (ADKI): Engpass Konstruktion. Konstruktion 19 (1967) 192–195.
191. VDI-Richtlinie 2221: Methodik zum Entwickeln und Konstruieren technischer Systeme und Produkte. Düsseldorf: VDI-Verlag 1993.
192. VDI-Richtlinie 2222 Blatt 1: Konzipieren technischer Produkte: Düsseldorf: VDI-Verlag (Entwurf) 1973, überarbeitete Fassung: 1977. Methodisches Entwickeln von Lösungsprinzipien. Düsseldorf: VDI-EKV 1996.
193. VDI-Richtlinie 2222 Blatt 2: Erstellung und Anwendung von Konstruktionskatalogen. Düsseldorf: VDI-Verlag 1982.
194. VDI-Richtlinie 2223 (Entwurf): Methodisches Entwerfen technischer Produkte. Düsseldorf: VDI-Verlag 1999.
195. VDI-Richtlinie 2225: Technisch-wirtschaftliches Konstruieren. Düsseldorf: VDI-Verlag 1977, Blatt 3: 1990, Blatt 4: 1994.
196. VDI-Richtlinie 2801. Blatt 1–3: Wertanalyse. Düsseldorf: VDI-Verlag 1993.
197. VDI-Richtlinie 2803 (Entwurf): Funktionenanalyse – Grundlage und Methode. Düsseldorf: VDI-Gesellschaft Systementwicklung und Produktgestaltung 1995.
198. Voigt, C.D.: Systematik und Einsatz der Wertanalyse, 3. Aufl. München: Siemens-Verlag 1974.
199. Wächtler, R.: Die Dynamik des Entwickelns (Konstruierens). Feinwerktechnik 73 (1969) 329–333.
200. Wächtler, R.: Beitrag zur Theorie des Entwickelns (Konstruierens). Feinwerktechnik 71 (1967) 353–358.
201. Wagner, M.H.; Thieler, W.: Wegweiser für Erfinder. Berlin: Springer 2002.
202. Waldron, M.B.; Waldron, K.J.: Mechanical Design: Theory & Methodology. New York: Springer 1996.
203. Wallace, K.; Hales, C.: Detailed Analysis of an Engineering Design Project. Proceedings ICED '87, Schriftenreihe WDK 13. New York: ASME 1987.
204. Walton, J.: Engineering Design: From Art to Practice. St. Paul, West, 1991.
205. Winner, R.I.; Pennell, J.P.; Bertrand, H.E.; Slusacrzuk, M.: The Role of Concurrent Engineering in Weapon Acquisition. IDA-Report, R-338. 1988.
206. Wögerbauer, H.: Die Technik des Konstruierens. 2. Aufl. München: Oldenbourg 1943.
207. Yoshikawa, H.: Automation in Thinking in Design. Computer Applications in Production and Engineering. Amsterdam: North-Holland 1983.
208. Zangemeister, C.: Zur Charakteristik der Systemtechnik. TU Berlin: Aufbauseminar Systemtechnik 1969.

2 Grundlagen
Fundamentals of systematic design

Für eine Konstruktionslehre, die als Strategie für das Entwickeln von Lösungen aufzufassen ist, müssen Grundlagen der technischen Systeme und der Vorgehensweise sowie die wichtigsten Voraussetzungen zum Rechnereinsatz erläutert werden. Der Leser, der schon mit Methodik vertraut ist, und sogleich in den Produktentwicklungsprozess einsteigen möchte, kann sich schon Kap. 5 und folgenden zuwenden. Im Zweifel, und für den Anfänger ohnehin, sollte sich jedoch der Methodenanwender den Inhalt der Kap. 2 und 3 zu seinem sicheren Besitz machen. Erst dann ist es zweckmäßig, sich den einzelnen Empfehlungen für das Konstruieren zuzuwenden. Am Schluss des Buches sind die wichtigsten Begriffe erläutert, in welcher Bedeutung sie in diesem Zusammenhang benutzt werden.

2.1 Grundlagen technischer Systeme
Fundamentals of engineering systems

2.1.1 System, Anlage, Apparat, Maschine, Gerät, Baugruppe, Einzelteil
System, plant, equipment, machine, assembly and component

Die Lösung technischer Aufgaben wird mit Hilfe *technischer Gebilde* erfüllt, die als Anlage, Apparat, Maschine, Gerät, Baugruppe, Maschinenelement oder Einzelteil bezeichnet werden. Diese bekannten Bezeichnungen sind grob nach dem Grad ihrer Komplexität geordnet. Je nach Fachgebiet und Betrachtungsstufe ist die Verwendung dieser Bezeichnung u. U. unterschiedlich. So wird z. B. ein Apparat (Reaktor, Verdampfer usw.) als ein Glied bzw. Element höherer Komplexität in einer Anlage angesehen. In bestimmten Bereichen werden technische Gebilde als Anlagen bezeichnet, die andernorts als Maschinen oder Maschinenanlagen benannt werden. Eine Maschine setzt sich aus Baugruppen und Einzelteilen zusammen. Geräte zum Steuern und Überwachen werden sowohl in Anlagen als auch in Maschinen eingesetzt. Ein Gerät kann aus Baugruppen und Einzelteilen bestehen, vielleicht ist eine kleine Maschine sogar Teil dieses Gerätes. Ihre Benennung ist aus der geschichtlichen Entwicklung und dem jeweiligen Verwendungsbereich erklärbar. Es gibt Normungsbestrebungen, energieumsetzende technische Gebilde als Maschinen, stoffumsetzende als Apparate und signalumsetzende als Geräte zu bezeichnen. Die bisherige Diskussion hat gezeigt, dass eine strenge Einteilung nach diesen Merkmalen nicht immer möglich oder im Hinblick bereits eingeführter Begriffe nicht immer zweckmäßig ist.

Vorteilhaft ist der Vorschlag von Hubka [22–24] in Übereinstimmung mit systemtechnischer Betrachtung, die technischen Gebilde als Systeme aufzufassen, die durch *Eingangsgrößen* (Inputs) und *Ausgangsgrößen* (Outputs) mit ihrer Umgebung in Verbindung stehen. Ein System kann in Teilsysteme untergliedert werden. Was zum betrachteten System gehört, wird durch die Systemgrenze jeweils festgelegt. Die Ein- und Ausgangsgrößen überschreiten die *Systemgrenze* (vgl. 1.2.3, Systemtechnik). Mit dieser Vorstellung ist es möglich, auf jeder Stufe der Abstraktion, der Einordnung oder der Aufgliederung für den jeweiligen Betrachtungszweck geeignete Systeme zu definieren. In der Regel sind sie Teile eines größeren übergeordneten Systems.

Ein konkretes Beispiel ist die in Abb. 2.1 dargestellte kombinierte Kupplung. Sie ist als ein System „Kupplung" aufzufassen und stellt innerhalb einer Maschine oder zwischen zwei Maschinen eine Baugruppe dar, während für diese Baugruppe selbst die beiden *Teilsysteme* „Elastische Kupplung" und „Schaltkupplung" wiederum selbstständige Baugruppen sein können. Das Teilsystem „Schaltkupplung" ließe sich weiter in die Systemelemente, hier „Einzelteile", zerlegen.

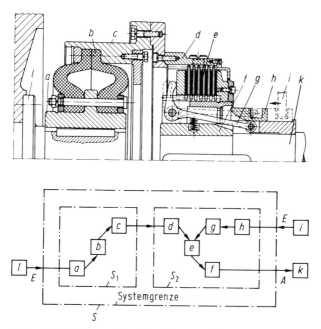

Abb. 2.1. System „Kupplung", $a \ldots h$ Systemelemente (beispielsweise); $i \ldots l$ Anschlusselemente; S Gesamtsystem; S_1 Teilsystem „Elastische Kupplung"; S_2 Teilsystem „Schaltkupplung"; E Eingangsgrößen (Inputs); A Ausgangsgrößen (Outputs)

Das in Abb. 2.1 dargestellte System orientiert sich an der Baustruktur. Es ist aber auch denkbar, es nach Funktionen (vgl. 2.1.3) zu betrachten. Man könnte das Gesamtsystem „Kuppeln" funktionsorientiert in die Teilsysteme „Ausgleichen" und „Schalten" gliedern, das letztere Teilsystem wiederum in die Untersysteme: „Schaltkraft in Normalkraft ändern" und „Reibkraft übertragen".

Zum Beispiel könnte das Systemelement g auch als ein Untersystem aufgefasst werden, das die Funktion hätte, die aus dem Schaltring kommende Kraft in die größere auf die Reibflächen wirkende Normalkraft zu ändern und durch seine Nachgiebigkeit einen begrenzten Verschleißausgleich zu ermöglichen.

Wie und nach welchen Gesichtspunkten gegliedert wird, hängt vom Zweck der Betrachtung ab. Häufige Gesichtspunkte sind

– Funktion, um funktionelle Zusammenhänge zu erkennen oder zu beschreiben,
– Montagebaugruppen, um Montageoperationen zu planen,
– Fertigungsmodule, um Fertigungsoperationen zu gliedern oder zusammenzufassen.

Je nach Zweck können solche Systemunterteilungen nach unterschiedlichen Gesichtspunkten mehr oder weniger weit getrieben werden. Der Konstrukteur muss für die einzelnen Zwecke solche Systeme bilden und sie mit ihren Ein- und Ausgängen durch die Systemgrenze gegenüber der Umgebung deutlich machen. Dabei kann er die ihm gewohnte oder allgemein übliche Bezeichnung beibehalten.

2.1.2 Energie-, Stoff- und Signalumsatz
Conversion of energy, material and signal

Die Materie war grundlegende Erscheinung für den forschenden Menschen in historischer Zeit. Sie trat ihm in vielerlei Gestalt entgegen. Ihre natürliche oder die von ihm geschaffene Form gab ihm Auskunft über eine mögliche Verwendung. Die Form ist eine erste Information über ihren Zustand. Mit fortschreitender Entwicklung der Physik wurde der Begriff der Kraft unumgänglich. Die Kraft war die die Materie bewegende Größe. Schließlich begriff man diesen Vorgang durch die Vorstellung der Energie. Die Relativitätstheorie hat dann die Gleichwertigkeit von Energie und Materie gelehrt. Weizsäcker [61] stellt die Begriffe Energie, Materie und Information als grundlegend nebeneinander. Sind dabei Änderungen im Spiel, d. h. wenn etwas im Fluss ist, muss auf die Grundgröße Zeit bezogen werden. Erst durch diesen Bezug wird das Geschehen begreifbar. Das Zusammenspiel von Energie, Materie und Information kann dann zweckmäßig beschrieben werden.

Im technischen Bereich ist der Sprachgebrauch der genannten Begriffe teilweise anders. Sie sind in der Regel mit konkreten physikalischen oder technisch orientierten Vorstellungen verbunden.

Mit dem Begriff „Energie" wird oft sogleich eine Vorstellung über die Art verbunden und wir sprechen von mechanischer, elektrischer, optischer Energie usw. Für Materie steht im technischen Bereich der Begriff „Stoff" mit den jeweils konkreten Eigenschaften, wie Gewicht, Farbe, Zustand usw. Auch der allgemeine Begriff der Information erhält im technischen Bereich eine konkrete Bedeutung durch „Signal" als physikalische Form des Trägers einer Information. Die Information zwischen Menschen wird vielfach als Nachricht bezeichnet [20].

Analysiert man die technischen Systeme, die Anlage, Apparat, Maschine, Gerät, Baugruppe oder Einzelteil genannt werden, so wird offenbar, dass sie einem technischen Prozess dienen, in dem Energien, Stoffe und Signale geleitet und/oder verändert werden. Bei Änderung haben wir es mit dem Energie-, Stoff- und/oder Signalumsatz zu tun, wie es Rodenacker [46] formuliert und dargestellt hat.

Der *Umsatz von Energie* betrifft, z. B. in einer Werkzeugmaschine, die Wandlung elektrischer in mechanische und thermische Energie. Die chemische Energie eines Brennstoffs wird beim Verbrennungsmotor ebenfalls in thermische und mechanische Energie gewandelt. In einem Kernkraftwerk wandelt sich Kernenergie in thermische Energie um.

Mit *Stoffen* geschehen mannigfache Veränderungen. Viele Stoffe werden gemischt, getrennt, gefärbt, beschichtet, verpackt, transportiert oder in andere Zustände überführt. Aus Rohstoffen entstehen Halbzeug und Fertigprodukte. Mechanisch bearbeitete Teile erhalten besondere Oberflächen, Produkte durchlaufen Veredelungsanlagen, Teile werden zwecks Prüfung zerstört.

In jeder Anlage sind Informationen zu verarbeiten. Dies geschieht mittels *Signalen*. Sie werden eingegeben, gesammelt, aufbereitet, weitergeleitet, mit anderen verglichen oder verknüpft, ausgegeben, angezeigt, registriert.

In den technischen Prozessen ist von der Aufgabe oder von der Art der Lösung her entweder der Energie-, Stoff- oder Signalumsatz dominierend. Es ist zweckmäßig, diesen dann in Form eines Flusses als Hauptfluss zu betrachten. Meistens ist ein weiterer Fluss begleitend. Häufig sind alle drei beteiligt. So gibt es keinen Stoff- oder Signalfluss ohne einen begleitenden Energiefluss, auch wenn die benötigte Energie sehr klein ist oder problemlos bereitgestellt werden kann. Die Probleme der Energiebereitstellung oder des Energieumsatzes sind dann nicht dominierend, sie treten u. U. in den Hintergrund, aber der Energiefluss bleibt notwendig. Dabei kann es sich auch um den Fluss der Komponenten wie z. B. Kraft, Drehmoment, Strom usw. handeln, der dann als Kraftfluss, Drehmomentenfluss oder Stromfluss bezeichnet wird.

Der Energieumsatz zur Gewinnung z. B. von elektrischer Energie ist mit einem Stoffumsatz verbunden, auch wenn in einem Kernkraftwerk im Gegensatz zu einem Steinkohlenkraftwerk der kontinuierliche Stofffluss nicht sichtbar ist. Der begleitende Signalfluss ist zur Steuerung und Regelung des gesamten Prozesses ein wichtiger Nebenfluss.

Andererseits werden in vielen Messgeräten, ohne einen Stoffumsatz zu bewirken, Signale aufgenommen, gewandelt oder angezeigt. In manchen Fällen muss hierfür Energie bereitgestellt werden, in anderen kann latent vorhandene ohne weiteres benutzt werden. Jeder Signalfluss ist mit einem Energiefluss verbunden, ohne immer einen Stofffluss bewirken zu müssen.

Für die weiteren Betrachtungen soll verstanden werden:

Energie: Mechanische, thermische, elektrische, chemische, optische Energie, Kernenergie, aber auch Kraft, Strom, Wärme...

Stoff: Gas, Flüssigkeit, feste Körper, Staub..., aber auch Rohprodukt, Material, Prüfgegenstand, Behandlungsobjekt..., Endprodukt, Bauteil, geprüfter oder behandelter Gegenstand...

Signal: Messgröße, Anzeige, Steuerimpuls, Daten, Informationen...

Im Rahmen dieses Buches werden technische Systeme, soweit nicht traditionelle Bezeichnungen entgegenstehen, deren Hauptfluss Energie ist, als Maschinen, deren Hauptfluss Stoff ist, als Apparat und deren Hauptfluss Signal ist, als Gerät bezeichnet.

Bei jedem Umsatz der beschriebenen Größen müssen *Quantität und Qualität* beachtet werden, um eindeutige Kriterien für die Präzisierung der Aufgabe, für die Auswahl der Lösungen und für eine Bewertung zu erhalten. Jede Aussage ist nur dann präzisiert, wenn sowohl deren Quantitäts- als auch Qualitätsaspekte berücksichtigt werden. So ist z. B. die Angabe: „100 kg/s Dampf von 80 bar und 500°C" als Eintrittsmenge für die Auslegung einer Dampfturbine erst ausreichend präzisiert, wenn bestimmt wird, dass es sich um die Nenndampfmenge und nicht z. B. um die maximale Schluckfähigkeit handeln soll, und dass ferner die dauernd zulässige Schwankungsbreite des Dampfzustandes z. B. mit 80 bar ± 5 bar und 500°C ± 10°C festgelegt, also die Angabe um einen Qualitätsaspekt erweitert wurde.

Für sehr viele Anwendungen ist weiterhin eine sinnvolle Bearbeitung nur möglich, wenn die Eingangsgrößen in ihren Kosten bzw. ihrem Wert bekannt sind oder angegeben wurde, zu welchen Kosten die Ausgangsgrößen höchstens erstellt werden dürfen (vgl. [46] Kategorien: Menge – Qualität – Kosten).

In technischen Systemen findet also ein Umsatz von Energie, Stoff und/oder Signal statt, der durch Quantitäts-, Qualitäts- und Kostenangaben präzisiert werden muss (Abb. 2.2).

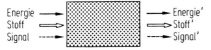

Abb. 2.2. Umsatz von Energie, Stoff und Signal, Lösung noch unbekannt. Aufgabe bzw. Funktion aufgrund der Ein- und Ausgänge beschreibbar

2.1.3 Funktionszusammenhang
Functional interrelationship

1. Aufgabenspezifische Beschreibung

Für eine technische Aufgabe mit Energie-, Stoff- und Signalumsatz wird eine Lösung gesucht. Es muss dazu in einem System ein eindeutiger, reproduzierbarer Zusammenhang zwischen Eingang und Ausgang bestehen. Bei einer Stoffumwandlung soll z. B. unter gegebenen Eingangsgrößen stets das gleiche Ergebnis bezüglich der Ausgangsgrößen erzielt werden. Auch soll zwischen dem Beginn und dem Ende eines Vorganges, z. B. dem Füllen eines Speichers, immer ein eindeutiger, reproduzierbarer Zusammenhang gewährleistet sein. Diese Zusammenhänge sind im Sinne einer Aufgabenerfüllung stets gewollt. Zum Beschreiben und Lösen konstruktiver Aufgaben ist es zweckmäßig, unter *Funktion* den gewollten Zusammenhang zwischen Eingang und Ausgang eines Systems mit dem Ziel, eine Aufgabe zu erfüllen, zu verstehen.

Bei stationären Vorgängen genügt die Bestimmung der Eingangs- und Ausgangsgrößen, bei zeitlich sich verändernden, also instationären Vorgängen, ist darüber hinaus die Aufgabe durch Beschreiben der Größen zu Beginn und Ende auch zeitlich zu definieren. Dabei ist es zunächst nicht wesentlich zu wissen, durch welche Lösung eine solche Funktion erfüllt wird. Die Funktion wird damit zu einer Formulierung der Aufgabe auf einer abstrakten und lösungsneutralen Ebene. Ist die Gesamtaufgabe ausreichend präzisiert, d. h. sind alle beteiligten Größen und ihre bestehenden oder geforderten Eigenschaften bezüglich des Ein- und Ausgangs bekannt, kann auch die *Gesamtfunktion* angegeben werden.

Eine Gesamtfunktion lässt sich in vielen Fällen sogleich in erkennbare *Teilfunktionen* aufgliedern, der dann Teilaufgaben innerhalb der Gesamtaufgabe entsprechen. Die Verknüpfung der Teilfunktionen zur Gesamtfunktion unterliegt dabei sehr häufig einer gewissen Zwangsläufigkeit, weil bestimmte Teilfunktionen erst erfüllt sein müssen, bevor andere sinnvoll eingesetzt werden können.

Andererseits besteht auch fast immer eine Variationsmöglichkeit bei der Verknüpfung von Teilfunktionen, wodurch Varianten entstehen. In jedem Fall muss die Verknüpfung der Teilfunktionen untereinander verträglich sein.

Die sinnvolle und verträgliche Verknüpfung von Teilfunktionen zur Gesamtfunktion führt zur sog. *Funktionsstruktur*, die zur Erfüllung der Gesamtfunktion variabel sein kann. Mit Vorteil wird hierfür von einer Blockdarstellung Gebrauch gemacht, die sich um die Vorgänge und Teilsysteme innerhalb eines einzelnen Blockes (Schwarzer Kasten, Black-Box) zunächst nicht kümmert: Abb. 2.3 (vgl. auch Abb. 2.2).

In Abb. 2.4 ist die verwendete Symbolik für Funktionen und Funktionsstrukturen zusammengefasst.

Die Funktionen werden durch eine Wortangabe mit einem Haupt- und Zeitwort wie „Druck erhöhen", „Drehmoment leiten", „Drehzahl verkleinern"

2.1 Grundlagen technischer Systeme

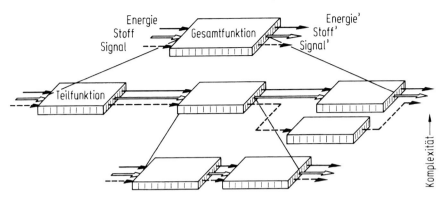

Abb. 2.3. Bilden einer Funktionsstruktur durch Aufgliedern einer Gesamtfunktion in Teilfunktionen

Flussarten:

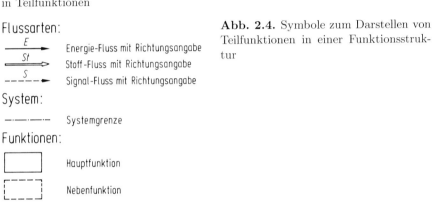

- $\xrightarrow{E}$ Energie-Fluss mit Richtungsangabe
- $\xRightarrow{St}$ Stoff-Fluss mit Richtungsangabe
- $\dashrightarrow{S}$ Signal-Fluss mit Richtungsangabe

System:

— · — · — Systemgrenze

Funktionen:

☐ Hauptfunktion

⌐ ⌐ ⌐ Nebenfunktion

Abb. 2.4. Symbole zum Darstellen von Teilfunktionen in einer Funktionsstruktur

beschrieben und von den in 2.1.2 genannten Flüssen des Energie-, Stoff- und Signalumsatzes aufgabenspezifisch abgeleitet. Soweit als möglich sollen diese Angaben durch die beteiligten physikalischen Größen ergänzt bzw. präzisiert werden. In den meisten maschinenbaulichen Anwendungen wird es sich stets um die Kombination aller drei Komponenten handeln, wobei entweder der Stoff- oder der Energiefluss die Funktionsstruktur maßgebend bestimmt. Die Analyse der beteiligten Funktionen ist in jedem Falle zweckmäßig (vgl. auch [59]).

Zweckmäßig ist es, zwischen *Haupt- und Nebenfunktionen* zu unterscheiden: Hauptfunktionen sind solche Teilfunktionen, die unmittelbar der Gesamtfunktion dienen. Nebenfunktionen tragen im Sinne von Hilfsfunktionen nur mittelbar zur Gesamtfunktion bei. Sie haben unterstützenden oder ergänzenden Charakter und sind häufig von der Art der Lösung für die Hauptfunktionen bedingt.

Die Definitionen folgen den Vorstellungen der Wertanalyse [7, 58, 60] und sind von der jeweiligen Betrachtungsebene bestimmt. Nicht in allen Fällen sind Haupt- und Nebenfunktionen scharf unterscheidbar, sie nützen aber einer zweckmäßigen Unterteilung und Ansprache. Ihre Einteilung bzw. Bezeichnung kann durchaus fließend gehandhabt werden. Bei Änderung der betrachteten Systemgrenzen können Nebenfunktionen zu Hauptfunktionen werden und umgekehrt.

Weiterhin ist die Untersuchung des Zusammenhanges zwischen Teilfunktionen notwendig. Folgerichtige Abläufe oder zwingende Zuordnungen müssen beachtet werden.

Beispielsweise sollen Teppichfliesen, die aus einer mit Kunststoff beschichteten Teppichbahn gestanzt sind, an verschiedene Stellen versandt werden. Daraus entstand die Aufgabe, die Fliesen mindestens zuerst zu kontrollieren, die guten zu zählen und in vorgeschriebenen Losen zu verpacken. Als Hauptfluss ergibt sich ein Stofffluss in Form einer Funktionskette, die in diesem Fall eine Zwangsläufigkeit aufweist: Abb. 2.5.

Bei näherer Betrachtung stellt man fest, dass bei dieser Kette von Teilfunktionen Nebenfunktionen nötig werden, nämlich

- mit dem Stanzen aus der Bahn entsteht am Rand Abfall, der beseitigt werden muss,
- die Ausschussfliesen müssen getrennt abgeführt sowie weiter verarbeitet werden und
- das Verpackungsmaterial, gleich welcher Art, muss zugeführt werden,

so dass sich nun eine Funktionsstruktur nach Abb. 2.6 ergibt. Man erkennt, dass die Funktion „Zählen" auch einen Impuls geben kann, um die Bildung von jeweils z Fliesen zu einem Verpackungslos zu ermöglichen, so dass die Einführung des Signalflusses mit der Teilfunktion „Impuls geben zur Bildung von z Fliesen" in die Funktionsstruktur hier bereits sinnvoll erscheint. Die Funktionen sind hier in Form von *aufgabenspezifischen Funktionen* definiert, d. h. ihre Definition leitet sich aus den Begriffen der jeweils vorliegenden Aufgabe ab.

Außerhalb des Konstruktionsbereichs ist der Funktionsbegriff teils weiter, teils enger gefasst. Das hängt davon ab, unter welchen Aspekten er gesehen und gebraucht wird. Im Lateinischen bedeutet functio „Verrichtung".

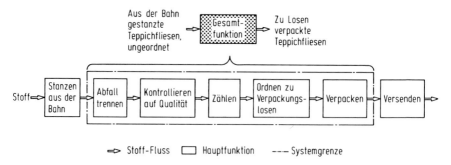

Abb. 2.5. Funktionsstruktur (Funktionskette) beim Verarbeiten von Teppichfliesen

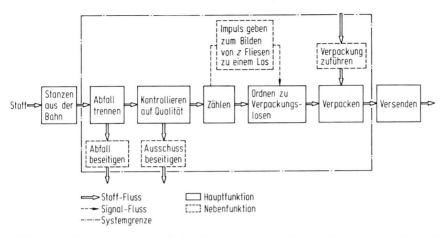

Abb. 2.6. Funktionsstruktur beim Verarbeiten von Teppichfliesen nach Abb. 2.5 mit Nebenfunktionen

Brockhaus [40] definiert für den allgemeinen Bereich Funktionen als Tätigkeiten, Wirken, Zweck, Obliegenheit. Für den mathematischen Bereich gilt Funktion als die Zuordnungsvorschrift, die eine Größe y einer Größe x in der Weise zuordnet, dass zu jedem Wert x ein bestimmter Wert y (eindeutige Funktion) oder auch mehrere Werte von y (mehrdeutige Funktion) gehören. Die Wertanalyse definiert in DIN 69910 [7]: Funktionen sind alle Wirkungen eines Objektes (Aufgabe, Tätigkeiten, Merkmale).

2. Allgemein anwendbare Beschreibung

Autoren der Konstruktionsmethodik (vgl. 1.2.3) bemühen sich in einer teils verfeinerten, teils eingeschränkten Betrachtung um die Definition von *allgemein anwendbaren Funktionen*. Theoretisch lassen sich Funktionen so aufgliedern, dass die unterste Ebene der Funktionsstruktur nur aus Funktionen besteht, die sich hinsichtlich allgemeiner Anwendbarkeit praktisch nicht weiter unterteilen lassen. Sie liegen damit auf einem hohen Abstraktionsniveau.

Rodenacker [46] definiert sie aus der Sicht der zweiwertigen Logik, Roth [47, 49] hinsichtlich einer allgemeinen Anwendbarkeit, Koller [28, 29] in bezug auf zu suchende physikalische Effekte. Krumhauer [31] untersucht die allgemeinen Funktionen im Hinblick auf eine Rechnerunterstützung in der Konzeptphase. Dabei betrachtet er den Zusammenhang der Eingangs- und Ausgangsgröße nach der Änderung von Art, Größe, Anzahl, Ort und Zeit. Er kommt im wesentlichen zu den gleichen Funktionen wie Roth, jedoch mit dem Unterschied, dass „Wandeln" nur die Änderung der Art von Eingang und Ausgang, dagegen „Vergrößern bzw. Verkleinern" nur die Änderung nach der Größe beinhaltet.

48   2 Grundlagen

Im Rahmen der hier vertretenen Konstruktionslehre werden als allgemein anwendbare Funktionen die von Krumhauer vorgeschlagenen eingesetzt: Abb. 2.7.

Die Funktionskette gemäß Abb. 2.5, die mit aufgabenspezifischen Funktionsformulierungen gebildet wurde, kann somit auch aus allgemein anwendbaren Funktionen aufgebaut werden: Abb. 2.8. Ein Vergleich zwischen der Darstellung nach Abb. 2.5 und nach Abb. 2.8 zeigt, dass die Beschreibung mittels allgemein anwendbaren Funktionen auf einem hohen Abstraktionsniveau erfolgt und daher einerseits wegen der Verallgemeinerung alle Lösungsmöglichkeiten offen lässt und eine Systematisierung erleichtert, andererseits aber wenig anschaulich ist und den Praktiker nicht zur unmittelbaren Lösungssuche anregt. Über die praktische Handhabung von aufgabenspezifischen und allgemein anwendbaren Funktionen mit weiteren Beispielen (vgl. 6.3).

Merkmal Eingang E / Ausgang A	Allgemein anwendbare Funktionen	Symbole	Erläuterungen
Art	Wandeln	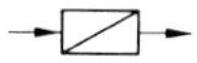	Art und Erscheinungsform von E und A unterschiedlich
Größe	Ändern	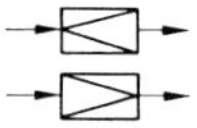	$E < A$ $E > A$
Anzahl	Verknüpfen	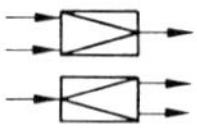	Anzahl von $E > A$ Anzahl von $E < A$
Ort	Leiten	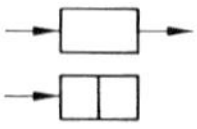	Ort von $E \neq A$ Ort von $E = A$
Zeit	Speichern		Zeitpunkt von $E \neq A$

Abb. 2.7. Allgemein anwendbare Funktionen abgeleitet von den Merkmalen Art, Größe, Anzahl, Ort und Zeit in Bezug auf den Energie-, Stoff- und Signalumsatz

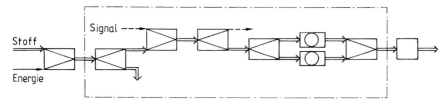

Abb. 2.8. Funktionsstruktur gemäß Abb. 2.5, dargestellt mit allgemein anwendbaren Funktionen nach Abb. 2.7

3. Logische Beschreibung

Bei der logischen Betrachtung funktionaler Zusammenhänge wird zunächst allgemein der Zusammenhang gesucht, der sich folgerichtig oder zwangsläufig in einem System ergeben muss, damit die Gesamtaufgabe erfüllt werden kann. Dabei kann es sowohl auf den Zusammenhang zwischen Teilfunktionen als auch zwischen Eingangs- und Ausgangsgrößen einer Teilfunktion ankommen.

Wenden wir uns zuerst den Beziehungen zwischen Teilfunktionen zu. Wie bereits angeführt, werden gewisse Teilfunktionen erst erfüllt sein müssen, bevor eine andere Teilfunktion sinnvollerweise eingesetzt werden darf. Sogenannte Wenn-dann-Beziehungen machen solche Zusammenhänge deutlich. Erst wenn Teilfunktion A erfüllt ist, dann kann Teilfunktion B wirken usw. Oft sind mehrere Teilfunktionen erst alle zugleich zu erfüllen, bevor eine anschließende Teilfunktion wirksam werden darf. Auch kann es sein, dass schon die Erfüllung einer Teilfunktion neben anderen dazu ausreicht. Diese Art der Zuordnung von Teilfunktionen bestimmt damit die Struktur des jeweiligen Energie-, Stoff- und Signalflusses. So muss bei einer Zerreißprüfung zuerst die Teilfunktion „Prüfling belasten" erfüllt sein, bevor die anderen Teilfunktionen „Kraft messen" und „Verformung messen" ausgeführt werden können. Die beiden letztgenannten müssen auf jeden Fall gleichzeitig durchgeführt werden. Folgerichtiges Zuordnen innerhalb des betrachteten Flusses muss beachtet werden und geschieht durch eindeutiges Verbinden der Teilfunktionen.

Logische Zusammenhänge sind aber auch zwischen Ein- und Ausgängen einer Teilfunktion notwendig. In der Mehrzahl der Fälle bestehen dabei mehrere Eingangs- und Ausgangsgrößen, die in ihrem Zusammenhang eine Schaltungslogik ermöglichen sollen. Dazu dienen *logische Grundverknüpfungen* der Eingangs- und Ausgangsgrößen, die in einer zweiwertigen Logik Aussagen sind wie wahr – unwahr, ja – nein, ein – aus, erfüllt – nicht erfüllt, vorhanden – nicht vorhanden und mit Hilfe der Booleschen Algebra berechnet werden können.

Man unterscheidet zwischen UND-Funktion, ODER-Funktion und NICHT- Funktion sowie deren Kombinationen zu komplexeren Funktionen wie NOR- Funktion (ODER mit NICHT), NAND-Funktion (UND mit NICHT) oder Speicherfunktionen mit Hilfe von Flip-Flops [4, 45, 46]. Diese werden als *logische Funktionen* bezeichnet.

Bei einer UND-Funktion müssen alle Aussagen des Eingangs mit gleicher Wertigkeit erfüllt bzw. vorhanden sein, damit am Ausgang eine gleiche Aussage eintritt.

Bei einer ODER-Funktion muss nur eine Aussage des Eingangs erfüllt bzw. vorhanden sein, damit am Ausgang die gleiche Aussage eintritt.

Bei einer NICHT-Funktion wird die Aussage des Eingangs negiert, so dass die negierte Aussage am Ausgang entsteht.

Für diese logischen Funktionen sind in DIN 40900 T 12 [4] Schaltsymbole festgelegt. Die Logik der Aussage kann einer Funktionstabelle in Abb. 2.9, die die Eingänge systematisch unter den nur zwei möglichen Aussagen (ja – nein,

50   2 Grundlagen

Bezeichnung	UND-Funktion (Konjunktion)	ODER-Funktion (Disjunktion)	NICHT-Funktion (Negation)
Schaltsymbol (nach DIN 40900 T12)	$X_1, X_2 \to \boxed{\&} \to Y$	$X_1, X_2 \to \boxed{\geq 1} \to Y$	$X \to \boxed{1} \circ \to Y$
Funktionstabelle	X_1: 0 1 0 1 X_2: 0 0 1 1 Y: 0 0 0 1	X_1: 0 1 0 1 X_2: 0 0 1 1 Y: 0 1 1 1	X: 0 1 Y: 1 0
Boolesche Algebra (Funktion)	$Y = X_2 \land X_1$	$Y = X_1 \lor X_2$	$Y = \overline{X}$

Abb. 2.9. Logische Funktionen. X unabhängige Aussage; Y abhängige Aussage; „0", „1" Wert der Aussage, z. B. „aus", „ein"

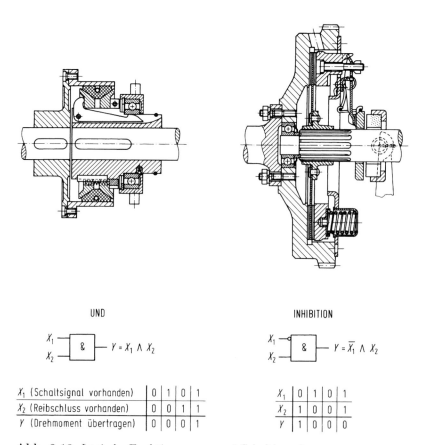

UND

$X_1, X_2 \to \boxed{\&} \to Y = X_1 \land X_2$

INHIBITION

$X_1, X_2 \to \boxed{\&} \to Y = \overline{X_1} \land X_2$

X_1 (Schaltsignal vorhanden)	0	1	0	1
X_2 (Reibschluss vorhanden)	0	0	1	1
Y (Drehmoment übertragen)	0	0	0	1

X_1	0	1	0	1
X_2	1	0	0	1
Y	1	0	0	0

Abb. 2.10. Logische Funktionen von zwei Schaltkupplungen

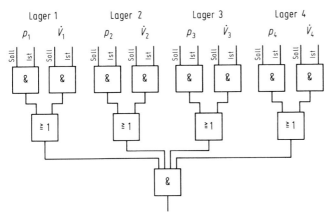

Abb. 2.11. Logische Funktionen zur Überwachung einer Lagerölversorgung. Eine positive Aussage an jeder Lagerstelle (Öl vorhanden) soll in diesem Fall schon genügen, um die Inbetriebnahme zu gestatten. Druckwächter überwachen p, Strömungswächter überwachen $\dot{V}$

ein – aus, usw.) kombiniert und dann die jeweiligen ebenfalls nur zweiwertigen Aussagen des Ausgangs darstellt, entnommen werden. Ergänzend wurden die Gleichungen der Booleschen Algebra hinzugefügt. Mit den logischen Funktionen können komplexe Schaltungen aufgebaut werden, die in vielen Fällen eine Sicherheitserhöhung bei Steuerungs- und Meldesystemen erzwingt.

Abbildung 2.10 zeigt als Beispiel zwei Ausführungsarten mechanischer Schaltkupplungen mit den ihnen eigentümlichen logischen Funktionen. Bei der linken Bauart findet man eine einfache UND-Funktion (Schaltsignal und Reibschluss müssen beide vorhanden sein, damit das Drehmoment übertragen werden kann). Die rechte Kupplung als Kraftfahrzeugkupplung ist so konzipiert, dass beim Auftreten des Schaltsignals entkuppelt werden soll, also die Aussage von X_1 muss negativ sein, um das Drehmoment zu übertragen. Oder anders ausgedrückt: Nur die Aussage X_2 darf vorhanden oder positiv sein, um die gewünschte Wirkung zu erzielen.

Abbildung 2.11 zeigt einen logischen Zusammenhang bei der Überwachung der Lagerölversorgung einer mehrfach gelagerten Großmaschinenwelle unter Einsatz von UND- und ODER-Funktionen. Jede Lagerstelle wird durch eine Öldrucküberwachung und durch einen Strömungswächter jeweils mit einem Soll-Ist-Vergleich kontrolliert. Eine positive Aussage an jeder Lagerstelle soll jedoch schon genügen, um eine Inbetriebnahme zu erlauben.

2.1.4 Wirkzusammenhang
Working interrelationship

Das Aufstellen einer Funktionsstruktur erleichtert das Finden von Lösungen, da durch die Strukturierung die Bearbeitung weniger komplex wird und die Lösungen für Teilfunktionen zunächst gesondert erarbeitet werden können.

Die einzelnen Teilfunktionen, die zunächst durch den angenommenen „Schwarzen Kasten" dargestellt wurden, werden nun durch eine konkretere Aussage ersetzt. Teilfunktionen werden in der Regel durch physikalisches, chemisches oder biologisches Geschehen erfüllt, wobei das erstere in maschinenbaulichen Lösungen überwiegt. Insbesondere bei Lösungen für die Verfahrenstechnik werden solche der Chemie und Biologie genutzt. Wenn fortan von physikalischem Geschehen die Rede ist, so sind damit auch die Möglichkeiten einbezogen, die durch ein chemisches oder biologisches Geschehen nutzbar sind. Dies ist auch insofern gerechtfertigt, als alle Lösungen im Zuge der weiteren Realisierung in irgendeiner Weise vom *physikalischen Geschehen* Gebrauch machen.

Das physikalische Geschehen wird durch das Vorhandensein von *physikalischen Effekten* und durch Festlegen von *geometrischen und stofflichen Merkmalen* in einen Wirkzusammenhang gebracht, der erzwingt, dass die Funktion im Sinne der Aufgabenstellung erfüllt wird.

Der *Wirkzusammenhang* wird daher von den gewählten physikalischen Effekten und den festgelegten geometrischen und stofflichen Merkmalen bestimmt:

1. Physikalische Effekte

Der physikalische Effekt ist durch physikalische Gesetze, die die beteiligten Größen einander zuordnen, auch quantitativ beschreibbar: z. B. der Reibungseffekt durch das Coulombsche Reibungsgesetz $F_R = \mu F_N$ oder der Hebeleffekt durch das Hebelgesetz $F_a \cdot a = F_b \cdot b$ oder der Ausdehnungseffekt durch das lineare Ausdehnungsgesetz fester Stoffe $\Delta l = \alpha \cdot l \cdot \Delta \delta$ (vgl. Abb. 2.12). Vor allem Rodenacker [46] und Koller [28] haben solche Effekte zusammengestellt.

Die Erfüllung einer Teilfunktion kann möglicherweise erst durch Verknüpfen mehrerer physikalischer Effekte erzielt werden, z. B. die Wirkungsweise eines Bimetalls, die sich aus dem Effekt der thermischen Ausdehnung und dem des Hookschen Effekts (Spannungs-Dehnungs-Zusammenhang) aufbaut.

Eine Teilfunktion kann oft von verschiedenen physikalischen Effekten erfüllt werden, z. B. Kraft vergrößern mit dem Hebeleffekt, Keileffekt, elektromagnetischen Effekt, hydraulischen Effekt usw. Der gewählte physikalische Effekt einer Teilfunktion muss aber mit den Effekten von anderen verknüpften Teilfunktionen verträglich sein. So kann eine hydraulische Kraftverstärkung nicht ohne weiteres ihre Energie aus einer elektrischen Batterie beziehen. Es ist ferner einleuchtend, dass ein bestimmter physikalischer Effekt nur unter gewissen Bedingungen die jeweilige Teilfunktion optimal erfüllt. Eine pneumatische Steuerung ist z. B. nur unter bestimmten Voraussetzungen einer mechanischen oder elektrischen überlegen.

Verträglichkeit und optimale Erfüllung können in der Regel meist nur im Zusammenhang mit der Gesamtfunktion und erst bei konkreterer Festlegung geometrischer und stofflicher Merkmale sinnvoll beurteilt werden.

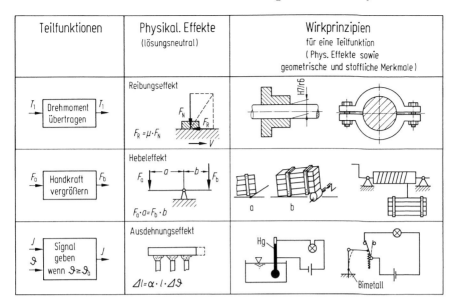

Abb. 2.12. Erfüllen von Teilfunktionen durch Wirkprinzipien, die aus physikalischen Effekten sowie aus geometrischen und stofflichen Merkmalen aufgebaut werden

2. Geometrische und stoffliche Merkmale

Die Stelle, an der das physikalische Geschehen zur Wirkung kommt, kennzeichnet den *Wirkort*. Hier wird die Erfüllung der Funktion bei Anwendung des betreffenden physikalischen Effekts durch die *Wirkgeometrie*, d. h. durch die Anordnung von Wirkflächen (bzw. -linien, -räumen) und durch die Wahl von Wirkbewegungen erzwungen [33].

Die Gestalt der *Wirkfläche* wird durch

- Art,
- Form,
- Lage,
- Größe und
- Anzahl

einerseits variiert und andererseits auch festgelegt [46].

Nach ähnlichen Gesichtspunkten wird die erforderliche *Wirkbewegung* bestimmt durch

- Art   Translation, Rotation
- Form   gleichförmig, ungleichförmig
- Richtung   in x, y, z-Richtung oder/und um x, y, z-Achse
- Betrag   Höhe der Geschwindigkeit
- Anzahl   eine, mehrere usw.

Darüber hinaus muss eine erste prinzipielle Vorstellung über die Art des *Werkstoffs* bestehen, mit dem die Wirkflächen realisiert werden sollen. Zum Beispiel fest, flüssig oder gasförmig, starr oder nachgiebig, elastisch oder plastisch, hohe Festigkeit und Härte oder hochzäh, verschleißfest oder korrosionsbeständig usw. Eine Vorstellung über die Gestalt genügt oft nicht, sondern erst die Festlegung *prinzipieller Werkstoffeigenschaften* ermöglicht eine zutreffende Aussage über den *Wirkzusammenhang* (vgl. Abb. 3.28).

Nur die Gemeinsamkeit von physikalischem Effekt sowie geometrischen und stofflichen Merkmalen (Wirkgeometrie, Wirkbewegung und Werkstoff) lässt das Prinzip der Lösung sichtbar werden. Dieser Zusammenhang wird als *Wirkprinzip* bezeichnet (Hansen [19] z. B. nennt es Arbeitsweise). Das Wirkprinzip stellt den Lösungsgedanken für eine Funktion auf erster konkreter Stufe dar.

Abbildung 2.12 gibt einige Beispiele:

– Drehmoment übertragen durch Reibungseffekt nach dem Coulombschen Reibungsgesetz an einer zylindrischen Wirkfläche führt je nach Art der Aufbringung der Normalkraft zum Schrumpfverband oder zur Klemmverbindung als Wirkprinzip.
– Kraft vergrößern mit Hilfe des Hebeleffekts nach dem Hebelgesetz unter Festlegen des Dreh- und Kraftangriffspunktes (Wirkgeometrie) führt gegebenenfalls unter Berücksichtigung der notwendigen Wirkbewegung zur Beschreibung des Wirkprinzips als Hebellösung oder Exzenterlösung usw.
– Elektrischen Kontakt herstellen durch Wegüberbrückung unter Nutzung des Ausdehnungseffekts entsprechend dem linearen Ausdehnungsgesetz führt erst nach Festlegen der notwendigen Wirkflächen hinsichtlich Größe (z. B. Durchmesser und Länge) und Lage zu einer gezielten Wirkbewegung des ausdehnenden Mediums, mit Wahl eines sich um einen bestimmten Betrag ausdehnenden Werkstoffs (Quecksilber) oder eines Bimetallstreifens als Schaltelement, insgesamt zum Wirkprinzip.

Zum Erfüllen der Gesamtfunktion werden die Wirkprinzipien der Teilfunktionen zu einer Kombination verknüpft (vgl. 3.2.5). Hier sind selbstverständlich auch mehrere unterschiedliche Kombinationen möglich. Richtlinie VDI 2222 bezeichnet diese Kombination als Prinzipkombination [55].

Die Kombination mehrerer Wirkprinzipien führt zur *Wirkstruktur* einer Lösung. In einer Wirkstruktur wird das Zusammenwirken mehrerer Wirkprinzipien erkennbar, die das Prinzip der Lösung (Lösungsprinzip) zum Erfüllen der Gesamtaufgabe angibt. Kennzeichnend ist, dass die Wirkstruktur ausgehend von der Funktionsstruktur die gewollte Wirkungsweise, also die Zweckwirkung und die zugehörigen Abläufe auf prinzipieller Ebene erkennen lässt. Hubka bezeichnet in [22–24] die Wirkstruktur als Organstruktur.

Zur Darstellung genügt bei bekannten Elementen ein Schaltplan oder ein Flussbild. Mechanische Gebilde werden zweckmäßig als Strichbild wiedergegeben und nicht allgemein festgelegte Elemente erfordern oftmals eine erläuternde Skizze (vgl. Abb. 2.12 und 2.13). Vielfach ist die alleinige Wirkstruktur aber noch zu wenig konkret, um das Prinzip der Lösung beurteilen zu können. Die Wirkstruktur muss z. B. durch eine überschlägige Rechnung oder eine grobmaßstäbliche Untersuchung der Geometrie quantifiziert werden. Erst dann kann das Lösungsprinzip festgelegt werden. Das Ergebnis wird dann als prinzipielle Lösung bezeichnet.

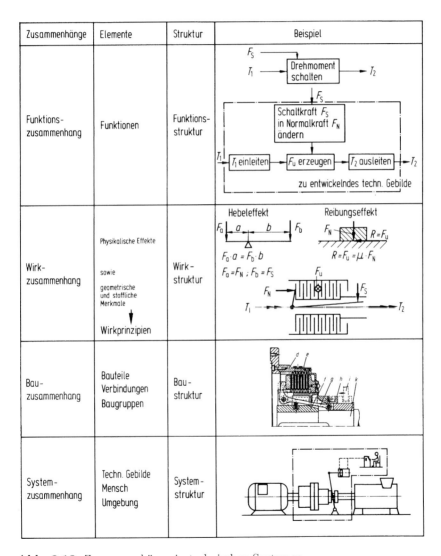

Abb. 2.13. Zusammenhänge in technischen Systemen

2.1.5 Bauzusammenhang
Construction interrelationship

Der in der Wirkstruktur bzw. in der prinzipiellen Lösung erkennbare Wirkzusammenhang ist Grundlage bei der weiteren Konkretisierung, die zur *Baustruktur* führt. In diesem Zusammenhang entstehen dann die Bauteile, Baugruppen oder Maschinen mit ihren zugehörigen Verbindungen, die das konkrete technische Gebilde bzw. System schließlich darstellen. Die Baustruktur berücksichtigt die Notwendigkeiten der Fertigung, der Montage, des Transports u. a. Abbildung 2.13 zeigt am Beispiel der in Abb. 2.1 erwähnten Schaltkupplung die vorgenannten grundlegenden Zusammenhänge, die in ihrer Reihung gleichzeitig Konkretisierungsstufen darstellen.

Die realen Elemente einer Baustruktur genügen sowohl der gewählten Wirkstruktur als auch allen anderen Anforderungen, denen das gesamte System entsprechen muss. Um diese vollständig und rechtzeitig zu erkennen, sind aber noch systemtechnische Zusammenhänge zu beachten.

2.1.6 Systemzusammenhang
Systems interrelationship

Technische Gebilde bzw. technische Systeme stehen nicht allein, sie sind im Allgemeinen Bestandteil eines übergeordneten Systems. In einem solchen System wirkt vielfach der Mensch mit, indem er das technische System im Sinne der Funktionserfüllung durch *Einwirkungen* (handelnd, korrigierend, überwachend) beeinflusst. Dabei erfährt er *Rückwirkungen*, auch Rückmeldungen, die ihn zu weiterem Handeln veranlassen (vgl. Abb. 2.14). Er unterstützt oder ermöglicht damit die gewollten *Zweckwirkungen* des technischen Systems.

Daneben können nichtgewollte Eingänge auf das technische System aus der Umgebung (auch Nachbarsystemen), also *Störwirkungen* (z. B. zu hohe Temperatur) auftreten, die nichtgewollte *Nebenwirkungen* erzeugen (z. B. Formabweichung, Verlagerungen). Ferner können aus dem Wirkzusammenhang (Zweckwirkungen) ebenfalls ungewollte Erscheinungen als Nebenwirkungen (z. B. Schwingungen) sowohl aus den einzelnen technischen Gebilden

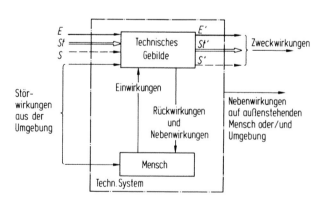

Abb. 2.14. Zusammenhänge in technischen Systemen unter Beteiligung des Menschen

innerhalb des Systems als auch aus dem Gesamtsystem nach außen auftreten, die den Menschen oder die Umgebung erreichen.

Gemäß Abb. 2.14 ist nach [56] zweckmäßig wie folgt zu unterscheiden:

Zweckwirkung: Funktionale (gewollte) Wirkung als gewünschtes Ergebnis im Sinne der Nutzung.

Einwirkung: Funktionale Beziehung als Handlung des Menschen im technischen System.

Rückwirkung: Funktionale Beziehung des technischen Gebildes auf den Menschen oder auf ein anderes technisches Gebilde.

Störwirkung: Funktional nicht gewollte (unerwünschte) Einflüsse von außen auf das technische System, technische Gebilde oder den Menschen, die die Funktionserfüllung beeinträchtigen oder erschweren.

Nebenwirkung: Funktional unerwünschte und unbeabsichtigte Wirkung des technischen Gebildes bzw. Systems auf den Menschen und auf die Umgebung.

Alle Wirkungen müssen im Gesamtzusammenhang bei der Entwicklung technischer Systeme verfolgt werden. Um diese rechtzeitig zu erkennen, sie zu nutzen oder ihnen nötigenfalls zu begegnen, ist es zweckmäßig, eine methodische Leitlinie zu benutzen, die generelle Zielsetzungen und Bedingungen berücksichtigt (vgl. 2.1.7).

2.1.7 Resultierende methodische Leitlinie
Sytematic guideline

Die Lösung technischer Aufgaben wird bestimmt durch zu erreichende Ziele und durch einschränkende Bedingungen. Die *Erfüllung der technischen Funktion, ihre wirtschaftliche Realisierung* und die Einhaltung der *Sicherheit für Mensch und Umgebung/Umwelt* können als generelle Zielsetzungen angesehen werden. Die Erfüllung der technischen Funktion allein wird einer Aufgabenstellung nicht gerecht, denn sie wäre nur Selbstzweck. Es ist immer eine wirtschaftliche Realisierung beabsichtigt. Die Sorge um die Sicherheit von Mensch und Umgebung ergibt sich dabei schon allein aus ethischen Gründen. Jede der genannten Zielsetzungen ist aber auch Bedingung für die anderen.

Daneben unterliegt die Lösung technischer Aufgaben aber auch noch Einschränkungen, die durch die Mensch-Maschine-Beziehung, durch Herstellung, Möglichkeiten des Transports, Gesichtspunkte des Gebrauchs usw. gegeben sind, gleichgültig, ob solche Einschränkungen durch die konkrete Aufgabe oder durch den allgemeinen Stand der Technik gesetzt werden. Im ersteren Fall handelt es sich um aufgabenspezifische, im zweiten Fall um allgemeine Bedingungen, die oft nicht explizit bei einer Aufgabe angegeben, aber dennoch stillschweigend vorausgesetzt werden und daher zu beachten sind.

Hubka [22–24] hat diese Einflüsse als Eigenschaftskategorien nach dem Bedarf der Konstruktionsarbeit bezeichnet und spricht von Betriebs-, Ergonomie, Aussehens-, Distributions-, Lieferungs-, Planungs-, Fertigungs-, Konstruktionskosten- und Herstell-Eigenschaften.

Neben den Funktions-, Wirk- und Gestaltungszusammenhängen muss die Lösung also Bedingungen genügen, die sich sowohl allgemein als auch aus der konkreten Aufgabe ergeben können. Diese lassen sich durch folgende Merkmale übersichtlich und umfassend angeben:

Sicherheit	auch im Sinne der Zuverlässigkeit, Verfügbarkeit
Ergonomie	Mensch-Maschine-Beziehung, auch Formgebung (Design)
Fertigung	Fertigungsart und Fertigungsmittel für Teilefertigung
Kontrolle	zu jedem erforderlichen Zeitpunkt der Produktentstehung
Montage	innerhalb, nach und außerhalb der Teilefertigung
Transport	inner- und außerbetrieblich
Gebrauch	Betrieb, Handhabung
Instandhaltung	Wartung, Inspektion und Instandsetzung
Recycling	Wiederverwendung, Wiederverwertung, Entsorgung, Endlagerung oder Beseitigung
Aufwand	Kosten, Zeiten und Termine.

Die aus diesen Merkmalen ableitbaren Bedingungen, die sich in der Regel als Anforderungen ergeben (vgl. 5.2), wirken auf Funktions-, Wirk- und Baustruktur ein und beeinflussen sich gegenseitig. Sie werden daher im Laufe des Konstruktionsprozesses immer wieder als eine zu beachtende *Leitlinie* verwendet, die dem jeweiligen Konkretisierungsgrad in den einzelnen Hauptphasen angepasst wird (vgl. Abb. 2.15 und 14.1).

Daneben bestehen auch noch Einflüsse durch den Konstrukteur, das Entwicklungsteam und den Zulieferer und nicht zuletzt durch den Kunden, das Umfeld und die Umweltbedingungen.

Die genannten Bedingungen sollten beim *Konzipieren* der Wirkstruktur bereits im Wesentlichen beachtet sein. In der Phase des Entwerfens, wo die Gestaltung der Baustruktur durch Quantifizieren der mehr oder weniger qualitativ erarbeiteten Wirkstruktur im Vordergrund steht, müssen sowohl die Zielsetzung der Aufgabe, als auch die bestehenden allgemeinen und aufgabenspezifischen Bedingungen im Einzelnen und sehr konkret berücksichtigt werden. Dies wird in mehreren Arbeitsschritten durch weitere Information, Detailgestaltung und Schwachstellenbeseitigung mit erneuter, allerdings eingeschränkter Lösungssuche für Teilaufgaben verschiedenster Art erfolgen, bis durch das *Ausarbeiten* der Herstellangaben der Konstruktionsprozess abgeschlossen werden kann (vgl. 5 bis 8).

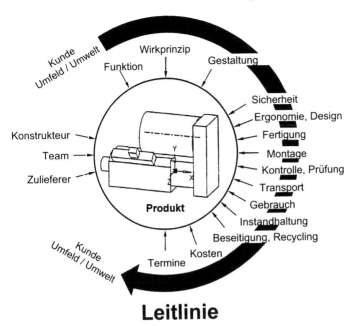

Abb. 2.15. Einflussgrößen und Bedingungen beim Entwickeln und Konstruieren. Die angeführten Bedingungen sind als Merkmale zugleich eine qualitätssichernde Leitlinie

2.2 Grundlagen methodischen Vorgehens
Fundamentals of the systematic approach

Es werden zunächst denkpsychologische Zusammenhänge und allgemeine methodische Ansätze erläutert. Diese sollen ein Grundverständnis vermitteln, um die später vorgestellten Vorgehensweisen und Einzelmethoden besser einordnen und auch zweckdienlich anwenden zu können. Die grundlegenden Erkenntnisse und daraus abgeleiteten Vorschläge kommen aus verschiedenen, überwiegend nichttechnischen Disziplinen, und ihre Grundlagen sind meist interdisziplinär. Vor allem die Psychologie, die Philosophie und die Arbeitswissenschaft tragen zum Erkenntnisgewinn bei, denn Methoden zur Arbeitserleichterung und -verbesserung müssen die Eigenheiten, Fähigkeiten und Grenzen des menschlichen Denkens berücksichtigen [41].

2.2.1 Vorgang des Problemlösens
Problem solving process

Der Konstrukteur sieht sich in seiner Tätigkeit vielfach Aufgaben gegenüber, die Probleme enthalten, die er nicht ohne weiteres bewältigen kann. Das Problemlösen auf unterschiedlichem Anwendungs- und Konkretisierungsniveau ist ein Kennzeichen seiner Tätigkeit. Der Erforschung des Wesens menschlichen Denkens widmet sich die Denkpsychologie. Ihre Erkenntnisse müssen in einer Konstruktionslehre berücksichtigt werden. Die nachfolgenden Ausführungen stützen sich im Wesentlichen auf die Arbeiten von Dörner [8, 10].

Ein *Problem* ist durch drei Komponenten gekennzeichnet:

– Unerwünschter Anfangszustand, d. h. Vorliegen einer unbefriedigenden Situation.
– Erwünschter Endzustand, d. h. Erreichen einer befriedigenden Situation oder eines gewünschten Ergebnisses.
– Hindernisse, die eine Transformation vom unerwünschten Ausgangszustand zum erwünschten Endzustand im jeweiligen Zeitpunkt verhindern.

Hindernisse, die einer Transformation im Wege stehen, können aus folgenden Gründen bestehen:

– Die Mittel zur Überwindung sind unbekannt und müssen noch gefunden werden (Syntheseproblem, Operatorproblem).
– Die Mittel sind bekannt, sie sind aber so zahlreich oder es müssen so viele kombiniert werden, dass ein systematisches Durchprobieren unmöglich ist (Interpolationsproblem, auch Kombinations- oder Auswahlproblem).
– Die Ziele sind nur vage bekannt oder nur unscharf formuliert. Die Lösung entsteht durch dauerndes Abwägen und Beseitigen von Widersprüchen, bis ein akzeptables Ergebnis zur Erfüllung wünschenswerter Ziele entsteht (dialektisches Problem, Such- und Anwendungsproblem).

Probleme haben darüber hinaus weitere wichtige Merkmale:

– *Komplexität.* Es bestehen viele Komponenten mit unterschiedlich starker Verknüpfung, die sich gegenseitig beeinflussen.
– *Unbestimmtheit.* Nicht alle Anfangsbedingungen sind bekannt, nicht alle Zielkriterien liegen fest, der Einfluss einer Teillösung auf das Ganze oder auf andere Teillösungen ist nicht überschaubar und wird erst nach und nach erkannt. Die Schwierigkeiten verschärfen sich, wenn der Bereich, in dem die Probleme zu lösen sind, sich zeitlich ändert.

Damit ist das Problem von der Aufgabe abgegrenzt:

– Eine *Aufgabe* stellt geistige Anforderungen, für deren Bewältigung Mittel und Methoden eindeutig bekannt sind. Ein Beispiel wäre die Konstruktion einer Welle bei vorgegebenen Belastungen, Anschlussmaßen und Fertigungsverfahren.

Beim Konstruieren treten Aufgaben und Probleme häufig vermischt auf und sind oft nicht klar trennbar. So kann sich eine gestellte Konstruktionsaufgabe bei näherer Betrachtung als Problem erweisen. Manche größere Aufgabe lässt sich in Teilaufgaben gliedern, von denen einige sich als schwierige Teilprobleme ergeben. Umgekehrt kann ein Problem durch Erledigung von mehreren erkannten Teilaufgaben in bisher unbekannter Kombination gelöst werden.

Denkprozesse sind Prozesse im Gedächtnis und umfassen auch die Veränderung von Gedächtnisinhalten. Beim Denken spielen also Gedächtnisinhalte und die Art und Weise, wie diese im Gedächtnis miteinander verknüpft sind, eine wichtige Rolle. Vereinfacht betrachtet, lässt sich folgendes sagen:

Zunächst benötigt der Mensch zum Problemlösen ein bestimmtes *Faktenwissen* über den Realitätsbereich, in dem er das Problem lösen muss. In der Denkpsychologie nennt man das in das Gedächtnis übertragene Wissen die *epistemische Struktur*.

Weiterhin muss der Mensch bestimmte Methoden (*Verfahren*) zur Lösungsfindung kennen, um effektiv handeln zu können. Dieser Teilaspekt betrifft die *heuristische Struktur* im Denken des Menschen.

Außerdem kann man zwischen Kurzzeit- und Langzeitgedächtnis unterscheiden. Das Kurzzeitgedächtnis als eine Art von Arbeitsspeicher hat eine geringe Kapazität und ist nur in der Lage, etwa sieben Gesichtspunkte oder Merkmale (Einheiten) gleichzeitig bereitzuhalten. Das Langzeitgedächtnis mit einer praktisch wohl unendlich großen Kapazität nimmt dagegen das gesamte Fakten- und heuristische Wissen auf und legt es offenbar strukturiert ab.

Dabei ist der Mensch in der Lage, bestimmte Zusammenhänge (Relationen) in mannigfacher Weise zu erkennen, zu gebrauchen und neu zu bilden. Solche Relationen, die auch im technischen Bereich hohe Bedeutung haben, sind beispielsweise:

– Konkret-Abstrakt-Relation, z. B.: Schrägkugellager – Kugellager – Wälzlager – Lager – Führung – Kräfte leiten und Teil positionieren.
– Ganzes-Teil-Relation (Hierarchie), z. B.: Anlage – Maschine – Baugruppe – Teil.
– Raum-Zeit-Relation, z. B.: Anordnung: vorn – hinten, unten – oben; Abfolge: dieses zuerst – jenes später.

Man kann das Gedächtnis als ein semantisches Netzwerk mit Knoten (Wissen) und Verbindungen (Relationen) betrachten, das änderbar und ergänzbar ist. Abbildung 2.16 zeigt ein mögliches semantisches Netz ohne Anspruch auf Vollständigkeit im Zusammenhang mit dem Begriff Lagerung. In ihm können die oben angeführten Relationen und andere erkannt werden, wie Eigenschaftsrelationen oder solche, die Gegensätze (polare Zusammenhänge) betreffen. Das Denken besteht im Aufbau und in der Umbildung von solchen semantischen Netzen, wobei das Denken selbst intuitiv- oder diskursivbetont verlaufen kann.

Intuitives Denken ist stark einfallsbetont, der eigentliche Denkprozess geschieht weitgehend unbewusst, die Erkenntnis tritt plötzlich durch irgendwelche Ereignisse oder Assoziationen in das Bewusstsein. Man spricht von primärer Kreativität [2, 30]. Dabei werden recht komplexe Zusammenhänge verarbeitet. Müller [36] verweist in diesem Zusammenhang auf das „Schweigende Wissen", ein Alltags- und Hintergrundwissen, das auch mit episodalen

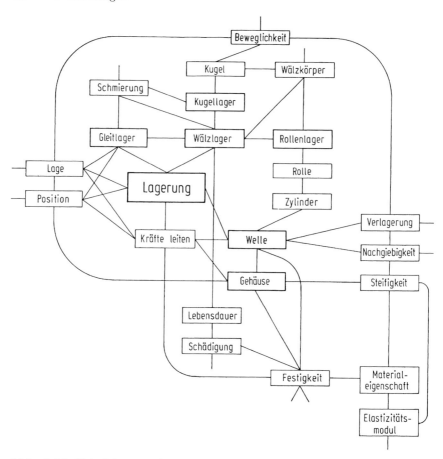

Abb. 2.16. Beispielsweiser Ausschnitt eines semantischen Netzes, das eine Lagerung betrifft

Erinnerungen, mit vagen Begriffen und unscharfen Definitionen zur Verfügung steht. Es wird durch bewusste und unbewusste Denkakte aktiviert.

Im Allgemeinen benötigt der plötzliche Einfall eine gewisse, nicht näher vorherbestimmbare Inkubationszeit ungestörten, unbewussten „Denkens", bis er ins Bewusstsein tritt. Diese kann u. a. auch dadurch initiiert werden, dass z. B. Konstrukteure Lösungsideen frei skizzieren oder auch strenger zeichnen. Nach [14] wird dabei die Aufmerksamkeit an den Gegenstand gebunden, es verbleiben aber bei der manuellen Handlung mentale Freiräume, die Raum für unbewusste Denkprozesse lassen, oder letztere werden durch den zeichnerischen Vorgang zusätzlich in Gang gesetzt.

Diskursives Denken besteht in einem bewussten Vorgehen, das mitteilsam und beeinflussbar ist. Fakten und Relationen werden bewusst analysiert, variiert und neu kombiniert, geprüft, verworfen oder weiter in Betracht gezogen.

In [2, 30] wird dieser Prozess als sekundäre Kreativität bezeichnet. Exaktes und wissenschaftlich begründetes Wissen wird über dieses Denken mindestens geprüft und in einen Wissenszusammenhang gebracht. Dieser Prozess ist im Gegensatz zum intuitiven Denken langsam und von vielen bewussten kleineren Denkschritten begleitet.

In der Gedächtnisstruktur ist explizit und bewusst erworbenes Wissen vom oben erwähnten mehr vagen Alltags- oder Hintergrundwissen nicht exakt trennbar, und die Wissensbestände beeinflussen sich gegenseitig. Entscheidend für ein gut abrufbares und kombinierbares Wissen ist aber vermutlich eine geordnete, in sich logische Strukturierung des Faktenwissens (epistemische Struktur) im Gedächtnis des Problemlösers, gleichgültig, ob das Denkergebnis mehr intuitiv oder diskursiv entsteht.

Die *heuristische Struktur* betrifft das explizierbare (erklärbare) und nicht explizierbare Wissen, um die Abfolge von Denkoperationen, von Handlungsoperationen zum Verändern des Zustands (Suchen und Finden) sowie von Prüfoperationen (Kontrolle und Beurteilung) organisieren zu können. Oftmals beginnt der Suchende ziemlich planlos, offenbar in der Absicht, aus der Kenntnis seines Wissens auf Anhieb ohne weitere Mühe eine Lösung zu finden. Erst bei Misserfolg oder Widersprüchen setzt eine mehr planmäßige oder systematischere Abfolge von Denkoperationen ein.

Eine wichtige elementare Abfolge in Denkprozessen stellt die sog. TOTE-Einheit [33] dar (Abb. 2.17). Dabei handelt es sich um zwei Prozesse, nämlich den Veränderungsprozess und den Prüfprozess. Die mit TOTE beschriebene Abfolge gibt an, dass einer Handlungsoperation zunächst eine Prüfoperation (Test) vorangeht, die die Ausgangssituation analysiert. Dann erst wird die entsprechend gewählte Handlungsoperation (Operation) durchgeführt. Anschließend erfolgt wieder eine Prüfoperation (Test), die den erreichten Zustand prüft. Ist das Ergebnis befriedigend, wird der Prozess verlassen (Exit), andernfalls wird die Handlungsoperation entsprechend angepasst wiederholt.

In komplexeren Denkabläufen werden TOTE-Einheiten vielfach hintereinandergeschaltet, oder es werden mehrere Handlungen in Form einer „Handlungskaskade" nacheinander durchgeführt, bevor ein erneutes Prüfen geschieht. Bei der Kopplung geistiger Prozesse sind also vielfache Kombinationen und Abfolgen denkbar, die aber immer wieder auf das Grundmuster der TOTE-Einheiten rückführbar sind.

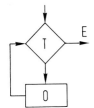

Abb. 2.17. TOTE-Einheit als Grundeinheit der Organisation von Denk- und Handlungseinheiten [8, 33]

2.2.2 Kennzeichen guter Problemlöser
Characteristics of good problem solvers

Die nachfolgenden Aussagen sind zum einen aus den Arbeiten Dörners [9] und zum anderen aus mit ihm zusammen durchgeführten Untersuchungen von Ehrlenspiel und Pahl gewonnen worden. Letztere sind den Veröffentlichungen von Rutz [50], Dylla [11, 12] und Fricke [15, 16] zu entnehmen. Die Erkenntnisse werden nachfolgend zusammengefasst [42]:

1. Intelligenz und Kreativität

Unter *Intelligenz* wird im Allgemeinen eine gewisse Klugheit, die Fähigkeit des Begreifens und Verstehens sowie des Urteilens verstanden. Hierbei stehen oft analysierende Vorgehensweisen im Vordergrund.

Kreativität meint eine schöpferische Kraft, die Neues hervorbringt oder bisher nicht bekannte Zusammenhänge bildet, wodurch weitere Lösungen oder Erkenntnisse möglich werden. Kreativität ist häufig mit einer mehr intuitiv ablaufenden, synthetisierenden Vorgehensweise verbunden.

Intelligenz und Kreativität sind Eigenschaften, die Personen eigen sind. Ihre streng wissenschaftliche Definition und eine Abgrenzung zwischen Intelligenz und Kreativität ist bisher nicht gelungen. Mit Hilfe von Intelligenztests wird über einen Intelligenzquotienten (Vergleich mit dem Mittelwert einer großen Gruppe von Menschen) versucht, das Maß von Intelligenz zu messen, wobei angesichts vielfältiger Erscheinung von Intelligenz zum Erfassen des Spektrums auch entsprechend verschiedenartige Tests, sog. Testbatterien, angewendet werden. Erst ihre gemeinsame Betrachtung lässt gewisse Einschätzungen zu. Das gleiche gilt auch für Kreativitätstests.

Zum Problemlösen ist ein Mindestmaß an Intelligenz erforderlich. Mit wachsendem Intelligenzquotienten steigt auch die Chance für gutes Problemlösen. Wesentlich nach [8, 9] ist aber, dass Intelligenztests allein wenig darüber aussagen, worin die Problemlösefähigkeit besteht. Dörner begründet das in [8] so, dass es sich bei den Intelligenztests meist um solche Aufgaben oder Probleme handelt, deren Lösung nur wenige Denkschritte beansprucht, die daher in ihrer Abfolge meist gar nicht bewusst werden. Kaum wird bei Intelligenztests die selbständige Organisation vieler Lösungsschritte zu einer bestimmten Lösungsprozedur verlangt, nämlich das Hin- und Herschalten zwischen verschiedenen Ebenen oder Möglichkeiten, was bei der Durchführung längerfristiger Denkakte von entscheidender Bedeutung ist.

Ähnliches gilt für Kreativitätstests. Letztere werden oft auf einer so niedrigen Stufe angesetzt, dass der komplexe Problemlöseprozess, der auch viele Anteile des Planens und Steuerns des eigenen Vorgehens umfasst, nicht angesprochen wird. Ferner ist im konstruktiven Bereich Kreativität immer zielgerichtet. Eine reine, ungerichtete Produktivität von Ideen und Varianten kann beim Problemlösen eher hinderlich werden [2] oder allenfalls in einer bestimmten Phase förderlich sein.

2. Entscheidungsverhalten

Neben einem gut strukturierten Faktenwissen und einem geordneten Vorgehen beim Handeln und Prüfen sowie einer zielgerichteten Kreativität sind aber noch Entscheidungsprozesse zu beherrschen, für die noch andere geistige Tätigkeiten und Fähigkeiten ausschlaggebend sind:

- *Erkennen von Abhängigkeiten*
  In komplexen Systemen bestehen immer unterschiedlich starke Abhängigkeiten zwischen einzelnen Teilbereichen. Die Art und Stärke solcher Abhängigkeiten zu erkennen ist eine wesentliche Voraussetzung zur Gliederung in handhabbare, weniger komplexe Teilprobleme bzw. Teilziele, die getrennt bearbeitet werden können. Hierbei muss der Bearbeiter aber in der Lage sein, Nah- und Fernwirkungen im Gesamtzusammenhang im Auge zu behalten.
- *Einschätzen von Wichtigkeit und Dringlichkeit*
  Gute Problemlöser zeichnen sich dadurch aus, dass sie es verstehen, *Wichtigkeit* (sachliche Bedeutung) und *Dringlichkeit* (zeitliche Bedeutung) zu erkennen und daraus für ihr eigenes Vorgehen die richtigen Schlüsse ziehen. Sie werden versuchen, Dinge von Bedeutung zuerst zu lösen und dann davon abhängige Lösungen für die übrigen Teilprobleme zu entwickeln. Sie werden den Mut haben, es auf Nebenfeldern bei Unvollkommenheiten zu belassen, wenn sie bei den bedeutungsvollen Hauptfeldern gute und annehmbare Lösungen gefunden haben. Sie werden sich nicht in untergeordneten Teilfragen verzetteln und damit wertvolle Zeit verlieren.
  Gleiches gilt für die Einschätzung von *Dringlichkeit*. Gute Problemlöser können notwendigen Zeitbedarf richtig einschätzen und bauen sich einen Zeitplan auf, der sie zwar fordert, aber nicht überfordert. Interessant sind die Erkenntnisse von Janis und Mann [25], dass milder, d. h. erträglicher, Stress für die Kreativität förderlich ist. Realistische Terminvorgaben wirken sich auf das Ergebnis von Denkprozessen eher günstig aus, woraus zu folgern ist, dass Neuentwicklungen am besten unter mäßigem Zeitdruck ablaufen sollten. Selbstverständlich empfinden und reagieren Menschen je nach Typ in diesem Zusammenhang unterschiedlich.
- *Stetigkeit und Flexibilität*
  Stetigkeit bedeutet kontinuierliches Festhalten am Erreichen der Ziele, das sich im Grenzfall bis zur Rigidität steigern kann. *Flexibilität* meint hohes Anpassungsvermögen bei wechselnden Bedingungen, was aber nicht zu einem ziellosen Hin- und Herpendeln führen darf.
  Gute Problemlöser finden ein angemessenes Maß zwischen Stetigkeit und Flexibilität. Sie weisen nämlich ein stetig konsistentes aber zugleich flexibles Verhalten auf. Sie halten an vorgegebenen Zielen trotz auftretender Schwierigkeiten oder Hemmnisse fest. Dagegen passen sie ihr Vorgehen an sich ändernde Situationen oder bei auftretenden neuen Problemen unverzüglich an.

Dabei sind ihnen vorgegebene Heurismen, Vorgehenspläne und Anweisungen in erster Linie nur Richtschnur, aber nicht starre Vorschrift. Dörner schreibt in [8]: „Heurismen oder Heurismenpläne dürfen nicht zu Automatismen entarten. Vielmehr sollen Individuen lernen, das Erworbene selbstständig fortzuentwickeln. Vorgegebene Heurismen dürfen nicht als Vorschriften missverstanden werden, sondern müssen als entwicklungsfähig und entwicklungsbedürftig empfunden werden!"

– *Misserfolge sind nicht vermeidbar*
In komplexen Systemen mit starker innerer Vernetztheit sind wenigstens partielle Misserfolge kaum vermeidbar, weil in einem solchen Beziehungsgeflecht nicht sogleich alle Wirkungen erkannt werden können. Beim Erkennen von solchen Misserfolgen kommt es in erster Linie auf die Art der Reaktion an. Wichtig ist die Fähigkeit eines flexiblen Vorgehens, das mit Analysefähigkeit über das eigene Vorgehen gepaart ist, und ein Entscheidungsverhalten, das zu einem korrigierten Neuaufbau des eigenen Denkens und daraus resultierendem neuen Handeln führt.

Zusammengefasst ergeben die Erkenntnisse der Denkpsychologie:

Gute Problemlöser

– besitzen ein gutes fachliches Wissen in geordneter Weise, d. h. sie haben ein inneres gut strukturiertes Modell,
– finden ein richtiges, je nach Situation angepasstes Maß zwischen Konkretheit und Abstraktion,
– können auch bei Unschärfe oder Unbestimmtheiten handeln und
– halten am Ziel bei flexiblem Vorgehensverhalten fest.

Eine solche heuristische Kompetenz ist wohl im hohen Maße von einer naturgegebenen Persönlichkeitsstruktur abhängig, kann aber sicherlich durch Training an unterschiedlichen Problemstellungen merklich weiterentwickelt werden.

Die zuvor genannten Forschungsarbeiten haben folgende Kennzeichen guter Entwickler offenbart [42]:

– Gründliche Zielanalyse zu Beginn der Arbeit und auch bei der Formulierung von Teilzielen während des Konstruktionsprozesses insbesondere bei unscharfer Problemformulierung.
– Durchlaufen einer konzeptionellen Phase zwecks Erarbeitens oder Erkennens des günstigsten Lösungsprinzips und nachfolgender konkreter Gestaltung in einer Entwurfsphase.
– Eine zuerst divergierende und dann rasch konvergierende Lösungssuche mit nicht zu vielen Varianten auf der jeweils angemessenen Konkretisierungsebene mit Wechsel der Betrachtungsweise, z. B. abstrakt – konkret, Gesamtproblem – Teilproblem, Wirkzusammenhang – Bauzusammenhang.
– Häufige Lösungsbeurteilungen nach umfassenden Kriterien ohne zu starke Betonung persönlicher Präferenzen.

– Ständige Reflexion des eigenen Vorgehens und dessen Anpassung an die jeweilige Problemlage.

Diese Kennzeichen stimmen mit den Anliegen und Vorschlägen einer Konstruktionsmethodik nach diesem Buch überein.

2.2.3 Lösungsprozess als Informationsumsatz
Problem solving as information conversion

Bereits bei den Grundlagen systemtechnischen Vorgehens (vgl. 1.2.3) wurde festgestellt, dass bei einem Lösungsprozess ein hoher Informationsbedarf und eine ständige Informationsverarbeitung bestehen. Auch Dörner [8] bezeichnet das Problemlösen als Informationsverarbeitung. Die wichtigsten Begriffe zur Theorie des Informationsumsatzes sind in DIN 44300 und DIN 44301 festgelegt [5,6].

Informationen werden *gewonnen* (aufgenommen), *verarbeitet* und *ausgegeben*. Man spricht von einem *Informationsumsatz*. Abbildung 2.18 zeigt schematisch diesen Sachverhalt.

Informationsgewinnung kann z. B. geschehen durch Marktanalysen, Trendstudien, Patente, Fachliteratur, Vorentwicklungen, Fremd- und Eigenforschungsergebnisse, Lizenzen, Kundenanfragen und vor allem konkrete Aufgabenstellungen, Lösungskataloge, Analysen natürlicher und künstlicher Systeme, Berechnungen, Versuche, Analogien, überbetriebliche und innerbetriebliche Normen und Vorschriften, Lagerlisten, Liefervorschriften, Kalkulationsunterlagen, Prüfberichte, Schadensstatistiken, aber auch durch „Fragen stellen". Die Informationsbeschaffung stellt beim Lösen von Aufgaben einen wesentlichen Tätigkeitsanteil dar [3].

Informationsverarbeitung erfolgt z. B. durch Analyse der Informationen, Synthese durch Überlegungen und Kombinationen, Ausarbeiten von Lösungskonzepten, Berechnen, Experimentieren, Durcharbeiten und Korrigieren von Skizzen, Entwürfen und Zeichnungen sowie durch Beurteilen von Lösungen.

Informationsausgabe erfolgt z. B. durch Festlegen des Überlegten in Skizzen, Zeichnungen, Tabellen, Versuchsberichten, Montage- und Betriebsanweisungen, Bestellungen, Arbeitsplänen. Häufig ist noch eine *Informationsspeicherung* notwendig.

In [32] sind einige *Kriterien* für Informationen angegeben, die zu ihrer Kennzeichnung hilfreich sind und zur Formulierung von Forderungen des Informationsverbrauchers benutzt werden können. Im Einzelnen werden genannt:

Abb. 2.18. Informationsumsatz mit Iterationsschleife

- Zuverlässigkeit, d. h. die Wahrscheinlichkeit ihres Eintreffens und ihre Aussagesicherheit.
- Informationsschärfe, d. h. die Exaktheit und Eindeutigkeit des Informationsinhaltes.
- Volumen und Dichte, d. h. Angaben über Wort- und Bildmenge, die zur Beschreibung eines Systems oder Vorganges notwendig sind.
- Wert, d. h. die Wichtigkeit der Information für den Empfänger.
- Aktualität, d. h. eine Angabe über den Zeitpunkt der Informationsverwendung.
- Informationsform, d. h. ob es sich um graphische oder alphanumerische Informationen handelt.
- Originalität, d. h. gegebenenfalls die Notwendigkeit zur Erhaltung des Originalcharakters einer Information.
- Komplexität, d. h. die Struktur bzw. der Verknüpfungsgrad von Informationssymbolen zu Informationselementen, -einheiten oder -komplexen.
- Feinheitsgrad, d. h. der Detaillierungsgrad einer Information.

Ein solcher Informationsumsatz läuft in der Regel sehr komplex ab. So werden zum Lösen von Aufgaben Informationen von sehr unterschiedlicher Art, unterschiedlichem Inhalt und Umfang benötigt, verarbeitet und ausgegeben. Darüber hinaus müssen zur Anhebung des Informationsniveaus und damit zur Verbesserung häufig bestimmte Einzelschritte des Informationsumsatzes iterativ mehrmals durchlaufen werden.

Unter *Iterieren* wird ein Informationsprozess verstanden, mit dessen Hilfe man sich schrittweise der Lösung nähert. Dabei finden eine oder mehrere Wiederholungen der betreffenden Arbeitsschritte in Form einer Iterationsschleife auf einem jeweils höheren Informationsniveau statt, das auf Grund der erarbeiteten Ergebnisse erreicht wurde. Erst jetzt werden nämlich die Informationen gewonnen, die es gestatten, die Lösung zu erkennen oder zu vervollständigen. Auf diese Weise findet eine stetige Verbesserung im Sinne des Höherwertigmachens statt (vgl. Abb. 2.18). Solche Iterationsprozesse sind sehr häufig und geschehen in allen Konkretisierungsstufen der Lösungssuche bzw. des Problemlöseprozesses.

2.2.4 Allgemeine Arbeitsmethodik
General working methodology

Eine allgemeine Arbeitsmethodik soll branchenunabhängig und ohne fachspezifische Vorkenntnisse des Bearbeiters einsetzbar sein. Sie soll das Denken in geordneter und effektiver Form unterstützen. Die angeführten Ansätze werden bei den speziellen Lösungs- und Vorgehensmethoden immer wieder in mehr oder minder veränderter Form auftauchen und dann z. T. auf die Belange technischer Produktentwicklung zugeschnitten. Anliegen dieses Abschnitts ist es, den Leser zunächst über methodisches Arbeiten allgemein zu informieren. Dabei stützen sich die folgenden Hinweise und Vorschläge neben der eigenen Berufserfahrung und den in 2.2.1 genannten denkpsychologischen Aspekten vor allem auf die Arbeiten von Holliger [20, 21], Nadler [38, 39], Müller [35, 36] und Schmidt [51]. Sie werden auch „heuristische Prinzipien" (heuristica übersetzt: es ist da; Heuristik = Methode der Ideensuche und Lösungsfindung) oder „Kreativitätstechniken" genannt.

Grundsätzlich müssen folgende Voraussetzungen beim methodischen Vorgehen erfüllt werden:

- *Ziele definieren* durch Mitteilen des Gesamtziels, der einzelnen Teilziele und ihrer Bedeutung, wodurch die Motivation zur Lösung der Aufgabe sichergestellt und die eigene Einsicht unterstützt wird.
- *Bedingungen aufzeigen*, d. h. Klarstellen von Rand- und Anfangsbedingungen.
- *Vorurteile auflösen*, was erst eine breit angelegte Lösungssuche bei Verminderung von Denkfehlern ermöglicht.
- *Varianten suchen*, d. h. stets mehrere Lösungen finden, aus denen dann die günstigste ausgewählt oder kombiniert werden kann.
- *Beurteilen* im Hinblick auf die Ziele und gegebenen Bedingungen.
- *Entscheidungen fällen*, was mit der vorangegangenen Beurteilung erleichtert wird. Nur Entscheidungen mit sich einstellenden Rückwirkungen machen einen Erkenntnisfortschritt möglich.

Zur Durchführung (Operationalisierung) des aufgezeigten grundsätzlichen methodischen Arbeitens sind nachstehende Denk- und Handlungsoperationen zu beachten.

1. Wahl des zweckmäßigen Denkens

Nach 2.2.1 stehen *intuitives* und *diskursives* Denken zur Verfügung, wobei ersteres mehr unbewusst und letzteres mehr bewusst abläuft.

Durch Intuition sind eine Vielzahl von guten und sehr guten Lösungen gefunden worden und werden noch gefunden. Vorbedingung ist allerdings immer eine bewusste und entsprechend intensive Beschäftigung mit dem vorliegenden Problem. Dennoch ist bei rein intuitiver Arbeitsweise nachteilig, dass

- der richtige Einfall selten zum gewünschten Zeitpunkt kommt, denn er kann ja nicht erzwungen oder erarbeitet werden,
- das Ergebnis stark von der Veranlagung und Erfahrung des Bearbeiters abhängt und
- die Gefahr besteht, dass sich Lösungen nur innerhalb eines fachlichen Horizontes des Bearbeiters vor allem durch dessen Vorfixierung einstellen.

Es ist deshalb anzustreben, ein bewussteres Vorgehen durchzuführen, das schrittweise ein zu lösendes Problem bearbeitet. Eine solche Arbeitsweise wird diskursiv genannt. Sie vollzieht die Arbeitsschritte bewusst, beeinflussbar und mitteilsam, in der Regel werden die einzelnen Ideen oder Lösungsansätze bewusst analysiert, variiert und kombiniert. Wichtiges Merkmal dieses Vorgehens ist also, dass eine zu lösende Aufgabe selten sofort in ihrer Gesamtheit angegangen wird, sondern dass man diese zunächst in übersehbare Teilaufgaben aufgliedert, um letztere dann leichter lösen zu können.

Es muss aber nachdrücklich betont werden, dass intuitives und diskursives Arbeiten keinen Gegensatz darstellen. Die Erfahrung zeigt, dass die Intuition durch diskursives Arbeiten angeregt wird. Stets sollte angestrebt werden, komplexe Aufgabenstellungen schrittweise zu bearbeiten, wobei es zugelassen bzw. erwünscht ist, Einzelprobleme intuitiv zu lösen.

Ergänzend sei festgehalten, dass Kreativität durch Einflüsse gehemmt oder gefördert werden kann [2]. So ist nach 2.2.1 beim intuitiven Denken wegen der Inkubationszeit eine Unterbrechung der Tätigkeit oft förderlich. Andererseits kann ein häufiger Tätigkeitswechsel mit Unterbrechungen ein Störfaktor und damit kreativitätshemmend sein. Dagegen ist ein methodisches Vorgehen mit diskursiven Anteilen bei wechselnden Betrachtungsebenen, z. B. die Nutzung unterschiedlicher Lösungsmethoden, der Wechsel zwischen mehr abstrakter und mehr konkreter Betrachtung und umgekehrt, das Informieren an Hand von Lösungskatalogen sowie eine Arbeitsteilung im Team mit entsprechendem Informationsaustausch kreativitätsfördernd. Ferner gilt nach [25], dass realistische Terminvorgaben eher motivations- und kreativitätsfördernd als hemmend wirken.

2. Individuelle Arbeitsstile

Dem Konstrukteur sind bei seiner Arbeit *Handlungsspielräume* zu lassen, die es ihm ermöglichen, seinen ihm eigenen, meist optimierten Arbeitsstil zu ermöglichen. Diese Spielräume können in der Methodenauswahl, in der Reihenfolge bestimmter, notwendiger Einzelarbeitsschritte und in der Wahl des Informationspartners liegen. Dazu bedarf es der eigenen, flexiblen Planung im jeweils überschaubaren Arbeitsbereich und deren eigener Kontrolle. Der dann individuell verfolgte Arbeitsplan muss sich selbstverständlich in den allgemeineren Vorgehensplan der Methodik bzw. des Projekts sinnvoll und verträglich einpassen.

Im Allgemeinen sind bei der Neuentwicklung eines Produkts mehrere Teilfunktionen (Teilprobleme) zu beachten, die dann auch entsprechende Teillösungen nach sich ziehen und/oder in sich kombiniert werden können. In einer solchen Situation kann der Entwickler individuell unterschiedlich vorgehen. So kann es sein, dass er bei der Lösungssuche zunächst auf der prinzipiellen Ebene für jede der beteiligten Teilfunktionen entsprechende Wirkprinzipien (Lösungsprinzipien) sucht, ihre gegenseitige Verträglichkeit grob prüft und sie dann zu einer gesamten Wirkstruktur (Lösungskonzept) kombiniert. Erst dann geht er an die nähere Gestaltung der Komponenten, die er mit Rücksicht auf die Gesamtkombination vornimmt. Methodisch gesehen geht er dem Vorgehensplan entsprechend *methodisch stufenweise ablauforientiert* vor, d. h. er treibt die unterschiedlichen Funktionsbereiche in der Lösungsfindung parallel

2.2 Grundlagen methodischen Vorgehens

vom Abstrakten (Idee, Vorstellung) zum Konkreten (endgültige Gestaltung) voran (vgl. Abb. 2.19a).

Eine andere Art ist es, für jeden Problem- oder Funktionsbereich nacheinander die einzelnen Lösungen von der Lösungsidee bis zur endgültigen Ge-

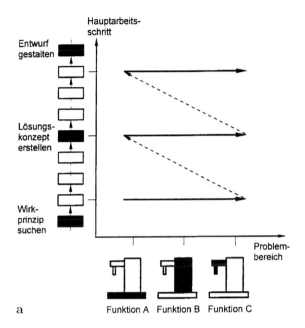

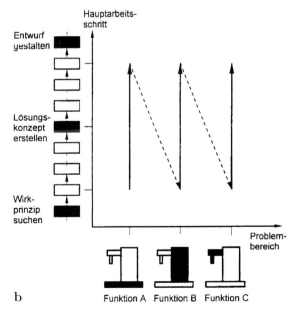

Abb. 2.19. Unterschiedlich individuelles Vorgehen bei der Lösungsentwicklung einer Teekochmaschine mit mehreren zusammenhängenden Funktionsbereichen: Grundplatte/Steuerung (A), Wasserspeicher und Heizung (B), Ausguss und Verschluss (C). **a** Methodisch stufenweise ablauforientiert, d. h. in jeder Stufe der Entwicklung ganzheitliche Betrachtung; **b** Teilproblemorientiert, d. h. jeder Funktionsbereich für sich entwickelt und dann zusammengeführt. (Idealisierte Verlaufsdarstellung nach Fricke [15, 16])

staltung durchzuarbeiten und sie dann anschließend unter Anpassung miteinander zu kombinieren. Methodisch gesehen würde dann *teilproblemorientiert*, also im entsprechenden Funktions- oder Gestaltungsbereich vorgegangen werden (vgl. Abb. 2.19b).

Die Untersuchungen von Dylla und Fricke [11, 12 und 15, 16] haben gezeigt, dass Anfänger mit methodischer Ausbildung dazu neigen, methodisch stufenweise ablauforientiert vorzugehen, hingegen Erfahrene eher teilproblemorientiert arbeiten. Letztere greifen auf ihren Erfahrungsschatz unmittelbar zu, kennen eine Reihe von möglichen Teillösungen und sehen sich auch in der Lage, diese rasch darzustellen. Sie kommen damit verhältnismäßig schnell zu einem konkreten Ergebnis, das dann unter Nutzung eines korrigierenden Vorgehens zu einer Gesamtlösung zusammengefasst wird. Diese Art des Vorgehens ist dann erfolgreich, wenn die einzelnen Komponenten sich nicht stark gegenseitig beeinflussen und ihre Eigenschaften gut überschaubar sind. Anderenfalls kommt es zum relativ späten Erkennen über eine mangelnde Funktionsfähigkeit im Zusammenwirken. Auch können unterschiedliche Teillösungen zu an sich gleichen oder ähnlichen Teilfunktionen entstehen, was häufig nicht wirtschaftlich ist und ein Zurückspringen auf die prinzipielle Betrachtung mit erneuter Lösungssuche zwingt.

Im methodisch stufenweise ablauforientierten Vorgehen werden die vorgenannten Gefahren des teilproblemorientierten Vorgehens weitgehend vermieden, es bedarf aber eines größeren Zeitaufwandes der breiteren, mehr systematischen Betrachtung mit der Gefahr einer unnötigen Ausweitung (Divergenz) des Lösungsfeldes. Letzteres erfordert vom Entwickler das rechte Maß zwischen Abstraktem und Konkretem, d. h. das richtige Gefühl, eine hinreichend, nicht zu große Menge guter Lösungsansätze zu haben und die Entschlusskraft, diese möglichst rasch in der Kombination zu einer konkreteren Gesamtgestalt zusammenzuführen (Konvergenz).

In der praktischen Anwendung ist nun methodisch stufenweise ablauforientiertes und teilproblemorientiertes Vorgehen nicht immer lupenrein gegeben, sondern es treten häufig je nach Problemlage Mischformen auf. Dennoch ist bei einzelnen Konstrukteuren eine mehr oder weniger starke Neigung zu der einen oder anderen Vorgehensweise feststellbar. Stufenweise ablauforientiertes Vorgehen empfiehlt sich bei starker Vernetzung der Teilprobleme und beim Betreten von Neuland. Ein teilproblemorientiertes Vorgehen ist zweckmäßig bei geringerer Vernetzung und bei Vorhandensein bekannter Teillösungen im Erfahrungsschatz des Anwendungsgebietes.

Ähnliche individuelle Vorgehensunterschiede sind auch bei der Suche einzelner Lösungen beobachtbar: Entwickelt und untersucht der Konstrukteur bei der Lösungssuche zu einzelnen Teilfunktionen nebeneinander unterschiedliche Lösungsprinzipien oder Gestaltungsvarianten und vergleicht sie miteinander, um dann die günstigere auszusuchen, bezeichnet man dieses Vorgehen als eine *generierende Lösungssuche* (vgl. Abb. 2.20a). Wird hingegen von einer Idee oder einem Vorbild ausgegangen und dieser erste Ansatz schrittweise

2.2 Grundlagen methodischen Vorgehens 73

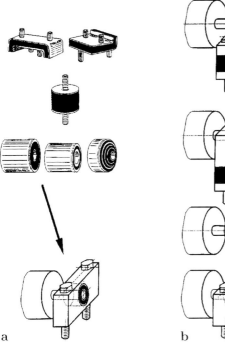

Abb. 2.20. Unterschiedlich individuelles Vorgehen bei der Lösungssuche einer elastischen Abstützung. **a** Generierend, d. h. Erzeugung von denkbaren Lösungsmöglichkeiten und zielgerichtete Auswahl. **b** Korrigierend, d. h. von einer Idee fortschreitende und korrigierende Lösungssuche

im Sinne der Problemstellung verbessert und angepasst bis eine befriedigende Lösung sichtbar wird, handelt es sich um *eine korrigierende Lösungssuche* (vgl. Abb. 2.20b). Bei ihr können dann auch eine Reihe von Lösungsvarianten entstehen, wenn einzelne Varianten nicht verworfen (ausradiert, gelöscht) wurden.

Erstere Art der Lösungssuche bietet eine größere Chance, auf neue, nichtkonventionelle Ideen zu kommen, unterschiedliche Prinzipien in Betracht zu ziehen, also ein breiteres Lösungsfeld zu gewinnen. Allerdings bestehen dann die Probleme der rechtzeitigen und zielgerichteten Auswahl, um später unnötig erscheinende Arbeit zu vermeiden. Zu dieser Vorgehensweise neigen wiederum eher methodisch geschulte Anfänger und methodisch versierte Entwickler.

Die korrigierende Lösungssuche nutzt häufig der erfahrene Konstrukteur, besonders dann, wenn ihm schon eine im Anwendungsfeld ähnlich bekannte Lösung vorschwebt oder einfällt. Der Vorteil liegt in einer relativ raschen Konkretisierungsmöglichkeit, wenn auch die Varianten zunächst nicht voll befriedigen. Der Bearbeiter bleibt in seinem Erfahrungsfeld und weitet es schrittweise aus. Die Gefahr liegt darin, in einem prinzipiell ungünstigeren Lösungsansatz stecken zu bleiben oder andere vorteilhafte Lösungsprinzipien nicht zu erkennen.

Wiederum ergeben sich in der praktischen Arbeit Mischformen. Es steht das Bestreben im Vordergrund, den Arbeitsaufwand jeweils zu minimieren. Der Entwickler und Konstrukteur neigt auf Grund seiner individuellen Fähigkeit und Erfahrung bzw. Prägung zu dieser oder jener Vorgehensweise, ohne sich häufig über die Vorteile oder Gefahren seines jeweiligen Weges bewusst zu sein.

Die gewählte oder auch unbewusst eingeschlagene Vorgehensweise ist individuell von der Ausbildung und Erfahrung abhängig und beeinflussbar. Strenge Vorschriften sollten dem Konstrukteur auch nicht gemacht werden, hingegen ist es gut, ihn auf die Vorteile und Gefahren des jeweiligen Vorgehens aufmerksam zu machen und ihm dann die Entscheidung zu überlassen. Es ist zweckmäßig, durch Schulung (Weiterbildung) und durch angemessene Führung während des Produktentwicklungsprozesses sich über die jeweils geeignete Vorgehensweise im Klaren zu werden und sie abzustimmen.

2.2.5 Allgemein wiederkehrende Methoden
Generell recurring methods

Die im Folgenden dargestellten allgemeinen Methoden sind als weitere Grundlage für methodisches Arbeiten aufzufassen. Von ihnen wird immer wieder Gebrauch gemacht [21]. Auch so genannte „neue" Methoden, die unter gewissen Schlagworten angeboten werden, sind oft nur eine Neuverpackung der nachfolgend dargestellten allgemein wiederkehrenden Methoden.

1. Analysieren

Eine *Analyse* ist in ihrem Wesen Informationsgewinnung durch Zerlegen und Aufgliedern sowie durch Untersuchen der Eigenschaften einzelner Elemente und der Zusammenhänge zwischen ihnen. Es geht dabei um Erkennen, Definieren, Strukturieren und Einordnen. Die gewonnenen Informationen werden zu einer Erkenntnis verarbeitet. Zur Vermeidung von Fehlern wurde gefordert, die Aufgabenstellung klar und eindeutig zu formulieren. Dabei ist es wichtig, das vorliegende Problem zu analysieren. *Problemanalyse* heißt, das Wesentliche vom Unwesentlichen zu trennen und bei komplexeren Problemstellungen durch Aufgliedern in einzelne, übersehbare Teilprobleme eine diskursive Lösungssuche vorzubereiten. Bereitet die Lösungssuche Schwierigkeiten, so kann durch Neuformulierung des Problems unter Umständen eine bessere Ausgangsposition geschaffen werden. Die Umformulierung von Aussagen ist oft ein wirksames Hilfsmittel, um neue Ideen oder Aspekte zu gewinnen. Die Erfahrung zeigt, dass eine sorgfältige Problemanalyse und -formulierung zu den wichtigsten Schritten methodischen Arbeitens gehört.

Hilfreich bei der Lösung einer Aufgabe ist eine *Strukturanalyse*, d. h. das Suchen nach strukturellen Zusammenhängen, z. B. nach hierarchischen Strukturen oder logischen Zusammenhängen. Allgemein kann man dieses methodische Vorgehen dahingehend charakterisieren, dass es bemüht ist, über strukturelle Recherchen, z. B. mit Hilfe von Analogiebetrachtungen (vgl. 3.2.1), Gemeinsamkeiten oder auch Wiederholungen zwischen unterschiedlichen Systemen aufzuzeigen.

Ein weiteres wichtiges Hilfsmittel ist die *Schwachstellenanalyse*. Dieser methodische Ansatz geht davon aus, dass jedes System, also auch ein technisches Produkt, Schwachstellen und Fehler besitzt, die durch Unwissenheit und Denkfehler, durch Störgrößen und Grenzen, die im physikalischen Geschehen selbst liegen, sowie durch fertigungsbedingte Fehler hervorgerufen werden. Im Zuge einer Systementwicklung ist es wichtig, Konzept oder Entwurf auf seine Schwachstellen hin zu analysieren und nach Verbesserungen zu suchen. Zum Erkennen solcher Schwachstellen haben sich Auswahl- und Bewertungsverfahren (vgl. 3.3) und Fehlererkennungsmethoden (vgl. 11.2) eingeführt. Die Erfahrung zeigt, dass nicht nur eine Detailverbesserung bei Beibehaltung des gewählten Lösungsprinzips möglich wird, sondern dass häufig auch die Anregung zu einem neuen Lösungsprinzip ausgelöst wird.

2. Abstrahieren

Ausgehend von einer Analyse ist es in der Regel möglich, aufgrund erkannter Merkmale durch Abstraktion (Verallgemeinern, Vereinfachen durch Verzicht auf Einzelheiten) einen übergeordneten Zusammenhang zu finden, der allgemeiner und damit weitreichender ist. Ein solches Vorgehen wirkt einmal komplexitätsreduzierend und lässt zum anderen wesentliche Merkmale hervortreten. Letztere wiederum geben Anlass, nach anderen, die erkannten Merkmale aber enthaltenden, Lösungen zu suchen und diese dann zu finden. Gleichzeitig entsteht beim Bearbeiter eine gedankliche Struktur, in die er unterschiedliche Erscheinungsformen leichter abrufbar einordnen kann. Die Abstraktion unterstützt also gleichermaßen kreative als auch systematisierende Denkvorgänge. Mit Hilfe der Abstraktion ist es auch eher möglich, ein Problem so zu definieren, dass es von Zufälligkeiten der Entstehung oder Anwendung befreit wird und damit in eine allgemeingültige Lösung überführt werden kann (vgl. Beispiele in 6.2).

3. Synthese

Die *Synthese* ist in ihrem Wesenskern Informationsverarbeitung durch Bilden von Verbindungen, durch Verknüpfen von Elementen mit insgesamt neuen Wirkungen und das Aufzeigen einer zusammenfassenden Ordnung. Es ist der Vorgang des Suchens und Findens sowie des Zusammensetzens und Kombinierens. Wesentliches Merkmal konstruktiver Tätigkeit ist das Zusammenfügen einzelner Erkenntnisse oder Teillösungen zu einem funktionsfähigen Gesamtsystem, d. h. das Verknüpfen von Einzelheiten zu einer Einheit. Bei diesem *Syntheseprozess* werden auch die durch Analysen gefundenen Informationen verarbeitet. Generell ist bei einer Synthese das sog. *Ganzheits- oder Systemdenken* zu empfehlen. Es bedeutet, dass bei der Bearbeitung einzelner

Teilaufgaben oder bei zeitlich aufeinanderfolgenden Arbeitsschritten immer die Gegebenheiten der Gesamtaufgabe oder des Gesamtablaufs betrachtet werden müssen, will man nicht Gefahr laufen, trotz Optimierung einzelner Baugruppen oder Teilschritte keine günstige Gesamtlösung zu erreichen. Aus dieser Erkenntnis hat sich auch die interdisziplinäre Betrachtungsweise der Methode „Wertanalyse" entwickelt, die nach einer Problem- und Strukturanalyse durch frühzeitiges Hinzuziehen aller Betriebsbereiche ein ganzheitliches Systemdenken erzwingt. Ein weiteres Beispiel ist die Durchführung von Großprojekten, insbesondere auch ihre terminliche Abwicklung mit Hilfe der Netzplantechnik (vgl. 4.2.2). Die gesamte Systemtechnik mit ihren Methoden beruht sehr stark auf diesem Ganzheitsdenken. Besonders bei der Bewertung mehrerer Lösungsvorschläge ist eine ganzheitliche Betrachtungsweise, die sich z. B. in der Wahl der Bewertungskriterien ausdrückt, wichtig, da der Wert einer Lösung nur bei Berücksichtigung aller Bedingungen, Wünsche und Erwartungen richtig abzuschätzen ist (vgl. 3.3.2).

4. Methode des gezielten Fragens

Es kann häufig sehr nützlich sein, sich auf Fragen zu konzentrieren, Fragen zu stellen. Durch selbst gestellte oder vorgelegte Fragen werden zum einen der Denkprozess und die Intuition angeregt, zum anderen fördert ein Fragenkatalog auch das diskursive Vorgehen. „Fragen stellen" gehört mit zu den wichtigsten methodischen Hilfsmitteln. Das drückt sich auch dadurch aus, dass die Mehrzahl der Autoren zu den einzelnen Arbeitsschritten Fragelisten vorschlagen, mit denen ihre Durchführung erleichtert werden soll. Sie liegen in der Praxis für verschiedene Arbeitsschritte, z. B. als Checklisten, vor.

5. Methode der Negation und Neukonzeption

Die Methode der *bewussten Negation* geht von einer bekannten Lösung aus, gliedert sie in einzelne Teile bzw. beschreibt sie durch einzelne Aussagen oder Begriffe und negiert diese Aussagen der Reihe nach für sich oder in Gruppen. Aus dieser bewussten Umkehrung können neue Lösungsmöglichkeiten entstehen. Beispielsweise wird man bei einem „rotierenden" Konstruktionselement auch eine „stehende" Konzeption verfolgen. Auch das Weglassen eines Elements kann eine Negation bedeuten. Dieses Vorgehen wird auch als „methodisches Zweifeln" bezeichnet [21].

6. Methode des Vorwärtsschreitens

Ausgehend von einem ersten Lösungsansatz versucht man, alle nur denkbaren oder möglichst viele Wege einzuschlagen, die von diesem Ansatz bzw. von dieser Anfangssituation wegführen und weitere Lösungen liefern. Man spricht auch von einem bewussten Auseinanderlaufenlassen der Gedanken (divergentes Denken bzw. Vorgehen). Divergentes Denken bedeutet jedoch

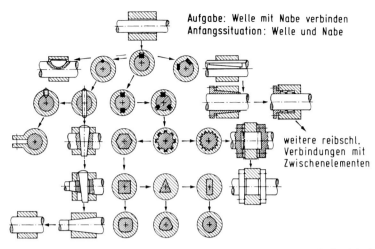

Abb. 2.21. Entwicklung von Welle-Nabe-Verbindungen nach der Methode des Vorwärtsschreitens

nicht immer ein systematisches Variieren, sondern häufig auch ein zunächst unsystematisches Auseinanderlaufen der Gedanken. Die Lösungssuche durch Vorwärtsschreiten soll beispielsweise mit Abb. 2.21 bei der Entwicklung von Wellen-Naben-Verbindungen gezeigt werden. Die eingezeichneten Pfeile deuten die Denkrichtungen an.

Durch Nutzung systematischer Merkmale (vgl. Abb. 3.28) kann ein solcher Denkprozess bewusst unterstützt werden, indem die Variation enger in Anlehnung solcher Merkmale erfolgt (vgl. Abb. 3.31). Vielfach, insbesondere bei gut strukturierten Vorstellungen, erfolgt eine unbewusste, dann aber meist nicht vollständige Nutzung der Merkmale (vgl. Abb. 2.21).

7. Methode des Rückwärtsschreitens

Bei dieser Methode geht man nicht von der Anfangssituation des Problems, sondern von seiner Zielsituation aus. Man betrachtet hier das Entwicklungsziel und fängt an, rückwärtsschreitend alle nur denkbaren oder möglichst viele Wege zu entwickeln, die in dieses Ziel einmünden. Man spricht hier auch von einer Einengung oder von einem bewussten Zusammenführen der Gedanken (konvergentes Denken), da nur solche Gedanken verfolgt werden, die zum Ziel führen bzw. im Ziel zusammenlaufen.

Dieses Vorgehen ist typisch beim Erstellen von Arbeitsplänen und Fertigungssystemen zur Bearbeitung eines fest vorgegebenen Werkstücks (Zielsituation).

Dieser Methode kann auch das Vorgehen von Nadler [38] zugeordnet werden, der zur Lösungssuche vorschlägt, ein ideales System aufzubauen, das die gestellten Anforderungen vollkommen erfüllt. Es dient dann als Richtschnur für die Entwicklung des geforderten Systems. Dabei wird ein Idealsystem nicht im eigentlichen Sinne entworfen, vielmehr existiert es als Bedingungen, so z. B. ideale Umgebungsverhältnisse ohne irgendwelche Störeinflüsse. Im Folgenden wird dann schrittweise überprüft, welche Zugeständnisse gemacht werden müssen, um das theoretische Idealsystem in ein technologisch realisierbares System und schließlich in ein, die konkreten Randbedingungen erfüllendes System überzuführen. Problematisch bei diesem Verfahren ist allerdings die Festlegung des „Ideals", denn nicht für alle Funktionen, Systemelemente, Baugruppen ist von vornherein der Idealzustand eindeutig erkennbar, insbesondere nicht, wenn sie in einem komplexen System verknüpft sind.

8. Methode der Faktorisierung

Mit Faktorisierung wird die Auflösung (Herunterbrechen) eines komplexeren Zusammenhanges oder Systems in überschaubare weniger komplexe, dafür aber definierbar einzelne Elemente (Faktoren) verstanden, die das Geschehen bestimmen. Das Gesamtproblem wird in abtrennbare, d. h. in gewissen Grenzen unabhängige Teilprobleme oder die Gesamtaufgabe in Teilaufgaben gegliedert, die für sich zunächst gesondert betrachtet und gelöst werden können (Abb. 2.3). Dabei wird die Einbindung in den Gesamtzusammenhang selbstverständlich im Auge behalten. Durch diese Entflechtung sind die Teilprobleme in der Regel leichter lösbar. Gleichzeitig wird auch ihre Bedeutung und Reichweite im Gesamtzusammenhang deutlicher, wodurch eine Prioritätensetzung erleichtert wird. Das methodische Vorgehen nützt dies beim Gliedern in Teilfunktionen und beim Aufstellen der Funktionsstruktur (vgl. 2.1.3 und 6.3), der Suche nach Wirkprinzipien für Teilfunktionen (vgl. 6.4) und bei der Planung der Arbeitsschritte beim Konzipieren und Entwerfen (vgl. 4.2).

9. Methode des Systematisierens

Beim Vorliegen von kennzeichnenden Merkmalen besteht die Möglichkeit, durch *systematische Variation* ein mehr oder weniger vollständiges Lösungsfeld zu erarbeiten. Charakteristisch ist das Aufstellen einer verallgemeinernden Ordnung, wodurch erst eine vollständige Lösungsübersicht erreicht wird. Unterstützt wird dieses Vorgehen durch eine schematisierte Darstellung von Merkmalen und Lösungen (vgl. 3.2.4). Auch vom arbeitswissenschaftlichen Standpunkt ist festzustellen, dass dem Menschen das Finden von Lösungen durch Aufbau und Ergänzung einer Ordnung leichter fällt. Praktisch alle Autoren zählen ein systematisches Variieren zu den wichtigsten methodischen Hilfsmitteln.

10. Arbeitsteilung und Zusammenarbeit

Eine wesentliche arbeitswissenschaftliche Erkenntnis ist die Notwendigkeit einer Arbeitsteilung bei der Bearbeitung umfangreicher und komplexer Aufgabenstellungen. Eine solche Arbeitsteilung wird heute durch die ständig fortschreitende Spezialisierung immer notwendiger, sie ist aber auch durch die geforderten kurzen Bearbeitungszeiten erforderlich. Arbeitsteilung bedeutet aber auch interdisziplinäre Zusammenarbeit, wozu organisatorische und personelle Voraussetzungen, unter anderem die Aufgeschlossenheit des Einzelnen gegenüber Anderen, gegeben sein müssen. Es sei aber betont, dass interdisziplinäre Zusammenarbeit und Teamarbeit um so mehr die Schaffung klarer Verantwortlichkeiten erfordert. So ist beispielsweise in der Industrie die Stellung des sog. Produktmanagers entstanden, der über die Abteilungsgrenzen hinweg die alleinige Verantwortung für die Entwicklung eines Produkts trägt (vgl. 4.3).

Methodisches Vorgehen, gepaart mit Methoden, die gruppendynamische Effekte nutzen, wie z. B. Brainstorming, Galeriemethode (vgl. 3.2.4) und Beurteilungen durch eine Gruppe (vgl. 3.3) helfen, durch Arbeitsteilung entstandene Informationsdefizite abzubauen und eine gegenseitige Anregung bei der Lösungssuche zu verstärken.

2.3 Grundlagen integrierter Rechnerunterstützung
Fundamentals of a Computer Aided Design process

Die dargelegte Konstruktionslehre ist grundsätzlich auch ohne Rechnereinsatz anwendbar. Sie ist darüber hinaus Grundlage für eine Rechnerunterstützung des Entwicklungs- und Konstruktionsprozesses, die über die getrennte Bearbeitung von Berechnungsaufgaben oder das Anfertigen von Zeichnungen hinausgeht, d. h. den Rechnereinsatz in den Arbeitsablauf mehr oder weniger kontinuierlich integriert. Der Einsatz der Datenverarbeitung und Informationstechnik in der Konstruktion dient einer Produktverbesserung sowie der Senkung des Konstruktions- und Fertigungsaufwandes. Die mit dem Rechnereinsatz verbundene Arbeitstechnik des Konstruierens unter Nutzung entsprechender Geräte und Programme wird international als „Computer Aided Design" (CAD) bezeichnet. Bei Einbindung bzw. Verknüpfung von Konstruktionsprogrammen mit Datenverarbeitungssystemen (DV-Systeme) für andere technische Aufgaben spricht man von „Computer Aided Engineering" (CAE), bei Einbindung von Datenverarbeitung und Datenverwaltung im technischen Bereich eines gesamten Unternehmens von „Computer Integrated Manufacturing" (CIM).

2.3.1 Der Konstruktionsarbeitsplatz
The CAD-Workplace

Die Möglichkeiten der Rechnerunterstützung werden durch die Geräteausstattung (Hardware), das Betriebssystem (Betriebssoftware) und die Programmsysteme (Anwendersoftware) bestimmt.

Die Gestaltung eines CAD-Arbeitsplatzes wird an dieser Stelle nur gestreift, weil die Entwicklung auf dem Hard- und Softwaremarkt zu schnell verläuft, um länger gültige Aussagen zu treffen. Zweitens ist die Angebotspalette zu groß, um an dieser Stelle einen Überblick zu geben. Drittens muss immer eine Abstimmung zwischen der eingesetzten Hardware, dem Betriebssystem und dem verwendeten CAD-System erfolgen.

Die Geräteausstattung besteht grundsätzlich aus einer Zentraleinheit (der eigentliche Rechner) und den Peripherieeinheiten (Ein- und Ausgabe- sowie Speichergeräte). Als Zentraleinheit werden heute vorzugsweise dezentrale Arbeitsplatzrechner (Workstation, Personal Computer (PC)) in vernetzter Umgebung eingesetzt.

Die Eingabe von Daten erfolgt über Tastatur und Maus, die Ausgabe über einen Bildschirm (für einige CAD-Systeme zwei Bildschirme), einen Plotter oder einen Drucker.

Von den verschiedenen Speichergeräten (Festplatte, Magnetband, Diskette, CD-ROM) können Programme und Dateien in das CAD-System eingelesen und nach Abschluss der Bearbeitung gespeichert werden. Das Einlesen vorhandener Texte und Zeichnungen in den Rechner kann durch einen Scanner erfolgen. Eine weitere Möglichkeit, Programme und Daten für den Arbeitsplatzrechner zur Verfügung zu stellen, ist die Vernetzung (vgl. 2.3.3).

Der Betrieb eines Rechners ist nur über das Betriebsystem (die Basissoftware) möglich. Das Betriebssystem ist der Vermittler zwischen Hardware, Nutzer und Anwendungssoftware. Bekannte, heute eingesetzte Systeme sind z. B. Windows x, Windows NT und UNIX.

Die CAD-Systeme sind im Allgemeinen aus verschiedenen Modulen aufgebaut. Dazu gehört ein Grundbaustein, der für verschiedene Anwendungsfälle (Erstellen von Zeichnungen, Gusskonstruktionen) erweitert werden kann. Es werden die verschiedensten parametrischen sowie nichtparametrischen 2D- und 3D-Systeme angeboten und eingesetzt.

Unterschiedliche Anwendersoftware (z. B. Officepaket) runden den CAD-Arbeitsplatz ab. Mit dieser Software wird der Datenaustausch und die vollständige Bearbeitung (Erstellen von Berichten und Berechnungen) gewährleistet.

Zur Auswahl eines für den Anwendungsfall geeigneten CAD-Systems und der weiteren Hard- und Software sollte die aktuelle Fachliteratur und das Wissen von Fachleuten genutzt werden [54, 57].

2.3.2 Rechnerinterne Beschreibung von Produktmodellen
Representation of product data in the computer

1. Mentale Modelle

Ein Modell ist ein dem Zweck entsprechender Repräsentant (Vertreter) eines Originals [37, 48]. In der Technik und beim Konstruieren werden Modelle in sehr unterschiedlicher Form benutzt, z. B. Funktionsmodelle, Anschauungsmodelle usw. Die elektronische Datenverarbeitung erlaubt heute die Bildung von Modellen aufgrund einer rechnerinternen Beschreibung von Objekten oder Produkten in ganz neuer Art und Weise.

Während des Konstruktionsprozesses entsteht beim Konsrukteur eine Vorstellung vom beabsichtigten realen technischen Objekt. Seine Festlegung in konventionell erstellten Zeichnungen stellt dabei auch schon ein mehr oder weniger getreues Modell der wirklichen Ausführung dar. Bei einer Beschreibung mit Hilfe von CAD-Systemen ist dies nicht viel anders. Es wird ebenfalls eine Modellbildung vollzogen, deren Schritte nach [44, 52] in Abb. 2.22 wiedergegeben sind.

Der Konstrukteur entwickelt eine bestimmte gedankliche Vorstellung in Form eines *mentalen Modells*, wie die Aufgabe gelöst werden könnte. Die gedanklichen Vorstellungen pendeln zwischen abstrakten Zusammenhängen, die sich nur an Wirklinien oder Wirkflächen sowie Funktionsstrukturen orientieren, und schon bekannten Ausführungen, die er in Form und Kontur vor sich sieht, hin und her. Das mentale Modell wird während des Konstruktionsprozesses weiterentwickelt, abgeändert oder verworfen. Dabei ist oft eine dreidimensionale Betrachtung nötig, woraus die bekannte Forderung nach ei-

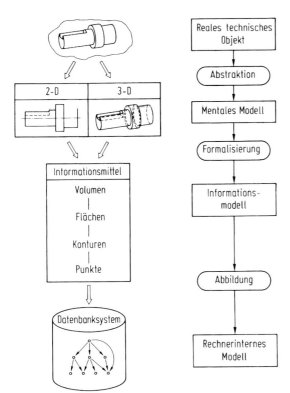

Abb. 2.22. Modelle für technische Objekte nach [44]

nem guten „räumlichen Vorstellungsvermögen" resultiert. Manche Konstrukteure bringen daher auch ihre Ideen in Skizzen mit räumlicher Darstellung (Isometrie, Dimetrie, Zentralperspektive) zum Ausdruck. Aber auch zweidimensionale Skizzen oder Zeichnungen unterstützen und klären die gedankliche Vorstellung. Hieraus geht hervor, dass der Konstrukteur sich gedanklich im Raum und in der Fläche bewegt und dazu bestimmte formale Informationsmittel, nämlich Punkte und Linien zur Darstellung einsetzt.

2. Informationsmodelle

Der Rechner erlaubt mit Hilfe von ebenfalls *formalisierten Informationsmitteln* eine rechnerinterne Beschreibung von Modellen.

2D-CAD-Systeme nutzen nur Punkte und Linien. Die einzelnen Ansichten sind unabhängig voneinander und stellen jeweils ein eigenes Modell dar. Sie haben daher keine Beziehungen (Relationen) zueinander, sind also nicht assoziativ (vgl. Abb. 2.23). Eine Änderung in der Vorderansicht zum Beispiel bewirkt daher keine automatische Anpassung in der Draufsicht. Damit haben solche 2D-Zeichnungssysteme die aus konventioneller Arbeit bekannten Vor- und Nachteile: Sie erfordern nach wie vor die Kenntnis aller Zeichnungsarten und -normen und können nach kurzer Einarbeitung am CAD-System mit konventionellen Kenntnissen beherrscht werden. Eine Integrität (Fehlerfreiheit) und Vollständigkeit wird aber vom System nicht erzwungen oder kontrolliert.

Dennoch werden solche Systeme vorteilhaft bei der Erstellung von Schaltplänen, Leiterplattenkonstruktionen, Flussdiagrammen, Fertigungszeichnungen für Rotations- und Flachteile sowie zur orthogonalen Darstellung von komplexeren Teilen verwendet. Letzteres ist insbesondere noch der Fall, wenn Toleranzen und Passungen sowie weitere Fertigungsangaben in konventioneller Weise festzuhalten sind, weil derzeitige CAD-Systeme in dieser Hinsicht noch nicht voll überzeugen.

Mit Hilfe von *3D-CAD-Systemen* werden Informationsmittel im dreidimensionalen Raum beschrieben und angeordnet. Diese erlauben eine rechnerinterne Beschreibung eines dreidimensionalen Modells, von dem dann unterschiedliche Darstellungen wie Isometrien, Dimetrien, orthogonale Ansichten und Schnitte sowie farbschattierte Bilder automatisch abgeleitet werden können. Rechnerinterne Beschreibung und abgeleitete Darstellung sind dann Informationen auf verschiedenen rechnerinternen Ebenen und daher ihrer Art nach unterschiedlich.

Je nachdem, welche von den Informationsmitteln – Punkt, Linie, Fläche und Volumen – eingesetzt werden, entstehen verschiedene *Informationsmodelle* mit unterschiedlichen Eigenschaften:

Das *Linienmodell*, auch Drahtmodell genannt, nutzt nur Punkte und Linien im Raum, wobei letztere begrenzende Kanten beschreiben. Dieses Informationsmodell hat einen einfachen strukturellen Aufbau mit kurzen Antwortzeiten. Wie in Abb. 2.23 zu ersehen ist, vermag das Linienmodell aber

2.3 Grundlagen integrierter Rechnerunterstützung 83

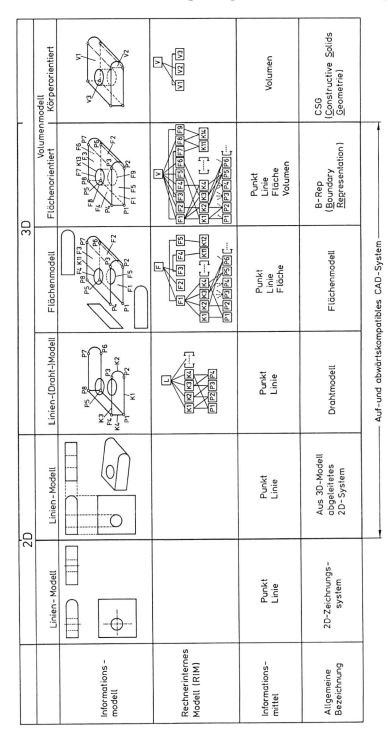

Abb. 2.23. Informationsmodelle

keine Sichtkanten, wie z. B. Mantellinien, wiederzugeben. Wie bei einem realen Drahtmodell werden keine Flächen und Volumen beschrieben, und es wird nicht festgelegt, wo sich Material befindet. Das Linienmodell stellt lediglich den Umriss aufgrund der Kantendefinition dar. Dadurch können bei diesem einfachen Modell Mehrdeutigkeiten auftreten, die einer näheren Interpretation bedürfen.

Das *Flächenmodell* gestattet die Beschreibung von sich im Raum erstreckenden Flächen. Auch hier ist nicht festgelegt, wo sich Material befindet. Werden für ein Objekt alle Flächen zusammenhängend beschrieben, kommt man zur höchsten Stufe eines Flächenmodells, welches auch als „Closed Volume" bezeichnet wird, ohne dabei aber die Materialkennung einzuführen. Mit Vorteil finden Flächenmodelle Anwendung zur Beschreibung nicht analytisch beschreibbarer Flächen, z. B. zur dreidimensionalen parametrischen Beschreibung von Karosserie- oder Flugzeugoberflächen. Das Flächenmodell ist dann auch häufig wichtige Grundlage weiterer konstruktiver Entwicklungen von Geräten und Einbauten.

Volumenmodelle sind in der Lage, Volumen vollständig zu beschreiben und im Zusammenhang mit einer Materialkennung auch Körper eindeutig zu definieren. Es gibt grundsätzlich zwei Arten von Volumenmodellen:

- Körperorientiertes Volumenmodell, CSG-Modell (Constructive Solids Geometry) genannt und
- flächenorientiertes Volumenmodell, auch als B-Rep-Modell (Boundary Representation) bezeichnet.

Beim *körperorientierten Volumenmodell* (CSG-Modell) wird das Objekt aus einzelnen, einfachen Grundkörpern (Quader, Zylinder, Kegel, Torus usw.) zusammengesetzt und dann mengentheoretisch zu einem komplexeren Gebilde verknüpft. Die angewandte Verknüpfungsvorschrift (Boolescher Baum) ist unverzichtbarer Bestandteil der Datenstruktur.

Das körperorientierte Volumenmodell (CSG-Modell) hat folgende Vorteile:

- geringer Speicherbedarf,
- einfache Generierung, wenn die Geometrie einfach durch definierte Grundelemente beschreibbar ist,
- Vollständigkeit und Widerspruchsfreiheit der entstandenen Objekte,
- die Entstehungsgeschichte der Geometrie ist im Booleschen Verknüpfungsbaum erkennbar.

Als Nachteile hinsichtlich konstruktiver Anwendung ergeben sich:

- Ein partielles Ändern einer Fläche oder Kontur ist nicht möglich. Es muss der jeweilige Körper im Booleschen Baum identifiziert und herausgelöst und dann neu generiert werden.
- Das Informationsmodell erfordert die vorherige gedankliche Zerlegung des beabsichtigten Objekts in entsprechende Grundelemente, was nicht der

Denk- und Arbeitsweise des Konstrukteurs entspricht, bei dem die Gestalt in der Regel schrittweise und interaktiv entwickelt wird.

Das *flächenorientierte Volumenmodell* (B-Rep-Modell) geht von Flächen aus, die mit Hilfe von Punkten und Kanten definiert werden und in ihrer Verknüpfung als umschließende Grenzflächen das Volumen des Objektes beschreiben. Eine Materialkennung in Form eines senkrecht auf ihnen stehenden Vektors lässt auch den Raum erkennen, der mit Material gefüllt sein soll, wodurch sich der entscheidende Unterschied zum „Closed Volume" des Flächenmodells ergibt.

Flächenorientierte Volumenmodelle (B-Rep-Modell) weisen vom konstruktiven Standpunkt folgende Vorteile auf:

– Die Gestaltentstehung kann von der Wirkfläche aus erfolgen.
– Von funktionell wichtigen Flächen aus lassen sich Pass- oder Gegenflächen einfach ableiten. Es können unter Zugriff auf Punkte, Kanten oder Flächen partielle Änderungen vorgenommen werden.
– Flächen oder Kanten können Attribute zugeordnet werden.
– Das flächenorientierte Volumenmodell enthält alle Informationsmittel der Flächen- und Linienmodelle, so dass eine auf- und abwärtssteigende kompatible Nutzung sowohl einfacherer als auch vollständiger Modelle möglich ist.

Nachteile bestehen vor allem:

– In der Sicherstellung der Konsistenz des Modells durch besondere Algorithmen und Regeln insbesondere bei lokaler Änderung und
– in einem relativ großen Speicherbedarf.

3D-CAD-Systeme gehen von einem dieser beiden Volumenmodelle aus und versuchen, durch überlagerte Strukturen die jeweiligen Vorteile des anderen Modells zu nutzen bzw. deren Nachteile zu vermeiden. Es entstehen dann sog. Hybride, die aber ihre Herkunft nicht immer verleugnen können [17]. Wesentlich ist aber, dass ein 3D-CAD-System bis hin zum abgeleiteten 2D-System *voll auf- und abwärtskompatibel* ist, um den vielfältigen Anforderungen während des Konstruktionsprozesses mit dem jeweils geringsten Aufwand genügen zu können. Diese bestehen z. B. darin, kompatible Änderung oder Anpassung auch im 2D-Bereich vorzunehmen, zeitweise ein Drahtmodell mit kurzen Antwortzeiten zu nutzen und nicht analytisch beschreibbare Flächen in das Modell einzubinden.

Im *rechnerinternen Modell* (RIM) eines CAD-Systems wird das Informationsmodell in eine vom Rechner erfassbare, formale Struktur (beschreibbare Elemente und deren Verknüpfung) unter gleichzeitiger Umsetzung in einen binären Code überführt. Damit ist eine rechnerinterne Verarbeitung im Prozessor und eine digitale Speicherung möglich.

Zum Einsatz in der Konstruktion wird ein CAD-System ausgewählt, das auf Grund des Informationsmodells den Aufgaben des jeweiligen Produktbereichs am besten entsprechen kann. So genügt oft für Rotations- und Flachteile ein 2D-Zeichnungssystem, Freiformflächen im Raum erfordern mindestens ein 3D-Flächenmodell und komplexe Spritzgussteile ein Volumenmodell mit der Möglichkeit, Volumen- und Flächenbeschreibungen in sog. Mischmodellen kompatibel zusammenführen zu können [43].

3. Produktmodelle

Werden einzelne Objekte während des Konstruktionsprozesses mit Hilfe von CAD-Systemen bearbeitet, entsteht ein Modell, das interaktiv schrittweise entsteht und modifiziert, d. h. modelliert wird. Unter Modellieren wird somit das Erzeugen und Verändern der rechnerinternen Beschreibung eines Modells verstanden.

Ein Produktmodell ist in diesem Zusammenhang ein Modell, das alle relevanten Informationen über ein Produkt in hinreichender Vollständigkeit enthält. Ein solches Produktmodell enthält dann nicht nur geometrische Informationen, sondern auch technisch-funktionale, technologische und baustrukturelle Informationen sowie auch solche zum Konstruktions- und Fertigungsprozess. Dafür sind dann *Partialmodelle* nützlich, die zweckmäßig ausgegliederte Bestandteile eines Produkts repräsentieren (vgl. 13.3.1).

2.3.3 Datenverwaltung
Data management

Die benötigten und zu verarbeitenden Daten, insbesondere rechnerinterner Modelle, werden mit Hilfe eines vom Anwenderprogramm streng getrennten Datenverwaltungssystems entweder in einzelnen Dateien oder besser in Datenbanken gespeichert und verwaltet.

Bei einer Datenbank werden alle in einer physischen Datenbasis gespeicherten Daten über ein einheitliches Datenbankverwaltungssystem organisiert. Datenbank und Datenbankverwaltungssystem (Datenbankmanagementsystem) bilden ein Datenbanksystem, das mit den Anwenderprogrammen durch eine definierte Schnittstelle verbunden ist.

Der Vorteil von Datenbanksystemen gegenüber den bisher noch häufig verwendeten Einzeldateien mit Direktzugriff ist darin zu sehen, dass sie eine redundanzarme Speicherung von Daten ermöglichen (z. B. Konstruktionsdaten werden nur einmal gespeichert und können von mehreren Anwenderprogrammen verwendet werden) und dass sie einen größeren Komfort hinsichtlich Speichern, Lesen, Ändern, Löschen und Sichern der Daten bieten. Ein gewisser Nachteil ist der gegenüber Zugriffsprogrammen und Einzeldateien größere rechnerinterne Aufwand zur Datenbereitstellung.

Die Datenverwaltung innerhalb eines Datenbanksystems oder einer Einzeldatei kann auf verschiedenartigen Datenstrukturen aufbauen. Bevorzugt wird eine relationale Struktur. Bei ihr werden die Datenbestände in zweidimensionalen Tabellen geführt, die als Relationen bezeichnet werden.

Im Gegensatz zu hierarchischen Strukturen gestatten diese auch die Einrichtung verteilter Datenbanken in Netzen. Als zukunftsweisend wird der Übergang zu objektorientierten Datenbankmodellen gesehen, was aber nur schrittweise zu erreichen sein wird [1].

Integration von CAx-Systemen durch Vernetzung

Entlang dem in Abb. 1.4 dargestellten Entwicklungszyklus existieren verschiedene rechnerunterstützende Technologien, die mit der Bezeichnung Computer-Aided x (CAx) zusammen gefasst werden können (Abb. 2.24).

Zur Unterstützung des Konstruktionsprozesses wurden verschiedene CAD-Systeme entwickelt, mit denen die Fertigungsunterlagen erstellt werden. Mit der Bezeichnung CAE (Computer Aided Engineering) erfolgt eine Erweiterung des CAD-Begriffs durch die Integration von Berechnungsprogrammen, Informationssystemen und weiteren „Konstruktionswerkzeugen". Die Möglichkeiten, sowie Vor- und Nachteile beschreibt die Fachliteratur ausführlich [13].

Die unterschiedlichen CAx-Systeme werden in der Regel an verschiedenen Arbeitsplätzen angewendet. Der klassische Datenaustausch erfolgte überwiegend per Fax, Telex, Papier oder andere Datenträger. Dies führte zu Unterbrechungen des Arbeitsflusses, zu Informationsverlusten und es entstanden redundante Daten. Aus diesem Grund wurde angestrebt, die Rechner direkt miteinander kommunizieren zu lassen. Die direkte Kommunikation wird durch den Aufbau von Netzwerken erreicht. Vernetzungsmöglichkeiten sind das Zentralrechnerkonzept (die Terminals besitzen weder einen Prozessor noch einen eigenen Arbeitsspeicher), das Peer-to-Peer-Networking (Vernetzung im kleinen Rahmen unter gleichberechtigten Rechnern z.B. Büro-Arbeitsgruppe) oder die Client Server-Struktur [18].

Die Client-Server-Struktur setzt sich in Unternehmen mehr und mehr durch. Bei der einfachsten Ausprägung werden Programme und Daten vom einem Server für mehrere Clienten (Arbeitsplätze) bereitgestellt. Die Verarbeitung der Daten erfolgt ausschließlich am Arbeitsplatzrechner, der Server hat lediglich die Aufgabe der Datenhaltung und Netzwerkverwaltung. Zusätzlich können weitere Server, etwa zum Drucken oder für elektronische Post, eingesetzt werden [18]. Durch den Einsatz von Brigdes, Router und Gateways ist die Verknüpfung des lokalen unternehmens- oder abteilungsinternen Netzes mit weiteren Netzen möglich, so dass über die verschiedenen Dienste (WWW, e-Mail, FTP, Telnet) eine weltweite Kommunikation möglich ist (Abb. 2.25) [27].

Für die Produktentstehung bedeutet diese Vernetzung eine Verkürzung der Bearbeitungszeit auch bei dezentraler Auftragsbearbeitung. Es ist der Austausch von (Teil-) Lösungen und die Nutzung von Ressourcen anderer Rechner (Hard- und Software) sowie Datenbanken (Normteile) möglich. Simulationen können am virtuellen Modell auf einer niedrigen Entwicklungsstufe für die höheren Entwicklungsstufen (Wärmeanalysen, Fertigungs-

88   2 Grundlagen

Abb. 2.24. Künftige CAx-Kernfunktionen (CAE) [27]

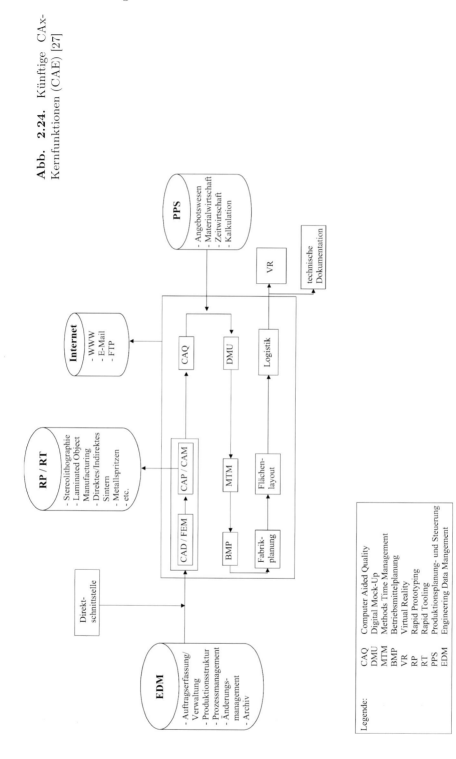

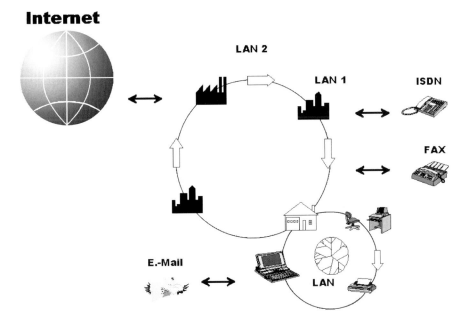

Abb. 2.25. Bedeutung und Möglichkeiten von Netzen

und Montageplanung) durchgeführt werden. Änderungen im Produkt werden durch ein geeignetes Produktdatenmanagement (PDM), auch Engineering-Data Management (EDM), gespeichert und allen anderen Arbeitsplätzen auf dem aktuellen Stand zur Verfügung gestellt [34].

Literatur
References

1. Abeln, O. (Hrsg.): CAD-Referenzmodell – Zur arbeitsgerechten Gestaltung zukünftiger computergestützter Konstruktionsarbeit. Stuttgart: G.B. Teubner 1995.
2. Beitz, W.: Kreativität des Konstrukteurs. Konstruktion 37 (1985) 381–386.
3. Brankamp, K.: Produktivitätssteigerung in der mittelständigen Industrie NRW. VDI-Taschenbuch. Düsseldorf: VDI-Verlag 1975.
4. DIN 40900 T 12: Binäre Elemente, IEC 617-12 modifiziert. Berlin: Beuth.
5. DIN 44300: Informationsverarbeitung – Begriffe. Berlin: Beuth.
6. DIN 44301: Informationstheorie – Begriffe. Berlin: Beuth.
7. DIN 69910: Wertanalyse, Begriffe, Methode. Berlin: Beuth.
8. Dörner, D.: Problemlösen als Informationsverarbeitung. Stuttgart: W. Kohlhammer. 2. Aufl. 1979.

9. Dörner, D.; Kreuzig, H.W.; Reither, F.; Stäudel, T.: Lohhausen. Vom Umgang mit Unbestimmtheit und Komplexität. Bern: Verlag Hans Huber 1983.
10. Dörner, D.: Gruppenverhalten im Konstruktionsprozess. VDI-Berichte 1120, Düsseldorf: VDI-Verlag 1994.
11. Dylla, N.: Denk- und Handlungsabläufe beim Konstruieren. München: Hanser, Dissertationsreihe 1991.
12. Ehrenspiel, K.; Dylla, N.: Untersuchung des individuellen Vorgehens beim Konstruieren. Konstruktion 43 (1991) 43–51.
13. Feldhusen, J.; Laschin, G.: 3D-Technik in der Praxis, Konstruktion 1990 Nr. 10; S. 11–18.
14. Frick, H.; Müller, J.: Graphisches Darstellungsvermögen von Konstrukteuren. Konstruktion 42 (1990) 321–324.
15. Fricke, G.; Pahl, G.: Zusammenhang zwischen personenbedingtem Vorgehen und Lösungsgüte. Proceedings of ICED '91. Zürich.
16. Fricke, G.: Konstruieren als flexibler Problemlöseprozess – Empirische Untersuchung über erfolgreiche Strategien und methodische Vorgehensweisen. Fortschrittberichte VDI-Reihe 1, Nr. 227, Dissertation Darmstadt 1993.
17. Grätz, J.F.: Handbuch der 3D-CAD-Technik. Erlangen: Siemens 1989.
18. Henekreuser, H.; Peter, G.: Rechnerkommunikation für Anwender. Berlin, Heidelberg, New York: Springer Verlag 1994.
19. Hansen, F.: Konstruktionssystematik. Berlin: VEB Verlag Technik 1966.
20. Holliger, H.: Handbuch der Morphologie – Elementare Prinzipien und Methoden zur Lösung kreativer Probleme. Zürich: MIZ Verlag 1972.
21. Holliger, H.: Morphologie – Idee und Grundlage einer interdisziplinären Methodenlehre. Kommunikation 1. Vol. V1. Quickborn: Schnelle 1970.
22. Hubka, V.: Theorie Technischer Systeme. Berlin. Springer 1984.
23. Hubka, V.; Eder, W.E.: Theory of Technical Systems. Berlin: Springer 1988.
24. Hubka, V.; Eder, W.E.: Einführung in die Konstruktionswissenschaft – Übersicht, Modell, Anleitungen. Berlin: Springer 1992.
25. Janis, I.L.; Mann, L.: Decisions making. Free Press of Glencoe. New York: 1977.
26. Klaus, G.: Wörterbuch der Kybernetik. Handbücher 6142 und 6143. Frankfurt: Fischer 1971.
27. Klein, B.: Die Arbeitswelt des Ingenieurs im Informationszeitalter; Konstruktion 6 (2000) S. 51–56.
28. Koller, R.: Konstruktionslehre für den Maschinenbau. Berlin: Springer 1976, 2. Aufl. 1985. – Grundlagen zur Neu- und Weiterentwicklung technischer Produkte, 3. Aufl. 1994.
29. Koller, R.: Kann der Konstruktionsprozess in Algorithmen gefasst und dem Rechner übertragen werden. VDI-Berichte Nr. 219. Düsseldorf: VDI-Verlag 1974.
30. Kroy, W.: Abbau von Kreativitätshemmungen in Organisationen. In: Schriftenreihe Forschung, Entwicklung, Innovation, Bd. 1: Personal-Management in der industriellen Forschung und Entwicklung. Köln: C. Heyrnanns 1984.
31. Krumhauer, P: Rechnerunterstützung für die Konzeptphase der Konstruktion. Diss. TU Berlin 1974, D 83.
32. Mewes, D.: Der Informationsbedarf im konstruktiven Maschinenbau. VDI-Taschenbuch T 49. Düsseldorf: VDI-Verlag 1973.
33. Miller, G.A.; Galanter, E.; Pribram, K.: Plans and the Structure of Behavior. New York: Holt, Rinehardt & Winston, 1960.

34. Moas, E.: The Role of the Internet in Design and Analysis. NASA Tech Briefs, 11 (2000) S. 30–32.
35. Müller, J.: Grundlagen der systematischen Heuristik. Schriften zu soz. Wirtschaftsführung. Berlin: Dietz 1970.
36. Müller, J.: Arbeitsmethoden der Technikwissenschaften. Berlin: Springer 1990.
37. Müller, J.: Praß, P.; Beitz, W.: Modelle beim Konstruieren. Konstruktion 10 (1992).
38. Nadler, G.: Arbeitsgestaltung – zukunftsbewusst. München: Hanser 1969. Amerikanische Originalausgabe: Work Systems Design: The ideals Concept. Homewood, Illinois: Richard D. Irwin Inc. 1967.
39. Nadler, G.: Work Design. Homewood, Illinois: Richard D. Irwin Inc. 1963.
40. N.N.: Lexikon der Neue Brockhaus. Wiesbaden: F.A. Brockhaus 1958.
41. Pahl, G. (Hrsg.): Psychologische und pädagogische Fragen beim methodischen Konstruieren. Ladenburger Diskurs, Köln: Verlag TÜV Rheinland 1994.
42. Pahl, G.: Denk- und Handlungsweisen beim Konstruieren. Konstruktion (1999) 11–17.
43. Pahl, G.; Reiß, M.: Mischmodelle – Beitrag zur anwendergerechten Erstellung und Nutzung von Objektmodellen. VDI-Berichte Nr. 993.3. Düsseldorf: VDI-Verlag 1992.
44. Pohlmann, G.: Rechnerinterne Objektdarstellungen als Basis integrierter CAD-Systeme. Reihe Produktionstechnik Berlin, Bd. 27. München: C. Hanser 1982.
45. Pütz, J.: Digitaltechnik. Düsseldorf: VDI-Verlag 1975.
46. Rodenacker, W.G.: Methodisches Konstruieren. Konstruktionsbücher Bd. 27. Berlin: Springer 1970, 2. Aufl. 1976, 3. Aufl. 1984, 4. Aufl. 1991.
47. Roth, K.: Konstruieren mit Konstruktionskatalogen. Berlin: Springer 1982.
48. Roth, K.: Übertragung von Konstruktionsintelligenz an den Rechner. VDI-Berichte 700.1. Düsseldorf: VDI-Verlag 1988.
49. Roth, K.: Konstruieren mit Konstruktionskatalogen. 3. Auflage, Band I: Konstruktionslehre. Berlin: Springer 2000. Band II: Konstruktionskataloge. Berlin: Springer 2001. Band III: Verbindungen und Verschlüsse, Lösungsfindung. Berlin: Springer 1996.
50. Rutz, A.: Konstruieren als gedanklicher Prozess. Diss. TU München 1985.
51. Schmidt, H.G.: Heuristische Methoden als Hilfen zur Entscheidungsfindung beim Konzipieren technischer Produkte. Schriftenreihe Konstruktionstechnik, H. 1. Herausgeber W. Beitz. Technische Universität Berlin, 1980.
52. Spur, G.; Krause, F.-L.: CAD-Technik. München: C. Hanser 1984.
53. VDI-Richtlinie 2221: Methodik zum Entwickeln und Konstruieren technischer Systeme und Produkte. Düsseldorf: VDI-Verlag 1993.
54. VDI-Richtlinie 2219 (Entwurf): VDI: Datenverarbeitung in der Konstruktion – Einführung und Wirtschaftlichkeit von EDM/PDM-Systemen. Düsseldorf: VDI-Verlag, 1999, 11.
55. VDI-Richtlinie 2222. Blatt 1: Konstruktionsmethodik – Konzipieren technischer Produkte. Düsseldorf. VDI-Verlag 1977.
56. VDI-Richtlinie 2242. Blatt 1: Ergonomiegerechtes Konstruieren. Düsseldorf: VDI-Verlag 1986.
57. VDI-Richtlinie 2249 (Entwurf): CAD-Benutzungsfunktionen. Düsseldorf: VDI-Verlag 1999.
58. VDI-Richtlinie 2801. Blatt 1–3: Wertanalyse. Düsseldorf: VDI-Verlag 1993.

59. VDI-Richtlinie 2803 (Entwurf): Funktionenanalyse – Grundlagen und Methode. Düsseldorf: VDI-Gesellschaft Systementwicklung und Produktgestaltung 1995.
60. Voigt, C.D.: Systematik und Einsatz der Wertanalyse, 3. Aufl. München: Siemens-Verlag 1974.
61. Weizsäcker von, C.F.: Die Einheit der Natur – Studien. München: Hanser 1971.

3 Methoden zur Produktplanung, Lösungssuche und Beurteilung
Methods for product planning, searching for solutions and evaluation

In diesem Kapitel werden die anzuwendenden Methoden im Sinne eines Methodenbaukastens vorgestellt. Eine Reihe von ihnen, besonders die Such- und Beurteilungsmethoden, lassen sich in verschiedenen Phasen des Konstruktionsprozesses gleichermaßen einsetzen. So kann z. B. eine Suchmethode, wie Brainstorming oder Galeriemethode, sowohl in der Phase der Produktplanung als auch beim Konzipieren bei der Suche nach dem Lösungsprinzip oder während des Entwurfsprozesses bei der Suche nach Lösungen für Nebenfunktionen hilfreich sein. Auch die Beurteilungsmethoden lassen sich in den verschiedenen Konstruktionsphasen verwenden. Der Unterschied liegt lediglich im Konkretisierungsgrad des jeweiligen angesprochenen Objekts.

Weiterhin werden nicht alle Methoden in einem speziellen Produktentwicklungsprozess immer angewandt, sondern nur solche, die angesichts der jeweiligen Problemlage als geeignet und aussichtsreich erscheinen. Hinweise zur praktischen Anwendung werden bei der Darstellung der einzelnen Methoden gegeben, so dass der Anwender ihren zweckmäßigen Einsatz beurteilen kann. Außerdem sind in Kapitel 14 Anwendungsempfehlungen in einer Übersicht zu finden.

3.1 Produktplanung
Product planning

Entwicklungs- und Konstruktionsaufgaben ergeben sich zunächst aus direkten Kundenaufträgen, bei denen das anbietende Unternehmen den abnehmenden Kunden kennt. Dieses sog. Business-to-Business-Geschäft [49, 56] ist typisch für den Spezialmaschinenbau, den Anlagenbau, aber auch für Zuliefer-Unternehmen. Bei solchen Aufträgen geht der Trend von einer Kundenorientierung zu einer Kundenintegration [49], was naturgemäß auch Auswirkungen auf die Arbeit der Entwicklungs- und Konstruktionsabteilung hat [4].

Aufgabenstellungen ergeben sich aber nicht allein durch Kundenaufträge, sondern mehr und mehr, besonders bei Neukonstruktionen, durch einen von der Unternehmensleitung vorgenommenen Planungsvorgang, der in einer besonderen Gruppe außerhalb des Konstruktionsbereichs durchgeführt wird. Der Konstruktionsbereich ist nicht mehr frei, er muss die Planungsvorstellungen anderer berücksichtigen (vgl. Abb. 1.2). Andererseits kann der Konstrukteur wegen seiner besonderen Kenntnisse zur Produktgestaltung aber auch wertvolle Hilfestellung für mittel- und langfristige Planungen von Produkten geben. Die Konstruktionsleitung muss deshalb nicht nur Kontakt mit der Fertigung, sondern auch mit der Produktplanung halten.

Ein Planungsprozess kann auch von externen Stellen, z. B. Kunde, Behörde, Planungsbüro usw. durchgeführt worden sein.

Bei Neukonstruktionen beginnt entsprechend 4.2 (vgl. Abb. 4.3) der Konstruktionsprozess mit dem Konzipieren auf der Grundlage einer Anforderungsliste. Ist diese, meistens in Form einer vorläufigen Anforderungsliste, das Ergebnis einer vorgeschalteten Produktplanung, so ist es für den Konstrukteur wichtig, wesentliche Gesichtspunkte und Arbeitsschritte der Produktplanung zu kennen, um die Entstehung des Anforderungsspektrums besser verstehen und gegebenenfalls ergänzen zu können. Wurde eine institutionalisierte Produktplanung dagegen nicht vorgeschaltet, kann der Konstrukteur mit seinen Kenntnissen über Produktplanung entsprechende Schritte selbst veranlassen oder, wenn auch nur in einem vereinfachten Vorgehen, selbst durchführen.

3.1.1 Neuheitsgrad eines Produkts (Innovation)
Innovation

Wie bereits in Abschn. 1.1 und eingangs dieses Abschnitts erläutert, haben die Aufgaben eines Entwicklers oder Konstrukteurs unterschiedliche Neuheitsgrade. Der überwiegende Teil der auszuführenden Konstruktionen besteht in einer Anpassungs- und Variantenkonstruktion. Diese sind nicht gleichzusetzen mit geringeren Ansprüchen an den Konstrukteur. Im Zusammenhang mit der Produktplanung ist eine Differenzierung zur Neukonstruktion interessant:

- *Neukonstruktion:* Neue Aufgaben und Probleme werden gelöst oder mit neuen oder Neukombinationen bekannter Lösungsprinzipien erfüllt.
- *Anpassungskonstruktion:* Das Lösungsprinzip bleibt erhalten, lediglich die Gestaltung wird an neue Randbedingungen angepasst.
- *Variantenkonstruktion:* Innerhalb vorgedachter Grenzen werden die Größe und/oder Anordnung von Teilen und Baugruppen variiert, typisch bei Baureihen/Baukästen.
- *Wiederholkonstruktion:* Neuer Fertigungsanlauf für ein bereits früher konstruiertes und gefertigtes Produkt. Die Verfügbarkeit von Bauteilen und Material muss geprüft werden.

Während diese begriffliche Abgrenzung bzw. die entsprechende Abstufung von Neuheitsgraden für den Konstrukteur ausreichen mag, hat sich im Bereich der interdisziplinären Produktplanung mit einem Fokus auf die wirtschaftliche Verwertbarkeit die betriebswirtschaftliche Terminologie der Innovation durchgesetzt, die auf den österreichischen Ökonomen Joseph Alois Schumpeter zurückgeht. Die Fragen, wie eine Innovation definitorisch abzugrenzen ist, anhand welcher Kriterien ein *Innovationsgrad* zu bestimmen ist und welche

Relevanz dieser für den Markterfolg eines Neuprodukts hat, sind Gegenstand zahlreicher Veröffentlichungen.

In der Tat erscheint es angemessen, die Thematik des Innovationsgrades im Hinblick auf die wirtschaftliche Verwertbarkeit zu betrachten; schließlich ist der Gewinn das Hauptziel jedes Wirtschaftsunternehmens. In Bezug auf die betroffenen Prozesse zur Umsetzung einer Produktinnovation innerhalb des Unternehmens, man bedenke alleine den Umgang mit technischen Unsicherheiten, spielen technologische Aspekte jedoch in jedem Falle eine wesentliche Rolle. Der Innovationsgrad ist also eine Größe, in die zahlreiche Faktoren hineinspielen. Hauschildt gliedert diese in vier gemeinsam zu betrachtende Dimensionen [36]:

– Inhaltlich (Gegenstand, Art und Grad der Innovation)
– Subjektiv (Beurteilende Instanz)
– Prozessual (Innovationsprozess, welche Arbeitsschritte sind diesem zuzuteilen)
– Normativ (Erfolg einer Innovation)

Technisch relevant ist die erste Dimension. Hier sind die Invention und die Innovation voneinander abzugrenzen. Die *Invention* (Erfindung) ist die „erstmalige technische Umsetzung als auch die neue Kombination bestehender wissenschaftlicher Erkenntnisse" [85] und steht damit „am Anfang eines der beiden Prozesse Technologieentstehung oder Technikentstehung" [10]. Der Begriff der *Innovation* bedeutet das Einführen eines neuen Produkts in den Markt, wobei die zugehörigen Prozesse der Produktentstehung und das erstmaligen Anfahrens der Produktion im Sinne eines Innovationsprozesses hinzugezählt werden [85].

Die Innovation setzt somit eine Invention voraus, die betriebswirtschaftliche Verwertung einer Invention hingegen eine Innovation. Brezing verknüpft diese Definitionen mit dem Modell des Technologie-Lebenszyklus, Abb. 3.1, [8]. In diesem Modell wird die Invention als Anfangspunkt eines Technologie Lebenszyklus veranschaulicht. Erreicht die Technologie nach einer anfänglich langsamen Entwicklung einen umsetzbaren Reifegrad, wird diese in einem vermarktbaren Produkt umgesetzt, wobei diese Innovation den Anfangspunkt eines technologischen Lebenszyklus eines Produkts bedeutet. Eine technische Weiterentwicklung des Produkts durch eine Umsetzung der Weiterentwicklung der zugrunde liegenden Technologie kann hier nur in diskreten Schritten durch „neue Produkte" erfolgen. Diese Produkte („Produktiterationen") sind dann jedoch nicht „innovativ", sondern Anpassungskonstruktionen im oben genannten Sinne; die weiterentwickelte Technologie entspricht einer neuen Randbedingung.

Dass jedes Objekt hinsichtlich seines Innovationsgrades von unterschiedlichen Individuen bzw. Gruppen anders, also subjektiv wahrgenommen wird, ist sowohl für das Managen von unternehmensinternen Prozessen als auch für den Markterfolg eines Neuprodukts relevant. Für ein Unternehmen ist die

96   3 Methoden zur Produktplanung, Lösungssuche und Beurteilung

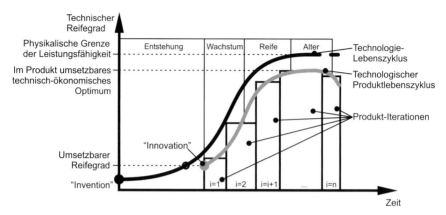

Abb. 3.1. Invention und Innovation als Anfangspunkte eines Technologie-Lebenszyklus und eines technologischen Produktlebenszyklus in Anlehnung an [8]

erstmalige Auseinandersetzung mit neuen Objekten in jedem Fall innovativ und damit vom Tagesgeschäft abzugrenzen, unabhängig davon, ob die Fachwelt außerhalb des Unternehmens das Objekt als „neuartig" oder „etabliert" betrachtet. Insofern hat das Management eines Unternehmens ein Objekt hinsichtlich seines Innovationsgrades „unternehmens-subjektiv" zu beurteilen, um z. B. technischen Risiken angemessen begegnen zu können („prozessuale Dimension"). In Bezug auf den Markterfolg durch die Differenzierung eines Produkts durch seine Neuartigkeit ist hingegen einzig die Wahrnehmung der Käufergruppe relevant; hier muss die unternehmensspezifische Wahrnehmung des Innovationsgrades eines Neuprodukts strikt von der Kundenwahrnehmung abgegrenzt werden. Es können sich jedoch gute Möglichkeiten ergeben, wenn ein Unternehmen eine ihm vertraute Technologie in Form eines neuen Produkts auf einem Markt anbieten kann, in dem diese Technologie bisher

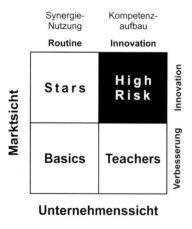

Abb. 3.2. Innovationsportfolio nach Brandenburg und Spielberg (vgl. [19])

unbekannt ist. Dieser Sachverhalt wird durch das Innovationsportfolio nach Brandenburg und Spielberg veranschaulicht, Abb. 3.2, (zur Portfoliotechnik siehe 3.1.4).

Eine derartige zweidimensionale Darstellung des Innovationsgrades eines Produkts oder Projekts wird auch in neueren Studien zur Erfolgsfaktorenforschung von Innovationen wie dem Innovationskompass der TU Berlin angewendet [29], wo einem „internen Innovationsgrad" ein „Marktinnovationsgrad" gegenübergestellt wird. Ältere Studien zielen mit der Bestimmung eines Innovationsgrades oft auf die Gestaltung des Innovationsprozesses ab, wobei unter Erfolg die Bewältigung von technischen und terminlichen Unsicherheiten verstanden wird, nicht aber die Akzeptanz des Produkts durch den Kunden aufgrund der Innovation als Alleinstellungsmerkmal.

3.1.2 Produktlebenszyklus
Product life cycle

1. Begrifflichkeit

Der Begriff des *Lebenszyklus* wird auf verschiedene Aspekte der zeitlichen Entwicklung technischer Produkte angewendet. Inhaltlich voneinander abzugrenzen sind

– der *betriebswirtschaftliche Produktlebenszyklus*,
– der *technologische Produktlebenszyklus* und
– der *intrinsische Produktlebenszyklus*.

Betriebswirtschaftlicher Produktlebenszyklus
Der betriebswirtschaftliche Lebenszyklus erstreckt sich auf die Dauer der Marktpräsenz eines konkreten Produkts eines bestimmten Herstellers (z. B. das Kfz „Golf 2" von Volkswagen) und betrachtet die betriebswirtschaftlichen Kenngrößen Umsatz, bzw. Gewinn und Verlust. Der typische Verlauf dieser Größen ist mit Nennung der einzelnen Phasen des Zyklus in Abb. 3.3 dargestellt.

Die betriebswirtschaftliche *Zykluszeit* ist je nach Produktart und Branche sehr unterschiedlich. In den letzten Jahren war eine ständige Verkürzung dieser Zeit zu beobachten; ein Trend, der fortdauert. Dies hat Auswirkungen auf die Arbeit der Konstruktions- und Entwicklungsabteilungen, da sich die zugestandenen Bearbeitungszeiten für gleiche oder ähnliche Aufgabeninhalte ebenfalls verkürzen. Deshalb müssen Maßnahmen hinsichtlich der Gestaltung des Produktentwicklungsprozesses, siehe Kapitel 4, und der zu nutzenden Methoden und Werkzeuge, vgl. dieses Kapitel, getroffen werden.

Spätestens nach Erreichen der Sättigungsphase des betriebswirtschaftlichen Produktlebenszyklus sind Maßnahmen zur Wiederbelebung oder zur Schaffung neuer, ablösender Produkte einzuleiten, was eine wichtige Aufgabe der Produktüberwachung ist. Ein weiteres Merkmal in diesem Zusammenhang ist die Entwicklung des *Marktanteils*.

98 3 Methoden zur Produktplanung, Lösungssuche und Beurteilung

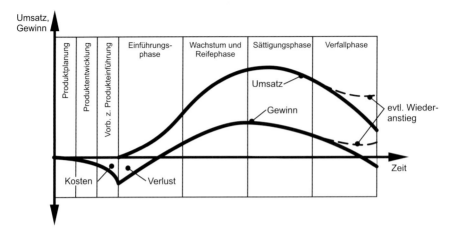

Abb. 3.3. Lebenszyklus eines Produkts nach [55]

Technologischer Produktlebenszyklus
Der technologische Produktlebenszyklus bezieht sich auf den zeitlichen Verlauf der Umsetzung einer technologischen Weiterentwicklung in einem Produkttyp, erstreckt sich also auf eine Reihe zeitlich aufeinander folgender Produkte des gleichen Typs (z. B. das Kfz des Typs „Golf" von Volkswagen, der seit 1974 eine Vielzahl von „Facelifts" und „Generationswechseln" erfahren hat).

Betrachtet wird hier die Leistungsfähigkeit im Hinblick auf eine im Produkt verwendete Technologie (z. B. mit der Technologie „Otto-Prozess" erzielbare Reichweite pro Liter Benzin). Die Leistungsfähigkeit einer Technologie selbst, also der sog. „Technologie-Lebenszyklus", hat im Allgemeinen den Verlauf einer *S-Kurve* [2, 85], wobei sich die Leistungsfähigkeit in der Phase des Alters einem oberen Grenzwert annähert, der durch die zugrunde liegenden physikalischen Gesetze vorgegeben ist, Abb. 3.1. Jede Neuauflage eines Produkts (vgl. 3.1.1) setzt den aktuellen Stand der Technik und damit die technologische Weiterentwicklung um. Der resultierende Verlauf der Leistungsfähigkeit – also der technologische Produktlebenszyklus – folgt dem Verlauf des Technologie-Lebenszyklus zeitlich versetzt.

Hat eine dem Produkt zugrunde liegende Technologie den Zustand höchster Reife erreicht, kann das entsprechende Produkt im Hinblick auf diese Technologie nicht weiter verbessert werden. Wird eine höhere Leistungsfähigkeit gefordert – etwa vom Markt oder weil das Unternehmen eine Differenzierung des Produkts gegenüber Nachahmern über dessen Leistungsfähigkeit erzielen will – muss die entsprechende Technologie durch eine andere, leistungsfähigere substituiert werden.

Intrinsischer Produktlebenszyklus
Die allgemeinste und häufigste Anwendung des Begriffs Lebenszyklus in Bezug auf Produkte bezieht sich auf die Abfolge von Situationen, die das eigent-

liche Produkt von der ersten, dem Produkt zugrunde liegenden Idee, über dessen Entwicklung, Fertigung, Vertrieb, Nutzung etc. bis zu seiner Entsorgung oder sogar darüber hinaus „durchlebt". Die Relevanz dieser „Produkt-Biographie" spiegelt sich in zahlreichen Methoden und Arbeitstechniken aus diesem Buch wider, die am Produktlebenszyklus orientiert sind, aber auch durch die zunehmende Berücksichtigung des Produktlebenszyklusmanagements in produzierenden Unternehmen. Wird im Folgenden der Begriff des Produktlebenszyklus ohne nähere Bezeichnung verwendet, ist stets dieser „eigentliche" intrinsische Produktlebenszyklus gemeint.

2. Produktlebenszyklusmanagement (PLM)

Bei allen Aktivitäten zur Produktplanung ist ein strategischer Ansatz notwendig, also u. a. die Fähigkeit die Marktentwicklung richtig zu beurteilen und in den Ansatz zu integrieren, siehe z. B. Abb. 3.10. Das planende Unternehmen muss sich seiner Stärken und Schwächen auf den einzelnen Märkten und gegenüber den Wettbewerbern bewusst sein. Allein schon aus Kostengründen müssen die geplanten Produkte eine möglichst lange Lebensdauer am Markt erreichen. Der hohe Aufwand für eine Neuentwicklung und -konstruktion sowie für die evtl. erforderliche Erstellung neuer Fertigungseinrichtungen ist i. Allg. nur vertretbar, wenn entsprechend hohe Stückzahlen des Produkts pro Zeiteinheit längerfristig abgesetzt werden. Dies ist heute nicht ohne weiteres der Fall. Neben den sich ständig wandelnden Märkten liegt dies auch an dem teilweise sehr hohen Anteil von Elektronik und Software bei fast allen heutigen maschinenbaulichen Erzeugnissen. Der kontinuierliche und rasante Fortschritt auf den Gebieten der Elektronik und Software führt zwar zu einer ständigen Weiterentwicklung dieser Komponenten. Der Bauraum kann verkleinert und der Funktionsumfang erhöht werden. Für den Hersteller solcher mechatronischer Produkte, in denen solche Komponenten integriert sind, hat dies aber sehr häufig große Auswirkungen. Elektronische Bauelemente beispielsweise sind häufig nur über einen sehr begrenzten Zeitraum verfügbar. Ist das weiterentwickelte Bauelement mechanisch oder elektrisch nicht kompatibel, ist eine Umkonstruktion, bzw. eine Anpassung der elektrischen Schaltung erforderlich. Die ursprünglich geplanten Stückzahlen eines neuen Produkts werden dann nicht mehr erreicht. Im einfachsten Fall gibt es von dem Produkt eine neue Version. Die Produktdokumentation muss angepasst und u. a. die Frage der Ersatzteilversorgung geklärt werden. In der Folge stimmen auch die ursprünglichen Kostenkalkulationen nicht mehr.

Ein Unternehmen befindet sich ständig in einem Dilemma. Auf der einen Seite gilt es eine hohe Stückzahl mit einer Produktversion zu erzielen. Andererseits erfordert der Markt und die technische Weiterentwicklung von Komponenten dieses Produkt oder seine Komponenten ebenfalls ständig weiter- bzw. neu zu entwickeln, um wettbewerbsfähig zu bleiben. Die geschilderte Situation führt zu einer ständig steigenden Komplexität im Unternehmen, wenn keine geeigneten Maßnahmen getroffen werden, siehe Abb. 3.4.

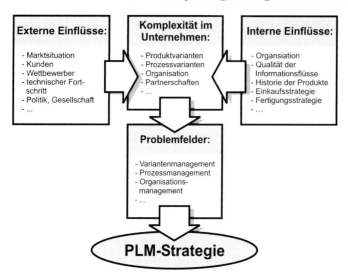

Abb. 3.4. PLM als Hilfsmittel zur Lösung der Komplexitätsprobleme in Unternehmen

Einen wirkungsvollen Ausweg aus diesem Dilemma stellt eine *Produktlebenszyklusmanagement-Strategie (PLM-Strategie)* für das Unternehmen da. Im Rahmen dieser Strategie werden Produktentwicklungsstufen und Neuentwicklungen in Abhängigkeit von der ermittelten bzw. vom Unternehmen zu steuernden Marktentwicklung gezielt geplant.

Die wesentliche Überlegung dabei ist, dass Wissen über das eigene Unternehmen, die hergestellten Produkte und den Markt in einen Gesamtansatz zu integrieren [66, 72]. Ziel ist die Reduktion des Ressourceneinsatzes und die Entwicklung von Produkten bzw. Komponenten mit einer möglichst langen und wirtschaftlich tragfähigen Marktpräsenz. Dieser Ansatz wird als *Produktlebenszyklusmanagement, (Product Lifecycle Management, kurz PLM)* bezeichnet.

Product Lifecycle Management (PLM) stellt eine wissensbasierte Unternehmensstrategie für alle Prozesse und deren Methoden hinsichtlich der Produktentwicklung von der Produktidee bis hin zum Recycling dar [21].

Der PLM-Ansatz beinhaltet also zwei wesentliche Gesichtspunkte. Der erste bezieht sich auf die Steuerung und Regelung der Informationsflüsse über den gesamten Produktlebenszyklus, also von der ersten Idee für ein neues Produkt bis zu seinem Recycling. Dabei sind nicht nur die unternehmensinternen Informationsflüsse zu berücksichtigen, sondern im Sinne einer *kooperativen Produktentwicklung* auch diejenigen über die Unternehmensgrenzen hinaus. So müssen beispielsweise externe Entwicklungs- oder Produktionspartner gezielt einbezogen werden. Das bedeutet u. a. eine genaue Festlegung der auszutauschenden Inhalte und schließt insbesondere den Schutz des Unternehmenswissens ein. Für diese Aufgabe werden heute rechnerunterstützte

Produktdatenmanagementsysteme (PDMS) eingesetzt, wie sie im Kapitel 13 beschrieben sind.

Der zweite Gesichtspunkt des PLM bezieht sich auf das Produkt und seine Gestaltung. Unter Berücksichtung der ermittelten zukünftigen Marktentwicklung, siehe 3.1.4, wird das Produkt so aufgebaut, dass beispielsweise eine spätere Funktionsvariation oder Erweiterung möglichst ohne Umkonstruktion umsetzbar ist. Zukünftige Marktbedürfnisse werden also bereits bei der Planung, Gliederung und Konstruktion des Produkts berücksichtigt, ohne dass sie bei der ersten Markteinführung bereits umgesetzt werden. Von entscheidender Bedeutung ist hier die Ausprägung der Komponentenschnittstellen. Hier ist eine Standardisierung der mechanischen, elektrischen und softwaretechnischen Größen zwingend notwendig, um einen späteren Ersatz von Komponenten ohne Probleme zu ermöglichen. Das Produkt beinhaltet also noch Funktions- und/oder Eigenschaftsvorräte, die bei entsprechendem Bedarf genutzt werden. Solche Produkte können als *Multi-Life-Produkte* bezeichnet werden. Für diesen Gesichtspunkt des Produktlebenszyklusmanagement eignen sich naturgemäß insbesondere die in 10.3 beschriebenen Produktbauformen. Abb. 3.5 stellt die bei der Umsetzung von PLM auftretenden Informations- und Wissensflüsse im Unternehmen dar.

Allerdings müssen umfangreichere Maßnahmen zur Umsetzung des PLM-Ansatzes getroffen werden. Sie beziehen sich sowohl auf das Produkt sowie auf den gesamten Produktentstehungsprozess, als auch auf die eingesetzten Hilfsmittel für die Entwicklung und Konstruktion. Eine adäquate Produktgliederung ist in diesem Zusammenhang von entscheidender Bedeutung. Grundsätzliche Lösungsansätze für die Produktgliederung werden in Kapitel 10 vorgestellt. Die dort behandelten Produktformen wie Baukästen, Module, Plattformen usw. gestatten es, die einmal entwickelten Produktkomponenten in verschiedenen Produktausprägungen zu nutzen. Die erforderlichen Prozes-

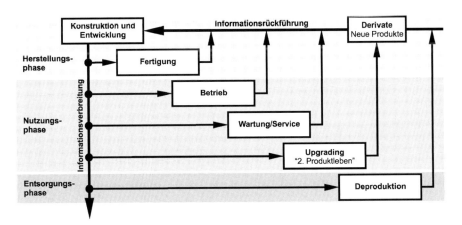

Abb. 3.5. Die Informations- und Wissensflüsse bei der Umsetzung von PLM

se sind in den Kapiteln 4 bis 6 behandelt. In Kapitel 13 schließlich finden sich grundsätzliche Hinweise zum Einsatz rechnerunterstützter Hilfsmittel. Die in den genannten Kapiteln dargestellten, z. T. seit längerem bekannten Ansätze sind zwischenzeitlich im Rahmen des PLM-Gedankens konsequent weiter entwickelt und integriert worden.

3.1.3 Unternehmensziele und ihre Auswirkungen
Company goals: consequences and feedback

Das Hauptziel jedes Wirtschaftsunternehmens ist die Erzeugung von Gewinn. Dieses Hauptziel muss auf konkrete Einzelziele und Maßnahmen zum Erreichen dieser Ziele heruntergebrochen werden. Um eine dauerhafte Marktpräsenz zu sichern gibt es zwei unterschiedliche generische Strategien. Die erste besteht in der Erlangung der Kostenführerschaft. Die resultierenden Unternehmensziele bzw. Umsetzungsstrategien sind ein Vertrieb in die Breite, eine Fertigung mit großer Stückzahl und eine konsequente Produktstandardisierung. Die zweite Strategie ist die der Leistungsdifferenzierung. Die Ziele, bzw. Maßnahmen zur Umsetzung bestehen in einem Vertrieb in spezielle Fachgebiete, einer leistungsfähigen, flexiblen Fertigung und einer Fachspezialisierung der Entwicklung und Konstruktion. Beide strategischen Ansätze haben naturgemäß auch eine zeitliche Komponente. Dies äußert sich in dem Unternehmensziel, schneller mit einem neuen Produkt am Markt zu sein als der Wettbewerber.

Eine extreme Strategie verbindet beide oben genannten. Sie gewinnt im Rahmen des zunehmenden Wettbewerbs immer mehr an Bedeutung.

Sowohl das Ziel der Kostenführerschaft als auch das der Leistungsdifferenzierung haben Auswirkungen auf den Entwicklungs-/Konstruktionsbereich. In der nächst tiefer liegenden Zielebene werden neben vielen weiteren Zielen solche zum

– Produkt: u. a. seine Funktionalität und Eigenschaften betreffend und
– Markt: u. a. Time to Market, also implizit die Zeit, die für die Entwicklung und Konstruktion des Produkts zur Verfügung steht sowie die einzuhaltenden Kosten, Target Costing (vgl. Kap. 12) [17],

festgelegt.

Für die Entwicklungs- und Konstruktionsabteilung eines Unternehmens ist es also sehr wichtig, die Unternehmensziele, ihre Beziehungen untereinander und ihre Gewichtung genau zu kennen. Eine wichtige Aufgabe der Leitung des Bereichs Technik besteht in der richtigen Vermittlung der für die Technik relevanten Unternehmensziele an jeden Mitarbeiter.

3.1.4 Durchführung der Produktplanung
Product planning

Insbesondere bei kleinen und mittelständischen Unternehmen (KMU) ist eine Produktplanung als institutionalisierte Arbeitsphase oft nicht erkennbar; Entwicklungsaufgaben basieren auf Produktideen, die oft scheinbar zufällig aufgrund des „richtigen Riechers" des Unternehmens bzw. einzelner verantwortlicher Personen entstehen, ohne dass ein systematisches Vorgehen zugrunde liegt. Diese Vorgehensweise kann zu erfolgreichen Produkten führen, solange das Unternehmen über Mitarbeiter mit dem entsprechenden „Talent" verfügt [56].

Viele Unternehmen versuchen jedoch zur nachhaltigen Sicherung des Unternehmenserfolges, neben der Produktentwicklung und Konstruktion auch die Produktplanung mit methodischen Ansätzen durchzuführen, um Ideen zu neuen Produkten zu generieren. Die verfolgte Zielsetzung ist dabei eine Steigerung sowohl der Effizienz als auch der Effektivität der Produktplanung: Einerseits werden Dauer und Kosten des Prozesses transparenter (Planung und Controlling), andererseits soll im Hinblick auf die wirtschaftliche Verwertbarkeit die Qualität der Produktideen gesteigert, also das Risiko eines Flops minimiert werden.

Die Produktplanung ist für den *Innovationsgrad* neuer Produkte von zentraler Bedeutung (vgl. 3.1.1); vereinzelt wird diese Phase des Produktentstehungsprozesses auch als *Innovationsplanung* bezeichnet [19]. Sie steht im unmittelbaren Zusammenhang zu den Unternehmenszielen und Unternehmensstrategien (vgl. 3.1.3) und ist daher „Chefsache" [36]. Neben der Unternehmensleitung können je nach Ausrichtung des Unternehmens Mitarbeiter aus verschiedenen Abteilungen wie Marketing, Forschung und Entwicklung, Vertrieb, Konstruktion, Fertigung etc. aber auch unternehmensexterne Schlüsselkunden und Dienstleister eingebunden sein. Erfolgt eine Produktplanung innerhalb bestehender Produktlinien mit überwiegender Weiterentwicklung oder systematischer Variantenbildung (Baureihen und Baukästen), so dominiert die zuständige Entwicklungsabteilung, oder es wird aus dem Produktbereich eine spezielle Planungsgruppe gebildet, die auch das neue Produkt weiter betreut. Erfolgt eine Produktplanung außerhalb bestehender Produktlinien zum Zwecke gänzlich neuer Produkte oder zur Diversifikation des Produktprogramms, wird besser eine neue, unvorbelastete Planungsgruppe eingesetzt, die dann entweder als längere Stabsabteilung oder als befristete Arbeitsgruppe tätig sein kann.

Die Unternehmensgröße bestimmt die Möglichkeiten zur Bildung interdisziplinärer Projektgruppen oder Stabsabteilungen. Bei kleineren Unternehmen müssen gegebenenfalls externe Fachberater hinzugezogen werden, um notfalls fehlendes Eigen-Know-how auszugleichen. Eigen-Know-how zu verwerten ist dagegen oft risikoärmer und bildet beim Kunden ein tieferes Vertrauen.

Oft wird dem Bereich der Produktplanung organisatorisch noch die Produktverfolgung (Weiterbeobachtung und Bewertung bei der Produktrealisierung) und die Produktüberwachung (Erfassung des Kosten- und Erfolgsverhaltens auf dem Markt sowie Einleitung von geeigneten Steuerungsmaßnahmen) übertragen (vgl. Abb. 1.2). Im Rahmen dieses Buches soll die Produktplanung im engeren Sinne, d. h. nur als Vorlauf zur Produktentwicklung betrachtet werden.

Für den Erfolg eines Produkts ist es von zentraler Bedeutung, dass dieses den Wünschen und Bedürfnissen des Kunden entspricht. Als Folge dieser Erkenntnis hat sich die Kundenorientierung zunehmend zu einer Integration der Kundensicht bis hin zu seiner direkten Integration in alle Phasen der Produktentstehung entwickelt [4, 49]. Die QFD-Methode (Quality Function Deployment), die auf dem Leitgedanken des Kundenwunsches als zentraler Aspekt des Innovationsprozesses aufbaut, hat sich entsprechend als unterstützendes Werkzeug zur Überführung von Kundenwünschen in Produktmerkmale in der Produktplanung eingeführt (vgl. 11.5 [16, 49]). Es gibt zudem Vorschläge zur Gestaltung des Produktplanungsprozesses, die die QFD als integralen Bestandteil nutzen, [44, 59, 62]. Prinzipbedingt weisen diese Ansätze jedoch Schwächen in Bezug auf die Planung hochinnovativer Produkte auf: Einerseits sind gerade bisher unbekannte Kundenwünsche ein wesentlicher Ansatz für Neuprodukte. Andererseits behindert die frühzeitige Festlegung auf Produktmerkmale die Definition von Produktvorschlägen mit neuartigen Eigenschaften. QFD-basierte Ansätze zur Produktplanung eignen sich daher besonders zur Überarbeitung bestehender Produkte [83].

Neben diesen Ansätzen gibt es zahlreiche Vorschläge für eine systematische Produktplanung [7, 19, 27, 31, 55, 84, 89], die im Wesentlichen das gleiche Vorgehen beschreiben, Abb. 3.6. Der zentrale Arbeitsschritt ist das Finden von Produktideen als Ergebnis einer mehr oder weniger strukturierten Suche. Nach einem Auswahlschritt schließt sich die Ausarbeitung bzw. Konkretisierung zu Produktvorschlägen an, was im Wesentlichen dem methodischen Konzipieren auf einer weniger verbindlichen Ebene entspricht. Wann diese zur Marktreife weiterentwickelt werden, wird in der Umsetzungsplanung festgelegt bzw. es erfolgt ein Entwicklungsauftrag und der Produktvorschlag wird, um eine Anforderungsliste erweitert, der Entwicklung und Konstruktion übergeben.

Der dargestellte Vorgehensplan ist nicht als starre Abfolge deutlich trennbarer Arbeitsschritte zu verstehen; er ist kein „Geradeausweg" mit sequentieller Abfolge, sondern nur Leitfaden für ein grundsätzlich zweckmäßiges Handeln. Je nach Unternehmen können die einzelnen Tätigkeiten im Unternehmen institutionalisiert und regelmäßig erfolgen, oder die Produktplanung wird zu bestimmten Zeitpunkten als Projekt im Sinne einer Vorentwicklung durchgeführt. Entsprechend vielfältig sind auch die anwendbaren Hilfsmittel. Die im Folgenden dargestellten Techniken und Methoden haben daher beispielhaften Charakter. In der praktischen Handhabung wird ein iteratives Vorgehen mit Vor- und Rücksprüngen oder Wiederholungen auf höherer Informationsstufe notwendig sein und ist auch im Sinne einer erfolgreichen Produktfindung keineswegs falsch.

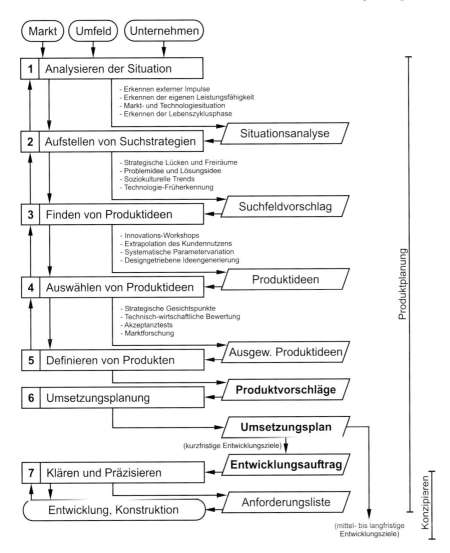

Abb. 3.6. Vorgehen bei der Produktplanung in Anlehnung an [55, 89]

1. Analysieren der Situation

Erkennen externer Impulse

Das Erfassen und Sammeln von Daten bzw. Impulsen von außen, also aus dem Markt und dem sonstigen Umfeld, als auch aus dem Unternehmen selbst ist die wesentliche Voraussetzung für eine zielgerichtete Produktplanung. Die Daten und Impulse können sowohl der Auslöser für eine Produktplanung sein als auch Ansätze zur Suche nach Produktideen liefern. Beispiele für diese Impulse sind:

aus dem Markt:

- Technische und wirtschaftliche Stellung des eigenen Produkts am Markt, insbesondere erkennbare Veränderungen (Umsatzrückgang, Entwicklung des Marktanteils);
- Änderung der Marktwünsche und Bedürfnisse, z. B. nach neuen Funktionen oder neuer Formgebung;
- Anregungen und Kritik der Kunden;
- Technische und wirtschaftliche Vorteile der Produkte von Wettbewerbern;

vom Umfeld:

- Eintreten wirtschaftspolitischer Ereignisse, z. B. Erdölverteuerung, Ressourcenverknappung, Transporteinschränkungen;
- Substitutionen durch neue Technologien und Forschungsergebnisse, z. B. mikroelektronische Lösungen für bisher mechanische Lösungen, biometrische Nutzererkennung statt Passwortschutz, Laserschneiden statt Brennschneiden, etc.;
- Neue Umweltauflagen und Recycling bei bestehenden Produkten und Verfahren;

aus dem eigenen Unternehmen:

- Nutzung von Ideen und Eigenforschungsergebnissen in Entwicklung und Fertigung;
- Neue Funktionen zur Erweiterung oder Befriedigung des Absatzgebietes;
- Einführung neuer Fertigungsverfahren;
- Rationalisierungsmaßnahmen in der Produktpalette und der Fertigungsstruktur;
- Nutzung von Beteiligungsmöglichkeiten;
- Höherer Diversifikationsgrad, d. h. genügend breite Abstützung auf mehrere Produkte, die sich im Lebenszyklus sinnvoll überlappen.

Angesichts stetig kürzer werdender betriebswirtschaftlicher Lebenszyklen ist eine Produktplanung als Reaktion auf das bekannt werden solcher Impulse heute oft zu spät. Ein Umsatzrückgang bildet zunehmend den einzigen Anlass für eine Produktplanung, ohne dass sonstige Impulse inhaltliche Ansätze liefern könnten. Aus diesem Grund müssen entsprechende Fakten zur Gewinnung eines zeitlichen Vorteils prognostiziert werden, wozu bestehende Trends herangezogen werden können. Das Erkennen von Trends sowie die Anwendung solcher Erkenntnisse sind jedoch derart aufwändig bzw. komplex, dass dies nur selektiv im Hinblick auf die strategische Ausrichtung des Unternehmens gesehen kann. Diese Festlegung erfolgt im Rahmen des Aufstellens von Suchstrategien (s. u.).

Erkennen der eigenen Leistungsfähigkeit: Portfoliotechnik
Die Darstellung der aktuellen Situation des Unternehmens erleichtert das Erkennen von Handlungsoptionen. Dazu werden unternehmensspezifische Daten

gesammelt, ggf. aufbereitet und in einer überschaubaren Form unternehmensexternen Daten gegenübergestellt. Die entsprechende grafische Darstellung dieser beiden Dimensionen als *Portfolio-Matrix* (kurz: Portfolio) ist als wesentliches Werkzeug seit den 70er Jahren in verschiedenen Managementmethoden etabliert. Vor allem im Hinblick auf die Darstellung der Technologiesituation und der Marktsituation eines Unternehmens existieren zahlreiche Modifikationen der *Portfoliotechnik*, über die beispielsweise [19] einen Überblick gibt.

Bei der Erstellung einer Portfolio-Matrix wird die Position von Objekten des Unternehmens, (z. B. Produkte, Projekte oder Technologien) in einer Tafel eingetragen, wobei die x-Koordinate üblicherweise einen unternehmensspezifischen Parameter darstellt und die y-Achse einen unternehmensexternen Parameter, Abb. 3.7. Die Position des Objekts auf der Tafel, die in 4 oder 9 Felder unterteilt sein kann, erlaubt seine Klassifizierung; die Verteilung erlaubt eine Aussage über den Zustand des Unternehmens. Vereinzelt werden den Feldern *Normstrategien* zugeteilt, also Anweisungen, wie mit den jeweiligen Objekten zu verfahren ist, um den Unternehmenserfolg zu gewährleisten [71]. Grundsätzlich kann ein Portfolio nicht nur – wie es im folgenden betrachtet werde soll – zur Darstellung des gegenwärtigen Zustands („Ist-Portfolio") sondern auch eines erwarteten zukünftigen oder angestrebten Zustands („Soll-Portfolio") verwendet werden, vgl. [19, 71, 85].

Die Aussagekraft von Portfolios muss kritisch betrachtet werden, da ein Portfolio mit nur einem Parameterpaar immer nur Teilaspekte eines Objekts darstellt. Insbesondere die Verfolgung von Normstrategien ist stets zu hinterfragen, da zwischen den dargestellten Objekten Wechselwirkungen bestehen können. Insgesamt ist das Portfolio jedoch ein nützliches Instrument der Situationsanalyse. Im Folgenden werden zu einzelnen Analysebereichen beispielhaft Portfolios anderer Urheber vorgestellt (vgl. auch 3.1.1).

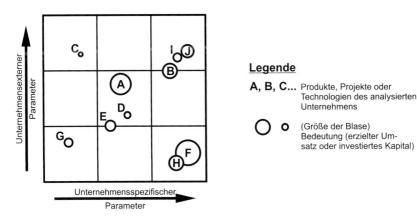

Abb. 3.7. Portfoliomatrix, allgemeiner Aufbau

108   3 Methoden zur Produktplanung, Lösungssuche und Beurteilung

Marktsituation

Das Erkennen und Klären der Stellung der derzeitigen Eigenprodukte auf den derzeitigen Märkten hinsichtlich Umsatz, Gewinn und Marktanteil lässt Stärken und Schwächen der einzelnen Produkte erkennen. Besonders interessant ist der direkte Vergleich mit dem jeweiligen Marktführer. Diese Aspekte werden besonders anschaulich durch das *Marktportfolio* der Boston Consulting Group dargestellt, Abb. 3.8.

Die unternehmensspezifische Kennzahl ist hier der eigene Marktanteil im Verhältnis zu dem des Marktführers, wobei die entsprechende Achse im dargestellten Beispiel logarithmisch geteilt ist. Mit einer 4-Felder Teilung ergibt sich somit die Kategorisierung „Hoher" bzw. „Niedriger Marktanteil", je nachdem, ob das eigene Unternehmen den größten Marktanteil aufweist oder nicht. Als unternehmensexterne Kennzahl wird die Marktwachstumsrate verwendet, die im unteren Bereich anders als im dargestellten Beispiel auch negative Werte („gesättigter Markt") annehmen kann. Diese Kennzahl stellt nicht die Umsatzentwicklung des eigenen Produkts (ein Indikator der betriebswirtschaftlichen Lebenszyklusphase, vgl. 3.1.2), sondern die Entwicklung des insgesamt im entsprechenden Marktsegment erzielten Umsatzes dar.

Mit diesem Portfolio werden die Produkte des Unternehmens grob in 4 Gruppen eingeteilt, die hier als „Poor Dogs", „Question Marks", „Cash Cows" und „Stars" bezeichnet werden. Die Stars weisen nicht nur einen hohen Umsatz aufgrund des hohen Marktanteils auf, sondern zudem eine günstige Perspektive aufgrund des wachsenden Marktes. Hier sind oft Investitionen nötig, um die wachsende Nachfrage bedienen zu können, die den Gewinn reduzieren. Anders bei den Cash Cows: Da die benötigten Kapazitäten bestehen, kommt die aus hohen Stückzahlen resultierende günstige Kostenstruktur (skalenbedingte Kostenvorteile) voll zur Geltung, wodurch diese Produkte hohe Gewinnspannen erwirtschaften. Die Poor Dogs weisen weder eine günstige

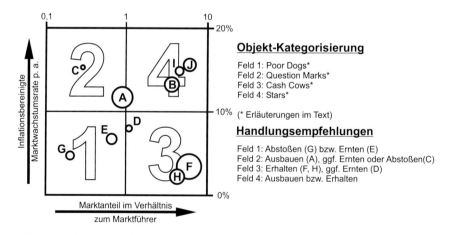

Abb. 3.8. Marktportfolio der Boston Consulting Group, in Anlehnung an [19, 54]

Kostenstruktur noch eine Perspektive auf eine attraktivere Absatzsituation auf, während die Situation für die Question Marks komplexer ist. Hier muss geklärt werden, ob eine Steigerung des Marktanteils in Verbindung mit einer Kostensenkung aufgrund von Lerneffekten auf dem ansonsten attraktiven Markt möglich ist. Die für die entsprechenden Kategorien vorgeschlagenen Handlungsempfehlungen [54] sollen hier nicht näher diskutiert werden.

Technologiesituation
Während mit dem Marktportfolio die Leistungsfähigkeit des Unternehmens bzw. seiner Produkte hauptsächlich aus absatzwirtschaftlicher Sicht [85] beurteilt wird, existieren auch Ansätze, nach denen die Portfoliotechnik genutzt wird, um eine technologiebezogene Sichtweise darzustellen. Stellvertretend für verschiedene Technologie-Portfolioansätze soll hier das *Technologieportfolio* von Pfeiffer [71] vorgestellt werden. Außerdem existieren Mischformen, also integrierte Markt-Technologie-Portfolios [19, 85, 95].

Beim Technologieportfolio von Pfeiffer werden Technologien anhand der Parameter „Ressourcenstärke" (unternehmensspezifischer Parameter) und „Technologieattraktivität" (unternehmensexterner Parameter) in das Portfolio eingetragen, Abb. 3.9. Bei den Technologien werden Produkttechnologien und Prozesstechnologien unterschieden, die zunächst durch eine gedankliche Zerlegung der Produkte des Unternehmens in Subsysteme, Baugruppen etc. identifiziert, geordnet und zusammengefasst („geclustert") und in getrennten Listen aufgeführt werden. Unter einer Produkttechnologie wird dabei eine Technologie verstanden, die unmittelbar im Produkt umgesetzt ist (also z. B. dessen Wirkungsweise bestimmt), während Prozesstechnologien im weiteren Sinne zu dessen Produktion angewendet werden. Zwischen den einzelnen Objekten im Portfolio und den Produkten des Unternehmens besteht also in der Regel keine ein-eindeutige Zuordnung.

Die Parameterwerte werden durch Bewertung der in Abb. 3.9 dargestellten Einzelfaktoren und der gewichteten Zusammenfassung der erzielten Punktezahlen ermittelt. Bei der Berechnung der Ressourcenstärke geht neben der Finanzstärke die Know-how Stärke als Hauptfaktor ein, für die neben dem Know-how-Stand (Fähigkeiten und Wissen der Mitarbeiter bzw. des Unternehmens) auch die Stabilität des Know-hows relevant ist. Letztere ist beispielsweise als schlecht zu bewerten, wenn eine hohe Fluktuation bei den Mitarbeitern vorliegt. In die Technologieattraktivität gehen mit der Technologie-Bedarfsrelevanz auch absatzwirtschaftliche Faktoren ein. Die Technologie-Potenzialrelevanz hingegen beschreibt mit der Weiterentwickelbarkeit und dem Zeitbedarf für die nächste Entwicklungsstufe ausschließlich die technischen Erfolgsaussichten einer Technologie.

Das Technologieportfolio dient der Ressourcenallokation bzw. der Investitionsplanung in der Technologieentwicklung. Entsprechend werden den verschiedenen Bereichen des Portfolios die Handlungsanweisungen Investieren, Selektieren und Deinvestieren zugewiesen.

110 3 Methoden zur Produktplanung, Lösungssuche und Beurteilung

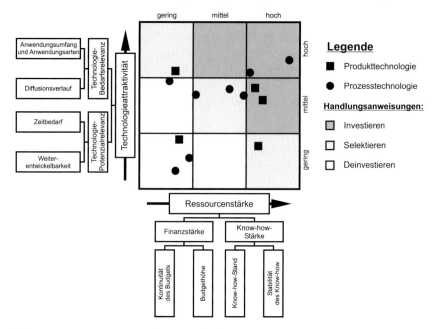

Abb. 3.9. Technologieportfolio nach [71]

Erkennen der Lebenszyklusphase
Der betriebswirtschaftliche Lebenszyklus eines Produkts (vgl. 3.1.2) wird sowohl von der Marktsituation als auch der Technologiesituation beeinflusst und muss daher stets im Zusammenhang mit diesen beiden Komplexen betrachtet werden. Besonders im Hinblick auf Art und Umfang der Produktinnovation und die zeitliche Umsetzungsplanung ist ein Erkennen der aktuellen Lebenszyklusphase wichtig. Beispielsweise kann es sinnvoll sein, bestehende Produkte lediglich geringfügig zu aktualisieren, um auf einem wachsenden Markt ein reifes Produkt zu stabilisieren. Im Hinblick auf eine ausgeglichene Gesamt-Umsatzentwicklung werden einander überdeckende betriebswirtschaftliche Lebenszyklen angestrebt.

Auch ein Erkennen der technologischen Produktlebenszyklusphase ist von wesentlicher Bedeutung. So gilt es zu entscheiden, ob weitere Investitionen zur Leistungssteigerung einer etablierten Technologie Erfolg versprechend sind, die Technologie also noch Entwicklungspotenzial aufweist, oder eine Substitution dieser Technologie notwendig wird.

2. Aufstellen von Suchstrategien

Strategische Lücken und Freiräume
Aus der Situationsanalyse resultieren möglicherweise unmittelbar erkennbare Lücken in Bezug auf attraktive Märkte oder Technologien, nach de-

nen gesucht werden kann oder muss. Die Anfertigung von transformierten Technologie-Portfolios kann hier hilfreich sein. Oft ist das Unternehmen jedoch hinsichtlich der strategischen Ausrichtung in Bezug auf die Frage, ob neue Märkte erschlossen werden oder neues Technologie-Know-how aufgebaut werden soll, festgelegt. Neue Märkte erfordern aufwendigere Analysen und Vorüberlegungen als eingefahrene Vertriebswege und bekannte Kundenkreise.

Für die Bestimmung von Suchfeldern für Produktideen ist somit die Ausrichtung des Unternehmens zu beachten. Zunächst soll geklärt werden, was unter einer Produktidee zu verstehen ist.

Problemidee und Lösungsidee
Geht man in Übereinstimmung mit den hier vertretenen Ansätzen zur Produktentwicklung davon aus, dass ein technisches Produkt ein Problem des Nutzers löst (was tut es?), indem es einen Zweck erfüllt, und dies aufgrund der gewählten technischen Lösung für das technische Problem geschieht (wie tut es das?), so ergeben sich zwei grundlegende Ansätze, aus denen sich Produktideen ergeben:

– Eine neue Lösung für ein bekanntes Problem: *Lösungsidee*
– Ein neues Problem für eine bekannte Lösung: *Problemidee*
  (bei [19] auch Produktidee 1. Ordnung genannt)

Die Fokussierung auf neue, zu lösende Probleme oder neue Anforderungen wird dabei auch als *Demand-Pull*, der Versuch, neue Technologien zu etablieren auch als *Technology-Push*, bezeichnet. Je nach Ausrichtung des Unternehmens wird sich die strategische Suche auf einen der beiden Ansätze konzentrieren, wenn auch in der Praxis erfolgreiche Produktinnovationen oft eine Kombination aus Push und Pull darstellen [36].

Da Produktentwicklungen einen großen Zeitraum benötigen, müssen Faktoren wie entstehende Probleme, neue Anforderungen und Bedürfnisse aber auch zur Verfügung stehende Technologien prognostiziert werden, wenn gegenüber der Konkurrenz ein zeitlicher Vorsprung bei der Markteinführung erzielt werden soll. In diesem Zusammenhang ist der Umgang mit soziokulturellen Trends und der Technologie-Früherkennung notwendig.

Soziokulturelle Trends
Unter einem *Trend* kann grundsätzlich jede statistisch erfassbare Tendenz verstanden werden, im Bereich der Produktplanung bezieht sich der Begriff jedoch überwiegend auf den soziokulturellen Kontext. Zur Identifikation und Beschreibung von Trends beschäftigt sich die *Trendforschung* mit dem Wandel der Gesellschaft in Bezug auf soziodemographische Merkmale und Wertvorstellungen. Trends sind verhältnismäßig langfristige Entwicklungen von konsumrelevanten Phänomenen, die im Gegensatz zu Moden branchenübergreifend sind und durch die Reaktion von Konsumentengruppen auf ihre Lebensumstände und deren Wandel entstehen.

Für KMU in technischen Branchen sind soziokulturelle Trends oft schwer zu handhaben, weil im Marketing nicht die Kenntnisse vorliegen, mit den überwiegend vorliegenden „weichen" Faktoren umzugehen. Es gilt zu klären, ob ein Trend „evident" ist, d. h. vorliegende Daten tatsächlich eine strategisch relevante Veränderung ankündigen, und ob ein erkannter Trend einen „Impact" aufweist, das Unternehmen also tatsächlich betroffen ist (vgl. [27]). Schließlich gilt es, die Erkenntnisse über einen Trend auf das Produkt anzuwenden, also Problemideen abzuleiten. Hierzu können spezialisierte, in der Regel branchenübergreifend arbeitende Dienstleister, sog. Trendbüros, beauftragt werden. Ein oft praktikabler Weg für KMU ist jedoch die Einbeziehung von Schlüsselkunden bzw. Lead-User in die Produktplanung [30]. Diese fungieren in der Konsumentengruppe als „Trendsetter" oder „Innovatoren", sind also früh in der Lage, zukünftige Anforderungen zu formulieren, die sich dann beispielsweise in Workshops unmittelbar in Produktideen umsetzen lassen (vgl. [61]).

Technologie-Früherkennung
Entscheidungen zum Einstieg in neue Technologien müssen aufgrund der langen Vorlaufzeiten in der Regel dann fallen, wenn die betrachtete Technologie noch sehr jung ist, also nur wenige Informationen als Entscheidungsgrundlage vorliegen. Den resultierenden Unsicherheiten ist mit einem systematischen Vorgehen zu begegnen. Es gilt, aus der Menge aller Technologien nach der Festlegung eines Suchraums die als möglicherweise relevant erkannten Technologien mit geeigneten Hilfsmitteln, wie z. B. der Portfolioanalyse, zu analysieren (vgl. [85]).

Wie auch bei soziokulturellen Trends besteht bei der technologischen Früherkennung die wesentliche Problematik im Erkennen und Interpretieren „schwacher Signale". Hier werden die beiden Teilbereiche der strategischen Exploration (ungerichtet) und strategischen Überwachung (gerichtet) unterschieden [83] (vgl. „Scanning/Monitoring" bei [27]). Specht teilt die in der Literatur beschriebenen Ansätze zur Früherkennung in indikator- modell-, analyse-, informationsquellen- und netzwerkorientierte Ansätze ein und gibt für das Vorgehen der Technologiefrüherkennung die Arbeitsschritte Signalexploration, Signaldiagnose und Prognose von Ereignisauswirkungen an [85]. Hier findet sich auch ein Überblick zu qualitativen und quantitativen Prognosetechniken, von denen beispielsweise die Delphi-Methode (vgl. 3.2) und die Szenario-Technik (vgl. 5.2) auch in anderen Phasen der Produktentstehung Anwendung finden können.

3. Finden von Produktideen

Es gibt keine Methode, deren Anwendung das Hervorbringen von erfolgreichen Produktideen garantiert; die aufgeführten Ansätze können diesen Arbeitsschritt jedoch unterstützen.

Innovations-Workshops
Eine wirkungsvolle Maßnahme zur Ideengenerierung können Ideenfindungs-Workshops, sein, bei denen neben Mitarbeitern verschiedener Abteilungen wichtige Kunden und Zulieferer beteiligt sein können. Diese werden unter Berücksichtigung der zuvor definierten Suchfelder unter Zuhilfenahme intuitiver Methoden wie dem Brainstorming (vgl. 3.2.2) sowie Kreativitätstechniken (vgl. 2.2.4), aber auch diskursiver Methoden wie Ordnungsschemata und dem morphologischen Kasten durchgeführt. Wichtig sind hierbei die Abgrenzung vom Tagesgeschäft zur Schaffung kreativer Freiräume und die Dokumentation aller Ideen. Eine Bewertung und Auswahl soll erst im folgenden Arbeitsschritt erfolgen. Für intuitiv gewonnene Produktideen müssen Situationsanalysen und eine Verträglichkeitsprüfung mit den Suchstrategien nachgeholt werden.

Extrapolation des Kundennutzens
Sind konkrete neue Anforderungen nicht bekannt, ist ein Ansatz zu neuen Problem- und damit Produktideen die Extrapolation des aktuellen Kundennutzens eines konkreten Produkts in die Zukunft. Ausgehend von bekannt gewordenen Trends oder von offensichtlichen Optimierungsrichtungen (z. B. geringerer Kraftstoffverbrauch) werden die aktuellen Leistungsspezifikationen entsprechend geändert - möglichst als quantitative Aussage (z. B. Reduzierung um 15% in 5 Jahren) als zukünftige Anforderungen formuliert. Diese neuen Forderungen (es handelt sich also prinzipiell um einen Pull-Ansatz zur Produktinnovation) werden den Funktionsträgern, also Baugruppen oder Bauteilen, zugeordnet. Anschließend wird das Potential der einzelnen Funktionsträger hinsichtlich des Grades der Erfüllung der zukünftigen Kundennutzenforderungen abgeschätzt (vgl. technologischer Produktlebenszyklus, 3.1.2), Abb. 3.10. Aus diesen Betrachtungen ergibt sich somit der Forschungs- und Entwicklungsbedarf zur Neu- bzw. Weiterentwicklung von Bauteilen und Baugruppen bzw. - im Fall einer notwendigen Technologie-Substitution - der Bedarf nach Grundlagenforschung. Gemäß dieser Herangehensweise lässt sich aus einer Gewichtung der Forderungen des Kundennutzens eine Priorisierung der Entwicklungsaufgaben ableiten.

Prinzipiell lassen sich durch diese Vorgehensweise nur quantitativ neue Anforderungen ableiten. Es wird vorgeschlagen, diese Technik zum Erkennen qualitativ neuer Anforderungen beispielsweise um die Szenraio-Technik als weiteres Hilfsmittel zu erweitern, die sich auch für langfristige Zukunftsprognosen eignet (vgl. [26, 28]). Aufgrund des hohen Aufwands für die Szenario-Vorbereitung, die Szenariofeld-Analyse, die Szenario-Prognostik und die Szenario-Bildung lohnt sie nur für unternehmenserhaltende, wichtige Geschäftsfelder.

Systematische Parametervariation
Ein systematischer Ansatz zur Generierung von Produktideen ohne vorliegende Anstöße von außen ist das erneute gedankliche Durchlaufen des Produktenstehungsprozesses eines bestimmten Produkts im Sinne der Konstruk-

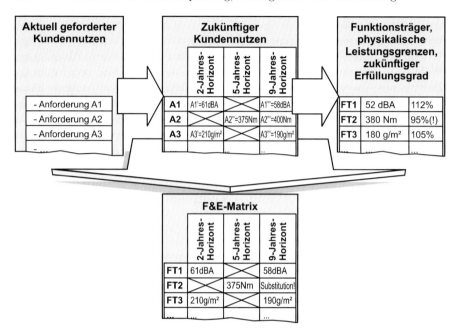

Abb. 3.10. Aus dem Kundennutzen abgeleitete Produktziele (A = Anforderung, FT = Funktionsträger)

tionsmethodik, wobei alle produktdarstellenden Modelle und Werte systematisch variiert werden, vgl. [51]. So können möglicherweise innovative Produkte gebildet werden durch Variation von

– Zweckbeschreibungen (in der Regel lösungsneutral!)
– Funktionen oder Funktionsstrukturen
– Effekten oder Effektstrukturen
– Effektträgern
– Gestaltparametern oder Gestaltstrukturen
– etc.

Diese Herangehensweise entspricht prinzipiell dem Push-Ansatz, da nicht der Kundenwunsch der Ausgangspunkt ist, sondern der andere Lösungsansatz.

Designgetriebene Ideengenerierung durch Dienstleister
Im Zuge der zunehmenden Auslagerung von Prozessen der Produktentstehung aus dem Unternehmen gewinnt auch die Einbeziehung von Dienstleistern in die Produktplanung an Bedeutung [33]. Hier werden zunehmend Industrie-Designer hinzugezogen, was damit begründet wird, dass das Design in der Lage ist, „weiche" soziokulturelle Faktoren, die für Techniker schwer handhabbar sind, unmittelbar in Entwürfe umzusetzen [8]. Diese beinhalten außer einer „ästhetischen Produktidee" technische Aspekte wie den Funkti-

onsumfang, die Wahl von Werkstoffen, Baustrukturen etc. und liefern somit auch technische Innovationsimpulse.

Ein wesentlicher Vorteil der Einbeziehung von Designbüros für die Produktinnovation ist, dass diese branchenübergreifend arbeiten und somit neben Kenntnissen über Trends Wissen über neue Entwicklungen, insbesondere Werkstoffe und Fertigungsverfahren, aus anderen Branchen einbringen können. Zudem agiert das Design als „Anwalt des Nutzers" [42]; es kann aufgrund einer anderen Sichtweise des technischen Produkts bestehende und künftige Anforderungen formulieren, die sonst möglicherweise mit einer stark technik- oder unternehmensspezifischen Sicht unerkannt bleiben würden.

Aus der Zusammenarbeit von Dienstleistern des Industrie-Design und der Konstruktion resultiert ein Prozess zur Generierung von Produktideen bzw. Produktvorschlägen, Abb. 3.11. Die theoretische Grundlage dieses Prozesses ist die Anerkennung eines Zweckbegriffs, der über den des rein praktischen

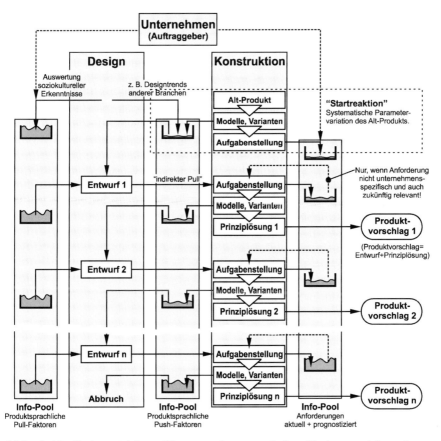

Abb. 3.11. Designgetriebene Ideengenerierung zwischen Design- und Ingenieurdienstleistern nach [8]

Zwecks eines Produkts hinausgeht. Demnach weist - analog zur Kaufentscheidung eines Kunden, die zu einem Teil rational und objektiv nachvollziehbar ist, zu einem anderen Anteil jedoch emotional und individuell - ein technisches Produkt zwei Funktionskomplexe auf: die technisch/praktische Funktion und die sog. *produktsprachliche Funktion*. Während der erste Komplex die Kompetenz des Ingenieurs in Entwicklung und Konstruktion ist, betrifft der zweite – die Domäne des Designs – in erster Linie soziokulturelle Aspekte, die sich der Kompetenz und den Methoden des Ingenieurs entziehen. Da beide Komplexe jedoch für den Erfolg eines Produkts (wenn auch – je nach Produktart – in verschiedenen Abstufungen) relevant sind, müssen sie schon während der Produktplanung stets im Zusammenhang beurteilt werden. Unter der produktsprachlichen Funktion mit den Teilbereichen der *ästhetischen Funktion*, der *Symbolfunktion* und der *Anzeichenfunktion* werden die Merkmale eines Produkts zusammengefasst, die mit dem Nutzer „kommunizieren" und die vom Nutzer genutzt werden, um mit seiner Umwelt zu kommunizieren. Diese Merkmale enthalten also abhängig vom Kontext, in dem das Produkt betrachtet wird, denotative und konnotative Bedeutungen, vgl. [9, 88].

Daraus folgt, dass der gesamte Nutzen, den ein Produkt aufweist, aus der Summe der technisch/praktischen und dem produktsprachlichen Nutzen resultiert; ein technisch überlegenes Produkt kann gegenüber einem, dass zusätzlich ein gutes Design aufweist (in der komplexen produktsprachlichen Bedeutung, die vom einfachen *Styling* abzugrenzen ist) insgesamt minderwertig sein. Außerdem folgt, dass nicht nur der Bereich der rationalen Funktionen und Anforderungen bzw. deren Erfüllung (also Technologie) der Ursprung von Innovationen sein kann, sondern auch das Design. Auch Produkte, die bekannte Funktionen mit etablierten Technologien erfüllen, können vom Kunden als innovativ wahrgenommen werden.

Die produktsprachliche Wirkung eines Designentwurfs lässt sich nicht additiv durch die Kombination von Teilwirkungen erzielen, wie es in der Konstruktionsmethodik für die technische Funktion vorausgesetzt wird (vgl. z. B. die Kombination von physikalischen Effekten zu einer Prinziplösung). Zudem lässt sich ein Designentwurf nicht abstrahieren. Folglich muss ein Produktvorschlag zur Beurteilung bereits einen Designentwurf des gesamten Objekts enthalten, wobei der Grad der Detaillierung u. U. sehr gering sein kann, um seine gewünschte Wirkung zu veranschaulichen.

Im Rahmen der designgetriebenen unternehmensexternen Produktplanung werden unter bewusster Vernachlässigung unternehmensspezifischer Randbedingungen Produktvorschläge (hier: validiertes technisches Konzept mit Designentwurf) ausgearbeitet und dann vorgestellt, wobei Vertreter des auftraggebenden Unternehmens bei der Präsentation wie ein potenzieller Kunde mit den Produktvorschlägen konfrontiert werden. Ein derart „objektivierter" Blickwinkel soll die Entscheidungsfindung der Unternehmensleitung unterstützen, ohne dass sich diese mit abstrakten und wenig konkreten Daten wie Markt- oder Technologiepotenzialanalysen auseinandersetzen muss.

Der bei [8] vorgeschlagene Prozess zur Generierung von Produktideen bzw. Produktvorschlägen beruht auf den unterschiedlichen Kompetenzen der beiden Domänen, genauer, die Fähigkeit, unterschiedliche Daten von außen aufgrund unterschiedlicher Arbeitsweisen in produktdarstellende Modelle unterschiedlichen Abstraktionsgrades umzusetzen, Abb. 3.11. Durch die Zusammenarbeit erhalten beide Disziplinen neue Impulse, die sonst nicht zugänglich oder verarbeitbar wären. So setzt das Design soziokulturelle Faktoren wie Trends (hier „produktsprachliche Pull-Faktoren" genannt) in Entwürfe um, die die Konstruktion – als neue Aufgabenstellung aufgefasst („indirekter Pull") – mit den in diesem Buch behandelten Mitteln des methodischen Konzipierens verarbeiten kann. Stellt sich der Designentwurf als technisch umsetzbar heraus, resultiert ein Produktvorschlag. In jedem Fall werden jedoch bei der Bearbeitung der Konstruktionsaufgabe neue Erkenntnisse gewonnen (Funktionsstrukturen, anwendbare Lösungsprinzipien, Werkstoffe etc.) die wiederum dem Design als Input für neue Designentwürfe dienen („produktsprachliche Push-Faktoren"). Die strukturierte Speicherung und Bereitstellung sämtlicher Daten in sog. „Info-Pools" ist Teil des methodischen Vorgehens. Als „Startreaktion" des Prozesses kann eine systematische Parametervariation auf Grundlage eines existierenden Produkts durchgeführt werden, vgl. vorangehender Abschnitt.

4. Auswählen von Produktideen

Um den Aufwand der Produktplanung auf ein sinnvolles Maß zu begrenzen, muss die Menge der Produktideen durch einen Auswahlschritt reduziert werden. Ein solcher Auswahlprozess kann auch später mit den ausgearbeiteten Produktvorschlägen erfolgen. Die hier angesprochenen Ansätze gelten in beiden Fällen.

Für eine erfolgreiche Produktplanung und -entwicklung ist es unerlässlich, dass beide Bereiche aufeinander abgestimmt nach gleichen Methoden und korrespondierenden Bewertungs- und Entscheidungskriterien arbeiten. Mindestens in den letzten Phasen der Produktideenauswahl und Produktdefinition sollte der Produktentwicklungsbereich aktiv beteiligt werden und die zum Produktvorschlag zugehörige Anforderungsliste ist in der für die Produktentwicklung geeigneten Form (vgl. 5.2) gemeinsam zu erstellen.

Strategische Gesichtspunkte
Für eine Bewertung hinsichtlich unternehmensstrategischer Aspekte können die Entscheidungskriterien nach Tabelle 3.1 herangezogen werden, soweit entsprechende Daten schon erfassbar sind. Die dort angegebene Gewichtung bringt zum Ausdruck, dass die Unternehmensziele Vorrang vor anderen Kriterien haben sollten. Oft lassen sich aber z. B. der Investitionsbedarf oder die Beschaffungsprobleme noch nicht beurteilen, sie bleiben dann zunächst noch unberücksichtigt. Ergänzend können auch hier die erarbeiteten Portfolios Anwendung finden; durch Eintragen der Produktideen in die bereits

Tabelle 3.1. Entscheidungskriterien für die Produktplanung

Kriterien	Gewichtung
Unternehmensziele: Ausreichender Deckungsbeitrag Hoher Umsatz Hohe Marktzusatzrate Hoher Marktanteil (Marktführer) Kurzfristige Marktchance Große Funktionsvorteile für Anwender und ausgezeichnete Qualität Differenzierung zum Wettbewerb	$\geq 50\%$
Unternehmensstärken: Hohes Know-how Gute Sortimentsergänzung und/oder Programmerweiterung (Diversifikation) Starke Marketingposition Geringer Investitionsbedarf Geringe Beschaffungsprobleme Günstige Rationalisierungsmöglichkeiten	$\geq 30\%$
Umfeld: Geringe Substitutionsgefahr Schwacher Wettbewerb Günstiger Patentstatus Geringe allgemeine Restriktionen	$\geq 20\%$

erarbeiteten Ist- oder Soll-Portfolios kann eine Aussage über die wichtigsten Größen der Markt- und Technologieattraktivität getroffen und überprüft werden, ob Produktideen oder -vorschläge eine sinnvolle Sortimentserweiterung darstellen.

Technisch-wirtschaftliche Bewertung
Soweit genügend auswertbare Daten vorliegen, können die Produktideen bzw. Produktvorschläge technisch-wirtschaftlichen Bewertungs- und Auswahlverfahren unterworfen werden, vgl. 3.3.1. Es genügt im Sinne der rationellen Anwendung von Auswahlverfahren oft, mit nur binären Wertungen (ja/nein) zu arbeiten, um aussichtsreiche Produktideen von anderen zu trennen.

Akzeptanztests
Je nach Ausarbeitungsgrad kann es zur Abschätzung der Marktakzeptanz sinnvoll sein, die Produktideen bzw. -vorschläge (reale oder virtuelle Mockups, Renderings, Produktbeschreibungen etc.) bei Workshops ausgewählten Kunden vorzustellen, etwa als Teil eines Innovationsworkshops oder einer Produktklinik, vgl. [85]. Zur Vorbereitung einer weiteren Ausarbeitung sind jetzt auch Einzelmethoden wie das QFD [16,50] oder die Conjoint-Analyse [19,85] anwendbar.

Marktforschung
Zur genaueren Untersuchung des Marktpotenzials und zur Vorbereitung einer verbindlichen Anforderungsliste können entsprechend aufbereitete und präsentierbare Produktideen oder -vorschläge dem Marketing für Marktforschungsaktivitäten übergeben werden.

5. Definieren von Produkten

In dem Auswahlverfahren günstig erscheinende Produktideen werden nun konkreter beschrieben und präzisiert. Dazu werden im Wesentlichen die Methoden des methodischen Konzipierens angewendet (vgl. 6 und Abb. 4.3). Hierbei ist es sehr nützlich, bereits die Merkmale von Anforderungslisten, wie sie bei der Produktentwicklung herangezogen werden, zu beachten. Verkauf, Marketing, Entwicklungslabors und Konstruktion sollten spätestens jetzt bei der Konkretisierung von Produktideen aktiv mitwirken. Das lässt sich erzwingen, wenn diese Bereiche zum Auswählen von Produktideen und Bewerten von definierten Produkten herangezogen werden.

Die sich ergebenden Produktvorschläge werden dann nach einem weiteren Bewertungs- und Auswahlschritt an die Umsetzungsplanung weitergegeben.

Ein Produktvorschlag soll

– eine Beschreibung der beabsichtigten Funktionen voranstellen, eine vorläufige Anforderungsliste enthalten, die so weit wie möglich nach den gleichen Merkmalen erarbeitet worden ist, wie sie später von der Produktentwicklung beim Klären der Aufgabe und Aufstellen der endgültigen Anforderungsliste benutzt werden,
– alle Anforderungen an das neue Produkt lösungsneutral formulieren. Das Wirkprinzip sollte nur so weit festgelegt, dann aber begründet werden, wie dies aus übergeordneter Sicht zwingend notwendig erscheint, z. B. als Sortimentsergänzung zu einem bestehenden Produkt oder weil das Wirkprinzip im Sinn einer Push-Innovation als Produkteigenschaft wesentlich ist. Anregungen oder Vorschläge zum Wirkprinzip sollen dagegen immer mitgeteilt werden, insbesondere dann, wenn bei der Produktideenfindung bereits geeignet erscheinende Lösungsprinzipien sichtbar geworden sind. Sie dürfen die Produktentwicklung aber nicht vorfixieren (vgl. auch lösungsneutrale Formulierung der Anforderungen),
– ein Kostenziel oder einen Kostenrahmen im Zusammenhang mit den Unternehmenszielen angeben, wobei die zukünftigen Absichten, z. B. hinsichtlich Stückzahlen, Sortimentsergänzung, neuem Abnehmerzweig usw., deutlich werden sollen.

6. Umsetzungsplanung und Entwicklungsauftrag

Die Umsetzung sämtlicher als verfolgungswürdig erkannter Produktvorschläge wird schließlich in einem übergreifenden Plan von der Unternehmensleitung festgelegt. Ein solcher Plan, auch als Innovation-Roadmap bezeichnet [19], ist dabei als dynamisches Planungswerkzeug zu verstehen, das vor allem im Rahmen einer institutionalisierten und kontinuierlichen Produktplanung einer ständigen Überarbeitung unterliegt. Der wesentliche Aspekt eines solchen Plans ist sein Planungshorizont; neben einer kurzfristigen Planung unmittelbar umzusetzender Produktvorschläge enthält dieser auch langfristige Entwicklungsziele und Maßnahmen, die nur mittelbar der Markteinführung geplanter Produkte dienen, wie Patentanalysen, Technologiemonitoring, Entwicklungskooperationen, Grundlagenforschung etc. Der Umsetzungsplan ist auch die Grundlage für ein Innovations-Controlling, das sich nicht nur auf den technischen Bereich (Forschung, Entwicklung und Konstruktion) sondern auch auf das Marketing und seine Maßnahmen (Durchführen von Marktstudien, Entwickeln von Markteinführungsstrategien etc.) bezieht.

Die Planung selbst erfolgt in der Regel rückwärts von angesetzten Markteintrittsterminen aus, die möglicherweise auf der Grundlage von erkannten „Markteintrittsfenstern" festgelegt werden, also Zeiträumen, in denen auf einem Markt eine passende Bedarfssituation vorliegt [1]. Da technische Mängel und Schwachstellen bei der Einführung neuer Produkte oft verheerende Wirkung für den Ruf solcher Produkte haben, gehören Zeit zur Erprobung und Einkalkulation einer Risikobegegnung (vgl. 7.5.12) mit zu einer sorgfältigen Umsetzungsplanung. Überschreitungen von angekündigten Markteinführungsterminen sind ebenso imageschädlich, weil sie technische Schwierigkeiten signalisieren.

Bei der Planung und Einführung neuer Produkte auch zum Zweck der Diversifikation ist ein Machtpromotor, z. B. ein Mitglied der Geschäftsleitung, hilfreich, der sich mit einem einzelnen Produktvorschlag identifiziert, um Desinteresse und konventionelle Widerstände gegebenenfalls besser zu überwinden [30].

Für die kurzfristigen Entwicklungsziele des Umsetzungsplans wird ein Entwicklungsauftrag erteilt, der hervorhebt, dass die Produktentwicklung und Konstruktion sowie die Produktplanung trotz teilweise identischer Methoden und Hilfsmittel zwei getrennte Vorgänge sind, die sich in zwei Punkten deutlich unterscheiden:

- Verbindlichkeit: Im Unterschied zur Entwicklung und Konstruktion ist bei der Planung das Arbeitsergebnis weder definiert noch ist abgesichert, dass überhaupt eines hervorgebracht wird,
- Aufwand: Mit dem technischen Entwurf und der Ausarbeitung sind die Zeit- und kostenintensivsten Arbeitsschritte der Produktentwicklung in der Produktplanung nicht enthalten.

7. Klären und Präzisieren

Der Arbeitsschritt des Klärens und Präzisierens der Aufgabenstellung, der in einer ausgearbeiteten Anforderungsliste resultiert, stellt zugleich den Abschluss der Planungsphase eines Produkts und den ersten Arbeitsschritt seiner Entwicklung dar. Er stellt die eigentliche Übergabe des Produktvorschlags bzw. der Konstruktionsaufgabe von der Produktplanung an die Entwicklung und Konstruktion als Folge des Entwicklungsauftrags dar. Die Erarbeitung der Anforderungsliste nach einer in der Produktentwicklung angewandten Methode sichert und erleichtert den nahtlosen Übergang von der Produktplanung zur weiteren Produktentwicklung, vgl. Kapitel 5.

3.2 Lösungssuche
Search for solution principles

Das konstruktionsmethodische Vorgehen ist deshalb besonders vorteilhaft, weil der Entwickler oder Konstrukteur nicht darauf angewiesen ist, im richtigen Augenblick einen Einfall für eine geeignete Lösung zu haben. Vielmehr werden diese, wie in den vorherigen Kapiteln bereits erläutert, systematisch mit Hilfe entsprechender Methoden erarbeitet. Das Vorgehen hierfür ist Gegenstand dieses Kapitels.

Eine optimale Lösung ist dabei durch folgende Eigenschaften gekennzeichnet:

– sie erfüllt alle Forderungen der Anforderungsliste sowie weitgehend auch alle Wünsche,
– sie kann unter den gegebenen Randbedingungen des Unternehmens realisiert werden, hierunter fallen z. B.: vorgegebene Kosten (Target Costing), Liefertermine, Fertigungsmöglichkeiten usw.

Um eine solche Lösung zu erreichen, ist ein mehrstufiges Vorgehen erforderlich.

Naturgemäß geht es zu allererst darum, ein Feld möglicher Lösungen für die gestellte Aufgabe zu erzeugen. Basis hierfür ist die in Abschn. 2.1.3 beschriebene Funktionsstruktur, mit deren Hilfe die Gesamtaufgabe in überschaubare Teilaufgaben aufgeteilt wird. Zusätzlich gibt die Funktionsstruktur die funktionalen Zusammenhänge der Teilaufgaben untereinander wieder. Dazu wird der Zusammenhang zwischen dem Ein- und Ausgang jeder Teilfunktion und damit für die Gesamtfunktion bzgl. des betrachteten Flusses (Stoff, Signal oder Energie) beschrieben.

Im zweiten Schritt werden dann jeder dieser lösungsneutralen Teilfunktionen ein oder mehrere physikalische Effekte zugeordnet, mit deren Hilfe sie realisiert werden kann. Dies geschieht nach den vorliegenden spezifischen Problemen. Beispielsweise muss zur Erzeugung einer bestimmten Kraft auch ein physikalischer Effekt mit entsprechendem Potenzial ausgewählt werden.

Das bisher beschriebene Vorgehen entspricht dem klassischen Vorgehen eines Ingenieurs. Damit wird bereits ein Lösungsfeld aufgespannt, weil sowohl bei der Aufstellung der Funktionsstruktur als auch bei der Auswahl der physikalischen Effekte Varianten erzeugt werden können.

Eine Erweiterung des Lösungsfelds ist möglich, wenn zum einen durch die angewandte Suchmethode neue mögliche Lösungen gefunden werden und zum anderen dann das erzeugte Lösungsfeld durch einen Wechsel zu einer anderen Suchmethode erweitert wird.

Häufig kann eine Teilfunktion nur durch Kombination mehrerer physikalischer Effekte realisiert werden. Auch deshalb ist es sinnvoll, die Methoden zur Lösungsfindung entsprechend zu erweitern. Die nachfolgend vorgestellten stammen u. a. aus dem Gebiet der Kreativitätstechnik mit den allgemeinen wiederkehrenden Methoden (vgl. 2.2.5) oder beruhen auf Analogiebetrachtungen. Sie führen letztlich zu einer Lösungsoptimierung unter Beachtung der aktuellen Randbedingungen für die Entwicklung und Konstruktion im Unternehmen.

Die vorgestellten Methoden sind im Wesentlichen für die Entwicklung und Konstruktion neuer Produkte gedacht. Sie sind aber auch sehr hilfreich, wenn es darum geht vorhandene Patente eines Wettbewerbers zu umgehen oder vorhandene Produkte, wenn auch nur in Teilbereichen, zu optimieren. In der industriellen Praxis müssen die vorgestellten Methoden der Problemsituation entsprechend ausgewählt, angepasst und angewendet werden.

3.2.1 Konventionelle Methoden und Hilfsmittel
Traditional methods and tools

1. Kollektionsverfahren

Wichtige Grundlage für den Konstrukteur sind Informationen über den Stand der Technik. In einem ersten Schritt bedient er sich im Allgemeinen sogenannter „Kollektionsverfahren" [55]. Darunter versteht man eine Sammlung und Auswertung von Informationen zum Stand der Technik. Bei den Kollektionsverfahren werden Informations- und Datenträger und entsprechende Verarbeitungssysteme genutzt, um eine aktive Lösungssuche oder passive Lösungsfindung zu fördern und die Ergebnisse zu sammeln und zu speichern. Die Techniken und Prozesse des Internets bieten heute die Möglichkeit, die klassischen Verfahren wie

– Literaturrecherche,
– Auswertung von Verbandsberichten,
– Auswertung von Messen und Ausstellungen,
– Auswertung der Kataloge von Konkurrenzprodukten,
– Patentrecherche usw.

sehr effizient und gezielt durchzuführen. Diese internetbasierten Prozeduren sind heute Stand der Technik an einem Ingenieurarbeitsplatz.

2. Analyse natürlicher Systeme

Das Studium von Formen, Strukturen, Organismen und Vorgängen unserer Natur sowie die Nutzung der in der Biologie gewonnenen Erkenntnisse können zu vielseitig anwendbaren und neuartigen technischen Lösungen führen. Die Zusammenhänge zwischen Biologie und Technik werden kontinuierlich weiter erforscht und unter den Begriffen „Bionik" oder „Biomechanik" behandelt. Für die schöpferische Phantasie des Konstrukteurs kann die Natur viele Anregungen geben [11, 41, 43, 46].

Die Übertragung von Lösungs- und Konstruktionsprinzipien natürlicher Systeme auf technische Gebilde sind z. B. Leichtbaustrukturen mit Schalen,

Waben, Rohren, Stäben und Geweben, strömungsgerechte Profile von Flugkörpern und Schiffen sowie Start- und Flugtechniken von Flugzeugen. Von großer Bedeutung sind Leichtbaustrukturen auf der Basis der Halmkonstruktion: Abb. 3.12. Eine technische Anwendung ist die Sandwich-Bauweise. Abbildung 3.13 zeigt hiervon abgeleitete Beispiele aus dem Flugzeugbau.

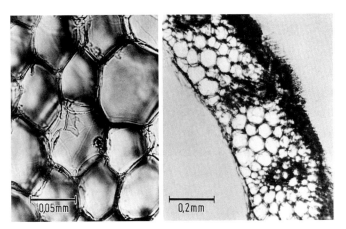

Abb. 3.12. Rohrwand eines Weizenhalms nach [41]

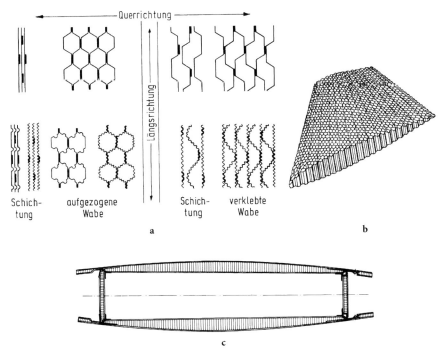

Abb. 3.13. Sandwich-Bauweise im Leichtbau nach [40]. **a** Einige Formen von Sandwichwaben; **b** fertige Sandwichwaben; **c** Sandwichkastenträger

124 3 Methoden zur Produktplanung, Lösungssuche und Beurteilung

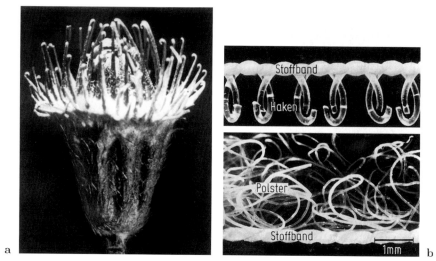

Abb. 3.14. a Haken einer Klettenfrucht nach [41]; b Kletten-Reißverschluss nach [41]

Die Stacheln einer Klettenfrucht sind Anregung für die Lösung von Verschlussaufgaben mit Hilfe eines davon abgeleiteten Kletten-Reißverschlusses (Abb. 3.14a und b). Abbildungen 3.15a–d zeigen weitere Beispiele zur Übertragung natürlicher Systeme auf technische Produkte.

Mit Faserverbundbauweisen lassen sich festigkeits- und/oder verformungsoptimierte Strukturen aufbauen, die vielfach denen der Natur entsprechen oder sie sogar übertreffen. Dazu werden die Fasern aus Kohle, Glas oder Kunststoff nach den Hauptspannungsrichtungen deckungsgleich ausgerichtet und in eine meist polymere Kunststoffmatrix aus Polyester-, Epoxid- oder andere Harze eingebettet. Diese Bauweise erfordert vorab eine eingehende Spannungsanalyse, eine darauf abgestimmte Wickel- bzw. Legetechnik für die Fasern und eine umfassende Kenntnis der Kunststofftechnologie zur Herstellung des Faser-Matrix-Verbundes. Die grundlegenden Zusammenhänge und Anregungen zum richtigen Gestalten von Faserverbundbauweisen mit zahlreichen Literaturhinweisen vermitteln Flemming u. a. in [23] (vgl. 9.4).

3. Analyse bekannter technischer Systeme

Die Analyse bekannter technischer Systeme gehört zu den wichtigsten Hilfsmitteln, mit denen man schrittweise und nachvollziehbar zu neuen oder verbesserten Varianten bekannter Lösungen kommt.

Eine solche Analyse besteht in einem gedanklichen oder sogar stofflichen Zerlegen ausgeführter Produkte. Sie kann als Strukturanalyse (vgl. 2.2.5, Abschn. 1) aufgefasst werden, die nach Zusammenhängen in logischer, physikalischer und gestalterischer Hinsicht sucht. Als Beispiel für eine solche Ana-

Abb. 3.15. a Palmenblätter (nach Lufthansa Bordbuch 2/96), b Alu-Koffer (nach Rimowa Kofferfabrik 10/01), c Verrohrungsgestänge im Flugzeug und d Bambusstange (nach Lufthansa Bordbuch 5/96)

lyse dient Abb. 6.10. Dort wurden aus der Baustruktur die Teilfunktionen ermittelt. Von diesen ausgehend lassen sich bei weiterer Analyse auch die beteiligten physikalischen Effekte erkennen, die ihrerseits Anregung zu neuen Lösungsprinzipien für entsprechende Teilfunktionen der zu lösenden Aufgabenstellung geben können. Ebenso ist es möglich, aus der Analyse gefundene Lösungsprinzipien als solche zu übernehmen.

Bekannte Systeme zum Zwecke der Analyse können sein:

– Produkte oder Verfahren des Wettbewerbs,
– ältere Produkte und Verfahren des eigenen Unternehmens,
– ähnliche Produkte oder Baugruppen, bei denen einige Teilfunktionen bzw. Teile ihrer Funktionsstrukturen mit denen übereinstimmen, für die Lösungen gesucht werden sollen.

Da man sinnvollerweise nur solche Systeme analysiert, die zu der neuen Aufgabe einen gewissen Bezug haben oder sie sogar bereits zum Teil erfüllen, kann man bei dieser Art der Informationsgewinnung auch von einer systematischen Nutzung von Bewährtem bzw. von Erfahrung sprechen. Sie dürfte vor allem nützlich sein, wenn es gilt, zunächst einen ersten Lösungsansatz als Ausgangspunkt für weitere gezielte Variationen zu finden. Zu diesem Vorgehen ist kritisch zu bemerken, dass man Gefahr läuft, bei bekannten Lösungen zu bleiben und neue Wege nicht zu beschreiten.

4. Analogiebetrachtungen

Zur Lösungssuche und zur Ermittlung von Systemeigenschaften ist die Übertragung eines vorliegenden Problems oder beabsichtigten Systems auf ein analoges nützlich. Hierbei wird das analoge System als Modell des beabsichtigten Systems zur weiteren Betrachtung verwendet. Analogien werden bei technischen Systemen z. B. durch Änderung der Energieart gewonnen [5,81]. Wichtig sind auch Analogiebetrachtungen zwischen technischen und nichttechnischen Systemen.

Neben der Anregung für die Lösungssuche bieten Analogien die Möglichkeit, durch Simulations- und Modelltechnik das Systemverhalten in einem frühen Entwicklungsstadium zu studieren, um daraus notwendige neue Teillösungen zu erkennen und/oder gegebenenfalls schon eine Optimierung einzuleiten.

Soll das analoge Modell auf Systeme mit bedeutend anderen Abmessungen und Zuständen übertragen werden, müssen Ähnlichkeitsbetrachtungen unterstützend vorgenommen werden (vgl. 10.1.1).

5. Messungen, Modellversuche

Messungen an ausgeführten Systemen, Modellversuche unter Ausnutzung der Ähnlichkeitsmechanik und sonstige experimentelle Untersuchungen gehören zu den wichtigsten Informationsquellen des Konstrukteurs. Besonders Rodenacker [75] betrachtet das Experiment als wichtiges Hilfsmittel und zwar aus der Erkenntnis heraus, dass die Konstruktion als Umkehrung des physikalischen Experiments aufgefasst werden kann.

Bei feinwerktechnischen, mikromechanischen und elektronischen Produkten und Geräten der Massenfertigung sind experimentelle Untersuchungen wichtig und auch üblich, um Lösungen zu finden. Die Bedeutung experimenteller Zwischenschritte drückt sich auch in organisatorischer Hinsicht aus, da für solche Produktentwicklungen oft das Labor und die Mustererstellung in den Konstruktionsprozess einbezogen ist (vgl. Abb. 1.3).

In ähnlicher Weise gehört auch das Testen und daraus folgende Ändern von Software-Lösungen zu dieser empirisch orientierten Methodengruppe und stellt ein notwendiges Vorgehen bei der Lösungsentwicklung dar.

3.2.2 Intuitiv betonte Methoden
Methods with an intuitive bias

Der Konstrukteur sucht und findet seine Lösungen zu schwierigen Problemen vielfach intuitiv, d. h. die Lösung ergibt sich ihm nach einer Such- und Überlegungsphase durch einen guten Einfall oder durch eine neue Idee, die mehr oder weniger ganzheitlich ins Bewusstsein fällt und deren Herkunft und Entstehung oft nicht hergeleitet werden kann. So wird Johan Galtung, Professor am internationalen Friedensforschungsinstitut in Oslo, zitiert. „The good idea is not discovered or undiscovered, it comes, it happens." Der Einfall wird dann weiterentwickelt, gewandelt und korrigiert solange bis die Lösung des Problems möglich ist.

Der Einfall ist fast immer im Unter- bzw. Vorbewusstsein aufgrund der Fachkenntnis, der Erfahrung und angesichts der bekannten Aufgabenstellung schon weitgehend auf Eignung untersucht und aus verschiedenen Möglichkeiten ausgesondert worden, so dass oft dann nur ein Anstoß durch eine Ideenverbindung genügt, um ihn ins Bewusstsein treten zu lassen. Dieser Anstoß kann auch eine scheinbar nicht im Zusammenhang stehende äußere Erscheinung oder eine dem Thema fernliegende Diskussion sein. Häufig trifft der Konstrukteur mit seinem Einfall ins Schwarze, und auf dieser Basis sind dann nur noch Abwandlungen und Anpassungen nötig, die zur endgültigen Lösung führen. Wenn der Prozess so abläuft und ein erfolgreiches Produkt entsteht, war dies ein optimales Vorgehen und auch für den Konstrukteur selbst sehr befriedigend. Sehr viele gute Lösungen sind so geboren und erfolgreich weiterentwickelt worden. Eine Konstruktionsmethode soll und darf einen solchen Prozess nicht unterbinden. Sie kann ihn aber unterstützen.

Für ein Unternehmen ist es unter Umständen gefährlich, sich allein auf die Intuition seiner Konstrukteure zu verlassen. Die Konstrukteure selbst sollten sich hinsichtlich ihrer Kreativität auch nicht allein auf den Zufall oder den mehr oder weniger seltenen Einfall verlassen. Die rein intuitive Arbeitsweise hat folgende Nachteile:

- Der richtige Einfall kommt nicht zur rechten Zeit, denn er kann nicht erzwungen werden.
- Wegen bestehender Konventionen und eigener fixierter Vorstellungen werden neue Wege nicht erkannt.
- Aufgrund mangelnder Informationen dringen neue Technologien oder Verfahren nicht in das Bewusstsein der Konstrukteure.

Diese Gefahren werden um so größer, je mehr die Spezialisierung fortschreitet, die Tätigkeit der Mitarbeiter einer stärkeren Aufgabenteilung unterliegt und der Zeitdruck zunimmt.

Mehrere Methoden haben zum Ziel, die Intuition zu fördern und durch Gedankenassoziationen neue Lösungswege anzuregen. Die einfachste und vielfach geübte Methode sind Gespräche und kritische Diskussionen mit Kollegen, aus denen Anregungen, Verbesserungen und neue Lösungen entstehen. Führt man eine solche Diskussion sehr straff und beachtet man dabei die allgemein anwendbaren Methoden des gezielten Fragens, der Negation und Neukonzeption, des Vorwärtsschreitens usw. (vgl. 2.2.5), so kann sie sehr wirksam und fördernd sein.

Intuitiv betonte Methoden wie Brainstorming, Synektik, Galeriemethode, Methode 635 u. a. nutzen gruppendynamische Effekte wie Anregungen durch unbefangene Äußerungen von Partnern mit Hilfe von Assoziationen.

Diese Vorgehensweisen waren zum größten Teil für nichttechnische Probleme vorgeschlagen worden. Sie sind auf jedem Gebiet anwendbar, um neue unkonventionelle Ideen zu erzeugen, und daher auch im konstruktiven Bereich einsetzbar.

1. Brainstorming

Brainstorming lässt sich am besten mit Gedankenblitz, Gedankensturm oder Ideenfluss bezeichnen, wobei gemeint ist, dass Denken sich zu einem Sturm, zu einer Flut von neuen Gedanken und Ideen freimachen soll. Die Vorschläge für dieses Vorgehen stammen von Osborn [68]. Sie beabsichtigen, die Voraussetzungen dafür zu schaffen, dass eine Gruppe von aufgeschlossenen Menschen, die aus möglichst vielen unterschiedlichen Erfahrungsbereichen stammen sollten, vorurteilslos Ideen produziert und sich von den geäußerten Gedanken wiederum zu weiteren neuen Vorschlägen anregen lässt [94]. Dieses Vorgehen macht vom unbefangenen Einfall Gebrauch und spekuliert weitgehend auf Assoziation, d. h. auf Erinnerung und auf Verknüpfung von Gedanken, die bisher noch nicht im vorliegenden besonderen Zusammenhang gesehen wurden oder einfach noch nicht bewusst geworden sind. Ein zweckmäßiges Vorgehen ist:

Zusammensetzung der Gruppe
– Eine Gruppe mit einem Leiter wird gebildet. Sie sollte mindestens 5, jedoch höchstens 15 Personen umfassen. Weniger als 5 Personen haben ein zu geringes Anschauungs- und Erfahrungsspektrum und geben damit zu wenig Anregungen. Bei mehr als 15 Personen ist eine intensive Mitwirkung fraglich, weil Passivität und Absonderung auftreten können.
– Die Gruppe muss nicht allein aus Fachleuten zusammengesetzt sein. Wichtig ist, dass möglichst viele unterschiedliche Fach- und Tätigkeitsbereiche vertreten sind, wobei durch Hinzuziehen von Nichttechnikern eine ausgezeichnete Bereicherung erzielt werden kann.
– Die Gruppe sollte nicht hierarchisch, sondern möglichst aus Gleichgestellten zusammengesetzt sein, damit Hemmungen in der Gedankenäußerung, die möglicherweise durch Rücksicht auf Vorgesetzte oder auf unterstellte Mitarbeiter entstehen können, entfallen.

Leitung der Gruppe
– Der Leiter der Gruppe sollte nur im organisatorischen Teil (Einladung, Zusammensetzung, Dauer und Auswertung) initiativ wirken. Vor Beginn

des eigentlichen Brainstorming muss er das Problem schildern und bei der Sitzung für das Einhalten der Spielregeln, vor allen Dingen für eine aufgelockerte Atmosphäre sorgen. Dies kann er erzielen, indem er selbst am Anfang einige absurd erscheinende Ideen vorbringt. Auch ein Beispiel aus anderen Brainstorming-Sitzungen kann geeignet sein. Er darf keine Lenkungsrolle in der Ideenfindung übernehmen. Dagegen kann er Anstoß zu neuen Ideen geben, wenn die Produktivität der Gruppe nachlässt. Der Gruppenleiter verhindert Kritik am Vorgebrachten. Er bestimmt ein oder zwei Protokollführer.

Durchführung

– Alle Beteiligten müssen in der Gedankenäußerung ihre Hemmungen überwinden, d. h., nichts sollte bei einem selbst oder in der Gruppe als absurd, als falsch, als blamabel, als dumm oder als schon bekannt angesehen werden.
– Niemand darf am Vorgebrachten Kritik üben, und jeder muss sich sog. „Killerphrasen" enthalten, wie „Ist alles schon dagewesen!", „Haben wir noch nie gemacht!", „Geht niemals!", „Gehört doch nicht hierher!" usw.
– Die vorgebrachten Ideen werden von den anderen Teilnehmern aufgegriffen, abgewandelt und weiterentwickelt. Ferner können und sollen mehrere Ideen kombiniert und als neuer Vorschlag vorgebracht werden.
– Alle Ideen oder Gedanken werden aufgeschrieben, skizziert oder auf ein Tonband aufgenommen.
– Die Vorschläge sollten soweit konkretisiert sein, dass eine Lösungsidee bezogen auf das vorliegende Problem erkennbar wird.
– Zunächst wird die Realisationsmöglichkeit der Vorschläge nicht beachtet.
– Die Sitzung soll im Allgemeinen nicht viel länger als eine halbe bis dreiviertel Stunde dauern. Längere Zeiten bringen erfahrungsgemäß nichts Neues und führen zu unnötigen Wiederholungen. Es ist besser, später mit einem neuen Informationsstand oder anderer personeller Zusammensetzung einen neuen Anlauf zu versuchen.

Auswertung

– Die Ergebnisse werden von den zuständigen Fachleuten gesichtet, auf lösungsträchtige Merkmale hin analysiert, wenn möglich in eine systematische Ordnung gebracht und auf Brauchbarkeit hinsichtlich einer möglichen Realisierung untersucht. Auch sollen aus den Vorschlägen neue mögliche Ideen entwickelt werden.
– Das gewonnene Ergebnis sollte mit der Gruppe nochmals diskutiert werden, damit etwaige Missverständnisse oder einseitige Auslegung vermieden werden. Auch könnten bei dieser Gelegenheit nochmals neue, weiterführende Gedanken entwickelt werden.

Vorteilhafterweise macht man vom Brainstorming Gebrauch [70], wenn

- noch kein realisierbares Lösungsprinzip vorliegt,
- das physikalische Geschehen einer möglichen Lösung noch nicht erkennbar ist,
- das Gefühl vorherrscht, mit bekannten Vorschlägen nicht weiterzukommen oder
- eine völlige Trennung vom Konventionellen angestrebt wird.

Dieses Vorgehen ist auch dann zweckmäßig, wenn es sich um die Bewältigung von Teilproblemen innerhalb bekannter oder bestehender Systeme handelt. Das Brainstorming hat außerdem einen nützlichen Nebeneffekt. Alle Beteiligten erhalten indirekt neue Informationen, wenigstens aber Anregungen über mögliche Verfahren, Anwendungen, Werkstoffe, Kombinationen usw., weil der vielseitig zusammengesetzte Kreis über ein sehr breites Spektrum verfügt (z. B. Konstrukteur, Montageingenieur, Fertigungsingenieur, Werkstoff-Fachmann, Einkäufer usw.). Man ist überrascht, wie groß die Vielfalt und Breite von Ideen ist, die ein solcher Kreis produzieren kann. Der Konstrukteur wird sich aber auch bei anderer Gelegenheit an die in einer Sitzung geäußerten Ideen erinnern. Sie gibt neue Impulse, weckt Interesse an Entwicklungen und stellt eine Abwechslung in der Routine dar.

Kritisch ist zu bemerken, dass man von einer Brainstorming-Sitzung keine großen Überraschungen oder Wunder erwarten darf. Die meisten Vorschläge sind technisch oder wirtschaftlich nicht realisierbar oder den Fachleuten bekannt. Das Brainstorming soll in erster Linie Anstoß zu neuen Ideen geben, kann aber keine fertigen Lösungen produzieren, weil die Probleme meistens zu komplex und zu schwierig sind, als dass sie durch spontane Ideen allein lösbar wären. Wenn aber aus den Äußerungen ein bis zwei brauchbare neue Gedanken entspringen, die es wert sind, weiter verfolgt zu werden, oder wenn es gelingt, eine Vorklärung möglicher Lösungsrichtungen zu entwickeln, ist viel gewonnen.

Ein Beispiel für ein Brainstorming-Ergebnis ist in 6.6 zu finden. Dort ist auch erkennbar, wie die Vorschläge ausgewertet und aus ihnen „ordnende Gesichtspunkte" für die weitere Lösungssuche gewonnen wurden.

2. Methode 635

Von Rohrbach [76] wurde das Brainstorming zur Methode 635 weiterentwickelt: Nach Bekanntgabe der Aufgabe und ihrer sorgfältigen Analyse werden die Teilnehmer aufgefordert, jeweils drei Lösungsansätze zu Papier zu bringen und stichwortartig zu erläutern. Nach einiger Zeit gibt man diese Unterlage an seinen Nachbarn weiter, der wiederum nach Durchlesen der vom Vorgänger gemachten Vorschläge drei weitere Lösungen, gegebenenfalls in einer Weiterentwicklung hinzufügt. Bei 6 Teilnehmern wird dies solange fortgesetzt, bis alle 3 Lösungsansätze von den jeweils 5 anderen Teilnehmern ergänzt oder assoziativ weiterentwickelt wurden. Daher auch die Bezeichnung Methode 635.

Gegenüber dem zuvor beschriebenen Brainstorming ergeben sich folgende Vorteile:

- Eine tragende Idee wird systematischer ergänzt und weiterentwickelt.
- Es ist möglich, den Entwicklungsvorgang zu verfolgen und den Urheber des zum Erfolg führenden Lösungsprinzips annähernd zu ermitteln, was aus rechtlichen Gründen von Bedeutung sein kann.
- Die Problematik der Gruppenleitung entfällt weitgehend.

Als nachteilig kann sich:

- eine geringere Kreativität des Einzelnen durch Isolierung und mangelnde Stimulierung einstellen, weil die Aktivität der Gruppe nicht unmittelbaren Ausdruck findet.

3. Galeriemethode

Die Galeriemethode nach Hellfritz [37] verbindet Einzelarbeit mit Gruppenarbeit und eignet sich besonders bei Gestaltungsproblemen, weil bei ihr die Lösungsvorschläge in Form von Skizzen sehr gut präsentiert werden können. Voraussetzungen und Gruppenbildung entsprechen den Regeln des Brainstorming. Die Methode wird nach folgenden Einzelphasen angewandt:

Einführungsphase, bei der das Problem durch den Gruppenleiter dargestellt und durch Erläuterungen erklärt wird.

Ideenbildungsphase I. Es erfolgt zunächst durch die einzelnen Gruppenmitglieder für sich eine intuitive und vorurteillose Lösungssuche mit Hilfe von Skizzen und gegebenenfalls zweckmäßigen verbalen Erläuterungen während etwa 15 min.

Assoziationsphase. Die bisherigen Ergebnisse der Ideenbildungsphase I werden zunächst in einer Art Galerie aufgehängt, damit alle Gruppenmitglieder diese visuell erfassen und diskutieren können. Das Ziel dieser etwa 15-minütigen Assoziationsphase ist es, durch Negation und Neukonzeption neue Ideen zu gewinnen und ergänzende oder verbessernde Vorschläge zu erkennen.

Ideenbildungsphase II. Die aus der Assoziationsphase gewonnenen Einfälle oder Erkenntnisse werden nun von den einzelnen Gruppenmitgliedern festgehalten und/oder weiterentwickelt.

Selektionsphase. Alle entstandenen Ideen werden gesichtet, geordnet und auch gegebenenfalls noch vervollständigt. Erfolgsversprechende Lösungsansätze werden sodann ausgewählt (vgl. 3.3.1). Auch können lösungsträchtige Merkmale für ein späteres diskursives Vorgehen (vgl. 3.2.4) durch Analyse gewonnen werden.

Die Galeriemethode zeichnet sich vor allem durch folgende Vorteile aus:

- intuitives Arbeiten in der Gruppe ohne ausufernde Diskussion,

– wirksame Vermittlung mit Hilfe von Skizzen besonders bei Gestaltungsfragen,
– individuelle Leistung bleibt erkennbar,
– gut auswertbare, dokumentierbare Unterlagen.

4. Delphi-Methode

Bei dieser Methode werden Fachleute, von denen man eine besondere Kenntnis der Zusammenhänge erwartet, schriftlich befragt und um eine entsprechende schriftliche Äußerung gebeten [12]. Die Befragung läuft nach folgendem Schema ab:

1. Runde:
   Welche Lösungsansätze zur Bewältigung des angegebenen Problems sehen Sie? Geben Sie spontan Lösungsansätze an!
2. Runde:
   Sie erhalten eine Liste von verschiedenen Lösungsansätzen zu dem angegebenen Problem! Bitte gehen Sie diese Liste durch und nennen Sie dann weitere Vorschläge, die Ihnen neu einfallen oder durch die Liste angeregt wurden.
3. Runde:
   Sie erhalten die Endauswertung der beiden Ideenerfragungsrunden. Bitte gehen Sie diese Liste durch und schreiben Sie die Vorschläge nieder, die Sie im Hinblick auf eine Realisierung für die besten halten.

Dieses aufwendige Vorgehen muss sorgfältig geplant werden und wird im Allgemeinen auf generelle Fragen, die mehr grundsätzliche und unternehmenspolitische Aspekte haben, beschränkt bleiben. Im technisch-konstruktiven Bereich kann die Delphi-Methode eigentlich nur bei sehr langfristigen Entwicklungen in der Grundsatzdiskussion Bedeutung erlangen.

5. Synektik

Der Name Synektik ist ein aus dem Griechischen abgeleitetes Kunstwort und bedeutet Zusammenfügen verschiedener und scheinbar voneinander unabhängiger Begriffe. Synektik ist ein dem Brainstorming verwandtes Verfahren mit dem Unterschied, dass die Absicht besteht, sich durch Analogien aus dem nichttechnischen oder dem halbtechnischen Bereich anregen und leiten zu lassen.

Vorgeschlagen wurde diese Methode von Gordon [34]. Sie ist im Vorgehen systematischer als das willkürliche Sammeln von Ideen beim Brainstorming. Bezüglich der Unbefangenheit sowie Vermeidung von Hemmungen und Kritik gilt dasselbe wie bereits beim Brainstorming dargelegt.

Der Leiter der Gruppe hat hier eine zusätzliche Aufgabe. Er versucht anhand der geäußerten Analogien den Gedankenfluss entsprechend dem nachstehenden Schema weiterzuführen. Die Gruppe sollte nur bis zu sieben Teilnehmer umfassen, damit ein Zerfließen der Gedankengänge vermieden wird.

Man hält sich dabei an folgende Schritte:

- Darlegen des Problems,
- Vertraut machen mit dem Problem (Analyse),
- Verstehen des Problems, es ist damit jedem vertraut,
- Verfremden des Vertrauten, d. h. Analogien und Vergleiche aus anderen Lebensbereichen anstellen,
- Analysieren der geäußerten Analogie,
- Vergleichen zwischen Analogie und bestehendem Problem,
- Entwickeln einer neuen Idee aus diesem Vergleich,
- Entwickeln einer möglichen Lösung.

Unter Umständen beginnt man wieder mit einer anderen Analogie, wenn das Ergebnis unbefriedigend ist.

Ein Beispiel soll das Finden von Lösungen mit Hilfe von Analogien und die schrittweise Weiterentwicklung zu einem Vorschlag zeigen. In einem Seminar zur Suche nach Möglichkeiten zur Entfernung von Harnleitersteinen aus dem menschlichen Körper wurden mechanische Vorrichtungen diskutiert, mit denen der Harnleiterstein umfasst dann festgespannt und herausgezogen werden sollte. Die Vorrichtung hätte dazu im Harnleiter aufgespannt und geöffnet werden müssen. Das Stichwort „Spannen" bzw. „Aufspannen" regte einen der Teilnehmer an, nach Analogien zu suchen, was gespannt werden kann: Abb. 3.16.

Assoziation. Regenschirm a. Frage: Wie kann man das Regenschirmprinzip nutzen? – Stein durchbohren, Schirm durchstecken, aufspannen b. Technisch schlecht realisierbar – Schlauch durchstecken und aufblasen am dünneren Ende c. Loch bohren irreal – Schlauch vorbeischieben d. Stein beim Rückzug vorn, ergibt Widerstand und möglicherweise Zerstören des Harnleiters – zweiten Ballon vorschalten als Wegbereiter e. Stein zwischen beiden Ballons in ein Gel einbetten und herausziehen f.

Dieses Beispiel zeigt die Assoziation zu einer halbtechnischen Analogie (Regenschirm), von der aus die Lösung angesichts der bestehenden speziellen

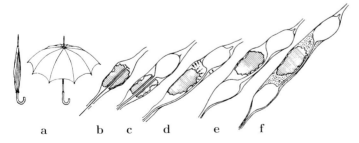

Abb. 3.16. a–f Schrittweise Entwicklung eines Lösungsprinzips zur Entfernung von Harnleitersteinen durch Bilden einer Analogie und schrittweiser Verbesserung (nach Handskizzen), Bezeichnungen vgl. Text

Bedingungen weiterentwickelt wurde. (Die gezeigte Lösung ist nicht die vorgeschlagene Endlösung des zitierten Seminars, sondern nur ein Beispiel für beobachtetes Vorgehen.)

Kennzeichnend ist die unbefangene Vorgehensweise unter Benutzung einer Analogie, die bei technischen Problemen zweckmäßigerweise aus dem nichttechnischen oder halbtechnischen Bereich und bei nichttechnischen Problemen umgekehrt aus dem technischen Bereich gewählt wird. Die Analogiebildung wird im ersten Anlauf meist spontan geschehen, bei Weiterverfolgung und Analyse von bestehenden Vorschlägen ergeben sich diese dann meist stärker schrittweise und systematisch abgeleitet.

6. Kombinierte Anwendung

Ein strenges Vorgehen nur nach der einen oder anderen Methode stellt sich oft nicht ein. Erfahrungen zeigen, dass

– beim Brainstorming der Gruppenleiter oder eine andere Person bei Nachlassen der Produktivität der Ideen durch ein teilweise synektisches Vorgehen – Ableitung von Analogien, systematisches Suchen nach dem Gegenteil oder nach der Vervollständigung – eine neue Ideenflut entfachen kann,
– eine neue Idee oder eine Analogie die Denkrichtung und Vorstellung der Gruppe stark ändert,
– eine Zusammenfassung des bisher Erkannten auch wiederum zu neuen Ideen führt,
– die bewusste Anwendung der Methode der Negation und Neukonzeption und des Vorwärtsschreitens (vgl. 2.2.5) die Ideenvielfalt anzureichern und weiterzuführen vermag.

In dem zitierten Seminar ergab der geäußerte Gedanke „Stein zerstören" neue Vorschläge wie: Bohren, Zerschlagen, Hämmern, Ultraschallanwendung. Bei Nachlassen der Ideenproduktivität stellte dann der Gruppenleiter die Frage: „Wie zerstört die Natur?", was sofort neue Vorschläge hervorrief. Verwittern, Hitze- und Kälteeinfluss, Vermodern, Verfaulen, Bakterien, Sprengen mit Hilfe von Eis, chemisch auflösen. Eine Zusammenfassung der zwei Prinzipien: „Stein umfassen" und „Stein zerstören" provozierte die Frage: „Was könnte noch fehlen?" Hierauf folgte der Vorschlag: „Stein nicht umfassen, sondern nur berühren", was wiederum zu neuen Ideen führte: Ansaugen, Ankleben, Kraftangriffspunkt erzeugen.

Die angeführten Methoden sind gegebenenfalls in Kombination so anzuwenden, wie sie sich nach den jeweiligen Umständen zwanglos anbieten und sich am besten nutzen lassen. Pragmatische Handhabung sichert den größten Erfolg.

3.2.3 Theorie des erfinderischen Problemlösens TRIZ
Theory of Inventive Problem Solving TIPS

Die Theorie des erfinderischen Problemlösens (*TRIZ*, von russisch: Teorija Rezhenija Jzobretatelskich Zadach) wurde seit 1945 von Genrich Altschuller entwickelt und befasst sich mit der methodischen Entwicklung innovativer Ideen und Produkte [48]. Der Schwerpunkt der TRIZ liegt in der frühen Produktentwicklungsphase, in der nach einem neuen, innovativen Produkt gesucht wird. Hierbei wird sie für die Entwicklung allgemeiner technischer Systeme angewendet, insbesondere für die Entwicklung von Produkten und verfahrenstechnischen Prozessen.

Hauptmerkmal der Problemlösung mit der TRIZ ist das Formulieren, Verstärken und Überwinden technischer und physikalischer Widersprüche in technischen Systemen. Im Gegensatz zu den gebräuchlichen Varianten des „Versuch-und-Irrtum"- Lösungsverfahrens, wie z. B. Brainstorming, berücksichtigt die TRIZ empirisch ermittelte Entwicklungsgesetze technischer Systeme und ermöglicht daher eine gezielte Suche nach Problemlösungen. Grundlage für diese Entwicklungsgesetze bildete die Analyse von Patenten.

Altschuller bearbeitete während seines Militärdienstes Patente und half bei der Anfertigung der Patentschriften. Da er der Überzeugung war, dass sich der Erfindungsprozess strukturieren und systematisieren ließe, begann Altschuller mit der Untersuchung von ca. 200.000 Patenten. Dabei kam er zu den folgenden Erkenntnissen, auf deren Grundlage Altschuller die Methoden und Werkzeuge der TRIZ entwickelte:

– Abstrahierte Problemstellungen und deren Lösungen wiederholen sich in verschiedenen Wissenschaftszweigen und industriellen Anwendungsfällen.
– Die Evolution technischer Systeme verläuft immer nach ähnlichen Mustern.
– Jeder Erfindung liegt ein technischer oder physikalischer Widerspruch zugrunde, der überwunden wurde.

1. Einordnung der TRIZ in die Allgemeine Konstruktionsmethodik

Die Theorie des erfinderischen Problemlösens TRIZ legt ihren Schwerpunkt auf die frühen Phasen der Produktentwicklung, dem Planen und Klären der Aufgabe sowie dem Konzipieren (vgl. 4.2). Hierfür stellt sie Methoden und Werkzeuge bereit, die es ermöglichen, aus konventionellen Denkbahnen auszubrechen, um damit unkonventionelle, innovative Lösungen für Probleme zu generieren. Die TRIZ findet sich somit in dem Rahmenkonzept der Allgemeinen Konstruktionsmethodik wieder und ergänzt diese besonders um die Aspekte der *widerspruchsorientierten Problemlösung* und die Nutzung von Wissensspeichern, die aus umfangreichen Patentanalysen gewonnen wurden.

2. Methoden und Werkzeuge der TRIZ

Die Methoden und Werkzeuge der TRIZ werden in die Kategorien Systematik, Wissen, Analogie und Vision unterteilt [38]. Abb. 3.17 zeigt diese vier grundlegenden Bereiche und die ihnen zugeordneten Methoden.

Der Bereich der Systematik enthält Methoden zur vollständigen Beschreibung der Aufgabenstellung und Werkzeuge zur Analyse und Synthese von

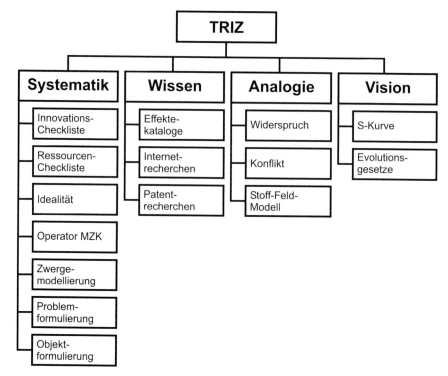

Abb. 3.17. Die vier Säulen der TRIZ [38]

Problemen und deren Lösungen. Der Wissensbereich betrachtet Effektkataloge und die Möglichkeiten der Internet- und Patentrecherche. Im Bereich der Analogie sind sowohl der Konflikt als auch der Widerspruch zwischen zwei physikalischen Parametern beheimatet. Die Überwindung dieser Probleme mit Hilfe der sog. Widerspruchsmatrix führen zu einer innovativen Lösung. Der Bereich der Vision betrachtet die Entwicklung einer Technologie und gibt anhand von Evolutionsgesetzen für technische Systeme Hinweise, wie diese sich weiterentwickeln wird.

Um die Anwendung der TRIZ zu erleichtern und zu strukturieren, wurde der so genannte Algorithmus des erfinderischen Problemlösens (*ARIZ*) geschaffen. Dieser Algorithmus ordnet die Methoden und Werkzeuge der TRIZ und bietet somit eine Handlungsanweisung zur erfinderischen Problemlösung. Aufgrund der Vielzahl an technischen Problemen haben sich zahlreiche unterschiedliche Versionen des ARIZ herausgebildet, auf deren Darstellung an dieser Stelle verzichtet werden soll. Für eine genauere Betrachtung des ARIZ sei die einschlägige Literatur empfohlen [2, 38, 48, 67].

Systematik

Die *Innovationscheckliste* dient der systematischen Analyse eines Problems. Sie soll es ermöglichen, alle wesentlichen Informationen über eine Aufgabe

1	Informationen über das zu verbessernde System und dessen Umfeld
	1.1 Systembezeichnung
	1.2 Primäre Nützliche Funktion des Systems (Zweck bzw. Hauptfunktion)
2	Derzeitige Systemstruktur
3	Arbeitsweise des Systems
4	System-Umfeld
	4.1 Gleichberechtigte Systeme:
	4.1.1 interagieren mit dem System (positiv, negativ)
	4.1.2 könnten möglicherweise interagieren
	4.2 Obersystem und natürliche Umgebung
5	Verfügbare Ressourcen
6	Detailinformationen zum Problem
	6.1 Angestrebte Verbesserung
	6.2 Wünschenswerte Systemstruktur
	oder
	6.3 Zu eliminierender Nachteil (Primär Schädliche Funktion)
	6.4 Wirkweise des Nachteils
	6.5 Entwicklungsgeschichte von Problem und Lösungsversuchen
	6.6 Alternativ zu lösende Probleme
7	Grenzen der Systemänderung
8	Analoge Lösungsansätze
9	Auswahlkriterien für Lösungskonzepte

Abb. 3.18. Innovationscheckliste nach [38]

zu sammeln und durch gezielte Fragestellungen ein klares Verständnis für die Aufgabe zu gewinnen. Hierbei wird eine präzise Beschreibung des betreffenden Systems, dessen Umfeld, der angestrebten Ziele und der hinter dem Problem steckenden Historie angestrebt. Die Fragestellungen der Innovationscheckliste sind in Abb. 3.18 aufgeführt. Ein weiteres Hilfsmittel zur Analyse des Problems ist das *9-Felder-Modell*, welches in 5.2.4 näher beschrieben wird.

Die *Ressourcencheckliste* dient dazu, alle für die Lösungsfindung zur Verfügung stehenden Ressourcen aufzudecken. Ressourcen können Stoffe, Felder, Zeit u. a. sein. Ziel ist es, diese Ressourcen zur Lösungsfindung zu nutzen und nicht neue Objekte in den Entwicklungsprozess einzubringen. Hiermit wird auch die Verwirklichung der Idealität des Produkts angestrebt.

Die *Idealität* soll den Blick auf die ideale, perfekte Lösung des Problems lenken. Nach Altschuller ist die *ideale Maschine* eine solche, die ohne zu existieren ihre Funktion erfüllt [2]. Als praktische Umsetzung der Idealität wird versucht, „schädliche" und Hilfsfunktionen zugunsten der Hauptfunktion zu beseitigen.

Als psychologische Hilfstechniken zur Überwindung von *Denkbarrieren* stellt die TRIZ Methoden bereit, wie den *Operator MZK* (Maß-Zeit-Kosten, auch GZK: Größe-Zeit-Kosten) oder das Modellieren mit „kleinen Männchen", auch *Zwergemodellierung* genannt. Beim Operator MZK werden die Parameter der Maße, der Zeit und der Kosten bei einem absoluten Minimum und einem absoluten Maximum betrachtet. Ziel ist es, heraus zu finden, wie sich das technische System unter diesen Extremen verhält und welche Schlüsse daraus für die Lösungsfindung gezogen werden können. Bei der Zwergemodellierung wird das technische System aufgelöst und durch eine Vielzahl „kleiner Männchen" ersetzt, die die Aufgabe zu erfüllen haben. Auch hier geht es darum, neue Lösungsansätze zu generieren.

Die *Problemformulierung* entspricht einer Funktionsstruktur, wobei diese nicht flussorientiert ist wie in der Konstruktionsmethodik (vgl. 2.1.2). Aufbauend auf der Innovationscheckliste dient sie der weiteren Analyse und Präzisierung des Problems. Die Problemformulierung wird mit der *Primär Nützlichen Funktion (PNF)*, vgl. Zweck bzw. Hauptfunktion, und der *Primär Schädlichen Funktion (PSF)* begonnen. Die PNF drückt den Zweck des technischen Systems aus, dem die PSF entgegensteht. Durch die sukzessive Erweiterung zu einem Ursache-Wirkung-Diagramm wird versucht zu klären, wie die PSF auf die PNF einwirkt. Daraus können dann Ansätze zur Lösung des Problems abgeleitet werden, z. B. mit Hilfe der Widerspruchsmatrix.

Die *Objektformulierung* betrachtet die bestehenden Teile eines technischen Systems und dient der Visualisierung aller Wirkungen eines Teils auf die anderen. Gehen von einem Teil besonders viele negative Wirkungen aus, kann geprüft werden, ob dieses Teil nicht modifiziert oder entfernt werden kann. Diese Vorgehensweise, auch „Trimming" genannt, soll ein bestehendes System hinsichtlich seiner Funktionen und Kosten optimieren.

Wissen

Neben den methodischen Werkzeugen des Bereichs Systematik beinhaltet die TRIZ *Effektkataloge* für physikalische, chemische und geometrische Effekte. Aufgrund des Umfangs der Datenbanken sind diese meist in kommerzieller Software zur Anwendung der TRIZ enthalten. Innerhalb der TRIZ werden insbesondere die *Internet- und Patentrecherche* als Informationsquellen herausgestellt. Es wird davon ausgegangen, dass für die meisten Probleme bereits Lösungen erarbeitet wurden. Statt mit hohem Ressourcenaufwand eigene Lösungen zu entwickeln, können diese Lösungen genutzt werden. In der Patentliteratur finden sich Herb zufolge über 90 % an ungeschützten Patenten, weil sie nicht rechtbeständig sind, zurückgezogen wurden oder deren Schutz abgelaufen ist [38].

Analogie

Den Kern der TRIZ stellen die 40 *Innovative Grundprinzipien (IGP)* zum Überwinden technischer Widersprüche dar. Altschuller fand bei seinen Patentrecherchen 39 Parameter, die ein technisches System und somit dessen Widersprüche beschreiben können (Abb. 3.19). Ein technischer Widerspruch wird durch einen zu verbessernden Parameter beschrieben und einen Parameter, der sich gleichzeitig verschlechtert.

Zur Überwindung von technischen Widersprüchen können die 40 Innovativen Grundprinzipien verwendet werden (Abb. 3.20). Aufgrund seiner empirischen Untersuchungen konnte Altschuller eine Matrix aufstellen, die den

3.2 Lösungssuche

1. Masse/Gewicht eines beweglichen Objektes
2. Masse/Gewicht eines unbeweglichen Objektes
3. Länge eines beweglichen Objektes
4. Länge eines unbeweglichen Objektes
5. Fläche eines beweglichen Objektes
6. Fläche eines unbeweglichen Objektes
7. Volumen eines beweglichen Objektes
8. Volumen eines unbeweglichen Objektes
9. Geschwindigkeit
10. Kraft
11. Spannung oder Druck
12. Form
13. Stabilität der Zusammensetzung des Objektes
14. Festigkeit
15. Haltbarkeit eines beweglichen Objektes
16. Haltbarkeit eines unbeweglichen Objektes
17. Temperatur
18. Helligkeit
19. Energieverbrauch eines beweglichen Objektes
20. Energieverbrauch eines unbeweglichen Objektes
21. Leistung, Kapazität
22. Energieverluste
23. Materialverluste
24. Informationsverlust
25. Zeitverlust
26. Materialmenge
27. Zuverlässigkeit (Sicherheit)
28. Messgenauigkeit
29. Fertigungsgenauigkeit
30. Äußere negative Einflüsse auf das Objekt
31. Negative Nebeneffekte des Objektes
32. Fertigungsfreundlichkeit
33. Bedienkomfort
34. Reparaturfreundlichkeit
35. Anpassungsfähigkeit
36. Kompliziertheit der Struktur
37. Komplexität in der Kontrolle der Steuerung
38. Automatisierungsgrad
39. Produktivität (Funktionalität)

Abb. 3.19. Technische Parameter nach [2]

IGP 1. Prinzip der Zerlegung bzw. Segmentierung
IGP 2. Prinzip der Abtrennung
IGP 3. Prinzip der örtlichen Qualität
IGP 4. Prinzip der Asymmetrie
IGP 5. Prinzip der Kopplung
IGP 6. Prinzip der Universalität
IGP 7. Prinzip der "Steckpuppe" (Matrjoschka)
IGP 8. Prinzip der Gegenmasse
IGP 9. Prinzip der vorgezogenen Gegenwirkung
IGP 10. Prinzip der vorgezogenen Wirkung
IGP 11. Prinzip des "vorher untergelegten Kissens" (Prävention)
IGP 12. Prinzip des Äquipotenzials
IGP 13. Prinzip der Funktionsumkehr
IGP 14. Prinzip der Kugelähnlichkeit
IGP 15. Prinzip der Dynamisierung
IGP 16. Prinzip der partiellen oder überschüssigen Wirkung
IGP 17. Prinzip des Übergangs zu höheren Dimensionen
IGP 18. Prinzip der Ausnutzung mechanischer Schwingungen
IGP 19. Prinzip der periodischen Wirkung
IGP 20. Prinzip der Kontinuität der Wirkprozesse
IGP 21. Prinzip des Durcheilens
IGP 22. Prinzip der Umwandlung von Schädlichem in Nützliches
IGP 23. Prinzip der Rückkopplung
IGP 24. Prinzip des "Vermittlers"
IGP 25. Prinzip der Selbstbedienung
IGP 26. Prinzip des Kopierens
IGP 27. Prinzip der billigen Kurzlebigkeit anstelle teurer Langlebigkeit
IGP 28. Prinzip des Ersatzes mechanischer Wirkprinzipien
IGP 29. Prinzip der Anwendung von Pneumo- und Hydrokonstruktionen
IGP 30. Prinzip der Anwendung biegsamer Hüllen und dünner Folien
IGP 31. Prinzip der Verwendung poröser Werkstoffe
IGP 32. Prinzip der Farbveränderung
IGP 33. Prinzip der Gleichartigkeit bzw. Homogenität
IGP 34. Prinzip der Beseitigung und Regenerierung von Teilen
IGP 35. Prinzip der Veränderung des Aggregatzustandes
IGP 36. Prinzip der Anwendung von Phasenübergängen
IGP 37. Prinzip der Anwendung von Wärmedehnung
IGP 38. Prinzip der Anwendung starker Oxidationsmittel
IGP 39. Prinzip der Verwendung eines inerten Mediums
IGP 40. Prinzip der Anwendung zusammengesetzter Stoffe

Abb. 3.20. Innovative Grundprinzipien (IGP) nach [2]

140   3 Methoden zur Produktplanung, Lösungssuche und Beurteilung

zu verbessernder Parameter ↓ \ sich verschlechternder Parameter →	1. Masse des beweglichen Objekts	2. Masse des unbeweglichen Objekts	...
1. Masse des beweglichen Objekts	**Physikalischer Widerspruch**		...
2. Masse des unbeweglichen Objekts		**Physikalischer Widerspruch**	...
...	...	...	**Physikalischer Widerspruch**
7. Volumen des beweglichen Objekts	IGPs 2, 26, 29, 40		...
8. Volumen des unbeweglichen Objekts		IGPs 35, 10, 19, 14	...

Abb. 3.21. Auszug aus der Widerspruchsmatrix nach [2]

technischen Parametern, die im Widerspruch zueinander stehen, bis zu vier Grundprinzipien zuordnet, mit denen dieser Widerspruch in der Vergangenheit bereits erfolgreich gelöst wurde (Abb. 3.21). Die vollständige *Widerspruchsmatrix* ist der Literatur zu entnehmen [2, 38, 48, 67]. Darüber hinaus sind im Internet Datenbanken vorhanden, über die eine schnelle und komfortable Suche nach den entsprechenden Innovationsprinzipien möglich ist, z. B. unter www.triz-online.de.

Neben den technischen Widersprüchen gibt es solche, die so grundsätzlich sind, dass sie mit der Widerspruchsmatrix nicht gelöst werden können. Diese Widersprüche werden auch als Konflikt oder physikalische Widersprüche bezeichnet. Hierbei geht es z. B. um Situationen, in denen ein Körper gleichzeitig heiß und kalt sein soll, um seine Funktion zu erfüllen. Um einen Konflikt zu lösen gibt es die vier *Separationsprinzipien*:

– *Separation im Raum:* Die zu verwirklichenden Anforderungen oder Funktionen werden auf verschiedene Orte oder Teile des technischen Systems verteilt, so dass sie nicht am gleichen Ort, bzw. Raum, wirken.
– *Separation in der Zeit:* Die zu verwirklichenden Anforderungen oder Funktionen werden zu unterschiedlichen Zeitpunkten verwirklicht.
– *Separation innerhalb eines Objekts und seiner Teile:* Die zu verwirklichenden Anforderungen oder Funktionen werden auf verschiedene Teile des technischen Systems aufgeteilt (vgl. Differantialbauweise, 7.5.8).
– *Separation durch Bedingungswechsel:* Die Randbedingungen, unter denen die Anforderungen oder Funktionen verwirklicht werden sollen, müssen so geändert werden, dass die Realisierung möglich ist.

Dem *Stoff-Feld-Modell* liegt die Vorstellung zu Grunde, dass jedes technische System aus mindestens zwei Stoffen (z. B. Werkstück und Werkzeug) und einem Feld (z. B. Gravitation) besteht. Durch das Aufstellen der Stoff-Feld-Komponenten eines technischen Systems und deren Analyse können Probleme aufgedeckt und Lösungsmöglichkeiten gefunden werden. Diese Lösungsmöglichkeiten bestehen aus insgesamt 76 so genannten Standards, die immer wiederkehrende Lösungsstrategien für ähnliche Problemfälle darstellen.

Vision

Um neue Marktpotentiale aufzudecken, bietet die TRIZ verschiedene Werkzeuge an, die unter den *Evolutionsgesetzen technischer Systeme* zusammengefasst sind. Altschuller stellte hierfür acht Grundmuster der technischen Evolution auf, die dazu dienen, die generelle technische Entwicklung und die Entwicklung bestimmter Produkte abzuschätzen. Diese Grundmuster sind:

— Technische Systeme durchlaufen einen Lebenszyklus, der gemäß einer *S-Kurve* durch die Phasen Kindheit, Wachstum, Reife und Sättigung abgebildet werden kann.
— Technische Systeme entwickeln sich in Richtung zunehmender Idealität, d. h. nützliche Funktionen nehmen zu und schädliche Funktionen ab.
— Die Teile eines technischen Systems entwickeln sich mit unterschiedlichen Geschwindigkeiten, so dass jedes Teil eine eigene S-Kurve besitzt. Die potentielle Leistungsfähigkeit des Gesamtsystems wird durch den Teil begrenzt, der als erstes die Reifephase überschreitet.
— Technische Systeme entwickeln sich in Richtung größerer Flexibilität und Regelbarkeit.
— Technische Systeme werden zunächst komplexer, um dann genial einfach zu werden.
— Teile technischer Systeme entwickeln sich unter gezielter Übereinstimmung oder gezielter Nichtübereinstimmung, um die Leistung des Gesamtsystems zu verbessern.
— Technische Systeme entwickeln sich in Richtung zunehmender Miniaturisierung und nutzen zunehmend Felder (z. B. elektrische oder magnetische).
— Technische Systeme benötigen immer weniger Interaktion mit dem Menschen und agieren zunehmend autonom.

Ein sehr wichtiges Evolutionsprinzip ist der Lebenszyklus eines technischen Systems, der in Form einer S-Kurve dargestellt werden kann (vgl. 3.1.2). Der Lebenszyklus wird in die Phasen der Kindheit, des Wachstum, der Reife und der Sättigung unterteilt. Durch die Analyse charakteristischer Merkmale eines technischen Systems kann dessen entsprechende aktuelle Lebensphase identifiziert werden. Auf dieser Grundlage wird die Entscheidung getroffen, ob das System weiterentwickelt werden soll, oder ob die eingesetzte Technologie ausgereizt ist und durch eine neue ersetzt werden muss. Als charakteristische Merkmale eines technischen Systems werden die Leistungsfähigkeit, die

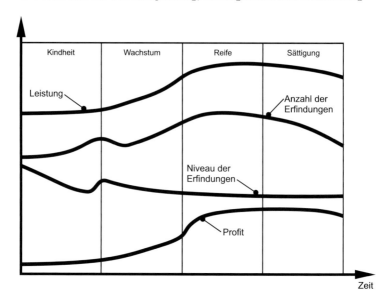

Abb. 3.22. Der Lebenszyklus eines technischen Systems [38]

Anzahl der Erfindungen, das Niveau der Erfindungen und der Profit betrachtet (Abb. 3.22). Die Leistungsfähigkeit kann z. B. durch die Höchstgeschwindigkeit eines Automobils definiert werden. Die Anzahl der Erfindungen gibt wider, wie dynamisch die Entwicklung einer Technologie während der Lebensphasen verläuft. Das Niveau der Erfindungen gibt an, ob die angemeldeten Patente Meilensteine in der Technologieentwicklung darstellen oder ob es sich nur um kleine Veränderungen der Technologie handelt. Der Profit schließlich bildet den Gewinn ab, der über die Lebensdauer des Produkts erzielt wurde. Diese vier Merkmale werden übereinander aufgetragen und erlauben damit die Identifikation der entsprechenden Produktlebensphase.

3.2.4 Diskursiv betonte Methoden
Methods with a discursive bias

Die diskursiv betonten Methoden ermöglichen Lösungen durch bewusst schrittweises Vorgehen. Die Arbeitsschritte sind beeinflussbar und mitteilsam. Diskursives Vorgehen schließt Intuition nicht aus. Diese soll stärker für die Einzelschritte und Einzelprobleme benutzt werden, nicht aber sofort zur Lösung der Gesamtaufgabe.

1. Systematische Untersuchung des physikalischen Zusammenhangs

Ist zur Lösung einer Aufgabe bereits der physikalische (chemische, biologische) Effekt bzw. die ihn bestimmende physikalische Gleichung bekannt, so lassen sich insbesondere bei Beteiligung von mehreren physikalischen Größen verschiedene Lösungen dadurch ableiten, dass man die Beziehung zwischen ihnen, also den Zusammenhang zwischen einer abhängigen und einer unabhängigen Veränderlichen analysiert, wobei alle übrigen Einflussgrößen konstant gehalten werden. Liegt z. B. eine Gleichung der Form $y = f(u, v, w)$ vor, so werden nach dieser Methode Lösungsvarianten für die Beziehung $y_1 = f(u, \underline{v}, \underline{w})$, $y_2 = f(\underline{u}, v, \underline{w})$ und $y_3 = f(\underline{u}, \underline{v}, w)$ untersucht, wobei jeweils die unterstrichenen Größen konstant bleiben sollen.

Rodenacker gibt Beispiele für dieses Vorgehen, wovon eines die Entwicklung eines Kapillarviskosimeters darstellt [75]. Von dem bekannten physikalischen Gesetz einer Kapillare $\eta \sim \Delta p \cdot r^4 / (Q \cdot l)$ ausgehend, werden vier Lösungsvarianten abgeleitet. Abbildung 3.23 zeigt diese in prinzipieller Anordnung:

1. Eine Lösung, bei der der Differenzdruck Δp als Maß der Viskosität, $\Delta p \sim \eta$, ausgenutzt wird (Q, r und 1 = const.).
2. Eine Lösung, bei der der Kapillardurchmesser, $\Delta r \sim \eta$, herangezogen wird (Q, Δp und 1 = const.).

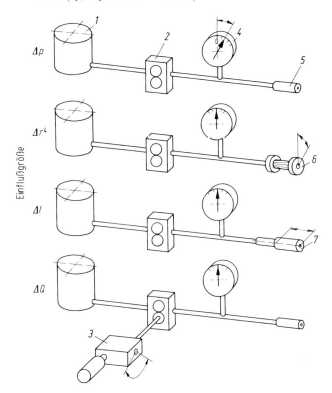

Abb. 3.23. Schematische Darstellung von vier Viskosimetern nach [75]. 1 Behälter; 2 Zahnradpumpe; 3 Stellgetriebe; 4 Manometer; 5 feste Kapillare; 6 Kapillare mit veränderbarem Durchmesser; Kapillare mit veränderbarer Länge

3. Eine Lösung unter Ausnutzung einer Längenveränderung der Kapillare, $\Delta l \sim \eta$ (Δp, Q und $r = $ const.).
4. Eine Lösung, bei der die Durchflussmenge verändert wird, $\Delta Q \sim \eta$ (Δp, r und $l = $ const.).

Eine weitere Möglichkeit, durch die Analyse physikalischer Gleichungen zu neuen oder verbesserten Lösungen zu kommen, liegt darin, bekannte physikalische Wirkungen in Einzeleffekte zu zerlegen. So hat vor allem Rodenacker [75] eine solche Aufgliederung komplexer physikalischer Beziehungen in Einzeleffekte dazu benutzt, völlig neue Geräte zu bauen bzw. für bekannte Geräte neue Anwendungen zu entwickeln.

Zur Erläuterung eines solchen Verfahrens wird für die Entwicklung einer reibschlüssigen Schraubensicherung die bekannte physikalische Beziehung für das Lösen einer Schraube analysiert:

$$T_\mathrm{L} = F_\mathrm{V}[(d_2/2)\tan(\varrho_\mathrm{G} - \beta) + (D_\mathrm{M}/2)\mu_\mathrm{M}] \tag{3.1}$$

In Gl. (3.1) sind folgende Teildrehmomente enthalten: Reibmoment im Gewinde:

$$T_\mathrm{G} \sim F_\mathrm{V}(d_2/2)\tan\varrho_\mathrm{G} = F_\mathrm{V}(d_2/2)\mu_\mathrm{G} \tag{3.2}$$

wobei

$$\tan\varrho_\mathrm{G} = \mu/\cos(\alpha/2) = \mu_\mathrm{G}$$

Reibmoment an der Kopf- bzw. Mutterauflage:

$$T_\mathrm{M} = F_\mathrm{V}(D_\mathrm{M}/2)\tan\varrho_\mathrm{M} = F_\mathrm{V}(D_\mathrm{M}/2)\mu_\mathrm{M} \tag{3.3}$$

Losdrehmoment der Schraube, herrührend von der Vorspannkraft und der Gewindesteigung:

$$T_{\mathrm{L}_0} \sim (F_\mathrm{V} d_2/2)\tan(-\beta) = -F_\mathrm{V} \cdot \frac{P}{2\pi} \tag{3.4}$$

(P Gewindesteigung, β Steigungswinkel, d_2 Flankendurchmesser, F_V Schraubenvorspannkraft, D_M mittlerer Auflagedurchmesser, μ_G fiktiver Reibwert im Gewinde, μ tatsächlicher Reibwert der Gewinde-Werkstoffpaarung, μ_M Reibwert an der Kopf- bzw. Mutterauflage, α Flankenwinkel).

Zum Erkennen von Wirkprinzipien zur Verbesserung der Sicherung gegen Lösen der Schraube ist es nun sinnvoll, die aufgestellten physikalischen Beziehungen weiter nach den vorkommenden physikalischen Effekten zu analysieren.

Als Einzeleffekte stecken in den Gln. (3.2) und (3.3):

– Reibungseffekt (Coulombsche Reibkraft)
$F_\mathrm{RG} = \mu_\mathrm{G} \cdot F_\mathrm{v}$ bzw. $F_\mathrm{RM} = \mu_\mathrm{M} \cdot F_\mathrm{v}$

– Hebeleffekt
$T_G = F_{RG} \cdot d_2/2$ bzw. $T_M = F_{RM} \cdot D_M/2$
– Keileffekt
$\mu_G = \mu/\cos(\alpha/2)$

Einzeleffekte der Gl. (3.4):

– Keileffekt
$F_{L_0} \sim F_v \cdot \tan(-\beta)$
– Hebeleffekt
$T_{L_0} = F_{L_0} \cdot d_2/2$

Bei der Betrachtung der einzelnen physikalischen Effekte lassen sich z. B. folgende Wirkprinzipien zur Verbesserung der Schraubensicherung angeben:

– Ausnutzung des Keileffekts zur Herabsetzung der Lösekraft durch Verkleinern des Steigungswinkels β.
– Ausnutzung des Hebeleffekts zur Vergrößerung des Reibmoments an der Kopf- bzw. Mutterauflage durch Vergrößerung des Auflagedurchmessers D_M.
– Ausnutzung des Reibungseffekts zur Erhöhung der Reibkräfte durch Vergrößerung des Reibungskoeffizienten μ.
– Ausnutzung des Keileffekts zur Vergrößerung der Reibkraft an der Auflage durch kegelförmige Auflagefläche ($F_V \cdot \mu/\sin\gamma$ mit 2 γ Kegelwinkel). Beispiel: Kfz-Radnabenbefestigung.
– Vergrößerung des Flankenwinkels α zur Erhöhung des fiktiven Gewindereibwertes.

2. Systematische Suche mit Hilfe von Ordnungsschemata

Bereits bei den allgemein wiederkehrenden Arbeitsmethoden (vgl. 2.2.5) wurde festgestellt, dass eine Systematisierung und geordnete Darstellung von Informationen bzw. Daten in zweierlei Hinsicht sehr hilfreich sind. Einerseits regt ein Ordnungsschema zum Suchen nach weiteren Lösungen in bestimmten Richtungen an, andererseits wird das Erkennen wesentlicher Lösungsmerkmale und entsprechender Verknüpfungsmöglichkeiten erleichtert. Aufgrund dieser Vorteile sind eine Reihe von Ordnungssystemen bzw. Ordnungsschemata entstanden, die alle einen im Prinzip ähnlichen Aufbau haben. In einer Zusammenstellung über die Möglichkeiten für solche Ordnungsschemata hat Dreibholz [15] ausführlich und umfassend berichtet.

Das allgemein übliche zweidimensionale Schema besteht aus Zeilen und Spalten, denen Parameter zugeordnet werden, die unter „Ordnende Gesichtspunkte" zusammengefasst sind. Abbildung 3.24 zeigt den allgemeinen Aufbau von Ordnungsschemata, wenn für Zeilen und Spalten jeweils Parameter vorgesehen sind (a) und für den anderen Fall, wenn Parameter nur für Zeilen zweckmäßig sind (b), weil eine Ordnung für die Spalten nicht sichtbar wurde. Ist es zur Informationsdarstellung oder zum Erkennen möglicher Merkmalsverknüpfungen zweckmäßig, können die „Ordnenden Gesichtspunk-

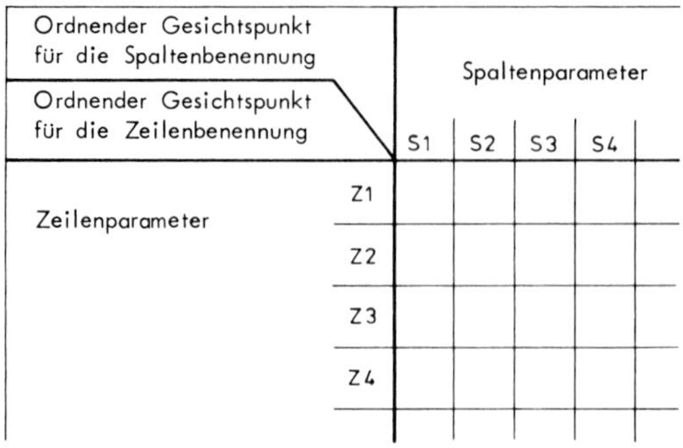

146   3 Methoden zur Produktplanung, Lösungssuche und Beurteilung

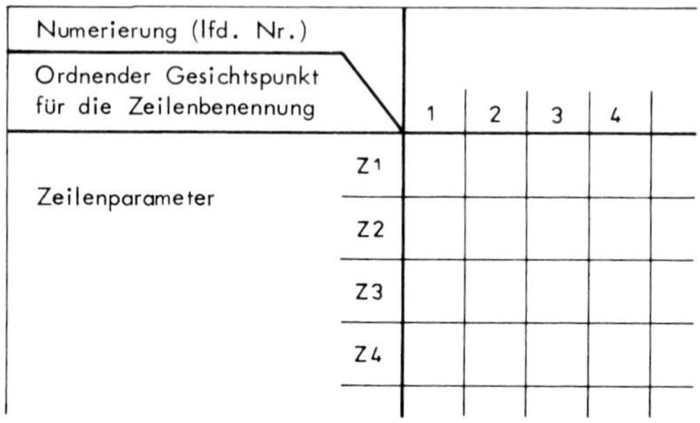

Abb. 3.24. Allgemeiner Aufbau von Ordungsschemata nach [15]

te" durch eine weitergehende Parameter- bzw. Merkmalsaufgliederung nach Abb. 3.25 erweitert werden, was aber schnell zu einer Unübersichtlichkeit führt. Durch Zuordnen der Spaltenparameter zu den Zeilen lässt sich jedes Ordnungsschema mit Zeilen- und Spaltenparametern in ein Schema überführen, bei dem nur noch Zeilenparameter vorhanden sind und die Spalten eine Numerierung erhalten: Abb. 3.26.

Solche Ordnungsschemata sind beim Konstruktionsprozess recht vielfältig einsetzbar. So können sie als Lösungskataloge mit geordneter Speicherung von Lösungen je nach Art und Komplexität in allen Phasen zur Lösungssuche dienen. Zum Erarbeiten von Gesamtlösungen aus Teillösungen können sie als Kombinationshilfe eingesetzt werden (vgl. 3.2.5). Zwicky [98] hat ein solches Hilfsmittel als „Morphologischen Kasten" bezeichnet.

Entscheidende Bedeutung kommt der Wahl der „Ordnenden Gesichtspunkte", bzw. ihrer Parameter zu. Beim Aufstellen eines Ordnungsschemas geht man zweckmäßigerweise schrittweise vor:

– Zunächst wird man in die Zeilen Lösungsvorstellungen in ungeordneter Reihenfolge eintragen,
– diese dann im zweiten Schritt nach kennzeichnenden Merkmalen analysieren, z. B. Energieart, Wirkgeometrie, Bewegungsart und dgl. und
– schließlich im dritten Schritt nach solchen Merkmalen ordnen.

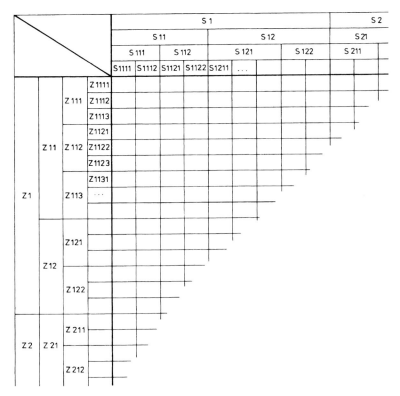

Abb. 3.25. Ordungsschemata mit erweiterter Parameteraufgliederung nach [15]

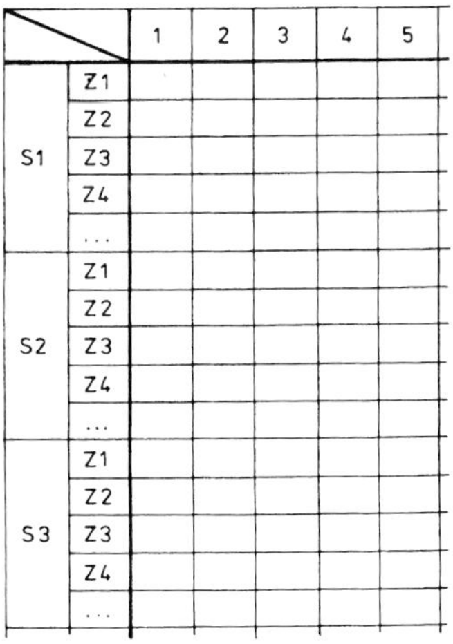

Abb. 3.26. Modifiziertes Ordnungschema nach [15]

148   3 Methoden zur Produktplanung, Lösungssuche und Beurteilung

Ist eine Analyse bekannter Lösungen oder eine Auswertung von Lösungsideen nach intuitiv betonten Methoden vorangegangen, lassen sich daraus Merkmale bzw. „Ordnende Gesichtspunkte" für ein Ordnungsschema ebenfalls gewinnen.

Dieses Vorgehen ist nicht nur zum Erkennen der Verträglichkeiten bei einer Kombination hilfreich, sondern regt vor allem an, ein möglichst reichhaltiges Lösungsfeld zu erarbeiten. Dabei können die für maschinenbauliche Systeme in Abb. 3.27 und Abb. 3.28 zusammengestellten ordnenden Gesichtspunkte und Merkmale zur systematischen Lösungssuche und zur Variation eines Lösungsansatzes zweckmäßig sein. Sie beziehen sich auf Energiearten, physikalische Effekte und Erscheinungsformen, wie aber auch auf Merkmale der Wirkgeometrie, der Wirkbewegung und der prinzipiellen Stoffeigenschaften (vgl. 2.1.4).

Als einfaches Beispiel einer Lösungssuche für eine Teilfunktion diene Abb. 3.29, bei dem man durch Variation der Energieart zu unterschiedlichen Wirkprinzipien zur Erfüllung einer Funktion gekommen ist.

Ordnende Gesichtspunkte:
    Energiearten, physikalische Effekte und Erscheinungsformen

Merkmale:	Beispiele:
Mechanisch:	Gravitation, Trägheit, Fliehkraft
Hydraulisch:	hydrostatisch, hydrodynamisch
Pneumatisch:	aerostatisch, aerodynamisch
Elektrisch:	elektrostatisch, elektrodynamisch induktiv, kapazitiv, piezoelektrisch Transformation, Gleichrichtung
Magnetisch:	ferromagnetisch, elektromagnetisch
Optisch:	Reflexion, Brechung, Beugung, Interferenz, Polarisation, infrarot, sichtbar, ultraviolett
Thermisch:	Ausdehnung, Bimetalleffekt, Wärmespeicher, Wärmeübertragung, Wärmeleitung, Wärmeisolierung
Chemisch:	Verbrennung, Oxidation, Reduktion auflösen, binden, umwandeln Elektrolyse exotherme, endotherme Reaktion
Nuklear:	Strahlung, Isotopen, Energiequelle
Biologisch:	Gärung, Verrottung, Zersetzung

Abb. 3.27. Ordnende Gesichtspunkte und Merkmale zur Variation auf physikalischer Suchebene

Ordnende Gesichtspunkte :

Wirkgeometrie, Wirkbewegung und prinzipielle Stoffeigenschaften

Wirkgeometrie   (Wirkkörper, Wirkfläche)

Merkmale :	Beispiele :
Art :	Punkt, Linie, Fläche, Körper
Form :	Rundung, Kreis, Ellipse, Hyperbel, Parabel Dreieck, Quadrat, Rechteck, Fünf-, Sechs-, Achteck Zylinder, Kegel, Rhombus, Würfel, Kugel symmetrisch, asymmetrisch
Lage :	axial, radial, tangential, vertikal, horizontal parallel, hintereinander
Größe :	klein, groß, schmal, breit, niedrig, hoch
Zahl :	einfach, doppelt, mehrfach ungeteilt, geteilt

Wirkbewegung

Merkmale :	Beispiele :
Art :	ruhend, translatorisch, rotatorisch
Form :	gleichförmig, ungleichförmig, oszillierend sowie eben oder räumlich
Richtung :	in x, y, z - Richtung und / oder um x, y, z - Achse
Betrag :	Höhe der Geschwindigkeit
Zahl :	eine, mehrere, zusammengesetzte Bewegungen

Prinzipielle Stoffeigenschaften

Merkmale :	Beispiele :
Zustand :	fest, flüssig, gasförmig
Verhalten :	starr, elastisch, plastisch, zähflüssig
Form :	Festkörper, Körner, Pulver, Staub

Abb. 3.28. Ordnende Gesichtspunkte und Merkmale zur Variation auf geometrischer und stofflicher Suchebene

In Abb. 3.30 ist ein Beispiel für die Variation nach den Wirkbewegungen dargestellt.

Abbildung 3.31 zeigt eine Variation der Wirkgeometrie bei der Verbindung von Wellen und Naben. Hierdurch kann die Lösungsvielfalt, die z. B. durch „Vorwärtsschreiten" erreicht wird (vgl. 2.2.5, Abb. 2.21), geordnet und vervollständigt werden.

Zusammenfassend können folgende Empfehlungen ausgesprochen werden:
– Ordnungsschemata schrittweise aufbauen, korrigieren und weitgehend vervollständigen. Unverträglichkeiten beseitigen und nur lösungsträchtige Ansätze weiterverfolgen. Dabei analysieren, welche „Ordnenden Gesichts-

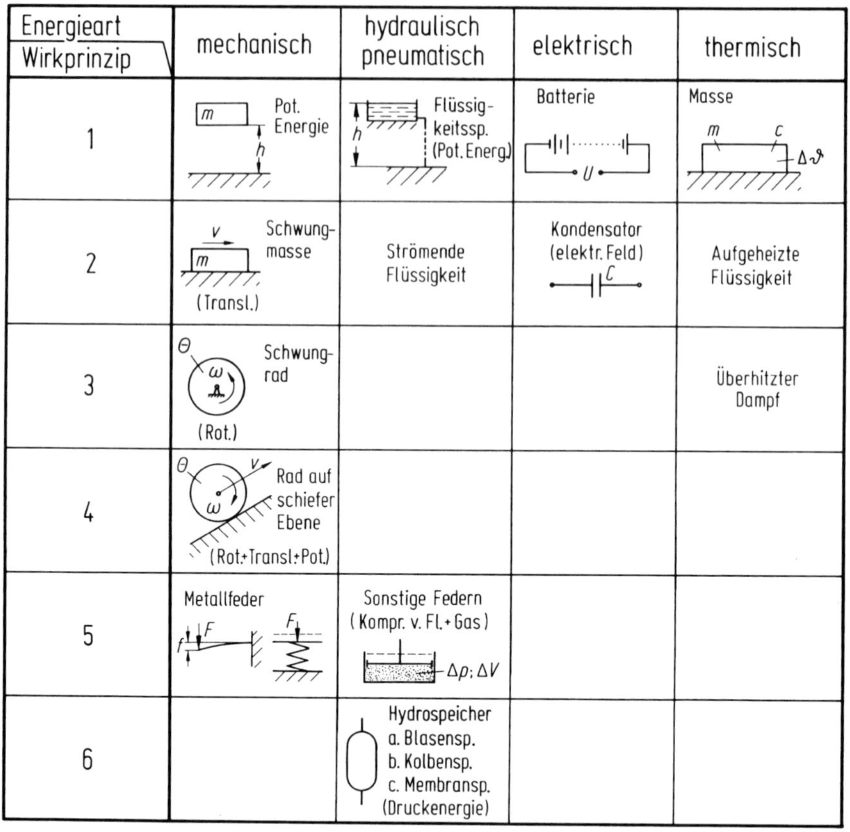

Energieart / Wirkprinzip	mechanisch	hydraulisch pneumatisch	elektrisch	thermisch
1	Pot. Energie	Flüssigkeitssp. (Pot. Energ.)	Batterie	Masse
2	Schwungmasse (Transl.)	Strömende Flüssigkeit	Kondensator (elektr. Feld)	Aufgeheizte Flüssigkeit
3	Schwungrad (Rot.)			Überhitzter Dampf
4	Rad auf schiefer Ebene (Rot.+Transl.+Pot.)			
5	Metallfeder	Sonstige Federn (Kompr. v. Fl.+Gas) $\Delta p; \Delta V$		
6		Hydrospeicher a. Blasensp. b. Kolbensp. c. Membransp. (Druckenergie)		

Abb. 3.29. Unterschiedliche Wirkprinzipien zum Erfüllen der Funktion „Energie speichern" bei Variation der Energieart

punkte" zur Lösungsfindung beitragen, diese durch Parameter näher variieren, evtl. aber auch verallgemeinern oder einschränken.
– Mit Hilfe von Auswahlverfahren (vgl. 3.3.1) günstig erscheinende Lösungen aussuchen und kennzeichnen.
– Ordnungsschemata möglichst allgemeingültig zur Wiederverwendung aufbauen, aber nicht Systematik um der Systematik willen betreiben.

3. Verwendung von Katalogen

Kataloge sind eine Sammlung bekannter und bewährter Lösungen für bestimmte konstruktive Aufgaben oder Teilfunktionen. Kataloge können Informationen recht verschiedenen Inhalts und Lösungen unterschiedlichen Konkretisierungsgrades enthalten. So können in ihnen physikalische Effekte, Wirkprinzipien, prinzipielle Lösungen für komplexe Aufgabenstellungen, Maschinenelemente, Normteile, Werkstoffe, Zukaufteile und dgl. gespeichert sein.

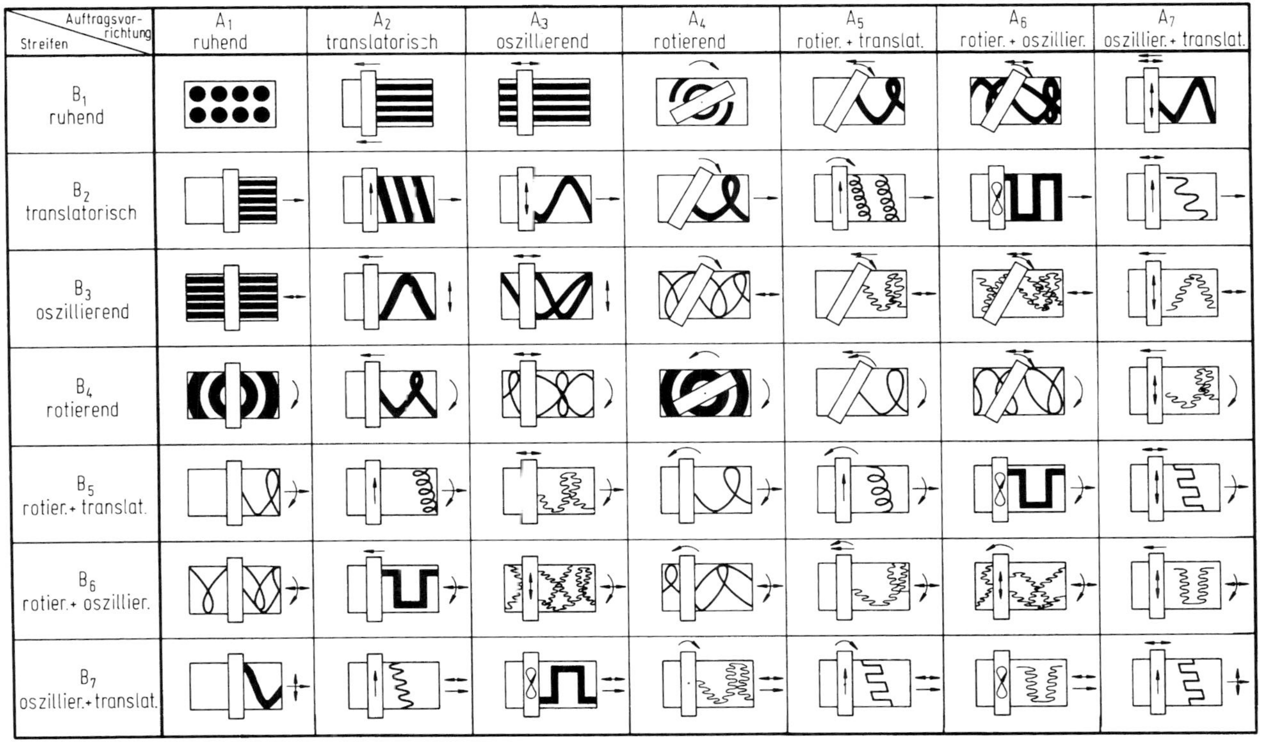

Abb. 3.30. Möglichkeiten zum Beschichten von Teppichbahnen durch Kombination von Bewegungen der Teppichbahn (allg. Streifen) und der Auftragsvorrichtung

152   3 Methoden zur Produktplanung, Lösungssuche und Beurteilung

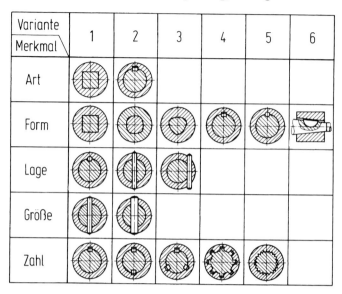

Abb. 3.31. Variation der Wirkgeometrie bei formschlüssigen Welle-Nabe-Verbindungen

Die bisherigen Quellen für solche Daten waren Fach- und Handbücher, Firmenkataloge, Prospektsammlungen, Normenhandbücher und ähnliches. Ein Teil von ihnen enthält neben reinen Objektangaben und Lösungsvorschlägen auch Angaben über Berechnungsverfahren, Lösungsmethoden sowie sonstige Konstruktionsregeln. Auch für letztere sind katalogartige Sammlungen denkbar.

An Konstruktionskataloge sind folgende Forderungen zu stellen:

– Schneller, aufgabenorientierter Zugriff zu den gesammelten Lösungen bzw. Daten.
– Weitgehende Vollständigkeit des gesammelten Lösungsspektrums. Zumindest muss eine Ergänzung möglich sein.
– Möglichst weitgehend branchen- und firmenunabhängig, um breit einsetzbar zu sein.
– Eine Anwendung sollte sowohl beim herkömmlichen Konstruktionsablauf als auch beim Rechnereinsatz möglich sein.

Mit dem Aufbau und der Entwicklung von Katalogen hat sich vor allem Roth mit seinen Mitarbeitern beschäftigt [78]. Er schlägt zum Erfüllen der genannten Forderungen einen grundsätzlichen Aufbau gemäß Abb. 3.32 vor.

Der Gliederungsteil bestimmt den systematischen Aufbau des Katalogs. Entscheidende Bedeutung kommt auch hier den ordnenden Gesichtspunkten zu. Sie beeinflussen die Handhabbarkeit und den schnellen Zugriff. Sie richten sich nach dem Konkretisierungsgrad und der Komplexität der gespeicherten Lösungen sowie nach der Konstruktionsphase, für die der Ka-

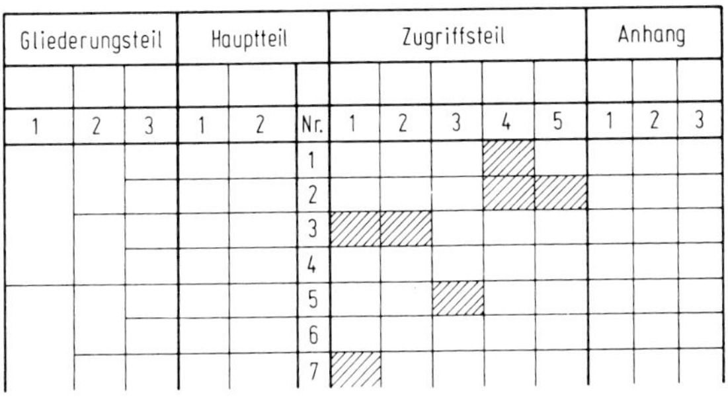

Abb. 3.32. Grundsätzlicher Aufbau von Konstruktionskatalogen nach [78]

talog eingesetzt werden soll. Für die Konzeptphase ist es z. B. zweckmäßig, als Gliederungsgesichtspunkte die von den Lösungen zu erfüllenden Funktionen zu wählen, da die Konzepterarbeitung ja von den Teilfunktionen ausgeht. Diese Gliederungsmerkmale sollten die allgemein anwendbaren Funktionen sein (vgl. 2.1.3), um die Lösungen möglichst produktunabhängig abrufen zu können. Weitere Gliederungsgesichtspunkte können z. B. Art und Merkmale von Energie (mechanische, elektrische, optische usw.), Stoff oder Signal, Wirkgeometrie, Wirkbewegung und prinzipielle Stoffeigenschaft sein. Bei Katalogen zur Entwurfsphase sind entsprechende Gliederungsgesichtspunkte zweckmäßig, z. B. Werkstoffeigenschaften, Schlussarten von Verbindungen, Schaltungsarten bei Kupplungen und Merkmale konkreter Maschinenelemente.

Der Hauptteil enthält den eigentlichen Inhalt des Katalogs. In ihm sind die Objekte dargestellt. Je nach Konkretisierungsgrad werden die Objekte als Strichskizze, mit oder ohne physikalische Gleichung, oder als mehr oder weniger vollständige Zeichnung bzw. Abbildung wiedergegeben. Die Art und Vollständigkeit der Darstellung richtet sich nach der Anwendungsphase. Wichtig ist, dass alle Informationen auf der gleichen Abstraktionsstufe stehen und von Nebensächlichkeiten befreit sind.

Im Zugriffsteil sind die Eigenschaften der jeweiligen Objekte zusammengetragen. Nach ihnen kann im jeweiligen Einzelfall das geeignete Objekt ausgewählt werden.

Ein Anhang ermöglicht die Angabe über Herkunft und von ergänzenden Anmerkungen.

Die Auswahlmerkmale können unterschiedlichste Eigenschaften beinhalten wie z. B. charakteristische Abmessungen, Einfluss bzw. Auftreten bestimmter Störgrößen, Federungsverhalten, Zahl der Elemente und dgl. Sie dienen dem Konstrukteur zur Vorauswahl und Beurteilung von Lösungen und können bei DV-gespeicherten Katalogen Kenngrößen für den Auswahl- und Bewertungsvorgang sein.

Eine weitere wichtige Forderung zum Aufbau von Katalogen ist die Verwendung einheitlicher und eindeutiger Definitionen und Symbole zur Informationsdarstellung.

Je konkreter und ins Einzelne gehend die gespeicherte Information ist, umso unmittelbarer, aber auch begrenzter ist der Katalog einsetzbar. Mit zunehmender Konkretisierung steigt die Vollständigkeit der Angaben über eine bestimmte Lösungsmöglichkeit, aber die Möglichkeit für ein vollständiges Lösungsspektrum fällt, da die Vielfalt der Details, z. B. bei den Gestaltungsvarianten, enorm wächst. So ist es möglich, die zur Erfüllung der Funktion „Leiten" in Frage kommenden physikalischen Effekte vollständig zusammenzustellen, es dürfte aber kaum möglich sein, eine Vollständigkeit aller Gestaltungsmöglichkeiten, z. B. von Lagerungen (Kraft vom rotierenden zum ruhenden System leiten), zu erreichen.

Die nachfolgende Tabelle 3.2 zeigt eine Aufstellung bisher veröffentlichter Konstruktionskataloge, die oben dargestelltem Aufbau und Anforderungen entsprechen.

Tabelle 3.2. Verfügbare Konstruktionskataloge

Anwendungsgebiet	Objekt	Autor und Quelle
Grundsätzliches zu Konstruktions-Katalogen	Aufbau von Katalogen Zusammenstellung verfügbarer Katalog- und Lösungssammlungen	Roth [78] Roth [78]
Prinzipielle Lösungen	Physikalische Effekte Erfüllen von Funktionen	Roth [78] Koller [51]
Verbindungen	Schlussarten Verbindungen Feste Verbindungen Geschweißte Verbindungen an Stahlprofilen Nietverbindungen Klebeverbindungen Spannelemente Verschraubungsprinzipien Schraubverbindungen Spielbeseitigung bei Schraubpaarungen Elastische Verbindungen Welle-Nabe-Verbindungen	Roth [78] Ewald [20] Roth [78] Wölse, Kastner [96] Roth [78], Kopowski [53], Grandt [35] Fuhrmann und Hinterwalder [25] Ersoy [18] Kopowski [53] Kopowski [53] Ewald [20] Gießner [32] Roth [78], Diekhöner und Lohkamp [14], Kollmann [52]
Führungen, Lager	Geradführungen Rotationsführungen Gleit- und Wälzlager	Roth [78] Roth [78] Diekhöner [13]

Tabelle 3.2. (Fortsetzung)

Anwendungsgebiet	Objekt	Autor und Quelle
	Lager- und Führungen	Ewald [20]
Antriebstechnik, Krafterzeugung	Elektrische Kleinmotoren Antriebe, allgemein	Jung, Schneider [45] Schneider [82]
Kraftleitung	Krafterzeuger, mechanisch Wegumformer mit großer Übersetzung	Ewald [20]
	Kraft mit einer anderen Größe erzeugen	Roth [78]
	Einstufige Kraftmultiplikation	Roth [78], VDI-Richtlinie 2222 [90]
	Mechanische Huberzeuger	Raab, Schneider [73]
	Schraubantrieb	Kopowski [53]
	Reibsysteme	Roth [78]
Kinematik, Getriebelehre	Lösung von Bewegungsaufgaben mit Getrieben	VDI-Richtlinie 2727 Blatt 1–4 [92]
	Gliederketten und Getriebe	Roth [78]
	Zwangsläufige kinetische Mechanismen mit 4 Gliedern	VDI-Richtlinie 2222 Blatt 2 [90]
	Logische Negationsgetriebe	Roth [78]
	Logische Konjunktions- und Disjunktionsgetriebe	Roth [78]
	Mechanische Flipflops	Roth [78]
	Mechanische Rücklaufsperren	Roth [78]
	Mechanische Huberzeuger	Raab und Schneider [73]
	Gleichförmige übersetzende Getriebe	Roth [78]
	Handhabungsgeräte	VDI-Richtlinie 2740 [93]
Getriebe	Stirnradgetriebe	VDI-Richtlinie 2222 Blatt 2 [90], Ewald [20]
	Mechanische einstufige Getriebe mit konstanter Übersetzung	Diekhöner und Lohkamp [14]
	Spielbeseitigung bei Stirnradgetrieben	Ewald [20]
Sicherheitstechnik	Gefahrstellen Trennende Schutzeinrichtungen	Neudörfer [64] Neudörfer [65]
Ergonomie	Anzeiger, Bedienteile	Neudörfer [63]
Fertigungsverfahren	Gießtechnische Fertigungsverfahren	Ersoy [18]
	Gesenkformverfahren	Roth [78]
	Druckumformverfahren	Roth [78]

Im Folgenden sind deshalb nur wenige Beispiele bzw. Auszüge von bereits zur Verfügung stehenden Katalogen angeführt.

Abbildung 3.33 zeigt für die allgemein anwendbaren Funktionen „Energie wandeln" und „Energiekomponente ändern" einen Katalog für physikalische Effekte unter Berücksichtigung von Koller [51] und Krumhauer [57]. Für diese Funktionen können aus ihm nach den Gliederungsgesichtspunkten „Eingangs- und Ausgangsgröße" in Frage kommende Effekte gefunden werden. Die zur Auswahl benötigten Merkmale müssen der Fachliteratur entnommen werden.

Abbildung 3.34 zeigt einen Ausschnitt aus einem Katalog für Welle-Nabe-Verbindungen nach [78]. Im Gegensatz zum vorhergehenden Katalog sind hier die Lösungen bereits durch Angabe von Gestaltungsmerkmalen soweit konkretisiert, dass in der Entwurfsphase unmittelbar mit der Bemessung begonnen werden kann.

Zur anwenderfreundlichen Nutzung von Katalogen, Firmenprospekten, Zulieferinformationen oder sonstigen Informationen für den Konstrukteur werden zunehmend rechnerunterstützte Systeme eingesetzt. Mit dem Softwarekonzept Hypermedia steht eine spezielle Form der Strukturierung, der Speicherung und des Zugriffs auf Kataloginhalte zur Verfügung, mit der flexibel Informationseinheiten manipuliert sowie Objekte und Vorgänge einer Wissensdomäne mit unterschiedlichen Darstellungsprinzipien repräsentiert und miteinander verknüpft werden können. Es wird dann vom Navigieren in einem Hypermedia-System [74] gesprochen. Zur Nutzung verteilter Informationen, die bei Unternehmen, Zulieferern, wissenschaftlichen Datensammlungen und dgl. vorliegen, ist eine weltweite Vernetzung erforderlich, die mit INTERNET und dem INTERNET-Mehrwertdienst „World Wide Web (WWW)" zur Verfügung steht. Mit diesem Rechnernetz sind sog. „Virtuelle Marktplätze" oder „Virtuelle Zuliefermärkte" realisierbar, mit denen der Konstrukteur über seinen CAD-Arbeitsplatz kommunizieren kann [6].

3.2.5 Methoden zur Lösungskombination
Methods to combine solution principles

Entsprechend 2.1.3 und 2.2.5 ist es oft zweckmäßig, Gesamtprobleme in Teilprobleme aufzuspalten, um daraus die zu lösenden Teilaufgaben abzuleiten (Methode der Faktorisierung). Gesamtfunktionen komplexer Aufgabenstellungen werden in Teilfunktionen gegliedert, um zu deren Erfüllung leichter Lösungen zu finden (vgl. 6.3). Nach Vorliegen von Lösungen für Teilprobleme, Teilaufgaben oder Teilfunktionen müssen diese anschließend kombiniert werden, um zu Lösungen für das Gesamtproblem, für die Gesamtaufgabe oder für die Gesamtfunktion zu kommen.

Wenn auch mit den genannten Methoden zur Lösungssuche, insbesondere mit den intuitiv betonten, sich bereits Kombinationen ergaben oder erkennbar wurden, so gibt es auch spezielle Methoden zur Synthese.

Grundsätzlich müssen sie eine anschauliche und eindeutige Kombination von Teillösungen unter Berücksichtigung der begleitenden physikalischen

Funktion	Eingang	Ausgang	Physikalische Effekte					
$E_{mech} \to E_{mech}$	Kraft, Druck, Drehmoment	Länge, Winkel	Hooke (Zug/Druck/ Biegung)	Schub, Torsion	Auftrieb, Querkontraktion	Boyle-Mariotte	Coulomb I und II	...
		Geschwindigkeit	Energiesatz	Impulssatz (Drall)	Drallsatz (Kreisel)	...	...	...
		Beschleunigung	Newton Axiom	...	...	...	...	...
	Länge, Winkel	Kraft, Druck, Drehmoment	Hooke	Schub, Torsion	Gravitation, Schwerkraft	Auftrieb	Boyle-Mariotte	Kapillare
			Coulomb I und II	...	...	...	...	...
	Geschwindigkeit		Coriolis-Kraft	Impulssatz	Magnuseffekt	Energiesatz	Zentrifugalkraft	Wirbelstrom
	Beschleunigung		Newton Axiom	...	...	...	...	...
$E_{mech} \to E_{hyd}$	Kraft, Länge, Geschwindigk., Druck	Geschwindigkeit, Druck	Bernoulli	Zähigkeit (Newton)	Torricelli	Gravitationsdruck	Boyle-Mariotte	Impulssatz	...
$E_{hyd} \to E_{mech}$	Geschwindigkeit	Kraft, Länge	Profilauftrieb	Turbulenz	Magnuseffekt	Strömungswiderstand	Staudruck	Rückstoßprinzip
$E_{mech} \to E_{therm}$	Kraft, Geschwindigk.	Temperatur, Wärmemenge	Reibung (Coulomb)	1. Hauptsatz	Thomson-Joule	Hysterese (Dämpfung)	Plastische Verformung	...
$E_{therm} \to E_{mech}$	Temperatur, Wärme	Kraft, Druck, Länge	Wärmedehnung	Dampfdruck	Gasgleichung	Osmotischer Druck	...	...
$E_{elektr} \to E_{mech}$	Spannung, Strom, Feld, Magn. Feld	Kraft, Geschwindigk., Druck	Biot-Savart-Effekt	Elektrokinetischer Effekt	Coulomb I	Kondensatoreffekt	Johnsen-Rhabeck-Effekt	Piezoeffekt
$F_{mech} \to E_{elektr}$	Kraft, Länge, Geschwindigk., Druck	Spannung, Strom	Induktion	Elektrodynamischer Effekt	Piezoeffekt	Reibungselektrizität	Kondensatoreffekt	...
$E_{elektr} \to E_{therm}$	Spannung, Strom	Temperatur, Wärme	Joulsche Wärme	Peltiereffekt	Lichtbogen	Wirbelstrom	...	...
$E_{therm} \to E_{elektr}$	Temperatur, Wärme	Spannung, Strom	Elektr. Leitung	Thermoeffekt	Thermische Emission	Pyroelektrizität	Rauscheffekt	Halbleiter, Supraleiter
$E_{mech} \to E_{mech}$	Kraft, Länge, Druck, Geschwindigk.	Kraft, Länge, Druck, Geschwindigk.	Hebel	Keil	Querkontraktion	Reibung	Kniehebel	Fluideffekt
$E_{hyd} \to E_{hyd}$	Druck, Geschwindigk.	Druck, Geschwindigk.	Kontinuität	Bernoulli	...	...	...	...
$E_{therm} \to E_{therm}$	Temperatur, Wärme	Temperatur, Wärme	Wärmeleitung	Konvektion	Strahlung	Kondensieren	Verdampfen	Erstarren
$E_{elektr} \to E_{elektr}$	Spannung, Strom	Spannung, Strom	Transformator	Röhre	Transistor	Transduktor	Thermokreuz	Ohmsches Gesetz
...	...	...	...	...	...	...	...	...

Abb. 3.33. Katalog physikalischer Effekte unter Berücksichtigung von [51, 57] für die allgemein anwendbaren Funktionen „Energie wandeln" und „Energiekomponente ändern". Auch auf Signalfluss übertragbar

158   3 Methoden zur Produktplanung, Lösungssuche und Beurteilung

Gliederungsteil		Hauptteil			Zugriffsteil												Anhang	
Art des Flächenschlusses	Art der Kraftübertragung	Gleichung	Benennung	Anordnungsbeispiel	Nr.	Übertragbares Moment	Momentübertragung abhängig von	Axialkräfte	Kerbspannung	Verwendbarkeit bei	Wirkung bei Überlastung	Verbindung zentrierbar	Unwucht	Nabe axial verschiebbar	Nabe versetzbar	Verbindung nachstellbar	Wellendurchmesser [mm]	Werkstoff	Herstellungsaufwand	Montageaufwand	DIN Quelle (Hersteller)	Anwendungsbeispiele	Anmerkungen
1	2	1	2	3		1	2	3		4	5	6	7	8	9	10	11	12	13	14	15	16	17
Normal (Formschluß)	Unmittelbar		Keilwelle		1	groß	h, i, –	–	groß	Stößen, Wechsellast		ja	nein	bei Spielpassung	ja	nein	10–150		hoch		5461/63 5471/72	Zahnräder	Außen-Flanken-, Innenzentrierung möglich
			Evolventenzahnwelle	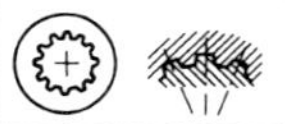	2			–													5480, 5482		kurze Nabe möglich
			Kerbzahnwelle		3			–	mittel			selbstzentrierend									5481		
			P3-Polygon		4		e, i, –	–			Bruch		nein	bei Spielpassung und ohne Last	ja	ja, bei Kegel	150–500	Welle: 37 Cr 4 41 Cr 4 42 CrMo4	klein aber Spezialmasch.	klein	–		geeignet für kurze u. dünne Naben. Kegeliges Wellenende möglich. Profil räumen oder schleifen notwendig
			PC 4-Polygon		5			–					ja				10–100				–		
			Querstift	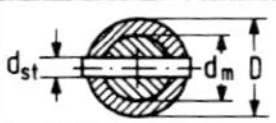	6	klein	d_{st}, D	Wellendurchmesser, Form-, Zentrierfaktor, Werkstoffwahl werden aufgenommen	groß	–		ja		–	–	ja, bei Kegelstift	10–100	Stift: 4.0, 5.S, 6.S, 8.G, 9.S, 20K St 50K St 70 St 60	mittel	mittel	1.7 1470–77 1481, 6324, 7346	Hebelbefestigung Werkzeugmaschinen, Fahrzeuge	Kegel- und Kerbstift möglich
			Tangentstift		7		d_{st}, –		mittel	–				–	–								
		Mittelbar		Längsstift		8			groß	–				–	–								
			Paßfeder	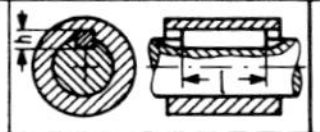	9		h, i, b			–				bei Spielpassung	nein	nein	5–500	Feder St 60	klein	klein	6885		
			Scheibenfeder		10					–								Welle, Nabe: C6, C65 St			6888		

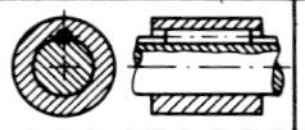

Abb. 3.34. Ausschnitt aus einem Katalog für Welle-Nabe-Verbindungen nach [78]

oder sonstigen Größen und der betreffenden geometrischen und stofflichen Merkmale gestatten. Entsprechend zutreffende Merkmale sind für informationstechnische Lösungen zu finden und einzusetzen, wenn diese in ihrer Kombination untersucht werden sollen.

Hauptproblem solcher Kombinationsschritte ist das Erkennen von Verträglichkeiten zwischen den zu verbindenden Teillösungen zum Erreichen eines weitgehend störungsfreien Energie-, Stoff- und/oder Signalflusses sowie von Kollisionsfreiheit in geometrischer Hinsicht bei mechanischen Systemen. Bei Informationssystemen wäre es der Informationsfluss mit seinen entsprechenden Verträglichkeitsbedingungen.

Ein weiteres Problem liegt bei der Auswahl technisch und wirtschaftlich günstiger Kombinationen aus dem Feld theoretisch möglicher Kombinationen. Hierauf wird in 3.3.1 ausführlich eingegangen.

1. Systematische Kombination

Zur systematischen Kombination eignet sich in besonderem Maße das von Zwicky [98] als morphologischer Kasten bezeichnete Ordnungsschema entsprechend Abb. 3.35, wo in den Zeilen Teilfunktionen, in der Regel nur die Hauptfunktionen, und die dazugehörigen Lösungen (z. B. Wirkprinzipien) eingetragen sind.

Will man dieses Schema zum Erarbeiten von Gesamtlösungen heranziehen, so wird für jede Teilfunktion eine Lösung aus dieser Zeile ausgewählt und alle Teillösungen zu einer Gesamtlösung untereinander verknüpft. Stehen m_1 Lösungen für die Teilfunktion F_1, m_2 für die Teilfunktion F_2 usw. zur Verfügung, so erhält man nach einer vollständigen Kombination

$$N = m_1 \cdot m_2 \cdot m_3 \ldots m_n = \prod_{i=1}^{n} m_i$$

theoretisch mögliche Gesamtlösungsvarianten.

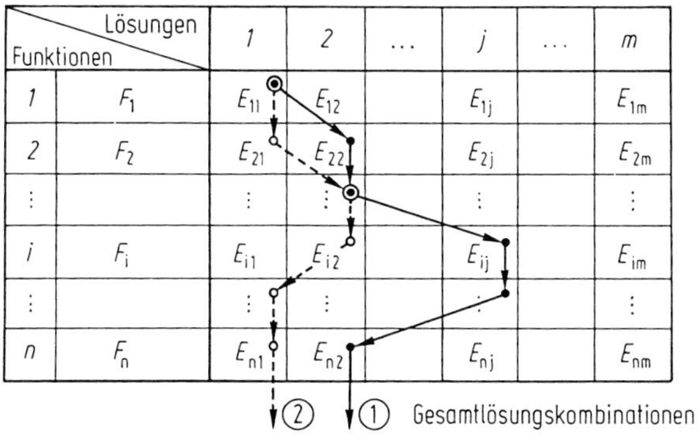

Abb. 3.35. Kombination von Teillösungen (Einzellösungen) zu Gesamtlösungen (Prinzipkombinationen). Gesamtlösungskombination 1: $E_{11} + E_{22} + \ldots + E_{n2}$ Gesamtlösungskombination 2: $E_{11} + E_{21} + \ldots + E_{n1}$

Hauptproblem dieser Kombinationsmethode ist die Entscheidung, welche Lösungen miteinander verträglich und kollisionsfrei, d. h. wirklich kombinierbar sind. Das theoretisch mögliche Lösungsfeld muss also auf ein realisierbares Lösungsfeld eingeschränkt werden.

Das Erkennen von Verträglichkeiten zwischen den zu verknüpfenden Teillösungen wird erleichtert, wenn

– die Teilfunktionen der Kopfspalte in der Reihenfolge aufgeführt werden, in der sie auch in der Funktionsstruktur bzw. Funktionskette stehen, gegebenenfalls getrennt nach Energie-, Stoff- und Signalfluss,
– die Lösungen durch zusätzliche Spaltenparameter, z. B. die Energieart, zweckmäßig geordnet werden,
– die Lösungen nicht nur verbal, sondern in Prinzipskizzen dargestellt werden und
– für die Lösungen die wichtigsten Merkmale und Eigenschaften mit eingetragen werden.

Die Beurteilung von Verträglichkeiten wird durch Aufstellen von Ordnungsschemata erleichtert. Ordnet man zwei zu verknüpfende Teilfunktionen, beispielsweise „Energie wandeln" und „mechanische Energiekomponente ändern", in die Kopfspalte und Kopfzeile einer Matrix und schreibt die kennzeichnenden Merkmale in ihre Felder, so kann man die Verträglichkeit der Teillösungen untereinander leichter überprüfen, als wenn solche Überlegungen nur im Kopf des Konstrukteurs vorgenommen werden müssten. Abbildung 3.36 zeigt eine solche Verträglichkeitsmatrix.

Beispiele für diese Kombinationsmethode sind in 6.4.2 (Abb. 6.15 und Abb. 6.19) zu finden.

Zusammenfassend ergeben sich folgende Hinweise:

– nur Verträgliches miteinander kombinieren,
– nur weiterverfolgen, was die Forderungen der Anforderungsliste erfüllt und zulässigen Aufwand erwarten lässt (vgl. Auswahlverfahren in 3.3.1),
– günstig erscheinende Kombinationen herausheben und analysieren, warum diese im Vergleich zu den anderen weiterverfolgt werden sollen.

Abschließend sei betont, dass es sich hier um eine allgemein anwendbare Methode des Kombinierens von Teillösungen zu Gesamtlösungen handelt. Sie kann sowohl zur Kombination von Wirkprinzipien in der Konzeptphase als auch von Teillösungen in der Entwurfsphase oder bereits von stark konkretisierten Bauteilen oder Baugruppen angewendet werden. Da sie im Kern Informationen verarbeitet, ist sie nicht nur auf technische Probleme beschränkt, sondern kann auch zur Entwicklung z. B. von Organisationssystemen eingesetzt werden.

2. Kombinieren mit Hilfe mathematischer Methoden

Den Einsatz von mathematischen Methoden und DV-Anlagen zur Kombination von Lösungen wird man nur dann anstreben, wenn wirklich Vorteile aus

mech. Energiekomponente ändern \ Energie wandeln		Elektromotor	Schwingspule	Bimetallspirale in Warmwasser	oszillierender Hydraulikkolben	...
		1	2	3	4	...
Viergelenkkette	A	wenn A umlauffähig	langsame Bewegung	ja	zusätzl. Hebelanlenkung, nur bei langsamer Bewegung des Kolbens	...
Stirnradgetriebe	B	ja	langsame Drehbewegung nur über zusätzl. Elemente (Freilauf usw.), schwierig besonders für Drehrichtungsumkehr	je nach Drehwinkel genügen Zahnsegmente	mit Zahnstange Schwenkbewegung, nur bei langsamer Bewegung des Kolbens	...
Maltesergetriebe	C	ja bei normalem Maltesertrieb Ruck beachten	siehe B.2	ja (wenn Drehwinkel klein, Hebel mit Kulissenstein)	Hebel mit Kulissenstein, nur bei langsamer Bewegung des Kolbens	...
Scheibenreibradgetriebe	D	ja	siehe B.2	große Kräfte wegen Drehmoment bei langsamer Bewegung, ungenaue Positionierung	siehe B.3	...
...		...	...	...	...	...

☒ nur sehr schwierig (mit großem Aufwand) erfüllbar (nicht weiter verfolgen)
☒ nur unter bestimmten Bedingungen erfüllbar (zurückstellen)

Abb. 3.36. Verträglichkeitsmatrix für Kombinationsmöglichkeiten der Teilfunktion „Energie wandeln" und „mechanische Energiekomponente ändern" nach [15]

diesem Vorgehen erkennbar sind. So sind Eigenschaften von Wirkprinzipien bei dem niedrigen Konkretisierungsgrad der Konzeptphase oft nur so unvollständig und ungenau bekannt, dass eine quantitative Bearbeitung, d. h. eine mathematische Kombination mit gleichzeitiger Optimierung, nicht durchführbar ist oder sogar zu falschen Ergebnissen führt. Ausgenommen sind hier Kombinationen bekannter Elemente und Baugruppen, wie sie z. B. bei Variantenkonstruktionen oder in Schaltungen vorkommen. Ferner können mathematische Elementverknüpfungen bei Vorliegen rein logischer Funktionen durch Anwenden der Booleschen Algebra durchgeführt werden [24, 75], z. B. für das Verhalten von Sicherheitsschaltungen und für Schaltungsoptimierungen der Elektrotechnik oder Hydraulik.

Grundsätzlich müssen zur Kombination von Teillösungen zu Gesamtlösungen mit Hilfe mathematischer Methoden diejenigen Merkmale bzw. Eigenschaften der Teillösungen bekannt sein, die mit entsprechenden Eigenschaften der zu verknüpfenden Nachbarlösung korrespondieren sollen. Dabei ist es notwendig, dass die Eigenschaften eindeutig und in Form von quantifizierbaren Größen vorliegen. Zur Bildung auch von prinzipiellen Lösungen (z. B. Wirkstruktur) reichen Angaben über physikalische Beziehungen oft nicht aus, da auch geometrische Verhältnisse einschränkend wirken können und damit unter Umständen die Verträglichkeit ausschließen. Eine Zuordnung zwischen physikalischer Gleichung und geometrischer Struktur wird dann notwendig. Solche Zuordnungen lassen sich in der Regel nur für physikalische Vorgänge und geometrische Strukturen niedriger Komplexität aufstellen und im Rechner speichern. Für physikalische Vorgänge höherer Komplexität werden solche Zuordnungen dagegen oft mehrdeutig, so dass doch wieder der Konstrukteur zwischen Varianten entscheiden muss. Insofern bieten sich hier Dialogsysteme an, bei denen ein Kombinationsprozess aus mathematischen und kreativen Teilschritten besteht.

Hieraus wird einsichtig, dass es mit zunehmender stofflicher Verwirklichung einer Lösung einerseits einfacher wird, quantitative Verknüpfungsregeln aufzustellen, andererseits steigt die Zahl der sich gegenseitig beeinflussenden Eigenschaften und mit ihnen die Zahl der Verträglichkeitsbedingungen sowie oft auch die der Optimierungskriterien, so dass der numerische Aufwand sehr hoch wird. Da bei einem Kombinieren mit Hilfe mathematischer Methoden der Rechnereinsatz notwendig ist, wird auf entsprechende Möglichkeiten in Kap. 13 hingewiesen.

3.3 Auswahl- und Bewertungsmethoden
Methods for selection and evaluation

3.3.1 Auswählen geeigneter Lösungsvarianten
Selecting suitable solution variants

Beim methodischen Vorgehen ist ein möglichst breites Lösungsfeld erwünscht. Bei Berücksichtigung der denkbaren ordnenden Gesichtspunkte und Merkmale gelangt man häufig zu einer größeren Zahl von Lösungsvorschlägen. In dieser Fülle liegen zugleich Stärke und Schwäche systematischer Betrachtung. Die große, theoretisch denkbare, aber praktisch nicht verarbeitbare Zahl von oft nicht tragbaren Lösungen muss so früh wie möglich eingeschränkt werden. Andererseits ist darauf zu achten, dass geeignete Wirkprinzipien nicht entfallen, weil oft erst in der Kombination mit anderen eine vorteilhafte Wirkstruktur sichtbar wird. Ein absolut sicheres Verfahren, das Fehlentscheidungen vermeidet, gibt es nicht, aber mit Hilfe eines geordneten und nachprüfbaren Auswahlverfahrens ist die Auswahl aus einer Fülle von Lösungsvorschlägen leichter zu bewältigen [69].

Ein derartiges Auswahlverfahren ist durch die beiden Tätigkeiten *Ausscheiden* und *Bevorzugen* gekennzeichnet:

Zunächst wird das absolut Ungeeignete ausgeschieden. Bleiben dann noch zu viele mögliche Lösungen übrig, sind die offenbar besseren zu bevorzugen. Nur die besser erscheinenden unterzieht man einer weiteren Konkretisierung und Bewertung.

Bei zahlreichen Lösungsvorschlägen ist eine Auswahlliste nach Abb. 3.37 zweckmäßig. Grundsätzlich sollte nach jedem Arbeitsschritt, also schon nach dem Aufstellen von Funktionsstrukturen und auch bei allen folgenden Schritten der Lösungssuche, nur das weiter verfolgt werden, was

3.3 Auswahl- und Bewertungsmethoden   163

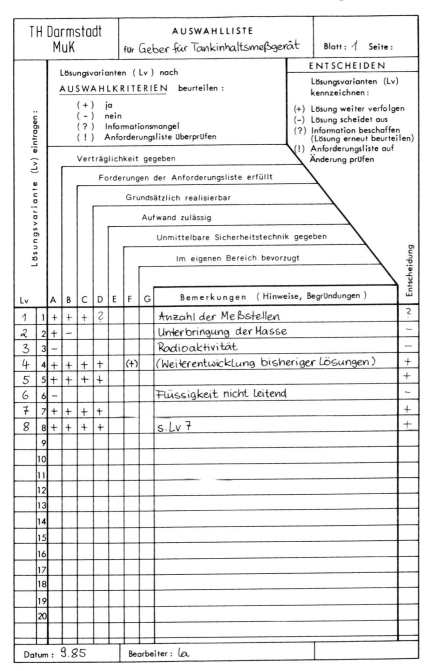

Abb. 3.37. Beispiel einer Auswahlliste zum methodischen Auswählen. 1, 2, 3 usw. sind Lösungsvarianten der in Tabelle 3.3 aufgeführten Vorschläge. Die Bemerkungsspalte gibt Gründe für mangelnden Informationsstand oder für das Ausscheiden an

– mit der Aufgabe und/oder untereinander verträglich ist (Kriterium A),
– die Forderungen der Anforderungsliste erfüllt (Kriterium B),
– eine Realisierungsmöglichkeit hinsichtlich Wirkungshöhe, Größe, notwendiger Anordnung usw. erkennen lässt (Kriterium C),
– einen zulässigen Aufwand erwarten lässt (Kriterium D).

Man scheidet die ungeeigneten Lösungen nach den genannten Kriterien in der beschriebenen Reihenfolge aus. Die Kriterien A und B eignen sich zu einer Ja-Nein-Entscheidung und können relativ problemlos angewandt werden. Zu den Kriterien C und D ist oft eine mehr quantitativ angelegte Untersuchung nötig. Man wird dies aber nur tun, wenn die beiden vorherigen Kriterien A und B positiv beantwortet werden konnten.

Die Beurteilung hinsichtlich der Kriterien C und D hängt stärker vom Ermessen ab, so dass neben dem Ausscheiden wegen z. B. zu geringer Wirkungshöhe oder zu hoher Kosten, auch eine Bevorzugung wegen besonders hoher Wirkungshöhe, geringen Raumbedarfs und zu erwartender niedriger Kosten maßgebend sein kann, wenn deren Über- bzw. Unterschreitung wichtige Vorteile bringt.

Eine Bevorzugung lässt sich dann rechtfertigen, wenn bei sehr vielen möglichen Lösungen solche dabei sind,

– die eine unmittelbare Sicherheitstechnik oder günstige ergonomische Voraussetzungen erlauben (Kriterium E) oder
– die im eigenen Bereich mit bekanntem Know-how, Werkstoffen oder Arbeitsverfahren sowie günstiger Patentlage leicht realisierbar erscheinen (Kriterium F). Es können auch andere oder weitere Auswahlmerkmale gewählt werden, die für eine Auswahlentscheidung relevanter erscheinen.

Betont sei, dass eine Auswahl nach bevorzugten Gesichtspunkten nur dann zweckmäßig ist, wenn so viele Varianten zur Verfügung stehen, dass angesichts der großen Zahl ein Bewerten wegen des größeren Aufwands noch nicht zweckmäßig erscheint.

Führt in der vorgeschlagenen Reihenfolge ein Kriterium zum Ausscheiden, werden die anderen auf diesen Lösungsvorschlag zunächst nicht angewandt. Vorerst sind nur die Lösungsvarianten weiter zu verfolgen, die alle Kriterien erfüllen. Manchmal ist wegen Informationsmangels keine Aussage möglich. Bei lohnend erscheinenden Varianten, bei den die Kriterien A und B erfüllt sind, muss diese Lücke ausgefüllt und der Vorschlag erneut beurteilt werden, damit man nicht an guten Lösungen vorbeigeht.

Die genannte Reihenfolge der Kriterien wurde gewählt, um ein arbeitssparendes Verfahren zu erhalten; damit ist keine aufgabenspezifische Reihenfolge in der Bedeutung der Kriterien beabsichtigt.

Das Auswahlverfahren ist nach Abb. 3.37 schematisiert worden, damit es übersichtlich und nachprüfbar wird. Dort sind die Kriterien aufgeführt und die Gründe des Ausscheidens für jeden einzelnen Lösungsvorschlag festgehalten. Der beschriebene Auswahlvorgang lässt sich erfahrungsgemäß sehr rasch durchführen, gibt einen guten Überblick über die Gründe der Auswahl und bildet bei Verwendung der Auswahlliste eine dokumentfähige Unterlage.

Bei einer geringeren Zahl von Lösungsvorschlägen wird formlos nach gleichen Kriterien ausgeschieden.

Das eingetragene Beispiel bezieht sich auf Lösungsvorschläge für einen Geber zur Tankinhaltsmessung nach der Anforderungsliste in Abb. 6.4 und einem Auszug der Lösungszusammenstellung nach Tabelle 3.3.

Weitere Beispiele für Auswahllisten sind in 6.4.3 (Abb. 6.17) und 6.6.2 (Abb. 6.48) zu finden.

Tabelle 3.3. Auszug aus der Lösungsliste für den Geber zu einem Tankinhaltsmessgerät

Nr.	Lösungsprinzip (Hinweise)	Signal
	1. Maß für Flüssigkeitsmenge	
	1.1 mechanisch statisch	
1	Behälter an drei Punkten befestigen. Die senkrechten Kräfte und damit das Gewicht messen. (Evtl. genügt auch die Messung an einem Auflagepunkt)	Kraft
2	Massenanziehung zwischen zwei Massen. Die Kraft ist den Massen proportional und damit auch der Flüssigkeitsmasse.	Kraft
	1.2 atom-physikalisch	
3	Verteilung einer radioaktiven Menge in der Flüssigkeit	Konzentration Strahlungsintensität
	2. Maß für Flüssigkeitshöhe	
	2.1 mechanisch statisch	
4	Schwimmer mit und ohne Hebelübersetzung. Hebel mit Weg oder Drehwinkel als Ausgang. Potentiometerwiderstand als Abbild des Behälters	Weg
	2.2 elektrisch	
5	Widerstandsdraht, im Gas heiß, in der Flüssigkeit kalt. Von der Flüssigkeitshöhe hängt ab: Gesamtwiderstand, Volumen abhängig (temperatur- und längenabhängig)	Ohmscher Widerstand
6	Flüssigkeit als Ohmscher Widerstand (höhenabhängig). Widerstandänderung bei Höhenänderung der (leitenden) Flüssigkeit	Ohmscher Widerstand
	2.3 optisch	
7	Lichtquelle im Behälter. Durch Flüssigkeit werden je nach Höhe mehr oder weniger viele Lichtleiter abgedeckt. Die Zahl der Lichtsignale ist umgekehrt ein Maß für die Flüssigkeitshöhe	Lichtsignal (diskret)
8	Gestufte Lichtleitung durch die Flüssigkeit. Bei Vorhandensein von Flüssigkeit Übergang des Lichts von dem einen zum andren Lichtleiter (z. B. Plexiglas), bei Gas Totalreflexion des Lichts	Lichtsignal (diskret)

166   3 Methoden zur Produktplanung, Lösungssuche und Beurteilung

3.3.2 Bewerten von Lösungsvarianten
Evaluation of solution variants

Die nach einem Auswahlverfahren als weiter verfolgungswürdig erkannten Lösungsvarianten müssen in der Regel für eine abschließende Beurteilung weiter konkretisiert werden, um vor allem detailliertere und auch möglichst quantifizierbare Beurteilungskriterien zu ermöglichen. Sie werden damit nach ihrem technischen, sicherheitlichen, ökologischen und wirtschaftlichen Wert näher untersucht. Hierzu haben sich Bewertungsverfahren eingeführt, die bei Wahl zutreffender Bewertungskriterien allgemein zur Bewertung von technischen und nichttechnischen Systemen sowie in allen Entwicklungs- und Konstruktionsphasen einsetzbar sind. Bewertungsverfahren sind ihrer Natur nach aufwendiger als Auswahlverfahren nach 3.3.1 und werden daher nur nach Abschluss eines bedeutsameren Arbeitsabschnitts eingesetzt, um den erreichten „Wert" einer Lösung zu ermitteln. Dies geschieht im Allgemeinen zur Vorbereitung grundsätzlicher Entscheidungen für eine bestimmte Lösungsrichtung oder jeweils nach der Konzept- oder Entwurfsphase [77].

1. Grundlagen von Bewertungsverfahren

Eine Bewertung soll den „Wert" bzw. den „Nutzen" oder die „Stärke" einer Lösung in Bezug auf eine vorher aufgestellte Zielvorstellung ermitteln. Letztere ist unbedingt notwendig, da der Wert einer Lösung nicht absolut, sondern immer nur für bestimmte Anforderungen gesehen werden kann. Eine Bewertung führt zu einem Vergleich von Lösungsvarianten untereinander oder, bei einem Vergleich mit einer gedachten Ideallösung, zu einer „Wertigkeit" als Grad der Annäherung an dieses Ideal.

Die Bewertung darf nicht punktuell einzelne Teilaspekte, wie Herstellkosten, Sicherheits-, Ergonomie- oder Umweltfragen zu Grunde legen, sondern muss entsprechend der generellen Zielsetzung (vgl. 2.1.7) alle Einflüsse im richtigen Verhältnis berücksichtigen.

Es werden deshalb Methoden notwendig, die eine umfassendere Bewertung zulassen. Sie berücksichtigen eine Vielzahl von Zielen (aufgabenspezifische Anforderungen und allgemeine Bedingungen) und die sie erfüllenden Eigenschaften. Die Methoden sollen nicht nur quantitativ vorliegende Eigenschaften der Varianten verarbeiten können, sondern auch qualitative, damit sie für die Konzeptphase mit ihrem niedrigen Konkretisierungsgrad und entsprechendem Erkenntnisstand einsetzbar sind. Dabei müssen die Ergebnisse hinreichend aussagesicher sein. Ferner sind ein geringer Aufwand sowie eine weitgehende Transparenz und Reproduzierbarkeit zu fordern. Als wichtigste Methoden haben sich hier die Nutzwertanalyse (NWA) der Systemtechnik [97] und die technisch-wirtschaftliche Bewertung nach der Richtlinie VDI 2225 [91], die im Wesentlichen auf Kesselring [47] zurückgeht, eingeführt.

Im Folgenden wird das grundsätzliche Vorgehen einer Bewertung dargestellt, wobei die unterschiedlichen Vorschläge und die Begriffe der Nutzwertanalyse sowie die der Richtlinie VDI 2225 eingearbeitet sind. Eine abschließende Gegenüberstellung zeigt die Gemeinsamkeiten und Unterschiede beider Methoden.

Erkennen von Bewertungskriterien

Erster Schritt einer Bewertung ist das Aufstellen von Zielvorstellungen, aus denen sich Bewertungskriterien ableiten und nach diesen Lösungsvarianten beurteilt werden können. Solche Ziele ergeben sich für technische Aufgaben vor allem aus den Anforderungen der Anforderungsliste und aus allgemeinen Bedingungen (vgl. Leitlinie in 2.1.7), die oft im Zusammenhang mit der erarbeiteten Lösung erkennbar werden.

Eine Zielvorstellung umfasst in der Regel mehrere Ziele, die nicht nur die verschiedensten technischen, wirtschaftlichen und sicherheitstechnischen Gesichtspunkte enthalten, sondern auch noch eine unterschiedliche Bedeutung haben können.

Beim Aufstellen der Ziele müssen folgende Voraussetzungen möglichst weitgehend erfüllt sein:

– Die Ziele sollen die entscheidungsrelevanten Anforderungen und allgemeinen Bedingungen möglichst vollständig erfassen, damit bei der Bewertung keine wesentlichen Gesichtspunkte unberücksichtigt bleiben.
– Die einzelnen Ziele, nach denen eine Bewertung durchgeführt wird, müssen weitgehend unabhängig voneinander sein, d. h. Maßnahmen zur Erhöhung des Werts einer Variante hinsichtlich eines Ziels dürfen die Werte hinsichtlich der anderen Ziele nicht beeinflussen.
– Die Eigenschaften des zu bewertenden Systems in Bezug auf die Ziele sollten bei vertretbarem Aufwand der Informationsbeschaffung möglichst quantitativ, zumindest aber qualitativ (verbal) konkret erfassbar sein.

Die Zusammenstellung solcher Ziele hängt in starkem Maße von der Absicht der jeweiligen Bewertung, d. h. von der Konstruktionsphase und dem Neuheitsgrad des Produkts ab.

Aus den ermittelten Zielen leiten sich unmittelbar die Bewertungskriterien ab. Alle Kriterien werden wegen der späteren Zuordnung zu den Wertvorstellungen positiv formuliert, d. h. mit einer einheitlichen Bewertungsrichtung versehen:

z. B. „geräuscharm"   und nicht   „laut",
„hoher Wirkungsgrad"   und nicht   „große Verluste",
„wartungsarm"   und nicht   „Wartung erforderlich".

Die Nutzwertanalyse systematisiert diesen Arbeitsschritt durch Aufstellen eines Zielsystems, das die einzelnen Ziele als Teilziele vertikal in mehrere Zielstufen abnehmender Komplexität und horizontal in unterschiedliche Zielbereiche, z. B. in technische und wirtschaftliche oder in solche unterschiedlicher Bedeutung (Haupt- und Nebenziele), hierarchisch gliedert: Abb. 3.38.

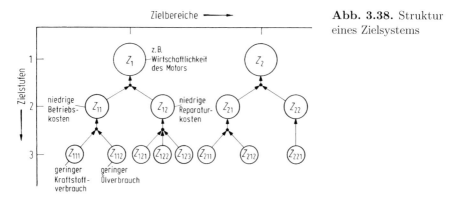

Abb. 3.38. Struktur eines Zielsystems

Wegen der gewollten Unabhängigkeit sollen Teilziele einer höheren Zielstufe nur mit einem Ziel der nächst niedrigeren Zielstufe verbunden sein. Diese hierarchische Ordnung erleichtert dem Konstrukteur die Beurteilung, ob er alle entscheidungsrelevanten Teilziele aufgestellt hat. Ferner vereinfacht sie die Abschätzung der Bedeutung der Teilziele für den Gesamtwert der zu bewertenden Lösungen. Aus den Teilzielen der Zielstufe mit der jeweils niedrigsten Komplexität leiten sich dann die Bewertungskriterien ab, die bei der Nutzwertanalyse auch Zielkriterien genannt werden.

Richtlinie VDI 2225 bildet dagegen für die Bewertungskriterien keine hierarchische Ordnung, sondern leitet sie aus den Mindestforderungen und Wünschen sowie aus allgemein technischen Eigenschaften anhand einer Liste ab.

Untersuchen der Bedeutung für den Gesamtwert

Beim Aufstellen der Bewertungskriterien ist es notwendig, ihre Bedeutung (Gewicht) für den Gesamtwert einer Lösung zu erkennen, damit bereits vor der eigentlichen Bewertung gegebenenfalls unbedeutende Bewertungskriterien ausgeschieden werden können. Trotz unterschiedlicher Bedeutung verbleibende Bewertungskriterien werden durch „Gewichtungsfaktoren" gekennzeichnet, die beim späteren Bewertungsschritt dann berücksichtigt werden. Ein Gewichtungsfaktor ist eine reelle, positive Zahl. Er gibt die Bedeutung eines Bewertungskriteriums (Ziels) gegenüber anderen an.

Es sind Vorschläge bekannt, solche Gewichtungen bereits den Wünschen der Anforderungsliste zuzuordnen [78, 79]. Das erscheint jedoch nur zweckmäßig, wenn bereits bei der Aufstellung der Anforderungsliste die Wünsche geordnet werden können. Eine solche Ordnung ist jedoch in diesem frühen Stadium oft nicht möglich, da die Erfahrung zeigt, dass eine Reihe von Bewertungskriterien sich erst noch im Zuge der Lösungsentwicklung ergeben und sich dann mit den anderen in einer geänderten Bedeutung zeigen. Erleichternd ist es aber durchaus, wenn die Bedeutung der Wünsche bereits beim Aufstellen der Anforderungsliste abgeschätzt wird, da in der Regel dann die geeigneten Gesprächspartner zur Verfügung stehen (vgl. 5.2.2).

3.3 Auswahl- und Bewertungsmethoden   169

Bei der Nutzwertanalyse wird mit Faktoren zwischen 0 und 1 (oder 0–100) gewichtet. Dabei soll die Summe der Faktoren aller Bewertungskriterien (Teilziele der niedrigsten Komplexitätsstufe) gleich 1 (bzw. 100) sein, um eine prozentuale Gewichtung der Teilziele untereinander zu erreichen. Die Aufstellung eines Zielsystems erleichtert eine solche Gewichtung.

In Abb. 3.39 wird dieses Vorgehen prinzipiell gezeigt.

Hier sind die Ziele z. B. in vier Zielstufen abnehmender Komplexität geordnet und mit Gewichtungsfaktoren versehen. Die Beurteilung wird stufenweise von einer Zielstufe höherer Komplexität zu der nachfolgenden unteren Zielstufe vorgenommen. So werden zunächst die drei Teilziele Z_{11}, Z_{12}, Z_{13} der 2. Stufe in Bezug auf das Ziel Z_1 gewichtet, hier mit 0,5; 0,25 und 0,25. Die Quersumme der Gewichtungsfaktoren je Zielstufe muss stets $\Sigma g_i = 1{,}0$ betragen. Dann folgt die Gewichtung der Ziele der 3. Stufe in Bezug auf die Teilziele der 2. Stufe. So wurde die Bedeutung der Ziele Z_{111} und Z_{112} in Bezug auf das höhere Ziel Z_{11} mit 0,67 und 0,33 festgelegt. Entsprechend wird mit den anderen Zielen verfahren. Der jeweilige Gewichtungsfaktor eines Ziels einer bestimmten Stufe in Bezug auf das Ziel Z, ergibt sich dann durch Multiplikation des Gewichtungsfaktors der jeweiligen Zielstufe mit den Gewichtungsfaktoren der höheren Zielstufen, z. B. hat danach das Teilziel Z_{1111}, bezogen auf das Teilziel Z_{111} der nächsten höheren Stufe, die Gewichtung 0,25, bezogen auf das Ziel Z_1 die Gewichtung $0{,}25 \times 0{,}67 \times 0{,}5 \times 1 = 0{,}09$. Eine solche stufenweise Gewichtung erlaubt in der Regel eine wirklichkeitsgerechte Einstufung, da es leichter ist, zwei oder drei Teilziele gegenüber einem höher geordneten Ziel abzuwägen, als wenn man alle Teilziele einer Zielstufe, besonders der unteren Zielstufe, nur gegeneinander abwägen soll. Abbildung 6.33 gibt hierzu ein konkretes Beispiel.

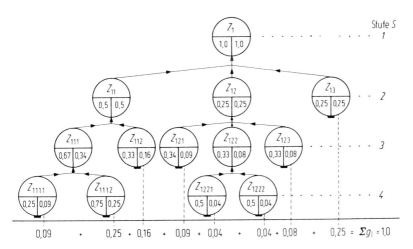

Abb. 3.39. Stufenweise Bestimmung der Gewichtungsfaktoren von Zielen eines Zielsystems nach [97]

Beim Vorgehen nach Richtlinie VDI 2225 wird versucht, in erster Linie ohne Gewichtung auszukommen, indem annähernd gleich bedeutende Bewertungskriterien aufgestellt werden. Nur bei stark unterschiedlicher Bedeutung werden ebenfalls Gewichtungsfaktoren vorgesehen (2mal, 3mal gewichtiger oder ähnlich). Kesselring [47], Lowka [60] und Stahl [87] haben den Einfluss solcher Gewichtungsfaktoren auf den Gesamtwert einer Lösung untersucht. Sie kamen zum Ergebnis, dass nur dann ein merklicher Einfluss besteht, wenn die zu bewertenden Varianten stark unterschiedliche Eigenschaften und die betreffenden Bewertungskriterien hohe Bedeutung haben.

Zusammenstellung der Eigenschaftsgrößen

Nach Aufstellen der Bewertungskriterien und Festlegen ihrer Bedeutung werden im nächsten Arbeitsschritt für die zu bewertenden Lösungsvarianten die bekannten bzw. durch Analyse ermittelten Eigenschaftsgrößen den Bewertungskriterien zugeordnet. Die Eigenschaftsgrößen können zahlenmäßige Kennwerte sein, oder, wo dies nicht möglich ist, verbale, möglichst konkrete Aussagen. Es hat sich als sehr zweckmäßig erwiesen, diese Eigenschaftsgrößen vor der eigentlichen Bewertung den Bewertungskriterien in einer Bewertungsliste zuzuordnen. Abbildung 3.40 zeigt eine solche Liste, in der zunächst die für die Bewertungskriterien wichtigen bzw. die diese erfüllenden Eigenschaftsgrößen in die jeweilige Variantenspalte eingetragen sind. Als Beispiel mögen einige Eigenschaftsgrößen zur Bewertung von Verbrennungsmotoren dienen. Man erkennt, dass Bewertungskriterien und Eigenschaftsgrößen, besonders bei verbalen Aussagen, gleich formuliert sein können.

Man spricht auch von einem „Objektivschritt", der dem „Subjektivschritt" der Bewertung vorangestellt wird.

Die Nutzwertanalyse bezeichnet diese Eigenschaftsgrößen als Zielgrößen und stellt sie mit den Bewertungskriterien (Zielkriterien) in einer Zielgrößenmatrix zusammen. Abbildung 6.55 gibt hierzu ein praktisches Beispiel.

Richtlinie VDI 2225 sieht eine solche tabellarische Zusammenstellung objektiver Eigenschaftsgrößen nicht vor, sondern führt nach Aufstellung der Bewertungskriterien eine Bewertung unmittelbar durch (vgl. Abb. 6.41).

Beurteilen nach Wertvorstellungen

Der nächste Arbeitsschritt führt nun durch Vergeben von Werten die eigentliche Bewertung durch. Dabei ergeben sich die „Werte" aus den vorher ermittelten Eigenschaftsgrößen durch Zuordnen von Wertvorstellungen des Beurteilers. Solche Wertvorstellungen werden einen mehr oder weniger starken subjektiven Anteil haben, man spricht deshalb auch von einem „Subjektivschritt".

Die Wertvorstellungen werden durch Vergabe von Punkten ausgedrückt. Die Nutzwertanalyse benutzt ein großes Wertspektrum von 0 bis 10, Richtlinie VDI 2225 ein kleineres von 0 bis 4 Punkten: Abb. 3.41. Für das große

Bewertungskriterien			Eigenschaftsgrößen		Variante V_1 (z. B. M_I)			Variante V_2 (z. B. M_V)			…	Variante V_j			…	Variante V_m		
Nr.		Gew.		Einh.	Eigensch. e_{i1}	Wert w_{i1}	Gew. Wert wg_{i1}	Eigensch. e_{i2}	Wert w_{i2}	Gew. Wert wg_{i2}		Eigensch. e_{ij}	Wert w_{ij}	Gew. Wert wg_{ij}		Eigensch. e_{im}	Wert w_{im}	Gew. Wert wg_{im}
1	geringer Kraftstoffverbr.	0,3	Kraftstoffverbrauch	$\frac{g}{kWh}$	240			300			…	e_{1j}			…	e_{1m}		
2	leichte Bauart	0,15	Leistungsgewicht	$\frac{kg}{kW}$	1,7			2,7			…	e_{2j}			…	e_{2m}		
3	einfache Fertigung	0,1	Einfachheit der Gußteile	-	niedrig			mittel			…	e_{3j}			…	e_{3m}		
4	hohe Lebensdauer	0,2	Lebensdauer	Fahr-km	80 000			150 000			…	e_{4j}			…	e_{4m}		
⋮	⋮	⋮	⋮	⋮	⋮			⋮				⋮				⋮		
i		g_i			e_{i1}			e_{i2}			…	e_{ij}			…	e_{im}		
⋮	⋮	⋮	⋮	⋮	⋮			⋮				⋮				⋮		
n		g_n			e_{n1}			e_{n2}			…	e_{nj}			…	e_{nm}		
		$\sum_{i=1}^{n} g_i = 1$																

Abb. 3.40. Zuordnung von Bewertungskriterien und Eigenschaftsgrößen in einer Bewertungsliste (Bewertungskriterien und Eigenschaftsgrößen beispielsweise)

172   3 Methoden zur Produktplanung, Lösungssuche und Beurteilung

Wertskala			
Nutzwertanalyse		Richtlinie VDI 2225	
Pkt.	Bedeutung	Pkt.	Bedeutung
0	absolut unbrauchbare Lösung	0	unbefriedigend
1	sehr mangelhafte Lösung		
2	schwache Lösung	1	gerade noch tragbar
3	tragbare Lösung		
4	ausreichende Lösung	2	ausreichend
5	befriedigende Lösung		
6	gute Lösung mit geringen Mängeln	3	gut
7	gute Lösung		
8	sehr gute Lösung		
9	über die Zielvorstellung hinausgehende Lösung	4	sehr gut (ideal)
10	Ideallösung		

Abb. 3.41. Werteskala für Nutzwertanalyse und Richtlinie VDI 2225

Wertspektrum mit 0 bis 10 Punkten spricht die Erfahrung, dass eine Zuordnung und anschließende Auswertung durch ein Zehnersystem mit Anlehnung an Prozentvorstellungen erleichtert wird. Für das kleine Wertspektrum mit 0 bis 4 Punkten spricht die Tatsache, dass bei den häufig nur unzulänglich bekannten Eigenschaften der Varianten eine Grobbewertung ausreicht bzw. nur sinnvoll erscheint, wobei die einfachen Urteilsstufen

   weit unter Durchschnitt
   unter Durchschnitt
   Durchschnitt
   über Durchschnitt
   weit über Durchschnitt

zugrundeliegen.

Hilfreich ist es, wenn man zunächst innerhalb eines Bewertungskriteriums die Varianten mit den extremen guten und schlechten Eigenschaften sucht und diesen entsprechende Punktzahlen zuordnet. Die extremen Punktzahlen 0 und 4 bzw. 10 sollte man aber nur dann vergeben, wenn die Eigenschaften wirklich extrem sind, also unbefriedigend für 0 und ideal bzw. sehr gut für 4 bzw. 10. Nach dieser Extrembetrachtung lassen sich die übrigen Varianten relativ dazu leichter zuordnen.

Für die Zuordnung von Punkten zu den Eigenschaftsgrößen der Varianten ist es notwendig, dass der Beurteiler sich wenigstens über die Beurteilungsspanne (Spanne der Eigenschaftsgrößen) und über den qualitativen Verlauf der sog. „Wertfunktion" im Klaren wird. Wertfunktionen zeigt Abb. 3.42. Eine

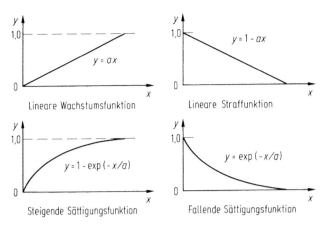

Abb. 3.42. Gebräuchliche Wertefunktionen nach [97]; $x \mathrel{\widehat{=}} e_{ij}$, $y \mathrel{\widehat{=}} w_{ij}$

Wertfunktion ist ein Zusammenhang zwischen Werten und Eigenschaftsgrößen. Beim Aufstellen solcher Wertfunktionen ergibt sich der gesuchte Wertverlauf entweder aus einem bekannten mathematischen Zusammenhang zwischen Wert und Eigenschaftsgröße oder, was häufiger vorliegt, als geschätzter Verlauf [39].

Eine Hilfe ist es, sich ein Urteilsschema aufzustellen, in dem die verbal oder zahlenmäßig angegebenen Eigenschaftsgrößen für die Bewertungskriterien durch Punktvergabe stufenweise den Wertvorstellungen zugeordnet werden. Abbildung 3.43 zeigt ein solches Urteilsschema sowohl für Wertstufungen nach der Nutzwertanalyse als auch nach der Richtlinie VDI 2225.

Wertskala		Eigenschaftsgrößen			
Nutzwert Pkt.	VDI 2225 Pkt.	Kraftstoff-verbrauch g/kWh	Leistungs-gewicht kg/kW	Einfachheit der Gussteile -	Lebensdauer Fahr-km
0	0	400	3,5	extrem kompliziert	20·10³
1		380	3,3		30
2	1	360	3,1	kompliziert	40
3		340	2,9		60
4	2	320	2,7	mittel	80
5		300	2,5		100
6	3	280	2,3	einfach	120
7		260	2,1		140
8	4	240	1,9	extrem einfach	200
9		220	1,7		300
10		200	1,5		500·10³

Abb. 3.43. Urteilsschema zum Festlegen von Werten zu den Eigenschaftsgrößen

Zusammenfassend muss zur Ermittlung der Werte festgestellt werden, dass sowohl beim Aufstellen einer Wertfunktion als auch eines Urteilsschemas eine starke subjektive Beeinflussungsmöglichkeit vorliegt. Ausnahmen bilden nur die seltenen Fälle, in denen es gelingt, eindeutige, möglichst experimentell belegbare Zuordnungen zwischen Wertvorstellungen und Eigenschaftsgrößen zu finden, wie z. B. bei der Geräuschbewertung von Maschinen, bei denen man die Zuordnung zwischen dem Wert, d. h. der Schonung des menschlichen Gehörs, und der Eigenschaftsgröße Lautstärke in dB von der Arbeitswissenschaft her kennt.

Die so ermittelten Werte w_{ij} jeder Lösungsvariante hinsichtlich jedes Bewertungskriteriums (Teilwerte) werden zur Auswertung in die mit Abb. 3.40 bereits aufgestellte Bewertungsliste eingetragen: Abb. 3.44.

Bei unterschiedlicher Bedeutung der Bewertungskriterien für den Gesamtwert einer Lösung werden die im 2. Arbeitsschritt festgelegten Gewichtungsfaktoren mit berücksichtigt. Dies geschieht so, dass die jeweils ermittelten Teilwerte w_{ij} mit dem Gewichtungsfaktor g_i multipliziert werden. Der gewichtete Teilwert ergibt sich dann zu: $wg_{ij} = g_i \cdot w_{ij}$.

Abbildung 6.55 zeigt hierzu ein praktisches Beispiel mit Gewichtung. Die Nutzwertanalyse bezeichnet die ungewichteten Teilwerte als Zielwerte und die gewichteten Werte als Nutzwerte.

Bestimmen des Gesamtwerts

Nachdem die Teilwerte für jede Variante vorliegen, ist es notwendig, ihren Gesamtwert zu errechnen.

Für die Bewertung technischer Produkte hat sich die Summation der Teilwerte durchgesetzt, die exakt natürlich nur bei klarer Wertunabhängigkeit der Bewertungskriterien gilt. Aber auch wenn diese Voraussetzung nur annähernd erfüllt ist, dürfte die Annahme einer additiven Struktur für den Gesamtwert die Verhältnisse am besten treffen.

Der Gesamtwert einer Variante errechnet sich dann zu

Ungewichtet: $Gw_j = \sum\limits_{i=1}^{n} w_{ij}$,

Gewichtet: $Gwg_j = \sum\limits_{i=1}^{n} g_i \cdot w_{ij} = \sum\limits_{i=1}^{n} wg_{ij}$.

Vergleichen der Lösungsvarianten

Auf der Grundlage der Summationsregel ist nun die Beurteilung der Varianten verschieden möglich.

Feststellen des maximalen Gesamtwerts: Bei diesem Verfahren wird diejenige Variante am besten beurteilt, die den maximalen Gesamtwert hat.

$Gw_j \to$ Max   bzw. $Gwg_j \to$ Max .

Bewertungskriterien			Eigenschaftsgrößen		Variante V_1 (z. B. M_{I})			Variante V_2 (z. B. M_{V})			…	Variante V_j			…	Variante V_m		
Nr.		Gew.		Einh.	Eigensch. e_{i1}	Wert w_{i1}	Gew.Wert wg_{i1}	Eigensch. e_{i2}	Wert w_{i2}	Gew.Wert wg_{i2}		Eigensch. e_{ij}	Wert w_{ij}	Gew.Wert wg_{ij}		Eigensch. e_{im}	Wert w_{im}	Gew.Wert wg_{im}
1	geringer Kraftstoffverbr.	0,3	Kraftstoff-verbrauch	$\frac{g}{kWh}$	240	8	2,4	300	5	1,5	…	e_{1j}	w_{1j}	wg_{1j}	…	e_{1m}	w_{1m}	wg_{1m}
2	leichte Bauart	0,15	Leistungs-gewicht	$\frac{kg}{kW}$	1,7	9	1,35	2,7	4	0,6	…	e_{2j}	w_{2j}	wg_{2j}	…	e_{2m}	w_{2m}	wg_{2m}
3	einfache Fertigung	0,1	Einfachheit der Gussteile	-	kompli-ziert	2	0,2	mittel	5	0,5	…	e_{3j}	w_{3j}	wg_{3j}	…	e_{3m}	w_{3m}	wg_{3m}
4	hohe Le-bensdauer	0,2	Lebens-dauer	Fahr-km	80 000	4	0,8	150 000	7	1,4	…	e_{4j}	w_{4j}	wg_{4j}	…	e_{4m}	w_{4m}	wg_{4m}
⋮	⋮	⋮	⋮	⋮	⋮	⋮	⋮	⋮	⋮	⋮		⋮	⋮	⋮		⋮	⋮	⋮
i		g_i			e_{i1}	w_{i1}	wg_{i1}	e_{i2}	w_{i2}	wg_{i2}	…	e_{ij}	w_{ij}	wg_{ij}	…	e_{im}	w_{im}	wg_{im}
⋮	⋮	⋮	⋮	⋮	⋮	⋮	⋮	⋮	⋮	⋮		⋮	⋮	⋮		⋮	⋮	⋮
n		g_n			e_{n1}	w_{n1}	wg_{n1}	e_{n2}	w_{n2}	wg_{n2}	…	e_{nj}	w_{nj}	wg_{nj}	…	e_{nm}	w_{nm}	wg_{nm}
		$\sum_{i=1}^{n} g_i = 1$				Gw_1 W_1	Gwg_1 Wg_1		Gw_2 W_2	Gwg_2 Wg_2			Gw_j W_j	Gwg_j Wg_j			Gw_m W_m	Gwg_m Wg_m

Abb. 3.44. Mit den Werten ergänzte Bewertungsliste, Zahlenwerte beispielsweise (vgl. Abb. 3.40)

Es handelt sich also um einen relativen Vergleich der Varianten untereinander. Hiervon macht die Nutzwertanalyse Gebrauch.

Ermitteln einer Wertigkeit: Will man nicht nur einen relativen Vergleich der Varianten untereinander, sondern eine Aussage über die absolute Wertigkeit einer Variante erhalten, ist der Gesamtwert auf einen gedachten Idealwert zu beziehen, der sich dabei aus dem maximal möglichen Wert ergibt.

$$\text{Ungewichtet: } W_j = \frac{Gw_j}{w_{\max} \cdot n} = \frac{\sum\limits_{i=1}^{n} w_{ij}}{w_{\max} \cdot n},$$

$$\text{Gewichtet: } Wg_j = \frac{Gwg_j}{w_{\max} \cdot \sum\limits_{i=1}^{n} g_i} = \frac{\sum\limits_{i=1}^{n} g_i \cdot w_{ij}}{w_{\max} \cdot \sum\limits_{i=1}^{n} g_i}.$$

Lassen die Informationen über die Eigenschaften aller Lösungsvarianten konkrete wirtschaftliche Aussagen zu, so empfiehlt sich, eine technische Wertigkeit W_t und eine wirtschaftliche Wertigkeit W_w getrennt zu ermitteln. Während die technische Wertigkeit immer nach der aufgeführten Regel durch Division des technischen Gesamtwerts der jeweiligen Varianten mit dem Idealwert berechnet wird, ist die wirtschaftliche Wertigkeit durch Bezug auf Vergleichskosten in entsprechender Weise zu berechnen. Letzteres Vorgehen wird in der Richtlinie VDI 2225 vorgeschlagen, indem die für eine Variante ermittelten Herstellkosten auf „Vergleichskosten H_0" bezogen werden. Die wirtschaftliche Wertigkeit ist dann: $W_W = H_0/H_{\text{Variante}}$. Dabei kann $H_0 = 0{,}7 \cdot H_{\text{zulässig}}$ oder $H_0 = 0{,}7 \cdot H_{\text{Minimum}}$ der jeweils billigsten Variante gesetzt werden. Ist die technische und wirtschaftliche Wertigkeit getrennt ermittelt worden, ist die Bestimmung der „Gesamtwertigkeit" einer Variante interessant. Die Richtlinie VDI 2225 schlägt hierfür vor, ein sog. „s-Diagramm" (Stärke-Diagramm) aufzustellen, bei dem auf der Abszisse die technische Wertigkeit W_t und auf der Ordinate die wirtschaftliche Wertigkeit W_w aufgetragen sind: Abb. 3.45. Ein solches Diagramm eignet sich besonders zur Begutachtung von Varianten im Zuge einer Weiterentwicklung, da man bei ihm sehr gut die Auswirkungen konstruktiver Maßnahmen erkennen kann.

Es gibt Fälle, wo man aus diesen Teilwertigkeiten die Gesamtwertigkeit in einer Zahlenangabe bilden möchte, z. B. zur numerischen Weiterverarbeitung in Rechnerprogrammen. Hierzu schlägt Baatz [3] zwei Verfahren vor, und zwar:

– das Geradenverfahren, das den arithmetischen Mittelwert

$$W = \frac{W_t + W_W}{2} \text{ bildet}$$

und

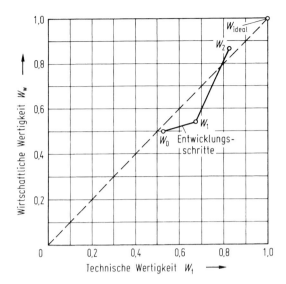

Abb. 3.45. Wertigkeitsdiagramm nach [47, 91]

– das Hyperbelverfahren, das eine multiplikative Verknüpfung beider Wertigkeiten mit anschließender Umrechnung auf Werte zwischen 0 und 1 vornimmt:

$$W = \sqrt{W_\mathrm{t} \times W_\mathrm{W}}$$

Abbildung 3.46 zeigt beide Verfahren zum Vergleich.

Das Geradenverfahren kann bei großen Unterschieden zwischen technischer und wirtschaftlicher Wertigkeit noch eine höhere Gesamtwertigkeit errechnen als bei niedrigeren, aber ausgeglicheneren Einzelwertigkeiten. Da ausgeglichenen Lösungen aber der Vorzug gegeben werden soll, ist das Hyperbelverfahren geeigneter, da es große Wertigkeitsunterschiede durch seinen progressiv wirkenden Reduzierungscharakter ausgleicht. Je größer die Unausgeglichenheit, um so größer der Reduzierungseffekt auf niedrigere Gesamtwerte.

Grobvergleich von Lösungsvarianten: Das bisher dargelegte Verfahren verwendet differenzierte Wertskalen. Es ist dann aussagefähig, wenn für die Bewertungskriterien die „objektiven" Eigenschaftsgrößen einigermaßen genau angebbar und eine sinnvolle Zuordnung der Werte zu Eigenschaftsgrößen möglich sind. In Fällen, bei denen diese Voraussetzungen nicht gegeben sind, wird die relativ feine Bewertung mittels differenzierter Wertskala fragwürdig und auch in ihrem Aufwand unangemessen. In solchen Fällen besteht die Möglichkeit einer Grobbewertung bzw. eines Grobvergleichs dadurch, dass alle Varianten paarweise hinsichtlich eines Bewertungskriteriums miteinander verglichen werden und jeweils nur binär entschieden wird, welche von beiden Varianten die stärkere ist. Diese Ergebnisse können für jedes Bewertungskriterium in einer sog. *Dominanzmatrix* [22] zusammengefasst werden: Abb. 3.47. Aus den Spaltensummen kann dann eine Rangfolge abgeleitet werden. Fasst man solche Matrizen der Einzelkriterien zu einer Gesamtmatrix

178 3 Methoden zur Produktplanung, Lösungssuche und Beurteilung

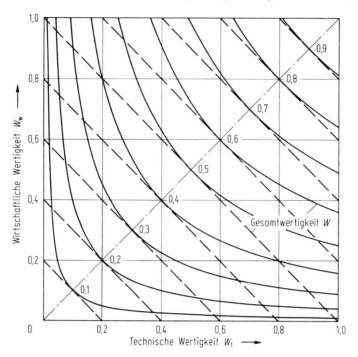

Abb. 3.46. Bestimmung der Gesamtwertigkeit nach dem Geraden-Hyperbelverfahren nach [3]

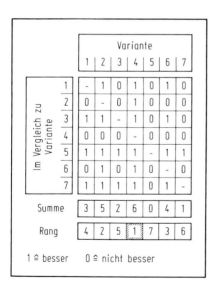

Abb. 3.47. Binäre Bewertung von Lösungsvarianten nach [22]

zusammen, so kann man entweder durch Addition der Vorziehungshäufigkeiten oder durch Addition aller Spaltensummen wiederum eine Rangfolge bestimmen. Dem vergleichsweise geringen Aufwand steht eine verminderte Aussagequalität gegenüber.

Abschätzen von Beurteilungsunsicherheiten

Mögliche Fehler oder Unsicherheiten der vorgeschlagenen Bewertungsmethoden können in zwei Hauptgruppen gegliedert werden, und zwar in personenbedingte Urteilsfehler und in grundsätzliche Mängel, die im Verfahren selbst begründet liegen.
Personenbedingte Fehler können entstehen durch:

− Abweichen des Beurteilers vom neutralen Standpunkt, d. h. durch starke Subjektivität. Eine solche nicht mehr objektive Bewertung kann z. B. einem Konstrukteur durchaus auch ohne Absicht unterlaufen, der seine eigene Konstruktion mit Lösungsvorschlägen anderer vergleicht. Daher ist die Bewertung in einer Gruppe durch mehrere Personen, möglichst auch aus unterschiedlichen Konstruktions- und Betriebsbereichen, nötig. Es empfiehlt sich ebenfalls dringend, die Varianten mit einer neutralen Bezeichnung, z. B. A, B, C usw., und nicht mit Lösung „Müller" oder „Vorschlag Werk Neustadt" zu versehen, weil sonst unnötige Identifikationen mit schädlichen Emotionen entstehen.
− Eine weitgehende Schematisierung des Vorgehens führt auch zum Abbau subjektiver Einflüsse.
− Vergleich von Varianten nach gleichen Bewertungskriterien, die aber nicht für alle Varianten passen. Einen solchen Fehler kann man bereits bei der Ermittlung der Eigenschaftsgrößen und deren Zuordnung zu Bewertungskriterien erkennen. Sind für einzelne Varianten Eigenschaftsgrößen hinsichtlich bestimmter Bewertungskriterien nicht zu ermitteln, so sollte man diese Bewertungskriterien umformulieren oder weglassen und sich nicht zu einer unzutreffenden Beurteilung einzelner Varianten verleiten lassen.
− Varianten werden für sich und nicht entsprechend den aufgestellten Bewertungskriterien nacheinander beurteilt. Es muss stets ein Kriterium nach dem anderen für alle Varianten (Zeile für Zeile in der Bewertungsliste) behandelt werden, damit eine Voreingenommenheit für eine Variante verringert wird.
− Starke Abhängigkeit der Bewertungskriterien untereinander.
− Wahl ungeeigneter Wertfunktionen.
− Unvollständigkeit der Bewertungskriterien. Diesem Fehler wird durch Befolgen einer der jeweiligen Konstruktionsphase angepassten Leitlinie für Bewertungskriterien entgegengewirkt (vgl. Abb. 6.22 und Abb. 7.148).

Verfahrensbedingte Fehler der vorgeschlagenen Bewertungsmethoden liegen in der kaum zu vermeidenden „Prognoseungewissheit", die dadurch entsteht, dass die vorausgesagten Eigenschaftsgrößen und damit auch die Werte nicht eindeutig feste Größen, sondern mit Ungewissheit behaftet und Zufallsvariable sind. Man könnte diese Fehler abbauen, wenn man für die Eigenschaftsgrößen eine Abschätzung der Streuungen vornimmt.

Bezüglich einer Prognoseunsicherheit ist daher zu empfehlen, die Eigenschaftsgrößen nur dann quantitativ in Zahlenwerten anzugeben, wenn das mit genügender Genauigkeit auch möglich ist. Andernfalls ist es richtiger, verbale Schätzangaben (z. B. hoch, mittel, tief) zu machen, deren Ungenauigkeitsgrad klar zu erkennen ist. Fehlerhafte Zahlenwerte sind dagegen gefährlich, da sie eine Sicherheit der Angaben vortäuschen.

Eine genauere Analyse der Bewertung hinsichtlich der erreichbaren Aussagesicherheit sowie einen Vergleich der Verfahren führen Feldmann [22] und Stabe [86] durch. Letzterer gibt auch weiteres Schrifttum zur Bewertung an. Bei einer hinreichend großen Anzahl von Bewertungskriterien und wenn das Niveau der Teilwerte der betreffenden Variante einigermaßen ausgeglichen ist, unterliegt der Gesamtwert einer ausgleichenden statistischen Wirkung aus den teils zu optimistisch, teils zu pessimistisch ermittelten Einzelwerten, so dass der Gesamtwert sich recht zutreffend ergibt.

Unsicherheiten bei der Bewertung entstehen nicht nur durch die Prognoseunsicherheit, d. h. durch Unsicherheit im Wissen über Lösungsprinzipien und deren Realisierung, sondern auch durch Unsicherheiten in der Formulierung von Anforderungen und in der Lösungsbeschreibung. Um trotzdem solche vagen Informationen quantitativ verarbeiten zu können bietet die FUZZY-Logik bzw. die Erweiterung zum FUZZY-MADM-Verfahren (Multi Attributive Decision Making) Unterstützung [58]. Bei diesem Verfahren werden mit sog. Fuzzy Sets unscharfe Zahlen oder Mengen beschrieben, für deren Überlagerung dann Durchschnittsbildungen errechnet werden. Ergebnis ist dann ein unscharfer Gesamtnutzen für jede Lösungsvariante.

Suchen nach Schwachstellen

Schwachstellen werden durch unterdurchschnittliche Werte bezüglich einzelner Bewertungskriterien erkennbar. Sie sind besonders bei günstigen Varianten mit guten Gesamtwerten sorgfältig zu beachten und möglichst bei der Weiterentwicklung zu beseitigen. Zum Erkennen von Schwachstellen bei den Lösungsvarianten können graphische Darstellungen der Teilwerte hilfreich sein. Man benutzt hier sog. Wertprofile gemäß Abb. 3.48. Während die Balkenlängen der Werthöhe entsprechen, sind die Balkendicken ein Maß für die Gewichtung. Die Flächeninhalte der Balken geben dann die gewichteten Teilwerte und die schraffierte Fläche den Gesamtwert einer Lösungsvariante an. Es ist einsichtig, dass es für die Verbesserung einer Lösung vor allem wichtig ist, denjenigen Teilwert zu verbessern, der einen größeren Beitrag zum Gesamtwert liefert. Das trifft bei vorliegender Darstellung für solche Bewertungskriterien zu, die eine große Balkendicke (große Bedeutung) und eine nicht zu kleine Balkenlänge haben. Neben einem hohen Gesamtwert ist es darüber hinaus wichtig, ein ausgeglichenes Wertprofil zu erreichen, bei

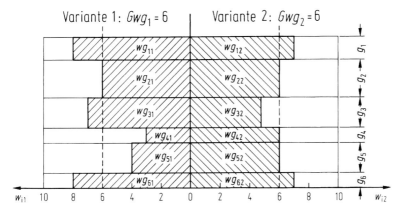

Abb. 3.48. Werteprofil zum Vergleich zweier Varianten $\sum g_i = 1$

dem keine gravierende Schwachstelle auftritt. So ist in Abb. 3.48 Variante 2 günstiger als Variante 1, obwohl beide denselben Gesamtwert haben.

Es gibt auch Fälle, bei denen ein Mindestwert für alle Teilwerte gefordert wird, wo also eine Variante ausgeschieden wird, wenn sie diese Bedingung nicht erfüllt. Andererseits werden aber alle Varianten, die diese Bedingung erfüllen, weiterverfolgt. Im Schrifttum wird solches Vorgehen als „Feststellen befriedigender Lösungen" bezeichnet [97].

2. Vergleich von Bewertungsverfahren

In Tabelle 3.4 sind die Teilschritte der dargelegten Bewertung sowie die Gemeinsamkeiten und Unterschiede der beiden Bewertungsmethoden „Nutzwertanalyse" und „Richtlinie VDI 2225" zusammengestellt. Beide Verfahren gehen grundsätzlich gleich vor.

Die Schritte der Nutzwertanalyse sind differenzierter und eindeutiger aufgebaut. Der Arbeitsaufwand ist angesichts der obligatorisch vorzunehmenden Gewichtung grundsätzlich höher als beim Vorgehen nach der Richtlinie VDI 2225. Letztere eignet sich besser bei Vorliegen relativ weniger und annähernd gleichgewichtiger Bewertungskriterien, was in der Konzeptphase häufig der Fall ist, aber auch bei der Beurteilung abgegrenzter Gestaltungszonen im Zuge der Entwurfsphase.

Das Wesen eines Bewertungsvorgangs ist auf der Grundlage der bekannten Bewertungsmethoden dargestellt worden. Durch Straffung und Begriffsbereinigungen ergab sich eine Weiterentwicklung. Für die Konzeptphase werden in 6.5.2 und für die Entwurfsphase in 7.6 besondere Gesichtspunkte erläutert und mit Hilfe der dargestellten Leitlinien Empfehlungen für die Anwendung gegeben.

Tabelle 3.4. Teilschritte beim Bewerten und Vergleichen zwischen Nutzwertanalyse und Richtlinie VDI 2225

Reihen-folge	Teilschritt	Nutzwertanalyse	VDI-Richtlinie 2225
1	*Erkennen* der Ziele bzw. *Bewertungskriterien*, die zur Beurteilung der Lösungsvarianten herangezogen werden müssen unter Verwenden der Anforderungsliste und einer Leitlinie	Aufstellen eines hinsichtlich Abhängigkeiten und Komplexitäten abgestuften Zielsystems (Zielhierarchie) auf der Grundlage der Anforderungsliste und weiterer allgemeiner Bedingungen	Zusammenstellen wichtiger technischer Eigenschaften sowie von Wünschen und Mindestforderungen der Anforderungsliste
2	*Untersuchen* der Bewertungskriterien hinsichtlich ihrer *Bedeutung für den Gesamtwert* der Lösungen. Ggf. Festlegen von Gewichtungsfaktoren	Stufenweises Gewichten der Zielkriterien (Bewertungskriterien) und ggf. Ausscheiden unbedeutender Kriterien	Festlegen von Gewichtungsfaktoren nur bei stark unterschiedlicher Bedeutung der Bewertungskriterien
3	*Zusammenstellen* der für die einzelnen Lösungsvarianten zutreffenden *Eigenschaftsgrößen*	Aufstellen einer Zielgrößenmatrix	Nicht generell vorgesehen
4	*Beurteilung* der Eigenschaftsgrößen *nach Wertvorstellungen* (0–10 oder 0–4 Punkte)	Aufstellen einer Zielwertmatrix mit Hilfe einer Punktbewertung oder mit Wertfunktionen; 0–10 Punkte	Punktbewertung der Eigenschaften; 0–4 Punkte
5	*Bestimmen des Gesamtwerts* der einzelnen Lösungsvarianten, in der Regel unter Bezug auf eine Ideallösung (Wertigkeit)	Aufstellen einer Nutzwertmatrix mit Berücksichtigung von Gewichten; Ermitteln von Gesamtnutzwerten durch Summenbildung	Ermitteln einer Technischen Wertigkeit durch Summenbildung ohne oder mit Berücksichtigung von Gewichten unter Bezug auf eine Ideallösung; ggf. Ermitteln einer Wirtschaftlichen Wertigkeit aufgrund von Herstellkosten.
6	*Vergleichen der Lösungsvarianten*	Vergleichen der Gesamtnutzungswerten	Vergleichen der Technischen und Wirtschaftlichen Wertigkeiten; Aufstellen eines s-(Stärke)-Diagramms.
7	*Abschätzen von Beurteilungsunsicherheiten*	Abschätzung von Zielgrößensteuerungen und Nutzwertverteilungen	Nicht explizit vorgesehen
8	*Suchen nach Schwachstellen* zur Verbesserung ausgewählter Varianten	Aufstellung von Nutzwertprofilen	Feststellen der Eigenschaften mit geringer Punktzahl

Literatur
References

1. Abell, D. F.: Strategic Windows. Journal of Marketing, Vol. 42, No. 3 (July) 1978.
2. Altschuller, G. S.: Erfinden – Wege zur Lösung technischer Probleme, Limitierter Nachdruck der 2. Auflage, Hrsg. Möhrle, M. Cottbus: PI – Planung und Innovation 1998.
3. Baatz, U.: Bildschirmunterstütztes Konstruieren. Diss. RWTH Aachen 1971.
4. Beitz, W.: Customer Integration im Entwicklungs- und Konstruktionsprozess. Konstruktion 48 (1996) 31–34.
5. Bengisu, Ö.: Elektrohydraulische Analogie. Ölhydraulik und Pneumatik 14 (1970) 122–127.
6. Birkhofer, H.; Büttner, K.; Reinemuth, J.; Schott, H.: Netzwerkbasiertes Informationsmanagement für die Entwicklung und Konstruktion – Interaktion und Kooperation auf virtuellen Marktplätzen. Konstruktion 47 (1995) 255–262.
7. Brankamp, K.: Produktplanung – Instrument der Zukunftssicherung im Unternehmen. Konstruktion 26 (1974) 319–321.
8. Brezing, A. N.: Planung innovativer Produkte unter Nutzung von Design- und Ingenieurdienstleistungen. Diss. RWTH Aachen: Shaker 2005.
9. Bürdek, B.: Geschichte, Theorie und Praxis der Produktgestaltung. Basel: Birkhäuser 2005.
10. Bürgel, H. D., Haller, C., Binder, M.: F&E-Management. München: Vahlen 1996.
11. Coineau, Y.; Kresling, B.: Erfindungen der Natur. Nürnberg: Tessloff 1989.
12. Dalkey, N. D.; Helmer, O.: An Experimental Application of the Delphi Method to the Use of Experts. Management Science Bd. 9, No. 3, April 1963.
13. Diekhöner, G.: Erstellen und Anwenden von Konstruktionskatalogen im Rahmen des methodischen Konstruierens. Fortschrittsberichte der VDI-Zeitschriften Reihe 1, Nr. 75. Düsseldorf. VDI-Verlag 1981.
14. Diekhöner, G.; Lohkamp, F.: Objektkataloge – Hilfsmittel beim methodischen Konstruieren. Konstruktion 28 (1976) 359–364.
15. Dreibholz, D.: Ordnungsschemata bei der Suche von Lösungen. Konstruktion 27 (1975) 233–240.
16. Eder, W. E.: Methode QFD – Bindeglied zwischen Produktplanung und Konstruktion. Konstruktion 47 (1995) 1–9.
17. Ehrlenspiel, K.; Kiewert, A.; Lindemann, U.: Kostengünstig Entwickeln und Konstruieren. 2. Aufl. Berlin, Heidelberg, New York: Springer-Verlag 1998.
18. Ersoy, M.: Gießtechnische Fertigungsverfahren – Konstruktionskatalog für Fertigungsverfahren. wt-Z. in der Fertigung 66 (1976) 211–217.
19. Eversheim, W.: Innovationsmanagement für technische Produkte. Berlin: Springer 2003.
20. Ewald, O.: Lösungssammlungen für das methodische Konstruieren. Düsseldorf: VDI-Verlag 1975.
21. Feldhusen, J., Gebhardt, B., Macke, N., Nurcahya, E., Bungert, F.: Development of a Set of Methods to Support the Implementation of a PDMS. In: Innovation in Life Cycle Engineering and Sustainable Development, ed. by Brissaud, D., Tichkiewitch, S., Zwolinski, P. Springer, Netherlands, 2006, pp. 381–397.

22. Feldmann, K.: Beitrag zur Konstruktionsoptimierung von automatischen Drehmaschinen. Diss. TU Berlin 1974.
23. Flemming, M.; Ziegmann, G.; Roth, S.: Faserverbundbauweisen – Fasern und Matrices. Berlin: Springer 1995. – Halbzeuge und Bauweisen. Berlin: Springer 1996.
24. Föllinger, O.; Weber, W.: Methoden der Schaltalgebra. München: Oldenbourg 1967.
25. Fuhrmann, U.; Hinterwaldner, R.: Konstruktionskatalog für Klebeverbindungen tragender Elemente. VDI-Berichte 493. Düsseldorf. VDI-Verlag 1983.
26. Gausemeier, J. (Hrsg.): Die Szenario-Technik – Werkzeug für den Umgang mit einer multiplen Zukunft. HNI-Verlagsschriftenreihe, Bd. 7, Paderborn: Heinz-Nixdorf Institut 1995.
27. Gausemeier, J.; Ebbesmeyer, P.; Kallmeyer, F.: Produktinnovation – Strategische Planung und Entwicklung der Produkte von morgen. München: Hanser 2001.
28. Gausemeier, J.; Fink, A.; Schlake, O.: Szenario-Management, Planen und Führen mit Szenarien. München: Hanser 1995.
29. Gemünden, H. G. et al: Erfolgsorientierte Steuerungen von Innovationsprojekten. Präsentation der Untersuchungsergebnisse des Innovations-Kompass, 2003. URL: http://www.tim.tu-berlin.de/forschung/innokompass/-download/sose03_innokompass_steuerung.pdf [05.06.2005].
30. Geschka, H.: Produktplanung in Großunternehmen. Proceedings ICED 91, Schriftenreihe WDK 20. Zürich: HEURISTA 1991.
31. Geyer, E.: Marktgerechte Produktplanung und Produktentwicklung. Teil 1: Produkt und Markt, Teil 11: Produkt und Betrieb. RKW-Schriftenreihe Nr. 18 und 26. Heidelberg: Gehisen 1972 (mit zahlreichen weiteren Literaturstellen).
32. Gießner, F.: Gesetzmäßigkeiten und Konstruktionskataloge elastischer Verbindungen. Diss. Braunschweig 1975.
33. Glauner, C., Korte, S.: Ingenieur-Dienstleistungen. Forschungsbericht zum Vorhaben „Ingenieurmäßige Dienstleistungen: Systematisierung und Innovationsförderung durch Standardisierung" (Förderkennzeichen 01HG0036) der Abteilung Zukünftige Technologien Consulting des VDI-Technologiezentrums. Düsseldorf: 2003.
34. Gordon, W. J. J.: Synectics, the Development of Creative Capacity. New York: Harper 1961.
35. Grandt, J.: Auswahlkriterien von Nietverbindungen im industriellen Einsatz. VDI-Berichte 493. Düsseldorf. VDI-Verlag 1983.
36. Hauschildt, J.: Innovationsmanagement. München: Franz Vahlen 2004.
37. Hellfritz, H.: Innovation via Galeriemethode. Königstein/Ts.: Eigenverlag 1978.
38. Herb, R.; Herb, T.; Kohnhauser, V.: TRIZ–der systematische Weg zur Innovation. Werkzeuge; Praxisbeispiele, Schritt-für-Schritt-Anleitungen. Landsberg/Lech: Verlag Moderne Industrie 2000.
39. Herrmann, J.: Beitrag zur optimalen Arbeitsraumgestaltung an numerisch gesteuerten Drehmaschine. Diss. TU Berlin 1970.
40. Hertel, H.: Leichtbau. Berlin: Springer 1969.
41. Hertel, U.: Biologie und Technik – Struktur, Form, Bewegung. Mainz: Krauskopf 1963.
42. Heufler, G.:Produkt–Design: von der Idee zur Serienreife. Linz: Veritas 1987.

43. Hill, B.: Bionik – Notwendiges Element im Konstruktionsprozess. Konstruktion 45 (1993) 283–287.
44. Hoffmann, J.: Entwicklung eines QFD-gestützten Verfahrens zur Produktplanung und -entwicklung für kleine und mittlere Unternehmen. Diss. Universität Stuttgart 1997.
45. Jung, R.; Schneider, J.: Elektrische Kleinmotoren. Marktübersicht mit Konstruktionskatalog. Feinwerktechnik und Messtechnik 92 (1984) 153–165.
46. Kerz, P.: Biologie und Technik – Gegensatz oder sinnvolle Ergänzung; Konstruktionselemente und -prinzipien in Natur und Technik. Konstruktion 39 (1987) 321–327, 474–478.
47. Kesselring, F.: Bewertung von Konstruktionen, ein Mittel zur Steuerung von Konstruktionsarbeit. Düsseldorf: VDI-Verlag 1951.
48. Klein, B.: TRIZ/TIPS–Methodik des erfinderischen Problemlösens. München: Oldenbourg 2002.
49. Kleinaltenkamp, M.; Fließ, S.; Jacob, F. (Hrsg.): Customer Integration – Von der Kundenorientierung zur Kundenintegration. Wiesbaden: Gabler 1996.
50. Kleinaltenkamp, M.; Plinke, W. (Hrsg.): Technischer Vertrieb – Grundlagen. 2. Auflage. Berlin: Springer 2000.
51. Koller, R.: Konstruktionslehre für den Maschinenbau; 4. Aufl. Berlin: Springer 1998.
52. Kollmann, F. G.: Welle-Nabe-Verbindungen. Konstruktionsbücher Bd. 32. Berlin: Springer 1983.
53. Kopowski, E.: Einsatz neuer Konstruktionskataloge zur Verbindungsauswahl. VDI-Berichte 493. Düsseldorf: VDI-Verlag 1983.
54. Kotler, P., Bliemel, F.: Marketing Management: Analyse, Planung, Umsetzung und Steuerung, 9. Auflage, Schäffer-Poeschl, Stuttgart 1999.
55. Kramer, F.: Innovative Produktpolitik, Strategie – Planung – Entwicklung – Einführung. Berlin: Springer 1986.
56. Kramer, F.; Kramer, M.: Bausteine der Unternehmensführung – Kundenzufriedenheit und Unternehmenserfolg. 2. Aufl. Berlin: Springer 1997.
57. Krumhauer, P.: Rechnerunterstützung für die Konzeptphase der Konstruktion. Diss. TU Berlin 1974.
58. Lawrence, A.: Verarbeitung unsicherer Informationen im Konstruktionsprozess – dargestellt am Beispiel der Lösung von Bewegungsaufgaben. Diss. Bundeswehrhochschule Hamburg 1996.
59. Lesmeister, F.: Verbesserte Produktplanung durch den problemorientierten Einsatz präventiver Qualitätsmanagementmethoden. Diss. RWTH Aachen 2001.
60. Lowka, D.: Methoden zur Entscheidungsfindung im Konstruktionsprozess. Feinwerktechnik und Messtechnik 83 (1975) 19–21.
61. Lubkowitz, D.: Markt- und Trendforschung im Design Management. in: Buck, A., Vogt, M. (Hrsg.): Design Management. Wiesbaden: Gabler 1997.
62. Mai, C.: Effiziente Produktplanung mit Quality Function Deployment. Diss. Universität Stuttgart 1998.
63. Neudörfer, A.: Gesetzmäßigkeiten und systematische Lösungssammlung der Anzeiger und Bedienteile. Düsseldorf: VDI-Verlag 1981.
64. Neudörfer, A.: Konstruktionskatalog für Gefahrstellen. Werkstatt und Betrieb 116 (1983) 71–74.
65. Neudörfer, A.: Konstruktionskatalog trennender Schutzeinrichtungen. Werkstatt und Betrieb 116 (1983) 203–206.

66. North, K.: Wissensorientierte Unternehmensführung – Wertschöpfung durch Wissen; 4. Aufl.. Wiesbaden: Gabler 2005.
67. Orloff, M. A.:Grundlagen der klassischen TRIZ: ein praktisches Lehrbuch des erfinderischen Denkens für Ingenieure. Berlin: Springer 2002.
68. Osborn, A. F.: Applied Imagination – Principles and Procedures of Creative Thinking. New York: Scribner 1957.
69. Pahl, G.: Rückblick zur Reihe „Für die Konstruktionspraxis". Konstruktion 26 (1974) 491–495.
70. Pahl, G.; Beelich, K. H.: Lagebericht. Erfahrungen mit dem methodischen Konstruieren. Werkstatt und Betrieb 114 (1981) 773–782.
71. Pfeiffer, W., Metze, G., Schneider, W., Amler, R.: Technologie-Portfolio: zum Management strategischer Zukunftsgeschäftsfelder; 6. Aufl. Göttingen: Vandenhoeck & Ruprecht 1991.
72. Probst, G., Raub, S., Romhardt, K.: Wissen managen – wie Unternehmen ihre wertvollste Ressource optimal nutzen; 5. Aufl. Wiesbaden: Gabler 2005.
73. Raab, W.; Schneider, J.: Gliederungssystematik für getriebetechnische Konstruktionskataloge. Antriebstechnik 21 (1982) 603.
74. Reinemuth, J.; Birkhofer, H.: Hypermediale Produktkataloge – Flexibles Bereitstellen und Verarbeiten von Zulieferinformationen. Konstruktion 46 (1994) 395–404.
75. Rodenacker, W. G.: Methodisches Konstruieren. Konstruktionsbücher Bd. 27. Berlin: Springer 1970, 2. Aufl. 1976, 3. Aufl. 1984, 4. Aufl. 1991.
76. Rohrbach, B.: Kreativ nach Regeln – Methode 635, eine neue Technik zum Lösen von Problemen. Absatzwirtschaft 12 (1969) 73–75.
77. Roozenburg, N.; Eckels, J. (Editors): Evaluation and Decision in Design. Schriftenreihe WDK 17. Zürich: HEURISTA 1990.
78. Roth, K.: Konstruieren mit Konstruktionskatalogen. 3. Auflage, Band I: Konstruktionslehre. Berlin: Springer 2000. Band II: Konstruktionskataloge. Berlin: Springer 2001. Band III: Verbindungen und Verschlüsse, Lösungsfindung. Berlin: Springer 1996.
79. Roth, K.; Birkhofer, H.; Ersoy, M.: Methodisches Konstruieren neuer Sicherheitsgurtschlösser. VDI-Z. 117 (1975) 613–618.
80. Schlaak, T. M.: Der Innovationsgrad als Schlüsselvariable - Perspektiven für das Management von Produktentwicklungen, Wiesbaden: 1999.
81. Schlösser, W. M. J.; Olderaan, W. F. T. C.: Eine Analogontheorie der Antriebe mit rotierender Bewertung. Ölhydraulik und Pneumatik 5 (1961) 413–418.
82. Schneider, J.: Konstruktionskataloge als Hilfsmittel bei der Entwicklung von Antrieben. Diss. Darmstadt 1985.
83. Seidel, M.: Methodische Produktplanung - Grundlagen, Systematik und Anwendung im Produktentstehungsprozess. Diss. Universität Karlsruhe (TH) 2005.
84. Spath, D.; Grabowski, H. et. al. (Hrsg:): Abschlussbericht des Verbundprojekts „Vom Markt zum Produkt". Karlsruhe: 2001.
85. Specht, G., Beckmann, C., Amelingmeyer, J.: F&E-Management – Kompetenz im Innovationsmanagement, 2. Aufl., Stuttgart: Schäffer-Poeschel 2002.
86. Stabe, H.; Gerhard, E.: Anregungen zur Bewertung technischer Konstruktionen. Feinwerktechnik und Messtechnik 82 (1974) 378–383 (einschließlich weiterer Literaturhinweise).
87. Stahl, U.: Überlegungen zum Einfluss der Gewichtung bei der Bewertung von Alternativen. Konstruktion 28 (1976) 273–274.

88. Steffen, D.: Design als Produktsprache. Frankfurt: Verlag form Theorie 2000.
89. VDI-Richtlinie 2220: Produktplanung, Ablauf, Begriffe und Organisation. Düsseldorf: VDI-Verlag 1980.
90. VDI-Richtlinie 2222 Blatt 2: Konstruktionsmethodik, Erstellung und Anwendung von Konstruktionskatalogen. Düsseldorf: VDI-Verlag 1982.
91. VDI-Richtlinie 2225: Technisch-wirtschaftliches Konstruieren. Düsseldorf: VDI-Verlag 1977.
92. VDI-Richtlinie 2727 Blatt 1 und 2: Lösung von Bewegungsaufgaben mit Getrieben. Düsseldorf: VDI-Verlag 1991. Blatt 3: 1996, Blatt 4: 2000.
93. VDI-Richtlinie 2740 (Entwurf): Greifer für Handhabungsgeräte und Industrieroboter. Düsseldorf: VDI-Verlag 1991.
94. Withing, Ch.: Creative Thinking. New York: Reinhold 1958.
95. Wolfrum, B., Strategisches Technologiemanagement, 2. Aufl., Gabler Verlag, Wiesbaden 1994
96. Wölse, H.; Kastner, M.: Konstruktionskataloge für geschweißte Verbindungen an Stahlprofilen. VDI-Berichte 493. Düsseldorf: VDI-Verlag 1983.
97. Zangemeister, Ch.: Nutzwertanalyse in der Systemtechnik. München: Wittemannsche Buchhandlung 1970.
98. Zwicky, F.: Entdecken, Erfinden, Forschen im Morphologischen Weltbild. München: Droemer-Knaur 1966–1971.

4 Der Produktentwicklungsprozess
Product development process

In den vorangegangenen Kapiteln sind die Grundlagen dargestellt, auf die die konstruktive Arbeit Rücksicht nehmen muss und von denen sie Nutzen ziehen kann. Aus diesen Vorschlägen und Hinweisen wird ein für die Konstruktionspraxis branchenunabhängiges und allgemein anwendbares methodisches Vorgehen erarbeitet, das sich nicht nur auf eine Methode stützt, sondern bekannte oder noch darzustellende Methoden dort einsetzt, wo sie für die jeweilige Aufgabe und für den jeweiligen Arbeitsschritt angemessen und am wirksamsten sind.

4.1 Allgemeiner Lösungsprozess
General problem solving

Die wesentliche Tätigkeit bei der Produktentwicklung und beim Lösen von Aufgaben besteht in einem Vorgang der *Analyse* und in einem anschließenden Vorgang der *Synthese* und läuft in Arbeits- und Entscheidungsschritten ab. Dabei wird in der Regel vom *Qualitativen* immer konkreter werdend zum *Quantitativen* vorgegangen.

Es werden im Folgenden Vorgehensweisen und Vorgehenspläne entwickelt, die für den allgemeinen Lösungsprozess als verbindlich und für die konkreteren Konstruktionsphasen als Vorgehenshilfen anzusehen sind. Mit ihrer Hilfe kann erkannt werden, was prinzipiell zu tun ist, wobei Anpassungen an die jeweilige Problemlage nötig sind.

Alle in diesem Buch entwickelten Vorgehenspläne sind daher als *operative Handlungsempfehlungen* aufzufassen, die der Logik des hier notwendigen technischen Handelns und der schrittweisen Lösungsentwicklung folgen. Sie sind nach Müller [17] Prozessmodelle, die geeignet sind, das im komplexen Zusammenhang notwendige Vorgehen rational zu beschreiben und damit die Komplexität des Prozesses erfassbar und durchschaubar zu machen.

Vorgehenspläne sind somit keine Beschreibung oder Festlegung des *individuellen Denkprozesses*, der durch in 2.2.1 beschriebene Merkmale gekennzeichnet ist und auch von persönlichen Gegebenheiten mitbestimmt wird. Bei der praktischen Umsetzung der Vorgehenspläne in reale Abläufe vermischen sich operative Handlungsempfehlungen und individuelle Denkprozesse. Sie verdichten sich dann zum Planen, Handeln und Kontrollieren des eigenen, tätigen Vorgehens, das sich sowohl an den allgemein gehaltenen Vorgehensplänen als auch an der jeweiligen Problemlage und an individuellen Erfahrungen orientiert.

Wie in 2.2.1 ausgeführt, sind Vorgehenspläne in erster Linie Richtschnur und keine starre Vorschrift. Sie sind zwar vom Ablauf her sequentiell aufzufassen, denn es kann z. B. keine Lösung beurteilt werden, bevor sie nicht gefunden oder erarbeitet wurde. Andererseits sind Vorgehenspläne an die jeweilige Situation flexibel anzupassen. So können manchmal Arbeitsschritte übersprungen oder in einer anderen Reihenfolge abgearbeitet werden. Auch ist eine teilweise Wiederholung auf höherem Informationsniveau zweckmäßig oder erforderlich. Ferner kann in bestimmten Produktbereichen ein angepasster, spezieller Vorgehensplan auf der Basis der hier allgemein gehaltenen Pläne zutreffender oder hilfreicher sein.

Ein Verzicht auf Vorgehenspläne würde aber angesichts des komplexen und mehrstufigen Ablaufs einer Produktentwicklung und des vielfältig notwendigen Methodeneinsatzes zu einem unüberschaubaren Chaos denkbarer Vorgehensweisen führen, dem der tätige Konstrukteur dann hilflos ausgesetzt wäre. Deswegen sind eine Orientierung über den Konstruktionsablauf und der zielgerichtete Einsatz von Einzelmethoden zu den in den Vorgehensplänen vorgeschlagenen Arbeits- und Entscheidungsschritten zweckmäßig und notwendig.

Diese Tätigkeit des Entwickelns und Konstruierens wird nach 2.2.3 als Informationsumsatz aufgefasst. Nach jeder Informationsausgabe kann es nötig werden, weitere Verbesserungen oder ein „Höherwertigmachen" des Ergebnisses des gerade durchlaufenen Arbeitsschrittes vorzunehmen, d. h. er ist auf einer höheren Stufe an Informationsgehalt in einer Schleife nochmals zu durchlaufen und zu wiederholen, oder weitere andere Arbeitsschritte sind heranzuziehen, bis die nötige Verbesserung erzielt ist.

Bei Neuentwicklungen handelt es sich dabei um einen Iterationsvorgang, bei dem man sich der Lösung schrittweise nähert, bis das Ergebnis befriedigend erscheint. Er verläuft in einer sog. Iterationsschleife, die auch bei den elementaren Denkprozessen, z. B. nach dem TOTE-Schema (vgl. 2.2.1), zu beobachten ist. Solche Iterationsschleifen sind fast immer erforderlich und treten innerhalb der Arbeitsschritte und zwischen ihnen ständig auf. Der Grund liegt darin, dass häufig die Zusammenhänge komplex sind und die angestrebte Lösung daher nicht in einem Schritt gewonnen werden kann oder dass erst aus einem anderen, eigentlich nachfolgenden Arbeitsschritt Erkenntnisse für den vorhergehenden gewonnen werden müssen. In späteren Kapiteln werden Strategien dargelegt, mit denen solche Iterationsschleifen weitgehend reduziert oder gar vermieden werden können. Die in den Vorgehensplänen angebrachten Iterationspfeile verweisen deutlich auf diesen Sachverhalt. Von einer starren, lediglich sequentiellen Arbeitsweise kann daher in keiner Weise die Rede sein.

Das methodische Vorgehen möchte es aber erreichen, dass solche Iterationsschleifen möglichst klein bleiben, um die Konstruktionsarbeit effektiv und zügig zu gestalten. Es wäre eine katastrophale Situation, wenn z. B. am Ende der Entwicklung eines Produkts noch einmal von vorn angefangen werden müsste, was einer Iterationsschleife über den ganzen Konstruktionsvorgang entsprechen würde.

Die Gliederung in Arbeits- und Entscheidungsschritte stellt sicher, dass der notwendige und unlösbare Zusammenhang zwischen *Zielsetzung, Planung, Durchführung* (Organisation) und *Kontrolle* besteht [3, 29].

Mit diesen grundsätzlichen Zusammenhängen lässt sich in Anlehnung an die Gedanken von Krick [15] und Penny [21] zum Vorgehen beim Lösen von Problemen bzw. Aufgaben ein Grundschema nach Abb. 4.1 aufstellen:

Jede Aufgabenstellung bewirkt zunächst eine *Konfrontation*, eine Gegenüberstellung von Problemen und bekannten oder (noch) nicht bekannten Realisierungsmöglichkeiten. Wie stark eine solche Konfrontation ist, hängt vom Wissen, Können und der Erfahrung des Konstrukteurs und des Bereiches ab, in dem er tätig ist. In jedem Falle ist aber eine *Information* über Aufgabenstellung, Bedingungen, mögliche Lösungsprinzipien und bekannte ähnliche Lösungen nützlich. Dadurch wird im Allgemeinen die Konfrontation abgeschwächt und der Mut zur Lösungsfindung erhöht. Zumindest wird aber die Schärfe der gestellten Anforderungen klarer erkannt.

Eine anschließende *Definition* der wesentlichen Probleme (Wesenskern der Aufgabe) auf abstrakterer Ebene ermöglicht es, die Zielsetzung festzulegen und die wesentlichen Bedingungen zu beschreiben. Eine solche Definition ohne Vorfixierung einer bestimmten Lösung öffnet gleichzeitig die denkbaren Lösungswege, da durch den Vorgang der abstrahierenden Definition ein Freiwerden vom Konventionellen und ein Durchbruch zu außergewöhnlichen Lösungen gefördert wird.

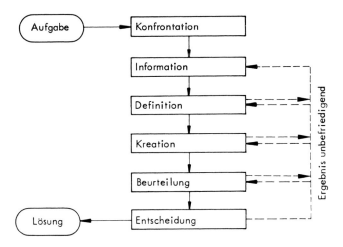

Abb. 4.1. Allgemeiner Lösungsprozess

Anschließend ist die eigentlich schöpferische Phase zu sehen, die *Kreation*, in der Lösungsideen nach verschiedenen Lösungsmethoden entwickelt und mit Hilfe methodischer Anweisungen variiert und kombiniert werden.

Eine Vielzahl von Varianten erfordert eine *Beurteilung*, die Grundlage zur *Entscheidung* für die anscheinend bessere Variante ist. Da die Ergebnisse des Denkens und des Konstruktionsablaufs stets einem Beurteilungsschritt unterworfen werden, entspricht er einer Kontrolle im Hinblick auf das zu erreichende Ziel.

Entscheidungen führen zu grundsätzlichen Aussagen, wie in Abb. 4.2 dargestellt:

- Die vorliegenden Ergebnisse sind hinsichtlich der Zielsetzung soweit befriedigend, dass der nächste Arbeitsschritt ohne Bedenken freigegeben werden kann (Entscheidung: ja, Freigabe des nächsten planmäßigen Arbeitsschrittes).
- Angesichts des vorliegenden Ergebnisses ist die Zielsetzung nicht erreichbar (Entscheidung: nein, nächsten planmäßigen Arbeitsschritt nicht einleiten).
- Wenn mit Wiederholung des Arbeitsschrittes (notfalls mehrere Arbeitsschritte) bei vertretbarem Aufwand ein befriedigendes Ergebnis aussichtsreich erscheint, so ist dieser auf höherer Informationsstufe zu wiederholen (Entscheidung: ja, Arbeitsschritt wiederholen).
- Muss die vorstehende Frage verneint werden, ist die Entwicklung einzustellen.

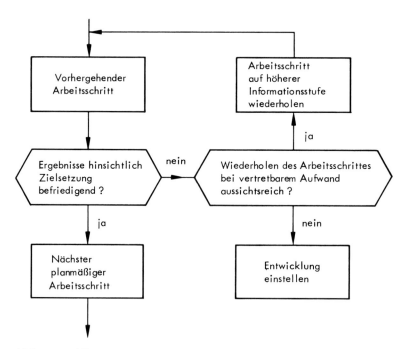

Abb. 4.2. Allgemeiner Entscheidungsprozess

Für den Fall, dass die erzielten Ergebnisse eines Arbeitsschrittes nicht die Zielsetzung der vorliegenden Aufgabe treffen, ist es aber denkbar, dass sie bei modifizierter oder anderer Zielsetzung sehr interessant wären. Dann muss gefragt werden, ob im konkreten Fall eine Änderung der Aufgabenstellung möglich ist, oder ob das Ergebnis für andere Anwendungen genutzt werden kann. Dieser gesamte Ablauf von Konfrontation über Kreation bis zur Entscheidung wiederholt sich an den verschiedenen Stellen des Konstruktionsprozesses und findet jeweils auf unterschiedlichen Konkretisierungsstufen der zu entwickelnden Lösung statt.

4.2 Arbeitsfluss beim Entwickeln
Workflow during the development phase

Die heutigen Rahmenbedingungen für eine Produktentwicklung und Konstruktion machen die Planung dreier Produktaspekte erforderlich:

– Die inhaltliche Planung des Entwicklungs-/Konstruktionsprozesses,
– die zeitliche und terminliche Planung der Entwicklungs-/Konstruktionsarbeitsschritte,
– die Kostenplanung des Produkts um einen vorgegebenen Kostenrahmen einzuhalten (Target Costing).

Die Planungsinhalte und Umfänge sind dabei stark von der Aufgabenstellung abhängig, je nachdem, ob es sich um eine Neu-, Anpass- oder Variantenkonstruktion handelt.

4.2.1 Inhaltliche Planung
Content related planning

Der Arbeitsfluss des Entwicklungs- und Konstruktionsprozesses wurde in allgemeiner Form sowie branchen- und produktunabhängig in der VDI-Richtlinie 2221 und 2222 [24, 25] (vgl. Abb. 1.9) erarbeitet. In Übereinstimmung mit dieser Richtlinie folgt nachstehend eine ausführlichere und gezielt auf den Maschinenbau bezogene Darstellung des Arbeitsflusses beim Entwickeln. Wesentlicher Inhalt dieser Beschreibung sind die Grundlagen technischer Systeme (vgl. 2.1), die Grundlagen methodischen Vorgehens (vgl. 2.2) und der allgemeine Lösungsprozess (vgl. 4.1). Es gilt nun, die allgemeineren Aussagen mit den Erfordernissen des maschinenbaulichen Konstruktionsprozesses abzustimmen und sie mit den konkret notwendigen Arbeits- und Entscheidungsschritten in Einklang zu bringen. Prinzipiell verläuft der Planungs- und Konstruktionsprozess von der Planung der Aufgabe und Klärung der Aufgabenstellung über das Erkennen der erforderlichen Funktionen, das Erarbeiten prinzipieller Lösungen, den Aufbau modularer Baustrukturen mit Baugruppen und Bauteilen bis hin zur Dokumentation des gesamten Produkts [18].

Neben der inhaltlichen/funktionalen Prozessplanung wie sie in den oben genannten Richtlinien beschrieben werden, ist es zweckmäßig und auch allgemein üblich, den Entwicklungs- und Konstruktionsprozess in folgende *Hauptphasen* zu unterteilen:

– Planen und Klären der Aufgabe   informative Festlegung
– Konzipieren   prinzipielle Festlegung
– Entwerfen   gestalterische Festlegung
– Ausarbeiten   herstellungstechnische Festlegung.

Wie später erkennbar, ist in manchen Fällen eine sehr scharfe Trennung dieser Hauptphasen nicht immer möglich, weil z. B. im Vorgriff Gestaltungsuntersuchungen bereits beim Konzipieren nötig sind oder beim Entwerfen bereits sehr detaillierte, fertigungstechnische Festlegungen getroffen werden müssen. Auch ist ein Rückgriff nicht immer zu vermeiden, wenn z. B. beim Entwerfen für erst dann erkennbare Nebenfunktionen prinzipielle Lösungen gesucht werden müssen. Dennoch ist die Unterteilung in Hauptphasen für die Planung und Kontrolle des Entwicklungsprozesses immer hilfreich.

In den Hauptphasen werden dann Arbeitsschritte vorgeschlagen, die als *Hauptarbeitsschritte* aufzufassen sind (Abb. 4.3). Diese Hauptarbeitsschritte führen zu einem jeweiligen bedeutsamen Arbeitsergebnis, das Grundlage weiterer Hauptarbeitsschritte ist. Zum Erreichen des betreffenden Arbeitsergebnisses sind in der Regel viele untergeordnete Arbeitsschritte erforderlich, wie Informieren, Suchen, Berechnen, Darstellen, Kontrollieren, die wiederum von indirekten Tätigkeiten wie Besprechen, Besichtigen, Ordnen, Vorbereiten usw. begleitet sind. In den nachfolgenden Vorgehensplänen werden die *operativen Hauptarbeitsschritte* aufgeführt, die als eine strategische Handlungsanweisung zum technischen Arbeitsfortschritt zweckmäßig erscheinen. Anweisungen für z. B. elementare Denkschritte, einzelne Prüftätigkeiten, Schritte zu Informationsgewinnung, Erhebung von Befunden oder dgl. sind dagegen nicht aufgeführt, da sie bestenfalls nur problemspezifisch angebbar sind und außerdem von der Person des Bearbeiters abhängen. Hinweise zu solchen elementaren Arbeitsschritten werden, wenn möglich, bei der Behandlung der Einzelmethoden und in den Abschnitten gegeben, die die praktische Handhabung von Methoden oder Hauptarbeitsschritten behandeln.

Nach den Hauptphasen und einigen wichtigen Hauptarbeitsschritten sind *Entscheidungsschritte* erforderlich. Diese sind wiederum *Hauptentscheidungsschritte*, die ein bedeutsames Arbeitsergebnis nach einer entsprechenden Beurteilung definitiv abschließen und weiter erforderliche Hauptphasen oder -arbeitsschritte freigeben. Aber auch ein erneutes Durchlaufen einer jeweils möglichst engen Iterationsschleife kann das Ergebnis eines Entscheidungsschrittes sein, wenn das vorliegende Arbeitsergebnis nicht befriedigt.

Auch hier sind die individuellen, bei jeder einzelnen Handlung notwendigen Prüf- und Entscheidungsschritte (vgl. z. B. TOTE-Schema in 2.2.1) nicht im Einzelnen aufgeführt. Dies wäre auch ein unmögliches Unterfangen, weil solche Entscheidungen von der individuellen Arbeitsweise und jeweiligen Problemlage bestimmt werden.

Die in 4.1 erwähnte und gegebenenfalls notwendig werdende Entscheidung des Abbruchs einer Entwicklung, die sich als nicht mehr lohnend erweist, wurde im Vorgehensplan bei den einzelnen Entscheidungsschritten nicht explizit eingetragen. Dies ist aber zu überprüfen, denn frühzeitiges, konsequentes Aufhören in einer aussichtslosen Situation bringt die geringsten Enttäuschungen und Kosten.

Wie bei allen Vorgehensplänen ist deren flexible Handhabung je nach Problemlage erforderlich. Die Beendigung von Hauptarbeitsschritten und die angeführten Entscheidungsschritte sollten auch dazu benutzt werden, das weitere Vorgehen zu prüfen und dann entsprechend neu festzulegen, wenn es erforderlich ist.

Planen und Klären der Aufgabe

Basis der Entwicklungs-/Konstruktionsarbeiten ist die Aufgabenstellung wie sie vom Vertrieb oder den verantwortlichen Bereichen an den Bereich Technik gegeben wird, siehe hierzu auch Abschn. 3.1 und 5.1.

Unabhängig davon, ob die Aufgabe aus einem durch *Produktplanung* entstandenen Produktvorschlag oder aus einem konkreten Kundenauftrag stammt, muss die vorliegende Aufgabe vor Beginn der Produktentwicklung näher geklärt werden. Diese *Klärung der Aufgabenstellung* dient zur Informationsbeschaffung über die Anforderungen, die an das Produkt im Einzelnen gestellt werden, sowie über die bestehenden Bedingungen und deren Bedeutung.

Das Ergebnis ist die *informative Festlegung* in einer *Anforderungsliste*.

Die Aussagen und Festlegungen der Anforderungsliste sind auf die Belange der konstruktiven Entwicklung und der weiteren Arbeitsschritte zugeschnitten und abgestimmt (vgl. 5.2). Die Anforderungsliste muss stets auf dem neuesten Stand gehalten werden, da von ihr die Freigabe zum Konzipieren und der weiteren Arbeit ausgehen können. Dies erklärt den im Schaubild zusätzlich angedeuteten Informationsrückfluss.

Konzipieren

ist der Teil des Konstruierens, der nach Klären der Aufgabenstellung durch Abstrahieren auf die wesentlichen Probleme, Aufstellen von Funktionsstrukturen und durch Suche nach geeigneten Wirkprinzipien und deren Kombination in einer Wirkstruktur die prinzipielle Lösung festlegt. Das Konzipieren ist die *prinzipielle Festlegung* einer Lösung.

In vielen Fällen wird eine Wirkstruktur aber auch erst beurteilbar, wenn sie konkretere Gestalt annimmt. Diese Konkretisierung umfasst eine bestimmtere Vorstellung über vorzusehende Werkstoffe, meistens eine überschlägige Auslegung (Bemessung) sowie die Rücksichtnahme auf technologische Möglichkeiten. In der Regel erhält man dann erst ein beurteilungsfähiges Lösungsprinzip, das die Zielsetzung und bestehende Bedingungen im Wesentlichen berücksichtigt (vgl. 2.1.7). Auch hier sind u. U. mehrere prinzipielle Lösungsvarianten denkbar.

Die Darstellungsform einer prinzipiellen Lösung (Lösungsprinzip) kann sehr unterschiedlich sein. Bei festliegendem Bauelement genügt vielleicht schon die Blockdarstellung einer Funktionsstruktur, ein Schaltplan oder ein Flussdiagramm. In anderen Fällen reicht eine Strichskizze oder es muss zu einer grobmaßstäblichen Zeichnung gegriffen werden. Die Konzeptphase wird in mehrere Arbeitsschritte unterteilt (vgl. 6). Diese Schritte sollen durchlaufen werden, damit von vornherein die Erarbeitung der bestmöglich erscheinenden prinzipiellen Lösung sichergestellt ist, denn die nachfolgende Arbeit des Entwerfens und Ausarbeitens kann grundlegende Mängel des Lösungsprinzips nicht oder nur schwer ausgleichen. In diesem Sinne kann auch von der Nachhaltigkeit eines Konzepts gesprochen werden. Eine Konstruktion, die auf einem nachhaltigen Konzept beruht, ist z. B. unempfindlich gegen große Fertigungstoleranzen. Eine dauerhafte und erfolgreiche konstruktive Lösung entsteht durch die Wahl des zweckmäßigsten Prinzips und nicht durch die Überbetonung konstruktiver Feinheiten. Diese Feststellung widerspricht nicht der Tatsache, dass auch bei zweckmäßig erscheinenden Prinzipien oder ihrer Kombinationen auftretende Schwierigkeiten immer noch im Detail stecken können.

Die erarbeiteten Lösungsvarianten müssen beurteilt werden. Erfüllen Varianten, die Forderungen der Anforderungsliste nicht, werden sie gestrichen. Die übrigen werden nach Kriterien in einem festgelegten Verfahren bewertet. In dieser Phase beurteilt man vornehmlich nach technischen Gesichtspunkten, wobei die wirtschaftlichen auch schon grob berücksichtigt werden (vgl. 3.3.2 und 6.5.2). Man entscheidet sich aufgrund der Bewertung für das weiterzuverfolgende Konzept.

Oft kann es sein, dass mehrere Varianten nahezu gleichwertig erscheinen und eine endgültige Entscheidung erst nach weitergehender Konkretisierung möglich ist. Auch können sich zu einem Lösungsprinzip mehrere Gestaltungsvarianten anbieten. Der Konstruktionsprozess wird auf der konkreteren Ebene des Entwerfens fortgesetzt.

Entwerfen

ist der Teil des Konstruierens, der für ein technisches Gebilde von der Wirkstruktur bzw. prinzipiellen Lösung ausgehend die Baustruktur nach technischen und wirtschaftlichen Gesichtspunkten eindeutig und vollständig erarbeitet. Das Entwerfen ist, ausgehend von den qualitativen Vorstellungen, die quantitative gestalterische Festlegung der Lösung.

In vielen Fällen wird man mehrere maßstäbliche Entwürfe neben- oder hintereinander im Sinne *von vorläufigen Entwürfen* anfertigen müssen, um zu einem besseren Informationsstand über Vor- und Nachteile der Varianten zu gelangen.

Dazu dient diese Phase, die nach entsprechender Durcharbeitung wiederum mit einer technisch-wirtschaftlichen Bewertung abgeschlossen werden muss. Dabei werden neue Erkenntnisse auf höherer Informationsebene gewonnen. Ein häufiger und typischer Vorgang ist es, dass nach dem Bewerten der einzelnen Varianten eine besonders favorisiert erscheint, aber durch Teillösungen der anderen, in der Gesamtheit nicht so günstig erscheinenden Vorschläge befruchtet und verbessert werden kann. Durch entsprechende Kombination und Übernahme solcher Teillösungen sowie durch Beseitigen von Schwachstellen, die durch die Bewertung auch offenbar werden, kann dann die endgültige Lösung gewonnen werden und die Entscheidung für die abschließende Gestaltung des *endgültigen Gesamtentwurfs* fallen.

Der endgültige Gesamtentwurf stellt dann schon eine Kontrolle der Funktion, der Haltbarkeit, der räumlichen Verträglichkeit usw. dar, wobei sich die Anforderungen bezüglich der Kostendeckung nun spätestens hier als erfüllbar darstellen müssen. Erst dann ist die Freigabe zur Ausarbeitung zulässig.

Ausarbeiten

ist der Teil des Konstruierens, der die Baustruktur eines technischen Gebildes durch endgültige Vorschriften für Form, Bemessung und Oberflächenbeschaffenheit aller Einzelteile, Festlegen aller Werkstoffe, Überprüfung der Herstellmöglichkeit sowie der endgültigen Kosten ergänzt und die verbindlichen zeichnerischen und sonstigen Unterlagen für seine stoffliche Verwirklichung schafft [28], vgl. auch [26].

Das Ergebnis des Ausarbeitens ist die herstellungstechnische Festlegung der Lösung.

In dieser Phase wird die Gestaltung des Produkts mit der endgültigen Festlegung der Mikrogeometrie durchgeführt. Es werden also die erforderlichen Fertigungsoperationen im Detail bestimmt. Deshalb ist an dieser Stelle große Sorgfalt erforderlich. Die Funktionssicherheit und die Produktkosten werden stark beeinflusst.

Aus dem in Abb. 4.3 dargestellten Flussdiagramm gehen die drei Schwerpunkte hervor:

– Optimieren des Prinzips,
– Optimieren der Gestaltung,
– Optimieren der Herstellung.

Es ist leicht nachvollziehbar, dass im Rahmen dieser Beschreibung stark verallgemeinert werden musste. In der Praxis ist eine klare Trennung der Arbeitsschritte und ihrer Ergebnisse nicht immer erkennbar und auch nicht erforderlich. Im Sinne eines „roten Fadens" ist es aber auch für den Ingenieur in der Praxis sinnvoll, sich die geschilderten Abläufe und Arbeiten bewusst zu machen, um zum einen nichts zu vergessen und zum anderen seine Arbeit besser planen zu können.

In Abb. 4.3 ist das Herstellen von Modellen und Prototypen nicht enthalten, weil es sich dabei immer um einen Prozess der Informationsgewinnung

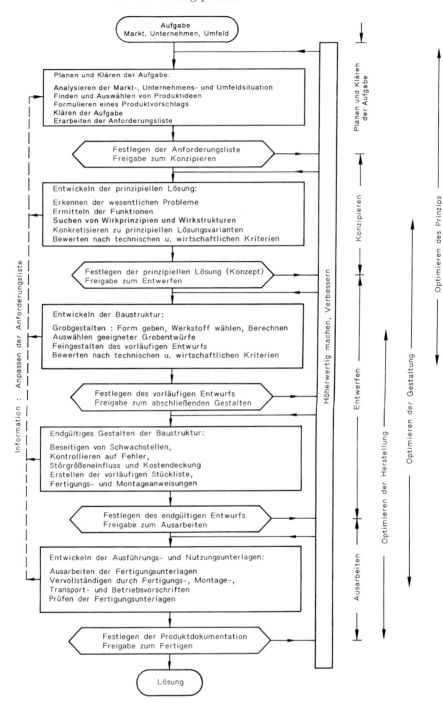

Abb. 4.3. Hauptarbeitsschritte beim Planen und Konzipieren

handelt und er dort eingesetzt werden soll, wo er erforderlich ist. In vielen Fällen sind Modelle und Prototypen schon in der Konzeptphase angebracht, besonders dann, wenn sie grundsätzliche Fragen klären sollen. Die Feinwerktechnik, Elektronik und Firmen der Großserie machen davon Gebrauch. Im Großmaschinen- und Anlagenbau als Einzelfertigung sind aus Gründen der Durchführung, des Kosten- und Zeitaufwandes nur als Kundenlieferung denkbar. Dagegen können Prototypen für neu zu entwickelnde Maschinen- oder Anlagenteile zur Beurteilung von Detailproblemen an vorhandenen Maschinen oder Anlagen oder in geeigneten Versuchseinrichtungen untersucht werden. Im Kleinserienbau hingegen wird im Normalfall ein Stück mit entsprechendem zeitlichen Vorlauf gefertigt, um evtl. auftretende Probleme bis zum Serienanlauf beheben zu können. Dieses vorabgefertigte Produkt wird ebenfalls vermarktet.

Ebenfalls wurde nicht angegeben, zu welchem Zeitpunkt bereits Bestellangaben gemacht werden können, da dies wiederum von der Produktart abhängig ist.

Ferner wird darauf hingewiesen, dass das Abwickeln eines Auftrags sowohl durch den eigentlichen Konstruktionsprozess als auch zu einem späteren Zeitpunkt, besonders bei Baureihen- und Baukastenentwicklungen, geschehen kann.

Die Tätigkeit „Auftrag abwickeln" wird insbesondere im Hinblick auf den DV-Einsatz aber als eine Tätigkeit außerhalb des eigentlichen Konstruktionsprozesses verstanden, bei der im Falle eines Auftrags auf bereits erarbeitete Unterlagen unmittelbar zurückgegriffen wird und Fertigungsunterlagen, Bestellungen für Zulieferteile, Stücklisten usw. lediglich zusammengestellt werden. Abgesehen vom Anfertigen von Angebots- und Übersichtszeichnungen sowie Montageplänen sind keine gestalterischen oder zeichnerischen Tätigkeiten erforderlich oder werden bei algorithmierbarer Variantenkonstruktion durch den CAD-Einsatz automatisch erledigt.

Der in der Praxis stehende Konstrukteur wird beim Betrachten des geschilderten Ablaufdiagramms und der in den nachfolgenden Kapiteln dargestellten Methoden möglicherweise einwenden, dass so viele Arbeitsschritte aus zeitlichen Gründen nicht eingehalten werden können.

Er möge aber doch Folgendes bedenken:

- Der Konstrukteur ist schon jetzt den beschriebenen Weg gegangen, jedoch wurden manche Schritte unbewusst durchlaufen und häufig zum Nachteil für das Ergebnis zu stark zusammengefasst oder zu rasch übersprungen.
- Das bewusst schrittweise Vorgehen verleiht dagegen Sicherheit, nichts Wesentliches vergessen oder unberücksichtigt gelassen zu haben. Der gewonnene Überblick über mögliche Lösungswege ist dabei recht breit und fundiert. Bei der Suche nach neuen Lösungen, d. h. bei Neukonstruktionen, empfiehlt sich daher das schrittweise Vorgehen ausnahmslos.
- Bei der Anpassungskonstruktion wird man auf bekannte Vorbilder zurückgreifen können und nur dort das geschilderte Vorgehen einsetzen, wo es

sich als zweckmäßig und notwendig erweist. Bei einer Detailverbesserung wären also die Anforderungsliste, die Lösungssuche, die Bewertung usw. auf diese Teilaufgabe beschränkt.
– Wird vom Konstrukteur ein besseres Ergebnis erwartet, so sollte er es durch methodisches Vorgehen anstreben, wofür ihm auch die angemessene Zeit zugebilligt werden muss. Eine solche Zeit ist durch Offenlegen und Befolgen der genannten Arbeitsschritte besser zu überschauen und abzuschätzen. Nach den bisherigen Erfahrungen ist der Zeitaufwand für schrittweises Vorgehen im Vergleich zu den konventionellen Tätigkeiten relativ klein.

4.2.2 Zeitliche und terminliche Planung
Timing and scheduling

Produkte sind nur am Markt erfolgreich, wenn sie drei Bedingungen erfüllen:

– Den geforderten Kundennutzen (Anforderungen) erfüllen,
– rechtzeitig im Sinne von „Time to Market" am Markt sein, und
– marktgerechte Preise ermöglichen.

In diesem Abschnitt soll der zweite Aspekt näher betrachtet werden, da seine Bedeutung häufig von Ingenieuren unterschätzt wird und sie meistens nicht mit den Hilfsmitteln und Methoden einer Zeit- und Terminplanung für die Konstruktion vertraut sind. In diesem Rahmen soll nur die grundsätzliche Vorgehensweise im Sinne einer Einführung dargestellt werden.

Die Problematik der Planung entsteht im Wesentlichen aus zwei Rahmenbedingungen:

– Das Projekt/Konstruktionsergebnis muss zu einem gegebenen Zeitpunkt abgeschlossen sein, wobei zu bestimmten Zeitpunkten Zwischenergebnisse gefordert werden.
– Nicht jede Aufgabe kann von jedem Mitarbeiter bearbeitet werden. Es besteht also i.Allg. eine Ressourcenbeschränkung.

Das wichtigste Hilfsmittel zur Bewältigung dieser Planungsaufgabe ist der Netzplan [7, 8]. Er dient zur Ermittlung der Auftragsdurchlaufzeit und des Ressourcenbedarfs. Er stellt grafisch die logische Verknüpfung der zu erfüllenden Aufgaben eines Projekts und die ihnen zugeordneten Ressourcen dar.

Zum Aufstellen des Netzplans sind drei Hauptarbeitsschritte erforderlich:

– *Die Strukturanalyse.* Mit ihrer Hilfe wird der Zusammenhang und die Abhängigkeiten der Teilaufgaben eines Projekts untereinander ermittelt und beschrieben.
– *Die Zeitanalyse.* Im Rahmen dieser Tätigkeit wird die erforderliche Dauer jedes Teilarbeitsschritts ermittelt sowie umsetzbare Starttermine für das gesamte Projekt und für die wesentlichen Hauptarbeitsschritte.
– *Zuordnung von Mitarbeitern* zu Teilarbeitschritten. Diese Zuordnung geschieht im ersten Schritt entsprechend der für die Ausführung des betrach-

teten Teilarbeitsschritts erforderlichen und durch den Mitarbeiter repräsentierten Kompetenz. Im zweiten Schritt wird die Verfügbarkeit der Mitarbeiter mit berücksichtigt. Die Verfügbarkeit von Mitarbeitern kann eingeschränkt sein durch Schulungen, Krankheit, Urlaub, usw. oder weil sie für andere Aufgaben bereits verplant sind.

Die Basis zur Planung der Aufgabenstruktur bildet i. Allg. die Produktstruktur. Mit ihr werden die einzelnen Baugruppen und Hauptbauteile die zu konstruieren sind festgelegt und damit ein wesentlicher Teil der Aufgaben.

In Tabelle 4.1 ist der Ablauf beim Aufstellen des Netzplans und die einzelnen Arbeitsschritte im Detail beschrieben.

Tabelle 4.1: Erlauterungen zum Aufstellen des Netzplans

Tätigkeit	Erläuterung	
1. Festlegen der Produktgliederung/ -struktur	I. Allg. wird von einem bereits bekannten, ähnlichem Produkt ausgegangen und dessen Struktur angepasst.	
2. Festlegen der zur Erstellung der einzelnen Produktelemente notwendigen Aufgaben	Hierzu gehört jeweils eine abgestufte Betrachtung: • Lösungsfindung • Untersuchungen • Entwürfe • Berechnungen	für jedes Produktelement und für das gesamte Produkt (Systembetrachtung)
3. Logisch/zeitliche Beziehung der einzelnen Aufgaben untereinander ermitteln	Abhängigkeiten von Aufgaben müssen erkannt und als eindeutige WENN-DANN-BEZIEHUNG dokumentiert werden: Wenn der Wellendurchmesser festgelegt ist wird die Welle-Nabe-Verbindung des Zahnrades ausgelegt.	
4. Ermitteln der Aufgabenbearbeitungsdauer	• Befragung von Erfahrungsträgern • Äquivalenzbetrachtung vergleichbarer Aufgaben • Aufschreibung von abgewickelten Aufgaben • Schätzung	
5. Festlegen von Meilensteinen (Sie dienen der Kontrolle, ob Arbeitsinhalte und/oder Termine eingehalten wurden. Sie ermöglichen über die Meilensteintrendanalyse eine Voraussage über den erfolgreichen oder nicht erfolgreichen Abschluss eines Projekts)	**Meilensteintyp:** **Ereignisgesteuert:** die Meilensteine (MS) müssen jeweils inhaltlich exakt definiert sein. Der MS ist erreicht, wenn die vorhandenen Arbeitsergebnisse die definierten MS-Inhalte erfüllen. **Anwendung:** Meistens eingesetzt bei Abschluss einer Baugruppenkonstruktion. **Zeitgesteuert:** Der MS ist erreicht, wenn ein bestimmter Zeitpunkt erreicht ist oder ein bestimmtes Zeitintervall verstrichen ist. **Anwendung:** Bei langfristigen Aufgaben, wenn während der Abwicklung keine eindeutigen Zwischenergebnisse definierbar sind.	

Tabelle 4.1: (Fortsetzung)

Tätigkeit	Erläuterung
	Point of no Return: Zeitpunkt/Ereignis, ab dem die bis dahin erarbeiteten Ergebnisse nicht mehr geändert werden dürfen. **Anwendung:** Absicherung von Zwischenergebnissen, z. B. gegen Kundenänderungen (Konzept). **Review-Meilenstein:** Zeitpunkt, zu dem die Ergebnisse zu exakt definierten Inhalten explizit freigegeben/genehmigt werden müssen. **Anwendung:** Entwurf teurer und komplexer Bauteile/-gruppen wird durch den Kunden/Fertigung freigegeben.
6. Festlegen notwendiger möglicher Puffer für Aufgaben	Die Puffer dienen zur Abdeckung von Risiken, um den Projektplan bei Verzögerungen nicht zu gefährden. Puffer kommen insbesondere bei Aufgaben mit hohem Neuheitsgrad zur Anwendung.
7. Aufstellen des Netzplans (Normalerweise mit Hilfe entsprechender Tools: Microsoft Projekt, Super-Project-Expert, Prima Vera ...)	Der Netzplan gibt grafisch und tabellarisch alle Zusammenhänge zwischen den Aufgaben und Meilensteinen wieder. Mit seiner Hilfe wird der Projektdurchlauf bestimmt.
8. Aufstellen eines Projektkalenders	Der Projektkalender gibt die exakt für die Projektdauer verfügbaren Arbeitstage wieder.
9. Auswahl der Ressourcen und ihre Zuordnung zu Aufgaben des Netzplans	Die Auswahl geschieht nach geforderten Fähigkeiten und der Verfügbarkeit der Ressourcen zum geplanten Projektzeitpunkt.
10. Aufstellen des Ressourcenkalenders und Zuordnung zum Netzplan	Für jeden Mitarbeiter wird ein individueller Kalender über seine verfügbare Arbeitszeit während der Projektdauer aufgestellt. Dabei werden Urlaubstage, Schulungstage usw. berücksichtigt.
11. Erster Planungsablauf	Nach der Zuordnung der Ressourcen und der individuellen Mitarbeiterkalender zum Netzplan wird ein erster Planungslauf durchgeführt.
12. Planungsbeurteilung	• Werden Projekte eingehalten? • Welches ist der kritische Pfad? (terminbestimmende Größen ohne Puffer)
13. Planungsoptimierung	Eine Planungsoptimierung/-korrektur kann erfolgen durch: • Erhöhung der Ressourcenkapazität • Terminverschiebungen • Reduktion des Aufgabenumfangs • Veränderung der Aufgabenreihenfolge • Veränderung der Aufgabeninhalte
14. Verabschiedung des Projektplans	Der Projektplan wird durch die verantwortlichen Stellen durch Unterschrift freigegeben, i. Allg. auch durch den Kunden.
15. Kontinuierliches Projektcontrolling	Alle Projektgrößen wie: • Termine ⎫ • Kosten ⎬ Kontinuierlich beobachten und berichten • Risiken ⎭

Die Abb. 4.4 gibt einen Ausschnitt eines Netzplans wieder. Die einzelnen Aufgaben werden als Balken dargestellt. Ihre Relationen ergeben sich aus der logischen oder möglichen Arbeitsabfolge, wie z. B. Ende-Start-Bedingung. Die vorgelagerte Aufgabe muss in diesem Fall vollständig bearbeitet sein, bevor mit der folgenden begonnen werden kann, usw.

Neben den Aussagen über die Projektdauer und den Mitarbeiterbedarf und die Zuordnung der Mitarbeiter zu den Teilaufgaben des Projekts, gibt der Netzplan Aussagen über Pufferzeiten und den kritischen Pfad des Projekts. Die Pufferzeit gibt an, um wieviel Zeit sich der Start/Ende eines Vorgangs verzögern darf, ohne den Projektdurchlauf zu stören. Auf dem kritischen Pfad liegen Vorgänge, die keine Pufferzeit haben und damit die Gesamtdauer des Projekts bestimmen.

4.2.3 Kostenplanung des Projekts und des Produkts
Cost planning of project and product

Die Selbstkosten eines Produkts sind die Basis zur Ermittlung des Marktpreises. Sie bestimmen somit entscheidend über den Erfolg des Produkts. Neben den Herstellkosten werden die Selbstkosten noch durch die Projektkosten zur Erstellung des Produkts beeinflusst. Hierin sind i. Allg. die Kosten für die Entwicklung und Konstruktion der größte Posten. Der Technikbereich eines Unternehmens hat also eine sehr hohe Kostenverantwortung.

Deshalb muss er zum einen die Herstellkosten im Auge behalten, um ein vorgegebenes Kostenziel nicht zu überschreiten. Die mögliche Beeinflussung der Herstellkosten wird in Kap. 12 betrachtet. Zum anderen sind die durch das Entwickeln und Konstruieren des Produkts entstehenden Kosten zu planen und einzuhalten. In Abhängigkeit von der geplanten Stückzahl stellen diese Kosten einen hohen Anteil der Selbstkosten dar.

Der Netzplan bildet auch für die Planung der Entwicklungs- und Konstruktionskosten die Basis. Der Bereich Technik eines Unternehmens verursacht im Wesentlichen Personalkosten und in weit geringerem Maße Sachkosten durch beispielsweise Nutzung von CAD-Anlagen, Einkauf von Entwicklungsleistung usw. Deshalb kann der Netzplan genutzt werden, um dem dort aufgeführten Mitarbeiterbedarf über die jeweils relevanten Stundensätze die verursachten Kosten zuzuordnen. Ein wichtiger Aspekt dabei ist der zeitliche Verlauf der Kosten. Er wird im Kostenplan abgebildet [9]. Der Kostenplan stellt eine wichtige Unterlage zur Budgetplanung des Bereichs Technik dar.

4.3 Effektive Organisationsformen
Effective organization

4.3.1 Interdisziplinäre Zusammenarbeit
Interdisciplinary co-operation

Der Entwickler und Konstrukteur kann seine Arbeiten nicht losgelöst von seinem Umfeld ausführen. Vielmehr ist er auf die Ergebnisse der Arbeiten

204 4 Der Produktentwicklungsprozess

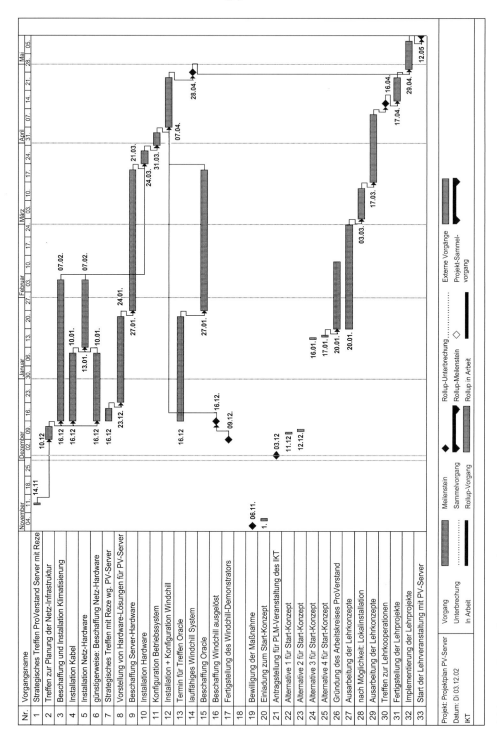

anderer angewiesen und umgekehrt. Er ist eingebunden in seine Abteilung und diese wieder in das Unternehmen. Erst die aufeinander abgestimmten Tätigkeiten aller Beteiligten führen zu befriedigenden Ergebnissen des Produktentstehungsprozesses [11, 22]. Dazu bedarf es einer Festlegung der Verantwortlichkeiten, der Arbeitsinhalte usw. für jeden Einzelnen des Unternehmens. Dies wird durch die Aufbau- und Ablauforganisation geregelt:

- Die *Aufbauorganisation* legt die Verantwortlichkeiten und Aufgaben fest, und bindet sie an bestimmte Funktionsträger, Abteilungen und Institutionen. Gleichzeitig definiert sie deren Beziehungen zueinander durch die Einordnung in die Hierarchie.
- Die *Ablauforganisation* gibt die Bearbeitungsreihenfolge innerhalb des Unternehmens vor. Gegenstand ist das Arbeitsobjekt, dessen Weg mit allen notwendigen Bearbeitungsschritten vorgezeichnet wird.

Die Bemühungen den Entwicklungs- und Konstruktionsprozess möglichst effizient zu gestalten zielen auf folgende Punkte:

- Reduzierung der inneren Iteration, d. h. Wiederholung desselben Arbeitsschritts innerhalb eines Hauptarbeitsschritts.
- Reduzierung der äußeren Iteration, d. h. Rücksprung zu einem bereits durchgeführten Hauptarbeitsschritt oder sogar nochmaliges Durchlaufen der Konstruktionsphase.
- Weglassen von Arbeitsschritten.
- Parallele Bearbeitung von Arbeitsschritten.

Besonders der letzte Punkt hat das entscheidende Potential zur Verkürzung der Bearbeitungszeiten. Um diese vier Ziele zu erreichen, müssen im Wesentlichen drei Forderungen erfüllt werden:

- Eine entsprechende Produktgestaltung, sodass die Eigenschaften seiner Systeme, Subsysteme sowie Systemelemente für jeden Prozessschritt exakt und eindeutig modellierbar sind. In Kap. 10 werden einige Möglichkeiten zur entsprechenden Produktgestaltung aufgeführt.
- Die Schnittstellen zwischen den Prozessschritten müssen exakt und eindeutig definierbar sein.
- Die Prozessschritte müssen unabhängig voneinander sein.

Mit diesen Grundvoraussetzungen und dem Arbeiten in interdisziplinären Teams sind die Voraussetzungen für ein Simultaneous oder Concurrent Engineering geschaffen.

Unter *Simultaneous oder Concurrent Engineering* wird eine zielgerichtete, interdisziplinäre (abteilungsübergreifende) Zusammen- und Parallelarbeit in der gesamten Produkt-, Produktions- und Vertriebsentwicklung für den vollständigen Produktlebenslauf mit einem straffen Projektmanagement verstanden [1]. Über Erfahrungen in der Praxis berichten insbesondere [12,14]. In Abb. 1.4 wurde schon auf die intensive Vernetzung der Informationsflüsse zwischen den einzelnen Produktionsbereichen hingewiesen. Bei einem Produkt-

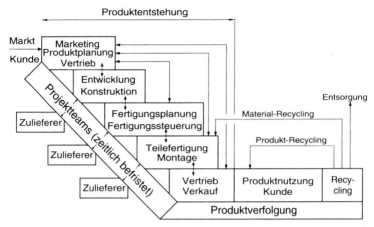

Abb. 4.5. Produktentstehungs- und -verfolgungsprozess unter Simultaneous Engineering mit mindestens überlappenden Bereichsaktivitäten, Bildung eines Projektteams und engen Kontakten zu Kunden und Zulieferern [4]

entstehungsprozess im Simultaneous Engineering verlaufen die Aktivitäten der einzelnen Bereiche weitgehend parallel oder überlappen sich mindestens sehr deutlich mit intensiven Kontakten zum Kunden und unter Einbeziehung mannigfacher Zulieferer, Abb. 4.5 [5,13,23]. Darüber hinaus erfolgt eine ständige Produktüberwachung bis zum Lebensende des Produkts.

Zur Produktentwicklung wird ein Entwicklungsteam zeitlich befristet zusammengesetzt, das nicht nur von der Konstruktion, sondern auch von allen anderen an der Produktentstehung beteiligten Bereichen beschickt wird. Es werden also so früh wie möglich neben der federführenden Konstruktion auch andere Bereiche in die Entwicklung einbezogen. Das gebildete *Team* arbeitet unter der Leitung eines *Projektmanagers* selbstständig und verantwortet seine Entscheidungen gegenüber der Geschäftsführung bzw. technischen Entwicklungsleitung selbst. Die Abteilungsgrenzen werden dadurch überwunden. Dabei kann das Team auch als ein „virtuelles Team", also ohne äußere Organisationsform gebildet werden. Über Teamstrukturen und ihre Bedeutung in der Produktentwicklung sind in [6,27] kennzeichnende Hinweise zu finden. *Ziele* dieser Organisation und Arbeitsweise sind:

– Kürzere Entwicklungszeiten,
– schnellere Produkterstellung,
– Kostenreduktion am Produkt und in der Produktentwicklung und
– Qualitätsverbesserung.

Für die Arbeit des Konstrukteurs ergeben sich neue Aspekte [20]:

– Arbeiten in einem interdisziplinären Team mit entsprechender Anpassung an Sprache und Begriffe.
– Ein engerer, unmittelbarer Informationsaustausch durch frühes Einbinden anderer Abteilungen und Disziplinen.

4.3 Effektive Organisationsformen

- Unmittelbare Nutzung von Informations- und Kommunikationstechniken auf der Basis von EDV, CAD, Multimedia usw.
- Einbindung in ein Projektmanagement mit Ablaufplan und Meilensteinen, d. h. stärker methodisch angeleitetes Arbeiten.
- Parallelisierung von Aktivitäten, die abzustimmen sind.
- Wahrnehmung bestimmter Eigenverantwortlichkeiten unter Bezug auf die Teamentscheidungen und hinsichtlich der an den Einzelnen delegierten, eigenständigen Teilprobleme oder -aufgaben.
- Engerer Kontakt zu den Zulieferern und Kunden.

Zweckmäßigerweise wird ein kleineres *Kernteam* gebildet, das verantwortliche Fachleute aus Konstruktion, Arbeitsvorbereitung, Marketing und Vertrieb umfasst. Die Zusammensetzung ist von der Problemstellung und von der Produktart abhängig. Ergänzt wird das Kernteam je nach Bedarf durch Fachleute aus der Qualitätssicherung, Montage, Steuerung und Regelung, dem Recycling und der Umweltproblematik u. ä., die nur zeit- oder abschnittsweise im Team mitarbeiten. In einem solchen Team werden zum einen die Erkenntnis- und Wissensbestände auch benachbarter Disziplinen gemäß Abb. 4.6 mehr oder weniger von selbst aktiviert und einbezogen. Zum anderen wird durch Einbindung von vielseitigem Sachverstand die Verfolgung und Einhaltung der in 2.1.7 dargelegten Zielsetzungen und Bedingungen nach der in Abb. 2.15 gezeigten Leitlinie bedeutend verbessert.

Vorteile eines interdisziplinär zusammengesetzten Teams sind:

- Ein Wissenszuwachs und eine gegenseitige Anregung.
- Eine gewisse Kontrolle im Team durch Hinterfragen und Aufdecken von Widersprüchen.

Abb. 4.6. Benachbarte Wissensbereiche, die beim Entwickeln und Konstruieren miteinander verbunden sind und einwirken

Abb. 4.7. Notwendige Kompetenzen eines Projektleiters

- Eine deutliche Motivationsförderung durch unmittelbare Teilnahme und direkte Information.
- Es ist ein sofortiges Handeln aus der erkennbaren Situation möglich, ohne dass Hierarchiestufen befragt und ihre Entscheidungen abgewartet werden müssen.

Wenn im Sinne von Lean Production (Schlankerer Produktion) Informations- und Entscheidungswege kürzer werden sollen [13], so ist die Bildung von Projektgruppen, die auf Zeit zusammengesetzt werden, und deren Mitglieder für das betreffende Projekt aus der Abteilungshierarchie ausscheiden, eine angemessene Antwort. Der bislang mehr oder weniger unter der Führung einer Abteilung oder Gruppe (in der er auch seine fachliche Heimat hatte und fachmännischen Rat einholen konnte) arbeitende Konstrukteur, wird in eine größere Selbständigkeit und in ein ihm fremderes Umfeld geschickt. Er benötigt zur Arbeit in solchen Projektgruppen eine Reihe von Kompetenzen, die über die Fach- und Methodenkompetenz hinausgehen [19, 20], Abb. 4.7. Dies ist bei der Auswahl der Projektleiter zu beachten.

4.3.2 Führung und Teamverhalten
Guidance and team behavior

Da die Entwicklung eines neuen Produkts vornehmlich in einem von der Abteilungsstruktur unabhängigen Team erfolgt, ist an ihrer Stelle eine straffe *Projektleitung* erforderlich. Der Projektleiter muss bei guten Fach- und Methodenkenntnissen die Merkmale eines guten Problemlösers (vgl. 2.2.2) aufweisen, um eine Gruppe von unterschiedlichen Spezialisten zu den Entwicklungszielen zu führen und die ihm gestellten Aufgaben zu bewältigen [20].

4.3 Effektive Organisationsformen

Der Projektleiter und das Team finden in der in diesem Buch dargelegten Konstruktionslehre eine wirksame Unterstützung, mit deren Hilfe die Vorgehensweise, die Auswahl von geeigneten Einzelmethoden, die Definition sinnvoller Entscheidungsschritte (Meilensteine) und die Verfolgung einschlägiger Konstruktionsprinzipien initiiert und geprüft werden können. Dabei wird je nach Problemlage die geforderte Flexibilität zum Anpassen im Vorgehen und in der Methodenanwendung unter den Kriterien Wichtigkeit und Dringlichkeit immer wieder ins Spiel zu bringen sein. Der Projektleiter hat dabei einen *Führungsstil* zu praktizieren, der nicht dogmatisch wirkt, die Vielfältigkeit im Team nutzt, jedem Teammitglied Handlungsspielräume lässt und in den entscheidenden Momenten aufzeigt, wie es weitergehen soll.

Führung zeigen heißt:

Rechtzeitig informieren durch

- frühzeitiges Aufzeigen von Abweichungen zum Projektplan,
- Informationsmanagement auf einer einheitlichen Informationsbasis.

Die *Einzelaktivitäten* nach methodischem Vorgehen behutsam *steuern* durch

- Planung der wichtigsten Projektgrößen wie Termine, Kosten, Ressourcen,
- Verfolgung der wichtigsten Projektgrößen,
- Abschätzen des Aufwands und seine Folgen bei Änderungen, evtl.
- Korrektur des Projektplans.

Das *Team* nach außen *wirkungsvoll vertreten* durch

- Managen des Berichtswesens,
- einsichtige persönliche Referate u. a.

Überzeugende Entscheidungen in schwierigen Situationen anregen oder treffen, wodurch auch die Teambildung und das Vertrauen innerhalb des Teams gezielt gefördert werden kann.

Vermag er diesen Anforderungen nicht gerecht zu werden, wird das Organisationsmodell „Simultaneous Engineering" keinen Erfolg haben.

Aber auch das *Teamverhalten* spielt eine wesentliche Rolle. Neben den in 4.3.1 bereits erwähnten Vorteilen, von denen die Produktentwicklung und das Teammitglied profitieren, können nämlich auch Probleme mit folgenden Tendenzen auftreten [2]:

- Gruppen oder längerfristig zusammenarbeitende Teams neigen zu unzulässiger Vereinfachung.
- Es kann eine mangelnde Effektivitätskontrolle der Teamarbeit eintreten.
- Im Team wird Konformität erzeugt, die mit einer Kompetenzschutztendenz und Selbstüberschätzung einhergeht.
- Gruppen, die lange erfolgreich zusammengearbeitet haben, entwickeln ein Selbstbewußtsein, das u. U. nicht gerechtfertigt ist.

- Innerhalb eines Teams sind häufig selbsternannte Meinungswächter zu finden, die andere dominieren. Hier muss das Projektmanagement dämpfend eingreifen.
- Ein soziales Faulenzen, also Inaktivität auf Kosten anderer, kann auftreten.

Neben einer verständigen Teamleitung hilft gegen die genannten Probleme die Bildung von nur kleinen Teams, eine offene Aussprache, gegebenenfalls ein Personenaustausch oder entsprechende Ergänzung sowie grundsätzlich eine Auflösung des Teams nach Erreichen des Entwicklungsziels.

Über die Effektivität von Gruppen bzw. Teamarbeit gegenüber Einzelarbeit haben sich Dörner und Badke-Schaub [2, 10] geäußert. Eine generelle Aussage ist schwierig. Es scheint so zu sein, dass Gruppenmeinungen eher auf einem höheren Niveau nivelliert sind, d. h. in ihrem Ergebnis nie so gut wie die beste Einzelperson, aber auch nie schlechter als die schlechteste Einzelperson sind. Eine Einzelidee oder Einzelarbeit kann sich hervorragend (genial) von einem Gruppenergebnis abheben, wie auch Einzelne merklich unter dem Niveau einer Gruppe liegen können.

Hieraus folgt, dass überraschende Vorschläge von Einzelpersonen nicht unterdrückt werden dürfen, sondern ihr Anliegen soweit zu entwickeln ist, bis eine eindeutige Beurteilung im Vergleich zum Teamergebnis möglich ist. Hochwertige individuelle und originelle Leistung ist in einer Gruppe oder in einem Team nicht immer zu erbringen bzw. zu erwarten, d. h. es müssen auch Chancen für hochwertige Einzelleistungen gewahrt bleiben. Teambildung ist nicht immer ein Allheilmittel für gute Lösungen. Betriebsklima und Führungsstil bestimmen nach wie vor sowohl den effektiven Teameinsatz wie aber auch die erfolgreiche Einzelarbeit.

Literatur
References

1. Albers, A.: Simultaneous Engineering, Projektmanagement und Konstruktionsmethodik – Werkzeuge zur Effizienzsteigerung. VDI-Berichte 1120, Düsseldorf: VDI-Verlag 1994.
2. Badke-Schaub, P.: Gruppen und komplexe Probleme. Frankfurt am Main: Peter Lang 1993.
3. Beelich, K. H.; Schwede, H. H.: Denken – Planen – Handeln. 3. Aufl. Würzburg: Vogelbuchverlag 1983.
4. Beitz, W.: Simultaneous Engineering – Eine Antwort auf die Herausforderungen Qualität, Kosten und Zeit. In: Strategien zur Produktivitätssteigerung – Konzepte und praktische Erfahrungen. ZfB-Ergänzungsheft 2 (1995) 3–11.
5. Beitz, W.: Customer Integration im Entwicklungs- und Konstruktionsprozess. Konstruktion 48 (1996) 31–34.
6. Bender, B.; Tegel, O.; Beitz, W.: Teamarbeit in der Produktentwicklung. Konstruktion 48 (1996) 73–76.
7. DIN 69 900 T1: Netzplantechnik, Begriffe. Berlin: Beuth 1987.

8. DIN 69 900 T2 Netzplantechnik, Darstellungstechnik. Berlin: Beuth 1987.
9. DIN 69 903: Kosten und Leistung, Finanzmittel. Berlin: Beuth 1987.
10. Dörner, D.: Gruppenverhalten im Konstruktionsprozess. VDI Berichte Nr. 1120, S. 27–37. Düsseldorf: VDI-Verlag 1994.
11. Ehrlenspiel, K.: Integrierte Produktentwicklung – Methoden für Prozessorganisation, Produkterstellung und Konstruktion. München: Hanser Verlag 1995.
12. Feldhusen, J.: Konstruktionsmanagement heute. Konstruktion 46 (1994) 387–394.
13. Helbig, D.: Entwicklung produkt- und unternehmensorientierter Konstruktionsleitsysteme. Schriftenreihe Konstruktionstechnik (Hrsg. W. Beitz), Nr. 30, TU Berlin 1994.
14. Kramer, M.: Konstruktionsmanagement – eine Hilfe zur beschleunigten Produktentwicklung. Konstruktion 45 (1993) 211–216.
15. Krick, V.: An Introduction to Engineering and Engineering Design, Second Edition. New York, London, Sidney, Toronto: Wiley & Sons Inc. 1969.
16. Leyer, A.: Zur Frage der Aufsätze über Maschinenkonstruktion in der „technika". technika 26 (1973) 2495–2498.
17. Müller, J.: Arbeitsmethoden der Technikwissenschaften. Berlin: Springer 1990.
18. Pahl, G.: Die Arbeitsschritte beim Konstruieren. Konstruktion 24 (1972) 149–153.
19. Pahl, G. (Hrsg.): Psychologische und pädagogische Fragen beim methodischen Konstruieren. Ladenburger Diskurs, Köln: Verlag TÜV Rheinland 1994.
20. Pahl, G.: Wissen und Können in einem interdisziplinären Konstruktionsprozess. In: zu Putlitz, G.; Schade, D. (Hrsg.): Wechselbeziehungen Mensch – Umwelt – Technik. Stuttgart: Schäffer-Poeschel Verlag 1996. Englische Ausgabe: Interdisciplinary design: Knowledge and ability needed. ISR Interdisciplinary Science Reviews. Dez. 1996, Vol. 21, No. 4, 292–303.
21. Penny, R. K.: Principles of Engineering Design. Postgraduate J. 46 (1970) 344–349.
22. Stuffer, R · Planung und Steuerung der integrierten Produktentwicklung. Diss. TU München. Reihe Konstruktionstechnik München, Bd. 13, München: Hanser 1994.
23. Tegel, O.: Methodische Unterstützung beim Aufbau von Produktentwicklungsprozessen. Diss. TU Berlin. Schriftenreihe Konstruktionstechnik (Hrsg. W. Beitz), Nr. 35, TU Berlin 1996.
24. VDI-Richtlinie 2221: Methodik zum Entwickeln und Konstruieren technischer Systeme und Produkte. Düsseldorf: VDI-Verlag 1993.
25. VDI-Richtlinie 2222 Blatt 1: Konzipieren technischer Produkte. Düsseldorf: VDI-Verlag 1977. – Überarbeitete Fassung (Entwurf): Methodisches Entwickeln von Lösungsprinzipien. Düsseldorf-VDI-EKV 1996.
26. VDI-Richtlinie 2223 (Entwurf): Methodisches Entwerfen technischer Produkte. Düsseldorf VDI-Verlag 1999.
27. VDI-Richtlinie 2807 (Entwurf): Teamarbeit – Anwendung in Projekten aus Wirtschaft, Wissenschaft und Verwaltung. Düsseldorf: VDI-Gesellschaft Systementwicklung und Projektgestaltung 1996.
28. Aus der Arbeit der VDI-Fachgruppe Konstruktion (ADKI). Empfehlungen für Begriffe und Bezeichnungen im Konstruktionsbereich. Konstruktion 18 (1966) 390–391.
29. Wahl, M. P.: Grundlagen eines Management – Informationssystemes. Neuwied, Berlin: Luchterhand 1969. Ergänzungen zur 4. Auflage.

5 Methodisches Klären und Präzisieren der Aufgabenstellung
Clarification and definition of the task

5.1 Bedeutung einer geklärten Aufgabenstellung
The importance of clarifying the task

Entwicklungs-/Konstruktionsabteilungen erhalten ihre Aufgaben von anderen Unternehmensbereichen, dabei wird im Allgemeinen die Aufgabenstellung an die Konstruktion oder an die Entwicklung in folgender Form heran getragen:

– als Entwicklungsauftrag (extern oder intern durch die Produktplanung in Form eines Produktvorschlags),
– als konkrete Bestellung eines Kunden,
– als Anregung aufgrund von z. B. Verbesserungsvorschlägen und Kritik durch Verkauf, Versuch, Prüffeld, Montage oder aus dem benachbarten bzw. eigenen Konstruktionsbereich.

Diese Aufträge enthalten neben den eigentlichen Aussagen zum Produkt und seiner Funktionalität sowie Leistungsfähigkeit meistens noch Aussagen zu einzuhaltenden Terminen und Kosten. Die Entwicklungs-/Konstruktionsabteilung steht nun vor dem Problem, die lösungs- und gestaltbeeinflussenden Produktspezifikationen zu erkennen, nach Möglichkeit mit quantitativen Angaben zu formulieren und zu dokumentieren. Das Ergebnis dieses Prozesses ist die *Anforderungsliste*. Sie ist so das Dokument zur Produktspezifikation und damit auch das Maß für den Grad der Aufgabenerfüllung für die Entwicklungs-/Konstruktionsabteilung. In enger Zusammenarbeit mit dem Auftraggeber werden zuerst folgende Fragen geklärt:

– Welchen Zweck muss die beabsichtigte Lösung erfüllen?
– Welche Eigenschaften muss sie aufweisen?
– Welche Eigenschaften darf sie nicht haben?

Soweit nicht durch die Produktplanung (vgl. 3.1) bereits geschehen, sollte der Konstruktionsbereich die in 3.1.4 beschriebene Situationsanalyse zur Feststellung der eigenen Produktsituation und zum Erkennen künftiger Entwicklungen betreiben.

Als wichtige Vorarbeit zum Erstellen einer Anforderungsliste kann das Erkennen von Kundenwünschen und deren Umformulierungen in Anforderungen an das zu entwickelnde Produkt auch mit Hilfe der QFD-Methode angesehen werden (vgl. 11.5).

5.2 Erarbeiten der Anforderungsliste
The requirement list (specification)

Die Hauptarbeitsschritte zur Erarbeitung der Anforderungsliste sind in Abb. 5.1 dargestellt.

Dabei ist ein zweistufiges Vorgehen zu erkennen. In der ersten Stufe werden offensichtliche Anforderungen definiert und dokumentiert. Diese Anforderungen werden, soweit erforderlich, im zweiten Schritt mit Hilfe entsprechender Methoden ergänzt bzw. weiter spezifiziert.

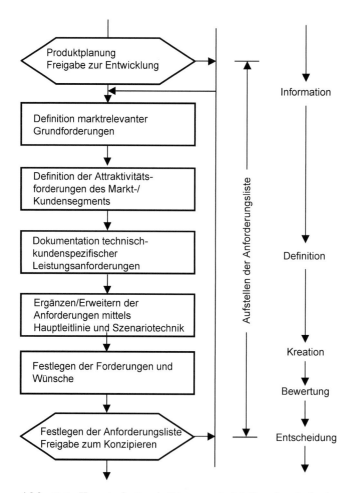

Abb. 5.1. Hauptarbeitsschritte zum Aufstellen der Anforderungsliste

Im Folgenden werden der Inhalt und der Aufbau einer Anforderungsliste sowie die einzelnen Arbeitsschritte zur Aufstellung näher beschrieben.

5.2.1 Inhalt
Contents

Zur Formulierung der Anforderungsliste müssen die Ziele und die Bedingungen unter denen sie erreicht werden sollen klar herausgearbeitet werden. Die so ermittelten Anforderungen lassen sich dann gliedern in Forderungen und Wünsche:

– *Forderungen*, die unter allen Umständen erfüllt werden müssen, d. h. ohne deren Erfüllung die vorgesehene Lösung keinesfalls akzeptabel ist (z. B. bestimmte zu erfüllende Leistungsdaten, Qualitätsforderungen wie tropenfest oder spritzwassergeschützt usw.). Mindestforderungen sind als solche durch entsprechende Formulierungen (z. B. $P > 20$ kW, $L \leq 400$ mm) anzugeben.
– *Wünsche*, die nach Möglichkeit berücksichtigt werden sollen, evtl. mit dem Zugeständnis, dass ein begrenzter Mehraufwand dabei zulässig ist (z. B. zentrale Bedienung, größere Wartungsfreiheit usw.). Dabei wird empfohlen, die Wünsche u. U. nach hoher, mittlerer und geringerer Bedeutung zu klassifizieren [4].

Diese Unterscheidung und Kennzeichnung ist auch wegen der späteren Beurteilung notwendig, weil beim Auswählen (vgl. 3.3.1) nach der Erfüllung von Forderungen gefragt wird, während beim Bewerten (vgl. 3.3.2) nur Varianten in Betracht kommen, die die Forderungen bereits erfüllen.

Ohne bereits eine bestimmte Lösung festzulegen, sind die Forderungen und Wünsche mit Quantitäts- und Qualitätsaspekten aufzustellen. Erst dadurch ergibt sich eine ausreichende Information:

– Quantität: alle Angaben über Anzahl, Stückzahl, Losgröße und Menge, oft auch pro Zeiteinheit wie Leistung, Durchsatz, Volumenstrom usw.
– Qualität: alle Angaben über zulässige Abweichungen und besondere Anforderungen wie tropenfest, korrosionsbeständig, schocksicher usw.

Die Anforderungen sollen so weit als möglich durch Zahlenangaben präzisiert werden, wo das nicht möglich ist, müssen verbale Aussagen möglichst klar formuliert werden. Besondere Hinweise auf wichtige Einflüsse, Absichten oder solche zur Durchführung können ebenfalls in die Anforderungsliste aufgenommen werden. Die Anforderungsliste ist somit ein internes Verzeichnis aller Forderungen und Wünsche in der Sprache der Abteilungen, die die Konstruktion durchzuführen haben. Auf diese Weise stellt die Anforderungsliste Ausgangspositionen und, da sie stets auf neuesten Stand gehalten wird, aktuelle Arbeitsunterlage zugleich dar. Sie ist daneben Ausweis gegenüber der Geschäftsleitung und dem Verkauf, denn sie zwingt den auftraggebenden Partner zu einer klaren Stellungnahme, wenn er mit den in der Anforderungsliste festgelegten Tatbeständen nicht einverstanden ist.

5.2.2 Aufbau
Structure

Die Anforderungsliste sollte mindestens folgende Informationen enthalten, welche möglichst übersichtlich dargestellt werden (vgl. Abb. 5.2):

- Benutzer: Unternehmen und Abteilung
- Bezeichnung des Projekts/Produkts
- Anforderungen, als Forderung oder Wunsch gekennzeichnet
- Datum der Erstellung für die gesamte Anforderungsliste
- Datum der letzten Änderung
- Nummer der Ausgabe als Identifikation und gegebenenfalls als Klassifikation
- Seitenzahl

Ein Beispiel für den formalen Aufbau von Anforderungslisten stellt Abb. 5.2 dar.

Das Formular für Anforderungslisten wird sinnvollerweise in einer Werksnorm festgelegt.

Zur Benutzung einer Anforderungsliste kann es nützlich sein, nach Teilsystemen (Funktions- bzw. Baugruppenstruktur) zu unterteilen, wenn solche schon erkennbar sind oder sie nach Merkmalen einer Leitlinie (vgl. Abb. 5.3) zu gliedern. Bei der Weiterentwicklung schon bestehender Lösungen, bei denen die zu entwickelnden oder zu verbessernden Baugruppen bereits festliegen, wird nach diesen geordnet. In der Mehrzahl der Fälle wird dafür dann auch eine jeweils getrennte Konstruktionsgruppe verantwortlich sein. So kann bei der Entwicklung eines Automobils die Anforderungsliste z. B. in die Motoren-, Getriebe-, Fahrwerk- und Karosseriekonstruktion usw. zusätzlich unterteilt werden.

Als außerordentlich zweckmäßig hat sich erwiesen, bei wichtigen Anforderungen oder bei solchen, deren Anlass nicht offensichtlich ist, auch die *Quelle*

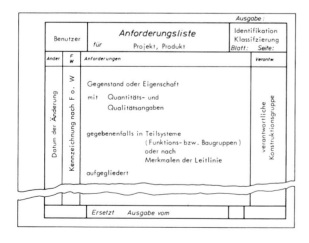

Abb. 5.2. Formaler Aufbau einer Anforderungsliste

anzugeben, aufgrund derer die Forderungen oder Wünsche entstanden sind. So ist zu den jeweiligen Anforderungen ein Hinweis, von wem sie genannt wurde oder wer Auskunft geben kann, sehr zweckmäßig. Es ist dann möglich, auf den Urheber der Beschlüsse und auf seine eigentlichen Beweggründe zurückzugehen und sie nachzulesen. Dieses Vorgehen wird besonders wichtig bei der Frage, ob im Laufe einer Entwicklung die gestellte Forderung aufrechterhalten werden soll oder modifiziert werden kann.

Änderungen und Ergänzungen der Aufgabenstellung, wie sie sich im Laufe der Entwicklung nach besserer Kenntnis der Lösungsmöglichkeiten oder infolge zeitbedingter Verschiebung der Schwerpunkte ergeben können, müssen stets in der Anforderungsliste nachgetragen werden. Sie stellt so am Anfang einer Entwicklung die vorläufig verbindliche und dann die jeweils aktuelle Aufgabenstellung dar.

Federführend ist der verantwortliche Konstruktions- oder Entwicklungsleiter. Die Anforderungsliste ist allen mit der Entwicklung des neuen Produkts in Berührung stehenden Stellen (Geschäftsleitung, Verkauf, Berechnung, Versuch, Lizenznehmer usw.) zuzustellen und wie eine Zeichnung mit einem ordentlichen Änderungsdienst auf dem neuesten Stand zu halten. Die Anforderungsliste wird nur auf Beschluss der verantwortlichen Entwicklungsleitung (Entwicklungskonferenz) geändert bzw. erweitert.

5.2.3 Erkennen und Aufstellen von Anforderungen
Finding and setting up requirements

In der Regel ist das erstmalige Aufstellen einer Anforderungsliste den Beteiligten ungewohnt und verursacht einige Mühe. Nach relativ kurzer Zeit werden aber für den jeweiligen Bereich, in dem man tätig ist, mehrere Vorbilder entstanden sein, an die man sich bei weiteren Anforderungslisten anlehnen kann. Sie sind dann unentbehrliche und nützliche Hilfsmittel geworden.

Die Problematik beim Aufstellen der Anforderungsliste liegt in der Qualität und Quantität der Unterlagen und Daten, welche durch die verantwortlichen Abteilungen, beispielsweise Vertrieb, Produktmanagement usw., als Entwicklungs- oder Konstruktionsaufgabe geliefert werden. Je nach Branche wird nur ein Teil der erwarteten Produkteigenschaften explizit festgelegt und beschrieben. Der andere Teil wird vom Kunden unausgesprochen erwartet. Es handelt sich dabei also um implizite Anforderungen. Es muss daher geklärt werden:

– Um welches Problem handelt es sich eigentlich?
– Welche nicht ausgesprochenen Wünsche und Erwartungen bestehen?
– Sind die in der Aufgabenstellung genannten Bedingungen zwingend?
– Welche Wege sind für die Entwicklung offen?

Für die Entwicklungs-/Konstruktionsabteilung ist es also wichtig, den Kunden oder das betrachtete Marktsegment zu kennen. Die Basis der Anforderungsliste stellt der mit dem Kunden geschlossene Vertrag und die in ihm zugesagten Produkteigenschaften und Leistungsdaten dar, weiterhin im Sinne der Produkthaftung die Einhaltung von Gesetzen und Vorschriften sowie die Anwendung von Richtlinien.

Im ersten, orientierenden Schritt zum Aufstellen der Anforderungsliste geht es darum, diese Angaben und Erfordernisse in produktrelevante, mit den Hilfsmitteln eines Konstrukteurs oder Ingenieurs zu beschreibende Größen umzusetzen. Bei den im Vertragswerk oder anderen mit dem Kunden vereinbarten Produktspezifikationen handelt es sich von vornherein um explizite Anforderungen. Das größere Problem stellen i. Allg. die impliziten Anforderungen dar. Zum einen werden sie vom Kunden nicht genannt, zum anderen hat es sehr negative Auswirkungen, wenn sie nicht erfüllt werden. Die Frage lautet, wie sich beispielsweise die Aussage „einfache Wartung" auf die Gestaltung des Produkts auswirkt und mit welchen Produktspezifikationen dies beschrieben werden kann. Die geschilderte Situation hinsichtlich der Qualität und Quantität der Anforderungen resultiert aus der Art der Kunden. Hierbei kann prinzipiell unterschieden werden zwischen:

- *Anonymen Kunden:* dabei kann es sich um den *Vertrieb* im eigenen Hause handeln, der eine Aufgabe ohne Kundenauftrag stellt. Auch ein Segment aus einer *definierten Marktsegmentierung* fällt unter diese Kundenart. Häufig ergeben sich solche Aufgaben auch aus den Ergebnissen der Arbeiten *eines Produktmanagements*.
- *Spezifischen Kunden:* hierbei handelt es sich typischerweise um einen konkreten Kunden, der einen Auftrag im Unternehmen platziert hat. Genauso fallen aber auch Marktsegmente darunter, die von allen Wettbewerbern mit Produkten gleicher oder doch sehr ähnlicher Leistungen bedient werden. Es bilden sich also standardisierte Anforderungen heraus. Beispielsweise die Segmente der „Kompaktklasse" oder „Mittelklasse" usw. der Automobilindustrie bilden einen spezifischen Kunden in dem hier dargestellten Sinn.

Für diese Kundenarten resultieren nach Kramer [3] grundsätzliche Arten von Anforderungen.

1. Grundlegende Anforderungen

Bei ihnen handelt es sich immer um implizite Forderungen, d. h., sie werden vom Kunden nicht ausgesprochen. Ihre Erfüllung wird als selbstverständlich betrachtet und ist für den Kunden von höchster Bedeutung. Sie entscheiden also über Erfolg oder Misserfolg eines Produkts. Das der Energieverbrauch oder die Betriebskosten eines Folgeprodukts geringer ist als beim Vorgänger kann eine solche Forderung sein. Für die Entwicklungs-/Konstruktionsabteilung ist es von eminenter Bedeutung diese Forderungen zu erkennen. Hier ist die Information über diese Forderungen, Denkweisen und Erwartungen des Kunden durch den Vertrieb oder das Produktmanagement unabdingbar.

2. Technisch-kundenspezifische Anforderungen

Hierbei handelt es sich um explizite Forderungen. Sie werden vom Kunden genannt und können meistens genau spezifiziert werden. Ein Motor soll 15 kW Leistung haben und maximal 40 kg wiegen. Aufgrund dieser konkreten Angaben benutzt der Kunde diese Werte zum Vergleich mit Wettbewerberprodukten. Die Wertigkeit der einzelnen Größen werden i. Allg. vom Kunden selber bestimmt.

3. Attraktivitätsanforderungen

Auch hierbei handelt es sich um implizite Forderungen. Sie sind dem Kunden häufig selber nicht bewusst, können aber meistens sehr gut zur Differenzierung von Wettbewerbern genutzt werden. Normalerweise ist der Kunde nicht bereit für diese zusätzlichen Produkteigenschaften einen erhöhten Preis zu zahlen. Bei einem PKW können z. B. die Anzahl der Standardfarbvarianten und zulässigen Kombinationen für Außenlackierung und Innenausstattung diesen Anforderungstyp bilden.

4. Ergänzen/Erweitern der Anforderungen

Zum Ergänzen und Erweitern der definierten Anforderungen haben sich zwei Methoden bewährt:

– Das Arbeiten nach einer Leitlinie mit einer Hauptmerkmalliste und
– die Szenariotechnik.

Beim Arbeiten nach der *Leitlinie mit Hauptmerkmallisten,* Abb. 5.3, die nach 2.1.7 allgemein gültig abgeleitet wurde, werden ausgehend von konkreten Punkten der vorliegenden Aufgabe durch Assoziationen weitere Erkenntnisse zu den betreffenden Punkten hervorgerufen, die dann zu relevanten Anforderungen führen können. Eine weitere Liste mit Gesichtspunkten zum Aufstellen von Anforderungen findet sich auch bei Ehrlenspiel [1].

Bei der *Szenariotechnik* wird das gesamte Produktleben von der Produktion bis zur Entsorgung mit allen Zwischenschritten durchdacht und skizziert. Zu jedem Lebensabschnitt wird dann ein Szenario entwickelt und folgende Fragen gestellt:

– Was kann mit dem Produkt passieren? Zum Beispiel: In welchen Zustand kann es geraten? Wie kann es behandelt/benutzt werden? Wer kann es benutzen, mit ihm in Berührung kommen? Wo könnte es eingesetzt werden?
– Wie soll das Produkt darauf reagieren? Zum Beispiel: Welche Fehlertoleranz ist gewünscht? Wie kann Gefährdung ausgeschlossen werden?

Aus den Antworten zu den einzelnen Fragen können dann Produktanforderungen abgeleitet werden.

Die so gefundenen Anforderungen sind zum großen Teil noch sehr unspezifisch, können also nicht direkt in lösungsbestimmende oder gestalterische

Hauptmerkmal	Beispiele
Geometrie	Größe, Höhe, Breite, Länge, Durchmesser, Raumbedarf, Anzahl, Anordnung, Anschluss, Ausbau und Erweiterung
Kinematik	Bewegungsart, Bewegungsrichtung, Geschwindigkeit, Beschleunigung
Kräfte	Kraftgröße, Kraftrichtung, Krafthäufigkeit, Gewicht, Last, Verformung, Steifigkeit, Federeigenschaften, Stabilität, Resonanzen
Energie	Leistung, Wirkungsgrad, Verlust, Reibung, Ventilation, Zustandsgrößen wie Druck, Temperatur, Feuchtigkeit, Erwärmung, Kühlung, Anschlussenergie, Speicherung, Arbeitsaufnahme, Energieumformung
Stoff	Physikalische und chemische Eigenschaften des Eingangs- und Ausgangsprodukts, Hilfsstoffe, vorgeschriebene Werkstoffe (Nahrungsmittelgesetz u. ä.), Materialfluss und -transport
Signal	Eingangs- und Ausgangssignale, Anzeigeart, Betriebs- und Überwachungsgeräte, Signalform
Sicherheit	Unmittelbare Sicherheitstechnik, Schutzsysteme, Betriebs-, Arbeits- und Umweltsicherheit
Ergonomie	Mensch-Maschine-Beziehung: Bedienung, Bedienungsart, Übersichtlichkeit, Beleuchtung, Formgestaltung
Fertigung	Einschränkung durch Produktionsstätte, größte herstellbare Abmessung, bevorzugtes Fertigungsverfahren, Fertigungsmittel, mögliche Qualität und Toleranzen
Kontrolle	Mess- und Prüfmöglichkeit, besondere Vorschriften (TÜV, ASME, DIN, ISO, AD-Merkblätter)
Montage	Besondere Montagevorschriften, Zusammenbau, Einbau, Baustellenmontage, Fundamentierung
Transport	Begrenzung durch Hebezeuge, Bahnprofil, Transportwege nach Größe und Gewicht, Versandart und -bedingungen
Gebrauch	Geräuscharmut, Verschleißrate, Anwendung und Absatzgebiet, Einsatzort (z. B. schwefelige Atmosphäre, Tropen,...)
Instandhaltung	Wartungsfreiheit bzw. Anzahl und Zeitbedarf der Wartung, Inspektion, Austausch und Instandsetzung, Anstrich, Säuberung
Recycling	Wiederverwendung, Wiederverwertung, Entsorgung, Endlagerung, Beseitigung
Kosten	Max. zulässige Herstellkosten, Werkzeugkosten, Investition und Amortisation
Termin	Ende der Entwicklung, Netzplan für Zwischenschritte, Lieferzeit

Abb. 5.3. Leitlinie mit Hauptmerkmallisten

Produktparameter umgesetzt werden. Die oben als Beispiel genannte Forderung „einfache Wartung" müsste weiter spezifiziert werden. Kramer [3] schlägt hierzu ein dreistufiges Verfahren vor:

1. Stufe (Aussage):

– Kundenwunsch: Einfache Wartung.

2. Stufe (vertieft):

– Mögliche Inhalte der Forderungen des Kundenwunsches:
  Lange Wartungsintervalle vorsehen.
  Einfache Wartung ermöglichen.
  Arbeitsvorgänge leicht erlernbar machen.

3. Stufe (präzisiert):

– Lange Wartungsintervalle vorsehen:
  Wartungsintervalle mindestens 5000 Betriebsstunden.
  Exzenterhebel muss nur alle 10.000 Betriebsstunden geschmiert werden.
– Einfach durchzuführende Wartung:
  Wartungsdeckel mit handbedienbaren Verschlüssen vorsehen.
  Standardschmiernippel an Exzenterhebel vorsehen, zugänglich für Standard-Fettpresse.
  Platz für Ölauffangwanne freilassen.
  Ansetzhilfe für Montagedeckel zur Remontage vorsehen.
– Leicht zu erlernende Arbeitsvorgänge:
  Arbeitsvorgänge zur Wartung separat in Betriebsanleitung beschreiben.
  Hinweisschilder, welche Verschlüsse zur Wartung geöffnet werden müssen.
  Richtung der Wartungsklappen mit eingeprägtem Pfeil kennzeichnen.

Die Ergebnisse der Tertiärstufe werden dann in dem oben beschriebenen Formblatt der Anforderungsliste dokumentiert.

Beim Klären der Aufgabenstellung sollen zunächst die notwendigen Funktionen und die bestehenden aufgabenspezifischen Bedingungen im Zusammenhang mit dem Energie-, Stoff- und Signalumsatz erfasst werden.

Liegen die Informationen vor, werden sie geordnet und sinnfällig zusammengestellt. Dabei kann eine Nummerierung der einzelnen Positionen zweckmäßig sein.

5. Festlegen der Forderungen und Wünsche

Im Abschn. 5.2.1 wurde bereits auf Forderungen und Wünsche als wesentliches Unterscheidungsmerkmal von Anforderungen hingewiesen. In vielen Fällen ist eine eindeutige Zuordnung der Anforderung bereits bei deren Formulierung möglich. Diese eindeutige Zuordnung ist in jedem Fall vor Freigabe der Anforderungsliste und weiterer Auftragsbearbeitung erforderlich. Gegebenenfalls muss eine weitere Informationsgewinnung betrieben werden. Die

Wünsche sollten mindestens so formuliert werden, dass ihr Gewicht im Gesamtzusammenhang erkennbar wird. Es hat sich als zweckmäßig erwiesen, eine solche Gewichtung verbal vorzunehmen statt formal zu klassifizieren, da sich besonders am Anfang die Relationen und Einschätzungen häufig ändern.

Unter Berücksichtigung des in diesem Kapitel Dargestellten ergibt sich folgende *Anweisung zum Aufstellen* einer Anforderungsliste:

1. Anforderungen sammeln:
- Den Kundenvertrag, bzw. die Vertriebsunterlagen hinsichtlich technischer Anforderungen prüfen. Alle offensichtlichen Anforderungen definieren und dokumentieren.
- Anhand der Leitlinie mit der Hauptmerkmalliste (Abb. 5.3) Anforderungen mit Quantitäts- und Qualitätsangaben festlegen bzw. ergänzen.
- Mit Hilfe der Szenariotechnik alle Produktlebenssituationen betrachten und weitere resultierende Anforderungen ableiten.
- Präzisiere durch die Fragestellung:
  Welchen Zweck muss die Lösung erfüllen?
  Welche Eigenschaften muss sie aufweisen?
  Welche Eigenschaften darf sie nicht haben?
- Betreibe zusätzliche Informationsgewinnung.
- Arbeite Forderungen und Wünsche klar heraus.
- Klassifiziere wenn möglich die Wünsche nach hoher, mittlerer und geringer Bedeutung.

2. Anforderungen sinnfällig ordnen:
- Stelle Hauptaufgabe und charakteristische Hauptdaten voran.
- Gliedere nach erkennbaren Teilsystemen (auch Vor-, Nach- oder Nachbarsystemen), Funktionsgruppen, Baugruppen oder nach Hauptmerkmalen der Leitlinie.

3. Anforderungsliste auf Formblättern erstellen und beteiligten Abteilungen, Lizenznehmern, Geschäftsleitung usw. zustellen.

4. Einwände und Ergänzungen prüfen und in die Anforderungsliste einarbeiten.

Ist die Aufgabe hinreichend geklärt und sind die beteiligten Stellen der Auffassung, dass die formulierten Anforderungen in Bezug auf Technik und Wirtschaftlichkeit realisiert werden sollten, kann die Konstruktion nach Festlegen der Anforderungsliste und Freigabe zum Konzipieren begonnen werden.

5.2.4 Ergänzen/Erweitern der Anforderungen
Complementing requirements

Eine Methode der in 3.2.3 vorgestellten *Theorie des erfinderischen Problemlösens (TRIZ)* ist das *9-Felder-Modell*. Dieses Modell gehört zum Bereich

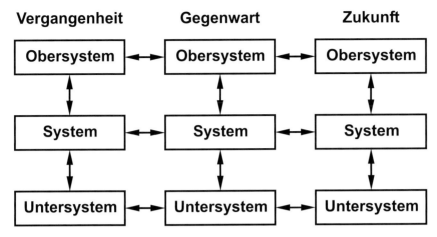

Abb. 5.4. 9-Felder-Modell

Systematik der TRIZ und unterstützt das Klären und Präzisieren der Anforderungen, die an ein technisches System gestellt werden. Das 9-Felder-Modell spiegelt Aspekte der *Innovationscheckliste* wider, nämlich den *Systemzusammenhang* und die zeitliche Situation des technischen Systems (Abb. 5.4).

Der Systemzusammenhang wird über die Betrachtung des technischen Systems selbst, den *Obersystemen*, in welche das System eingebunden ist, und die *Untersysteme*, auf die das technische System einwirkt, beschrieben. Ober- und Untersysteme können Baugruppen und Produkte, aber auch die technische, ökologische oder soziale Umwelt des betrachteten technischen Systems sein.

Die zeitliche Situation setzt sich aus der Vergangenheit des technischen Systems, seiner Gegenwart und der möglichen Zukunft zusammen. Die Vergangenheit kann z. B. durch aufgetretene Probleme, existierende Lösungsvarianten und allgemeine Projekterfahrungen abgebildet werden. Die Gegenwart betrifft alle Anforderungen, die an das zu entwickelnde technische System gestellt werden. Die Zukunft wird durch gesellschaftliche und Technologietrends sowie zu verwendende neue Technologien, z. B. Mikro- und Nanotechnologie, dargestellt. Die Analyse der zeitlichen Situation erfolgt sowohl für das technische System selbst als auch für die Ober- und Untersysteme.

Abbildung 5.5 zeigt als Beispiel die Entwicklung des Systems „Kupplung" einer Straßenbahn. Alle Anforderungen, die an die Kupplung gestellt werden, können mit Hilfe der Leitlinie zur Anforderungsermittlung aufgestellt werden. Darüber hinaus können sich aber weitere Anforderungen ergeben, z. B. aus vergangenen Lösungsversuchen, die nicht zum Ziel geführt haben. Aus diesen in der Vergangenheit gemachten Erfahrungen können wichtige Anforderungen resultieren. Ebenso können sich aus der Zukunft Anforderungen ergeben. Mit Hilfe der *S-Kurve* der TRIZ (vgl. 3.2.3) oder der Szenariotechnik können neue Technologiefelder identifiziert werden, die sich unmittelbar auf die Funktionen und Prinziplösungen der Kupplung beziehen.

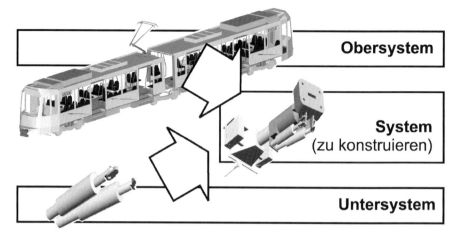

Abb. 5.5. Beispiel

Das System Kupplung ist eingebettet in das Obersystem Straßenbahn und stellt damit ein realisierbares Modul im Sinne der VDI 2221 dar (vgl. 1.2.3). Über den technischen Aspekt hinaus ist die Kupplung in weitere, auch nichttechnische Obersysteme integriert. Diese Obersysteme können z. B. verkehrstechnischer, sozialer oder ökologischer Natur sein. Alle diese Bereiche erzeugen Anforderungen, die an die Kupplung gestellt werden müssen. Ebenso können aus der Vergangenheit und der Zukunft der Obersysteme Anforderungen an die Kupplung gestellt werden. Durch die Analyse der Verkehrsentwicklung von der Vergangenheit bis zur Gegenwart können Trends für die Zukunft abgeleitet werden, die sich u. U. auf die Konstruktion der Kupplung auswirken können. Aus der Zukunft dagegen kann z. B. die Anforderung gestellt werden, dass die Technologie der Kupplung nicht nur für Rad-Schiene-Systeme sondern auch für Magnetschwebebahnen geeignet sein muss.

Als Untersysteme können alle Systeme betrachtet werden, auf die das System eine Wirkung ausübt. In dem hier betrachteten Beispiel sind dies z. B. die Dämpfer, die sich in die Baustruktur der Kupplung einfügen und während des Kupplungsvorgangs die Bewegungsenergie aufnehmen müssen.

5.2.5 Beispiele
Examples

Mit Abb. 5.6 wird als Beispiel die Anforderungsliste für eine Leiterplatten-Positioniereinrichtung gezeigt, in der die wesentlichen Hinweise zum Inhalt und Aufbau von Anforderungslisten erkennbar sind. So wurden eine Grobgliederung in *Hauptmerkmale* gemäß Abb. 5.3, eine Klassifizierung der Anforderungen in *Forderungen* und *Wünsche*, eine *Quantifizierung* der Anforderungen, wo möglich und notwendig, sowie *Änderungen* bzw. Erweiterungen

2. Ausgabe 27. 4. 1988

SIEMENS Meßgerätewerk		Anforderungsliste für Leiterplatten-Positioniereinrichtung	Blatt: 1	Seite: 1
Änder.	F W	Anforderungen		Verantw.
	F F W F W F	1. *Geometrie:* Maße des Prüflings Leiterplatte: Länge = 80 – 650 mm Breite = 50 – 570 mm Höhe = 0,1 – 10 mm Hauptsächlich verlangte Höhe: Haupthöhe = 1,6 – 2 mm Tunnelhöhe zwischen Grundrasterplatten ≤120 mm „Spannbereich" ≤2 mm (3seitig am Plattenrand)		Gruppe Langner
27. 4. 88 27. 4. 88 27. 4. 88	F F F W F W	2. *Kinematik:* genaueste Positionierung des Prüflings positionierte Prüflinge müssen in Prüfrichtung (Plattennormale) mind. 2 mm verschiebbar sein Rückführung des Prüflings in Transportlage räumlich getrennte Zu- und Abführung Tunnelaufbau minimale Handhabungszeit (so schnell wie möglich)		
27. 4. 88	F W	3. *Kräfte:* Gewicht des Prüflings ≤1,7 kg maximales Gewicht des Prüflings ≤2,5 kg		
	F	4. *Energie:* elektrische und/oder pneumatische (6 – 8 bar)		
27. 4. 88 27. 4. 88 27. 4. 88 27. 4. 88 27. 4. 88	F F W F F F W F	5. *Stoffe:* Rostfrei Isolierung zwischen Prüfling und Prüfeinrichtung Wärmeausdehnung der Prüfeinrichtung der Leiterplattenausdehnung angepaßt Temperatureinfluß berücksichtigen Temperaturbereich: 15 – 40 °C Luftfeuchtigkeit: 65% Leiterplatten Epoxid – Glashartgewebe keine Betauung		
27. 4. 88	F	6. *Sicherheit:* Schutz des Bedienpersonals		
		7. *Fertigung:* Toleranzenaddition berücksichtigen		
	F F	8. *Gebrauch:* Keine Verunreinigung im Inneren des Prüfsystems Einsatzort: Halle		
	W	9. *Instandhaltung:* Wartungsintervalle >10^6 Prüfvorgänge		
	F	10. *Termin:* Abgabe der Entwürfe: spätest. Juli 1988		
		Ersetzt 1. Ausgabe vom 21. 4. 1988		

Abb. 5.6. Anforderungsliste für eine Leiterplattenpositioniereinrichtung (Siemens AG)

mit Datumsangabe durchgeführt. Letztere entstanden nach eingehender Diskussion einer Grobliste (1. Ausgabe 21.4.88).

In den Abb. 6.4, 6.27 und 6.43 sind weitere Anforderungslisten nach den gegebenen Empfehlungen im Rahmen von Konstruktionsbeispielen dargestellt.

5.3 Anwenden von Anforderungslisten
Use of requirement lists (specifications)

5.3.1 Fortschreibung
Updating

1. Anfangssituation

Grundsätzlich muss die Anforderungsliste dem Prinzip der Verbindlichkeit und Vollständigkeit gehorchen. Zu Beginn ist die Anforderungsliste aber grundsätzlich vorläufig, sie wächst und ändert sich mit der Produktentwicklung. Der Versuch alle denkbaren Anforderungen an das zu entwickelnde Produkt von Beginn an zu formulieren, ist nicht möglich oder kann zu erheblichen Zeitverzögerungen führen. Betrachtet man den Konstruktionsprozess in seinen einzelnen Arbeitsschritten mit den jeweiligen erforderlichen Eingangsdaten und den resultierenden Ergebnissen, so wird deutlich warum. Beispielsweise müssen für die Erstellung einer Lackierzeichnung eines Bauteils die einzelnen Lackschichtdicken bekannt sein. Um ein weiterzuverfolgendes Konzept aufzustellen, sind diese Daten aber nicht relevant. Die Anforderungen an den Lackaufbau können also zu einem relativ späten Zeitpunkt geklärt werden, ohne dass die Konzeptentwicklung behindert wird.

Das Arbeiten mit verbindlichen, aber vorläufigen Anforderungslisten berücksichtigt also den Umstand, dass zu Beginn des Konstruktionsprozesses nicht alle Daten und Anforderungen über das zu entwickelnde Produkt bekannt sind und auch nicht bekannt sein müssen. In der Anforderungsliste werden nur die Anforderungen dokumentiert, die unbedingt zur Bearbeitung des gerade anstehenden Arbeitsschritts des Konstruktionsprozesses erforderlich sind. Um mit der Produktentwicklung beginnen zu können, müssen aber Angaben zu Größen und Eigenschaften:

– die das Konzept wesentlich bestimmen,
– die die Produktgliederung beeinflussen,
– die die Hauptgestalt des Produkts bestimmen,

geklärt sein.

Der Inhalt einer Anforderungsliste ist also produkt- und arbeitsschrittabhängig. Er wird laufend durch Anpassung und Ergänzung fortgeschrieben. Eine so gehandhabte Anforderungsliste verhindert, sich mit nicht sofort klärbaren Fragen und Anforderungen zu befassen.

2. Zeitliche Abhängigkeit

Die Anforderungen an ein Produkt sind in vielen Fällen einer Änderung mit der Zeit unterworfen. Dies kann zwei Gründe haben:

– Während der Produktentstehungsphase:

Der Kunde ändert seine Wünsche oder Forderungen während der Entwicklung und Konstruktion. Durch neue Erkenntnisse beim Kunden oder Erweiterung des geplanten Produkteinsatzes kommen solche Änderungen in der Praxis recht häufig vor. Typisch ist dies bei Investitionsgütern deren Entwicklung sich über einen längeren Zeitraum erstreckt. Bei Schienenfahrzeugen beispielsweise kann durch eine, während der Zeit der Fahrzeugentwicklung möglich gewordene Streckenerweiterung, nun die Antriebsleistung oder Kapazität der Fahrzeuge nicht mehr ausreichen.

– Während der Produktnutzung:

Die Einstellung zu einem Produkt und damit auch die Anforderungen können sich durchaus im Laufe der Produktnutzung ändern, bzw. ihre Gewichtung ändert sich. Die Bedeutung der Anforderungen an die Qualität, z. B. Wartungsintervalle oder Verfügbarkeit des Produkts nimmt mit seiner Nutzungsdauer beim Kunden i. Allg. zu, vgl. Abb. 5.7 [3].

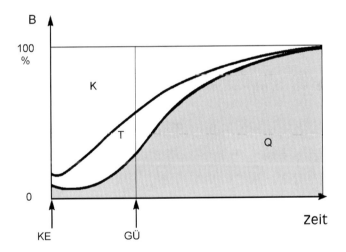

KE = Kaufentschluss (Zeitpunkt 1)
GÜ = Gefahrübergang (Lieferung) (Zeitpunkt 2)
B = Aufsummierter Bedeutungsanteil der drei Bewertungsbestandteile Q, T und K im Abnehmerdenken
Q = Qualität der Leistung (Bedeutung wächst nach Zeitpunkt 2 ständig)
T = Lieferfähigkeit des Anbieters (Termintreue)
     (Bedeutung am größten bei <<GÜ>>, dem Zeitpunkt 2)
K = durch Kosten beeinflusster Preis der Leistung
     (Bedeutung am größten bei <<KE>>, dem Zeitpunkt 1))

Abb. 5.7. Bedeutungswandel der Ausführungsqualität durch den Kunden [3]

Solche Effekte gilt es bei der Erarbeitung der Anforderungsliste zu berücksichtigen. Die Erfüllung dieser Aspekte ist in der Praxis ein wichtiger Grund für eine Bindung des Kunden an das Unternehmen.

5.3.2 Partielle Anforderungslisten
Partial requirement lists

Neben dem zeitlichen Aspekt bei Anforderungslisten gibt es noch einen weiteren inhaltlichen. Die einzelnen Bereiche oder Abteilungen eines Unternehmens können mit Hilfe einer sogenannten *partiellen Anforderungsliste* ihre speziellen Anforderungen an das Produkt dokumentieren, ohne dass von Seiten der Konstruktion unnötige Arbeit zum Sammeln dieser Informationen und Daten geleistet werden muss, Abb. 5.8 [2].

Die Summe aller partiellen Anforderungslisten ergibt dann die Anforderungsliste für das gesamte Produkt. Hierbei ist es Aufgabe des Produktentwicklungsmanagements für die Vollständigkeit und Kompatibilität einzelner partieller Anforderungslisten zu sorgen. Mit Hilfe moderner Engineering Data Management Systeme (EDMS) [5] können solche partiellen Anforderungslisten effizient verwaltet und bearbeitet werden.

5.3.3 Weitere Verwendung
Continuing use

Auch wenn es sich nicht um Neukonstruktionen handelt, sondern Lösungsprinzip und konstruktive Gestaltung festliegen und so nur *Anpassungen oder Größenvarianten* in einem bekannten Bereich vorzunehmen sind, sollten die Aufträge auch mit Hilfe von Anforderungslisten abgewickelt werden. Sie müssen dann aber nicht neu aufgestellt werden, sondern stehen als Vordrucke oder Fragelisten zur Verfügung. Sie werden auf der Grundlage der bei Neukonstruktionen erarbeiteten Anforderungsliste gewonnen. Dabei ist es zweckmäßig, Listen so aufzubauen, dass aus ihnen Auftragsbestätigung, Angaben für

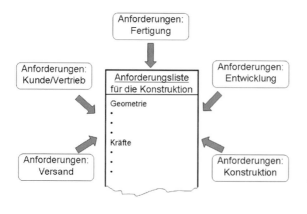

Abb. 5.8. Entstehung der Anforderungsliste aus Partialanforderungen der einzelnen Abteilungen, nach [2]

die elektronische Datenverarbeitung zwecks Auftragsabwicklung und Abnahmespezifikationen direkt entnommen werden können. Die Anforderungsliste ist dann reine Informationsübermittlung zum unmittelbaren Handeln.

Über diese Anwendung von Anforderungslisten hinaus stellen sie – einmal ausgearbeitet – einen sehr wertvollen *Informationsspeicher* für die geforderten und gewünschten Eigenschaften des Produkts dar. Eine solche Eigenschaftsfestlegung ist für spätere Weiterentwicklungen, Verhandlungen mit Zulieferfirmen usw. zweckmäßig. Aber auch das nachträgliche Aufstellen von Anforderungslisten schon vorhandener Produkte ist eine sehr wertvolle Informationsquelle für Weiterentwicklungen und Rationalisierungsmaßnahmen.

Es hat sich weiter gezeigt, dass das Durchsehen der Anforderungsliste, z. B. bei Entwicklungs- und Konstruktionsbesprechungen, vor der Beurteilung von Entwürfen ein äußerst hilfreiches Vorgehen ist. Alle Teilnehmer werden rasch auf gleichen Informationsstand gebracht, wobei alle wesentlichen Beurteilungsmerkmale deutlich werden.

Anforderungslisten bilden eine wichtige Basis zum Aufbau von *Wissensmanagement-Sytemen*. Gespeichert in solchen Systemen kann mit ihrer Hilfe das Wissen aus alten Aufträgen, insbesondere die Richtlinien und Restriktionen zur Produktspezifikation, genutzt werden.

5.4 Praxis der Anforderungsliste
Practical use of requirement lists

Es hat sich in den letzten Jahren gezeigt, dass mindestens bei Neuentwicklungen das Aufstellen einer Anforderungsliste ein sehr effizientes Mittel zur Lösungsentwicklung ist und weitgehend Eingang in die industrielle Praxis gefunden hat. Bei der praktischen Anwendung entstehen aber oft Fragen oder Schwierigkeiten, die noch näher behandelt werden sollen.

– *Selbstverständliches*, wie z. B. „billig fertigen" oder „einfach montieren", wird nicht in eine Anforderungsliste aufgenommen. Immer wieder darauf achten, dass möglichst präzise Aussagen zum vorliegenden Problem gemacht werden.
– Nicht immer lassen sich in dem frühen Stadium des ersten Aufstellens einer Anforderungsliste *präzise Aussagen* machen. Diese sind später im Laufe der Entwicklung entsprechend zu ergänzen oder zu korrigieren.
– Ein *schrittweises Entwickeln* der Anforderungsliste kann bei vagen Aufgabenstellungen durchaus zweckmäßig sein. Nur sollte ihre Präzisierung so bald als möglich erfolgen.
– Beim Aufstellen der Anforderungsliste oder bei ihrer Diskussion werden häufig bereits *Funktionen* genannt oder *Lösungsideen* geäußert. Dies ist nicht verkehrt. Sie geben Anlass, Anforderungen schärfer zu präzisieren oder gar erst zu erkennen (gedankliches Pilgerschrittverfahren oder Iteration). Die geäußerten Lösungsideen oder Vorschläge werden notiert und

in die spätere methodische Lösungssuche eingebracht, ohne dass sie in der Anforderungsliste fixiert werden.
- Erkannte *Mängel* oder *Fehler* können Anforderungen initiieren. Sie müssen dann lösungsneutral formuliert werden. Häufig ist eine Fehleranalyse Grundlage oder Ausgangspunkt einer Anforderungsliste.
- Im Bereich der *Anpassungs- oder Variantenkonstruktion* sollte sich auch bei kleineren Aufgabenstellungen der Konstrukteur mindestens für sich selbst eine formlose Anforderungsliste erstellen.
- Strenger Formalismus ist beim Aufstellen von Anforderungslisten nicht angebracht. *Leitlinie und Formulare* sind lediglich *Hilfen*, um Wichtiges nicht zu übersehen oder um eine gewisse Ordnung zu unterstützen. Wenn individuell abweichend von den Empfehlungen dieses Buches vorgegangen wird, sollten jedoch mindestens die Hauptmerkmale beachtet und nach Forderungen und Wünschen unterschieden werden.

Literatur
References

1. Ehrlenspiel, K.; Kiewert, A.; Lindemann, U.: Kostengünstig Entwickeln und Konstruieren. 2. Aufl. Berlin, Heidelberg, New York: Springer-Verlag 1998.
2. Feldhusen, J.: Angewandte Konstruktionsmethodik bei Produkten geringer Funktionsvarianz der Sonder- und Kleinserienfertigung. VDI-Berichte 953, S. 219–235. Düsseldorf: VDI-Verlag.
3. Kramer, F.; Kramer, M.: Bausteine der Unternehmensführung. 2. Aufl. Berlin, Heidelberg, New York: Springer 1997.
4. Roth, K.; Birkhofer, H.; Ersoy, M.: Methodisches Konstruieren neuer Sicherheitsschlösser. VDI-Z. 117 (1975) 613–618.
5. VDI-Richtlinie 2219: Informationsverarbeitung in der Produktentwicklung, Einführung und Wirtschaftlichkeit von EDM/PDM-Systemen. Düsseldorf: VDI-Verlag 2002.

6 Methodisches Konzipieren
Methods for conceptual design

Konzipieren ist der Teil des Konstruierens, der nach dem Klären der Aufgabenstellung durch Abstrahieren auf die wesentlichen Probleme, Aufstellen von Funktionsstrukturen und durch Suche nach geeigneten Wirkprinzipien und deren Kombination in einer Wirkstruktur die prinzipielle Lösung (Lösungsprinzip) festlegt. Das Konzipieren ist die *prinzipielle Festlegung* einer Lösung.

In Abb. 4.3 ist erkennbar, dass der Phase Konzipieren ein Entscheidungsschritt vorgeschaltet ist. Er dient nach geklärter Aufgabenstellung durch Vorliegen der vorläufig festgelegten Anforderungsliste dazu, über folgende Fragen zu entscheiden:

– Ist die Aufgabenstellung soweit geklärt, dass die Entwicklung der konstruktiven Lösung eingeleitet werden kann?
– Ist eine Konzepterarbeitung notwendig oder können schon bekannte Lösungen direkt Grundlage der Entwurfs- bzw. Ausarbeitungsphase sein?
– Wenn die Konzeptphase durchlaufen werden muss, wie und in welchem Umfang ist sie in Anlehnung an das methodische Vorgehen zu gestalten?

6.1 Arbeitsschritte beim Konzipieren
Steps of conceptual design

Entsprechend dem Arbeitsfluss beim Entwickeln (vgl. Abschn. 4.2) ist nach dem Klären der Aufgabenstellung die Konzeptphase vorgesehen. Abbildung 6.1 zeigt die Hauptarbeitsschritte im Einzelnen; sie sind so aufeinander abgestimmt, dass auch den in 4.1 erwähnten Gesichtspunkten des allgemeinen Lösungsprozesses Rechnung getragen wird.

Die zu den einzelnen Schritten eingetragenen Inhalte brauchen angesichts der in 4.2 gegebenen Erläuterungen nicht weiter erklärt zu werden. Es soll jedoch unterstrichen werden, dass Verbesserungen der Ergebnisse jeder dieser Teilschritte durch nochmaliges Durchlaufen mit höherem Informationsstand, erforderlichenfalls sofort vorgenommen werden sollen, obwohl diese Teilschleifen in Abb. 6.1 der Übersichtlichkeit wegen nicht eingetragen wurden.

Die Hauptarbeitsschritte der Konzeptphase und ihre zugehörigen Arbeitsmethoden werden in diesem Kapitel im Einzelnen erläutert, wobei die einzelnen Abschnitte den in Abb. 6.1 aufgezeigten Hauptarbeitsschritten folgen.

232 6 Methodisches Konzipieren

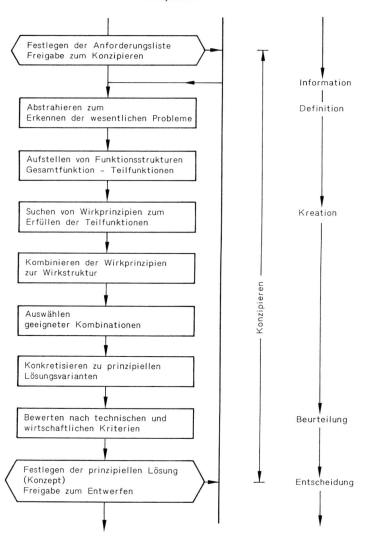

Abb. 6.1. Arbeitsschritte beim Konzipieren

6.2 Abstrahieren zum Erkennen der wesentlichen Probleme
Abstracting to identify the essential problems

6.2.1 Ziel der Abstraktion
Aim of abstraction

Fast kein Lösungsprinzip und keine bisher technologisch bedingte konstruktive Gestaltung sind auf Dauer als optimal anzusehen. Neue Technologien,

6.2 Abstrahieren zum Erkennen der wesentlichen Probleme

Werkstoffe und Arbeitsverfahren sowie naturwissenschaftliche Erkenntnisse eröffnen möglicherweise in neuartiger Kombination andere und bessere Lösungen.

In jedem Betrieb und in jedem Konstruktionsbüro bestehen Erfahrungen, aber auch Vorurteile und Konventionen, die zusammen mit dem Streben nach geringstem Risiko den Durchbruch zu ungewohnten Lösungen verhindern, die technisch besser und wirtschaftlicher sein können. Vom Aufgabensteller sind beim Erarbeiten der Anforderungsliste möglicherweise bereits Lösungsprinzipien oder Vorschläge, z. B. von der Produktplanung, für eine bestimmte Lösung geäußert worden. Unter Umständen wurden bei der Diskussion der einzelnen Anforderungen schon Ideen und Vorstellungen zur Verwirklichung entwickelt. Wenigstens im Unterbewusstsein können gewisse Lösungen vorbereitet sein. Vielleicht liegen schon sehr feste Vorstellungen (Vorfixierungen, scheinbar einschränkende Bedingungen) vor.

Beim Vorgehen zum Erreichen einer neuen, nachhaltigen Lösung darf man sich nicht von Vorfixierungen oder konventionellen Vorstellungen allein leiten lassen oder sich mit ihnen zufrieden geben. Vielmehr muss sorgfältig geprüft werden, ob nicht neuartige und zweckmäßigere Lösungswege gangbar sind. Zum Auflösen von Vorfixierungen und zum Befreien von konventionellen Vorstellungen dient die hier angestrebte Abstraktion.

Beim *Abstrahieren* sieht man vom Individuellen und vom Zufälligen ab und versucht das Allgemeingültige und Wesentliche zu erkennen. Eine solche Verallgemeinerung, die das Wesentliche hervortreten lässt, führt dabei auf den *Wesenskern der Aufgabe*. Wird dieser treffend formuliert, so werden die Gesamtfunktion und die die Problematik kennzeichnenden, wesentlichen Bedingungen erkennbar, ohne dass damit schon eine bestimmte Art der Lösung festgelegt wird.

Betrachten wir als Beispiel die Aufgabe, eine Labyrinthdichtung einer schnelllaufenden Strömungsmaschine unter bestimmten gegebenen Bedingungen zu entwickeln oder entscheidend zu verbessern. Die Aufgabe sei durch eine Anforderungsliste umrissen, das zu erreichende Ziel ist also beschrieben. Im Sinne einer abstrahierenden Betrachtung würde der Wesenskern nicht darin bestehen, eine Labyrinthdichtung zu konstruieren, sondern eine Wellendurchführung berührungslos abzudichten, wobei bestimmte Betriebseigenschaften zu garantieren sind und ein gewisser Raumbedarf nicht überschritten werden soll. Ferner sind Kostengrenzen und Lieferzeiten zu beachten.

Im konkreten Fall wäre zu fragen, ob der Wesenskern der Aufgabe darin liegt,

– die technischen Funktionen, z. B. Dichtigkeit oder die Betriebssicherheit beim Anstreifen zu erhöhen,
– das Gewicht oder den Raumbedarf zu verringern,
– die Kosten entscheidend zu senken,
– die Lieferzeit merklich zu kürzen oder
– die Abwicklung und den Fertigungsablauf zu verbessern?

Alle genannten Fragen können Teile der Gesamtaufgabe sein, aber ihre Bedeutung ist unter Umständen stark unterschiedlich. Sicherlich müssen sie alle angemessen berücksichtigt werden. Eine der genannten Teilaufgaben wird ein wichtiger Anlass sein, weswegen ein neues und besseres Lösungsprinzip gefunden werden muss. Neuentwicklungen für Produkte nach einem bekannten und bewährten Lösungsprinzip werden oft allein wegen der Kosten- und Lieferzeitsenkungen, verbunden mit einer Umstrukturierung der Abwicklung und Fertigung, nötig.

Wenn im oben erwähnten Beispiel eine Verbesserung der Dichtigkeit den Wesenskern darstellt, werden neue Dichtsysteme zu suchen sein, folglich muss man sich mit der Physik der Strömung in engen Spalten beschäftigen und aus der gewonnenen Erkenntnis Anordnungen vorsehen, die bei erzielter höherer Dichtigkeit die anderen genannten Teilfragen ebenfalls lösen können.

Wäre die Kostenminderung wesentlich, so wird man nach einer Analyse der Kostenstruktur zu untersuchen haben, ob bei gleicher physikalischer Wirkungsweise durch andere Wahl der Materialien, durch Verminderung der Zahl der Teile oder durch eine andere Fertigungsart eine Kostensenkung möglich erscheint. Man könnte aber auch neue Dichtsysteme suchen, allerdings mit dem Ziel, mit geringerem Kostenaufwand eine größere oder wenigstens die gleiche bisherige Dichtigkeit zu erreichen.

Das Herausfinden des Wesenskerns der Aufgabe mit den funktionalen Zusammenhängen und den aufgabenspezifischen, wesentlichen Bedingungen zeigt erst das Problem auf, für das eine Lösung zu finden ist. Ist man sich über den Wesenskern der vorliegenden Aufgabe klarer geworden, kann man sehr viel zweckmäßiger die Gesamtaufgabe im Zusammenhang mit den sichtbar werdenden Teilaufgaben formulieren. Deshalb ist es notwendig, durch Erfassen des Wesenskerns der Aufgabe die bestehenden wesentlichen Probleme zu erkennen [2, 6, 13].

6.2.2 Systematische Erweiterung der Problemformulierung
Systematic broadening of the problem formulation

An dieser Stelle des Entwicklungsprozesses ist die beste Gelegenheit, verantwortliches Handeln des Entwicklers und Konstrukteurs frühzeitig ins Spiel zu bringen. Vom Wesenskern der Aufgabe ausgehend sollte schrittweise geprüft werden, ob eine Erweiterung oder sogar Abänderung der ursprünglichen Aufgabe zweckmäßig erscheint, um zukunftssichere Lösungen zu finden.

Ein einleuchtendes Beispiel zu einem solchen Vorgehen lieferte Krick [5]. Die Aufgabe war, das Abfüllen und Versenden von Futtermitteln von einem gegebenen Zustand aus zu verbessern. Eine Analyse ergab die in Abb. 6.2 dargestellte Situation.

Ein schwerwiegender Fehler wäre es nun, von der vorgefundenen Lage ausgehend die sich darstellenden Teilaufgaben als solche zu akzeptieren und zu verbessern. Mit einem solchen Vorgehen würde man andere, zweckmäßigere

6.2 Abstrahieren zum Erkennen der wesentlichen Probleme

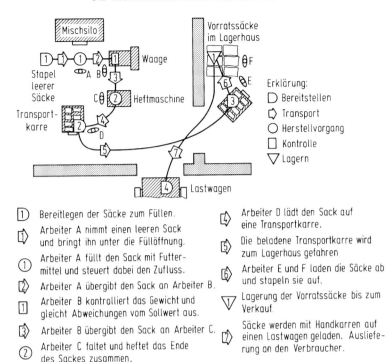

Abb. 6.2. Vorgefundener Zustand beim Futtermittelversand (Krick [5])

und wirtschaftlichere Lösungsmöglichkeiten außer Acht lassen. Mit Hilfe einer Abstraktion und einer systematischen Erweiterung des Erkannten sind folgende Problemformulierungen denkbar, wobei der Abstraktionsgrad jeweils schrittweise erhöht wird:

1. Füllen, Wiegen, Verschließen und Stapeln der mit Futtermittel gefüllten Säcke.
2. Übergabe des Futtermittels vom Mischsilo in Vorratssäcke im Lagerhaus.
3. Übergabe von Futtermittel aus dem Mischsilo in Säcken auf den Lieferwagen.
4. Übergabe von Futtermittel aus dem Mischsilo an den Lieferwagen.
5. Übergabe von Futtermittel aus dem Mischsilo an ein Transportmittel.
6. Übergabe von Futtermittel aus dem Mischsilo an den Vorratsbehälter des Verbrauchers.
7. Übergabe von Futtermittel aus den Vorratsbehältern der Futtermittelkomponenten an den Vorratsbehälter des Verbrauchers.
8. Übergabe von Futtermittel vom Erzeuger zum Verbraucher.

Einen Teil dieser Formulierungen hat Krick in einem Schaubild dargestellt: Abb. 6.3.

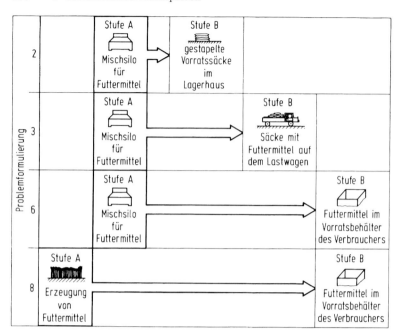

Abb. 6.3. Problemformulierung zum Futtermittelversand entsprechend Abb. 6.2 nach [5]. A Ausgangszustand, B Endzustand

Kennzeichnend für dieses Vorgehen ist:
Die Problemformulierung wird schrittweise so breit als möglich entwickelt. Man bleibt also nicht bei der vorgefundenen oder naheliegenden Formulierung, sondern bemüht sich um eine *systematische Erweiterung*, die eine Verfremdung darstellt, um sich von der vorgegebenen Lösung zu befreien und damit andere Möglichkeiten zu öffnen. So ist z. B. die 8. Formulierung in diesem Fall die denkbar breiteste, allgemeinste und an die geringsten Voraussetzungen gebundene.

Der Wesenskern ist in der Tat der mengen- und qualitätsgerechte wirtschaftliche Transport vom Erzeuger zum Konsumenten und nicht z. B. die beste Art und Weise des Verschließens der Futtermittelsäcke oder des Stapelns und Förderns der Futtermittel im Lagerhaus. Bei einer breiteren Formulierung können sich Lösungen anbieten, die das Abfüllen in Säcke und Stapeln im Magazin überflüssig machen.

Wie *weit* man nun eine solche Problemformulierung treibt, hängt von den jeweiligen Bedingungen der Aufgabe ab. Im vorliegenden Beispiel wird sich die Formulierung 8 aus technischen, zeitlichen und witterungsbedingten Gründen überhaupt nicht durchführen lassen: der Verbrauch des Futtermittels ist gerade nicht an die Zeit der Ernte gebunden, der Konsument wird aus verschiedenen Gründen die Speicherung über ein Jahr nicht in Kauf nehmen wollen, darüber hinaus müsste er die jeweils gewünschte Mischung der einzelnen Futtermittelkomponenten selbst durchführen. Aber der Transport des Futtermittels auf Abruf, z. B. mit Silowagen unmittelbar vom Mischbehälter zum Vorratsbehälter des Verbrauchers (Formulierung 6), ist ein wirtschaftlicheres Verfahren als die Zwischenlagerung und der Transport kleinerer Mengen in Säcken. Man denke in diesem Zusammenhang auch an die Entwicklung, die der Zementtransport für Großverbraucher genommen hat. Eine Fortführung dieses Lösungsgedankens führte dazu, den Fertigbeton mit Spezialfahrzeugen direkt an die Baustelle zu liefern.

An diesem Beispiel wurde gezeigt, wie die umfassende und treffende Problemformulierung auf abstrakter Ebene durch eine systematische Erweiterung oder sinnvolle Abänderung den Weg zu einer besseren Lösung öffnet. Ein solches Vorgehen schafft die grundsätzliche Möglichkeit, die Einwirkung und Verantwortlichkeit des Entwicklers in einer breiteren, übergeordneten Sicht zu Geltung zu bringen, z. B. auch in Fragen des Umweltschutzes oder der Wiederwendung bzw. des Recyclings. Hilfreich ist es, die Anforderungsliste in nachstehender Weise zu analysieren.

6.2.3 Problem erkennen aus der Anforderungsliste
Problem formulation based on the requirement list

Das Klären der Aufgabenstellung durch Erarbeiten der Anforderungsliste hat bei den Beteiligten bereits ein eingehendes Befassen mit der bestehenden Problematik und einen hohen Informationsstand hervorgerufen. Insofern diente das Aufstellen der Anforderungsliste auch zur Vorbereitung dieses Arbeitsschrittes.

Der erste Hauptarbeitsschritt zur Lösung besteht darin, die *Anforderungsliste* auf die geforderte Funktion und auf wesentliche Bedingungen hin *zu analysieren*, damit der Wesenskern klarer hervortritt. Roth [11] hat darauf hingewiesen, die in der Anforderungsliste enthaltenen funktionalen Zusammenhänge in Form von Sätzen herauszuschreiben und nach ihrer Wichtigkeit zu ordnen.

Das Allgemeingültige und Wesentliche einer Aufgabe kann durch eine Analyse hinsichtlich funktionaler Zusammenhänge und wesentlicher aufgabenspezifischer Bedingungen bei gleichzeitig schrittweiser Abstraktion aus der Anforderungsliste relativ einfach gewonnen werden. Dazu ist folgendes Vorgehen zweckmäßig:

1. Schritt: Gedanklich Wünsche weglassen.
2. Schritt: Nur noch Forderungen berücksichtigen, die die Funktionen und wesentlichen Bedingungen unmittelbar betreffen.
3. Schritt: Quantitative Angaben in qualitative umsetzen und dabei auf wesentliche Aussagen reduzieren.
4. Schritt: Erkanntes sinnvoll erweitern.
5. Schritt: Problem lösungsneutral formulieren.

Je nach Aufgabe und/oder Umfang der Anforderungsliste können entsprechende Schritte weggelassen werden.

Am Beispiel einer Anforderungsliste für einen Geber eines Tankinhaltsmessgerätes bei einem Kraftfahrzeug nach Abb. 6.4 wird der Vorgang der Abstraktion entsprechend der genannten Anweisung in Tabelle 6.1 gezeigt. Durch die allgemeine Formulierung wird erkennbar, dass bezüglich des funktionalen Zusammenhangs Flüssigkeitsmengen zu messen sind und dass diese Messaufgabe unter den wesentlichen Bedingungen steht, die sich ändernden Mengen in beliebig geformten Behältern fortlaufend zu erfassen.

Tabelle 6.1. Vorgehen bei der Abstraktion: Geber für Tankinhaltsmessgerät in einem Kraftfahrzeug nach Anforderungsliste in Abb. 6.4

Ergebnis des 1. und 2. Schrittes:
− Volumen: 20 dm^3 bis 160 dm^3
− Behälterform gegeben aber beliebig (formstabil)
− Anschluss oben oder seitlich
− Behälterhöhe: 150 mm bis 600 mm
− Entfernung Behälter–Anzeigegerät: $\neq 0$ m, 3 m bis 4 m
− Benzin und Diesel, Temperaturbereich: $-25°$C bis $+65°$C
− Ausgang des Gebers: beliebiges Messsignal
− Fremdenergie: (Gleichstrom 6V, 12V, 24V, Toleranz -15% bis $+25\%$)
− Messtoleranz: Ausgangssignal bezogen auf max. Wert $\pm 3\%$ (zusammen mit Anzeige $\pm 5\%$)
− Ansprechempfindlichkeit: 1% des max. Ausgangssignals
− Signal eichbar
− Minimal messbarer Inhalt: 3% des max. Wertes

Ergebnis des 3. Schrittes:
− Unterschiedliche Volumen
− Unterschiedliche Behälterformen
− Verschiedene Anschlussrichtungen
− Unterschiedliche Behälterhöhen (Flüssigkeitshöhen)
− Entfernung Behälter–Anzeigegerät: $\neq 0$ m
− Flüssigkeitsmenge zeitlich veränderlich
− Beliebiges Messsignal
− (Mit Fremdenergie)

Ergebnis des 4. Schrittes:
− Unterschiedliche Volumen
− Unterschiedliche Behälterformen
− Anzeige in unterschiedlicher Entfernung
− Flüssigkeitsmenge (zeitlich veränderlich) messen
− (Mit Fremdenergie)

Ergebnis des 5. Schrittes (Problemformulierung):
Unterschiedlich große, zeitlich sich ändernde Flüssigkeitsmengen in beliebig geformten Behältern fortlaufend messen und anzeigen.

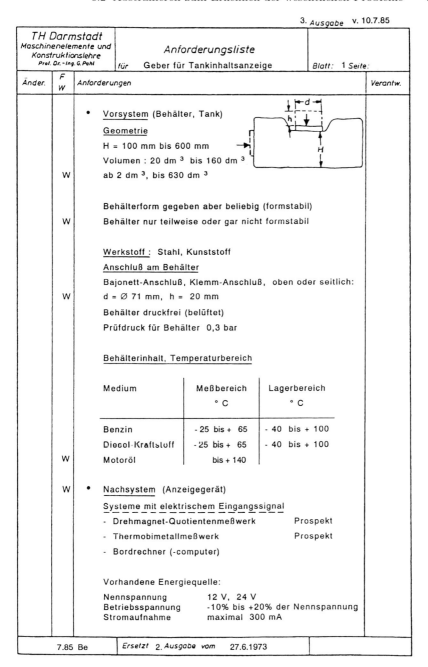

TH Darmstadt Maschinenelemente und Konstruktionslehre Prof. Dr.-Ing. G. Pahl		für	Anforderungsliste Geber für Tankinhaltsanzeige	3. Ausgabe v. 10.7.85 Blatt: 1 Seite:
Änder.	F W	Anforderungen		Verantw.
	W	Vorsystem (Behälter, Tank) Geometrie H = 100 mm bis 600 mm Volumen : 20 dm³ bis 160 dm³ ab 2 dm³, bis 630 dm³		
	W	Behälterform gegeben aber beliebig (formstabil) Behälter nur teilweise oder gar nicht formstabil		
	W	Werkstoff : Stahl, Kunststoff Anschluß am Behälter Bajonett-Anschluß, Klemm-Anschluß, oben oder seitlich: d = Ø 71 mm, h = 20 mm Behälter druckfrei (belüftet) Prüfdruck für Behälter 0,3 bar		
	W	Behälterinhalt, Temperaturbereich		

Medium	Meßbereich ° C	Lagerbereich ° C
Benzin	- 25 bis + 65	- 40 bis + 100
Diesel-Kraftstoff	- 25 bis + 65	- 40 bis + 100
Motoröl	bis + 140	

W • Nachsystem (Anzeigegerät)

Systeme mit elektrischem Eingangssignal
- Drehmagnet-Quotientenmeßwerk   Prospekt
- Thermobimetallmeßwerk   Prospekt
- Bordrechner (-computer)

Vorhandene Energiequelle:
Nennspannung   12 V, 24 V
Betriebsspannung   -10% bis +20% der Nennspannung
Stromaufnahme   maximal 300 mA

7.85 Be   Ersetzt 2. Ausgabe vom 27.6.1973

Abb. 6.4. Anforderungsliste: Geber für Tankinhaltsmessgerät in einem Kraftfahrzeug

TH Darmstadt Maschinenelemente und Konstruktionslehre Prof. Dr.-Ing. G. Pahl	Anforderungsliste für Geber für Tankinhaltsanzeige	3. Ausgabe v. 10.7.85 Blatt: 2 Seite:
Änder. F/W	Anforderungen	Verantw.

W	• Entwicklungssystem
	
	Geometrie
	Anschlußbedingungen Behälter beachten
	Kinematik
	keine beweglichen Teile
	
	Energie s. Nachsystem
	
	Stoff s. Vorsystem
	
	Signal
	
	  o Eingang
	
	    minimal meßbarer Inhalt : 3% des max. Wertes
	    Reserveinhaltsanzeige durch besonderes Signal	

W	Signal unbeeinflußt durch Neigung der Flüssigkeitsoberfläche Signal eichbar	
W	Signal bei vollem Behälter eichbar	
	o Ausgang	
W	Ausgang des Gebers : elektrisches Signal Meßtoleranz : Ausgangssignal bezogen auf max. Wert ±3%	
W	±2% (zusammen mit Anzeige ±5%) bei normalem Fahrbetrieb, waagerechte Ebene, v = konst., Erschütterungen durch normale Fahrbahn Ansprechempfindlichkeit : 1 % des max. Ausgangssignals	
W	0,5 % des max. Ausgangssignals	
	o Zusammenhang zwischen Ein- und Ausgang Entfernung Behälter-Anzeigegerät : ≠ 0m, 3m bis 4m	
W	1m bis 20m Fremdenergie zulässig Fertigung Großserienfertigung	
7.85 Be	Ersetzt 2. Ausgabe vom 27.6.1973	5

Abb. 6.4. (Fortsetzung)

TH Darmstadt Maschinenelemente und Konstruktionslehre Prof. Dr.-Ing. G. Pahl	**Anforderungsliste** für Geber für Tankinhaltsanzeige		3. Ausgabe v. 10.7.85 Blatt: 3 Seite:
Änder.	F/W	Anforderungen	Verantw.

	W	**Kontrolle, Prüfbedingungen**
		
		Betriebszustände des Kfz
		  Beschleunigung in Fahrtrichtung bis ±10 m/s^2
		  Beschleunigung quer zur Fahrtrichtung bis 10 m/s^2
		  Beschleunigung senkrecht zur Fahrbahn (Erschütterungen) bis 30 m/s^2
		  Stöße in Fahrtrichtung ohne Schädigung bis -30 m/s^2
		  Neigung in Fahrtrichtung bis ±30°
		  Neigung quer zur Fahrtrichtung max. 45°
		Salzsprühtest für Innenteile und Außenteile nach Angaben der Abnehmer (DIN 90905 beachten)
		Geber betriebsfest unter Berücksichtigung der Fahrzeuglastkollektive	

	W	**Gebrauch, Wartung** Einbau durch Laien Lebensdauer 10^4 Niveauwechsel von voll bis leer mind. 5 Jahre Standzeit Geber austauschbar Geber wartungsfrei	
	W	Geber möglichst einfach umrüstbar auf verschiedene Volumina	
		Vorschriften Keine Vorschriften bezüglich Explosionsschutz **Stückzahl** 10 000/Tag bei umrüstbarem Geber 5 000/Tag der gängigsten Variante **Kosten** Herstellkosten ≤ 6.-- DM/Stück (ohne Anzeigegerät)	
7.85 Be		Ersetzt 2. Ausgabe vom 27.6.1973	6

Abb. 6.4. (Fortsetzung)

Damit ist das Ergebnis dieses Schrittes eine Definition der Zielsetzung auf abstrakter Ebene, ohne eine bestimmte Art der Lösung festzulegen.

Grundsätzlich müssen bei einer Neuentwicklung alle Wege offen bleiben, bis klar erkennbar ist, welches Lösungsprinzip für den vorliegenden Fall das geeignetste ist. So muss der Konstrukteur die gegebenen Bedingungen in Frage stellen und sich davon überzeugen, inwieweit sie berechtigt sind, und mit dem Aufgabensteller klären, ob sie als echte Einschränkungen bestehen bleiben müssen. Scheinbare Einschränkungen in seinen eigenen Ideen und Vorstellungen muss der Konstrukteur durch kritisches Fragen und Prüfen bei sich selbst überwinden lernen. Der Vorgang der Abstraktion hilft, scheinbare Einschränkungen zu erkennen und nur echte weiter gelten zu lassen sowie neue, zweckmäßige Aspekte zu berücksichtigen.

Abschließend noch einige Beispiele für eine zweckmäßige Abstraktion und Problemformulierung:

Entwirf kein Garagentor, sondern suche einen Garagenabschluss, der es gestattet, einen Wagen diebstahlsicher und witterungsgeschützt abzustellen.

Konstruiere keine Passfederverbindung, sondern suche die zweckmäßigste Weise, Rad und Welle zur Drehmomentübertragung bei definierter Lage zu verbinden.

Projektiere keine Verpackungsmaschine, sondern suche die beste Art, das Produkt geschützt zu versenden, oder bei eingeschränkter Betrachtung das Produkt schützend, raumsparend und automatisch zu verpacken.

Konstruiere keine Spannvorrichtung, sondern suche nach einer Möglichkeit, das Werkstück für den Bearbeitungsgang schwingungsfrei zu fixieren.

Aus vorstehenden Problemformulierungen ist erkennbar und für den nächsten Hauptarbeitsschritt sehr hilfreich, die endgültige Formulierung *lösungsneutral* und sogleich als *Funktionen* vorzunehmen:

„Welle berührungslos abdichten"
und nicht „Labyrinthstopfbuchse konstruieren".
„Flüssigkeitsmenge fortlaufend messen"
und nicht „Flüssigkeitshöhe mit Schwimmer abtasten".
„Futtermittel dosieren"
und nicht „Futtermittel in Säcke wiegen".

6.3 Aufstellen von Funktionsstrukturen
Establishing function structures

6.3.1 Gesamtfunktion
Overall function

Nach 2.1.3 bestimmen die Anforderungen an eine Anlage, Maschine oder Baugruppe die Funktion, die den allgemeinen, gewollten Zusammenhang zwischen Eingang und Ausgang eines Systems darstellt. In 6.2 wurde erläutert, dass die

System: Funktion:

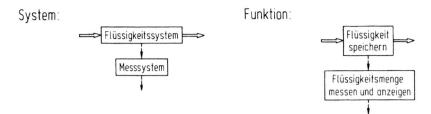

Abb. 6.5. Gesamtfunktion der beteiligten Systeme zu einer Tankinhaltsmessung nach Abb. 6.4 und Tabelle 6.1

durch Abstraktion gewonnene Problemformulierung auch den funktionalen Zusammenhang, nämlich den gewollten Zweck enthält. Ist also die Gesamtaufgabe im Wesenskern formuliert, so kann die Gesamtfunktion angegeben werden, die unter Bezug auf den *Energie-, Stoff- und/oder Signalumsatz* unter Verwendung einer *Blockdarstellung* lösungsneutral den Zusammenhang zwischen Eingangs- und *Ausgangsgrößen* angibt. Dieser soll dabei so konkret wie möglich beschrieben werden (vgl. Abb. 2.3).

Beim in Abb. 6.4 angegebenen Beispiel eines Tankinhaltsmessgeräts werden Flüssigkeitsmengen einem Behälter zugeführt und aus ihm entnommen, wobei die im Behälter jeweils befindliche Menge zu messen und anzuzeigen ist. Daraus ergeben sich zunächst im Flüssigkeitssystem ein Stofffluss mit der Funktion: „Flüssigkeit speichern" und im Messsystem ein Signalfluss mit der Funktion: „Flüssigkeitsmenge messen und anzeigen". Letztere ist die Gesamtfunktion der vorliegenden Aufgabe zur Entwicklung des Tankinhaltsmessgeräts, vgl. Abb. 6.5.

Die Gesamtfunktion wird nun in weiteren Schritten in Teilfunktionen gegliedert.

6.3.2 Aufgliedern in Teilfunktionen
Breaking down into sub-functions

Die sich ergebende Gesamtfunktion wird je nach Komplexität der zu lösenden Aufgabe ebenfalls mehr oder weniger komplex sein. Unter Komplexität wird in diesem Zusammenhang der Grad der Übersichtlichkeit des Zusammenhangs zwischen Eingang und Ausgang, die Vielschichtigkeit der notwendigen physikalischen Vorgänge sowie die sich ergebende Anzahl der zu erwartenden Baugruppen und Einzelteile verstanden.

Entsprechend 2.1.3 kann die *Gesamtfunktion* in *Teilfunktionen* niedrigerer Komplexität aufgegliedert werden. Die Verknüpfung der einzelnen Teilfunktionen ergibt die *Funktionsstruktur*, die die Gesamtfunktion darstellt. Dabei wird nach aufgabenspezifischen Funktionen formuliert.

Zielsetzung vorliegenden Hauptarbeitsschrittes ist

– ein für die anschließende Lösungssuche erleichterndes Aufteilen der geforderten Gesamtfunktion in Teilfunktionen und

– das Verknüpfen dieser Teilfunktionen zu einer einfachen und eindeutigen Funktionsstruktur.

Das in 6.2.3 und 6.3.1 begonnene Beispiel eines Gebers für ein Tankinhaltsmessgerät wird weiter verfolgt. Ausgangspunkt ist die Problemformulierung für die Gesamtfunktion entsprechend Abb. 6.5.

Als Hauptfluss wird der Signalfluss zugrunde gelegt. Naheliegende Teilfunktionen werden in mehreren Schritten entwickelt. Zunächst muss das den Tankinhalt erfassende Signal gewonnen und abgenommen werden. Dieses Signal wäre weiterzuleiten und schließlich dem Fahrer anzuzeigen. Damit ergeben sich zunächst drei wichtige, unmittelbare Hauptfunktionen. Möglicherweise muss das Signal aber zur Weiterleitung gewandelt werden. Abbildung 6.6 lässt die Entwicklung und die Variation einer Funktionsstruktur entsprechend den in diesem Abschnitt gegebenen Hinweisen erkennen.

Nach der Anforderungsliste soll die Messung auch an unterschiedlich großen Behältern, also für unterschiedlich große Mengen vorgesehen werden. So ist eine Anpassung des Signals an die jeweilige Behältergröße zweckmäßig, was als Nebenfunktion eingeführt wird. Die Messung an beliebig geformten Behältern macht unter Umständen eine Korrektur des Signals als weitere Nebenfunktion nötig. Die Lösung für die Signalgewinnung der Messaufgabe wird möglicherweise Fremdenergie erfordern, so dass dieser Energiefluss als weiterer Fluss eingeführt wird. Schließlich wird durch die Variation der Systemgrenze deutlich, dass der Geber dieses Messgeräts angesichts der vorliegenden Aufgabenstellung ein elektrisches Ausgangssignal abgeben muss, wenn bereits vorhandene Anzeigegeräte verwendet werden sollen. Andernfalls müssen auch die Teilfunktion „Signal leiten" und „Signal anzeigen" in die Lösungssuche einbezogen werden. Auf diese Weise wurde eine Funktionsstruktur mit entsprechenden Teilfunktionen gewonnen, wobei die einzelnen Teilfunktionen eine geringere Komplexität aufweisen und deutlich wird, welche Teilfunktion zweckmäßig zuerst für die Lösungssuche betrachtet wird.

Diese wichtige, lösungsbestimmende Teilfunktion, für die zunächst eine Lösung gesucht wird und von deren Wirkprinzip offensichtlich die anderen Teilfunktionen abhängen, ist die Teilfunktion „Signal abnehmen" (vgl. Abb. 6.6). Auf diese wird sich die Lösungssuche zunächst konzentrieren. Von diesem Ergebnis wird es im Wesentlichen abhängen, inwieweit eine Vertauschung einzelner Teilfunktionen sinnvoll oder sogar ihr Wegfall möglich ist. Auch lässt sich dann besser beurteilen, ob die Lösung mit einem elektrischen Ausgangssignal und der Nutzung vorhandener Leitungs- und Anzeigemittel möglich ist oder ob eine Lösung für die Anzeige ebenfalls (erweiterte Systemgrenze) ins Auge gefasst werden muss.

Weitere Hinweise zum Erkennen und Bilden von Teilfunktionen:

Es ist zweckmäßig, zunächst den *Hauptfluss* in einer Struktur, soweit eindeutig vorhanden, aufzustellen, um dann erst bei der weiteren Lösungssuche die Nebenflüsse zu berücksichtigen. Ist eine einfache Funktionsstruktur mit ihren wichtigsten Verknüpfungen gefunden, fällt es in einem weiteren Schritt

6.3 Aufstellen von Funktionsstrukturen   245

Abb. 6.6. Entwicklung einer Funktionsstruktur für den Geber eines Tankinhaltsmessgeräts; von der Produktformulierung ausgehend schrittweise Vervollständigung unter Beachtung der Anforderungsliste

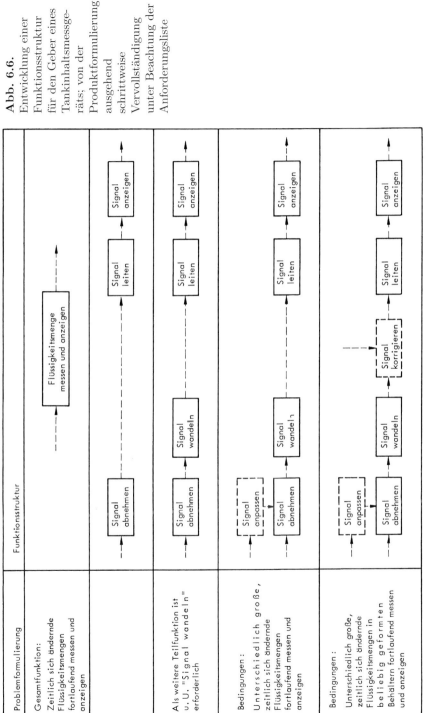

Abb. 6.6.
(Fortsetzung)

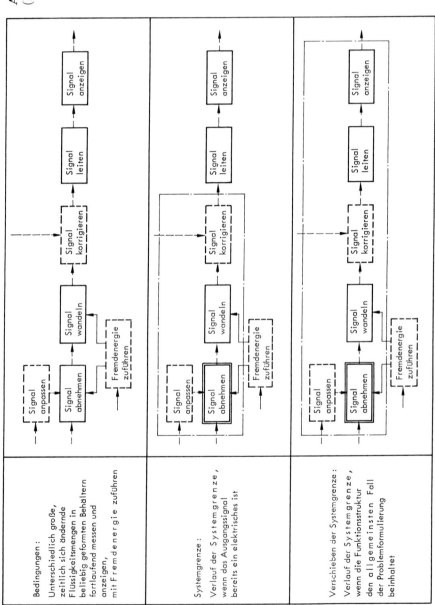

leichter, nun auch die ergänzenden Flüsse mit ihren entsprechenden Teilfunktionen zu berücksichtigen sowie eine weitere Aufgliederung komplexer Teilfunktionen zu erreichen. Dabei ist es oft hilfreich, sich für die *vereinfachte Funktionsstruktur* bereits eine erste, vorläufige Wirkstruktur oder eine bestimmte Lösung gedanklich vorzustellen, ohne jedoch damit eine Vorfixierung einer Lösung vorzunehmen.

Der zweckmäßige Auflösungsgrad einer Gesamtfunktion, d. h. die Anzahl der Teilfunktions-Ebenen sowie die Zahl der Teilfunktionen je Ebene, wird durch den Neuheitsgrad der Aufgabenstellung, aber auch von der anschließenden Lösungssuche bestimmt. Bei ausgesprochenen *Neukonstruktionen* sind im Allgemeinen sowohl die einzelnen Teilfunktionen als auch deren Verknüpfung unbekannt. Bei diesen gehört deshalb das Suchen und Aufstellen einer optimalen Funktionsstruktur zu den wichtigsten Teilschritten der Konzeptphase. Für *Anpassungskonstruktionen* ist dagegen die Baustruktur mit ihren Baugruppen und Einzelelementen weitgehend bekannt. Eine Funktionsstruktur kann daher durch Analyse des weiterzuentwickelnden Produkts aufgestellt werden. Sie kann entsprechend den speziellen Anforderungen der Anforderungsliste durch Variation, Hinzufügen oder Weglassen einzelner Teilfunktionen und Veränderungen ihrer Zusammenschaltung modifiziert werden.

Große Bedeutung hat das Aufstellen von Funktionsstrukturen bei der Entwicklung von Baukastensystemen. Für diese Möglichkeit einer *Variantenkonstruktion* muss sich der stoffliche Aufbau, d. h. die als Bausteine einsetzbaren Baugruppen und Einzelteile, sowie deren Fügestellen, bereits in der Funktionsstruktur widerspiegeln (vgl. auch 10.2.1).

Ein weiterer Aspekt beim Aufstellen einer Funktionsstruktur liegt darin, dass man bekannte Teilsysteme eines Produkts oder neu zu entwickelnde Teilsysteme gut abgrenzen und auch getrennt bearbeiten kann. So werden bekannte Baugruppen entsprechend komplexen Teilfunktionen unmittelbar zugeordnet. Die Aufgliederung der Funktionsstruktur wird dann bereits auf hoher Komplexitätsebene unterbrochen, während für die weiter oder neu zu entwickelnden Baugruppen eines Produkts das Strukturieren in Teilfunktionen abnehmender Komplexität soweit getrieben wird, bis eine Lösungssuche aussichtsreich erscheint. Durch diese dem Neuheitsgrad der Aufgabe bzw. des Teilsystems angepasste Funktionsgliederung ist das Arbeiten mit Funktionsstrukturen auch zeit- und kostensparend.

Außer zur Lösungssuche werden Teilfunktionen und Funktionsstrukturen auch zu Ordnungs- und Klassifizierungszwecken eingesetzt. Als Beispiel hierzu wären „Ordnende Gesichtspunkte" von Ordnungsschemata (vgl. 3.2.4) und die Gliederung von Katalogen zu nennen.

Neben der Möglichkeit, aufgabenspezifische Funktionen zu bilden, kann es zweckmäßig sein, die Funktionsstruktur aus *allgemein anwendbaren Teilfunktionen* aufzubauen (vgl. Abb. 2.7). Solche allgemeinen Funktionen können bei der Lösungssuche dann vorteilhaft sein, wenn mit ihrer Hilfe aufgabenspezifische Teilfunktionen gefunden werden sollen oder wenn für sie be-

reits erarbeitete Lösungen in Katalogen vorliegen. Auch kann die Variation von Funktionsstrukturen, z. B. mit dem Ziel einer Optimierung des Energie-, Stoff- und/oder Signalflusses, durch die Verwendung allgemeiner Funktionen einfacher sein. Nachstehende Auflistung möge als Anregung dienen:
Energieumsatz:

- Energie wandeln – z. B. elektrische in mechanische Energie wandeln,
- Energiekomponente ändern – z. B. Drehmoment vergrößern,
- Energie mit Signal verknüpfen – z. B. elektrische Energie einschalten,
- Energie leiten – z. B. Kraft übertragen,
- Energie speichern – z. B. kinetische Energie speichern.

Stoffumsatz:

- Stoffumsatz wandeln – z. B. Luft verflüssigen,
- Stoffabmessungen ändern – z. B. Blech walzen,
- Stoff mit Energie verknüpfen – z. B. Teile bewegen,
- Stoff mit Signal verknüpfen – z. B. Dampf absperren,
- Stoffe miteinander verknüpfen – z. B. Stoffe mischen oder trennen,
- Stoff leiten – z. B. Kohle fördern,
- Stoff speichern – z. B. Stoffe lagern.

Signalumsatz:

- Signal wandeln – z. B. mechanisches in elektrisches Signal wandeln oder stetiges in unstetiges Signal umsetzen,
- Signalgröße ändern – z. B. Ausschlag vergrößern,
- Signal mit Energie verknüpfen – z. B. Messgröße verstärken,
- Signal mit Stoff verknüpfen – z. B. Kennzeichnung vornehmen,
- Signale verknüpfen – z. B. Soll-Ist-Vergleich durchführen,
- Signal leiten – z. B. Daten übertragen,
- Signal speichern – z. B. Daten bereithalten.

In zahlreichen Fällen der Praxis wird es dagegen nicht zweckmäßig sein, eine Funktionsstruktur beginnend aus allgemeinen Teilfunktionen aufzubauen, weil sie zu allgemein formuliert sind und dadurch keine genügend konkrete Vorstellung des Zusammenhangs hinsichtlich der anschließenden Lösungssuche gegeben ist. Diese entsteht im Allgemeinen erst durch Ergänzen mit aufgabenspezifischen Begriffen (vgl. 6.3.3).

Weitere Beispiele

Abbildung 6.7 und Abb. 6.8 zeigen als Beispiel die Funktionsstruktur einer Prüfmaschine zur Untersuchung des Kraft-Verformungs-Zusammenhangs an Probestäben. Es liegt ein komplexer Energie-, Stoff- und Signalfluss vor. Ausgehend von der Gesamtfunktion wird die Funktionsstruktur aus Teilfunktionen schrittweise aufgebaut, wobei zunächst nur wesentliche Hauptfunktionen betrachtet werden. So sind in einer ersten Funktionsebene nach Abb. 6.7 nur

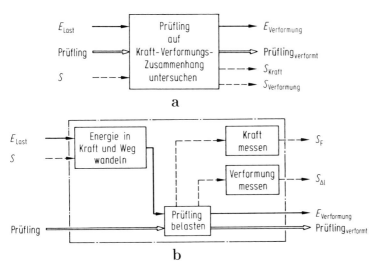

Abb. 6.7. a Gesamtfunktion und **b** Teilfunktionen (Hauptfunktionen) einer Prüfmaschine

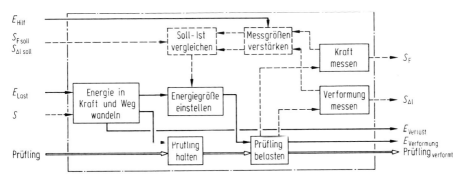

Abb. 6.8. Vervollständigte Funktionsstruktur für die Gesamtfunktion gemäß Abb. 6.7

diejenigen Teilfunktionen erkannt worden, die unmittelbar der Erfüllung der geforderten Gesamtfunktion dienen. Diese sind als komplexere Teilfunktionen, wie in vorliegendem Beispiel „Energie in Kraft und Weg wandeln" und „Prüfling belasten", formuliert, um zunächst zu einer übersichtlicheren Funktionsstruktur zu kommen.

Bei vorliegender Aufgabe sind Energiefluss und Signalfluss etwa gleichberechtigt für die Lösungssuche anzusehen, während der Stofffluss, d. h. das Auswechseln des Prüflings, nur wesentlich für die Haltefunktion ist, die anschließend in Abb. 6.8 ergänzt wurde. Bei der dann entstandenen Funktionsstruktur in Abb. 6.8 wurden schließlich hinsichtlich des Energieflusses noch eine Einstellfunktion für die Lastgrößen und am Ausgang des Systems die Verlustenergie bei der Energiewandlung eingetragen, weil sie durchaus

250   6 Methodisches Konzipieren

konstruktiv Konsequenzen haben kann. Die Verformungsenergie des Prüflings geht mit dem Stofffluss beim Auswechseln verloren. Weiterhin wurden die Nebenfunktionen „Messgrößen verstärken" und „Soll-Ist vergleichen" zum Einstellen der Energiegröße für die Prüfkraft notwendig.

Es gibt Aufgabenstellungen, bei denen die Betrachtung eines Hauptflusses allein zur Lösungssuche nicht ausreichend ist, weil auch die anderen, *begleitenden Flüsse* stark *lösungsbestimmend* sind. Als Beispiel hierfür diene die Funktionsstruktur einer Kartoffel-Vollerntemaschine: Abb. 6.9a zeigt die Gesamtfunktion und die Funktionsstruktur bei Berücksichtigung des Stoffumsatzes als Hauptfluss und der begleitenden Energie- und Signalflüsse. In Abb. 6.9b ist zum Vergleich die Funktionsstruktur auch mit allgemein anwendbaren Funktionen dargestellt.

Bei Verwendung allgemein anwendbarer Funktionen ist der Auflösungsgrad in Teilfunktionen in der Regel größer als beim Arbeiten mit aufgaben-

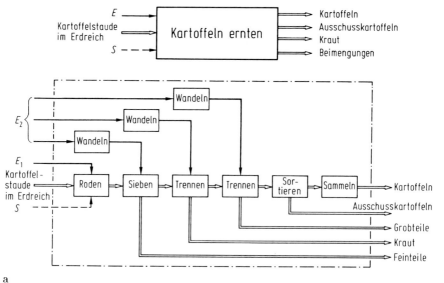

a

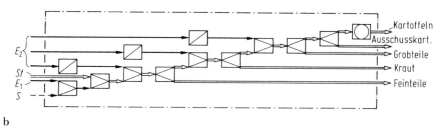

b

Abb. 6.9. a Funktionsstruktur für eine Kartoffel-Vollernte-Maschine [1]; **b** zum Vergleich auch Darstellung mit allgemein anwendbaren Funktionen nach Abb. 2.7

6.3 Aufstellen von Funktionsstrukturen

spezifischen Teilfunktionen. So wird im vorliegenden Beispiel die Teilfunktion „Trennen" durch die allgemein anwendbaren Funktionen „Energie und Stoffgemisch verknüpfen" und „Stoffgemisch trennen" (Inversion von Verknüpfen) ersetzt. Die Darstellung ist aber in ihrer abstrakteren Art weniger verständlich und bedarf einer näheren Interpretation.

Ein letztes Beispiel zeigt die Ableitung von *Funktionsstrukturen* durch die *Analyse bekannter Systeme*. Diese Vorgehensweise ist insbesondere für Weiterentwicklungen angebracht, bei denen ja mindestens eine Lösung bekannt ist, und es darum geht, verbesserte Lösungen zu finden. Abbildung 6.10 zeigt die Analyseschritte für einen Durchgangshahn, verallgemeinert Rohrschalter, beginnend bei der Auflistung der enthaltenen Elemente, der einzelnen Aufgaben je Element und der vom System erkannten und zu erfüllenden Teilfunktionen. Aus letzteren lässt sich dann die vorhandene Funktionsstruktur zusammenstellen. Diese kann dann zwecks einer Produktverbesserungen variiert oder ergänzt werden.

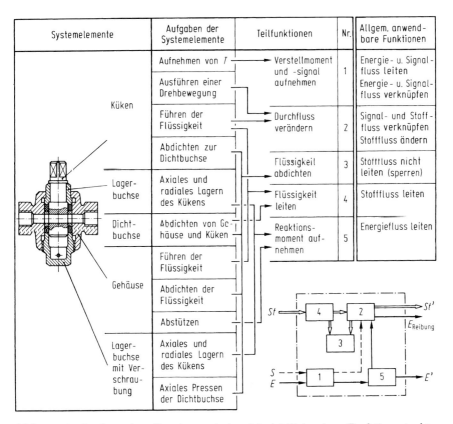

Abb. 6.10. Analyse eines Durchgangshahns hinsichtlich seiner Funktionsstruktur

Die in 6.6 in einem weiteren geschlossenen Beispiel einer Eingriff-Mischbatterie dargelegte Funktionsstruktur zeigt, dass die Untersuchung von Funktionsstrukturen auch nach Festlegen des physikalischen Effekts sehr nützlich sein kann, um das physikalische Systemverhalten bereits in einem sehr frühen Entwicklungsstadium zu studieren und daraus die die Aufgabenstellung am besten erfüllende Struktur zu erkennen.

6.3.3 Praxis der Funktionsstruktur
Application of function structures

Beim Aufstellen von Funktionsstrukturen muss zwischen Neukonstruktionen und Anpassungskonstruktionen unterschieden werden. Bei *Neukonstruktionen* ist der Ausgangspunkt für Funktionsstrukturen die *Anforderungsliste und die abstrakte Problemformulierung*. Aus den Forderungen und Wünschen sind funktionale Zusammenhänge erkennbar, zumindest ergeben sich aus diesen oft die Teilfunktionen am Eingang und Ausgang einer Funktionsstruktur. Es ist hilfreich, die in der Anforderungsliste enthaltenen funktionalen Zusammenhänge in Form von Sätzen herauszuschreiben und diese in der Reihenfolge ihrer voraussichtlichen Wichtigkeit oder logischen Zuordnung zu ordnen [11].

Bei Weiterentwicklungen in Form von *Anpassungskonstruktionen* ergibt sich als erster Ansatz die *Funktionsstruktur aus der bekannten Lösung* durch Analyse der Bauelemente. Sie dient als Grundlage für Varianten der Funktionsstruktur, die zu anderen Lösungsmöglichkeiten führen können. Sie kann ferner zu Optimierungszwecken oder für Baukastenentwicklungen herangezogen werden. Das Erkennen funktionaler Beziehungen kann durch Fragenstellen erleichtert werden.

Bei *Baukastensystemen* bestimmt die Funktionsstruktur entscheidend die Bausteine und die Baugruppengliederung (vgl. 10.2). Hier beeinflussen neben funktionalen Gesichtspunkten verstärkt auch fertigungstechnische Forderungen die Funktionsstruktur und die von ihr abgeleitete Baustruktur.

Die Aufstellung einer Funktionsstruktur soll die Lösungsfindung erleichtern. Sie ist also kein Selbstzweck, sondern wird nur soweit entwickelt, wie sie auch dieser Zielsetzung nutzt. Es hängt deshalb sehr vom Neuheitsgrad der Aufgabenstellung und dem Erfahrungsschatz des Bearbeiters ab, wie vollständig und wie stark untergliedert sie aufgebaut wird.

Ferner muss festgestellt werden, dass die Aufstellung einer Funktionsstruktur selten ganz frei von der Vorstellung bestimmter Wirkprinzipien bzw. Gestaltungsvorstellungen ist. Aus dieser Tatsache kann man ableiten, dass es sehr nützlich sein kann, zunächst für die Aufgabenstellung eine erste Lösung spontan zu konzipieren und dann in einer Schleifenbildung durch abstraktere Betrachtung die Funktionsstruktur und ihre Varianten zu komplettieren oder zu optimieren.

Zum Aufstellen von Funktionsstrukturen werden folgende Empfehlungen gegeben:

1. Es ist zweckmäßig, aus den in der Anforderungsliste erkennbaren, funktionalen Zusammenhängen zunächst eine grobe Struktur mit nur wenigen Teilfunktionen zu bilden, um diese dann schrittweise durch Zerlegen komplexer Teilfunktionen weiter aufzugliedern. Dieses ist einfacher, als sofort mit komplizierten Strukturen zu beginnen. Unter Umständen ist es hilfreich, für die grobe Struktur zunächst eine erste, vorläufige Wirkstruktur oder eine Lösungsidee zu entwickeln, um dann durch deren Analyse weitere wichtige Teilfunktionen zu erkennen. Ein möglicher Weg besteht auch darin, zunächst mit einer bekannten Teilfunktion am Eingang oder Ausgang zu beginnen, deren Größen die gedachte Systemgrenze überschreiten. Von den Nachbarfunktionen kennt man dazu dann schon zumindest die Eingangs- oder Ausgangsgrößen.
2. Können eindeutige Verknüpfungen zwischen Teilfunktionen noch nicht erkannt und angegeben werden, ist zur Suche nach einem ersten Lösungsprinzip auch die bloße *Auflistung erkannter Teilfunktionen* in der Reihenfolge scheinbarer Bedeutung für die Lösungssuche ohne logische oder physikalische Verknüpfung sehr hilfreich.
3. *Logische Zusammenhänge* können zu Funktionsstrukturen führen, anhand derer unmittelbar Logikelemente verschiedener Wirkprinzipien (mechanisch, elektrisch u. a.) wie in einem Schaltplan vorgesehen werden.
4. Funktionsstrukturen sind grundsätzlich nur bei Angabe des vorliegenden bzw. zu erwartenden Energie-, Stoff- und Signalflusses vollständig. Trotzdem ist es zweckmäßig, zunächst nur den *Hauptfluss* zu verfolgen, da er in der Regel lösungsbestimmend und aus dem beabsichtigten Zusammenhang leichter ableitbar ist. Die begleitenden Flüsse sind dann für die konstruktive Durcharbeitung, für Störgrößenbetrachtungen, für Antriebs- und Regelungsfragen usw. maßgebend. Die vollständige Funktionsstruktur unter Berücksichtigung aller Flüsse und deren Verknüpfungen erhält man dann durch iteratives Vorgehen, indem man nach Vorliegen erster Lösungsansätze für den Hauptfluss zunächst eine Struktur sucht, diese anschließend hinsichtlich der begleitenden Flüsse ergänzt und dann die Gesamtstruktur aufstellt.
5. Beim Aufstellen von Funktionsstrukturen ist es hilfreich zu wissen, dass beim Energie-, Stoff- und Signalumsatz einige *Teilfunktionen* in den meisten Strukturen häufig *wiederkehren*. Es handelt sich im Wesentlichen um die allgemein anwendbaren Funktionen nach Abb. 2.7, die zur Formulierung von aufgabenspezifischen Funktionen anregen können.
6. Im Hinblick auf den Einsatz von Mikroelektronik ist es zweckmäßig, Signalflüsse nach Abb. 6.11 zu betrachten [6]. Dadurch entsteht eine Funktionsstruktur, die in sehr zweckmäßiger Weise den modularen Einsatz von Elementen der Erfassung (Sensoren), der Betätigung (Aktoren), der Bedienung (Stellteile), der Anzeige (Signale, Displays) und vor allem der Verarbeitung durch Mikroprozessoren oder andere Rechner initiiert.

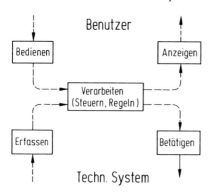

Abb. 6.11. Elementare Funktionen in einem Signalfluss im Hinblick auf modularen Einsatz der Mikroelektronik in Anlehnung an [6]

7. Aus einer Grobstruktur oder einer durch Analyse bekannter Systeme ermittelten *Funktionsstruktur* können weitere *Varianten* im Interesse einer Lösungsvariation und damit Lösungsoptimierung *gewonnen* werden durch

 – Zerlegen oder Zusammenlegen einzelner Teilfunktionen,
 – Ändern der Reihenfolge einzelner Teilfunktionen,
 – Ändern der Schaltungsart (Reihenschaltung, Parallelschaltung, Brückenschaltung) sowie durch
 – Verlegen der Systemgrenze.

 Da durch Strukturvariation bereits unterschiedliche Lösungen initiiert werden können, ist die Aufstellung von Funktionsstrukturen bereits ein Schritt der Lösungssuche.

8. *Funktionsstrukturen* sollen so *einfach* wie möglich aufgebaut sein, weil sie dann in der Regel auch zu einfachen und kostengünstigen Systemen führen. Hierzu ist auch das Zusammenlegen von Funktionen anzustreben, die dann Grundlage für integrierte Funktionsträger sind. Es gibt aber auch Aufgabenstellungen, bei denen man bewusst Funktionen verschiedenen Funktionsträgern zuordnen muss, wenn z. B. erhöhte Forderungen an die Eindeutigkeit einer Lösung sowie extreme Belastungs- und Qualitätsforderungen vorliegen. In diesem Zusammenhang sei auf das „Prinzip der Aufgabenteilung" (vgl. 7.4.2) hingewiesen.

9. Es sollen zur Lösungssuche nur *aussichtsreiche Funktionsstrukturen* verwendet werden, wozu in dieser Phase bereits Auswahlverfahren einsetzbar sind (vgl. 3.3.1).

10. Zur *Darstellung* von *Funktionsstrukturen* werden *einfache, aussagefähige Symbole* in Abb. 2.4 vorgeschlagen, die zweckmäßigerweise durch verbale aufgabenspezifische Angaben ergänzt werden.

11. Eine *Analyse der Funktionsstruktur* lässt erkennen, für welche Teilfunktionen neue Wirkprinzipien gesucht werden müssen und für welche bereits bekannte Lösungen genutzt werden können. Auf diese Weise wird ein arbeitssparendes Vorgehen gefördert. Die Lösungssuche (vgl. 3.2) beginnt

für die Teilfunktion(en), die offensichtlich lösungsbestimmend und von denen dann Lösungen anderer Teilfunktionen abhängig sind (vgl. auch Beispiel in Abb. 6.6).

1. Falsche Verwendung des Funktionsbegriffs

In der Literatur und in der praktischen Anwendung begegnet man häufig den Begriffen „Fehlfunktion" und „Störfunktion". Nach der Konstruktionsmethodik ist die Funktion der gewollte Zweck. Ein Versagen oder eine Störung ist aber niemals gewollt. Infolgedessen sollten diese Erscheinungen nicht mit dem Funktionsbegriff in Verbindung gebracht werden. Es wäre besser statt „Fehlfunktion" den Begriff „Fehlverhalten" und für „Störfunktion" den Begriff „Störgrößeneinfluss" oder „Störwirkung" zu verwenden.

Ebenso trifft man auf die irrige Auffassung, dass Nebenfunktionen unwichtige Funktionen seien. In technischen Systemen gibt es keine wichtigen oder weniger wichtigen Funktionen. Alle Funktionen sind wichtig, da sie nötig sind. Nicht nötige oder überflüssige Funktionen sind zu eliminieren. Lediglich aus arbeitssparendem Vorgehen bei der Lösungssuche konzentriert sich der Entwickler zuerst auf die ihm für den Suchprozess am wichtigsten erscheinende Funktion, ungeachtet dessen bleiben die anderen Funktionen für das technische System aber auch nötig und müssen erfüllt werden.

6.4 Entwickeln von Wirkstrukturen
Developing of working structures

6.4.1 Suche nach Wirkprinzipien
Searching for working principles to fulfil the subfunctions

Zu den Teilfunktionen müssen Wirkprinzipien gefunden werden, die später zu einer Wirkstruktur zusammengefügt werden, aus der bei weiterer Konkretisierung die prinzipielle Lösung (Lösungsprinzip) entsteht. Das Wirkprinzip enthält den für die Erfüllung einer Funktion erforderlichen physikalischen Effekt sowie die geometrischen und stofflichen Merkmale (vgl. 2.1.4). Bei vielen Aufgabenstellungen ist die Suche nach einem neuen physikalischen Effekt aber nicht notwendig, weil die Problematik in der Gestaltung liegt. Hinzu kommt, dass es bei der Lösungssuche oft schwer fällt, gedanklich den Effekt von den geometrischen und stofflichen Merkmalen zu trennen. Man sucht daher in der Regel nach Wirkprinzipien, die das physikalische Geschehen mit den dazu notwendigen geometrischen und stofflichen Merkmalen beinhalten und kombiniert sie bei Vorliegen mehrerer Teilfunktionen zu einer Wirkstruktur. Diese prinzipiellen Vorstellungen über die Art und Gestaltung der Wirkstruktur werden in der Regel als Prinzipskizze oder bei Darstellung der prinzipiellen Lösung als Baustruktur bereits als grobmaßstäbliche Handskizze dargestellt.

Betont wird, dass der hier betrachtete Hauptarbeitsschritt zu mehreren Lösungsvarianten führen soll (Lösungsfeld). Ein Lösungsfeld kann durch Variation der physikalischen Effekte sowie der geometrischen und stofflichen Merkmale aufgebaut werden. Dabei können zur Erfüllung einer Teilfunktion mehrere physikalische Effekte an einem oder mehreren Funktionsträgern wirksam sein.

In 3.2 wurden Hilfsmittel und Methoden zur Lösungssuche behandelt. Generell kommen zur Suche nach Wirkprinzipien alle Methoden in Frage. Von besonderer Bedeutung sind aber neben Literaturrecherchen Methoden zur Analyse natürlicher und bekannter Systeme, intuitiv betonte Methoden (vgl. 3.2.2) und, bei Vorliegen erster Lösungsideen aus Vorentwicklungen oder Intuition, auch die systematische Analyse des physikalischen Geschehens und die systematische Suche mit Hilfe von Ordnungsschemata (vgl. 3.2.4). Letztere Methoden liefern in der Regel durch Variantenbildung gleich mehrere Lösungen.

Wichtiges Hilfsmittel sind auch Kataloge, wie sie insbesondere Roth und Koller für physikalische Effekte und Wirkprinzipien vorgeschlagen haben (vgl. 3.2.4, Abschnitt 3) [3, 11, 14].

Werden Lösungen *für mehrere Teilfunktionen* gesucht, ist es zweckmäßig, zunächst die Funktion als „Ordnenden Gesichtspunkt" und damit die zu erfüllenden Teilfunktionen als Zeilenparameter zu wählen und in die zugehörigen Spalten mögliche Lösungsprinzipien mit ihren Merkmalen nummeriert einzutragen. Abbildung 6.12 zeigt den prinzipiellen Aufbau dieses Ordnungsschemas. Den Funktionen F_i (Teilfunktionen) werden in den Zeilen Lösungen E_{ij} zugeordnet. Je nach Konkretisierungsgrad können diese physikalische Effekte oder bereits Wirkprinzipien mit geometrisch-stofflichen Realisierungen sein.

Als Beispiel möge die Entwicklung eines Prüfstandes dienen, bei dem zwei Walzen unter pulsierender Last gegeneinander arbeiten. Ziel der Untersuchungen war das Reibverhalten unter beliebiger Kombination des Verhältnisses von Roll- und Gleitgeschwindigkeit zu erkennen [9]. Abbildung 6.13 zeigt die ermittelte, naheliegende Funktionsstruktur und Abb. 6.14 das aufgebaute Ordnungsschema. Die erkannten Hauptfunktionen besetzen die Ordinate und

Funktionen \ Lösungen	1	2	...	j	...	m
1 F_1	E_{11}	E_{12}		E_{1j}		E_{1m}
2 F_2	E_{21}	E_{22}		E_{2j}		E_{2m}
⋮	⋮	⋮		⋮		⋮
i F_i	E_{i1}	E_{i2}		E_{ij}		E_{im}
⋮	⋮	⋮		⋮		⋮
n F_n	E_{n1}	E_{n2}		E_{nj}		E_{nm}

Abb. 6.12. Prinzipieller Aufbau eines Ordnungsschemas mit Teilfunktionen einer Gesamtfunktion und zugeordneten Lösungen

6.4 Entwickeln von Wirkstrukturen 257

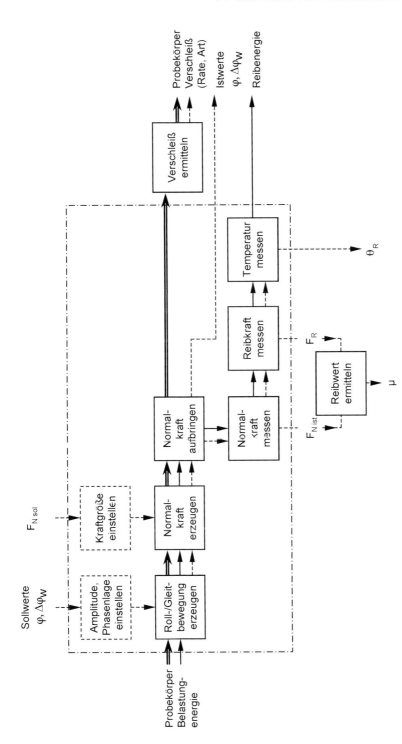

Abb. 6.13. Funktionsstruktur für einen Prüfstand nach dem Walze-Walze-Prinzip für eine frei kombinierbare Roll-Gleitbewegung unter pulsierender Last

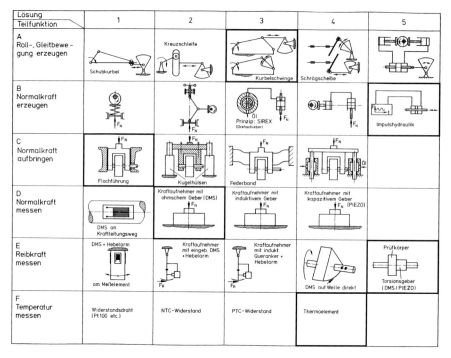

Abb. 6.14. Aus der Funktionsstruktur nach Abb. 6.13 aufgebautes Ordnungsschema mit prinzipiellen Lösungsmöglichkeiten für die jeweilige Teilfunktion

die zugehörigen, gefundenen Lösungsmittel zur jeweiligen Funktionserfüllung sind in den Abszissen eingetragen.

Zur Suche von Wirkprinzipien für Teilfunktionen können folgende Empfehlungen gegeben werden:

– Zur Lösungssuche Hauptfunktionen vorziehen, die für die Gesamtlösung bestimmend sind und für die noch kein Lösungsprinzip vorliegt.
– Ordnende Gesichtspunkte und zugehörige Merkmale aus erkennbaren Zusammenhängen des Energie-, Stoff- und/oder Signalflusses oder aus anschließenden Systemen ableiten.
– Wenn das Wirkprinzip unbekannt, dieses aus physikalischen Effekten, „Ordnender Gesichtspunkt" z. B. Energiearten, gewinnen. Liegt der physikalische Effekt fest, geometrische und stoffliche Merkmale (Wirkgeometrie, Wirkbewegung, Werkstoff) suchen und variieren. Merkmallisten zur Anregung benutzen (Abb. 3.27 und 3.28).
– Auch intuitiv gewonnene Lösungen eintragen und analysieren, welche „Ordnenden Gesichtspunkte" dabei maßgebend sind und sich von diesen anregen lassen, diese dann durch weitere Parameter untergliedern, evtl. auch einschränken oder verallgemeinern.

- Zur Vorbereitung von Auswahlentscheidungen wichtige, bereits erkennbare Eigenschaften der Wirkprinzipien notieren.

Weitere Beispiele zum Suchen nach Wirkprinzipien siehe 6.6.

6.4.2 Kombinieren von Wirkprinzipien
Combining working principles to fulfil the overall function

Zum Erfüllen der in der Aufgabenstellung geforderten Gesamtfunktion müssen nun aus dem Feld der Lösungen (Wirkprinzipien) Gesamtlösungen durch Verknüpfen zu einer Wirkstruktur erarbeitet werden (Systemsynthese). Grundlage für einen solchen Verknüpfungsprozess ist die aufgestellte Funktionsstruktur, die die in logischer und/oder physikalischer Hinsicht mögliche bzw. zweckmäßige Reihenfolge und Schaltung der Teilfunktionen angibt.

In 3.2.5 wurde als besonders zur systematischen Kombination geeignetes Verfahren das Ordnungsschema von Zwicky („Morphologischer Kasten") vorgeschlagen (Abb. 3.35). Bei diesem Ordnungsschema sind in der Kopfspalte die zu erfüllenden Teilfunktionen und in den zugeordneten Zeilen die gefundenen Wirkprinzipien aufgeführt. Durch Kombination eines Wirkprinzips, das eine Teilfunktion erfüllt, mit einem Wirkprinzip für eine Nachbar-Teilfunktion einer Funktionsstruktur erhält man nach einem Verknüpfungsprozess für alle Teilfunktionen eine mögliche Wirkstruktur als Gesamtlösung. Dabei können nur solche Wirkprinzipien zu einer Funktionsverknüpfung kombiniert werden, die miteinander verträglich sind.

Abbildung 6.15 zeigt ein Kombinationsbeispiel für eine Kartoffel-Vollerntemaschine [1]. Es enthält für die Teilfunktionen der Funktionsstruktur gemäß Abb. 6.9 geeignete Wirkprinzipien, die mit Prinzipskizzen soweit konkretisiert sind, dass eine Beurteilung ihrer Kombinationsverträglichkeit erleichtert wird. Zur Verdeutlichung der eingetragenen Wirkstruktur als Prinzipkombination ist eine danach aufgebaute Erntemaschine in Abb. 6.16 wiedergegeben.

Wenn auch mit den Methoden zur Lösungssuche, insbesondere mit den intuitiv betonten, sich bereits Kombinationen ergaben oder erkennbar wurden, so gibt es auch spezielle Methoden zur Synthese. Grundsätzlich müssen sie eine anschauliche und eindeutige Kombination von Wirkprinzipien unter Berücksichtigung der begleitenden physikalischen Größen und der betreffenden geometrischen und stofflichen Merkmale gestatten.

Hauptproblem solcher Kombinationsschritte ist das Erkennen von physikalischen Verträglichkeiten zwischen den zu verbindenden Wirkprinzipien zum Erreichen eines weitgehend störungsfreien Energie-, Stoff- und/oder Signalflusses sowie von Kollisionsfreiheit in geometrischer Hinsicht. Ein weiteres Problem liegt bei der Auswahl technisch und wirtschaftlich günstiger Kombinationen aus dem Feld theoretisch möglicher Kombinationen. Die Kombination mit Hilfe mathematischer Methoden (vgl. 3.2.5) ist nur bei Wirkprinzipien möglich, deren Eigenschaften mit quantitativen Kenngrößen beschreibbar sind, was aber in der Konzeptphase selten der Fall ist. Beispiele hierfür

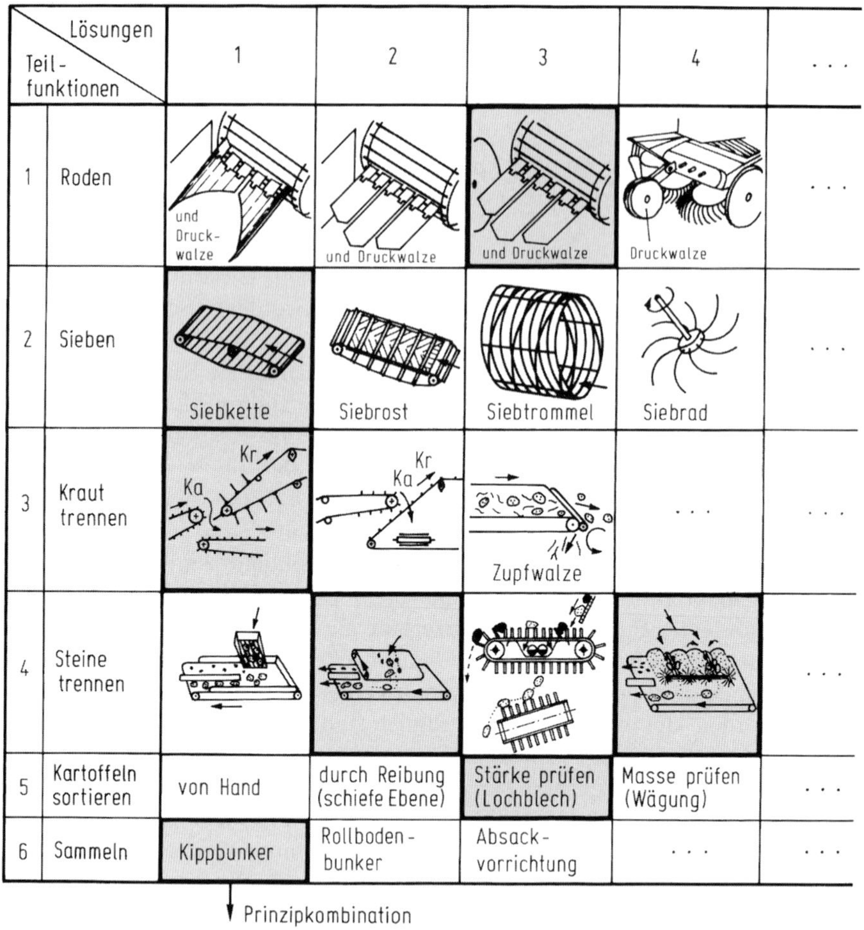

Teil-funktionen \ Lösungen	1	2	3	4	...
1 Roden	und Druckwalze	und Druckwalze	und Druckwalze	Druckwalze	...
2 Sieben	Siebkette	Siebrost	Siebtrommel	Siebrad	...
3 Kraut trennen	Kr Ka	Kr Ka	Zupfwalze	...	...
4 Steine trennen					...
5 Kartoffeln sortieren	von Hand	durch Reibung (schiefe Ebene)	Stärke prüfen (Lochblech)	Masse prüfen (Wägung)	...
6 Sammeln	Kippbunker	Rollboden-bunker	Absack-vorrichtung	...	...

▼ Prinzipkombination

Abb. 6.15. Kombination zu einer Prinziplösung (Wirkstruktur) zum Erfüllen der Gesamtfunktion einer Kartoffel-Vollerntemaschine gemäß Abb. 6.9

sind Variantenkonstruktionen und Schaltungen, z. B. mit elektronischen oder hydraulischen Komponenten.

Zusammenfassend ergeben sich folgende Hinweise:

– Nur Verträgliches miteinander kombinieren (Hilfsmittel: Verträglichkeitsmatrix, Abb. 3.36).
– Nur weiterverfolgen, was die Forderungen der Anforderungsliste erfüllt und zulässigen Aufwand erwarten lässt (vgl. Auswahlverfahren in 3.3.1 und 6.4.3).
– Günstig erscheinende Kombinationen herausheben und analysieren, warum diese im Vergleich zu den anderen weiterverfolgt werden sollen.

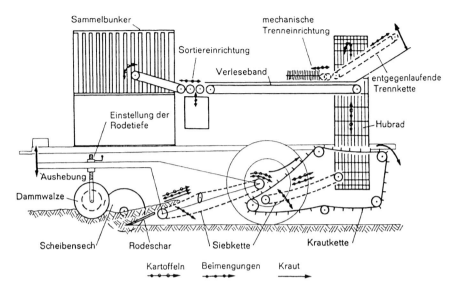

Abb. 6.16. Prinzipieller Aufbau einer Kartoffel-Vollerntemaschine als Kombination von Wirkprinzipien gemäß Abb. 6.15

6.4.3 Auswählen geeigneter Wirkstrukturen
Selecting suitable working structures

Bei dem in der Regel noch niedrigen Konkretisierungsgrad der Wirkstrukturen mit zunächst nur qualitativen Vorstellungen über ihre Eigenschaften eignet sich zum Auswählen lohnender Wirkstrukturen als nächster Hauptarbeitschritt vor allem das in 3.3.1 beschriebene Auswahlverfahren. Dieses durch Ausscheiden und Bevorzugen gekennzeichnete Vorgehen bedient sich einer schematisierten Auswahlliste, die übersichtlich und nachprüfbar ist.

Das in Abb. 6.14 gezeigte Lösungsfeld für einen Prüfstand nach der Walze-Walze-Anordnung ist nun einem Auswahlverfahren unterworfen worden. Abbildung 6.17 gibt die Auswahlliste auszugsweise wieder. Aus ihr geht hervor, dass die Variante A3-B5-C1-D2-E5-F4 eine günstige Kombination sein könnte und zur näheren Konkretisierung freigeben wird. In Abb. 6.14 sind die in Kombination günstig erscheinenden Wirkprinzipien bzw. Lösungen hervorgehoben.

Eine weitere Möglichkeit des schnellen Auswählens besteht in der Anwendung von zweidimensionalen Ordnungsschemata, vergleichbar mit den in Abb. 3.36 gezeigten Verträglichkeitsmatrizen. Abbildung 6.18 gibt hierzu ein Beispiel:

Bei der Weiterentwicklung eines Verspannprüfstands zur Untersuchung von Zahnkupplungen bestand die Aufgabe, eine Axialverschiebung innerhalb der Prüfkupplung zum Messen der dann auftretenden Axialkräfte einzulei-

| TH Darmstadt
Maschinenelemente und Konstruktionslehre
Prof. Dr.-Ing. Pahl | Auswahlliste
für Prüfstand - Walze | | Blatt: 1 | Seite: 1 |

Lösungsvarianten (Lv) nach AUSWAHLKITERIEN beurteilen:
(+) ja
(-) nein
(?) Informationsmangel
(!) Anforderungsliste überprüfen

ENTSCHEIDEN
Lösungsvarianten (Lv) kennzeichnen:
(+) Lösung weiter verfolgen
(-) Lösung scheidet aus
(?) Information beschaffen
(Lösung erneut beurteilen)
(!) Anforderungsliste auf Änderung prüfen

A: Verträglichkeit gegeben
B: Forderungen der Anforderungsliste erfüllt
C: Grundsätzlich realisierbar
D: Aufwand zulässig
E: Unmittelbare Sicherheitstechnik gegeben
F: Im eigenen Bereich bevorzugt

Lv		A	B	C	D	E	F	G	Bemerkungen (Hinweise, Begründungen)	
A1	1	+	-						Schalenwechsel, Klappern der Lager	-
A2	2	+	-						Schalenwechsel, zu viel Spiel	-
A3	3	+	+	+	+				Sinusverlauf nur angenähert, Fehler < 1%	+
A4	4	+	+	+	-				Fertigungsaufwand hoch	-
A5	5	+	+	+	-				Aufwand insgesamt zu hoch	-
B1	6	+	-						Einstellbarkeit nicht oder nur mit Aufwand	-
B2	7	+	-						Einstellbarkeit nicht gegeben	-
B3	8	+	+	-					zu langsam	-
B4	9	+	+	-					zu langsam, wenig Variabilität	-
B5	10	+	+	+	+				Freie Zuordnung, sehr schnell	+
C1	11	+	+	+	+				Einfache Lösung	+
C2	12	+	+	+	?				Aufwand fraglich	?
C3	13	+	+	-					Platzbedarf zu hoch	-
C4	14	+	+	-					Aufwand zu hoch	-
D1	15	+	+	-					Kein Platz, Kraftleitungsweg zu nachgiebig	-
D2	16	+	+	+	+				Im Institut bevorzugtes Messverfahren	+
D3	17	+	+	+	-				Aufwand gegenüber D2 höher	-
D4	18	-	-	+	-				Aufwand gegenüber D2 höher	
E1	19	+	+	-					Platzbedarf zu hoch, Element nicht steif	-

Datum: Nov 01   Bearbeiter: La

Abb. 6.17. Auswahlliste (Auszug) zum Lösungsfeld nach Abb. 6.14

ten, d. h. mindestens eine Kupplungshälfte der Prüfzahnkupplung sollte axial verschoben werden können.

Die möglichen und erkannten Varianten des Verschiebeorts (Ordnender Gesichtspunkt der Kopfspalte) und der Art der Krafteinleitung (Ordnender Gesichtspunkt der Kopfzeile) wurden im Ordnungsschema (Abb. 6.19)

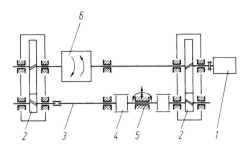

Abb. 6.18. Prinzipskizze eines Verspannungsprüfstands zur Untersuchung von Zahnkupplungen. *1* Antrieb, *2* Getriebe, *3* schnelllaufende Welle, *4* Prüfzahnkupplung, *5* Verstelllagerbock zum Einstellen der Fluchtfehler, *6* Vorrichtung zum Aufbringen des Drehmoments

kombiniert. Die Kombination wurde anhand der Anforderungsliste überprüft und ungeeignete Varianten konnten aus verschiedenen, aber sofort erkennbaren Gründen ausgeschieden werden. Die Ausscheidungsgründe wurden in einer Auswahlliste festgehalten, die hier aus Platzgründen nicht mehr gezeigt wird. Das Ergebnis ist in der Bildlegende von Abb. 6.19 wiedergegeben.

Die ausgewählten Wirkstrukturen bzw. Lösungskombinationen sind anschließend einer weiteren Konkretisierung zu unterwerfen.

6.4.4 Praxis der Wirkstruktur
Practical use of working structures

Das Entwickeln von Wirkstrukturen gilt bei Neukonstruktionen als einer der wichtigsten Hauptarbeitsschritte, bei der die Kreativität des Konstrukteurs am meisten gefordert wird. Diese Kreativität wird durch denkpsychologische Prozesse zum Problemlösen, durch die Verfolgung einer allgemeinen Arbeitsmethodik sowie durch die allgemein einsetzbaren Lösungs- und Beurteilungsmethoden in besonderer Weise geprägt und beeinflusst. Entsprechend ist das Vorgehen gerade in diesem Abschnitt sehr unterschiedlich und abhängig vom Neuheitsgrad der Aufgabe bzw. dem Anteil von zu lösenden Problemen, von der Mentalität und den Fähigkeiten bzw. Erfahrungen des Konstrukteurs sowie von Vorfixierungen durch die Produktplanung oder durch den Kunden.

Das in 6.4.1 bis 6.4.3 empfohlene Vorgehen kann deshalb nur eine Leitlinie für zweckmäßiges, schrittweises Arbeiten sein, dessen tatsächliche Durchführung recht unterschiedlich sein kann: *Bei Neuentwicklungen ohne Vorbilder* sollte immer mit der Lösungssuche für diejenige *Hauptfunktion* begonnen werden, die offenbar für die Gesamtfunktion *lösungsbestimmend* ist (vgl. Abb. 6.6). Für die lösungsbestimmende Hauptfunktion wird man dann erste grobe Vorstellungen über in Frage kommende physikalische Effekte oder schon Wirkprinzipien durch intuitiv betonte Methoden, durch Literatur- und Patentrecherchen oder aus früheren Entwicklungen aufbauen. Diese Lösung oder Lösungen wird man anschließend hinsichtlich ihres Funktionszusammenhangs analysieren, um auf weitere wichtige Teilfunktionen zu kommen, für die dann auch Effekte oder Wirkprinzipien zu suchen sind. Diese Wirkprinzipien sollten dann nur noch auf das für die lösungsbestimmende Hauptfunktion gefundene, aussichtsreiche Wirkprinzip angepasst gesucht werden. Eine gleich-

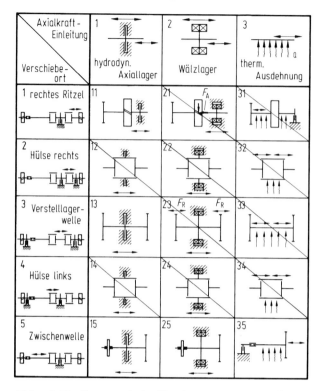

Abb. 6.19. Systematische Kombination prinzipieller Lösungsvarianten und Ausscheiden ungeeigneter Varianten.
Komb. 12; 14: Störung der Kupplungskinematik
Komb. 21: Axialkraft F_A für Lebensdauer der Wälzlager zu groß
Komb. 23: 2 mal Reibkraft F_R, dadurch Lebensdauer der Wälzlager zu klein
Komb. 22, 24: Umfangsgeschwindigkeit wegen Lebensdauer der Wälzlager zu groß
Komb. 31–34: thermische Länge für ausreichenden Verschiebeweg u. a. zu klein

zeitige, unabhängige Suche nach allen Wirkprinzipien für alle Teilfunktionen ist dagegen im Allgemeinen zu aufwendig und umfasst oft Wirkprinzipien, die dann doch nicht in ihrer Kombination in Frage kommen.

Im Prinzip empfiehlt sich, auf einer weniger konkreten Ebene zuerst die aussichtsreichsten Lösungsprinzipien (etwa bis maximal 6) zu suchen und dann ausgehend von einer aussichtsreichen Variante auf einer konkreteren Ebene stärker zu konkretisieren und dort wiederum aussichtsreichere Varianten zu erkennen. Eine zu große Variantenvielfalt in einem Schritt zur Lösungssuche kostet zu viel Arbeitsaufwand für Varianten, die dann doch nicht in Betracht kommen.

Eine wichtige Strategie zum Aufstellen von Lösungsfeldern ist daher die systematische Variation von als wesentlich erkannten physikalischen und geometrisch-stofflichen Merkmalen der gefundenen Erstlösungen. Die dazu hilfreichen *Ordnungsschemata* werden meistens nicht auf Anhieb optimal aufgestellt, sondern erst nach mehreren Ansätzen unter Variation bzw. Korrektur (Einschränkung oder Ausweitung) der „Ordnenden Gesichtspunkte". Etwas Erfahrung ist hierbei unumgänglich.

Bei Vorliegen schon *konkreter Produktideen mit ersten Lösungsansätzen* aus einer Produktplanung oder Ideensammlung wird man diese auf ihre wesentlichen, lösungsbestimmenden Merkmale hin untersuchen, um dann mit deren systematischer Variation und Kombination schnell zu einem Lösungsfeld zu kommen.

Bei *Weiterentwicklungen* wird man die bereits bekannten Wirkprinzipien und Wirkstrukturen überprüfen, ob sie noch dem technischen Erkenntnisstand oder sich verändernden Zielsetzungen genügen.

Bei stärker *intuitiv betontem* Vorgehen und bei Vorliegen großer Erfahrungen werden häufiger gleich Wirkstrukturen zur Erfüllung der Gesamtfunktion gefunden, ohne erst eine getrennte Lösungssuche für die Teilfunktionen (Wirkprinzipien) vorzunehmen.

Insbesondere das *schrittweise* Erarbeiten von Wirkprinzipien über das Suchen physikalischer Effekte und anschließende Realisieren mit geometrisch-stofflichen Festlegungen wird oft gedanklich integriert mit *Lösungsskizzen* durchgeführt, da der Konstrukteur mehr in Anordnungen und prinzipiellen Darstellungen denkt als in physikalischen Gleichungen.

Über intuitiv betonte und diskursiv-systematische Methoden werden, in der Regel schnell umfangreiche Lösungsfelder gefunden. Diese sollten bereits beim Entstehen auf wirklich *verfolgungswürdige Wirkprinzipien* durch Beachten der Forderungen aus der Anforderungsliste reduziert werden, um den weiteren Konkretisierungsaufwand in Grenzen zu halten.

Oft können die Eigenschaften von prinzipiellen Lösungen, insbesondere deren Fertigungskonsequenzen und Kosten, noch nicht mit quantitativen Kenngrößen beurteilt werden. Daher sollte bei Vorliegen aussichtsreicher Wirkprinzipien die Auswahl durch interdisziplinäre Diskussion, z. B. in einem *Team unterschiedlicher Fachzusammensetzung* (ähnlich dem Wertanalyse-Team, vgl. 1.2.3, Abschn. 2), erfolgen, um die qualitativen Auswahlentscheidungen auf breiten Erfahrungen abzustützen.

6.5 Entwickeln von Konzepten
Developing concepts

6.5.1 Konkretisieren zu prinzipiellen Lösungsvarianten
Firming up into principle solution variants

Die in 6.4 erarbeiteten prinzipiellen Vorstellungen für eine Lösung sind in der Regel noch zu wenig konkret, um eine Entscheidung für die Konzeptfestlegung treffen zu können. Das liegt daran, dass ausgehend von der Funktionsstruktur die Lösungssuche in erster Linie auf die Erfüllung der technischen Funktion gerichtet ist. Eine wenn auch nur prinzipielle Lösung muss die in 2.1.7 dargestellten Bedingungen, die in einer Leitlinie festgelegt sind, wenigstens im Wesentlichen auch noch berücksichtigen. Erst dann sind Varianten prinzipieller Lösungen (Lösungsprinzip) beurteilbar. Zu ihrer Beurteilungsfähigkeit ist eine Konkretisierung auf prinzipieller Ebene notwendig, wozu, wie die Erfahrung zeigt, fast immer noch ein erheblicher Arbeitsaufwand erforderlich ist.

Beim Auswählen sind u. U. schon Informationslücken über sehr wichtige Eigenschaften offenbar geworden, so dass manchmal auch eine nur grob sortierende Entscheidung nicht möglich gewesen ist. Erst recht kann mit diesem Informationsstand keine Bewertung durchgeführt werden. Die wichtigsten Eigenschaften der vorgeschlagenen Wirkstruktur müssen *qualitativ* und oft auch wenigstens grob *quantitativ* in einem weiteren Hauptarbeitsschritt konkreter erfasst werden.

Wichtige Aussagen zum Wirkprinzip, z. B. Wirkungshöhe, Störanfälligkeit, aber auch zur Gestaltung, z. B. Raumbedarf, Gewicht, Lebensdauer oder auch zu bestehenden wichtigen aufgabenspezifischen Bedingungen sind wenigstens angenähert erforderlich. Diese tiefergehende Informationsgewinnung wird nur für die aussichtsreich erscheinenden Kombinationen angestellt. Gegebenenfalls muss auf besserem Informationsstand ein zweites oder auch drittes Auswählen stattfinden.

Die erforderlichen Informationen werden im Wesentlichen mit allgemein bekannten Methoden gewonnen:

- Orientierende Berechnungen unter vereinfachten Annahmen,
- skizzenhafte, oft schon grobmaßstäbliche Anordnungs- und/oder Gestaltungsstudien über mögliche Form, Platzbedarf, räumliche Verträglichkeit usw.,
- Vor- oder Modellversuche zur Feststellung prinzipieller Eigenschaften oder angenäherter quantitativer Aussagen über Wirkungshöhe oder Optimierungsbereich,
- Bau von Anschauungsmodellen, aus denen der prinzipielle Wirkungsablauf zu ersehen ist, z. B. kinematische Modelle, Rapid Prototyping.
- Analogiebetrachtungen mit Hilfe des Rechners oder simulierende Schaltungen und Festlegen von Größen, die die wesentlichen Eigenschaften sicherstellen, z. B. schwingungstechnische und verlustmäßige Durchrechnung von hydraulischen Systemen mit Hilfe einfacher Gesetze der Elektrotechnik,
- erneute Patent- und/oder Literaturrecherchen mit engerer Zielsetzung sowie Marktforschung über beabsichtigte Technologien, Werkstoffe, Zulieferteile o. ä.

Mit diesen neugewonnenen Informationen werden die aussichtsreichen Wirkstrukturen soweit konkretisiert, dass sie einer Bewertung (vgl. 6.5.2) zugänglich sind. Die Varianten müssen durch ihre Eigenschaften technische als auch wirtschaftliche Gesichtspunkte offenbar werden lassen, damit eine Bewertung

3 Kraftmessdosen   1 Kraftmessdose

Abb. 6.20. Zum Lösungsvorschlag 1 aus Tabelle 3.3: Gewicht der Flüssigkeit messen, erzeugtes Signal: Kraft

mit möglichst hoher Zuverlässigkeit in der Aussage vorgenommen werden kann. Es ist daher zweckmäßig, beim Konkretisieren zu prinzipiellen Lösungen sich schon mit den möglichen späteren Bewertungskriterien (vgl. 3.3.2) zu beschäftigen, damit die Informationsbereitstellung zielgerichtet erfolgt.

Ein Beispiel soll verdeutlichen, wie aus dem Wirkprinzip die prinzipielle Lösung konkretisiert wird. Es handelt sich dabei um die mehrfach angeführte Entwicklung von Lösungsmöglichkeiten für einen Geber eines Tankinhaltsmessgeräts bei beliebig geformten Kraftstofftanks.

In Abb. 6.20 ist das Wirkprinzip des ersten Lösungsvorschlags wiedergegeben. Die Gesamtkraft kann statisch bestimmt aus drei vertikalen Auflagekräften oder durch eine gelenkige Auflage mittels nur einer Auflagekraft gewonnen werden. Die Gewichtskraft des Tankinhalts als Maß für die Flüssigkeitsmenge lässt sich unter Abzug des Tankleergewichts ermitteln. Die einzusetzenden Geber messen aber die Gesamtkraft, also auch die aus Beschleunigungskräften. Als Messprinzip wäre das Umsetzen der Kraft in einen Weg und dessen Abgriff, z. B. an einem Potentiometer, grundsätzlich möglich.

Es werden abschätzende Berechnungen hinsichtlich der auftretenden Gewichts- und Trägheitskräfte durchgeführt und die für die Konkretisierung notwendigen Folgerungen gezogen:

Gesamtkraft der Flüssigkeit (statisch):

$$F_{ges} = \gamma \cdot V = 7{,}5\,\text{N/dm}^3 \cdot (20 \ldots 160)\,\text{dm}^3 = 150 \ldots 1200\,\text{N (Benzin)}.$$

Zusätzliche Kräfte aus Beschleunigungsvorgängen (nur die Flüssigkeit betrachtet):

$$F_{zus} = m \cdot a = (15 \ldots 120)\,\text{kg} \cdot \pm 30\,\text{m/s}^2 = \pm(450 \ldots 3600)\,\text{N}.$$

Zum Unterdrücken der Wege aus den hohen Beschleunigungskräften ist also eine sehr starke Dämpfung erforderlich.

Ergebnis:
Lösung weiter verfolgen, Dämpfungsmöglichkeit vorsehen, Lösungen dafür suchen und konkretisieren durch grobmaßstäbliche Darstellung des Gebers. Abbildung 6.21 zeigt das Ergebnis. Dieser Vorschlag kann jetzt bei Kenntnis der erforderlichen Teile und ihrer Gestaltung einer Bewertung unterzogen werden. Es bestätigt sich die Vermutung in der Auswahlliste (vgl. Abb. 3.37), dass der Aufwand zu hoch wird.

268 6 Methodisches Konzipieren

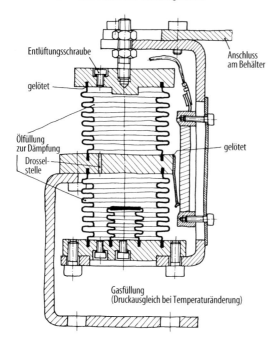

Abb. 6.21. Prinzipielle Lösung aus Wirkprinzip nach Abb. 6.20 durch Konkretisieren weiterentwickelt

6.5.2 Bewerten von prinzipiellen Lösungsvarianten
Evaluation of principle solution variants

In 3.3.2 wurden allgemein anwendbare Bewertungsverfahren, insbesondere die Nutzwertanalyse und das Vorgehen nach der Richtlinie VDI 2225 [15] erläutert.

Zum Bewerten prinzipieller Lösungsvarianten als nächster Hauptarbeitsschritt sind folgende Gesichtspunkte zu beachten:

Erkennen von Bewertungskriterien

Wichtige Grundlage ist zunächst die *Anforderungsliste*. In einem gegebenenfalls vorgängigen Auswahlverfahren (vgl. 6.4.3) führten nicht erfüllte Forderungen bereits zu einem Ausscheiden prinzipiell ungeeigneter Varianten. Durch den Konkretisierungsprozess zu prinzipiellen Lösungen sind weitere Informationen und Erkenntnisse gewonnen worden. Es ist daher zweckmäßig, auf neuestem Informationsstand zuerst zu prüfen, ob alle Vorschläge, die bewertet werden sollen, die Forderungen der Anforderungsliste wirklich erfüllen. Dies führt u. U. zu einer erneuten Ja/Nein-Entscheidung, d. h. Auswahl.

Zu erwarten ist, dass auch auf der vorliegenden Konkretisierungsstufe diese Entscheidung nicht bei allen Forderungen für alle Varianten mit Sicherheit möglich ist. Dazu wäre ein weiterer Aufwand nötig, den man aber zu diesem Zeitpunkt nicht mehr investieren will oder kann. Mit dem vorliegenden Informationsstand kann u. U. nur beurteilt werden, wie wahrscheinlich es ist, dass bestimmte Forderungen erfüllbar sind. Damit wird der Grad der Wahrscheinlichkeit, die betreffenden Forderungen zu erfüllen, möglicherweise Bewertungskriterium.

Eine Reihe von Forderungen sind Mindestforderungen. Es muss festgestellt werden, ob ein möglichst weites Überschreiten der Grenzen nach welchen Wertvorstellungen erwünscht ist. Ist dies der Fall, können sich daraus ebenfalls Bewertungskriterien ergeben.

Für die Bewertung in der Konzeptphase ist wesentlich, dass sowohl *technische* als auch *wirtschaftliche Eigenschaften* so früh wie möglich erfasst werden [4]. Auf dieser Konkretisierungsstufe ist es aber in der Regel nicht möglich, die Kosten zahlenmäßig anzugeben. Der wirtschaftliche Aspekt muss aber mindestens qualitativ einfließen. Daneben rücken bei der Entscheidung über das Lösungsprinzip (Konzept) verstärkt Fragen der Arbeits- und Umweltsicherheit in den Vordergrund.

Daher ist es nötig, technische, wirtschaftliche und die Sicherheit betreffende Kriterien zugleich zu berücksichtigen. Infolgedessen werden entsprechend der Leitlinie, die schon Merkmale der Entwurfsbeurteilung enthält (vgl. 7.6) und unter Einbeziehung anderer Vorschläge folgende Hauptmerkmale vorgeschlagen [8], aus denen die Kriterien für die Bewertung von prinzipiellen Lösungen abzuleiten sind: Abb. 6.22.

Jedes Hauptmerkmal muss, sofern es für die Aufgabe zutreffend ist, mindestens mit einem Bewertungskriterium vertreten sein. Dabei müssen diese hinsichtlich des Gesamtziels unabhängig voneinander sein, um Mehrfachbewertungen zu vermeiden. Verbrauchergesichtspunkte sind im Wesentlichen in den ersten fünf und den letzten drei Hauptmerkmalen, Herstellergesichtspunkte in den Hauptmerkmalen Gestaltung, Fertigung, Kontrolle, Montage und Aufwand enthalten.

Die Bewertungskriterien werden gewonnen aus:

a) Anforderungen der Anforderungsliste

- Wahrscheinlichkeit der Erfüllung von Forderungen (wie wahrscheinlich, unter welchen Schwierigkeiten möglich).
- Erstrebenswerte Überschreitung von Mindestforderungen (wie weit überschritten).
- Wünsche (erfüllt – nicht erfüllt, wie gut erfüllt).

b) Allgemein technischen und wirtschaftlichen Eigenschaften (wie gut vorhanden, wie gut erfüllt) aus der Hauptmerkmalliste zum Bewerten in der Konzeptphase Abb. 6.22.

Die Gesamtzahl der Bewertungskriterien soll in der Konzeptphase nicht zu hoch sein, wobei 8 bis 15 Kriterien im Allgemeinen angemessen sind. Ein Beispiel ist in Abb. 6.41 dargestellt, worin die genannten Gesichtspunkte erkennbar sind.

Hauptmerkmal	Beispiele
Funktion	Eigenschaften erforderlicher Nebenfunktionsträger, die sich aus dem gewählten Lösungsprinzip oder aus der Konzeptvariante zwangsläufig ergeben
Wirkprinzip	Eigenschaften des oder der gewählten Prinzipien hinsichtlich einfacher und eindeutiger Funktionserfüllung, ausreichende Wirkung, geringe Störgrößen
Gestaltung	Geringe Zahl der Komponenten, wenig Komplexität, geringer Raumbedarf, keine besonderen Werkstoff- und Auslegungsprobleme
Sicherheit	Bevorzugung der unmittelbaren Sicherheitstechnik (von Natur aus sicher), keine zusätzlichen Schutzmaßnahmen nötig, Arbeits- und Umweltsicherheit gewährleistet
Ergonomie	Mensch-Maschine-Beziehung befriedigend, keine unzulässige Belastung oder Beeinträchtigung, gute Formgestaltung
Fertigung	Wenige und gebräuchliche Fertigungsverfahren, keine aufwendigen Vorrichtungen, geringe Zahl einfacher Teile
Kontrolle	Wenige Kontrollen oder Prüfungen notwendig, einfach und aussagesicher durchführbar
Montage	Leicht, bequem und schnell, keine besonderen Hilfsmittel
Transport	Normale Transportmöglichkeiten, keine Risiken
Gebrauch	Einfacher Betrieb, lange Lebensdauer, geringer Verschleiß, leichte und sinnfällige Bedienung
Instandhaltung	Geringe und einfache Wartung und Säuberung, leichte Inspektion, problemlose Instandsetzung
Recycling	Gute Verwertbarkeit, problemlose Beseitigung
Aufwand	Keine besonderen Betriebs- oder sonstige Nebenkosten, keine Terminrisiken

Abb. 6.22. Leitlinie und Hauptmerkmale zum Bewerten in der Konzeptphase

Bedeutung für den Gesamtwert (Gewichtung)

Die nunmehr erkannten Bewertungskriterien sind in ihrer Bedeutung u. U. unterschiedlich. Für die Konzeptphase, in der der Informationsstand wegen der nicht so hohen Konkretisierung noch relativ niedrig ist, lohnt sich im Allgemeinen keine Gewichtung. Es ist daher zweckmäßiger, bei der Auswahl der Bewertungskriterien auf eine annähernde Gleichgewichtigkeit zu achten und weniger gewichtige Eigenschaften zunächst unberücksichtigt zu lassen. So konzentriert sich die Bewertung auf die wesentlichen, prinzipiellen Merkmale und bleibt überschaubar. Absolut unterschiedliche und nicht unterdrückbare Bedeutung muss allerdings durch Gewichtungsfaktoren erfasst werden.

Zusammenstellen der Eigenschaftsgrößen

Es hat sich als zweckmäßig erwiesen, die erkannten Bewertungskriterien in der Reihenfolge der Hauptmerkmale aufzulisten und ihnen die Eigenschaftsgrößen der Varianten zuzuordnen. Quantitative Angaben sollen, soweit sie schon angebbar sind, hinzugefügt werden. Diese werden im allgemeinen aus dem Arbeitsschritt „Konkretisieren zu prinzipiellen Lösungsvarianten" gewonnen. Dennoch lassen sich in der Konzeptphase nicht alle Eigenschaften quantifizieren. Die qualitativen Aussagen müssen dann wenigstens verbal ausgedrückt werden, um sie den Wertvorstellungen zuordnen zu können.

Beurteilen nach Wertvorstellungen

Die Zuordnung von Punkten ist nicht ganz problemlos. In der Konzeptphase sollte aber nicht zu ängstlich geurteilt werden.

Bei der Punktskala 0–4 nach Richtlinie VDI 2225 wird öfter der Wunsch auftreten, einen Zwischenwert zu erteilen, besonders dann, wenn viele Varianten vorliegen oder die beurteilende Gruppe sich nicht auf eine bestimmte Zahl (Wertstufe) einigen kann. Eine Abhilfe besteht darin, zunächst neben der erteilten Punktzahl die Tendenz durch ↑ oder ↓ anzudeuten (vgl. Abb. 6.41). Bei der Beurteilung der Bewertungsunsicherheit können dann erkennbare Tendenzen berücksichtigt werden. Die Punktskala 0–10 nach der Nutzwertanalyse lässt u. U. eine Genauigkeit vortäuschen, die in Wirklichkeit nicht gegeben ist. Deswegen ist ein Streit um eine Stufe dort oft überflüssig. Besteht eine absolute Unsicherheit in der Punktezuordnung, was bei der Beurteilung von Lösungsprinzipien häufiger vorkommen wird, sollte die erteilte Punktzahl mit einem Fragezeichen gekennzeichnet werden (vgl. Abb. 6.41).

In der Konzeptphase können oft noch nicht die Kosten zahlenmäßig erfasst werden. Die Aufstellung z. B. einer *wirtschaftlichen Wertigkeit* W_w bezogen auf Herstellkosten ist daher im Allgemeinen nicht möglich. Dennoch können technische und wirtschaftliche Aspekte mehr oder weniger gut qualitativ besonders ausgewiesen werden. Das „Stärke-Diagramm" (vgl. Abb. 3.45) wird in analoger Weise verwendet (vgl. Abb. 6.23 bis 6.25 als Bewertungsbeispiel von Varianten zur Ergänzung eines Verspannungsprüfstands aus Abb. 6.18).

In manchen Fällen hat sich eine Aufteilung nach Verbraucher- und Herstellermerkmalen in ähnlicher Weise als zweckmäßig erwiesen. Da in den Verbrauchergesichtspunkten in der Regel die „*technischen Wertigkeiten* W_t", in den Herstellergesichtspunkten die „*wirtschaftlichen Wertigkeiten* W_w" enthalten sind, kann in analoger Weise aufgeteilt werden.

Welche Bewertungsform gewählt wird, hängt von der Aufgabe und dem Informationsstand ab:

– Technische Wertigkeit mit implizit wirtschaftlichen Aspekten (vgl. Abb. 6.41 oder 6.55) oder
– getrennte technische und wirtschaftliche Wertigkeiten (vgl. Abb. 6.23 bis 6.25) oder
– ein zusätzlicher Vergleich der Verbraucher- und Herstellermerkmale.

272 6 Methodisches Konzipieren

Variante techn. Kriterien	11 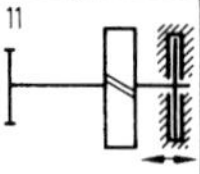	13 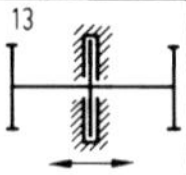	15 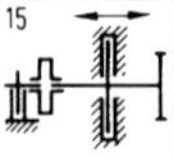	25 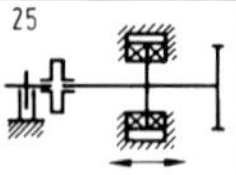	35 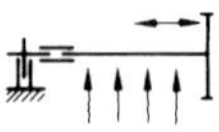
1) Geringe Störung der Kuppl.-Kinem.	(1) 3	4	4	4	3
2) Einfache Bedienung	3	4	4	4	3
3) Leichter Austausch der Kupplung	4	3	4	4	4
4) Funktionssicherheit Folgeschaden	2	4	3	3	3
5) Einfacher Aufbau	(1) 2	2	2	2	3
Summe	14	17	17	17	16
$W_t = \dfrac{\text{Summe}}{20}$	0,7	0,85	0,85	0,85	0,80

(1) Bei Axialverschiebung des Ritzels ändert sich das Drehmoment

Abb. 6.23. Technische Bewertung der verbliebenen prinzipiellen Lösungsvarianten, vgl. Abb. 6.19

Variante wirtsch. Kriterien	11 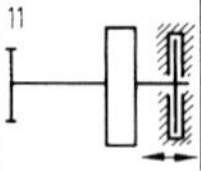	13 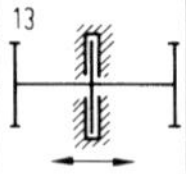	15 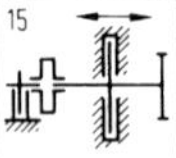	25 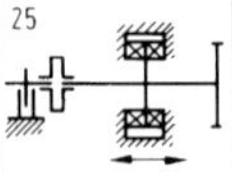	35 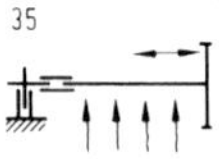
1) Geringe Materialkosten	2	3	4	4	(1) 2
2) Geringe Umbaukosten	2	(2) 1	3	3	3
3) Kurze Erprobungszeit	2	4	3	3	2
4) Möglichst in eigener Werkstatt fertigbar	3	3	3	3	2
Summe	9	11	13	13	9
$W_w = \dfrac{\text{Summe}}{16}$	0,56	0,69	0,81	0,81	0,56

(1) Austenitische Welle   (2) Drehmomentenmesswelle muss verlegt werden

Abb. 6.24. Qualitativ wirtschaftliche Bewertung der verbliebenen prinzipiellen Lösungsvarianten, vgl. Abb. 6.19

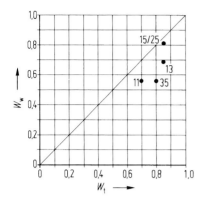

Abb. 6.25. Vergleich der technischen und wirtschaftlichen Wertigkeiten der prinzipiellen Lösungsvarianten nach Abb. 6.23 und 6.24

Bestimmen des Gesamtwerts

Die Bestimmung des Gesamtwertes ist nach Vergabe der einzelnen Punkte zu den Bewertungskriterien und Varianten Sache einer einfachen Addition. Hat man bei der vorhergehenden Einzelbewertung wegen der Bewertungsunsicherheit nur Bereiche angeben können, oder sind Tendenzzeichen verwendet worden, kann man noch die sich daraus mindestens bzw. maximal möglich ergebende Gesamtpunktzahl zusätzlich ermitteln und erhält den wahrscheinlichen Wertbereich (vgl. Abb. 6.41).

Vergleichen der Lösungsvarianten

Die bezogene, relative Wertvorstellung in Prozentangabe ist im Allgemeinen zum Vergleichen geeigneter. Aus ihr ist recht gut erkennbar, ob die einzelnen Varianten relativ dicht oder weit von der Zielvorstellung (Ideal) entfernt sind.

Varianten, die etwa unter 60% der Zielvorstellung liegen, sind stark verbesserungswürdig und dürfen so nicht weitere Entwicklungsgrundlage sein. Varianten mit Wertigkeiten etwa größer 80% und einem ausgeglichenen Wertprofil, also ohne extrem schlechte Einzeleigenschaften, können im Allgemeinen ohne weitere Verbesserung Grundlage des Entwurfs sein.

Dazwischenliegende Varianten sollten erst nach punktuellem Beseitigen der Schwachstellen oder in verbesserter Kombination zum Entwurf freigegeben werden.

Oft werden nahezu gleichwertig erscheinende Varianten ermittelt. Ein schwerwiegender Fehler wäre es, bei nahezu Punktgleichheit nun die Entscheidung aus dieser geringen formalen Differenz abzuleiten. In einem solchen Fall müssen Beurteilungsunsicherheit, Schwachstellen und das Wertprofil eingehend betrachtet werden (vgl. Abb. 3.48). Gegebenenfalls sind solche Varianten in einem weiteren Arbeitsschritt evtl. im Entwurfsprozess erst noch weiter zu konkretisieren. Termine, Trends, Unternehmenspolitik usw. müssen gesondert beurteilt und bei der Entscheidung zusätzlich berücksichtigt werden [4].

Abschätzen von Beurteilungsunsicherheiten

Dieser Schritt ist besonders in der Konzeptphase sehr wichtig und darf nicht unterlassen werden. Bewertungsmethoden sind nur Entscheidungshilfen und stellen keinen Automatismus dar. Unsicherheitsbereiche sind in Grenzbetrachtungen zu erfassen und abzuschätzen, wie bereits angedeutet wurde. Offenbar gewordene Informationslücken müssen allerdings nur noch für die favorisierten prinzipiellen Lösungsvorschläge geschlossen werden (Beispiel Variante B in Abb. 6.41).

Suche nach Schwachstellen

In der Konzeptphase spielt das Wertprofil eine bedeutende Rolle. Varianten mit hoher Wertigkeit aber mit einer ausgesprochenen Schwachstelle (nichtausgeglichenes Wertprofil) sind in der Weiterentwicklung geradezu tückisch. Erweist sich in einer nicht erkannten Bewertungsunsicherheit, die grundsätzlich in der Konzeptphase größer als in der Entwurfsphase ist, diese Eigenschaft später als noch weniger befriedigend, dann kann das ganze Konzept in Frage gestellt sein, und die hineingesteckte Entwicklungsarbeit war umsonst.

In solchen Fällen ist es oft viel weniger risikoreich, eine Variante vorzuziehen, die insgesamt etwas weniger Wertigkeit aufweist, aber über alle Eigenschaften ein ausgeglichenes Wertprofil (vgl. Abb. 3.38) besitzt.

Schwachstellen an sich favorisierter Varianten lassen sich in vielen Fällen beseitigen, indem versucht wird, bessere Teillösungen anderer Varianten auf die mit der höheren Gesamtwertigkeit zu übertragen. Auch kann auf dem neuen Informationsstand nun eine enger definierte Lösungssuche für die als unbefriedigend angesehene Teillösung erneut angestellt werden. Die vorstehenden Gesichtspunkte spielten bei der Entscheidung für die bessere Variante des in 6.6 gegebenen Beispiels (Abb. 6.41) eine wesentliche Rolle. Beim Abschätzen von Beurteilungsunsicherheiten und bei der Suche nach Schwachstellen sollte das mögliche Risiko nach Wahrscheinlichkeit und Tragweite beurteilt werden, wenn es sich um Entscheidungen mit schwerwiegenden Folgen handelt.

6.5.3 Praxis der Konzeptfindung
Practical approach to conceptual design

Das Festlegen des Konzepts bzw. der prinzipiellen Lösung als *Grundlage einer Freigabe zum Entwerfen* (vgl. Abb. 6.1) bedeutet nicht nur den Abschluss einer mehr prinzipiell ausgerichteten Entwicklungsphase, sondern auch häufiger den Anlass für einen organisatorischen bzw. personellen Wechsel in der Bearbeitung eines Konstruktionsauftrags. Entsprechend ist das Konkretisieren geeigneter Wirkstrukturen (Prinzipkombinationen) zu prinzipiellen Lösungsvarianten und deren nachvollziehbare Bewertung als Abschluss der Konzeptphase von großer Bedeutung für eine Produktentwicklung. Spätestens in diesem Arbeitsabschnitt muss die Variantenvielfalt auf möglichst nur ein oder wenige weiterzuverfolgende Konzepte reduziert werden, was eine große Verantwortung bedeutet. Diese kann nur übernommen werden, wenn die prinzipiellen Lösungen in ihren wesentlichen Eigenschaften beurteilungsfähig sind, was entsprechende Konkretisierungen, im Extremfall bis zu maßstäblichen Grobentwürfen, erfordert. Solche Konkretisierungen bedeuten neben orientierenden Rechnungen und gegebenenfalls Versuchen vor allem das Darstellen von Lösungen, was einen entsprechenden Aufwand erfordert. Aus Industrie- und Hochschuluntersuchungen ist bekannt [8], dass der Anteil der berechnenden und darstellenden Konkretisierungen etwa 60% der Gesamtzeit der Konzeptphase ausmacht.

Während das *Darstellen* von Wirkprinzipien und Wirkstrukturen in Form physikalischer Gleichungen und einfacher Prinzipskizzen wohl noch der konventionellen Skizziertechnik vorbehalten bleibt, wird zum grobmaßstäblichen Konkretisieren insbesondere wichtiger Lösungsdetails zunehmend die CAD-Technik eingesetzt werden (vgl. 13 [7]). Beim konventionellen Skizzieren der Wirkstrukturen überwiegt der Vorteil des kreativen Arbeitens ohne Beachtung von Benutzerformalitäten der CAD-Technik, beim Konkretisieren mit CAD-Systemen ist es dagegen lohnend, trotz des Aufwands bei der Ersteingabe ein Produktmodell aufzubauen, mit dem dann effizienter Gestalt- und Anordnungsvariationen oder, bei dynamischen Systemen, bereits Simulationen durchgeführt werden können.

In jedem Fall wird es schon aus Gründen der *Aufwandsreduktion*, aber auch zum Erkennen wesentlicher Eigenschaften, zweckmäßig sein, nicht die gesamte Wirkstruktur auf einheitlichem Niveau zu konkretisieren, sondern nur die Wirkprinzipien, Komponenten oder einzelne Wirkkomplexe, die für die Bewertung und Freigabe zum Entwerfen wichtig und entscheidend sind. Richter hat in dieser Hinsicht zahlreiche Vorschläge gemacht [10].

Auch hier ist hervorzuheben, dass die Hauptarbeitsschritte 6.4 und 6.5 oft stark *iterativ durchgeführt* werden müssen, da zum Kombinieren und Auswählen von Wirkprinzipien Detailkonkretisierungen notwendig sein und andererseits beim Grobgestalten einer prinzipiellen Lösung Einfälle für ein neues Wirkprinzip entstehen können.

Zusammenfassend sei betont, dass die Vorstellungen des Konstrukteurs über die prinzipielle Lösung bzw. das Konzept *eindeutig aus den erarbeiteten Unterlagen* hervorgehen müssen. Auch sollte schon erkennbar sein, welche Wirkkomplexe oder Funktionsträger durch bekannte Komponenten (z. B. Maschinenelemente) realisiert werden können und welche eine Neugestaltung erfordern.

6.6 Beispiele zum Konzipieren
Examples of conceptual design

In diesem Abschnitt wird zunächst für einen Stofffluss als Hauptumsatz ein geschlossenes Beispiel vorgestellt, aus dem Vorgehen und Anwendung ersicht-

276   6 Methodisches Konzipieren

lich sind. Anschließend ist ein Beispiel für einen Energiefluss als Hauptumsatz zu finden, das im Abschnitt 7.7 in der Entwurfsphase fortgesetzt wird.

Ein Signalfluss-Beispiel ist vorher ausschnittsweise in verschiedenen Abschnitten des Kap. 6 (vgl. Abb. 6.4 bis 6.6 und 6.20) vorgestellt worden.

6.6.1 Eingriff-Mischbatterie für Haushalte
Single hand Faucet

Eine Eingriff-Mischbatterie ermöglicht mit einem Griff das unabhängige, also nicht gegenseitig beeinflussbare Einstellen von Wassertemperatur und Wassermenge. Die Aufgabe wurde von der Produktplanung an die Konstruktion entsprechend Abb. 6.26 herangetragen.

1. Hauptarbeitsschritt: Klären der Aufgabenstellung und Erarbeiten der Anforderungsliste

Informationen über Anschlussverhältnisse, gültige Normen und Vorschriften sowie über ergonomische Bedingungen führen nach Überarbeitung einer ersten Anforderungsliste zur in Abb. 6.27 dargestellten zweiten Ausgabe.

2. Hauptarbeitsschritt: Abstrahieren und Erkennen der wesentlichen Probleme

Grundlage der Abstraktion ist die Anforderungsliste. Die Abstraktion und Problemformulierung führen zu den Aussagen in Abb. 6.28.

```
                    Eingriff-Mischbatterie

Es soll eine Eingriff-Mischbatterie für Haushalte mit folgen-
den Daten entwickelt werden:

        Durchsatz                   10 l/min
        max. Druck                  6 bar
        norm. Druck                 2 bar
        Warmwassertemperatur        60 °C
        Anschlussgröße              1/2"

Es ist auf gute Formgestaltung zu achten. Das Firmenzeichen
soll optisch einprägsam angebracht werden. Das entwickelte Pro-
dukt soll in zwei Jahren auf den Markt kommen. Die Herstellko-
sten dürfen bei etwa 3000 Stck. pro Monat DM 30,-- nicht über-
steigen.
```

Abb. 6.26. Beispiel Eingriff-Mischbatterie: Aufgabenstellung durch Produktplanung

6.6 Beispiele zum Konzipieren   277

2.Ausgabe 20. 8. 1973

TH Darmstadt MuK		Anforderungsliste			
		für	Eingriff - Mischbatterie	Blatt: 1	Seite: 1
Änder.	F W	Anforderungen			Verantw.
	F	1	Durchsatz (Mischstrom) max. 10 l/min. bei 2 bar vor Armatur		
	F	2	Druck max. 10 bar (Prüfdruck 15 bar nach DIN 2401)		
	F	3	Wassertemperatur norm. 60°C, max. 100°C (kurzzeitig)		
	F	4	Temperatureinstellung unabhängig vom Durchsatz und Druck		
	W	5	Zulässige Temperaturschwankung $\pm 5°C$ bei einem Differenzdruck von $\pm 0,5$ bar zwischen warmer und kalter Zuleitung		
	F	6	Anschluß: 2 x Cu - Rohr 10 x 1 mm, L = 400 mm		
	F	7	Einlochbefestigung $\varnothing\ 35^{+2}_{-1}$ mm, Beckendurchbruchhöhe 0 bis 18 mm, Beckenabmessungen beachten (DIN EN 31, DIN EN 32, DIN 1368)		
	F	8	Auslaufhöhe über Beckenoberkante 50 mm		
	F	9	Lösung als Beckenarmatur		
	W	10	Als Wandarmatur umrüstbar		
	F	11	Geringe Bedienkräfte (Kinder) (Rohmert, W., Hettinger, Th.: Körperkräfte im Bewegungsraum. Berlin 1963)		
	F	12	Keine Fremdenergie		
	F	13	Wasserzustand kalkhaltig (Bedingungen für Trinkwasserqualität beachten)		
	F	14	Eindeutige Erkennbarkeit der Temperatureinstellung		
	F	15	Firmenzeichen optisch einprägsam anbringen		
	F	16	Kein Kurzschluß der beiden Wasserstränge bei Ruhestellung		
	W	17	Kein Kurzschluß bei Entnahme		
	F	18	Griff darf nur bis + 35°C warm werden		
	W	19	Kein Verbrennen beim Berühren der Armatur		
	W	20	Verbrühschutz vorsehen, wenn Mehraufwand gering		
	F	21	Sinnfällige Bedienung, einfache und bequeme Handhabung (Rohmert, W.: Arbeitswiss. Prüfliste zur Arbeitsgestaltung. Berlin 1966)		
	F	22	Glatte, leicht reinigbare äußere Kontur, keine scharfen Kanten		
	F	23	Geräuscharme Ausführung (Armaturengeräuschpegel $L_{AG} \leq 20$ dB (A), gemessen nach DIN 52218)		
	W	24	Lebensdauer: 10 Jahre bei etwa 300 000 Betätigungen		
	F	25	Leichte Wartung und einfache Instandsetzung der Batterie, handelsübliche Ersatzteile verwenden		
	F	26	Max. Herstellkosten DM 30,-- (3000 Stück/Monat)		
	F	27	Temine ab Entwicklungsbeginn: Konzept / Entwurf / Ausarbeitung / Prototyp nach 2 4 6 9 Monaten		
		Ersetzt 1. Ausgabe vom 12.6.1973			

Abb. 6.27. Anforderungsliste für Eingriff-Mischbatterie

278 6 Methodisches Konzipieren

Problemformulierung:
Stofffluss von warmem und kaltem Wasser, der wechselweise gesperrt oder so dosiert werden soll, daß unabhängig vom Durchsatz jede gewünschte Mischtemperatur eingestellt werden kann.

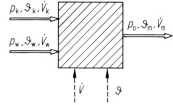

Funktionen

Sperren	S	Stofffluss	⟹
Dosieren	D	Signalfluss	- - - ▶
Mischen	M		
Einstellen	E	Systemgrenze	—·—·—

Abb. 6.28. Problemformulierung und Gesamtfunktion nach Anforderungliste gemäß Abb. 6.27. Symbolerläuterung: $\dot{V}$ Volumenstrom; p Druck; ϑ Temperatur. Index: k kalt; w warm; m gemischt; o Umgebung

Angesichts bekannter einfacher Lösungen für Haushalt-Mischbatterien kann ohne weiteres festgelegt werden, dass als physikalischer Effekt die Dosierung über Blende oder Drossel mit einer Durchmischung von Kalt- und Warmwasser gewählt werden kann. Es hätten andere Effekte ins Auge gefasst werden können: z. B. Erhitzen und Kühlen durch Fremdenergie über Wärmetauscher usw. Sie sind aber aufwendiger und mit einer Zeitabhängigkeit behaftet. In Branchen, die bewährte Wirkprinzipien anwenden, sind derartige „à priori-Festlegungen" häufig und zulässig.

Nachfolgend sind die physikalischen Beziehungen des Blendendurchflusses und der Mischung von Volumenströmen gleichen Stoffs zusammengestellt: Abb. 6.29.

Blendenströmung:

Abb. 6.29. Physikalische Beziehungen des Blendendurchflusses und der Mischtemperatur von Volumenströmen gleichen Stoffes

Mischung:

$$\dot{V}_m = \dot{V}_w + \dot{V}_k$$

$$\dot{V}_m \cdot \vartheta_m = \dot{V}_w \cdot \vartheta_w + \dot{V}_k \cdot \vartheta_k$$

$$\boxed{\vartheta_m = \frac{\dot{V}_w \cdot \vartheta_w + \dot{V}_k \cdot \vartheta_k}{\dot{V}_m} = \frac{\vartheta_w + \frac{\dot{V}_k}{\dot{V}_w} \cdot \vartheta_k}{1 + \frac{\dot{V}_k}{\dot{V}_w}}}$$

Temperatur- und Volumenstromänderung werden nach dem gleichen physikalischen Effekt – Drossel oder Blende – vorgenommen.

Bei *Änderung der Mischmenge* $\dot{V}_m$ müssen die Volumenströme linear und gleichsinnig mit der Signalstellung $s_{\dot{V}}$ für die Menge geändert werden. Dabei muss die Mischtemperatur ϑ_m unverändert, d. h. das Verhältnis $\dot{V}_k/\dot{V}_w$ muss konstant bleiben und darf nicht von der Signalstellung $s_{\dot{V}}$ abhängig sein.

Bei *Mischtemperaturänderung* ϑ_m soll der Volumenstrom $\dot{V}_m$ unverändert, d. h. die Summe von $\dot{V}_k + \dot{V}_w = \dot{V}_m$ muss konstant bleiben. Die hierfür zu verändernden Volumenströme $\dot{V}_k$ und $\dot{V}_w$ müssen sich linear und gegenläufig mit der Signalstellung s_ϑ für die Mischtemperatur ändern.

3. Hauptarbeitsschritt: Aufstellen der Funktionsstruktur

Aufstellen einer ersten Funktionsstruktur, die aus den erkennbaren Teilfunktionen gewonnen wird:

Sperren – Dosieren – Mischen,
Durchsatz einstellen,
Mischtemperatur einstellen.

Da der physikalische Effekt (Dosieren mit Hilfe einer Blende) bereits bekannt und festgelegt ist, wird die Funktionsstruktur zum Erkennen des besten Systemverhaltens insbesondere jetzt im Hinblick auf die geometrischen Struktur-Merkmale entwickelt und variiert: Abb. 6.30 bis 6.32. Daraus wird die Funktionsstruktur nach Abb. 6.32 wegen des weitgehend linearen Verhaltens der Mischtemperatur ausgewählt.

4. Hauptarbeitsschritt: Suche nach Lösungsprinzipien zum Erfüllen von Teilfunktionen

Da die Funktionsstruktur nach Abb. 6.32 das beste Verhalten aufwies, ergab sich die Aufgabe: „Zwei Querschnitte gleichzeitig oder nacheinander durch eine Bewegung gleichsinnig und durch eine zweite, unabhängige Bewegung gegensinnig zu ändern". Als erste Lösungssuche wurde ein *Brainstorming* durchgeführt. Ablauf und Ergebnis ist aus Abb. 6.33 ersichtlich.

Analysieren des Brainstorming-Ergebnisses

Bei den im Brainstorming vorgeschlagenen Lösungen wird vor allem überprüft, ob die Unabhängigkeit der $\dot{V}$- und ϑ_m- Einstellung vorhanden ist. Hinsichtlich der erkennbaren Bewegungsverknüpfungen zeichnen sich folgende Eigenschaften der gefundenen Wirkprinzipien ab:

1. Lösungen mit Bewegungen für $\dot{V}$ und ϑ tangential zur Sitzfläche

– Die Unabhängigkeit der $\dot{V}$- und ϑ-Einstellung voneinander ist nur gewährleistet, wenn die Drosselquerschnitte durch jeweils zwei Kanten parallel zu den entsprechenden Bewegungen begrenzt werden. Das bedingt, dass die

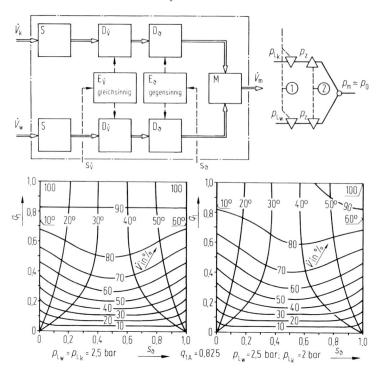

Abb. 6.30. Funktionsstruktur für eine Eingriff-Mischbatterie ausgehend von Abb. 6.28, Mengendosierung 1 und Temperatureinstellung 2 an getrennten Stellen vor dem Mischen. In den Diagrammen sind abhängig von einer bezogenen Temperatureinstellung (s_ϑ) und Mengeneinstellung (q_1 entsprechend $s_{\dot{V}}$) Linien konstanter Mischtemperatur bzw. konstanter relativer Durchsätze aufgetragen. Durch gegenseitige Beeinflussung der Drücke an den Blenden 1 und 2 ist außer im Auslegungspunkt ($q_{1A} = 0{,}825$) die Temperatur- und Mengencharakteristik nicht linear und bei geringen Mengen unbrauchbar (linkes Diagramm). Bei einer Druckdifferenz (hier 0,5 bar) zwischen Kalt- und Warmwasserstrang verschieben sich die Kennlinien. Die Einstellung von Menge und Temperatur ist überdies auch für den Auslegungspunkt nicht mehr unabhängig voneinander (rechtes Diagramm)

Bewegungen in einem Winkel zueinander und geradlinig verlaufen müssen. Jede Drosselstelle hat also vier geradlinige, paarweise parallele Begrenzungskanten (Abb. 6.34). Dadurch wird vermieden, dass bei einer Einstellbewegung gleichzeitig eine Änderung in der anderen Bewegungsrichtung erfolgt.
– Aufteilen der Begrenzungskanten:
 Die die Drosselquerschnitte erzeugenden Teile müssen mindestens je zwei im rechten Winkel der Bewegungsrichtung zueinander liegende Kanten haben.

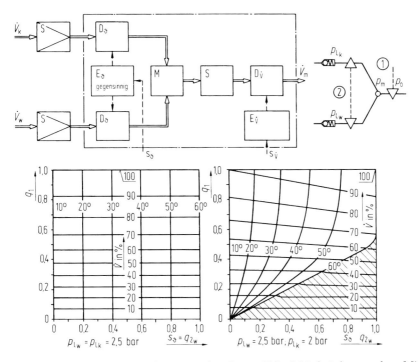

Abb. 6.31. Funktionsstruktur ausgehend von Abb. 6.28, bei der vor dem Mischen die Mischtemperatur eingestellt und nach dem Mischen die Menge dosiert wird. Bei gleichen Drücken in den Zuflussleitungen ist die Mengen- und Temperatureinstellung infolge stets gleicher Druckdifferenzen an den Temperatur und Dosierungsblenden unabhängig voneinander. Das Verhalten ist linear. Bei unterschiedlichen Vordrücken allerdings ist die Charakteristik nicht mehr linear und besonders bei kleinen Mengen stark verschoben, da sich der Mischkammerdruck dem kleinen Vordruck nähert. Wird er überschritten fließt unabhängig von der Temperatureinstellung nur noch kaltes oder (hier) warmes Wasser, was zu Verbrühungen führen kann.

– Bei der $\dot{V}$-Einstellung müssen beide Drosselflächen gleichzeitig gegen Null gehen.
– Bei der ϑ-Einstellung muss die eine Fläche gegen Null gehen, während die andere gleichzeitig das Maximum entsprechend $\dot{V}_{max}$ erreicht.
– Daraus folgt: Bei $\dot{V}$-Einstellung müssen sich die Begrenzungskanten an beiden Drosselstellen gleichsinnig aufeinander zu oder voneinander weg bewegen. Bei ϑ-Einstellung müssen sich die Begrenzungskanten gegensinnig bei einer Drosselstelle aufeinander zu und gleichzeitig an der anderen Drosselstelle voneinander weg bewegen.
– Die Sitzfläche kann eben, zylindrisch oder sphärisch gekrümmt sein.
– Lösungen dieser Art sind mit einem Element als Drosselorgan möglich und scheinen konstruktiv einfach zu sein.

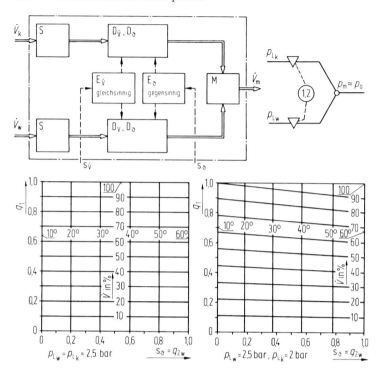

Abb. 6.32. Funktionsstruktur ausgehend von Abb. 6.28, bei der Temperatur- und Mengendosierung an der jeweils gleichen Blende unabhängig voneinander erfolgt und dann erst gemischt wird. Lineare Temperatur- und Mengencharakteristik. Auch bei unterschiedlichen Vordrücken keine gravierende Änderung

2. Lösungen mit Bewegungen für $\dot{V}$ und ϑ normal zur Sitzfläche

- Hierunter werden alle Bewegungen verstanden, die ein Abheben von der Sitzfläche bewirken. Senkrecht zur Sitzfläche ist aber nur eine Bewegung möglich.
- Die Unabhängigkeit der $\dot{V}$- und ϑ-Einstellung voneinander ist nur mit zusätzlichen Elementen der Steuerung möglich (Kopplungsmechanismus).
- Der konstruktive Aufwand scheint größer zu sein.

3. Lösungen mit einer Bewegung für $\dot{V}$ und ϑ tangential zur Sitzfläche

- Um die Unabhängigkeit der $\dot{V}$- und ϑ-Einstellung zu gewährleisten, sind auch hier zusätzliche Elemente zur Kopplung notwendig.
- Die Lösungen entsprechen in ihrem Aufbau denen unter 2. Sie unterscheiden sich von diesen nur durch die Form der Sitzfläche und die dadurch bedingte Bewegung.

6.6 Beispiele zum Konzipieren 283

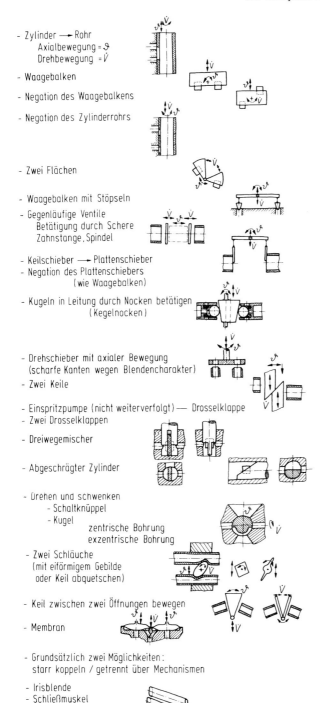

- Zylinder → Rohr
    Axialbewegung = ϑ
    Drehbewegung = $\dot{V}$
- Waagebalken
- Negation des Waagebalkens
- Negation des Zylinderrohrs

- Zwei Flächen

- Waagebalken mit Stöpseln
- Gegenläufige Ventile
    Betätigung durch Schere
    Zahnstange, Spindel
- Keilschieber → Plattenschieber
- Negation des Plattenschiebers
    (wie Waagebalken)
- Kugeln in Leitung durch Nocken betätigen
    (Kegelnocken)

- Drehschieber mit axialer Bewegung
    (scharfe Kanten wegen Blendencharakter)
- Zwei Keile

- Einspritzpumpe (nicht weiterverfolgt) — Drosselklappe
- Zwei Drosselklappen
- Dreiwegemischer

- Abgeschrägter Zylinder

- Drehen und schwenken
    - Schaltknüppel
    - Kugel
        zentrische Bohrung
        exzentrische Bohrung
- Zwei Schläuche
    (mit eiförmigem Gebilde
    oder Keil abquetschen)

- Keil zwischen zwei Öffnungen bewegen
- Membran

- Grundsätzlich zwei Möglichkeiten:
    starr koppeln / getrennt über Mechanismen

- Irisblende
- Schließmuskel
- Zwirbeleffekt

Abb. 6.33. Ergebnis einer Brainstorming-Sitzung zur Suche nach Wirkprinzipien für die Aufgabe „Zwei Querschnitte gleichzeitig oder nacheinander durch eine Bewegung gleichsinnig und durch eine zweite, unabhängige Bewegung gegensinnig zu ändern"

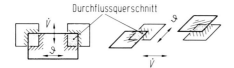

Abb. 6.34. Bewegungen und Begrenzungskanten der Drosselstelle

4. Lösungen mit je einer Bewegung für $\dot{V}$ normal und einer für ϑ tangential zur Sitzfläche und umgekehrt

– Diese Lösungen erfüllen nicht (auch nicht mit Hilfe von Kopplungsmechanismen) die Forderung nach Unabhängigkeit der Einstellung für $\dot{V}$ und ϑ. Die Funktion ist nicht gewährleistet.

Die Lösungen nach der 1. Gruppe: „Bewegungen für $\dot{V}$ und ϑ tangential zur Sitzfläche" sind in ihrem Verhalten eindeutig und erscheinen zugleich weniger aufwendig zu sein. Deshalb werden nur sie weiterverfolgt. Ein formales Auswahlverfahren erübrigt sich. Hingegen sind zweckmäßige Wirkkörper und Bewegungsarten noch zu untersuchen. Die Analyse ergibt in Abb. 6.35 „Ordnende Gesichtspunkte", die unter Ausscheiden (–) weniger geeignet erscheinender Merkmale in einem Ordnungsschema nach Abb. 6.36 mögliche

Benennung der	Ordnende Gesichtspunkte	Zugehörige Parameter
Zeilen	Form der Wirkkörper	Platte
		Keil (–)
		Zylinder
		Kegel (–)
		Kugel
		Sonderform elastischer Körper (–)
Spalten	Kopplung der Bewegungen	direkt (quasi ein Teil)
		indirekt (Mechanismus) (–)
	Bewegung	$\dot{V}$, ϑ an einem Element
		$\dot{V}$, ϑ an verschiedenen Elementen (–)
	Bewegungsrichtung für $\dot{V}$ und ϑ	normal zur Sitzfläche ($\perp$) (–)
		tangential zur Sitzfläche ($\rightleftarrows$)
	Bewegungsart für $\dot{V}$ und ϑ	translatorisch
		rotatorisch

Abb. 6.35. Ordnende Gesichtspunkte und zugehörige Parameter zur Ordnung von Wirkprinzipien für die Eingriff-Mischbatterie

Form der Wirkkörper \ Bewegungsart		trans./trans. 1	trans./rot. 2	rot./rot. 3
ebene Platte	A	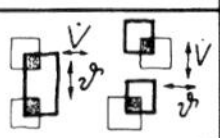 [Symbol]	○	○
Zylinder	B	○	[Symbol]	○
Kegel	C	○	○	○
Kugel	D	○	○	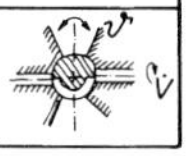 [Symbol]

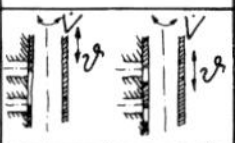

Abb. 6.36. Ordnungsschema für Lösungen der Eingriff-Mischbatterie. Bewegungsrichtung tangential zur Sitzfläche. Zwei ungekoppelte Bewegungen im rechten Winkel zueinander für $\dot{V}$ und ϑ

Wirkprinzipien unter Verwendung verschiedener Wirkkörper und Wirkbewegungen zeigen.

5. Hauptarbeitsschritt: Auswählen geeigneter Wirkprinzipien

Alle Wirkprinzipien erfüllen die Forderungen der Anforderungsliste und lassen einen zulässigen Aufwand erwarten. Daher werden alle drei Wirkprinzipien zu prinzipiellen Lösungen konkretisiert.

6. Hauptarbeitsschritt: Konkretisieren zu prinzipiellen Lösungsvarianten

Die Wirkprinzipien werden hinsichtlich möglicher Gestaltungsvarianten unter Einbeziehung hier nicht dargestellter Untersuchungen von möglichen Einstell- bzw. Bedienorganen soweit konkretisiert, dass sie als prinzipielle Lösungsvarianten beurteilungsfähig werden: Abb. 6.37 bis 6.40.

7. Hauptarbeitsschritt: Bewerten der prinzipiellen Lösungen

Die Bewertung erfolgt nach Richtlinie VDI 2225 mit Hilfe einer Bewertungsliste. Weiter werden Bewertungsunsicherheiten und Schwachstellen untersucht: Abb. 6.41.

Die Bewertung ergab wegen des ausgeglicheneren Wertprofils und der erkennbaren Verbesserungsmöglichkeiten eine Bevorzugung der Lösung B nach Abb. 6.38. Die Kugellösung D nach Abb. 6.40 ist nur dann interessant, wenn die Informationslücken über Fertigung und Montage durch weitere Untersuchungen geschlossen werden und sich dann eine positivere Beurteilung ergibt.

8. Ergebnis

Maßstäbliches Entwerfen der Lösung B unter Verbesserung des Bedienhebels hinsichtlich Platzbedarf, leichter Reinigungsmöglichkeit und weniger Teile.

286 6 Methodisches Konzipieren

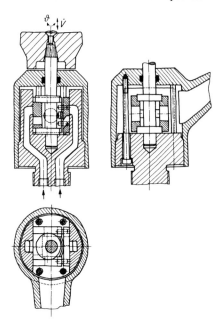

Abb. 6.37. Eingriff-Mischbatterie Lösungsvariante A: „Plattenlösung mit Exzenter und Hub-Dreh-Griff"

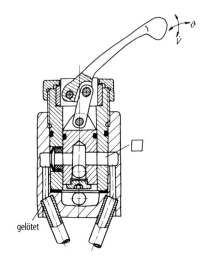

Abb. 6.38. Eingriff-Mischbatterie Lösungsvariante B: „Zylinderlösung mit Hebel"

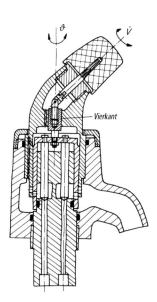

Abb. 6.39. Eingriff-Mischbatterie Lösungsvariante C: „Zylinderlösung mit Endabsperrung" und zusätzlicher Abdichtung

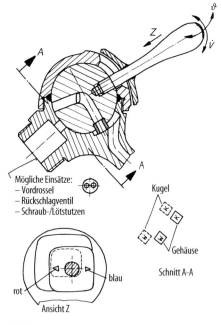

Abb. 6.40. Eingriff-Mischbatterie Lösungsvariante D: „Kugellösung"

6.6 Beispiele zum Konzipieren

TH Darmstadt MuK	BEWERTUNGSLISTE für Eingriff - Mischbatterie		Blatt: 1 Seite: 1										
Nach Hauptmerkmalen der Leitlinie geordnet	P: vorhandene Variante (P): mögl. bei Verbess.	A		B		C		D		E		F	
Nr	Bewertungskriterium	g	P	(P)	P	(P)	P	(P)	P	(P)	P	(P)	P	(P)
Funkt. 1	Zuverlässigkeit des Sperrens ohne Tropfen	1	1		3		3	4 V	1					
Wirkpr. 2	Zuverlässige, reprod. Einstellung (kalkunempf., wenig Verschleißst.)	1	2		3		2 V	3	3					
Gest. 3	geringer Platzbedarf (auch bei Umrüstung)	1	3↑		2		2		4					
Fert. 4	wenig Teile	1	1		2 V		1 S		4					
5	einfache Fertigung	1	1		3		2		1?	4				
Mont. 6	leichte Montage	1	2		3		2		2↑ B	3				
Gebr. 7	Bedienkomfort (sinnfällige Bed., feinfühlige Einst., Bed.-Kräfte)	1	1		3		4		2					
8	leichte Pflege (leicht reinigbar)	1	4↑		2 V		3		2					
Inst. 9	einfache Wartung (normales Werkz., kein Abbauen d. Armatur)	1	1		3		2 S		1? B	3				
10														
11														
12														
13														
14														
? Beurteilung unsicher ↑ Tendenz: besser ↓ Tendenz: schlechter	P_{max} = 4	Σ	16		24	(26)	21	(23)	20	(28)				
		W_t	0,45		0,67		0,58		0,56					
		Rangfolge	4		1	(1)	2	(3)	3	(2)				

Bemerkung/Begründung (B), Schwachstelle (S), Verbesserung (V) für Variante/Kriterium (z.B. E3)

C1	Gummidichtung vorsehen
B4	Hebelmechanismus vereinfachen
D6 D9	Kugelposition bei Montage unbestimmt
B8	Mit B4 verbessern
D9	Befestigung des Hebels nicht montagegerecht
Entscheidung	Lösung B maßstäblich weiterverfolgen mit Verbesserung der Bedienelemente. Lösung D: Fertigungsmöglichkeiten studieren, Vorlage in 2 Monaten.
Datum: 11. 10. 73	Bearbeiter: Dhz

Abb. 6.41. Eingriff-Mischbatterie: Bewertung der prinzipiellen Lösungsvarianten A, B, C und D

Für Lösung D Informationsstand verbessern und Wiedervorlage zur endgültigen Beurteilung.

6.6.2 Prüfstand zum Aufbringen von stoßartigen Lasten
Test machine for impact loads

1. Hauptarbeitsschritt: Klären der Aufgabe und Erarbeiten der Anforderungsliste

Ein weiteres Beispiel betrifft eine Prüfmaschinenentwicklung [12]. Es sollte die Haltbarkeit von Welle-Nabe-Verbindungen unter stoßartiger Belastung mit definierten Drehmomenten sowohl bei einmaliger als auch bei dauernder Beanspruchung untersucht werden. Vor dem Erarbeiten der Anforderungsliste müssen folgende Fragen geklärt werden:

– Was wird unter stoßartiger Belastung verstanden?
– Welche Drehmomentenstöße treten in der Praxis bei rotierenden Maschinen auf?
– Welche Beanspruchungsmessungen sind im Hinblick auf eine Passfeder-Verbindung möglich und zweckmäßig?

Zu den beiden ersten Fragen werden Drehmomentenverläufe bei Drehmaschinen, Krananntrieben, Landmaschinen und Walzwerksanlagen aus der Literatur ermittelt. Als max. Anstieg wird $dT/dt = 125$ Nm/s erkannt. Aus den Verläufen ergeben sich die notwendigen Einstellgrößen nach Abb. 6.42.

Die entsprechenden Anforderungen neben anderen sind in einer Anforderungsliste festgehalten (vg. Abb. 6.43). Die Anforderungen werden nach der Leitlinie Abb. 6.22 geordnet und explizit wiedergegeben.

2. Hauptarbeitsschritt: Abstrahieren zum Erkennen der wesentlichen Probleme

Entsprechend den Empfehlungen in 6.2.3 wird die Anforderungsliste abstrahiert. Tabelle 6.2 zeigt das Ergebnis.

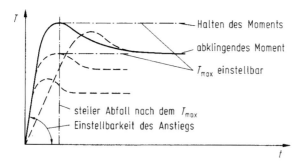

Abb. 6.42. Einstellgrößen bei einem Drehmomentstoß: Anstieg, Größe und Dauer

TU Berlin K T		Anforderungsliste für Stossprüfstand		1. Ausgabe 10.6.1973	
				Blatt: 1	Seite: 1
Änder.	F W	Anforderungen			Verantw.
		Geometrie			
	F	Prüfverbindung soll raumfest sein			
	F	Durchmesser der zu prüfenden Welle : ≤ 100 mm (Paßfederabmessungen in Anlehnung an DIN 6885)			
	F	Lastausleitung nabenseitig in Längsrichtung variabel			
		Kinematik			
	F	Belastung soll bei ruhender Welle erfolgen			
	F	Belastung nur in einer Richtung (schwellende Belastung)			
	W	Belastungsrichtung wählbar			
	W	Momenteneinleitung wahlweise 　　　　von der Nabe in die Welle 　oder　von der Welle in die Nabe			
		Kräfte			
	F	Belastung der Wellen-Naben-Verbindung durch reine Torsion (d. h. frei von Querkraft- und Biegemomenteinflüssen)			
	F	Maximales Drehmoment mindestens 3 s halten			
	F	Häufigkeit der Lastaufbringung (Lastfrequenz): gering (Grund : Meßprinzip)			
	W	Schwingungen im System Welle-Nabe-Paßfeder weitgehend ausschalten			
	F	Maximales Drehmoment einstellbar bis 15 000 Nm entsprechend Belastbarkeit einer Welle von 100 mm $\varnothing$			
	F	Steiler Momentabfall nach dem Momentenmaximum muß möglich sein			
	F	Drehmomentenanstieg ($\frac{dT}{dt}$) einstellbar Maximal $\frac{dT}{dt} = 125 \cdot 10^3$ Nm/s			
	F	Drehmomentverlauf bestmöglich reproduzierbar			
	W	Plastische Verformung und ggf. Zerstörung der Verbindung soll erreichbar sein			
		Energie			
	F	Leistungsaufnahme ≤ 5 kW / 380 Volt			
		Stoff			
	W	Wellen- und Nabenwerkstoff : Ck 45			
		Ersetzt　Ausgabe vom			

Abb. 6.43. Anforderungsliste für Stoßprüfstand nach [12]

			1. Ausgabe 10.6.1973	
TU Berlin KT		*Anforderungsliste* für Stossprüfstand	Blatt: 2	Seite: 1
Änder.	F W	Anforderungen		Verantw.
		Signal		
	F	Meßgrößen : Drehmoment vor und nach Prüfverbindung Flächenpressung über Länge und Paßfeder		
	F	Meßgrößen registrierbar		
	W	Meßstellen gut zugänglich		
		Sicherheit und Ergonomie		
	W	Bedienung des Prüfstandes möglichst einfach (d.h. schneller und einfacher Umbau des Prüfstandes)		
	W	Arbeitsprinzip des Prüfstandes umweltfreundlich (wenig Lärm, Schmutz, Erschütterungen ...)		
		Fertigung und Kontrolle		
	F	Einzelfertigung aller Teile		
	F	Qualität der Wellen-Naben-Verbindung nach DIN 6885 (soweit dort festgelegt), sonst nach den Normen für Wellenenden an Getrieben, Elektromotoren usw: DIN 748, Blatt 2 und 3		
	W	Herstellung des Prüfstandes nach Möglichkeiten der eigenen Werkstatt		
	W	Möglichst Ankauf- und Normteile verwenden		
		Montage und Transport		
	W	Prüfstand : geringe Abmessungen niedriges Gewicht		
	W	Kein eigenes Fundament		
		Gebrauch und Instandsetzung		
	W	Wenige und einfache Verschleißteile		
	W	Möglichst wartungsarm		
		Kosten		
		Herstellkosten $\leq$ 20 000,-- DM (s. Forschungsantrag)		
		Termine		
	F	Abschluß der Konzeptphase : Juli 73		
28.6.73		Abschluß der Konzeptphase : 20. Juli 73		Herr Militzer
		Ersetzt Ausgabe vom		

Abb. 6.43. (Fortsetzung)

Tabelle 6.2. Abstraktion und Problemformulierung ausgehend von der Anforderungsliste nach Abb. 6.43

Ergebnis des 1. und 2. Schrittes:
– Zu prüfender Wellendurchmesser ≤ 100 mm
– Nabenseitige Lastableitung in Längsrichtung variabel
– Belastung soll bei ruhender Welle erfolgen
– Einstellbare, reine Drehmomentbelastung der Prüfverbindung bis max. 15 000 N m.
  Max. Drehmoment mind. 3 s halten
– Drehmoment muss schlagartig abfallen können
– Maximal möglicher Momentenanstieg $dT/dt = 125 \cdot 10^3$ N m/s
– Drehmomentverlauf reproduzierbar
– Messgrößen T_{vor} und T_{nach} und p registrierbar.

Ergebnis des 3. Schrittes:
– Drehmomentbelastung für Wellen-Naben-Passfeder-Verbindungen einstellbar hinsichtlich Höhe, Anstieg, Haltezeit und Abfall des Drehmoments aufbringen
– Drehmoment- bzw. Beanspruchungsprüfung soll bei ruhender Prüfwelle erfolgen.

Ergebnis des 4. Schrittes:
– Einstellbare dynamische Drehmomentbelastung zur Bauteilprüfung aufbringen
– Messungen der Eingangsbelastungen und der Bauteilbeanspruchungen ermöglichen.

Ergebnis des 5. Schrittes (Problemformulierung):
„Dynamisch sich ändernde Drehmomente bei gleichzeitiger Messung von Belastung und Bauteilbeanspruchungen aufbringen".

---

3. Hauptarbeitsschritt: Aufstellen von Funktionsstrukturen

Das Aufstellen der Funktionsstrukturen beginnt mit der Formulierung der Gesamtfunktion, die sich direkt aus der Problemformulierung ergibt: Abb. 6.44. Wesentliche Teilfunktionen ergeben sich bei diesem Beispiel aus dem Energiefluss und für die Messungen aus dem Signalfluss:

– Eingangsenergie in Lastgröße (Drehmoment) wandeln
– Eingangsenergie in Hilfsenergie für Steuerfunktionen wandeln
– Energie für Stoßvorgang speichern
– Lastenergie bzw. Lastgröße steuern
– Lastgröße ändern
– Lastenergie leiten
– Last auf Prüfling bzw. dessen Wirkfläche aufbringen
– Last messen
– Bauteilbeanspruchung messen.

Unter schrittweisem Aufbau ergaben sich unterschiedliche Reihenfolgen und unter Hinzufügen bzw. Weglassen einzelner Teilfunktion mehrere Funktionsstruktur-Varianten. Abbildung 6.45 zeigt diese in der Reihenfolge der Entstehung. Die Messaufgaben erscheinen zunächst nicht konzeptbestimmend.

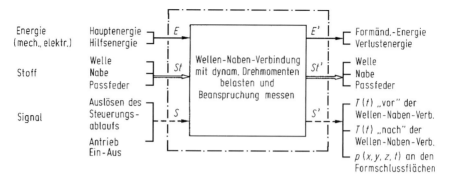

Abb. 6.44. Gesamtfunktion des Stoßprüfstandes

Weiterverfolgt wird für die Lösungssuche die Funktionsstruktur-Variante 4, weil sie die Teilfunktionen der ebenfalls verfolgungswürdigen Variante 5 enthält.

4. Hauptarbeitsschritt: Suche nach Lösungsprinzipien zum Erfüllen der Teilfunktionen

Zur Suche nach Lösungsprinzipien werden von den in 3.2 dargelegten Methoden hier vor allem herangezogen:

- konventionelle Hilfsmittel: Literaturrecherche und Analyse einer vorhandenen Prüfmaschine,
- Intuitiv betonte Methoden: Brainstorming,
- Diskursiv betonte Methoden: Systematische Suche mit Hilfe eines Ordnungsschemas mit Energiearten, Wirkbewegungen und Wirkflächen, Verwendung eines Katalogs über Ändern von Kräften.

Zur Zusammenstellung der gefundenen Lösungsprinzipien wird ein Ordnungsschema herangezogen (vgl. Abb. 6.46). Aus Umfangsgründen sind nur die wichtigsten Teilfunktionen und Lösungsprinzipien dargestellt. Von vornherein unbrauchbare Lösungsprinzipien werden bereits früh ausgeschieden bzw. im Schema durchgestrichen. Dieses frühzeitige Ausscheiden ist wichtig, um den Aufwand für das Kombinieren und weitere Konkretisieren in Grenzen zu halten.

5. Hauptarbeitsschritt: Kombinieren von Wirkprinzipen zur Wirkstruktur

Das Ordnungsschema gemäß Abb. 6.46 ist Grundlage für eine Kombination von Wirkprinzipien nach den Funktionsstruktur-Varianten (Abb. 6.45). Abbildung 6.47 zeigt die Kombinationswege für 7 mögliche Wirkstruktur-Varianten, die sich aus den Funktionsstruktur-Varianten nach Abb. 6.45 ergaben; die Reihenfolge der Teilfunktionen wird zum Teil geändert.

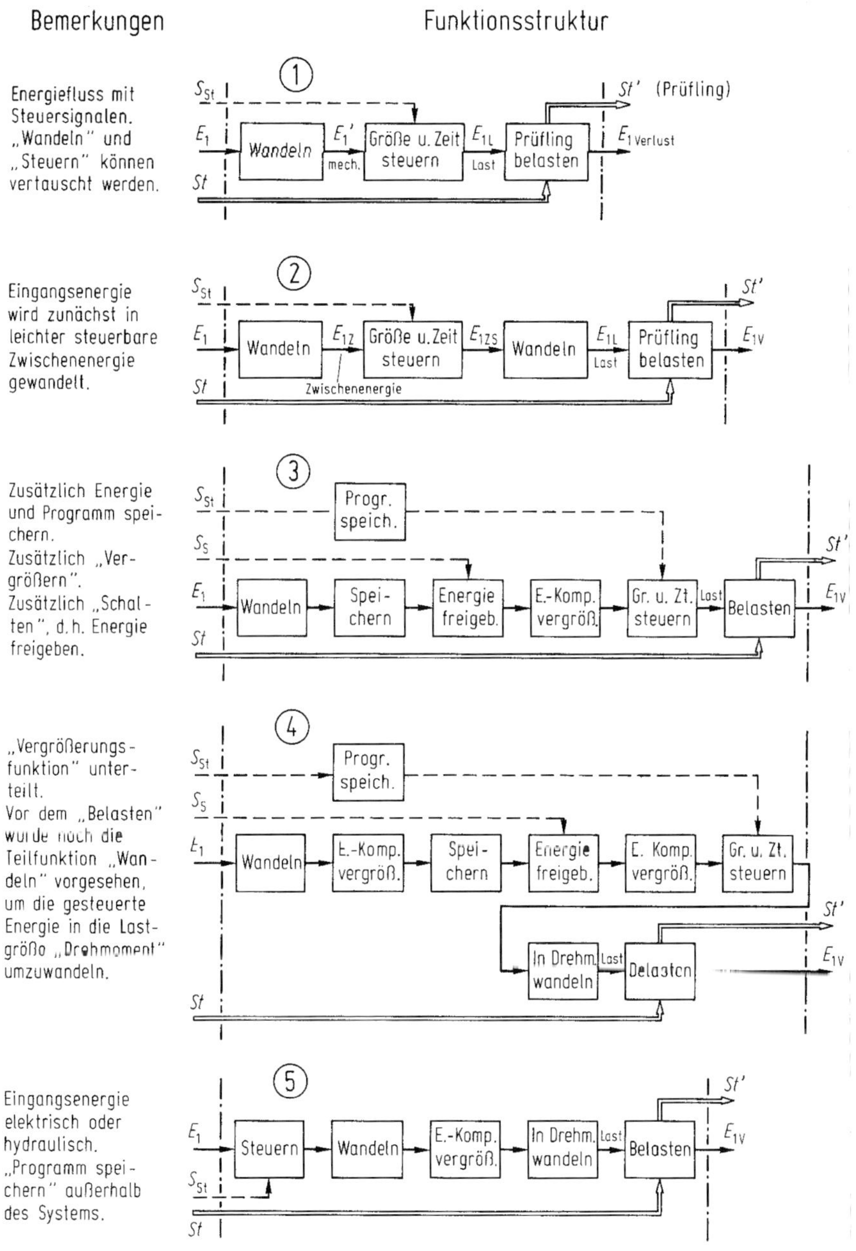

6.6 Beispiele zum Konzipieren

Bemerkungen — **Funktionsstruktur**

① Energiefluss mit Steuersignalen. „Wandeln" und „Steuern" können vertauscht werden.

② Eingangsenergie wird zunächst in leichter steuerbare Zwischenenergie gewandelt.

③ Zusätzlich Energie und Programm speichern. Zusätzlich „Vergrößern". Zusätzlich „Schalten", d.h. Energie freigeben.

④ „Vergrößerungsfunktion" unterteilt. Vor dem „Belasten" wurde noch die Teilfunktion „Wandeln" vorgesehen, um die gesteuerte Energie in die Lastgröße „Drehmoment" umzuwandeln.

⑤ Eingangsenergie elektrisch oder hydraulisch. „Programm speichern" außerhalb des Systems.

Abb. 6.45. Funktionsstruktur-Varianten, schrittweise aufgebaut

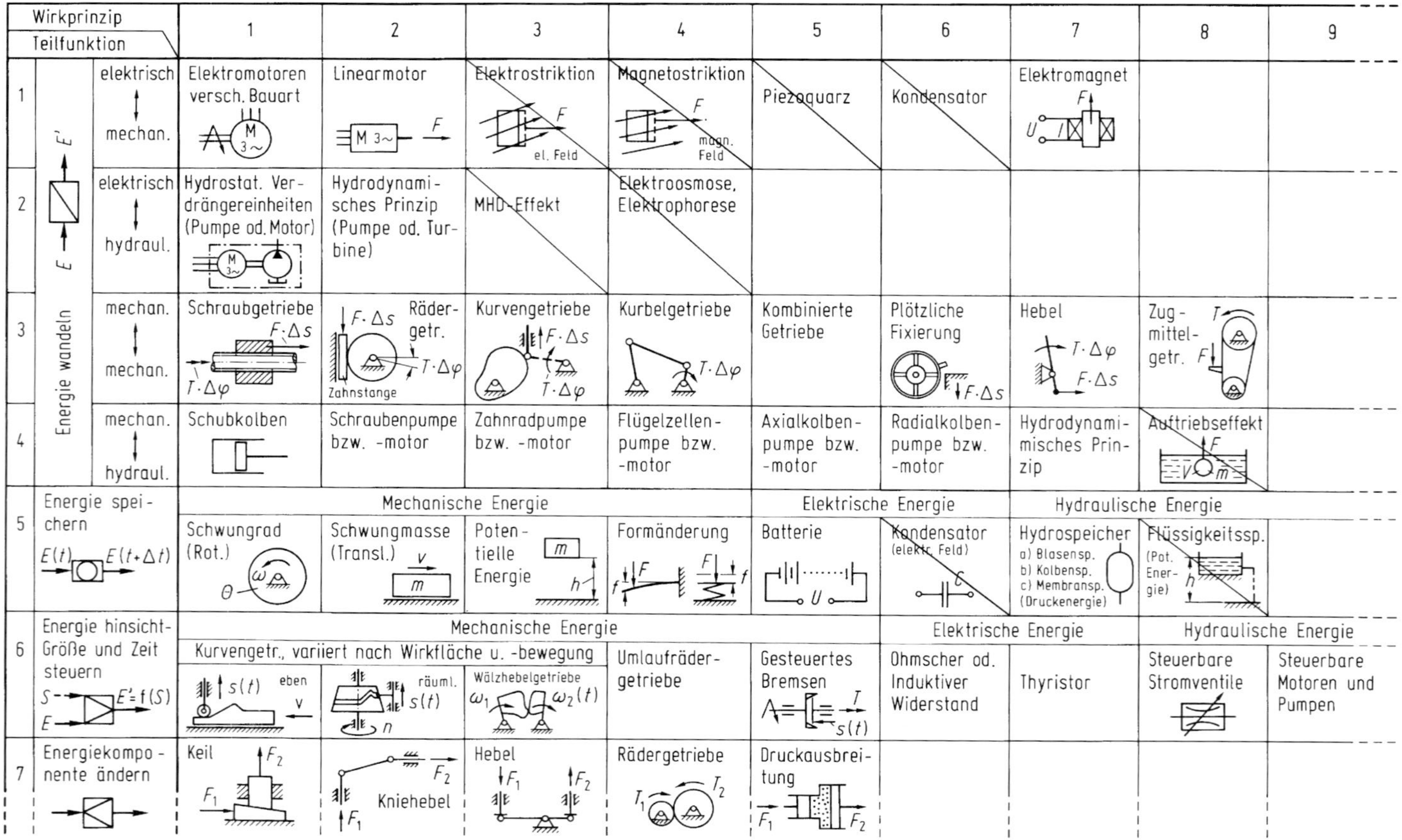

294 6 Methodisches Konzipieren

Abb. 6.46. Ausschnitt aus einem Ordnungsschema für Wirkprinzipien von Prüfmaschinen zum Aufbringen stoßartiger Lasten

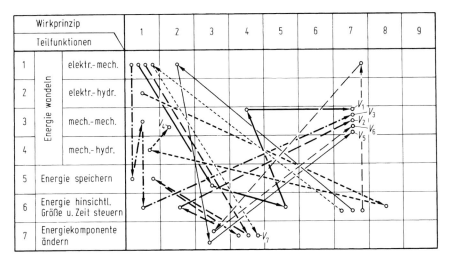

Abb. 6.47. Kombinationsschema für Wirkstrukturen aus Abb. 6.46

Sieben denkbare Wirkstrukturen wurden erkannt:

Variante 1: 1.1-5.3-6.5-3.4-3.7
Variante 2: 1.1-7.4-5.1-7.4-6.2-3.7
Variante 3: 1.1-5.1-3.1-6.1-3.7
Variante 4: 2.1 6.8 4.1 3.2
Variante 5: 6.7-1.2-7.3-3.7
Variante 6: 6.7-1.7-7.3-3.7
Variante 7: 6.7-1.1-7.4

6. Hauptarbeitsschritt: Auswählen geeigneter Varianten

Wie in 6.4.3 dargelegt, empfiehlt es sich bei Vorliegen einer größeren Variantenzahl, bereits vor dem weiteren Konkretisieren eine Vorauswahl zu treffen, damit die Konkretisierung zu Konzeptvarianten nicht zu aufwendig wird und weniger geeignete Varianten möglichst früh ausgeschieden werden. In Abb. 6.48 wird mit Hilfe des Auswahlverfahrens nach 3.3.1 beurteilt, und es bleiben von den sieben nur noch vier Varianten verfolgungswürdig, die aber weiter konkretisiert werden müssen, um genauer beurteilt werden zu können.

7. Hauptarbeitsschritt: Konkretisieren zu Konzeptvarianten

Um eine sichere Entscheidung über die günstigste Konzeptvariante finden zu können, müssen die ausgewählten Wirkstrukturen (Prinzipkombinationen) beurteilungsfähig gemacht werden. Dazu ist es notwendig, entsprechende Prinzipskizzen anzufertigen (Abb. 6.49 bis 6.52).

Eine Strichskizze reicht oft nicht aus, um die Funktionstüchtigkeit eines Lösungsvorschlages beurteilen zu können. Hierzu sind dann orientieren-

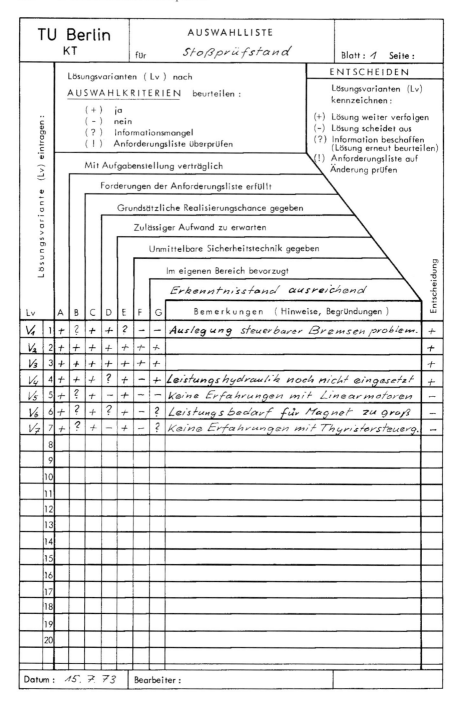

Abb. 6.48. Auswahlliste in Bezug auf die 7 Kombinationen nach Abb. 6.47

6.6 Beispiele zum Konzipieren   297

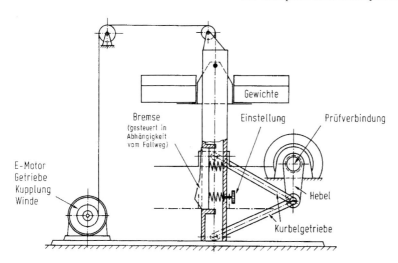

Abb. 6.49. Konzeptvariante V_1

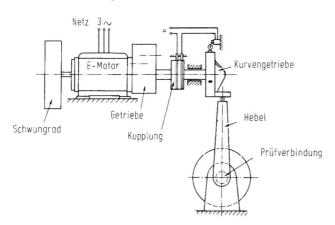

Abb. 6.50. Konzeptvariante V_2

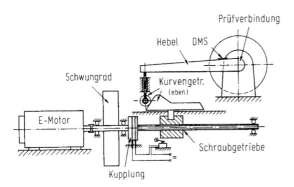

Abb. 6.51. Konzeptvariante V_3

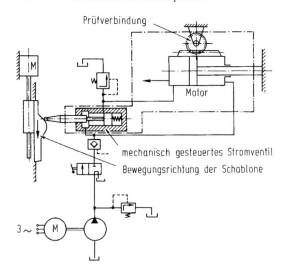

Abb. 6.52. Konzeptvariante V_4

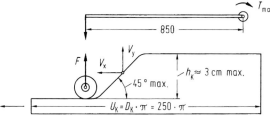

Abb. 6.53. Abwicklung des Kurvenzylinders

de Rechnungen oder auch Modellversuche nützlich. Als Beispiel sollen bei vorliegender Entwicklung für die Konzeptvariante V_2 das Kurvengetriebe zur Steuerung des Drehmoments sowie das benötigte Massenträgheitsmoment des Schwungrades (Energiespeicher) rechnerisch abgeschätzt werden.

Kann der in Abb. 6.53 entworfene Kurvenzylinder den geforderten Stoßanstieg von $dT/dt = 125 \cdot 10^3$ N m/s und das maximale Drehmoment von $T_{\max} = 15 \cdot 10^3$ N m aufbringen?

Rechenschritte:

– Zeit, bei der das max. Drehmoment bei dem geforderten Stoßanstieg erreicht wird:

$$\Delta t = \frac{15 \cdot 10^3}{125 \cdot 10^3} = 0{,}12 \,\text{s}$$

– Kraft am Ende des Belastungshebels:

$$F_{\max} = T_{\max}/l = \frac{15 \cdot 10^3}{0{,}85} = 17{,}6 \cdot 10^3 \,\text{N}$$

Der Belastungshebel wird als weiche Biegefeder so ausgelegt, dass er sich um den gewählten Kurvenhub von $h = 30$ mm bei der Kraft F_{max} durchbiegt, wobei die zulässige Biegespannung nicht überschritten werden darf.

– Umfangsgeschwindigkeit des Kurvenzylinders:

$$v_x = v_y = h/\Delta t = 30/0{,}12 = 250 \, \text{mm/s},$$

– Winkelgeschwindigkeit und Drehzahl des Kurvenzylinders:

$$\omega = 0{,}25/0{,}125 = 2{,}0 \, \text{s}^{-1}; \, n_K = 60 \, \omega/2\pi = 19 \, \text{min}^{-1}$$

– Umlaufzeit: $t_u = 2\pi/\omega = 3{,}14$ s .

Da die Schaltzeit von elektromagnetisch betätigten Schaltkupplungen zum Ein- und Auskuppeln des Kurvengetriebes im Bereich weniger Zehntelsekunden liegt, dürfte es bei der Realisation dieses Prinzips keine Schwierigkeiten geben. Höhe und Anstieg des Drehmomentstoßes können durch auswechselbare Kurvenzylinder sowie durch Variation der Umlaufzeit leicht verändert werden.

Rechenschritte zur Abschätzung des Massenträgheitsmoments des Schwungrades:

– Die Abschätzung der beim Stoß benötigten und damit zu speichernden Energie erfolgt unter der Annahme, dass alle im Kraftfluss liegenden Teile sich elastisch verformen.
  Gespeicherte Energie bei max. Stoßdrehmoment:
  $W_{max} = 1/2 \, F_{max} \cdot h_K = 260$ N m $= 260$ W s.
  Dieser Energiebetrag wird in einer Zeitspanne von $\Delta t = 0{,}12$ s benötigt.
– Schwungradabmessung:
  Gewählt: Max. Drehzahl $n_{max} = 1200 \, \text{min}^{-1}; \, \omega \approx 126 \, \text{s}^{-1}$.
  Bei gewählten Schwungradabmessungen von $D_A = 0{,}4$ m und $B = 0{,}1$ m ergibt sich eine Schwungradmasse zu $m_S = 100$ kg. Das Massenträgheitsmoment beträgt dann $J_S = 1/2 \, m_S \, r^2 = 2$ kg m^2.
  Gespeicherte Energie des Schwungrades:
  $W_S = 1/2 J_S \, \omega^2 = 159 \cdot 10^2$ N m bzw. W s.
– Abfall der Drehzahl nach Stoß:
  $W_{Rest} = W_S - W_{max} = 15\,640$ W s,

$$\omega_{Rest} = \sqrt{\frac{2W_{Rest}}{J_S}} = 125 \, \text{s}^{-1}$$

$n_{Rest} = 1190 \, \text{min}^{-1}$, d. h. der Drehzahlabfall ist sehr niedrig. Entsprechend wird auch nur eine geringe Antriebsmotorleistung benötigt.

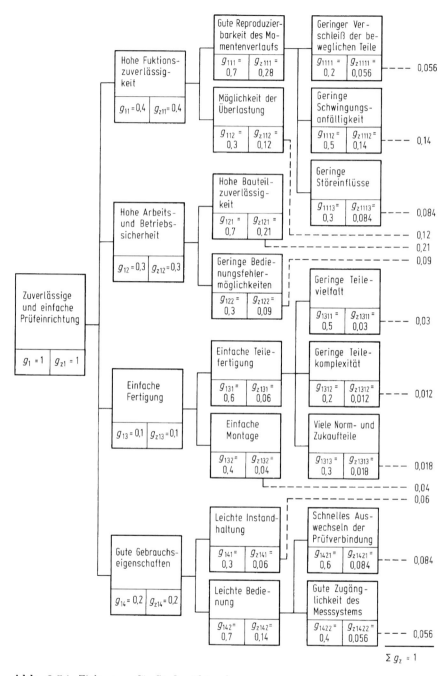

Abb. 6.54. Zielsystem für Stoßprüfstand

6.6 Beispiele zum Konzipieren   301

Nr.	Bewertungskriterien	Gew.	Eigenschaftsgrößen	Einh.	Variante V_1 Eigensch. e_{i1}	Wert w_{i1}	Gew.Wert wg_{i1}	Variante V_2 Eigensch. e_{i2}	Wert w_{i2}	Gew.Wert wg_{i2}	Variante V_3 Eigensch. e_{i3}	Wert w_{i3}	Gew.Wert wg_{i3}	Variante V_4 Eigensch. e_{i4}	Wert w_{i4}	Gew.Wert wg_{i4}
1	Geringer Verschleiß	0,056	Größe des Verschleißes	–	hoch	3	0,168	mittel	6	0,336	mittel	4	0,224	niedrig	6	0,336
2	Geringe Schwingungsanfälligkeit	0,14	Eigenkreisfrequenz	s^{-1}	410	3	0,420	2370	7	0,980	2370	7	0,980	< 410	2	0,280
3	Geringe Störeinflüsse	0,084	Störeinflüsse	–	hoch	2	0,168	niedrig	7	0,588	niedrig	6	0,504	(mittel)	4	0,336
4	Möglichkeit der Überlastung	0,12	Belastungsreserve	%	5	5	0,600	10	7	0,840	10	7	0,840	20	8	0,960
5	Hohe Bauteilzuverlässigkeit	0,21	Erwartete mechan. Sicherheit	–	mittel	4	0,840	hoch	7	1,470	hoch	7	1,470	sehr hoch	8	1,680
6	Geringe Bedienungsfehlermöglichkeiten	0,09	Bedienungsfehlermöglichkeiten	–	hoch	3	0,270	niedrig	7	0,630	niedrig	6	0,540	mittel	4	0,360
7	Geringe Teilevielfalt	0,03	Teilevielfalt	–	mittel	5	0,150	mittel	4	0,120	mittel	4	0,120	niedrig	6	0,180
8	Geringe Teilekomplexität	0,012	Teilekomplexität	–	niedrig	6	0,072	niedrig	7	0,084	mittel	5	0,060	hoch	3	0,036
9	Viele Norm- und Zukaufteile	0,018	Anteil der Norm- und Zukaufteile	–	niedrig	2	0,036	mittel	6	0,108	mittel	6	0,108	hoch	8	0,144
10	Einfache Montage	0,04	Einfachheit der Montage	–	niedrig	3	0,120	mittel	5	0,200	mittel	5	0,200	hoch	7	0,280
11	Leichte Instandhaltung	0,06	Zeitl. und kostenm. Instandhaltungsaufw.	–	mittel	4	0,240	niedrig	8	0,480	niedrig	7	0,420	hoch	3	0,180
12	Schnelles Auswechseln d. Prüfverbind.	0,084	Geschätzte Auswechselzeit d. Prüfverb.	min	180	4	0,336	120	7	0,588	120	7	0,588	180	4	0,336
13	Gute Zugänglichkeit der Messsysteme	0,056	Zugänglichkeit der Messsysteme	–	gut	7	0,392	gut	7	0,392	gut	7	0,392	mittel	5	0,280
		$\Sigma g_i = 1,0$				$Gw_1 = 51$ $W_1 = 0,39$	$Gwg_1 = 3,812$ $Wg_1 = 0,38$		$Gw_2 = 85$ $W_2 = 0,65$	$Gwg_2 = 6,816$ $Wg_2 = 0,68$		$Gw_3 = 78$ $W_3 = 0,60$	$Gwg_3 = 6,446$ $Wg_3 = 0,64$		$Gw_4 = 68$ $W_4 = 0,52$	$Gwg_4 = 5,388$ $Wg_4 = 0,54$

Abb. 6.55. Bewertung der vier Varianten für den Stoßprüfstand

8. Hauptarbeitsschritt: Bewerten der Konzeptvarianten

Bewertet werden die in Arbeitschritt 6 ausgewählten und näher konkretisierten vier Varianten. Als Bewertungssystem dient hier die Nutzwertanalyse nach 3.3.2.

Aus wichtigen Wünschen der Anforderungsliste ergeben sich zunächst eine Reihe von unterschiedlich komplexen Bewertungskriterien. Diese werden mit Hilfe der Leitlinie nach Abb. 6.22 überprüft und ergänzt. Anschließend wird eine hierarchische Ordnung (Zielsystem) entwickelt, um Gewichtungsfaktoren und Eigenschaftsgrößen der Varianten besser erkennen und zuordnen zu können. Abbildung 6.54 zeigt das Zielsystem der Stoßprüfmaschine, aus dessen unterster Zielstufe sich die Bewertungskriterien nach Abb. 6.55 ergeben.

Es ergibt sich, dass Variante V_2 den höchsten Gesamtwert und die beste Gesamtwertigkeit hat. Allerdings liegt Variante V_3 dicht dabei. Zum Erkennen der Schwachstellen wird ein Wertprofil aufgestellt, Abb. 6.56. Man erkennt die Ausgeglichenheit der Variante V_2 hinsichtlich der bedeutenden Bewertungskriterien. Mit einer gewichteten Wertigkeit von 68% stellt Variante V_2 eine günstige prinzipielle Lösung (Konzept) für den anschließenden maßstäblichen Entwurf dar. Dabei sind erkennbare Schwachstellen zu verbessern. In Abschn. 7.7 wird dieses Beispiel in der Entwurfsphase fortgesetzt.

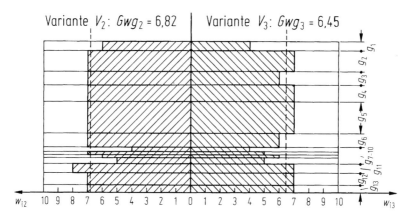

Abb. 6.56. Wertprofil erleichetert das Erkennen von Schwachstellen

Literatur
References

1. Beitz, W.: Methodisches Konzipieren technischer Systeme, gezeigt am Beispiel einer Kartoffel-Vollerntemaschine. Konstruktion 25 (1973) 65–71.
2. Hansen, F.: Konstruktionssystematik, 2. Aufl. Berlin: VEB-Verlag 1965.

3. Koller, R.: Konstruktionslehre für den Maschinenbau. Berlin: Springer 1976; 2. Aufl. 1985.
4. Kramer, F.: Produktinnovations- und Produkteinführungssystem eines mittleren Industriebetriebes. Konstruktion 27 (1975) 1–7.
5. Krick, E. V.: An Introduction to Engineering and Engineering Design; 2nd Edition. New York: Wiley & Sons, Inc. 1969.
6. Lehmann, M.: Entwicklungsmethodik für die Anwendung der Mikroelektronik im Maschinenbau. Konstruktion 37 (1985) 339–342.
7. Pahl, G.: Konstruieren mit 3D-CAD-Systemen. Grundlagen, Arbeitstechnik, Anwendungen. Berlin: Springer 1990.
8. Pahl, G.; Beitz, W.: Konstruktionslehre. Berlin: Springer 1977, 1. Aufl.; 1986, 2. Aufl.; 1993, 3. Aufl.
9. Pahl, G.; Wink, R.: Prüfstand zur Simulation von kombinierten Roll-Gleitbewegungen unter pulsierender Last. Materialprüfung Band 27 Nr. 11 (1985), S. 351–354.
10. Richter, W.: Gestalten nach dem Skizzierverfahren. Konstruktion 39 H.6 (1987), 227–237.
11. Roth, K.: Konstruieren mit Konstruktionskatalogen. Bd. 1: Konstruktionslehre. Bd. 2: Konstruktionskataloge, 2. Aufl. Berlin: Springer 1994. Bd. 3: Verbindungen und Verschlüsse, Lösungsfindung Berlin: 3. Auflage Springer 1996.
12. Schmidt, H. G.: Entwicklung von Konstruktionsprinzipien für einen Stoßprüfstand mit Hilfe konstruktionssystematischer Methoden. Studienarbeit am Institut für Maschinenkonstruktion TU Berlin 1973.
13. Steuer, K.: Theorie des Konstruierens in der Ingenieurausbildung. Leipzig: VEB-Fachbuchverlag 1968.
14. VDI-Richtlinie 2222 Blatt 2: Konstruktionsmethodik, Erstellung und Anwendung von Konstruktionskatalogen. Düsseldorf. VDI-Verlag 1982.
15. VDI-Richtlinie 2225: Technisch-wirtschaftliches Konstruieren. Düsseldorf: VDI-Verlag 1977.

7 Methodisches Entwerfen
Methods for embodiment design

Unter Entwerfen wird der Teil des Konstruierens verstanden, der für ein technisches Gebilde von der Wirkstruktur bzw. prinzipiellen Lösung ausgehend die Baustruktur nach technischen und wirtschaftlichen Gesichtspunkten eindeutig und vollständig erarbeitet. Das Ergebnis des Entwerfens ist die gestalterische Festlegung einer Lösung (vgl. 4.2).

In früheren Veröffentlichungen (vgl. 1.2.2 [229, 294]) ist auf den Entwurfsprozess eingegangen worden, ohne jedoch einen Vorgehensplan oder eine methodische Anleitung im Einzelnen zu entwickeln. Heute ist das methodische Vorgehen (vgl. 1.2.3 und Kap. 4 bis 6) hinzugekommen, das eine stärkere Betonung der Konzeptphase mit unterstützenden Einzelmethoden und festgelegten Arbeitsschritten vorsieht. Dadurch lässt sich auch die Entwurfsphase besser definieren, einordnen und unterteilen. Die jüngere VDI-Richtlinie 2223 (Entwurf): Methodisches Entwerfen technischer Produkte [295] greift diese Erkenntnisse auf, verwendet u. a. Vorschläge des Buches Pahl/Beitz, 4. Auflage, und stellt damit eine methodische, allgemein anerkannte Anweisung dar.

7.1 Arbeitsschritte beim Entwerfen
Steps of embodiment design

Da in der Konzeptphase die prinzipielle Lösung im Wesentlichen durch Angabe der Wirkstruktur erarbeitet wurde, steht die konkrete Gestaltung dieser prinzipiellen Vorstellung nun im Vordergrund. Eine solche Gestaltung erfordert spätestens jetzt die Wahl von Werkstoffen und Fertigungsverfahren, die Festlegung der Hauptabmessungen und die Untersuchung der räumlichen Verträglichkeit, ferner die Vervollständigung durch Teillösungen für sich ergebende Nebenfunktionen. Technologische und wirtschaftliche Gesichtspunkte spielen eine beherrschende Rolle. Die Gestaltung wird unter maßstäblicher Darstellung entwickelt und kritisch untersucht. Sie wird durch eine technisch-wirtschaftliche Bewertung abgeschlossen.

In vielen Fällen sind für ein befriedigendes Ergebnis mehrere Entwürfe oder Teilentwürfe nötig, bis eine endgültige Gestaltung der Baustruktur möglich wird.

So muss in einem Entscheidungsschritt der endgültige Gesamtentwurf bestimmt und danach soweit bearbeitet werden, dass eine definitive Beurteilung von Funktion, Haltbarkeit, Fertigungs- und Montagemöglichkeit, Gebrauchseigenschaften und Kostendeckung durchgeführt werden kann. Erst dann darf an eine Ausarbeitung der Fertigungsunterlagen gedacht werden.

Die Tätigkeit des Entwerfens enthält im Gegensatz zum Konzipieren neben kreativen viel mehr korrektive Arbeitsschritte, wobei sich Vorgänge der Analyse und Synthese dauernd abwechseln und ergänzen. Daher treten neben den schon bekannten Methoden zur Lösungssuche, Auswahl und Bewertung solche zur Fehlererkennung und Optimierung hinzu. Eingehende Informationsbeschaffung über Werkstoff, Fertigungsverfahren, Details, Wiederholteile und Normen erfordert einen nicht unerheblichen Aufwand.

Der Entwurfsvorgang ist sehr komplex:

– Es müssen viele Tätigkeiten zeitlich parallel ausgeführt werden.
– Manche Arbeitsschritte sind auf höherer Informationsstufe im Sinne von Iterationsprozessen zu wiederholen.
– Zufügungen oder Änderungen beeinflussen schon gestaltete Zonen.

Deshalb ist ein strenger Ablaufplan beim Entwerfen nur begrenzt aufstellbar. Er kann aber in Form eines prinzipiellen Vorgehensplans mit Hauptarbeitsschritten angegeben werden. Abweichungen und weitere Arbeitsschritte sind je nach Aufgabe und vorliegenden Einzelfragen denkbar und oft nicht im Einzelnen vorhersagbar. Je nach Problemlage ist daher das Vorgehen im Einzelnen unterschiedlich festzulegen oder anzupassen. Grundsätzlich wird vom *Qualitativen* zum *Quantitativen*, vom *Abstrakten* zum *Konkreten* oder auch von einer *Grobgestaltung* zu einer *Feingestaltung* mit anschließender Kontrolle und Vervollständigung vorgegangen: Abb. 7.1.

1. Als erster Hauptarbeitsschritt werden bei Kenntnis der prinzipiellen Lösung (Wirkstruktur, Konzept) aus der Anforderungsliste, gegebenenfalls unter Herausschreiben, die *Anforderungen* erarbeitet, die im Wesentlichen *gestaltungsbestimmend* sind:
   – Abmessungsbestimmende Anforderungen wie Leistung, Durchsatz, Anschlussmaße usw.,
   – Anordnungsbestimmende Anforderungen wie Fluss- und Bewegungsrichtungen, Lage usw.,
   – Werkstoffbestimmende Anforderungen wie Korrosionsbeständigkeit, Zeitstandverhalten, vorgeschriebene Werk- und Hilfsstoffe usw.

   Anforderungen aus Gründen der Sicherheit, Ergonomie, Fertigung und Montage ergeben besondere Gestaltungsrücksichten (vgl. 7.2 bis 7.5) und können sich in abmessungs-, anordnungs- und werkstoffbestimmenden Anforderungen niederschlagen.

2. *Klären* der die Gestaltung des Entwurfs bestimmenden oder begrenzenden *räumlichen Bedingungen* (z. B. geforderte Abstände, einzuhaltende Achsenrichtungen, Einbaubegrenzungen).

7.1 Arbeitsschritte beim Entwerfen 307

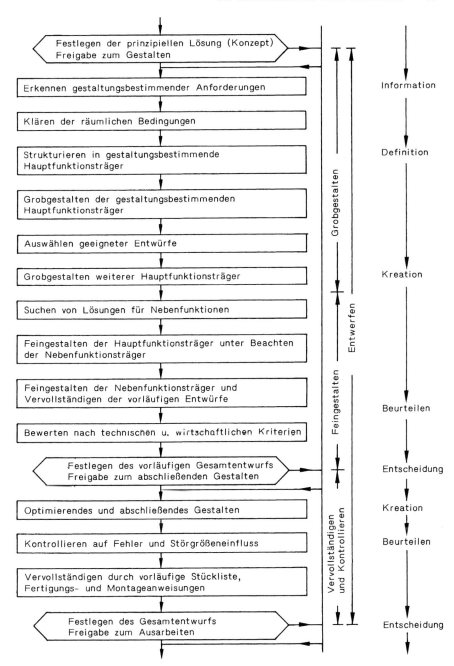

Abb. 7.1. Hauptarbeitsschritte beim Entwerfen

3. Nach Bewusstwerden der gestaltungsbestimmenden Anforderungen mit den räumlichen Bedingungen ist die *Baustruktur in Grobgestalt* mit vorläufige Werkstoffwahl zu entwickeln, wobei zunächst die die Gesamtgestaltung bestimmenden *Hauptfunktionsträger* vornehmlich in Betracht gezogen werden. Hauptfunktionsträger sind solche Bauteile, die Hauptfunktionen erfüllen. Unter Beachten von Gestaltungsprinzipien (vgl. 7.4) sind wichtige Teilfragen zu entscheiden:
   - Welche Hauptfunktion und welcher zugehörige Funktionsträger bestimmt maßgebend die Gesamtgestaltung nach Abmessung und Anordnung? (Zum Beispiel Schaufelkanal bei Turbomaschinen, Durchtrittsquerschnitt und -richtung bei Ventilen.)
   - Welche Hauptfunktionen sollen durch welche Funktionsträger gemeinsam oder besser getrennt erfüllt werden? (Zum Beispiel Drehmoment leiten und Radialversatz aufnehmen durch biegeweiche Welle oder durch zusätzliche Ausgleichskupplung.) Dieser Schritt entspricht dem Gliedern in realisierbare Module (vgl. Abb. 1.9).
4. Die gestaltungsbestimmenden Hauptfunktionsträger sind zunächst grob zu gestalten, d. h. Werkstoff und Gestalt sind vorläufig auszulegen. „Grob gestalten" heißt, räumlich und maßlich zutreffend, aber vorläufig und unter Weglassen von zur Zeit nicht interessierenden Einzelheiten die Gestalt festlegen. Dabei nach 7.2 in der Reihenfolge der Untermerkmale zum Hauptmerkmal „Auslegen" vorgehen. Ergebnis in die gesetzten räumlichen Bedingungen maßstäblich einfügen. Dann soweit vervollständigen, bis alle maßgebenden Hauptfunktionen erfüllbar sind (z. B. durch Mindestdurchmesser von Antriebswellen, durch vorläufige Zahnradabmessung, durch Mindestwanddicke von Behältern). Vorhandene Elemente oder festgelegte Bauteile (Wiederholteile, Normteile usw.) in vereinfachter Weise darstellen. Es kann zweckmäßig sein, zunächst nur Teilzonen zu bearbeiten und diese dann erst zu vorläufigen Entwürfen zu kombinieren.
5. *Vorläufige Entwürfe* nach gleichen, gegebenenfalls modifizierten Gesichtspunkten des in 3.3.1 aufgezeigten Auswahlverfahrens unter Hinzuziehen zutreffender Gesichtspunkte der Leitlinie nach 7.2 beurteilen. Einen oder mehrere Entwürfe (auch Vorentwürfe genannt) zur Weiterbearbeitung auswählen.
6. Noch nicht untersuchte Hauptfunktionsträger, weil sie schon bekannt, festgelegt, untergeordnet oder bisher nicht gestaltungsbestimmend waren, im erforderlichen Umfang ergänzend grob gestalten.
7. *Feststellen*, welche *Nebenfunktionen* nötig sind (z. B. Stütz- und Haltefunktionen, Dicht- und Kühlfunktionen) und vorhandene Lösungen nutzen (z. B. auch Wiederholteile, Normteile, Kataloglösungen). Wenn dies nicht möglich ist, sind für diese Funktionen Lösungen eventuell in abgekürzter Vorgehensweise zu suchen (vgl. 3.2 und 6).
8. *Feingestalten der Hauptfunktionsträger* nach Gestaltungsregeln (vgl. 7.3 bis 7.5) unter Hinzuziehen von Normen, Vorschriften, genaueren Berech-

nungen und Versuchsergebnissen, aber auch im Hinblick auf die Gestaltung der Zonen, die durch Nebenfunktionen beeinflusst werden und deren Lösungen jetzt bekannt sind. Gegebenenfalls Aufteilen in Baugruppen oder Zonen, die getrennt bearbeitet werden können. „Fein gestalten" heißt, alle notwendigen Einzelheiten endgültig festlegen.
9. *Feingestalten auch der Nebenfunktionsträger*, Zufügen von Norm- und Zulieferteilen, nötigenfalls Hauptfunktionsträger abschließend gestalten und alle Funktionsträger gemeinsam darstellen.
10. *Bewerten* nach technischen und wirtschaftlichen Kriterien (vgl. Bewerten in 3.3.2).

Müssen zu einer Aufgabe mehrere vorläufige Entwürfe bearbeitet werden, wird die Konkretisierung selbstverständlich nur soweit getrieben, wie sie zur Beurteilung der Entwurfsvarianten erforderlich ist.

Die Entscheidung ist so je nach Umständen bereits nach einer Grobgestaltung der Hauptfunktionsträger oder erst nach eingehender Feingestaltung und Hinzufügen aller Komponenten möglich. Wichtig ist nur, dass die zu vergleichenden Entwürfe auf der gleichen Konkretisierungsstufe stehen, weil sonst eine sachgerechte Beurteilung nicht möglich ist.

11. *Festlegen des vorläufigen Gesamtentwurfs*. Der Gesamtentwurf umfasst dabei die gesamte Baustruktur des jeweiligen technischen Gebildes.
12. Ausgewählten Gesamtentwurf nach *Beseitigen* der beim Bewerten *erkannten Schwachstellen* und Übernahme geeigneter Teillösungen oder Gestaltungszonen anderer weniger favorisierter Varianten gegebenenfalls unter nochmaligem Durchlaufen vorheriger Arbeitsschritte *optimieren und endgültig gestalten*.
13. Diesen Entwurf auf *Fehler und Störgrößeneinfluss* bezüglich Funktion, räumliche Verträglichkeit usw. (vgl. Leitlinie in 7.2) *kontrollieren* und gegebenenfalls verbessern. Spätestens jetzt muss das Erreichen der Zielsetzung auch hinsichtlich der Kosten (vgl. 12) und der Qualität (vgl. 11) gesichert und nachgewiesen sein.
14. *Endgültigen Gesamtentwurf* durch Aufstellen der vorläufigen Stückliste sowie vorläufiger Fertigungs- und Montageanweisungen abschließen.
15. Festlegen des Gesamtentwurfs und Freigabe zum Ausarbeiten.

Es ist nicht nötig, für jeden einzelnen Schritt besondere Methoden festzulegen, es mögen aber folgende Hinweise nützlich sein:

Die *Darstellung* der räumlichen Bedingungen und der Gestaltung wird mit Hilfe eines geeigneten rechnerinternen Modells, in zunehmendem Maße als vollkompatibles 3D-Modell (vgl. 2.3.2, Abschn. 2) vorgenommen. Im Gegensatz zur konventionellen Zeichnungstechnik mit genormten Zeichenregeln werden dann die dem verwendeten CAD-Software-Paket eigenen Darstellungstechniken genutzt. Gleich wie diese Bildschirm-Präsentation angeboten oder gewählt wird, es müssen dabei folgende Forderungen in der Entwurfsphase erfüllt werden [213]:

– Die Funktion und Art des Gegenstandes muss ersichtlich sein.
– Die Lage und der benötigte Bauraum des Gegenstandes müssen durch charakteristische Abmessungen, wie Hauptmaße u. ä., für die räumliche Verträglichkeitsprüfung in der Baustruktur und für den Montagevorgang voll erkennbar sein.
– Eine vorläufige Grobgestalt muss sich ohne Neugenerierung in eine endgültige Feingestalt überführen lassen.

Wenn diese Forderungen erfüllt sind, kann die Darstellung abweichend von Zeichnungsnormen vereinfacht sein. Eine vollständige normgerechte Darstellung des betreffenden Gegenstands ist nicht erforderlich, sie würde den Generierungsaufwand nur unnötig erhöhen. Die normgerechte Darstellung ergibt sich später aus der abgeleiteten Einzeldarstellung unter Bezug auf die identifizierten Normangaben, wobei diese vielfach nur implizit als ergänzbare Hintergrundinformationen mitgeführt werden.

Wird in 2D-CAD-Systemen oder noch konventionell am Zeichenbrett gearbeitet, bleibt es bei Beachtung konventioneller Zeichnungsnormen, wobei gegebenenfalls auch maßstäbliche Darstellungs-(Zeichnungs-)Vereinfachungen, wie z. B. von Lüpertz [174] vorgeschlagen, angewandt werden können.

Die *Lösungssuche für Nebenfunktionen* oder für neue notwendige Teillösungen folgt nach Kap. 3 in einem möglichst abgekürzten Verfahren oder direkt nach Katalogen. Anforderungen, Funktion, Lösungen mit zugehörigen Ordnenden Gesichtspunkten sind bereits erarbeitet.

Die *Auslegung* der Funktionsträger geschieht, orientiert an der Leitlinie in 7.2, in konventioneller Arbeitsweise nach Regeln der Mechanik, Festigkeitslehre und Werkstoffkunde mit entsprechend angepassten, überschlägigen oder genaueren Rechenmethoden von einer einfachen Beziehung bis zu Differentialgleichungen oder z. B. mit Hilfe der Methode der finiten Elemente unter Einsatz von DV-Anlagen. Für Auslegungsrechnungen wird auf die bei der Gestaltungsrichtlinie „Beanspruchungsgerecht" (vgl. 7.5.1) angeführte Literatur aufmerksam gemacht. Für weitergehende Rechnungen wird auf die Spezialliteratur verwiesen. Selbstverständlich sind dazu die Berechnungsverfahren und -vorschriften der jeweiligen Fachgebiete heranzuziehen. Unter Umständen ist die Anfertigung von Funktionsmodellen oder der Einsatz gezielter Versuche für Einzelfragen notwendig.

Bei der Durcharbeitung der Entwürfe müssen viele Einzelheiten geklärt, festgelegt oder optimiert werden. Je tiefer in die Gestaltung dieser Einzelheiten eingedrungen wird, umso mehr zeigt es sich, ob die gewählte prinzipielle Lösung richtig gewählt war. Möglicherweise ergibt sich, dass diese oder jene Anforderung nicht erfüllbar ist oder dass bestimmte Eigenschaften sich als störend erweisen. Stellt man dies während des Entwerfens fest, ist es besser, aufgrund des neuen Erkenntnisstands das Vorgehen in der Konzeptphase zu überprüfen, denn eine auch sehr sorgfältige Gestaltung kann eine ungünstige prinzipielle Lösung nicht entscheidend verbessern. Dies gilt auch für Teilfunktionen hinsichtlich ihrer zugehörigen Wirkprinzipien. Aber auch bei einer sehr

7.1 Arbeitsschritte beim Entwerfen

günstig erscheinenden prinzipiellen Lösung können Schwierigkeiten noch im Detail auftreten. Sie entstehen oft, weil manche Gesichtspunkte zunächst als untergeordnet oder als schon gelöst angesehen werden. Unter Beibehaltung der gewählten Wirkstruktur und der prinzipiellen Anordnungen sucht man dann diese Teilprobleme durch erneutes Durchlaufen entsprechender Arbeitsschritte im Sinne eines Iterationsprozesses zu überwinden.

Erfahrungen mit dem vorgeschlagenen Vorgehensplan zum Entwerfen haben seine prinzipielle Richtigkeit bestätigt, aber doch einige wichtige Erkenntnisse gewinnen lassen [211]:

- Vielfach können vorläufige Entwürfe bei schon vorliegenden Vorstudien oder bekannten Gestaltungsvarianten entfallen.
- Sie können überhaupt entfallen, wenn nur die Feingestaltung einer Verbesserung bedarf.
- Die Lösungen für Nebenfunktionen beeinflussen sehr oft auch die Grobgestaltung der Hauptfunktionsträger, so dass ihre rechtzeitige Bearbeitung nötig ist.
- Erfolgreiche Konstrukteure zeichnen sich durch einen ständigen Prüf- und Kontrollprozess aus, bei dem sie auch die Nah- und Fernwirkungen ihrer Maßnahmen beachten.

Sehr häufig wird ein Produkt nicht vollständig neu entwickelt, sondern aufgrund von neuen Anforderungen und Erfahrungen lediglich weiterentwickelt bzw. verbessert. Dabei hat sich sehr bewährt, von einer Fehler- und Störgrößenanalyse (vgl. 11.2 und 11.3) der vorhandenen Lösung auszugehen und daraus erst die neue Anforderungsliste zu entwickeln (vgl. Abb. 7.2). Je nach Ergebnis der so geklärten Aufgabenstellung muss entschieden werden, ob eine neue Wirkstruktur im Sinne einer neuen prinzipiellen Lösung erforderlich ist

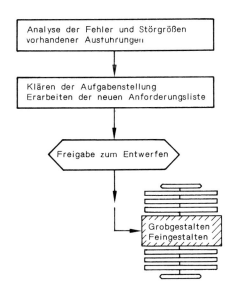

Abb. 7.2. Entwurfsphase ausgehend von der Weiterentwicklung vorhandener Ausführungen. Der Einstieg erfolgt über eine Analyse der Fehler und des Störgrößeneinflusses und kann zu unterschiedlich nötigen Arbeitschritten des Vorgehens nach Abb. 7.1 führen

oder ob und in welchem Umfang es genügt, in die vorhandene Baustruktur einzugreifen. Dabei kann dann der Einstieg in den Vorgehensplan recht unterschiedlich sein. Möglicherweise ist allein mit einer Verbesserung der Feingestalt die Entwicklung bereits abgeschlossen. In anderen Fällen könnten erst noch Versuche an vorhandenen oder modifizierten Baugruppen nötig sein, deren Ergebnis das Vorgehen bestimmen, bei dem dann nur ein partielles Durchlaufen der genannten Arbeitsschritte erforderlich ist.

Insgesamt kann zum Entwerfen gesagt werden, dass ein flexibles Vorgehen mit vielen Iterationsschritten und Wechsel der Betrachtungszonen erforderlich und typisch ist. Je nach Situation müssen die einzelnen Hauptarbeitsschritte entsprechend gewählt und angepasst werden. Unter Berücksichtigung der vorgenannten grundsätzlichen Zusammenhänge und gegebenen Empfehlungen spielt die Fähigkeit zum Selbstorganisieren des Vorgehens in dieser Phase eine bedeutende Rolle (vgl. 2.2.1).

Das Gestalten als Schwerpunkt der Entwurfsphase muss bestimmten Prinzipien und Regeln nach 7.2 bis 7.5 folgen, die nachstehend näher erläutert werden. Wegen der grundsätzlichen Bedeutung der Fehlererkennung in einigen Arbeitsschritten wird noch auf 11 verwiesen.

7.2 Leitlinie beim Gestalten
Checklist for embodiment design

Das Gestalten ist durch einen stets wiederkehrenden Überlegungs- und Überprüfungsvorgang gekennzeichnet (vgl. 7.1).

Bei jedem Gestaltungsvorgang wird zunächst durch Auslegen (Festlegen von Abmessungen) unter Werkstoffwahl versucht, die Funktion mit dem gewählten Wirkprinzip zu erfüllen. Dies geschieht häufig mit Hilfe einer vorläufigen Auslegung, die die ersten maßstäblichen Darstellungen und eine grobe Beurteilung der räumlichen Verträglichkeit gestattet. Im weiteren Verlauf spielen dann Gesichtspunkte der Sicherheit, der Mensch-Maschine-Beziehung (Ergonomie), der Fertigung, der Montage, des Gebrauchs, der Instandhaltung, des Recyclings und des Aufwands (Kosten und Termine) eine bestimmende Rolle. Dabei stellt man eine Vielzahl gegenseitiger Beeinflussungen fest, so dass der Überlegungsvorgang und der Arbeitsablauf sowohl vorwärtsschreitend als auch im Sinne einer Überprüfung und Korrektur rückwärtsschreitend in einer Schleifenbildung verläuft. Hierbei sollte der Arbeitsprozess so ablaufen, dass trotz der geschilderten Komplexität und der gegenseitigen Durchdringung gewichtige Probleme möglichst früh erkannt und zuerst gelöst werden. Trotz gegenseitiger Abhängigkeit einzelner Gesichtspunkte können von der generellen Zielsetzung und den allgemeinen Bedingungen (vgl. 2.1.7) wichtige Merkmale zu einer Leitlinie abgeleitet werden, die eine zweckmäßige Reihenfolge beim Vorgehen des Gestaltens wie auch hinsichtlich der Überprüfung darstellt. Die angeführte Leitlinie mit ihren Merkmalen ist dabei

Hauptmerkmal	Beispiele
Funktion	Wird die vorgesehene Funktion erfüllt ? Welche Nebenfunktionen sind erforderlich ?
Wirkprinzip	Bringen die gewählten Wirkprinzipien den gewünschten Effekt, Wirkungsgrad und Nutzen ? Welche Störungen sind aus dem Prinzip zu erwarten ?
Auslegung	Garantieren die gewählten Formen und Abmessungen mit dem vorgesehenen Werkstoff bei der festgelegten Gebrauchszeit und unter der auftretenden Belastung ausreichende Haltbarkeit, zulässige Formänderung, genügende Stabilität, genügende Resonanzfreiheit, störungsfreie Ausdehnung, annehmbares Korrosions- und Verschleißverhalten ?
Sicherheit	Sind die Betriebs-, Arbeits- und Umweltsicherheit beeinflussenden Faktoren berücksichtigt ?
Ergonomie	Sind die Mensch-Maschine-Beziehungen beachtet ? Sind Belastungen, Beanspruchungen und Ermüdung berücksichtigt ? Wurde auf gute Formgebung (Design) geachtet ?
Fertigung	Sind Fertigungsgesichtspunkte in technologischer und wirtschaftlicher Hinsicht berücksichtigt ?
Kontrolle	Sind die notwendigen Kontrollen während und nach der Fertigung oder zu einem sonst erforderlichen Zeitpunkt möglich und als solche veranlasst ?
Montage	Können alle inner- und außerbetrieblichen Montagevorgänge einfach und eindeutig vorgenommen werden ?
Transport	Sind inner- und außerbetriebliche Transportbedingungen und -risiken überprüft und berücksichtigt ?
Gebrauch	Sind alle beim Gebrauch oder Betrieb auftretenden Erscheinungen, wie z.B. Geräusch, Erschütterung, Handhabung in ausreichendem Maße beachtet ?
Instandhaltung	Sind die für eine Wartung, Inspektion und Instandsetzung erforderlichen Maßnahmen in sicherer Weise durchführ- und kontrollierbar ?
Recycling	Ist Wiederverwendung oder -verwertung ermöglicht worden ?
Kosten	Sind vorgegebene Kostengrenzen einzuhalten ? Entstehen zusätzliche Betriebs- oder Nebenkosten ?
Termin	Sind die Termine einhaltbar ? Gibt es Gestaltungsmöglichkeiten, die die Terminsituation verbessern können ?

Abb. 7.3. Leitlinie mit Hauptmerkmalen beim Gestalten

als Anregung im Sinne eines Denkanstoßes wie aber auch als Hilfe, nichts Wesentliches zu vergessen, gedacht: Abb. 7.3.

Die ständige Beachtung dieser Hauptmerkmale hilft dem Entwickler und Konstrukteur, die Gestaltung und ihre Überprüfung in vollständiger und arbeitssparender Weise vorzunehmen. Der jeweils vorhergehende Gesichtspunkt sollte in der Regel erst beachtet sein, bevor der folgende intensiver bearbeitet oder überprüft wird, auch wenn die Probleme und Fragen einander in komplexer Weise durchdringen.

Die Reihenfolge hat bei einem vorliegenden Gestaltungsproblem nichts mit der Bedeutung der Merkmale zu tun, sondern dient lediglich zweckmäßigem Vorgehen, weil es z. B. nicht sinnvoll ist, eine Frage der Montage oder des Gebrauchs näher zu bearbeiten, wenn nicht klar ist, ob die notwendige Wirkungshöhe oder die geforderte Mindesthaltbarkeit sichergestellt ist. Die vorgeschlagene Leitlinie ist einer folgerichtigen Gedankenkette hinsichtlich des Gestaltungsvorgangs und der Produktentstehung angepasst und so auch gut merkbar in der Absicht, diese allmählich bereits im Unterbewussten zu verwenden.

7.3 Grundregeln zur Gestaltung
Basic rules of embodiment design

Die folgenden Grundregeln stellen zwingende Anweisungen zur Gestaltung dar. Ihre Nichtbeachtung führt zu mehr oder weniger großen Nachteilen, Fehlern, Schäden oder gar Unglücken. Sie sind unverzichtbare Richtschnur in fast allen Arbeits- und Entscheidungsschritten nach 7.1. In Kombination mit der in 7.2 gegebenen Leitlinie und mit Fehlererkennungsmethoden (vgl. 11) bestimmen sie maßgebend auch die Auswahl- und Bewertungsschritte.

Die *Grundregeln* sind „eindeutig", „einfach" und „sicher". Sie leiten sich von den generellen Zielsetzungen (vgl. 2.1.7)

– Erfüllung der technischen Funktion,
– wirtschaftliche Realisierung und
– Sicherheit für Mensch und Umgebung

ab und gelten stets.

Im Schrifttum finden sich zahlreiche Gestaltungsregeln und -hinweise [168, 180, 198, 205]. Untersucht man sie auf Allgemeingültigkeit und Bedeutung, so kann festgestellt werden, dass Forderungen nach Eindeutigkeit, Einfachheit und Sicherheit grundlegend sind. Sie sind wichtige Voraussetzungen für den Erfolg einer Lösung.

Die Beachtung der *Eindeutigkeit* hilft Wirkung und Verhalten zuverlässig vorauszusagen und erspart in vielen Fällen Zeit und aufwendige Untersuchungen.

Einfachheit stellt normalerweise eine wirtschaftliche Lösung sicher. Eine geringere Zahl der Teile und einfache Gestaltungsformen lassen sich schneller und besser fertigen.

Die Forderung nach *Sicherheit* zwingt zur konsequenten Behandlung der Fragen nach Haltbarkeit, Zuverlässigkeit und Unfallfreiheit sowie zum Umweltschutz.

Die Einhaltung der Grundregeln „eindeutig", „einfach" und „sicher" lässt ein hohes Maß guter Realisierungschancen erwarten, weil mit ihnen Funktionserfüllung, Wirtschaftlichkeit und Sicherheit bewusst angesprochen und miteinander verknüpft sind. Ohne diese Verknüpfung ist eine befriedigende Lösung nicht erreichbar.

7.3.1 Eindeutig
Clear

Die Grundregel „eindeutig" wird im Folgenden im Bezug auf in 7.2 dargestellter Leitlinie angewandt.

Funktion

Innerhalb einer Funktionsstruktur muss eine

– klare Zuordnung der Teilfunktionen mit zugehörigen Eingangs- und Ausgangsgrößen sichergestellt werden.

Wirkprinzip

Das gewählte Wirkprinzip muss

– hinsichtlich der physikalischen Effekte beschreibbare Zusammenhänge zwischen Ursache und Wirkung aufweisen,

damit richtig und wirtschaftlich ausgelegt werden kann. Die aus einzelnen Wirkprinzipien aufgebaute Wirkstruktur muss

– eine geordnete Führung des Energie- bzw. Kraftflusses, des Stoff- und Signalflusses sicherstellen,

da es anderenfalls zu ungewollten und unübersehbaren Zwangszuständen mit erhöhten Kräften, Verformungen und möglicherweise raschem Verschleiß kommt. Unter Beachtung der mit der Belastung zwangsweise verbundenen Verformungen sowie den Ausdehnungen unter Temperatur müssen

– definierte Dehnungsrichtungen und -möglichkeiten konstruktiv vorgesehen werden.

Bekannt sind die sich eindeutig verhaltenden Fest- und Loslageranordnungen nach Abb. 7.4a. Sogenannte Stützlageranordnungen (vgl. Abb. 7.4b) dürfen dagegen nur vorgesehen werden, wenn die zu erwartenden Längenänderungen vernachlässigbar klein sind oder ein entsprechendes Spiel in der Lagerung zulässig ist. Mittels elastischer Verspannung, wobei die betriebsbedingte Axialkraft F_A die Vorspannkraft F_F nicht übersteigen darf, kann dagegen eine eindeutig definierte Lasthöhe sichergestellt werden: Abb. 7.4c.

Kombinierte Lageranordnungen sind oft problematisch. Die Lagerkombination in Abb. 7.5a besteht aus einem Nadellagerteil, das die Radialkräfte, und einem Kugellagerteil, das die Axialkräfte übernehmen soll. Die gewählte Anordnung gestattet aber keine eindeutige Radialkraftübernahme, da sowohl der gemeinsame Innen- als auch der gemeinsame Außenring beide Wälzkörper abstützen und so der Kraftleitungsweg nicht klar definierbar ist. Unsicherheiten in der Auslegung oder Lebensdauer sind die Folge. Die Anordnung

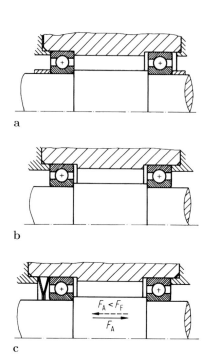

Abb. 7.4. Grundsätzliche Lageranordnungen. **a** Fest- und Loslageranordnung, linkes Festlager nimmt allein alle Axialkräfte auf, rechtes Loslager gestattet ungehinderte Axialbewegung infolge Wärmedehnung, Berechnungsmöglichkeit eindeutig; **b** Stützlageranordnung, keine klare Zuordnung, da Axialbelastung der Lager von der Anstellung (Vorspannung) abhängig ist und Kräfte infolge Wärmedehnung nicht eindeutig beschreibbar sind: Abwandlung ist die „schwimmende Anordnung", bei der die Lager z.B. am Gehäuse mit Axialluft eingesetzt werden; Wärmedehnung ist dann begrenzt möglich, es besteht aber keine eindeutige Wellenlage; **c** elastisch verspannte Lager, Nachteile der Stützlageranordnung werden weitgehend aufgehoben, die dauernd aufgebrachte axiale Vorspannkraft wirkt u.U. lebensdauermindernd; Kräfte aus Wärmedehnung sind über Kraft-Federweg-Diagramm eindeutig beschreibbar: Wellenlage eindeutig, solange Axialkraft F_A nur nach rechts wirkt oder die Vorspannkraft F_F nicht übersteigt

in Abb. 7.5b folgt dagegen mit ähnlichen Elementen der Regel „eindeutig", wenn der Konstrukteur beim Einbau dafür sorgt, dass der rechte Lagerring dem Stützkörper gegenüber stets ausreichendes Radialspiel erhält und so das Kugellager ausschließlich nur Axialkräfte übernimmt.

Probleme mit Doppelpassungen: Gegen die Grundregel „eindeutig" verstoßen sogenannte Doppelpassungen. Unter einer Doppelpassung wird eine gleichzeitige Abstützung oder Führung an zwei Stellen verstanden, die jeweils entweder in verschiedenen Ebenen oder auf verschiedenen Zylindermantelflächen liegen. Solche Abstützungen oder Führungen befinden sich dann nicht auf der gleichen Bearbeitungsebene und weisen toleranzbedingt Maßunterschiede auf, die dazu führen, dass der Kraftleitungsweg nicht eindeutig beschrieben werden kann oder die Montage durch Undeutlichkeiten erschwert wird. Auch wenn durch eine neuzeitliche Fertigungstechnik Toleranzprobleme entschärft werden, verbleiben Uneindeutigkeiten hinsichtlich der Funktionserfüllung und bei der Montage.

Die Erscheinungsformen von Doppelpassungen sind sehr vielfältig. Abbildung 7.6 zeigt unterschiedliche Fälle solcher Doppelpassungen und zugehörige Lösungen, um Doppelpassungen zu vermeiden.

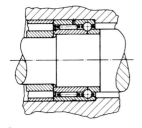

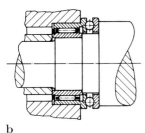

Abb. 7.5. Kombiniertes Wälzlager. **a** Übernahme der Radialkräfte nicht eindeutig; **b** kombiniertes Wälzlager mit ähnlichen Elementen wie bei a), aber eindeutige Kraftleitung der Radial- und Axialkräfte

a

b

Auslegung

Zur Auslegung und Werkstoffwahl ist die Kenntnis eines

– eindeutig definierten Lastzustands nach Größe, Art und Häufigkeit oder Zeit unumgänglich.

Fehlen solche Angaben, muss unter zweckmäßigen Annahmen ausgelegt und danach eine erwartete Lebensdauer oder Betriebszeit gegebenenfalls nach Betriebsfestigkeitsprüfungen angegeben werden.

Aber auch die Gestaltung sollte so gewählt werden, dass

– stets zu allen Betriebszuständen sich ein beschreibbarer Beanspruchungszustand ergibt, der in entsprechender Weise berechnet werden kann.

Zustände, die die Funktion beeinträchtigen sowie die Haltbarkeit des Bauteils in Frage stellen können, dürfen nicht zugelassen werden.

In ähnlicher Weise muss der unter 7.2 genannten Leitlinie folgend eindeutiges Verhalten hinsichtlich Stabilität, Resonanzlagen, Verschleiß und Korrosionsverhalten überprüft werden.

Sehr oft findet man *Doppelanordnungen*, die „zur Sicherheit" vorgenommen werden, aber nicht eindeutig sind. So wird eine Welle-Nabe-Verbindung, die man als Querpressverband konzipiert hat, mit einer zusätzlichen Passfederverbindung nicht tragfähiger: Abb. 7.7. Das zusätzliche formschlüssige Element sorgt nur für eine Positionstreue in Umfangsrichtung, vermindert aber infolge Querschnittsschwächung bei A und einer jetzt merklich hohen Kerbwirkung bei B die Haltbarkeit in drastischer Weise. Zudem wird eine Haltbarkeitsberechnung wegen des komplizierten Beanspruchungszustands bei C

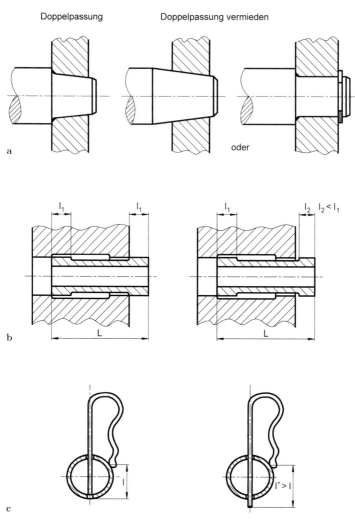

Abb. 7.6. Vermeiden von Doppelpassungen: **a** Welle-Nabe-Verbindung mit Kegelsitz und aufgepresster (aufgeschrumpfter) Nabe. Die gleichzeitige axiale Anlage am Wellenbund ruft gegenüber dem Kegelsitz eine Doppelpassung hervor. Die aufgebrachte radiale Presskraft ist damit ungewiss. Richtige Lösung: alleiniger Kegelsitz oder zylindrischer Sitz mit Wellenbund nach DIN. **b** Abgestützte Gleitführung mittels Führungsbuchse in einem Gehäuse mit maßlich identischen Absätzen. Das gleichzeitige Anliegen an den Kanten erschwert den Montagevorgang. Richtige Lösung: erst linken Absatz einführen, dann den rechten folgen lassen. **c** Federnder Splint mit einer Splintlänge, bei der das untere Ende des Splints an die Rohrwand stößt und gleichzeitig der Federdruckpunkt zur Wirkung kommt. Benutzer weiß nicht, ob Splint von der Rohrwand blockiert wird oder ob schon der Federdruck überwunden werden muss. Richtige Lösung: Splintlänge so groß, dass Splint erst einwandfrei ins untere Splintloch geführt wird und dann die Federkraft zur Wirkung kommt

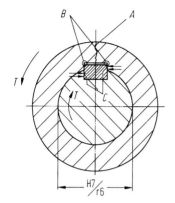

Abb. 7.7. Kombinierte, nicht eindeutige Welle-Nabe-Verbindung mittels Querpressverband und Passfeder

in der Nähe der Krafteinleitung nicht sicher voraussagbar. Schmid [242] wies darauf hin, dass z. B. bei einem Kegelpressverband mit axialer Vorspannung zur Torsionsübertragung eine schraubenförmige Aufschubbewegung der Nabe auf der Welle für einen tragfähigen Schrumpfsitz notwendig ist und mit einer formschlüssigen Passfeder zum Nachteil der Verbindung unterbunden würde. Die volle Ausschöpfung des Querpressverbandes zu einer höheren Tragfähigkeit ist nur unter Weglassen der Passfeder möglich. Die Lösung nach Abb. 7.7 ist allein akzeptabel, wenn die Positionstreue der Nabe gegenüber der Welle der Wesenskern der Aufgabe ist, dann wäre aber ein normaler Wellensitz angebrachter.

Abbildung 7.8 zeigt einen Gehäuseeinsatz zu einer Kreiselpumpe, der zum Anpassen an den jeweilig notwendigen Schaufelkanal verwendet wird, um nicht jedes Mal ein neues Gehäuse konstruieren oder abgießen zu müssen. Würde man keine eindeutigen Druckverhältnisse in dem Raum zwischen Einsatz und Gehäuse schaffen, könnte, abgesehen vom Doppelpassungsproblem, der Einsatz nach oben wandern und die Schaufeln durch Anstreifen beschädigen, oder es müssten entsprechend ausgelegte Befestigungsmittel vorgesehen werden. Dies gilt besonders, wenn gleiche Passungen an den Zentrierrändern bei annähernd gleichen Durchmessern gewählt würden, denn je nach Fertigungstoleranzen und Betriebstemperaturzustand können Spalte entstehen, die in ihrer Größe zueinander nicht sicher voraussagbar sind und so unbekannte Zwischendrücke im Raum zwischen Einsatz und Gehäuse entstehen lassen. Die im Bildausschnitt dargestellte Lösung sorgt mit konstruktiv vorgesehenen Verbindungsquerschnitten A, die in diesem Fall etwa 4 bis 5 mal größer sein müssen als der extreme Spaltquerschnitt, der am oberen Zentrierrand jeweils auftreten könnte, für einen stets eindeutigen Druck, der dem niedrigeren Eintrittsdruck der Pumpe entspricht. So wird der Gehäuseeinsatz im Betrieb stets nach unten gepresst, die Befestigungsmittel brauchen nur als Positionierungshilfen im Montagezustand und gegen mögliche Umlauftendenzen des Einsatzes ausgelegt zu werden.

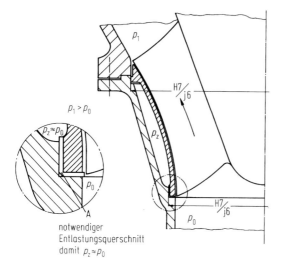

Abb. 7.8. Gehäuseeinsatz in einer Kühlwasserpumpe

Bekannt geworden sind schwere Schäden an Schieberkonstruktionen, die ebenfalls einen stets eindeutigen Betriebs- bzw. Beanspruchungszustand vermissen ließen [130, 131]. Schieber trennen im geschlossenen Zustand zwei Rohrleitungsstränge voneinander, schließen dabei aber auch zugleich den Innenraum des Schiebergehäuses gegenüber diesen Rohrleitungssträngen ab. Damit ergibt sich ein kleiner, für sich abgeschlossener Druckbehälter (Abb. 7.9). Hat sich im unteren Teil des Schiebergehäuses Kondensat angesammelt und wird die Leitung bei geschlossenem Schieber wieder angefahren, d. h. erwärmt, kann eine Verdampfung des eingeschlossenen Kondensats eintreten, die von nicht vorhersagbaren Drucksteigerungen im Schiebergehäuse begleitet ist. Die Folge ist entweder ein Reißen des Schiebergehäuses oder eine schwere Beschädigung der Gehäusedeckelverbindung. Ist letztere als selbstdichtender Verschluss ausgebildet, kann es zu schweren Unfällen kommen, da im Gegensatz zu überlasteten Schraubenflanschverbindungen kein Undichtwerden und somit keine Warnung stattfindet. Die Gefährlichkeit liegt in einem nicht eindeutigen Betriebs- und Belastungszustand. Abhilfe ist je nach Bauweise und Anordnung wie folgt denkbar:

– Verbindung des Innenraums des Schiebergehäuses mit einem geeigneten Rohrleitungsstrang, soweit dies betrieblich zulässig ist ($p_\text{Schieber} = p_\text{Rohr}$),
– Überdrucksicherung des Schiebergehäuses (p_Schieber begrenzt),
– Entwässerung des Schiebergehäuses (Kondensatansammlung beim Anfahren vermeiden ($p_\text{Schieber} \approx p_\text{außen}$),
– Schieberbauformen mit sehr kleinem Volumen im unteren Gehäuseteil (Kondensatansammlung gering).

Auf ähnliche Erscheinungen an Schweißmembrandichtungen wurde bereits in [206] hingewiesen.

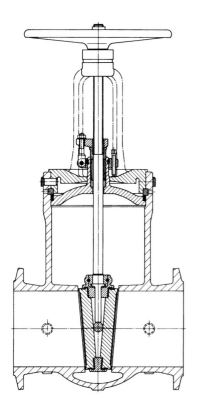

Abb. 7.9. Schieber mit relativ großem, unteren Sammelraum

Sicherheit

Siehe Grundregel „sicher" in 7.3.3.

Ergonomie

Bei der Mensch-Maschine-Beziehung sollen

– Reihenfolge und Ausführung von Bedienung mittels entsprechender Anordnung und Schaltungsart in folgerichtiger Weise erzwungen werden.

Fertigung und Kontrolle

Diese sollen anhand eindeutiger und vollständiger Angaben im rechnerinternen Produktmodell sowie in Zeichnungen, Stücklisten und Anweisungen erleichtert werden.

Der Konstrukteur darf sich nicht scheuen, die Erfüllung der festgelegten Ausführungsmerkmale gegebenenfalls in Form besonderer organisatorischer Maßnahmen, z. B. Protokollen usw., von der Fertigung zu fordern.

Montage und Transport

Ähnliches gilt für Montage- und Transportvorgänge. Eine zwangsläufige und Irrtümer ausschließende Montagefolge sollte aufgrund der konstruktiven Gestaltung gegeben sein (vgl. 7.5.8).

Gebrauch und Instandhaltung

Hierfür sollten eindeutiger Aufbau und entsprechende Gestaltung dafür sorgen, dass

– Betriebsergebnisse übersichtlich anfallen und kontrollierbar sind,
– Inspektionen und Wartungen mit möglichst wenig unterschiedlichen Hilfsstoffen und Werkzeugen ausführbar sind,
– Inspektions- und Wartungsmaßnahmen hinsichtlich Zeitpunkt und Umfang klar definiert sind,
– Inspektionen und Wartungen nach ihrer Durchführung eindeutig kontrolliert werden können (vgl. 7.5.10).

Recycling

Hierfür sollten vorgesehen werden (vgl. 7.5.11):

– Eindeutige Trennstellen zwischen verwertungsunverträglichen Werkstoffen sowie
– eindeutige Montage- und Demontagefolgen.

7.3.2 Einfach
Simple

Unter dem Stichwort „einfach" findet man in Lexika die Begriffe: „nicht zusammengesetzt", wie aber auch „übersichtlich", „leicht verständlich", „schlicht" und „ohne Aufwand". Für die technische Anwendung sind hier wichtig: nicht zusammengesetzt, übersichtlich, geringer Aufwand.

Eine Lösung erscheint uns einfacher, wenn sie mit wenigen Komponenten oder Teilen verwirklicht werden kann, weil die Wahrscheinlichkeit, z. B. geringere Bearbeitungskosten, weniger Verschleißstellen und kleineren Wartungsaufwand zu erzielen, dann größer ist. Dies trifft aber nur zu, wenn bei wenigen Komponenten oder Teilen ihre Anordnung und ihre geometrische Form einfach bleiben können. Möglichst wenige Teile mit einfacher Gestaltung sind daher grundsätzlich anzustreben [168, 198, 206].

In der Regel muss aber ein Kompromiss geschlossen werden. Die Erfüllung der Funktion erfordert stets ein Mindestmaß von Komponenten oder Teilen. Eine wirtschaftliche Fertigung sieht sich oft der Notwendigkeit gegenüber, zwischen mehreren Teilen mit einfacher Form, aber mit größerem

Bearbeitungsaufwand und z. B. einem komplizierten Gussteil mit geringerem Bearbeitungsaufwand einschließlich des dann oft größeren Terminrisikos entscheiden zu müssen. Die Beurteilung der Einfachheit muss also immer in einer *ganzheitlichen Betrachtung* vorgenommen werden. Was im Einzelfall als einfacher angesehen werden kann, hängt von der Aufgabenstellung und ihren Bedingungen ab.

Anhand der Leitlinie sollen wieder die Zusammenhänge umfassend betrachtet werden:

Funktion

Grundsätzlich wird man schon bei der Diskussion der Funktionsstruktur nur

– eine möglichst geringe Anzahl sowie
– eine übersichtliche und folgerichtige Verknüpfung

von Teilfunktionen weiterverfolgen.

Wirkprinzip

Auch bei der Auswahl des Wirkprinzips wird man nur solche mit

– einer geringen Anzahl von Vorgängen und Komponenten
– mit durchschaubaren Gesetzmäßigkeiten und
– mit wenig Aufwand

berücksichtigen.

Beim Entwickeln der in 6.6.1 behandelten Eingriff-Mischbatterie sind mehrere Lösungsprinzipien vorgeschlagen worden. Die eine Gruppe (Abb. 6.36) kommt mit zwei voneinander unabhängigen Einstellbewegungen tangential zur Sitzfläche an einem Element aus (Bewegungsarten: Translation und Rotation). Die andere Gruppe (mehrere Varianten der Abb. 6.33) mit zwar nur einer Bewegung, normal oder tangential zur Sitzfläche für die Mengen- und Temperatureinstellung, benötigt aber einen zusätzlichen Kopplungsmechanismus, der die eingeleiteten Einstellbewegungen in die eine Bewegung am Drosselsitz umsetzt. Abgesehen davon, dass in vielen Fällen der letzten Gruppe die gewählte Temperatureinstellung beim Schließen der Armatur aufgehoben wird, benötigen diese Lösungen nach Abb. 6.33 einen größeren konstruktiven Aufwand als die erste Gruppe. Infolgedessen wird man zunächst stets Lösungen der Gruppe nach Abb. 6.36 verfolgen.

Auslegung

Beim Vorgang der Auslegung weist die Regel „einfach" daraufhin,

– geometrische Formen zugrunde zu legen, die direkt für die mathematischen Ansätze in der Festigkeits- und Elastizitätslehre tauglich sind,

— mit der Wahl symmetrischer Formen übersichtlichere Verformungen bei der Fertigung, unter Last und unter Temperatur zu erzwingen.

Bei vielen Objekten kann der Konstrukteur also sehr entscheidend Rechenarbeit und experimentellen Aufwand mindern, wenn er sich bemüht, mit einfacher Gestaltung die Vorbedingungen für einen leicht gangbaren Rechenansatz zu ermöglichen.

Sicherheit

Siehe Grundregel „sicher" in 7.3.3.

Ergonomie

Die Mensch-Maschine-Beziehung soll ebenfalls einfach sein und kann mit

— sinnfälligen Bedienvorgängen,
— übersichtlichen Anordnungen und
— leicht verständlichen Signalen

entscheidend verbessert werden (vgl. 7.5.6).

Fertigung und Kontrolle

Fertigung und Kontrolle können einfacher, d. h. rascher und genauer vorgenommen werden, wenn

— geometrische Formen gängige, wenig zeitraubende Bearbeitungen ermöglichen,
— wenige Fertigungsverfahren mit geringen Umspann-, Rüst- und Wartezeiten möglich sind,
— übersichtliche Formen die Kontrolle erleichtern und beschleunigen.

Leyer hat unter Hinweis auf Wandlungen im Produktionsprozess [166] am Beispiel eines etwa 100 mm langen Steuerschiebers dargelegt, wie mit dem Übergang von einem komplizierten Gussteil auf ein Lötteil aus geometrisch einfachen Drehteilen im genannten Fall Schwierigkeiten umgangen und eine wirtschaftlichere Fertigung erzielt werden konnte. Wenn auch mit der heutigen Gießtechnik die Kompliziertheit beherrscht werden kann, so sind weitere auf Abb. 7.10 dargestellte Vereinfachungen denkbar und sollten in Erwägung gezogen werden: Der Schritt 3 vereinfacht die geometrische Form des zylinderförmigen zentralen Teils, der Schritt 4 (weniger Teile) wäre dann möglich, wenn die senkrecht zur Schieberachse stehenden Flächen keine Flächen mit gleicher Kraftwirkung sein müssen.

Ein weiterer Fall ergibt sich bei der bereits zitierten Eingriff-Mischbatterie. Der in Abb. 7.11 dargestellte Entwurf einer Hebelanordnung befriedigte aus Gründen des Fertigungsaufwands, der Formgestaltung und Sauberhaltung

7.3 Grundregeln zur Gestaltung 325

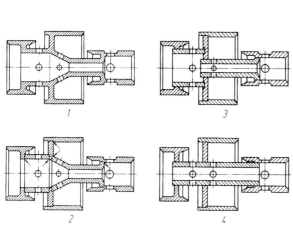

Abb. 7.10. Vereinfachung eines 100 mm langen Steuerschiebers nach [166] ergänzt durch die Schritte *3* und *4*. *1* Fertigung durch Gießen schwierig und teuer; *2* Verbesserung durch Auflösen in einfache Teile, die hart verlötet werden; *3* Vereinfachung des zentralen rohrförmigen Teils; *4* weitere Vereinfachungsmöglichkeit, wenn keine entsprechenden axialen Wirkflächen erforderlich sind

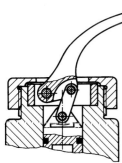

Abb. 7.11. Vorschlag für eine Hebelanordnung für eine Eingriff-Mischbatterie mit translatorischer und rotatorischer Einstellbewegung

(Schlitze, offene Kanäle) nicht. Für größere Stückzahlen kann eine einfachere Lösung entwickelt werden: Abb. 7.12. Die anders ausgebildete Hebelform mit einem in Umfangs- und Radialrichtung „gleitenden" Gelenk spart Teile und erhält Verschleißstellen, die einfach nachstellbar sind. Man erhält eine insgesamt wirtschaftlichere sowie auch für den Gebrauch (Sauberhaltung) und in der Formgebung ansprechendere Lösung.

Montage und Transport

Die Montage wird ebenfalls vereinfacht, d. h. erleichtert, beschleunigt und zuverlässiger ausgeführt, wenn

– die zu montierenden Teile leicht erkennbar sind,
– eine schnell durchschaubare Montage möglich ist,
– jeder Einstellvorgang nur einmal nötig ist,
– eine Wiedermontage bereits montierter Teile vermieden wird (vgl. 7.5.9).

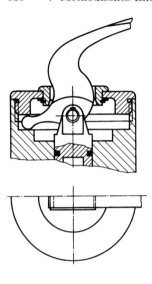

Abb. 7.12. Einfachere und zugleich formgestalterisch verbesserte Lösung des Vorschlags nach Abb. 7.11 (ähnlich Bauart Schulte)

Bei der Montage und Einstellung einer Ausgleichskolbenbüchse einer kleineren Dampfturbine stellt sich das Problem, sie sowohl vertikal als auch horizontal bei eingelegter Turbinenwelle auf ein allseits gleichmäßiges Spiel an den Dichtungsstreifen des abdichtenden Labyrinths einzustellen, ohne dass die Welle zur Korrektur mehrmals herausgenommen werden muss. Die in Abb. 7.13 gezeigte Ausführungsform gestattet diesen Vorgang von der Teilfuge aus, indem gleichsinniges Drehen der Einstellschrauben (A) die Vertikalbewegung allein, gegensinniges Drehen eine der Horizontalbewegung sehr nahe kommende Schwenkbewegung um den Drehpunkt (B) bewirkt. Der Drehpunkt seinerseits muss aber die Vertikalbewegung beim Einstellen wie auch die radiale Wärmedehnung im Betrieb ungehindert gestatten. Erreicht wird dies mit wenigen Steckelementen einfacher Form und Bearbeitung. Ei-

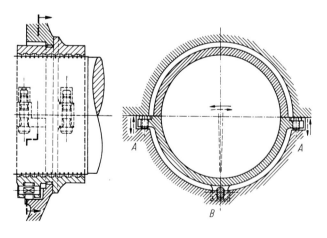

Abb. 7.13. Einstellbare Ausgleichskolbenbüchse einer Industrie-Dampfturbine. Gleichsinniges Drehen bei A ergibt Vertikalbewegung, gegensinniges Drehen bei A ergibt nahezu horizontale Schwenkbewegung um B

ne geschickte Anordnung der Flächen vermeidet darüber hinaus zusätzliche sichernde Elemente für den Drehpunktbolzen, der allein nach der Montage durch Formschluss festgelegt ist und keine ungewollte Wanderbewegung mehr ausführen kann.

Gebrauch und Instandhaltung

Hinsichtlich Gebrauch und Instandhaltung bedeutet die Regel „einfach":
- Der Gebrauch soll ohne besondere, komplizierte Einweisung möglich sein.
- Übersichtlichkeit der Vorgänge und leichte Erkennbarkeit von Abweichungen oder von Störungen sind erwünscht.
- Wartungsvorgänge unterbleiben, wenn sie umständlich, unbequem und zeitraubend vorgenommen werden müssen.

Recycling

Ein „einfaches" Recycling wird durch
- Verwendung verwertungsverträglicher Werkstoffe,
- durch einfache Montage- und Demontagevorgänge und
- durch Einfachheit der Teile selbst erreicht (vgl. 7.5.11).

7.3.3 Sicher
Safe

1. Begriffe, Art und Bereiche der Sicherheitstechnik

Die Grundregel „sicher" betrifft sowohl die zuverlässige Erfüllung einer technischen Funktion als auch die Gefahrenminderung für den Menschen und für die Umgebung. Der Konstrukteur bedient sich dabei einer Sicherheitstechnik, die nach DIN 31000 [57] als eine Drei-Stufen-Methode aufgefasst werden kann:

Unmittelbare – Mittelbare – Hinweisende – Sicherheitstechnik.

Grundsätzlich wird angestrebt, die Forderung nach Sicherheit durch die *unmittelbare* Sicherheitstechnik zu befriedigen, d. h. die Lösung so zu wählen, dass von vornherein und aus sich heraus eine Gefährdung überhaupt nicht besteht. Erst dann, wenn eine solche Möglichkeit nicht wahrgenommen werden kann, wird die *mittelbare* Sicherheitstechnik, d. h. der Aufbau von Schutzsystemen (vgl. 7.3.3-3) und die Anordnung von Schutzeinrichtungen [58–60] ins Auge gefasst. Eine *hinweisende* Sicherheitstechnik, die nur noch vor Gefahren warnen kann und durch Hinweise den Gefährdungsbereich kenntlich macht, soll vom Konstrukteur nicht als Mittel zur Lösung eines Sicherheitsproblems angesehen werden. Er muss unmittelbare Sicherheitstechnik anstreben und sich bei deren Nichterfüllung der mittelbaren Sicherheitstechnik bedienen.

Diese wird durch eine hinweisende Sicherheitstechnik unterstützt, um z. B. auf Besonderheiten, Behinderungen oder Belästigungen aufmerksam zu machen. Hinweisende Sicherheitstechnik allein darf nicht als bequemer sicherheitstechnischer Ausweg missbraucht werden.

Bei der Lösung einer technischen Aufgabe sieht sich der Ingenieur oft mehreren einschränkenden Bedingungen gegenüber, die es nicht gestatten, alle davon vollkommen zu erfüllen, bzw. bei der Konstruktion zu beachten.

Sein Streben ist daher auf das Optimum aus allen bestehenden Forderungen und Wünschen gerichtet. Die Schwere einer unerlässlichen Sicherheitsbedingung kann unter Umständen die Realisation des Ganzen in Frage stellen. Eine hohe Sicherheitsforderung kann eine große Kompliziertheit bewirken, die dann z. B. wegen mangelnder Eindeutigkeit sogar zum Absinken der Sicherheit führt. Weiterhin kann eine Sicherheitsforderung auch im Gegensatz zu wirtschaftlichen Bedingungen stehen, d. h. die gegebenen wirtschaftlichen Möglichkeiten lassen eine Realisierung wegen einer bestimmten Sicherheitsforderung nicht zu.

Letzteres dürfte aber eine Ausnahme sein, denn in zunehmendem Maße gehen die Forderungen nach Sicherheit und Wirtschaftlichkeit langfristig gesehen Hand in Hand. Dies trifft für die immer hochwertiger und komplexer werdenden Anlagen und Maschinen besonders zu. Nur der ungestörte, unfallfreie und zuverlässige Betrieb einer richtig konzipierten Anlage oder Maschine stellt den wirtschaftlichen Erfolg auf Dauer sicher. Sicherheit gegen Unfall oder Schaden gehen überdies konform mit Zuverlässigkeit [75,312] zur Wahrung einer hohen Verfügbarkeit, obwohl mangelnde Zuverlässigkeit nicht immer zum Unfall oder direkten Schaden führen muss. Es ist daher zweckmäßig, Sicherheit durch unmittelbare oder mittelbare Sicherheitstechnik als homogene und integrierte Bestandteile in einem System zu verwirklichen.

Der Einsatz sicherheitstechnischer Mittel ist gerade im Maschinenwesen außerordentlich vielgestaltig, so dass es zum Verständnis und für eine systematische Betrachtung zweckmäßig ist, einige Begriffe voranzustellen und gegeneinander abzugrenzen. Die zurückgezogene Vornorm DIN 31004 von 1979 definierte seinerzeit Sicherheit als das Freisein von Gefährdung. Gefährdung war nach ihr eine nach Art, Größe und Richtung bestimmbare Gefahr. Gefahr war ein Zustand, aus dem Schaden für eine Person und/oder Sache entstehen kann. Der im November 1982 erschienene Entwurf DIN 31004 Teil 1 [61] definiert unter Grundbegriffe dagegen:

Sicherheit   ist eine Sachlage, bei der das Risiko kleiner als das Grenzrisiko ist.

Grenzrisiko   ist das größte noch vertretbare anlagenspezifische Risiko eines bestimmten technischen Vorgangs oder Zustands.

Risiko   wird durch Häufigkeit (Wahrscheinlichkeit) und durch den zu erwartenden Schadensumfang (Tragweite) beschrieben.

Während die Vornorm Schutz noch als Einschränkung einer Gefährdung zur Abwehr eines Schadens (vgl. DIN 31004 [61]) formulierte, heißt es jetzt:

Schutz ist die Verringerung des Risikos durch geeignete Vorkehrungen, die entweder die Eintrittshäufigkeit oder den Umfang des Schadens oder beides verringern.

Die DIN EN 292 [57] fasst heute die Begriffe wieder etwas allgemeiner. Aus diesem kurzen Abriss der Normenentwicklung wird deutlich, dass es eine absolute Sicherheit im Sinne völliger Gefahrenfreiheit nicht gibt. Technische Systeme – und nicht nur diese, sondern wohl alle Lebens- und Daseinslagen – enthalten stets ein gewisses Maß an Risiken. Sicherheitstechnik hat diese Risiken so zu vermindern, dass sie vertretbar bleiben. Das Maß der Vertretbarkeit, ausgedrückt im Grenzrisiko, ist allerdings nur in wenigen Fällen quantifizierbar. Es wird auch in Zukunft von technischen Erkenntnissen und von gesellschaftlichen Vorstellungen bestimmt werden. Nicht zuletzt sollte es aber auch aus den Einsichten und der Verantwortlichkeit des Ingenieurs resultieren.

Von wesentlicher Bedeutung in diesem Zusammenhang ist auch die Sicherstellung von Zuverlässigkeit.

Zuverlässigkeit ist die Fähigkeit eines technischen Systems, innerhalb vorgegebener Grenzen und während einer bestimmten Zeitdauer den durch den Verwendungszweck bedingten Anforderungen zu genügen (Definition in Anlehnung an [75, 76]).

Es wird deutlich, dass die Zuverlässigkeit von Teilen der Maschine oder der Maschine selbst sowie die von Schutzsystemen und -einrichtungen eine wichtige Voraussetzung für die Schutzwirkung ist. Ohne eine dem Stand der Technik entsprechende Qualität, die Zuverlässigkeit herstellen kann, sind Schutzmaßnahmen fragwürdig.

Als Maß für die Zuverlässigkeit im betrieblichen Geschehen gilt die Verfügbarkeit eines technischen Systems.

Verfügbarkeit ist das Verhältnis der Zeit, in der das System ordnungsgemäß zur Verfügung steht, zur Kalenderzeit oder zu einer bestimmten Sollzeit.

Die Sicherheitsbetrachtungen beziehen sich im Wesentlichen auf folgende Bereiche (vgl. Abb. 7.14):

Betriebssicherheit umfasst die Einschränkung von Gefährdungen (Verminderung des Risikos) beim Betrieb von technischen Systemen, so dass diese selbst und ihre unmittelbare Umgebung (Betriebsstätte, Nachbarsysteme o. ä.) keinen Schaden nehmen.

330 7 Methodisches Entwerfen

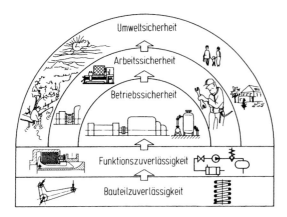

Abb. 7.14. Zusammenhänge zwischen Bauteil- und Funktionszuverlässigkeit einerseits und Betriebs-, Arbeits- und Umweltsicherheit

Arbeitssicherheit betrifft die Einschränkung von Gefährdungen des Menschen bei der Arbeit bzw. bei Benutzung oder Gebrauch technischer Systeme auch außerhalb der Arbeitswelt, z. B. beim Sport oder in der Freizeit.

Umweltsicherheit befasst sich mit der Einschränkung von Schädigungen im Umfeld technischer Systeme.

Schutzmaßnahmen durch Schutzsysteme oder Schutzeinrichtungen haben die Aufgabe, eine bestehende Gefährdung so einzuschränken, dass das Risiko auf ein vertretbares Maß reduziert wird, wenn dies nicht durch unmittelbare Sicherheitstechnik möglich ist.

Für die Betriebs-, Arbeits- oder Umweltsicherheit ist die Zuverlässigkeit von Bauteilen und deren bei der Funktionserfüllung vorgesehenes Zusammenwirken im technischen System, also die Funktionszuverlässigkeit der Maschine oder eines für Schutzzwecke konzipierten Systems, von entscheidender Bedeutung [179]. Ohne die Voraussetzung von Bauteil- oder Funktionszuverlässigkeit ist Betriebs-, Arbeits- und Umweltsicherheit nicht erreichbar. Für den Konstrukteur stehen daher alle Bereiche hinsichtlich Konzept und Gestaltung in engem Zusammenhang. Eine Sicherheitstechnik muss stets allen Auswirkungsbereichen gleichermaßen ihre Aufmerksamkeit schenken [210].

2. Prinzipien der unmittelbaren Sicherheitstechnik

Die unmittelbare Sicherheitstechnik versucht, die Sicherheit mittels der an der Aufgabe aktiv beteiligten Systeme oder Bauteile zu gewinnen. Zur Bestimmung und Beurteilung des sicheren Erfüllens der Funktion und der Haltbarkeit von Bauteilen muss man sich für ein Sicherheitsprinzip entscheiden [210]. Grundsätzlich ergeben sich drei Möglichkeiten:

1. Prinzip des „Sicheren Bestehens" (safe-life-Verhalten).
2. Prinzip des „Beschränkten Versagens" (fail-safe-Verhalten).

3. Prinzip der „Redundanten Anordnung".

Das *Prinzip des sicheren Bestehens* geht davon aus, dass alle Bauteile und ihr Zusammenhang so beschaffen sind, dass während der vorgesehenen Einsatzzeit alle wahrscheinlichen oder sogar möglichen Vorkommnisse ohne ein Versagen oder eine Störung überstanden werden können. Dies wird sichergestellt durch

– entsprechende Klärung der einwirkenden Belastungen und Umweltbedingungen, wie zu erwartende Kräfte, Zeitdauer, Art der Umgebung usw.,
– ausreichend sichere Auslegung aufgrund bewährter Hypothesen und Rechenverfahren,
– zahlreiche und gründliche Kontrollen des Fertigungs- und Montagevorgangs,
– Bauteil- oder Systemuntersuchung zur Ermittlung der Haltbarkeit unter zum Teil erhöhten Lastbedingungen (Lasthöhe und/oder Lastspielzahl) und den jeweiligen Umgebungseinflüssen,
– Festlegen des Anwendungsbereichs außerhalb des Streubereichs möglicher Versagensumstände.

Kennzeichnend ist, dass hier die Sicherheit nur in der genauen Kenntnis aller Einflüsse hinsichtlich Quantität und Qualität bzw. in der Kenntnis des versagensfreien Bereichs liegt. Dieses Prinzip zu verfolgen, erfordert entweder einschlägige Erfahrung oder, sehr oft, erheblichen Aufwand an Voruntersuchungen und eine laufende Überwachung des Werkstoff- und Bauteilzustands, also Geld und Zeit. Sollte dennoch ein Versagen eintreten und war man auf das sichere Bestehen angewiesen, handelt es sich dann in der Regel um einen schweren Unfall, z. B. Bruch eines Flugzeugtragflügels, Einsturz einer Brücke.

Das *Prinzip des beschränkten Versagens* lässt während der Einsatzzeit eine Funktionsstörung und/oder einen Bruch zu, ohne dass es dabei zu schwerwiegenden Folgen kommen darf. In diesem Fall muss

– eine wenn auch eingeschränkte Funktion oder Fähigkeit erhalten bleiben, die einen gefährlichen Zustand vermeidet,
– die eingeschränkte Funktion vom versagenden Teil oder einem anderen übernommen und solange ausgeübt werden, bis die Anlage oder Maschine gefahrlos außer Betrieb genommen werden kann,
– der Fehler oder das Versagen erkennbar werden,
– die Versagensstelle ein Beurteilen ihres für die Gesamtsicherheit maßgebenden Zustands ermöglichen.

Im Wesentlichen wird unter gleichzeitiger Einschränkung einer Hauptfunktion von einer Warnung Gebrauch gemacht, die auf viele Arten eintreten kann: Zunehmende Laufunruhe, Undichtwerden, Leistungsrückgang, Bewegungsbehinderung, jeweils ohne schon gleich eine Gefährdung zu bewirken. Auch sind besondere Warnsysteme denkbar, die dem bedienenden Menschen den Versagensbeginn melden. Sie sollten dann nach den Prinzipien von Schutzsystemen ausgelegt sein. Das Prinzip des beschränkten Versagens setzt die Kenntnis des Schadensablaufs und eine solche konstruktive Lösung voraus, die die eingeschränkte Funktion im Falle des Versagens übernimmt oder erhält.

Als Beispiel sei das Verhalten eines sphärischen Gummielements in einer elastischen Kupplung genannt: Abb. 7.15. Der erste sichtbare Anriss tritt an der Gummiaußenschicht auf, die Funktionsfähigkeit ist aber noch nicht beeinträchtigt (Zustand 1). Erst nach einer weiteren Größenordnung von Lastspielzahlen beginnt das Absinken der Federsteifigkeit und damit eine Veränderung

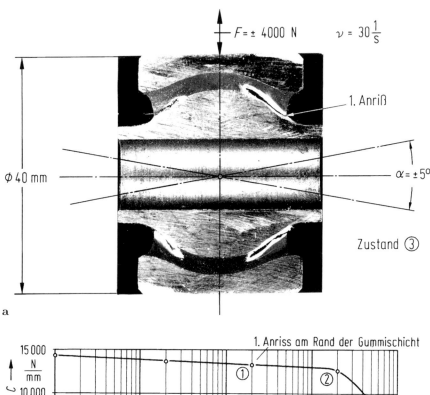

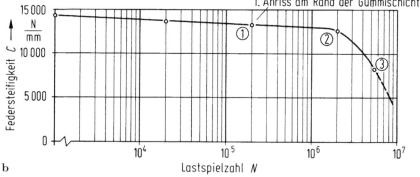

Abb. 7.15. Fail-Safe-Verhalten eines sphärischen Gummigelenks. Risszustand und Abhängigkeit der Federsteifigkeit von der Lastspielzahl

der Verhaltenseigenschaften, die z. B. am Absinken der kritischen Drehzahl bemerkt wird (Zustand 2). Bei anhaltender Belastungsdauer schreitet der Riss fort, lässt die Federsteifigkeit weiter absinken (Zustand 3) und würde auch bei vollständigem Durchriss zwar die elastischen Kupplungseigenschaften mehr oder weniger schnell abbauen, aber keine Entkupplung bewirken. Ein Überraschungseffekt mit schweren Folgen ist nicht möglich.

Bekannt ist ferner das Verhalten von Flanschschrauben aus zähem Werkstoff, die bei Überlastung durch Überschreiten der Fließ- bzw. Streckgrenze in der Vorspannung nachlassen und so zunächst die Dichtkraft abbauen. Ihre eingeschränkte Funktionsfähigkeit zeigt ein Undichtwerden der Flanschverbindung ohne explosionsartigen Sprödbruch an.

Schließlich zeigt Abb. 7.16 zwei Beispiele zur Befestigung von Einbauten. Sie sollen so gestaltet sein, dass auch beim Versagen der Befestigungsschrauben die Einbauten am Platz verbleiben, keine Teile wandern können und noch eine eingeschränkte Funktionsfähigkeit erhalten bleibt [206].

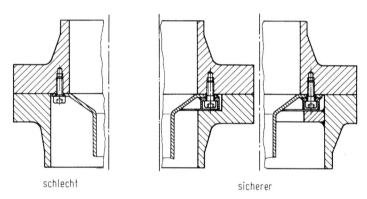

Abb. 7.16. Befestigung von Einbauten: Abdeckung der Schraubenverbindung erlaubt bei ihrem Versagen noch eine eingeschränkte Funktionsfähigkeit des Einsatzes und verhindert Wandern von Bruchstücken. Versagen wird durch Schwingungen und/oder Klappern erkennbar

Das *Prinzip der redundanten Anordnung* ist ein weiteres sowohl die Sicherheit als auch die Zuverlässigkeit von Systemen erhöhendes Mittel.

Ganz allgemein bedeutet Redundanz Überfluss oder Weitschweifigkeit. Die Informationstheorie versteht unter Redundanz den Überschuss an Informationsgehalt, der über das hinaus gegeben wurde, was zum Verständnis der jeweiligen Nachricht gerade notwendig gewesen wäre. In diesem Überschuss liegt ein Maß von Übertragungssicherheit. Bezüglich der Probleme der maschinenbaulichen Sicherheit sind Verwandtschaften erkennbar, die im Hinblick auf die gemeinsame Anwendung von Elektrotechnik, Elektronik, Nachrichtentechnik und Maschinenbau bei neuzeitlichen Anlagen auszubauen wünschenswert sind.

Eine Mehrfachanordnung bedeutet eine Erhöhung der Sicherheit, solange das möglicherweise ausfallende Systemelement von sich aus keine Gefährdung hervorruft und das entweder parallel oder in Serie angeordnete weitere Systemelement die volle oder wenigstens eingeschränkte Funktion übernehmen kann.

Die Anordnung von mehreren Triebwerken beim Flugzeug, das mehrsträngige Seil einer Hochspannungsleitung mit Stützelementen, parallele Versorgungsleitungen oder Stromerzeugungsanlagen dienen in vielen Fällen der Sicherheit, damit bei Ausfall einer sonst einzigen großen Einheit die Funktion nicht völlig unterbunden wird. Man spricht hier von *aktiver Redundanz*, weil alle Komponenten sich aktiv an der Aufgabe beteiligen. Bei einem Teilausfall entsteht eine entsprechende Energie- oder Leistungsminderung.

Sieht man in Reserve stehende Einheiten – meist von gleicher Art und Größe – vor, die bei Ausfall den aktiven Einheiten zugeschaltet werden, z. B. Ersatz-Kesselspeisepumpen, kann man von *passiver Redundanz* sprechen, deren Aktivierung einen Schaltvorgang nötig macht.

Legt man in einer Mehrfach-Anordnung fest, dass die Funktion gleich, das Wirkprinzip aber unterschiedlich sein soll, so liegt *Prinzipredundanz* vor.

Je nach Schaltungsart können sicherheitserhöhende Einheiten parallel, z. B. Ersatzölpumpen, oder aber auch in Serie, z. B. Filteranlagen, angeordnet werden. In vielen Fällen genügt nicht eine einfache Parallel- oder Serienschaltung, sondern es kommen Schaltungen mit kreuzweiser Verknüpfung in Frage, um z. B. stets einen Durchgang trotz Ausfall mehrerer Komponenten zu gewährleisten: Abb. 7.17.

Bei einer Reihe von Überwachungseinrichtungen werden Signale parallel erfasst und miteinander verglichen. Bei der sog. Zwei-aus-Drei-Schaltung wird das mehrheitliche Signal ausgewählt und weiterverarbeitet (*Auswahlredundanz*). Eine andere Art vergleicht die Signale und veranlasst bei ei-

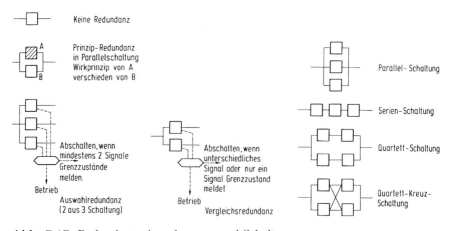

Abb. 7.17. Redundante Anordnungen und Schaltungen

ner Differenz der Signale Meldung oder Abschaltung (*Vergleichsredundanz*): Abb. 7.17.

Die redundante Anordnung vermag aber nicht das Prinzip des sicheren Bestehens oder des beschränkten Versagens zu ersetzen. Zwei parallel angelegte Seilbahnen können zwar die Zuverlässigkeit in der Personenförderung erhöhen, tragen aber nichts hinsichtlich der Sicherheit der zu fördernden Personen bei. Die redundante Anordnung von Triebwerken in einem Flugzeug hat keinen sicherheitserhöhenden Effekt, wenn das Triebwerk selbst zur Explosion neigt und dadurch das ganze System gefährdet. Sicherheitserhöhung ist nur dann gegeben, wenn die systembildenden redundanten Elemente einem der vorgenannten Prinzipien des sicheren Bestehens (safe-life-Verhalten) oder des beschränkten Versagens (fail-safe-Verhalten) genügen.

Für die Einhaltung aller vorgenannten Prinzipien, also zum Erreichen eines sicheren Verhaltens überhaupt, tragen das Prinzip der Aufgabenteilung (vgl. 7.4.2) und die beiden Grundregeln „eindeutig" und „einfach" in besonderem Maße bei, was durch ein Beispiel unterstrichen werden soll:

Sehr konsequent wird das Prinzip der Aufgabenteilung und die Regel „eindeutig" bei der Konstruktion des Rotorkopfes eines Hubschraubers verfolgt (Abb. 7.18), wodurch eine besonders sichere Bauart nach dem Prinzip des sicheren Bestehens (safe-life) entsteht. Alle vier Rotorblätter üben auf den Rotorkopf eine Zugkraft infolge Zentrifugalkraft und ein Biegemoment in folge der aerodynamischen Belastung aus. Zugleich müssen die Rotorblätter zwecks Blattverstellung drehbar gelagert sein. Hohe Sicherheit wird mit folgenden Maßnahmen erzielt:

– Total symmetrische Anordnung und dadurch gegenseitiges Aufheben der äußeren Biegemomente und der Zugkräfte aus der Zentrifugalwirkung am Rotorkopf,

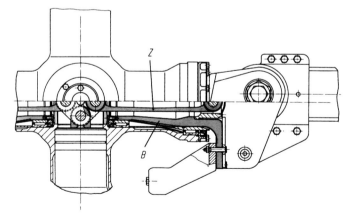

Abb. 7.18. Rotorblattbefestigung eines Hubschraubers nach dem Prinzip der Aufgabenteilung (Bauart Messerschmitt-Bölkow)

– die Zugkräfte werden allein über das torsionsweiche Glied Z vom Rotorblatt auf das mittige Herzstück geleitet, wo sie sich eliminieren,
– das Biegemoment wird allein über das Teil B auf die Rollenlager im Rotorkopf abgestützt.

Dadurch kann jedes Bauteil seiner Aufgabe entsprechend zweckmäßig und ohne störende Einflüsse optimal gestaltet werden. Komplizierte Anschlüsse und Formen werden vermieden und somit die notwendige hohe Sicherheit erreicht.

3. Prinzipien der mittelbaren Sicherheitstechnik

Zur mittelbaren Sicherheitstechnik gehören Schutzsysteme und Schutzeinrichtungen. Sie sind Einrichtungen, die eine Schutzfunktion haben, soweit die unmittelbare Sicherheitstechnik den nötigen Schutz nicht zu bieten vermag. Eine ausführliche Diskussion und Darstellung mittelbarer Sicherheitstechnik für maschinelle Einrichtungen ist in [215] zu finden. Nachfolgend werden die wichtigsten Zusammenhänge dieser Schutztechnik wiedergegeben:

Schutzsysteme lösen bei Gefährdung eine Schutzreaktion aus. Dazu haben sie in einer Funktionsstruktur mit Signalumsatz mindestens eine die Gefährdung erfassende Eingangsgröße und eine sie beseitigende Ausgangsgröße.

Ihre Wirkstruktur gründet auf einer Funktionsstruktur mit den Hauptfunktionen: Erfassen – Verarbeiten – Einwirken. Beispiele sind die mit mehrfachen Redundanzen versehene Überwachung der Temperatur in einem Kernreaktor, die Überwachung der Nichtzugänglichkeit von Roboterarbeitsplätzen, die Absperrung strahlengefährdeter Bereiche in einer Röntgenstation oder die Verriegelungen mit Einschaltsicherungen an Deckeln von Zentrifugen. Sie können sowohl beseitigend, begrenzend oder trennend wirken.

Schutzorgane sind technische Gebilde, die aufgrund ihrer Funktionsfähigkeit ohne Signalumsatz in der Lage sind, eine Schutzfunktion auszuüben.

Beispiele sind das Überdruckventil (vgl. Abb. 7.22), die Sicherheits-Rutschkupplung, der Scherstift als Drehmomenten- und Kraftbegrenzer, der Sicherheitsgurt im Auto. Sie wirken vornehmlich beseitigend oder begrenzend. Sie können daneben auch Elemente eines Schutzsystems sein.

Schutzeinrichtungen haben eine Schutzfunktion ohne Schutzreaktion. Sie sind von sich aus handlungsunfähig. Sie haben keinen Signalumsatz und benötigen daher keine diesbezügliche Funktionsstruktur mit Eingangs- und Ausgangsgrößen. Ihre Wirkung besteht in der passiven Rolle des Trennens, Fernhaltens und Schützens durch Anordnung von formgestaltetem Stoff. Die Festlegungen nach DIN 31001, Teil 1 und 2, sind für sie kennzeichnend [58,

59]. Es handelt sich um Verkleidungen, Verdeckungen und Umwehrungen. Hingegen sind Verriegelungen nach DIN 31001, Teil 5 [60] als Schutzsysteme zu betrachten.

Grundforderungen

Alle Lösungen sicherheitstechnischer Maßnahmen bei der Verwirklichung einer Schutztechnik müssen folgende Grundforderungen erfüllen:
- zuverlässig wirkend,
- zwangsläufig wirksam,
- nicht umgehbar.

Zuverlässig wirkend

Zuverlässig wirkend bedeutet, dass das Wirkprinzip und die konstruktive Gestaltung eine eindeutige Wirkungsweise ermöglichen, die Auslegung der beteiligten Komponenten nach bewährten Regeln erfolgt, Fertigung und Montage kontrolliert vorgenommen und die Schutzsysteme und Schutzeinrichtungen erprobt sind. Die Bauteile und ihr funktionelles Zusammenwirken müssen nach Prinzipien der unmittelbaren Sicherheitstechnik entweder mit safe-life-Verhalten oder fail-safe-Verhalten konzipiert sein.

Zwangsläufig wirksam

Zwangsläufig wirksam bedeutet, dass die Schutzwirkung
- bereits bei Beginn und während der Dauer des gefahrbringenden Zustands vorhanden sein muss,
- der gefahrbringende Zustand zwangsläufig beendet ist, wenn die Schutzmaßnahme aufgehoben oder die Schutzeinrichtung entfernt wird.

Ein Beispiel zur zwangsläufigen Wirkung zeigt Abb. 7.19. Ein Grenztaster schließt in einem Stromkreis nach dem Ruhestromprinzip, wenn das Schutzgitter vor einer Werkzeugmaschine geschlossen ist. Die in Abb. 7.19a gezeigte Anordnung hat schwerwiegende Mängel, weil neben der fehlenden Bistabilität des Schalters (vgl. 7.4.4) die Bewegung des Stößels lediglich kraftgesteuert ist. Bei Federbruch oder starkem Kleben der Kontakte würde der Kontakt nicht unterbrochen werden, d. h. die Werkzeugmaschine könnte bei geöffnetem Gitter in Betrieb gesetzt werden. Die Lösung nach Abb. 7.19b ist dagegen zwangsläufig wirksam. Klebende Kontakte werden durch Formschlusswirkung geöffnet. Gebrochene Teile des Grenztasters bleiben nicht auf den Kontakten liegen. In Abb. 7.19c sind unter Formschlusswirkung auch die federnde Anpressung und das bistabile Verhalten des Grenztasters in ihm selbst verwirklicht. Weitere Beispiele in [215].

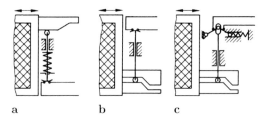

Abb. 7.19. Anordnung und prinzipielle Gestaltung eines Grenztasters an einem Schutzgitter mit zwangsläufiger Wirkung. **a** Wegen kraftschlüssiger Führung nicht zwangsläufig wirksam. **b** Durch Formschluss Zwangsläufigkeit sichergestellt. **c** Formschlüssige Führung und bistabiles Verhalten des Grenztasters sichern zwangsläufige Wirkung

Nicht umgehbar

Nicht umgehbar bedeutet, dass weder durch willkürliche oder unwillkürliche Veränderung noch durch Eingriff die beabsichtigte Schutzwirkung beeinträchtigt oder unwirksam werden darf. Angesichts der schematischen Darstellung in Abb. 7.19 des Grenztasters ist zu beachten, dass seine Gestaltung so vorzunehmen ist, dass Manipulationen zur Beeinflussung des Systemverhaltens undenkbar sind. Am besten geschieht dies durch eine integrierte, gekapselte Anordnung, die nicht ohne Werkzeug oder Stillsetzen der Maschine zu öffnen ist.

Nachfolgend werden die Forderungen an Schutzsysteme und Schutzeinrichtungen behandelt.

Schutzsysteme

Schutzsysteme haben die Aufgabe, bei Bestehen einer Gefahr selbsttätig eine Schutzreaktion einzuleiten, mit dem Ziel, eine Gefährdung von Personen und Sachen zu verhindern. Prinzipiell stehen dazu folgende Möglichkeiten zur Verfügung:

Bei Auftreten der Gefahr, Gefahrenausgang vermeiden durch

– Außerbetriebnahme (Stillsetzen) der Maschine oder Anlage,
– Inbetriebsetzen verhindern.

Bei dauerndem Vorhandensein einer Gefahr, Gefahreneinwirkung vermeiden durch

– Einleiten von schützende Maßnahmen.

Dabei werden die Grundforderungen „zuverlässig wirkend", „zwangsläufig wirksam" und „nicht umgehbar" durch folgende Forderungen unterstützt:

Meldung

Beim Eingreifen eines Schutzsystems muss eine Meldung erfolgen, aus der die Tatsache des Eingriffs und die Ursache der Auslösung hervorgeht, z. B. „Schmieröldruck zu niedrig", „Temperatur zu hoch", „Schutzgitter nicht geschlossen". Beachte dabei akustische und optische Gefahrensignale: DIN 33404 [69]. Kennfarben für Leuchtmelder und Druckknöpfe: DIN IEC 73/VDE 0199 [77]. Sicherheitskennzeichnung: DIN 4844 [40–42].

Ist der gefahrbringende Vorgang so *langsam*, dass zu seiner Abminderung ein Eingriff durch das Bedienungspersonal möglich ist, sollte zunächst:

– eine Warnung über die Gefahr und dann erst
– eine Schutzreaktion eingeleitet werden.

Zweistufiges Handeln

Zwischen beiden Stufen muss ein genügend großer und definierbarer Abstand bezüglich der die Gefahr erfassbaren Größe bestehen, z. B. in einem Drucküberwachungssystem Warnung bei einem Überdruck von $1{,}05 \cdot p_{\text{normal}}$ und Abschaltung bei $1{,}1 \cdot p_{\text{normal}}$.

Ist der gefahrbringende Vorgang *schnell*, muss das Schutzsystem *unmittelbar reaktionsfähig* sein und durch seine Meldung die eingeleitete Auslösung deutlich machen. Die Begriffe schnell und langsam sind im Zusammenhang mit der Zykluszeit des technischen Vorgangs und der möglichen Reaktionszeit zu sehen [243].

Selbstüberwachung

Ein Schutzsystem soll nicht nur im Gefahrenfall ansprechen, sondern auch dann, wenn ein Fehler in ihm selbst vorliegt, der eine ordnungsgemäße Schutzwirkung verhindern würde. Diese Forderung wird am besten durch eine Auslegung nach dem *Ruhestromprinzip* erreicht. Das Ruhestromprinzip bewirkt im Normalfall (gefahrloser Zustand) eine dauernde Energiebereitstellung. Sowohl im Gefahrenfall als auch beim Auftreten eines Fehlers im Schutzsystem selbst wird die Energie abgebaut, die freiwerdende Energie kann zur Schutzauslösung genutzt werden, der Endzustand ist energiearm bzw. energielos. Das Ruhestromprinzip kann nicht nur in elektrischen Systemen, sondern auch in mechanischen, hydraulischen und pneumatischen Systemen verwirklicht werden. Bei dem Schnellschlussventil nach Abb. 7.20 ist das Ruhestromprinzip dadurch verwirklicht, dass beim Öffnen des Ventils durch den Steueröldruck die Druckfeder gespannt wird, die ihrerseits bei Wegfall des Steueröldrucks durch Entspannen das Ventil schließt. Ein Federbruch würde das Schließen des Ventils wegen der gewählten Anordnung nicht behindern. Durch Wahl der Strömungsrichtung und der hängenden Anordnung wird die Forderung nach zwangsläufiger Wirkung im Schließfall unterstützt.

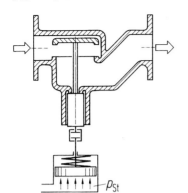

Abb. 7.20. Schematischer Aufbau eines Schnellschlussventils, bei dem nach Wegfall des offenhaltenden Drucks p_{St} die Kräfte der Feder, Strömungskräfte am Ventilteller und die Gewichtskräfte den Schließvorgang unabhängig voneinander bewirken bzw. unterstützen. In Betriebsstellung Abdichten der Ventilspindel durch Hilfssitz, sonst Spaltdichtung

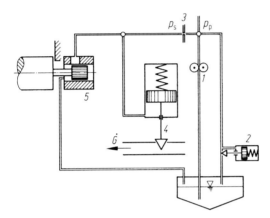

Abb. 7.21. Hydraulisches Schutzsystem gegen unzulässige axiale Wellenlage nach dem Ruhestromprinzip (Bezeichnungen vgl. Text)

Ein weiteres Beispiel für die Verwirklichung des Ruhestromprinzips in einem hydraulischen System zeigt Abb. 7.21. In einem hydraulischen Schutzsystem nach dem Ruhestromprinzip sorgt eine Pumpe 1 mit einem Druckhalteventil 2 für einen steten Vordruck p_P. Das Schutzsystem mit dem Druck p_S steht mit dem Vordrucksystem über eine Blende 3 in Verbindung. Im Normalfall sind alle Abläufe geschlossen, so dass das Schnellschlussventil 4 für die Energiezufuhr der Maschine vom Druck p_S geöffnet wird. Wird eine unzulässige Wellenlage erreicht, gibt der Schieberkolben des Wellenlagewächters 5 eine Öffnung im Schutzsystem frei und der Druck p_S fällt. Eine weitere Energiezufuhr wird mit dem Schließen des Schnellschlussventils unterbunden. Der gleiche Effekt tritt bei einem Schaden im Vordruck- oder Schutzsystem auf, wie z.B. Rohrbruch, Ölmangel oder Versagen der Pumpe. Das System ist selbstüberwachend.

Das *Arbeitsstromprinzip*, das im Gefahrenfall erst Energie aufbringen muss und dadurch Fehler im eigenen System unbemerkt lässt, darf nur für den Meldekreis eines Schutzsystems verwendet werden, wenn gleichzeitig eine Überwachungsschaltung vorgesehen und eine regelmäßige Funktionskontrolle sichergestellt ist. Dem Hinweis, dass Schutzsysteme nach dem Ruhestromprinzip Betriebsunterbrechungen hervorrufen, die nicht durch den eigentlichen Gefahrenfall sondern durch das Schutzsystem selbst verursacht sind, ist nur durch eine höhere Zuverlässigkeit der Systemelemente zu begegnen und nicht durch Wahl z. B. des Arbeitsstromprinzips.

Redundanz

Das Versagen eines Schutzsystems kann als ein glaubwürdiger Umstand angesehen werden. Die reine Verdoppelung bzw. Vervielfältigung eines Schutzsystems erhöht schon die Sicherheit, da es unwahrscheinlicher ist, dass alle vorgesehenen Schutzsysteme auf einmal versagen. Eine vielfach angewandte Lösung ist dabei die Redundanz mit Hilfe der 2-aus-3-Auswahl. Es werden 3 Sensoren für die Erfassung des gleichen Gefahrzustands vorgesehen (vgl. Abb. 7.17). Nur wenn mindestens 2 Sensoren die kritische Grenze signalisieren, werden Schutzmaßnahmen, z. B. eine Abschaltung, eingeleitet. Damit werden das Versagen eines Sensors kompensiert und Fehlabschaltungen beim noch gefahrfreien Zustand vermieden [179]. Die Verdoppelung bzw. 2-aus-3-Auswahl sind allerdings nur für den Fall hilfreich, wenn bei gleichen Schutzsystemen kein systematischer Fehler vorliegt. Die Sicherheit wird durch Prinzipredundanz bedeutend erhöht, wenn die doppelt oder mehrfach vorgesehenen Systeme nach verschiedenen Wirkprinzipien unabhängig voneinander arbeiten. Auf diese Weise werden systematische Fehler, z. B. infolge Korrosion, nicht zur Katastrophe führen, weil bei prinzipverschiedener, gegenseitig völlig unabhängiger Technik das gleichzeitige Versagen der beteiligten Schutzsysteme mit nur einer extrem kleinen Wahrscheinlichkeit anzunehmen ist.

Abbildung 7.22 erläutert die Problematik für die Überdrucksicherung an einem Druckbehälter mit Hilfe von Schutzorganen. Eine reine Verdopplung würde vor systematischen Fehlern, z. B. Korrosion, Werkstoffverwechslung usw., nicht schützen. Der Wechsel des Wirkprinzips macht das gleichzeitige Versagen unwahrscheinlicher.

Werden redundante Anordnungen je nach Versagensumständen parallel oder hintereinander geschaltet, so sollten ihre Ansprechwerte innerhalb eines zulässigen Bereichs gestaffelt sein. Dadurch wird ein primärer und sekundärer Schutzkreis geschaffen. In dem Beispiel nach Abb. 7.22 würde die Auslegung

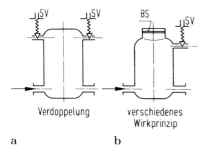

Abb. 7.22. Zweifache (redundante) Anordnung von Schutzorganen gegen zu hohen Innendruck bei Druckbehältern. **a** Sicherheitsventil SV doppelt angeordnet (nicht wirksam bei systematischem Fehler); **b** Sicherheitsventil und Berstscheibe BS (doppelte Schutzorgane aber prinzipverschieden, dadurch wirksam auch bei systematischen Fehlern)

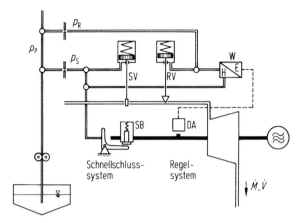

Abb. 7.23. Drehzahlregelung und Drehzahlüberwachung einer Dampfturbine mit Hilfe eines prinzipredundanten Schutzsystems nach dem elektronisch-hydraulischen bzw. mechanisch-hydraulischen Wirkprinzips in Staffelung der Ansprechwerte [272], p_P Pumpendruck; p_S Druck im Sicherheitssystem; p_R Druck im Regelsystem; SV Schnellschlussventil; RV Regelventil; DA Drehzahlaufnehmer; SB Schnellschlussbolzen; W elektrisch- hydraulischer Wandler; $\dot{M}$, $\dot{V}$ Massen bzw. Volumenstrom

so erfolgen, dass das Sicherheitsventil bei einem niedrigeren Überdruck anspricht als die Berstscheibe.

In vielen Fällen kann der primäre Schutzkreis aus einem ohnehin vorhandenen Regelsystem gewonnen werden, sofern es Eigenschaften von Schutzsystemen aufweist. Diese Forderung wird z. B. bei Dampfturbinensteuerungen nach [272] erfüllt (Abb. 7.23). Die Energiezufuhr bei Überdrehzahl kann auf mehrfache prinzipverschiedene Weise unterbunden werden. Bei Drehzahlerhöhung greift zunächst das Drehzahlregelsystem ein, das hinsichtlich der Drehzahlerfassung und des Abschlussorgans (Regelventil) vom Schnellschlusssystem unabhängig und prinzipverschieden aufgebaut ist.

Die Drehzahlerfassung geschieht mit 3 gleichen, aber unabhängigen magnetisch wirkenden Sensoren. Sie erhalten ihre Impulse von einem auf der Turbinenwelle aufgesetzten Zahnrad (Abb. 7.24). Sie dient zunächst der elektronisch-hydraulischen Drehzahlregelung der Maschine. Darüber hinaus wird gegen Überdrehzahl jedes Signal in einem Grenzwertmelder mit einem Referenzsignal verglichen. Der Vergleich erfolgt nach der 2-aus-3-Auswahl. Jeder Messkreis wird einzeln überwacht, sein etwaiger Ausfall wird gemeldet, bei zwei Ausfällen wird der Schnellschluss ausgelöst.

Die Messung und die Auslösung im Schnellschlusssystem geschehen dagegen nach einem mechanischen Prinzip: Abb. 7.25 zeigt die in Membranfedern geführten Schnellschlussbolzen, die im Falle der Drehzahlüberhöhung auf Klinken schlagen, die ihrerseits den Schnellschluss hydraulisch auslösen. Es sind zwei nacheinander wirkende Bolzen (110% bzw. 112% Überdrehzahl) vorgesehen. Sie arbeiten bistabil (vgl. 7.4.4).

7.3 Grundregeln zur Gestaltung 343

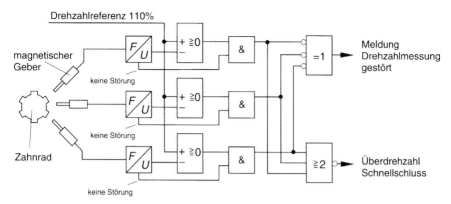

Abb. 7.24. Drehzahlregelung und Drehzahlüberwachung mit Hilfe elektronischer Regelung und Überwachung mit redundanter Anordnung nach der 2-aus-3-Auswahl (vereinfachte Darstellung). Der Schutz ist nach dem Ruhestromprinzip ausgeführt. Auch der Schnellschluss erfolgt im Ruhestrom mittels hydraulischer 2-aus-3-Auswahl (ABB)

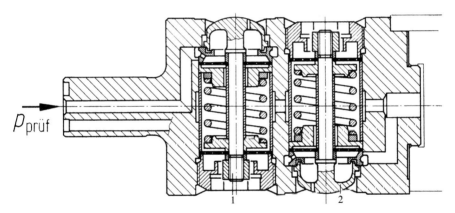

Abb. 7.25. Schnellschlusseinrichtung nach [291] 2fach angeordnet und nach Auslösewert gestaffelt (110% bzw. 112%). $p_{\text{prüf}}$ Anschluss für Prüföldruck

Eine gemeinsame hydraulische Versorgung des Regel- und Schnellschlusssystems nach dem Ruhestromprinzip ist zulässig, da ihr ein gemeinsamer Selbstüberwachungseffekt zugrunde liegt.

Bistabilität

Schutzsysteme und Schutzorgane müssen auf einen definierten Ansprechwert hin ausgelegt werden. Wird er erreicht, hat die Auslösung der Schutzreaktion unverzüglich und eindeutig zu geschehen. Diese Eigenschaft wird durch ein sog. bistabiles Verhalten erzwungen (vgl. 7.4.4): Unterhalb des Ansprechwertes befindet sich das System in einem stabilen Betriebszustand. Wird der

Ansprechwert erreicht, wird ein bewusst labiles Verhalten erzeugt, das Zwischenzustände vermeidet und das System unmittelbar in einen anderen stabilen Zustand überführt. Diese bistabile Eigenschaft ist in allem Schutzsystemen hinsichtlich eines eindeutigen Verhaltens ohne Zwischenzustände bei Erreichen eines Ansprechwertes zu verwirklichen.

Wiederanlaufsperre

Hat ein Schutzsystem durch bistabiles Verhalten ausgelöst, darf es nicht selbsttätig den normalen Betriebszustand wieder gestatten, auch wenn der Gefahrenzustand nicht mehr besteht. Das Eingreifen eines Schutzsystems ist immer auf einen außergewöhnlichen Umstand zurückzuführen. Der Weiterbetrieb erfordert eine Prüfung und Beurteilung des vorliegenden Zustands und sollte erst danach weitergeführt werden können. Dies soll in der Regel durch einen neuen und geordneten Inbetriebnahmevorgang erzwungen werden. So schreiben z. B. die Sicherheitsregeln für berührungslos wirkende Schutzeinrichtungen [256] und auch für andere in der Produktion verwendete Maschinen [334] die Wiederanlaufsperre zwingend vor.

Prüfbarkeit

Ein Schutzsystem soll auch ohne Vorliegen eines Gefahrenzustandes auf seine Funktionsfähigkeit geprüft werden können. Selbstverständlich dürfen beim Prüfen keine neuen oder andersartigen Gefahrenzustände auftreten. Die auslösende Gefahr wird gegebenenfalls simuliert. Dabei ist darauf zu achten, dass bei einer etwaigen Simulation möglichst gefahrenähnliche Effekte verwendet werden und wichtige Wirkvorgänge nicht ausgespart bleiben.

Beispiele bei einer Drehzahlüberwachung sind entweder planmäßiges Hochfahren auf die noch zulässige Überdrehzahl mit entsprechender Auslösung. Ist dies aus betrieblichen Gründen nicht möglich oder nicht erwünscht, kommt Simulation der Fliehkraft durch eine Öldruckkraft und Auslösung des Systems derart in Frage, dass für diesen Kontrollvorgang die Energieabschaltung der Maschine bewusst unterbleibt. In Abb. 7.25 ist der Kanal sichtbar, über den eine Ölmenge eingeleitet wird, die die Fliehkraft unter dem Schirm des Schnellschlussbolzens erhöht, so dass dieser ohne den Zustand der Überdrehzahl zu erreichen, ausgelöst werden kann, um seine Gängigkeit zu prüfen.

Weiterhin ist es bei redundanten Systemen möglich, diese zwecks Prüfung vom eigentlichen Anlagensystem abzutrennen und sie auf ihre Sicherheitsfunktionen zu prüfen. Das oder die anderen redundanten Schutzkreise bleiben aktiv und stehen während der Prüfung zur Überwachung uneingeschränkt zur Verfügung.

Konstruktiv ist sicherzustellen, dass nach solchen Kontrollvorgängen, die nur partiell wirksam sind, das Schutzsystem mit Beendigung des Kontrollschritts automatisch in seinen funktionsmäßigen Sollzustand zurückgeführt wird.

Aus dem vorher Gesagten sind folgende Gesichtspunkte abzuleiten:
- Bei der Prüfung muss die Schutzfunktion erhalten bleiben.
- Während der Prüfung dürfen keine neuen Gefahren auftreten.
- Nach Beendigung der Prüfung ist das geprüfte Teilsystem automatisch in seinen Sollzustand zurückzuführen.

In nicht seltenen Fällen ist eine sog. *Anlaufprüfung* vorgeschrieben bzw. zweckmäßig. Die Anlaufprüfung gibt nach eingeschalteter Anlage den Betrieb erst frei, wenn durch Auslösen des Schutzsystems sein ordnungsgemäßes Arbeiten geprüft wurde. So schreiben z. B. die Sicherheitsregeln für berührungslos wirkende Schutzeinrichtungen an kraftbetriebenen Arbeitsmitteln [256] für diese Art von Schutzsystemen die Anlaufprüfung zwingend vor.

Schutzsysteme sind regelmäßigen Prüfungen zu unterwerfen. Diese sind vorzunehmen:

- vor der erstmaligen Inbetriebnahme,
- in zeitlich jeweils festzulegenden Zeitabständen und
- nach jeder Instandsetzung, Umrüstung oder Ergänzung.

Ihre Durchführung ist in Betriebsanweisungen zu beschreiben und das Ergebnis durch Protokolle zu dokumentieren.

Abminderung von Forderungen

Angesichts der Forderung nach Selbstüberwachung könnten Zweifel bestehen, ob die Forderung nach Prüfbarkeit aufrechterhalten werden muss. Schutzsysteme nach dem Ruhestromprinzip enthalten aber auch Elemente, deren volle Funktionsfähigkeit nur durch Prüfung bzw. Kontrolle erfasst werden können, z. B. Gängigkeit des Schnellschlussbolzens nach Abb. 7.25, Beweglichkeit eines Handabweisers, Kontaktkleben bei einem geschlossenen elektrischen Schalter. Das Ruhestromprinzip erfasst nicht immer alle mechanischen Gegebenheiten der Elemente in einem Schutzsystem.

Eine bewusste Abminderung der genannten Forderungen kann nur geschehen, wenn die Wahrscheinlichkeit des Versagens und die Tragweite im Falle der Gefährdung so klein sind, dass der Verzicht zulässig erscheint. Dies ist bei näherer Überlegung nur denkbar bezüglich der Forderung nach Redundanz, wenn die Prüfbarkeit des Schutzsystems einfach möglich ist und solche Prüfungen regelmäßig erzwungen werden. Dies ist z. B. dann der Fall, wenn sich diese Prüfung im Betriebsgeschehen, z. B. durch Anlaufprüfung, häufig von selbst ergibt, was bei Schutzsystemen im Zusammenhang mit der Arbeitssicherheit oft der Fall ist. Bei Gefahr größerer Sachschäden oder erst recht bei Gefahr des Verlusts von Menschenleben ist der Verzicht auf Redundanz weder gerechtfertigt noch wirtschaftlich. Welche Redundanz gewählt wird, z. B. 2-aus-3-Auswahl, Prinzipredundanz oder gleichwertige Kombinationen hängt von den jeweiligen, sorgfältig zu prüfenden Umständen und dem bestehenden Risiko ab.

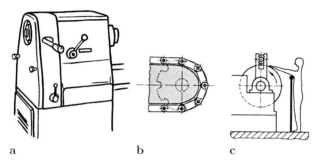

Abb. 7.26. Schutzeinrichtungen (Beispiele). **a** allseitige Verkleidung; **b** berührungshindernde Verdeckung; **c** auf Abstand haltende Umwehrung

Schutzeinrichtungen

Schutzeinrichtungen haben die Aufgabe, Menschen und Sachen von einer Gefahrstelle zu trennen bzw. fernzuhalten und/oder sie vor gefährlichen Ausgängen (Wirkungen) verschiedenster Art zu schützen. DIN 31001, Teil 1 [58] und Teil 2 [59], betrifft dabei vornehmlich den Berührschutz bei ruhenden und bewegten Teilen, die aufgrund ihrer Anordnung oder Gestalt eine Gefahr darstellen, sowie den Schutz gegen wegfliegende oder sich lösende Teile. Ausführliche Darstellung und Beispiele vgl. [215].

Die angestrebte prinzipielle Lösung ist die Verhinderung der Berührung durch (vgl. Abb. 7.26):

– allseitige Verkleidung,
– berührungshindernde Verdeckung von einer bestimmten Seite und
– eine auf Abstand haltende Umwehrung.

Dabei spielen dann Sicherheitsabstände eine wesentliche Rolle, die von den Körperextremitäten und Reichweiten bestimmt werden, sofern Durch- und Umgriffe möglich sind. Der Sicherheitsabstand wird von den Möglichkeiten des Hinauf-, Hinüber- und Herumreichens beeinflusst. Hierzu legt DIN 31001, Teil 1 [58], eindeutige Sicherheitsabstände in Abhängigkeit von Körperabmessungen und Körperhaltung fest.

Sowohl beim Berührschutz als auch beim Schutz gegen wegfliegende oder sich lösende Teile werden nach DIN 31001, Teil 2 [59], nur bestimmte Werkstoffgruppen und Halbzeugarten zugelassen, die diese Schutzaufgabe aufgrund ihrer Festigkeit, Formstabilität, Temperaturbeständigkeit, Korrosionsbeständigkeit und Widerstandsfähigkeit gegen aggressive Stoffe sowie ihrer Undurchlässigkeit erfüllen können.

4. Sicherheitstechnische Auslegung und Kontrolle

Auch hier kann die in 7.2 aufgezeigte Leitlinie mit ihren Merkmalen eine Hilfe darstellen. Sicherheitstechnische Gesichtspunkte müssen hinsichtlich aller Merkmale angewandt und überprüft werden [303].

7.3 Grundregeln zur Gestaltung

Funktion und Wirkprinzip

Eine wichtige Frage ist, ob die Funktion mit der gewählten Lösung sicher und zuverlässig erfüllt wird. Naheliegende und wahrscheinliche Störungen müssen mitbetrachtet werden. Dabei ist die Frage oft nicht leicht, wie weit außergewöhnliche Umstände, die auf die Funktion einwirken können, mit einzubeziehen sind, d. h. inwieweit zu berücksichtigen ist, was nicht mehr naheliegend und wahrscheinlich, sondern eher hypothetisch ist.

Richtiges Abschätzen eines Risikos nach Wahrscheinlichkeit und Tragweite sollte vorgenommen werden, indem die zu erfüllenden Funktionen nacheinander negiert werden und unter Annahme der denkbaren Störung der sich einstellende Ablauf oder Zustand analysiert wird (vgl. 11.2). Sabotagemöglichkeiten und -auswirkungen werden dabei bedingt einbezogen. Mit Hilfe einer entsprechenden Technik sollten diese vermindert werden, aber das Konzept und seine Realisierung werden nicht vornehmlich nach diesem Gesichtspunkt ausgerichtet. Oft erfassen Maßnahmen gegen menschliches Versagen diesen Komplex weitgehend.

Es werden aber diejenigen Ereignisse berücksichtigt, die sich aus Bauart, Betriebsweise und Umgebung einer Anlage, Maschine oder eines Apparats bei naheliegenden und wahrscheinlichen, auch durch Unverstand sich einstellenden Störungen ergeben und jedenfalls zu verhindern sind. Einflüsse, die von der jeweiligen Technik nicht selbst verursacht oder beeinflusst sind, hätte das technische System nicht abzuwehren, sondern nach den jeweils gegebenen Möglichkeiten zu überstehen und in den schädlichen Auswirkungen einzuschränken.

Eine weitere Frage ergibt sich, ob mit der unmittelbaren Sicherheitstechnik nach den genannten Sicherheitsprinzipien allein auszukommen ist oder ob durch zusätzliche Schutzsysteme die Sicherheit erhöht werden muss. Schließlich kann auch die Frage entstehen, ob wegen eines nicht ausreichend erscheinenden Sicherheitsgrades auf eine Realisierung überhaupt verzichtet werden muss. Die Antwort hängt vom Grad der erreichten Sicherheit, von der Wahrscheinlichkeit eines vom Objekt nicht abwehrbaren, schädlichen oder unfallträchtigen Einflusses und der Tragweite möglicher Folgen ab. Objektive Maßstäbe fehlen vielfach, besonders bei neuen Techniken und ihrer Anwendung. Es gibt Überlegungen, die sicherstellen wollen, dass das technische Risiko nicht höher wird, als der Mensch durch Naturereignisse ohnehin eingehen muss [138]. Immer wird aber ein mehr oder weniger breiter Ermessensspielraum bleiben. Die Entscheidung ist in jedem Fall durch Übereinkunft in Verantwortung dem Menschen gegenüber zu treffen.

Auslegung

Die äußeren Belastungen rufen im Bauteil Beanspruchungen hervor. Erstere werden mittels Analyse nach Größe und Häufigkeit (ruhende und/oder wechselnde Belastungen) erfasst. Sie verursachen im Innern des Bauteils verschiedene Arten von Beanspruchungen, die rechnerisch und/oder experimentell ermittelt werden. Die berechnete Spannung im Bauteil liegt dann in der Regel als *Vergleichspannung* s_V nach einer gültigen Festigkeitshypothese vor, die die Anteile von Normal- und Schubspannungen zutreffend bewertet. Diese Vergleichsspannung darf höchstens die *zulässige Spannung* $= \sigma_{zul}$ erreichen. Die Ausnutzung wäre dann 1. Im Allgemeinen ist die *Ausnutzung*, als das Verhältnis von berechneter Spannung zu zulässiger Spannung, kleiner als 1, da die Abmessungswahl auch von Vorschriften der Normung und sonstigen Gestaltungsrücksichten beeinflusst wird.

Die Werkstoffkunde liefert dem Konstrukteur für die einzelnen elementaren Beanspruchungsarten (Zug, Druck, Biegung, Schub und Torsion) am Probestab, d. h. im Allgemeinen nicht am Bauteil selbst, *Werkstoffgrenzwerte*, bei deren Überschreiten Bruch oder bleibende Verformung eintritt. Die Festigkeit des Bauteils muss unter Berücksichtigung von Stützwirkung aus ungleichförmiger Beanspruchung, Größen-, Oberflächen- und Formeinfluss betrachtet werden, um eine ausreichende Haltbarkeit zu gewährleisten. Die *Bauteilfestigkeit* liegt in der Regel unter den Werkstoffgrenzwerten.

Das Verhältnis zwischen Werkstoffgrenzwert σ_G bzw. Bauteilfestigkeit K_G und zulässiger Beanspruchung σ_{zul} im Bauteil nennt man die Sollsicherheit $\nu = \sigma_G$ bzw. K_G/σ_{zul} und soll größer als 1 sein. Sie bestimmt die Höhe der zulässigen Spannung.

Die Höhe der *Sollsicherheit* richtet sich nach den Unsicherheiten beim Ermitteln der jeweiligen Werkstoffgrenzwerte, nach den Ungewissheiten der Lastannahmen, nach den angewendeten Berechnungs- und Fertigungsverfahren, den ungewissen Form-, Größen- und Umgebungseinflüssen sowie nach der Wahrscheinlichkeit und Tragweite eines möglichen Versagens.

Die Festlegung von Sollsicherheiten entbehrt noch allgemeingültiger Kriterien. Eine Untersuchung der Autoren zeigt, dass veröffentlichte Sollsicherheiten sich weder nach Produktart, Branche oder anderen Kriterien, wie Zähigkeit des Werkstoffs, Größe des Bauteils, Wahrscheinlichkeit des Versagens usw. sinnvoll einordnen lassen. Tradition, Festlegung nach einmaligen, oft nicht restlos geklärten Schadensfällen oder auch das Gefühl oder die Erfahrung, führen zu Zahlenangaben, denen allgemeingültige Aussagen nicht entnommen werden können.

Wenn in der Literatur Zahlen angegeben werden, dann dürfen sie nicht kritiklos übernommen werden. Ihre Festlegung bedarf in der Regel der Kenntnis der Einzelumstände und der Branchenpraxis, soweit sie nicht durch Vorschriften festgelegt wurden. Allgemein lässt sich aber sagen, dass Sollsicherheiten kleiner als 1,5 genauere Berechnungsverfahren, experimentelle Überprüfung und Anwendungserfahrung sowie einen hinreichend zähen Werkstoff voraussetzen. Bei spröden Werkstoffen und gleichsinnig mehrachsigen Spannungszustände, die einen spröden Bruch bewirken, dürfte die Sollsicherheit eher bei dem Wert 2 liegen.

Die *Zähigkeit*, d. h. die plastische Verformbarkeit, ermöglicht bei ungleichmäßig verteilten Beanspruchungen den Abbau von Spannungsspitzen und ist eine der bedeutendsten Sicherheitsfaktoren, die uns der Werkstoff bieten kann. Die bei Rotoren übliche Schleuderprobe mit entsprechend hoher Beanspruchung sowie die vorgeschriebene Druckprobe bei Druckbehältern sind – zäher Werkstoff vorausgesetzt – ein gutes Mittel der unmittelbaren Sicherheitstechnik, um örtlich hohe Spannungsspitzen am fertigen Bauteil abzubauen.

Da die Zähigkeit eine wesentlich sicherheitsbestimmende Werkstoffeigenschaft ist, genügt es nicht, eine höhere Festigkeit allein anzustreben. Zu beachten ist, dass im Allgemeinen die Zähigkeit der Werkstoffe mit höherer Festigkeit abnimmt. Aus diesem Grund ist es ein Fehler, nur die Mindeststreckgrenze festzulegen. Es muss zusätzlich eine Mindestzähigkeit gefordert werden, weil sonst die vorteilhaften Eigenschaften der plastischen Verformbarkeit nicht mehr gewährleistet sind. Gefährlich sind auch Fälle, in denen der Werkstoff mit der Zeit oder aus anderen Gründen versprödet (z. B. Strahlung, Korrosion, Temperatur oder durch Oberflächenschutz) und dadurch die Fähigkeit verliert, sich bei Überbeanspruchung plastisch zu verformen. Dieses Verhalten trifft besonders für Kunststoffe zu.

Die vorhandene Sicherheit eines Bauteils allein nach dem Abstand der berechneten Beanspruchung zur maßgebenden, maximal ertragbaren Grenzbeanspruchung zu beurteilen, geht daher an der Problematik vorbei.

Von wesentlichem Einfluss ist der Spannungszustand und die durch Alterung, Temperatur, Strahlung, Witterung, Betriebsmedium und Fertigungseinflüsse, z. B. Schweißen und Wärmebehandlung, sich verändernden Werkstoffeigenschaften. Eigenspannungen sind dabei nicht zu unterschätzen. Der auftretende Sprödbruch ohne plastische Deformation tritt plötzlich und ohne Vorwarnung auf. Das Vermeiden von gleichsinnig mehrachsigen Spannungszuständen und von versprödenden Werkstoffen sowie Fertigungsverfahren, die Sprödbruch begünstigen sind daher Hauptforderungen einer unmittelbaren Sicherheitstechnik.

Eine Warnung infolge plastischer Deformation, die entweder an einer kritischen Stelle regelmäßig überwacht wird oder aber die Funktion so stört, dass sich der einstellende Gefahrenzustand rechtzeitig ohne Gefährdung des Menschen und der Anlage bemerkbar macht, ist eine im Sinne des fail-safe-Verhaltens einbaubare Sicherung [206].

Elastische Verformungen dürfen im Betriebszustand, z. B. infolge Spielüberbrückung, nicht zu Funktionsstörungen führen, da sonst Eindeutigkeit des Kraftflusses oder der Ausdehnung nicht mehr sichergestellt sind und Überlastungen bzw. Bruch die Folge sein können. Dies gilt sowohl für ruhende als auch für bewegte Teile (vgl. 7.4.1).

Mit dem Stichwort *Stabilität* werden alle Probleme der Standsicherheit und Kippgefahr, aber auch die des stabilen Betriebs einer Maschine oder Anlage angesprochen. Störungen sollen möglichst durch ein stabiles Verhalten,

d. h. durch selbsttätige Rückkehr in die Ausgangs- bzw. Normallage vermieden werden. Es ist darauf zu achten, dass nicht indifferentes oder gar labiles Verhalten Störungen verstärkt, aufschaukelt oder sie außer Kontrolle bringt (vgl. 7.4.4).

Resonanzen haben erhöhte, nicht sicher abschätzbare Beanspruchungen zur Folge. Sie sind daher zu vermeiden, wenn die Ausschläge nicht hinreichend gedämpft werden können. Dabei soll nicht nur an die Festigkeitsprobleme gedacht werden, sondern auch an die Begleiterscheinungen wie Lärm, Geräusch und Schwingungsausschläge, die den Menschen in seiner Leistungsfähigkeit und in seinem Wohlbefinden beeinträchtigen.

Die *thermische Ausdehnung* muss in allen Betriebszuständen, besonders auch bei instationären Vorgängen sorgfältig beachtet werden, um Überbeanspruchungen und Funktionsstörungen zu vermeiden (vgl. 7.5.2).

Ein vielfacher Anlass zu Unsicherheiten und Ärgernissen sind nicht ordnungsgemäß arbeitende *Abdichtungen*. Sorgfältige Dichtungsauswahl, bewusste Druckentlastungen an kritischen Dichtstellen und die Beachtung der Strömungsgesetze hilft, Abdichtschwierigkeiten zu überwinden.

Verschleiß und seine Abriebteilchen können die Funktionszuverlässigkeit und die Wirtschaftlichkeit negativ beeinflussen. Er muss auch im Interesse der Sicherheit in vertretbaren Grenzen bleiben. Konstruktiv ist dafür zu sorgen, dass Verschleißpartikel nicht an anderen Stellen Schäden oder Störungen verursachen. Sie sind in der Regel möglichst dicht hinter dem Entstehungsort abzusondern (vgl. 7.5.13).

Korrosiver Angriff vermindert die konstruktiv gewählte Bauteildicke und setzt bei dynamischer Belastung empfindlich die Kerbwirkung herauf, die ihrerseits zu verformungslosen Brüchen Anlass gibt. Eine Dauerhaltbarkeit unter Korrosion gibt es nicht. Mit zunehmender Einsatzzeit sinkt die Tragfähigkeit des Bauteils. Gravierend ist neben der Reibkorrosion und Schwingungsrisskorrosion die Erscheinung der Spannungsrisskorrosion an hierfür besonders anfälligen Werkstoffen bei Gegenwart eines Korrosionsmittels und von Zugspannungen. Schließlich können Korrosionsprodukte zur Funktionseinschränkung führen, z. B. Festsitzen von Ventilspindeln, Steuerteilen usw. (vgl. 7.5.4).

Ergonomie und Arbeitssicherheit

Unter Ergonomie sind im Rahmen der Sicherheitsbetrachtung die Arbeitssicherheit und die davon oft nicht trennbare Mensch-Maschine-Beziehung zu überprüfen. Entscheidend ist das Erkennen von Gefahrenquellen und Gefahrenstellen. Der mögliche Unverstand und die Ermüdung des Menschen müssen ebenfalls einkalkuliert werden. Maschinen und Anlagen sind ergonomisch richtig zu gestalten (vgl. 7.5.5).

Eine sehr umfangreiche Literatur steht zur Verfügung [26,65,189,255,303]. Weiterhin weist DIN 31000 [57] auf Grundforderungen für sicherheitsgerechtes Gestalten hin. DIN 31001 Blatt 1, 2 und 10 [58, 59] gibt Anweisungen für Schutzeinrichtungen. Vorschriften der Berufsgenossenschaften, der Gewerbeaufsichtsämter und der Technischen Überwachungsvereine sind branchen- und produktabhängig zu befolgen. Aber auch das Gesetz über technische Arbeitsmittel [115] verpflichtet den Konstrukteur zum verantwortungsvollen Handeln. In einer allgemeinen Verwaltungsvorschrift sowie Verzeichnissen zu diesem Gesetz sind inländische Normen und sonstige Regeln bzw. Vorschriften mit sicherheitstechnischem Inhalt zusammengestellt [115]. Im sog. ZHI-Verzeichnis [334] sind alle Richtlinien, Sicherheitsregeln und Merkblätter der Träger der gesetzlichen Unfallverordnung aufgeführt und werden laufend ergänzt. Es ist im Rahmen dieses Buches unmöglich, alle Gesichtspunkte der Arbeitssicherheit anzusprechen.

In den Tabellen 7.1 und 7.2 sind die Gefahrenquellen und allgemeine Mindestanforderungen der Arbeitssicherheit als eine erste Orientierung angegeben.

Tabelle 7.1. Gefahrenquellen aus Energiearten abgeleitet

Mensch und Umgebung vor schädlichen Einwirkungen schützen:	
Hauptmerkmal:	Beispiele:
Mechanisch	Relativbewegung Mensch-Maschine, mech. Schwingung, Staub
Akustisch	Lärm, Geräusche
Hydraulisch	Flüssigkeitsstrahlen
Pneumatisch	Gasstrahlen, Druckwellen
Elektrisch	Stromdurchgang durch Körper, elektrost. Entladungen
Optisch	Blendung, Ultraviolettstrahlung, Lichtbogen
Thermisch	Heiße/kalte Teile, Strahlung, Entflammung
Chemisch	Säuren, Laugen, Gifte, Gase, Dämpfe
Radioaktiv	Kernstrahlung, Röntgenstrahlung

Tabelle 7.2. Allgemeine Mindestanforderungen der Arbeitssicherheit bei mechanischen Gebilden hinsichtlich wiederkehrender Gefahrenstellen

Bei mechanischen Gebilden vorstehende oder bewegte Teile im Berührbereich vermeiden

Schutzeinrichtungen sind unabhängig von der Geschwindigkeit erforderlich bei:
– Zahnrad-, Riemen-, Ketten-, und Seiltrieben,
– allen umlaufenden Teilen länger als 50 mm, auch wenn sie völlig glatt sind,
– allen Kupplungen,
– Gefahr wegfliegender Teile,
– Quetschstellen (Schlitten gegen Anschlag; Teile, die aneinander vorbeifahren oder -drehen),
– herunterfallenden oder -sinkenden Teilen (Spanngewichte, Gegengewichte),
– Einlege- oder Einzugsstellen. Der zwischen den Werkzeugen verbleibende Spalt darf 8 mm nicht überschreiten, bei Walzsonderuntersuchungen der geometrischen Verhältnisse, gegebenfalls Berürschutzleisten oder -kontakte gegen Einzugsgefahr vorsehen.

Elektrische Anlagen nur zusammen mit dem Elektrofachmann planen. Bei akustischen, chemischen und radioaktiven Gefahren Fachleute zur Erarbeitung von Abhilfe- und Schutzmaßnahmen zuziehen.

Fertigung und Kontrolle

Die Gestaltung der Bauteile ist so vorzunehmen, dass ihre geforderten Qualitätseigenschaften (vgl. 11) auch durch die Fertigung ermöglicht und eingehalten werden können. Diese sind durch entsprechende Kontrolle sicherzustellen, die nötigenfalls durch Vorschriften erzwungen wird. Der Konstrukteur muss durch entsprechende Gestaltung helfen, sicherheitsgefährdende Schwachstellen infolge Fertigung zu vermeiden (vgl. 7.3.1, 7.3.2 und 7.5.8).

Montage und Transport

Schon beim Entwurf müssen die Belastungen während der Montage hinsichtlich Festigkeit und Stabilität erkannt und berücksichtigt werden. Das gleiche gilt für Transportzustände. Montageschweißungen müssen geprüft und je nach Werkstoff wärmebehandelt werden können. Jeder größere Montagevorgang soll, wenn möglich, durch eine Funktionskontrolle abgeschlossen werden.

Für den Transport sind stabile Standflächen und Stützpunkte zu schaffen und zu markieren. Gewichtsangaben bei Teilen über 100 kg müssen deutlich sichtbar angebracht werden. Bei häufiger Zerlegung (Werkzeug- oder Produktwechsel) sind entsprechend angepasste Hebezeuge in die Anlage zu integrieren. Geeignete Anschlageinrichtungen müssen für den Transport vorgesehen und deutlich gekennzeichnet werden.

Gebrauch

Der Gebrauch und die Bedienung müssen sicher möglich sein [57, 58]. Bei Ausfall einer Automatik soll der Mensch informiert werden und in der Lage sein, eingreifen zu können.

Instandhaltung

Wartung und Instandsetzung ist nur bei energieloser Anlage oder Maschine zuzulassen. Besondere Vorsicht ist bei Montagewerkzeugen oder Einstellhilfen (steckengebliebene Kurbeln, Stangen, Hebel) nötig. Gegen unbeabsichtigte Inbetriebnahme müssen Einschaltsicherungen vorgesehen werden. Zentrale, einfach erreichbare und kontrollierbare Wartungs- und Einstellorgane sind anzustreben. Bei Inspektion oder Instandsetzung ist ein sicheres Begehen der Bereiche zu ermöglichen (Roste, Haltegriffe, Trittstufen, Gleitschutz).

Kosten und Termine

Kosten- und Terminrestriktionen dürfen sich nicht auf die Sicherheit auswirken. Die Einhaltung von Kostengrenzen und Terminvorgaben wird durch sorgfältige Planung, richtiges Konzept und durch methodisches Vorgehen erzielt, aber nicht durch sicherheitsgefährdende Sparmaßnahmen. Folgen von Unfällen und Ausfällen sind immer viel höher und schwerwiegender als ein bei sachgemäßer Bearbeitung unbedingt erforderlicher Aufwand.

7.4 Gestaltungsprinzipien
Principles of embodiment design

Übergeordnete Prinzipien zur zweckmäßigen Gestaltung sind in der Literatur mehrfach formuliert worden. Kesselring [148] stellte die Prinzipien der minimalen Herstellkosten, des minimalen Raumbedarfs, des minimalen Gewichts, der minimalen Verluste und der günstigsten Handhabung auf (vgl. 1.2.2). Leyer spricht u. a. vom Prinzip des Leichtbaus [167] und vom Prinzip der gleichen Wanddicke [168]. Es ist einsichtig, dass nicht alle Prinzipien zugleich in einer technischen Lösung verwirklicht werden können oder sollen. Eines der genannten Prinzipien kann wichtig und maßgebend sein, andere wünschenswert. Welches im Einzelnen maßgebend sein soll, lässt sich immer nur aus dem Wesenskern der Aufgabe und aus dem Fertigungshintergrund ableiten. Ihre übergeordnete Bedeutung ist damit gegenüber den Grundregeln in 7.3, die immer gelten, eingeschränkt. Durch methodisches Vorgehen und Aufstellen einer Anforderungsliste und einen Abstraktionsvorgang zum Erkennen des Wesenskerns der Aufgabe sowie durch Befolgen der in Abb. 5.3 genannten Leitlinie werden die obengenannten Prinzipien von Kesselring und Leyer in der Regel ohnehin in konkrete, zur Aufgabe in Relation stehende Gestaltungen umgesetzt. Durch die geklärte Aufgabenstellung werden nämlich maximal zulässige Herstellkosten, größter Raumbedarf, zulässiges Gewicht usw. im Allgemeinen angegeben und festgelegt.

Dagegen stellt sich heute beim methodischen Vorgehen die Frage, wie bei gegebener Aufgabenstellung und gewählter Wirkstruktur eine Funktion durch welche Art und welchen Aufbau von Funktionsträgern am besten erfüllt werden kann. Gestaltungsprinzipien solcher Art helfen eine Baustruktur zu entwickeln, die den jeweiligen Anforderungen gerecht wird. Sie unterstützen damit in erster Linie die Arbeitsschritte 3 und 4 aber auch hilfsweise die Arbeitsschritte 7 bis 9 nach 7.1.

Die Gestaltungsprobleme konzentrieren sich zunächst im Wesentlichen auf Fragen der Leitung, Verknüpfung und Speicherung. Für die häufig wiederkehrende Aufgabe, Kräfte oder Momente zu *leiten*, ist es naheliegend, „Prinzipien der Kraftleitung" aufzustellen. Aufgaben, die eine *Wandlung* der Art oder Änderung der Größe erfordern, werden in erster Linie durch entsprechendes physikalisches Geschehen erfüllt, aber der Konstrukteur hat dabei das „Prinzip der minimalen Verluste" [148] aus energetischen und wirtschaftlichen Gründen zu beachten, was durch Wandlungen mit hohem Wirkungsgrad und mit wenigen Wandlungsstufen erreicht wird. Eine Umkehrung dieses Prinzips ermöglicht die Vernichtung einer bestimmten Energieart und Wandlung in eine andere für die Fälle, wo es gefordert oder nötig wird. *Speicheraufgaben* führen zu einer Ansammlung von potentieller und kinetischer Energie, sei es durch direkte Energiespeicherung oder auch nur indirekt durch die Anhäufung von Stoffmassen oder von Trägerenergie für zu speichernde Signale. Die Speicherung von Energie wirft aber die Frage nach stabilem oder labilem Verhalten des Systems auf, so dass sich Gestaltungsprinzipien der Stabilität und der Bistabilität hiervon ableiten und entwickeln lassen.

Oft sind mehrere Funktionen mit einem oder mit mehreren Funktionsträgern zu erfüllen. So kann hinsichtlich der Trennung von Teilfunktionen mit Hilfe des „Prinzips der Aufgabenteilung" aber auch zur sinnvollen Verknüpfung zwecks Ausnutzung unterstützender Hilfswirkungen das „Prinzip der Selbsthilfe" wertvolle Hinweise zur Gestaltung im Gesamten wie auch im Einzelnen geben.

Bei der Befolgung von Gestaltungsprinzipien ist es denkbar, dass sie gewissen Anforderung widersprechen. So kann z. B. das Prinzip gleicher Gestaltfestigkeit als ein Prinzip der Kraftleitung der Forderung nach Minimierung der Fertigungskosten entgegenstehen. Auch kann das Prinzip der Selbsthilfe ein gewünschtes fail-safe-Verhalten des Systems (vgl. 7.3.3) ausschließen oder das aus Gründen der Herstellererleichterung gewählte Prinzip der gleichen Wanddicke [168] den Forderungen nach Leichtbau oder gleich hoher Ausnutzung nicht genügen.

Die vorstehenden Beispiele zeigen auf, dass Gestaltungsprinzipien lediglich zu wählende Strategien darstellen, die nur unter bestimmten Voraussetzungen zweckmäßig sind. Der Konstrukteur und Entwickler muss je nach Problemlage unter den konkurrierenden Gesichtspunkten abwägen und sich dann für die am besten geeigneten Gestaltungsprinzipien entscheiden. Ohne ihre Kenntnis kann er aber eine zweckmäßige Entscheidung nicht treffen.

Nachfolgend werden aus der Sicht der Autoren wichtige Gestaltungsprinzipien vorgestellt, die sehr hilfreich sein können. Sie stammen vorwiegend aus der Betrachtung des Energieflusses, gelten aber auch im übertragenen Sinne für Stoff- und Signalflüsse.

7.4.1 Prinzipien der Kraftleitung
Principles of force transmission

1. Kraftfluss und Prinzip der gleichen Gestaltfestigkeit

Bei Aufgaben und Lösungen im Maschinenbau sowie in der Feinwerktechnik handelt es sich fast immer um die Erzeugung von Kräften und/oder Bewegungen und deren Verknüpfung, Wandlung, Änderung und Leitung im Zusammenhang mit dem Stoff-, Energie- und Signalumsatz. Eine häufig wiederkehrende Teilfunktion ist dabei die Aufnahme und Leitung von Kräften. In einer Reihe von Veröffentlichungen wird auf eine kraftflussgerechte Gestaltung hingewiesen [168, 278]. Diese sucht Änderungen des Kraftflusses unter scharfen Umlenkungen und mit schroffen Querschnittsübergängen zu vermeiden. Leyer [167, 168] hat die Gestaltung im Hinblick auf Kraftleitungsprobleme unter der Vorstellung Kraftfluss mit instruktiven Beispielen ausführlich und deutlich in seiner Gestaltungslehre dargelegt, so dass auf eine Wiederholung der angeführten Gesichtspunkte verzichtet wird. Der Konstrukteur möge sich diese wichtige Literatur zu Eigen machen. Die Darstellungen Leyers zeigen aber auch die Komplexität im Zusammenwirken von Funktions-, Auslegungs- und Fertigungsgesichtspunkten. Der Komplex der Kraftleitung kann wie folgt zusammen gefasst werden:

Der Begriff *Kraftleitung* soll im weiteren Sinne verstanden werden, also das Leiten von Biege- und Drehmomenten einschließen. Zunächst ist es aber gut, sich daran zu erinnern, dass

die äußeren Lasten, die am Bauteil angreifen,
Schnittgrößen – Längs- und Querkräfte, Biege- und Drehmomente – bewirken, die im Bauteil
Beanspruchungen – Normalspannungen als Zug- und Druckspannungen sowie Schubspannungen als Scher- und Torsionsspannungen – hervorrufen und ihrerseits stets
elastische oder plas- – als Verlängerungen, Verkürzungen, Querkontraktio-
tische Verformungen nen, Durchbiegungen, Schiebungen und Verdrehungen

zur Folge haben.

Die aus den äußeren Lasten herrührenden Schnittgrößen werden gewonnen, indem die Bauteile an der betrachteten Stelle gedanklich aufgeschnitten werden (Bilden einer Schnittstelle). Die Schnittgrößen an den jeweiligen Schnittufern als Summe der Beanspruchungen müssen dann mit den äußeren Lasten dieses Ufers im Gleichgewicht stehen.

Die Beanspruchungen, ermittelt aus den Schnittgrößen, werden mit den Werkstoffgrenzwerten:

Zugfestigkeit, Fließgrenze, Dauer- und Betriebsfestigkeit, Zeitstandfestigkeit usw. unter Beachten von Kerbwirkung, Oberflächen- und Größeneinfluss (Bauteilfestigkeit) nach Festigkeitshypothesen verglichen.

Das *Prinzip der gleichen Gestaltfestigkeit* [278] strebt mittels geeigneter Wahl von Werkstoff und Form eine über die vorgesehene Betriebszeit überall gleich hohe Ausnutzung der Bauteilfestigkeit an. Es ist, wie auch das Streben nach Leichtbau [167], dann anzuwenden, wenn wirtschaftliche Gesichtspunkte nicht entgegenstehen.

Eine kraftflussgerechte Gestaltung sucht daher scharfe „Kraftflussumlenkungen" und eine Änderung der „Kraftflussdichte" infolge schroffer Querschnittsübergänge zu vermeiden, damit keine ungleichmäßigen Beanspruchungsverteilungen mit hohen Spannungsspitzen auftreten.

Diese wichtige Festigkeitsbetrachtung, die der Konstrukteur sehr häufig vornimmt, verführt oft dazu, die die Beanspruchung begleitenden Verformungen zu vernachlässigen. Sie ihrerseits vermitteln aber vielfach erst das Verständnis für das Verhalten der Bauteile, also für ihr Bewähren oder Versagen (vgl. Absatz 7.4.1-3).

2. Prinzip der direkten und kurzen Kraftleitung

In Übereinstimmung mit Leyer [168, 208] ist dieses Prinzip sehr bedeutsam:

Ist eine Kraft oder ein Moment von einer Stelle zu einer anderen bei möglichst *kleiner Verformung* zu leiten, dann ist der direkte und kürzeste

Kraftleitungsweg der zweckmäßigste. Die direkte und kurze Kraftleitung belastet nur wenige Zonen. Die Kraftleitungswege, deren Querschnitte ausgelegt werden müssen, sind ein Minimum hinsichtlich

– Werkstoffaufwand (Volumen, Gewicht) und
– resultierender Verformung.

Das ist besonders dann der Fall, wenn es gelingt, die Aufgabe nur unter Zug- oder Druckbeanspruchung zu lösen, weil diese Beanspruchungsarten im Gegensatz zur Biege- und Torsionsbeanspruchung die geringeren Verformungen zur Folge haben. Beim druckbeanspruchten Bauteil muss allerdings die Knick- und Beulgefahr besonders beachtet werden.

Wünscht man hingegen ein nachgiebiges, mit *großer elastischer Verformung* behaftetes Bauteil, so ist die Gestaltung unter einer Biege- und/oder Torsionsbeanspruchung im Allgemeinen der wirtschaftlichere Weg.

Das in Abb. 7.27 dargestellte Problem der Auflage eines Maschinengrundrahmens auf ein Betonfundament unter verschiedenen Aufgabenstellungen zeigt, wie mit der Wahl unterschiedlicher Lösungen andere Federsteifigkeiten der Abstützung entstehen und ein ganz verschiedenes Kraft-Verformungs-Verhalten erzielt wird. Das hat wiederum Konsequenzen für die betriebliche Eignung: Eigenfrequenz und Resonanzlage, Nachgiebigkeit bei zusätzlicher Belastung usw. Die steiferen Lösungen erreicht man hier bei gleichem oder geringerem Material- und Raumaufwand mit einem kurzen druckbeanspruchten Bauteil, die nachgiebigere mit der torsionsbeanspruchten Feder. Verfolgt

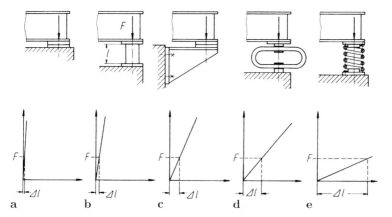

Abb. 7.27. Abstützung eines Maschinenrahmens auf einem Betonfundament. **a** Sehr steifer Kraftleitungsweg infolge kleiner Wege und geringer Beanspruchung in Auflageplatten; **b** längere, aber noch steife Kraftleitung mittels druckbeanspruchter Rohre oder Kastenprofile; **c** wenig steifer Träger mit merklicher Biegeverformung, steifere Konstruktion nur mit größerem Materialaufwand möglich; **d** gewollt nachgiebiger, biegebeanspruchter Bügel zum Messen von Auflagekräften nach Größe und Verlauf, z. B. mittels Dehnungsmessstreifen; **e** sehr nachgiebige Auflage mittels torsionsbeanspruchter Feder zur Abstimmung in Bezug auf Resonanzlage

7.4 Gestaltungsprinzipien 357

man viele konstruktive Lösungen, findet man diese Erscheinung bestätigt: z. B. Torsionsstabfeder beim Auto oder weichverlegte Rohrleitungen, die von Biege- und Torsionsverformungen Gebrauch machen.
Die Wahl der Mittel hängt also primär von der Art der Aufgabe ab, ob es sich um eine Kraftleitung handelt, bei der

- die Haltbarkeit bei möglichst hoher Steifigkeit des Bauteils eine bestimmende Rolle spielt oder
- ob gewünschte Kraft-Verformungs-Zusammenhänge erfüllt werden müssen und die Haltbarkeit nur eine begleitende, aber zu beachtende Frage ist.

Wird die *Fließgrenze überschritten*, so ist gemäß Abb. 7.28 folgendes zu beachten:

1. Wird ein *Bauteil durch eine Kraft* belastet, ist die sich einstellende Verformung eine zwangsläufige Folge. Wird dabei die Fließgrenze überschritten, ist die in der Rechnung vorausgesetzte Proportionalität zwischen Kraft und Verformung gestört: schon bei relativ geringen Kraftänderungen in der Nähe des Gipfels der Kraft-Verformungs-Kurve können instabile Zustände auftreten, die zum Bruch führen, weil die tragenden Querschnitte sich stärker vermindern als es die Verfestigung des Werkstoffes bei plastischer Verformung entspricht. Beispiel: Zugstab, Zentrifugalkraft auf Scheibe, Gewichtslast am Seil. Entsprechende Sollsicherheit gegenüber der Fließgrenze ist nötig.
2. *Wird ein Bauteil verformt*, ist eine sich einstellende Reaktionskraft die Folge. Solange sich die aufgezwungene Verformung nicht ändert, ändern sich auch die Kraft und die Beanspruchung nicht. Verbleibt man vor dem Gipfel, ist ein stabiler Zustand vorhanden, der es gestattet, auch ohne Gefahr die Fließgrenze zu überschreiten. Oberhalb der Fließgrenze hat eine größere Änderung der Verformung nur eine relativ geringe Kraftänderung zur Folge. Es dürfen allerdings zu der so gewonnenen Vorspannlast keine weiteren gleichsinnigen Betriebslasten hinzukommen, da dann die Verhältnisse wie unter 1. gelten. Eine weitere Voraussetzung ist die

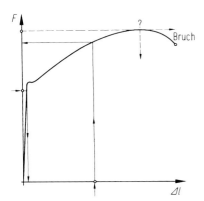

Abb. 7.28. Kraft-Verformungs-Diagramm zäher Werkstoffe. Pfeile deuten Zusammenhang von Ursache und Wirkung an

Verwendung zäher Werkstoffe und Vermeidung gleichsinnig mehrachsiger Spannungszustände. Beispiele: hochverformter Querpressverband, vorgespannte Schraube ohne Betriebslast, Klemmverbindung.

3. Prinzip der abgestimmten Verformungen

Die im Abschn. 1 entwickelte Kraftflussvorstellung ist zwar recht anschaulich, genügt aber oft nicht, die maßgeblichen Einflüsse erkennbar werden zu lassen. Neben der Festigkeitsfrage liegt der Schlüssel zum Verständnis im Verformungsverhalten der beteiligten Bauteile.

Nach dem *Prinzip der abgestimmten Verformungen* sind die beteiligten Komponenten so zu gestalten, dass unter Last eine weitgehende Anpassung mit Hilfe entsprechender, jeweils *gleichgerichteter Verformungen* bei möglichst *kleiner Relativverformung* entsteht.

Als Beispiel seien zunächst die Löt- und Klebverbindungen angeführt, bei denen die Löt- oder Klebschicht ein anderes Elastizitätsmodul hat als das zu verbindende Grundmaterial. Abbildung 7.29a zeigt den Verformungszustand, wie er in [181] dargestellt wurde. Die Verformungen und die Löt- bzw. Klebschicht sind der Anschaulichkeit halber stark übertrieben. Unter der Last F, die an der Verbindungsstelle von Teil 1 an das Teil 2 weitergeleitet wird, entstehen zunächst unterschiedliche Verformungen in den einzelnen überlappten Teilen. Die verbindende Klebschicht wird besonders an den Randzonen infolge der von Teil 1 und 2 verursachten unterschiedlichen Relativverformung verzerrt, denn Teil 1 hat an dieser Stelle noch die volle Kraft F und ist daher gedehnt; Teil 2 hat noch keine Kraft übernommen, diese Zone ist nicht gedehnt. Die unterschiedliche Schiebung in der Klebschicht erzeugt eine wesentlich über die mittlere rechnerische Scherspannung hinausgehende, örtlich höhere Beanspruchung.

Ein besonders schlechtes Ergebnis mit sehr hohen Verformungsunterschieden ist bei der Anordnung Abb. 7.29b gegeben, weil infolge entgegengerichteter, nicht aufeinander abgestimmter Verformungen der Teile 1 und 2 die Schiebung in der Klebschicht stark vergrößert wird. Hieraus ist zu lernen, dass die Verformungen der beteiligten Teile gleichgerichtet und die Verformungsbeträge, wenn möglich, gleich sein sollen.

Magyar [177] hat die Kraft- und Schubspannungsverhältnisse rechnerisch untersucht. Das Ergebnis ist in Abb. 7.30 qualitativ wiedergegeben.

Bekannt ist diese Erscheinung auch bei Schraubenverbindungen unter Anwendung sog. Druck- und Zugmuttern [328]. Die Druckmutter (Abb. 7.31a) wird gegenüber der zugbelasteten Schraube entgegengerichtet verformt. Bei Annäherung an eine Zugmutter (Abb. 7.31b) ergibt sich in den ersten Gewindegängen eine gleichgerichtete Verformung, die eine geringere Relativverformung und daher eine gleichmäßigere Beanspruchungsverteilung bewirkt. Wiegand [328] hat dies mit dem Nachweis einer besseren Dauerhaltbarkeit bestätigen können. Nach Untersuchungen von Paland [214] ist die Druckmutter allerdings nicht so ungünstig wie von Maduschka [175] angegeben,

7.4 Gestaltungsprinzipien   359

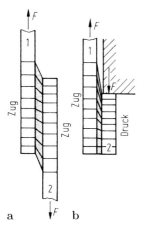

Abb. 7.29. Überlappte Kleb- oder Lötverbindung mit stark übertrieben dargestellten Verformungen nach [181]. **a** Gleichgerichtete Verformung in Teil 1 und 2; **b** entgegengerichtete Verformung in Teil 1 und 2

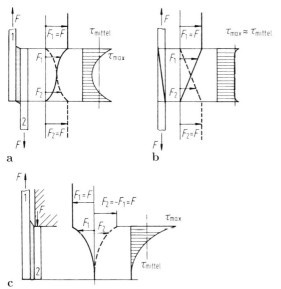

Abb. 7.30. Kraft- und Spannungsverteilung in überlappter Kleb- oder Lötverbindung nach [177]. **a** Einschichtig überlappt (Biegebeanspruchung vernachlässigt); **b** geschäftet mit linear abnehmender Blechdicke; **c** starke „Kraftflussumlenkung" mit entgegengerichteter Verformung (Biegebeanspruchung vernachlässigt)

weil das auf sie einwirkende Stülpmoment $F \cdot h$ eine zusätzliche Verformung der Mutter an der Druckauflage nach außen erzwingt und so die ersten Gewindegänge entlastet. Eine solche entlastende Verformung der Mutter infolge des Stülpmoments sowie aber auch infolge Biegung der Gewindezähne kann ebenso mit der Wahl eines geringeren Elastizitätsmoduls merklich verstärkt werden. Würden dagegen die entlastenden Verformungen mit Hilfe einer sehr steifen Mutter oder eines sehr kleinen Hebelarms h unterbunden, entsteht eine Lastverteilung ähnlich der, wie sie Maduschka angegeben hat.

Als weiteres Beispiel sei eine Welle-Nabe-Verbindung in Form eines Schrumpfsitzes angeführt. Im Wesentlichen ist dies wieder ein Verformungsproblem der beiden beteiligten Bauteile (bezüglich Biegemomentübertragung

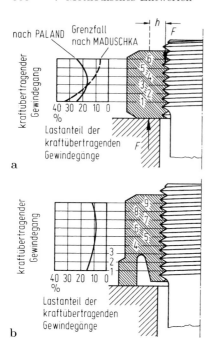

Abb. 7.31. Mutterformen und Beanspruchungsverteilung nach [328]. **a** Druckmutter, Grenzfall nach Maduschka [175], nach Paland [214] mit Rücksicht auf Verformung unter Umstülpmoment $F \cdot h$; **b** kombinierte Zug-Druck-Mutter mit gleichgerichteter Verformung im Zugteil

vgl. [125]). Beim Durchleiten des Torsionsmoments erleidet die Welle eine Torsionsverformung, die in dem Maße abgebaut wird, wie das Torsionsmoment an die Nabe übergeben wird. Die Nabe ihrerseits verformt sich entsprechend dem nun zunehmenden Torsionsmoment.

Nach Abb. 7.32a treffen die maximalen Verformungen mit entgegengesetzten Vorzeichen bei A aufeinander (entgegengerichtete Verformung) und bewirken damit eine merkliche Verschiebung der Oberflächen am Nabensitz gegeneinander. Bei Wechsel- oder Schwellmomenten kann dies zu einer Reibrostbildung führen, abgesehen davon, dass die Zonen am rechten Ende prak-

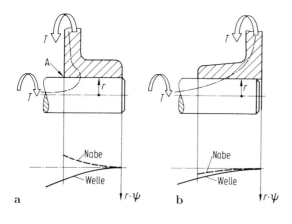

Abb. 7.32. Welle-Nabe-Verbindung. **a** mit starker „Kraftflussumlenkung", hier entgegengerichteter Torsionsverformung bei A zwischen Welle und Nabe (ψ Verdrehwinkel); **b** mit allmählicher „Kraftflussumlenkung"; hier gleichgerichtete Torsionsverformung über der gesamten Nabenlänge

tisch an einer Verformung nicht mehr teilnehmen und so auch nichts zur Drehmomentenübertragung beitragen.

Die Lösung in Abb. 7.32b ist hinsichtlich des Beanspruchungsverlaufs sehr viel günstiger, weil die resultierenden Verformungen gleichgerichtet sind. Die beste Lösung ergibt sich, wenn die Nabenverdrehsteifigkeit so abgestimmt ist, dass sie der Torsionsverformung der Welle entspricht. Auf diese Weise müssen sich alle Zonen an der Kraftübertragung beteiligen, und man gewinnt eine gleichmäßigere Kraftflussverteilung, die das geringste Beanspruchungsniveau ohne größere Beanspruchungsspitzen hat.

Auch wenn statt des Schrumpfsitzes eine Passfederverbindung vorgesehen wäre, würde die Anordnung nach Abb. 7.32a wegen der entgegengerichteten Torsionsverformung in der Nähe der Stelle A eine hohe Flächenpressungsspitze bewirken. Die Anordnung nach Abb. 7.32b hingegen kann wegen der gleichgerichteten Verformung eine gleichmäßige Pressungsverteilung sicherstellen [188].

Angewandt wird das Prinzip der abgestimmten Verformung außerdem bei Lagerstellen, die so gestaltet werden, dass das Lager eine der Wellenverformung entsprechend abgestimmte Verformung oder Einstellung ermöglicht: Abb. 7.33.

Das Prinzip der abgestimmten Verformungen ist nicht nur bei der Leitung von Kräften von einem Bauteil an das andere zu beachten, sondern auch bei der Verzweigung oder Sammlung von Kräften bzw. Momenten. Bekannt ist das Problem des gleichzeitigen Antriebs von Rädern, die in großem Abstand angeordnet werden müssen, z. B. bei Kranlaufwerken. Die in Abb. 7.34a gezeigte Anordnung hat links wegen des kurzen Kraftleitungswegs eine relativ hohe, der rechte Teil eine im Verhältnis der Längen l_1/l_2 niedrigere Torsionssteifigkeit. Beim Aufbringen des Drehmoments wird sich daher das linke Rad zuerst in Bewegung setzen, während das rechte noch stillsteht, weil erst die

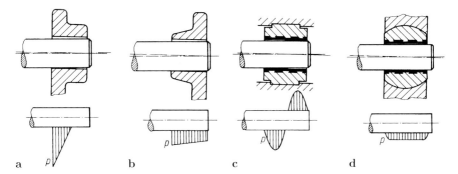

Abb. 7.33. Krafteinleitung bei Lagerstellen. **a** Kantenpressung infolge mangelnder Anpassung des Lagerauges an die verformte Welle; **b** gleichmäßigere Lagerpressung infolge Abstimmung der Verformungen; **c** fehlende Einstellbarkeit auf Wellenverformung; **d** gleichmäßigere Lagerpressung infolge Einstellbarkeit der Lagerbuchse

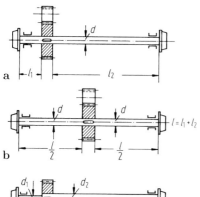

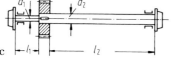

Abb. 7.34. Anwendung des Prinzips der abgestimmten Verformung, hier gleicher Verformungen, beim Antrieb von Kranlaufwerken. **a** ungleiche Torsionsverformung der Längen l_1 und l_2; **b** symmetrische Anordnung sichert gleiche Torsionsverformung; **c** asymmetrische Anordnung, aber mit gleicher Torsionsverformung mittels Anpassung der Wellendurchmesser zu einer gleichen Verdrehsteifigkeit

Abrollbewegung links die nötige Torsionsverformung rechts zur Momentenübertragung ermöglicht. Das Laufwerk erhält stets eine Schiefflauftendenz.

Wesentlich ist, für beide Wellenteile die gleiche Torsionssteifigkeit vorzusehen, die eine entsprechende Aufteilung des Anfahrdrehmoments bewirkt. Sie kann auf zwei verschiedene Weisen erzielt werden, wenn man bei nur einer Drehmomenteinleitungsstelle bleibt:

– symmetrische Anordnung (Abb. 7.34b) oder
– Anpassen der Verdrehsteifigkeit der entsprechenden Wellenteile (Abb. 7.34c).

4. Prinzip des Kraftausgleichs

Diejenigen Kräfte und Momente, die der direkten Funktionserfüllung dienen, wie Antriebsmoment, Umfangskraft, aufzunehmende Last usw. können entsprechend der Definition der Hauptfunktion als *funktionsbedingte Hauptgrößen* angesehen werden.

Daneben entstehen aber sehr oft Kräfte und Momente, die nicht zur direkten Funktionserfüllung beitragen, sich aber nicht vermeiden lassen, z. B.

– der Axialschub einer Schrägverzahnung,
– die resultierenden Kräfte aus einer Druck × Flächen-Differenz, z. B. an der Beschaufelung einer Strömungsmaschine oder an Stell- und Absperrorganen,
– Spannkräfte zur Erzeugung einer reibschlüssigen Verbindung,
– Massenkräfte bei einer hin- und hergehenden oder rotierenden Bewegung,
– Strömungskräfte, sofern sie nicht Hauptgrößen sind.

Solche Kräfte oder Momente begleiten die Hauptgrößen und sind ihnen fest zugeordnet. Sie werden als *begleitende Nebengrößen* bezeichnet und können entsprechend der Definition der Nebenfunktion unterstützend wirken oder aber nur zwangsläufig begleitend auftreten.

Die Nebengrößen belasten die Kraftleitungszonen der Bauteile zusätzlich und erfordern entsprechende Auslegung oder weitere aufnehmende Wirkflächen und Elemente, wie Absteifungen, Bunde, Lager usw. Dabei werden Gewichte und Massen größer, und oft entstehen noch zusätzliche Reibungsverluste. Daher sollen die Nebengrößen möglichst an ihrem Entstehungsort ausgeglichen werden, damit ihre Weiterleitung nicht eine schwerere Bauart oder verstärkte Lager und Aufnahmeelemente nötig machen.

Wie schon in [204] ausgeführt, kommen für einen solchen Kraftausgleich im Wesentlichen zwei Lösungsarten in Betracht:

– Ausgleichselemente oder
– symmetrische Anordnung.

In Abb. 7.35 ist schematisch dargestellt, wie an einer Strömungsmaschine, einem schrägverzahnten Getriebe und einer Kupplung die Kräfte solcher Nebengrößen grundsätzlich ausgeglichen werden können. Dabei ist das Prinzip der kurzen und direkten Kraftleitung, die möglichst wenig Kraftleitungszonen erfasst, beachtet worden. Auf diese Weise werden keine Lagerstellen zusätzlich belastet und der Bauaufwand insgesamt so gering wie möglich gehalten.

Bezüglich des Ausgleichs von Massenkräften ist die rotationssymmetrische Anordnung von Natur aus in sich ausgeglichen, bei hin- und hergehenden Massen wendet man dieselben prinzipiellen Lösungsarten an, wie Beispiele aus dem Motorenbau zeigen, wenn eine geringe Zylinderzahl einen Ausgleich untereinander nur unvollkommen ermöglicht. Verwendet werden Ausgleichselemente bzw. -gewichte oder -wellen [228] sowie symmetrische Zylinderanordnungen, z. B. Boxermotor.

In der Regel, die aber von übergeordneten Gesichtspunkten durchbrochen werden kann, wird man das Ausgleichselement bei relativ mittleren, die symmetrische Anordnung bei relativ großen auszugleichenden Kräften vorziehen.

5. Praxis der Kraftleitung

Bei der Leitung von Kräften hilft zur Gestaltung der Bauteile und Baustrukturen das physikalisch nicht definierbare, aber anschauliche Vorstellungsbild des *Kraftflusses*. Der Kraftfluss muss folgende Kriterien erfüllen:

– Der Kraftfluss muss stets geschlossen sein.
– Der Kraftfluss sollte möglichst kurz sein, was optimal durch direkte Kraftleitung erreicht wird.
– Scharfe Umlenkungen des Kraftflusses und Änderungen der Kraftflussdichte infolge schroffer Querschnittsänderungen sind zu vermeiden.

Bei komplexen Kraftleitungssituationen ist die Definition bzw. Darstellung einer Kraftfluss-Hüllfläche (Wirkzone der Kräfte) zweckmäßig, außerhalb der keine Kräfte mehr auftreten. Je kleiner diese Hüllfläche, desto kürzer

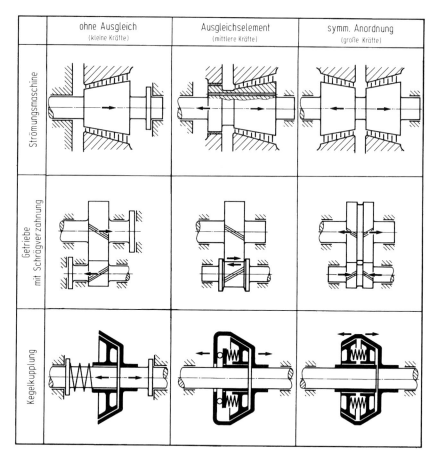

Abb. 7.35. Grundsätzliche Lösungen für Kraftausgleich am Beispiel einer Strömungsmaschine, eines Getriebes und einer Kupplung

ist auch der Kraftfluss. Ein Beispiel zeigt unterschiedliche Konzepte für eine Umlaufbiege-Prüfmaschine mit entsprechend verschiedenen Kraftfluss-Hüllflächen (Abb. 7.36).

Die Kraftflussvorstellung wird ergänzt durch die in 1. bis 4. behandelten Kraftleitungsprinzipien.

Das Prinzip der gleichen Gestaltfestigkeit

strebt mittels geeigneter Wahl von Werkstoff und Form eine über die vorgesehene Betriebszeit überall gleich hohe Ausnutzung der Festigkeit an.

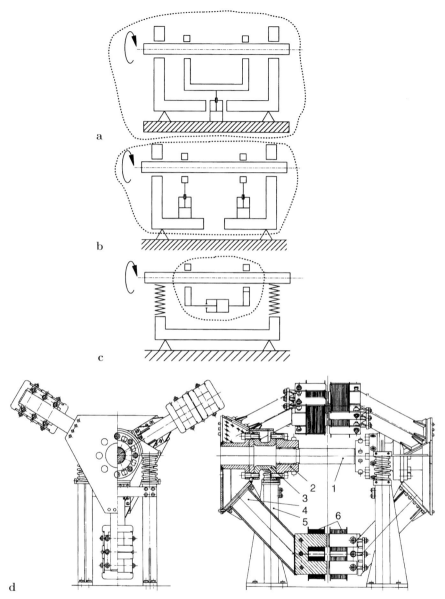

Abb. 7.36. Kraftfluss-Hüllfläche (Wirkzone der Kräfte) für eine Umlaufbiege-Prüfmaschine [330]. **a** Wirkzone erreicht den Boden; **b** Wirkzone schließt die Auflage ein; **c** Wirkzone schließt die Auflage aus; **d** gebaute Prüfmaschine nach dem Prinzip c, aber mit magnetischer Krafterregung: *1* Prüfwelle, *2* Einspannflansch, *3* Zwischenrohr, *4* Tragarm, *5* Fundamentstütze, *6* Magnetpaar

Das Prinzip der direkten und kurzen Kraftleitung

bewirkt ein Minimum an Werkstoffaufwand, Volumen, Gewicht und Verformung und ist besonders dann anzuwenden, wenn ein steifes Bauteil erwünscht ist.

Das Prinzip der abgestimmten Verformungen

beachtet die von der Beanspruchung hervorgerufenen Verformungen, sucht Anordnungen mit einem gegenseitig abgestimmten Verformungsmechanismus, damit Beanspruchungserhöhungen vermieden werden und die Funktion zuverlässig erfüllt wird.

Das Prinzip des Kraftausgleichs

sucht mit Ausgleichselementen oder mit Hilfe einer symmetrischen Anordnung die die Hauptgrößen begleitenden Nebengrößen auf kleinstmögliche Zonen zu beschränken, damit Bauaufwand und Verluste so gering wie möglich bleiben. In vielen Situationen können diese Prinzipien oft nur angenähert oder als Kombination angewendet werden.

7.4.2 Prinzip der Aufgabenteilung
Principle of the division of tasks

1. Zuordnung der Teilfunktionen

Schon beim Aufstellen der Funktionsstruktur und deren Variation stellt sich die Frage, inwieweit mehrere Funktionen durch nur eine ersetzt werden können oder ob eine Funktion in mehrere weitere Teilfunktionen aufgeteilt werden muss (vgl. 6.3).

Diese Fragen ergeben sich in analoger Form auch jetzt, wenn es gilt, die erforderlichen Funktionen mit der zweckmäßigen Wahl und Zuordnung von Funktionsträgern zu erfüllen:

– Welche Teilfunktionen können gemeinsam mit nur einem Funktionsträger erfüllt werden?
– Welche Teilfunktionen müssen mit mehreren, voneinander abgegrenzten Funktionsträgern realisiert werden?

Hinsichtlich der Zahl der Komponenten und des Raum- und Gewichtsbedarfs wäre nur ein Funktionsträger anzustreben, der mehrere Funktionen umfasst. Bezüglich des Fertigungs- und Montagevorgangs kann aber wegen der möglichen Kompliziertheit eines solchen Bauteils bereits dieser Vorteil in Frage gestellt sein. Dennoch wird man aus wirtschaftlichen Gründen zunächst danach trachten, mehr als eine Funktion mit einem Funktionsträger zu verwirklichen.

Eine Reihe von Baugruppen und Einzelteilen übernehmen mehrere Funktionen gleichzeitig oder nacheinander:

So dient die Welle, auf die ein Zahnrad aufgesetzt ist, gleichzeitig zur Leitung des Torsionsmoments und der Drehbewegung sowie zur Aufnahme der aus der Zahnnormalkraft entstehenden Biegemomente und Querkräfte. Weiterhin übernimmt sie die axialen Führungskräfte, bei Schrägverzahnung zusätzlich die Axialkraftkomponente aus der Verzahnung und sorgt zusammen mit dem Radkörper für genügend Formsteifigkeit, damit ein gleichmäßiger Zahneingriff über der Radbreite gewährleistet ist.

Eine Rohrflanschverbindung ermöglicht Verbindung und Trennung von Rohrleitungsstücken, stellt die Dichtigkeit der Trennstelle her und leitet alle Rohrkräfte und -momente weiter, die entweder aus der Rohrvorspannung oder aus Folgeerscheinungen des Betriebs durch Wärmedehnung oder durch nicht ausgeglichene Rohrkräfte entstehen.

Ein Turbinengehäuse normaler Bauart bildet den strömungsrichtigen Zu- und Abfluss für das energietragende Medium, bietet die Halterung für die Leitschaufeln, leitet die Reaktionskräfte an das Fundament bzw. die Auflage und sichert den dichten Abschluss nach außen.

Eine Druckbehälterwand in einer Chemieanlage muss ohne Beeinflussung des chemischen Prozesses eine Haltbarkeits- und Dichtungsaufgabe bei gleichzeitiger Korrosionsabwehr über lange Zeit erfüllen.

Ein Rillenkugellager vermag neben der Zentrieraufgabe sowohl Radial- als auch Axialkräfte bei relativ geringem Bauvolumen zu übertragen und ist in dieser Eigenschaft ein beliebtes Maschinenelement.

Die Vereinigung mehrerer Funktionen auf nur einen Funktionsträger stellt oft eine recht wirtschaftliche Lösung dar, solange dadurch keine schwerwiegenden Nachteile entstehen. Solche Nachteile ergeben sich aber meist dann, wenn

– die Leistungsfähigkeit des Funktionsträgers bis zur Grenzleistung bezüglich einer oder mehrerer Funktionen gesteigert werden muss,
– das Verhalten des Funktionsträgers bezüglich einer wichtigen Bedingung unbedingt eindeutig und unbeeinflusst bleiben muss.

In der Regel ist es bei der Übernahme mehrerer Funktionen dann nicht mehr möglich, den Funktionsträger hinsichtlich der zu fordernden Grenzleistung oder hinsichtlich seines eindeutigen Verhaltens optimal zu gestalten. In diesen Fällen macht man vom Prinzip der Aufgabenteilung Gebrauch [207]. Nach dem Prinzip der Aufgabenteilung wird jeder Funktion ein besonderer Funktionsträger zugeordnet. Die Aufteilung einer Funktion auf mehrere Funktionsträger kann in Grenzfällen zweckmäßig sein.

Das *Prinzip der Aufgabenteilung*

– gestattet eine weitaus bessere Ausnutzung des betreffenden Bauteils,
– erlaubt eine höhere Leistungsfähigkeit,

– sichert ein eindeutiges Verhalten und unterstützt dadurch die Grundregel „eindeutig" (vgl. 7.3.1),

weil mit der Trennung der einzelnen Aufgaben eine für jede Teilfunktion angepasste optimale Gestaltung und eindeutigere Berechnung möglich sind. Im Allgemeinen wird der bauliche Aufwand allerdings größer.

Um zu prüfen, ob das Prinzip der Aufgabenteilung sinnvoll angewandt werden kann, *analysiert* man die *Funktionen* und prüft nach, ob bei der gleichzeitigen Erfüllung mehrerer Funktionen

– Einschränkungen oder
– gegenseitige Behinderungen bzw. Störungen

entstehen.

Ergibt die Funktionsanalyse eine solche Situation, ist eine Aufgabenteilung auf eigens abgestimmte Funktionsträger, die jeweils nur die spezielle Funktion erfüllen, zweckmäßig.

2. Aufgabenteilung bei unterschiedlichen Funktionen

Beispiele aus verschiedenen Gebieten zeigen, wie vom Prinzip der Aufgabenteilung bei unterschiedlichen Funktionen vorteilhaft Gebrauch gemacht werden kann.

Bei großen Getrieben als Vermittler zwischen Turbine und Generator bzw. Kompressor besteht der Wunsch, an der Abtriebsseite des Getriebes aus Gründen der Wärmedehnung des Fundaments und der Lager sowie wegen der torsionsschwingungsmäßigen Eigenschaften eine radialnachgiebige und torsionsweiche Welle bei möglichst kurzer axialer Länge zu haben [203]. Die Getrieberadwelle muss aber wegen der Zahneingriffsverhältnisse möglichst starr sein. Hier hilft das Prinzip der Aufgabenteilung, indem das Getrieberad auf einer steifen Hohlwelle mit möglichst kurzem Lagerabstand angeordnet wird, der radial- und torsionsnachgiebige Wellenteil als innere Torsionswelle ausgebildet wird: Abb. 7.37.

Rohrwände von Zwangsdurchlaufkesseln werden als Membranrohrwände nach Abb. 7.38 gebaut. Der Feuerraum muss gasdicht sein, wenn eine Druckfeuerung verwendet wird. Weiterhin soll die Wärmeübertragung an das Kesselwasser möglichst gut sein, was geringe Wanddicken bei großen Oberflächen bedingt. Andererseits bestehen Wärmedehnprobleme und Druckdifferenzen zwischen Feuerraum und Umgebung. Hinzu kommt das Eigengewicht der Wände. Das komplexe Problem wird nach dem Prinzip der Aufgabenteilung gelöst: Die Rohrwände mit den aneinandergeschweißten Lippen bilden den dichten, abgeschlossenen Feuerraum. Die Kräfte aus der Druckdifferenz werden an gesonderte Tragkonstruktionen außerhalb des warmen Bereichs weitergegeben, die auch das Eigengewicht der meist hängenden Wände aufnehmen. Gelenkige Abstützungen zwischen Rohrwand und Tragkonstruktion sorgen für weitgehend unbehinderte Wärmedehnung.

7.4 Gestaltungsprinzipien 369

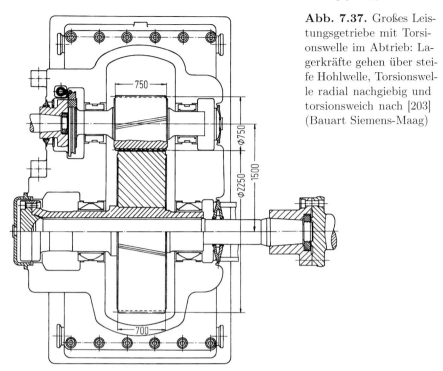

Abb. 7.37. Großes Leistungsgetriebe mit Torsionswelle im Abtrieb: Lagerkräfte gehen über steife Hohlwelle, Torsionswelle radial nachgiebig und torsionsweich nach [203] (Bauart Siemens-Maag)

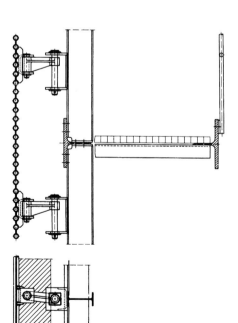

Abb. 7.38. Teil aus einer Kesselwand mit Membranwänden und gesonderter Tragkonstruktion (Bauart Babcock)

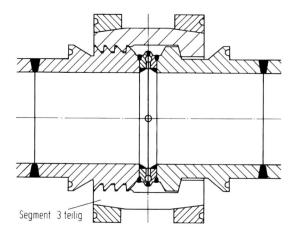

Abb. 7.39. Klammerverbindung in einer Heißdampfleitung (Bauart Zikesch)

Jedes Teil kann so seiner speziellen Aufgabe gemäß zweckentsprechend gestaltet werden.

Die Klammerverbindung einer Heißdampfleitung (Abb. 7.39) ist ebenfalls nach dem Prinzip der Aufgabenteilung aufgebaut. Kraftleiten und Abdichten werden von verschiedenen Funktionsträgern übernommen: Die Dichtfunktion übernimmt die Schweißmembrandichtung, gleichzeitig wird über den Stützteil der Schweißmembrandichtung eine Druckkraft aus der Verspannung durch die Klammer geleitet. Zugkräfte oder Biegemomente vermag die Dichtung kaum aufzunehmen, ihre Funktion und Haltbarkeit wären gestört. Alle Rohrleitungskräfte und -momente werden von der Klammerverbindung übernommen, die wiederum nach dem Prinzip der Aufgabenteilung gestaltet ist. Mittels Formschluss gibt die aus Segmenten gebildete Klammer Kräfte und Biegemomente weiter. Die Schrumpfringe halten ihrerseits die Klammersegmente reibschlüssig auf einfache und zweckmäßige Weise zusammen. Jedes Teil lässt sich seiner Aufgabe gemäß optimal gestalten und ist für sich gut berechenbar.

Gehäuse von Strömungsmaschinen müssen für einen in allen Betriebs- und Wärmezuständen dichten Abschluss sorgen, sollen das Strömungsmedium möglichst verlust- und wirbelfrei führen, müssen den Leitschaufelkanal bilden und die Leitschaufeln selbst halten. Vor allem geteilte Gehäuse mit einem axialen Teilflansch neigen bei Temperaturänderungen an den Übergangsstellen von Einlauf bzw. Auslauf zum Schaufelkanal wegen der erzwungenen, starken Gehäuseformänderung zum Verzug und Undichtwerden [224].

Weitgehende Abhilfe bringt ein Schaufelträger, der eine Aufgabenteilung ermöglicht. Der Leitschaufelkanal und die Schaufelbefestigung können ohne Rücksicht auf das größere Gehäuse mit seinen Ein- und Auslaufpartien gestaltet werden. Das äußere Gehäuse vermag man nun ausschließlich nach Haltbarkeits- und Dichtigkeitsgesichtspunkten auszulegen: Abb. 7.40.

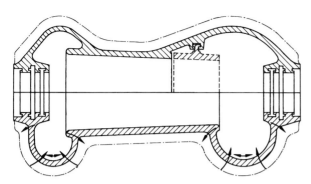

Abb. 7.40. Axialgeteiltes Turbinengehäuse nach [224]; untere Hälfte konventionell, obere Hälfte mit Schaufelträger

Ein weiteres Beispiel sei dem Apparatebau im Zusammenhang mit der Ammoniak-Synthese entnommen. Stickstoff und Wasserstoff werden in einem Behälter bei hohen Drücken und Temperaturen zusammengeführt. Bei ferritischen Stählen würde der Wasserstoff in den Stahl eindringen, ihn entkohlen und eine Zersetzung an den Korngrenzen unter Bildung von Methan bewirken [117]. Die konstruktive Lösung wird ebenfalls nach dem Prinzip der Aufgabenteilung möglich. Die Dichtungsaufgabe übernimmt ein austenitisches, also gegen Wasserstoffkorrosion beständiges Futterrohr. Die Stütz- und Haltbarkeitsaufgabe erfüllt der umschließende Druckbehälter aus hochfestem, aber nicht gegen Wasserstoff beständigem ferritischen Stahl.

Bei elektrischen Leistungsschaltern gemäß Abb. 7.41 werden zwei oder sogar drei Kontaktsysteme vorgesehen, bei denen Kontaktpaar 1 beim Schließen oder Öffnen des Schalters zunächst den Spannungsstoß (Lichtbogen) aufnimmt, während die Hauptschaltstücke 3 die eigentliche Stromübertragung

Abb. 7.41. Kontaktanordnung eines Leistungsschalters (Bauart AEG). *1* Abreißschaltstück, *2* Zwischenschaltstücke, *3* Hauptschaltstücke

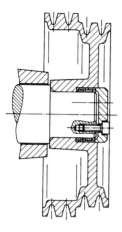

Abb. 7.42. Ringfeder-Spannelemente mit gesonderter Zentrierung

im Beharrungszustand ermöglichen. Die Abreißschaltstücke werden dabei von einem Abbrand befallen, d. h. sie sind als Verschleißteile zu betrachten, während die Hauptkontakte hinsichtlich Berührungsfläche für die spezielle Strombelastung ausgelegt werden müssen.

Eine Aufgabenteilung ist z. B. auch auf Abb. 7.42 zu erkennen: Die Ringfeder-Spannelemente übertragen das Drehmoment, und die daneben angeordnete Zylinderfläche stellt den zentrischen und taumelfreien Sitz der Riemenscheibe sicher, was das Spannelement allein, wenigstens bei höheren Genauigkeitsansprüchen, nicht zu bieten vermag.

Ein weiteres Beispiel findet man in Wälzlageranordnungen, bei denen zur Erhöhung der Lebensdauer des Festlagers die Aufnahme von Radial- und Axialkräften sehr klar getrennt wird: Abb. 7.43. Das Rillenkugellager ist am Außenring radial nicht geführt und dient so bei kleinem Raumbedarf aus-

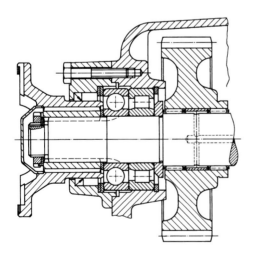

Abb. 7.43. Festlager mit Trennung der Radial- und Axialkraftübernahme

schließlich zur Aufnahme von Axialkräften, das Rollenlager übernimmt dagegen nur die Radialkräfte.

Konsequent ist weiterhin das Prinzip der Aufgabenteilung bei den Mehrschicht-Flachriemen verfolgt. Sie bestehen einerseits aus einem Kunststoffband, das in der Lage ist, die hohen Zugkräfte zu übertragen, andererseits ist die Laufseite dieses Bandes mit einer Chromlederschicht versehen, die für einen hohen Reibwert zur Leistungsübertragung sorgt. Ein weiteres Beispiel ist in Abb. 7.18 für eine Rotorblattbefestigung eines Hubschraubers zu finden.

3. Aufgabenteilung bei gleicher Funktion

Wird infolge Leistungs- oder Größensteigerung eine Grenze erreicht, kann sie durch Aufteilen der gleichen Funktion auf mehrere gleiche Funktionsträger überwunden werden. Im Prinzip handelt es sich um eine *Leistungsverzweigung* und eine anschließende Sammlung. Hierfür können ebenfalls viele Beispiele angeführt werden:

Die Übertragungsfähigkeit eines Keilriemens, der selbst nach dem Prinzip der Aufgabenteilung aufgebaut ist, kann nicht durch eine Querschnittsvergrößerung (Zahl der übertragenden Zugstränge pro Riemen) beliebig gesteigert werden, weil bei gleichem Scheibendurchmesser eine steigende Riemenhöhe h (Abb. 7.44) die Biegebeanspruchung steigen lässt. Die damit verbundene Verformungsarbeit wächst, und das wärmeflusshemmende, mit Hystereseeigenschaften behaftete Gummifüllmaterial erfährt eine zu große Erwärmung, was die Lebensdauer verringern würde. Eine überproportionale Breite des Riemens dagegen würde seine notwendige Quersteifigkeit zur Aufnahme der an den Keilflächen wirkenden Normalkräfte unzulässig herabsetzen. Die Leistungssteigerung ergibt sich, wenn die Gesamtleistung in entsprechende Teilleistungen aufgeteilt wird, die jeweils die Grenzleistung des Einzelriemens unter Berücksichtigung seiner Lebensdauer darstellt (Mehrfachanordnungen paralleler Keilriemen).

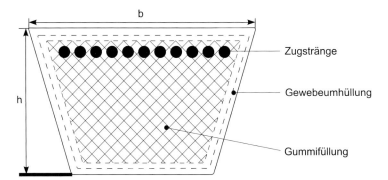

Abb. 7.44. Querschnitt durch einen Keilriemen

Heißdampfleitungen aus Austenit, mit dem um etwa 50% höheren Wärmeausdehnungskoeffizienten gegenüber üblichem ferritischen Rohrstahl, haben eine hohe Steifigkeit. Bei gleichem Innendruck und gleichen Werkstoffgrenzwerten bleibt das Verhältnis Außen-/Innendurchmesser einer Rohrleitung konstant, wenn man den Innendurchmesser variiert. Der Durchsatz hängt bei konstanter Strömungsgeschwindigkeit von der 2. Potenz, die Biege- und Torsionssteifigkeit von der 4. Potenz des Innendurchmessers ab. Eine Aufteilung in z Rohrstränge statt eines großen Rohrs würde bei gleichem Querschnitt, allerdings steigenden Druck- und Wärmeverlusten, die für die Wärmedehnung so hinderliche Steifigkeit auf $1/z$ herabsetzen. Bei vier bzw. acht Rohrsträngen ergibt sich dann nur noch $1/4$ bzw. $1/8$ der Reaktionskräfte wie bei einem großen, steifen Rohr [29, 279]. Außerdem werden durch Wanddickenreduzierung die Wärmespannungen herabgesetzt.

Zahnradgetriebe, insbesondere Planetengetriebe, machen durch Mehrfacheingriff vom Prinzip der Aufgabenteilung, hier Leistungsteilung, Gebrauch. Da das Ritzel ohnehin dauerfest ausgelegt ist, kann, solange die Erwärmung in beherrschbaren Grenzen bleibt, mit Mehrfacheingriff die übertragbare Leistung gesteigert werden. Bei der rotationssymmetrischen Anordnung von Planetengetrieben nach Kraftausgleichsprinzipien (vgl. 7.4.1-4) entfällt sogar die Wellenbiegung infolge der Zahnnormalkräfte, allerdings wird die Torsionsverformung wegen des größeren Leistungsflusses stärker: Abb. 7.45. In großen Leistungsgetrieben macht man von diesem Prinzip in den sog. Mehrweggetrieben, die dann nur mit den genauer herstellbaren außenverzahnten Stirnrädern ausgerüstet sind, vorteilhaft Gebrauch. Wie in [96] dargestellt, ist eine der Anzahl der Leistungsflüsse entsprechende Leistungssteigerung möglich. Allerdings kann sie nicht ganz proportional steigen, weil in den einzelnen Stufen eine andere Flankengeometrie mit etwas höherer Flankenbeanspruchung entsteht. Grundsätzliche Anordnungen zeigt Abb. 7.46.

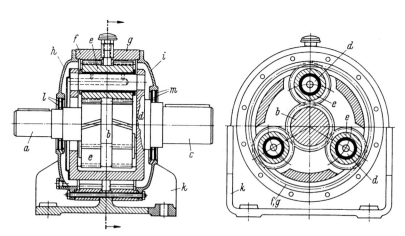

Abb. 7.45. Planetengetriebe mit Leistungsverzweigung und frei einstellbarem Ritzel nach [97]

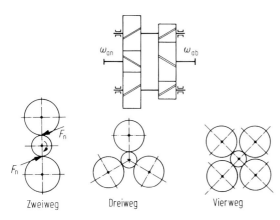

Abb. 7.46. Grundsätzlicher Aufbau von Mehrweggetrieben nach [203]

Problematisch bleibt beim Prinzip der Aufgabenteilung mit gleicher Funktion die gleichmäßige Heranziehung aller Teileelemente zur vollen Funktionserfüllung, d. h. die Sicherstellung einer *gleichmäßigen Kraft- bzw. Leistungsverteilung*. Sie kann im Allgemeinen nur erreicht werden, wenn die beteiligten Elemente

- sich entweder auf die Kraftwirkung im Sinne eines Kraftausgleichs selbsttätig einstellen können oder
- eine flache Kennlinie zwischen maßgebender Größe (Kraft, Moment usw.) und ausgleichender Eigenschaft (Federweg, Nachgiebigkeit usw.) haben.

Im Fall des Keilriemenantriebs muss der Umfangskraft eine hinreichend große Riemendehnung gegenüberstehen, die Toleranzabweichungen in der Riemenlänge und unterschiedliche Wirkdurchmesser infolge von Abmessungstoleranzen am Riemen und in der Scheibenrille oder von Parallelitätsfehlern der Wellen mit nur sehr geringer Kraftänderung ausgleicht.

Beim Beispiel der Rohrleitung müssen die einzelnen Rohrwiderstände, Zu- und Abströmverhältnisse sowie auch die Geometrie der Rohranordnung möglichst gleich und die einzelnen Verlustbeiwerte klein sowie von der Strömungsgeschwindigkeit wenig beeinflussbar sein.

Bezüglich der Mehrweggetriebe muss eine streng symmetrische Anordnung für gleiche Steifigkeiten und Temperaturverteilungen über dem Umfang sorgen. Mittels gelenkiger oder sehr nachgiebiger Anordnungen oder Einstellelemente [97] ist das gleichmäßige Teilnehmen aller Komponenten an der Kraftleitung zu sichern.

Abbildung 7.47 gibt ein Beispiel für eine nachgiebige Anordnung. Weitere Ausgleichsmittel, wie elastische und gelenkige Glieder, sind in [97] zu finden.

Insgesamt bietet das Prinzip der Aufgabenteilung eine Steigerung der Grenzleistung oder der Anwendungsbereiche. Bei Aufteilung auf verschiedene Funktionsträger gewinnt man eindeutige Verhältnisse hinsichtlich Wirkung und Beanspruchung. Bei der Aufteilung einer gleichen Funktion auf mehrere, aber gleiche Funktionsträger kann man ebenfalls spezifische Gren-

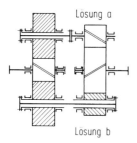

Abb. 7.47. Lastausgleich bei Mehrweggetrieben mittels elastischer Torsionswelle nach [203]

zen hinausschieben, wenn man mit entsprechend einstellbaren oder sich selbst anpassenden Elementen für einen allseits gleichen Leistungs- bzw. Kraftfluss sorgt.

Bei Tragstrukturen (wie Abstützungen und Lagerungen) mit Verzweigung der Kraftleitung kann eine gleichmäßigere Lastverteilung durch Anpassung des Steifigkeitsverhaltens erreicht werden. Bei der Steifigkeitsanalyse sind Ort und Richtung des äußeren Kraftangriffs zu beachten, da sie das Verformungsverhalten beeinflussen. Mit Hilfe der Methode der Finiten Elemente ist die Beurteilung relativ leicht durchführbar (vgl. Prinzip der abgestimmten Verformung 7.4.1-3).

Im Allgemeinen steigt der bauliche Aufwand, was eine insgesamt höhere Wirtschaftlichkeit oder Sicherheit ausgleichen muss.

7.4.3 Prinzip der Selbsthilfe
Principle of self-help

1. Begriffe und Definitionen

Im vorhergehenden Abschnitt wurde das Prinzip der Aufgabenteilung besprochen, bei dessen Anwendung eine größere Grenzleistung und ein eindeutigeres Verhalten der Bauteile ermöglicht wird. Dies wurde nach einer Analyse der Teilfunktionen mit getrennter Zuordnung entsprechender Funktionsträger erreicht, die sich in ihrer Wirkungsweise nicht gegenseitig beeinflussen oder stören.

Nach einer analytischen Betrachtung der Teilfunktionen und ihrer in Betracht kommenden Funktionsträger kann nach dem *Prinzip der Selbsthilfe* durch geschickte Wahl der Systemelemente und ihrer Anordnung im System selbst eine sich gegenseitig unterstützende Wirkung erzielt werden, die hilft, die Funktion besser zu erfüllen.

Der Begriff der *Selbsthilfe* umfasst in einer *Normalsituation* (Normallast) die Bedeutung von gleichsinnig mitwirken aber auch entlasten und ausgleichen, in einer *Notsituation* (Überlast) die Bedeutung von schützen oder retten. Bei einer selbsthelfenden Konstruktion entsteht die erforderliche *Gesamtwirkung* aus einer Ursprungswirkung und einer Hilfswirkung.

Die *Ursprungswirkung* leitet den Vorgang ein, stellt die notwendige Anfangssituation sicher und entspricht in vielen Fällen bezüglich der Wirkung

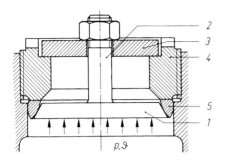

Abb. 7.48. Selbstdichtender Deckelverschluss. *1* Deckel, *2* zentrale Schraube, *3* Traverse, *4* Gewindestück mit Sägezahngewinde, *5* Metall-Dichtring; *p* Innendruck, *δ* Temperatur

der herkömmlichen Lösung ohne Hilfswirkung, jedoch mit entsprechend kleinerer Wirkungshöhe.

Die *Hilfswirkung* wird aus funktionsbedingten Hauptgrößen (Umfangskraft, Drehmoment usw.) und/oder aus deren begleitenden Nebengrößen (Axialkraft aus Schrägverzahnung, Zentrifugalkraft, Kraft aus Wärmedehnung usw.) gewonnen, sofern eine fest definierte Zuordnung zwischen ihnen gegeben ist. Eine Hilfswirkung kann aber auch mit Hilfe einer anderen Kraftflussverteilung und damit geänderten aber tragfähigeren Beanspruchungsart oder -verteilung gewonnen werden.

Die Anregung, das Prinzip der Selbsthilfe zu formulieren, geht auf den sog. Bredtschneider-Uhde-Verschluss zurück, der einen selbstdichtenden Deckelverschluss vornehmlich für Druckbehälter darstellt [237]. Abbildung 7.48 zeigt schematisch eine solche Anordnung. Der Deckel *1* wird mit Hilfe einer zentralen Schraube *2* über die Traverse *3* und Gewindestück *4* gegen die Dichtung *5* mit einer relativ geringen Kraft gepresst. Diese Kraft stellt die Initial- oder Ursprungswirkung dar und sorgt dafür, dass die Teile in der richtigen Lage miteinander Kontakt haben. Mit zunehmendem Betriebsdruck *p* wird nun aus der Deckelkraft = Innendruck × Deckelfläche eine Hilfswirkung aufgebaut, die die Dichtkraft an den Dichtstellen sowohl am Deckel als auch am Gehäuse im notwendigen Maße als gewünschte Gesamtwirkung steigen lässt. Mit Hilfe des jeweiligen Betriebsdrucks wird der dazugehörige Dichtdruck am Dichtring also selbsttätig erzeugt.

Angeregt durch diese selbstdichtende konstruktive Lösung wurde dann in [206, 209] das Prinzip der Selbsthilfe formuliert und von Kühnpast [161], umfassend untersucht und dargestellt.

Es kann zweckmäßig sein, den Anteil der Hilfswirkung H an der Gesamtwirkung G quantitativ anzugeben, man erhält dann den

Selbsthilfegrad $\kappa = H/G = 0\ldots 1$.

Den Gewinn, den man mit der selbsthelfenden Lösung erreichen kann, bezieht man auf eine oder mehrere technische Anforderungen: Wirkungsgrad, Gebrauchsdauer, Werkstoffausnutzung, technische Grenze usw.

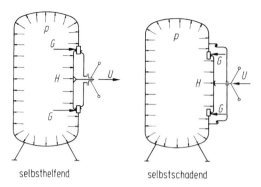

Abb. 7.49. Anordnung eines Mannlochdeckels. *U* Ursprungswirkung; *H* Hilfswirkung; *G* Gesamtwirkung; *p* Innendruck

Es wird definiert als

$$\text{Selbsthilfegewinn } \gamma = \frac{\text{techn. Kenngröße mit Selbsthilfe}}{\text{techn. Kenngröße ohne Selbsthilfe}}.$$

Ist mit dem Prinzip der Selbsthilfe ein konstruktiver Mehraufwand verbunden, muss mit dem Selbsthilfegewinn ein entsprechender Vorteil entstehen, der bei einer technisch-wirtschaftlichen Bewertung zum Ausdruck kommt.

Gleiche konstruktive Mittel können je nach Anordnung *selbsthelfend* oder *selbstschadend* wirken. Als Beispiel sei die Anordnung eines Mannlochdeckels angeführt: Abb. 7.49. Solange in dem Behälter ein gegenüber dem Außendruck höherer Druck herrscht, ist die linke Anordnung selbsthelfend, da die Deckelkraft (Hilfswirkung) im Sinne der Spannschraubenkraft (Ursprungswirkung) die Dichtkraft (Gesamtwirkung) erhöht.

Die rechte Anordnung hingegen ist selbstschadend, da die Deckelkraft *H* die Dichtkraft *G* gegen die Schraubenkraft *U* herabsetzt. Würde dagegen im Behälter Unterdruck herrschen, wäre die linke Anordnung selbstschadend, die rechte selbsthelfend (vgl. auch Diagramm in Abb. 7.50).

Aus diesem Beispiel kann man erkennen, dass in Bezug auf den Selbsthilfeeffekt immer die entstehenden Wirkungen zu betrachten sind: hier die aus der elastischen Verspannung sich ergebenden Dichtkräfte und nicht die einfache Addition von Spannschraubenkraft und Deckelkraft. Das Diagramm in Abb. 7.50 ist gleichzeitig ein Kraft-Verformungs-Diagramm einer unter Vorspannung und mit Betriebskraft belasteten Schraubenverbindung. Die herkömmliche Flansch-Schrauben-Verbindung kann man als selbstschadend bezeichnen, denn die gewünschte Gesamtwirkung, nämlich die Dichtkraft, wird im Betriebsfall stets kleiner als die ursprüngliche Vorspannkraft. Die Belastung der Schraube steigt dabei. Wenn möglich, sollten aber Anordnungen gesucht werden, die im selbsthelfenden Bereich liegen, indem mittels Selbsthilfe die gewünschte Gesamtwirkung (Dichtkraft) steigt und die Schraubenbelastung im Betrieb sinkt. (Beispiele für selbsthelfende Anordnung von Schraubenverbindungen findet man in den Abb. 7.53a–d.)

Mit Rücksicht auf die gezielte Anwendung in der Praxis ist es zweckmäßig, selbsthelfende Lösungen wie in Tabelle 7.3 zu unterteilen.

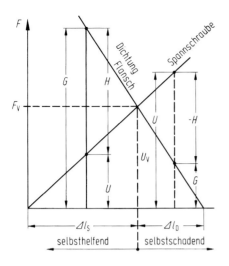

Abb. 7.50. Verspannungsdiagramm zu Abb. 7.49. F Kräfte; F_V Vorspannkraft; Δl Längenänderung; Index S: Spannschraube, Index D: Dichtung/Flansch

Tabelle 7.3. Übersicht zu selbsthelfenden Lösungen

	Normallast		Überlast
Art der Selbsthilfe Hilfswirkung infolge	Selbstverstärkend Haupt- und Nebengrößen	Selbstausgleichend Nebengrößen	Selbstschützend geänderte Beanspruchungsart
Wichtiges Merkmal	Haupt- oder Nebengrößen wirken mit anderen Hauptgrößen gleichsinnig	Nebengrößen wirken Hauptgrößen entgegen	Geänderter Kraftfluss z. B. infolge elastischer Verformung; Einschränkung der Funktion zugelassen

2. Selbstverstärkende Lösungen

Bei der selbstverstärkenden Lösung wird bereits unter Normallast die Hilfswirkung in fester Zuordnung aus einer funktionsbedingten Hauptgröße und/oder Nebengröße gewonnen, wobei sich eine verstärkte Gesamtwirkung ergibt. Diese Gruppe von selbsthelfenden Lösungen ist am häufigsten vertreten. Sie bietet im Teillastbereich besondere Vorteile hinsichtlich größerer Gebrauchsdauer, geringeren Verschleißes, besseren Wirkungsgrads usw., weil die kraftführenden Komponenten nur in dem Maße belastet oder eingesetzt werden, wie sie der augenblickliche Leistungs- oder Lastzustand zur Funktionserfüllung gerade erfordert.

Als erstes Beispiel sei ein stufenlos verstellbares Reibradgetriebe (Abb. 7.51) besprochen:

Die Feder a presst den auf der Welle b frei verschiebbaren Topf c gegen die Kegelscheibe d und stellt damit die Ursprungswirkung (Initialwirkung) sicher. Bei Einleitung eines Drehmoments wird die auf der Welle b sitzende Rolle e gegen die schräge Kante f des Topfs c gedrückt und erzeugt dort eine

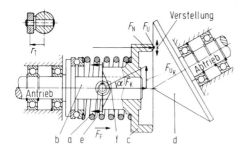

Abb. 7.51. Stufenlos verstellbares Reibradgetriebe. a Vorspannfeder; b Antriebswelle; c Topfscheibe; d Kegelscheibe; e Rolle; f schräge Kante an Topfscheibe; r_T Radius, an dem F_{U_K} und F_K angreifen

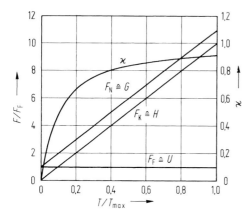

Abb. 7.52. Selbsthilfegrad κ sowie Ursprungs-(U), Hilfs-(H) und Gesamtwirkung (G) in Abhängigkeit vom bezogenen Drehmoment T/T_{max} für Reibradgetriebe nach Abb. 7.51

Normalkraft, die sich in eine Umfangskraft F_{U_K} und eine axiale Kraft F_K zerlegt, die ihrerseits die Anpreßkraft F_N auf die Kegelscheibe in fester Zuordnung zum Drehmoment erhöht, $F_K = T/(r_T \cdot \tan\alpha)$.

Die Kraft F_K stellt die aus dem Drehmoment gewonnene Hilfswirkung dar. Die Gesamtwirkung ergibt sich aus der Federkraft F_F (Ursprungswirkung) und der vom Drehmoment T abhängigen Kraft F_K (vgl. Diagramm Abb. 7.52). Die für das übertragbare Drehmoment maßgebende Umfangskraft ist somit

$$F_U = (F_F + F_K) \cdot \mu,$$

der Selbsthilfegrad $\kappa = H/G = F_K/(F_F + F_K)$.

Es ist einsichtig, dass z. B. die Pressung an der Reibscheibe, die den Verschleiß und die Gebrauchsdauer eines solchen Triebs mitbestimmt, nur in dem Maße aufgebaut wird, als es gerade erforderlich ist. Eine konventionelle Lösung ohne Selbstverstärkung hätte eine mit der Federkraft F_F allein aufzubringende Normalkraft entsprechend 100% Drehmoment erfordert, wobei unter allen Lastzuständen die höchste Pressung an der Reibstelle geherrscht hätte. Damit wären auch die Lagerstellen des Getriebes ständig merklich höher belastet worden, was zu verminderter Gebrauchsdauer oder zu einer schwereren Bauart geführt hätte.

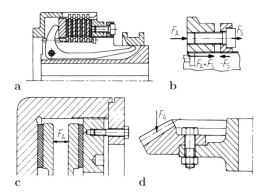

Abb. 7.53. Selbstverstärkende, reibschlüssige Verbindungen mit Hilfe von Schrauben. **a** Lamellenkupplung mit Einstellring; **b** Kräfte am Einstellring; **c** einstellbare Scheibe an Zweischeiben-Reibungskupplung; **d** Tellerradbefestigung, symmetrischer Angriff der Kräfte

Ein Überschlag zeigt, dass z. B. der Teillastbetrieb von etwa 75% der Nennlast eine Lagerentlastung um etwa 20% bewirkt, was wegen des exponentiellen Zusammenhangs zwischen Lebensdauer und Lagerlast zu einer Verdoppelung der theoretischen Gebrauchsdauer führen kann. Der Selbsthilfegewinn hinsichtlich der Lagerlebensdauer wird in diesem Fall wie folgt definiert:

$$\gamma_{\mathrm{L}} = \frac{L_{\mathrm{mit\ Selbsthilfe}}}{L_{\mathrm{ohne\ Selbsthilfe}}} = \left(\frac{C/(0{,}8 F_{\mathrm{L}})}{C/F_{\mathrm{L}}}\right)^p = 1{,}25^p$$

mit $p = 3$ wird $\gamma_{\mathrm{L}} = 2$.

Ein typisches Beispiel ist der Sespaantrieb [157]. Abbildung 7.53 zeigt weiterhin selbstverstärkende Anordnungen durch von Schrauben verspannte Kontaktflächen, bei denen die Reibkräfte in Folge der Betriebskräfte verstärkt, die Schrauben aber entlastet werden.

Die Anwendung des Prinzips der Selbsthilfe auf selbstverstärkende Bremsen beschreiben Kühnpast [161] und Roth [233]. Je nach Anwendung kann sogar die selbstschadende, hier selbstschwächende Lösung interessant sein, die die Auswirkung von Reibungsschwankungen auf das Bremsmoment reduziert [107, 233].

Ein weiteres Feld nehmen die selbstverstärkenden Dichtungen ein: Abb. 7.54. Hier wird der jeweilige Betriebsdruck, gegen den abgedichtet werden muss, zur Erzeugung der Hilfswirkung herangezogen.

Schließlich soll auch ein Fall nicht unerwähnt bleiben, bei dem eine Nebengröße die Hilfswirkung erzeugt. Bei einem hydrostatischen Axiallager tritt durch Zentrifugalkraftwirkung eine Druckerhöhung ein, die nach Abb. 7.55 bei hohen Drehzahlen eine Tragfähigkeitsverbesserung erzielt, sofern die entstehende Wärme abgeführt werden kann. Die Hilfswirkung wäre die Tragfähigkeitsverbesserung infolge des unter Zentrifugalkraftwirkung allein entstehenden kinetischen Öldrucks, die Gesamtwirkung entsteht aus der Tragfähigkeit des statischen und des kinetischen Druckverlaufs. Nach Kühnpast [161] könnte z. B. bei einer Drehzahl von 166 U/s bei einem Selbsthilfegrad von

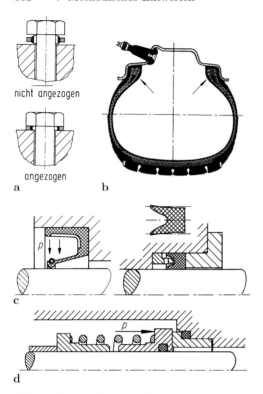

Abb. 7.54. Selbstverstärkende Dichtungen. **a** Selbstdichtende Unterlegscheibe „Usit-Ring"; **b** schlauchloser Autoreifen; **c** Radial-Wellendichtung; **d** Manschettendichtung; **e** Gleitringdichtung

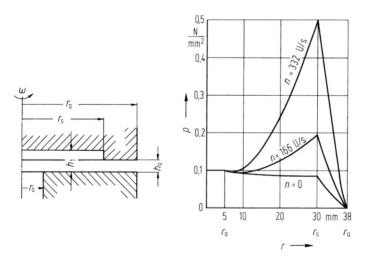

Abb. 7.55. Selbsthilfeeffekt bei hydrostatischen Axiallagern nach [161]

$\kappa = 0{,}38$ ein Selbsthilfegewinn von $\gamma = 1{,}6$ gegenüber dem Stillstand erreicht werden.

Eine Hilfswirkung einer weiteren Nebengröße, nämlich des Temperatureinflusses bei Schrumpfringen einer Turbine, ist in [206] dargestellt.

3. Selbstausgleichende Lösungen

Bei der selbstausgleichenden Lösung wird ebenfalls bereits unter Normallast eine ausgleichende Hilfswirkung aus begleitenden Nebengrößen in fester Zuordnung zu einer Hauptgröße gewonnen, wobei die Hilfswirkung der Ursprungswirkung entgegenwirkt und dadurch einen Ausgleich erzielt, der eine höhere Gesamtwirkung ermöglicht.

Ein einfaches Beispiel ist im Turbomaschinenbau zu finden. Eine auf einem Rotor befestigte Schaufel unterliegt einmal der Biegebeanspruchung der auf sie wirkenden Umfangskraft und zum anderen der Zentrifugalkraftbeanspruchung. Beide addieren einander und gestatten dann wegen Erreichen der zulässigen Spannung nur eine bestimmte übertragbare Umfangskraft: Abb. 7.56. Durch Schrägstellen der Schaufel erzeugt man eine Hilfswirkung, indem eine weitere, nun zusätzlich auftretende Biegebeanspruchung aus der am exzentrischen Schwerpunkt der Schaufel angreifenden Zentrifugalkraft der ursprünglichen Biegebeanspruchung entgegenwirkt und so eine größere Umfangskraft, d. h. Schaufelleistung, ermöglicht. Wie weit man einen solchen

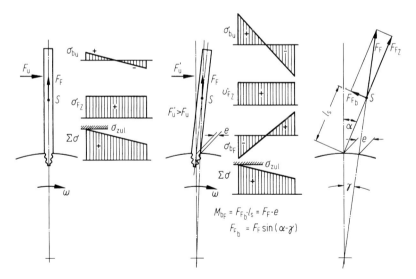

Abb. 7.56. Selbstausgleichende Lösung bei der Anordnung von Schaufeln in Strömungsmaschinen. **a** Konventionelle Lösung; **b** Schrägstellung der Schaufel ergibt ausgleichende Hilfswirkung infolge zusätzlicher Fliehkraftbeanspruchung σ_{b_F}, die der Schaufelbiegebeanspruchung σ_{b_u} entgegenwirkt und dadurch eine größere Umfangskraft ermöglicht; **c** zugehöriges Kräftediagramm

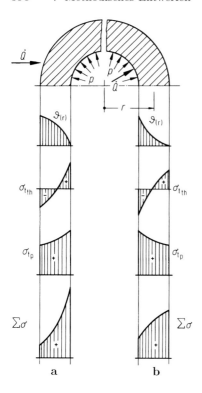

Abb. 7.57. Tangentialspannungen in einem dickwandigen Rohr infolge des Innendrucks σ_{t_P} und der Temperaturunterschiede unter quasistationärem Wärmefluss $\sigma_{t_{th}}$. **a** Nichtausgleichende Lösung: thermische Beanspruchung addiert sich an der Innenfaser zur maximalen mechanischen Beanspruchung; **b** selbstausgleichende Lösung: thermische Beanspruchung wirkt an der Innenfaser der maximalen mechanischen Beanspruchung entgegen

Ausgleich treibt, hängt von den aerodynamischen und mechanischen Bedingungen ab.

Ein ebenfalls selbstausgleichender Effekt ist z. B. mit Hilfe von Wärmespannungen möglich, indem man die Anordnung so wählt, dass die entstehenden Wärmespannungen den anderen z. B. aus Überdruck oder sonstigen mechanischen Belastungen entgegenwirken: Abb. 7.57.

Die Beispiele sollen anregen, in einem technischen System Anordnungen oder Gestaltungen so vorzunehmen, dass

– Kräfte und Momente mit ihren resultierenden Beanspruchungen einander weitgehend aufheben oder
– zusätzliche Kräfte oder Momente in fester, definierter Zuordnung entstehen, die einen solchen Ausgleich zur Leistungserhöhung ermöglichen.

4. Selbstschützende Lösungen

Tritt der Überlastfall ein, so sollte, wenn nicht eine Sollbruchstelle o. ä. gefordert ist, das Bauteil nicht zerstört werden. Dies gilt besonders dann, wenn der Überlastfall in begrenzter Höhe mehrfach auftreten kann. Sind besondere Sicherheitseinrichtungen, die z. B. eine bestimmte Lasthöhe begrenzen müssen, nicht nötig, ist eine selbstschützende Lösung vorteilhaft. Sie bietet sich manchmal auf einfache Weise an.

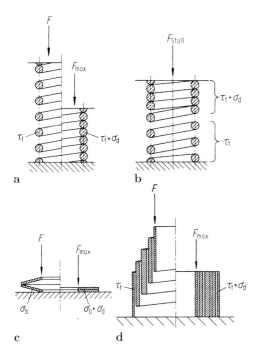

Abb. 7.58. Selbstschützende Lösung bei Federn. a bis d Blocksetzen erzeugt andere Kraftflussverteilung mit geänderter Beanspruchungsart, ursprüngliche Funktionsfähigkeit im Überlastfall aufgehoben bzw. eingeschränkt

Die selbstschützende Lösung bezieht ihre Hilfswirkung aus einem zusätzlichen anderen Kraftleitungsweg, der bei Überlast im Allgemeinen mittels elastischer Verformung erreicht wird. Dadurch entsteht eine andere Kraftflussverteilung und somit auch eine andere Beanspruchungsart, die insgesamt tragfähiger ist. Allerdings werden dabei oft die unter Normallast bestehenden funktionellen Eigenschaften entweder geändert, eingeschränkt oder aufgehoben.

Die in Abb. 7.58 dargestellten Federelemente haben solche selbstschützenden Eigenschaften. Man bezeichnet dies auch mit Blocksetzen. Die im Normalfall unter Torsions- oder Biegebeanspruchung stehenden Federteile leiten beim Blocksetzen im Überlastfall die zusätzliche Kraft von Windung zu Windung unter Druckbeanspruchung weiter. Dieser Effekt tritt unter Umständen auch ein, wenn Federn stoßartig beansprucht werden und die Stoßkraft entsprechend weitergeleitet wird (vgl. Abb. 7.58b).

Abbildung 7.59 zeigt Bauformen elastischer Kupplungen, die mit dem Begrenzen der Federwege eine andere zusätzliche Art der Kraftleitung erzwingen und dabei, allerdings unter Verlust von Nachgiebigkeit, höhere Kräfte übernehmen können, ohne dass die federnden Glieder zunächst in Mitleidenschaft gezogen werden. Der Beanspruchungszustand der Stabfedern auf Abb. 7.59a ändert sich insofern, als neben Biegebeanspruchung im Überlastfall an der Stelle zwischen den Kupplungshälften nun eine kräftige Scherbeanspruchung hinzutritt.

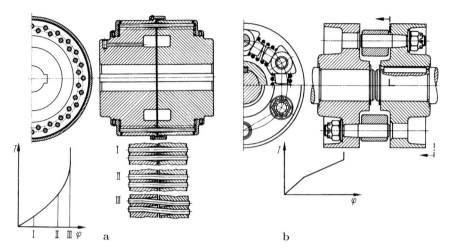

Abb. 7.59. Selbstschützende Lösung bei Kupplungen, Kraftflussänderung unter Verzicht auf elastische Eigenschaften im Überlastfall. **a** Federstabkupplung; **b** elastische Kupplung mit Schraubenfedern und besonderen Anschlägen zur Übernahme der Kräfte bei Überlast

Abbildung 7.59b zeigt eine Kupplung, die bei strenger Betrachtung als Grenzfall zwischen dem Prinzip der Aufgabenteilung und der selbstschützenden Lösung eingereiht werden kann. Die begrenzenden Anschläge dienen allein der Übernahme von Kräften bei Überlast, die Beanspruchungsart der Federelemente wird nicht geändert, andererseits findet eine andere Kraftflussverteilung statt, die über elastische Formänderung erreicht wird.

Kühnpast [161] verweist noch auf die Fälle, bei denen eine ungleichmäßige Beanspruchung über dem Querschnitt vorliegt und dann plastisches Verformen ausgenutzt werden kann. Gleichzeitig müssen allerdings ein ausreichend zäher Werkstoff und genügende Formstabilität vorhanden sein. Ferner muss ein gleichsinnig mehrachsiger Spannungszustand vermieden werden.

Das Prinzip der Selbsthilfe mit den selbstverstärkenden und selbstausgleichenden sowie den selbstschützenden Lösungen soll den Konstrukteur anregen, alle denkbaren Möglichkeiten der Anordnung und Gestaltung auszunutzen, damit eine wirkungsvolle Lösung mit sparsamen Mitteln entsteht.

7.4.4 Prinzip der Stabilität und Bistabilität
Principles of stability and bistability

Aus der Mechanik sind die Begriffe stabil, indifferent und labil bekannt. Sie bezeichnen jeweils einen Zustand, der in Abb. 7.60 beschrieben ist. Bei der Gestaltung von Lösungen muss stets der Einfluss von Störungen bedacht werden. Dabei ist anzustreben, dass das Verhalten des Systems stabil ist, d. h. auftretende Störungen sollten resultierende Wirkungen erzeugen, die der Störung entgegenwirken und sie aufheben oder mindestens mildern. Würden

stabil	System kehrt nach einer Störung von selbst in die alte Lage mit vorherigem Gleichgewichtszustand zurück	Bei Auslenkung nimmt die potentielle Energie des ausgelenkten Körpers zu und bewirkt eine Rückführung	**Abb. 7.60.** Kennzeichnung von Gleichgewichtszuständen
indifferent	System nimmt nach der Störung eine neue Lage mit unverändertem Gleichgewichtszustand ein	Bei Auslenkung bleibt die potentielle Energie konstant	
labil	System nimmt nach der Störung eine neue Lage mit neuem Gleichgewichtszustand ein	Bei Auslenkung nimmt die potentielle Energie des ausgelenkten Körpers ab und bewirkt eine neue Lage	

Störungen eine sie verstärkende Wirkung haben, ist das Verhalten labil. Bei einer Reihe von Lösungen ist ein gewollt labiles Verhalten zwischen zwei stabilen Zuständen aber erwünscht. Dieser Effekt führt dann zu einem *bistabilem* Verhalten.

1. Prinzip der Stabilität

Die Gestaltung ist so vorzunehmen, dass Störungen eine sie selbst aufhebende oder mindestens mildernde Wirkung hervorrufen. Reuter [225] hat hierzu umfassend berichtet; ein Teil seiner Beispiele wird wiedergegeben:

Bei der Gestaltung von Kolbenführungen in Pumpen, Steuer- und Regelungsgeräten ist ein stabiles, möglichst reibungsfreies Verhalten erwünscht. Abbildung 7.61a zeigt die Anordnung eines Kolbens, der ausgesprochen labiles Verhalten aufweist. Bei einer Störung durch Schiefstellen bedingt, z. B. durch Lagefehler der Kolben- und Lagerbohrungsachsen, entsteht eine Druckverteilung am Kolben, die die Schieflage unterstützt (labiles Verhalten). Ein stabiles Verhalten wird durch die Anordnung nach Abb. 7.61b erzielt, wobei sie allerdings den Nachteil hat, dass auf der druckführenden Seite die Stangendurchführung mit Abdichtung erfolgen muss.

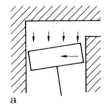
a
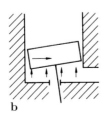
b

Abb. 7.61. Kolben in Kolbenführung durch eine Störung schief gestellt nach [225]. **a** Resultierende Druckverteilung ergibt Kraftwirkung, die die Störung verstärkt (labiles Verhalten); **b** resultierende Druckverteilung ergibt Kraftwirkung, die der Störung entgegenwirkt (stabiles Verhalten)

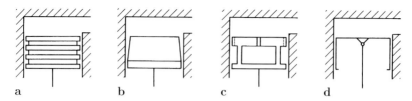

Abb. 7.62. Maßnahmen zur Verbesserung der resultierenden Druckverteilung nach [225]. **a** Abgeschwächte labile Kraftwirkung durch Druckausgleichsrillen; **b** stabiles Verhalten durch konischen Kolben; **c** durch Drucktaschen; **d** durch über dem Schwerpunkt des Kolbens angeordnetes Gelenk

Stabilisierende Wirkungen lassen sich nach [225] bei einer Anordnung nach Abb. 7.61a auch durch die in Abb. 7.62a–d gezeigten Maßnahmen erzielen. Sie werden dadurch gewonnen, dass bei Auftreten einer Störung diese selbst durch entsprechende Druckverteilung Kraftwirkungen an der Kolbenlauffläche hervorruft, die ihr entgegenwirken.

Ein weiteres Beispiel ist der bekannte Kraftmechanismus bei hydrostatischen Gleitlagern mit über dem Umfang mehrfach unterteilten Drucktaschen. Bei Aufbringen der Lagerlast tritt in Lastrichtung eine Verringerung des Leckagespaltes ein und dadurch baut die betroffene Drucktasche einen größeren Taschendruck auf, der zusammen mit dem Druckabbau der gegenüberliegenden Drucktasche die Lagerlast bei sehr geringer Wellenverlagerung, d. h. hoher Steifigkeit, aufzunehmen vermag.

Ein sog. wärmestabiles Verhalten wird bei berührungslosen Stopfbüchsen in thermischen Turbomaschinen angestrebt [225]. Am Beispiel der Dichtung am Ausgleichskolben eines Turboladers ist in Abb. 7.63a die wärmelabile und in Abb. 7.63b die wärmestabile Anordnung aufgezeigt. Bei der labilen Anordnung fließt im Anstreiffall die entstehende Reibungswärme vornehmlich in das innere Teil, welches sich stärker erwärmt, sich ausdehnt und damit den Anstreifvorgang verstärkt. Die stabile Anordnung lässt die entstehende Reibungswärme vornehmlich in das äußere Teil fließen. Bei dessen Erwärmung und Ausdehnung wird der Anstreifvorgang vermindert. Die eingeleitete Störung ergibt ein Verhalten, das der Störung entgegenwirkt.

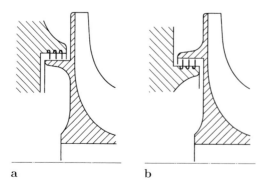

Abb. 7.63. Ausgleichskolbendichtung an einem Turboladerrad nach [225] (vgl. Text)

 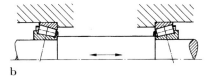

Abb. 7.64. Kegelrollenlageranordnung, bei der die Welle sich stärker erwärmt als das Gehäuse. **a** Wärmedehnung bewirkt Belastungserhöhung und damit labiles Verhalten; **b** Wärmedehnung bewirkt Belastungsminderung und damit stabiles Verhalten

Gleiche Gesichtspunkte findet man bei Anordnungen von Kegelrollenlagern. Die Anordnung nach Abb. 7.64a hat bei Wellenerwärmung, z. B. durch Überlast, die Tendenz der Lastverstärkung durch den wirksam werdenden Ausdehnungseffekt infolge zunehmender Reibungswärme. Die Anordnung nach Abb. 7.64b hingegen ruft eine Entlastungstendenz hervor. Diese darf im konkreten Fall allerdings nicht soweit gehen, dass die Kegelrollen über dem Umfang nicht mehr voll belastet sind, weil dann die in Lastrichtung befindlichen Wälzkörper wieder überlastet würden.

Ein interessantes Beispiel für wärmestabiles Verhalten findet man bei doppelschrägverzahnten Großgetrieben im Schiffsbau [322].

2. Prinzip der Bistabilität

Es gibt Fälle, in denen ein bestimmtes labiles, auch als bistabil benanntes, Verhalten gefordert wird. Das tritt ein, wenn bei Erreichen eines Grenzzustands aus einem stabilen Zustand ein neuer, deutlich abgesetzter anderer stabiler Zustand oder eine andere Lage erreicht werden soll und Zwischenzustände dabei unerwünscht sind. Die so gewollte Zwischen-Labilität wird erzielt, indem eine gewollte Störung Wirkungen erzielt, die sie selbst unterstützen und verstärken. Das System geht dann in einen neuen stabilen Zustand über. Dieses bistabile Verhalten wird z. B. bei Schaltern und Schutzsystemen verlangt (vgl. 7.3.3).

Eine bekannte Anwendung ist die Gestaltung von Sicherheits- oder Alarmventilen [225], die bei Erreichen eines Grenzdrucks von der voll geschlossenen in eine voll geöffnete Stellung springen sollen, um unerwünschte Zustände mit nur geringer Ablassmenge oder mit flatternden Ventilbewegungen mit entsprechendem Verschleiß des Ventilsitzes zu vermeiden. Abbildung 7.65 erläutert das Lösungsprinzip:

Bis zum Grenzdruck $p = p_G$ bleibt das Ventil unter der Vorspannkraft der Feder geschlossen. Wird dieser Druck überschritten, hebt der Ventilteller etwas ab. Es entsteht dadurch ein Zwischendruck p_z da der Ventilteller den Austritt nach außen drosselt. Dieser Druck p_z wirkt auf die Zusatzfläche A_z des Ventiltellers und erzeugt eine weitere Öffnungskraft, die die Federkraft F_E so weit überwindet, dass der Ventilteller eine nicht proportionale, sondern sprunghafte Öffnungsbewegung macht. Im geöffneten Zustand stellt sich ein

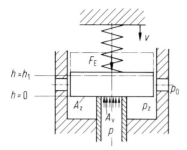

Abb. 7.65. Lösungsprinzip für ein bistabil öffnendes Ventil. ν Vorspannweg der Feder; c Federsteifigkeit der Feder; F_E Federkraft; h Hub des Ventiltellers; p Druck vor Ventil; P_G Grenzdruck, bei dem Ventil gerade öffnet; p_z Zwischendruck beim Öffnen; p' Zwischendruck nach dem Öffnen; p_0 Umgebungsdruck; A_V Ventilöffnungsfläche; A_z Zusatzfläche

Ventil geschlossen:	$F_E = c \cdot \nu > p \cdot A_V$	$h \approx 0$
Ventil öffnet gerade:	$F_E = c \cdot \nu \leq p_G \cdot A_V$	$h \approx 0$
Ventil öffnet voll:	$F_E = c \cdot (\nu + h) < p \cdot A_V + p_z \cdot A_z,$	$h \to h_1$
Ventil voll offen:	$F_E = c \cdot (\nu + h_1) = p' \cdot (A_V + A_z),$	$h = h_1)$
	(neue Gleichgewichtslage)	

anderer Zwischendruck p' ein, der das Ventil mit Hilfe der Wirkflächen offen hält. Zum Schließen des Ventils ist eine gegenüber dem Grenzöffnungsdruck größere Druckabsenkung nötig, weil ja eine größere Wirkfläche am Ventilteller im geöffneten Zustand vorhanden ist.

Eine weitere Anwendung zeigt Abb. 7.66 für einen Druckschalter als Überwachungsgerät des Lageröldrucks. Unterschreitet der Lageröldruck einen bestimmten Wert, öffnet der das Schutzsystem abschließende Kolben schlagartig und der Druck im Schutzsystem wird so weit erniedrigt, dass die betreffende Maschine abgeschaltet wird.

Von dem Prinzip der Bistabilität machen auch Schnellschlusseinrichtungen Gebrauch, bei denen ein unter Federvorspannung stehender Schlagbolzen mit seinem Schwerpunkt eine zur Drehachse exzentrische Lage einnimmt: Abb. 7.67. Bei einer bestimmten Grenzdrehzahl beginnt der Schlagbolzen sich gegen die Federvorspannkraft nach außen zu bewegen. Dadurch wird die auf

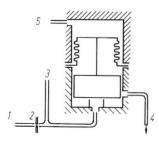

Abb. 7.66. Schematische Darstellung eines Druckschalters zur Lageröluberwachung nach [225]. *1* Hauptölsystem; *2* Blende; *3* Schutzsystem steuert Schnellschlussventile; *4* Ablauf, drucklos; *5* Lagerölleitung mit Lageröldruck

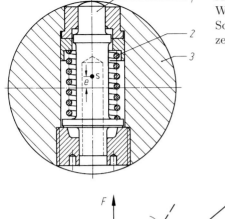

Abb. 7.67. Schnellschlussbolzen *1* in Welle *3* mit um e exzentrisch liegendem Schwerpunkt S und Feder *2*, die den Bolzen in Ruhelage hält nach [225]

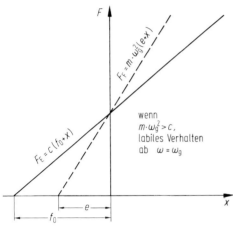

Abb. 7.68. Kraftcharakteristik von Federkraft und Fliehkraft über dem Weg x des Schwerpunktes des Schnellschlussbolzens nach Abb. 7.67. e Exzentrizität des Schwerpunktes; f_0 Federvorspannweg; ω_g Grenzdrehzahl, ab der der Schnellschlussbolzen labil abhebt

ihn wirkende Zentrifugalkraft durch Exzentrizitätsvergrößerung des Schwerpunkts größer, so dass er auch ohne weitere Drehzahlerhöhung labil nach außen fliegt. Die Bedingung dabei ist, dass bei beginnender Verlagerung x des Bolzenschwerpunkts der Kraftanstieg der Zentrifugalkraft über x größer als der der entgegenwirkenden Federkraft sein muss. Dies ist bei Kraftgleichheit im Grenzzustand ($\omega = \omega_g$) mit verschiedener Kraftcharakteristik über x nach der Bedingung $dF_F/dx > dF_E/dx$ oder $m \cdot \omega_g^2 > c$ zu erreichen: Abb. 7.68.

Der Schlagbolzen trifft im nach außen verlagerten Zustand auf eine Klinke, die ihrerseits die Schnellschlussbetätigung der Einlassorgane auslöst.

7.4.5 Prinzip der fehlerarmen Gestaltung
Principle for flawless design

Vor allem bei Produkten der Feinwerktechnik eingeführt und bewährt, aber auch bei allen technischen Systemen anzustreben, ist eine Gestaltung, bei der eine Fehlerminimierung schon dadurch erreicht wird, dass

- Baustruktur und Bauteile einfach sind und dadurch wenig toleranzbehaftete Abmessungen aufweisen,
- eine Minimierung von Fehlereinflussgrößen durch konstruktive Maßnahmen angestrebt wird,
- Wirkprinzipien und Wirkstrukturen gewählt werden, bei denen die Funktionsgrößen weitgehend unabhängig von den Störgrößen sind (Invarianz) bzw. nur eine geringe Abhängigkeit voneinander aufweisen (vgl. 7.3.1 Grundregel „Eindeutig") und
- auftretende Störgrößen gleichzeitig zwei sich gegenläufig verändernde Strukturparameter beeinflussen (Kompensation, vgl. 7.4.1 „Prinzip des Kraftausgleichs").

Beispiele für dieses wichtige Prinzip [159, 241, 315], das eine Fertigungs- und Montagevereinfachung sowie eine gleichbleibende Produktqualität unterstützt, sind: elastische und einstellbare Bauweise, z. B. bei Mehrweggetrieben zum Ausgleich von Verzahnungstoleranzen (vgl. Abb. 7.45 und 7.47); geringe Schrauben- und Federsteifigkeiten zur Abschwächung von Fertigungstoleranzen bei vorgespannten Schraubenverbindungen und Federungssystemen; einfache Baustrukturen mit einer geringen Anzahl von Teilen sowie wenigen Passstellen und toleranzbehafteten Fügeverbindungen; Nachstell- und Justiermöglichkeiten, um gröbere Bauteiltoleranzen zulassen zu können; Prinzip der Stabilität (vgl. 7.4.4).

Abbildung 7.69 zeigt als einfaches Beispiel die spielinvariante Anordnung eines Druckstößels zur genauen Übertragung eines Weges. Durch die Gestaltung der Stößelendflächen als Kugelkappen einer gemeinsamen Kugel bleibt der Abstand zwischen Antriebs- und Abtriebsglied trotz Kippen des Stößels infolge Führungsspiel unverändert [159].

Das Beispiel nach Abb. 7.70 zeigt das Vorsehen kontinuierlicher Einstellmöglichkeiten, die das Einhalten einer eng tolerierten Kavität bei einer geteilten Gießform oder ähnlichem erleichtert.

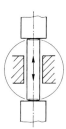

Abb. 7.69. Spielinvariante Gestaltung eines Übertragungsgliedes [159]

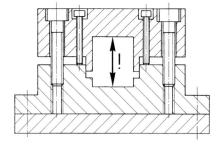

Abb. 7.70. Kontinuierliche Einstellmöglichkeit zum einfachen Einhalten enger Abmessungstoleranzen [269]

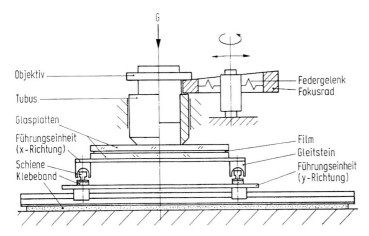

Abb. 7.71. Selbstjustierende Funktionskette in einem Lesegerät für Mikrofilme [315]

Ein weiteres Beispiel zeigt Abb. 7.71. Bei einem Lesegerät für Mikrofilme wurde entgegen der konventionellen Bauweise, bei der das Objektiv und der zwischen Glasplatten liegende Mikrofilm in einen mit engen Toleranzen versehenen Tubus senkrecht zur Glasplatte gehalten wurde, nun bei der neuen Bauweise der Tubus unmittelbar auf die Glasplatte gesetzt, wodurch er sich automatisch senkrecht stellt.

7.5 Gestaltungsrichtlinien
Guidlines for embodiment design

7.5.1 Zuordnung und Übersicht
General considerations

Neben den Grundregeln „eindeutig", „einfach" und „sicher", die aus den generellen Zielsetzungen abgeleitet sind (vgl. 7.3), sind Gestaltungsregeln zu beachten, die sich aus den allgemeinen Bedingungen nach 2.1.7 und der daraus formulierten Leitlinie in 7.2. ergeben. Im internationalen Bereich werden diese auch als „Design for X" bezeichnet. Die Gestaltungsrichtlinien helfen den jeweiligen Bedingungen gerecht zu werden und unterstützen die Grundregeln im Besonderen.

Im Folgenden werden aus der Sicht der Autoren wichtige Gestaltungsrichtlinien ohne Anspruch auf Vollständigkeit behandelt. Auf ihre Behandlung wurde dann verzichtet, wenn schon zusammenfassende oder spezielle Literatur vorhanden ist, auf die verwiesen wird.

Letzteres gilt für *beanspruchungsgerecht* (Haltbarkeit):
Grundlagen und elementare Zusammenhänge sind der Literatur über Maschinenelemente und deren Berechnung zu entnehmen [157, 165, 198, 275].

Eine besondere Bedeutung kommt der Erfassung des *zeitlichen Belastungsverlaufs*, der Höhe und Art der resultierenden Beanspruchung sowie der richtigen Einschätzung im Hinblick auf bekannte Festigkeitshypothesen zu. Durch Schadensakkumulationshypothesen wird versucht, die Lebensdauervorhersage zu verbessern [16, 113, 116, 126, 247].

Bei der Beanspruchungsermittlung müssen *Kerbwirkung und/oder ein mehrachsiger Spannungszustand* berücksichtigt werden [193, 276, 284]. Die Beurteilung der Haltbarkeit kann dann nur in Verbindung mit den Festigkeitswerten des Werkstoffes und der sich einstellenden Bauteilfestigkeit unter Verwendung zutreffender Festigkeitshypothesen geschehen [192, 274, 276, 298, 299].

Formänderungs-, stabilitäts- und resonanzgerechte Gestaltung findet ihre Grundlage in entsprechenden Berechnungen der Mechanik und Maschinendynamik: Mechanik und Festigkeitsprobleme [17, 165], Schwingungsprobleme [155, 176], Stabilitätsprobleme [217], Untersuchungen mit Hilfe der Finite-Elemente-Methode [335]. In 7.4.1 wurden Hinweise zur verformungsgerechten Gestaltung bei Kraftleitungsproblemen gemacht.

In diesem Buch werden folgende *Gestaltungsrichtlinien näher* behandelt: Ausdehnungs- und kriechgerechte Gestaltung, nämlich die Berücksichtigung von Temperaturerscheinungen in 7.5.2 und 7.5.3. Korrosionsgerechte Gestaltung in 7.5.4 und Ursache sowie Erscheinungsformen von Verschleiß sowie die wichtigsten konstruktiven Maßnahmen in 7.5.5.

Ergonomische Gesichtspunkte werden in 7.5.6 und Formgebungsfragen in 7.5.7 angesprochen. Ausführlich sind in 7.5.8 und 7.5.9 die fertigungs- und montagegerechte Gestaltungen behandelt, die die Gesichtspunkte einer kontroll- und transportgerechten Ausführung teilweise mit umfassen. Gebrauchs- und instandhaltungsgerechte Gestaltungen schließen sich unter 7.5.10 an.

Die Gestaltung nach Recyclinggesichtspunkten ist in 7.5.11 behandelt. In vielen Fällen ist eine risikogerechte Gestaltung (7.5.12) wichtig. Eine normgerechte Gestaltung (vgl. 7.5.13) hilft, die genannten Aspekte besser zu erfüllen, und leistet auch einen Beitrag zur Aufwandsverringerung und besseren Termineinhaltung.

7.5.2 Ausdehnungsgerecht
Design to allow for expansion

In technischen Systemen verwendete Werkstoffe haben die Eigenschaft, sich bei Erwärmung auszudehnen. Probleme entstehen dabei nicht nur im thermischen Maschinenbau, wo von vornherein mit höheren Temperaturen gerechnet werden muss, sondern auch bei leistungsstarken Antrieben und Baugruppen, in denen bei Energiewandlung Verluste entstehen sowie allen Reibungsvorgängen und Ventilationserscheinungen, die eine Erwärmung bedingen. So werden viele Gestaltungszonen von einer örtlichen Erwärmung betroffen. Aber auch Maschinen, Apparate und Geräte, deren Umgebungstemperatur im größeren Umfang schwankt, arbeiten nur ordnungsgemäß, wenn bei ihnen der physikalische Effekt der Ausdehnung berücksichtigt worden ist [202, 206].

Neben diesem thermisch bedingten Effekt der Längenänderung treten in hochbeanspruchten Bauteilen auch durch mechanisch bedingte Dehnung Längenänderungen auf. Diese Längenänderungen müssen konstruktiv ebenfalls berücksichtigt werden, wozu die nachfolgend angeführten Hinweise prinzipiell auch gelten.

1. Erscheinung der Ausdehnung

Die Erscheinung der Ausdehnung ist hinlänglich bekannt. Zur Beschreibung definiert man für feste Körper die Längenausdehnungszahl mit

$$\beta = \frac{\Delta l}{l \cdot \Delta \vartheta_m},$$

Δl Längenänderung (Ausdehnung) infolge Erwärmung um $\Delta \vartheta_m$,
l betrachtete Länge des Bauteils und
$\Delta \vartheta_m$ Temperaturdifferenz, um die sich der Körper im Mittel erwärmt.

Nach DIN 1345 wird die Längenausdehnungszahl im Allgemeinen mit α bezeichnet. Wegen der Bezeichnungsgleichheit mit der Wärmeübergangszahl α, die in diesem Abschnitt ebenfalls auftritt, wird statt dessen β gewählt.

Die Längenausdehnungszahl beschreibt die Ausdehnung in einer Koordinatenrichtung des festen Körpers, während die Raumausdehnungszahl, die die relative Volumenänderung pro Grad angibt, vornehmlich bei Flüssigkeiten und Gasen angewandt wird und bei festen homogenen Körpern den dreifachen Wert der Längenausdehnungszahl hat. Die Definition der Ausdehnungszahl ist weiterhin als Mittelwert über den jeweils durchlaufenen Temperaturbereich zu verstehen, denn sie ist nicht nur werkstoff- sondern auch temperaturabhängig. Mit höheren Temperaturen nimmt die Ausdehnungszahl im Allgemeinen zu.

Die Übersicht in Abb. 7.72 zeigt hinsichtlich der Längenausdehnungszahl deutlich voneinander abgesetzte Gruppen von Konstruktionswerkstoffen. Häufig vorkommende Kombinationen von metallischen Werkstoffen wie ferritisch-perlitischer Stahl, z. B. C 35, mit austenitischem Stahl, z. B. X 10 Cr Ni Nb 189, Grauguss mit Bronze oder mit Aluminium müssen also Ausdehnungen mit fast doppelt so hohen Beträgen untereinander vertragen können. Bei großen Abmessungen kann aber schon der gering erscheinende Unterschied zwischen C 35 und dem 13%igen Chromstahl X 10 Cr 13 problematisch werden.

Niedrigschmelzende Metalle wie Aluminium und Magnesium haben größere Ausdehnungszahlen als Metalle mit hohem Schmelzpunkt wie Wolfram, Molybdän und Chrom. Nickel-Legierungen zeigen je nach Nickelgehalt verschieden große Werte. Sehr niedrige Werte treten im Bereich von 32 bis 40

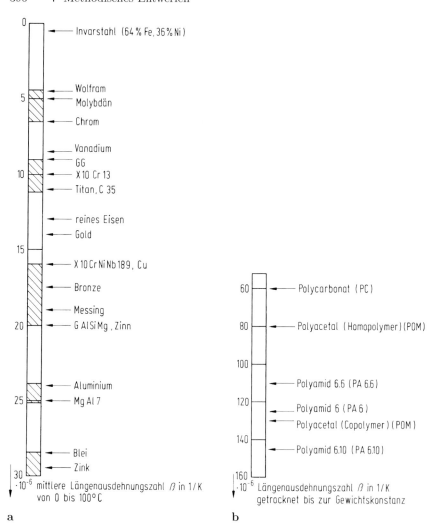

Abb. 7.72. Mittlere Längenausdehnungszahl für verschiedene Werkstoffe. **a** Metallische Werkstoffe, **b** Kunststoffe

Gewichtsprozent auf. Hierbei zeigt die 36%-Ni-Fe-Legierung (als „Invarstahl" bekannt) die niedrigste Ausdehnung. Kunststoffe haben eine merklich höhere Ausdehnungszahl als Metalle.

2. Ausdehnung von Bauteilen

Zur Berechnung der Längenänderung Δl muss die örtliche und zeitliche Temperaturverteilung im Bauteil bekannt sein, aus der erst die jeweilige mittlere Temperaturänderung gegenüber dem Ausgangszustand bestimmt werden kann. Bleibt der Temperaturzustand zeitlich unverändert, z. B. im Beharrungszustand bei einem quasistationären Wärmefluss, spricht man von *stationärer Ausdehnung*. Ändert sich die Temperaturverteilung mit der Zeit, liegt *instationäre*, d. h. zeitlich veränderliche, Ausdehnung vor.

Beschränkt man sich zunächst auf die stationäre Ausdehnung, lassen sich unter Verwendung der Definitionsgleichung für die Längenausdehnungszahl die Einflussgrößen gewinnen, von denen die Ausdehnung der Bauteile abhängt:

$$\Delta l = \beta \cdot l \cdot \Delta \vartheta_\mathrm{m}, \quad \Delta \vartheta_\mathrm{m} = \frac{1}{l} \int_0^l \Delta \vartheta(x) \cdot dx,$$

Die für den Konstrukteur interessante Längenänderung Δl ist also
- von der Längenausdehnungszahl β,
- von der betrachteten Länge l des Bauteils und
- von der mittleren Temperaturänderung $\Delta \vartheta_\mathrm{m}$ dieser Länge abhängig

und kann entsprechend bestimmt werden.

Die so ermittelte Ausdehnung hat Gestaltungsmaßnahmen zur Folge: Jedes Bauteil muss in seiner Lage eindeutig festgelegt werden und darf nur so viele Freiheitsgrade erhalten, wie es zur ordnungsgemäßen Funktionserfüllung benötigt. Im Allgemeinen bestimmt man einen Festpunkt und ordnet dann für die erwünschten Bewegungsrichtungen Translation und Rotation entsprechende Führungsflächen mit Hilfe von Gleitbahnen, Gleitsteinen, Lagern usw. an. Ein im Raum schwebender Körper (z. B. Satellit oder Hubschrauber) hat 3 Freiheitsgrade der Translation in x-, y- und z-Richtung und 3 Freiheitsgrade der Rotation um die x-, y- und z-Achse. Ein Schub-Drehgelenk (z. B. das Loslager einer Getriebewelle) hat je einen Freiheitsgrad der Translation und Rotation. Ein an einer Stelle eingespannter Körper (z. B. Balken oder eine starre Flanschverbindung) hat dagegen keinen Freiheitsgrad. Anordnungen nach solchen Überlegungen sind aber nicht von selbst auch ausdehnungsgerecht, wie nachfolgend gezeigt wird:

Abbildung 7.73a zeigt einen Körper mit einem Festpunkt ohne Freiheitsgrade. Bei Ausdehnung unter Temperatur kann er sich von diesem Festpunkt aus frei in die Koordinatenrichtungen ausdehnen. In Abb. 7.73b sei nun eine Platte betrachtet, die um die z-Achse drehbar, aber sonst ohne Freiheitsgrade angeschlossen ist. Nach Abb. 7.73c genügt es, an einer beliebigen Stelle, zweckmäßigerweise möglichst weit von der Drehachse entfernt, z. B. mit einer Gleitführung, diesen Freiheitsgrad aufzuheben. Würde diese Platte unter überall gleicher Temperaturerhöhung sich ausdehnen, so muss sie dabei eine Drehung um die z-Achse vollführen, denn die Gleitführung liegt nicht in Richtung der Ausdehnung, die sich aus der Längenänderung in x- und y-Richtung ergeben würde. Lässt das Führungselement in dieser Anordnung nur eine Translationsbewegung zu und hat es nicht auch noch die Eigenschaft,

398   7 Methodisches Entwerfen

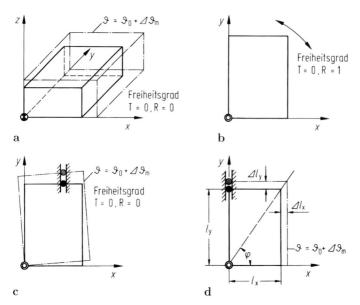

Abb. 7.73. Ausdehnung unter örtlich gleicher Temperaturverteilung; ausgezogene Linie Ausgangszustand, strichpunktierte Linie Zustand mit höherer Temperatur. **a** Am Festpunkt eingespannter Körper; **b** Platte um z-Achse drehbar, sonst kein Freiheitsgrad; **c** Platte nach **b** ohne Freiheitsgrad infolge zusätzlichem Schub-Drehgelenk; **d** Platte nach **b** ohne Freiheitsgrad infolge zusätzlichem Schub-Drehgelenk ausdehnungsgerecht angeordnet, ohne eine Plattendrehung zu bewirken. Reine Schubführung wäre anwendbar, die aber auch auf x-Achse oder auf einem Strahl durch z-Achse mit Neigung $\tan\varphi = l_y/l_x$ angeordnet sein könnte

als Gelenk zu wirken, dann würde es zu Klemmungen in der Führung kommen. Mit einer Anordnung der Führung in eine der Koordinatenrichtungen (Abb. 7.73d) lässt sich die Drehung des Bauteils vermeiden.

Die Verformung unter Wärmeausdehnung ergibt nur dann geometrisch ähnliche Verformungsbilder, wenn die folgenden Bedingungen eingehalten werden:

– Der Ausdehnungskoeffizient β muss in einem Bauteil überall gleich sein (Isotropie), was praktisch vorausgesetzt werden kann, sofern gleiche Werkstoffe und nicht zu große Temperaturunterschiede vorliegen.
– Die Dehnungsbeträge ε in den Koordinatenrichtungen x, y, z müssen der Abhängigkeit

$$\varepsilon_x = \varepsilon_y = \varepsilon_z = \beta \cdot \Delta\vartheta_m$$

folgen [183]. Da β in einem Bauteil als konstant angesehen werden kann, muss die mittlere Temperaturerhöhung in allen Koordinatenrichtungen gleich bleiben, womit

$$\Delta l_x = l_x \cdot \beta \cdot \Delta \vartheta_m,$$
$$\Delta l_y = l_y \cdot \beta \cdot \Delta \vartheta_m$$
$$\Delta l_z = l_z \cdot \beta \cdot \Delta \vartheta_m$$

wird und die Ausdehnung aus zwei Koordinatenrichtungen sich zusammensetzt nach:

$$\tan \psi_x = \frac{\Delta l_y}{\Delta l_x} = \frac{l_y}{l_x},$$

– Das Bauteil darf nicht zusätzlichen Wärmespannungen unterliegen, was mindestens der Fall ist, wenn es eine Wärmequelle vollkommen umschließt [183].

Im Regelfall treten aber im Bauteil unterschiedliche Temperaturen auf. Auch für den einfachen Fall, dass sich die Temperaturverteilung linear über x ändert (Abb. 7.74a), entsteht eine Winkeländerung, die wiederum nur von einer Führung mit Schub-Dreh-Bewegung aufgenommen werden kann. Eine reine Schubführung, also Translationsbewegung mit einem Freiheitsgrad, ist nur anwendbar, wenn die Führungsbahn auf einer Geraden bleibt, die auf der Symmetrielinie des Verzerrungszustandes gefunden wird: Abb. 7.74b. Wird diese Bedingung nicht erfüllt, muss ein weiterer Freiheitsgrad zugelassen werden.

Somit kann man als Regel ableiten:

Führungen, die der Wärmeausdehnung dienen und nur einen Freiheitsgrad haben, müssen auf einem Strahl durch den Festpunkt angeordnet werden, wobei der Strahl *Symmetrielinie* des Verzerrungszustands sein muss. Der Verzerrungszustand kann von lastabhängigen und temperaturabhängigen Spannungen wie aber auch infolge der Ausdehnung selbst hervorgerufen werden.

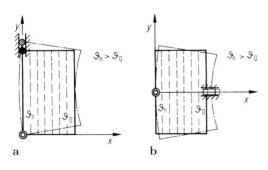

Abb. 7.74. Ausdehnung unter örtlich veränderlicher, hier in x-Richtung linear abnehmender Temperaturverteilung. **a** Platte entsprechend Abb. 7.73d, ungleichmäßige Temperaturverteilung bewirkt Verzerrungszustand gemäß strichpunktierter Linie, Schub-Drehgelenk nötig; **b** Anordnung der Führung auf der Symmetrielinie des Verzerrungszustands, wodurch reine Schubführung anwendbar ist

Da Spannungs- und Temperaturverteilung auch von der Form des Bauteils abhängen, ist die Symmetrielinie des Verzerrungszustands zunächst auf der Symmetrielinie des Bauteils und auf der des aufgeprägten Temperaturfeldes zu suchen. Das Beispiel in Abb. 7.74b zeigt allerdings, dass diese Symmetrielinie aus Form und Temperaturverlauf nicht immer leicht erkennbar ist, daher muss der sich schließlich einstellende Verzerrungszustand beachtet werden. Der Verzerrungszustand kann, wie eingangs erwähnt, auch von äußeren Lasten hervorgerufen sein. Insofern gelten die Überlegungen auch für Führungen von Bauteilen, die großen mechanischen Verformungen unterliegen. Ein Beispiel hierzu findet man in [8].

Nachfolgende Beispiele mögen diese Regel noch erläutern: Abb. 7.75 stellt die Draufsicht auf einen Apparat dar, der eine von innen nach außen abnehmende Temperatur hat. Er ist auf vier Füßen abgestützt. In Abb. 7.75a wurde der Festpunkt an einem der Füße gewählt. Eine klemmfreie Führung ohne Drehung des Apparats ist nur längs der Symmetrielinie des Temperaturfeldes gewährleistet, die Führung muss am gegenüberliegenden Fuß vorgesehen werden. Abbildung 7.75b zeigt eine Möglichkeit, ebenfalls auf den Symmetrielinien Führungen anzuordnen, ohne einen Festpunkt konstruktiv vorzusehen. Der Schnittpunkt der Strahlen durch die Führungsrichtungen ergibt einen „fiktiven" Festpunkt, von dem sich der Behälter nach allen Seiten gleichmäßig ausdehnt. Dabei können theoretisch zwei nicht auf einer Symmetrielinie liegende Führungen (z. B. Führungen 1 und 2) entfallen.

Abbildung 7.76 zeigt die Führung von Innengehäusen in Außengehäusen, wobei die Gehäuse zentrisch zueinander bleiben müssen, ein Problem, wie es z. B. bei Doppelmantelturbinen vorkommt. Dieselbe Aufgabenstellung ergibt sich aber auch im Apparatebau. Sind die Bauteile nicht vollkommen rotationssymmetrisch, so müssen die Führungselemente, wie auf Abb. 7.76b vorgesehen, auf den Symmetrielinien angeordnet werden, damit ein Klemmen der Führungen infolge der Ovalverformung der Gehäuse vermieden wird. Die Ovalverformung resultiert aus den unterschiedlichen Temperaturen in der Gehäusewand und im Flansch, besonders während der Erwärmungsphase. Der fiktive Festpunkt liegt auf der Gehäuse- bzw. Wellenachse.

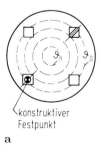
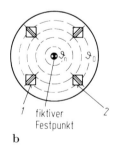

Abb. 7.75. Draufsicht auf einen Apparat mit von innen nach außen abnehmender Temperatur. Aufstellung auf vier Füßen. **a** Konstruktiver Festpunkt an einem Fuß, reine Schubführung auf einer Geraden, die gleichzeitig Symmetrielinie des Temperaturfeldes ist; **b** fiktiver Festpunkt in der Mitte des Apparats, gebildet durch Schnittpunkt der Ausdehnungsstrahlen

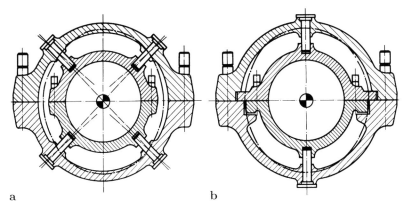

Abb. 7.76. Führung von Innengehäusen in Außengehäusen. **a** Anordnung der Führungselemente nicht ausdehnungsgerecht. Ovalverformung der Gehäuse kann Klemmen in den Führungen bewirken; **b** ausdehnungsgerechte Anordnung, Führungen liegen auf Symmetrielinien, Klemmgefahr auch bei Ovalverformung nicht gegeben

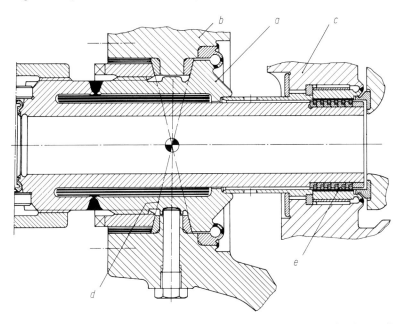

Abb. 7.77. Einströmstutzen a aus Austenit an einer Dampfturbine, der Dampf durch das ferritische Außengehäuse b zum Innengehäuse c führt. Ausdehnungsebenen durch Gleitbahnen d bestimmen fiktiven Festpunkt, bei e Kolbenringabdichtung, die Längs- und Querausdehnung des Stutzenendes ermöglicht (Bauart BBC)

Abbildung 7.77 zeigt einen austenitischen Einströmstutzen a für hohe Dampftemperaturen, der in einem ferritischen Außengehäuse b befestigt werden muss und gleichzeitig in ein ebenfalls ferritisches Innengehäuse c hineinragt. Wegen der stark unterschiedlichen Ausdehnungskoeffizienten und der hohen Temperaturunterschiede zwischen den Bauteilen ist eine Beachtung der Ausdehnungsverhältnisse besonders wichtig. Der fiktive Festpunkt wird von rotationssymmetrischen Gleitbahnen d gebildet, wobei eine ungehinderte Ausdehnung des Austenitteils auf Strahlen durch den fiktiven Festpunkt ermöglicht wird, weil auch die Temperaturverteilung an dieser Stelle als annähernd gleichmäßig gesehen werden kann. Die jeweilige Radial- und Axialausdehnung ergibt so eine resultierende Ausdehnung längs der bezeichneten Strahlen.

Dagegen muss bei der Einführung in das Innengehäuse eine in zwei Koordinatenrichtungen unabhängige Ausdehnung sichergestellt werden, weil Festpunkt des Einströmstutzen und Festpunkt des Innengehäuses nicht gleich sind und keine definierte Zuordnung der Bauteiltemperaturen möglich ist. Erreicht wird der zweifache Freiheitsgrad mit einer Kolbenringabdichtung e, die eine Längsbewegung und eine Querausdehnung des Einströmstutzens unabhängig voneinander gestattet.

3. Relativausdehnung zwischen Bauteilen

Bisher war die Ausdehnung einzelner Elemente für sich behandelt worden. Sehr oft muss aber die relative Ausdehnung zwischen mehreren Bauteilen beachtet werden, besonders dann, wenn eine gegenseitige Verspannung besteht oder aus funktionellen Gründen bestimmte Spiele eingehalten werden müssen. Ändert sich außerdem noch der zeitliche Temperaturverlauf, ergibt sich für den Konstrukteur ein schwieriges Problem.

Die Relativausdehnung zwischen zwei Bauteilen ist

$$\delta_{\text{Rel}} = \beta_1 \cdot l_1 \cdot \Delta\vartheta_{m_{1(t)}} - \beta_2 \cdot l_2 \cdot \Delta\vartheta_{m_{2(t)}}.$$

Stationäre Relativausdehnung

Ist im stationären Fall die jeweilige mittlere Temperaturdifferenz zeitlich unabhängig, konzentrieren sich die Maßnahmen bei gleichen Längenausdehnungszahlen auf ein Angleichen der Temperaturen oder aber bei unterschiedlichen Temperaturen auf ein Anpassen mittels Wahl von Werkstoffen unterschiedlicher Ausdehnungszahlen, wenn die Relativausdehnung klein bleiben muss. Oft ist beides nötig.

Das Beispiel einer Flanschverbindung mittels Stahlschraube und einem Aluminiumflansch nach [200] verdeutlicht dies. In Abb. 7.78a ist die Schraube wegen der höheren Ausdehnungszahl des Aluminiums auch bei gleichen Temperaturen höher belastet und damit gefährdet. Abhilfe gewinnt man einerseits durch Vergrößerung der Spannlänge mittels einer Dehnhülse und andererseits durch Aufteilen der Spannlänge in Bauteile unterschiedlicher Längenausdehnung: Abb. 7.78b. Soll hier eine Relativausdehnung überhaupt vermieden werden, dann gilt

$$\delta_{\text{Rel}} = 0 = \beta_1 \cdot l_1 \cdot \Delta\vartheta_{m_1} - \beta_2 \cdot l_2 \cdot \Delta\vartheta_{m_2} - \beta_3 \cdot l_3 \cdot \Delta\vartheta_{m_3} ;$$

mit $l_1 = l_2 + l_3$ und $\lambda = l_2/l_3$ wird das Längenverhältnis Flansch/Dehnhülse:

$$\lambda = \frac{\beta_3 \cdot \Delta\vartheta_{m_3} - \beta_1 \cdot \Delta\vartheta_{m_1}}{\beta_1 \cdot \Delta\vartheta_{m_1} - \beta_2 \cdot \Delta\vartheta_{m_2}}$$

Für den stationären Fall $\Delta\vartheta_{m_1} = \Delta\vartheta_{m_2} = \Delta\vartheta_{m_3}$ und den gewählten Werkstoffen Stahl ($\beta_1 = 11 \cdot 10^{-6}$), Invarstahl ($\beta_2 = 1 \cdot 10^{-6}$) und Al.-Leg. ($\beta_3 = 20 \cdot 10^{-6}$) wird $\lambda = l_2/l_3 = 0{,}9$, so wie in Abb. 7.78b gewählt.

Bekannt sind die nicht einfachen Ausdehnungsprobleme bei Kolben von Verbrennungskraftmaschinen. Hier ist auch im quasistationären Betrieb die Temperaturverteilung über und längs des Kolbens unterschiedlich. Ferner muss mit verschiedenen Ausdehnungszahlen zwischen Kolben und Zylinder gerechnet werden. Einmal versucht man mittels einer Aluminium-Silizium-Legierung mit relativ geringer Ausdehnungszahl (kleiner als $20 \cdot 10^{-6}$), und ausdehnungsbehindernden Einlagen, die gleichzeitig gut wärmeleitend sind, sowie mit federnden, also nachgiebigen Kolbenschaftteilen, dem Problem beizukommen. Mit sog. Regelkolben, die mit Stahleinlagen einen Bimetalleffekt erhalten, werden weitere die Ausdehnung beeinflussende Maßnahmen getroffen [178]: Abb. 7.79. Eine weitere Möglichkeit ausdehnungsgerechter Kolbengestaltung besteht im Ovalschliff des kalten Kolbenschafts.

Lässt sich dagegen die Werkstoffwahl praktisch nicht beeinflussen, muss mit entsprechender Temperaturangleichung gearbeitet werden. In Großgeneratoren z. B. sind auf großen Längen Kupferleiter in Stahlrotoren isoliert

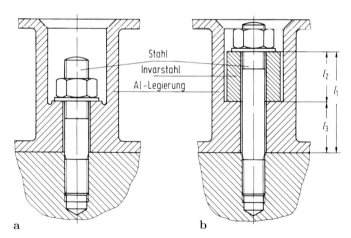

Abb. 7.78. Verbindung mittels Stahlschraube und Aluminiumflansch nach [200]. **a** Wegen größerer Ausdehnung des Aluminiumflansches Schraube gefährdet; **b** ausdehnungsgerechte Gestaltung mit Dehnhülse aus Invarstahl mit Ausdehnungszahl nahe Null, die die Ausdehnung des Flansches gegenüber der Schraube ausgleicht

Abb. 7.79. Regelkolben für Verbrennungsmotor aus Aluminium-Silizium-Legierung mit eingelegter Stahlscheibe, die ausdehnungsbehindernd in Umfangsrichtung wirkt; weiterhin verformt sie infolge Bimetalleffekts den Kolben so, dass die tragenden Kolbenschaftsteile sich optimal der Zylindergleitfläche anpassen (Bauart Mahle nach [178])

einzubetten. Dabei müssen auch im Hinblick auf die Isolationsbeanspruchung die absoluten und die relativen Ausdehnungen möglichst klein gehalten werden. Hier bleibt nur der Weg, das Temperaturniveau mittels Leiterkühlung möglichst niedrig zu halten [163, 317]. Gleichzeitig können bei großen Abmessungen an solchen schnelllaufenden Rotoren sog. thermische Unwuchten entstehen, wenn die Temperaturverteilung zwar verhältnismäßig gleichmäßig, der Rotor aber wegen seines komplizierten Aufbaus und der verschiedenen Werkstoffe in seinen temperaturabhängigen Eigenschaften sich nicht immer und überall gleich verhält. Mit gezielt eingeführten Kühl- oder Heizmedien beeinflusst man erfolgreich das Ausdehnungsverhalten solcher Bauteile.

Instationäre Relativausdehnung

Ändert sich der Temperaturverlauf mit der Zeit, z. B. bei Aufheiz- oder Abkühlvorgängen, ergibt sich oft eine Relativausdehnung, die viel größer ist als im stationären Endzustand, weil die Temperaturen in den einzelnen Bauteilen sehr stark unterschiedlich sein können. Für den häufigen Fall, dass es sich um Bauteile gleicher Länge und gleicher Ausdehnungszahl handelt, gilt dann mit

$$\beta_1 = \beta_2 = \beta \quad \text{und} \quad l_1 = l_2 = l,$$
$$\delta_{\text{Rel}} = \beta \cdot l \left(\Delta\vartheta_{m_1(t)} - \Delta\vartheta_{m_2(t)} \right).$$

Die zeitliche Erwärmung von Bauteilen ist u. a. von Endres und Salm [99, 236] für verschiedene Aufheizfälle angegeben worden. Gleichgültig, ob man einen Temperatursprung oder einen linearen Verlauf des aufheizenden Mediums annimmt, ist die Erwärmungskurve in ihrem zeitlichen Verlauf durch die sog. Aufheizzeitkonstante charakterisiert. Betrachtet man beispielsweise die Erwärmung $\Delta\vartheta_m$ eines Bauteils bei einem plötzlichen Temperaturanstieg $\Delta\vartheta^*$ des aufheizenden Mediums, so ergibt sich unter der allerdings groben Annahme, dass Oberflächen- und mittlere Bauteiltemperatur gleich seien, was

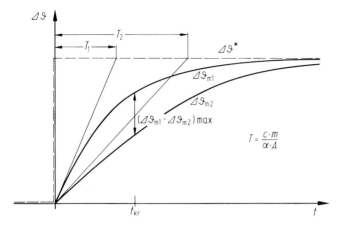

Abb. 7.80. Zeitliche Temperaturänderung bei einem Temperatursprung $\Delta\vartheta^*$ des aufheizenden Mediums in zwei Bauteilen mit unterschiedlicher Zeitkonstante

praktisch nur für relativ dünne Wanddicken und hohe Wärmeleitzahlen annähernd zutrifft, der in Abb. 7.80 gezeigte Verlauf, der der Beziehung

$$\Delta\vartheta_m = \Delta\vartheta^*(1 - e^{-t/T}).$$

folgt. Hierbei bedeutet t die Zeit und T die Zeitkonstante mit

$$T = cm/\alpha A$$

c = spez. Wärme des Bauteilwerkstoffs,
m = Masse des Bauteils,
α = Wärmeübergangszahl an der beheizten Oberfläche des Bauteils,
A = beheizte Oberfläche am Bauteil.

Trotz der genannten Vereinfachung ist der Ansatz für einen grundsätzlichen Hinweis tauglich. Bei unterschiedlichen Zeitkonstanten der Bauteile 1 und 2 ergeben sich verschiedene Temperaturverläufe, die zu einer bestimmten kritischen Zeit eine größte Differenz haben. Dies ist der Temperaturunterschied, der die maximale Relativausdehnung bewirkt. Hier können vorgesehene Spiele überbrückt werden, oder es treten Zwangszustände ein, bei denen z. B. die Streckgrenze überschritten wird. Eine Differenz im Temperaturverlauf wird vermieden, wenn es gelingt, die Zeitkonstanten der beteiligten Bauteile gleichzumachen. Eine Relativausdehnung findet dann nicht statt. Nicht immer wird dieses Ziel erreichbar sein, aber zur Annäherung der Zeitkonstanten, d. h. Verminderung der Relativausdehnung, bieten sich mit $m = V\rho$

$$T = c \cdot \rho \cdot \frac{V}{A} \cdot \frac{1}{\alpha},$$

V = Volumen des Bauteils,
ρ = Dichte des Bauteilwerkstoffs,

konstruktiv zwei Wege an:

- Angleichung der Verhältnisse Volumen zur beheizten Oberfläche: V/A,
- Korrektur über Beeinflussung der Wärmeübergangszahl α mit Hilfe von z. B. Schutzhemden oder anderen Anströmungsgeschwindigkeiten.

In Abb. 7.81 ist das Verhältnis V/A für einige einfache, aber oft repräsentative Körper wiedergegeben. Mit entsprechender Abstimmung lässt sich die Relativausdehnung vermindern.

Ein Beispiel hierzu zeigt Abb. 7.82, bei dem es darum geht, eine in Buchsen mit möglichst geringem Spiel geführte Ventilspindel auch bei Temperaturänderung sicher und klemmfrei arbeiten zu lassen. Die im Bildteil a gezeigte Buchse ist im Gehäuse eingepasst und bildet mit ihm so eine Einheit. Bei einer Erwärmung wird sich die Spindel rasch u. a. radial ausdehnen. Die Buchse mit guter Wärmeleitung an das Gehäuse bleibt dagegen länger kalt. Es kommt zu gefährlicher Spielverengung.

Im Bildteil b dichten die Buchsen nur axial ab und können sich radial frei ausdehnen. Sie sind überdies im Volumen-Flächen-Verhältnis so abgestimmt, dass Spindel und Buchsen annähernd gleiche Zeitkonstanten haben. Damit bleibt das Ventilspindelspiel in allen Aufheiz- und Abkühlzuständen

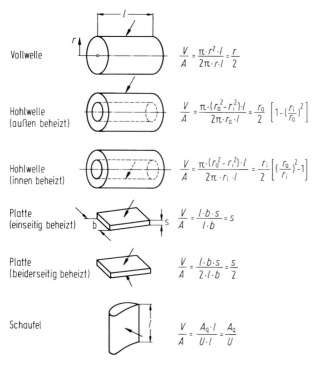

Abb. 7.81. Volumen-Flächen-Verhältnis verschiedener geometrischer Körper; eingesetzt ist jeweils die beheizte Oberfläche

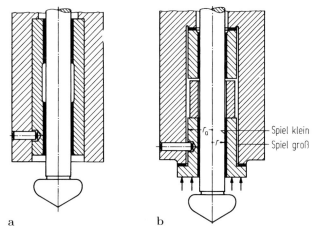

Abb. 7.82. Spindelabdichtung von Dampfventilen. **a** Feste, eingepresste Buchse erfordert relativ großes Spiel an der Spindel, da nicht ausdehnungsgerecht abgestimmt; **b** radial bewegliche, axial abdichtende Buchse gestattet kleines Spiel an der Spindel, da Buchse und Spindel auf gleiche Zeitkonstante abgestimmt

annähernd gleich und kann sehr klein gewählt werden. Die Ventilspindeloberfläche und die Innenfläche der Buchse werden vom Leckagedampf aufgeheizt, infolgedessen ist

$(V/A)_\text{Spindel} = r/2$,
$(V/A)_\text{Buchse} = (r_a^2 - r_i^2)/2r_i$

mit $r \approx r_i$ und $V/A_\text{Spindel} = V/A_\text{Buchse}$ wird

$r/2 = (r_a^2 - r^2)/2r$,
$r_a = \sqrt{2} \cdot r$.

Abbildung 7.83 gibt Beispiele für Dampfturbinengehäuse-Bauarten. Mit der Wahl der Bauart kann man u. a. das Volumen-Flächen-Verhältnis des die Schaufeln tragenden Gehäuses sowie die Wärmeübergangszahl und die Größe der beheizten Oberfläche der Zeitkonstanten der Welle anpassen und so die Spiele an den Schaufeln beim Anfahren (Aufheizen) entweder annähernd gleichhalten oder mit Hilfe des Voreilens im Anfahrvorgang besonders groß werden lassen.

Bekannt sind Maßnahmen, z. B. Wärmeschutzbleche, die die Wärmeübergangszahl am tragenden Bauteil verringern, wodurch eine langsamere, angepasste Erwärmung mit geringerer Relativausdehnung stattfindet.

Die gezeigten Überlegungen haben überall Bedeutung, wo zeitlich veränderliche Temperaturen auftreten, besonders dann, wenn mit der Relativausdehnung Spielverengungen verbunden sind, die die Funktion beträchtlich gefährden können, z. B. bei Turbomaschinen, Kolbenmaschinen, Rührwerken, Einbauten in warmgehenden Apparaten.

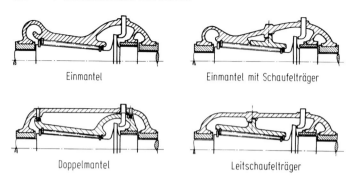

Abb. 7.83. Bauarten von Dampfturbinengehäusen mit unterschiedlichen Zeitkonstanten

7.5.3 Kriech- und relaxationsgerecht
Design to allow for creep and relaxation

1. Werkstoffverhalten unter Temperatur

Bei der Gestaltung von Bauteilen unter Temperatur muss neben dem Ausdehnungseffekt das Kriechverhalten der beteiligten Werkstoffe berücksichtigt werden. Es gibt Werkstoffe, die bereits bei Temperaturen unter 100 °C ein ähnliches Verhalten wie metallische Werkstoffe bei hohen Temperaturen zeigen. Beelich [4] hat hierzu Hinweise im Zusammenhang mit der Werkstoffwahl gegeben, die hier im Wesentlichen wiedergegeben werden.

Technisch gebräuchliche Werkstoffe, sowohl die reinen Metalle als auch deren Legierungen, sind ihrem Aufbau nach vielkristallin und zeigen ein temperaturabhängiges Verhalten. Unterhalb einer *Grenztemperatur* ist dabei die Haltbarkeit des Kristallverbands im Wesentlichen zeitunabhängig. Entsprechend der bei Raumtemperatur geltenden Regel wird bei höheren Temperaturen bis zu dieser Grenztemperatur die Warmstreckgrenze als Werkstoffkennwert für die Auslegung berücksichtigt. Bauteile mit Temperaturen oberhalb der Grenztemperatur werden stark vom zeitabhängigen Verhalten der Werkstoffe bestimmt. Die Werkstoffe erleiden in diesem Bereich unter dem Einfluss von Beanspruchung, Temperatur und Zeit u. a. eine fortschreitende plastische Verformung, die nach einer bestimmten Zeit zum Bruch führen kann. Die sich dabei einstellende zeitabhängige Bruchgrenze liegt sehr viel niedriger als die Warmstreckgrenze aus dem Kurzzeitversuch. Die besprochenen Verhältnisse sind in Abb. 7.84 prinzipiell wiedergegeben. Grenztemperatur und Festigkeitsverlauf sind stark werkstoffabhängig und müssen jeweils beachtet werden. Bei Stählen liegt die Grenztemperatur zwischen 300 bis 400 °C.

Bei Kunststoffteilen muss der Konstrukteur bereits bei Temperaturen unter +100 °C das viskoelastische Verhalten dieser Werkstoffe berücksichtigen.

Generell ändert sich auch das Elastizitätsmodul in Abhängigkeit von der Temperatur, wobei der höheren Temperatur ein kleinerer Wert zugeordnet ist: Abb. 7.85a. Geringste Änderungen zeigen hierbei die Nickellegierungen.

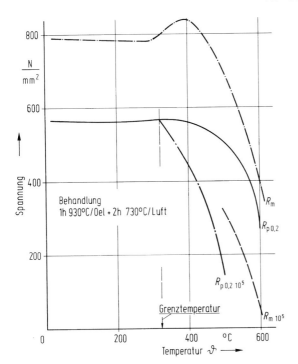

Abb. 7.84. Kennwerte aus dem Warmzug- und Zeitstandversuch, ermittelt mit dem Stahl 21 Cr Mo V 511 (Werkstoff-Nr. 1.8070) bei verschiedenen Temperaturen; Grenztemperatur als Schnittpunkt der Kurven der 0,2-Dehngrenze und der 0,2-Zeitdehngrenze

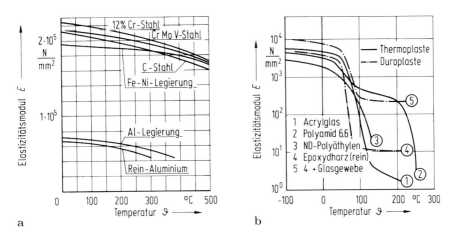

Abb. 7.85. Zusammenhang zwischen dem Elastizitätsmodul verschiedener Werkstoffe und der Temperatur. **a** Metallische Werkstoffe; **b** Kunststoffe

Mit dem Absinken des Elastizitätsmoduls sinkt die Steifigkeit der Bauteile. Wie Abb. 7.83b zeigt, muss der Konstrukteur diese Erscheinung besonders bei Kunststoffbauteilen beachten. Er muss die Temperatur kennen, bei der der Elastizitätsmodul plötzlich auf relativ niedrige Werte absinkt.

2. Kriechen

Bauteile, die bei hohen Temperaturen oder nahe der Fließgrenze lange Zeit beansprucht werden, erleiden zusätzlich zu der aus dem Hookeschen Gesetz resultierenden elastischen Dehnung $\varepsilon = \sigma/E$ abhängig von der Zeit plastische Verformungen $\varepsilon_{\text{plast}}$. Diese als *Kriechen* bezeichnete Eigenschaft der Werkstoffe ist von der aufgebrachten Beanspruchung, der wirkenden Temperatur und von der Zeit abhängig. Man spricht vom „Kriechen" der Werkstoffe, wenn die Dehnungszunahme der Bauteile entweder unter konstanter Last oder Spannung auftritt [4]. Die zur Werkstoffbeurteilung ermittelten Kriechkurven sind bekannt [110, 136].

Kriechen bei Raumtemperatur

Für eine zweckmäßige Auslegung von Bauteilen in der Nähe der Fließgrenze ist die Kenntnis des Werkstoffverhaltens im Übergangsgebiet vom elastischen in den plastischen Zustand wichtig [136]. Bei lang anhaltender statischer Beanspruchung in diesem Übergangsgebiet muss mit Kriecherscheinungen auch unter Raumtemperatur bei metallischen Werkstoffen gerechnet werden. Das Kriechen verläuft dabei nach dem Gesetz des primären Kriechens: Abb. 7.86. Die relativ geringen plastischen Formänderungen sind nur im Hinblick auf die

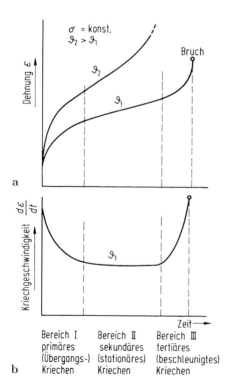

Abb. 7.86. Änderung von Dehnung **a** und Kriechgeschwindigkeit **b** mit der Beanspruchungsdauer (schematisch), Kennzeichnung der Kriechphasen

Formbeständigkeit eines Bauteils interessant. Im Allgemeinen kriechen aber Stähle im Bereich $\leq 0{,}75 R_{\mathrm{p}0{,}2}$ oder $\leq 0{,}55 R_{\mathrm{m}}$ wenig, während bei Kunststoffen eine zuverlässige Beurteilung des mechanischen Verhaltens nur anhand von temperatur- und zeitabhängigen Kennwerten getroffen werden kann.

Kriechen unterhalb der Grenztemperatur

Bisherige Untersuchungen [136, 147] mit metallischen Werkstoffen bestätigen, dass im Normalfall die übliche Rechnung mit der Warmstreckgrenze als obere zulässige Spannung bei kurzzeitigen Belastungen, instationären Vorgängen, vorübergehenden thermischen Zusatzspannungen und Störungsfällen bis zur definierten Grenztemperatur ausreichend ist.

Bei Bauteilen mit hohen Anforderungen an die Formbeständigkeit müssen jedoch auch für mäßig erhöhte Temperaturen die Werkstoffkennwerte des Zeitstandversuchs beachtet werden. Unlegierte und niedriglegierte Kesselbaustähle, aber auch austenitische Stähle weisen je nach Betriebsdauer und Anwendungstemperatur mehr oder weniger große Kriechdehnungen auf.

Bei Kunststoffen finden auch schon bei leicht erhöhten Temperaturen Strukturumwandlungen statt. Diese Umwandlungen haben eine mitunter erhebliche Temperatur- und Zeitabhängigkeit der Eigenschaften zur Folge, wie man sie bei metallischen Werkstoffen in demselben Temperaturbereich nicht kennt. Sie führen als sog. thermische Alterung zu irreversiblen Änderungen der physikalischen Eigenschaften von Kunststoffen (Abfall der Festigkeit) [156, 185].

Kriechen oberhalb der Grenztemperatur

In diesem Temperaturbereich lösen bei metallischen Werkstoffen mechanische Beanspruchungen auch weit unterhalb der Warmstreckgrenze je nach Werkstoffart laufende Verformungen aus: der Werkstoff kriecht. Dieses Kriechen bewirkt eine allmähliche Verformung der Konstruktionsteile und führt bei entsprechender Beanspruchung und Zeit zum Bruch oder zu Funktionsstörungen. Im Allgemeinen lässt sich der Vorgang in drei Kriechphasen aufteilen [136, 147]: Abb. 7.86. Für temperaturbeaufschlagte Bauteile ist es wichtig zu wissen, dass der Beginn des tertiären Kriechbereichs als gefährlich anzusehen ist. Der Tertiärbereich beginnt im Allgemeinen bei etwa 1% bleibender Dehnung. Für einen Überblick sind für verschiedene Stahlwerkstoffe die 10^5-Zeitdehngrenzen $\sigma_{1\%/10^5}$ für $\vartheta = 500\,°\mathrm{C}$ in Abb. 7.87 zusammengestellt.

3. Relaxation

In verspannten Systemen (Federn, Schrauben, Spanndrähten, Schrumpfverbänden) ist mit der notwendigen Vorspannung eine Gesamtdehnung ϑ_{ges} (Gesamtverlängerung Δl_{ges}) aufgebracht worden. Durch Kriechen im Werkstoff und durch Setzerscheinungen infolge Fließen an den Auflageflächen und

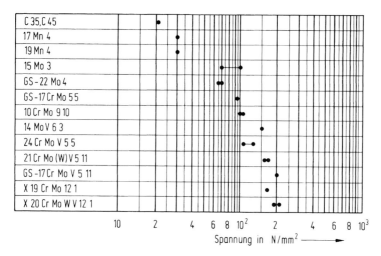

Abb. 7.87. Spannungen entsprechend 1%-Zeitdehngrenze verschiedener Werkstoffe nach 10^5 Stunden bei 500 °C [199]

Trennfugen bedingt, wächst im Laufe der Zeit der plastische Verformungsanteil auf Kosten des elastischen Verformungsanteils. Dieser Vorgang der elastischen Dehnungsabnahme bei sonst konstanter Gesamtdehnung wird als „Relaxation" bezeichnet [100, 326, 327].

Verspannte Bauteile werden meist bei Raumtemperatur auf die erforderliche Vorspannkraft gebracht. Bedingt durch die Temperaturabhängigkeit des Elastizitätsmoduls (Abb. 7.85) wird bei höheren Temperaturen diese Vorspannkraft vermindert, ohne dass eine Längenänderung im verspannten System auftritt.

Die, wenn auch verminderte Vorspannkraft, führt mit dem Erreichen des Betriebszustands bei hohen Temperaturen zum Kriechen des Werkstoffs und damit zu einem weiteren Verlust der Vorspannkraft (Relaxation). Auf die Höhe der verbleibenden Restklemmkraft wirken sich außerdem fertigungs- und betriebsbedingte Parameter aus, z. B. die Höhe der Montage-Vorspannkraft, die konstruktive Gestaltung des verspannten Systems, die Art der einander berührenden Oberflächen, der Einfluss überlagerter Beanspruchungen (normal oder tangential zur Oberfläche). Aufgrund von Untersuchungen [100, 326, 327] über das Relaxationsverhalten von Schrauben-Flansch-Verbindungen ergeben sich plastische Verformungen auch an Trennfugen und Auflageflächen (Setzen) und im Gewinde (Kriechen und Setzen).

Zusammenfassend ist für Bauteile aus metallischen Werkstoffen festzustellen:

– Der Vorspannkraftverlust ist abhängig von den Steifigkeitsverhältnissen in den miteinander verspannten Teilen. Je starrer die Verbindung ausgeführt

wird, um so mehr bewirken die plastischen Verformungen (Kriechen und Setzen) einen beträchtlichen Vorspannkraftverlust.
- Obwohl bereits beim Anziehen von Schrauben-Flansch-Verbindungen oder beim Fügen einer Querpressverbindung erhebliche Setzbeträge ausgeglichen werden können, sind bei der Gestaltung möglichst wenige, aber gut bearbeitete Oberflächen (Trennfugen, Auflageflächen) vorzusehen.
- Für jeden Werkstoff ist eine Anwendungsgrenze bezüglich der Temperatur zu berücksichtigen, über deren Wert hinaus seine Verwendung nicht mehr sinnvoll erscheint, weil oberhalb dieser Temperatur die Kriechneigung stark zunimmt. Außerdem sind für den gewünschten Anwendungsfall diejenigen Werkstoffe auszuwählen, bei denen infolge der Verspannung die Warmfließgrenze auch bei überlagerter Betriebsbeanspruchung nicht erreicht wird.
- Innerhalb kurzer Zeit verbleiben bei hohen Anfangsvorspannkräften (Anfangsklemmkräften) auch höhere Restklemmkräfte. Mit zunehmender Betriebsdauer werden die Restklemmkräfte relativ unabhängig von der Anfangsvorspannkraft, indem sie sich einem relativ niedrigen gemeinsamen Niveau nähern.
- Ein Nachziehen von Fügeverbindungen, die bereits einer Relaxation unterworfen waren, ist bei Beachtung der verbliebenen Zähigkeitseigenschaft des Werkstoffs möglich. In der Regel dürfen Kriechbeträge von etwa 1%, die in den tertiären Kriechbereich führen, nicht überschritten werden.
- Werden Verbindungen zusätzlich zur statischen Vorspannkraft einer schwingenden Beanspruchung unterworfen, so haben Versuche gezeigt, dass die ohne Bruch ertragenen Schwingungsamplituden bei relaxationsbedingtem Abfall der Mittelspannungen erheblich größer sind als die Schwingungsamplituden mit konstanter Mittelspannung. Allerdings führt der relaxationsbedingte Abfall der Mittelspannung nach entsprechender Zeit oft zu einem Lockern der Verbindung.

Bei Anwendung von *Schraubenverbindungen aus Kunststoff* bestimmen zunächst geringe elektrische und thermische Leitfähigkeit, Widerstandsfähigkeit gegen metallkorrodierende Medien, hohe mechanische Dämpfung, geringes spezifisches Gewicht u. a. ihre Auslegung. Zusätzlich müssen diese Verbindungen aber auch gewisse Festigkeits- und Zähigkeitseigenschaften aufweisen. Durch Relaxation bedingte Vorspannkraftverluste müssen besonders in diesen Anwendungsfällen beachtet werden, damit die Funktion derartiger Verbindungen gewährleistet ist. Nach Untersuchungen [190, 191] kann im Vergleich zu metallischen Werkstoffen folgendes festgestellt werden:

- Die über der Zeit verbleibende Vorspannkraft wird bei Raumtemperatur vom Werkstoff selbst und dessen Neigung zur Feuchtigkeitsaufnahme bestimmt.
- Ständiger Wechsel von Feuchtigkeitsaufnahme und -abgabe wirkt sich besonders ungünstig aus.

4. Konstruktive Maßnahmen

Für Anlagen unter Zeitbeanspruchung werden zunehmend längere Lebensdauern gefordert, die sich konstruktiv nur realisieren lassen, wenn das Werkstoffverhalten über die volle Beanspruchungsdauer bekannt ist oder mit ausreichender Genauigkeit vorhergesagt werden kann. Nach [136] ist jedoch eine Extrapolation schon dann gefährlich, wenn aus Kurzzeitwerten Richtwerte für die Auslegung bei Beanspruchungsdauern von 10^5 Stunden oder mehr zu geben sind.

Nicht bei allen Bauteilen kann man die thermische Beanspruchung mit besonders hochlegierten Werkstoffen abfangen. Konstruktive Abhilfen sind oft zweckmäßiger als den Werkstoff zu verändern.

Die Gestaltung ist so zu wählen, dass das Kriechen in bestimmten zulässigen Grenzen bleibt, was erreicht werden kann durch:

- hohe elastische Dehnungsreserve, die Zusatzbeanspruchungen aus Temperaturänderungen klein hält, Beispiel: Abb. 7.88,
- Isolation oder Bauteilkühlung, wie bei Doppelmanteldampfturbinen und Gasturbinen angewandt, Beispiel: Abb. 7.89,
- vermeiden von Massenanhäufungen, die bei instationären Vorgängen zu erhöhten Wärmespannungen führen,
- verhindern, dass der Werkstoff in unerwünschte Richtungen kriecht, wodurch Funktionsstörungen (z. B. Klemmen von Ventilspindeln) oder Demontageschwierigkeiten entstehen können, Beispiel: Abb. 7.90.

Bei der Ausführung a des Flanschdeckels nach Abb. 7.90 kriecht der Werkstoff in die Hinterdrehung. Der sich schneller erwärmende Deckel zwängt in

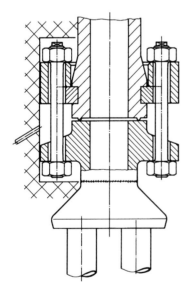

Abb. 7.88. Austenit-Ferrit-Flanschverbindung für eine Betriebstemperatur von 600 °C nach [265]

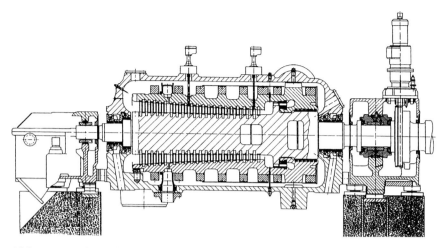

Abb. 7.89. Doppelmantel-Dampfturbine mit Schrumpfringen, die den Innenmantel zusammenhalten. Relaxation der Schrumpfringe wird vermindert durch Kühlung mittels Abdampf. Mit zunehmender Leistung der Maschine pressen die Schrumpfringe stärker, weil dann die Temperaturdifferenz zwischen Dampfeintritt und -austritt steigt. Schrumpfringe sitzen auf Beilage-Blechen, die es gestatten, das durch Relaxieren verminderte Schrumpfmaß anlässlich einer Revision wieder auf den Sollwert anzuheben (Bauart ABB)

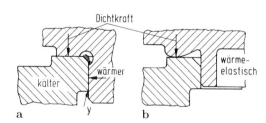

Abb. 7.90. Zentrierung und Dichtung eines Flanschdeckels nach [206]. **a** Demontage behindert, weil der Werkstoff in Hinterdrehungen kriecht; **b** ballige Dichtleiste erzeugt bessere Dichtwirkung bei kleineren Anpresskräften, Kriechen behindert wegen günstigerer Gestaltung die Demontage nicht

der Zentrierung und kriecht ebenso an der Stelle y. Die Ausführung b des Flanschdeckels ist besser gestaltet, da trotz Kriechens immer noch eine Demontage ohne Beschädigung möglich ist. Wegen der inneren Ausdrehung kann der Deckel außerdem keine nennenswerte radiale Kraft auf die Zentrierung ausüben.

Daraus ergibt sich: Das bei einer Demontage zuerst bewegte Teil muss in Demontagerichtung vorstehen oder entgegen der Demontagerichtung zurückstehen [206].

7.5.4 Korrosionsgerecht
Designing against corrosion damage

Korrosionserscheinungen lassen sich in vielen Fällen nicht vermeiden, sondern nur mindern, weil die Ursache für die Korrosion nicht beseitigt werden kann. Die Verwendung korrosionsbeständiger Werkstoffe ist darüber hinaus oft wirtschaftlich nicht vertretbar. Rubo [235] fordert zwar grundsätzlich „Körper gleicher Korrosionsbeständigkeit" in einer Anlage vorzusehen, gleichzeitig macht er darauf aufmerksam, dass dies vom Kostenstandpunkt aus nicht immer durch korrosionsbeständige Materialien, sondern auch durch entsprechende Gestaltung zu geschehen habe, unter der bei funktioneller Verträglichkeit auch Korrosion in Kauf genommen wird. Dies bedeutet eine Weiterentwicklung von der korrosionsschutzgerechten zu einer korrosionsverträglichen Gestaltung der Bauteile und Anlagen. Der Konstrukteur muss also unzulässigen Korrosionserscheinungen mit einem entsprechenden Konzept oder durch zweckmäßigere Gestaltung entgegenwirken. Die Maßnahmen hängen von der Art der zu erwartenden Korrosionserscheinungen ab. Eine umfassende Darstellung der Korrosionsarten und eine Fülle von Maßnahmen konstruktiver Art sind in den Merkblättern „Korrosionsschutzgerechte Konstruktion" [158] zu finden. Spähn, Rubo und Pahl [212, 261] haben Erscheinungsformen und Maßnahmen zusammenfassend dargestellt, die im Wesentlichen wiedergegeben werden. Dabei wird im Interesse einer sinnfälligen systematischen Zuordnung aus der Sicht des Konstrukteurs geringfügig von DIN 50900 [80, 81] abgewichen.

1. Ursachen und Erscheinungen

Während trockene Umgebung und höhere Temperaturen die chemische Korrosionsbeständigkeit durch Bildung von festhaftenden Metalloxidschichten im Allgemeinen erhöhen, bilden sich unterhalb des Taupunkts mehr oder weniger schwach saure oder basische Elektrolyte, die in der Regel eine elektrochemische Korrosion bewirken [260]. Korrosionsfördernd wirkt der Umstand, dass jedes Bauteil unterschiedliche Oberflächen hat, z. B. infolge edlerer oder unedlerer Einschlüsse, verschiedener Gefügeausbildung, Eigenspannungen u. a. durch Kaltumformung, Wärmebehandlung und Schweißen. Auch kann sich in konstruktiv bedingten Spalten eine örtlich unterschiedliche Konzentration des Elektrolyten bilden, so dass Lokalelemente entstehen, ohne dass ausgesprochene Potentialunterschiede infolge unterschiedlicher Werkstoffe vorhanden sein müssen.

Zum Erkennen von Korrosionsproblemen ist es zweckmäßig zu unterscheiden [80, 212] (vgl. Abb. 7.91):

– Korrosion freier Oberflächen,
– berührungsabhängige Korrosion,
– beanspruchungsabhängige Korrosion,
– selektive Korrosion im Werkstoff.

Abb. 7.91. Korrosionsarten geordnet nach prinzipiellen Erscheinungen

Korrosion freier Oberflächen

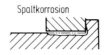

Gleichmäßige, Flächenkorrosion — Muldenkorrosion — Lochkorrosion — Spaltkorrosion

Berührungsabhängige Korrosion

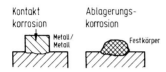

Kontaktkorrosion (Metall/Metall) — Ablagerungskorrosion (Festkörper)

Beanspruchungsabhängige Korrosion

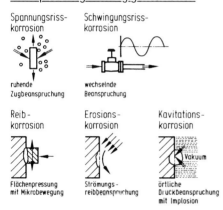

Spannungsrisskorrosion (ruhende Zugbeanspruchung) — Schwingungsrisskorrosion (wechselnde Beanspruchung)

Reibkorrosion (Flächenpressung mit Mikrobewegung) — Erosionskorrosion (Strömungsreibbeanspruchung) — Kavitationskorrosion (örtliche Druckbeanspruchung mit Implosion, Vakuum)

Selektive Korrosion im Werkstoff

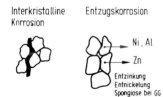

Interkristalline Korrosion — Entzugskorrosion (Ni, Al; Zn; Entzinkung, Entnickelung, Spongiose bei GG)

Die vom Konstrukteur zu treffenden Maßnahmen hängen von den jeweiligen Ursachen und Erscheinungen ab. Beispiele zu den einzelnen Erscheinungen sind in 7.5.4-5 zusammengefasst.

2. Korrosion freier Oberflächen

Bei der Korrosion freier Oberflächen kann gleichmäßige Flächenkorrosion oder örtlich begrenzte Korrosion auftreten. Letztere Korrosionsart ist besonders gefährlich, weil sie im Gegensatz zur ebenmäßig abtragenden eine hohe Kerbwirkung zur Folge hat und in manchen Fällen auch nicht leicht vorhersehbar ist. Daher muss von vornherein auf solchermaßen gefährdete Zonen besonders geachtet werden.

Gleichmäßige Flächenkorrosion

Ursache:
Auftreten von Feuchtigkeit (schwach basischer oder saurer Elektrolyt) unter gleichzeitiger Anwesenheit von Sauerstoff aus der Luft oder dem Medium, insbesondere Taupunktunterschreitung.

Erscheinung:
Weitgehend gleichmäßig abtragende Korrosion an der Oberfläche, bei Stahl z. B. etwa 0,1 mm/Jahr in normaler Atmosphäre. Manchmal auch örtlich stärker, wenn an solchen Stellen infolge Taupunktunterschreitung besonders häufig höherer Feuchtigkeitsgehalt auftritt. Diese gleichmäßig abtragende Korrosion kann infolge höherer Aggressivität des Mediums, höherer Strömungsgeschwindigkeiten und örtlicher Erwärmung verstärkt werden.

Abhilfe:
– ausreichend lange und gleiche Lebensdauer mit entsprechender Wanddickenwahl (Wanddickenzuschlag) und Werkstoffeinsatz,
– Verfahrensführung mit entsprechendem Konzept, das die Korrosion vermeidet bzw. Korrosion wirtschaftlich tragbar macht (vgl. Beispiel 1),
– kleine und glatte Oberflächen anstreben durch entsprechende geometrische Gestalt mit einem Maximum im Verhältnis von Inhalt zu Oberfläche oder z. B. Widerstandsmoment zu Umfang (vgl. Beispiel 2),
– vermeiden von Feuchtigkeitssammelstellen durch entsprechende Gestaltung: Abb. 7.92,
– vermeiden von Stellen mit Taupunktunterschreitung durch allseits gute Isolierung und Verhinderung von Wärme- bzw. Kältebrücken (vgl. Beispiel 3),
– vermeiden hoher Strömungsgeschwindigkeiten > 2 m/s,
– vermeiden von Zonen hoher und unterschiedlicher Wärmebelastung bei beheizten Flächen,
– anbringen eines Korrosionsschutzüberzugs [82], auch in Verbindung mit kathodischem Schutz.

Muldenkorrosion

Bei der Muldenkorrosion ergeben sich örtlich unterschiedliche Abtragungsraten.

Ursache:
Es bestehen Korrosionselemente [81] mit anodischen und kathodischen Bereichen, die unterschiedlichen Korrosionsfortschritt bewirken und im Wesentlichen aus Werkstoffinhomogenitäten, mediumseitig aus unterschiedlichen

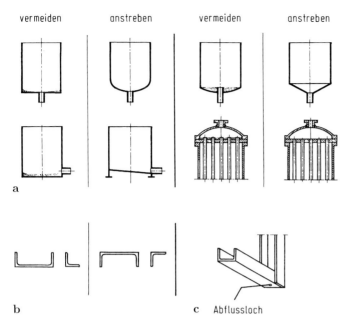

Abb. 7.92. Flüssigkeitsabfluss bei korrosionsbeanspruchten Bauteilen. **a** Korrosionsschutzwidrige und korrosionsschutzgerechte Gestaltung von Böden; **b** ungünstige und günstige Anordnung von Stahlprofilen; **c** Konsole aus U-Profilen mit Wasserabfluss

Konzentrationen oder durch zonenmäßig unterschiedlichen Bedingungen, wie Temperatur, Strahlung usw. herrühren.

Abhilfe:
– Inhomogenitäten und unterschiedliche Bedingungen zu beseitigen versuchen.
– Korrosionsschutzüberzüge flächendeckend aufbringen. Bei Schäden in der Schutzschicht tritt dann allerdings teilweise verstärkte örtliche Korrosion (vgl. Lochkorrosion) auf.

Lochkorrosion

Bei der Lochkorrosion konzentriert sich der Abtrag auf sehr kleine Oberflächenbereiche mit kraterförmigen oder nadelstichartigen Vertiefungen. Die Tiefe ist in der Regel in der Größenordnung des Durchmessers. Eine Abgrenzung zwischen Mulden- und Lochkorrosion ist in Grenzfällen nicht möglich.

Ursache:
Wie bei Muldenkorrosion. Erscheinung aber örtlich enger begrenzt.

Abhilfe:
Prinzipiell wie bei Muldenkorrosion, insbesondere aber Korrosionsangriff als solchen vermindern oder beseitigen.

Spaltkorrosion

Ursache:
Meist saure Anreicherung des Elektrolyten (Feuchtigkeit, wässriges Medium) infolge Hydrolyse der Korrosionsprodukte in einem Spalt. Bei rost- und säurebeständigen Stählen Abbau der Passivität infolge Sauerstoffverarmung im Spalt. Es handelt sich um Belüftungsmangelkorrosion.

Erscheinung:
Verstärkter Korrosionsabtrag im Spalt an meist nicht sichtbaren Stellen. Vergrößerung der Kerbwirkung an ohnehin höher beanspruchten Stellen. Bruch- oder Lösegefahr ohne vorheriges Erkennen.

Abhilfe:

– glatte, spaltlose Oberflächen auch an Übergangsstellen schaffen,
– Schweißnähte ohne verbleibenden Wurzelspalt vorsehen: Stumpfnähte oder durchgeschweißte Kehlnähte verwenden: Abb. 7.93,
– Spalte abdichten, z. B. Steckteile vor Feuchtigkeit durch Muffen oder Überzüge schützen,
– Spalte so groß machen, dass infolge Durchströmung oder Austausch kein Sauerstoffmangel entsteht, d. h. Belüftung ermöglichen.

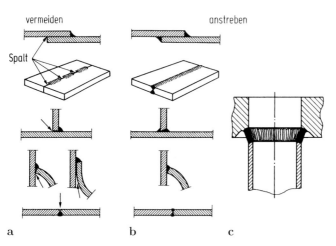

Abb. 7.93. Beispiele von Schweißverbindungen. **a** Spaltkorrosionsgefährdet; **b** korrosionsgerechte Gestaltung nach [260]; **c** spaltfreies Einschweißen von Rohren in einen Rohrboden, wodurch Spalt- und Spannungsrisskorrosion vermieden werden

3. Berührungsabhängige Korrosion

Kontaktkorrosion

Ursache:
Zwei Metalle mit unterschiedlichem Potential stehen durch Paarung oder Festkörper in leitender Verbindung unter gleichzeitiger Anwesenheit eines Elektrolyten, d. h. leitender Flüssigkeit oder Feuchtigkeit [259].

Erscheinung:
Das unedlere Metall korrodiert in der Nähe der Kontaktstelle stärker, und zwar um so mehr, je kleiner die Fläche des unedleren Metalls im Vergleich zu der des edleren ist (galvanische Korrosion). Wiederum wird die Kerbwirkung vergrößert. Die Korrosionsprodukte haben Sekundärwirkungen mannigfacher Art, z. B. Ablagerungen, Fressen, Schlamm, Verunreinigungen der Medien, zur Folge.

Abhilfe:
– Metallkombinationen mit geringem Potentialunterschied und daher kleinem Kontaktkorrosionsstrom verwenden,
– Einwirkung des Elektrolyten auf die Kontaktstelle verhindern durch örtliches Isolieren zwischen den beiden Metallen,
– Elektrolyt überhaupt vermeiden,
– notfalls gesteuerte Korrosion durch gezielten Abtrag an elektrochemisch noch unedlerem „Fressmaterial", sog. Opferanoden, vorsehen.

Ablagerungskorrosion

Ursache:
An der Oberfläche oder in Spalten lagern sich Fremdkörper, wie Korrosionsprodukte, Rückstände aus dem geförderten Medium, Eindampfungsprodukte, Dichtungsmaterial usw. ab, die ihrerseits einen Potentialunterschied an der betreffenden Stelle hervorrufen.

Abhilfe:
– Ablagerungsprodukte vermeiden, herausfiltern oder gezielt sammeln,
– Totwasserzonen konstruktiv vermeiden, gleichmäßige Strömung, nicht zu geringe Geschwindigkeit und selbsttätige Entleerung anstreben, (vgl. Abb. 7.92a).
– Anlagenteile spülen oder reinigen.

Korrosion an Phasengrenzen

Ursache:
Infolge Zustandsänderung des die Metallfläche berührenden Mediums von der flüssigen in die gasförmige Phase und umgekehrt entsteht im Umschlagbe-

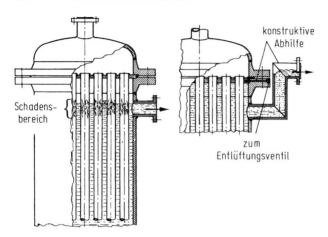

Abb. 7.94. Korrosion an der Grenzfläche zwischen Gas- und Flüssigkeitsphase nach [260] infolge höherer Konzentration im Bereich der Wasserlinie eines stehend angeordneten Kühlers. Konstruktive Abhilfe durch Höherlegen des Wasserspiegels

reich an metallischen Oberflächen eine erhöhte Korrosionsgefahr. Diese wird u. U. durch Ankrustung im Bereich zwischen flüssiger und gasförmiger Phase verstärkt [260].

Erscheinung:
Die Korrosion ist auf den Umschlagbereich konzentriert und um so stärker, je schroffer der Umschlag stattfindet und je aggressiver das Medium ist [234].

Abhilfe:

- allmähliche Wärmezu- bzw. -abfuhr längs einer Heiz- oder Kühlstrecke vorsehen,
- Turbulenz vermindern, d. h. Wärmeübergangszahlen am Einlauf des umschlagenden Mediums vermindern, z. B. Richtbleche, Schutzhemden,
- korrosionsbeständigen Schutzmantel an kritischen Stellen vorsehen (vgl. Beispiel 3 und 4),
- Übergangsbereiche zwischen flüssiger und gasförmiger Phase mit entsprechender Gestaltung vermeiden: Abb. 7.94,
- Flüssigkeitsspiegel schwanken lassen, z. B. durch Rühren.

4. Beanspruchungsabhängige Korrosion

Korrosionsgefährdete Bauteile unterliegen in der Regel einer mechanischen Beanspruchung in ruhender oder schwingender Form, die entweder durch die inneren Schnittgrößen oder durch Angriffe an der Oberfläche hervorgerufen werden. Solche zusätzlich auftretenden mechanischen Beanspruchungen bedingen eine Reihe gravierender Korrosionserscheinungen.

Schwingungsrisskorrosion

Ursache:
Korrosiver Angriff auf ein Bauteil, das einer mechanischen Schwingungsbeanspruchung ausgesetzt ist, setzt die Festigkeit stark herab. Es gibt keine Dauerhaltbarkeit. Je höher die mechanische Beanspruchung und je intensiver der korrosive Angriff ist, desto kürzer ist die Lebensdauer.

Erscheinung:
Verformungsloser Bruch wie bei einem Dauerbruch, wobei Korrosionsprodukte besonders bei schwach korrodierenden Medien nur mikroskopisch erkennbar sind. Verwechslung mit gewöhnlichem Dauerbruch ist daher oft gegeben.

Abhilfe:
- mechanische oder thermische Wechselbeanspruchung klein halten, besonders Schwingungsbeanspruchung infolge Resonanzerscheinungen vermeiden,
- Spannungsüberhöhung infolge von Kerben vermeiden,
- Druckvorspannung als Eigenspannung durch Kugelstrahlen, Prägepolieren, Nitrieren usw. hilft Lebensdauer erhöhen,
- korrosives Medium (Elektrolyt) fernhalten,
- Oberflächenschutzüberzüge, z. B. Gummierung, Einbrennlackierung, galvanische Überzüge mit Druckspannung, Verzinkung oder Aluminierung vorsehen.

Spannungsrisskorrosion

Ursache:
Bestimmte empfindliche Werkstoffe neigen nach einer gewissen Zeit zu trans- oder interkristalliner Rissbildung, wenn gleichzeitig eine ruhende Zugbeanspruchung aus äußerer Last oder Eigenspannungszustand und ein diese Rissart auslösendes, spezifisches Agens einwirken. Es genügt, eine dieser Voraussetzungen zur Bildung der Spannungsrisskorrosion zu vermeiden.

Erscheinung:
Je nach angreifendem Medium [260] entstehen trans- oder interkristalline Risse, die sehr fein sind und rasch vorwärts schreiten. Dicht daneben liegende Partien bleiben unberührt.

Abhilfe:
- empfindliche Werkstoffe vermeiden, was aber wegen anderer Anforderungen oft nicht möglich ist. Diese Werkstoffe sind: unlegierte Kohlenstoffstähle, austenitische Stähle, Messing, Magnesium- und Aluminiumlegierungen sowie Titanlegierungen,

- Zugspannung an der angegriffenen Oberfläche massiv herabsetzen oder ganz vermeiden,
- Druckspannung in die Oberfläche einbringen, z. B. Schrumpfbandagen, vorgespannte Mehrschalenbauweise, Kugelstrahlen,
- Eigenzugspannungen durch Spannungsarmglühen abbauen,
- kathodisch wirkende Überzüge aufbringen,
- Agenzien vermeiden oder mildern durch Erniedrigung der Konzentration und der Temperatur.

Dehnungsinduzierte Korrosion

Ursache:
Durch wiederholte Dehnungen oder Stauchungen über kritische Beträge hinaus reißt die schützende Deckschicht immer wieder auf.

Erscheinung:
Es ist kein natürlicher Korrosionsschutz mehr gegeben und dadurch tritt örtliche Korrosion auf.

Abhilfe:
Dehnungs- bzw. Stauchungsbeträge vermindern.

Erosions- und Kavitationskorrosion

Erosion und Kavitation können von Korrosion begleitet sein, wodurch der Abtragvorgang an der so beanspruchten Stelle beschleunigt wird. Primäre Abhilfe liegt in der Vermeidung bzw. Verminderung der Erosion und Kavitation mit Hilfe strömungstechnischer oder konstruktiver Maßnahmen. Erst wenn dies nicht gelingt, sollten harte Oberflächenüberzüge wie Auftragsschweißungen, Nickelschichten, Hartchrom oder Stellit ins Auge gefasst werden.

Reibkorrosion

Ursache:
Reibkorrosion entsteht durch relativ geringe Bewegung unter mehr oder weniger hoher Flächenpressung an gepaarten Oberflächen (vgl. auch 7.4.1-3).

Erscheinung:
Die beanspruchte Oberfläche bildet harte Oxidationsprodukte (sog. Reibrost), die u. U. den Vorgang beschleunigen. Gleichzeitig entsteht erhöhte Kerbwirkung.

Abhilfe:
Die wirksamste Abhilfe ist die Beseitigung der Scheuerbewegung, z. B. durch elastische Aufhängung, hydrostatische Lagerung statt reibender Führung:

- Rohrschwingungen verkleinern durch Verringern der Strömungsgeschwindigkeit im Rohraußenraum und/oder Verändern der Abstände der Leitbleche,
- Spalte zwischen Leitblechen und Rohren vergrößern, so dass keine Berührung mehr stattfindet,
- Wanddicke der Rohre vergrößern, damit sich ihre Steifigkeit und zugleich die zulässige Korrosionsrate erhöhen,
- für die Rohre Werkstoff mit besserer Haftung der Schutzschicht verwenden.

Überhaupt sind Scheuerstellen zu vermeiden. Diese können z. B. durch Wärmedehnungen oder bei schwingenden Rohren an Durchführungen (z. B. Leitblechen) entstehen. Dort kann die oxidische Schutzschicht an den Oberflächen der einander berührenden Teile beschädigt werden. Die freigelegten metallischen Bereiche sind elektrochemisch unedler als die mit Schutzschicht bedeckten. Ist das strömende Medium ein Elektrolyt, werden diese verhältnismäßig kleinen, unedlen Bereiche elektrochemisch abgetragen, falls sich die Schutzschicht nicht regenerieren kann.

Selektive Korrosion

Bei der selektiven Korrosion werden nur bestimmte Gefügeteile der Werkstoffmatrix betroffen. Bedeutung haben:

- interkristalline Korrosion von nichtrostenden Stählen und Aluminiumlegierungen,
  die sog. Spongiose, bei der in Gusseisen die Eisenbestandteile herausgelöst werden,
- die Entzinkung von Messing.

Ursache:
Manche Gefügebestandteile oder korngrenzennahe Bereiche sind weniger korrosionsbeständig als die Matrix.

Abhilfe:
Eine Abhilfe besteht im Wesentlichen in der geeigneten Wahl von Werkstoffen und deren Verarbeitung, z. B. Schweißverfahren, bei der ein so anfälliges Gefüge vermieden wird. Der Konstrukteur benötigt hier bei Auftreten dieser Korrosionserscheinung den Rat des Werkstofffachmanns.

Generelle Empfehlungen

Es ist so zu gestalten, dass auch unter Korrosionsangriff eine möglichst lange und gleiche Lebensdauer aller beteiligten Komponenten erreicht wird [234, 235]. Lässt sich diese Forderung mit entsprechender Werkstoffwahl und Auslegung wirtschaftlich nicht erreichen, muss so konstruiert werden, dass die besonders korrosionsgefährdeten Zonen und Bauteile überwacht werden können, z. B. durch Sichtkontrolle, Wanddickenmessung mechanisch oder durch Ultraschall oder/und indirekt durch Anordnung von Korrosionsproben, die nach festgelegter Betriebszeit oder nach Kontrollergebnis ausgewechselt werden können.

Ein sicherheitsgefährdender Zustand infolge Korrosion sollte nicht auftreten dürfen (vgl. 7.3.3-4).

Schließlich sei nochmals auf das Prinzip der Aufgabenteilung (vgl. 7.4.2) aufmerksam gemacht, nach dem auch schwierige Korrosionsprobleme überwunden werden können. Hiernach würde einem Bauteil die Korrosionsabwehr und Abdichtung zufallen, dem anderen die Stütz-, Trag- oder Kraftleitungsaufgabe, wodurch das Zusammentreffen hoher mechanischer Beanspruchung und Korrosionsbeanspruchung vermieden wird und die Werkstoffwahl jedes Bauteils freier wird [207].

5. Beispiele korrosionsgerechter Gestaltung

Beispiel 1

Mittels Waschlaugen lässt sich CO_2 aus einem unter Druck befindlichen Gasgemisch weitgehend entfernen. Die CO_2-angereicherte Waschlauge wird dann durch Entspannen beträchtlich von CO_2 befreit (regeneriert). Der Ort der Entspannung innerhalb des Ablaufs einer Druckgaswäsche mit Regeneration wird im Allgemeinen nach folgender Überlegung festgelegt:

Würde die Waschlauge unmittelbar hinter dem Waschturm entspannt, Abb. 7.95, Stelle A, so wäre die anschließende Rohrleitung nach B nach dem sich einstellenden Entspannungsdruck, also mit relativ dünner Wanddicke auszulegen. Man spart also an Wanddicke. Infolge Ausscheidens von CO_2 kann aber die Aggressivität der mit CO_2-Blasen durchsetzten Lauge derart steigen, dass der für gewöhnlich ausreichende billige unlegierte Stahl der Rohrleitung durch wesentlich teureren rost- und säurebeständigen Werkstoff ersetzt werden müsste. Daher sollte die CO_2-angereicherte Waschlauge besser bis zum Regenerationsturm, Stelle B, unter Druck verbleiben.

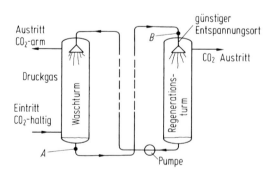

Abb. 7.95. Einfluss des Entspannungsortes einer CO_2-angereicherten Waschlauge auf die Werkstoffwahl für eine Rohrleitung von A nach B

7.5 Gestaltungsrichtlinien   427

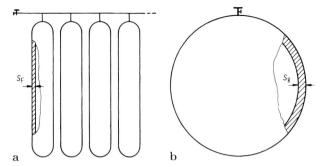

Abb. 7.96. Einfluss der Behälterform auf die Korrosionsgefährdung nach [234] am Beispiel der Druckgasspeicherung bei 200 bar. **a** In 30 Flaschen mit je 50 Liter Inhalt; **b** in einer Kugel von 1,5 m^3 Inhalt

Beispiel 2

Für die Druckgasspeicherung können nach Abb. 7.96 zwei Lösungen zur Diskussion stehen:

a) 30 flaschenförmige Behälter mit je 50 Liter Inhalt und einer Wanddicke von 6 mm,
b) 1 Kugelbehälter mit 1,5 m^3 Inhalt und einer Wanddicke von 30 mm.

Die Lösung b) ist vom Standpunkt der Korrosion aus zwei Gründen vorteilhafter:

- Die der Korrosion unterliegende Oberfläche ist mit etwa 6,4 m^2 rund fünfmal kleiner als bei a). Die Abtragmenge ist also bei gleicher Abtragtiefe kleiner.
- Bei einer erwarteten Abtragtiefe von 2 mm in 10 Jahren ist der Abtrag festigkeitsmäßig bei a) auf keinen Fall vernachlässigbar bzw. zwingt zu einer wesentlich stärkeren Wand, nämlich 8 mm, während beim Kugelbehälter der Korrosionszuschlag von 2 mm für eine 30 mm dicke Wand fast unerheblich ist. Der Kugelbehälter kann praktisch nur nach Festigkeitsgesichtspunkten ausgelegt werden.

Beispiel 3

In einem Behälter sei Warmgas mit H$_2$O-Dampf enthalten. Abbildung 7.97a zeigt die ursprüngliche Ausführung nach [248]. Der Ablassstutzen ist nicht isoliert. Infolge Abkühlung bis zur Taupunktunterschreitung bildet sich Kondensat mit stark elektrolytischen Eigenschaften. An der Übergangsstelle zwischen Kondensat und Gas tritt Korrosion auf, die zum Abreißen des Stutzens führen kann. Abbildung 7.97 zeigt zwei Lösungen: Isolieren einerseits oder gesonderten Stutzen aus beständigerem Material andererseits.

428　7 Methodisches Entwerfen

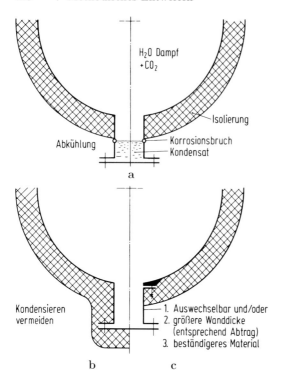

Abb. 7.97. Ablassstutzen an einem Behälter mit CO_2-haltigem überhitzten Dampf unter Überdruck. **a** Ursprüngliche Ausführung; **b** isolierte Ausführung vermeidet Kondensat; **c** andere korrosionsgerechte Varianten mit gesondertem Stutzen

Beispiel 4

In einem beheizten Rohr, das feuchtes Gas führt, ist der Einlaufbereich am Heizmantel besonders gefährdet: Abb. 7.98a. Ein weniger schroffer Übergang (Abb. 7.98b) oder ein zusätzlich eingebauter korrosionsbeständiger Schutzmantel (Abb. 7.98c) bringen Abhilfe.

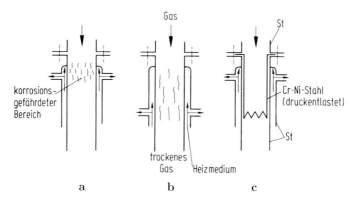

Abb. 7.98. Korrosion an einem beheizten Rohr nach [234]. **a** Besonders am Einlauf wegen schroffen Übergangs gefährdet; **b** schroffer Übergang vermieden; **c** Schutzmantel deckt kritische Zone ab und mildert Übergang

7.5.5 Verschleißgerecht
Design against wear

1. Ursachen und Erscheinungen

Ursachen und Erscheinungsformen bei Verschleiß sind außerordentlich vielfältig und komplex. Zur Gewinnung eines tieferen und grundlegenden Verständnisses wird auf die nachstehende Literatur [28, 121, 153, 258, 314] verwiesen. In DIN 50320 [79] sind die Verschleißarten und Verschleißmechanismen definiert. Auftretender Verschleiß bedeutet genauso wie bei Korrosion eine begrenzte Bauteil-Gebrauchsdauer, eingeschränkte Funktionseigenschaften, höhere Verluste und weitere Beeinträchtigungen gegenüber dem Neuzustand eines Produktes. Am häufigsten und im Wesentlichen sind folgende Verschleißmechanismen an der Oberfläche und vornehmlich im Mikrobereich wirksam:

Adhäsionsverschleiß

Ursache ist eine hohe Belastung, unter der atomare Bindungen zwischen dem Grundkörper und dem Gegenkörper gebildet werden. Die Erscheinungen sind Mikroverschweißungen, die unter der Bewegung wieder getrennt werden. Die Oberfläche wird zerstört, abgetragen und es bilden sich Verschleißpartikel.

Abrasiver Verschleiß

Ursache sind harte Partikel des Gegenkörpers oder des Zwischenmediums, die zu einer Art Mikrozerspanung der beteiligten Oberfläche führen. Erscheinungen sind Riefen, Rillen u.dgl. in Richtung der wirksamen Bewegung unter Materialabtrag. Sehr milder abrasiver Verschleiß kann zur Oberflächenglättung und -anpassung führen, stärkerer und übermäßiger zu unzulässiger Oberflächenveränderung.

Verschleiß durch Oberflächenzerrüttung

Ursache ist eine Wechselbeanspruchung im Bereich oberflächennaher Schichten, die zur Zerrüttung führt. Erscheinungen sind Risse, Ausbrüche, Pittings u. dgl. sowie ablösende Partikel.

Verschleiß durch tribochemische Reaktion

Ursache ist eine chemische Reaktion zwischen Grund- und Gegenkörper unter Mitwirkung von Bestandteilen des Schmierstoffes und/oder der Umgebung infolge einer Aktivierung (Temperaturerhöhung) durch die eingebrachte Reibarbeit. Erscheinungen sind eine Veränderung der Oberfläche unter Bildung harter Zonen oder Partikel, wobei letztere wiederum zu vermehrter Verschleißbildung beitragen (vgl. Reibkorrosion in 7.5.4, Abschn. 4).

2. Konstruktive Maßnahmen

Verschleißgerecht gestalten heißt, durch tribologische Maßnahmen (System: Werkstoff, Wirkgeometrie, Oberfläche, Schmiermittel/Fluid) oder durch reine werkstofftechnische Maßnahmen die für den Betrieb erforderlichen Relativbewegungen zwischen belasteten Bauteilen möglichst verschleißarm aufzunehmen.

Wie auch bei anderen Beanspruchungen, z. B. Korrosion, wird man zunächst anstreben, die Ursachen für den betreffenden Verschleißmechanismus zu vermeiden (*Primärmaßnahmen*). Das bedeutet z. B. Festkörperreibung (Ruhereibung, Trockenreibung) und Mischreibung durch tribologische Maßnahmen zu umgehen und nur Flüssigkeitsreibung zuzulassen. Das kann bei Gleitbewegungen durch den elastohydrodynamischen Effekt erreicht werden, der sich mit einer bestimmten Fluidviskosität, Gleitgeschwindigkeit und Wirkflächenbelastung als Flüssigkeitsreibung erzeugen lässt. Bei Vorliegen von Konstruktions- und Betriebsbedingungen, die nicht den elastohydrodynamischen Effekt ermöglichen, kommen hydrostatische Systeme oder magnetische Systeme infrage. Bei kleinen Bewegungen ist auch der Einsatz elastischer Gelenke zu erwägen.

Sind Primärmaßnahmen zur Ursachenvermeidung nicht möglich, müssen werkstoffseitige und schmierungstechnische *Sekundärmaßnahmen* vorgenommen werden, mit denen die Verschleißrate zumindest reduziert werden kann. Zur Minderung aller Verschleißerscheinungen ist zunächst der örtliche Energieeintrag durch die Reibleistung pro Fläche $p \cdot v_r \cdot \mu$ zu begrenzen, indem die Flächenpressung p, die Relativgeschwindigkeit v_r und/oder der Reibwert μ herabgesetzt werden. In [28] sind für zahlreiche praxisübliche Werkstoffkombinationen Reibungszahlen und Verschleißkoeffizienten für Gleitpaarungen angegeben:

$$\text{Verschleißkoeffizient} = \text{Gleitweg} \times \frac{\text{Verschleißvolumen}}{\text{Normalkraft}}$$

Verschleißgerecht Gestalten heißt aber auch, wenn Verschleiß nicht zu vermeiden ist, an folgende Maßnahmen zu denken:

- Verschleißpartikel müssen aus dem Fluidstrom herausgefiltert werden, um nicht durch Anreicherung des Fluids die Verschleißrate noch zu erhöhen.
- Strukturen mit verschleißgefährdeten Wirkflächen sollten möglichst nach dem „Prinzip der Aufgabenteilung" (vgl. 7.4.2) gestaltet sein, d. h. die Verschleißzonen sollten leicht auswechselbar und aus einem verschleißfesten Werkstoff kostengünstig herstellbar sein, ohne die Gesamtstruktur zu verteuern.
- Durch Verschleißmarken sollten Verschleißzustände gekennzeichnet werden, um die Betriebssicherheit zu gewährleisten und rechtzeitige Instandhaltungsmaßnahmen zu unterstützen (vgl. 7.5.10).

7.5.6 Ergonomiegerecht
Design for ergonomics

Die Ergonomie geht von den Eigenschaften, Fähigkeiten und Bedürfnissen des Menschen aus und befasst sich mit den Beziehungen zwischen Mensch und technischem Erzeugnis. Mit den Erkenntnissen der Ergonomie kann durch eine entsprechende Gestaltung:

– eine Anpassung des technischen Erzeugnisses an den Menschen, aber auch durch Auswahl der Person sowie durch Ausbildung und Übung
– eine angemessene Anpassung des Menschen an das Erzeugnis oder an die Tätigkeit in bzw. an technischen Systemen

erreicht werden [173, 300]. Eingeschlossen in diese Betrachtung ist auch der Gebrauch technischer Erzeugnisse im Bereich des Haushalts, des Sports und der Freizeit.

Die Schwerpunkte ergonomischer Forschung wenden sich zur Zeit vom konventionellen Fabrikarbeitsplatz mit körperlicher Anstrengung mehr zu solchen in der elektronischen Industrie sowie zu einer nutzergerechten Gestaltung von Bediensystemen für Maschinen [311] und einer benutzerorientierten Gestaltung interaktiver Systeme [56]. In diesem Zusammenhang sind auch Software-Werkzeuge zur ergonomischen Arbeitsgestaltung entstanden [164].

1. Ergonomische Grundlagen

Ausgangspunkt der Betrachtung ist der Mensch, inwieweit er Handelnder, Nutzer oder Betroffener ist. Der Mensch kann in einem technischen System in unterschiedlicher Weise wirken oder von Wirkungen betroffen sein (vgl. 2.1.6). Es ist zweckmäßig, sich in diesem Zusammenhang folgende Aspekte zu vergegenwärtigen:

Biomechanische Aspekte

Die Handhabung und Nutzung technischer Erzeugnisse führt zu bestimmten *Körperhaltungen* und *-bewegungen*. Diese ergeben sich durch die räumliche Lage infolge der konstruktiven Gestaltung des technischen Erzeugnisses (z. B. Lage und Bewegungsrichtung von Stellteilen), vom Menschen her durch dessen *Körpermaße* [67]. Dieser Zusammenhang kann mit Hilfe von Körperumrissschablonen [70] dargestellt und beurteilt werden (vgl. Abb. 7.99).

Maximale *Körperkräfte* sind in [71] beschrieben. Von Maximalkräften jedoch auf zulässige Kräfte für einen Einzelfall zu schließen, setzt einerseits die Berücksichtigung von Häufigkeit, Dauer, Alter, Geschlecht, Erfahrung und Übung voraus, andererseits aber auch Regeln und Methoden, wie diese Einflüsse rechnerisch zu berücksichtigen sind (vgl. [25, 127]).

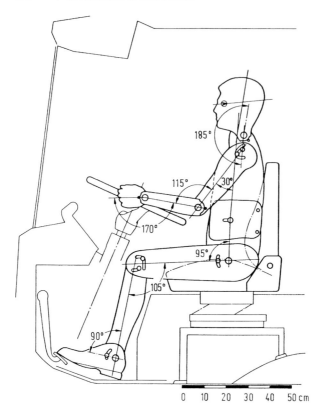

Abb. 7.99. Anwendung von Körperumrissschablonen zur Beurteilung der Sitzhaltung für den Fahrer eines Lastwagens nach [70]

Physiologische Aspekte

Die bei der Handhabung und Nutzung eines technischen Erzeugnisses auftretenden Körperhaltungen und Körperbewegungen bedingen statische und dynamische Muskelarbeit. Muskelarbeit erfordert eine der äußeren Belastung entsprechende Blutversorgung der arbeitenden Muskulatur durch das Herz-Kreislaufsystem. Bei statischer Muskelarbeit (z. B. beim Festhalten) ist die Durchblutung gedrosselt sowie die Entsorgung des Muskels verzögert. Daher können größere Kräfte nur kurzzeitig aufgebracht werden.

Für ergonomische Betrachtungen ist *Belastung, Beanspruchung* und *Ermüdung* zu unterscheiden. Belastung bezeichnet von außen wirkende Einflüsse. Belastung führt beim Menschen gemäß seinen individuellen Gegebenheiten durch Alter, Geschlecht, körperliche Konstitution, Gesundheitszustand, Training zu einer Beanspruchung. Als Folge der Beanspruchung kann sich je nach Intensität und Dauer Ermüdung einstellen, die durch Erholung wieder ausgeglichen werden kann. Ermüdungsähnliche Zustände wie *Monotonie* sind dagegen nicht durch Erholung sondern z. B. durch Tätigkeitswechsel auszugleichen.

Eine weitere *physiologische Bedingung* menschlichen Lebens und Arbeitens ist eine Körperkerntemperatur etwa zwischen 36 °C und 38 °C im Normalfall. Trotz äußerer *Wärme- und Kälteeinwirkung* und bei ständiger Wärmeerzeugung im Körperinneren (verstärkt bei schwerer Arbeit) ist mittels Wärmetransport auf dem Blutweg die Körperkerntemperatur im Gehirn und Körperinneren weitgehend konstant zu halten. Arbeitsanforderungen und klimatische Einflüsse sind sowohl durch technische, z. B. Belüftung, als auch durch organisatorische Maßnahmen, z. B. Pausen, aufeinander abzustimmen (vgl. [68]).

Weitere physiologische Gegebenheiten menschlichen Handelns und Arbeitens sind im Bereich der *Wahrnehmung durch die Sinnesorgane* beschreibbar. Wahrnehmungsphysiologische Größen beim *Sehen* sind beispielsweise minimale, optimale und maximale *Leuchtdichten* und Leuchtdichtenunterschiede (Kontraste) für die visuelle Wahrnehmung [44, 45, 69]. Beim *Hören* gelten entsprechend *Schallpegel* und Schallpegelunterschiede [306] für die akustische Wahrnehmung (z. B. akustische Warnsignale in lärmintensiver Umgebung [69]). Hier ist zu beachten, dass derartige Werte primär an den Sensoreigenschaften des Menschen orientiert sind und die Weiterverarbeitung dieser Signale auf den weiterführenden Nervenbahnen und im Gehirn keineswegs eindeutigen Modellen mit entsprechenden Ergebnissen entspricht. So filtert z. B. der Mensch einen Reiz in Abhängigkeit von Erfahrung, Interesse usw.

Psychologische Aspekte

Für die Konstruktion technischer Erzeugnisse sind auch eine Reihe psychologischer Aspekte zu beachten. So ergibt sich z. B. für die *Wahrnehmung*, dass die Weiterverarbeitung der Signale durch den Menschen eine Reihe von Wandlungsprozessen enthält, die vielfältig beeinflussbar sind. Beispiele sind „optische Täuschungen", das Überhören bzw. Übersehen von „Unwichtigem" oder unterschiedliche Interpretationen. Aufmerksamkeitsführung ist daher ein wichtiges Prinzip bei der Gestaltung. Dies gilt für die Gestaltung von Messwarten [54] ebenso wie für die Anordnung von Anzeigen und Kennzeichnungen an technischen Erzeugnissen.

Der Vorgang des Wahrnehmens, Entscheidens und Handelns läuft meistens ungestört ab. Wenn dieser teilweise unbewusst ablaufende Prozess aber gestört ist, setzt ein Vorgang ein, um wieder zu sicherem Orientieren, Entscheiden, Handeln zu gelangen. Dieser Prozess wird mit *Denken* bezeichnet. Bei einem technischen Erzeugnis, bei dem der strukturelle Aufbau und Funktionsablauf von außen nicht einsehbar sind, kann bei ungewöhnlichen Erscheinungen bzw. Störungen Ursache und Abhilfe in der Regel nicht durch Denken „geklärt" werden. Es muss daher durch eindeutige und hinreichende Kennzeichnung und Gebrauchsanleitung die für die Nutzung nötige Information sicher vermittelt werden. Durch konstruktive Maßnahmen ist das Denken bei der Handhabung zu entlasten und damit für die eigentliche Aufgabe verfügbar zu machen. Die Forderung nach sinnfälliger Zuordnung, z. B. der Stellbewegung, sowie der hieraus folgenden Anzeige- und Wirkbewegung zielt darauf, leicht zu störende bzw. fehlerhaftete Denkvorgänge zu vermeiden.

Wahrnehmung und Denken sind auf das aktuelle Handeln gerichtet. *Lernen* bezeichnet das Verfügbarhalten erfolgreicher Handlungen und Erkenntnisse für spätere Handlungen. Für die Handhabung und Nutzung technischer Erzeugnisse ist z. B. zu beachten, dass sich früher gelernte Handlungsabläufe und -muster gewohnheitsmäßig wieder einstellen. Nachfolgemodelle technischer Erzeugnisse sollten deshalb hinsichtlich der Handhabung/Nutzung keine unnötigen Änderungen aufweisen, insbesondere sind Umkehrungen (entgegengesetzte Lage oder Bewegung) zu vermeiden. Unzulässig sind solche Umkehrungen dann, wenn die Folgen einer Fehlhandlung direkt oder indirekt ein Sicherheitsrisiko enthalten.

Eine zu weitgehende Festlegung menschlichen (Arbeits-)Verhaltens durch technische oder organisatorische Systeme (z. B. getaktete Fließarbeit) kann bei langzeitiger Einwirkung Einstellungen und Verhalten der Betroffenen in nachteiliger Weise prägen. Tätigkeiten sollen daher Handlungsspielraum und partielle Handlungsfreiheit zulassen.

2. Tätigkeiten des Menschen und ergonomische Bedingungen

Der Mensch kann aktiv oder passiv in das technische Geschehen eingebunden bzw. von ihm betroffen sein. Bei *aktiver* Beziehung ist er handlungsfähig und gewollt im technischen System tätig, d. h. er übernimmt bestimmte Funktionen wie Betätigen, Überwachen, Steuern, Beladen, Entnehmen, Registrieren u. a. Dabei durchläuft er folgende allgemeine *wiederkehrende* Tätigkeiten vielfach in Form eines Tätigkeitszykluses:

- *Bereitschaft für Tätigkeit herstellen*, z. B. vorbereiten, zum Arbeitsplatz gehen,
- *Informationen aufnehmen und verarbeiten*, z. B. wahrnehmen, sich orientieren, Folgerungen ziehen, sich zu einer Handlungsweise entscheiden,
- *Tätigkeit ausführen*, z. B. betätigen, fügen, auseinandernehmen, schreiben, zeichnen, sprechen, Zeichen geben,
- *Ergebnis kontrollieren*, z. B. Zustand erkennen, Messwerte prüfen,
- *Bereitschaft aufheben bzw. neue Tätigkeit anschließen*, z. B. aufräumen, abschließen, weggehen oder neue Tätigkeit ausführen.

Bei der funktionalen, d. h. gewollten Mitwirkung des Menschen ist sein Einsatz nach den genannten allgemeinen wiederkehrenden Tätigkeiten zu planen und es sind dafür auch die geeigneten Voraussetzungen zu schaffen [311]. Dies beginnt im Konstruktionsprozess sehr früh – bereits beim Klären der Aufgabenstellung (vgl. 5) – und findet notwendigerweise seinen Niederschlag in der Funktionsstruktur (vgl. 6.3).

Aktiver Beitrag des Menschen

Die Sinnfälligkeit und Zweckmäßigkeit menschlichen Wirkens in technischen Systemen ist unter den Gesichtspunkten der *Wirksamkeit, Wirtschaftlichkeit und Menschlichkeit* (Würde und Angemessenheit) abwägend zu betrachten. Mit dieser anfänglichen und grundlegenden Überlegung wird der Einsatz des Menschen und damit das Prinzip der Lösung entscheidend beeinflusst und festgelegt. Für solche Entscheidungen können folgende ergonomische Gesichtspunkte, die zugleich Bewertungskriterien sind, hilfreich sein [300] (vgl. Tabelle 7.4):

– Ist der menschliche Einsatz *notwendig* oder *erwünscht*?
– Kann der Mensch *wirksam* sein?
– Ist seine Mitwirkung *einfach* möglich?
– Wird er hinreichend *genau* und *zuverlässig* mitwirken können?
– Ist die Tätigkeit *eindeutig* und *sinnfällig*?
– Wird die Tätigkeit *erlernbar* sein?

Nur bei positiver Einschätzung vorgenannter Fragen kann die aktive Mitwirkung des Menschen in technischen Systemen ins Auge gefasst werden.

Passive Betroffenheit des Menschen

Der aktiv beteiligte wie aber auch der *passiv betroffene Mensch* erfährt *Rückwirkungen und Nebenwirkungen* (Begriffe vgl. 2.1.6) von technischen Systemen. Die Wirkungen des Energie-, Stoff- und Signalflusses sowie die Umgebungsbedingungen, z. B. Schwingungen [292], Licht [43–45], Klima [68],

Tabelle 7.4. Ergonomische Gesichtspunkte für die Anforderungsliste und für Bewertungskriterien nach [300]

1. *Aktiver menschlicher Beitrag* zur Erfüllung der Aufgabe in einem Wirksystem:
   – notwendig, erwünscht
   – wirksam
   – einfach
   – schnell
   – genau
   – zuverlässig
   – fehlerfrei
   – eindeutig, sinnfällig
   – erlernbar
2. *Aktive oder passive Betroffenheit* aus Rückwirkungen und Nebenwirkungen auf den Menschen:
   – erträgliche Beanspruchung
   – geringe Ermüdung
   – geringe Belästigung
   – keine Verletzungsgefahr, sicher
   – keine Gesundheitsschädigung, -beeinträchtigung
   – Anregung, Abwechslung, Förderung der Aufmerksamkeit, keine Monotonie
   – Entfaltungsmöglichkeit

Lärm [306] sind von hoher Bedeutung für den Menschen. Diese Wirkungen müssen rechtzeitig erkannt werden, um ihnen bei der Wahl des Wirkprinzips und anschließender Gestaltung Rechnung zu tragen. Dabei können folgende Fragestellungen nützlich sein, die wiederum als Bewertungskriterien dienen (vgl. Tab. 7.4):

– Besteht eine *erträgliche Beanspruchung* für den Menschen und ist die einsetzende *Ermüdung* ausgleichbar?
– Ist *Monotonie vermieden* und Anregung und Abwechslung sowie Förderung der Aufmerksamkeit gegeben?
– Liegen keine oder nur *geringe Belästigungen* bzw. Störungen vor?
– Wurde eine *Verletzungsgefahr* vermieden?
– Besteht keine *Gesundheitsschädigung* oder *-beeinträchtigung*?
– Lässt die Arbeit eine *Entfaltungsmöglichkeit* zu?

Sollten diese Fragen nicht befriedigend zu beantworten sein, ist eine andere Lösung zu wählen oder mindestens eine wesentliche Verbesserung des Zustands vorzunehmen.

3. Erkennen ergonomischer Anforderungen

Für den Konstrukteur ist es in der Regel nicht einfach, für die vorstehenden Fragen unmittelbar eine befriedigende Antwort zu finden. Wie in der Richtllinie VDI 2242 [300] dargelegt, kann er von zwei Seiten an die Problematik herangehen, um die wichtigsten Einflüsse und geeigneten Maßnahmen zu erkennen.

Objektbezogene Betrachtung

In vielen Fällen ist das ergonomisch zu gestaltende technische Erzeugnis (Objekt) bekannt und festgelegt, z. B. ein Bedienteil, ein Fahrersitz, ein Büroarbeitsplatz, eine bestimmte persönliche Schutzausrüstung. Dann empfiehlt es sich, die in der Richtlinie VDI 2242 Blatt 2 [301] angegebene Suchliste „Objekte" heranzuziehen und unter dem zutreffenden *Objekt* unter Nutzung der dort angeführten *Leitlinie* (vgl. Tabelle 7.5) sich anregen zu lassen und die bestehenden Einzelfragen zu prüfen. Bereits die Durchsicht der unter dem jeweiligen Objekt angeführten, der Leitlinie folgenden Hinweise ist sehr instruktiv und macht die bestehende Problematik deutlich. Konkrete Maßnahmen werden dann der angeführten Literatur entnommen bzw. aus den gewonnenen Einsichten entwickelt.

Wirkungsbezogene Betrachtung

Insbesondere bei neuen Situationen, wenn also zunächst noch kein Objekt definiert werden kann, wird der Weg verfolgt, aus dem bestehenden und damit bekannten Energie-, Stoff- und Signalfluss des technischen Systems

Tabelle 7.5. Leitlinie mit Merkmalen zum Erkennen von ergonomischen Anforderungen nach [300]

Merkmale	Beispiel
Funktion	Funktionsverteilung, Art der Funktion, Art der Tätigkeit
Wirkprinzip	Art und Intensität des physikalischen oder chemischen Effekts, Auswirkungen wie Schwingungen, Lärm, Strahlung, Wärme
Gestaltung	
– Art	Art der Elemente, Aufbau, Betätigungsart
– Form	körpergerechte Gesamtform und Formelemente, Gliederung durch Symmetrie und Proportionen, gute Form
– Lage	Anordnung, Zuordnung, Abstand, Wirk- und Blickrichtung
– Größe	Abmessungen, Greifweite, Kontaktfläche
– Zahl	Anzahl, Aufteilung
Energie	Stellkraft, Stellweg, Widerstand, Dämpfung, Druck, Temperatur, Feuchtigkeit
Stoff	Material hinsichtlich Farbe und Oberfläche, Kontakteigenschaften wie griffig, hautfreundlich
Signal	Kennzeichnung, Beschriftung, Symbole
Sicherheit	Freisein von Gefährdung, Vermeiden von Gefahrenquellen und -stellen, Verhindern von gefahrbringenden Bewegungen, Schutzmaßnahmen

die dabei auftretenden Wirkungen zu erkennen und sie mit den ergonomischen Anforderungen zu vergleichen. Ergeben sich Beeinträchtigungen, nicht ertragbare Belastungen oder sogar sicherheitsbedenkliche Aspekte, so wird eine andere Lösung anzustreben sein. Die auftretenden Wirkungen, z. B. mechanische Kräfte, Wärme, Strahlung u. a., werden aus den einzelnen *Energiearten* und ihren *Erscheinungsformen* erkannt. Ebenso wird der *Stofffluss* daraufhin geprüft, ob z. B. die vorgesehenen Stoffe brandfördernd, leicht entzündlich, giftig, krebserzeugend u. a. sind. Auch hier bietet die Richtlinie VDI 2242 Blatt 2 [301] eine Suchliste „Wirkungen" an, die zu den einzelnen Erscheinungsformen Hinweise über die bestehende Problematik gibt, aber auch Literatur zu Lösungsmöglichkeiten im Zusammenhang mit den einschlägigen Vorschriften aufzeigt.

Zu folgenden Einzelfragen kann nachstehende grundlegende Literatur genutzt werden.

Allgemeine Arbeitsplatzgestaltung	[65, 72, 127, 172, 243, 300]
Arbeitsphysiologie	[53, 231]
Beleuchtung	[20, 37, 43–45, 55]
Bildschirmarbeitsplatz	[52, 83, 84]
Klima	[68, 246]
Körpergerechte Bedienung und Handhabung	[24, 65–67, 70, 71, 78, 140, 195]
Schwingungen und Lärm	[31, 306, 310]
Überwachung und Steuerung	[69, 73, 74]

7.5.7 Formgebungsgerecht
Industrial design

1. Aufgabe und Zielsetzung

Technische Erzeugnisse sollen nicht nur die geforderte technische Funktion im Sinne einer reinen Zweckerfüllung gemäß einer Funktionsstruktur (vgl. 6.3) erfüllen, sondern sie sollen auch den Menschen im Sinne einer befriedigenden Ästhetik ansprechen, d. h. das Erzeugnis soll auch gefallen. In den letzten Jahren ist sowohl im Anspruch als auch in der Art der Betrachtung ein erheblicher Wandel eingetreten.

Die VDI-Richtlinie 2224 [296] beschränkt sich in ihren Empfehlungen auf die Formgebung eines Produktes, indem von einer technischen Lösung ausgehend, die äußere Form bestimmten Regeln wie kompakt, übersichtlich, einfach, einheitlich, funktions-, werkstoff- und fertigungsgerecht folgen möge.

Eine neuere Auffassung geht über Vorstehendes hinaus und überlässt der technischen Funktion nicht mehr den Vorrang, aus der sich die Form entwickelt. Insbesondere in einem Produktbereich, in dem das technische Erzeugnis eine größere Zielgruppe (Käufergruppe) ansprechen soll und ein täglicher, unmittelbarer Gebrauch durch den Menschen gegeben ist, werden nicht nur ästhetische und Gebrauchsmerkmale in den Vordergrund gestellt, sondern auch solche des Empfindens, wie des Prestiges, der Modernität, oder eines sonstigen Ausdrucks zum Lebensgefühl. Die Formgebung oder nun besser die Gestaltung des Industrieprodukts im weiten Sinne (Industrial Design) wird so unter Wahrung der technischen Funktion primär durch Designer, Künstler und Psychologen festgelegt, indem menschliche Empfindungen und Vorstellungen die Formen, Farben und Graphik und damit das ganze Aussehen bestimmen. Dabei spielen bestimmte Ausdrucks- und Stilformen, wie beispielsweise ein Military-Look bei Radiogeräten, ein Astronauten-Look bei Lampen, ein Safari-Look von Fahrzeugen oder nostalgische Elemente bei Telefonen und andere mehr eine Rolle. So richtet sich die Karosserie eines Automobils stark nach künstlerischen, empfindungsbestimmten Kriterien als allein nach geringem Luftwiderstand oder gar nur als Umhüllung einer Maschine zum Zwecke der Fortbewegung.

Selbstverständlich müssen immer die funktionellen Anforderungen, die Gesichtspunkte der Sicherheit, des Gebrauchs und der Wirtschaftlichkeit erfüllt werden, aber die Zielrichtung des Designers ist es, ein Erzeugnis zu schaffen, das den Menschen anspricht. Bei solcher Zielsetzung bewegt sich die industrielle Formgebung zwischen Technik und Kunst, sie muss ergonomische Gesichtspunkte in gleicher Weise berücksichtigen, wie die der Sicherheit oder des Gebrauchs und überdies das Firmenimage hervorheben, mit dem die Individualität des technischen Erzeugnisses unterstrichen wird. Insofern ist es erklärlich, dass der Designer sich nicht allein und dann vielleicht erst nachträglich mit einer Verbesserung der Form beschäftigt, sondern von vornherein bei der Produktgestaltung von der Aufgabenstellung an mitwirkt, unter Umständen durch Vorstudien die Aufgabenstellung erst ermöglicht oder sogar bestimmt.

Die Folge ist dann ein Konstruieren von „außen nach innen" in dem von primär gesetzten Anforderungen an die Form, die Gestalt oder das Aussehen, die technische Funktion „dennoch" im Innern der gestalteten Hülle erfüllt und untergebracht werden muss. Dies zwingt dann zu einer sich über einen längeren Zeitraum erstreckenden Zusammenarbeit zwischen Designer und Konstrukteur.

In dieser Zusammenarbeit sollte der Konstrukteur nicht versuchen, den Designer zu ersetzen, sondern vielmehr mithelfen, dass die entwickelten Vorstellungen technologisch und wirtschaftlich verwirklicht werden können. Hierbei werden genauso wie bei der Entwicklung technischer Lösungen Varianten entwickelt und bewertet sowie Modelle und Muster angefertigt, um auf diese Weise zu einer Entscheidung für das endgültige Aussehen des technischen Erzeugnisses zu kommen. Lösungssuchmethoden sind gleich oder ähnlich wie beim Konstruktionsprozess, z. B. Brainstorming, schrittweises Entwickeln von Gestaltvarianten in skizzenhafter Form, wobei auch ein systematisches Durcharbeiten der Anordnungs-, Form- und Farbvarianten auftritt.

Tjalve [280] hat für solche Entwicklungen sehr anschauliche Beispiele gegeben (Abb. 7.100), wie überhaupt sein Vorgehen und die Art der Variation der Gestaltungen den in diesem Buch dargestellten Methoden entsprechen. Er weist darauf hin, dass

– Konstruktionsfaktoren (Zweck, Funktion, Baustruktur),
– Produktionsfaktoren (Herstell- und Montageverfahren, Wirtschaftlichkeit der Herstellung),
– Verkaufs- und Distributionsfaktoren (Verpackung, Transport, Lagerung, Firmenimage),
– Gebrauchsfaktoren (Handhabung, ergonomische Gesichtspunkte) und
– Destruktionsfaktoren (Recycling bzw. Beseitigung)

zusammenwirken und das Aussehen des Produkts bestimmen.

Auf die enge Verbindung zwischen gebrauchsgerechtem und ergonomieorientiertem Gestalten macht Seeger früh [251] aufmerksam, während Klöcker [152] stärker auf physiologische und psychologische Aspekte eingeht. In seinen letzten Veröffentlichungen setzt sich Seeger [252, 253] dann mit dem Basiswissen beim Entwickeln und Gestalten von Industrie-Produkten auseinander, indem er die Gestalt aus dem Aufbau (Anordnung), der Form, Farbe und der Graphik (Schriftzeichen, Bildzeichen) entwickelt. Von entscheidender Bedeutung sind dabei die von dem wahrnehmenden Menschen empfundenen Eindrücke. Erkenntnisse hierüber sind in den sich teilweise überdeckenden Gebieten der Physiologie, Psychologie und Ergonomie zu finden. Frick stellt in seinem Buch „Erzeugnisqualität und Design" [111] das systematische Zusammenwirken von Konstrukteuren und Designer im Zuge eines methodisch geleiteten, interdisziplinären Entwicklungsprozesses in den Vordergrund, um ein gutes Ergebnis erreichen zu können. Dazu gibt er anhand einer Reihe von

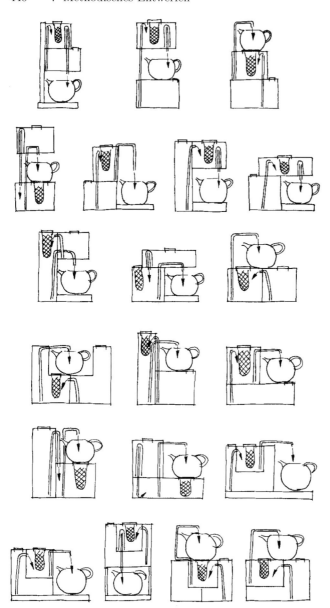

Abb. 7.100. Systematische Variation des Aufbaues (Struktur) von automatischen Teemaschinen nach [280], wobei die Zuordnung von Kochgefäß (Wassererhitzung), Teegefäß (Ziehen des Tees) und Teekanne untersucht wurde

Beispielen angepasste Methoden, Arbeitsmittel und Vorgehensweisen an, die einer solchen Zusammenarbeit dienlich sind.

2. Formgebungsgerechte Kennzeichen

Die technische Funktion mit der gewählten technischen Lösung und die aus ihr resultierende Baustruktur legen im Allgemeinen die äußere Gestalt durch Anordnung und Formen der betreffenden Bauteile und Baugruppen fest. Dadurch entsteht die *Funktionsgestalt*, die vielfach nur wenig veränderbar ist, z. B. Schraubenschlüssel und Schrauben- bzw. Mutternkopf und Hebelarm, Schaufelbagger mit Schaufel, schaufelführendes und kraftausübendes Gestänge mit den zugehörigen Kraftkolben, Antriebsteil, Fahrwerk und Fahrerhaus. Der Mensch nimmt aber nicht nur diese Funktionsgestalt wahr, sondern empfindet weitere bestimmte Kennzeichen, z. B. ausladend, stabil, kompakt, auffällig, zeitgemäß u. a. Darüber hinaus erwartet er Kennzeichen zur Bedienung, für Tritt- und Aufenthaltsbereiche oder Warnungen vor Gefährdungen durch z. B. Stoßen, Quetschen usw. Alles zusammen bildet die *Kennzeichnungsgestalt*.

Bei der Formgestaltung muss die Funktionsgestalt und die notwendige oder wünschenswerte Kennzeichnungsgestalt in Einklang gebracht werden. In Anlehnung an Seeger [251] werden folgende Kennzeichen und Regeln vorgestellt, die neben den funktionell bedingten und an anderen Stellen dieses Buches bereits behandelten noch wesentlich erscheinen:

Markt- und benutzungsorientierte Kennzeichen

Wichtig ist die Zielgruppe, der entsprochen werden soll, z. B. der Sachlichorientierte (Fachmann), der Prestigeorientierte, der Nostalgischansprechbare, der Avantgardist u. ä. Entsprechend werden die Kennzeichen des Produkts zu wählen sein. Grundsätzlich sollte aber für die Gesamtgestaltung gelten:

− einfach, einheitlich, rein, stilecht,
− geordnet, proportioniert, ähnlich,
− bezeichenbar, ansprechbar, definierbar.

Zweckorientierte Kennzeichen

Diese sollen den Zweck erkenn- und wahrnehmbar machen. Die äußere Form, Farbgebung und Graphik unterstützten die Erkennbarkeit der Funktion, die Stelle der Aktion und ihre Art, z. B. Werkzeugeinspannung, kraftausübendes Teil, Stelle der Bedienung.

Bedienungsorientierte Kennzeichen

Richtige Bedienung und zweckmäßiger Gebrauch sollten durch Kennzeichen unterstützt werden:

− zentrale und erkennbare Bedienelemente sowie ihre funktionsmäßige sinnfällige Anordnung,

- ergonomisch richtige Gestaltung entsprechend dem Aktionsradius von Armen und Beinen bzw. Händen und Füßen,
- Kennzeichnung von Griff- und Trittflächen,
- Erkennbarkeit des Betriebszustands,
- Verwendung von Sicherheitskennzeichnung und Sicherheitsfarben nach DIN 4844 [40–42].

Hersteller-, händler- oder markenorientierte Kennzeichen

Mit ihr werden die Herkunft, der Firmenstil, die Hauslinie zum Ausdruck gebracht. Mit ihr stellt sich eine Kontinuität, das Vertrauen zu bekannter Qualität, der Teilnahme an der Weiterentwicklung von Bewährtem, die Zugehörigkeit zu einer Gruppe ein. Erreicht wird diese Kennzeichnung durch erkennbare, gleichbleibende Gestaltungselemente, die typisch sind, obwohl sie sich im Stil und Ausdruck dem jeweiligen Zeitgeschmack anpassen können.

3. Richtlinien zur Formgebung

Die Kennzeichnungsgestalt wird erreicht durch einen bestimmten, gewollten *Ausdruck*, z. B. Leichtigkeit, Geschlossenheit, Stabilität, sowie durch eine entsprechende *Struktur* (Aufbau), *Form*, *Farbe* und *Graphik*, wobei nachstehende Empfehlungen (vgl. Abb. 7.101 bis 7.103) zu beachten sind:

Wählen eines bestimmten Ausdrucks

- Entsprechend der Zielsetzung einen erkennbaren, einheitlichen Ausdruck vermitteln, wie z. B. stabil, leicht, kompakt, der beim Betrachter einen entsprechenden Eindruck hervorruft.

Strukturieren der gesamten Form

- In bezeichenbarer Weise anordnen, z. B. Kastenform, Blockform, Turmform oder L-Gestalt, C-Gestalt, O-Gestalt, T-Gestalt.
- Gliedern in klar abgrenzbare Bereiche mit gleichen, ähnlichen oder angepassten Formelementen.

Vereinheitlichen der Form

- Wenig Varianten der Form und Lage, z. B. nur runde Formen und horizontale Orientierung entsprechend der Längsachse oder nur rechteckige Formen und deren vertikale Orientierung.
- Mit der grundsätzlich gewählten Form entsprechende ähnliche Formelemente und angepasste Linienführung vorsehen. Dabei Teilfugen und Trennfugen von Bau- und Montagegruppen nutzen oder entsprechend erzwingen. Formordnung durch Zentrierung mehrerer Kanten auf einen Punkt oder gegliederte Parallelführung von Kanten ohne Unterbrechung herstellen. Mit Formelementen und Linienführung beabsichtigten Ausdruck unterstützen, z. B. waagerechte Linien betonen Gestrecktheit. Die Verträglichkeit mit der Silhouette ist zu beachten.

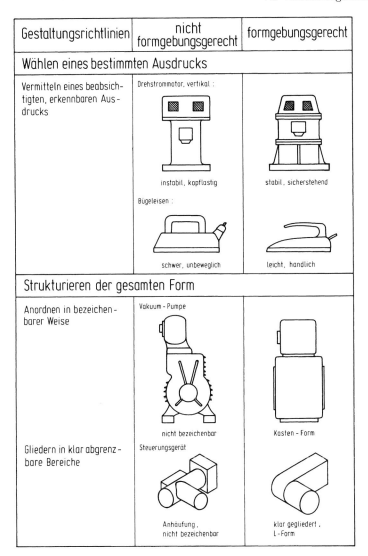

Abb. 7.101. Gestaltungsrichtlinien zur Formgebung: Ausdruck und Struktur

Unterstützen durch Farbe

– Farbordnung mit Formordnung abstimmen.
– Wenig Farbtöne und Materialunterschiede anstreben.
– Bei Mehrfarbigkeit eine Kennzeichnungsfarbe vorsehen und mit Komplementärfarben abstimmen. Bei weiteren Farben unfarbige (schwarz, weiss) Kontrastfarbe wählen. Zum Beispiel schwarz Kontrastfarbe zu gelb, weiß Kontrastfarbe zu rot, grün und blau oder ähnlich (vgl. auch Sicherheitsfarben).

Gestaltungsrichtlinien	nicht formgebungsgerecht	formgebungsgerecht
Vereinheitlichen der Formen		
Verwenden von wenigen Formvarianten	Generator 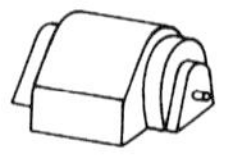	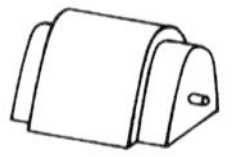
	Seilwinde	offene Bauweise
		geschlossene Bauweise
Anstreben ähnlicher Formen und Konturen	Lager 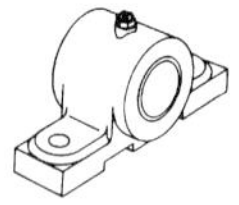	
Anpassen der Linienführung	Klimagerät 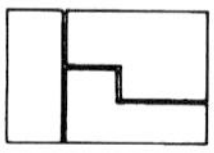 verwirrend, wenig homogen	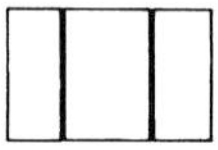 blockartige Form 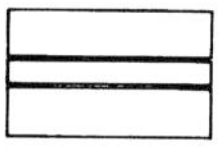 gestreckte Form

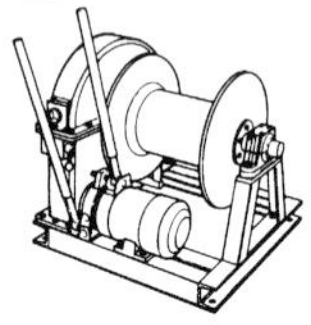

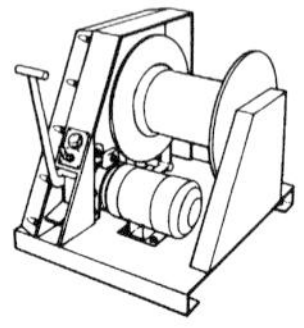

Abb. 7.102. Gestaltungsrichtlinien zur Formgebung: Vereinheitlichen der Formen

Ergänzen durch Graphik

– Stilgleiche Schrifttypen und graphische Zeichen verwenden.
– Einheitlichen Ausdruck durch gleiches Herstellverfahren der Graphik, z. B. geätzte, gemalte oder erhabene Buchstaben anstreben.
– Graphik nach Größe, Form und Farbe mit übrigen Form- und Farbgebungen abstimmen.

Gestaltungsrichtlinien	nicht formgebungsgerecht	formgebungsgerecht
Unterstützen durch Farbe		
Abstimmen von Farb- und Formgebung		 Funktionsfläche
Verringern von Farbtönen und Materialunterschieden	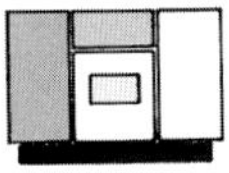	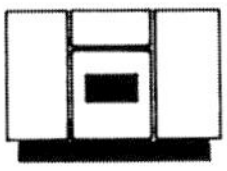
Vorsehen einer Kennzeichnungsfarbe mit abgestimmten Komplementärfarben	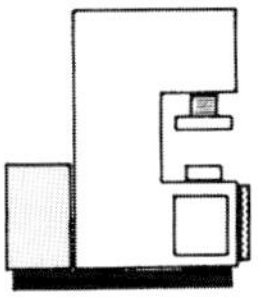	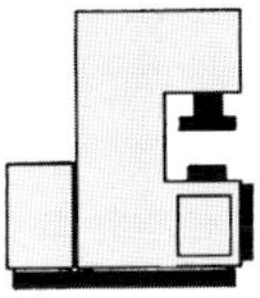
Ergänzen durch Graphik		
Verwenden von stilgleichen Schrifttypen und Zeichen		 konzentriert, einheitlich
Anstreben eines einheitlichen Ausdrucks		 alles erhabene Buchstaben
Abstimmen der Graphikelemente nach Art, Größe und Farbe mit übriger Formgestalt		

Abb. 7.103. Gestaltungsrichtlinien zur Formgebung: Farbe und Graphik

7.5.8 Fertigungsgerecht
Design for production

1. Beziehung Konstruktion – Fertigung

Der bedeutende Einfluss konstruktiver Entscheidungen auf *Fertigungskosten, Fertigungszeiten* und *Fertigungsqualitäten* ist durch Untersuchungen bekannt [307,313]. *Fertigungsgerechtes Gestalten* strebt deshalb durch konstruktive Maßnahmen eine Minimierung der Fertigungskosten und -zeiten sowie eine anforderungsgemäße Einhaltung fertigungsabhängiger Qualitätsmerkmale an.

Es ist üblich, unter *Fertigung*

- die Werkstückfertigung im engeren Sinne mit Hilfe der in DIN 8580 [49] aufgeführten Fertigungsverfahren: Urformen, Umformen, Trennen, Fügen, Beschichten, Stoffeigenschaft ändern,
- die Montage einschließlich Werkstücktransport,
- die Qualitätskontrolle,
- die Materialwirtschaft sowie
- die Arbeitsvorbereitung

zu verstehen. Als Oberbegriff für die Durchführung eines solchen Prozesses käme auch der Begriff „Herstellung" in Frage. Er hat sich aber nicht durchgängig eingeführt.

Insbesondere im Hinblick auf konstruktive Maßnahmen bzw. Einflussmöglichkeiten ist es zweckmäßig, gemäß der Leitlinie zum Gestalten (vgl. 7.2), den die Fertigung berührenden Bereich durch die Merkmale „Fertigung", „Kontrolle", „Montage" und „Transport" zu gliedern. Entsprechend werden in den folgenden Ausführungen unter *fertigungsgerecht* nur solche konstruktive Maßnahmen besprochen, die einer Verbesserung der Werkstück- und Baugruppenfertigung im engeren Sinne unter Einbeziehung von Kontrollmaßnahmen sowie einer günstigen Erzeugnisgliederung dienen (Teilefertigung). In 7.5.9 werden dann unter *montagegerecht* Maßnahmen zur Verbesserung der Montage und des Transports, ebenfalls unter Einbeziehung der Kontrolle dargelegt.

Fertigungsgerechtes Gestalten wird erleichtert, wenn von einer möglichst frühen Konstruktionsphase an die Entscheidungen des Konstrukteurs durch Mitarbeit und Informationsbereitstellung der Normenstelle, der Arbeitsvorbereitung einschließlich Kalkulation, des Einkaufs und der jeweiligen Fertigungsstelle unterstützt werden. In Abb. 1.4 wurden entsprechende Informationsflüsse dargestellt, die durch methodisches Vorgehen, organisatorische Maßnahmen und durch Integration der Datenverarbeitung (CAD/CAM, CIM, vgl. 2, 3 und 13) verbessert werden können.

Durch Beachten der Grundregeln „Einfach" und „Eindeutig" (vgl. 7.3) verhält sich der Konstrukteur bereits fertigungsgerecht. Auch die in 7.4 behandelten Gestaltungsprinzipien können neben einer besseren und sicheren Funktionserfüllung für fertigungstechnisch günstigere Lösungen genutzt werden. Ein weiterer wichtiger Schritt ist die Anwendung von überbetrieblichen und innerbetrieblichen Normen (vgl. 7.5.13).

2. Fertigungsgerechte Baustruktur

Die Baustruktur eines Produkts bzw. Erzeugnisses gibt im Gegensatz zu einer Funktionsstruktur dessen Gliederung in Fertigungsbaugruppen und Werkstücken (Fertigungseinzelteile) an.

Mit der Baustruktur, die in der Regel in einem Gesamtentwurf festgelegt wird,

– entscheidet der Konstrukteur über die *Fertigungs-* und *Beschaffungsart* der verwendeten Bauteile, d. h. ob es sich um eigengefertigte oder fremdgefertigte Werkstücke, um lagermäßige Norm- und Wiederholteile oder um handelsübliche Zukaufteile handelt;
– bestimmt er mit der Baugruppengliederung den *Fertigungsablauf*, z. B. ob eine Parallelfertigung einzelner Werkstücke oder Baugruppen möglich ist;
– legt er die *Größenordnung der Abmessungen* und die *Losgrößen* der Werkstücke (Gleichteile) sowie die erforderlichen *Füge-* und *Montagestellen* fest;
– wählt geeignete *Passungen* aus und
– beeinflusst die *Qualitätssicherung und -kontrolle.*

Umgekehrt beeinflussen natürlich vorhandene Fertigungsgegebenheiten wie die Maschinenbelegung, Montage- und Transportmöglichkeiten usw., die Entscheidung des Konstrukteurs hinsichtlich der gewählten Baustruktur.

Die fertigungsgerechte Gliederung der Baustruktur kann unter den Gesichtspunkten einer *Differential-, Integral-, Verbund-* oder/und *Bausteinbauweise* vorgenommen werden:

Differentialbauweise

Unter Differentialbauweise wird die Auflösung eines Einzelteils (Träger einer oder mehrerer Funktionen) in mehrere fertigungstechnisch günstige Werkstücke verstanden. Dieser Begriff wurde dem Leichtbau [135,325] entnommen, wo die Zerlegung jedoch mit der Zielsetzung einer beanspruchungsoptimalen Aufgliederung vorgeschlagen wird. Man könnte auch von einem „Prinzip der fertigungsgerechten Teilung" sprechen.

Als Beispiel für die fertigungsorientierte Differentialbauweise diene der Plattenläufer eines Synchrongenerators: Abb. 7.104. Das im oberen Bildteil gezeigte Großschmiedestück, a, wird in mehrere Läuferplatten aus einfachen Schmiedestücken und zwei wesentlich kleineren Flanschwellen aufgegliedert, b. Letztere können in einem weiteren Entwicklungsschritt nochmals in Welle, Flanschplatten und Kupplungsflansche aufgeteilt und als Schweißkonstruktion ausgeführt werden, c.

Grund für diese Differentialbauweise kann die Beschaffungssituation (Preis, Lieferzeit) für Großschmiedestücke sowie die leichtere Anpassungsmöglichkeit für mehrere Leistungsgrößen (Läuferbreiten) und Kupplungsausführungen sein. Ein weiterer Vorteil dieser Lösung liegt in der Möglichkeit einer auftragsunabhängigen Läuferplattenfertigung (Lagerfertigung). Aber auch die Grenzen einer solchen Bauweise werden an diesem Beispiel erkennbar. Von einer bestimmten Läuferlänge und einem bestimmten Läuferdurchmesser ab wird der Zerspanungsaufwand zu groß und das Steifigkeitsverhalten der Fügekonstruktion zu problematisch.

Ein anschauliches Beispiel für die Differentialbauweise zeigt auch Abb. 7.105. Bei der im Bildteil a dargestellten Haspelmaschine ist der Wickelkopf mit der Antriebseinheit durch eine gemeinsame Welle integriert. Wegen der

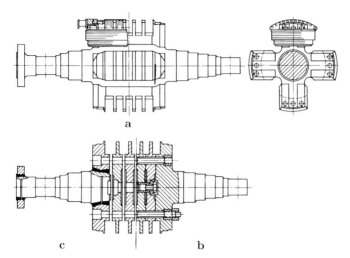

Abb. 7.104. Synchronmaschinen-Läufer in Kammbauart nach [8] (Werkbild AEG Telefunken). **a** Schmiedeteil; **b** Plattenkonstruktion mit geschmiedeten Flanschplatten; **c** mit angeschweißten Flanschplatten

Möglichkeit einer zur Antriebseinheit parallelen Fertigung und kundenwunschabhängigen, getrennten Auslegung des Wickelkopfes wird die Differentialbauweise b entwickelt, die das Haspelmaschinenprogramm mit wenigen, genormten Antriebseinheiten und jeweils für die speziellen Anforderungen angepassten Wickelköpfen erfüllt.

Ein weiterer Aspekt der Differentialbauweise ist die Beeinflussung der Fertigungs-Durchlaufzeit. Abbildung 7.106 zeigt hierzu ein Beispiel aus dem Elektromaschinenbau. Für einen Motor mittlerer Leistung sind in Balkenform sowohl die Beschaffungszeiten für Materialien, die absoluten Fertigungszeiten für Werkstücke und Baugruppen als auch die Reihenfolge der Fertigung angegeben. Man kann hieraus nicht nur die Verbesserungsmöglichkeiten mit der Wahl schneller zu beschaffender Werkstoffe und Halbzeuge bzw. lagermäßiger Materialien erkennen, sondern auch die Möglichkeiten paralleler Fertigungsschritte. So wird bei vorliegender Konstruktion mit getrennten Baugruppen „Ständerpaket vollständig" und „Gehäuse" (Differentialbauweise) eine Parallelfertigung dieser zeitaufwendigen Baugruppen und damit eine bedeutende Fertigungszeitverkürzung für das Gesamtprodukt erreicht, im Gegensatz zu älteren Konstruktionen, bei denen die Ständerbleche erst nach Fertigstellung des Schweißgehäuses und die Wicklungen erst nach Einschichten des Blechpakets eingelegt werden konnten.

Zusammenfassend können folgende Vor- und Nachteile sowie Grenzen der Differentialbauweise formuliert werden:

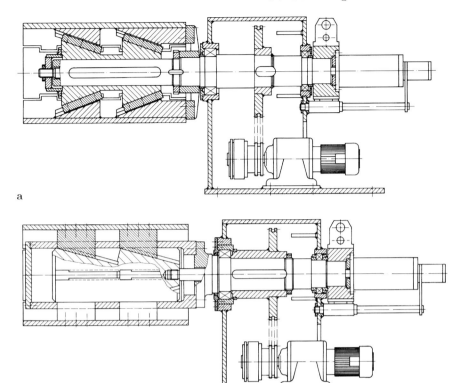

Abb. 7.105. Haspelmaschine (Bauart Ernst Julius KG). **a** Wickelkopf mit Antriebseinheit integriert; **b** Wickelkopf von Antriebseinheit getrennt

Vorteile:

- Verwendung handelsüblicher und beschaffungsgünstiger Halbzeuge oder Normteile,
- erleichterte Beschaffung für Schmiede- und Gussstücke,
- Anpassung an betriebliche Fertigungseinrichtungen (Abmessungen, Gewicht),
- Erhöhung der Werkstück-(Gleichteil-)Losgrößen auch bei Einzel- und Kleinserienfertigung,
- Verringerung der Werkstückabmessungen zur Montage- und Transporterleichterung
- erleichterte Qualitätssicherung infolge Werkstoffhomogenität,
- erleichterte Instandsetzung, z. B. Verschleißzonen als Austauschteile,
- bessere Anpassungsmöglichkeiten an Sonderwünsche sowie
- Verringerung des Terminrisikos und Verkürzung des Fertigungsdurchlaufs.

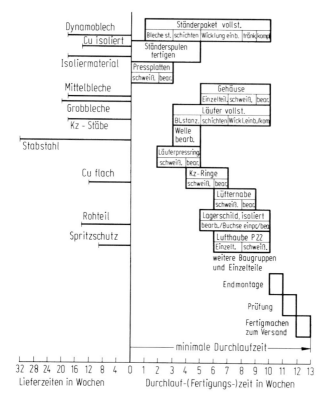

Abb. 7.106. Fertigungsablauf eines Elektromotors der Baureihe nach Abb. 10.17 (Werkbild AEG-Telefunken)

Nachteile oder Grenzen:

- erhöhter Zerspanungsaufwand,
- erhöhter Montageaufwand,
- erhöhter Aufwand zur Qualitätssicherung (kleinere Toleranzen, notwendige Passungen) sowie
- Funktions- bzw. Belastungsgrenzen wegen der Fügestellen (Steifigkeit, Schwingungsverhalten, Dichtheit).

Integralbauweise

Unter Integralbauweise wird das Vereinigen mehrerer Einzelteile zu einem Werkstück verstanden. Typische Beispiele hierfür sind Gusskonstruktionen statt Schweißkonstruktionen, Strangpressprofile statt gefügter Normprofile, angeschmiedete Flansche statt gefügter Flansche und dgl. Eine Produktoptimierung strebt diese Bauweise vielfach zur kostengünstigen Übertragung mehrerer Funktionen auf ein Werkstück an. In der Tat kann bei entsprechenden Beanspruchungs-, Fertigungs- und Beschaffungsverhältnissen die integrale Bauweise vorteilhaft sein, was besonders bei lohnintensiver Fertigung zutrifft.

7.5 Gestaltungsrichtlinien 451

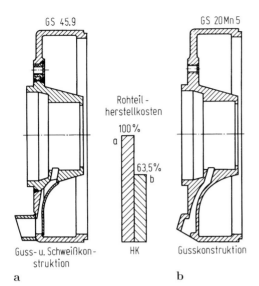

Abb. 7.107. Lagerschild eines Elektromotors nach [154] (Werkbild Siemens). **a** In Verbundbauweise; **b** in Integralbauweise

Abbildung 7.107 zeigt ein Beispiel aus dem Elektromaschinenbau. Ein Lagerschild wird von einer kombinierten Guss-/Schweißkonstruktion (Verbundbauweise) in eine integrale Gusskonstruktion umgestaltet. Trotz eines verhältnismäßig komplizierten Gussstücks bringt es eine Rohteilkostensenkung von 36,5%. Natürlich hängt dieses Verhältnis stark von der Stückzahl und den Beschaffungsverhältnissen (Qualität und Termine) ab.

Ein weiteres Beispiel ist die Läuferkonstruktion eines Wasserkraftgenerators: Abb. 7.108. Für gleiche Generatorleistung und gleiche radiale Zentrifugalkräfte durch die Polmasse werden vier Läuferkonstruktionen untersucht. Variante a entspricht wegen der zahlreichen zusammengepressten Jochring-

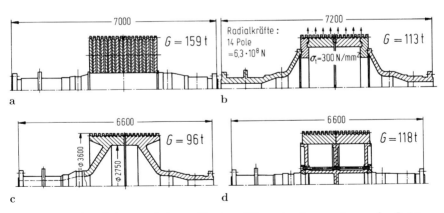

Abb. 7.108. Läuferkonstruktionen für einen Wasserkraftgenerator großer Leistung **a** bis **d** (vgl. Text) (Werkbild Siemens)

platten am stärksten einer Differentialbauweise. Variante b verringert den Elementarisierungsgrad durch Verwendung gegossener Stahlguss-Hohlwellen sowie zweier Jochringe und Jochringendplatten. Variante c realisiert eine Integralbauweise, indem zwei Gusshohlkörper zusammengeschraubt werden. Variante d löst die Gusskonstruktion wieder auf (ein gegossenes Mittelteil, zwei geschmiedete Flanschwellen und zwei Jochringe). Der Gewichtsvergleich zeigt die Überlegenheit der Integralbauweise hinsichtlich Materialaufwand. Wegen der schwierigen Beschaffung für Großgussstücke wurde dann allerdings eine Ausführung ähnlich Variante d gewählt.

Die Vor- und Nachteile einer Integralbauweise sind leicht erkennbar, wenn die Kriterien für die Differentialbauweise umgekehrt werden.

Verbundbauweise

Unter Verbundbauweise soll verstanden werden

– die unlösbare Verbindung mehrerer unterschiedlich gefertigter Rohteile zu einem weiter zu bearbeitenden Werkstück, z. B. die Verbindung urgeformter und umgeformter Teile,
– die gleichzeitige Anwendung mehrerer Fügeverfahren zur Verbindung von Werkstücken [221],
– die Kombination mehrerer Werkstoffe zur optimalen Nutzung ihrer Eigenschaften [290].

Abbildung 7.109 zeigt als Beispiel für die erste Möglichkeit die Kombination einer Stahlguss-Nabe mit gewalzten Stahlblechen zu einer Schweißkonstruktion.

Weitere Beispiele sind Drehgestelle mit gegossenem Mittelteil und angeschweißten Armen sowie eingeschweißte Gussknotenstücke in Tragwerken. Zur zweiten Möglichkeit einer Verbundgestaltung seien als Beispiel kombinierte Kleb-/Niet- bzw. Kleb-/Schraubverbindungen genannt. Der Verbund mehrerer Werkstoffe zu einem Werkstück wird z. B. in Kunststoffteilen mit eingegossenen Gewindebuchsen verwirklicht, was zu einer sehr kostengünstigen Lösung führen kann. Auch die zur Schalldämmung verwendeten Verbundbleche aus einem Kunststoffmittelteil und beiderseitigen Deckblechen sowie Gummi-Metallelemente sind weitere Beispiele.

Als kostengünstige Gestaltung in dieser Richtung wären auch Stahl- und Spannbeton-Kombinationen für Maschinengrundrahmen und Maschinengestelle zu nennen [120].

Bausteinbauweise

Erfolgt die Auflösung einer Baustruktur durch Differentialbauweise so, dass die entstehenden Werkstücke und/oder Baugruppen auch in anderen Produkten oder Produktvarianten eines Betriebs verwendet werden können, so

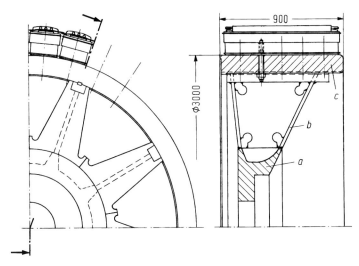

Abb. 7.109. Polrad eines Wasserkraftgenerators in Verbundbauweise nach [15] (Werkbild AEG Telefunken). *a* Nabe aus GS-45.1; *b* Armstern aus M St 52-3; *c* Jochring aus GS-45.9 aufgesetzt

spricht man von *Fertigungsbausteinen*. Vor allem sind solche Werkstücke als Bausteine auch für andere Erzeugnisse anzustreben, wenn sie fertigungstechnisch aufwendig sind. In diesem Sinne kann der Einsatz von lagermäßigen Wiederholteilen auch als Baukastensystem aufgefasst werden (vgl. 10.2).

3. Fertigungsgerechte Gestaltung von Werkstücken

Mit der eigentlichen Werkstückgestaltung übt der Konstrukteur ebenfalls einen großen Einfluss auf Fertigungskosten, -zeiten und -qualitäten aus. Er beeinflusst oder entscheidet sogar durch gewählte Form, Abmessungen, Oberflächenqualität, Toleranzen und Fügepassungen

- die in Betracht kommenden *Fertigungsverfahren*,
- die verwendbaren *Werkzeugmaschinen* einschließlich der *Werkzeuge* und *Messzeuge*,
- die Frage der *Eigenfertigung* oder *Fremdfertigung* unter weitgehender Verwendung innerbetrieblicher Wiederholteile sowie geeigneter Norm- und Zukaufteile,
- eine günstige Wahl von *Werkstoffen* und *Halbzeugen* sowie deren Ausnutzung und
- die Möglichkeiten von *Qualitätskontrollen*.

Die Gegebenheiten des Fertigungsbereichs beeinflussen natürlich ihrerseits wieder gestalterische Maßnahmen. So können z. B. vorhandene Werkzeugmaschinen die Werkstückabmessungen begrenzen und eine Zerlegung in mehrere gefügte Teile oder eine Fremdfertigung erforderlich machen. Zum fertigungsgerechten Gestalten von Werkstücken sind Richtlinien bekannt, die ausführlich im Schrifttum beschrieben werden [19, 21, 123, 180, 198, 201, 262, 281, 283, 285, 287, 288, 291, 331–333]. Wegen der besonderen Bedeutung von Toleranzen (Form, Maß, Lage und Oberfläche) für die Teilefertigung und Montage sei auf wichtiges Schrifttum gesondert hingewiesen [36, 38, 39, 47, 143, 144].

Wichtig ist die Anwendung eines für die jeweiligen Anforderungen geeigneten *Tolerierungsgrundsatzes* [143]. Unterschieden wird zwischen dem *Unabhängigkeitsprinzip*, bei dem jede einzelne Toleranz für sich allein auf Einhaltung geprüft wird, und dem *Hüllprinzip*, bei dem für jedes einfache Formelement (z. B. Kreiszylinder, Parallel-Ebenen-Paar) generell eine Hüllbedingung gilt (Maximum-Material-Maß) und innerhalb dessen die wahren Konturen liegen müssen. Letzteres schränkt aber keine Lageabweichungen ein. Bei beiden Tolerierungsgrundsätzen sind daher Lageabweichungen immer von Maßtoleranzen unabhängig. Der Unterschied zwischen Unabhängigkeitsprinzip und Hüllprinzip liegt darin, ob die Formabweichungen bei letzterem in der Hülle bleiben müssen. Bei einer Passung muss die Hüllbedingung eingehalten werden, was durch Angabe am Passmaß gekennzeichnet wird. Bei Gültigkeit des Unabhängigkeitsprinzips müssen *Allgemeintoleranzen* für Form und Lage angegeben werden, beim Hüllprinzip nur für die Lage [143, 144].

Entsprechend der Zielsetzung dieses Buches werden methodisch geordnet nur wesentliche Gestaltungshinweise in Form von Arbeitsblättern zusammengestellt. Als Ordnungskriterien sind die Fertigungsverfahren [48–50] mit ihren einzelnen *Verfahrensschritten* (Verf.) und deren Eigenheiten zugrundegelegt. Darüber hinaus sind die angeführten Gestaltungsrichtlinien nach den Zielsetzungen „*Aufwand verringern*" (A) und „*Qualität verbessern*" (Q) gekennzeichnet. Es ist zweckmäßig, bei fertigungsgerechter Werkstückgestaltung sich grundsätzlich diese Verfahrensschritte und Zielsetzungen vor Augen zu halten.

Urformgerecht

Die Rohteilgestaltung *urgeformter* Teile muss die Forderungen und Eigenheiten des jeweiligen Verfahrens erfüllen.

Bei Bauteilen aus Gusswerkstoffen (Urformen aus flüssigem Zustand) muss die Gestaltung *modell-* (Mo) und *formgerecht* (Fo), *gießgerecht* (Gi) sowie *bearbeitungsgerecht* (Be) sein. In Abb. 7.110 sind hierzu die wichtigsten Gestaltungsprinzipien zusammengestellt. Das genannte Schrifttum möge als weitere Information dienen.

Bei *gesinterten* Bauteilen (Urformen aus pulverigem Zustand) muss die Gestaltung *werkzeuggerecht* (We) und *sintergerecht* (Si) (verfahrensgerecht) sein. Insbesondere für dieses Verfahren ist es notwendig, bei der Gestaltung die pulvermetallurgische Technologie zu berücksichtigen. In Abb. 7.111 sind die wesentlichen Gestaltungsrichtlinien zusammengefasst.

7.5 Gestaltungsrichtlinien

Verf.	Gestaltungsrichtlinien	Ziel	nicht fertigungsgerecht	fertigungsgerecht
Mo	Bevorzugen einfacher Formen für Modelle und Kerne (geradlinig, rechteckig).	A	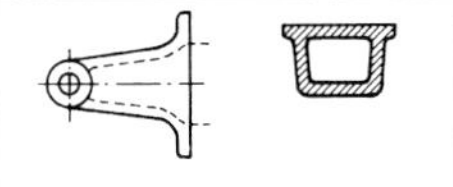	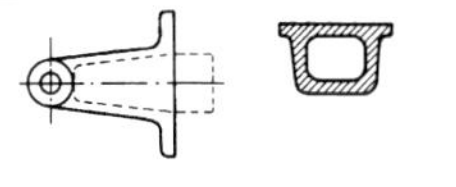
Mo	Anstreben ungeteilter Modelle, möglichst ohne Kerne (z.B. durch offene Querschn.).	A	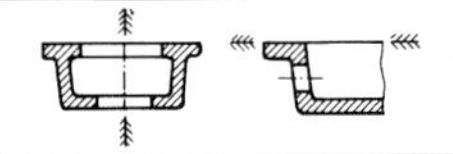	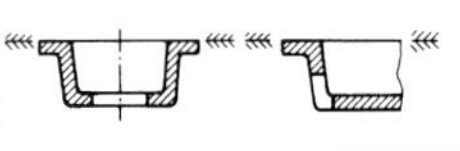
Fo	Vorsehen von Aushebeschrägen von der Teilfuge aus (DIN 1511).	Q	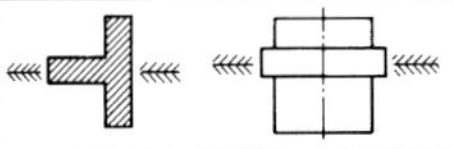	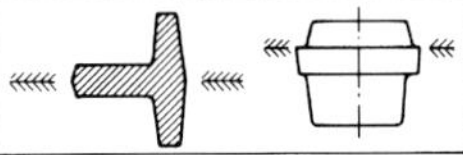
Fo	Anordnen von Rippen so, dass Modell ausgehoben werden kann, Vermeiden von Hinterschneidungen.	Q	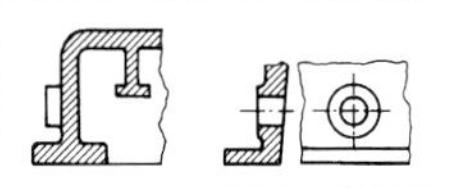	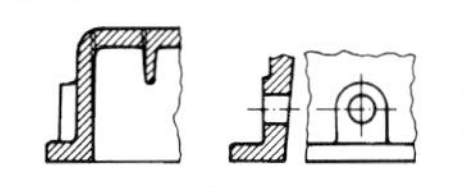
Fo	Lagern der Kerne zuverlässig.	Q	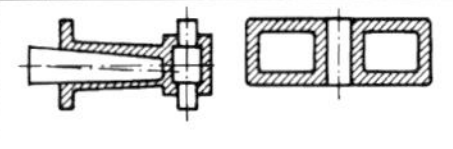	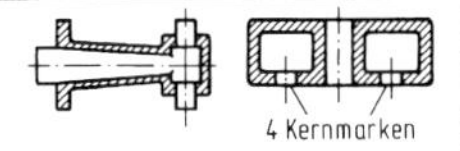 4 Kernmarken
Gi	Vermeiden waagerechter Wandteile (Gasblasen, Lunker) und sich verengender Querschn. zu den Steigern.	Q	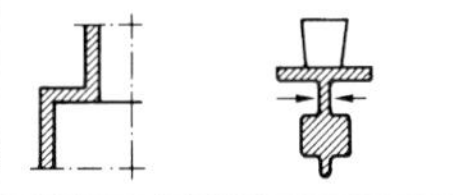	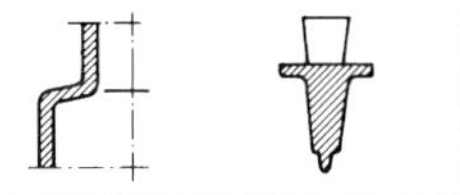
Gi	Anstreben gleichmäßiger Wanddicken und Querschnitte sowie allmählicher Querschnittsübergänge, Beachten der Werkstoffeigenheiten für zul. Wanddicken und Stückgrößen.	Q	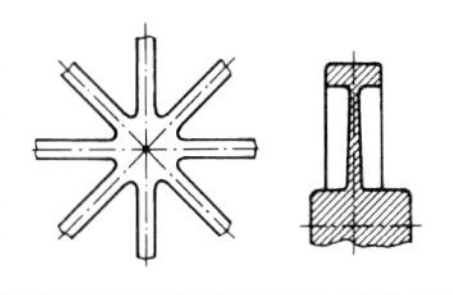	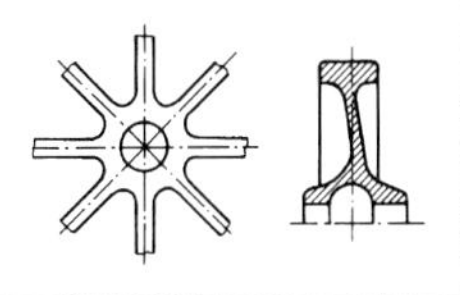
Be	Anordnen der Teilfugen, dass Gussversatz nicht stört, in Bearbeitungszonen liegt oder leichte Gratentfernung möglich ist.	A Q	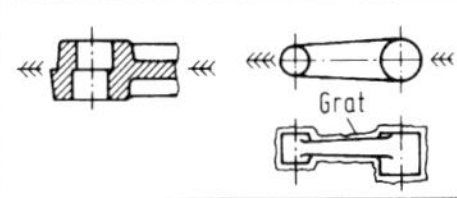 Grat	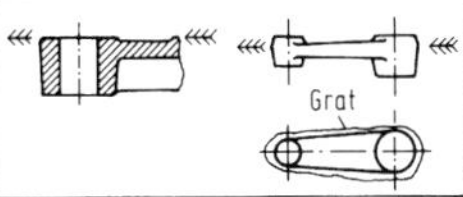 Grat
Be	Vorsehen gießgerechter Bearbeitungszugaben mit Werkzeugauslauf.	A Q	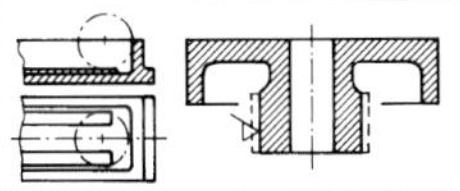	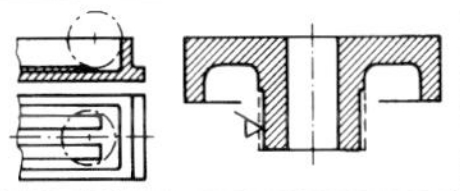
Be	Vorsehen ausreichender Spannflächen.	Q A	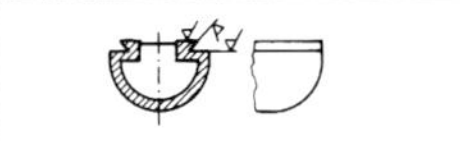	
Be	Vermeiden schrägliegender Bearbeitungsflächen und Bohrungsansätze.	A Q	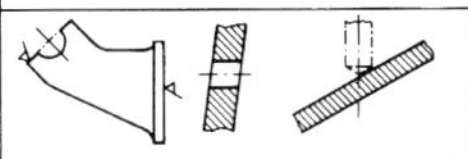	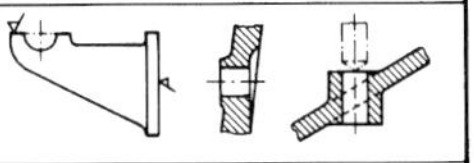
Be	Zusammenfassen von Bearbeitungsgängen durch Zusammenlegen und Angleichen von Bearbeitungsflächen und Bohrungen.	A	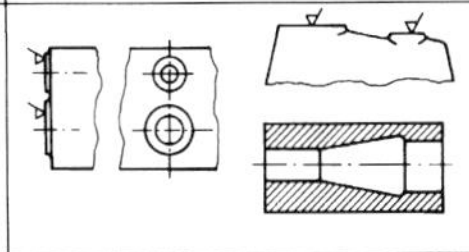	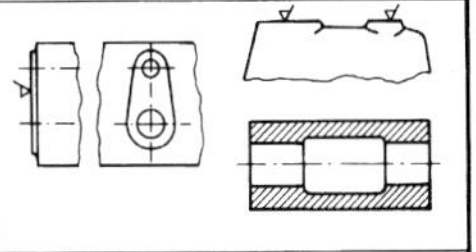
Be	Bearbeiten nur unbedingt notwendiger Flächen durch Aufteilen großer Flächen.	A	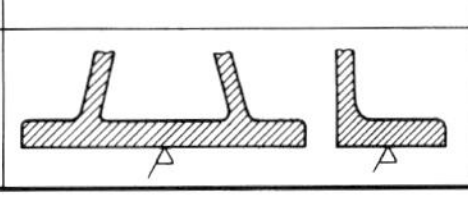	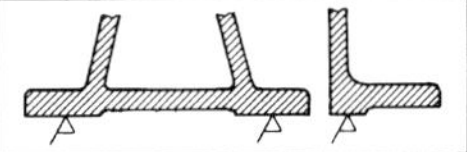

Abb. 7.110. Gestaltungsrichtlinien mit Beispielen aus Gusswerkstoffen unter Berücksichtigung von [123, 180, 198, 230, 331, 332]

Verf.	Gestaltungsrichtlinien	Ziel	nicht fertigungsgerecht	fertigungsgerecht
We	Vermeiden von Abrundungen und spitzen Winkeln am Werkzeug.	A Q	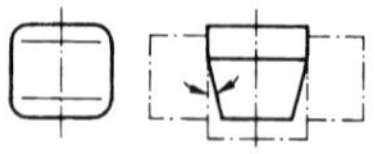	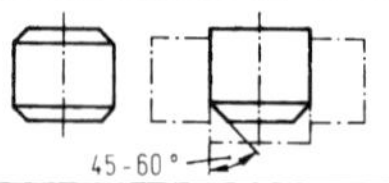
Si	Vermeiden scharfer Kanten, spitzer Winkel und tangentialer Übergänge.	Q	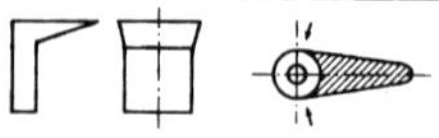	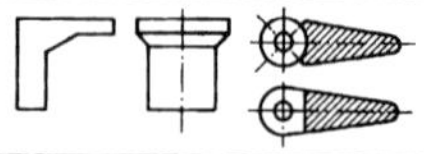
Si	Einhalten von Abmessungsgrenzen und -verhältnissen: Höhe H/Breite D < 2,5; Wanddicken s > 2 mm; Bohrungen d > 2 mm.	Q	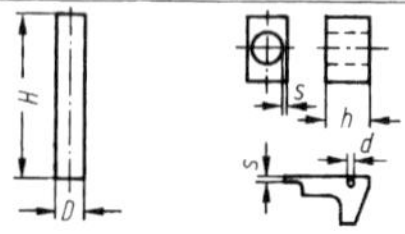	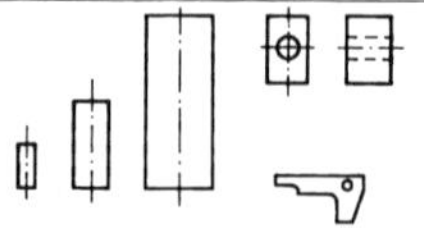
Si	Vermeiden feinverzahnter Rändelungen und Profile.	Q		
Si	Vermeiden zu kleiner Toleranzen.	Q	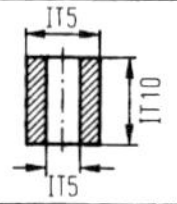	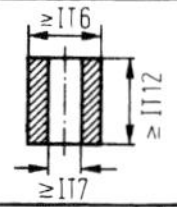

Abb. 7.111. Gestaltungsrichtlinien mit Beispielen für Sinterteile in Anlehnung an [106]

Umformgerecht

Zur Rohteilgestaltung umgeformter Teile soll von den in DIN 8582 enthaltenen Verfahren das *Freiformen* und das *Gesenkformen* (Druckumformen), das *Kaltfließpressen* und *Ziehen* (Zugdruckumformen) sowie das *Biegeumformen* betrachtet werden. Wichtige Richtlinien zur Gestaltung sind für Eisenwerkstoffe in DIN 7521 bis 7527 [46] sowie für Nichteisenmetalle in DIN 9005 [51] enthalten.

Beim *Freiformen* muss die Gestaltung nur *schmiedegerecht* sein, da keine komplizierten Schmiedevorrichtungen (z. B. Gesenke) Verwendung finden. Als Gestaltungsrichtlinien sind zu nennen:

– Anstreben einfacher Formen mit möglichst parallelen Flächen (kegelige Übergänge sind schwierig) und großen Rundungen (um scharfe Kanten zu vermeiden). Ziele: Aufwand verringern, Qualität verbessern.
– Anstreben nicht zu schwerer Schmiedestücke evtl. durch Teilen und anschließendes Zusammenfügen. Ziel: Aufwand verringern.
– Vermeiden zu großer Verformungen (z. B. Stauchungen) bzw. zu großer Querschnittsunterschiede, z. B. von zu hohen, dünnen Rippen oder zu engen Vertiefungen. Ziel: Qualität verbessern.
– Bevorzugen einseitig sitzender Augen oder Absätze. Ziel: Aufwand verringern.

7.5 Gestaltungsrichtlinien

Für das *Gesenkformen*, auch *Gesenkschmieden* genannt, sind in Abb. 7.112 wichtige Gestaltungsrichtlinien zusammengestellt. Sie streben eine *werkzeuggerechte* (We) (gesenkgerechte), *schmiedegerechte* (Sm) (fließgerechte) und *bearbeitungsgerechte* (Be) Gestaltung an.

Verf.	Gestaltungsrichtlinien	Ziel	nicht fertigungsgerecht	fertigungsgerecht
We	Vermeiden von Unterschneidungen.	A	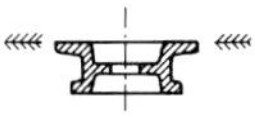	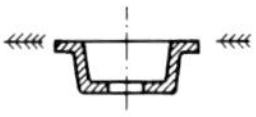
We	Vorsehen von Aushebeschrägen (DIN 7523, Bl. 3)	A	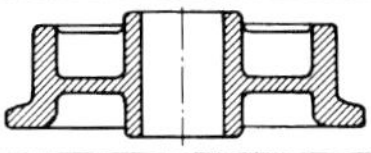	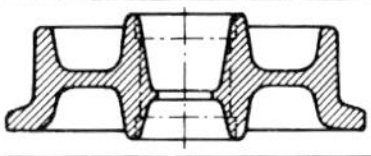
We	Anstreben von Teilfugen in etwa halber Höhe senkrecht zur kleinsten Höhe.	A	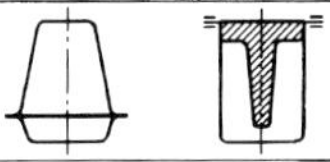	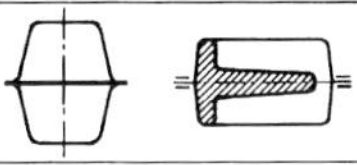
We	Vermeiden geknickter Teilfugen (Gratnähte).	A Q	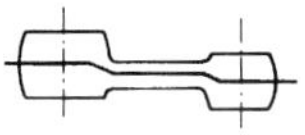	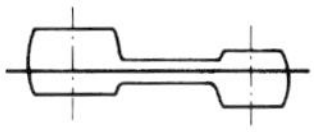
We Sm	Anstreben einfacher, möglichst rotationssymmetrischer Teile, Vermeiden stark hervorspringender Teile.	A		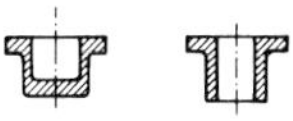
Sm	Anstreben von Formen, wie sie bei freier Stauchung entstehen. Anpassen an Fertigform bei großen Stückzahlen.	A Q	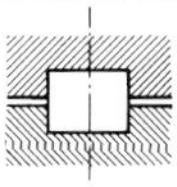	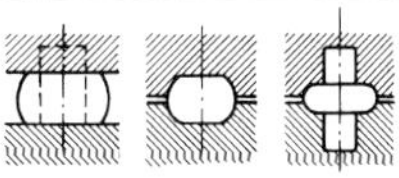
Sm	Vermeiden zu dünner Böden.	Q	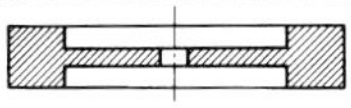	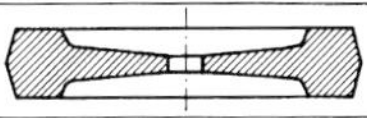
Sm	Vorsehen großer Rundungen (DIN 7523), Vermeiden zu schlanker Rippen, von Hohlkehlen und zu kleinen Löchern.	Q	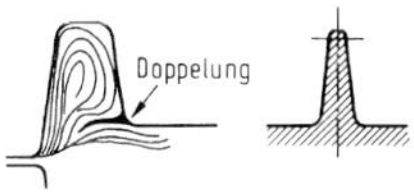	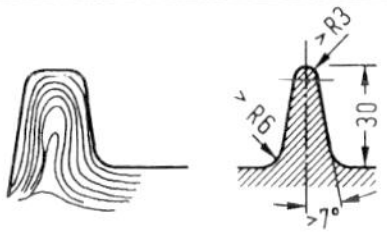
Sm	Vermeiden schroffer Querschnittsübergänge und zu tief ins Gesenk ragender Querschnittsformen.	Q	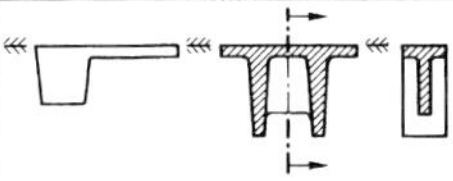	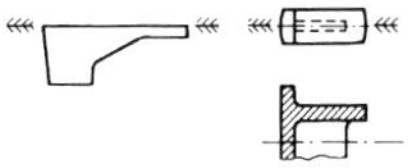
Sm	Versetzen von Teilfugen bei napfförmigen Teilen großer Tiefe.	Q	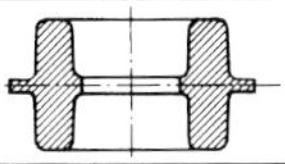	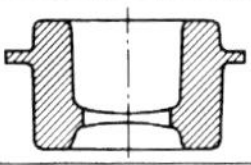
Be	Anordnen der Teilfuge so, dass Versatz leicht erkennbar und Entfernen der Gratnaht leicht möglich ist.	A	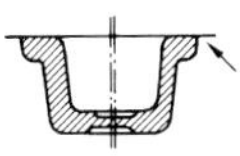	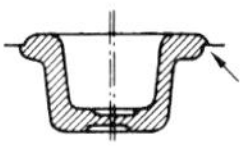
Be	Hervorheben von zu bearbeitenden Flächen.	Q	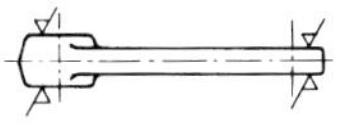	

Abb. 7.112. Gestaltungsrichtlinien mit Beispielen für Gesenkschmiedeteile unter Berücksichtigung von [19, 145, 230, 283, 336]

Verf.	Gestaltungsrichtlinien	Ziel	nicht fertigungsgerecht	fertigungsgerecht
We Fl	Vermeiden von Unterschneidungen.	Q A	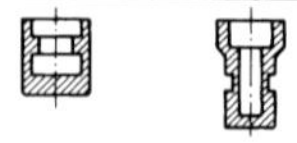	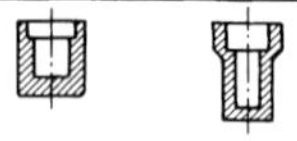
Fl	Vermeiden von Seitenschrägen und kleinen Durchmesserunterschieden.	Q	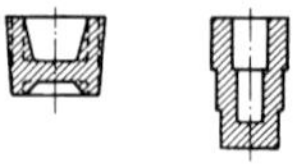	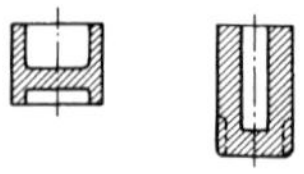
Fl	Vorsehen rotationssymmetrischer Körper ohne Werkstoffanhäufungen, sonst teilen und fügen.	Q	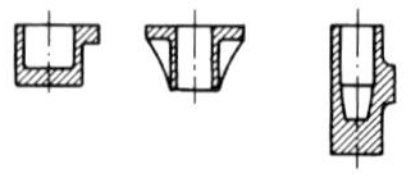	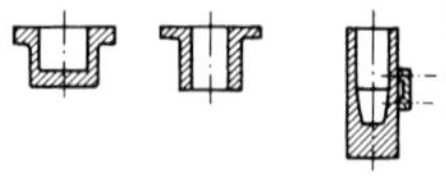
Fl	Vermeiden schroffer Querschnittsänderungen, scharfer Kanten und Hohlkehlen.	Q	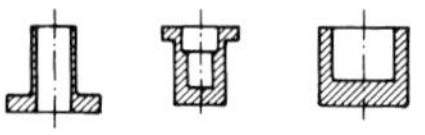	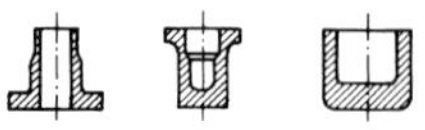
Fl	Vermeiden von kleinen, langen oder seitlichen Bohrungen sowie von Gewinden.	Q	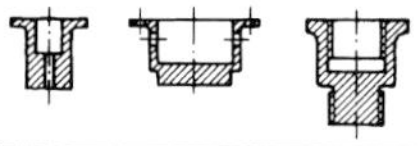	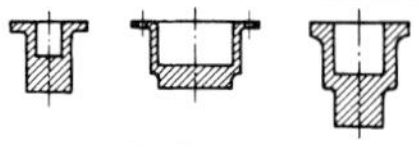

Abb. 7.113. Gestaltungsrichtlinien mit Beispielen für Kaltfließpressteile in Anlehnung an [108]

Für das *Kaltfließpressen* einfacher rotationssymmetrischer Körper, auch als Hohlkörper, sind in Abb. 7.113 ebenfalls die wesentlichen Gestaltungsrichtlinien, geordnet nach *werkzeuggerecht* (We) und *fließgerecht* (Fl), zusammengestellt. Betont werden muss, dass sich nur bestimmte Stahlsorten wirtschaftlich verarbeiten lassen. Wie bei allen Kaltverformungen tritt auch beim Kaltfließpressen eine Kaltverfestigung ein. Dabei erhöht sich die Fließgrenze durch Verfestigung, während die Zähigkeit stark abnimmt. Diese Erscheinung muss der Konstrukteur bei der Auslegung berücksichtigen. In Frage kommen vor allem Einsatz- und Vergütungsstähle, wie z. B. Ck 10 – Ck 45, 20 Mn Cr S oder 41 Cr 4.

Beim *Ziehen* ist nach [230] die Anwendung folgender Gestaltungsrichtlinien zu empfehlen [*werkzeuggerecht* (We), *ziehgerecht* (Zi)]:

- We: Wählen der Abmessungen so, dass möglichst wenig Ziehstufen erforderlich werden. Ziel: Aufwand verringern.
- We/Zi: Anstreben rotationssymmetrischer Hohlkörper: rechteckige Hohlteile bedeuten in den Ecken erhöhte Werkstoff- und Werkzeugbeanspruchung. Ziel: Qualität verbessern, Aufwand verringern.
- Zi: Auswählen hochzäher Werkstoffe. Ziel: Qualität verbessern.
- Zi: Für das Gestalten von Versteifungssicken vgl. [201]. Ziel: Qualität verbessern.

Das *Biegeumformen* (Kaltbiegen), wie es zur Fertigung von Blechteilen der feinwerktechnischen und elektrotechnischen Gerätetechnik, aber auch für Gehäuse, Verkleidungen und Luftführungen des Maschinenbaus erforderlich ist,

7.5 Gestaltungsrichtlinien

setzt sich aus den Verfahrensschritten „Schneiden" (Ausschneiden) und „Biegen" zusammen. Entsprechend ist eine *schneidgerechte* (Sn) und *biegegerechte* (Bi) Gestaltung anzustreben. Die in Abb. 7.114 zusammengestellten Gestaltungsrichtlinien betreffen zunächst nur den Biegevorgang, da dieser zum vor-

Verf.	Gestaltungsrichtlinien	Ziel	nicht fertigungsgerecht	fertigungsgerecht
Bi	Vermeiden komplexer Biegeteile (Materialverschnitt), dann besser teilen und fügen.	A	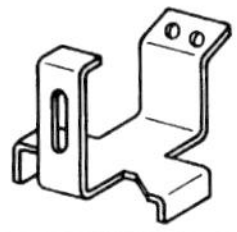	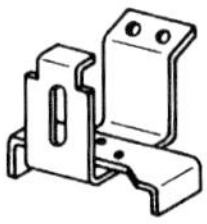
Bi	Beachten von Mindestwerten für Biegeradien (Wulstbildung in der Stauchzone, Überdehnung in der Zugzone), Schenkelhöhe und Toleranzen.	Q	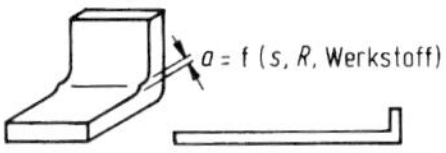 $a = f(s, R, \text{Werkstoff})$	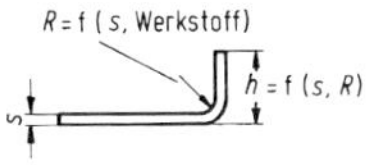 $R = f(s, \text{Werkstoff})$ $h = f(s, R)$
Bi	Beachten eines Mindestabstandes von der Biegekante für vor dem Biegen eingebrachte Löcher.	Q	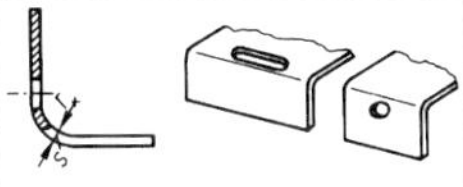	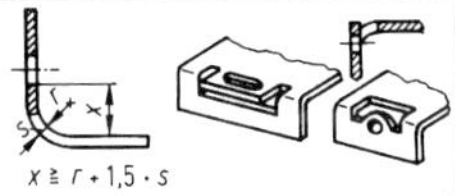 $x \geq r + 1{,}5 \cdot s$
Bi	Anstreben von Durchbrüchen und Ausklinkungen über die Biegekante, wenn Mindestabstand nicht möglich ist.	Q	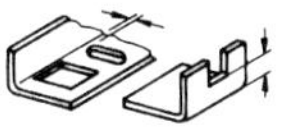	
Bi	Vermeiden von schräg verlaufenden Außenkanten und Verjüngungen im Bereich der Biegekante.	Q	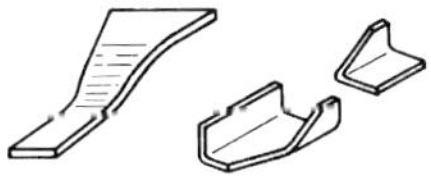	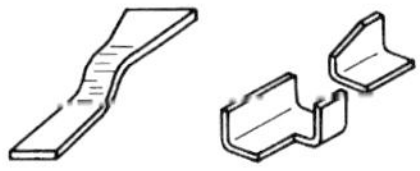
Bi	Vorsehen von Freisparungen an Ecken mit allseitig umgebogenen Schenkeln.	Q	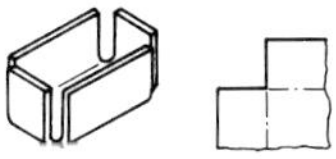	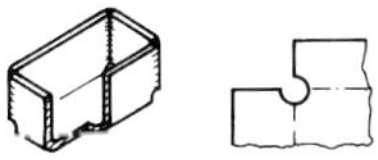
Bi	Vorsehen von Falzstegen mit genügender Breite	Q		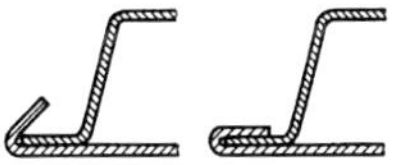
Bi	Anstreben großer bleibender Öffnungen bei Hohlkörpern und hinterschnittenen Biegungen	Q A	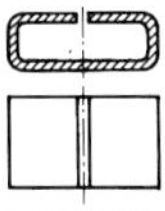	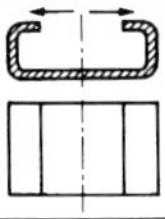
Bi	Vorsehen von Versteifungen an Blechrändern	A	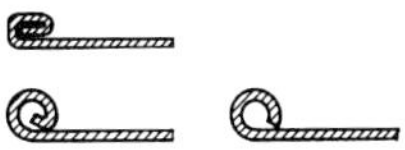	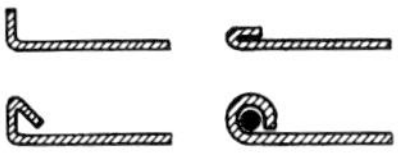
Bi	Anstreben gleicher Sickenformen	A	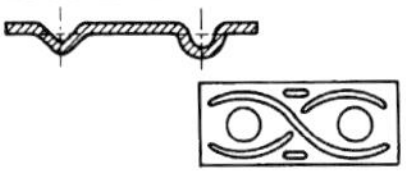	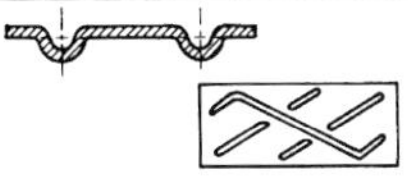

Abb. 7.114. Gestaltungsrichtlinien mit Beispielen für Biegeteile in Anlehnung an [1, 19]

liegenden Abschnitt des Umformens gehört. Das Schneiden wird im Rahmen der Trennverfahren behandelt.

Trenngerecht

Von den in DIN 8580 [49] bzw. DIN 8577 [48] aufgeführten Trennverfahren soll im Folgenden nur das „Spanen mit geometrisch bestimmter Schneidenform" (Drehen, Bohren, Fräsen), das „Spanen mit geometrisch unbestimmten Schneiden" (Schleifen) und das „Zerteilen" (Schneiden) betrachtet werden. Für alle Trennverfahren muss sich die Gestaltung an den Eigenheiten des Werkzeugs einschließlich des Spannens und des eigentlichen Spanvorgangs orientieren. Die Gestaltungsrichtlinien müssen deshalb *werkzeuggerecht* (We) und *spangerecht* (Sp) sein.

Werkzeuggerecht bedeutet:

– Vorsehen ausreichender Spannmöglichkeiten. Ziel: Qualität verbessern.
– Bevorzugen von Bearbeitungsoperationen, die ohne Umspannen des Werkstücks oder Neueinspannen von Werkzeugen auskommen. Ziel: Aufwand verringern, Qualität verbessern.
– Beachten des notwendigen Werkzeugauslaufs. Ziel: Qualität verbessern.

Spangerecht bedeutet für alle Trennverfahren:

– Vermeiden unnötiger Zerspanarbeit, d. h. Bearbeitungsflächen, Oberflächengüten und Toleranzen auf das unbedingt Notwendige beschränken (vorstehende Leisten und Augen in einer Bearbeitungshöhe günstig). Ziel: Aufwand verringern.
– Anstreben von Bearbeitungsflächen parallel oder senkrecht zur Aufspannfläche. Ziel: Aufwand verringern, Qualität verbessern.
– Bevorzugen von Dreh- und Bohroperationen vor Fräs- und Hobeloperationen. Ziel: Aufwand verringern.

In Abb. 7.115 sind spezielle Gestaltungsrichtlinien für Teile mit *Drehbearbeitung*, in Abb. 7.116 mit *Bohrbearbeitung*, in Abb. 7.117 mit *Fräsbearbeitung* und in Abb. 7.118 mit *Schleifbearbeitung* zusammengestellt.

Auch bei der *Gestaltung von Schnittteilen* müssen die Eigenheiten des Werkzeugs [*werkzeuggerecht* (We)] und des Fertigungsvorgangs selbst [*schneidgerecht* (Sn)] beachtet werden: Abb. 7.119.

Fügegerecht

Von den in DIN 8593 [50] zusammengefassten Fügeverfahren soll nur das Schweißen (Gruppe des Stoffvereinigens) betrachtet werden. Zum lösbaren Fügen sei auf 7.5.9 „Montagegerecht" verwiesen.

Verf.	Gestaltungsrichtlinien	Ziel	nicht fertigungsgerecht	fertigungsgerecht
We	Beachten des erforderlichen Werkzeugauslaufs.	Q	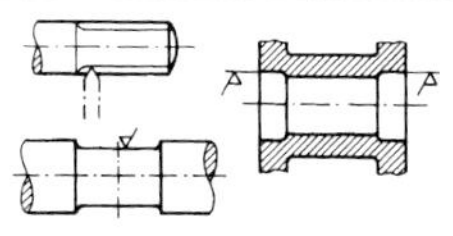	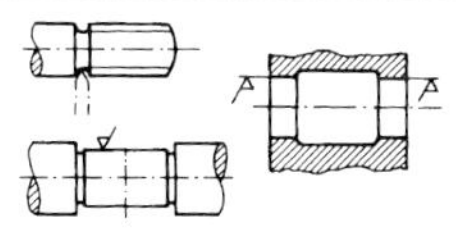
We	Anstreben einfacher Formmeißel.	A	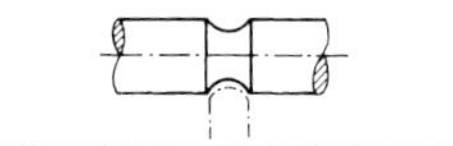	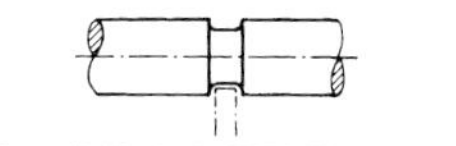
We	Vermeiden von Nuten und engen Toleranzen bei Innenbearbeitung.	A Q	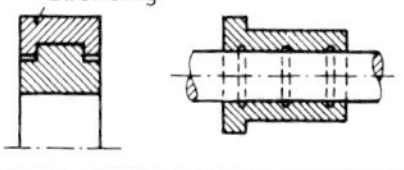 zweiteilig	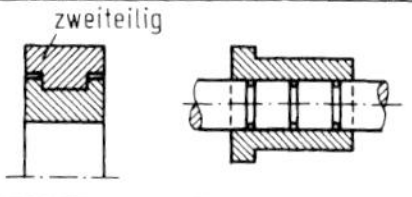 zweiteilig
We	Vorsehen ausreichender Spannmöglichkeiten.	Q	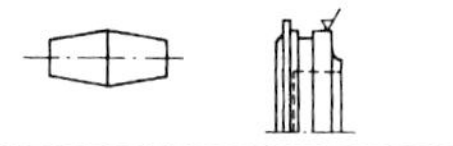	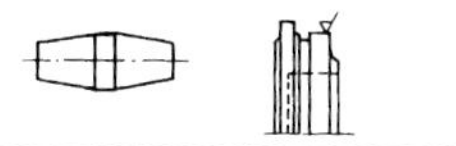
Sp	Vermeiden großer Zerspanarbeit, z.B. durch hohe Wellenbunde, besser aufgesetzte Buchsen.	A	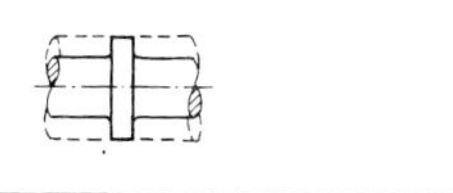	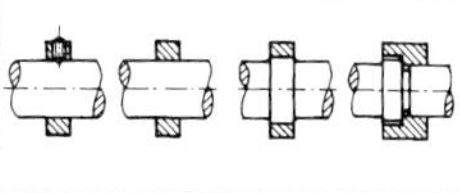
Sp	Anpassen der Bearbeitungslängen und -güten an Funktion.	A	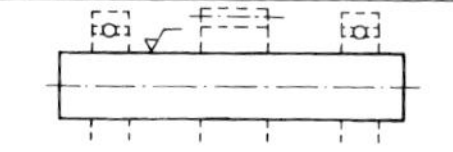	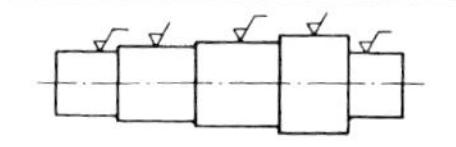

Abb. 7.115. Gestaltungsrichtlinien mit Beispielen für Teile mit Drehbearbeitung unter Berücksichtigung von [180, 230]

Verf.	Gestaltungsrichtlinien	Ziel	nicht fertigungsgerecht	fertigungsgerecht
We Sp	Zulassen von Sacklöchern möglichst nur mit Bohrspitze.	A Q	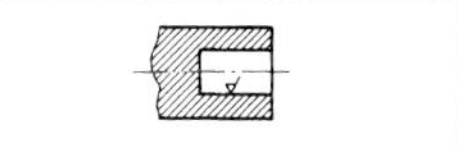	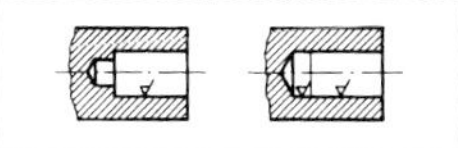
We Sp	Vorsehen von Ansatz- und Auslaufflächen bei Schräglöchern.	Q	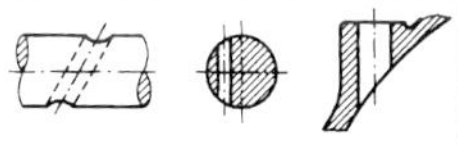	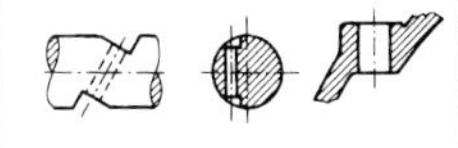
We	Anstreben durchgehender Bohrungen, Vermeiden von Sacklöchern.	A	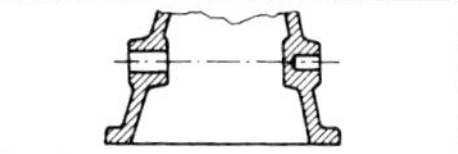	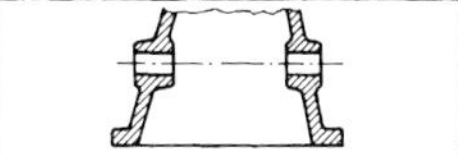

Abb. 7.116. Gestaltungsrichtlinien mit Beispielen für Teile mit Bohrbearbeitung unter Berücksichtigung von [180, 198, 230]

Verf.	Gestaltungsrichtlinien	Ziel	nicht fertigungsgerecht	fertigungsgerecht
We	Anstreben gerader Fräsflächen, Formfräser teuer; Abmessungen so wählen, dass Satzfräser einsetzbar.	A	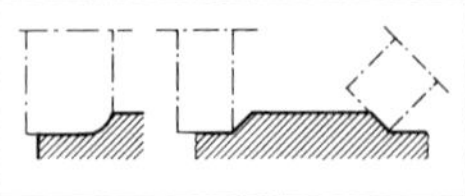	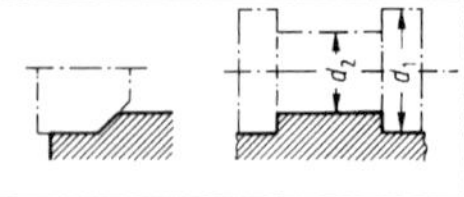
We	Vorsehen auslaufender Nuten bei Scheibenfräsern; Scheibenfräsen billiger als Fingerfräsen.	A Q	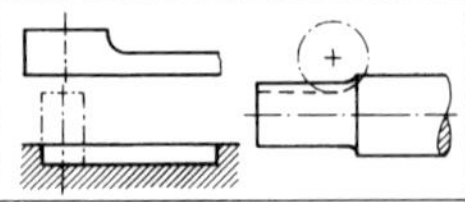	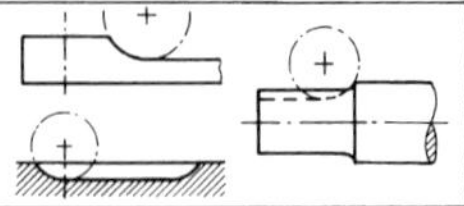
We	Anpassen des Werkzeugauslaufs an Fräserdurchmesser; Vermeiden von langen Fräserwegen durch Zulassen von gewölbten Bearbeitungsflächen (z. B. Schlitzen).	A	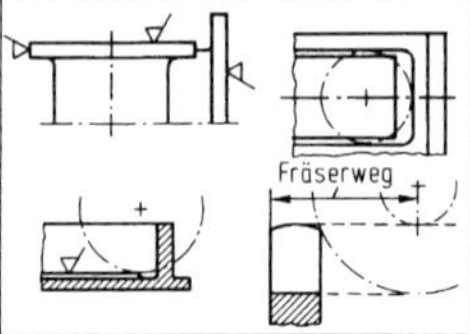	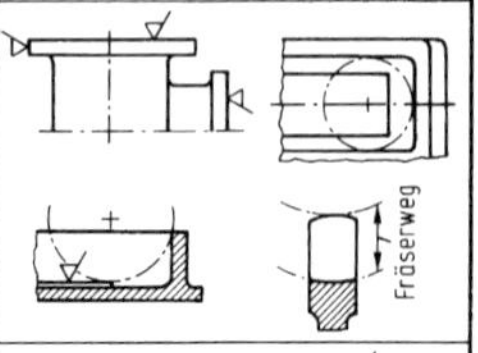
Sp	Anordnen von Flächen in gleicher Höhe und parallel zur Aufspannung.	A Q	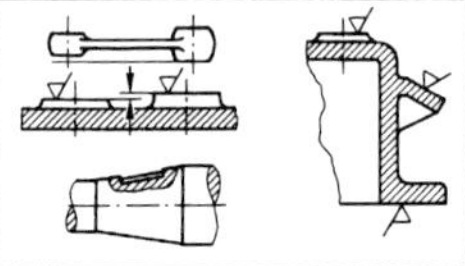	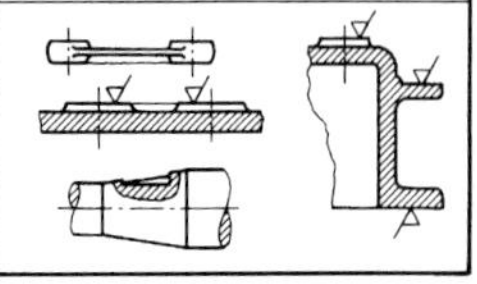

Abb. 7.117. Gestaltungsrichtlinien mit Beispielen für Teile mit Fräsbearbeitung unter Berücksichtigung von [180, 230]

Verf.	Gestaltungsrichtlinien	Ziel	nicht fertigungsgerecht	fertigungsgerecht
We	Vermeiden von Bundbegrenzungen.	Q A	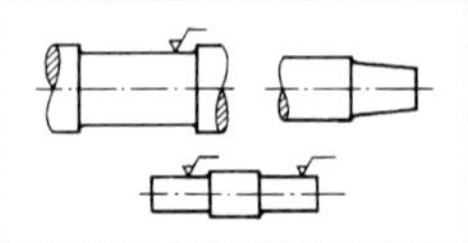	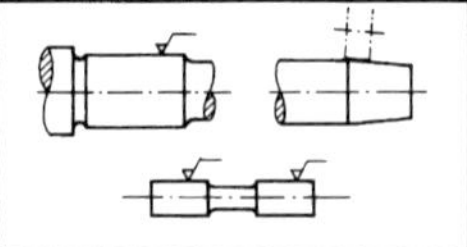
We	Vorsehen von Schleifscheibenauslauf.	Q	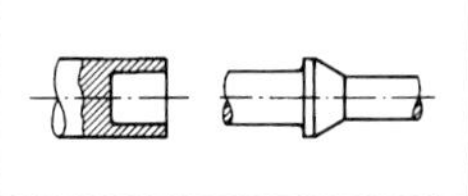	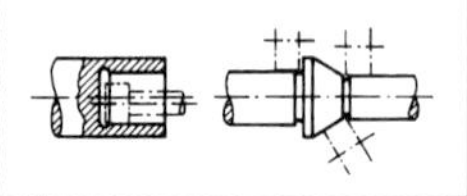
We	Anstreben unbehinderten Schleifens durch zweckmäßige Anordnung der Bearbeitungsflächen.	A Q	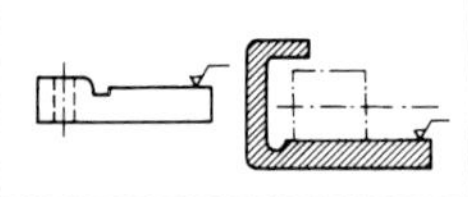	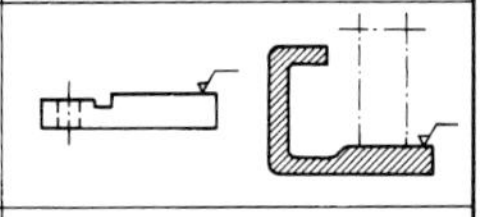
We Sp	Bevorzugen gleicher Ausrundungsradien (wenn kein Auslauf möglich) und Neigungen an einem Werkstück.	A Q	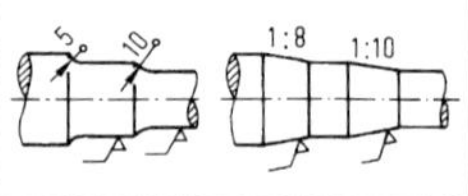	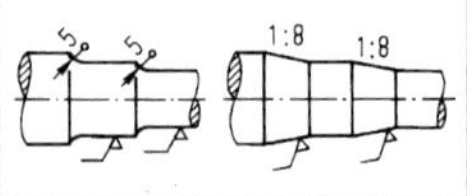

Abb. 7.118. Gestaltungsrichtlinien mit Beispielen für Teile mit Schleifbearbeitung in Anlehnung an [230]

Verf.	Gestaltungsrichtlinien	Ziel	nicht fertigungsgerecht	fertigungsgerecht
We	Anstreben einfacher Schnittformen; Bevorzugen abgeschrägter Ecken, Vermeiden von Rundungen.	A	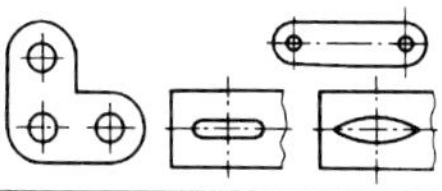	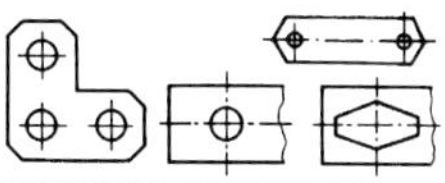
We	Anstreben gleicher Ausstanzungen	A	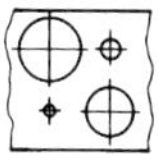	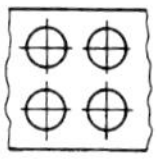
We	Anstreben scharfkantiger Übergänge, um Aufteilung des Schneidstempels in einfache, gut schleifbare Querschnitte zu erleichtern.	A Q	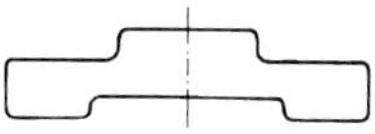	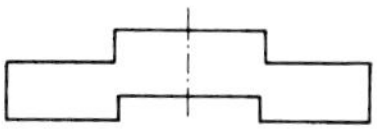
We	Vermeiden komplizierter Konturen	A Q	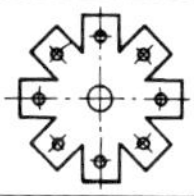	
We	Vermeiden zu dünner Stempelausführungen	A Q	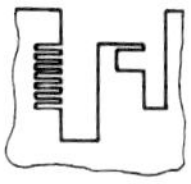	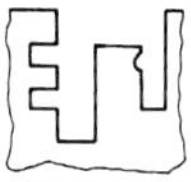
Sn	Vermeiden von Verschnitt (Abfall) durch Verschachteln zu Blechstreifen und Ausnutzen handelsüblicher Blechbreiten.	A	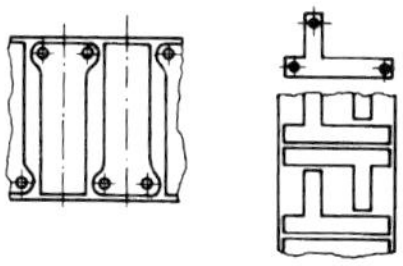	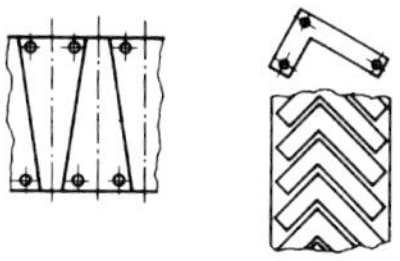
Sn	Vermeiden spitzwinkliger Ausschnittformen und zu enger Toleranzen.	Q		
Sn	Bevorzugen von Werkstückformen, die bei Folgeschnitten gegen Schnittversatz nicht anfällig sind.	Q	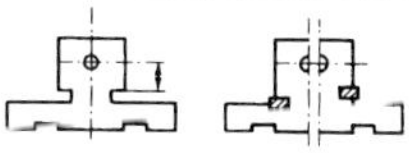	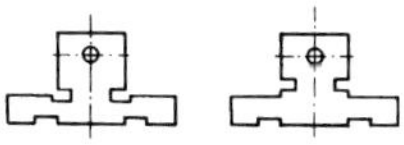
Sn	Vermeiden von zu engen Lochabständen	Q	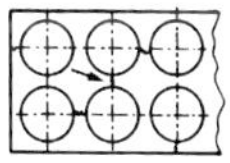	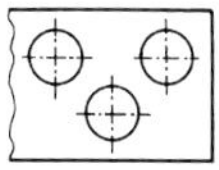

Abb. 7.119. Gestaltungsrichtlinien mit Beispielen für Schnittteile in Anlehnung an [19, 230]

Der Fertigungsvorgang des Schweißens wird in die drei Verfahrensschritte *Vorbearbeiten* (Vo), *Schweißen* (Sw) und *Nachbearbeiten* (Na) gegliedert. Folgende Gestaltungsrichtlinien sollen beachtet werden:

- Vo, Sw, Na: Vermeiden einer bloßen Nachbildung von Gusskonstruktionen: Bevorzugen von genormten, handelsüblichen oder auch vorgefertigten Blechen, Profilen oder sonstigen Halbzeugen; Ausnutzen der Möglichkeiten einer Verbundbauweise (Guss-Schmiedestück). Ziel: Aufwand verringern.

– Sw: Anpassen der Werkstoff- und Schweißgüte sowie des Schweißverfahrens an die unbedingten Erfordernisse hinsichtlich Festigkeit, Dichtheit und auch Formschönheit. Ziel: Aufwand verringern, Qualität verbessern.
– Sw: Anstreben kleiner Schweißnahtquerschnitte und Werkstückabmessungen, um schädlichen Wärmeabfluss zu verringern und die Handhabung zu vereinfachen. Ziel: Qualität verbessern, Aufwand verringern.
– Sw, Na: Minimieren des Schweißvolumens (Wärmeeinbringung), um Verzug und Richtarbeit zu vermeiden bzw. zu reduzieren. Ziel: Qualität verbessern, Aufwand verringern.

Weitere Gestaltungsrichtlinien: Abb. 7.120.

Verf.	Gestaltungsrichtlinien	Ziel	nicht fertigungsgerecht	fertigungsgerecht
Vo	Bevorzugen von Lösungen mit wenig Teilen und Schweißnähten.	A	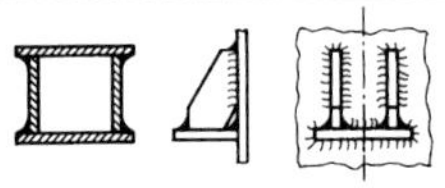	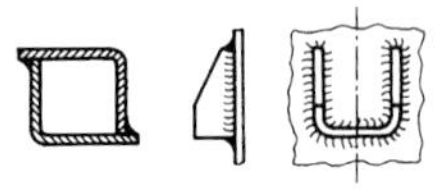
Vo Sw Na	Anstreben fertigungstechnisch günstiger Nahtformen, wenn es die Beanspruchungen zulassen.	A	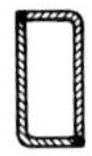	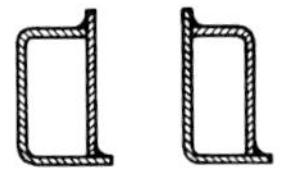
Vo Sw	Vermeiden von Nahtanhäufungen und -kreuzungen.	A Q	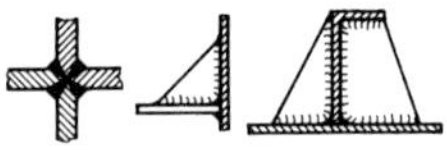	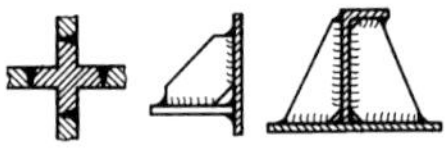
Sw	Reduzieren von Schrumpfspannungen (Eigenspannungen, Verzug) durch Nahtformlänge, -anordnung und Schweißfolge sowie durch elastische Anschlußquerschnitte mit niedrigen Steifigkeiten (elastische Zunge und Ecke).	Q	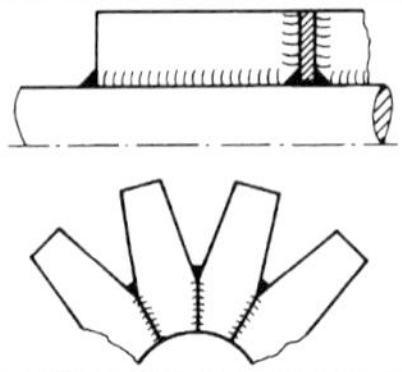	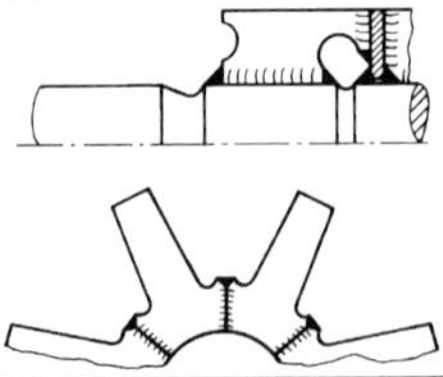
Sw	Anstreben guter Zugänglichkeit der Nähte.	A Q	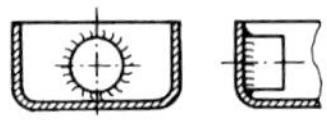	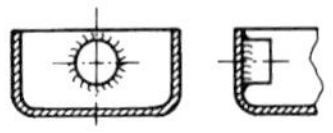
Sw Na	Eindeutiges Positionieren zum Schweißen, z.B. durch Fixierung der Fügeteile.	Q	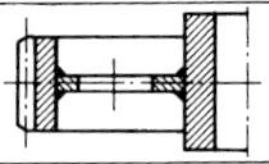	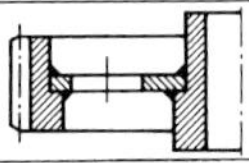
Na	Vorsehen von Bearbeitungszugaben, um Schweißtoleranzen auszugleichen.	Q	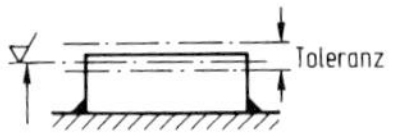 Toleranz	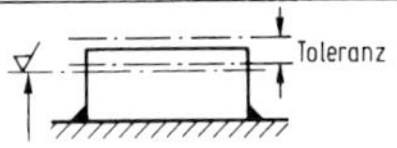 Toleranz

Abb. 7.120. Gestaltungsrichtlinien mit Beispielen für geschweißte Teile unter Berücksichtigung von [19, 198, 220, 281]

4. Fertigungsgerechte Werkstoff- und Halbzeugwahl

Eine optimale Werkstoff- und Halbzeugwahl ist wegen der bereits angedeuteten gegenseitigen Beeinflussung von Merkmalen der Funktion, des Wirkprinzips, der Auslegung, der Sicherheit, der Ergonomie, der Fertigung, der Kontrolle, der Montage, des Transports, des Gebrauchs, der Instandhaltung sowie der Kosten und des Termins problematisch. Besonders bei materialkostenintensiven Lösungen ist aber andererseits eine richtige *Werkstoffwahl* von größter Bedeutung für die Herstellkosten eines Produkts (vgl. 12). Generell empfiehlt sich, bei der Werkstoffwahl die „Leitlinie zur Gestaltung" (vgl. Abb. 7.3) heranzuziehen und zunächst in Frage kommende Werkstoffe nach den Merkmalen dieser Leitlinie zu diskutieren und zu beurteilen. Der nach diesen Merkmalen ausgewählte Werkstoff beeinflusst wegen der Rohteil- bzw. Halbzeugart, der technischen Lieferbedingungen sowie der Nachbehandlung und Qualität

– das *Fertigungsverfahren*,
– die *Werkzeugmaschinen* einschließlich *Werkzeuge* und *Messzeuge*,
– die *Materialwirtschaft*, z. B. die kommerziellen Lieferbedingungen und die Lagerhaltung,
– die *Qualitätskontrolle* sowie
– die Frage der *Eigen-* und *Fremdfertigung*.

Die starken gegenseitigen Beeinflussungen konstruktiver, fertigungstechnischer und werkstofftechnischer Gesichtspunkte und Gegebenheiten erfordern zu einer optimalen Werkstoffauswahl die enge Zusammenarbeit zwischen Konstrukteur, Fertigungsingenieur, Werkstofffachmann und Einkäufer.

Eine Zusammenstellung der wichtigsten Empfehlungen zur Werkstoffwahl für urgeformte, warmumgeformte, kaltumgeformte und vergütete Werkstücke hat Illgner [137] vorgenommen. Für neuere Fertigungsmethoden, z. B. Ultraschall, Elektronenstrahlschweißen, Lasertechnik, Plasmaschneiden, funkenerosive Bearbeitung und elektrochemische Verfahren sei auf das einschlägige Schrifttum verwiesen [27, 95, 133, 182, 240, 250, 262].

Eng mit dem Problem der Werkstoffwahl ist die *Halbzeugwahl* verbunden. Wegen der häufig noch praktizierten Kalkulationsmethode der Gewichtskosten glaubt der Konstrukteur, mit Hilfe einer Gewichtssenkung in jedem Fall auch eine Kostensenkung zu erreichen. In vielen Fällen überschreitet er aber dabei das Kostenminimum, wie Abb. 7.121 andeutet.

Als Beispiel für diesen Problemkreis sei von folgender Untersuchung berichtet: Abb. 7.122 zeigt ein geschweißtes Elektromaschinengehäuse senkrechter Bauart, bei dem die Istausführung aus acht Blechdicken zusammengesetzt ist, was bei der geforderten Steifigkeit eine Gewichtsminimierung bedeutet, während bei der geplanten Neugestaltung (Sollzustand) bewusst die Zahl der unterschiedlichen Blechdicken auf Kosten einer Gewichtserhöhung reduziert wurde. Diese gestalterische Änderung wurde durch den Übergang von herkömmlichen Brennschneidmaschinen auf NC-gesteuerte Maschinen ausgelöst.

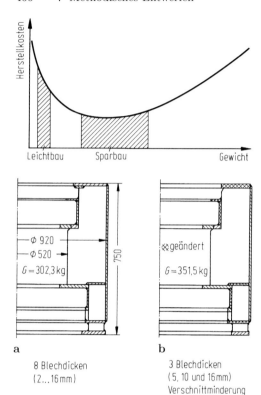

Abb. 7.121. Kostenbereiche für den Leichtbau und Sparbau nach [297]

Abb. 7.122. Elektromaschinengehäuse in geschweißter Ausführung (Werkbild Siemens). **a** Istzustand; **b** Neugestaltung

Für letztere sollten der Programmier- und der Umrüstaufwand gesenkt sowie die Möglichkeit einer weitgehenden Brennteil-Schachtelung (hohe Blechtafelausnutzung) geschaffen werden [5]. Eine Kostenanalyse zeigte, dass das neu entworfene Gehäuse trotz einer Gewichtserhöhung infolge Überbemessung einiger Gehäuseteile wegen der niedrigeren Lohnkosten und Fertigungsgemeinkosten billiger wird. Die Senkung der gesamten Herstellkosten war in diesem Fall zwar nicht hoch, aber das Beispiel möge zeigen, dass eine konstruktiv und fertigungstechnisch aufwendige Gewichtsminimierung häufig nicht zu einem Kostenminimum führt. Auch in Fällen, bei denen die errechneten Kostensenkungen durch Halbzeugangleichungen und Fertigungsvereinfachungen nicht groß sind, sind die tatsächlichen Verbesserungen oft höher anzusetzen, da die angedeuteten Maßnahmen vor allem zu einer Reduzierung der Nebenzeiten und der Arbeitsvorbereitung führen, was sich günstig auf den personellen Aufwand auswirkt (vgl. 12).

Als weiteres Beispiel für eine gute Halbzeugausnutzung diene Abb. 7.123, das für ein geschweißtes Motorengehäuse den Blechzuschnitt zeigt. Um nach dem Ausbrennen der Stirnwände die abfallenden Ronden als Lagerschilde verwenden zu können, wurde für diese Wände eine Schlitzung vorgesehen.

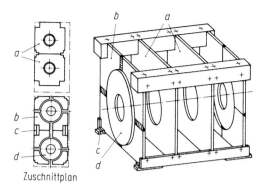

Abb. 7.123. Elektromaschinengehäuse in geschweißter Ausführung mit Blechzuschnittplan nach [162] (Werkbild Siemens)

Verschweißt man die so entstehenden Segmente wieder zur Stirnwand, so ergibt sich eine kleinere Öffnung, die nach Bearbeitung immer noch kleiner ist als das aus der Ronde gedrehte Lagerschild. Auch die Fußleisten fallen noch heraus.

5. Einsatz von Standard- und Fremdteilen

Der Konstrukteur sollte anstreben, Bauteile zu verwenden, die nicht auftragsspezifisch gefertigt werden müssen, sondern als eigengefertigte *Wiederholteile*, als *Normteile* oder als fremdbezogene *Zukaufteile* zur Verfügung stehen. Der Konstrukteur kann hier einen wichtigen Beitrag zu günstigeren Einkaufsbedingungen sowie einer kosten- und termingünstigen Fertigung leisten. Die Verwendung eines handelsüblichen Zukaufteils kann oft wirtschaftlicher sein als eine Eigenfertigung. Auf die Bedeutung von Normteilen wurde bereits mehrfach hingewiesen.

Die Entscheidung über Eigen- oder Fremdfertigung hängt von einer Reihe zu klärender Gesichtspunkte ab:

– Stückzahl (Einzel-, Serien-, Großserienfertigung),
– auftragsgebundenes Einzelprodukt oder ein marktorientiertes Baureihen- und/oder Baukastensystem,
– Beschaffungssituation (Kosten, Liefertermine) für Werkstoffe, Zukaufteile oder Fremdfertigung,
– Verwendungsmöglichkeit vorhandener Fertigungseinrichtungen des Betriebs,
– Belegungssituation der Fertigungseinrichtungen und
– vorhandener bzw. angestrebter Automatisierungsgrad.

Diese Verhältnisse beeinflussen nicht nur die Entscheidung, ob Eigen- oder Fremdfertigung, sondern die Gesamtheit der Gestaltungsmaßnahmen des Konstrukteurs. Erschwerend kommt hinzu, dass die Mehrzahl der Einflussgrößen zeitlich veränderlichen Charakter haben. Das bedeutet, dass eine konstruktive Maßnahme zwar zum Zeitpunkt ihrer Entscheidung fertigungsgerecht sein kann, später bei veränderter Beschaffungs- und Belegungssituation aber nicht mehr. Besonders bei Einzel- oder Kleinserienkonstruktionen des Maschinenbaus muss die jeweilige Fertigungs- und Einkaufssituation immer von neuem betrachtet werden, will man die wirtschaftliche Wertigkeit der Lösung optimieren.

6. Fertigungsgerechte Unterlagen

Die notwendig präzise und vollständige Erstellung von Fertigungsunterlagen in Form von Zeichnungen und Stücklisten, CAD-Ergebnissen als rechnerintern gespeicherte Geometrie- und Technologiedaten (Produktmodell) sowie Montageanweisungen wird oft in ihrer Wirkung auf Kosten, Termine und Qualität der Fertigung bzw. des Produkts unterschätzt. Aufbau, Eindeutigkeit und Ausführlichkeit solcher Unterlagen sind von hohem Einfluss. Sie bestimmen Auftragsabwicklung, Fertigungsplanung, Fertigungssteuerung und Qualitätssteuerung mit. Über fertigungsgerechte Unterlagen wird in 8.2 berichtet.

7.5.9 Montagegerecht
Design for ease of assembly

1. Montageoperationen

Der Entwickler und Konstrukteur beeinflusst in entscheidendem Maße nicht nur die Kosten (vgl. 12) und die Qualität der Teilefertigung, sondern auch Kosten und Qualität der Montage [329].

Als Montage wird der Zusammenbau mit allen notwendigen Hilfsarbeiten während und nach der Werkstückfertigung sowie auf der Baustelle verstanden. Aufwand und Qualität einer Montage hängen sowohl von der Art und Anzahl der Montageoperationen als auch von ihrer Durchführung selbst ab. Art und Anzahl sind abhängig von der Baustruktur, der Werkstückgestaltung und der Fertigungsart (Einzel- und Serienfertigung) des Produkts.

Die folgenden Richtlinien mit den Zielen Vereinfachen, Vereinheitlichen, Automatisieren und Qualitätssichern können deshalb nur *allgemeingültige Gesichtspunkte* zur montagegerechten Gestaltung wiedergeben [2, 32, 101, 102, 316, 318, 329]. Sie werden im Einzelfall beeinflusst oder sogar aufgehoben durch die vorher oder gleichzeitig zu berücksichtigenden Hauptmerkmale der Gestaltung – Funktion, Wirkprinzip, Auslegung, Sicherheit, Ergonomie, Fertigung, Kontrolle, Transport, Gebrauch, Instandhaltung und Recycling – (vgl. Leitlinie 7.2). In jedem Fall sind die Besonderheiten des Einzelfalls zu prüfen [132, 170, 171, 223, 289].

In Anlehnung an die Richtlinie VDI 3239 [309] und grundlegende Betrachtungen [3, 268] lassen sich folgende immer wieder anzustrebende bzw. vorkommende Teiloperationen erkennen:

– Das *Speichern* (Sp) von Montageteilen, im Allgemeinen in geordneter Form (Magazinieren). Bei automatischer Montage wird noch ein Zuteilen, d.h.

ein gesteuertes Bereitstellen von Werkstücken und Verbindungselementen notwendig.
- Das *Werkstück handhaben* (Ha), wozu
  • das *Erkennen* der Teile durch den Monteur oder Handhabungsautomaten (Roboter), z. B. durch Lageprüfung,
  • das *Ergreifen* der Teile, d. h. das Erfassen der zu montierenden Teile, gegebenenfalls verknüpft mit einem Vereinzeln und Dosieren sowie
  • das *Bewegen* der Teile gezielt zum Montageort (Weitergeben), gegebenenfalls verbunden mit einem Abzweigen (Absondern, Aussortieren), Wenden (Schwenken, Umlenken, Drehen) und/oder Zusammenführen (Vereinigen von Werkstücken)

  als Montageoperationen gehören.
- Das *Positionieren* (Po), d. h. im Allgemeinen ein Orientieren (richtige Lage des Teils zur Montage) und ein Ausrichten (endgültige Position des Teils vor und möglicherweise auch nach dem Fügen).
- Das *Fügen* (Fü) durch Verbindungsverfahren an Füge- oder Wirkflächen. Hierzu soll auch das Einfügen eines Teils, d. h. das Bewegen eines Teils zu den Kontaktflächen des Gegenteils, hinzugerechnet werden. Als Fügeverfahren können nach DIN 8593 [50] genannt werden:
  • Zusammenlegen z. B. Einlegen, Auflegen, Einhängen oder Einrenken der Montageteile,
  • Füllen, z. B. Tränken,
  • An- und Einpressen, z. B. Schrauben, Klemmen, Klammern oder Aufschrumpfen der Montageteile,
  • Fügen durch Urformen, z. B. Ausgießen, Einschmelzen oder Aufvulkanisieren der Montageteile,
  • Fügen durch Umformen, z. B. drahtförmiger Körper oder von Hilfsfügeteilen und
  • Fügen durch Stoffvereinigen, z. B. durch Schweißen, Löten oder Kleben.
- Das *Einstellen* (Justieren) (Ei), um Toleranzen auszugleichen, vorgeschriebenes Spiel herzustellen usw., damit die gewünschte Funktion erfüllt werden kann [269].
- Das *Sichern* (Si) der Montageteile gegen selbsttätiges Verändern der Füge- bzw. Einstellpositionen unter späteren Betriebsbedingungen.
- Das *Kontrollieren* (Ko). Je nach Automatisierungsgrad der Montage müssen *Prüf- und Messoperationen* durchgeführt werden, die zeitlich zwischen einzelnen Montageoperationen liegen können.

Diese Montageoperationen treten bei jedem Montageprozess je nach Stückzahl (Einzelmontage, Serienmontage) oder Automatisierungsgrad (manuelle, teilautomatische oder vollautomatische Montage) in unterschiedlicher Vollständigkeit, Reihenfolge und Häufigkeit auf.

Hinsichtlich der Verknüpfung von Montageoperationen bzw. von Montagearbeitsplätzen unterscheidet man nach [112] zwischen *unverzweigter, ver-*

zweigter, einstufiger und *mehrstufiger* Montage sowie für den Montageablauf zwischen *stationärer* Montage und *Fließmontage*.

Weiterhin ist von Einfluss, ob die Montage im Werk oder auf der Baustelle, von Fachkräften oder weniger geschultem Personal beim Kunden durchgeführt wird. Ferner ist festzustellen, dass in der Regel die Gestaltung zur Verbesserung einer automatischen Montage auch die Handmontage erleichtert und auch umgekehrt. Zwischen der jeweiligen Montageart und Gestaltung besteht ein enges Beziehungsfeld, d. h. beide beeinflussen sich gegenseitig.

2. Montagegerechte Baustruktur

Entsprechend den Konstruktionsschritten beim Entwerfen (vgl. 7.1) erscheint es zweckmäßig, mit den Festlegungen zur montagegerechten Gestaltung bereits bei der Wirkstruktur des Konzepts und der Baustruktur zu beginnen. Eine montagegerechte Baustruktur wird durch

- *Gliedern,*
- *Reduzieren,*
- *Vereinheitlichen* und
- *Vereinfachen*

der *Montageoperationen* erreicht, wodurch eine *Aufwandsabsenkung* durch Verbesserung des Montageablaufs und eine Sicherung der *Produktqualität* durch eindeutige und kontrollierbare Montage entsteht [94, 105, 257]. Eine so gewählte bzw. angepasste Baustruktur kann darüber hinaus auch zur Verminderung der Teileanzahl oder zumindest zur Vereinheitlichung der Teile führen.

In Abb. 7.124-1 bis -2 sind die Gestaltungsrichtlinien nach den genannten Zielsetzungen einer montagegerechten Baustruktur geordnet. In der Spalte „*Operation*" wurden diejenigen Montageoperationen angeführt, die durch die jeweilige Gestaltungsrichtlinie in erster Linie betroffen sind. Ferner wurde gekennzeichnet, ob die „*Manuelle Montage*" (MM) oder die „*Automatische Montage*" (AM) oder beide Montagearten durch die jeweilige Gestaltungsrichtlinie verbessert werden. Durch diese gewählte Ordnung soll die Anwendung der Gestaltungsrichtlinien bei unterschiedlichen Montageverhältnissen, insbesondere deren Auswahl erleichtert werden.

3. Montagegerechte Gestaltung der Fügestellen

Ein weiterer Ansatzpunkt zur Montageverbesserung ist die montagegerechte Gestaltung der durch die Baustruktur beeinflussten Fügestellen. Auch hier soll durch

- *Reduzieren,*
- *Vereinheitlichen* und
- *Vereinfachen*

Oper.	Gestaltungsrichtlinien	Art	nicht montagegerecht	montagegerecht
\multicolumn{5}{l}{Gliedern der Montageoperationen}				
Sp Ha Po Fü Ei Si Ko	Gliedern in Baugruppen zum Ermöglichen von Montagestufen mit Vor- und Endmontage	MM AM	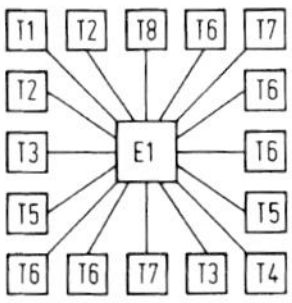	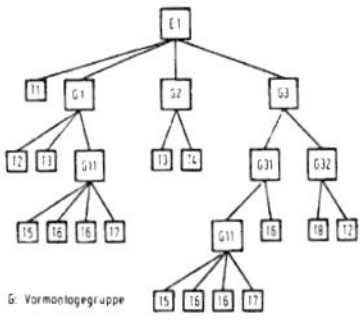
Ha Ko	Gliedern in unabhängige Montagegruppen, z. B. zur Parallelmontage	MM AM	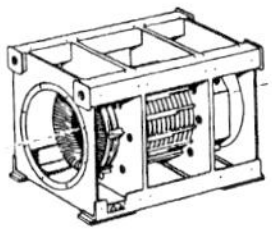	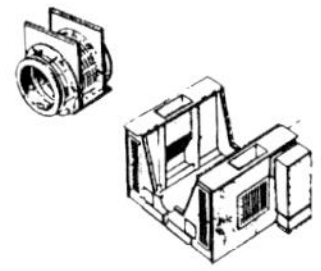
Fü	Vermeiden von Fertigungsoperationen innerhalb des Montageablaufs	MM AM	Gemeinsam aufreiben 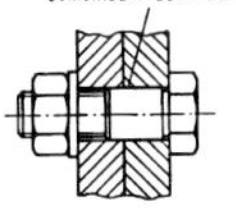	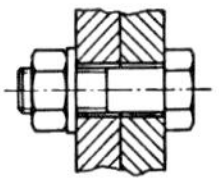
Fü Ei Ko	Strukturieren eines Varianten-Produktprogramms so, dass Variantenbildung möglichst spät auf gleichen Montageplätzen erfolgt	AM	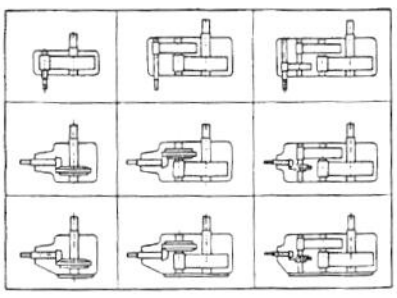	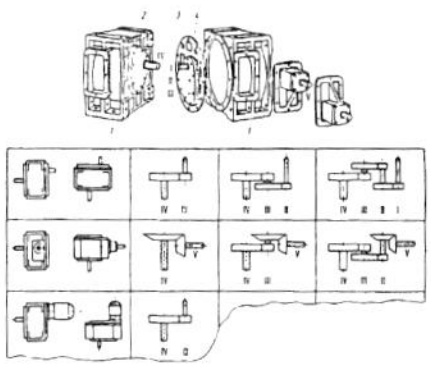
Ko	Montagegruppen getrennt prüfbar, vor allem bei Variantenkonstruktionen	MM AM	Auswuchten in der Gesamtmaschine	Auswuchten des Rotors allein
Ko	Anstreben von Funktionsprüfungen für Montagegruppen oder Produkt ohne Einzelteilprüfung	MM AM	Verzahnungsmessung an Einzelrädern Komponenten-Dichtheitsprobe	Geräuschmessung am Gesamtgetriebe Rohrnetz-Dichtheitsprobe
\multicolumn{5}{l}{Reduzieren der Montageoperationen}				
Sp Ha Po Fü Ei Si Ko	Zusammenfassen von Teilen durch Integral- und Verbundbauweise	MM AM	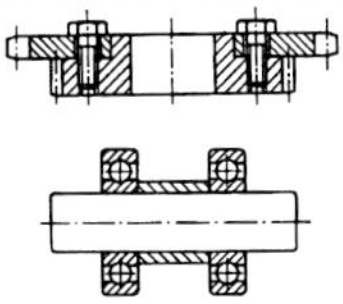	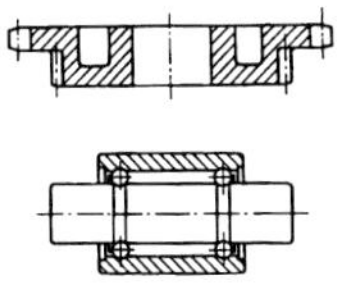

nach [42]

Abb. 7.124. Gestaltungsrichtlinien zur montagegerechten Baustruktur, Teil 1

472   7 Methodisches Entwerfen

Oper.	Gestaltungsrichlinien	Art	nicht montagegerecht	montagegerecht
\multicolumn{5}{l}{Reduzieren der Montageoperationen}				
Sp Ha Po Fü Ei Si Ko	Weglassen von Teilen durch Funktionsintegration	MM AM	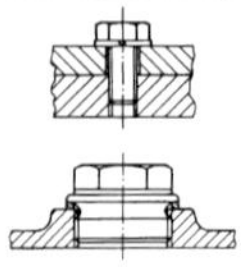	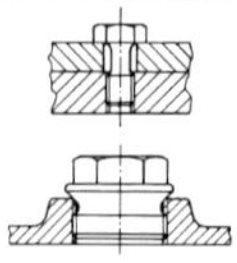 nach [42]
Fü	Zeitliches Zusammenfassen von Montageoperationen	AM	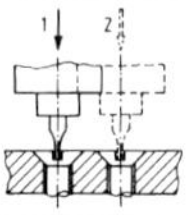	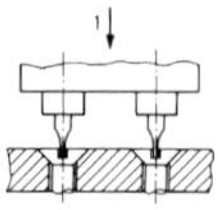
Fü Ei Si	Verringern von Fügestellen bzw. Fügeflächen	MM AM	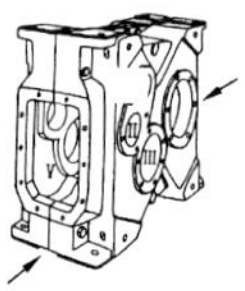	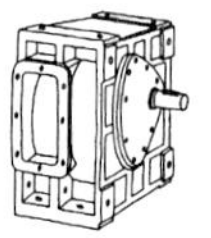
Ei Si Ko	Vermeiden von Demontagen für Funktionsprüfungen bereits montierter Gruppen oder Produkte	MM AM	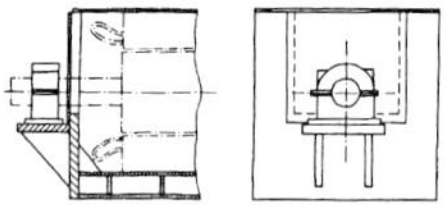 Luftspaltmessung nicht möglich	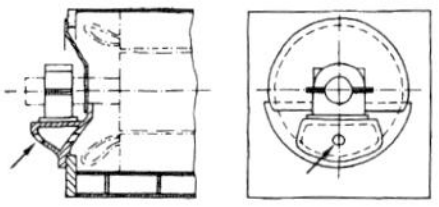 Luftspaltmessung direkt möglich
\multicolumn{5}{l}{Vereinheitlichen der Montageoperationen}				
Po Fü Ko	Vorsehen eines Basisteils je Montagegruppe, z.B. zur Schachtelbauweise	AM		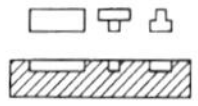 nach [145]
Fü	Anstreben einheitlicher Fügerichtungen und -verfahren für eine Montagegruppe	AM	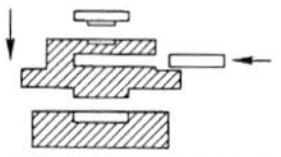	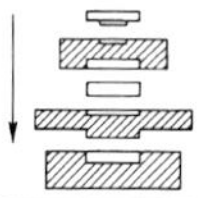 nach [145]
\multicolumn{5}{l}{Vereinfachen der Montageoperationen}				
Po Fü Ei Si Ko	Vorsehen zwangsläufiger Montageoperationen (eindeutige Montagefolge)	MM	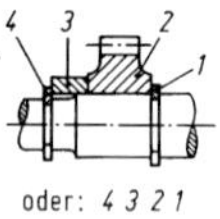 oder: 4 3 2 1	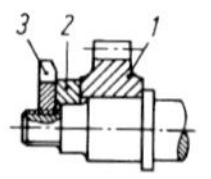
Fü	Zusammenfassen von Fertigungs- und Montage- operationen	MM AM	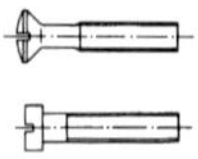	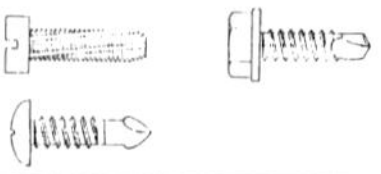
Ei Ko	Gute Zugänglichkeit für Prüfungen, Ermöglichen von Sichtkontrollen	MM AM	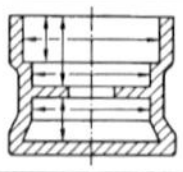	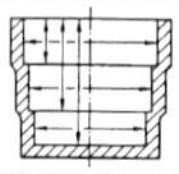

Abb. 7.124. Gestaltungsrichtlinien zur montagegerechten Baustruktur, Teil 2

der Fügestellen der Aufwand für Verbindungselemente und Montageoperationen sowie die Qualitätsanforderungen an die Fügeteile abgesenkt werden [2, 112, 273].

In Abb. 7.125-1 bis -3 sind die Gestaltungsrichtlinien wiederum nach den angestrebten Zielen und den betroffenen Montageoperationen anwendungsorientiert geordnet.

4. Montagegerechte Gestaltung der Fügeteile

Eng mit der Gestaltung der Fügestellen ist die Gestaltung der Fügeteile verbunden. Zielsetzungen sind das

– *Ermöglichen* und
– *Vereinfachen*

des automatischen Speicherns und Handhabens mit dem Erkennen, Ordnen, Ergreifen und Bewegen der Fügeteile, was besonders beim Einsatz von Handhabungsmaschinen (AM) wichtig ist [2, 103, 273, 289]. In Abb. 7.126 sind die Gestaltungsrichtlinien entsprechend zusammengestellt.

Zusammenfassend ist festzustellen, dass sich die wesentlichen Richtlinien von der Grundregel „*Einfach*" (Vereinfachen, Vereinheitlichen, Reduzieren) und der Grundregel „*Eindeutig*" (Vermeiden von Über- und Unterbestimmtheiten) ableiten lassen (vgl. 7.3.1 und 7.3.2). Weitere Beispiele sind in VDI 3237 [308] und [2, 104, 112, 114, 248, 249] enthalten.

5. Leitlinie zur Anwendung und Auswahl

Die montagegerechte Gestaltung sollte entsprechend dem generellen Vorgehen beim Entwerfen (vgl. 7.1) mit folgenden Schritten erfolgen (vgl. [112, 249]): *Montagebestimmende* bzw. *montagebeeinflussende Forderungen* und *Wünsche* der Anforderungsliste *zusammenstellen*, z. B.:

– Einzelprodukt oder Variantenprogramm,
– Stückzahl der Varianten,
– Sicherheitstechnische und gesetzliche Restriktionen,
– Fertigungs- und Montagebedingungen,
– Prüfanforderungen und Qualitätsmerkmale,
– Transport- und Verpackungsanforderungen,
– Montage- und Demontageforderungen hinsichtlich Instandhaltung und Recycling,
– Gebrauchsbedingte Anforderungen für Montageoperationen durch den Anwender.

Prinzipielle Lösung (Wirkstruktur) und vor allem *Grobentwurf* (Baustruktur) bei Ausnutzung konstruktiver Freiräume auf Montageerleichterungen *durcharbeiten*, z. B.:

Oper.	Gestaltungsrichtlinien	Art	nicht montagegerecht	montagegerecht
\multicolumn{5}{l}{Reduzieren der Fügestellen}
Sp Ha Fü Ei Si	Reduzieren der Verbindungselemente, z.B. durch Klemm- und Schnappverbindungen	MM AM	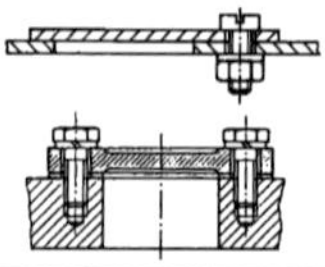	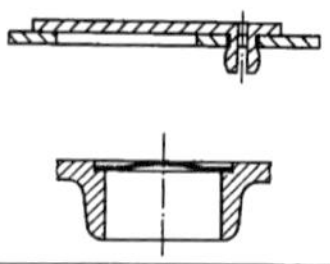
Sp Ha Fü	Reduzieren der Verbindungselemente durch spezielle Verbindungselemente	MM AM	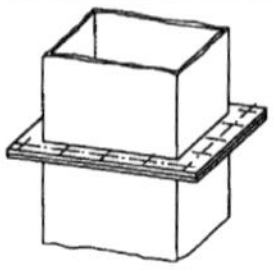	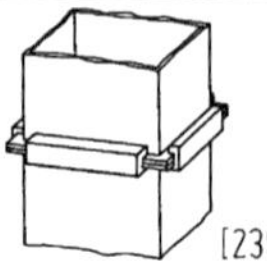 nach [238,258,289]
Sp Fü Si	Anstreben unmittelbarer Verbindungen ohne Verbindungselemente	MM AM		 nach [289]
Po	Anstreben selbsttätigen Ausrichtens und Positionierens	AM	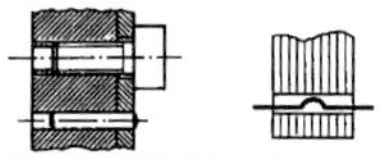	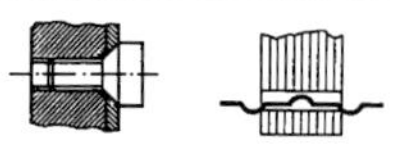
Si	Bevorzugen selbstsichernder Verbindungselemente, z. B. durch elastisch-plastische Verformung	AM	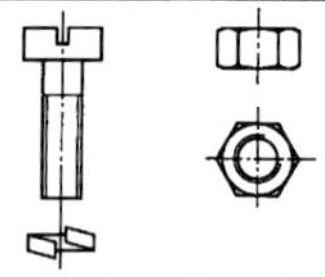	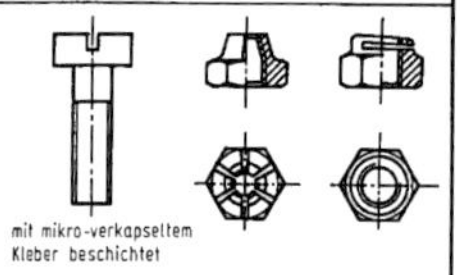 mit mikro-verkapseltem Kleber beschichtet
\multicolumn{5}{l}{Vereinheitlichen der Fügestellen}
Sp Ha Fü	Verwenden gleicher Verbindungselemente, ggf. auch für unterschiedliche Funktionen	MM AM	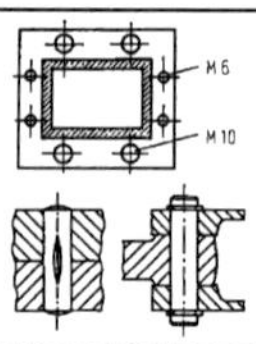	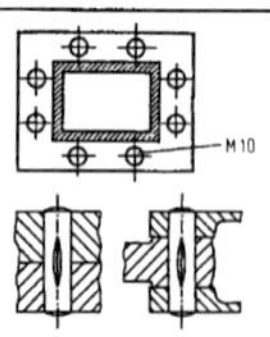
\multicolumn{5}{l}{Vereinfachen der Fügestellen}
Sp Ha	Bevorzugen von Verbindungselementen, die sich aufgurten oder als Fließgut führen lassen	AM	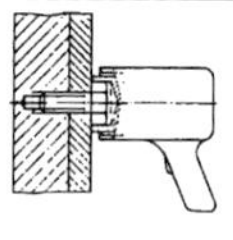	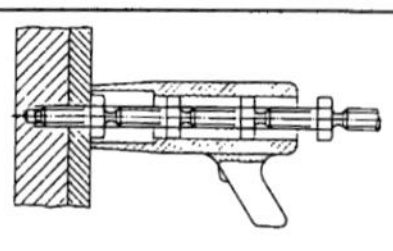
Ha Fü	Erleichtern von Handhabungs- u. Fügebewegungen, z.B. durch Schwerpunktunterstützung	MM AM	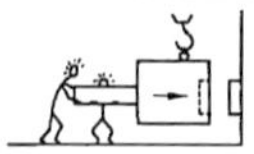	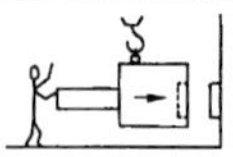 nach [42]
Po Fü	Vermeiden von eng tolerierten Maßketten durch Auflösen der Maßkette	MM AM	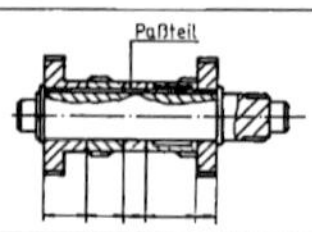	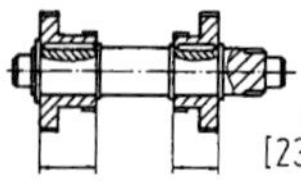 nach [238, 258]

Abb. 7.125. Gestaltungsrichtlinien für montagegerechte Fügestellen, Teil 1

Oper.	Gestaltungsrichtlinien	Art	nicht montagegerecht	montagegerecht
	Vereinfachen der Fügestellen			
Po Fü	Vermeiden von Doppelpassungen zur eindeutigen Positionierung und zur Verringerung der Maßtolerierung	MM AM	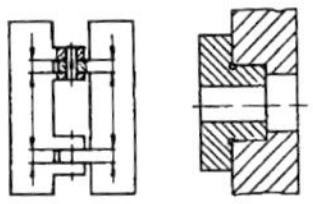	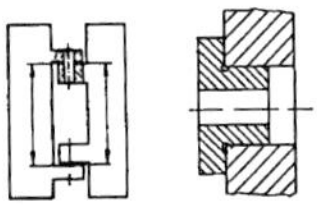
Po Ei	Bevorzugen einfacher Einstellmöglichkeiten oder Vorsehen von Positionieranschlägen	MM AM	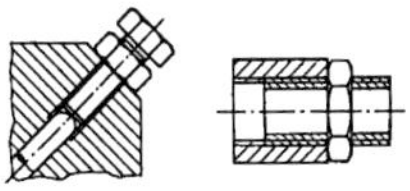	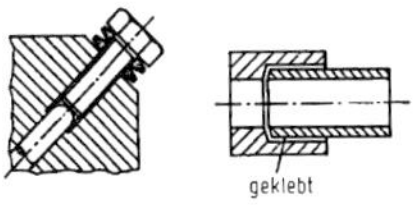 geklebt
Po Ei	Vorsehen kontinuierlicher Einstellmöglichkeiten	MM AM	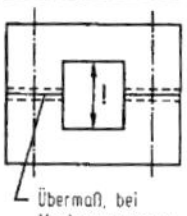 Übermaß, bei Montage anpassen	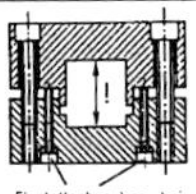 Einstellschrauben, bei Montage einstellen nach [289]
Po Ei	Anstreben zugänglicher Einstellmöglichkeiten ohne Demontage anderer Teile	MM AM	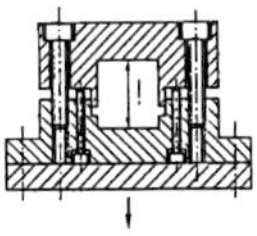	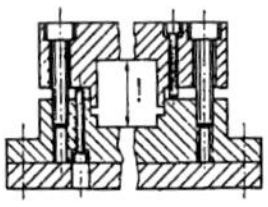 nach [289]
Po Ei	Ausgleichen von Toleranzen durch spezielle Ausgleichsteile	MM	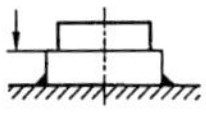	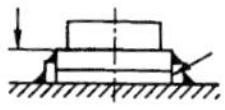
Po Ei Ko	Vorsehen von Bezugsflächen, -kanten und -punkten	MM AM	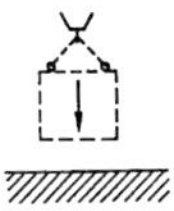	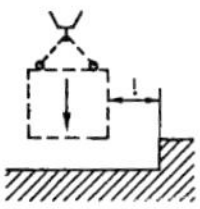 nach [42]
Po Ei Ko	Anstreben eindeutiger Einstelloperationen ohne gegenseitige Beeinflussung	MM AM	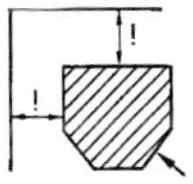	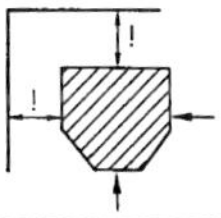
Fü	Bevorzugen translatorischer Fügebewegungen	AM	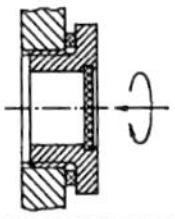	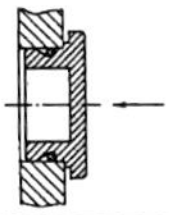
Fü	Vermeiden mehrachsiger, insb. gekrümmter Fügebewegungen	AM		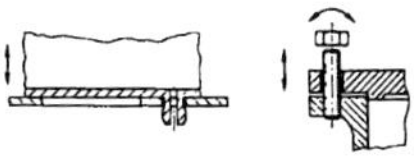
Fü	Vermeiden langer Fügewege	MM AM	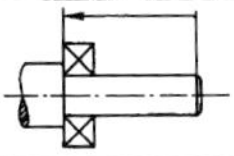	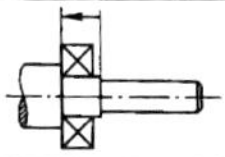 nach [42]

Abb. 7.125. Gestaltungsrichtlinien für montagegerechte Fügestellen, Teil 2

Oper.	Gestaltungsrichtlinien	Art	nicht montagegerecht	montagegerecht
	**Vereinfachen der Fügestellen**			
Fü	Vermeiden von Bewegungsbehinderungen durch Luftpolster	MM AM	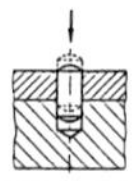	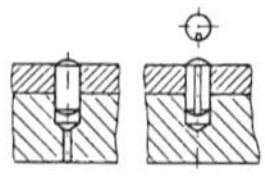
Fü	Vorsehen von Fügeerleichterungen durch Einführschrägen	MM AM	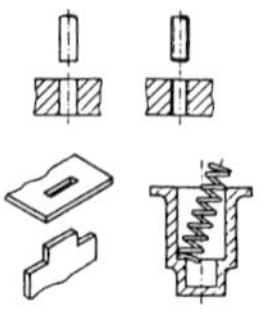	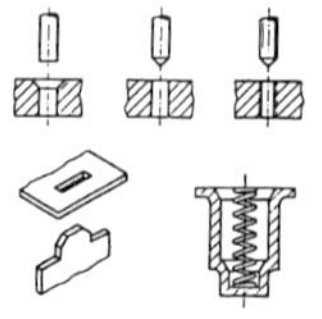 nach [42, 258]
Fü	Auflösen großer Fügeflächen in mehrere kleine Flächen	MM AM	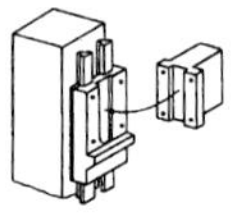	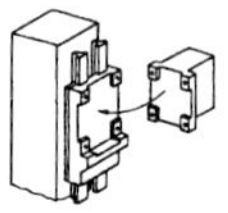 nach [238, 258]
Fü Ei	Vermeiden gleichzeitiger Fügeoperationen mit gegenseitiger Beeinflussung	MM AM	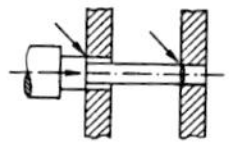	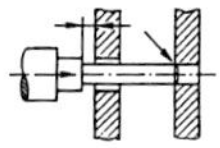 nach [42]
Fü Ei	Gewährleisten guter Zugänglichkeit für Montagewerkzeuge	MM AM	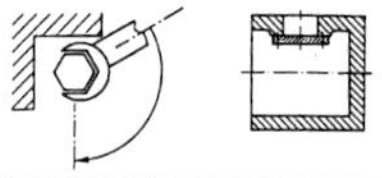	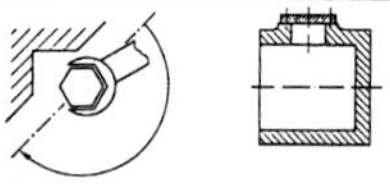
Fü Ei Si	Bevorzugen von Verbindungselementen mit elastischem, elastisch-plastischem oder stofflichem Toleranzausgleich	MM AM	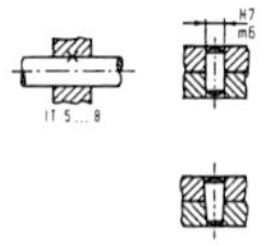	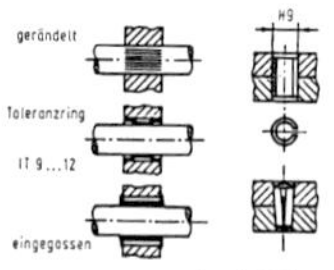 nach [42]
Fü Si	Ermöglichen grobtolerierter Montageteile durch deren Nachgiebigkeit	MM AM	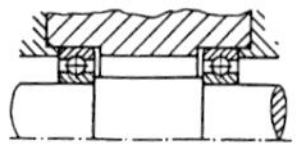	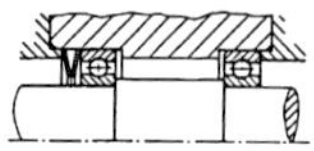
Ei	Anpassen durch standardisierte Passteile ohne Demontage	MM AM	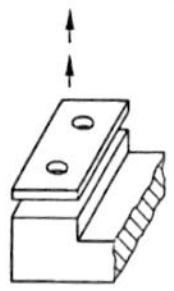	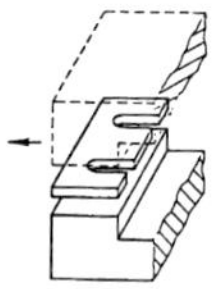
Si	Anwenden einfach montierbarer Sicherungselemente	AM	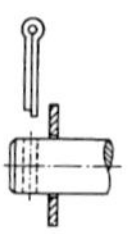	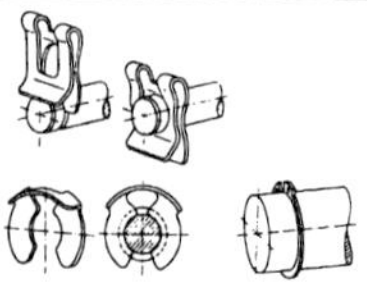

Abb. 7.125. Gestaltungsrichtlinien für montagegerechte Fügestellen, Teil 3

Oper.	Gestaltungsrichtlinien	Art	nicht montagegerecht	montagegerecht
Ermöglichen u. Vereinfachen des automatischen Speicherns u. Handhabens				
Sp	Bevorzugen von lagestabilen Fügeteilen	AM	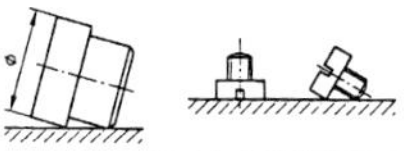	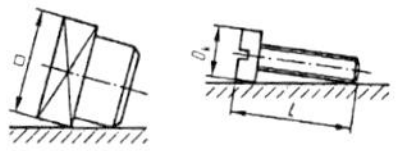
Sp	Vermeiden von Verklemmungen gleicher Fügeteile	MM AM	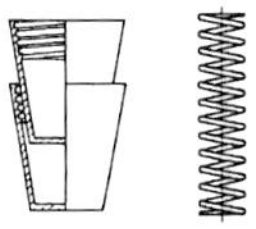	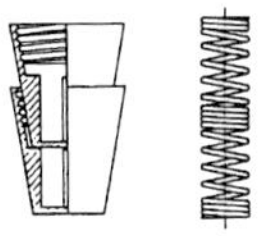 nach [149]
Sp Ha	Anstreben rollfähiger Fügeteile	AM	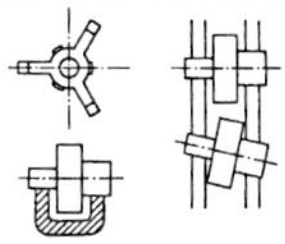	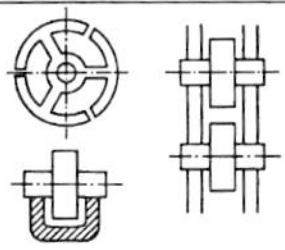 nach [143]
Ha	Anstreben symmetrischer Konturen, wenn keine Vorzugslage erforderlich ist	AM	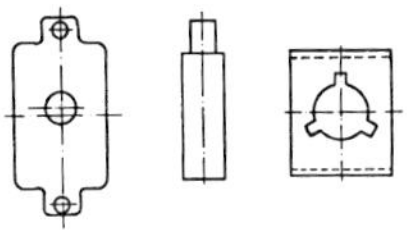	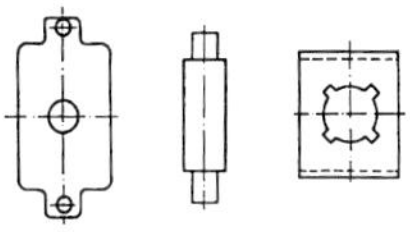
Ha	Anstreben geometrischer Erkennungsmerkmale	AM	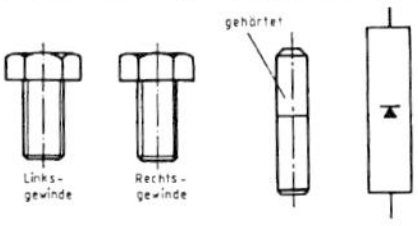	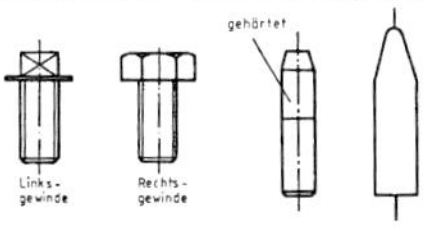
Ha	Bevorzugen von Erkennungsmerkmalen an Außenkonturen	AM	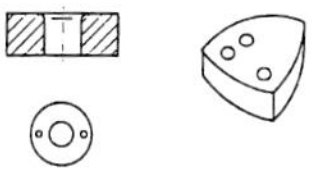	 nach [42,149]
Ha	Vermeiden von Fastsymmetrien bei erforderlicher Vorzugslage	AM	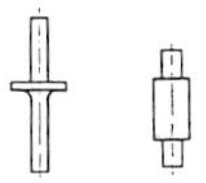	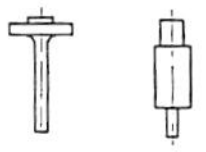
Ha	Erleichtern der Handhabung durch hängefähige Fügeteile und schwerpunktbedingte Vorzugslage	AM	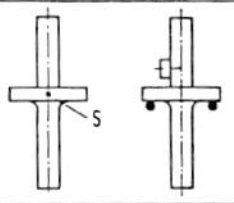	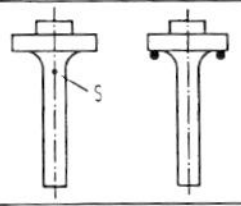
Ha	Vorsehen von Greifhilfen und -flächen außerhalb von Funktionsflächen	MM AM	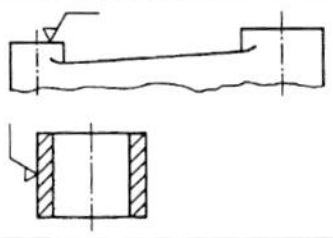	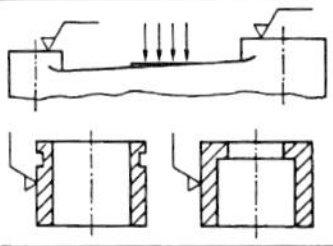
Ha	Anordnen von Greifflächen in Schwerpunktlage	MM AM	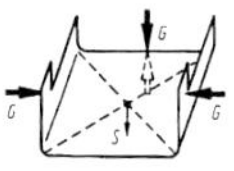	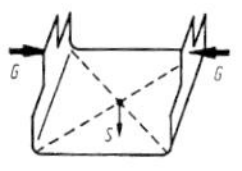
Ha	Anstreben formstabiler Fügeteile	MM AM		

Abb. 7.126. Gestaltungsrichtlinien für montagegerechte Fügeteile

- Variantenvielfalt eines Produktprogramms durch Baureihen- und Baukastenprinzip (vgl. 10) oder durch Konzentration auf wenige Typen reduzieren.
- Gestaltungsrichtlinien gemäß Abb. 7.124 beachten und zur Auswahl von Strukturvarianten heranziehen.

Montagebestimmende Gruppen, Fügestellen und *Fügeteile gestalten*:
- Gestaltungsrichtlinien gemäß Abb. 7.125 und 7.126 beachten und zur Auswahl von Gestaltungsvarianten heranziehen.
- Spezielle Fertigungs- und Montagegegebenheiten berücksichtigen (Losgröße, Maschinenpark, manuelle, halbautomatische oder vollautomatische Montage).
- Verbindungselemente und -verfahren nicht nur nach Funktionsforderungen (z. B. Belastbarkeit, Dichtwirkung, Korrosionsbeständigkeit), sondern auch nach montage- und demontagerelevanten Anforderungen (z. B. Lösbarkeit, Wiederverwendbarkeit, Automatisierbarkeit der Montage) auswählen.
- Stets Fertigungs- und Montagekosten in ihrer Summenwirkung beachten.

Entwurfsvarianten einschließlich erforderlicher Fügeverfahren im Rahmen einer umfassenden technisch-wirtschaftlichen Bewertung *beurteilen*:

- Zur Bewertung eines Entwurfs, möglicherweise bereits einer prinzipiellen Lösung, hinsichtlich Montageeignung der Baugruppen und Einzelteile muss eine Zusammenarbeit zwischen Konstruktionsbereich und Arbeitsvorbereitung erfolgen, da der Montageplan (Montagefolge, Montagestruktur [112]) und die Montageverfahren und -einrichtungen einschließlich ihrer Steuerung nicht vom Konstrukteur allein festgelegt werden können. Ein Hilfsmittel zur Aufstellung eines Montageplans ist ein gedankliches Zerlegen einer Baustruktur in ihre Einzelteile, d. h. das Aufstellen zunächst eines Demontageplans. Dessen Umkehrung kann dann Grundlage für den Montageplan des Produkts sein. Weiterhin kann eine rechnergeführte Simulation des Montageablaufs im Rahmen einer rechnerunterstützten Arbeits- und Montageplanung (CAP) sowie eine Prototypenfertigung hilfreich sein.
- Erfassung des gesamten Umfeldes zur Montage, wie z. B. die Anlieferung von Fremdfertigungs-, Zukauf- und Normteilen.
- Zur Beurteilung oder formalen Bewertung können Bewertungskriterien aus den in den Abb. 7.124 bis 7.126 genannten Zielen und Gestaltungsrichtlinien dadurch abgeleitet werden, dass man sie auf die Besonderheiten des Einzelfalls abstimmt und gegebenenfalls abwandelt.

Abschließend mit den Herstellungsunterlagen *eindeutige Montageangaben ausarbeiten*. Dazu gehören Gesamt-Zeichnungen für Gruppen und Produkte (Vormontage, Endmontage), Montagestücklisten und sonstige Montagevorschriften.

7.5.10 Instandhaltungsgerecht
Design for ease of maintenance

1. Zielsetzung und Begriffe

Technische Systeme und Produkte, wie Anlagen, Maschinen, Geräte und funktionsfähige Baugruppen, unterliegen durch den Gebrauch einer Abnutzung oder einem Verschleiß, einer Gebrauchsdauerminderung, einer Veränderung der zeitabhängigen Werkstoffkennwerte, z. B. Versprödung, und ähnlichen Erscheinungen. Sie erleiden Korrosion und eine gewisse Verschmutzung. Nach einer bestimmten Gebrauchs- und auch Stillstandszeit entspricht der Istzustand nicht mehr dem beabsichtigten Sollzustand. Die Abweichung vom Sollzustand ist häufig nicht direkt erkennbar und kann zu Störungen, Betriebsunterbrechungen und Gefahren führen. Durch diese Umstände können die Funktionsfähigkeit, die Wirtschaftlichkeit und die Sicherheit bedeutend beeinträchtigt werden. Plötzliche Ausfälle stören den normalen Betriebsablauf, und ihre außerplanmäßige Beseitigung ist sehr kostenintensiv. Das unkontrollierte Erreichen einer Schadensgrenze, möglicherweise verbunden mit Unfällen, ist aus humanen und wirtschaftlichen Gesichtspunkten nicht akzeptabel.

Die Instandhaltung als *vorausschauende und vorbeugende Maßnahme* hat angesichts größer und komplexer werdender Systeme, Anlagen und Maschinen eine zunehmende Bedeutung erlangt. Der Konstrukteur beeinflusst sie nach Aufwand und Ablauf sehr maßgebend bereits durch die gewählte prinzipielle Lösung wie aber auch durch die Gestaltung im Einzelnen. Er verleiht damit nach [62, 304] dem Produkt eine *Instandhaltbarkeit*. Im Rahmen des methodischen Vorgehens ist bei den Leitlinien (vgl. 2.1.7, 5.2.3, Abb. 5.3 und 6.5.2, Abb. 6.22), und ihrer Anwendung in Verbindung mit den Grundregeln (vgl. 7.3) schon recht intensiv auf die Bedeutung der Instandhaltung und der Berücksichtigung entsprechender Anforderungen aufmerksam gemacht worden. Neuere Veröffentlichungen [139, 151] unterstreichen die Bedeutung eines methodischen Vorgehens und eine frühe Berücksichtigung schon in der Konzeptphase.

Instandhaltungsmaßnahmen berühren oder umfassen sehr häufig auch Fragen der Sicherheit (vgl. 7.3.3), Ergonomie (vgl. 7.5.6) und Montage (vgl. 7.5.9), so dass die in diesem Buch zu den genannten Gebieten bereits gegebenen Hinweise und Regeln beträchtliche Aspekte zur Instandhaltung einschließen. Deshalb wird in diesem Abschnitt nur noch ergänzt, was zum allgemeinen Verständnis und zur Entwicklung einer instandhaltungsgerechten Lösung notwendig erscheint.

DIN 31051 [62] versteht unter *Instandhaltung:* „Maßnahmen zur Bewahrung und Wiederherstellung des Sollzustands sowie zur Feststellung und Beurteilung des Istzustandes von technischen Mitteln eines Systems".

Die Maßnahmen, die hierzu getroffen werden können, sind

- *Wartung* als Maßnahmen der Bewahrung des Sollzustandes,
- *Inspektion* als Maßnahmen zur Feststellung und Beurteilung des Istzustandes und
- *Instandsetzung* als Maßnahmen zur Wiederherstellung des Sollzustandes.

Art und Weise, Umfang und Dauer von Wartungs- und Inspektionsmaßnahmen hängen selbstverständlich von Objekt und Art seiner Funktionserfüllung, von der geforderten Verfügbarkeit und daraus resultierenden Zuverlässigkeit, vom Gefahrenpotential und ähnlichen Gesichtspunkten ab. Die Lösung und die Betriebsweise bestimmen auch, ob z. B. Wartungen und Inspektion nach einem festen zeitlichen Intervall oder nach bestimmten Betriebsstunden oder in Abhängigkeit von der gemessenen Belastungs- und Beanspruchungshöhe während des Gebrauchs vorgenommen werden.

Die *Instandhaltungsstrategie* wird weiterhin vom Verlauf des Zustandsrückgangs der beteiligten Komponenten, z. B. Verschleiß, Gebrauchsdauerminderung u. a. beeinflusst, wobei die den Sollzustand wiederherstellenden Maßnahmen vor Erreichen der jeweiligen Ausfallgrenzen durchgeführt werden müssen. Dementsprechend wird unterschieden in

- *Ausfallbedingte Instandsetzung*, die erst nach dem Ausfall einer Komponente durchgeführt wird. Diese Strategie wird angewandt und stellt die einzige Möglichkeit dar, wenn der Ausfall nicht vorhersehbar und zugleich nicht gefahrbringend ist. Der Nachteil ist das plötzliche, unerwartete Auftreten, das keine Planung zulässt. Beispiel: Bruch der Windschutzscheibe beim Auto. In Produktionsanlagen und bei Situationen unbedingter Funktionserfüllung sowie Gefahrenverbundenheit ist diese Strategie nicht tauglich.
- *Präventive Instandsetzung* wartet nicht auf den Ausfall, sondern betreibt die Instandsetzung vorsorglich. Hierbei kann zwischen *intervallbedingter* und *zustandsbedingter* Instandsetzung unterschieden werden. Intervallbedingte Instandsetzung erfolgt in festen Intervallen nach Zeitablauf, Wegstrecke oder Anzahl produzierter Einheiten (z. B. Ölwechsel nach 20000 km Fahrtstrecke). Die zustandsbedingte Instandsetzung setzt das Erfassen (Messen) des eingetretenen Zustands in Abhängigkeit von gefahrener Leistung bzw. aufgebrachter Arbeit, erreichter Temperatur usw. voraus und leitet dann nach Erreichen eines unerwünschten Zustands die Wartungs- bzw. Instandsetzungsmaßnahme ein, z. B. Ölwechsel beim Auto nach einer Anzahl gewisser Kaltstarts und erreichter integrierter, mittlerer Temperaturhöhe wegen eingetretener Ölalterung oder Ersatz von Belägen nach aufgetretenem Verschleiß, z. B. an Bremsen oder Kupplungen. Ob die intervallbedingte oder zustandsbedingte Strategie angewandt wird, hängt von den Betriebsumständen ab, wobei auch eine Mischform denkbar ist. So wird z. B. in einem Kraftwerk für die Sicherstellung von Grundlast die intervallbedingte, nach Zeitablauf gewählte Instandsetzung in Frage kommen, wo-

bei einige Komponenten zustandsbedingt betrachtet werden können, wenn diese mehrere Intervalle überleben können.

Grundsätzliches zu Instandhaltungsstrategien ist bei van der Mooren [282] und VDI 2246, Blatt 1 [304] sowie zum Verlauf von Ausfallwahrscheinlichkeit und Zuverlässigkeit von Komponenten bei Rosemann [232] zu finden.

2. Instandhaltungsgerechte Gestaltung

Bereits in der Anforderungsliste sollten instandhaltungsrelevante Anforderungen festgehalten werden (vgl. Leitlinie Abb. 5.3 und VDI 2246, Blatt 2 [304]). Bei der Lösungsauswahl sind Varianten zu bevorzugen, die gleichzeitig eine einfache Instandhaltung, z. B. durch Wartungsfreiheit, einfachen Austausch, Komponenten gleicher Gebrauchsdauer usw. fördern. Bei der Gestaltung ist auf gute Zugänglichkeit, geringen Montage- und Demontageaufwand zu achten. Instandhaltungsmaßnahmen dürfen keine sicherheitsgefährdenden Zustände bewirken.

Grundsätzlich sollte nach [282] eine Lösung die *Präventionsfreiheit* fördern, d. h. eine technische Lösung sollte so wenig wie möglich vorbeugende Maßnahmen erfordern. Dies wird angestrebt durch völlige Wartungsfreiheit, durch Komponenten gleicher, für die gesamte Gebrauchsdauer garantierter Zuverlässigkeit und Sicherheit. Die gewählte Lösung sollte also über Eigenschaften verfügen, die Instandhaltungsfragen überflüssig machen oder wenigstens mindern.

Erst dann, wenn solche Eigenschaften nicht oder nur unwirtschaftlich realisierbar sind, sollten bzw. müssen Wartungs- und Inspektionsmaßnahmen getroffen werden. Grundsätzlich sind dann zu beachten:

- Schadensfreiheit bzw. Zuverlässigkeit fördern,
- Fehlermöglichkeiten bei Demontage, Remontage und Wiederinbetriebsetzung verhindern,
- Wartungsmöglichkeit erleichtern,
- Wartungsergebnisse kontrollierbar machen,
- Inspektionsmöglichkeiten erleichtern.

Normalerweise konzentrieren sich *Wartungsmaßnahmen* auf Nachfüllen, Schmieren, Konservieren und Reinigen. Die Tätigkeiten müssen durch entsprechende ergonomisch richtige sowie physiologisch und psychologisch günstige Gestaltung und Markierung unterstützt werden. Beispiele sind gute Zugänglichkeit, nicht ermüdende Arbeitshaltung, deutliche Erkennbarkeit, verständliche Hinweise.

Inspektionsmaßnahmen können auf ein Mindestmaß reduziert werden, wenn die technische Lösung von sich aus der unmittelbaren Sicherheitstechnik (vgl. 7.3.3-2) folgt und so zugleich in der Auslegung eine hohe Zuverlässigkeit verspricht. Dabei sollen Überlastungen durch entsprechende Prinzipien oder Lösungen grundsätzlich vermieden werden, z. B. Anwendung des Prinzips der

Selbsthilfe mit selbstschützenden Lösungen (vgl. 7.4.3-4). Dazu gehört auch eine geringe Fehler- und Störgrößenanfälligkeit. Sind Wartungs- und Inspektionsmaßnahmen nicht vermeidbar, so gelten nach [282] Gestaltungsregeln, die in anderen Zusammenhängen ebenfalls Bedeutung haben und dort auch schon angesprochen wurden, so dass ihre Aufzählung und eine kurze Erläuterung genügen.

Konstruktive Maßnahmen, die schon auf prinzipieller Ebene zu beachten sind und den Wartungs- und Inspektionsaufwand verringern können:

– Selbstausgleichende und selbstnachstellende Lösungen bevorzugen,
– einfache Konstruktion und wenige Teile anstreben,
– genormte Komponenten verwenden,
– Zugänglichkeit fördern,
– Zerlegbarkeit fördern,
– modulare Bauweise anwenden,
– wenige und gleiche Hilfsstoffe verwenden.

Dazu sind Wartungs-, Inspektions- und Instandsetzungsanweisungen auszuarbeiten, mitzuliefern und Wartungs- und Inspektionsstellen deutlich zu markieren. Hilfen dafür geben DIN 31052 [63]: Aufbau von Instandhaltungsanleitungen und DIN 31054 [64]: Festlegung von Zeiten und Aufbau von Zeitsystemen.

Zur *Durchführung* von Wartungs- und Inspektionsmaßnahmen gelten ergonomisch orientiert folgende Regeln, die durch entsprechende konstruktive Gestaltung ebenfalls unterstützt werden müssen:

– Die Erreichbarkeit und Zugänglichkeit von Wartungs-, Inspektions- und Instandsetzungsstellen muss möglich sein.
– Die Arbeitsumstände haben den sicherheitstechnischen und ergonomischen Bedingungen zu entsprechen.
– Die Wahrnehmbarkeit ist sicherzustellen.
– Die Durchschaubarkeit der funktionalen Vorgänge und die der Hilfs- und Unterstützungsmaßnahmen ist zu gewährleisten.
– Die Lokalisierbarkeit von eventuellen Schadensstellen ist zu ermöglichen.
– Die Auswechselbarkeit (De- und Remontage) bei Instandsetzungsmaßnahmen ist in einfacher Weise zu schaffen.

In [282] sind zu diesen Forderungen instruktive Beispiele angeführt.

Schließlich muss noch erwähnt werden, dass Instandhaltung in ein übergreifendes Konzept einzubetten ist, das hinsichtlich der Durchführung mit den Funktions- und Betriebsbedingungen harmonisiert sein muss und nicht zuletzt auch die Gesamtkosten, nämlich die Anschaffungskosten, die laufenden Betriebs- sowie Wartungs- und Inspektionskosten, berücksichtigt und dabei einem Optimum mit niedrigen Gesamtkosten zustrebt.

7.5.11 Recyclinggerecht
Design for recycling

1. Zielsetzungen und Begriffe

Zur Einsparung und Rückführung von Rohstoffen im Sinne eines umweltverträglichen Verhaltens kommen folgende Möglichkeiten in Betracht [141, 142, 169, 186, 197, 218, 302, 305, 321]:

- *Verringerter Stoffeinsatz* durch bessere Materialausnutzung (vgl. 7.4.1) und weniger Abfall bei der Fertigung (vgl. 7.5.8).
- *Substitution von Werkstoffen*, die aus knapp und damit teuer werdenden Rohstoffen hergestellt werden müssen, durch Werkstoffe auf der Grundlage billiger und länger verfügbarer Rohstoffe [9].
- *Recycling* durch Rückführung von Herstellungsabfällen, Produkten oder Teilen von Produkten zu deren erneuten Verwendung oder Verwertung.

Im Folgenden werden unter Verweis auf die VDI-Richtlinie 2243 [302] zunächst die einsetzbaren Recyclingformen bzw. -prozesse erläutert, weil ohne deren Kenntnis ein Verständnis für Gestaltungsempfehlungen zur Recyclingunterstützung nicht möglich ist, Abb. 7.127.

Produktionsabfallrecycling (Materialrecycling) ist die Rückführung von Herstellungsabfällen in einen neuen Produktionsprozess, z. B. Stanzabfälle.

Recycling während des Produktgebrauchs (Produktrecycling) ist unter Beibehaltung der Produktform die Rückführung von gebrauchten Produkten oder Teilen eines Produkts in ein neues Gebrauchsstadium, z. B. Austauschmotoren.

Altstoffrecycling (Materialrecycling) ist die Rückführung von verbrauchten Produkten bzw. Altstoffen in einen neuen Produktionsprozess, z. B. Autoschrott in neue Werkstoffe.

Solche Sekundärwerkstoffe oder -teile sollten in ihrer Qualität den Neuwerkstoffen oder -teilen nicht nachstehen (Wiederverwertung), bei starkem Abfall der Qualität kommt aber nur eine Weiterverwertung in Frage.

Alle genannten Rückführungen können durch einen Aufarbeitungs- bzw. Aufbereitungsprozess unterstützt werden. Der das Recyclingsystem verlassende Stofffluss endet in der Deponie bzw. Biosphäre. Diese wiederum können aber in der Zukunft evtl. als Ressourcen genutzt werden.

Innerhalb der Recyclingkreisläufe sind, ebenfalls nach Abb. 7.127, verschiedene Recyclingformen möglich. Grundsätzlich kann zwischen einer erneuten *Verwendung* und einer *Verwertung* von Produkten unterschieden werden.

Die *Verwendung* ist durch die (weitgehende) Beibehaltung der Produktform gekennzeichnet. Diese Recyclingart findet also auf hohem Wertniveau statt und ist deshalb anzustreben. Je nachdem, ob bei der erneuten Verwendung ein Produkt die gleiche oder eine veränderte Funktion erfüllt, unterscheidet man zwischen Wiederverwendung (z. B. Gasflaschen) und Weiterverwendung (z. B. Autoreifen als Fender).

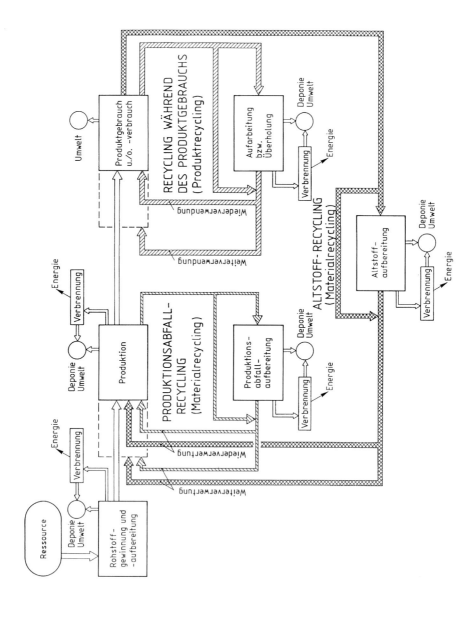

Abb. 7.127. Recyclingmöglichkeiten nach [186, 302]

Die *Verwertung* löst die Produktform auf, was zunächst mit einem größeren Wertverlust verbunden ist. Je nachdem, ob bei der Verwertung eine gleichartige oder geänderte Herstellung durchlaufen wird, unterscheidet man zwischen Wiederverwertung (z. B. geschredderter Autoschrott) und Weiterverwertung (z. B. Altkunststoffe zu Öl durch Pyrolyse).

2. Verfahren zum Recycling

Aufbereitung

Die Verwertung von Herstellungsabfällen und Altstoff-Schrott (Materialrecycling) hängt entscheidend von den Aufbereitungsverfahren ab [186, 197, 277, 302].

Kompaktieren (Verdichten) von losem Schrott erfolgt durch *Pressen*. Dieses Aufbereitungsverfahren erleichtert zwar das Chargieren bei der erneuten Verhüttung, ermöglicht aber keine Stofftrennung bei unsauberem Mischschrott. Es eignet sich daher vor allem für das Recycling von gleichartigen Produktionsabfällen und sortenreinem Blechschrott (z. B. Feinblechdosen).

Zerkleinern schwerer und großer Altstoffprodukte erfolgt durch *Schrottscheren* oder *Brennschneiden*. Diese dienen vor allem als Vorbereitungsverfahren für eine stofftrennende Aufbereitung.

Trennen kann durch *Schredderanlagen* erfolgen, die nach dem Prinzip von Hammermühlen aufgebaut sind, bei denen rotierende Hämmer die Wrackteile über ambossartige Abschlagkanten in Stücke reißen. Nachgeschaltet sind Entstaubungsanlagen, Magnettrommeln zur Abtrennung magnetischer Eisenwerkstoffe, Separieranlagen zur größenmäßigen Sortierung sowie manuell bediente Sortierbänder zur Aufgliederung der NE-Metalle, Kunststoffe und sonstigen Restfraktionen. Der Schredderschrott ist ein Qualitätsschrott, der sich durch hohe Dichte, große Reinheit und annähernd gleiche Stückgrößen je Stoffart auszeichnet. Dieses gerätetechnisch aufwendige und lohnintensive Aufbereitungsverfahren wird zu etwa 80% für Altautos und zu 20% für leichten Sammel- und Mischschrott, z. B. Haushaltsgroßgeräte, eingesetzt. Hinsichtlich Schrottqualität und verfahrenstechnischem Aufwand vergleichbar sind *Mühlenanlagen*, bei denen lediglich die Zerkleinerungswerkzeuge zur Materialtrennung anders aufgebaut und angeordnet sind.

Schwimm-Sink-Anlagen dienen bei Nachschaltung an Schredder- und Schrottmühlenanlagen zum besseren *Sortieren* von NE-Metall- und Nichtmetall-Fraktionen, *Fallwerke* zum *Zerkleinern* großer und starkwandiger Graugussstücke, *chemische Aufbereitungsanlagen* zum Herauslösen von schädlichen Stoffen und Legierungen vor dem erneuten Verhüttungsprozess.

Abbildung 7.128 zeigt als Beispiel die Arbeitsweise einer Schredderanlage und den realisierten Materialfluss [302].

Das Recycling von *Kunststoffabfällen* hat durch deren zunehmenden Anfall eine große Bedeutung [18, 109]. Grundsätzlich kann eine Aufbereitung

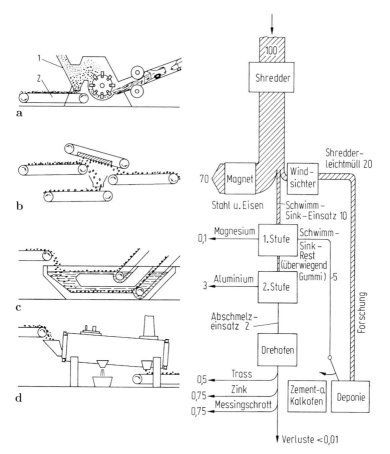

Abb. 7.128. Arbeitsweise und Materialfluss einer Shredderanlage. **a** Shredder; *1* Windsichter; *2* Sortierbänder; **b** Magnetabscheider; **c** Schwimm-Sink-Anlage; **d** Drehrohrofen

durch Zerkleinern, Waschen, Trocknen und Granulieren für Thermoplaste problemlos erfolgen, wenn die Abfälle weitgehend sortenrein bereitgestellt werden, was bei Hausmüll schwierig ist. Eine Aufbereitung von vermischten Kunststoffabfällen kann durch mechanische Trennung nach einer Zerkleinerung durch Sortierung, Sichtung und Siebung sowie durch elektrostatische Trennverfahren mittels nasser Flotation und Dichtetrennung erfolgen. Solche Aufbereitungstechnologien stehen aber noch in der Entwicklung, so dass als wirtschaftliche Alternative die getrennte Sammlung von Kunststoffabfällen nötig ist. Für Duroplaste und Elastomere ist eine chemische Aufbereitung von Bedeutung [184].

Die beste Schrott- bzw. Abfallqualität mit höchstem Rückgewinnungsgrad der einzelnen Rohstoffe wird aber durch eine dem eigentlichen Aufbereitungsverfahren vorgeschaltete *Demontage* der Altprodukte erreicht. Eine solche Demontage in für die jeweilige Aufbereitungstechnologie günstige Werkstoffgruppen mit sortenreinen oder untereinander verträglichen Werkstoffen kann auf dem Schrottplatz, speziellen Ausschlachtbetrieben oder Demontagebändern der Produkthersteller erfolgen.

Die Voraussetzungen für eine wirtschaftliche Demontage muss insbesondere der Konstrukteur durch die gewählte *Baustruktur* und *Verbindungstechnologie* schaffen (vgl. 7.5.9). Eine wirtschaftliche Aufbereitung von Altprodukten und Altstoffen wird in einer Kombination von Demontagen und nachgeschalteten Aufbereitungsverfahren bestehen [186, 302].

Aufarbeitung

Für die Wieder- und Weiterverwendung von Produkten nach einer ersten Nutzungsphase (Recycling während des Produktgebrauchs, Produktrecycling) ist ein Aufarbeitungsprozess erforderlich, der aus den Schritten

– vollständige Demontage,
– Reinigung,
– Prüfung,
– Wiederverwendung erhaltenswürdiger Teile, Instandsetzung von Verschleißzonen, Nacharbeitung anzupassender Teile, Ersatz nicht mehr verwendbarer Teile durch Neuteile,
– Wiedermontage und
– Prüfung

besteht [197, 266, 267, 302, 319].

Bei der Aufarbeitung in Spezialwerkstätten oder auch beim Produkthersteller werden zwei Vorgehensweisen praktiziert [10]. Die eine Möglichkeit besteht in der Beibehaltung der Identität des Altprodukts, d. h. beim Auswechseln und Nacharbeiten von Teilen werden deren Zuordnung belassen und deren Toleranzen aufeinander abgestimmt. Zum Beispiel behält ein derart aufgearbeiteter Motor seine ursprüngliche Motornummer. Die andere Möglichkeit besteht in der vollständigen Auflösung des Altprodukts derart, dass alle Teile hinsichtlich ihrer Toleranzen wie Neuteile behandelt werden. Dadurch ergibt sich, dass bei der Wiedermontage nachgearbeitete Altteile und Neuteile wie bei einer Neufertigung kombiniert werden. Dieser Vorgehensweise dürfte die Zukunft gehören, da die Fertigungs- und Montageeinrichtungen der Neufertigung genutzt werden können.

3. Recyclinggerechte Gestaltung

Zur Unterstützung der angeführten Aufbereitungs- und Aufarbeitungsverfahren bzw. direkt einsetzbarer Verwertungsverfahren können bereits bei der Produktentwicklung Maßnahmen vorgesehen werden [12–14, 22, 141, 142, 186,

187, 196, 302, 320, 321, 323]. Diese müssen aber mit den anderen zu beachtenden Zielsetzungen und Bedingungen (Abb. 2.15) der Aufgabe verträglich sein. Insbesondere muss die Wirtschaftlichkeit der Herstellung und des Produktgebrauchs gewährleistet bleiben.

Recyclingorientierung beim Konstruktionsprozess

Bei Berücksichtigung von Recyclinggesichtspunkten sind für die einzelnen Schritte bzw. Phasen des Konstruktionsprozesses (vgl. Abb. 1.9 und 6.1, 7.1 und 8.1) recyclingbezogene Aufgaben zu erfüllen. Abbildung 7.129 zeigt solche Aufgaben, die den Arbeitsabschnitten der VDI 2221 [270, 323] zugeordnet sind.

Richtlinien zur aufbereitungsfreundlichen Produktgestaltung

Die folgenden Richtlinien können sich auf ein Gesamtprodukt oder nur auf einzelne Baugruppen beziehen. Sie sind einzeln oder in Kombination anwendbar und dienen der Verbesserung einer Aufbereitung oder unmittelbar einer Verwertung.

Werkstoffverträglichkeit: Da sich verwertungsfreundliche Einstoffprodukte nur selten verwirklichen lassen, sind solche Werkstoffkombinationen als untrennbare Einheit anzustreben, die bei einer Verwertung untereinander verträglich sind und sich dadurch wirtschaftlich und mit hoher Qualität verwerten lassen.

Zur Erfüllung dieser Zielsetzung müssen die verfahrenstechnischen Anforderungen eines Verwertungsverfahrens bekannt sein. Hilfreich erscheint hierzu die Definition von sog. *Altstoffgruppen* oder *Matrixwerkstoffen*, denen jeweils verträgliche Werkstoffe zugeordnet sind. Bis solche Altstoffgruppen von der Werkstoffwissenschaft und Hüttenindustrie in allgemein anwendbarer Form festgelegt sind, muss die Werkstoffverträglichkeit im Einzelfall zwischen Konstrukteur und entsprechenden Fachleuten geklärt werden. Das lohnt sich insbesondere für Serienprodukte mit entsprechender Recyclingbedeutung. Abbildung 7.130 zeigt als Beispiel eine Verträglichkeitstabelle für Kunststoffe.

Werkstofftrennung: Lässt sich eine Werkstoffverträglichkeit für untrennbare Teile und Gruppen eines Produkts nicht erreichen, dann diese durch zusätzliche Fügestellen weiter auflösen, um im Zuge einer Aufbereitung, z.B. durch Demontage, eine Trennung der unverträglichen Werkstoffe zu ermöglichen.

Aufbereitungsgerechte Fügestellen: Fügestellen, die einer qualitativ besseren und wirtschaftlichen Aufbereitung dienen sollen leicht demontierbar, gut zugänglich und möglichst an den äußeren Produktzonen angeordnet werden. Prinzipien für demontagefreundliche Verbindungen zeigt Abb. 7.131. Verbundkonstruktionen erfordern generell einen höheren Recyclingaufwand [119] und sollten vermieden werden.

7.5 Gestaltungsrichtlinien 489

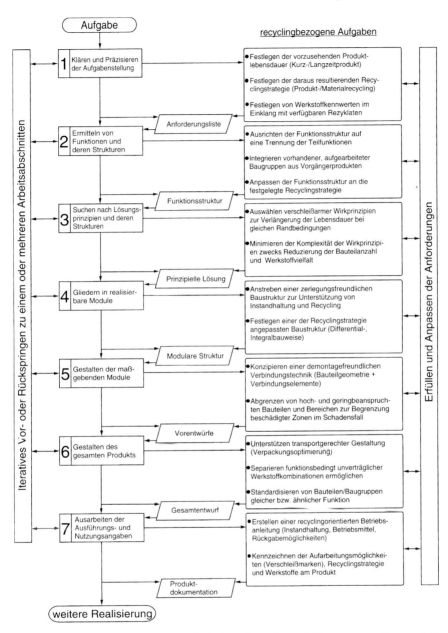

Abb. 7.129. Recyclingbezogene Aufgaben beim Entwicklungs- und Konstruktionsprozess, zugeordnet zu dem Ablauf nach VDI 2221 [270, 293, 323]

Matrixwerkstoff / Wichtige Konstruktions-Kunststoffe	Zumischwerkstoff											
	PE	PVC	PS	PC	PP	PA	POM	SAN	ABS	PBTP	PETP	PMMA
PE	●	○	○	○	●	○	○	○	○	○	○	○
PVC	○	●	○	○	○	○	○	●	◐	○	○	●
PS	○	○	●	○	○	○	○	○	○	○	○	○
PC	○	◔	○	●	○	○	○	●	●	●	●	●
PP	◔	○	○	○	●	○	○	○	○	○	○	○
PA	○	○	◔	○	○	●	○	○	○	◔	◔	○
POM	○	○	○	○	○	○	●	○	○	○	◔	○
SAN	○	●	○	●	○	○	○	●	●	○	○	●
ABS	○	◐	○	●	○	○	◔	○	●	◔	◔	●
PBTP	○	○	○	●	○	◔	○	○	◔	●	○	○
PETP	○	○	◔	●	○	◔	○	○	◔	○	●	○
PMMA	○	●	◔	●	○	○	◔	●	●	○	○	●

● verträglich
◐ beschränkt verträglich
◔ in kleinen Mengen verträglich
○ nicht verträglich

Abb. 7.130. Verträglichkeit von Kunststoffen [146, 302]

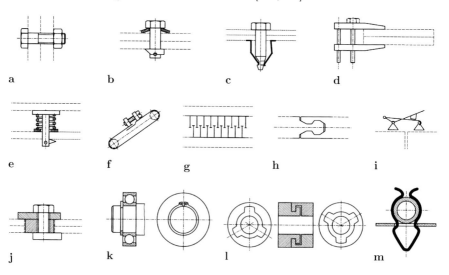

Abb. 7.131. Demontagefreundliche, lösbare Verbindungen [197, 244]. **a** Schraube, **b** $^1/_4$ Drehverschluss, **c** Druck-Dreh-Verschluss, **d** Klemme, **e** Druck-Druck-Verschluss, **f** Band mit Schloss, **g** Klettverschluss, **h** formschlüssige Schnappverbindung, **i** Spannverschluss, **j** Exzenterverschluss, **k** Sicherungsring, **l** Bajonettverschluss, **m** Schnappverbindungen

Zur *wirtschaftlichen Demontage* vor den eigentlichen zerkleinernden und kompaktierenden Aufbereitungsverfahren Einsatz einfacher Werkzeuge, automatischer Anlagen und/oder ungelernten Personals ermöglichen. Letzteres gilt insbesondere für die Demontage auf Schrottplätzen.

Hochwertige Werkstoffe: Wertvolle und knappe Werkstoffe sind besonders gut zerlegungsgerecht anzuordnen und zu kennzeichnen.

Gefährliche Stoffe: Stoffe, die bei einer Aufbereitung oder unmittelbaren Verwertung eine Gefahr für Mensch, Anlage und Umgebung darstellen, sind in jedem Fall abtrennbar bzw. entleerbar anzuordnen.

Richtlinien zur aufarbeitungsfreundlichen Produktgestaltung

Demontage einfach und weitgehend zerstörungsfrei ermöglichen. Abbildung 7.132 zeigt Gestaltungsrichtlinien für demontagegerechte Verbindungszonen (vgl. 7.5.9). Weitere Hinweise zur demontagegerechten Gestaltung sind in [134, 160, 194, 270] zu finden.

Reinigung für alle wiederverwendbaren Teile leicht und ohne Beschädigung sicherstellen.

Prüfung/Sortierung durch Gestaltung der Teile und Gruppen erleichtern.

Teilenachbearbeitung bzw. *Beschichtungen* durch Materialzugaben sowie Spann-, Mess- und Justierhilfen ermöglichen.

Wiedermontage mit Werkzeugen der Einzel- und Kleinserienfertigung einfach durchführbar machen.

Zur Minderung des Neuteilaufwandes sind folgende Maßnahmen hilfreich:

Verschleiß auf speziell dafür vorgesehene, leicht nachstellbare bzw. austauschbare Elemente beschränken (vgl. 7.4.2 und 7.5.5).

Verschleißzustand möglichst leicht und eindeutig erkennbar machen, um Abnutzungsvorrat bzw. Wiederverwendbarkeit beurteilen zu können.

Beschichtungen an Verschleißstellen durch geeignete Grundwerkstoffe erleichtern.

Korrosion durch Gestaltungs- und Schutzmaßnahmen minimieren, da sie die Wiederverwendbarkeit von Teilen und Produkten stark herabsetzt (vgl. 7.5.4).

Lösbare Verbindungen für die gesamte Produkt-Nutzungsdauer funktionsfähig auslegen. Festkorrodieren unterbinden, aber auch einen Verlust der Haltefähigkeit nach wiederholtem Lösen vermeiden [245, 286].

Kennzeichnung von Recyclingeigenschaften

Entsprechend der vom Konstrukteur vorgesehenen Recyclingstrategie und der dafür entwickelten Produktgestaltung sind Baugruppen und Bauteile eines Produkts hinsichtlich ihrer Recyclingeigenschaften und der erforderlichen Recyclingverfahren dauerhaft zu kennzeichnen. Dadurch können die erforderlichen Folgeprozesse und Maßnahmen schneller und sicherer ausgewählt werden. Ein Beispiel zur Kennzeichnung von Kunststoffbauteilen zeigt Abb. 7.133.

Gestaltungsrichtlinien	nicht demontagerecht	demontagerecht
Demontagegerechte Baustruktur		
- Gliedern in Demontagebaugruppen, deren Teile bzw. Werkstoffe verwertungsverträglich sind	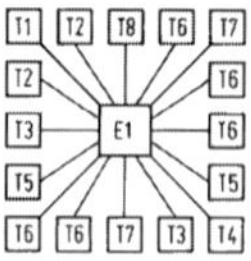	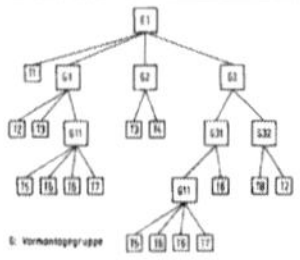
- Zuordnen des Basisteils einer Demontagebaugruppe zu einer verwertungsgünstigen Altstoffgruppe	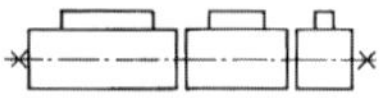	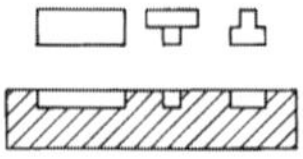
- Vermeiden von unlösbaren Verbundkonstruktionen mit verwertungsunverträglichen Werkstoffen	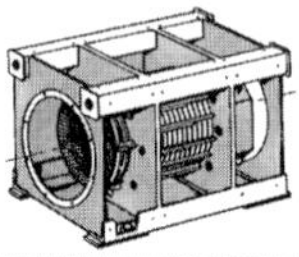	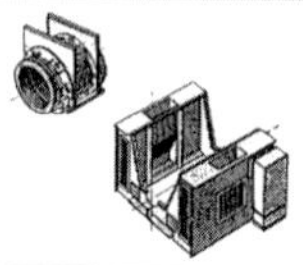
- Verringern von Fügestellen	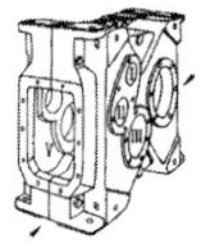	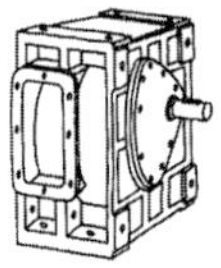
Demontagegerechte Fügestellen		
- Verwenden leicht demontierbarer oder zerstörbarer Verbindungs- und Sicherungelemete, auch nach längerer Nutzungsdauer	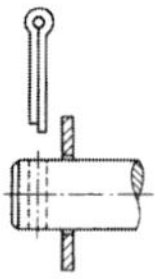	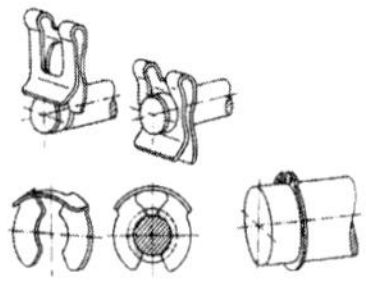
- Verringern der Verbindungselemente	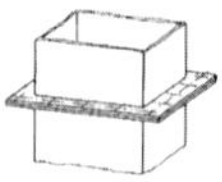	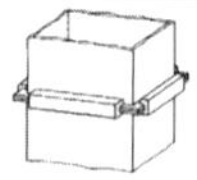
- Verwenden gleicher Verbindungselemente	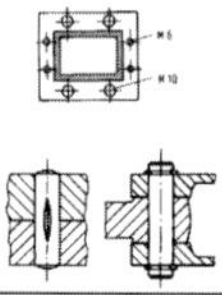	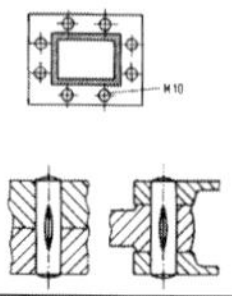
- Gewährleisten guter Zugänglichkeit für Demontagewerkzeuge	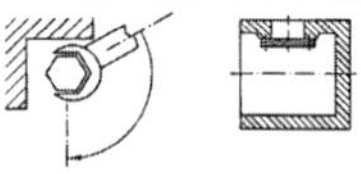	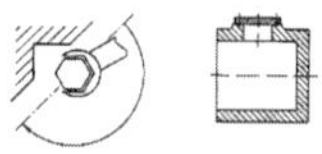
- Bevorzugen einfacher Standardwerkzeuge	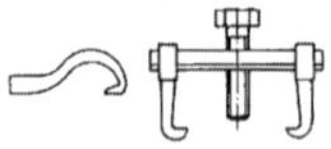	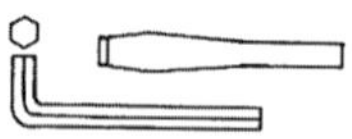
- Vermeiden langer Demontagewege	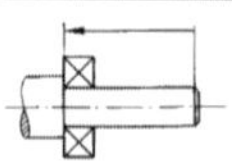	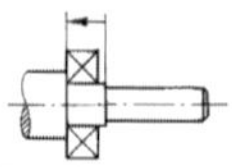

Abb. 7.132. Gestaltungsrichtlinien für demontagerechte Produkte [197, 244]

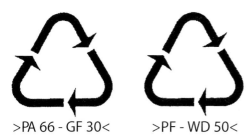

Abb. 7.133. Beispiel einer Kennzeichnung von Kunststoffbauteilen nach DIN ISO 11469, DIN 7728 T.1 und DIN ISO 1043

>PA 66 - GF 30<   >PF - WD 50<

4. Beispiele recyclinggerechter Gestaltung

Altstoffrecycling eines Gleit-Stehlagers

Gleit-Stehlager mit konstruktivem Aufbau entsprechend Abb. 10.25 kommen im Maschinenbau so häufig vor, dass Überlegungen zu einem wirtschaftlichen Recycling lohnend erscheinen. Denkbar ist zunächst ein Recycling durch Aufarbeiten von Verschleißteilen, d. h. ein Marktangebot von neuen oder erneut ausgegossenen Lagerschalen, von Schmierringen und Dichtungen, oder auch ein Austausch des gesamten Lagers. Bisher werden aber etwa 99% der gebrauchten Stehlager in ihrer Gesamtheit einer Altstoffverwertung zugeführt, allerdings mit einem niedrigen Standard der Verwertungsqualität. Bestimmend für die Verwertungsqualität ist die Schrottreinheit nach Durchlaufen einer Aufbereitung. Diese Qualität ist abhängig von der Werkstoffzusammensetzung des Altprodukts und der eingesetzten Aufbereitungstechnologie. Handelsübliche Gleit-Stehlager enthalten beispielsweise etwa 74% Gusseisen, 22,3% unlegierte Stähle, 3,5% NE-Metalle und 0,2% Nichtmetalle. Die Gewichtsanteile der Legierungselemente in den Werkstoffen eines gegenüber Abb. 10.25 vergleichbaren Lagers sind in Abb. 7.134 den Elementanteilen der Altstoffgruppe „unlegierter Stahl" [186] gegenübergestellt. Man erkennt, dass insbesondere das Blei Pb als in giftigen Dampf übergehender Bestand-

Elementanteile [Gew.-%] (zulässig) Schrottgruppe	Verdampfende Elemente	selbständig in die Schlacke gehende Elemente									z.Teil in d. Schlacke zu bring. El.				nicht entfernbare Elemente								verdampfende Elemente giftig		
	Li	C	Zn	Ca	Mg	Al	B	V	Ti	Si	Nb	Zr	Mn	Cr	P	S	As	Sb	Co	W	Mo	Ni	Sn	Cu	Cd	Be	Pb
unleg. Stahl	beliebig	2,0 (3,0)	4,0	beliebig	2,0 (3,0)	2,0 (3,0)	0,2 (0,5)	2,0 (3,0)	2,0 (3,0)	1,5 (2,5)	2,0 (3,0)	1,0 (1,5)	3,0 (4,0)	0,6	0,1 (0,3)	0,1 (0,2)	« 0,1	« 0,1	0,1	« 0,05	« 0,05	« 0,1	« 0,03	● 0,3	« 0,1	« 0,1	« 0,1
Elementanteile [Gew.-%]	-	2,12	0,012	-	-	0,08	-	-	-	1,16	-	-	0,17	-	0,16	0,16	0,015	0,4	-	-	-	0,01	0,15	0,8	-	0,02	2,07
Steh-Gleitlager ERNLB 18-180	von Gewichtsanteilen über 1‰																										

Abb. 7.134. Vergleich zwischen den zulässigen Elementanteilen der Schrottgruppe „unlegierter Stahl" (für Elektro-Lichtbogenöfen) und des Steh-Gleitlagers ERNLB 18-180 (Reck-Wülfel)

teil sowie das Kupfer Cu und das Antimon Sb als nicht entfernbare Elemente bei Komplettverwertung für den Verwertungsaufwand und die Stahlqualität störend wirken. Eine wirtschaftliche Demontage der kupferhaltigen Teile „Schmierring" und „Lagerschalenausguss" ist vor einer Aufbereitung, z. B. durch Shreddern, nicht möglich. Eine recyclinggerechte Umkonstruktion besteht deshalb darin, für diese Teile nur solche Werkstoffe vorzusehen, die mit den übrigen Legierungselementen der Hauptaltstoffgruppe verträglich sind. Zum Beispiel könnte der Schmierring aus einer Aluminiumlegierung mit einem geringen Cu-Gehalt hergestellt sein (z. B. Al Mg 3) und die Lagerschale aus GG ohne oder mit einer Kunststoffbeschichtung.

Material- und Produktrecycling von Haushaltsmaschinen

Haushaltsgroßmaschinen wie Waschmaschinen, Geschirrspüler und Herde sind für ein Recycling sehr lohnend, weil sie in hohen Stückzahlen gefertigt werden und aus hochwertigen Werkstoffen bestehen. Abbildung 7.135 zeigt die Gewichtsanteile der wesentlichen Werkstoffgruppen für einen älteren Geschirrspüler. Durch das Vorhandensein einer Vielfalt von NE-Metallen, von nichtmetallischen Werkstoffen, vor allem aber durch den hohen Gewichtsanteil der hochlegierten Stähle, ist eine Aufbereitung des Gesamtaltprodukts, z. B. durch Schreddern, nicht günstig, da die hochlegierten Stähle nicht getrennt verwertet werden können und die NE-Metalle für den Verwertungsprozess größtenteils störend wirken, zumindest aber den Verwertungsaufwand erhöhen. Eine verwertungsgünstige Baustruktur ist deshalb darin zu sehen, die Hauptbaugruppen leicht trenn- bzw. demontierbar anzuordnen, um diese vor dem Schreddern oder anderen Zerkleinerungs- und Kompaktierverfahren auf dem Schrottplatz oder speziellen Ausschlachtbetrieben zu demontieren und getrennt einer Aufbereitung zuzuführen. Auch die Wiederverwendung einzelner Komponenten oder des Gesamtprodukts ist möglich (Produktrecycling).

Eine Gestaltungsvariante für Geschirrspüler zeigt Abb. 7.136. Bei dieser sind in einem Bodenteil 1 alle Zusatzaggregate wie Umlaufpumpe 2, Pumpentopf 3, Laugenpumpe 4 und Anschlusstechnik 5 untergebracht. Dabei wurde dieser Montageboden so gestaltet, dass keine Befestigungselemente für die Aggregate notwendig sind, sondern diese nur durch den Boden des Gehäuses 6 gehalten werden. Gehäuse und Bodenteil sind durch ein Kippscharnier 7 auf- und zuklappbar. Bei dem möglichen Öffnungswinkel nach Ankippen des Gehäuses können alle Aggregate ohne Verbindungselemente leicht montiert oder zum Recycling (Aufarbeitung oder Aufbereitung) wieder einfach entnommen werden.

Ein weiteres Beispiel aus dem Hausgerätebereich zeigt Abb. 7.137. Bei den Gestaltungsvarianten einer Waschmaschine wurde die Baustruktur des Gehäuses und die Anordnung der Funktionskomponenten variiert. Variante b ergab sich nach einer Nutzwertanalyse als die beste, weil bei ihr insbesondere

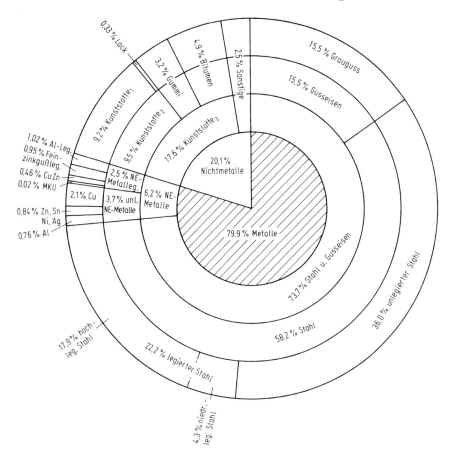

Abb. 7.135. Material-Gewichtsanteile eines AEG-Geschirrspülers, Modell 1979/80 nach [186]

die Anzahl der Bauteile und der für das Produktrecycling bzw. eine Instandhaltung relevanten Remontagefügestellen geringer sind als bei den anderen Varianten.

Demontagefreundliche Getriebebaugruppe

Abbildung 7.138 zeigt die Getriebebaugruppe einer Schlagbohrmaschine, bei der das Festlager der Motorwelle nicht durch den bisher üblichen und an sich demontagefreundlichen Sicherungsring, sondern durch einen herausziehbaren Bügel axial festgelegt ist, weil der Sicherungsring bei Demontage in diesem Falle nicht zugänglich ist. Das Trennen von Antriebsmotor und Getriebegruppe ist dadurch einfacher möglich.

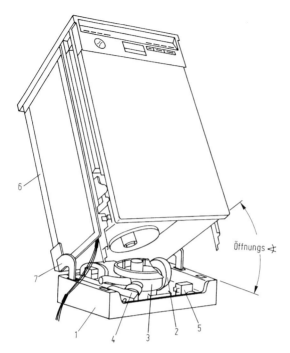

Abb. 7.136. Aufbau eines recyclingfreundlichen Geschirrspülers (Werkbild Bosch-Siemens-Hausgeräte)

Recyclinggünstige Gestaltungsvarianten dürfen hinsichtlich ihrer Fertigungs- und Montagekosten nicht ungünstiger liegen als traditionelle Bauweisen, will man eine recyclingfreundliche Produktgestaltung durchsetzen.

5. Bewerten hinsichtlich Recyclingfähigkeit

Im Rahmen einer Produktneuentwicklung ist es erforderlich, Lösungsvarianten auch hinsichtlich ihrer Recyclingeigenschaften zu bewerten [160, 222]. Das erfolgt mit Hilfe der bewährten Bewertungsverfahren (vgl. 3.3.2) unter Berücksichtigung auch recyclingorientierter Bewertungskriterien.

Abbildung 7.139 zeigt solche Bewertungskriterien, unterschieden nach Produkt- und Materialrecycling. Zur Ermittlung einer Gesamtwertigkeit kann eine Recyclingwertigkeit mit der technisch-wirtschaftlichen Wertigkeit eines Produkts integriert werden. Zur anschaulichen Darstellung der Einzelwertigkeiten und der Gesamtwertigkeit dienen Wertigkeitsdiagramme und Wertprofile, die insbesondere auch den Abstand von Lösungsvarianten zu einer gedachten Ideallösung zeigen (vgl. 3.3.2) [11, 118].

Solche Bewertungsverfahren können zu einer Produktfolgenabschätzung erweitert werden [118, 263, 264, 324].

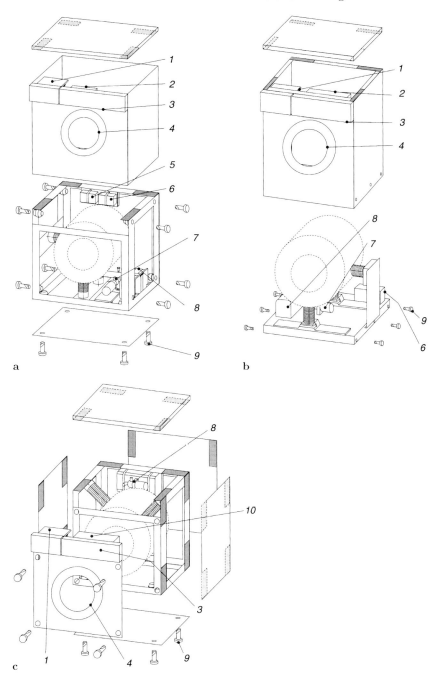

Abb. 7.137. Baustruktur-Variante einer Waschmaschine (nach Löser, TU Berlin). *1* Einspülbehälter, *2* Programm-Steuerung, *3* Bedienfeld, *4* Waschraumtür, *5* Anschluss/Sicherungskasten, *6* Leistungselektronik, *7* Laugenpumpe, *8* Durchlauferhitzer, *9* $^{1}/_{4}$ Drehverschluss, *10* zentrale Elektroeinheit

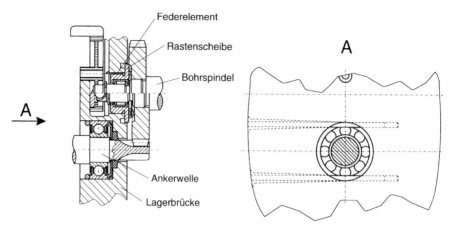

Abb. 7.138. Demontagegünstige Getriebebaugruppe für eine Schlagbohrmaschine (Bosch-Elektrowerkzeuge, Leinfelden [118])

Produktrecycling

funktionsorientierte Produktstruktur
Baukastenstruktur
Komplexität
Vordemontierbarkeit
Demontierbarkeit (vgl. Materialrecycling)
zerstörungsfreie Demontierbarkeit
Reinigungsmöglichkeit
Prüfbarkeit
Identifizierbarkeit
Sortierbarkeit
Nachbearbeitbarkeit
Wiedermontierbarkeit
Austauschbarkeit
   hochrüstrelevanter Bauteile
Verschleißerkennung
Verwendung von Normkomponenten
Automatisierbarkeit der Arbeitsschritte

Materialrecycling

Demontierbarkeit:
Zahl der Demontageoperationen
Zahl der Demontagerichtungen
Zahl unterschiedlicher Demontageoperationen
Zahl der Verbindungselemente
Zahl unterschiedlicher Verbindungselemente
Zugänglichkeit
Automatisierbarkeit der Demontage
Löse-/Trennenergie
Aufwand an Vorrichtungen
Zahl notwendiger Demontagewerkzeuge

Trennbarkeit:
Zahl und Aufwand notwendiger
   Trennverfahrensschritte
Zahl und Aufwand notwendiger
   Sonderbehandlungsschritte
Werkstofferkennungsmöglichkeit
Zahl zu trennender Werkstoffe
Zahl nichtverwertbarer Werkstoffe

Verwertbarkeit:
Wiederverwertung
Weiterverwertung
notwendige Verwertungsprozesse
gezielte Aufwertungsmöglichkeit
Rückgewinnungsgrad
Qualitätsminderung
Verschmutzungsgrad

Abb. 7.139. Bewertungskriterien für Produkt- und Materialrecycling nach [118, 197]

7.5.12 Risikogerecht
Design for minimum risk

Trotz intensiver Fehler- und Störgrößenbeseitigung (vgl. 11) werden Informationslücken und Beurteilungsunsicherheiten verbleiben. Aus technischen oder wirtschaftlichen Gründen ist es nicht immer möglich, sie mit Hilfe theoretischer oder experimenteller Untersuchungen auszuräumen. Oft gelingt nur eine Eingrenzung. Obwohl sorgfältig entwickelt wurde, kann ein Rest von Unsicherheit bleiben, ob unter den in der Anforderungsliste festgelegten Bedingungen die gewählte Lösung ihre Funktion stets und überall voll erfüllen wird oder ob bei der sich schnell verändernden Marktlage die wirtschaftlichen Voraussetzungen gültig bleiben. Es verbleibt ein gewisses Risiko.

Man könnte versucht sein, stets so zu konstruieren, dass man von einer möglichen Grenze recht weit entfernt bleibt und so das Risiko sich einstellender Funktionseinschränkung oder frühzeitig auftretender Schäden umgeht, indem man mit entsprechend geringer Ausnutzung ein Risiko z. B. hinsichtlich Lebensdauer oder Verschleißrate, ausschließt. Der Praktiker weiß, dass er mit einer solchen Einstellung sehr rasch einem anderen Risiko zusteuert: Die gewählte Lösung wird zu groß, zu schwer oder zu teuer und kann auf dem Markt nicht mehr konkurrieren. Dem technischen Risiko steht das wirtschaftliche entgegen.

1. Risikobegegnung

Angesichts einer solchen nicht zu umgehenden Situation stellt sich die Frage, welche Hilfen nun noch benutzt werden können, wenn die Lösung sorgfältig erarbeitet war und die einschlägigen Hinweise aufmerksam beachtet wurden. Der wesentliche Gesichtspunkt ist, dass der Konstrukteur aufgrund und nach der Fehler-, Störgrößen- und auch Schwachstellenanalyse mittels *Ersatzlösungen* für den Fall vorsorgt, dass die realisierte Lösung in einem mit Unsicherheiten behafteten Punkt nicht befriedigen sollte.

Bei der methodischen Lösungssuche sind eine Reihe von Lösungsvarianten erarbeitet und untersucht worden. Dabei wurden Vor- und Nachteile einzelner Lösungen diskutiert und gegeneinander abgewogen: Dieser Vergleich hat unter Umständen verbesserte neue Lösungen bewirkt. Man kennt also die Palette der Möglichkeiten und hat Rangfolgen erarbeitet, die auch die wirtschaftlichen Aspekte berücksichtigen.

Grundsätzlich wird man dabei der wirtschaftlicheren, d. h. weniger aufwendigen Lösung bei ausreichender technischer Funktion den Vorrang geben, weil sie bei der ausreichenden, aber möglicherweise „risikoreicheren" Funktionserfüllung einen größeren wirtschaftlichen Spielraum lässt. Die Chancen, die neue Lösung auf den Markt zu bringen und damit auch ihre Bewährung zu beurteilen, sind höher als der umgekehrte Weg, der bei zu hohen Kosten die Realisierung überhaupt in Frage stellt oder aber wegen der „risikolosen" Auslegung Erfahrungen über bestehende Grenzen nicht zu bieten vermag. Mit einer solchen Strategie soll aber eine im sicherheitstechnischen Sinne leichtsinnige oder risikoreiche Ausführung keinesfalls bevorzugt werden, die dem Anwender Schaden und Ausfälle verursachen würde.

Sind Fragen also offen geblieben, die hinsichtlich eines die Funktion einschränkenden, die Sicherheit aber nicht berührenden Risikos mit theoretischer Behandlung oder gezielten Versuchen in angemessener Zeit oder mit vertretbarem Aufwand nicht beantwortet werden können, wird man sich zu der risikobehafteten Lösung entschließen müssen und dabei eine kostenaufwendigere, risikoärmere Lösung für den Bedarfsfall vorbereiten.

Aus den in der Konzept- und Entwurfsphase erarbeiteten Lösungsvorschlägen, die das betreffende Risiko mit allerdings größerem Aufwand einschränken oder vermeiden, wird eine Zweit- oder Drittlösung entwickelt, die auf möglichst kleine Gestaltungszonen beschränkt bleibt und gegebenenfalls bereitsteht. Dies geschieht so, dass in der ausgewählten Lösung solche Maßnahmen *bewusst vorgeplant* werden. Tritt dann der Fall ein, dass das Ergebnis nicht den Erwartungen entspricht, kann mit Mehraufwand gegebenenfalls schrittweise der Mangel behoben werden, ohne dass größere Aufwendungen an Zeit und Geld nötig sind.

Ein solch geplantes Vorgehen kann nicht nur dazu dienen, Risiken mit erträglichem Aufwand einzuschränken, sondern auch in vorteilhafter Weise nach und nach Neuerungen einzuführen und deren Anwendungsgrenzen gezielt zu erfahren, damit Weiterentwicklungen mit weniger Risiko, d. h. auch in wirtschaftlich abgewogener Weise, durchgeführt werden können. Dieses Vorgehen muss selbstverständlich eine geplante Verfolgung solcher Betriebserfahrungen einschließen.

Unter *risikogerecht* sollen also technisches und wirtschaftliches Risiko in Einklang gebracht und einerseits einen für den Hersteller nützlichen Gewinn an Erfahrung, andererseits für den Anwender ein zuverlässiger, schadensfreier Betrieb sichergestellt werden.

2. Beispiele risikogerechter Gestaltung

Beispiel 1

Bei Untersuchungen zur Leistungssteigerung einer Packungsstopfbüchse wurde erkannt, dass zur Steigerung des Abdichtdrucks oder/und der Umfangsgeschwindigkeit an der Welle die entstehende Reibungswärme intensiv abgeführt werden muss, damit die Dichtstellentemperatur unter einer vom Dichtwerkstoff abhängigen Grenztemperatur bleibt. In diesem Zusammenhang wurde der Vorschlag gemacht, die Packungsringe auf der Welle so anzuordnen, dass sie mit umlaufen. Die Reibstelle wird damit an das Gehäuse verlegt, was den Vorteil bietet, über eine nur sehr kleine Wanddicke viel Wärme abführen zu können (Abb. 7.140a). Theoretische und experimentelle Untersuchungen zeigten, dass eine merkliche Verbesserung durch Zwangskühlung anstatt der reinen Konvektionskühlung gegeben ist (Abb. 7.140b und 7.141).

7.5 Gestaltungsrichtlinien   501

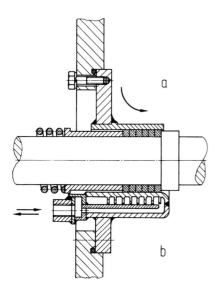

Abb. 7.140. Gekühlte Packungsstopfbüchse, bei der die Packung mit der Welle umläuft, was mit entsprechender rauer Stirnflächenbearbeitung an Welle und Anpressring und innerer Verbindung der Packungsringe erreicht wird; sehr kurzer Wärmeleitweg ermöglicht gute Wärmeabfuhr. **a** Wärmeabfuhr unter Konvektion des umgebenden Mediums in Abhängigkeit von den jeweiligen, ungewissen Strömungsverhältnissen der vorliegenden Anordnung; **b** Wärmeabfuhr unter Zwangskühlung eines definierten Kühlmittelstromes mit bekannter höherer Strömungsgeschwindigkeit und bei gleichzeitig vergrößerter Wärmeabfuhrfläche

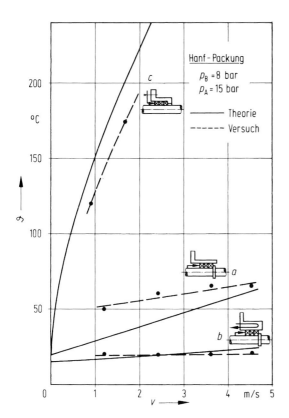

Abb. 7.141. Theoretische und experimentelle Ergebnisse zur Temperatur an der Dichtstelle in Abhängigkeit von der Umfangsgeschwindigkeit an der Welle. **a** Anordnung nach Abb. 7.140a; **b** Anordnung nach Abb. 7.140b; **c** herkömmliche, im Gehäuse stillstehende Stopfbüchsenpackung

Als eine nicht recht einschätzbare Frage ergab sich nun, ob einerseits in allen fraglichen Betriebsfällen die Konvektionskühlung ausreichend sein wird oder ob andererseits die aufwendige Zwangskühlung mit einem zusätzlichen Kühlkreislauf vom gegebenen Kundenkreis überhaupt akzeptiert würde.

Die „risikogerechte" Entscheidung, nämlich die Öffnung zum Einbau der Stopfbüchse so zu gestalten, dass auch ohne Nacharbeit die aufwendigere zwangsgekühlte Lösung bei Bedarf vorgesehen werden kann, lässt nun Erfahrung gewinnen, ohne sogleich merklichen Mehraufwand für Hersteller und Benutzer hervorzurufen.

Beispiel 2

Bei der Entwicklung einer Baureihe von Hochdruck-Dampfventilen für über 500 °C Dampftemperatur stellte sich das Problem, ob die bisher verwendete Gasnitrierung der Ventilspindeln und -büchsen angesichts des unter Temperatur bekannten Wachsens der Nitrierschicht (radiale Spielverengung) beibehalten werden könne oder ob das sehr viel aufwendigere Stellit-Auftragschweißen eingeführt werden müsse. (Als seinerzeit das Problem vorlag, wusste man noch nichts Ausreichendes über das Langzeitverhalten solcher Schichten unter hohen Temperaturen.) Die „risikogerechte" Lösung wurde darin gefunden, dass Wanddicken und Gestaltung von Ventilspindel und -büchsen so gewählt wurden, dass, wenn nötig, ohne Rückwirkung auf die anderen Teile oder Gestaltungszonen, eine nachträgliche Umrüstung auf stellit-behandelte Teile möglich war. Wie sich dann später herausstellte, war der tatsächlich zulässige Anwendungstemperaturbereich der gasnitrierten Oberfläche erheblich geringer als der prognostizierte, so dass mit diesem Vorgehen einmal sehr rasch und zuverlässig die wirkliche Betriebsgrenze erkannt werden konnte, andererseits schwerwiegende Ausfälle wegen der bereitgestellten Lösung vermieden und die vorhergesehene aufwendigere Lösung mit erweitertem Anwendungsbereich nur dort eingesetzt zu werden brauchte, wo sie wirklich erforderlich war.

Beispiel 3

Die sichere Vorausberechnung von großen Maschinenteilen, besonders bei Einzelausführungen, ist von Berechnungsverfahren und den angenommenen Randbedingungen abhängig. Nicht immer lassen sich alle Einflussgrößen mit der notwendigen Genauigkeit vorhersagen. Dies trifft z. B. auch bei der Bestimmung von koppelkritischen Drehzahlen mehr oder minder elastisch gelagerter Wellen zu. Oft ist nicht genau vorhersagbar, welche tatsächlichen Nachgiebigkeiten von Lager und Fundament entstehen. Andererseits ist der Abstand von höheren koppelkritischen Drehzahlen bei schnelllaufenden Anlagen im Bereich der wirklichen Nachgiebigkeiten klein. Bei der in Abb. 7.142 gezeigten Situation ist wiederum eine „risikogerechte" Gestaltung möglich, die durch nachträglich veränderbaren Lagerabstand wegen des überproportionalen Einflusses auf die kritische Drehzahl gewonnen wurde: Abb. 7.143. Die zwischengeschalteten Federpakete gestatten außerdem das Korrigieren der

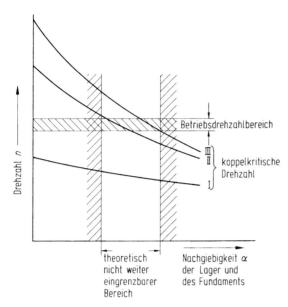

Abb. 7.142. Koppelkritische Drehzahlen (qualitativ) für einen Wellenstrang in Abhängigkeit von der Lager- und Fundamentnachgiebigkeit

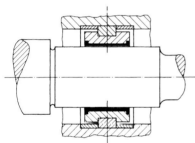

Abb. 7.143. Abstützung einer Welle mit veränderlichem Lagerabstand, indem an den Gleitlagern seitliche Begrenzungsringe mit dem Lagerring ausgetauscht werden können

wirksamen Nachgiebigkeit im Bedarfsfall (Abb. 7.144). Beide Maßnahmen erlauben zusammen oder getrennt eine solche Beeinflussung, so dass man im Einzelfall von der 2. oder 3. Koppelkritischen bezüglich des Betriebsdrehzahl-Bereichs freikommt.

Beispiel 4

In einer Vorrichtung sollten Streifen zu einem doppellagigen Dichtungsring gewickelt werden. Neben anderen Vorschlägen ergaben sich zwei besonders günstige Lösungen gemäß Abb. 7.145a und b.

Die Lösung nach Abb. 7.145a ist die einfachere, billigere aber risikoreichere. Es ist nämlich nicht sicher, ob in allen Fällen nur der innere umlaufende Dorn *1* trotz eines durch Kordelung erhöhten Reibwerts in der Lage sein würde, angesichts des Andrucks der Federn *2* bei unsicherem Reibungskoeffizienten den Streifen *3* beim Einschieben stets mitzunehmen.

Die Lösung nach Abb. 7.145b ist hinsichtlich der obengenannten Funktion risikoloser, da die an den Federenden befestigten Andruckrollen und eine

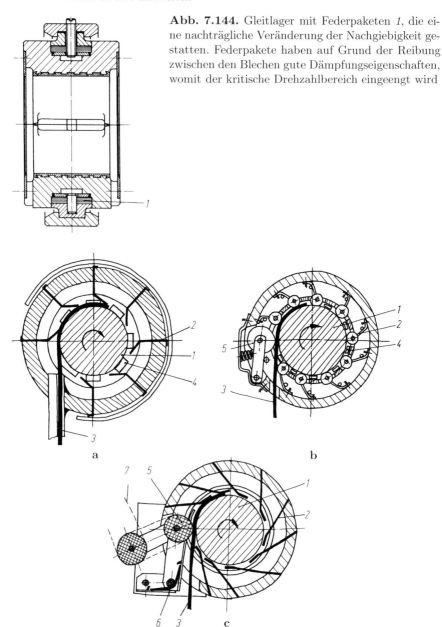

Abb. 7.144. Gleitlager mit Federpaketen *1*, die eine nachträgliche Veränderung der Nachgiebigkeit gestatten. Federpakete haben auf Grund der Reibung zwischen den Blechen gute Dämpfungseigenschaften, womit der kritische Drehzahlbereich eingeengt wird

Abb. 7.145. a Vorschlag einer Wickelvorrichtung: *1* umlaufender Dorn, *2* Andruckfedern, *3* zu wickelnder Streifen, *4* Teile der Ausstoßvorrichtung; **b** Vorschlag einer Wickelvorrichtung: *1* umlaufender Dorn, *2* Andruckfedern, *3* zu wickelnder Streifen, *4* Teile der Ausstoßvorrichtung, *5* Einlaufrolle über Federn angepresst und möglicherweise auch angetrieben; **c** gewählte Lösung: *1* umlaufender Dorn, *2* Andruckfedern, *3* zu wickelnder Streifen, *5* Einlaufrolle über Federn *6* angepresst und mittels Zahnriemen *7* angetrieben

Einlaufrolle 5, die übrigens noch angetrieben werden könnte, den Vorschub des Streifens sicher ermöglichen würden. Die Lösung erfordert aber auch einen größeren Aufwand und ist wegen der zahlreichen bewegten, sehr kleinen Teile verschleißgefährdet.

Die „risikogerechte" Entscheidung ist folgende:
Ausführung nach Abb. 7.145a, aber mit einer Einlaufrolle nach Abb. 7.145b, die so anzuordnen ist, dass ohne Änderung der übrigen Teile ihr zusätzlicher Antrieb im Bedarfsfall möglich wird: Abb. 7.145c. Dieser zusätzliche Antrieb stellte sich später bei der Maschinenerprobung als notwendig heraus und konnte sofort vorgesehen werden.

Beispiel 5
Bei komplexen Belüftungssystemen ist eine Vorausberechnung von Luftmengen und Druckverlusten oft nur ungenau möglich. Eine risikogerechte Gestaltung der Ventilatoren sieht zunächst einstellbare Schaufeln vor, ehe diese in Guss- oder Schweißkonstruktion mit dem Laufrad dauernd fest verbunden werden.

Die Beispiele mögen den Konstrukteur anregen, im Falle solcher Risiken nicht nur den ersten, sondern sogleich den zweiten oder dritten Schritt zu bedenken, der in vielen Fällen mit verhältnismäßig geringen Mitteln eingeplant und berücksichtigt werden kann. Nachträgliche Feuerwehraktionen in Notsituationen sind nach Erfahrung um ein Vielfaches kostspieliger und zeitraubender.

7.5.13 Normengerecht
Design to standards

1. Zielsetzung der Normung

Betrachtet man das methodische Vorgehen unter dem Gesichtspunkt der Minimierung des Aufwands, so liegt die Frage nahe, bis zu welchem Maße die Suche nach Funktionsträgern einmalig vorab und allgemein durchführbar ist, damit der Konstrukteur auf schon bewährte Lösungen, d. h. auf bekannte Elemente und Baugruppen, zurückgreifen kann. Dieser Frage hat sich auch die Normung angenommen, die nach Kienzle [149] folgende Zielvorstellungen hat:

„Normung" ist das einmalige Lösen eines sich wiederholenden technischen oder organisatorischen Vorgangs mit den zum Zeitpunkt der Erstellung der Norm bekannten optimalen Mitteln des Standes der Technik durch alle daran Interessierten. Sie ist damit eine stets zeitlich begrenzte technische und wirtschaftliche Optimierung. Weitere Definitionen finden sich in [34, 85].

Normung, aufgefasst als Oberbegriff von Vereinheitlichen und Festlegen von Lösungen, z. B. als nationale und internationale Norm (DIN, ISO), als Werknorm oder in Form allgemein einsetzbarer Lösungskataloge und sonstiger Vorschriften sowie systematischer bzw. einheitlicher Wissensdarstellungen, gewinnt beim methodischen Konstruieren eine vielseitige Bedeutung.

Dabei steht die lösungsbeschränkende Zielsetzung der Normung nicht im Gegensatz zu einer Varianten anstrebenden methodischen Lösungssuche, da die Normung sich im Wesentlichen auf die Festlegung einzelner Elemente, Teillösungen, Werkstoffe, Berechnungsverfahren, Prüfvorschriften und dgl. konzentriert, die Lösungsvielfalt und Lösungsoptimierung hingegen durch Kombination bzw. Synthese bekannter Elemente und Gegebenheiten erreicht werden. Die Normung ist also nicht nur eine wichtige Ergänzung, sondern Voraussetzung für ein methodisches Vorgehen, das bausteinartige Elemente benutzt.

Während bei den traditionellen Normungsgebieten das Forschungs- und Entwicklungstempo ein Abwarten der Regelsetzung auf den gesicherten Erkenntnisstand und eine Praxisbewährung zuließ, ist es heute bei der Regelsetzung für neue Technologien, z. B. in der Informationstechnik, zunehmend erforderlich, noch nicht in dem bisherigen Maß erprobtes Neuland zu betreten, um den Erfordernissen einer exportorientierten Industrieproduktion mit internationaler Vereinheitlichung gerecht zu werden und um auch auf weitere Entwicklungen richtungsweisend zu wirken. Man spricht dann von „entwicklungsbegleitender Normung" [98, 128, 226], die auch als Vornormen veröffentlicht werden.

Im Folgenden werden die Notwendigkeiten und Grenzen des Normeneinsatzes beim Konstruktionsprozess dargelegt. Ergänzend sei für die übrigen Grundlagen und Aufgaben einer Normung auf das umfangreiche Schrifttum verwiesen [34, 85, 89–93, 129, 150, 216, 220, 227].

2. Normenarten

Die folgenden Hinweise zu *Normenarten* sollen den methodisch arbeitenden Entwickler und Konstrukteur zur weitgehenden Berücksichtigung von Normen auffordern sowie anregen, neue Normen vorzuschlagen oder selbst aufzustellen, zumindest aber die Normenentwicklungen zu beeinflussen. Schließlich soll er den Wesenskern der Normung, nämlich Sachen und Sachverhalte nach zweckmäßigen Gesichtspunkten mit dem Ziel einer Vereinheitlichung und Optimierung zu ordnen, bewusst nutzen.

Nach der *Herkunft von Normen* werden unterschieden:

– DIN-Normen des DIN (DIN Deutsches Institut für Normung e. V.) einschließlich der VDE-Bestimmungen der DKE (Deutsche Elektrotechnische Kommission im DIN und VDE),
– die europäischen Normen (EN-Normen) von CEN (Comité Européen de Normalisation) und CENELEC (Comité Européen de Normalisation Electrotechniques),
– Empfehlungen und Normen der IEC (International Electrochemical Commission) und
– Empfehlungen und Normen der ISO (International Organization for Standardization).

7.5 Gestaltungsrichtlinien

Der *Bereich* der Normung umfasst Inhalt und Grad von Normen (DIN 820, Teil 3 [34]).

Nach dem *Inhalt* werden z. B. unterschieden: Verständigungsnormen, Dienstleistungsnormen, Planungsnormen, Maßnormen, Stoffnormen, Qualitätsnormen, Verfahrensnormen, Gebrauchstauglichkeitsnormen, Prüfnormen, Liefernormen, Sicherheitsnormen.

Nach dem *Grad* werden Grundnormen als Normen von allgemeiner, grundlegender und fachübergreifender Bedeutung, Fachnormen als Normen für ein bestimmtes Fachgebiet und Fachgrundnormen als Grundnormen für ein bestimmtes Fachgebiet unterschieden. DIN EN 45020 unterscheidet zwischen Grund-, Terminologie-, Prüf-, Produkt-, Verfahrens-, Dienstleistungs-, Schnittstellen- und Deklarationsnormen.

Eine Norm kann mehreren Bereichsgruppen angehören, was der Regelfall ist. Neben den nationalen und internationalen Normen der genannten Normen-Organisationen stehen dem Konstrukteur weitere überbetriebliche Vorschriften und Richtlinien zur Verfügung. In erster Linie wären hier zu nennen:

– Vorschriften der Vereinigung der Technischen Überwachungsvereine, z. B. AD (Arbeitsgemeinschaft Druckbehälter) – Merkblätter, die ebenfalls Normencharakter haben, und
– VDI-Richtlinien des Vereins Deutscher Ingenieure.

Der VDI gibt zur Zeit etwa 1600 *Richtlinien* heraus, wovon insbesondere die Richtlinien der VDI-Gesellschaft Entwicklung, Konstruktion, Vertrieb als allgemeine Konstruktionsgrundlagen verwendet werden können. Die VDI-Richtlinien gewinnen insofern zunehmende Bedeutung, als sie als Vorfeld der Normung gelten und nach einer Einführungsphase auf ihre Normfähigkeit überprüft werden.

Zur Normensammlung des Konstrukteurs gehören darüber hinaus auch Normen, Vorschriften und Richtlinien der *innerbetrieblichen Werknormung* [86–88]. Diese können in folgende Gruppen gegliedert werden:

– Normen-Zusammenstellungen, die aus überbetrieblichen Normen eine *Auswahl* bzw. *Beschränkung* nach firmenspezifischen Gesichtspunkten, z. B. als Lagerlisten, vornehmen (Auswahlnormen) oder Gegenüberstellungen von alten und neuen bzw. mehreren Normen bringen (Übersichtsnormen).
– Kataloge, Listen und Informationsblätter über *Fremderzeugnisse* einschließlich ihrer Lagerhaltung sowie Liefer- bzw. Bestellangaben, z. B. über Werkstoffe, Halbzeuge, Hilfs- und Betriebsstoffe sowie sonstige Zukaufteile.
– Kataloge oder Listen über *Eigenteile*, z. B. über Konstruktionselemente, Wiederholteile, Baugruppen, Standardlösungen.
– Informationsblätter zur *technisch-wirtschaftlichen Optimierung*, z. B. über Fertigungsmittel, Fertigungsverfahren, Kostenvergleiche (vgl. 12.2).

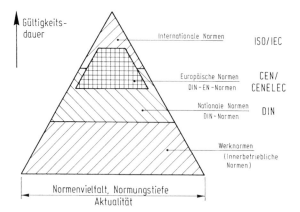

Abb. 7.146. Zuordnung von Werknormen, nationalen, europäischen und internationalen Normen in Anlehnung an DIN

– Vorschriften oder Richtlinien zur *Berechnung* und *Gestaltung* von Bauelementen, Baugruppen, Maschinen und Anlagen, gegebenenfalls mit eingeschränkter Größen- und/oder Typauswahl.
– Informationsblätter über *Lager-* und *Transportmittel*.
– Festlegungen zur *Qualitätssicherung*, z. B. Fertigungsvorschriften, Prüfanweisungen.
– Vorschriften und Richtlinien zur *Informationsbereitstellung* und *-verarbeitung*, z. B. für das Zeichnungs- und Stücklistenwesen, für die Nummerungstechnik, für die DV Verarbeitung.
– Festlegungen *organisatorischer* und *arbeitstechnischer* Art zur Aufstellung von Stücklisten oder zum Änderungsdienst von Zeichnungen.

Die Einführung und Anwendung überbetrieblich aufgestellter Normen und auch von Werknormen wird unterstützt durch den ANP (Ausschuss Normenpraxis im DIN) und durch die IFAN (Internationale Föderation der Ausschüsse Normenpraxis).

Eine Zuordnung von Werknormen sowie nationalen, europäischen und internationalen Normen gibt Abb. 7.146. Werknormen werden Produkt- und prozessspezifisch entwickelt oder ausgewählt und an aktuelle Situationen flexibel angepasst. Dementsprechend ist ihre Normungstiefe und Aktualität hoch. Nationale und internationale Normen haben bei längerer Entstehungszeit eine höhere Allgemeingültigkeit. Ihre Normenvielfalt und Normungstiefe sind in der Regel geringer, ihre Anpassung an Veränderungen gestaltet sich schwieriger, dafür ist ihre Verbreitung und Auswirkung bedeutsamer.

3. Bereitstellung von Normen

Das Suchen und Benutzen von Normen, Regelwerken und sonstigen Informationsunterlagen bei den Tätigkeiten des Konstruktionsprozesses erfordert einen beträchtlichen Zeit- und Personalaufwand. Möglichkeiten zur Informationsbereitstellung sind Normenmappen, DIN-Taschenbücher und -Normungshefte, Mikrofilme, DV-Ausdrucke und zunehmend DV-Bildschirme. Vor allem letzterer Form wird die Zukunft gehören, wenn es gelingt, die Informationsunterlagen DV-gerecht zu gestalten [6, 124, 238, 239] und sie in ein Gesamt-Informationssystem zu integrieren (vgl. [8]).

Für die Bereitstellung überbetrieblicher technischer Regeln ist das Deutsche Informationszentrum für technische Regeln (DITR) gegründet worden, das neben Fernauskünften einen Direktanschluss mit Datensichtgerät an die DITR-Datenbanken ermöglicht. Der mit DITR erstellte, jährlich erscheinende DIN-Katalog enthält ein vollständiges DIN-Nummern- und Stichwort-Verzeichnis [89].

Es wird nur eine Frage weniger Entwicklungsjahre sein, dass in den DITR-Datenbanken auch die Normen-Inhalte gespeichert und vom Anwender abrufbar sein werden. Ferner wird es möglich sein, die Normteile nicht nur mit ihren Sachmerkmalen, sondern auch als geometrisches Teil in CAD-Normteil-Datenbanken bereitzustellen (vgl. [8]).

4. Normengerechtes Gestalten

Angesichts des umfangreichen Normenangebots interessiert die Frage der Verbindlichkeit von Normen. Eine absolute *Verbindlichkeit* von Normen im juristischen Sinne gibt es z. Z. nicht [219]. Trotzdem gelten nationale und internationale Normen als anerkannte Regeln der Technik, deren Beachtung im Falle eines Rechtsstreits von großem Vorteil ist. Dies trifft insbesondere für Sicherheitsnormen [23, 57, 115, 254, 303] zu.

Darüber hinaus gelten insbesondere aus wirtschaftlichen Erwägungen alle Werknormen innerhalb ihres Gültigkeitsbereichs als verbindlich, wobei der Anwendungszwang abgestuft sein kann, z. B. in Form von verbindlichen Vorschriften oder zweckmäßigerweise einzuhaltenden Richtlinien.

Die *Anwendungsgrenze* einer Norm ist im Wesentlichen durch die schon eingangs wiedergegebene Definition von Kienzle festgelegt. Danach kann eine Norm nur solange gültig und auch verbindlich sein, als sie nicht mit technischen, wirtschaftlichen, sicherheitstechnischen oder auch ästhetischen Anforderungen kollidiert. Bei solchen Konfliktsituationen muss man sich allerdings hüten, sofort die Norm zu verlassen oder eine neue Version zu schaffen, sondern man sollte erst alle Folgen durch Verwendung abnormaler Teile oder Vorgehensweisen erfassen und bei seiner Entscheidung zu berücksichtigen suchen. Solche Entscheidungen darf der Konstrukteur nicht allein treffen, sondern er muss sich mit der Normenstelle, der Konstruktionsleitung und in vielen Fällen sogar mit der Geschäftsleitung des Betriebs abstimmen.

Im Folgenden werden einige Empfehlungen und Hinweise zum *Normeneinsatz* gegeben:

Zunächst sei die Einhaltung der DIN-Grundnormen [91] empfohlen, da auf diesen die gesamte übrige Palette der Normen aufbaut und angesichts der festgelegten Größenreihen starke Abhängigkeiten von Maßen und Werten verschiedener Normteile bestehen. Ein Verlassen der Grundnormen hat zur Folge, dass die Konsequenzen vor allem langfristig (z. B. Ersatzteildienst) nicht mehr übersehbar sind und damit ein großes technisches und wirtschaftliches Risiko entsteht.

Bestehende externe und interne Normen sind auf allen Gebieten, wie sie in den Merkmalen der in 7.2 festgelegten Leitlinie aufgelistet sind, zu beachten und einzusetzen. Einige Beispiele mögen das erläutern:

Gestaltung
Bei der Gestaltung Grund- und Fachnormen, insbesondere Planungs-, Konstruktions-, Maß-, Stoff- und Sicherheitsnormen beachten. Auch Prüfnormen und Kontrollvorschriften beeinflussen die Gestaltung.

Sicherheit
Für Betriebs-, Arbeits- und Umweltsicherheit bestehende Normen und gesetzliche Vorschriften einhalten. Sicherheitsnormen stets den Vorrang vor Rationalisierungsmaßnahmen und Kostengesichtspunkten geben.

Fertigung
Aus fertigungstechnischer Sicht sind Normen besonders wichtig und Werknormen verbindlich. Von der Werknorm nur abweichen, wenn sonst alle betrieblichen, einkaufstechnischen und marktseitigen Aspekte beachtet wurden. Voraussetzung für diese hohe Verbindlichkeit ist eine ständige Aktualisierung.

Kontrolle
Zur Qualitätssicherung sind Prüfnormen und Kontrollvorschriften wichtig.

Instandhaltung
Verständigungsnormen (z. B. Schaltbilder), Liefernormen und Wartungsvorschriften konsequent und einheitlich vorsehen.

Recycling
Zur Wieder- und Weiterverwendung bzw. -verwertung sind vor allem Prüfnormen, Stoffnormen, Qualitätsnormen, Maßnormen, Verfahrensnormen und Verständigungsnormen zu beachten.

Die angeführten Bemerkungen zum Normeneinsatz können nicht als vollständig angesehen werden. Das liegt einerseits an der Verschiedenartigkeit und Komplexität der Konstruktionsaufgaben und der zu entwickelnden Produkte, andererseits an der Vielfalt vorhandener überbetrieblicher und innerbetrieblicher Normen. Die Orientierung mit Hilfe der Leitlinie möge dazu dienen, leichter und auch vollständiger Fragen zu stellen, inwieweit die in Betracht kommenden Normen hinsichtlich der Merkmale einen Fortschritt und eine Erleichterung erbringen.

5. Normen entwickeln

Da der Entwickler und Konstrukteur eine hohe Verantwortung für die Entwicklung, Fertigung und den Gebrauch des Produkts besitzt, sollten von ihm auch entscheidende Impulse sowohl zur Frage der Überarbeitung vorhandener als auch zur Entwicklung neuer interner und/oder externer Normen ausgehen.

7.5 Gestaltungsrichtlinien

Will der Konstrukteur einen Beitrag zur Normenentwicklung leisten, so muss er die Frage beantworten: „Lohnt sich die Überarbeitung einer vorhandenen Norm oder die Entwicklung einer neuen Norm in technischer und wirtschaftlicher Hinsicht?" Diese Frage ist in der Regel nicht eindeutig zu beantworten. Insbesondere ist eine Beurteilung der wirtschaftlichen Konsequenzen aufgrund der zahlreichen und vielschichtigen Beeinflussung der betrieblichen Kostenstellen und des Markts nötig sowie der Aufwand für eine Normenentwicklung zu berücksichtigen.

Folgende allgemein gültige *Grundsätze* zur Normenentwicklung, insbesondere auch hinsichtlich Werknormen, sollten als Hilfe beachtet werden [7, 30, 33, 271].

Die *Normungsfähigkeit* eines Sachverhalts ist an *Voraussetzungen* gebunden, d. h. eine zu entwickelnde Norm:

- dokumentiert den Stand der Technik,
- setzt eine Akzeptanz der überwiegenden Mehrheit der Fachwelt voraus,
- soll sich mit der Vereinheitlichung und eindeutigen Festlegung vor allem von Schnittstellen zwischen Systemen, Teilsystemen und Systemelementen befassen, d. h. eine Austauschbarkeit von Erzeugnissen gewährleisten,
- setzt einen Bedarf voraus, d. h. sie soll wirtschaftlich und zweckmäßig sein („Normungswürdigkeit"),
- nimmt Änderungen von Normen nur aus inhaltlichen, nicht aus formalen Gründen vor,
- soll stets eine einfache, eindeutige und sichere Lösung technischer Zusammenhänge unterstützen,
- soll keine Festlegungen enthalten, die im Widerspruch zu gesetzlichen Bestimmungen oder anderen technischen Regelwerken stehen,
- soll keine gültigen Schutzrechte einbeziehen,
- soll nicht konstruktive und verfahrenstechnische Details festlegen,
- soll keine Sachverhalte mit schneller technischer Entwicklung aufgreifen,
- darf keine technischen Weiterentwicklungen behindern,
- darf keine subjektive Beeinflussung bzw. Interpretation zulassen,
- darf nicht Mode- und Geschmacksrichtungen festlegen,
- darf nicht die Sicherheit für Mensch und Umgebung gefährden und
- darf nicht dem Nutzen Einzelner dienen. Es müssen also bei der Normen-Entwicklung alle betroffenen Kreise konsultiert werden. Keine Normung, wenn maßgebende Gruppen dagegen sind.

Darüber hinaus sind *Gestaltungsgesichtspunkte* zu beachten:

- Die Gestaltung der Norm soll eindeutige Festlegungen ermöglichen, sprachlich einwandfrei und leicht verständlich sein (DIN 820-21 bis -29) [35].
- Abstufungen und Abmessungen soweit wie möglich nach Normzahlreihen.
- In Normen nur das internationale Einheitensystem (DIN 301) verwenden [93].

- Eine anwendungsfreundliche Bereitstellung von Normen sollte durch deren Aufbau unterstützt werden. Insbesondere sollte der Einsatz von DV-Systemen zur Informationsbereitstellung erleichtert werden [124, 238, 239].

Eine Normenentwicklung soll folgende allgemeine *Normungsschritte* durchlaufen:

- Ein Norm-Vorschlag bzw. eine Normanregung kommt vom Initiator.
- Der Norm-Vorschlag wird in einem Arbeitsausschuss beraten. Dieser erarbeitet einen Norm-Entwurf.
- Der Norm-Entwurf wird zur Stellungnahme allen Betroffenen vorgelegt.
- Nach Abstimmung wird, wenn erforderlich, eine Vornorm erstellt und dient zur Erprobung.
- Festlegung der endgültigen Norm (vgl. Normungsschritte – DIN 820-4).

Hauptmerkmal	Beispiele
Funktion	Eindeutigkeit durch Normung gewährleistet
Wirkprinzip	Marktstellung des Produkts durch Normung günstig beeinflussbar
Gestaltung	Material- und Energieaufwand durch Normung geringer Bauteil- und Produktkomplexität niedriger Konstruktionsarbeit methodisch verbessert und vereinfacht Einsatz von Wiederholteilen erleichtert
Sicherheit	Sicherheit durch Normung erhöht
Ergonomie	Verständigung durch Normung verbessert Arbeitspsychologische und ästhetische Gegebenheiten durch Normung verbessert
Fertigung	Arbeitsvorbereitung, Materialwirtschaft, Lagerhaltung, Fertigung und Qualitätssicherung durch Normung wirtschaftlicher Genauigkeit und Reproduzierbarkeit gesichert Auftragsabwicklung vereinfacht Bestellmöglichkeiten verbessert Produktionskapazität erhöht
Kontrolle	Fertigungs- und Qualitätskontrolle durch Normung vereinfacht Qualität verbessert
Montage	Montage durch Normung erleichtert
Transport	Transport und Verpackung durch Normung vereinfacht
Gebrauch	Bedienung durch Normung vereinfacht
Instandhaltung	Austauschbarkeit durch Normung verbessert Ersatzteildienst und Instandsetzung erleichtert
Recycling	Recycling durch Normung erleichtert
Aufwand	Kosten- und Zeitaufwand in Konstruktion, Arbeitsvorbereitung, Materialwirtschaft, Fertigung, Montage und Qualitätssicherung durch Normung verringert Prüfkosten verringert Kalkulation vereinfacht DV - Einsatz durch Normung erleichtert

Abb. 7.147. Bewertungskriterien zur Beurteilung von Normvorschlägen

Da eine Norm ein technisches System darstellt, sollte deren Erarbeitung auch mit den prinzipiellen Schritten methodischen Konstruierens erfolgen (vgl. 4, 6 und 7). Dadurch wird gewährleistet, dass deren Inhalt und Gestaltung für die Anforderungen an die zu entwickelnde Norm sorgfältig erarbeitet und geprüft werden können.

Die in Abb. 7.147 zusammengestellten *Bewertungskriterien*, wieder geordnet nach der Leitlinie, können Grundlage zur Beurteilung von zu überarbeitenden oder neu zu entwickelnden Normen in Anlehnung an die Bewertungsverfahren sein. Nicht alle der aufgeführten Bewertungskriterien sind zur Beurteilung einzelner Normen oder Normentwürfe zutreffend. So sind zur Bewertung z. B. einer Darstellungsnorm vor allem eine Gewährleistung der Eindeutigkeit, die Verbesserung der Verständigung, die Vereinfachung der Konstruktionsarbeit und der gesamten Auftragsabwicklung, die Übereinstimmung der Normenanwender sowie der Aufwand für die Normenentwicklung interessant. Der Normeningenieur oder Initiator sollte deshalb vor einer Bewertung die Bedeutung der Bewertungskriterien abstufen bzw. nicht zutreffende Kriterien ausscheiden. In Analogie zu den in 3.3.2 gegebenen Empfehlungen sollte eine ausreichende Wertigkeit vorhanden sein, die es rechtfertigt, eine Normenentwicklung einzuleiten.

7.6 Bewerten von Entwürfen
Evaluation of embodiment design

In 3.3.2 ist das Bewerten besprochen worden. Die dort erläuterten Grundlagen gelten ganz allgemein, gleichgültig, ob in der Konzeptphase oder in einer späteren Phase bewertet wird. Entsprechend der fortschreitenden Konkretisierung müssen sich die Bewertungskriterien in der Entwurfsphase auf konkretere Ziele und Eigenschaften beziehen.

In der Entwurfsphase werden die technischen Eigenschaften durch die *Technische Wertigkeit* W_t und die wirtschaftlichen Eigenschaften mit Hilfe der kalkulierten Herstellkosten durch die *Wirtschaftliche Wertigkeit* W_w stets *getrennt* beurteilt und dann vergleichend in einem Diagramm (vgl. Abb. 3.45) gegenübergestellt.

Voraussetzungen sind, dass

– die Entwürfe auf gleichem Konkretisierungsstand sind, d. h. dass gleicher Informationsstand vorhanden ist (z. B. vorläufige Entwürfe nur mit solchen vergleichen). In vielen Fällen genügt es, unter Wahrung der Gesamtbetrachtung, vornehmlich nur die Zonen in die Bewertung einzubeziehen, die sich bedeutend voneinander unterscheiden. Dann muss allerdings die Relation zum Gesamten, z. B. Teilkosten zu Gesamtkosten, sinnvoll beachtet werden;
– die Herstellkosten (vgl. 12) ermittelbar und bekannt sind. Entstehen durch die Art der Lösung bedingt Nebenkosten (z. B. Betriebskosten) oder aber

auch besondere Investitionskosten, so müssen diese je nach Betrachtungsstandpunkt (Hersteller oder Verbraucher) entsprechend zugeschlagen und gegebenenfalls durch Amortisationssätze berücksichtigt werden. Auch können Optimierungsbetrachtungen zum Erreichen des Minimums der Summe von Preis und Betriebskosten eine Rolle spielen.

Wird auf die Bestimmung der kalkulierten Herstellkosten verzichtet, lässt sich die wirtschaftliche Wertigkeit nur qualitativ wie in der Konzeptphase beurteilen. In der Entwurfsphase sollten die Kosten aber grundsätzlich konkreter ermittelt werden (vgl. 12).

Wie in 3.3.2 erläutert, sind zuerst die *Bewertungskriterien* aufzustellen. Sie werden gewonnen aus:

a) Anforderungen der Anforderungsliste
 Erstrebenswerte Überschreitung von Mindestforderungen (wie weit überschritten),
 Wünsche (erfüllt – nicht erfüllt, wie gut erfüllt);
b) Technischen Eigenschaften (wie gut vorhanden, wie erfüllt).

Die Vollständigkeit der Bewertungskriterien wird nach den in Abb. 7.148 angegebenen Hauptmerkmalen der Leitlinie überprüft, die dem erreichten Konkretisierungsgrad angepasst ist.

Hauptmerkmal	Beispiele
Funktion Wirkprinzip	Erfüllung bei gewähltem Wirkprinzip: Gleichförmigkeit, Dichtigkeit, guter Wirkungsgrad, störunempfindlich, keine Verluste
Gestalt	Größe, Raumbedarf, Gewicht, Anordnung, Lage, Anpassung
Auslegung	Ausnutzung, Haltbarkeit, Verformung, Formänderungsvermögen, Lebens- bzw. Gebrauchsdauer, Verschleiß, Schockfestigkeit, Stabilität, Resonanz
Sicherheit	Unmittelbare Sicherheitstechnik, Arbeitssicherheit, Umweltschutz
Ergonomie	Mensch-Maschine-Beziehung, Arbeitsbelastung, Bedienung, Ästhetische Gesichtspunkte, Formgebung
Fertigung	Risikolose Bearbeitung, kurze Abbindezeit, Wärmebehandlung, Oberflächenbehandlung vermeiden, Toleranzen (soweit durch Herstellkosten nicht erfasst)
Kontrolle	Einhaltung von Qualitätseigenschaften, Prüfbarkeit
Montage	Eindeutig, leicht, bequem, Einstellbarkeit, Nachrüstbarkeit
Transport	Inner- und außerbetrieblich, Versandart, notwendige Verpackung
Gebrauch	Handhabung, Betriebsverhalten, Korrosionseigenschaften, Verbrauch an Betriebsmittel
Instandhaltung	Wartung, Inspektion, Instandsetzung, Austausch
Recycling	Demontage, Verwertbarkeit, Wiederverwendbarkeit
Kosten	Gesondert durch wirtschaftliche Wertigkeit erfasst
Termin	Ablauf- und terminbestimmende Eigenschaften

Abb. 7.148. Leitlinie mit Hauptmerkmalen zum Bewerten in der Entwurfsphase

Die ersten Hauptmerkmale beziehen sich im Wesentlichen auf die durch das Wirkprinzip erfüllte technische Funktion, auf die gewählte Gestalt sowie bei vorgenommener Werkstoffwahl auf Auslegungseigenschaften. Die anderen genügen den sonstigen allgemeinen und aufgabenspezifischen Bedingungen.

Für jedes Hauptmerkmal muss mindestens ein bedeutsames Bewertungskriterium berücksichtigt werden, gegebenenfalls sind mehrere aus jeder Gruppe aufzustellen. Es darf nur dann ein Hauptmerkmal entfallen, wenn die entsprechenden Eigenschaften nicht auftreten oder für alle Varianten gleich sind. Damit soll eine subjektive Überbewertung von einzelnen Eigenschaften vermieden werden. Es sind anschließend die in 3.3.2 dargestellten Teilschritte beim Bewerten durchzuführen. Spätestens jetzt muss auch eine wirtschaftliche Realisierung deutlich werden.

In der Entwurfsphase stellt das Bewerten auch eine wichtige *Schwachstellensuche* dar, besonders dann, wenn es sich nur noch um die Beurteilung des endgültigen Entwurfs handelt. Eine solche Schwachstellensuche sowie eine Suche nach Fehlern und erkennbaren Störgrößeneinflüssen mit anschließender Verbesserung sind wesentliche Bestandteile einer abschließenden Bewertung.

7.7 Beispiel zum Entwerfen
Example of embodiment design

In der *Konzeptphase* ergeben sich prinzipielle Lösungen (Konzepte) nach einem Arbeitsablauf, der sich im Wesentlichen am Funktions- und Wirkzusammenhang (Funktionsstruktur und Wirkstruktur) orientiert.

In der *Entwurfsphase* müssen nun schwerpunktmäßig die konstruktivgestalterischen Festlegungen für einzelne Baugruppen und Bauteile getroffen werden. Für den dazu erforderlichen Arbeitsablauf ist in der VDI 2223 und in diesem Buch in den Kap. 4 (Abb. 4.3) und 7 (Abb. 7.1) ein zweckmäßiges und in der Praxis erprobtes Vorgehen vorgeschlagen worden. Die Unterschiede im Ablauf und in der Anwendung von Einzelmethoden sind aber für die verschiedenen Aufgabenstellungen und Problemsituationen in der Entwurfsphase größer als in der Konzeptphase. Beim Entwerfen als weiteres Realisieren der prinzipiellen Lösung ist eine größere Flexibilität beim Vorgehen, umfassende Kenntnisse in den relevanten Fachgebieten und auch eine hinreichende Erfahrung erforderlich.

Die Erläuterung des Vorgehens in der Entwurfsphase an Hand von Beispielen für unterschiedliche Aufgabenstellungen würde den Rahmen dieses Buches sprengen, wäre aber auch insofern irreführend, weil solche Beispiele möglicherweise suggerieren würden, dass der dann aufgezeigte Weg der einzig richtige sei. Dieses würde aber der Vielfalt individueller konstruktiver Tätigkeiten widersprechen. So soll im Folgenden lediglich ein Beispiel behandelt werden, dessen wesentliche Schritte zur prinzipiellen Lösung bereits in Kap. 6 erläutert wurden und das lediglich dazu dienen soll, die *Hauptar-*

beitsschritte beim Entwerfen nach Abb. 7.1 beispielhaft im Zusammenhang darzustellen und die zu Abb. 7.1 gemachten Anmerkungen zum Vorgehen zu erläutern.

Bei dieser Entwurfsaufgabe handelt es sich um die Konkretisierung der prinzipiellen Lösung für eine Prüfmaschine, mit der Welle-Nabe-Verbindungen mit stoßartigen Drehmomenten belastet werden können (vgl. 6.6.2). Nach Klären der Aufgabenstellung, Erarbeiten einer Anforderungsliste (Abb. 6.43), Abstrahieren zum Erkennen wesentlicher Probleme (Tabelle 6.2), Aufstellen von Funktionsstrukturen (vgl. Abb. 6.44 und 6.45), Suchen nach Wirkprinzipien (vgl. Abb. 6.46), Kombinieren der Wirkprinzipien zu Wirkstrukturen (vgl. Abb. 6.47), Auswählen geeigneter Wirkstrukturen (vgl. Abb. 6.48), Konkretisieren zu prinzipiellen Lösungsvarianten (vgl. Abb. 6.49 bis 6.52) sowie Bewerten dieser Lösungsvarianten (vgl. Abb. 6.55 und 6.56) müssen nun die Arbeitsschritte nach Abb. 7.1 folgen:

1. und 2. Hauptarbeitsschritt: Erkennen gestaltungsbestimmender Anforderungen, Klären der räumlichen Bedingungen

Aus der Anforderungsliste wurden folgende Anforderungen als *gestaltungsbestimmend* erkannt (Auswahl):

– *Anordnungsbestimmend:*
  Prüfverbindung soll raumfest sein,
  Belastung soll bei ruhender Welle und nur in einer Richtung erfolgen,
  Lastausleitung nabenseitig variabel,
  Momenteneinleitung variabel,
  kein eigenes Fundament.

– *Abmessungsbestimmend:*
  Prüfwelle $\leq$ 100 mm
  einstellbares Drehmoment $T \leq 15\,000$ N m in 5 Stufen
  (Haltezeit mindestens 3 s)
  einstellbarer Drehmomentanstieg $\dfrac{dT}{dT} = 1250$ N m/s in 5 Stufen.
  Leistungsaufnahme $\leq$ 5 kW.

– *Werkstoffbestimmend:*
  Wellen- und Nabenwerkstoff Ck 45.

– *Sonstige Anforderungen:*
  Einzelfertigung in eigener Werkstatt,
  Ankauf- und Normteile verwenden,
  leichte Demontagemöglichkeiten.

Für räumliche Bedingungen lagen keine besonderen Anforderungen vor.

3. Hauptarbeitsschritt:
Strukturieren in gestaltungsbestimmende Hauptfunktionsträger

Grundlage für diese Strukturierung ist die Funktionsstruktur-Variante Nr. 4 (Abb. 6.45) und die prinzipielle Lösungsvariante V2 (Abb. 6.47). In Tabelle 7.6 sind zunächst die für die Teilfunktionen aus der Lösungsvariante erkennbaren *Funktionsträger* mit ihren charakteristischen Merkmalen zusammengestellt. Von diesen erscheinen als gestaltungsbestimmende Hauptfunktionsträger wichtig:

– die Prüfverbindung,
– der Übertragungshebel zwischen Kurvenzylinder und Prüfverbindungswelle und
– der Kurvenzylinder.

Weitere Hauptfunktionsträger sind:

Tabelle 7.6. Hauptfunktionsträger

Funktion	Funktionsträger	Merkmale
Energie wandeln, Energiekomponete vergrößern	Elektromotor	Leistung P_M Drehzahl n_M Hochlaufzeit f_M
Energie speichern	Schwungrad	Massenträgheitsmoment J_S Drehzahl n_S Übertragbares Moment T_{KU}
Energie freigeben	Kupplung	Übertragbares Moment T_{KU} Max. Drehzahl n_{KU} Schaltzeit t_{KU}
Energiekomponente vergrößern	Getriebe	Leistung P_G Max. Ausgangsdrehm. T_G bei Ausgangsdrehzahl n_G Übersetzungsverhältnis i_G
Größe und Zeit steuern	Kurvenzylinder	Leistung P_K Drehzahl n Durchmesser D_K Anstiegswinkel α_K Höhendifferenz h_K
Energie in Drehmoment wandeln	Hebel	Länge l_H Steifigkeit c_H
Belasten der Prüfverbindung	Prüfverbindung	Drehmoment T Drehmomentanstieg dT/dt
Kräfte und Drehmoment aufnehmen	Rahmen	–

- der Elektromotor,
- das Schwungrad,
- die Schaltkupplung,
- das Getriebe und
- der Prüfmaschinenrahmen.

4. Hauptarbeitsschritt:
Grobgestalten der gestaltungsbestimmenden Hauptfunktionsträger

Abbildung 7.149 zeigt zunächst eine grobe Anordnung für die drei gestaltungsbestimmenden Hauptfunktionsträger.

Während die Gestaltung der *Prüfverbindung* nach DIN 6885 und des *Übertragungshebels* aufgrund einer Nachrechnung als Biegefeder erfolgte, beides weitgehend unproblematisch, erforderte die Auslegung und Gestaltung des *Kurvenzylinders* eine eingehendere Analyse der kinematischen und dynamischen Verhältnisse aufgrund der gestellten Anforderungen.

Eine genauere Betrachtung ergab, dass die Abschätzung der Steuerfunktion des Kurvenzylinders in der Konzeptphase nicht zur Gestaltung ausreichte. Vielmehr musste vor Festlegung der Hauptmaße folgende Bewegungsanalyse durchgeführt werden:
Entsprechend Abb. 7.150 gilt:

Drehmoment an der Prüfwelle: $T = c_H \cdot h_K \cdot l_H$

Drehmomentanstieg: $\dfrac{dT}{dt} = \pi \cdot D_K \cdot n_K \cdot \tan \alpha_K \cdot c_H \cdot l_H$,

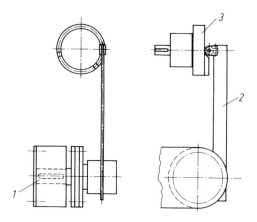

Abb. 7.149. Gestaltungsbestimmende Hauptfunktionsträger. *1* Prüfverbindung, *2* Übertragungshebel, *3* Kurvenzylinder

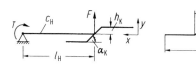

Abb. 7.150. Geometrische Verhältnisse am Kurvenzylinder einschließlich Hebel; c_H Steifigkeit des Hebels

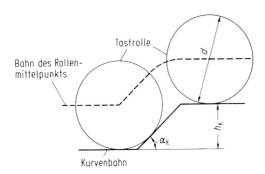

Abb. 7.151. Kurvenbahn und Hebelauslenkung

Haltezeit: $t_H = \dfrac{U_K}{2\pi \cdot D_K \cdot n_K} = \dfrac{1}{2 n_K}$

Die Beziehung für den Drehmomentanstieg gilt nur unter der Voraussetzung, dass die Hebelauslenkung parallel zur Kurvenbahn verläuft. Da die Abtastung wegen der gewünschten geringen Reibungsverluste durch eine Tastrolle erfolgen soll (Abb. 7.151), ergibt sich, dass der tatsächliche Drehmomentanstieg unter dem rechnerischen liegt, und dieser auch nicht konstant ist. Gemäß Abb. 7.152 wurde deshalb mit einem mittleren Anstieg gerechnet.

Soll der Drehmomentanstieg dT/dt laut Anforderungsliste als mittlerer Drehmomentanstieg gemäß Abb. 7.151 erfolgen, kann für die Berechnung des dT/dt nicht mehr die volle Umfangsgeschwindigkeit v_x eingesetzt werden, sondern lediglich die wirksame Umfangsgeschwindigkeit v_x^*.

Es gilt

$$v_x^* = K\, v_x$$

Der Korrekturfaktor K hängt ab von:

Dem Anstiegswinkel α_K,

dem Durchmesser der Tastrolle d und

der Höhendifferenz des Kurvenzylinders h_K.

Der Korrekturfaktor K lässt sich aus Abb. 7.153 herleiten:

Mit $x = h_K / \tan \alpha_K$ und

$$x = \dfrac{d}{2} \cdot \left(\sin \alpha_K - \dfrac{1 - \cos \alpha_K}{\tan \alpha_K} \right)$$

folgt

$$K = \dfrac{v_x^*}{v_X} = \dfrac{x}{x + \Delta x}$$

Formel gilt nur solange exakt, wie gilt: $\dfrac{d}{2} \cdot (1 - \cos \alpha_K) \leq h_K$,

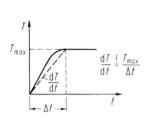

Abb. 7.152. Drehmomenten-anstieg

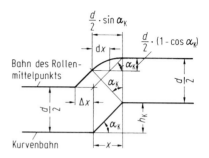

Abb. 7.153. Ableitung des Korrekturfaktors K

bzw.

$$K = \frac{\dfrac{h_K}{\tan \alpha_K}}{\dfrac{h_K}{\tan \alpha_K} + \dfrac{d}{2} \cdot \left(\sin \alpha_K - \dfrac{1 - \cos \alpha_K}{\tan \alpha_K} \right)}.$$

Um Zahlenwerte für K zu erhalten, werden folgende Schätzwerte angenommen:

- Anstiegswinkel $\alpha_K = 10 \ldots 45$ grd,
- Durchmesser der Tastrolle $d = 60$ mm,
- Höhendifferenz des Kurvenzylinders $h_K = 30$ mm bzw. $h_K = 7{,}5$ mm.

Die nach oben stehender Gleichung errechneten Werte für K sind in Tabelle 7.7 zusammengefasst.

Die Gleichung für den Drehmomentanstieg dT/dt wird durch Umstellung nach der Drehzahl n_K des Kurvenzylinders und unter Berücksichtigung des Korrekturfaktors K zu

$$n_K = \frac{\dfrac{dT}{dt}}{K \cdot \pi \cdot D_K \cdot \tan \alpha_K \cdot c_H \cdot l_H}$$

Der Drehzahlregelbereich R

$$R = \frac{n_{K\,max}}{n_{K\,min}}$$

wird im Folgenden bestimmt:

Sieht man den Durchmesser des Kurvenzylinders D_K, die Steifigkeit c_H und die Länge l_H des Hebels aufgrund des Lösungskonzeptes als konstant an, so kann man in Abhängigkeit der restlichen Parameter $\dfrac{dT}{dt}$, K und α_K die

Tabelle 7.7. Anhaltswerte für den Korrekturfaktor K

h_K mm	α_K grd	45	40	30	20	10
7,5	K	0,41	0,45	0,62	0,79	0,94
30	K	0,71	0,76	0,87	0,94	0,98

Tabelle 7.8. Bestimmung von $n_{K\,min}$ und $n_{K\,max}$

	dT/dt	a_K	K	n_K
Minimal	20	10	0,98	116 C
Maximal	125	45	0,41	305 C

beiden Extremfälle für die Drehzahl n_K des Kurvenzylinders nach obenstehender Gleichung bestimmen, Tabelle 7.8. Dabei ist C eine Konstante zur Berücksichtigung der Einheiten und der restlichen konstanten Werte (π, D_K, c_H und l_H).

Der Drehzahlregelbereich R ergibt sich demnach zu

$$R = \frac{305 \cdot C}{116 \cdot C} = 2{,}6\,.$$

Das bedeutet, dass

– die Funktion – Größe und Zeit steuern – nicht allein durch den Kurvenzylinder erfüllt werden kann,
– bei prinzipieller Beibehaltung des Konzepts die Funktionsstruktur geändert werden muss,
– der Kurvenzylinder einen drehzahlveränderlichen Antrieb mit einem Drehzahlregelbereich von etwa $R = 2{,}6$ erhalten muss.

Abbildung 7.154 zeigt die so ergänzte Funktionsstruktur-Variante nach Abb. 6.45 durch eine weitere Teilfunktion „*Drehzahl verstellen*", die z. B. durch einen stufenlos drehzahlsteuerbaren Antriebsmotor verwirklicht werden könnte. Auch hierbei sind mehrere Varianten möglich (*4/mathit1* bis *4/3*).

Die quantitative Auslegung des Kurvenzylinders aufgrund der dargelegten Beziehungen ergab folgende Werte für die wesentlichen Merkmale:

Federsteifigkeit des Hebels $c_H = 700$ N/mm, Hebellänge $l_H = 850$ mm, Zylinderdurchmesser $D_K = 300$ mm, Anstiegswinkelbereich $\alpha_K = 45\ldots 10$ grd, Konstante C gemäß Tabelle 7.8 $= 0{,}107$ min^{-1}, Drehzahlbereich für den geforderten Drehmomentanstiegsbereich ($dT/dt_{max} = 125\,000$ N m/s; $dT/dt_{min} = 20\,000$ N m/s) $n_K = 12{,}4\ldots 32{,}6$ min^{-1} bei einem Regelbereich $R = 2{,}6$.

Die Anforderungen an den einzustellenden Drehmomentanstieg dT/dt sind also mit den gewählten Größen zu erfüllen.

522   7 Methodisches Entwerfen

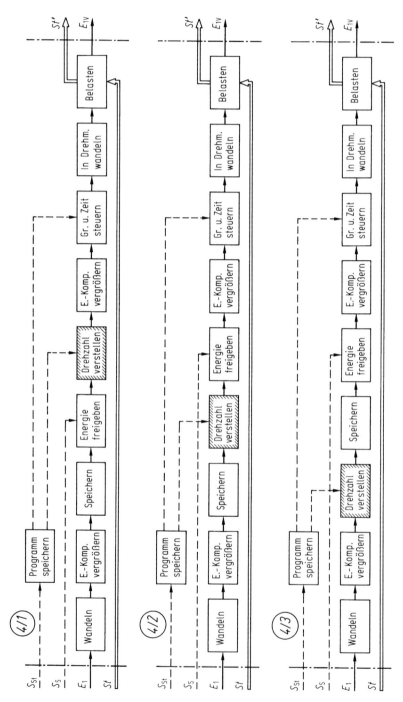

Abb. 7.154. Funktionsstruktur-Varianten zur Funktionsstruktur 4 nach Abb. 6.45

Anders verhält es sich mit der geforderten Haltezeit für das max. Moment. Diese ergibt sich zu $t_\text{H} = 1/2n_\text{K} = 2{,}4\ldots 0{,}92$ s, liegt also unter dem geforderten Wert von 3 s. Nach Rücksprache mit dem Auftraggeber wurde die Forderung auf $t_\text{H} \geq 1$ s zurückgenommen, was durch die Nutzung von etwas mehr als der Hälfte des Kurvenzylinderumfangs realisiert werden kann.

Die maßstäbliche Darstellung der gestaltungsbestimmenden Hauptfunktionsträger erfordert noch die vorherige Klärung folgender Punkte:

– Wie ist die räumliche Anordnung der Prüfverbindung und des Kurvenzylinders?
– Inwieweit müssen Nebenfunktionsträger mitberücksichtigt werden?

Aus folgenden Gründen wird festgelegt, dass die Prüfverbindung waagerecht angeordnet sein und dass daraus folgend der Kurvenzylinder sich um eine senkrechte Achse drehen soll:

– Gute Auswechselbarkeit der Prüfverbindung und des Kurvenzylinders $\rightarrow$ montagegerechte Gestaltung,
– leichte Zugänglichkeit zur Prüfverbindung für die Messung $\rightarrow$ gebrauchsgerechte Gestaltung,
– problemlose Einleitung der Einspannkräfte der Prüfverbindung ins Fundament $\rightarrow$ kurze und direkte Kraftleitung,
– einfache Umrüstbarkeit des Prüfstandes auf andere Probenform (insbesondere bei größerer Probenlänge) $\rightarrow$ risikogerechte Gestaltung.

Die Erforderlichkeit von Nebenfunktionsträgern wird abgeschätzt und deren Platzbedarf aufgrund von Erfahrungen festgelegt. So ergibt sich z. B., dass

– wegen der am Kurvenzylinder auftretenden Axialkraft F_A und Umfangskraft F_U

$$F_\text{A} = F_\text{U} = \frac{T_\text{max}}{l_\text{H}} = 17{,}6\,\text{kN}$$

eine gesonderte Kurvenzylinderlagerung notwendig ist und
– der Außendurchmesser D_a der Flanschverbindung zwischen Prüfverbindung und Hebel in Anlehnung an drehsteife Kupplungen etwa $D_\text{a} = 400$ mm betragen muss.

Es zeigt sich jedoch, dass die Nebenfunktionsträger die maßstäbliche Gestaltung nur unwesentlich beeinflussen.

Abbildung 7.155a zeigt die Grobgestaltung auf Grund der Funktionsstruktur-Variante *4/1*, bei der die Drehzahlsteuerung über ein Verstellgetriebe erfolgt, was im Energiefluss hinter der Schaltkupplung liegt. Abbildung 7.155b zeigt die Grobgestaltung auf Grund der Funktionsstruktur-Variante *4/2*, bei der das Verstellgetriebe vor der Schaltkupplung sitzt. Variante *4/3* (Abb. 7.155c) verwendet einen verstellbaren Getriebemotor.

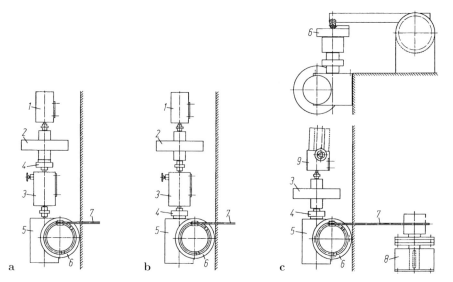

Abb. 7.155. Anordnung der Hauptfunktionsträger: **a** Funktionsstrukturvariante 4/1; **b** für Funktionsstrukturvariante 4/2; **c** für Funktionsstrukturvariante 4/3, 1 Motor, 2 Schwungrad, 3 Verstellgetriebe, 4 Schaltkupplung, 5 Schneckengetriebe (Winkelgetriebe), 6 Kurvenzylinder, 7 Übertragungshebel, 8 Prüfverbindung, 9 Verstell-Getriebemotor

5. Hauptarbeitsschritt: Auswählen geeigneter Entwürfe

Von den entworfenen Gestaltungsvarianten wurde Variante 4/3 zur weiteren Konkretisierung ausgewählt, da sie mit Hilfe des verstellbaren Getriebemotors (Funktionsintegration) wesentlich kleiner baut.

6. Hauptarbeitsschritt: Grobgestalten weiterer Hauptfunktionsträger

Die Grobgestaltung der weiteren Hauptfunktionsträger erfolgt aufgrund folgender Anforderungen, die im Arbeitsschritt 4 erkannt wurden:

– Antriebsdrehzahlbereich des Kurvenzylinders
  $n_K = 12{,}4 \ldots 32{,}6 \text{ min}^{-1}$,
– Drehzahlregelbereich
  $R = 2{,}6$,
– Antriebsdrehmoment des Kurvenzylinders wegen
  $T_K = F_U \cdot (D_K/2)$ und $F_U = F_A = \dfrac{T}{l_H}$ folgt $T_K = 2650 \text{ N m}$,

Antriebsleistung des Kurvenzylinders wegen

$P_K = T_K \omega_K$ folgt $P_K = 9 \text{ kW}$.

Aus Sicherheitsgründen wird für die Schwungscheibendrehzahl n_S (und somit auch für die Motordrehzahl n_M) maximal

$$n_S = 1000\,\text{min}^{-1}$$

gewählt.
Die erforderliche Übersetzung beträgt also

$$i = 80{,}7\ldots 30{,}7\,.$$

Für die weiteren Hauptfunktionsträger können die charakteristischen Merkmale wie folgt abgeschätzt werden:

– Übertragbares Drehmoment der Kupplung

$$T_{KU} = T_K/i$$

aus dem Antriebsmoment des Kurvenzylinders $T_K = 2650\,\text{N m}$ und dem jeweiligen Übersetzungsverhältnis i zwischen Kurvenzylinder und Kupplung,

– Massenträgheitsmoment der Schwungscheibe

$$J_S = \frac{T_S \cdot \Delta t}{2 \cdot \pi \cdot n_S \cdot \Delta n}$$

aus dem jeweiligen, an der Schwungscheibe abgenommenen Drehmoment T_S, der Stoßzeit Δt, der jeweiligen Schwungscheibendrehzahl n_S und dem zulässigen Drehzahlabfall $\Delta n = 5\%$,

– Leistung des Elektromotors P_M nach Berechnung des erforderlichen Beschleunigungsmoments T_B

$$T_B = \frac{J_S \cdot 2 \cdot \pi \cdot n_M}{t_M} < T_{B\,\text{max}}$$

aus dem Massenträgheitsmoment J_S der Schwungscheibe, der Motordrehzahl n_M sowie der Hochlaufzeit $t_M = 10\,\text{s}$ und dem maximalen Beschleunigungsmoment des Motors $T_{B\,\text{max}}$ laut Herstellerangaben.

Tabelle 7.9 gibt die errechneten Werte für die wesentlichen Merkmale an.
Diese Hauptfunktionsträger sind, von der Schwungscheibe abgesehen, als Zukaufteile erhältlich und konnten wie folgt ausgewählt werden:

– Getriebe:
  Cavex-Schneckengetriebe Bauart CHVW 160 (Firma Flender),
  Leistung $P_G = 9{,}1\,\text{kW}$,
  Ausgangsdrehmoment $T_G = 3800\,\text{N m}$ bei $n_G = 32{,}3\,\text{min}^{-1}$,
  Übersetzungsverhältnis $i_G = 31$.
– Elektromagnetische Kupplung:
  schleifringlose E-Kupplung Typ 0-008-301, Größe 17 (Firma Ortlinghaus),
  übertragbares Moment $T_{KU} = 120\,\text{N m}$.

Tabelle 7.9. Gestaltungsabhängige Hauptfuntionsträger der Funktionsstrukturvariante $4/3$

Funktion	Funktionsträger	Merkmale
Energie wandeln E.-Komp. vergrößern Drehzahl verstellen	Elektromotor mit mechan. Verstellung – Variante $4/3$	Leistung $P_M = 1{,}1$ kW Drehzahl $n_M = 380 \dots 1000$ min^{-1} Drehzahlregelb. $R = 2{,}6$
Energie speichern	Schwungscheibe	Massenträgheitsm. $J_S = 1{,}4$ kg m^2 Drehzahl $n_S = 380 \dots 1000$ min^{-1}
Energie freigeben	Elektro-magnetische Kupplung	Übertragb. Moment $T_{KU} = 86$ N m Leistung $P_G = 9$ kW
Energiekomponente vergrößern	Getriebe	Ausgangsdrehm. $T_G = 2650$ N m bei Drehzahl $n_G = 32$ min^{-1} Übersetzung $i_G = 40{,}7$

- Verstellmotor:
  Stöber-Regelantrieb R25-0000-075-4,
  Leistung $P_M = 0{,}75$ kW,
  Drehzahl $n_M = 350 \dots 1750$ min^{-1},
  Drehzahlregelbereich $R = 5$.
- Auslegung der Schwungscheibe:
  Drehzahl $n_s = 1010$ min^{-1},
  Massenträgheitsmoment $J_S = 1{,}9$ kg m^2.

Wegen nicht berücksichtigter Verluste wie etwa Reibung wird J_S größer gewählt als bisher vorgesehen.

Aus Gewichtersparnisgründen wird die Schwungscheibe als Hohlzylinder ausgeführt:

Außendurchmesser $D_A = 480$ mm,
Innendurchmesser $D_I = 410$ mm,
Breite $B = 100$ mm,
Masse $m = 38$ kg.

Die Erstellung eines maßstäblichen Grobentwurfs erfolgt auf der Basis der in Abb. 7.154c dargestellten Hauptfunktionsträger durch Hinzufügen des letzten Hauptfunktionsträgers Rahmen.

Da die Bauhöhe der Hebellagerung mit Prüfverbindung wesentlich kleiner ist als die des Kurvenzylinders mit dem gesamten Antrieb, wird nach Rücksprache mit dem Auftraggeber folgende, räumliche Randbedingung für den Prüfstand festgelegt, Abb. 7.156.

Als Halbzeug für den Rahmen wird aus folgenden Gründen U-Stahl verwendet:

- großes Flächenträgheitsmoment bei kleinem Querschnitt,
- keine gerundeten Ecken,

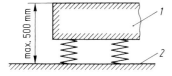

Abb. 7.156. Nachträgliche räumliche Randbedingung. *1* Grundplatte zur Befestigung der Prüfmaschine, *2* Fundament

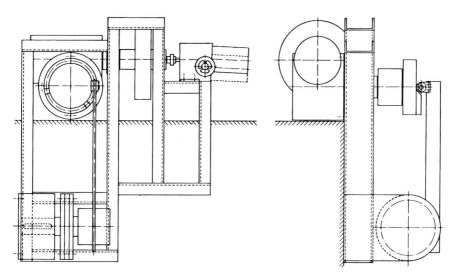

Abb. 7.157. Vervollständigter Grobentwurf

– drei ebene Bezugsflächen vorhanden,
– billiges Halbzeug.

Abbildung 7.157 zeigt den so vervollständigten Grobentwurf.

7. Hauptarbeitsschritt: Suchen von Lösungen für Nebenfunktionen

Das Erstellen eines maßstäblichen Feinentwurfs beinhaltet folgende Arbeitsschritte:

– Suchen und Auswählen von Lösungen für Nebenfunktionsträger,
– Feingestalten der Hauptfunktionsträger aufgrund der Nebenfunktionsträger,
– Feingestalten der Nebenfunktionsträger.

Die strikte Trennung dieser Arbeitsschritte ist jedoch nicht mehr in dem Maße durchzuhalten, wie es bei der Erstellung des Grobentwurfs möglich war. Die gegenseitige Beeinflussung ist aufgrund des hohen Konkretisierungsgrades viel größer und erfordert oft eine Wiederholung der Arbeitsschritte auf dann höherer Informationsstufe.

Die Nebenfunktionsträger können in folgende drei Gruppen unterteilt werden:

- Nebenfunktionsträger zur Verbindung der Hauptfunktionsträger untereinander.
- Nebenfunktionsträger zur Lagerung der beweglichen Hauptfunktionsträger im Rahmen.
- Nebenfunktionsträger zur festen Verbindung der Hauptfunktionsträger mit dem Rahmen.

Folgende Lösungen wurden gefunden:
Nebenfunktionsträger zur Verbindung der Hauptfunktionsträger untereinander sind:

- Flanschverbindung zwischen Hebel und Prüfverbindungen: formschlüssige Membrankupplung, um zusätzliche Biegemomente zu vermeiden und leichte Montierbarkeit zu gewährleisten.
- Drehsteife Kupplung zwischen Schneckengetriebe und Kurvenzylinder.

Die Verbindung von Schneckengetriebe und Kurvenzylinder kann auf zwei Arten erfolgen, Abb. 7.158:

- Schneckengetriebe mit Hohlwelle – Kurvenzylinder.
- Schneckengetriebe – drehsteife Kupplung – Kurvenzylinder.

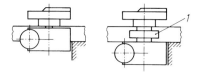

Abb. 7.158. Verbindung von Schneckengetriebe und Kurvenzylinder, *1* Kupplung

Für die Verwendung einer drehsteifen Kupplung sprechen folgende Gründe:

- Getrennte Montage von Schneckengetriebe und Kurvenzylinder möglich → montagegerechte Gestaltung.
- Keine Unterbrechung des Rahmens wegen zu hoher Wellenlage → Einfache Gestaltung.
- Kein hoher Aufwand für Zentrierung von Schneckengetriebe und Kurvenzylinder → Fertigungsgerechte Gestaltung.

Verwendet wird eine drehsteife Arpex-Kupplung (Fa. Flender).

- Drehelastische Kupplung zwischen Schwungscheibe und Elektromotor: Roflex-Kupplung (Fa. Flender).

Nebenfunktionsträger zur Lagerung der beweglichen Hauptfunktionsträger im Rahmen:

– Schwungscheibenlagerung

Anforderungen: einfache Herstellung der Schwungscheibe (d. h. kein aufwendiges Auswuchten), unmittelbare Sicherheitstechnik (Prinzip des sicheren Bestehens) in Bezug auf die aufzunehmenden, dynamischen Kräfte, hängende Anordnung der Lagerung im Rahmen.

Die Verwendung von Zukaufteilen (Lagergehäuse mit Wälzlager) ist hier nicht möglich, da die in der Regel gegossenen Lagergehäuse eher für stehenden Betrieb ausgelegt sind. Da die Größe der entstehenden dynamischen Kräfte aufgrund der Eigenfertigung der Schwungscheibe relativ unsicher ist, ist für die Lagerung eine besondere Gestaltung notwendig.

– Lagerung von Kurvenzylinder und Hebel: handelsübliche Wälzlager.

Nebenfunktionsträger zur festen Verbindung der Hauptfunktionsträger mit dem Rahmen:

– Als Verbindungselemente werden einfache Halbzeuge (angeschweißte Bleche) benutzt, an die die Hauptfunktionsträger angeschraubt werden.
– Speziell: Verbindung der Prüfnabe mit dem Hebel (bzw. dem Rahmen).

Anforderungen: Leicht montierbare, lösbare Verbindung,
Verschieblichkeit in Längsrichtung,
spielfrei, keine engen Toleranzen.

Es wird ein Ringfeder-Spannsatz RfN 7012 (Firma Ringfeder) verwendet.

8. Hauptarbeitsschritt: Feingestalten der Hauptfunktionsträger unter Beachten der Nebenfunktionsträger

Die Hauptfunktionsträger werden, soweit notwendig, an die jetzt feststehenden Lösungen für die Nebenfunktionsträger angepasst.
  Im Einzelnen ergibt sich folgendes:

– Verstellmotor: Zukaufteil.
– Schwungscheibe: Abb. 7.159.
– Kupplung: Zukaufteil.
– Getriebe: Zukaufteil.
– Kurvenzylinder: Abb. 7.160.
– Hebel: siehe Gesamtentwurf (Abb. 7.161).
– Prüfverbindung: siehe Gesamtentwurf (Abb. 7.161).
– Rahmen: Änderung gegenüber dem Grobentwurf wegen geänderter Motorbauform.

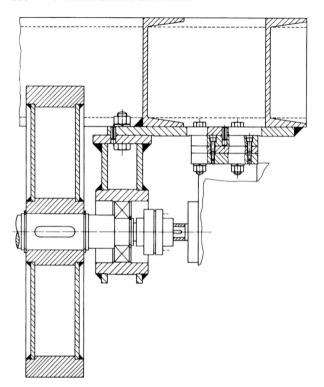

Abb. 7.159. Schwungrad und Schwungradlagerung (Feinentwurf)

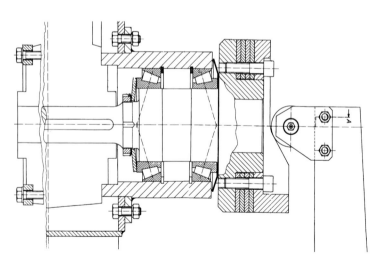

Abb. 7.160. Lagerung des Kurvenzylinders (Feinentwurf)

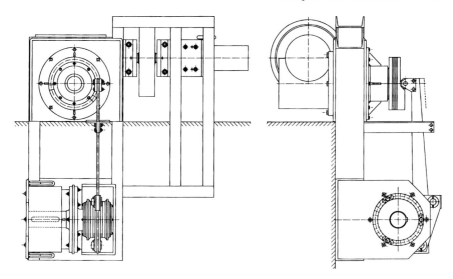

Abb. 7.161. Vorläufiger Gesamtentwurf

9. Hauptarbeitsschritt: Feingestalten der Nebenfunktionsträger und Vervollständigen der vorläufigen Entwürfe

Schwungscheibenlagerung (als Beispiel):

– Auslegung (vgl. Leitlinie mit Hauptmerkmalen beim Gestalten, Abb. 7.3):
 Die Lagerkräfte F_L werden folgendermaßen abgeschätzt
 $F_\mathrm{L} = F_\mathrm{dyn} + F_\mathrm{stat}$

 mit der Gewichtskraft

 $F_\mathrm{stat} = m \cdot g = 400\ \mathrm{N}$

 und der dynamischen Kraft

 $F_\mathrm{dyn} = m \cdot e_\mathrm{ges} \cdot 4 \cdot \pi^2 \cdot n_\mathrm{S}^2$.

 Mit der Masse $m = 40$ kg
 Drehzahl $n_\mathrm{S} = 1750$ min^{-1} (= max. Motordrehzahl),
 Exzentrizität der Schwungscheibe: $e_\mathrm{ges} = 0{,}6$ mm mit
 Maß- und Formungenauigkeit der Schwungscheibe: 0,3 mm
 Spiel in Scheibe-Welle und Lagern: 0,2 mm
 ungleiche Massenverteilung: 0,1 mm
 ergibt sich eine Lagerkraft von

 $F_\mathrm{L} = 1130$ N

Das heißt, dass selbst beim Auftreten von zusätzlichen Kreiselkräften die Lager (dyn. Tragzahl 65 000 N) und alle folgenden, im Kraftfluss liegenden Teile ausreichend dimensioniert sind.

– Resonanz:
Die Gestaltung von Lagerung und Rahmen erfolgt sehr starr, so dass eine Erregung durch die Schwungscheibe (max. 30 Hz) in der Eigenfrequenz ausgeschlossen erscheint.
– Fertigung:
Fertigungsgerechte Gestaltung, da die Schwungscheibenlagerung keine eng tolerierten Maße am Rahmen erfordert.
– Montage:
Montagegerechte Gestaltung der Schwungscheibenlagerung durch
  • einfachen Anbau von unten,
  • gute Zugänglichkeit zu den Befestigungsschrauben,
  • leichte Einstellmöglichkeit der elektromagnetischen Kupplung durch Distanzring bei fester Positionierung der Schwungscheibenlagerung mittels Passstiften (auch ohne Schwungradmasse selbst möglich).
– Instandhaltung:
Instandhaltungsgerechte Gestaltung durch Verwendung wartungsfreier Lager.

Abbildung 7.161 zeigt den erarbeiteten vorläufigen Gesamtentwurf des Prüfstandes als Ergebnis der dargelegten Gestaltungsschritte.

10. Hauptarbeitsschritt: Bewerten nach technischen und wirtschaftlichen Kriterien

Da nur ein Entwurf ausgeführt wurde, ist der Sinn der Bewertung nicht ein Vergleich mit anschließender Auswahl sondern eine Beurteilung des vorhandenen Entwurfs nach konkreten, auf die Anforderungen bezogenen Kriterien mit dem Ziel, etwa vorhandene Schwachstellen zu erkennen und zu verbessern.

Das Vorgehen gliedert sich nach 3.3.2 in folgende Einzelschritte:

– Erkennen von Bewertungskriterien,
– Beurteilen der Eigenschaften hinsichtlich ihrer Erfüllung der Bewertungskriterien,
– Bestimmen des Gesamtwerts,
– Suchen nach Schwachstellen.

Für die gefundenen Schwachstellen wird gegebenenfalls ein Verbesserungsvorschlag angegeben.

Als Bewertungskriterien wurden die im Zielsystem für die Konzeptbewertung bereits als wichtig erkannten Kriterien im Wesentlichen übernommen, wobei statt 13 nur 11 Kriterien herangezogen wurden, Abb. 7.162. Eine Gewichtung erschien nicht erforderlich.

Die erwarteten oder berechenbaren Eigenschaften des entworfenen Prüfstandes (Abb. 7.161) wurden in Bezug auf eine gedachte Ideallösung anhand

Nr.	Bewertungskriterien	Gew.	Eigenschaftsgrößen	Einh.	Variante 4/3 Eigensch. e_{i1}	Variante 4/3 Wert w_{i1}	Variante 4/3 Gew.Wert wg_{i1}	Variante 4/3 mod. Eigensch. e_{i2}	Variante 4/3 mod. Wert w_{i2}	Variante 4/3 mod. Gew.Wert wg_{i2}
1	Gute Reproduzierbarkeit		Störeinflüsse	–	gering	4				
2				–						
3				–						
4	Möglichkeit der Überlastung		Belastungsreserve	%	10	3				
5	Hohe Arbeitssicherheit		Verletzungsgefahr	–	mittel	2		siehe Text	4	
6	Geringe Bedienungsfehlermöglichkeiten		Bedienungsfehlermöglichkeiten	–	hoch	1		siehe Text	3	
7	Geringe Teilevielfalt		Teilevielfalt	–	niedrig	3				
8	Geringe Teilekomplexität		Teilekomplexität	–	niedrig	3				
9	Viele Norm- und Zukaufteile		Anteil der Norm- und Zukaufteile	–	hoch	4				
10	Einfache Montage		Einfachheit der Montage	–	hoch	3				
11	Leichte Änderung der Belastung		Belastungsänderung	–	schlecht	1		siehe Text	2	
12	Schnelles Auswechseln d. Prüfverbind.		Geschätzte Auswechselzeit d. Prüfverb.	–	mittel	2		siehe Text	2	
13	Gute Zugänglichkeit der Messsysteme		Zugänglichkeit der Messsysteme	–	gut	3				
	$\Sigma g_i = 1{,}0$				$Gw_1 = 29$ $W_1 = 0{,}66$			$Gw_2 = 34$ $W_2 = 0{,}77$		

Abb. 7.162. Bewertungsliste zur Bewertung und Schwachstellensuche für den Entwurf gemäß Abb. 7.161 (vom Zielsystem (Abb. 6.54) und der Konzeptbewertung (Abb. 6.55) wurden nicht alle Bewertungskriterien übernommen, ebenso wurde keine Gewichtung vorgenommen)

einer groben Wertskala von 0...4 Punkten nach VDI 2225 bewertet, da ein höherer Bewertungsaufwand nicht lohnend erschien. Abbildung 7.162 zeigt das Bewertungsergebnis.

Für die Bestimmung des Gesamtwerts wurde nur die technische Wertigkeit herangezogen, da für die formale Ermittlung einer wirtschaftlichen Wertigkeit keine Angaben zur Verfügung standen:

$$W = 29/44 = 0{,}66.$$

Auf Grund des niedrigen Gesamtwerts erschien eine Schwachstellenbetrachtung lohnend:

Die Suche nach Schwachstellen erfolgt durch das Auffinden der Eigenschaften mit geringster Punktzahl. Für die Eigenschaften mit nur 1 bzw. 2 Punkten wird gegebenenfalls gleich ein Verbesserungsvorschlag gemacht:

- Geringe Bedienungsfehlermöglichkeit,
  Schwachstelle: Drehzahl des Motors.
  • Die Drehzahl kann höher als für den maximalen Drehmomentanstieg notwendig eingestellt werden.
  • Der Hochlauf des Motors darf wegen der dabei auftretenden Erwärmung nur bei der Einstellung auf eine Drehzahl im unteren Drehzahlbereich erfolgen.
  Abhilfe: Auf einer vom Hersteller angebotenen Drehzahlanzeige kann der erlaubte Drehzahlbereich für Hochlauf und Betrieb eingezeichnet werden. Außerdem automatische Abschaltung bei unzulässiger Überdrehzahl!
- Leichte Änderungsmöglichkeit des Belastungsverlaufs.
  Schwachstelle: Das Auswechseln des Kurvenzylinders ist wegen der Anpresskraft des Hebels auf den Kurvenzylinder nicht möglich.
  Abhilfe: Vorrichtung zum Anheben des Hebels.
- Hohe Arbeitssicherheit:
  Schwachstelle: Drehender Kurvenzylinder ist nicht geschützt.
  Abhilfe: Schutzgitter vorsehen.
- Schnelles Auswechseln der Prüfverbindung.
  Schwachstelle: Hoher Aufwand wegen der Anzahl der zu lösenden Schrauben des Ringfeder-Spannsatzes.
  Abhilfe: Keine Abhilfe möglich, da entsprechende formschlüssige Verbindung einen sehr hohen fertigungstechnischen Aufwand erfordert.

Die Verbesserungen sind in die Bewertungsliste (Abb. 7.162) eingetragen.

Die in Abb. 7.1 noch vorgeschlagenen weiteren Arbeitsschritte beim Entwerfen zum *Festlegen des Gesamtentwurfs* werden hier aus Umfangsgründen nicht mehr behandelt. Sie wurden bei der Prüfmaschinenentwicklung auch nicht sehr umfassend durchgeführt, da es sich bei vorliegender Konstruktionsaufgabe um eine Einzelmaschine für ein Forschungsinstitut handelte, bei

Abb. 7.163. Ausgeführter Stoßprüfstand nach [188]

der der Optimierungsgrad nicht allzu hoch zu sein brauchte. Das *Ausarbeiten* mit den Arbeitsschritten nach Abb. 8.1 wird hier ebenfalls nicht behandelt, da es im Wesentlichen konventioneller Zeichnungs- und Detailkonstruktionsschritte bedarf.

Abbildung 7.163 zeigt den ausgeführten Stoßprüfstand, der die wesentlichen Erwartungen erfüllte und die Zweckmäßigkeit einer methodischen Konstruktion bestätigte, die von [122] durchgeführt wurde.

Literatur
References

1. AEG-Telefunken: Biegen. Werknormblatt 5 N 8410 (1971).
2. Andreasen, M.M.; Kähler, S.; Lund, T.: Design for Assembly. Berlin: Springer 1983. Deutsche Ausgabe: Montagegerechtes Konstruieren. Berlin: Springer 1985.
3. Andresen, U.: Die Rationalisierung der Montage beginnt im Konstruktionsbüro. Konstruktion 27 (1975) 478–484. Ungekürzte Fassung mit weiterem Schrifttum; Ein Beitrag zum methodischen Konstruieren bei der montagegerechten Gestaltung von Teilen der Großserienfertigung. Diss. TU Braunschweig 1975.
4. Beelich, K. H.: Kriech- und relaxationsgerecht. Konstruktion 25 (1973) 415–421.
5. Behnisch, H.: Thermisches Trennen in der Metallbearbeitung – wirtschaftlich und genau. ZwF 68 (1973) 337–340.
6. Beitz, W.: Technische Regeln und Normen in Wissenschaft und Technik. DIN-Mitt. 64 (1985) 114–115.
7. Beitz, W.: Was ist unter „normungsfähig" zu verstehen? Ein Standpunkt aus der Sicht der Konstruktionstechnik. DIN-Mitt. 61 (1982) 518–522.
8. Beitz, W.: Moderne Konstruktionstechnik im Elektromaschinenbau. Konstruktion 21 (1969) 461–468.
9. Beitz, W.: Möglichkeiten zur material- und energiesparenden Konstruktion. Konstruktion 42 (1990) 12, 378–384.
10. Beitz, W.; Hove, U.; Poushirazi, M.: Altteileverwendung im Automobilbau. FAT Schriftenreihe Nr.24. Frankfurt: Forschungsvereinigung Automobiltechnik 1982 (mit umfangreichem Schrifttum).
11. Beitz, W.; Grieger, S.: Günstige Recyclingeigenschaften erhöhen die Produktqualität. Konstruktion 45 (1993) 415–422.
12. Beitz, W.; Meyer, H.: Untersuchungen zur recyclingfreundlichen Gestaltung von Haushaltsgroßgeräten. Konstruktion 33 (1981) 257–262, 305–315.
13. Beitz, W.; Pourshirazi, M.: Ressourcenbewusste Gestaltung von Produkten. Wissenschaftsmagazin TU Berlin, Heft 8: 1985.
14. Beitz, W.; Wende, A.: Konzept für ein recyclingorientiertes Produktmodell. VDI-Berichte 906. Düsseldorf: VDI-Verlag 1991.
15. Beitz, W.; Staudinger, H.: Guss im Elektromaschinenbau. Konstruktion 21 (1969) 125–130.
16. Bertsche, B.; Lechner, G.: Zuverlässigkeit im Maschinenbau. 2. Aufl. Berlin: Springer 1999.

17. Biezeno, C. B.; Grammet, R.: Technische Dynamik, Bd. 1 und 2, 2. Aufl. Berlin: Springer 1953.
18. Birnkraut, H. W.: Wiederverwerten von Kunststoff-Abfällen. Kunststoffe 72 (1982) 415–419.
19. Bode, K.-H.: Konstruktions-Atlas „Werkstoff- und verfahrensgerecht konstruieren". Darmstadt: Hoppenstedt 1984.
20. Böcker, W.: Künstliche Beleuchtung: ergonomisch und energiesparend. Frankfurt/M.: Campus 1981.
21. Brandenberger, H.: Fertigungsgerechtes Konstruieren. Zürich: Schweizer Druck- und Verlagshaus.
22. Brinkmann, T.; Ehrenstein, G. W.; Steinhilper, R.: Umwelt- und recyclinggerechte Produktentwicklung. Augsburg: WEKA-Fachverlag 1994.
23. Budde, E.; Reihlen, H.: Zur Bedeutung technischer Regeln in der Rechtsprechungspraxis der Richter. DIN-Mitt. 63 (1984) 248–250.
24. Bullinger, H.-J.; Solf, J. J.: Ergonomische Arbeitsmittelgestaltung. 1. Systematik; 2. Handgeführte Werkzeuge, Fallstudien; 3. Stehteile an Werkzeugmaschinen, Fallstudien. Bremerhaven: Wirtschaftsverl. NW 1979.
25. Burandt, U.: Ergonomie für Design und Entwicklung. Köln: Verlag Dr. Otto Schmidt 1978.
26. Compes, P.: Sicherheitstechnisches Gestalten. Habilitationsschrift TH Aachen 1970.
27. Cornu, O.: Ultraschallschweißen. Z. Technische Rundschau 37 (1973) 25–27.
28. Czichos, H.; Habig, K.-H.: Tribologie Handbuch – Reibung und Verschleiß. Braunschweig: Vieweg 1992.
29. Dangl, K.; Baumann, K.; Ruttmann, W.: Erfahrungen mit austenitischen Armaturen und Formstücken. Sonderheft VGB Werkstofftagung 1969, 98.
30. Dey, W.: Notwendigkeiten und Grenzen der Normung aus der Sicht des Maschinenbaus unter besonderer Berücksichtigung rechtsrelevanter technischer Regeln mit sicherheitstechnischen Festlegungen. DIN-Mitt. 61 (1982) 578–583.
31. Dietz, P., Gummersbach, F.: Lärmarm konstruieren. XVIII. Schriftenreihe der Bundesanstalt für Arbeitsschutz und Arbeitsmedizin. Dortmund: Wirtschaftsverlag NW 2000.
32. Dilling, H.-J.; Rauschenbach, Th.: Rationalisierung und Automatisierung der Montage (mit umfangreichem Schrifttum). Düsseldorf: VDI Verlag 1975.
33. DIN 820-2: Gestaltung von Normblättern. Berlin: Beuth.
34. DIN 820-3: Normungsarbeit – Begriffe. Berlin: Beuth.
35. DIN 820-21 bis -29: Gestaltung von Normblättern. Berlin: Beuth.
36. DIN ISO 1101: Form- und Lagetolerierung. Berlin: Beuth.
37. DIN EN 1838: Angewandte Lichttechnik – Notbeleuchtung. Berlin: Beuth.
38. DIN ISO 2768: Allgemeintoleranzen. Teil 1 – Toleranzen für Längen- und Winkelmaße. Teil 2 – Toleranzen für Form und Lage. Berlin: Beuth.
39. DIN ISO 2692: Form- und Lagetolerierung; Maximum – Material – Prinzip. Berlin: Beuth.
40. DIN 4844-1: Sicherheitskennzeichnung. Begriffe, Grundsätze und Sicherheitszeichen. Berlin: Beuth.
41. DIN 4844-2: Sicherheitskennzeichnung. Sicherheitsfarben. Berlin: Beuth.
42. DIN 4844-3: Sicherheitskennzeichnung; Ergänzende Festlegungen zu Teil 1 und Teil 2. Berlin: Beuth.

43. DIN 5034: Tageslicht in Innenräumen. –1: Allgemeine Anforderungen. –2: Grundlagen. –3: Berechnungen. –4: Vereinfachte Bestimmung von Mindestfenstergrößen für Wohnräume. –5: Messung. –6: Vereinfachte Bestimmung zweckmäßiger Abmessungen von Oberlichtöffnungen in Dachflächen. Berlin: Beuth.
44. DIN 5035: Innenraumbeleuchtung mit künstlichem Licht. –1: Begriffe und allgemeine Anforderungen. –2: Richtwerte für Arbeitsstätten. –3: Spezielle Empfehlungen für die Beleuchtung in Krankenhäusern. –4: – Spezielle Empfehlungen für die Beleuchtung von Unterrichtsstätten. Berlin: Beuth.
45. DIN 5040: Leuchten für Beleuchtungszwecke. –1: – Lichttechnische Merkmale und Einteilung. –2: Innenleuchten, Begriffe, Einteilung. –3: Außenleuchten, Begriffe, Einteilung. –4: Beleuchtungsscheinwerfer, Begriffe und lichttechnische Bewertungsgrößen. Berlin: Beuth.
46. DIN 7521–7527: Schmiedestücke aus Stahl. Berlin: Beuth.
47. DIN ISO 8015: Tolerierungsgrundsatz. Berlin: Beuth.
48. DIN 8577: Fertigungsverfahren; Übersicht. Berlin: Beuth.
49. DIN 8580: Fertigungsverfahren; Einteilung. Berlin: Beuth.
50. DIN 8593: Fertigungsverfahren; Fügen – Einordnung, Unterteilung, Begriffe. Berlin: Beuth.
51. DIN 9005: Gesenkschmiedestücke aus Magnesium-Knetlegierungen. Berlin: Beuth.
52. DIN EN ISO 9241-1: Ergonomische Anforderungen für Bürotätigkeiten mit Bildschirmgeräten. Berlin: Beuth,
53. DIN EN ISO 10075-2: Ergonomische Grundlagen bezüglich psychischer Arbeitsbelastung. Berlin: Beuth
54. DIN EN ISO 11064-3: Ergonomische Gestaltung von Leitzentralen. Berlin: Beuth.
55. DIN EN 12464: Angewandte Lichttechnik – Beleuchtung von Arbeitsstätten. Berlin: Beuth.
56. DIN EN ISO 13407: Benutzer-orientierte Gestaltung interaktiver Systeme. Berlin: Beuth.
57. DIN 31000: Sicherheitsgerechtes Gestalten technischer Erzeugnisse. Allgemeine Leitsätze. Berlin: Beuth. Teilweise ersetzt durch DIN EN 292 Teil 1 u. 2: Sicherheit von Maschinen, Grundbegriffe, allgemeine Gestaltungsleitsätze 1991.
58. DIN 31001-1, -2 u. -10: Schutzeinrichtungen. Berlin: Beuth.
59. DIN 31001-2: Schutzeinrichtungen. Werkstoffe, Anforderungen, Anwendung. Berlin: Beuth.
60. DIN 31001-5: Schutzeinrichtungen. Sicherheitstechnische Anforderungen an Verriegelungen. Berlin: Beuth.
61. DIN 31004 (Entwurf): Begriffe der Sicherheitstechnik. Grundbegriffe. Berlin: Beuth 1982. Ersetzt durch DIN VDE 31000 Teil 2: Allgemeine Leitsätze für das sicherheitsgerechte Gestalten technischer Erzeugnisse; Begriffe der Sicherheitstechnik; Grundbegriffe (1987).
62. DIN 31051: Instandhaltung; Begriffe und Maßnahmen. Berlin: Beuth.
63. DIN 31052: Instandhaltung; Inhalt und Aufbau von Instandhaltungsanleitungen. Berlin: Beuth.
64. DIN 31054: Instandhaltung; Grundsätze zur Festlegung von Zeiten und zum Aufbau von Zeitsystemen. Berlin: Beuth.

65. DIN 33400: Gestalten von Arbeitssystemen nach arbeitswissenschaftlichen Erkenntnissen; Begriffe und allgemeine Leitsätze. Beiblatt 1 – Beispiel für höhenverstellbare Arbeitsplattformen. Berlin: Beuth.
66. DIN 33401: Stellteile; Begriffe, Eignung, Gestaltungshinweise. Beiblatt 1 – Erläuterungen zu Ersatzmöglichkeiten und Eignungshinweisen für Hand-Stellteile. Berlin: Beuth.
67. DIN 33402: Körpermaße des Menschen; -1 Begriffe, Messverfahren. -2 Werte; Beiblatt 1 – Anwendung von Körpermaßen in der Praxis; -3 Bewegungsraum bei verschiedenen Grundstellungen und Bewegungen. Berlin: Beuth.
68. DIN 33403: Klima am Arbeitsplatz und in der Arbeitsumgebung; 1 – Grundlagen zur Klimaermittlung 2 – Einfluss des Klimas auf den Menschen. 3 – Beurteilung des Klimas im Erträglichkeitsbereich. Berlin: Beuth.
69. DIN 33404: Gefahrensignale für Arbeitsstätten; 1 – Akustische Gefahrensignale; Begriffe, Anforderungen, Prüfung, Gestaltungshinweise. Beiblatt 1 Akustische Gefahrensignale; Gestaltungsbeispiele. 2 – Optische Gefahrensignale; Begriffe, Sicherheitstechnische Anforderungen, Prüfung. 3 – Akustische Gefahrensignale; Einheitliches Notsignal, Sicherheitstechnische Anforderungen, Prüfung. Berlin: Beuth.
70. DIN 33408: Körperumrissschablonen. 1 – Seitenansicht für Sitzplätze. Beiblatt 1 – Anwendungsbeispiele. Berlin: Beuth.
71. DIN 33411: Körperkräfte des Menschen. 1 – Begriffe, Zusammenhänge, Bestimmungsgrößen. Berlin: Beuth.
72. DIN 33412 (Entwurf): Ergonomische Gestaltung von Büroarbeitsplätzen; Begriffe, Flächenermittlung, Sicherheitstechnische Anforderungen. Berlin: Beuth 1981.
73. DIN 33413: Ergonomische Gesichtspunkte für Anzeigeeinrichtungen. 1 – Arten, Wahrnehmungsaufgaben, Eignung. Berlin: Beuth.
74. DIN 33414: Ergonomische Gestaltung von Warten. 1 – Begriffe; Maße für Sitzarbeitsplätze. Berlin: Beuth.
75. DIN 40041: Zuverlässigkeit elektrischer Bauelemente. Berlin: Beuth.
76. DIN 40042 (Vornorm): Zuverlässigkeit elektrischer Geräte, Anlagen und Systeme. Berlin: Beuth 1970.
77. DIN IEC-73/VDE 0199: Kennfarben für Leuchtmelder und Druckknöpfe. Berlin: Beuth 1978.
78. DIN 43 602: Betätigungssinn und Anordnung von Bedienteilen. Berlin: Beuth.
79. DIN 50320: Verschleiß; Begriffe, Systemanalyse von Verschleißvorgängen, Gliederung des Verschleißgebietes. Berlin: Beuth.
80. DIN 50900 Teil 1: Korrosion der Metalle. Allgemeine Begriffe. Berlin: Beuth.
81. DIN 50900 Teil 2: Korrosion der Metalle. Elektrochemische Begriffe. Berlin: Beuth.
82. DIN 50960: Korrosionsschutz, galvanische Überzüge. Berlin: Beuth.
83. DIN 66233: Bildschirmarbeitsplätze; Begriffe. Berlin: Beuth.
84. DIN 66234: Bildschirmarbeitsplätze. 1 – Geometrische Gestaltung der Schriftzeichen. 2 (Entwurf) – Wahrnehmbarkeit von Zeichen auf Bildschirmen. 3 – Gruppierungen und Formatierung von Daten. 5 – Codierung von Information. Berlin: Beuth.
85. DIN – Handbuch der Normung. Bd. 1: Grundlagen der Normungsarbeit, 9. Aufl. Berlin: Beuth 1993.
86. DIN – Handbuch der Normung. Bd. 2: Methoden und Datenverarbeitungssysteme, 7. Aufl. Berlin: Beuth 1991.

87. DIN – Handbuch der Normung, Bd. 3: Führungswissen für die Normungsarbeit, 7. Aufl. Berlin: Beuth 1994.
88. DIN – Handbuch der Normung, Bd. 4: Normungsmanagement, 4. Aufl. Berlin: Beuth 1995.
89. DIN – Katalog für technische Regeln, Bd. 1 Teil 1 und Teil 2. Berlin: Beuth.
90. DIN – Normungsheft 10: Grundlagen der Normungsarbeit des DIN. Berlin: Beuth 1995.
91. DIN – Taschenbuch 1: Grundnormen, 2. Aufl. Berlin: Beuth 1995.
92. DIN – Taschenbuch 3: Normen für Studium und Praxis, 10. Aufl. Berlin: Beuth 1995.
93. DIN – Taschenbuch 22: Einheiten und Begriffe für physikalische Größen, 7. Aufl. Berlin: Beuth 1990.
94. Dittmayer, S.: Leitlinien für die Konstruktion arbeitsstrukturierter und montagegerechter Produkte. Industrie-Anzeiger 104 (1982) 58–59.
95. Dobeneck, v. D.: Die Elektronenstrahltechnik – ein vielseitiges Fertigungsverfahren. Feinwerktechnik und Micronic 77 (1973) 98–106.
96. Ehrlenspiel, K.: Mehrweggetriebe für Turbomaschinen. VDI-Z. 111 (1969) 218–221.
97. Ehrlenspiel, K.: Planetengetriebe – Lastausgleich und konstruktive Entwicklung. VDI-Berichte Nr. 105, 57–67. Düsseldorf: VDIVerlag 1967.
98. Eichner, V.; Voelzkow, H.: Entwicklungsbegleitende Normung: Integration von Forschung und Entwicklung, Normung und Technikfolgenabschätzung. DIN-Mitteilung 72 (1993) Nr. 12.
99. Endres, W.: Wärmespannungen beim Aufheizen dickwandiger Hohlzylinder. Brown-Boveri-Mitteilungen (1958) 21–28.
100. Erker, A.; Mayer, K.: Relaxations- und Sprödbruchverhalten von warmfesten Schraubenverbindungen. VGB Kraftwerkstechnik 53 (1973) 121–131.
101. Eversheim, W.; Pfeffekoven, K. H.: Aufbau einer anforderungsgerechten Montageorganisation. Industrie-Anzeiger 104 (1982) 75–80.
102. Eversheim, W.; Pfeffekoven, K. H.: Planung und Steuerung des Montageablaufs komplexer Produkte mit Hilfe der EDV. VDI-Z. 125 (1983), 217–222.
103. Eversheim, W.; Müller, W.: Beurteilung von Werkstücken hinsichtlich ihrer Eignung für die automatisierte Montage. VDI-Z. 125 (1983) 319–322.
104. Eversheim, W.; Müller, W.: Montagegerechte Konstruktion. Proc. of the 3rd Int. Conf. on Assembly Automation in Böblingen (1982) 191–204.
105. Eversheim, W.; Ungeheuer, U.; Pfeffekoven, K. H.: Montageorientierte Erzeugnisstrukturierung in der Einzel- und Kleinserienproduktion – ein Gegensatz zur funktionsorientierten Erzeugnisgliederung? VDI-Z. 125 (1983) 475–479.
106. Fachverband Pulvermetallurgie: Sinterteile – ihre Eigenschaften und Anwendung. Berlin: Beuth 1971.
107. Falk, K.: Theorie und Auslegung einfacher Backenbremsen. Konstruktion 19 (1967) 268–271.
108. Feldmann, H. D.: Konstruktionsrichtlinien für Kaltfließpreßteile aus Stahl. Konstruktion 11 (1959) 82–89.
109. Flemming, M.; Zigg, M.: Recycling von faserverstärkten Kunststoffen. Konstruktion 49 (1997) H. 5, 21–25.
110. Florin, C.; Imgrund, H.: Über die Grundlagen der Warmfestigkeit. Arch. Eisenhüttenwesen 41 (1970) 777–778.
111. Frick, R.: Erzeugnisqualität und Design. Berlin: Verlag Technik 1996. Fachmethodik für Designer – Arbeitsmappe. Halle: An-Institut CA & D e. V. 1997.

112. Gairola, A.: Montagegerechtes Konstruieren – Ein Beitrag zur Konstruktionsmethodik. Diss. TU Darmstadt 1981.
113. Gassner, E.: Ermittlung von Betriebsfestigkeitskennwerten auf der Basis der reduzierten Bauteil-Dauerfestigkeit. Materialprüfung 26 (1984) Nr. 11.
114. Geißlinger, W.: Montagegerechtes Konstruieren. wt-Zeitschrift für industrielle Fertigung 71 (1981) 29–32.
115. Gesetz über technische Arbeitsmittel (Gerätesicherheitsgesetz), zuletzt geändert durch BBergG vom 13. Aug. 1980. Gesetz zur Änderung des Gesetzes über technische Arbeitsmittel und der Gewerbeordnung (In: BGBl I, 1979). Allgemeine Verwaltungsvorschrift zum Gesetz über technische Arbeitsmittel vom 11. Juni 1979. Zu beziehen durch: Deutsches Informationszentrum für technische Regeln (DITR), Berlin.
116. Gnilke, W.: Lebensdauerberechnung der Maschinenelemente. München: C. Hanser 1980.
117. Gräfen, H.; Spähn, H.: Probleme der chemischen Korrosion in der Hochdrucktechnik. Chemie-Ingenieur-Technik 39 (1967) 525–530.
118. Grieger, S.: Strategien zur Entwicklung recyclingfähiger Produkte, beispielhaft gezeigt an Elektrowerkzeugen. Diss. TU Berlin, VDI-Fortschritt-Berichte Nr. 270, Reihe 1, Düsseldorf: VDI-Verlag 1996.
119. Grote, K.-H.; Schneider, U.; Fischer, N.: Recyclinggerechtes Konstruieren von Verbund-Konstruktionen. Konstruktion 49 (1997) H. 6, 49–54.
120. Grunert, M.: Stahl- und Spannbeton als Werkstoff im Maschinenbau. Maschinenbautechnik 22 (1973) 374–378.
121. Habig, K.-H.: Verschleiß und Härte von Werkstoffen. München: C. Hanser 1980
122. Hähn, G.: Entwurf eines Stoßprüfstandes mit Hilfe konstruktionssystematischer Methoden. Studienarbeit TU Berlin.
123. Hänchen, R.: Gegossene Maschinenteile. München: Hanser 1964.
124. Händel, S.: Kostengünstigere Gestaltung und Anwendung von Normen (manuell und rechnerunterstützt). DIN-Mitt. 62 (1983) 565–571.
125. Häusler, N.: Der Mechanismus der Biegemomentübertragung in Schrumpfverbindungen. Diss. TH Darmstadt 1974.
126. Haibach, E.: Betriebsfestigkeit – Verfahren und Daten zur Bauteilberechnung. Düsseldorf: VDI-Verlag 1989.
127. Handbuch der Arbeitsgestaltung und Arbeitsorganisation. Düsseldorf: VDI-Verlag 1980.
128. Hartlieb, B.: Entwicklungsbegleitende Normung; Geschichtliche Entwicklung der Normung. DIN-Mitteilungen 72 (1993) Nr. 6.
129. Hartlieb, B.; Nitsche, H.; Urban, W.: Systematische Zusammenhänge in der Normung. DIN Mitt. 61 (1982) 657–662.
130. Hartmann, A.: Die Druckgefährdung von Absperrschiebern bei Erwärmung des geschlossenen Schiebergehäuses. Mitt. VGB (1959) 303–307.
131. Hartmann, A.: Schaden am Gehäusedeckel eines 20-atü-Dampfschiebers. Mitt. VGB (1959) 315–316.
132. Heinz, K.; Tertilt, G.: Montage- und Handhabungstechnik. VDI-Z. 126 (1984) 151–157.
133. Herzke, I: Technologie und Wirtschaftlichkeit des Plasma-Abtragens. ZwF 66 (1971) 284–291.

134. Hentschel, C.: Beitrag zur Organisation von Demontagesystemen. Berichte aus dem Produktionstechnischen Zentrum Berlin (Hrsg. G. Spur). Diss. TU Berlin 1996.
135. Hertel, H.: Leichtbau. Berlin: Springer 1960.
136. Hüskes, H.; Schmidt, W.: Unterschiede im Kriechverhalten bei Raumtemperatur von Stählen mit und ohne ausgeprägter Streckgrenze. DEW-Techn. Berichte 12 (1972) 29–34.
137. Illgner, K.-H.: Werkstoffauswahl im Hinblick auf wirtschaftliche Fertigungen. VDI-Z. 114 (1972) 837–841, 992–995.
138. Jaeger, Th. A.: Zur Sicherheitsproblematik technologischer Entwicklungen. QZ 19 (1974) 1–9.
139. Jagodejkin, R.: Instandhaltungsgerechtes Konstruieren. Konstruktion 49, H.10 (1997) 41–45.
140. Jenner, R.-D.; Kaufmann, H.; Schäfer, D.: Planungshilfen für die ergonomische Gestaltung – Zeichenschablonen für die menschliche Gestalt, Maßstab 1:10. Esslingen: IWA-Riehle 1978.
141. Jorden, W.: Recyclinggerechtes Konstruieren – Utopie oder Notwendigkeit. Schweizer Maschinenmarkt (1984) 23–25, 32–33.
142. Jorden, W.: Recyclinggerechtes Konstruieren als vordringliche Aufgabe zum Einsparen von Rohstoffen. Maschinenmarkt 89 (1983) 1406–1409.
143. Jorden, W.: Der Tolerierungsgrundsatz – eine unbekannte Größe mit schwerwiegenden Folgen. Konstruktion 43 (1991) 170–176.
144. Jorden, W.: Toleranzen für Form, Lage und Maß. München: Hanser 1991.
145. Jung, A.: Schmiedetechnische Überlegungen für die Konstruktion von Gesenkschmiedestücken aus Stahl. Konstruktion 11 (1959) 90–98.
146. Käufer, H.: Recycling von Kunststoffen, integriert in Konstruktion und Anwendungstechnik. Konstruktion 42 (1990) 415–420.
147. Keil, E.; Müller, E. O.; Bettziehe, P.: Zeitabhängigkeit der Festigkeits- und Verformbarkeitswerte von Stählen im Temperaturbereich unter 400 °C. Eisenhüttenwesen 43 (1971) 757–762.
148. Kesselring, F.: Technische Kompositionslehre. Berlin: Springer 1954.
149. Kienzle, O.: Normung und Wissenschaft. Schweiz. Techn. Z. (1943) 533–539.
150. Klein, M.: Einführung in die DIN-Normen, 10. Aufl. Stuttgart: Teubner 1989
151. Kljajin, M.: Instandhaltung beim Konstruktionsprozess. Konstruktion 49, H.10 (1997) 35–40.
152. Klöcker, L: Produktgestaltung, Aufgabe – Kriterien – Ausführung. Berlin: Springer 1981.
153. Kloos, K. H.: Werkstoffoberfläche und Verschleißverhalten in Fertigung und konstruktive Anwendung. VDI-Berichte Nr. 194. Düsseldorf: VDI-Verlag 1973.
154. Kloss, G.: Einige übergeordnete Konstruktionshinweise zur Erzielung echter Kostensenkung. VDI-Fortschrittsberichte, Reihe 1, Nr. 1. Düsseldorf: VDI-Verlag 1964.
155. Klotter, K.: Technische Schwingungslehre, Bd. 1 Teil A und B, 3. Aufl. Berlin: Springer 1980/81.
156. Knappe, W.: Thermische Eigenschaften von Kunststoffen. VDI-Z. 111 (1969) 746–752.
157. Köhler, G.; Rögnitz, H.: Maschinenteile, Bd. 1 u. Bd. 2, 6. Aufl. Stuttgart: Teubner 1981.

158. Korrosionsschutzgerechte Konstruktion – Merkblätter zur Verhütung von Korrosion durch konstruktive und fertigungstechnische Maßnahmen. Herausgeber Dechema Deutsche Gesellschaft für chemisches Apparatewesen e. V. Frankfurt am Main 1981.
159. Krause, W. (Hrsg.): Gerätekonstruktion, 2. Aufl. Berlin: VEB Verlag Technik 1986.
160. Kriwet, A.: Bewertungsmethodik für die recyclinggerechte Produktgestaltung. Produktionstechnik-Berlin (Hrsg. G. Spur), Nr. 163, München: Hanser 1994. Diss. TU Berlin 1994.
161. Kühnpast, R.: Das System der selbsthelfenden Lösungen in der maschinenbaulichen Konstruktion. Diss. TH Darmstadt 1968.
162. Lang, K.; Voigtländer, G.: Neue Reihe von Drehstrommaschinen großer Leistung in Bauform B 3. Siemens-Z. 45 (1971) 33–37.
163. Lambrecht, D.; Scherl, W.: Überblick über den Aufbau moderner wasserstoffgekühlter Generatoren. Berlin: Verlag AEG 1963, 181–191.
164. Landau, K.; Luczak, H.; Laurig, W. (Hrsg.): Softwarewerkzeuge zur ergonomischen Arbeitsgestaltung. Bad Urach: Verlag Institut für Arbeitsorganisation e. V. 1997.
165. Leipholz, H.: Festigkeitslehre für den Konstrukteur. Konstruktionsbücher Bd. 25. Berlin: Springer 1969.
166. Leyer, A.: Grenzen und Wandlung im Produktionsprozess. technica 12 (1963) 191–208.
167. Leyer, A.: Kraft- und Bewegungselemente des Maschinenbaus. technica 26 (1973) 2498–2510, 2507–2520, technica 5 (1974) 319–324, technica 6 (1974) 435–440.
168. Leyer, A.: Maschinenkonstruktionslehre, Hefte 1–7. technica-Reihe. Basel: Birkhäuser 1963–1978.
169. Lindemann, U.; Mörtl, M.: Ganzheitliche Methodik zur umweltgerechten Produktentwicklung. Konstruktion (2001), Heft 11/12, 64–67.
170. Lotter, B.: Arbeitsbuch der Montagetechnik. Mainz. Fachverlage Krausskopf-Ingenieur Digest 1982.
171. Lotter, B.: Montagefreundliche Gestaltung eines Produktes. Verbindungstechnik 14 (1982) 28–31.
172. Luczak, H.: Arbeitswissenschaft. Berlin: Springer 1993.
173. Luczak, H.; Volpert, W.: Handbuch der Arbeitswissenschaft. Stuttgart: Schäffer-Poeschel 1997.
174. Lüpertz, H.: Neue zeichnerische Darstellungsart zur Rationalisierung des Konstruktionsprozesses vornehmlich bei methodischen Vorgehensweisen. Diss. TH Darmstadt 1974.
175. Maduschka, L.: Beanspruchung von Schraubenverbindungen und zweckmäßige Gestaltung der Gewindeträger. Forsch. Ing. Wes. 7 (1936) 299–305.
176. Magnus, K.: Schwingungen, 3. Aufl. Stuttgart: Teubner 1976.
177. Magyar, J.: Aus nichtveröffentlichtem Unterrichtsmaterial der TU Budapest, Lehrstuhl für Maschinenelemente.
178. Mahle-Kolbenkunde, 2. Aufl. Stuttgart: 1964.
179. Marre, T.; Reichert, M.: Anlagenüberwachung und Wartung. Sicherheit in der Chemie. Verl. Wiss. u. Polit. 1979.
180. Matousek, R.: Konstruktionslehre des allgemeinen Maschinenbaus. Berlin: Springer 1957, Reprint 1974.

181. Matting, A.; Ulmer, K.: Spannungsverteilung in Metallklebverbindungen. VDI-Z. 105 (1963) 1449–1457.
182. Mauz, W.; Kies, H.: Funkenerosives und elektrochemisches Senken. ZwF 68 (1973) 418–422.
183. Melan, E.; Parkus, H.: Wärmespannungen infolge stationärer Temperaturfelder. Wien: Springer 1953.
184. Menges, G.; Michaeli, W.; Bittner, M.: Recycling von Kunststoffen. München: C. Hauser 1992.
185. Menges, G.; Taprogge, R.: Denken in Verformungen erleichtert das Dimensionieren von Kunststoffteilen. VDI-Z. 112 (1970) 341–346, 627–629.
186. Meyer, H.: Recyclingorientierte Produktgestaltung. VDI-Fortschrittsberichte Reihe 1, Nr. 98. Düsseldorf: VDI Verlag 1983.
187. Meyer, H.; Beitz, W.: Konstruktionshilfen zur recyclingorientierten Produktgestaltung. VDI-Z. 124 (1982) 255–267.
188. Militzer, O. M.: Rechenmodell für die Auslegung von Wellen-Naben-Paßfederverbindungen. Diss. TU Berlin 1975.
189. Möhler, E.: Der Einfluss des Ingenieurs auf die Arbeitssicherheit, 4. Aufl. Berlin: Verlag Tribüne 1965.
190. Müller, K.: Schrauben aus thermoplastischen Kunststoffen. Werkstattblatt 514 und 515. München: Hanser 1970.
191. Müller, K.: Schrauben aus thermoplastischen Kunststoffen. Kunststoffe 56 (1966) 241–250, 422–429.
192. Munz, D.; Schwalbe, K.; Mayr, P.: Dauerschwingverhalten metallischer Werkstoffe. Braunschweig: Vieweg 1971.
193. Neuber, H.: Kerbspannungslehre, 3. Aufl. Berlin: Springer 1985.
194. Neubert, H.; Martin, U.: Analyse von Demontagevorgängen und Baustrukturen für das Produktrecycling. Konstruktion 49 (1997) H. 7/8, 39–43.
195. Neudörfer, A.: Anzeiger und Bedienteile – Gesetzmäßigkeit und systematische Lösungssammlungen. Düsseldorf: VDI Verlag 1981.
196. Neumann, U.: Methodik zur Entwicklung umweltverträglicher und recyclingoptimierter Fahrzeugbauteile. Diss. Univ. GHS-Paderborn 1996.
197. Nickel, W. (Hrsg.): Recycling-Handbuch – Strategien, Technologien. Düsseldorf: VDI-Verlag 1996.
198. Niemann, G.: Maschinenelemente, Bd. 1. Berlin: Springer 1963, 2. Aufl. 1975, 3. Auflage 2001.
199. N. N.: Ergebnisse deutscher Zeitstandversuche langer Dauer. Düsseldorf: Stahleisen 1969.
200. N.N.: Nickelhaltige Werkstoffe mit besonderer Wärmeausdehnung. Nickel-Berichte D 16 (1958) 79–83.
201. Oehler, G.; Weber, A.: Steife Blech- und Kunststoffkonstruktionen. Konstruktionsbücher, Bd. 30. Berlin: Springer 1972.
202. Pahl, G.: Ausdehnungsgerecht. Konstruktion 25 (1973) 367–373.
203. Pahl, G.: Bewährung und Entwicklungsstand großer Getriebe in Kraftwerken. Mitteilungen der VGB 52, Kraftwerkstechnik (1972) 404–415.
204. Pahl, G.: Entwurfsingenieur und Konstruktionslehre unterstützen die moderne Konstruktionsarbeit. Konstruktion 19 (1967) 337–344.
205. Pahl, G.: Grundregeln für die Gestaltung von Maschinen und Apparaten. Konstruktion 25 (1973) 271–277.
206. Pahl, G.: Konstruktionstechnik im thermischen Maschinenbau. Konstruktion 15 (1963) 91–98.

207. Pahl, G..: Prinzip der Aufgabenteilung. Konstruktion 25 (1973) 191–196.
208. Pahl, G.: Prinzipien der Kraftleitung. Konstruktion 25 (1973) 151–156.
209. Pahl, G.: Das Prinzip der Selbsthilfe. Konstruktion 25 (1973) 231–237.
210. Pahl, G.: Sicherheitstechnik aus konstruktiver Sicht. Konstruktion 23 (1971) 201–208.
211. Pahl, G.: Vorgehen beim Entwerfen. ICED 1983. Schweizer Maschinenmarkt. 84. Jahrgang 1984, Heft 25, 35–37.
212. Pahl, G.: Konstruktionsmethodik als Hilfsmittel zum Erkennen von Korrosionsgefahren. 12. Konstr.-Symposium Dechema, Frankfurt 1981.
213. Pahl, G.: Konstruieren mit 3D-CAD-Systemen. Berlin: Springer-Verlag 1990.
214. Paland, E. G.: Untersuchungen über die Sicherungseigenschaften von Schraubenverbindungen bei dynamischer Belastung. Diss. TH Hannover 1960.
215. Peters, O. H.; Meyna, A.: Handbuch der Sicherheitstechnik. München: C. Hanser 1985.
216. Pfau, W.: A vision for the future – Globale Wirkungen von Forschung und neuen Technologien – wachsende Anforderungen an die Normung. DIN-Mitteilungen 70 (1991) Nr. 2.
217. Pflüger, A.: Stabilitätsprobleme der Elastostatik. Berlin: Springer 1964.
218. Pourshirazi, M.: Recycling und Werkstoffsubstitution bei technischen Produkten als Beitrag zur Ressourcenschonung. Schriftenreihe Konstruktionstechnik Heft 12 (Hrsg. W. Beitz). Berlin: TU Berlin 1987.
219. Rebentisch, M.: Stand der Technik als Rechtsproblem. Elektrizitätswirtschaft 93 (1994) 587–590.
220. Reihlen, H.: Normung. In: Hütte. Grundlagen der Ingenieurwissenschaften, 30. Aufl. Berlin: Springer 1996.
221. Reinhardt, K. G.: Verbindungskombinationen und Stand ihrer Anwendung. Schweißtechnik 19 (1969) Heft 4.
222. Renken, M.: Nutzung recyclingorientierter Bewertungskriterien während des Konstruierens. Diss. TU Braunschweig 1995.
223. Rembold, U.; Blume, Ch.; Dillmann, R.; Mörkel, G.: Technische Anforderungen an zukünftige Industrieroboter – Analyse von Montagevorgängen und montagegerechtes Konstruieren. VDI-Z. 123 (1981) 763–772.
224. Reuter H.: Die Flanschverbindung im Dampfturbinenbau. BBC-Nachrichten 40 (1958) 355–365.
225. Reuter H.: Stabile und labile Vorgänge in Dampfturbinen. BBC-Nachrichten 40 (1958) 391–398.
226. Rixius, B.: Systematisierung der Entwicklungsbegleitenden Normung (EBN). DIN-Mitteilungen 73 (1994) Nr. 1.
227. Rixius, B.: Forschung und Entwicklung für die Normung. DIN-Mitteilungen 73 (1994) Nr. 12.
228. Rixmann, W.: Ein neuer Ford-Taunus 12 M. ATZ 64 (1962) 306–311.
229. Rodenacker, W. G.: Methodisches Konstruieren. Berlin: Springer 1970. 2. Auflage 1976, 3. Auflage 1984, 4. Auflage 1991.
230. Rögnitz, H.; Köhler, G.: Fertigungsgerechtes Gestalten im Maschinen- und Gerätebau. Stuttgart: Teubner 1959.
231. Rohmert, W.; Rutenfranz, J. (Hrsg.): Praktische Arbeitsphysiologie. Stuttgart: Thieme Verlag 1983.
232. Rosemann, H.: Zuverlässigkeit und Verfügbarkeit technischer Anlagen und Geräte. Berlin: Springer 1981.

233. Roth, K.: Die Kennlinie von einfachen und zusammengesetzten Reibsystemen. Feinwerktechnik 64 (1960) 135–142.
234. Rubo, E.: Der chemische Angriff auf Werkstoffe aus der Sicht des Konstrukteurs. Der Maschinenschaden (1966) 65–74.
235. Rubo, E.: Kostengünstiger Gebrauch ungeschützter korrosionsanfälliger Metalle bei korrosivem Angriff. Konstruktion 37 (1985) 11–20.
236. Salm, M.; Endres, W.: Anfahren und Laständerung von Dampfturbinen. Brown-Boveri-Mitteilungen (1958) 339–347.
237. Sandager; Markovits; Bredtschneider: Piping Elements for Coal-Hydrogenations Service. Trans. ASME May 1950, 370 ff.
238. Schacht, M.: Methodische Neugestaltung von Normen als Grundlage für eine Integration in den rechnerunterstützten Konstruktionsprozeß. DIN-Normungskunde, Bd. 28. Berlin: Beuth 1991.
239. Schacht, M.: Rechnerunterstützte Bereitstellung und methodische Entwicklung von Normen. Konstruktion 42 (1990) 1, 3–14.
240. Schier, H.: Fototechnische Fertigungsverfahren. Feinwerktechnik+Micronic 76 (1972) 326–330.
241. Schilling, K.: Konstruktionsprinzipien der Feinwerktechnik. Proceedings ICED '91, Schriftenreihe WDK 20. Zürich: Heurista 1991.
242. Schmid, E.: Theoretische und experimentelle Untersuchung des Mechanismus der Drehmomentübertragung von Kegel-Press-Verbindungen. VDI-Fortschrittsberichte Reihe 1, Nr. 16. Düsseldorf: VDI Verlag 1969.
243. Schmidt, E.: Sicherheit und Zuverlässigkeit aus konstruktiver Sicht. Ein Beitrag zur Konstruktionslehre. Diss. TH Darmstadt 1981.
244. Schmidt-Kretschmer, M.: Untersuchungen an recyclingunterstützenden Bauteilverbindungen. (Diss. TU Berlin). Schriftenreihe Konstruktionstechnik (Hrsg. W. Beitz), H. 26, TU Berlin 1994.
245. Schmidt-Kretschmer, M.; Beitz, W.: Demontagefreundliche Verbindungstechnik – ein Beitrag zum Produktrecycling. VDI-Berichte 906. Düsseldorf: VDI-Verlag 1991.
246. Schmidtke, H. (Hrsg.): Lehrbuch der Ergonomie, 3. Aufl. München: Hanser 1993.
247. Schott, G.: Ermüdungsfestigkeit – Lebensdauerberechnung für Kollektiv- und Zufallsbeanspruchungen. Leipzig: VEB, Deutscher Verlag f. Grundstoffindustrie 1983.
248. Schraft, R. D.: Montagegerechte Konstruktion – die Voraussetzung für eine erfolgreiche Automatisierung. Proc. of the 3rd. Int. Conf. an Assembly Automation in Böblingen (1982) 165–176.
249. Schraft, R. D.; Bäßler, R.: Die montagegerechte Produktgestaltung muß durch systematische Vorgehensweisen umgesetzt werden. VDI-Z. 126 (1984) 843–852.
250. Schweizer, W.; Kiesewetter, L.: Moderne Fertigungsverfahren der Feinwerktechnik. Berlin: Springer 1981.
251. Seeger, H.: Technisches Design. Grafenau: Expert Verlag 1980.
252. Seeger, H.: Industrie-Designs. Grafenau: Expert Verlag 1983.
253. Seeger, H.: Design technischer Produkte, Programme und Systeme. Anforderungen, Lösungen und Bemerkungen. Berlin: Springer 1992.
254. Seeger, O. W.: Sicherheitsgerechtes Gestalten technischer Erzeugnisse. Berlin: Beuth 1983.

255. Seeger, O. W.: Maschinenschutz, aber wie. Schriftenreihe Arbeitssicherheit, Heft B. Köln: Aulis 1972.
256. Sicherheitsregeln für berührungslos wirkende Schutzeinrichtungen an kraftbetriebenen Arbeitsmitteln. ZH 1/597. Köln: Heymanns 1979.
257. Sieck, U.: Kriterien der montagegerechten Gestaltung in den Phasen des Montageprozesses. Automatisierungspraxis 10 (1973) 284–286.
258. Simon, H.; Thoma, M.: Angewandte Oberflächentechnik für metallische Werkstoffe. München: C. Hanser 1985.
259. Spähn, H.; Fäßler, K.: Kontaktkorrosion. Grundlagen – Auswirkung – Verhütung. Werkstoffe und Korrosion 17 (1966) 321–331.
260. Spähn, H.; Fäßler, K.: Zur konstruktiven Gestaltung korrosionsbeanspruchter Apparate in der chemischen Industrie. Konstruktion 24 (1972) 249–258, 321–325.
261. Spähn, H.; Rubo, E.; Pahl, G.: Korrosionsgerechte Gestaltung. Konstruktion 25 (1973) 455–459.
262. Spur, G.; Stöferle, Th. (Hrsg.): Handbuch der Fertigungstechnik. Bd. 1: Urformen, Bd. 2: Umformen, Bd. 3: Spanen, Bd. 4: Abtragen, Beschichten, Wärmebehandeln, Bd. 5: Fügen, Handhaben, Montieren, Bd. 6: Fabrikbetrieb. München: C. Hanser 1979–1986.
263. Spath, D.; Hartel, M.: Entwicklungsbegleitende Beurteilung der ökologischen Eignung technischer Produkte als Bestandteil des ganzheitlichen Gestaltens. Konstruktion 47 (1995) 105–110.
264. Spath, D.; Trender, L.: Checklisten – Wissensspeicher und methodisches Werkzeug für die recyclinggerechte Konstruktion 48 (1996) 224–228.
265. Steinack, K.; Veenhoff, F.: Die Entwicklung der Hochtemperaturturbinen der AEG. AEG-Mitt. 50 (1960) 433–453.
266. Steinhilper, R.: Produktrecycling im Maschinenbau. Berlin: Springer 1988.
267. Steinhilper, R.: Der Horizont bestimmt den Erfolg beim Recycling. Konstruktion 42 (1990) 396–404.
268. Stöferle, Th.; Dilling, H.-J.; Rauschenbach, Th.: Rationelle Montage – Herausforderung an den Ingenieur. VDI-Z. 117 (1975) 715–719.
269. Stöferle, Th.; Dilling, H.-J.; Rauschenbach, Th.: Rationalisierung und Automatisierung in der Montage. Werkstatt und Betrieb 107 (1974) 327–335.
270. Suhr, M.: Wissensbasierte Unterstützung recyclingorientierter Produktgestaltung. Schriftenreihe Konstruktionstechnik (Hrsg. W. Beitz), Nr. 33, TU Berlin 1996 (Diss.).
271. Susanto, A.: Methodik zur Entwicklung von Normen. DIN-Normungskunde, Bd. 23. Berlin: Beuth 1988.
272. Suter, F.; Weiss, G.: Das hydraulische Sicherheitssystem S 74 für Großdampfturbinen. Brown Boveri-Mitt. 64 (1977) 330–338.
273. Swift, K.; Redford, H.: Design for Assembly. Engineering (1980) 799–802.
274. Tauscher, H.: Dauerfestigkeit von Stahl und Gußeisen. Leipzig: VEB Verlag 1982.
275. ten Bosch, M.: Berechnung der Maschinenelemente. Reprint. Berlin: Springer 1972.
276. TGL 19340: Dauerfestigkeit der Maschinenteile. DDR-Standards. Berlin: 1984.
277. Thomé-Kozmiensky, K.-J. (Hrsg.): Materialrecycling durch Abfallaufbereitung. Tagungsband TU Berlin 1983.
278. Thum, A.: Die Entwicklung von der Lehre der Gestaltfestigkeit. VDI-Z. 88 (1944) 609–615.

279. Tietz, H.: Ein Höchsttemperatur-Kraftwerk mit einer Frischdampftemperatur von 610 °C. VDI-Z. 96 (1953) 802–809.
280. Tjalve, E.: Systematische Formgebung für Industrieprodukte. Düsseldorf: VDI Verlag 1978.
281. Veit, H.-J.; Scheermann, H.: Schweißgerechtes Konstruieren. Fachbuchreihe Schweißtechnik Nr. 32. Düsseldorf: Deutscher Verlag für Schweißtechnik 1972.
282. van der Mooren, A. L.: Instandhaltungsgerechtes Konstruieren und Projektieren. Konstruktionsbücher Bd. 37. Berlin: Springer 1991.
283. VDI/ADB-Ausschuss Schmieden: Schmiedstücke – Gestaltung, Anwendung. Hagen: Informationsstelle Schmiedstück-Verwendung im Industrieverband Deutscher Schmieden 1975.
284. VDI-Berichte Nr. 129: Kerbprobleme. Düsseldorf: VDI-Verlag 1968.
285. VDI-Berichte Nr. 420: Schmiedeteile konstruieren für die Zukunft. Düsseldorf: VDI Verlag 1981.
286. VDI-Berichte Nr. 493: Spektrum der Verbindungstechnik – Auswählen der besten Verbindungen mit neuen Konstruktionskatalogen. Düsseldorf: VDI Verlag 1983.
287. VDI-Berichte Nr. 523: Konstruieren mit Blech. Düsseldorf: VDI-Verlag 1984.
288. VDI-Berichte Nr. 544: Das Schmiedeteil als Konstruktionselement – Entwicklungen – Anwendungen – Wirtschaftlichkeit. Düsseldorf: VDI-Verlag 1985.
289. VDI-Berichte Nr. 556: Automatisierung der Montage in der Feinwerkstechnik. Düsseldorf: VDI-Verlag 1985.
290. VDI-Berichte Nr. 563: Konstruieren mit Verbund- und Hybridwerkstoffen. Düsseldorf: VDI-Verlag 1985.
291. VDI-Richtlinie 2006. Gestalten von Spritzgussteilen aus thermoplastischen Kunststoffen. Düsseldorf: VDI Verlag 1979.
292. VDI-Richtlinie 2057: Beurteilung der Einwirkung mechanischer Schwingungen auf den Menschen. Blatt 1 (Entwurf) – Grundlagen, Gliederung, Begriffe (1983). Blatt 2: Schwingungseinwirkung auf den menschlichen Körper (1981). Blatt 3 (Entwurf): Schwingungsbeanspruchung des Menschen (1979). Düsseldorf: VDI-Verlag.
293. VDI-Richtlinie 2221: Methodik zum Entwickeln technischer Systeme und Produkte. Düsseldorf: VDI-Verlag 1993.
294. VDI-Richtlinie 2222: Konstruktionsmethodik; Konzipieren technischer Produkte. Düsseldorf: VDI-Verlag 1996.
295. VDI-Richtlinie 2223 (Entwurf): Methodisches Entwerfen technischer Produkte. Düsseldorf. VDI-Verlag 1999.
296. VDI-Richtlinie 2224: Formgebung technischer Erzeugnisse. Empfehlungen für den Konstrukteur. Düsseldorf: VDI-Verlag 1972.
297. VDI-Richtlinie 2225 Blatt 1 und Blatt 2: Technisch-wirtschaftliches Konstruieren. Düsseldorf: VDI-Verlag 1977. VDI 2225 (Entwurf): Vereinfachte Kostenermittlung 1984. Blatt 2 (Entwurf): Tabellenwerk 1994. Blatt 4 (Entwurf): Bemessungslehre 1994.
298. VDI-Richtlinie 2226: Empfehlung für die Festigkeitsberechnung metallischer Bauteile. Düsseldorf: VDI-Verlag 1965.
299. VDI-Richtlinie 2227 (Entwurf): Festigkeit bei wiederholter Beanspruchung, Zeit- und Dauerfestigkeit metallischer Werkstoffe, insbesondere von Stählen (mit ausführlichem Schrifttum). Düsseldorf: VDI-Verlag 1974.
300. VDI-Richtlinie 2242, Blatt 1: Konstruieren ergonomiegerechter Erzeugnisse. Düsseldorf; VDI-Verlag 1986.

301. VDI-Richtlinie 2242, Blatt 2: Konstruieren ergonomiegerechter Erzeugnisse. Düsseldorf: VDI-Verlag 1986.
302. VDI-Richtlinie 2243 (Entwurf): Recyclingorientierte Produktentwicklung. Düsseldorf: VDI-Verlag 2000.
303. VDI-Richtlinie 2244 (Entwurf): Konstruktion sicherheitsgerechter Produkte. Düsseldorf: VDI-Verlag 1985.
304. VDI-Richtlinie 2246, B1.1 (Entwurf): Konstruieren instandhaltungsgerechter technischer Erzeugnisse – Grundlagen, Bl. 2 (Entwurf): Anforderungskatalog. Düsseldorf: VDI-Verlag 1994.
305. VDI-Richtlinie 2343, Recycling elektrischer und elektronischer Geräte Blatt 1 (Grundlagen und Begriffe), Blatt 2 (Externe und interne Logistik), Blatt 3, Entwurf (Demontage und Aufbereitung), Blatt 4 (Vermarktung). Düsseldorf: VDI-Verlag 1999–2001.
306. VDI-Richtlinie 2570: Lärmminderung in Betrieben; Allgemeine Grundlagen. Düsseldorf: VDI-Verlag 1980.
307. VDI-Richtlinie 2802: Wertanalyse. Düsseldorf: VDI-Verlag 1976.
308. VDI-Richtlinie 3237, Bl. 1 und Bl. 2: Fertigungsgerechte Werkstückgestaltung im Hinblick auf automatisches Zubringen, Fertigen und Montieren. Düsseldorf: VDI-Verlag 1967 und 1973.
309. VDI-Richtlinie 3239: Sinnbilder für Zubringefunktionen. Düsseldorf: VDI-Verlag 1966.
310. VDI-Richtlinie 3720, Bl. 1 bis Bl. 6: Lärmarm konstruieren. Düsseldorf: VDI-Verlag 1978 bis 1984.
311. VDI/VDE-Richtlinie 3850: Nutzergerechte Gestaltung von Bediensystemen für Maschinen. Düsseldorf: VDI-Verlag 2000.
312. VDI-Richtlinie 4004, Bl. 2: Überlebenskenngrößen. Düsseldorf: VDI-Verlag 1986.
313. VDI: Wertanalyse. VDI-Taschenbücher T 35. Düsseldorf: VDI-Verlag 1972.
314. Wahl, W.: Abrasive Verschleißschäden und ihre Verminderung. VDI-Berichte Nr. 243, „Methodik der Schadensuntersuchung". Düsseldorf: VDI-Verlag 1975.
315. Walczak, A.: Selbstjustierende Funktionskette als kosten- und montagegünstiges Gestaltungsprinzip, gezeigt am Beispiel eines mit methodischen Hilfsmitteln entwickelten Lesegeräts. Konstruktion 38 (1986) 1, 27–30.
316. Walter, J.: Möglichkeiten und Grenzen der Montageautomatisierung. VDI-Z. 124 (1982) 853–859.
317. Wanke, K.: Wassergekühlte Turbogeneratoren. In „AEG-Dampfturbinen, Turbogeneratoren". Berlin: Verlag AEG (1963) 159–168.
318. Warnecke, H. J.; Löhr, H.-G.; Kiener, W.: Montagetechnik. Mainz: Krausskopf 1975.
319. Warnecke, H. J.; Steinhilper, R.: Instandsetzung, Aufarbeitung, Aufbereitung – Recyclingverfahren und Produktgestaltung. VDI-Z. 124 (1982) 751–758.
320. Weber, R.: Recycling bei Kraftfahrzeugen. Konstruktion 42 (1990) 410–414.
321. Weege, R.-D.: Recyclinggerechtes Konstruieren. Düsseldorf: VDI-Verlag 1981.
322. Welch, B.: Thermal Instability in High-Speed-Gearing. Journal of Engineering for Power 1961. 91 ff.
323. Wende, A.: Integration der recyclingorientierten Produktgestaltung in dem methodischen Konstruktionsprozess. VDI-Fortschritt-Berichte, Reihe 1, Nr.239. Düsseldorf: VDI-Verlag 1994 (Diss. TU Berlin 1994).

324. Wende, A.; Schierschke, V.: Produktfolgenabschätzung als Bestandteil eines recyclingorienterten Produktmodells. Konstruktion 46 (1994) 92–98.
325. Wiedemann, J.: Leichtbau. Bd. 1: Elemente; Bd. 2: Konstruktion. Berlin: Springer 1986/1989.
326. Wiegand, H.; Beelich, K. H.: Einfluss überlagerter Schwingungsbeanspruchung auf das Verhalten von Schraubenverbindungen bei hohen Temperaturen. Draht Welt 54 (1968) 566–570.
327. Wiegand, H.; Beelich, K. H.: Relaxation bei statischer Beanspruchung von Schrau benverbindun gen. Draht Welt 54 (1968) 306–322.
328. Wiegand, H.; Kloos, K.-H.; Thomala, W.: Schraubenverbindungen. Konstruktionsbücher (Hrsg. G. Pahl) Bd. 5, 4. Aufl. Berlin: Springer 1988.
329. Witte, K:W.: Konstruktion senkt Montagekosten. VDI-Z. 126 (1984) 835–840.
330. Zhao, B. J.; Beitz, W.: Das Prinzip der Kraftleitung: direkt, kurz und gleichmäßig. Konstruktion 47 (1995) 15–20.
331. ZGV-Lehrtafeln: Erfahrungen, Untersuchungen, Erkenntnisse für das Konstruieren von Bauteilen aus Gusswerkstoffen. Düsseldorf: Gießerei-Verlag.
332. ZGV-Mitteilungen: Fertigungsgerechte Gestaltung von Gusskonstruktionen. Düsseldorf: Gießerei-Verlag.
333. ZGV: Konstruieren und Gießen. Düsseldorf: Gießerei-Verlag.
334. ZHI Verzeichnis: Richtlinien, Sicherheitsregeln und Merkblätter der Träger der gesetzlichen Unfallverordnung. Köln: Heymanns (wird laufend erneuert).
335. Zienkiewicz, O. G.: Methode der finiten Elemente, 2. Aufl. München; Hanser 1984.
336. Zünkler, B.; Gesichtspunkte für das Gestalten von Gesenkschmiedeteilen. Konstruktion 14 (1962) 274–280.

8 Methodisches Ausarbeiten
Detail design

8.1 Arbeitsschritte beim methodischen Ausarbeiten
Detail design steps

Unter Ausarbeiten wird der Teil des Konstruierens verstanden, der die Baustruktur eines technischen Gebildes durch endgültige Vorschriften für Form, Bemessung und Oberflächenbeschaffenheit aller Einzelteile, Festlegen aller Werkstoffe, Überprüfung der Herstellungs- und Gebrauchsmöglichkeiten sowie der endgültigen Kosten ergänzt und die verbindlichen zeichnerischen und sonstigen Unterlagen für seine stoffliche Verwirklichung und Nutzung schafft (vgl. 4.2). Das Ergebnis des Ausarbeitens ist die herstellungstechnische Festlegung der Lösung einschließlich der Zusammenstellung von Nutzungsangaben (Produktdokumentation).

Schwerpunkt der Ausarbeitungsphase ist das Erarbeiten der Fertigungsunterlagen, insbesondere der Einzelteil- oder Werkstatt-Zeichnungen, von Gruppen-Zeichnungen soweit erforderlich, der Gesamt-Zeichnung sowie der Stückliste. Dieser Teil der Ausarbeitungsphase wird zunehmend durch die Möglichkeiten der graphischen Datenverarbeitung unterstützt und automatisiert (vgl. 13). Dadurch wird die Voraussetzung geschaffen, die rechnerintern gespeicherten Daten zur automatischen Fertigungsplanung sowie zur Direktsteuerung von NC-Fertigungsmitteln einzusetzen.

Je nach Produktart (Branche) und Fertigungsart (Einzel-, Kleinserien- oder Großserienfertigung) werden von der Konstruktion noch weitere Unterlagen zur Fertigung erstellt, wie z. B. Montage- und Transportvorschriften sowie Prüfvorschriften zur Qualitätssicherung (vgl. 11). Auch für den späteren Gebrauch des Produkts werden häufig noch Betriebs-, Wartungs- und Instandsetzungsanleitungen zusammengestellt. In der Ausarbeitungsphase werden Unterlagen erstellt, die Grundlage für die Auftragsabwicklung, insbesondere für die Arbeitsvorbereitung, d. h. für die Fertigungsplanung und Fertigungssteuerung, sind. Weitere Fertigungsunterlagen, z. B. Arbeitspläne, werden der Arbeitsvorbereitung zugeordnet. In der Praxis besteht hier oft ein fließender Übergang zur Konstruktion.

Das Ausarbeiten wird in mehreren Arbeitsschritten durchgeführt: Abb. 8.1. Das *Detaillieren des endgültigen Entwurfs* ist nicht nur ein Ausarbeiten der Einzelteile, sondern es werden gleichzeitig Detailoptimierungen hinsicht-

552 8 Methodisches Ausarbeiten

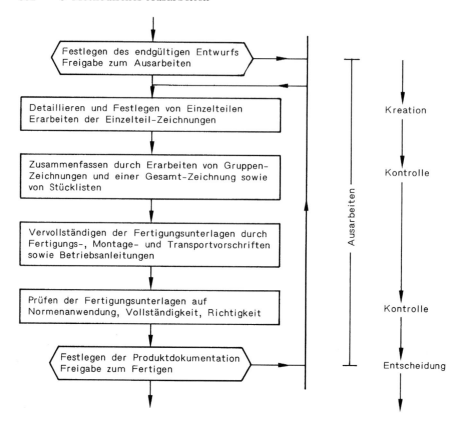

Abb. 8.1. Arbeitsschritte beim Ausarbeiten

lich Form, Werkstoff, Oberfläche und Toleranzen bzw. Passungen vorgenommen. Hierzu sind die in 7.5 dargelegten Gestaltungsrichtlinien hilfreich. Optimierungsziele sind dabei eine hohe Ausnutzung (z. B. gleiche Gestaltfestigkeit und zweckmäßige Werkstoffwahl) und eine fertigungs- und kostengünstige Detailgestaltung unter weitgehender Berücksichtigung bestehender Normen einschließlich der Verwendung handelsüblicher Zukaufteile und werksinterner Wiederholteile, insbesondere bei datenverarbeitungstechnischer Verknüpfung beider Bereiche (CAD/CAM, CIM) [1].

Das *Zusammenfassen* von Einzelteilen zu Gruppen (in der Praxis häufig auch Baugruppen genannt) und von diesen zum Gesamtprodukt mit entsprechenden Zeichnungen und Stücklisten wird stark von Gesichtspunkten der Auftragsabwicklung und des terminlichen Ablaufs sowie der Montage und des Transports beeinflusst. Hierzu sind geeignete Zeichnungs-, Stücklisten- und Nummernsysteme erforderlich (vgl. 8.2).

Das *Vervollständigen* der Fertigungsunterlagen, gegebenenfalls durch Fertigungs-, Montage- und Transportvorschriften sowie durch Betriebsanleitungen mit Nutzungsangaben gehört ebenfalls zu wichtigen Tätigkeiten beim Ausarbeiten.

Von großer Bedeutung für den anschließenden Fertigungsprozess ist das *Prüfen* der Fertigungsunterlagen, besonders der Einzelteil-Zeichnungen und Stücklisten hinsichtlich

– der Einhaltung von Normen, insbesondere Werknormen,
– der eindeutigen und fertigungsgerechten Bemaßung,
– erforderlicher sonstiger Fertigungsangaben sowie
– Beschaffungsgesichtspunkten, z. B. Lagerteilen.

Ob solche Prüfungen noch vom Konstruktionsbereich oder von einem organisatorisch getrennten Normbüro übernommen werden, hängt im Wesentlichen von der Organisationsstruktur eines Unternehmens ab und spielt für die Ausführung der Tätigkeiten selbst nur eine untergeordnete Rolle. Wie zwischen Konzept- und Entwurfsphase überschneiden sich auch oft Arbeitsschritte der Entwurfs- und Ausarbeitungsphase. Beim Erarbeiten der Einzelteil-Zeichnungen ist es üblich, terminbestimmende Einzelteile und Rohteil-Zeichnungen vorzuziehen, um sie bereits vor Festlegung des endgültigen Entwurfs soweit als möglich fertigzustellen. Eine solche Integration beider Konstruktionsphasen wird durch die Anwendung von CAD-Systemen unterstützt und ist vor allem bei der Einzelfertigung und im Großmaschinenbau erforderlich sowie für eine günstige Auftragsabwicklung, insbesondere Fertigungsplanung, mitentscheidend (vgl. Abb. 7.106).

Die Ausarbeitungsphase darf keinesfalls vom entwerfenden Konstrukteur fachlich vernachlässigt werden, da von ihrer sorgfältigen Durchführung die technische Funktion, der Fertigungsablauf sowie das Auftreten von Fertigungsfehlern und damit die Fertigungskosten und die Produktqualität entscheidend bestimmt werden.

In den nachfolgenden Abschnitten werden die Hilfsmittel, die zur rationellen Auftragsabwicklung auch im Hinblick einer DV-Verarbeitung besonders bedeutsam sind, behandelt. Auf konventionelle Tätigkeiten wie Zeichnen, Berechnen und Detailgestalten wird nicht näher eingegangen, sondern auf entsprechendes Schrifttum verwiesen. Hilfsmittel und Hinweise zum Detailgestalten sind weitgehend 7 zu entnehmen.

8.2 Systematik der Fertigungsunterlagen
Preparation of production documents

8.2.1 Erzeugnisgliederung
Product structure

Grundlage für eine Strukturierung bzw. Ordnung der Fertigungsunterlagen ist die sog. *Erzeugnisgliederung*, die sich in den vom Konstruktionsbereich zu erstellenden Zeichnungen und Stücklisten in Form eines Zeichnungs- und

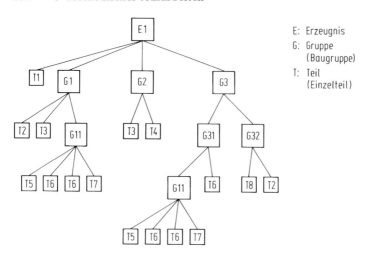

Abb. 8.2. Schema einer Erzeugnisgliederung

Stücklistensatzes widerspiegelt. Unter Erzeugnisgliederung wird eine Aufteilung des Erzeugnisses [20] in kleinere Einheiten verstanden. Abbildung 8.2 zeigt eine solche Gliederung schematisch.

Die Erzeugnisgliederung kann zu einer *funktionsorientierten* oder *fertigungs-* bzw. *montageorientierten* Struktur führen. Je nach Darstellungsart wird sie auch Stammbaum oder Aufbauübersicht genannt, wobei letztere die Einzelteile meistens noch als Rohteile bzw. Halbzeuge ausgibt [20].

Kennzeichnend für eine solche Struktur ist das Vorhandensein von Einzelteilen, die nicht mehr zerlegbar sind, und das Zusammenfassen solcher Einzelteile und/oder Gruppen niederer Ordnung zu in sich geschlossene Gruppen (Baugruppen), wobei auch sog. „Gruppen loser Teile" (z. B. Zubehör) gebildet werden können. Zweckmäßigerweise werden solche Gruppen hierarchisch gegliedert:

1., 2., ... n-ter Ordnung oder Stufe, wobei das jeweilige Gesamterzeugnis mit 0. Ordnung und die gegliederten Gruppen mit fortschreitender Auflösung nach steigender Ordnungszahl oder Stufe benannt werden. Solche Rangordnungen können sich je nach Zielsetzung (Funktion, Fertigung, Montage, Beschaffung) ändern. Sie können bei komplexen Erzeugnissen sehr vielstufig sein.

Als Beispiel für eine Erzeugnisgliederung diene das in 10.2 beschriebene Gleitlager-Baukastensystem. Die in Abb. 10.24 dargestellte Struktur ist entsprechend Abb. 10.21 funktionsorientiert. In zahlreichen Fällen ist es dagegen zweckmäßig, eine von der Funktionsgliederung getrennte Erzeugnisgliederung nach Fertigungs- und Montagegesichtspunkten vorzunehmen. Eine fertigungsgerechte Erzeugnisgliederung des Stehlagers B_1 des in Abb. 10.26 gezeigten Baukastensystems zum Aufstellen eines Zeichnungs- und Stücklistensatzes zeigt Abb. 8.3 in Form einer *Aufbauübersicht*. Man erkennt zwei

8.2 Systematik der Fertigungsunterlagen

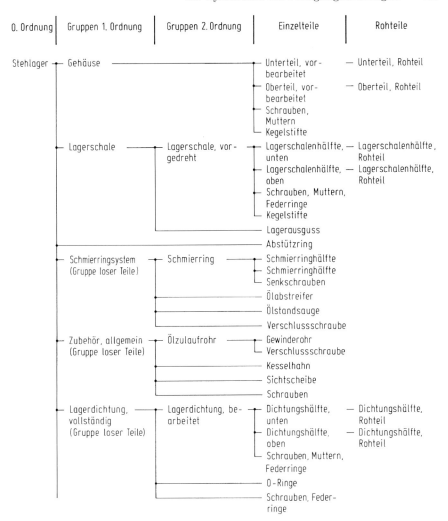

Abb. 8.3. Fertigungsgerecht gegliederte Aufbauübersicht für das Stehlager eines Gleitlager-Baukastensystems

Gruppenspalten und je eine Spalte mit herausgezogenen Einzelteilen und Rohteilen. In Abb. 8.4 ist ein *Stammbaum* für das gleiche Erzeugnis wiedergegeben, der aber die Gruppen und Einzelteile nach Montagegesichtspunkten gliedert.

Da eine Erzeugnisgliederung sowohl den Aufbau der Fertigungsunterlagen als auch den Fertigungsfluss stark beeinflusst bzw. umgekehrt von ihr bestimmt wird, hat es sich in der Praxis als zweckmäßig erwiesen, alle beteiligten Betriebsbereiche (Konstruktion, Normung, Arbeitsvorbereitung, Fertigung, Montage, Einkauf) bei ihrer Aufstellung zu beteiligen. In jedem Fall ist sie produkt- und firmenspezifisch und kann nicht allgemein gültig festgelegt

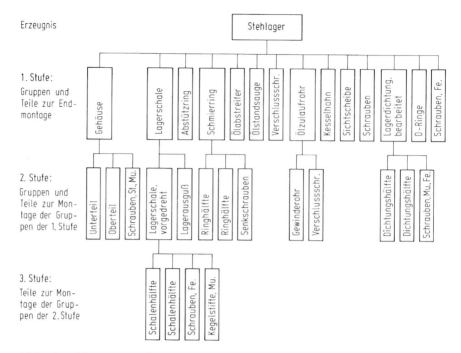

Abb. 8.4. Montagegerecht gegliederter Stammbaum für Stehlager (vgl. Abb. 8.3)

werden. Die Erzeugnisgliederung bestimmt die Aufteilung des Zeichnungs- und Stücklistensatzes und richtet sich zweckmäßigerweise nach den Zweigen der Aufbauübersicht bzw. des Stammbaums.

Erzeugnisgliederungen sind auch eine wichtige Voraussetzung für eine rationelle Herstellung von Produktprogrammen mit einer Vielzahl von Varianten, die als Baureihen- und Baukastensysteme verwirklicht sind (vgl. 10), ferner für einen verstärkten DV-Einsatz im Rahmen einer rechnerintegrierten Fertigung und Montage (CIM).

8.2.2 Zeichnungssysteme
Drawings

Für die Anfertigung normgerechter technischer Zeichnungen sei auf umfangreiches Schrifttum verwiesen [2,4,7–12,16,18–25]. Es werden im Folgenden nur grundlegende Definitionen zum Zeichnungsinhalt, zur Darstellungsart und zum Zeichnungsaufbau behandelt, um daraus Empfehlungen für den Zeichnungseinsatz bzw. die Zeichnungsorganisation geben zu können. DIN 199 [11] definiert die wesentlichen Begriffe des Zeichnungs- und Stücklistenwesens.

Die folgende Auswahl von Begriffen für technische Zeichnungen ist hier nach

– Art ihrer Darstellung,
– Art ihrer Anfertigung,

– ihrem Inhalt und
– ihrem Zweck geordnet.

Hinsichtlich der *Darstellungsart* wird unterschieden zwischen

– Skizzen, die nicht unbedingt an Form und Regeln gebunden sind, meist freihändig und/oder großmaßstäblich,
– Zeichnungen in möglichst maßstäblicher Darstellung,
– Maßbildern als vereinfachte Darstellung,
– Plänen, z. B. Lageplänen, und
– Diagrammen, Schema-Zeichnungen u. a. zur Veranschaulichung, z. B. von Funktionsstrukturen.

Für die Konzeptphase sind vor allem Skizzen und Schema-Zeichnungen wichtig, da sie die Lösungssuche unterstützen und ein informatives Hilfsmittel sind [35]. Grobmaßstäbliche und maßstäbliche Zeichnungen dienen als Arbeitsgrundlage und Kommunikationsmittel für Gestaltungs- und Berechnungstätigkeiten in der Entwurfsphase sowie als Unterlagen zur Fertigung nach Abschluss der Ausarbeitungsphase [36].

Hinsichtlich der *Anfertigungsart* unterscheidet man zwischen

– Original- oder Stamm-Zeichnungen (Blei- oder Tuschezeichnungen, Plotterzeichnungen oder rechnerinternen Objektdarstellungen) als Grundlage für Vervielfältigungen sowie
– Vordruck-Zeichnungen, die oft unmaßstäblich sind.

In diesem Zusammenhang kann es zweckmäßig sein, Zeichnungen nach dem Baukastenprinzip aufzubauen. Bei diesem Vorgehen gliedert man Gesamt-Zeichnungen bausteinartig so in Zeichnungsteile, dass man aus diesen neue Gesamt-Zeichnungsvarianten zusammenstellen kann. Die Zeichnungsteile liegen entweder als Aufkleber vor oder werden zum Kopieren bzw. zu einer Mikroverfilmung zusammengefügt. Eine weitere Möglichkeit bietet eine rechnerinterne Verknüpfung von Geometriedaten bzw. Zeichnungsinhalten.

Hinsichtlich des *Inhalts* gibt es ein breites Spektrum von Unterscheidungsmöglichkeiten. Ein Gesichtspunkt zum Inhalt ist die Vollständigkeit eines Erzeugnisses in einer Zeichnung. Hier wird unterschieden zwischen

– *Gesamt-Zeichnungen* (nach DIN 199 können diese als Hauptzeichnung für eine oberste Strukturstufe und als Zusammenbau-Zeichnung unterschiedliche Aufgaben wahrnehmen),
– *Gruppen-Zeichnungen* (Darstellung einer Baueinheit von zwei oder mehreren Teilen eines Erzeugnisses in lösbar und/oder unlösbar zusammengebautem Zustand),
– *Einzelteil-Zeichnungen* (Darstellung eines Einzelteils),
– *Rohteil-Zeichnungen*,
– *Anordnungs-Plänen*,
– *Modell-Zeichnungen* und
– *Schema-Zeichnungen*.

Ein *Zeichnungs-Satz* ist die Gesamtheit aller für einen Zweck zusammengestellter Zeichnungs-Unterlagen.

Der Zeichnungsinhalt kann nach der Richtlinie VDI 2211 [38] zunächst in den technologischen und den organisatorischen Inhalt gegliedert werden. Zum technologischen Inhalt gehören die bildliche Darstellung des Gegenstands, die Bemaßung und sonstige Darstellungsangaben (z. B. Schnittlinien), Werkstoff- und Qualitätsangaben sowie Behandlungsangaben (z. B. Prüfvorschriften). Durch den organisatorischen Inhalt werden sachbezogene Angaben (z. B. Benennungen und Sachnummerung zur Identifizierung und Klassifizierung) sowie zeichnungsbezogene Angaben (z. B. Maßstäbe, Zeichnungsformat, Erstellungsdatum) erfasst. Diese Gliederung hat eine große Bedeutung für das maschinelle, rechnerunterstützte Herstellen von Zeichnungen [38].

Eng mit dem Inhalt einer Zeichnung ist ihr *Zweck* verbunden. Hier unterscheidet man zwischen

- *Entwurfs-Zeichnungen* (Zeichnungen mit unterschiedlichem Konkretisierungsgrad bei verschiedenen Darstellungsarten und verschiedenen Inhalten) und
- *Fertigungs-Zeichnungen* (auch Werkstatt-Zeichnungen genannt). Bei Anwendung von CAD-Systemen können die rechnerintern gespeicherten Geometrie- und Technologiedaten auch direkt zur Steuerung von NC-Fertigungsmitteln genutzt werden. Eine trotzdem ausgegebene Zeichnung dient dann zu Prüf-, Dokumentations- und Informationszwecken.

Fertigungs-Zeichnungen legen ein Teil, eine Gruppe, eine Maschine oder Anlage in allen für die Herstellung notwendigen Eigenschaften fest. Dazu gehören makrogeometrische Eigenschaften (Maße, Form, Lage von Begrenzungsflächen), mikrogeometrische Eigenschaften (Oberflächenangaben) und Materialeigenschaften. Für *jede* Eigenschaft müssen in der Zeichnung *Grenzabweichungen* (Toleranzen) enthalten sein und zwar als Einzelangaben oder in Form von Pauschalangaben (Allgemeintoleranzen). Diese *Vollständigkeitsregel* ist Grundlage für die Fertigung und Qualitätssicherung.

Fertigungs-Zeichnungen können weiterhin gegliedert werden in

- *Bearbeitungs-Zeichnungen* unterschiedlicher Vollständigkeit (z. B. Vorbearbeitung und Endbearbeitung, Schweiß-Zeichnungen usw.).
- *Zusammenbau-Zeichnungen* (z. B. Montage-Zeichnungen),
- *Ersatzteil-Zeichnungen*,
- *Prüf-Zeichnungen*,
- *Aufstellungs-Zeichnungen* (Fundament-Zeichnungen) und
- *Versand-Zeichnungen*.

Weitere Zeichnungsarten sind u. a. Angebots-Zeichnungen, Bestell-Zeichnungen, Genehmigungs-Zeichnungen, Fertigungsmittel-Zeichnungen und Patent-Zeichnungen.

Zur Rationalisierung der Zeichnungserstellung dienen ferner *Sammel-Zeichnungen*, die als *Sorten-Zeichnungen* (für Gestaltungsvarianten) mit aufgedruckter oder getrennter Maßtabelle oder als *Satz-Zeichnungen* (Zusammenfassung zusammengehörender Teile) aufgebaut sein können. Bei Zeichnungen zur NC-Fertigung muss insbesondere die Bemaßung programmiergerecht sein [12]. Für rechnerunterstützt erstellte Zeichnungen gibt DIN 6774 Ausführungsregeln [19].

Ausgehend von den in DIN 199 definierten Begriffen werden in den einzelnen Unternehmen häufig Zeichnungsarten festgelegt, wie sie, bezogen auf das vorliegende Produktspektrum und die Fertigungsart, zweckmäßig erscheinen. So unterscheidet z. B. ein Unternehmen mit Serienfertigung seine Zeichnungen nach ihrem Inhalt bzw. Zweck wie folgt:

– Entwurfs-Skizzen zur Festlegung nur der Einzelheiten, die zur Fertigung eines Funktionsmusters (Muster, das die Lösungsidee überprüft) benötigt werden,
– Konstruktions-Skizzen mit eindeutigen Angaben zur Fertigung eines sog. Entwicklungsmusters (Muster, das bereits die Forderungen der Anforderungsliste erfüllt),
– Konstruktions-Zeichnungen als Vorstufe von Fertigungs-Zeichnungen, die zur Fertigung von Erprobungsmustern alle Angaben enthalten,
– Fertigungs-Zeichnungen, die die endgültige Serienfertigung ermöglichen.

Bei Produkten der Einzelfertigung und des Großmaschinenbaus, die meist ohne Fertigung eines Prototyps bzw. Musters auskommen müssen, ist eine solche Gliederung nicht angebracht. Hier wird man nur zwischen Entwurfs-Zeichnungen einerseits und Fertigungs-Zeichnungen andererseits unterscheiden.

Insbesondere für Vorrichtungs- und Einzelmaschinenkonstruktionen gibt es Vorschläge, Fertigungs- und Montageangaben nur mit unmaßstäblichen Handskizzen festzulegen, da mit diesen die Anschaulichkeit bei geringem Aufwand verbessert werden kann [35].

Beim Erarbeiten der Fertigungsunterlagen interessiert die geeignete *Struktur eines Zeichnungs-Satzes*. Entsprechend einer fertigungs- und montagegerechten Erzeugnisgliederung (vgl. 8.2.1) besteht der Zeichnungssatz grundsätzlich zunächst aus

– einer *Gesamt-Zeichnung* (*Haupt-Zeichnung*) des Erzeugnisses, aus der sich möglicherweise noch weitere Zeichnungen wie z. B. zum Versand, zur Aufstellung und Montage sowie zur Genehmigung ableiten,
– mehreren *Gruppen-Zeichnungen* verschiedener Rangordnung (Komplexität), die den Zusammenbau mehrerer Einzelteile zu einer Fertigungs- bzw. Montageeinheit zeigen, sowie
– *Einzelteil-Zeichnungen*, die noch für unterschiedliche Fertigungsstufen aufgegliedert sein können (z. B. Rohteil-Zeichnung, Modell-Zeichnung, Vorbearbeitungs-Zeichnung, Endbearbeitungs-Zeichnung).

Als Grundsatz sollte zunächst gelten, dass die Aufteilung des Zeichnungs-Satzes allen Zweigen der Aufbauübersicht oder des Erzeugnis-Stammbaums (vgl. Abb. 8.3 und 8.4) entspricht. Zur Vereinfachung des Zeichnungssatzes kann es aber, z. B. bei Einzelfertigung mit mehreren Varianten (Variantenkonstruktion), zweckmäßig sein, Zeichnungen bzw. die Informationen mehrerer Zeichnungen zusammenzufassen (Zusammenlegen der Angaben mehrerer Fertigungsstufen). *Sammel-Zeichnungen* dienen für verschiedene Größen gleichartiger Teile und erfassen als Satz-Zeichnung zusammengehörende Teile (z. B. Zubehör) und einfache Gruppen sowie als Sorten-Zeichnung verschiedene Sorten oder Größen eines Bauteils auf einer Zeichnung. Vor allem Sorten-Zeichnungen sind ein wichtiges Mittel zur Rationalisierung in Baureihen- und Baukastensystemen. Die Zusammenfassung mehrerer Teile bzw. Größen eines Teils auf einer Zeichnung aus Gründen der Zeichnungsvereinfachung und Übersichtlichkeit ist eine reine Zweckmäßigkeitsfrage. Die Brauchbarkeit für Arbeitsvorbereitung, Fertigung, Montage und Ersatzteillieferung usw. darf aber nicht beeinträchtigt werden.

Es ist anzustreben, Zeichnungen so aufzubauen, dass sie möglichst auftragsunabhängig auch für andere Anwendungsfälle wieder verwendbar sind. Wiederholteile und Ersatzteile sollten immer auf eigenen Zeichnungen dargestellt werden, da sie auftragsunabhängig frei verwendbar sein sollen. Ausnahmen von diesem Rationalisierungsgrundsatz sind häufig Gesamt-Zeichnungen, die als Liefer- und Aufstellungs-Zeichnungen einmalige Angaben für den jeweiligen Auftrag enthalten müssen. Weitere Gesichtspunkte zum Aufbau eines Zeichnungs-Satzes sind DIN 6789 zu entnehmen [20].

Entsprechend der Struktur des Zeichnungs-Satzes ist auch der Stücklistensatz und das System der Zeichnungs-Nummern (vgl. 8.3) aufzubauen.

Bei der Weiterentwicklung von Zeichnungsnormen werden die Anforderungen aus der CAD-Technik berücksichtigt.

8.2.3 Stücklistensysteme
Parts lists

Zu jedem Zeichnungssatz gehört eine *Stückliste* bzw. ein *Stücklistensatz* als wichtiger Informationsträger, um ein Erzeugnis so vollständig beschreiben zu können, dass es einwandfrei gefertigt werden kann. Eine Stückliste enthält verbal und mit Positionsnummern festgelegt Menge, Einheit der Menge und Benennung aller Gruppen (Baugruppen) und Einzelteile einschließlich Normteile, Fremdteile und Hilfsstoffe [16, 17]. Positionsnummern sind dabei auch das Bindeglied zwischen Zeichnung und Stückliste. Sie gibt ferner die zur eindeutigen Identifikation und zur Auftragsabwicklung benötigte Sachnummer einer Position an. Eine Stückliste ist generell aus einem Schriftfeld und einem Stücklistenfeld aufgebaut, deren formaler Aufbau in DIN 6771 Teil 1 u. 2 [16,17] festgelegt ist. Bei Stücklistenverarbeitung mit DV-Anlagen wird dieser Aufbau entsprechend den Möglichkeiten und Erfordernissen der verwendeten Anlagen und Programme modifiziert.

Die Gesamtheit aller zu einem Erzeugnis gehörenden Stücklisten wird Stücklistensatz genannt. Stücklisten können sowohl auf der Zeichnung ange-

8.2 Systematik der Fertigungsunterlagen

ordnet als auch getrennt aufgestellt werden. Letztere Form überwiegt heute wegen der automatischen Stücklistenerstellung und -verarbeitung mit Hilfe der DV-Technik. Zur rationellen und vielseitigen Möglichkeit einer maschinellen Stücklistenverarbeitung wird auf entsprechendes Schrifttum verwiesen [27]. Stücklisten lassen sich nach der Art und dem Verwendungszweck einteilen.

Die *Stücklistenart* gibt an, wie sich die Erzeugnisgliederung und die Fertigungsstufen im Stücklistenaufbau niederschlagen. Nach [27] und DIN 199 Teil 2 [11] lassen sich folgende Stücklistenarten definieren:

- Die *Mengenübersichts-Stückliste* enthält für das Erzeugnis nur eine Auflistung der Einzelteile mit ihren Sachnummern und Mengenangaben. Mehrfach vorkommende Einzelteile erscheinen nur einmal. Es sind aber alle Teilenummern eines Erzeugnisses aufgeführt. Eine Stufengliederung entsprechend der Erzeugnisgliederung in z. B. funktions- und fertigungsorientierte Gruppen ist nicht zu erkennen. Diese Stücklistenart stellt die einfachste Form dar, ihr Volumen hinsichtlich Datenspeicherung ist gering. Sie reicht für einfache Erzeugnisse mit nur wenigen Fertigungsstufen aus. Abbildung 8.5 zeigt zur Veranschaulichung eine solche Stückliste für eine Erzeugnisgliederung nach Abb. 8.2 als DV-Ausdruck.
- Die *Struktur-Stückliste* gibt die Erzeugnisstruktur mit allen Gruppen und Teilen wieder, wobei jede Gruppe sofort bis zur höchsten Stufe (Ordnung der Erzeugnisgliederung) aufgegliedert ist. Die Gliederung der Gruppen und Teile entspricht in der Regel dem Fertigungsablauf (mehrstufige Aufgliederung). Abbildung 8.6 zeigt schematisch eine solche Stückliste als DV-Ausdruck, wiederum auf die Erzeugnisgliederung entsprechend Abb. 8.2 bezogen. Da die Rechnerverarbeitung für jede Positionsnummer Mengen- und Mengeneinheits-Angaben fordert, sind diese entgegen der manuellen Technik, bei der Mengenangaben für ein Teil nur einmal vorgenommen werden, auch bei allen Gruppen aufgeführt. Ferner wird auch die Einheit „Stück" jeweils ausgedruckt, da das Programm bei allen Positionen eine Einheitenangabe erwartet. Zur weiteren Veranschaulichung ist in Abb. 8.7

```
MENGE    1         BENENNUNG    E1   MENGENUEBERSICHTS-STUECKLISTE
***************************************************************
POS.   MENGE   ME   BENENNUNG              SACHNUMMER
***************************************************************
  1      1    ST                           T1
  2      2    ST                           T2
  3      2    ST                           T3
  4      1    ST                           T4
  5      2    ST                           T5
  6      5    ST                           T6
  7      4    KG                           T7
  8      9    M                            T8
```

Abb. 8.5. Schematischer Aufbau einer Mengenübersichts-Stückliste für Erzeugnisgliederung nach Abb. 8.2 (ME = Einheit der Menge)

```
MENGE    1         BENENNUNG   E1   STRUKTUR-STUECKLISTE
**********************************************************
POS.  MENGE  ME   STUFE   BENENNUNG         SACHNUMMER
**********************************************************
  1     1    ST    .1       T1
  2     1    ST    .1       G1
  3     1    ST    ..2      T2
  4     1    ST    ..2      T3
  5     1    ST    ..2      G11
  6     1    ST    ...3     T5
  7     2    ST    ...3     T6
  8     2    KG    ...3     T7
  9     1    ST    .1       G2
 10     1    ST    ..2      T3
 11     1    ST    ..2      T4
 12     1    ST    .1       G3
 13     1    ST    ..2      G31
 14     1    ST    ...3     G11
 15     1    ST    ....4    T5
 16     2    ST    ....4    T6
 17     2    KG    ....4    T7
 18     1    ST    ...3     T6
 19     1    ST    ..2      G32
 20     9    M     ...3     T8
 21     1    ST    ...3     T2
```

Abb. 8.6. Schematischer Aufbau einer Struktur-Stückliste für Erzeugnisgliederung nach Abb. 8.2

```
MENGE    1         BENENNUNG   STEHLAGER 160    STRUKTURSTUECKLISTE
*******************************************************************
PCS.  MENGE  ME   STUFE   BENENNUNG                  SACHNUMMER
*******************************************************************
  1    1.0   ST    .1    GEHAEUSE 160/180 MM         3202-222.103350.GZ-1
  2    1.0   ST    ..2   UNTERTEIL, VORBEARB.        3200-222.101335.VBZ-1
  3    1.0   ST    ..2   OBERTEIL, VORBEARB.         3200-222.101336.VBZ-2
  4    4.0   ST    ..2   SKT-SCHR M12X75 DIN 931     9001-222.010674
  5    2.0   ST    ..2   KEGELSTIFT 10X85 DIN 258    9022-222.011149
  6    2.0   ST    ..2   SKT-MU M10 DIN 934-5        9013-222.012435
  7    1.0   ST    .1    LAGERSCHALE 160 GL.BUNDE    3511-222.150379.GZ-1
  8    1.0   ST    ..2   LAGERSCHALE, VORGEDR.       3511-222.150380.GZ-3
  9    1.0   ST    ...3  LAGERSCHALHAELFTE, UNTEN    3511-222.150411.VBZ-3
 10    1.0   ST    ...3  LAGERSCHALHAELFTE, OBEN     3511-222.150410.VBZ-3
 11    2.0   ST    ...3  ZYLSCHR M8X35 DIN912-8.8    9001-222.010457
 12    2.0   ST    ...3  FEDERRING 8 DIN 7980        9065-222.012087
 13    2.0   ST    ...3  KEGELSTIFT  6X55 DIN 258    9022-222.022437
 14    2.0   ST    ...3  SKT-MU M6 DIN 934-5 VZK     9013-222.012433
 15    0.3   KG    ..2   LAGERAUSGUSS THERMIT        9271-222-101342
 16    1.0   ST    .1    ABSTUETZRING                
 17    1.0   ST    .1    SCHMIERRING FUER 160/180    3901-222.007904.GZ-4
 18    2.0   ST    ..2   SCHMIERRINGHAELFTE          3901-222.150009.SEZ-3
 19    4.0   ST    ..2   SENKSCHRAUBE                9009-222.150108.SEZ-4
 20    1.0   ST    .1    OELABSTREIFER               3776-222.150581.SEZ-4
 21    1.0   ST    .1    OELSTANDSAUGE R1 N229350    3906-222.000794
 22    1.0   ST    .1    VERSCHL.-SCHR R1/4DIN910    9003-222.011821
 23    1.0   ST    .1    OELZULAUFROHR               9448-222.150350
 24  140.0   NM    ..2   GEWINDEROHR R1/4 X 140      9446-222.150498.OZ
 25    1.0   ST    ..2   VERSCHL.-SCHR R1/2DIN910    9003-222.011823
 26    1.0   ST    .1    KESSELHAHN R3/8             9408-222.021301
 27    1.0   ST    .1    SICHT-SCHEIBE A116X82       3904-222.000327
 28    4.0   ST    .1    ZYLSCHR M6X15 DIN 84-4.8    9007-222.011316
 29    2.0   ST    .1    LAGERDICHTUNG, BEARB.       3020-222.150268
 30    4.0   ST    ..2   DICHTUNGSHAELFTEN           3020-222.100105
 31    4.0   ST    ..2   ZYLSCHR M8X35 DIN912-8.8    9001-222.010457
 32    4.0   ST    ..2   SKT-MU M8 DIN 934-5 VZK     9013-222.012560
 33    4.0   ST    ..2   FEDERRING 8 DIN 7980        9065-222.012087
 34    2.0   ST    .1    DICHTRING 250 DIN 2693      9326-222.201793
 35   12.0   ST    .1    SKT-SCHR M6X15 DIN 931-5    9001-222.010800
 36   12.0   ST    .1    FEDERRING 6 DIN 127         9065-222.911454
```

Abb. 8.7. Struktur-Stückliste des Stehlagers entsprechend Abb. 8.4

eine Struktur-Stückliste für den in Abb. 8.4 gezeigten Stammbaum eines Gleitlagers wiedergegeben. Struktur-Stücklisten können sowohl für ein Gesamterzeugnis als auch nur für einzelne Gruppen aufgestellt werden. Der Vorteil von Struktur-Stücklisten liegt darin, dass in ihnen die Gesamtstruktur eines Erzeugnisses bzw. einer Gruppe erkannt werden kann. Allerdings wird eine Stückliste mit einer hohen Positionszahl unübersichtlich, vor allem, wenn eine Reihe von Wiederholgruppen an jeweils verschiedenen Stellen wiederkehren. Dadurch ergeben sich auch Nachteile im Änderungsdienst.

– Mit dem Begriff *Varianten-Stückliste* werden Stücklisten-Sonderformen bezeichnet, in denen verschiedene Erzeugnisse oder Gruppen mit einem hohen Anteil identischer Gruppen bzw. Einzelteile festgelegt sind. Es werden also Informationen mehrerer verschiedener Stücklisten zu einer einzigen Liste zusammengeführt. Alle gleichbleibenden Teile eines Erzeugnisspektrums werden in einer sog. Grund-Stückliste zusammengefasst. Varianten-Stücklisten können vor allem in Baukastensystemen mit einem hohen Anteil gleicher Bausteine, z. B. Grundbausteinen, rationell sein.

Um Stücklisteninhalte in verschiedenen Erzeugnissen und bei Wiederholgruppen unverändert verwenden zu können, ist es zweckmäßig, Gesamt-Stücklisten in selbständige Teile bausteinartig aufzugliedern. Die folgende Stücklistenart entspricht dieser Zielsetzung:

– Die *Baukasten-Stückliste* stellt eine einstufige Auflösung eines Erzeugnisses oder einer Gruppe dar, d. h. sie enthält nur Gruppen und Teile der nächsttieferen Stufe. Die Mengenangaben beziehen sich, wie bei allen Stücklisten, nur auf die im Kopf genannte Gruppe. Mehrere solcher Baukasten-Stücklisten müssen, gegebenenfalls mit anderen Stücklisten, zu einem Stücklistensatz eines Erzeugnisses zusammengestellt werden. Ausgehend von der Erzeugnisgliederung in Abb. 8.2 ist in Abb. 8.8 eine Aufgliederung in mehrere Baukasten-Stücklisten vorgenommen worden. In Abb. 8.9 ist der Aufbau dieser Stücklisten als DV-Ausdruck schematisch dargestellt. Ihre Zusammenstellung zu einem Stücklistensatz entspricht dem in

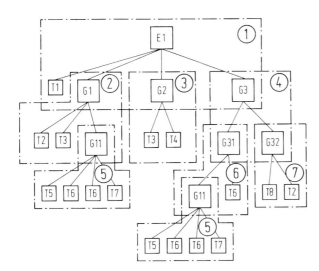

Abb. 8.8. Gliederung eines Erzeugnisses entsprechend Abb. 8.2 in Baukasten-Stücklisten

```
MENGE    1          BENENNUNG  E1   BAUKASTEN-STUECKLISTE  1
*********************************************************
POS.  MENGE  ME   BENENNUNG           SACHNUMMER
*********************************************************
 1      1    ST                       T1
 2      1    ST                       G1
 3      1    ST                       G2
 4      1    ST                       G3

MENGE    1          BENENNUNG  G1   BAUKASTEN-STUECKLISTE  2
*********************************************************
PCS.  MENGE  ME   BENENNUNG           SACHNUMMER
*********************************************************
 1      1    ST                       T2
 2      1    ST                       T3
 3      1    ST                       G11

MENGE    1          BENENNUNG  G2   BAUKASTEN-STUECKLISTE  3
*********************************************************
PCS.  MENGE  ME   BENENNUNG           SACHNUMMER
*********************************************************
 1      1    ST                       T3
 2      1    ST                       T4

MENGE    1          BENENNUNG  G3   BAUKASTEN-STUECKLISTE  4
*********************************************************
PCS.  MENGE  ME   BENENNUNG           SACHNUMMER
*********************************************************
 1      1    ST                       G31
 2      1    ST                       G32

MENGE    1          BENENNUNG  G11  BAUKASTEN-STUECKLISTE  5
*********************************************************
POS.  MENGE  ME   BENENNUNG           SACHNUMMER
*********************************************************
 1      1    ST                       T5
 2      2    ST                       T6
 3      2    KG                       T7

MENGE    1          BENENNUNG  G31  BAUKASTEN-STUECKLISTE  6
*********************************************************
POS.  MENGE  ME   BENENNUNG           SACHNUMMER
*********************************************************
 1      1    ST                       G11
 2      1    ST                       T6

MENGE    1          BENENNUNG  G32  BAUKASTEN-STUECKLISTE  7
*********************************************************
PCS.  MENGE  ME   BENENNUNG           SACHNUMMER
*********************************************************
 1      9    M                        T8
 2      1    ST                       T2
```

Abb. 8.9. Schematischer Aufbau von Baukasten-Stücklisten. Zusammenstellung gemäß Abb. 8.8

Abb. 8.2 angenommenen Erzeugnis. Die Baukasten-Stückliste des Gesamterzeugnisses wird auch als Haupt-Stückliste bezeichnet [11]. Der große Vorteil dieser Stücklistenart besteht darin, dass eine Wiederholbaugruppe nur einmal auf einem Stücklistenblatt dargestellt werden muss. Das führt zu einem geringen Speicherbedarf bei der EDV sowie zu einem geringen Aufwand für die Stücklistenerstellung und den Änderungsdienst. Ein weiterer Vorteil besteht darin, dass bei Speicherung von Baukasten-Stücklisten im Rechner eine Struktur-Stückliste und Mengenübersichts-Stückliste ohne weiteres abgeleitet werden kann. Der Einsatz von Baukasten-Stücklisten empfiehlt sich vor allem dort, wo bei einem größeren Erzeugnisspektrum Gruppen lagermäßig geführt und als Wiederholgruppen in größeren Stückzahlen gefertigt werden. Nachteilig ist, dass bei Betrachtung einer Baukasten-Stückliste noch nicht auf den Gesamtbedarf an Teilen für das Gesamterzeugnis geschlossen werden kann und dass sich der funktionsbedingte und fertigungstechnische Zusammenhang erst erkennen lässt, wenn alle Baukasten-Stücklisten zu einem Stücklistensatz zusammengestellt werden. Heutige Stücklistenprozessoren für die EDV verlangen die Eingabe der Gruppen und Teile in Form von Baukasten-Stücklisten als Standard. Durch Stücklistenauflösung ist dann die Auswertung des Stücklistensatzes auch nach anderen Gesichtspunkten möglich.

Eine weitere Unterscheidung kann nach dem *Verwendungszweck* vorgenommen werden:

– *Konstruktions-Stücklisten* sind solche, bei denen der Konstrukteur die Teilezusammenstellung und eine entsprechende Erzeugnisstruktur nach Funktionsgesichtspunkten vornimmt. Es werden die Positionen so zusammengestellt, wie sie sich bei der Konstruktionsarbeit ergeben oder benötigt werden. Eine Konstruktions-Stückliste ist häufig auftrags- und fertigungsneutral, dient der Dokumentation der Konstruktionsergebnisse und ist hilfreich bei Neu- und Anpassungskonstruktionen.
– Unter einer *Fertigungs-* oder *Montage-Stückliste* versteht man eine Konstruktions-Stückliste, die mit Fertigungs- und Montageangaben ergänzt wurde. Fertigungs-Stücklisten sind vor allem in der Einzelfertigung auftragsspezifisch.
– Ferner kennt man in Einzelfällen noch *Bereitstellungs-Listen, Kalkulations-Stücklisten* und *Ersatzteil-Listen*. Man sollte aber anstreben, mit einer Stückliste zu arbeiten.

Durch die vielseitige Verwendung einer Stückliste in Konstruktion, Normung, Disposition, Arbeitsvorbereitung und Fertigungssteuerung, Vorkalkulation, Materialbeschaffung und Lagerwesen, Montage, Kontrolle, Wartung, Instandsetzung und Ersatzteilwesen, Betriebsabrechnung sowie Dokumentation kommt ihrem Inhalt große Bedeutung zu. Der Inhalt von Stücklisten wird durch betriebliche Rationalisierungsmaßnahmen, besonders bei Einführung der EDV-Stücklisten, ständig erweitert. Die maschinelle Verarbeitung führt zu der Forderung, eine Information nur einmal zu speichern. Hierzu hat es sich als zweckmäßig erwiesen, die an das Teil gebundene Information in *Teilestammdaten* (kurz: Stammdaten) und Informationen über die Zuordnung zu bestimmten Strukturen des Erzeugnisses, z. B. Beziehungen von Teilen untereinander, in *Erzeugnisstrukturdaten* (kurz: Strukturdaten) zu trennen:

– Stammdaten sind *teilebezogene* Daten, z. B. Zeichnungs- oder Sachnummern zur Identifizierung der Teile, Werkstoffangaben, Mengeneinheit und Teileart;
– Strukturdaten sind *erzeugnisbezogene* Daten, z. B. Positionsnummern zur Angabe der Reihenfolge der Teile, Änderungsvermerke, Auftragsnummern und bestimmte Schlüsselzahlen.

In einzelnen Betrieben werden zusätzlich noch sog. *Referenzdaten* formuliert, die den Bezug zu fremden Nummern und Bezeichnungen herstellen.

Die umgekehrte Form einer Stückliste wird *Teileverwendungsnachweis* genannt. Er gibt an, in welche Gruppen das Teil eingeht (hilfreich für Änderungsdienst).

Zusammenfassend ist festzustellen, dass der Aufbau des Zeichnungs- und Stücklistensatzes aufeinander abgestimmt sein muss. Die Verknüpfung von Zeichnung und Stückliste wird insbesondere durch ein einheitliches Nummernsystem erreicht.

8.2.4 Aspekte des Rechnereinsatzes
Computers and software for documentation

In 8.2.2 und 8.2.3 wurde auf die Inhalte und Struktur der zu erzeugenden Fertigungsunterlagen eingegangen. Bei den dargestellten Beispielen handelt es sich im Wesentlichen um konventionelle Dokumentationsformen. Durch den Einsatz des Rechners verändern sich Form und Gebrauch der Unterlagen. Bei einer Kopplung beispielsweise zwischen dem CAD-System und einer numerisch gesteuerten Werkzeugmaschine, einer CAD-CAM-Kopplung, wird die Geometrie eines Bauteils nicht mehr durch die Zeichnung repräsentiert, sondern durch seine rechnerinterne Darstellung [1]. Wenn auch der Inhalt im Wesentlichen der gleiche bleibt, werden sich Repräsentationsform und zeitliche Erstellung dem Wandel des Produktentstehungsprozesses flexibel anpassen. Ziel ist es letztendlich das Produkt und seine Eigenschaften durch einen virtuellen Prototypen rechnerintern abzubilden [32].

An dieser Stelle sollen die Aspekte und Möglichkeiten beim Einsatz des Rechners zur Produktdokumentation erläutert werden. Eine weitere Betrachtung des Themas erfolgt in 13. Zu Beginn des Rechnereinsatzes in der Entwicklung und Konstruktion konzentrierten sich die Bemühungen darauf, die Geometrie von Bauteilen mit Hilfe von CAD-Programmen zu modellieren. Man war in der Lage, relativ einfach aus diesen 2D-Modellen des Produkts auch Fertigungszeichnungen abzuleiten. Mit zunehmender Leistungsfähigkeit der Rechner konnten auch Bauteilberechnungen, z. B. mit Hilfe der Finiten-Elemente-Methode, durchgeführt und dokumentiert werden. Die in der Entwicklung und Konstruktion erzeugten Unterlagen dienten aber besonders der Fertigungsdokumentation des Produkts.

Mit Einführung der 3D-Modellierer haben sich Art und Zweck der in der Entwicklung und Konstruktion erzeugten Dokumentation deutlich verändert und erweitert. Dabei lassen sich zwei Aspekte nennen:

- Produktdokumentation im Rahmen des Produktentstehungsprozesses, im Sinne der ISO 9000 ff sowie der Produkthaftung.
  Hierzu gehören beispielsweise Zeichnungen, Berechnungsunterlagen, Versuchsprotokolle usw. und
- Produktdokumentation für Prozesse, die dem eigentlichen Produktentstehungsprozess vor- bzw. nachgelagert sind.
  Darunter fallen beispielsweise Vorlagen für die Akquisition, Produktkataloge usw. in vorgelagerten und Wartungsanweisungen, Reparaturanleitungen usw. in nachgelagerten Prozessen.

Ausgehend von den in der Konstruktion erzeugten Dokumenten ist es heute möglich eine 3D-Prozesskette aufzubauen. Unter Einbeziehung von Zulieferern kann ein kontinuierlicher Datenfluss im Sinne des Global-Engineering bzw. Global-Sourcing erzeugt werden. Es gilt dabei zu beachten, die 3D-Produktmodelle von vornherein geeignet zu erzeugen, beispielsweise durch entsprechende Referenzpunkte, (vgl. 13). In Abb. 8.10 ist am Beispiel von Bahnfahrzeugen eine durchgängige 3D-Prozesskette mit dem, für den jeweiligen Arbeitsschritt typischen Dokumenten dargestellt.

Das mit Hilfe eines 3D-Modell-Baukastens für die Akquisition beim Kunden erzeugte Produktmodell wird in den folgenden Entwicklungsschritten des Produktentstehungsprozesses weiter entwickelt und genutzt. In dem in Abb. 8.10 aufgeführten Beispiel werden dazu auch 3D-Modelle von Zulieferern genutzt.

Auf dem Gebiet der Stücklistenerstellung haben sich rechnerbasierte Produktions-Planungs-Systeme (PPS), bzw. als Weiterentwicklung ERP-Systeme (Enterprise-Ressource-Planning) etabliert. Auf der einen Seite dienen sie dazu, den gesamten Materialfluss und Ressourceneinsatz unternehmensweit zu steuern, auf der anderen Seite kann mit ihrer Hilfe die Produktstruktur abgebildet und manipuliert sowie die erforderlichen Stücklisten erzeugt werden. Diese Systeme bieten bei richtigem Einsatz Möglichkeiten zur Rationalisierung des Konstruktionsprozesses. Bei Anpass-, Varianten- und Wiederholkonstruktionen können einmal im ERP-System definierte Standardproduktstrukturen für das neu zu konstruierende Produkt kopiert und angepasst werden. Dieses Vorgehen zieht einen Standardisierungseffekt für die Produkte nach sich.

Zusätzlich bieten diese Systeme die Möglichkeit alle benötigten Stücklistenarten, (vgl. 8.2.3), aus der einmal erstellten Produktstruktur abzuleiten, Abb. 8.11.

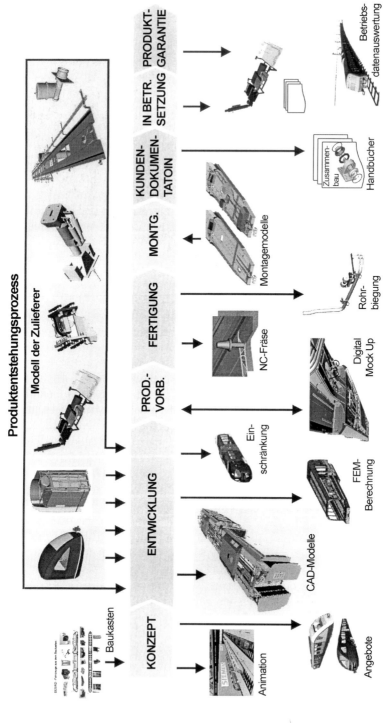

Abb. 8.10. Durchgängige 3D-Prozesskette für ein Bahnfahrzeug bestehend aus Eigenfertigung und Zulieferkomponenten unter Nutzung verschiedener Produkt- und Prozessmodelle [37]

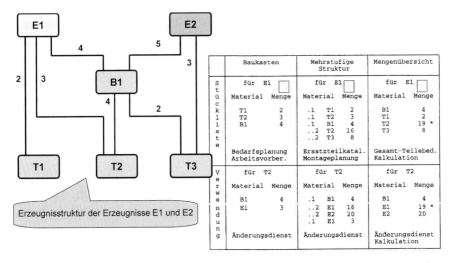

Abb. 8.11. Unterschiedliche Stücklistenarten aus einer Erzeugnisstruktur abgeleitet

Durch entsprechende Funktionalitäten solcher Systeme kann sich der Konstrukteur online Informationen über Lieferzeiten von Rohmaterialien oder Bauteilen beschaffen und wird damit bei der Wahrnehmung seiner Terminverantwortung unterstützt.

8.3 Kennzeichnung von Gegenständen
Identification of parts

8.3.1 Nummerungstechnik
Numbering of parts

Nach DIN 6763 [15] unterscheidet man numerische Nummern (z. B. 3012-13), alphanumerische Nummern (z. B. AC 400 DI-120 M) und alphabetische Nummern (z. B. AB-C). Im Sinne der Nummerungstechnik werden diese in Nummernsysteme eingegliedert, in denen jede Nummer einen festgelegten formalen Aufbau mit bestimmter Stellenzahl und Schreibweise hat. Die Verknüpfung einzelner Nummern zu Nummernsystemen kann auf unterschiedliche Weise erfolgen. Über den Aufbau von Nummernsystemen berichten [15, 28].

Allgemeine Anforderungen an Nummernsysteme sind:

– *Identifizieren*, d. h. eindeutiges und unverwechselbares Erkennen eines Gegenstandes anhand von Merkmalen ermöglichen.
– *Klassifizieren*, d. h. Ordnen von Sachen und Sachverhalten nach festgelegten Merkmalen ermöglichen. Eine Klassifizierung ist nur eine Beschreibung ausgewählter Eigenschaften. Dieselbe Klassifikations-Nr. stellt also

die Gleichheit von Gegenständen in Bezug auf diese Eigenschaften fest, nicht aber eine Identität.
- Identifizierung und Klassifizierung sollen getrennt handhabbar sein.
- Vom Aufbau her soll ein Nummernsystem weitgehende Erweiterungsmöglichkeiten zulassen.
- Kurze Zugriffzeiten, auch bei manueller Bearbeitung, sowie einfache Verwaltung sind sicherzustellen.
- Mit den Anforderungen der DV-Technik muss Verträglichkeit bestehen.
- Gute Verständlichkeit auch für Betriebsfremde durch logischen Systemaufbau, eindeutige Terminologie und gute Merkfähigkeit ist anzustreben (8-stellige Nummern im Allgemeinen nicht überschreiten).
- Konstruktionsgerechter Aufbau zur Verarbeitung und Ausgabe von Informationen aller Art durch und für den Konstrukteur, insbesondere für die Zeichnungs- und Stücklistenbenummerung soll gegeben sein.
- Die Nummer für einen Gegenstand soll gleich bleiben, unabhängig davon, in welchem Erzeugnis dieser Gegenstand eingesetzt wird und ob er als Eigenteil oder Zukaufteil beschafft wird.

Bei der Wahl bzw. Festlegung eines geeigneten Nummernsystems müssen die betrieblichen Gegebenheiten und die Zielsetzungen beachtet werden. Wichtige Einflüsse sind:

- Art und Komplexität des Produktprogramms,
- Fertigungsart, z. B. Einzel-, Kleinserien- oder Massenfertigung,
- Kundendienst-, Ersatzteil- und Vertriebsorganisation,
- organisatorische Gegebenheiten, z. B. Einsatzmöglichkeiten der DV-Technik,
- Ziele der Nummerung, z. B. Erfassung der gesamten Auftragsabwicklung eines oder mehrerer Produktprogramme (Einzelfabrik oder Konzern) oder nur Klassifizierung von Einzelteilen zur Wiederholteilsuche.

Auf der Grundlage dieser Anforderungen haben sich zahlreiche Nummernsysteme in der Praxis eingeführt, deren wichtigste Strukturen im Folgenden beschrieben werden [33].

1. Sachnummernsysteme

Die Sachnummer ist die Identnummer (Identifizierungsnummer) für eine Sache. Als Sachnummernsysteme werden in der betrieblichen Praxis solche Systeme bezeichnet, die die betriebliche Nummerung von Gegenständen (Sachen und Sachverhalten) aller Unternehmensbereiche umspannen (vgl. DIN 6763 [15]). Zur eindeutigen Kennzeichnung erhalten in der Regel Teile und dazugehörende Zeichnungen unterschiedliche Nummern.

Sachnummern müssen eine Sache *identifizieren*, sie können sie darüber hinaus auch *klassifizieren*. Sachen und Sachverhalte sind hier alle in der Konstruktion und Fertigung zur Auftragsabwicklung benötigten

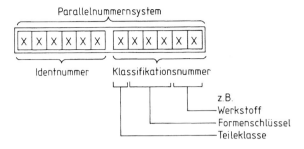

Abb. 8.12. Verknüpfung einer Identnummer mit einer Klassifikationsnummer zu einem Parallelnummernsystem [4]

- Gegenstände, z. B. neu entwickelte Teile, Wiederholteile, Zukaufteile, Ersatzteile, Halbfabrikate, Fertigungs- und Betriebsmittel,
- Unterlagen, z. B. Werkstoffblätter, Patente, technische Zeichnungen und Stücklisten und
- Vorschriften zum Vorgehen, z. B. Konstruktionsanweisungen, Fertigungsvorschriften, Montageanweisungen.

Sachnummernsysteme können aus *Parallelnummern* und *Verbundnummern* aufgebaut sein.

Unter einer *Parallelnummer* wird jede weitere Identnummer für dasselbe Nummerungsobjekt verstanden, z. B. haben ein Hersteller von Zukaufteilen und der Kunde für das gleiche Teil oft unterschiedliche Identnummern. Man spricht auch von einem Parallelnummernsystem, wenn eine Sachnummer (Identnummer) mit einer unabhängigen Klassifikationsnummer verbunden ist [4], Abb. 8.12. Der Vorteil einer solchen Parallelverschlüsselung liegt in einer großen Flexibilität und Erweiterungsmöglichkeit, da beide Nummern unabhängig voneinander sind. Dieses System ist deshalb für die Mehrzahl von Einsatzfällen anzustreben und bietet Vorteile einer leichteren EDV, wenn nur die Identnummer benötigt wird.

Unter einer *Verbundnummer* wird eine Nummer verstanden, die aus mehreren Nummernteilen besteht. So zeigt Abb. 8.13 eine Sachnummer als Beispiel, bei dem die identifizierende Sachnummer aus einem klassifizierenden Nummernteil und einer Zähl-Nr. besteht. Nachteilig ist ein schnelles „Platzen" des Nummernsystems bei erforderlichen Erweiterungen. Vorteile liegen bei der Anschaulichkeit durch den Klassifikationsteil.

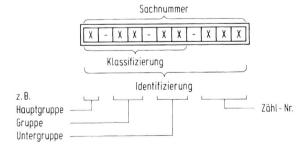

Abb. 8.13. Aufbau einer Sachnummer als Verbundnummer nach [4]

2. Klassifikationsnummernsysteme

Eine Klassifizierung von Gegenständen, sei es im Rahmen einer Sachnummer, sei es durch ein eigenständiges, von Identnummernsystemen unabhängiges Klassifikationssystem, ist insbesondere für den Konstruktionsbereich von großer Bedeutung.

Im Allgemeinen führt man eine Grobklassifizierung und eine Feinklassifizierung durch. Die Grobklassifizierung unterscheidet bei umfassender Betrachtung meistens zwischen folgenden Sachgebieten:

– technische, wirtschaftliche und organisatorische Unterlagen wie Richtlinien, Normen usw.,
– Rohmaterial, Halbzeuge usw.,
– Zukaufteile, d. h. Gegenstände nicht eigener Konstruktion und Fertigung,
– Einzelteile eigener Konstruktion,
– Baugruppen eigener Konstruktion,
– Erzeugnisse, Produkte,
– Hilfs- und Betriebsstoffe,
– Vorrichtungen, Werkzeuge und
– Fertigungsmittel.

Solche Sachgebiete (Hauptgruppen) können z. B. die 1. Stelle der Klassifikationsnummer oder des klassifizierenden Teils einer Verbundnummer einnehmen. Die weiteren Stellen (2., 3. bzw. 4. Stelle) werden im Sinne einer Feinklassifizierung durch Merkmale gefüllt, mit denen Informationen über die aufgeführten Sachgebiete schnell gefunden werden können.

Die Verknüpfung der Stellen richtet sich nach dem inhaltlichen Zusammenhang der einzelnen Gruppen. Sind die Merkmale einer Gruppe nur einem Merkmal der vorhergehenden Gruppe zuzuordnen, so muss das Nummernsystem eine entsprechende Verzweigung aufweisen: Abb. 8.14a. Können dagegen die Merkmale einer Gruppe jedem Merkmal der vorhergehenden Gruppe zugeordnet werden, so ist eine entsprechende Überdeckung der Zuordnungen möglich: Abb. 8.14b. Die Vorteile der Gliederung gemäß Abb. 8.14a liegen in einer unabhängigen Verknüpfung der einzelnen Zweige und in einer großen Speicherfähigkeit, die Vorteile der Gliederung gemäß Abb. 8.14b dagegen in einem kleineren Speicherbedarf. In der Praxis werden deshalb beide Verknüpfungsarten in Mischsystemen verwendet: Abb. 8.14c.

Neben einer Rationalisierung des innerbetrieblichen Informationsumsatzes bei der Auftragsabwicklung ist eine wichtige Aufgabe einer Klassifizierung, dass der Konstrukteur sich schnell und umfassend über bereits konstruierte oder als Lagerteile vorhandene Gleichteile oder Ähnlichteile informieren kann. Die Verwendung solcher *Wiederholteile* bei Neu-, Anpassungs- und Variantenkonstruktionen gehört zu den wichtigsten Rationalisierungsforderungen der Unternehmen an den Konstrukteur. Wie leistungsfähig ein solches System zur Wiederholteilsuche ist, hängt stark von dem Inhalt des Klassifikationssystems mit seinen Klassen und klassifizierenden Merkmalen

8.3 Kennzeichnung von Gegenständen 573

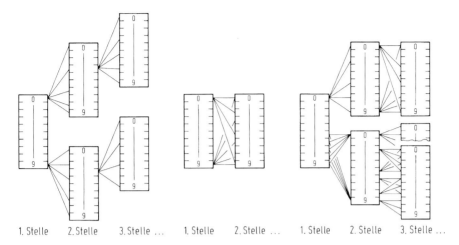

Abb. 8.14. Verknüpfungsmöglichkeiten der Merkmale von Klassifikationssystemen in Anlehnung an [26]

sowie von der Art der Informationsein- und vor allem -ausgabe ab. Das Klassifikationssystem muss auf die Bedürfnisse des Unternehmens zugeschnitten sein, um optimale Informationen in kürzest möglicher Zeit bereitzustellen.

Ein interessantes Anwendungsgebiet für solche Klassifikationssysteme ist das Verschlüsseln von Werkstücken mit sog. *Formenschlüsseln*. Von den zahlreichen Vorschlägen für eine erzeugnisunabhängige Teileklassifizierung mit Hilfe einer Formenklassifizierung [28] hat sich vor allem das System von Opitz [34] eingeführt.

Die Bedeutung von Klassifikationssystemen, die vor allem bei konventionellen Informationsspeicher- und -bereitstellungssystemen hilfreich sind, geht aber mit zunehmendem Einsatz der DV-Technik zurück, da durch sie das Erkennen von Sachen und Sachverhalten mit Hilfe geometrie- oder texterkennender Programme erleichtert wird.

8.3.2 Sachmerkmale
Characteristics of parts

Sachmerkmale nach DIN 4000 [13, 14] oder in modifizierter Form dienen der Kennzeichnung von Gegenständen unabhängig von ihrem Umfeld (Herkunft, Verwendungsfall). Sie sind damit in Ergänzung von Klassifikationssystemen oder auch allein eine wichtige Hilfe zur Speicherung und zum Wiederauffinden von Gegenständen, z.B. Normteilen oder firmenspezifischen Konstruktionsteilen, Werkstoffen und Zulieferteilen, Werkzeugen und Fertigungsmitteln, Verfahren oder Bausteinen eines Baukastensystems sowie auch immateriellen Sachen, wie DV-Programmen und Organisationsstrukturen.

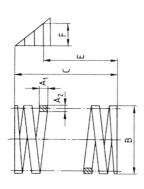
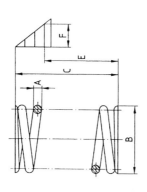

Sachmerkmal-Leiste DIN 4000-11-1									
Kenn-buchstabe	A	B	C	D	E	F	G	H	J
Sach-merkmal-Benennung	Draht-durchmesser oder Dicke×Breite A_1; A_2	Äußerer Windungs-durchmesser	Länge unbelastet	Feder-rate	Länge max. belast.	Federkraft zu E	Anzahl d. fed. Windg. oder Windungs-richtung	Werkstoff	Oberfläche und/oder Schutzart
Referenz-hinweis							–	–	–
Einheit	mm	mm	mm	N/mm	mm	N	–	–	–

Abb. 8.15. Sachmerkmal-Leiste für Druckfedern nach DIN 4000-11 [14]

8.3 Kennzeichnung von Gegenständen 575

Konkretisierungs-stufen	Beispiel	Merkmale	Beispiel
Anforderungen ↓ Anforderungsliste	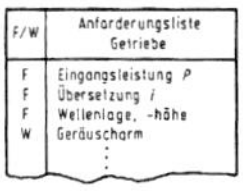 Anforderungsliste Getriebe F/W F Eingangsleistung P F Übersetzung i F Wellenlage, -höhe W Geräuscharm	Geometrie, Kinematik, Kräfte Energie, Stoff, Signal Sicherheit, Ergonomie, Kontrolle Fertigung, Montage, Transport Gebrauch, Instandhaltung	
Funktions-zusammenhang ↓ Funktionsstruktur	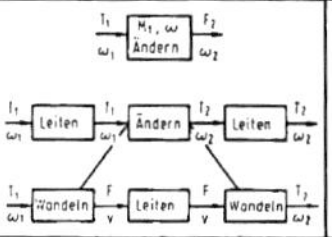	Funktionsart Verknüpfungsart Hauptfluss: Energie Stoff Signal	Nichtschaltbares Ändern mech. Energiekomponenten (T, ω) Serienschaltung
Wirk-zusammenhang ↓ Phys. Effekte	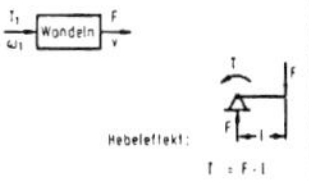	Energieart Stoffart Signalart	Wandlung mechanischer Energie (Drehmoment in Umfangskraft)
Geometrische und stoffliche Merkmale ↓ Wirkprinzip		Wirkgeometrie (prinzipiell): - Art, Form, Lage Wirkbewegung (prinzipiell): - Art, Form, Richtung Stoffart (prinzipiell): - Zustand, Verhalten, Form	Zyl. Zahnräder mit parallelen Achsen Bewegungsübertragung gleichförmig Fester, starrer Stoff
↓ Konzept	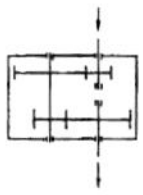	Funktionsbestimmende Eingangs- und Ausgangsgrößen an der Systemgrenze	* Drehmoment T_{max} * Drehzahl n_{max} * Übersetzung i
Bau-zusammenhang ↓ Grobgestalt	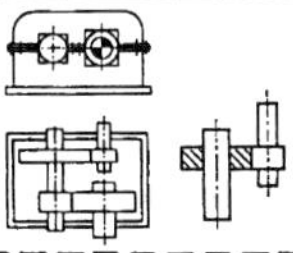	Wirkgeometrie: - Hauptform, Komplexität - Hauptabmessungen - Anordnung der Fügestellen Werkstoffgruppe	x Achsabstand x Modul m x Zähnezahl z x Schrägungswinkel Bauvolumen
↓ Feingestalt	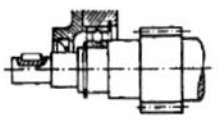	Wirkgeometrie: - Detailfestlegungen - Fügeverfahren Sonstige Geometrie: - Detailfestlegungen	x Werkstoff (mit Behandlungszust.) x Lagerstellenabmessungen x Wellengesamtlänge Lagerabstand Fügeflächen
↓ Entwurf	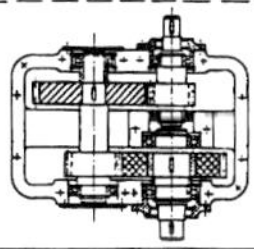	Systemgrenze: - Anschlussmaße Anschlussbelastungen - Gebrauchsdaten	* Gehäusegrößtmaße * Lage u. Form der Ein- und Ausgangswelle * Gewicht * Zus. Wellenbelastbarkeit Fundamentmaße
↓ Ausführungs-unterlagen	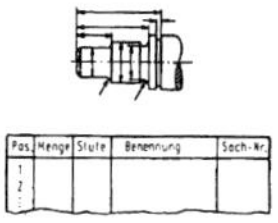	Einzelteile: - Abmessungen mit Qualitätsangaben - Werkstoff mit Behandlungszustand - Halbzeuge, Rohteile - Normdaten	x Verzahnungsqualität x Oberflächenart Bearbeitete Flächen

Abb. 8.16. Erkennen und Zuordnen kennzeichnender Merkmale (Sachmerkmale) in Zusammenhang mit den wesentlichen Konkretisierungsstufen technischer Gegenstände nach [3]; * Sachmerkmal nach DIN 4000-27, x Sachmerkmal nach DIN 4000-59

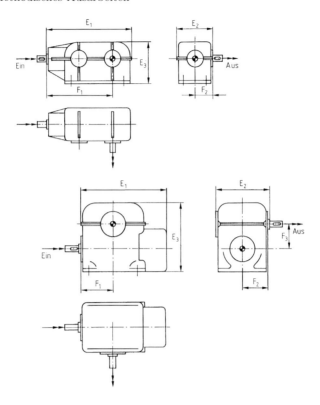

Sachmerkmal-Leiste DIN 4000 – 27 – 1									
Kenn-buchstabe	A	B	C	D	E	F	G	H	J
Sach-merkmal-Benennung	Dreh-moment M_{max} Arbeits-welle	Dreh-zahl n_{max} Arbeits-welle	Über-setzung i	Gewicht	Gehäuse-größt-maße E_1, E_2, E_3	Abstand der Eingangs- zur Aus-gangswelle F_1, F_2, F_3	Stoß-faktor	Radiale Belast-barkeit	
Referenz-hinweis									
Einheit	Nm	min^{-1}	–	kg	mm	mm	–	N	

Abb. 8.17. Sachmerkmal-Leiste für nicht schaltbare Getriebe nach DIN 4000-27 [14]

In *Sachmerkmal-Verzeichnissen* werden Sachmerkmal-Daten einer Gegenstandsgruppe gespeichert. Dabei werden in einer *Sachmerkmal-Leiste* (Kopfzeile eines Sachmerkmal-Verzeichnisses) die für eine Gegenstandsgruppe relevanten Sachmerkmale zusammengestellt. Abbildung 8.15 zeigt als Beispiel eine Sachmerkmal-Leiste für 2 Formen von Druckfedern. Die Zuordnung der Kennbuchstaben A, B, C usw. zu den Sachmerkmalen ändert sich von Leiste zu Leiste und wird im Einzelfall festgelegt. Derzeit sind in DIN 4000 ca. 97 Teile mit Sachmerkmal-Leisten für mechanische und elektrotechnische Normteile sowie sonstige Konstruktionselemente und Baugruppen er-

8.3 Kennzeichnung von Gegenständen   577

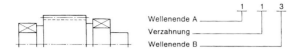

Sachmerkmal-Leiste DIN 4000 – 59 – 3								
Kennbuchstabe	A	B	C	D	E	F	G	H	J
Sachmerkmal-Benennung	Normalmodul Zähnezahl A_1, A_2	Schrägungswinkel Flankenrichtung B_1, B_2	Achsabstand Übersetzung C_1, C_2	Zahnbreite	Lagerdurchmesser Formelement Seite A E_1, E_2, E_3	Lagerdurchmesser Formelement Seite B F_1, F_2, F_3	Gesamtlänge	Werkstoff und/oder Behandlungszustand	Verzahnungsqualität Herstellungsverfahren J_1, J_2
Referenzhinweis									
Einheit	mm; —	°; —	mm; —	mm	mm; —	mm; —	mm	—	—

Anmerkung: In den Datenspalten der Sachmerkmal-Verzeichnisse ist zu berücksichtigen bei Kennbuchstabe

B_1: Es werden nur Grad aufgeführt
B_2: L = Links
R = Rechts
D = Doppelschräg- oder Pfeilverzahnung
E_2 bzw. E_3: ⎫
F_2 bzw. F_3: ⎬ siehe Abschnitt 3, Tabelle 3
H: E = Einsatzgehärtet
F = Flammgehärtet
I = Induktionsgehärtet
N = Nitriert
V = Vergütet
J_1: Verzahnungsqualität nach DIN 3962 Teil 1 bis Teil 3 oder DIN 3963
J_2: F = Gefräst
L = Geschliffen
R = Gerollt
T = Gestoßen
B = Geschabt

Abb. 8.18. Sachmerkmal-Leiste für Stirnradwellen nach DIN 4000-59 [14]

arbeitet [14]. Beispiele und Anwendungsgrundsätze sind in [6] zusammengestellt. Die Bereitstellung von Gegenständen mit Hilfe von Sachmerkmalen bzw. Sachmerkmal-Verzeichnissen erfolgt zunehmend über Datenbanksysteme. Beim Aufbau von Normteil-Datenbanken werden Sachmerkmale als Grundlage zur Festlegung von Variationsparametern für gespeicherte Grundformen von geometrischen Objekten genutzt [5].

Neben unternehmensinternen Normteil- und Wiederholteil-Datenbanken liefert die DIN-Software GmbH rechnerunterstützte Informationsbereitstellungssysteme auf der Basis von Sachmerkmal-Systemen einschließlich der Bereitstellung von Geometriedaten.

Wegen ihrer Bedeutung für die DV-Bereitstellung von Informationen über Gegenstände als wichtigem Bestandteil rechnerunterstützten Konstruierens und Fertigens sollen im Folgenden Empfehlungen zum Erkennen relevanter Sachmerkmale gegeben werden, wie sie sich aus den Zusammenhängen technischer Systeme ergeben (vgl. 2.1) [3, 30, 31]. Da Sachmerkmale die Eigenschaften eines Systems, Teilsystems oder Systemelements (Gegenstandes) zur Beurteilung der Anwendung angeben, müssen sie sich aus den von der Systemgrenze geschnittenen Ein- und Ausgangsgrößen des Energie-, Stoff- und Signalflusses ergeben (vgl. Abb. 2.1). Entsprechend dem Funktionszusammenhang, Wirkzusammenhang und Bauzusammenhang (vgl. Abb. 2.13)

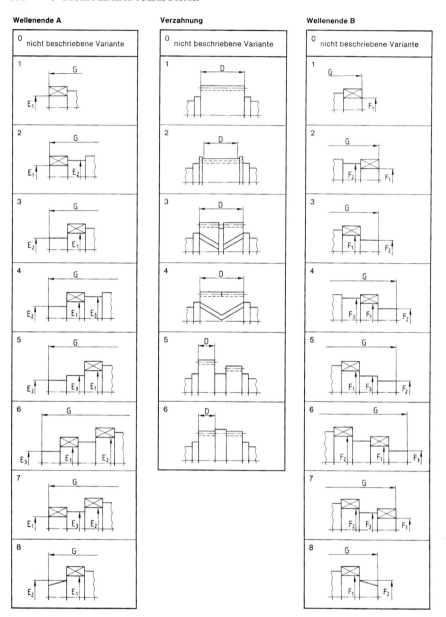

Abb. 8.19. Darstellung für Wellenende A, Verzahnung und Wellenende B zur Sachmerkmal-Leiste nach Abb. 8.18 für die Kennzeichnung von Stirnradwellen und ihre Darstellung

können dann Merkmale und Merkmalgruppen methodisch erkannt werden. Abbildung 8.16 zeigt die Zuordnung von Merkmalen für die einzelnen Konkretisierungsstufen einer Gegenstands-Kennzeichnung am Beispiel mechanischer Zahnradgetriebe. In Abb. 8.17, Abb. 8.18 und Abb. 8.19 sind die in DIN 4000 genormten Sachmerkmal-Leisten für nicht schaltbare Getriebe und Stirnradwellen [14] enthalten, wobei in Abb. 8.17 die Sachmerkmale A, B und C zur Kennzeichnung des Getriebekonzepts ausreichen, während die Merkmale D bis H zur Beschreibung des realisierten Getriebes notwendig sind. Die Sachmerkmal-Leiste nach Abb. 8.18 entsteht durch schrittweise Definition von Sachmerkmalen in der Grobgestaltungs-, Feingestaltungs- und Ausarbeitungsphase (vgl. Abb. 8.16). Man erkennt, dass durch die methodische Vorgehensweise noch weitere Merkmale als wichtig erkannt werden können, die bei der mehr pragmatisch durchgeführten Normungsarbeit unter Umständen übersehen werden.

Sachmerkmale können auch als Kombinationshilfe für Bausteine eines Baukastensystems und als Bezugsmerkmale für Kosteninformationen dienen [29].

Literatur
References

1. Anderl, R.; Philipp, M.: Konstruktionswissenschaft und Produktdatentechnologie. Konstruktion 51 (1999) H.3, 20–24.
2. Bachmann, A.; Forberg, R.: Technisches Zeichnen. 15. Auflage. Stuttgart: Teubner 1969.
3. Beitz, W.: Methodische Entwicklung von Sachmerkmal-Systemen für Konstruktionsteile und erweiterte Anforderungen. DIN-Mitt. 62 (1983) 639–644.
4. Bernhardt, R.: Nummerungstechnik. Würzburg: Vogel 1975.
5. DIN: CAD-Normteiledatei nach DIN. DIN-Manuskriptdruck. Berlin: Beuth 1986.
6. DIN (Hrsg.): Sachmerkmale, DIN 4000 – Anwendung in der Praxis. Berlin: Beuth 1979.
7. DIN 5-1, -2, -10: Isometrische und Dimetrische Projektion, Technische Zeichnungen (Projektion, Begriffe). Berlin: Beuth.
8. DIN 6-1, -2; Technische Zeichnungen. Berlin: Beuth 1986.
9. DIN 15-1 und -2: Technische Zeichnungen. Berlin: Beuth.
10. DIN 30-5 bis -8: Vereinfachte Angaben in technischen Unterlagen. Berlin: Beuth.
11. DIN 199-1 bis -5: Begriffe im Zeichnungs- und Stücklistenwesen. Berlin: Beuth.
12. DIN 406-1 bis -4: Maßeintragung in Zeichnungen. Berlin: Beuth.
13. DIN 4000-1: Sachmerkmal-Leisten, Begriffe und Grundsätze. Berlin: Beuth.
14. DIN 4000-2 bis -97: Sachmerkmal-Leisten für Norm- und Konstruktionsteile. Berlin: Beuth.
15. DIN 6763: Nummerung. Berlin: Beuth.
16. DIN 6771-1. Schriftfelder für Zeichnungen, Pläne und Listen. Berlin: Beuth.
17. DIN 6771-2 und -6: Vordrucke für technische Unterlagen. Berlin: Beuth.

18. DIN 6774-1: Technische Zeichnungen. Berlin: Beuth.
19. DIN 6774-10: Rechnerunterstützt erstellte Zeichnungen. Berlin: Beuth.
20. DIN 6789: Zeichnungssystematik. Berlin: Beuth.
21. DIN ISO 1101: Technische Zeichnungen – Form- und Lagetolerierung. Berlin: Beuth 1985.
22. DIN ISO 1302: Technische Zeichnungen – Angaben der Oberflächenbeschaffenheit. Berlin: Beuth 1980.
23. DIN ISO 3098: Technische Zeichnungen – Beschriftung. Berlin: Beuth 1985.
24. DIN Taschenbuch 2: Zeichnungsnormen. 9. Aufl. Berlin: Beuth 1984.
25. E DIN 30-1: Vereinfachte Angaben in technischen Unterlagen. Berlin: Beuth 1982.
26. Eversheim, W.; Wiendahl, H. P.: Rationelle Auftragsabwicklung im Konstruktionsbereich. Essen: Girardet 1971.
27. Grupp, B.: Elektronische Stücklistenorganisation. Stuttgart: Forkel 1975.
28. Hahn, R.; Kunerth, W.; Rockmann, K.: Die Teileklassifizierung. RKW Handbuch Nr. 21. Heidelberg: Gehlsen 1970.
29. Klasmeier, U.: Kurzkalkulationsverfahren zur Kostenermittlung beim methodischen Konstruieren. Schriftenreihe Konstruktionstechnik, H. 7. Berlin: TU 1985.
30. Koller, R.: Entwicklung eines generellen Ordnungs- und Suchmerkmalsystems für Bauteile. Konstruktion 38 (1986) 387–392.
31. Krauser, D.: Methodik zur Merkmalbeschreibung technischer Gegenstände. DIN-Normkunde Bd. 22. Berlin: Beuth 1986.
32. Meier, M.; Bichsel, M.; Elspass, W.; Leonardt, U.; Wohlgesinger, M.; Zwicker, E.: Neuartige Tools zur effektiven Nutzung der Produktdaten im gesamten Produktlebenszyklus. Konstruktion 51 (1999) H.9, 11–18.
33. Nielsen, H. W.: ISCIS – International Standardisation and Codification Information System. Hannover: Fa. PolyGram GmbH 1985.
34. Opitz, H.: Werkstückbeschreibendes Klassifizierungssystem. Essen: Girardet 1966.
35. Richter, W.: Gestalten nach dem Skizzierverfahren. Konstruktion 39 (1987) 6, 227–237.
36. Tjalve, E.; Andreasen, M. M.: Zeichen als Konstruktionswerkzeug. Konstruktion 27 (1975) 41–47.
37. Trebo, D.: Prozessweite Datennutzung im Schienenfahrzeugbau. Konstruktion 3 (2001) 46–53
38. VDI-Richtlinie 2211, Blatt 3: Datenverarbeitung in der Konstruktion. Methoden und Hilfsmittel. Maschinelle Herstellung von Zeichnungen. Düsseldorf: VDI-Verlag 1980.

9 Lösungsfelder
Solutions

In diesem Kapitel werden Lösungsfelder angesprochen, die bei der Entwicklung eine bedeutsame Rolle spielen. Sie betreffen in erster Linie die bekannten Schlussarten bei Verbindungen in fester Lagezuordnung (9.1) und die bewährten Maschinenelemente (9.2) sowie die Charakteristiken von Antrieben und Steuerungen (9.3). Bei neuzeitlichen Lösungen werden aber neben dem klassischen Branchenwissen mehr und mehr die Integration von Mechanik, Elektronik und Software in Form von Mechatronik (9.5) und Adaptronik (9.6), letztere in Verbindung mit Verbundbauweisen (9.4), in den Vordergrund treten, um mit deren Hilfe neue Funktionen mit neuartigen Lösungen anbieten zu können. Der konventionelle Maschinenbau wird sich in den kommenden Jahren unter Nutzung solcher Lösungsfelder stark verändern und zu einer erweiterten Leistungsfähigkeit gelangen. Eine solche Entwicklung mag in manchen klassischen Anwendungsfeldern noch als utopisch oder als zu teuer angesehen werden, aber mit zunehmender Anwendung werden sich die Komponenten verbilligen und gebräuchlicher werden. Die heutige Kraftfahrzeugtechnik ist davon schon merklich geprägt und ihre Lösungen werden auf andere Gebiete des Maschinenbaus übergreifen oder sie beeinflussen.

Der maschinenbauliche Entwickler tut gut daran, sich auch mit den neueren Lösungsfeldern auseinander zu setzen und ihre Möglichkeiten bei künftigen Lösungen zu nutzen. Dies ist nur in einer fachlich übergreifenden Teamarbeit (vgl. 4.3) möglich. Nach übereinstimmender Meinung der Fachleute wird aber eine solche Zusammenarbeit nur dann fruchtbar sein, wenn jedes Teammitglied auf seinem eigenen Feld fachlich voll kompetent ist und gleichzeitig soviel Kontaktwissen mitbringt, dass es die anderen Teammitglieder versteht und zweckmäßig mitwirken kann [46].

9.1 Schlussarten bei mechanischen Verbindungen
Principles of mechanical joints

Bauteile und Baugruppen werden zur Funktionserfüllung miteinander verbunden. Die Schlussart kennzeichnet die Art und die Eigenschaften solcher Verbindungen und bestimmt damit das grundsätzliche Verhalten. Ihr richtiger Einsatz entscheidet für den Erfolg einer Lösung auch im Zusammenhang mit elektrischen und elektronischen Komponenten. Es gibt Schlussarten in *fester* und solche in *beweglicher Lagezuordnung*.

Bei *beweglicher Lagezuordnung* handelt es sich um Gelenke mit unterschiedlichen Freiheitsgraden. Es gibt z. B. Drehgelenke auf einem Zapfen mit einem rotatorischen Freiheitsgrad um die Zapfenachse, Schubgelenke auf einem Vierkantprofil mit nur einem translatorischen Freiheitsgrad, Kugelgelenke in einer Kugelpfanne mit drei rotatorischen Freiheitsgraden u. s. w. (vgl. [11, G 162]). Roth hat für alle Gelenk-Möglichkeiten eine *logische Schluss-Matrix* aufgestellt, in der Bewegungsfreiheit und -sperre zwecks Suche oder/ und Überprüfung auch binär geeignet für den Rechnereinsatz beschrieben sind [51].

Nachfolgend werden die Schlussarten für eine im Wesentlichen *feste Lagezuordnung* gemäß den methodischen Gesichtspunkten Funktion – Wirkprinzip – Gestaltung dargelegt.

9.1.1 Funktionen und generelle Wirkungen
Functions and general effects

Funktionen (Abb. 9.1):
Verbindungen dienen zum Übertragen von Kräften, Momenten und Bewegungen zwischen Bauteilen bei eindeutiger und fester Lagezuordnung. Gegebenenfalls haben sie zusätzliche Aufgaben:

– Aufnehmen von Relativbewegungen außerhalb der Belastungsrichtung.
– Abdichten gegen Fluide.
– Isolieren oder Leiten von thermischer oder elektrischer Energie.

Wirkungen:
Die Wirkfläche und Gegenwirkfläche an der Fügestelle werden durch eine montagebedingte (vorspannungs- und/oder eigenspannungsbedingte) und/ oder betriebsbedingte Beanspruchung beaufschlagt.

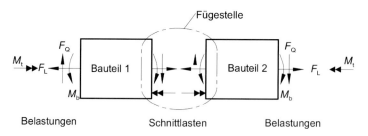

Abb. 9.1. Belastungen und aufzunehmende Schnittgrößen an der Fügestelle zweier Bauteile. F_L Längskraft, F_Q Querkraft, M_b Biegemoment, M_t Drehmoment

9.1.2 Stoffschluss
Material joint

Wirkprinzip (Abb. 9.2):
Der Schluss erfolgt durch stoffliches Vereinigen der beteiligen Bauteilwerkstoffe oder durch Zusatzwerkstoffe über Molekular- und Adhäsionskräfte an der Wirkfläche der Fügestelle. Die Verbindung überträgt Längs- und Querkräfte sowie Biege- und Drehmomente.

Strukturelle Merkmale:
Form, Lage, Größe und Anzahl der Fügeflächen,
Beanspruchungen der Fügestellen nach Fertigung (Eigenspannung) und unter Last,
beteiligte Bauteil-Werkstoffe und Zusatzwerkstoffe,
Fertigungs- und Betriebstemperaturen.

Prinzipielle Eigenschaften:
Positionstreu,
nicht lösbar,
bei Überlast Schädigung durch Bruch oder plastische Verformung.

Bauformen (Abb. 9.3):
Schweißverbindungen [9, 11, 44, 52, 53],
Lötverbindungen [10, 11, 72],
Klebeverbindungen [11, 26].

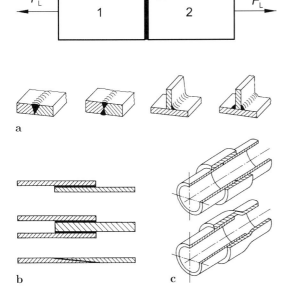

Abb. 9.2. Stoffschlussverbindung zweier Bauteile bei einachsiger Kraftbelastung. A Fügefläche, F_L Längskraft

Abb. 9.3. Bauformen von Stoffschlussverbindungen (Auswahl). **a** Schweißverbindungen, **b** Klebverbindungen, **c** Lötverbindungen

9.1.3 Formschluss
Form joint

Wirkprinzip (Abb. 9.4):
Der Schluss erfolgt durch Normalkräfte an ineinandergreifenden Wirkflächen von Elementen unter Aufnehmen von Flächenpressungen p und resultieren Beanspruchungen in den Fügezonen nach dem Hookeschen Gesetz.

Außerdem werden Zusatzfunktionen (Dichten, Isolieren, Leiten) an den Wirkflächenpaaren unter Flächenpressung erfüllt.

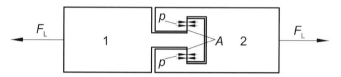

Abb. 9.4. Formschlussverbindung zweier Bauteile bei einachsiger Kraftbelastung. F_L Längskraft, A tragendes Wirkflächenpaar, p Flächenpressung

Strukturelle Merkmale:
Form, Lage, Anzahl und Größe der Wirkflächenpaare (Formschlusselemente),
Lasteinleitung in die Fügezone,
Lastaufteilung (Pressungsverteilung) auf Formschlusselemente,
Werkstoffpaarung beeinflusst bei unterschiedlichen Elastizitätsmoduli die Lastverteilung,
hohe Steifigkeiten der Bauteile und Formschlusselemente,
Beanspruchung der Wirkflächenumgebung, oft mit Kerbwirkungen verbunden,
Vorspannungsmöglichkeiten,
oftmals Toleranzausgleich nötig, um Doppelpassungseffekt zu begegnen,
Montage- und Demontagemöglichkeiten beachten,
Lockerungsmöglichkeit und daraus folgende Lockerungssicherung nötig.

Prinzipielle Eigenschaften:
Positionstreu,
lösbar,
bei Überlast Schädigung durch plastische Verformung oder Bruch.

Bauformen (Abb. 9.5):
Keil-, Bolzen-, Stift- und Nietverbindungen [11],
Welle-Nabe-Verbindungen [35],
Elemente zur Lagesicherung [11],
Schnapp-, Spann- und Klemmverbindungen [11].

Die hier mit aufgeführte Nietung in Abb. 9.5a stellt keinen reinen Formschluss dar, sondern bildet durch das Schlagen des Niets gleichzeitig einen

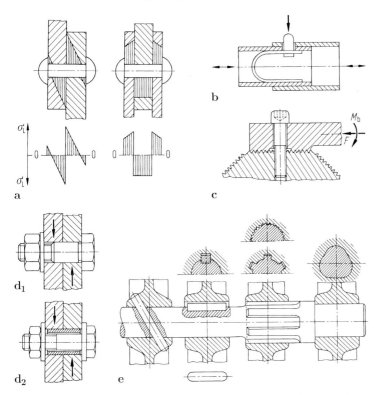

Abb. 9.5. Bauformen von Formschlussverbindungen (Auswahl). **a** Ein- und zweischnittige Nietung (Lösbarkeit nur erschwert möglich); **b** Schnappverbindung; **c** vorgespannte Kerbverzahnung; d_1 querbeanspruchte Schraubenverbindungen mit Passschraube; d_2 mit Scherbuchse; **e** Welle-Nabe-Formschlussverbindungen

Reibkraftschluss zwischen den vernieteten Teilen. Wie hoch jeweils der Übertragungsanteil durch Formschluss und durch Reibkraftschluss ist, lässt sich wegen der Uneindeutigkeit der sich einstellenden Kraftflussverhältnisse nicht sagen. Dennoch war die Nietverbindung insbesondere wegen ihrer Nichtlösbarkeit ein vielfach verwendetes Verbindungselement im Stahlbau. Sie fand ihre Wiederverwendung bei Verbundbauweisen zwischen Metall und Kunststoff, um Klebverbindungen gegen den Abschäleffekt bei Biegebeanspruchungen zu sichern.

9.1.4 Kraftschluss
Force joint

Wirkungen

Der Schluss erfolgt über die Wirkung von Kräften zwischen den Wirkflächen der zu verbindenden Teile. Entsprechend der physikalisch bedingten, unterschiedlichen Entstehung von Kräften gibt es verschiedene Kraftschlussarten.

1. Reibkraftschluss

Wirkprinzip (Abb. 9.6):
Der Schluss erfolgt durch Reibkräfte an den Wirkflächenpaaren durch Erzeugen von Normalkräften F_N und daraus entstehenden Reibungskräften F_R unter Ausnutzung des Coulombschen Reibungsgesetzes. $F \leq F_R = \mu_H F_N$. Die Übertragung von Kräften ist nur bis zur Höhe dieser Reibkräfte möglich.

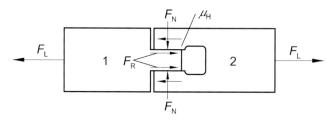

Abb. 9.6. Reibschlussverbindung zweier Bauteile bei einachsiger Kraftbelastung. F_L Längskraft, F_R Reibungskraft, F_N Normalkraft, m_H Haftreibungsbeiwert

Strukturelle Merkmale:
Reibungszahl der Haftreibung (Werkstoffpaarung) maßgebend,
Aufbringen der Normalkraft,
Flächenpressung an Wirkflächen beachten,
Anzahl der Wirkflächenpaare, für gleichmäßige Normalkraftverteilung sorgen,
Steifigkeiten der Bauteile und Vorspannelemente,
Relativverformungen der Verbindungsteile bei Montage und unter Last (Reibkorrosionszonen) (vgl. 7.4.1-3),
Montage- und Demontagemöglichkeiten (Lösbarkeit),
Lockerungsmöglichkeit und -sicherung.

Prinzipielle Eigenschaften:
Positionstreu, so lange $F_L \leq F_R = \mu_H F_N$,
lösbar,
bei Überlast, wenn $F_L \geq F_R = \mu_H F_N$, Relativverschiebung: Bei großer Flächenpressung dann Fressgefahr oder bei dauerndem Rutschen unzulässige Erwärmung.

Bauformen (Abb. 9.7):
Flansch- und Schraubenverbindungen [67,70]. Welle-Nabe-Pressverbindungen ohne oder mit elastischen Zwischenelementen [35].

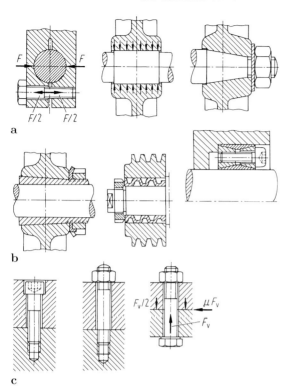

Abb. 9.7. Bauformen von reibschlüssigen Verbindungen (Auswahl). **a** Welle-Nabe-Reibschlussverbindung ohne Zwischenelemente; **b** Welle-Nabe-Reibschlussverbindungen mit Zwischenelementen; **c** vorgespannte Schraubenverbindungen

2. Feldkraftschluss

Wirkprinzip:
Nutzung von Feldkräften, wie Magnetkräfte in Magnetfeldern, Druckkräften in hydrostatischen oder aerostatischen Druckfeldern, Zähigkeitskräften in viskosen Medien.

Strukturelle Merkmale:
Aufbau eines Kraftfeldes nötig,
Fremdenergie oder viskoses Medium bereitstellen,
Abschirmungs- oder Dichtungsprobleme beachten.

Prinzipielle Eigenschaften:
Kraft-Weg-Abhängigkeit, oft steifes Verhalten,
lösbar,
bei Überlast Verschiebung bis zum Anschlag, meistens dann Formschluss unter Verzicht auf ursprüngliche Funktionsfähigkeit.

Bauformen:
Hydrostatische oder aerostatische Lagerung, hydrostatische Kupplungen, Magnetlager, Magnetverschlüsse.

3. Elastischer Kraftschluss

Wirkprinzip:
Die elastischen Elemente bilden beim Verformen Kraftspeicher. Die Kräfte von zwischengeschalteten elastischen Elementen bestimmen Lage und dynamisches Verhalten der angeschlossenen Bauteile.

Strukturelle Merkmale:
Zwischenschaltung von federnden Elementen,
Auslegung der Federelemente innerhalb ihres elastischen Bereichs,
beim Verformen Bilden von Kraftspeichern mit mehr oder weniger ausgeprägter Hysterese (Metallische Federn haben sehr geringe, gummielastische Federn hohe innere Verlustarbeit),
Dauerhaltbarkeit beachten,
Kombination mit Dämpfungselementen möglich.

Prinzipielle Eigenschaften:
Kraft-Weg-Abhängigkeit,
Speichereigenschaft durch Rückgewinn von Verformungsarbeit,
Schwingungsanfälligkeit, aber auch mit Dämpfungsmöglichkeit,
lösbar,
bei Überlast Verschiebung bis zum Anschlag, meistens dann Formschluss oder Blocksetzen unter Verlust elastischer Eigenschaften.

Bauformen:
Nachgiebige Federelemente in Kupplungen und Lagern (vgl. Abb. 7.144), elastische Abstützungen (vgl. Abb. 7.27), elastische Zwischenglieder zur Stoßdämpfung [14, 23, 24].

9.1.5 Anwendungsrichtlinien
Practical guidelines, applications

Stoffschlussverbindungen vorzugsweise zum

- Aufnehmen mehrachsiger, auch dynamischer Belastungen,
- Sichern einer Position,
- kostengünstigen, festen Verbinden von Einzelstücken gleicher Werkstoffgruppe,
- guten Reparieren durch Schweißen, Löten und Kleben,
- Dichten der Fügestellen,
- Verwenden von genormten Bauteilen und Halbzeugen.

Formschlussverbindungen vorzugsweise zum

- häufigen und leichten Lösen,
- eindeutigen Positionieren der Bauteile,
- Aufnehmen von relativ großen Kräften,
- Verbinden von Bauteilen aus unterschiedlichen Werkstoffen.

Reibkraftschlussverbindungen vorzugsweise zum

– einfachen und kostengünstigen Verbinden auch von Bauteilen aus unterschiedlichen Werkstoffen,
– Aufnehmen von Überlastungen durch Rutschen,
– Einstellen der Bauteile zueinander,
– leichten Lösen von Bauteilen.

Feldkraftschlussverbindungen vorzugsweise zum

– Verbinden ohne Festkörperkontakt,
– Verringern der Reibungsverluste,
– Steuern der Mikrolage im Raum,
– Beeinflussen dynamischen Verhaltens.

Elastische Kraftschlussverbindungen vorzugsweise zum

– Nutzen als Kraftspeicher,
– Aufnehmen von Stoßbelastungen,
– Beeinflussen des dynamischen Verhaltens einschließlich der Kopplung mit Dämpfungsgliedern,
– Ausgleichen von Relativbewegungen,
– Ausgleichen von Toleranz- und Längenunterschieden.

9.2 Maschinenelemente und Getriebe
   Machine elements and gears

Dieses Buch zur Konstruktionslehre setzt die Kenntnisse der Maschinenelemente und der Getriebe voraus. Ein Teil davon wurde in den Abb. 9.3, 9.5, 9.7 bis 9.9 beispielsweise angeführt. In der 4. Auflage dieses Buches waren im dortigen Kap. 9 die Maschinenelemente und Getriebe unter den methodischen Gesichtspunkten – Funktion – Wirkprinzip – Gestaltung – zusammenstellt

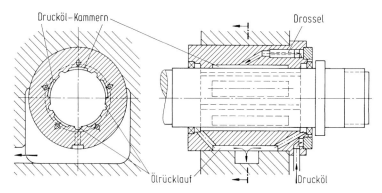

Abb. 9.8. Bauform eines hydrostatischen Lagers

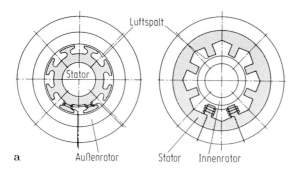

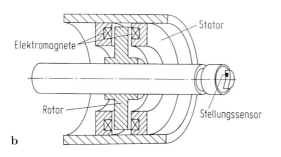

Abb. 9.9. Bauformen von Magnetlagern [1]. **a** Radiallager; **b** Axiallager

worden, um ihren methodischen Aufbau und das zur Verfügung stehende Lösungsfeld aufzuzeigen. Auf diese Darstellung wurde in dieser 5. Auflage verzichtet, damit angesichts anderer neuerer Gesichtspunkte der Umfang dieses Buches nicht gesprengt wird. Der Leser wird stattdessen auf die vorhandene Literatur zu den Maschinenelementen verwiesen:

Dubbel – Taschenbuch für den Maschinenbau, Kapitel G: Mechanische Konstruktionselemente. 20. Auflage [11]. Niemann: Maschinenelemente Bd. 1–3 [45] und Steinhilper [59].

Außerdem ist die Übersicht „Bewährte Lösungselemente" Kap. 9 aus der 4. Auflage in das Internet gestellt worden und kann unter http://imk.uni-magdeburg.de/pahl-beitz abgerufen werden. Damit hoffen die Autoren auch denen gerecht zu werden, die eine Übersicht zu den Maschinenelementen und Getrieben im Sinne dieses Buches nutzen möchten.

9.3 Antriebe und Steuerungen
Drives and control Systems

Neben den mechanischen Maschinenelementen benötigt der Konstrukteur die Realisierung von Antriebs- und Steuerungsfunktionen. Im Rahmen von Lösungsfeldern werden deshalb ihre wesentlichen Prinzipien zusammengestellt. Dabei kann nur ein grober Überblick gegeben werden, so dass der Leser im Bedarfsfall die Spezialliteratur oder einen Spezialisten heranziehen muss. Diese

Übersicht dient vor allem zur Vermittlung von grundsätzlichen Eigenschaften und relevantem Schrifttum.

9.3.1 Antriebe, Motoren
Drives and motors

1. Funktionen

Typische Lastkennlinien von Arbeitsmaschinen zeigt Abb. 9.10. Diesen muss der Antrieb möglichst gut entsprechen können. Der Betriebspunkt stellt sich als Schnittlinie (Gleichgewicht) zwischen den beiden Kennlinien von Antriebs- und Arbeitsmaschine ein, wobei in Abhängigkeit der Steuerungsmöglichkeiten jede Maschine ihr eigenes Kennlinienfeld hat.

2. Elektrische Antriebe

Wirkprinzip:
Wandlung elektrischer Anschlussenergie mit Hilfe des Asynchronprinzips (Käfigläufer, Schleifringläufer), des Synchronprinzips oder des Gleichstromprinzips in mechanische Rotations- oder Translationsenergie. Antriebskennlinien von Elektromotoren zeigt Abb. 9.11.

Zur Steuerung von Elektromotoren werden vor allem Komponenten der Leistungselektronik eingesetzt. Deren Aufgaben bestehen im Schalten, Steuern und Umformen elektrischer Energie. Stromrichter mit Stromrichterventilen werden als Wechselstrom-, Drehstrom- und Gleichstromsteller sowie als Gleichrichter, Wechselrichter und Umrichter eingesetzt, je nach Anforderungen vom Motor und der Steuerungsaufgabe. Steuerkennlinien: Abb. 9.12 und 9.13. Bei Synchronmotoren Drehzahlverstellung nur durch Änderung der Speisefrequenz möglich.

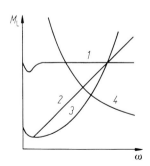

Abb. 9.10. Typische Lastkennlinien von Arbeitsmaschinen im stationären Betrieb. *1* $M_L = $ const; $P_L \sim \omega$ (konstantes Drehmoment), Beispiele: Hebezeuge, Werkzeugmaschinen mit konstanter Schnittkraft, Kolbenverdichter bei Förderung gegen konstanten Druck, Mühlen, Walzwerke, Förderbänder. *2* $M_L \sim \omega$; $P_L \sim \omega^2$, Beispiele: Maschinen für Oberflächenvergütung von Papier und Geweben. *3* $M_L \sim \omega^2$; $P_L \sim \omega^3$ (quadratisches Drehmoment), Beispiele: Zentrifugalgebläse, Lüfter, Kreiselpumpen (Drosselkennlinien gegen konstanten Leitungswiderstand). *4* $M_L \sim 1/\omega$; $P_L = $ const (konstante Leistung), *Beispiele:* Auf konstante Leistung geregelte Drehmaschinen, Aufwickel- und Rundschälmaschinen [62]

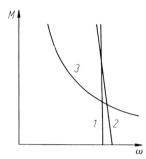

Abb. 9.11. Antriebskennlinien von Elektromotoren im stationären Betrieb. *1* Synchrone Kennlinie (Synchronmotor), *2* Nebenschlusskennlinie (Gleichstrommotor bei konstantem Fluss), Asynchronmotor (im Arbeitsbereich näherungsweise), *3* Reihenschlusskennlinie (Reihenschluss-Kommutatormotor für Gleich- oder Wechselstrom) [62]

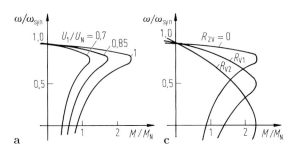

Abb. 9.12. Steuerkennlinien von Asynchronmaschinen. **a** Spannungssteuerung bei fester Frequenz; **b** Frequenzsteuerung mit Spannungsanpassung; **c** Widerstandssteuerung im Läuferkreis [62]

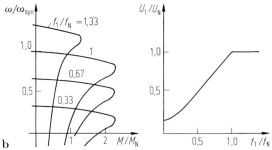

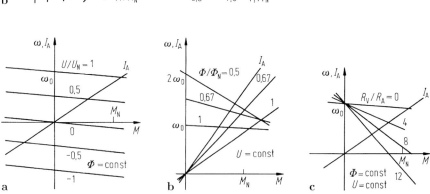

Abb. 9.13. Steuerkennlinien von Gleichstrommaschinen. **a** Spannungssteuerung; **b** Feldsteuerung; **c** Widerstandssteuerung im Ankerkreis [62]

Strukturelle Merkmale:
Anschlussspannung, Stromart (Drehstrom, Gleichstrom),
Polzahl und Baugröße,
Bauart: Käfig- oder Schleifringläufer (Drehstrom); Standard-, Scheiben-, Stab- oder Hohlläufer mit Kommutator (Gleichstrom).
Steuerung: Ankerspannungs-, Feld- und Widerstandssteuerung (Gleichstrom), Spannungs- und Frequenzsteuerung sowie Polumschaltung (Asynchron-Käfigläufer), Widerstandssteuerung und Schlupfleistungsveränderung (Asynchron-Schleifringläufer), Frequenzsteuerung (Synchronmotoren).
Bewegungsart: Rotierend oder translatorisch, kontinuierlich oder im Schrittbetrieb.
Betriebsart: Dauer- und Kurzzeitbetrieb, periodischer und nichtperiodischer Betrieb.

Bauformen:
Asynchron- und Synchronmotoren (Drehstromantriebe) sowie Gleichstrommotoren als Fuß- und Flanschmotoren mit genormten Achshöhen und Anschlussmaßen nach DIN IEC 34 Teil 7 sowie Schutzarten nach DIN VDE 0530 Teil 5.

Weiterführendes Schrifttum:
Elektrische Maschinen: [15, 43, 60, 63].
Steuerungen: [37, 38, 61].
Antriebstechnik (Anwendungen): [4, 34, 36, 40, 54, 57, 62, 69].

3. Fluidische Antriebe

Wirkprinzip:
Da es keine öffentlichen Netze für Fluidenergie gibt, muss diese, z. B. über elektromotorische Antriebe, mittels Pumpen erzeugt werden. Die von den Pumpen angetriebenen hydraulischen Motoren sind häufig baugleich mit den Pumpen. Wegen des für maschinenbauliche Anwendungen hohen Leistungs-

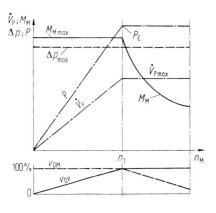

Abb. 9.14. Kennlinien eines Getriebes mit Primär-Sekundärverstellung; V_{OM} Motorvolumen, V_{OP} Pumpenvolumen (verstellbar) [50]

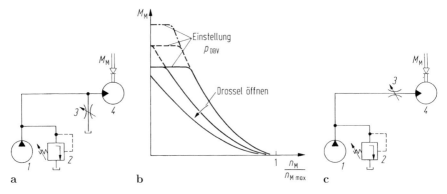

Abb. 9.15. Stromteilgetriebe, Schaltung und Getriebekennlinien. **a** Nebenstromdrosselgetriebe; **b** Getriebekennlinie für a; **c** Hauptstromdrosselgetriebe, M_M Lastmoment, *1* Pumpe, *2* Druckbegrenzungsventil, *3* Drossel, *4* Motor [50]

und Druckniveaus sind Pumpen und Motoren in Fluidsytemen Verdrängermaschinen. Bei inkompressiblen Hydraulikflüssigkeiten besteht zwischen Pumpe und Motor Volumenschluss. Bei pneumatischen Antrieben mit Druckluft höherer Kompressibilität ist dieser Volumenschluss nicht gegeben, so dass eine Belastungsabhängigkeit der Kennwerte besteht [68, 71].
Typische Steuerkennlinien bieten: Abb. 9.14 und Abb. 9.15.

Strukturelle Merkmale:
Pumpen- und Motorenbauarten.
Regelung: Pumpen-, Motor-, Verbund- und Drosselregelung, elektrohydraulische Servoregelung.
Schaltung: Kompaktgetriebe, offene und geschlossene Stromkreise.
Art der Abtriebsbewegung: Rotierend, linear, schrittweise.

Bauformen [14, 39, 50]:
Drehmotoren,
Schwenkmotoren für begrenzte Schwenkwinkel,
Schubmotoren (Zylinder).

Hydrostatische Getriebe (Hydrogetriebe)

Mit einer Verdrängerpumpe wird ein Förderstrom

$$\dot{V}_1 = n_1 \cdot V_1 \cdot \eta_{\text{Vol}_1} = (\omega_1/2\pi) \cdot V_1 \cdot \eta_{\text{Vol}_1}$$

eines Fluids erzeugt, der über Rohrleitungen zu einem Verdrängungsmotor geleitet wird, der diesen als Schluckstrom $\dot{V}_2 = n_2 \cdot V_2/\eta_{\text{Vol}_2}$ aufnimmt. Das Pumpendrehmoment ergibt sich zu:

$$M_{t_1} = \frac{\Delta p_1 \cdot \dot{V}_1}{\omega_1 \cdot \eta_{\text{hm}_1} \cdot \eta_{\text{Vol}_1}}.$$

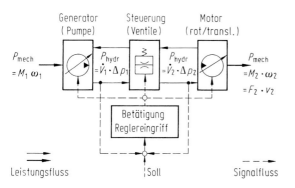

Abb. 9.16. Wirkprinzip eines hydrostatischen Getriebes (Leistungsangaben ohne Wirkungsgrade) [50]

Das Motor-Drehmoment ergibt sich zu:

$$M_{t_2} = \frac{\Delta p_2 \cdot \dot{V}_2}{\omega_2} \cdot \eta_{hm_2} \cdot \eta_{Vol_2}.$$

Die Antriebsleistung ergibt sich zu:

$$P_{an} = \frac{\Delta p_1 \cdot \dot{V}_1}{\eta_{hm_1} \cdot \eta_{Vol_1}}.$$

Die Abtriebsleistung ergibt sich zu:

$$P_{ab} = \Delta p_2 \cdot \dot{V}_2 \cdot \eta_{hm_2} \cdot \eta_{Vol_2}.$$

Drehzahlverhältnis (Übersetzung):

$$i_a = \frac{n_a}{n_b} = \frac{\dot{V}_1}{\dot{V}_2} \cdot \frac{V_2}{V_1} \cdot \frac{1}{\eta_{Vol_1} \cdot \eta_{Vol_2}}.$$

Hierin sind: V_1 und V_2 Verdrängervolumina von Pumpe und Motor, $\dot{V}_1$ und $\dot{V}_2$ Förderstrom der Pumpe bzw. Schluckstrom des Motors, $n_1, \omega_1, n_2, \omega_2$ Drehzahlen bzw. Winkelgeschwindigkeiten von Pumpe und Motor, Δp_1 und Δp_2 die Druckdifferenz zwischen Saug- und Druckseite bei Pumpe und Motor, η_{Vol_1} und η_{Vol_2} volumetrische Wirkungsgrade, η_{hm_1} und η_{hm_2} hydraulisch-mechanische Wirkungsgrade.

Bei Hubverdrängermaschinen sind die Leistungs- und Energiegrößen für Hubbewegungen anzusetzen ($F \mathrel{\widehat{=}} M_t, v \mathrel{\widehat{=}} \omega, P = F \cdot v$).
Regelung: Pumpen-, Motor-, Verbund- und Drosselregelung (letztere im Haupt- und Nebenstrom).

Bauformen (Abb. 9.17):
Hydropumpen, Hydromotoren, Hydroventile, Hydrokreise, Hydrogetriebe [11, 14, 39].

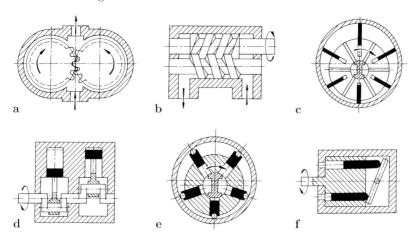

Abb. 9.17. Bauformen von Verdrängereinheiten für Hydrogetriebe (Auswahl) [65]. **a** Zahnradpumpe; **b** Schraubenpumpe; **c** Flügelzellenpumpe; **d** Reihenpumpe; **e** Radialkolbenpumpe, **f** Axialkolbenpumpe

Hydrodynamische Getriebe (Föttinger-Getriebe)

Die hydrodynamische Leistungsübertragung erfolgt mit einer Kreiselpumpe (P) und einer Flüssigkeitsturbine (T) in einem gemeinsamen Gehäuse, wobei ein zwischengeschaltetes, mit dem Gehäuse verbundenes Leitrad (Reaktionsglied R) ein Differenzmoment zwischen Pumpe und Turbine aufnehmen kann (Abb. 9.18).

Die Leistungsübertragung erfolgt nach der Eulerschen Turbinengleichung (Impulssatz).

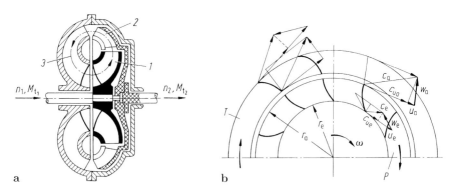

Abb. 9.18. Wirkprinzip eines hydraulischen Getriebes. *1* Pumpe (P), *2* Turbine (T), *3* Leitrad (Reaktionsglied R). **a** Prinzipieller Aufbau; **b** Geschwindigkeiten (c absolute Geschwindigkeiten, w relative Geschindigkeiten) Bauformen in Abb. 9.19

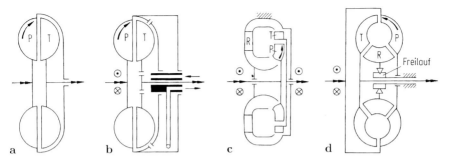

Abb. 9.19. Bauformen von Föttinger-Getrieben (Auswahl) [58]. **a** Föttinger-Kupplung (nicht verstellbar); **b** Föttinger-Kupplung zur stufenlosen Drehzahlanpassung; **c** einphasiger, einstufiger Föttinger-Wandler zur stufenlosen Drehzahlanpassung und Drehmomentenwandlung; **d** mehrphasiger Föttinger-Wandler

Hydraulische Leistung

$$P_\mathrm{h} = \dot{V} \cdot \rho \cdot \omega \, (c_\mathrm{ua} \cdot r_\mathrm{a} - c_\mathrm{ue} \cdot r_\mathrm{e}) = m \cdot \omega \cdot \Delta c_u \cdot r \, .$$

Föttinger-Wandler [14, 58].
Hydrostatische Getriebe vorzugsweise

– zur Übertragung großer Leistungen und Kräfte mit einfachen und betriebssicheren Komponenten bei kleiner Baugröße,
– zur flexiblen Anordnung von Antrieb und Abtrieb und bei größeren Abständen,
– zum einfachen Mehrfachabtrieb bei nur einer Antriebseinheit,
– zur einfachen, feinfühlig stufenlosen Drehzahl- und Drehmomentänderung mit großem Stellbereich,
– zur einfachen Wandlung von drehender in Hubbewegung und umgekehrt,
– für hohe Schaltgeschwindigkeiten,
– als kostengünstiges Getriebe mit handelsüblichen Bauelementen.

Hydrodynamische Getriebe vorzugsweise

– als Anfahrgetriebe,
– zur verschleißfreien, schwingungstrennenden Leistungsübertragung,
– für große und größte Leistungen,
– als automatisches Kraftfahrzeuggetriebe in Kombination mit Planetengetrieben.

4. Anwendungsrichtlinien

Elektrische Asynchron-Käfigläufermotoren vorzugsweise

– für wartungsarmes und stabiles Verhalten im Nennlastbereich,
– als Stromverdrängungsläufer und Widerstandsläufer für hohe Anzugsmomente bei niedrigem Einschaltstrom,

– als polumschaltbare Motoren für alle Drehzahlen mit gleichbleibender Leistung und Moment,
– als Servoantrieb mit feldorientierter Regelung für drehzahlgeregelten Betrieb.

Elektrische Asynchron-Schleifringläufermotoren vorzugsweise

– für Schweranlauf und bei kleinen Maschinen durch Steuerungsmöglichkeit mittels Vorwiderständen im Rotorstromkreis.

Elektrische Synchronmotoren vorzugsweise

– für drehzahlstabilen Betrieb,
– mit Permanenterregung als weitgehend wartungsfreie und wärmegünstige Anriebe, allerdings mit aufwendigerer Ansteuerelektronik.

Elektrische Gleichstromantriebe vorzugsweise

– als Nebenschlussmotoren für hohe Drehzahlkonstanz bei Belastung und stufenloser Drehzahl-Regelbarkeit mit großen Stellbereichen sowie für Drehsinnänderung,
– durch Stab-, Scheiben-, Langsam- und Hohlläufer für unterschiedliche Drehzahlbereiche anpassbar,
– mit mehreren Statoren als Schrittmotoren,
– als Gleichstromkleinmotoren mit permanent magnetischer Erregung,
– für langsamlaufende Antriebe mit hohen Drehmomenten.

Fluidische Antriebe vorzugsweise

– für hohe Leistungen und Momente bei kleinem Bauvolumen,
– bei Vorhandensein von Fluidenergie aus anderen Maschinenfunktionen,
– zum einfachen Mehrfachantrieb,
– zur einfachen stufenlosen Drehzahl- und Drehmomentänderung mit großem Stellbereich,
– als kostengünstiger Antrieb durch handelsübliche Komponenten.

9.3.2 Steuerungen
Control systems

1. Funktionen und Wirkprinzipien

Funktionen:
Nach DIN 19 237 dient die Steuerung zur Beeinflussung der Ausgangsgrößen eines Systems durch ein oder mehrere Eingangsgrößen auf Grund der dem System eigentümlichen Gesetzmäßigkeiten. Die Steuerung bildet einen unabdingbaren Bestandteil einer Maschine, um einen Arbeitsprozess nach einem vorgegebenen Programm selbstständig ablaufen zu lassen. Deshalb gehört zum Antrieb nicht nur ein Motor, sondern auch die Steuerung.

Wirkprinzip:
Man unterscheidet zwischen *analog* (z. B. Kurven-, Nocken- oder Nachformsteuerungen) und *digital* (NC-Steuerungen) arbeitenden Steuerungen. Letztere können als *Handsteuerungen* oder als *Programmsteuerungen* arbeiten (zeit- oder prozessgeführt), die dann eine *Funktionssteuerung* auslösen. Diese zerlegt die aufgerufenen Funktionen in eine Folge von Arbeitsschritten und leitet deren Ausführung ein.

Hinsichtlich der Signalverarbeitung bei einer Steuerung wird mit *Verknüpfungssteuerungen, Ablaufsteuerungen, Taktsynchronen* und *Asynchronen Steuerungen* gearbeitet. Hinsichtlich ihrer Aufbauorganisation unterscheidet man *Einzel-, Gruppen-* oder *Leitsteuerungen* [6, 48 (mit weiterführendem Schrifttum)].

2. Mechanische Steuerungsmittel

Kurvensteuerung (form- oder kraftschlüssig) mit Trommel- oder Scheibenkurve.

Nockensteuerung, bei der Nocken beim Überfahren einen Stößel bewegen, der eine Schaltfunktion mechanischer, elektrischer, hydraulischer oder pneumatischer Art auslöst.

Nachformsteuerung (vor allem bei Fertigungsmitteln), bei der die Werkzeugbewegung durch eine Leitkurve oder -fläche gesteuert wird.

3. Fluidische Steuerungsmittel

Fluidische Steuerungen arbeiten mit Hydraulikflüssigkeiten oder Druckluft. Die Steuerung von Bewegungen erfolgt meistens über *Wegeventile*, von Bewegungsgeschwindigkeiten über *Mengenventile*. Eine Kombination der Wirkung von Wegeventilen und Mengenventilen lässt sich durch *Servoventile* erreichen, die von elektrischen Motoren angetrieben werden. Mit Servoventilen lassen sich stetig verstellbare fluidische Antriebe aufbauen, die auch als *Servohydraulik* bezeichnet werden [32, 50].

4. Elektrische Steuerungsmittel

Elektrische Steuerungen werden als *Kontaktsteuerungen* (oft mit elektromagnetischen Antrieben zu Schützen bzw. Relais zusammengefasst) und als *elektronische Steuerungen* ausgeführt. Letztere arbeiten mit binärer (Bit) und digitaler (Wort) Signalverarbeitung, wobei die Funktionsverarbeitung in Halbleiterbausteinen erfolgt. Für die Bit- und Wortverarbeitung von ablauf- oder verknüpfungsorientierten Steuerungsproblemen verwendet man als gerätetechnische Lösung *Speicherprogrammierbare Steuerungen* (SPS).

5. Speicherprogrammierbare Steuerungen

Dieser Steuerungstyp besteht im Prinzip aus einem bit- oder wortorientierten Prozessor mit Speichern (RAM, ROM, PROM), für den eine spezielle Software zur Beschreibung des Steuerungsproblems in einer anwendungsorientierten Programmiersprache sorgt. SPS-Steuerungen sind vor allem für logische Operationen programmierbar. Das Gesamtprogramm einer SPS besteht aus einem *Systemprogramm* für alle geräteinternen Betriebsfunktionen (in einem EPROM fest gespeichert) und *Anwenderprogrammen* [7, 8, 48].

6. Numerische Steuerungen

Bei *NC-Steuerungen* erfolgt die Eingabe von Steuerinformationen in Form von *Zahlen*. Diese werden in einem Binärcode dargestellt und direkt von der Steuerung verarbeitet. NC-Programme werden unter Verwendung höherer Programmiersprachen [11, 48] entweder direkt bei der Maschinennutzung (*online*) oder vorab (*offline*) erstellt. NC-Steuerungen enthalten eine Reihe von numerischen *Grundfunktionen:* Bedien- und Steuerdatenein-/ausgabe (BSEA); NC-Datenverwaltung und -aufbereitung (NCVA); Anwenderfunktionen, z. B. für Werkzeugmaschinensteuerungen zur Technologiedatenverarbeitung und zur Geometriedatenverarbeitung (Punkt-, Strecken- und Bahnsteuerung) [48].

7. Anwendungsrichtlinien

Mechanische Steuerungen vorzugsweise

- für Steuerfunktionen mit geforderter hoher Eindeutigkeit,
- als kostengünstige Lösungen für einfache Weg- und Geschwindigkeitssteuerungen.

Fluidische Steuerungen vorzugsweise

- wenn fluidische Antriebe eingesetzt werden und die Steuerungsfunktionen einfach sind; man spart Energiewandler,
- in Kombination mit elektrischer Signalverarbeitung als Elektrohydraulik.

Elektrische Steuerungen vorzugsweise

- als Kontaktsteuerungen für große Leistungen mit geringem Aufwand,
- als Kontaktsteuerungen für binäre Schaltungen zur Veränderung eines Anlagenzustands durch ein Stellglied mit Hilfe eines zweiwertigen Signals,
- als Kontaktsteuerungen bei nicht zu umfangreichen Funktionssteuerungen,
- als elektronische Steuerungen bei komplexer Informationsverarbeitung,
- als elektronische Schaltungen bei schnellen und sehr schnellen Schaltungen auf geringem Leistungsniveau und unbegrenzter Lebensdauer.

Speicherprogrammierbare Steuerungen vorzugsweise
- für Steuerungsaufgaben mit gespeicherten Steuerungsfunktionen, d. h. für hohen Automatisierungsgrad,
- für komplexe Steuerungsaufgaben,
- für die Beschreibung von Steuerungsproblemen in einer anwendungsorientierten Programmiersprache.

Numerische Steuerungen vorzugsweise
- zur Verarbeitung umfangreicher Geometrie- und Technologie- bzw. Prozessdaten,
- zur einfachen Werkstattprogrammierung von Steuerfunktionen,
- zur Verknüpfung mit anderen Programmen im Rahmen von CIM und Simultaneous Engineering.

9.4 Verbundbauweisen
Composites

Im Abschn. 3.2.2-2, Abb. 3.13 und in 7.5.8-2, Abb. 7.109 wurde bereits auf Verbundbauweisen hingewiesen. Diese Hinweise entstanden unter den Gesichtspunkten des Leichtbaues in Analogie aus der Natur und aus fertigungsgerechten Aufteilungen der Baustruktur. In diesem Kapitel soll das Thema unter dem Gesichtspunkt einer funktions- und beanspruchungsgerechten Bauweise unter hauptsächlichem Bezug auf die Veröffentlichungen von Flemming [16–21] vertieft aufgegriffen werden. Die Vorstellung ist, Material so einzusetzen, dass Funktion und Beanspruchung optimal durch einen „gebauten Werkstoff" erfüllt werden können. Dabei wird das in 7.4.2 besprochene Prinzip der Aufgabenteilung in hervorragender Weise genutzt. Die Materialkomponenten werden ihren spezifischen Eigenschaften gemäß eingesetzt und mit Hilfe einer Werkstoffmatrix miteinander zu einem Bauteil verbunden. Mechanische Be- oder Nachbearbeitungen können dabei weitgehend reduziert werden.

9.4.1 Allgemeines
Fundamentals

Die die Beanspruchungen aufnehmenden Komponenten sind vornehmlich Kohle-, Glas- und/oder Synthesefasern, die u. a. zu Rovings (Endlosgarn) versponnen werden. Häufig werden sogenannte Prepegs verwendet, das sind mit polymeren Harzen vorimprägnierte Faserhalbzeuge bei denen die Fasern unidirektional oder orthogonal in Form von Geweben angeordnet sind [18]. Außerdem gibt es Fasern aus nachwachsenden Rohstoffen wie Hanf, Sisal, Flachs und Ramin, die mit ihrer Reißlänge an den Bereich von Glasfasern heranreichen können [17, 27].

Die die Fasern verbindende Matrix besteht aus Polymer-Werkstoffen in Form von Duroplasten, wie Polyesterharze, Vinylesterharze, Epoxidharze, Polyimide und Phenolharze, als auch in Form von Thermoplasten wie Polypropylen, Polyamid und Polyethylenen u. a. Duroplaste müssen einem Vernetzungsvorgang vorteilhaft unter Druck und Temperatur (Aushärtung) unterzogen werden, der nicht mehr rückführbar ist. Duroplaste neigen im Gebrauch zu einer höheren Sprödigkeit [17, 19]. Thermoplaste verbleiben in unvernetzten Molekülketten, benötigen keine längere Aushärtungszeit mit Einfluss auf den Fertigungszyklus und sind thermisch verformbar bis aufschmelzbar. Im Zusammenhang mit den Fasern aus nachwachsenden Rohstoffen lassen sich auch Polymere aus Stoffen, wie Stärke, Cellulose, Zucker, Gelantine u. ä. für Matrixwerkstoffe verenden, die bis etwa 60% der Festigkeitseigenschaften von GFK-Verbunden heranreichen und biologisch abbaubar sind [27, 28]. Biologisch abbaubare Faserverbundbaustoffe sind im Hinblick auf eine umweltverträgliche Rückführung (Recycling) interessant.

Der Matrix-Werkstoff sorgt neben der Lagesicherung für die Fasern in der Einzelschicht für ihren gegenseitigen Verbund, damit diese sich an der Kraftleitung beteiligen können. Gleichzeitig bietet die Matrix eine Wand, die für Dichtigkeit sorgt, und eine Oberfläche, die nahezu korrosionsfrei ist. Das spez. Gewicht bzw. die spez. Dichte gegenüber Metall liegt nur bei etwa 1/6 bis 1/4 und es entsteht angesichts der hohen Festigkeit der Zugfasern eine hohe gewichtsbezogene Festigkeit und Steifigkeit solcher Bauteile. Am besten eignen sich Kohlefasern, weil sie hohe Festigkeit und hohen E-Modul in sich vereinigen, sie sind aber noch relativ teuer. Es gibt z. Z. Bemühungen die Kosten durch verbesserte Faserherstelltechnologien verbunden mit anderen Ausgangswerkstoffen zu mindern.

In einer Differentialbauweise können Halbzeuge oder Bauteile aus Metall und/oder Kunststoff mit faserverstärkten Kunststoffplatten verklebt, vernietet oder verschraubt werden. Im Allgemeinen ist aber eine Integralbauweise anzustreben, weil sich durch sie die Zahl der Einzelelemente und Montagevorgänge reduziert, andererseits steigen dadurch aber auch Kosten für Formen und Werkzeuge. Die Entscheidung hängt von der Komplexität des Bauteils und von der Stückzahl ab [18], die der Konstrukteur zusammen mit dem Fertigungsfachmann zu treffen hat.

9.4.2 Anwendungen und Grenzen
Applications and limits

Die beschriebenen Verbundbauweisen finden ihre hauptsächliche *Anwendung* unter folgenden Aspekten:

– Gewicht und Masse bzw. Massenträgheitsmoment zu reduzieren,
– Korrosionserscheinungen zu vermeiden,
– glatte, ansehnliche Oberflächen, gegebenenfalls mit Gelcoatbeschichtungen oder vorgeformten Kunststoffplatten, zu erzielen,

- elektrische Leitfähigkeit zu vermeiden,
- elektromagnetische Absorptionsfähigkeit zu nutzen,
- Dämpfungseigenschaften insbesondere durch eine schaumförmige Matrix zu erhöhen,
- relativ hohe Dauerhaltbarkeit bei Wechselbeanspruchung bei geringem Rissfortschritt.

Grenzen oder *Nachteile* liegen in folgenden Gesichtspunkten:

- Die Anwendungstemperatur von Faserverbundbauweisen ist bei Verwendung von Epoxid-Matrices wegen der Erweichungsgrenze nach oben bei etwa 150 °C erreicht, bei Thermoplasten liegt sie niedriger, aber es gibt auch Polyimide bis etwa 250 °C und auch solche aus Polyetheretherketon (PEEK) bis 300 °C [18].
- Bei sehr niedrigen Temperaturen nimmt die Sprödigkeit bedeutend zu.
- Ein Bruch durch Überlastung erfolgt wegen mangelnder Plastizität sehr plötzlich.
- Bei lebenswichtigen Bauteilen sind deren Betriebsfestigkeit im Prüffeld zu ermitteln.
- Kritisch sind insbesondere Krafteinleitungsstellen und Verbindungszonen mit anderen Werkstoffen. Hier können oft nur sorgfältige Beanspruchungsanalysen und Betriebsfestigkeitsuntersuchungen helfen.
- Bei Duroplasten besteht eine gewisse, die Festigkeit beeinflussende Feuchtigkeitsaufnahme der Matrix. Diese ist durch Deckschichten oder durch geeignetere Matrixwerkstoffe zu verhindern [17, 21].
- Faserverbundbauweisen bedürfen einer sorgfältigen Fertigung und strenger Qualitätskontrolle.
- Die Herstellkosten sind in Abhängigkeit vom Herstellprozess häufig höher als bei konventionellen Bauarten. Sie rechtfertigen sich also nur bei entsprechendem Gewinn an Gewichtsersparnis und Designvorteilen, z. B. im Flugzeug- und Fahrzeugbau. Es ist eine gesamtwirtschaftliche Betrachtung von Herstell- und Betriebskosten nötig.

9.4.3 Bauarten
Design

1. Faserverbundbauweise

Die Faserverbundbauweise besteht in der Anordnung von verschiedenen Schichten von Fasern, die in unterschiedlichen Richtungen, also *anisotrop*, angelegt werden. Dabei können entsprechend den unterschiedlich auftretenden Beanspruchungszuständen oder auch Steifigkeitsanforderungen unterschiedliche Faserrichtungen und -dichten gewählt werden. Ausgangsgrundlage ist der Spannungszustand unter Belastung, der vielfach mit Hilfe der Methode der Finiten Elemente ermittelt wird. Da die Fasern nur Zug- oder Druckbeanspruchung aufnehmen können, werden sie, soweit fertigungstechnisch möglich, in

Richtung der Hauptspannungen ausgelegt. Ihre Anzahl (Füllungsgrad) richtet sich u. a. nach der Beanspruchungshöhe und sollte etwa einen Füllungsgrad von 60% aufweisen [21, 42].

So würde z. B. bei einem wechseltorsionsbeanspruchten rohrförmigen Bauteil die Fasern in ihrer Richtung in $+45°$ und $-45°$ zur Rohrachse gleichermaßen angeordnet werden. Bei einem dünnwandigen Druckbehälter wäre z. B. einerseits die Hauptfaserrichtung in Umfangsrichtung für die sich einstellende Tangentialspannung und andererseits eine Hauptfaserrichtung in Richtung der Längsachse für die nur halb so große Längsspannung zu wählen. Wichtig ist, dass die tragenden Fasern in ihrem Verlauf weitgehend den Beanspruchungen entsprechen.

Ein Anwendungsbeispiel ist in Abb. 7.18 zu finden. Das torsionsweiche Glied Z im Rotorkopf eines Hubschraubers, das die Fliehzugkräfte aus den Rotorblättern unter einer Winkelverdrehung zur Einstellung des Auftriebswinkels aufnehmen muss, ist in Verbundbauweise gestaltet, indem die die Fliehkraft aufnehmenden, gewickelten Zugstränge in eine Kunststoffmatrix eingebettet sind und der Hauptzugrichtung entsprechen.

Ein weiteres anschauliches Beispiel zur Konstruktion eines Roboterarmes lieferte Michaeli in [41].

Dabei wird versucht das Bauteil so zu gliedern, dass möglichst nur Zug- und Druckspannungen auftreten. So kann es zweckmäßig sein, biegebeanspruchte Zonen mittels Hebelwirkung in zugbeanspruchte Stringer zu wandeln und torsionsbeanspruchte Zonen durch dünne möglichst kreisförmige Hohlprofile zu realisieren. Aus diesem Beispiel ist zu lernen, dass es falsch wäre, bei Strukturen von metallischen Bauteilen zu bleiben und nur diese Elemente durch Faserverbundbauweisen zu ersetzen. Eine Lösung mit Hilfe von faserverstärkten Bauweisen muss ihrer eigenen Logik entsprechen. Man gelangt damit wenigstens teilweise zu einer *unidirektionalen* Bauweise, die aber in den meisten Anwendungsfällen nicht zu verwirklichen ist.

Michaeli gibt in [41] an, dass in einem unidirektional gefertigten Zugstab eine Winkelabweichung der Zugfasern von $5°$ bereits eine Minderung der Zugfestigkeit des Bauteils um 40% bewirken kann. Weiterhin ist zu beachten, dass bei rein unidirektionaler Faserrichtung sich die thermische Ausdehnungszahl quer zur Faserrichtung erheblich vergrößert [21].

Bei den meisten Bauteilen ist wegen des komplexen Belastungszustands und der Einwirkung von Neben- und Störgrößen sowie aus Gründen der Eigensteifigkeit und/oder Belastung bei der Montage u. ä. eine Anordnung von mehreren *Schichten mit unterschiedlichen Faserrichtungen* notwendig.

Eine solche Struktur wird nach der sog. *Mehrschichttheorie* berechnet. Dabei werden orthotrope Scheiben für die Schichten zu Grunde gelegt. Durch Überlagerung mehrerer solcher Schichten mit unterschiedlichen Faserrichtungen gelangt man schließlich zur anisotropen Platte. Von Schicht zu Schicht kann sich damit der Spannungsverlauf entsprechend den Faserrichtungen sprunghaft ändern [21].

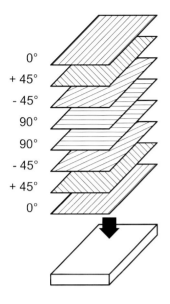

Abb. 9.20. Mehrschichtiger Laminataufbau aus unidirektionalen Einzelschichten [21]

Die *Güte des Faserverbundes* richtet sich nach der Festigkeit der Faser, der Festigkeit der Matrix und dem Grad der Verbindung zwischen Faser und Matrix. Es ergeben sich drei Brucharten: Faserbruch, Zwischenfaserbruch (Matrix) oder Delaminierung, bei der sich die Schichten voneinander lösen.

Zur Berechnung der Bruchlasten muss jeweils eine Bruchhypothese angewandt werden. Es stehen mehrere zur Verfügung, deren Ergebnisse leider voneinander abweichen können. Deshalb ist Erfahrung im Einsatzgebiet wichtig und die speziell gegeben Bedingungen sind durch Versuche zu klären [21].

Herstellungsverfahren [19] sind im Wesentlichen:

– Das *Handauflegeverfahren*, bei dem die einzelnen Faserschichten unter gleichzeitigem Tränken mit dem Matrixwerkstoff in oder über Formen gelegt werden.
– Das *Wickelverfahren* (Kreuz-, Polar- und Radialwickelmuster) in oder auf Formen oder Schaumstoffkernen unter Tränken der Fasern mit dem Matrixwerkstoff und anschließendem Härten unter Temperatur (vgl. Abb. 9.21).

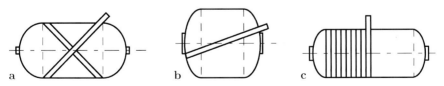

Abb. 9.21. Grundlegende Wickelmuster, **a** Kreuz-, **b** Polar- und **c** Radialwickelmuster nach [19]

- RTM (*Resin Transfer Molding*) bei dem die Faserschichten in eine beheizte Form eingelegt werden und nach Schließen dieser Form Harz und Härter in den Faserbereich injiziert werden.
- *Autoklavverfahren*, bei dem die Faserschichten über eine Form gelegt sind und mit einer Folie abgedeckt werden. Unter dieser Folie wird ein Vakuum erzeugt, um Lufteinschlüsse auszutreiben. Gleichzeitig wird in dem beheizten Kessel Druck auf die Folie zwecks besserer Bindung der einzelnen Schichten ausgeübt.

2. Sandwichbauweisen

Insbesondere bei der Aufnahme von Biegemomenten an Trägern oder Platten werden Sandwichbauweisen eingesetzt, weil durch sie die tragenden Zug- und Druckschichten weiter nach außen verlagert werden, während die den Schub aufnehmende, innere Schicht diese abstützen und verbinden. Man erhält damit leichte, aber zugleich auch steife Bauteile. Dabei können die äußeren Schichten wieder Faserverbunde oder auch Aluminiumdeckbleche sein, während der innere Kern aus Schaumstoff, geschäumten Kunststoff oder Wabenzellen aus Kunststoff oder aus Metallfolien gebildet wird. Ein entsprechendes Beispiel zeigt die Abb. 9.22.

Die Verbindung zwischen dem Kern und der Deckschicht erfolgt durch Kleben. Hierbei ist wegen der größeren Kontaktflächen ein Schaumkern günstiger als eine Wabenstruktur, bei der dann auf eine gute Bindung mit den Wabenzellenwänden durch „Kehlnähte" geachtet werden muss [18]. Auch ist das Einfallen der Deckschicht in die Wabenhohlräume durch kleine Wabengröße und/oder durch eine hinreichend dicke Deckschicht zu vermeiden.

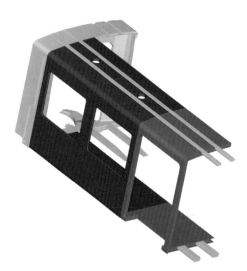

Abb. 9.22. Fahrzeugrohbau in GFK-Sandwichbauweise mit GFK-Hohl-Stringern

3. Hybride Bauweisen

Kombiniert man die vorher beschriebenen Bauweisen mit konventionellen Metall- oder Holzkonstruktionen gelangt man zu hybriden Strukturen, in denen eine noch stärkere Aufgabenteilung innerhalb eines Bauteils ermöglicht wird. Als Hybridbauweise wird auch die Anwendung unterschiedlicher Fasertypen in einem Bauteil verstanden.

Faserverbund-, Metall- oder Holzträger können die Festigkeit oder Steifigkeit gesamthaft sicherstellen, örtliche oder flächenhafte Funktionen und Beanspruchungen können weitere Faserverbunde, Sandwich- oder Metallstrukturen übernehmen. Dabei bleiben die Vorteile einer Kunststoffbauweise erhalten. Hybride Strukturen helfen insbesondere Probleme der Krafteinleitung besser zu beherrschen, z. B. Metalleinsätze oder -platten für Schraubenverbindungen an Anschluss- und Verbindungsstellen. Dabei sind unbedingt schroffe Übergänge mit begleitenden Kerbspannungen zu vermeiden und allmähliche, den Verformungen sich anpassende Gestaltungsformen zu wählen (vgl. Prinzip der abgestimmten Verformung in 7.4.1-3). Metalleinsätze oder -platten werden eingeklebt. Hierbei sollen diese großflächig verklebt sein, und die Klebfläche sollte nur unter Schubbeanspruchungen stehen, da sonst Abschälen oder nur eine geringe Festigkeit zu erwarten sind (vgl. auch [41]). Auch sind Verbindungen mittels Nieten und Schrauben gebräuchlich.

Das in 10.2.4 gezeigte Beispiel eines Straßenbahn-Baukastens kann auch hier schon herangezogen werden. Die einzelnen Wagenteile sind in Hybridbauweise erstellt worden (Abb. 9.23).

Ein weiteres Beispiel aus dem Fahrzeugbau zeigt Flemming [16]. Bei diesem Projekt wurde der Wagenkasten im Wickelverfahren hergestellt. Gegenüber der reinen Metallbauweise ergab sich ein geringeres Gewicht, eine Verkürzung der Fertigungszeit und somit verminderte Herstellkosten.

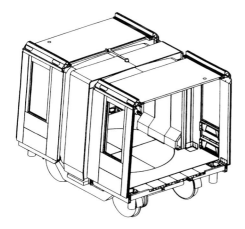

Abb. 9.23. Wagenkasten in hybrider Bauweise: Boden aus Al-Strangpressprofilen geschraubt; Dach aus Sandwich geklebt

Alle genannten Verbundbauweisen stellen u. a. auch Ausgangspunkte für die Anwendung von Lösungen mit Hilfe der Mechatronik und Adaptronik dar.

9.5 Mechatronik
Mechatronics

9.5.1 Allgemeine Struktur und Begriffe
General structure and definitions

Der Begriff Mechatronik setzt sich aus **Mecha**nics (Mechanik oder allgemeiner Maschinenbau) und Elec**tronics** (Elektronik oder allgemeine Elektrotechnik) zusammen. Durch Hinzunahme der Informationstechnik versucht nach Isermann [33] die Mechatronik Synergien durch eine Integration von Maschinenbau, Elektrotechnik und Informationstechnik bei der Lösungssuche als auch in der Fertigung und Montage zu gewinnen (Abb. 9.24).

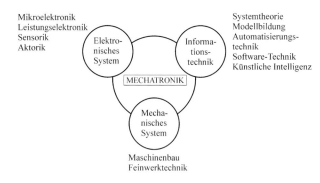

Abb. 9.24. Mechatronik. Synergie aus den Disziplinen Maschinenbau, Elektrotechnik und Informationstechnik nach [33]

Gegenüber konventionellen Systemen ist mit Hilfe der Mechatronik in der Regel eine Funktionserweiterung gegeben oder es können bestimmte Funktionen überhaupt erst wahrgenommen werden.

Mechatronische Lösungen besitzen eine Grundstruktur nach Abb. 9.25. Das *Grundsystem* kann mechanischer, elektromechanischer, hydraulischer oder pneumatischer Art mit einem Energie-, Stoff- und/oder Signalfluss sein. Die Gesamtfunktion ist die Erfüllung einer komplexen Aufgabe. Dazu erfassen Sensoren ausgewählte, charakteristische Zustandsgrößen des Grundsystems. Diese werden zur Informationsverarbeitung dem *Datenverarbeitungssystem* als Mikrorechner mit A/D- bzw. D/A-Wandlung zugeleitet und nach einem Software-Programm verarbeitet. Das *Datenverarbeitungs*system spricht die *Aktoren* an, die entsprechende Eingriffe in das Grundsystem vornehmen. Datenverarbeitungssystem, Sensoren und Aktoren müssen mit Energie versorgt werden. Der Mensch kann gegebenenfalls über das Datenverarbeitungssystem steuernd eingreifen.

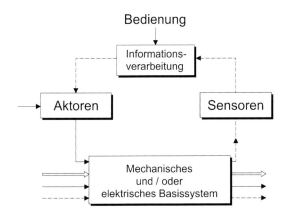

Abb. 9.25. Grundsätzliche Struktur mechatronischer Systeme in Anlehnung an [33]

Ein großer Reiz liegt darin, Sensoren, Aktoren und Datenverarbeitungssystem mit dem Grundsystem auch baulich zu *integrieren*, also autarke Teilsysteme mit geringem Raumbedarf am jeweiligen Wirkort zu schaffen. Aber auch wenn nur eine Teilintegration vorliegt, spricht man von einer mechatronischen Lösung. Bei fortschreitender Miniaturisierung ist der Schritt zu einer Mikrosystemtechnik dann nicht mehr weit oder bereits Teil der Lösung.

Zu dem Komplex Mechatronik und deren Entwicklungsmethoden ist die VDI-Richtlinie 2206 [66] in Vorbereitung.

9.5.2 Ziele und Grenzen
Goals and limits

Mechatronische Lösungen verfolgen nachstehende Ziele:

- Neue Funktionen realisieren.
- Ohne Eingriff von außen die Verhaltensweisen von Systemen steuernd oder regelnd zu verbessern.
- Anwendungsgrenzen hinaus zu schieben.
- Selbsttätige Systemüberwachung und/oder Fehlerdiagnose zu verwirklichen.
- Die bauliche Integration auf kleinem Raum zu erreichen.
- Mechatronische Teilsysteme für sich prüfbar als Bauteil oder Baugruppe einfügen zu können.
- Die Betriebssicherheit zu verbessern.

Grenzen mechatronischer Lösungen können sein:

- Eine zu hohe Temperatur im Umfeld oder mechanische Beanspruchung, z. B. Schwingungen, schädigt die elektronischen Komponenten. Diese können dann nicht als integrierter Bestandteil vorgesehen werden.
- Reparaturen sind nicht möglich oder zweckmäßig. Austausch des jeweiligen mechatronischen Systems oder eines seiner Komponenten ist erforderlich.

– Das Preis-Leistungs-Verhältnis entspricht nicht der Marksituation, weil bestimmte Sensoren, Aktoren oder das gesamte System (noch) zu teuer sind.

9.5.3 Entwicklung mechatronischer Lösungen
Development of mechatronic solutions

Die Entwicklung von mechatronischen Systemen setzt eine ganzheitliche Betrachtung und ein interdisziplinäres Denken voraus. Eine genaue Abgrenzung der beteiligten Fachgebiete oder Disziplinen ist nicht möglich und auch nicht erwünscht, da die Fachgrenzen fließend ineinander übergehen.

Die Entwicklungsarbeit erfolgt in interdisziplinären Teams unter Beteiligung von Maschinenbauern, Elektronikern, Regelungsfachleuten, Software-Entwicklern und Fertigungsspezialisten jeweiliger Komponenten.

Für die Zusammensetzung und Arbeitsweise eines solchen Teams gelten die in 4.3 gemachten Aussagen im vollen Umfang.

Die Komplexität und die Beteiligung verschiedener Disziplinen erfordert ein methodisches Vorgehen wie in diesem Buch beschrieben, jedoch mit noch größerer Flexibilität und Rücksichtnahme auf fachgebietsfremde Fakten und Begriffe.

An hervorragender Stelle steht die Erarbeitung einer wenn auch vorläufigen Anforderungsliste (vgl. 5.2) und daraus die Ableitung erkannter notwendiger Funktionen oder einer vorläufigen Funktionsstruktur (vgl. 6.3). Ausgangsstruktur wird die in Abb. 9.25 gezeigte Grundstruktur sein. Die Diskussion und abstrakte Beschreibung von zu erfüllenden Teilfunktionen hilft gerade in einem interdisziplinären Arbeitskreis die Absichten, die Ziele und Teilziele sowie eine erste denkbare Struktur der Lösung zu erkennen und zu vermitteln. Nur an Hand solcher Funktionsstrukturen und seien sie noch unvollständig, lassen sich Schnittstellen im Gesamtsystem bilden und damit eigenverantwortliche Teilaufgaben für die einzelnen beteiligten Disziplinen angesichts unterschiedlicher Begriffswelten und Erfahrungen definieren und zuteilen.

Jeder der beteiligten Fachvertreter nimmt dann seine Aufgabe eigenverantwortlich wahr. Es ist damit seine volle Fachkompetenz gefordert. Ganz im Sinne einer methodischen Lösungssuche (vgl. 4.2 und 6.4) werden dann Lösungsvorschläge gemacht, die sich gegenseitig beeinflussen und befruchten. Angesichts der unterschiedlichen Disziplinen wird dabei Umfang und Zeitablauf einzelner Aktivitäten sehr unterschiedlich sein, so dass eine ständige Abstimmung und Anpassung des Ablaufsplanes im Team unter einer Projektleitung nötig ist. Dabei wird der Lösungsfortschritt sich von einer Grobstruktur allmählich in eine Feingestalt mit vielen Iterationsschritten entwickeln, ähnlich aber noch flexibler wie in 7.1 als Entwurfsmethodik für den Entwurfsprozess beschrieben. Isermann gibt solche Entwurfsschritte für mechatronische Systeme im Einzelnen an [33]. Hinweise zu Sensoren und Aktoren finden sich in [33, 65].

Zu einer effektiven Entwicklung gehört schließlich noch die frühzeitige Beurteilung von Teillösungsschritten entweder nach dem Auswahl- oder Bewertungsverfahren entsprechend 3.3, um nicht in einer Vielzahl von Lösungsvarianten stecken zu bleiben. Jede Lösungsvariante hat ihre Rückwirkung auf den Aktor, den Sensor oder die Software-Entwicklung und umgekehrt.

9.5.4 Beispiele
Examples

Frühe Beispiele finden sich in der Feingerätetechnik bei automatischen Fotoapparaten und elektronisch gesteuerten Büromaschinen. Vorreiter für mechatronische Anwendungen im maschinenbaulichen Sinne ist die Kraftfahrzeugindustrie. So sind ABS-Systeme, die je nach Fahrbahnbeschaffenheit ein Blockieren der Räder durch eine Schlupfregelung verhindern und so einen optimal kurzen Bremsweg ermöglichen, mechatronische Systeme mit der Erfassung der Raddrehzahl und der gesteuerten Bremskrafteinleitung. Eine Weiterentwicklung stellt ESP dar, indem versucht wird, das Gieren des Fahrzeugs um die Hochachse beim Auftreten einer Schleudergefahr durch Beeinflussung der einzelnen Bremsen und der Motordynamik in engeren Grenzen zu halten. Auch werden automatische Schaltgetriebe mehr und mehr mit Hilfe einer integrierten Elektronik gesteuert.

Die nachfolgenden Beispiele sind zum Teil noch Entwicklungsprojekte, die aufzeigen sollen, welche Möglichkeiten realisierbar sind, wenn der Bedarf und die Kostensituation auf dem Markt gegeben sind.

Beispiel 1: Schaltkennliniensteuerung bei Reibungskupplungen

Im Rahmen des Sonderforschungsbereichs 241 IMES (Integrierte mechanische und elektronische Systeme) ist eine handelsübliche Schaltkupplung, Bauart Ringspann, mit Piezoaktoren ausgerüstet worden, die beim Einschalten der Schaltkraft diese von ihrer maximalen Höhe elektronisch gesteuert mit einer bestimmten Kennlinie absenkt, bis der Schaltvorgang innerhalb von etwa 0,4 s vollendet ist. Ziel ist es, nicht das konventionell übliche konstante Schaltmoment aufzubringen, sondern einen Verlauf zu erzwingen, der am Anfang des Schaltvorgangs mehr Beschleunigungsmoment (Rutschmoment) einbringt als am Ende des Schaltvorgangs, Abb. 9.26. Durch eine solche Charakteristik lässt sich die maximale Reibtemperatur im Reibbelag, die exponentiell für den Verschleiß verantwortlich ist, in Abhängigkeit von der Fourierzahl (vgl. Tabelle 10.2) maximal bis zu 30% herabsetzen. Abbildung 9.27 zeigt Drehzahl, Kupplungsmoment, Temperatur und Verlustarbeiten eines Schaltvorgangs unter der Fourier-Zahl = 1. Die Absenkung der maximalen Reibtemperatur ist am größten, wenn die Fourierzahl klein ist, d. h. die Wände, in die die Wärme fließt, eher dick sind.

Die als Sensor wirkenden Temperaturfühler in der Kupplungswand können den Temperaturzustand erfassen und dem entsprechend eine geeignete

612 9 Lösungsfelder

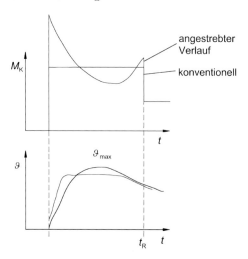

Abb. 9.26. Prinzipieller Zusammenhang von Kupplungsmoment M_K und Reibtemperatur ϑ, Synchronisationszeitpunkt t_R nach [25]

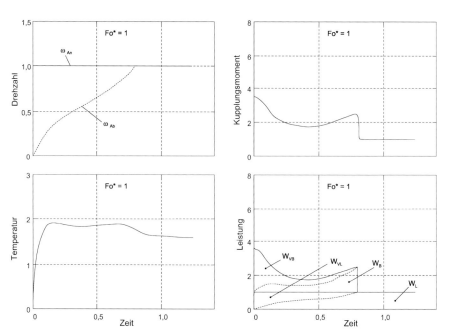

Abb. 9.27. Verläufe von Drehzahl, Kupplungsmoment, Reibtemperatur und Leistung über der Zeit (Werte normiert) nach [25]

Schaltkennlinie über den hier noch externen Rechner auswählen, der die Charakteristik der Piezo-Aktoren steuert. Zusätzlich kann die Anstiegscharakteristik des Schaltmoments so beeinflusst werden, dass die Anstiegszeit mindestens solange dauert, wie eine Periode der untersten Torsionseigenfrequenz des zu kuppelnden Systems. Dann wird ein Minimum an Wellentorsionsschwingungen beim Schaltvorgang erreicht [25].

Beispiel 2: Selbstverstärkende Kraftfahrzeugbremse

Unter 7.4.3 „Prinzip der Selbsthilfe" wurden im Abschn. 2 „Selbstverstärkende Lösungen" kurz auch die selbstverstärkenden Bremsen angesprochen, die den Nachteil der Gefahr einer Selbstblockade aufweisen, und daher grundsätzlich selbstschwächende Anordnungen zu bevorzugen waren. Diese benötigen dann eine entsprechende Bremskraftverstärkung. Mit Hilfe von Mechatronik lassen sich aber auch selbstverstärkende Bremsen einsetzen, die den Vorteil bieten, eine Bremskraftverstärkung selbstständig aufzubauen und so Betätigungsenergie sparen.

Für neue Kraftfahrzeugkonzepte zeichnet sich ab, auf zentrale hydraulische Versorgungsanlagen zu verzichten und vermehrt elektrische Energie einzusetzen. Zu diesem Komplex gehört u. a. auch die Bremsanlage des Kraftfahrzeugs. Angesichts der energetischen Gesamtversorgung sollen allerdings die Verbraucher möglichst wenig Leistung aufweisen.

Im Rahmen des bereits zitierten Sonderforschungsbereichs IMES wurden von Breuer und Semsch [22] eine selbstverstärkende Teilbelag-Scheibenbremse entwickelt, die eine geregelte konstante Bremskraft aufweist und Selbstblockieren vermeidet [3, 55, 56]. Abbildung 9.28 zeigt die grundsätzliche Anordnung des Bremskeils an der Bremsscheibe. Wäre das System sich selbst überlassen, würde die Bremskraft nach Aufbringen einer Ursprungsbetätigungs-

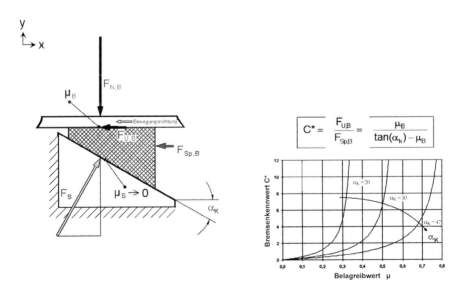

Abb. 9.28. Selbstverstärkender Keil an einer Scheibenbremse und Verhältnis $C^* =$ Bremskraft $F_{U,B}$/Betätigungskraft $F_{Sp,B}$ nach [55, 56]

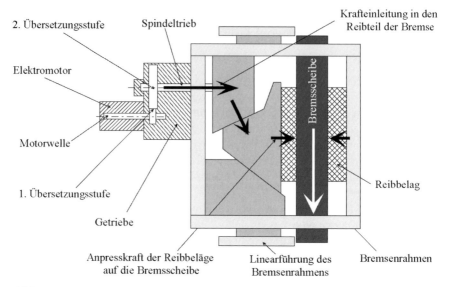

Abb. 9.29. Prinzipieller Aufbau der selbstverstärkenden Scheibenbremse nach [55, 56]

kraft in Abhängigkeit vom Bremsbelagreibwert progressiv bis zur Selbstblockade ansteigen. Dank einer mechatronischen Lösung wird das aber vermieden. In Abb. 9.29 ist der prinzipielle Aufbau der neuen Scheibenbremse dargestellt. Die Betätigungskraft wird über einen Elektromotor mit Getriebe und einer kugelgeführten Spindel (Aktor) auf einen sich abstützenden Bremskeil aufgebracht. Der Keilwinkel ist so gewählt, dass ein Selbstlösen immer möglich ist, aber eine nennenswerte Bremskraftverstärkung auftritt. Die Bremskraft wird von einem Bremskraftsensor erfasst. Es könnte die auf den Reibbelag wirkende Normalkraft gewählt werden, die allerdings den Nachteil hat, den Reibwert des Bremsbelags nicht mit einzubeziehen. Günstiger wäre die Messung des Bremsmoments an der Bremsscheibe und am besten die Erfassung des Verzögerungsverhaltens, weil dann auch der Reibwert am Reifen eingeschlossen wäre. Hierzu gibt es aussichtsreiche Entwicklungen von Reifensensoren, die den Reibwert zwischen Straße und Reifen indizieren und ebenfalls eine mechatronische Lösung darstellen [3]. Wo der Sensor vorgesehen wird, oder ob sich aus anderen schon genutzten Daten die Bremskraft indirekt ermitteln lässt, hängt von der jeweiligen elektronischen Konzeption des Fahrzeugs ab (z. B. Nutzung des ABS-Systems). Das Datenverarbeitungssystem regelt aus der erfassten Bremskraft bzw. dem Bremsverhalten die Betätigungskraft dann so, dass an jedem Rad die jeweils erforderliche, selbstverstärkende Bremskraft mit relativ geringer Energie aufgebracht wird.

Der Energiebedarf verbleibt dank der Selbstverstärkung im angemessenen Rahmen, die Bremse kann jederzeit gelüftet werden, veränderliche Anstellwege durch Verschleiß und thermische Einflüsse lassen sich automatisch ausgleichen. Die Ausführung der Forschungsbremse wurde unter realen Bedingungen im Fahrzeug eingebaut und auf Prüfständen erprobt.

Beispiel 3: Fahrwerklagerung

Bei Kraftfahrzeugen erfolgt die Aufhängung der Räder über ein Feder-Dämpfersystem. Im Allgemeinen sind Feder und Dämpfer in ihren Eigenschaften nicht veränderlich und werden auf das Fahrzeug für den Normalbetrieb abgestimmt. Beladung, Fahrbahn und Fahrweise beeinflussen aber das Feder-Dämpfungsverhalten. Um einen in jeder Situation komfortablen Fahrbetrieb zu erzielen, können mit Hilfe mechatronischer Lösungen (ebenfalls ein Projekt im Sonderforschungsbereich IMES) die Federsteifigkeit und die Dämpfungscharakteristik sowie das Niveau nach Höhe und Neigung selbsttätig angepasst werden. Dazu wird der im Federbein befindliche, öldruckbeaufschlagte Kolben über eine Membrane mit einem regelbaren Luftdruck verbunden, der die Federsteifigkeit und das Niveau regelt. Der Dämpferteil erhält Bypässe, deren Querschnitte von Magnetventilen gesteuert werden, die ein stärkeres oder schwächeres Dämpfungsverhalten einstellen. Sensoren erfassen das Verhalten des Fahrzeugs bzw. dessen Zustand im Fahrbetrieb und im Stillstand. Ein Informationssystem steuert bzw. regelt die optimale Federsteifigkeit und Dämpfung für den jeweiligen Fahrzustand und stellt je nach Zuladung auch das richtige Niveau des Fahrzeugs ein. Verbunden wird die elektronische Datenverarbeitung mit einem Diagnosesystem, das Fahrzustand und auch Fehler im Erfassungs- und Einstellsystem erkennt und im Störfall die Einstellungen auf einen Normalzustand unter Information des Fahrers zurückführt [5].

Beispiel 4: Selbststeuernde Magnetlager

In Abb. 9.9 sind Radial- und Axialmagnetlager als Beispiele für magnetischen Feldkraftschluss gezeigt worden. Magnetlager mit aktiven Feldmagneten eignen sich sowohl als Aktoren als auch als Sensoren. In Verbindung mit einer digitalen Regelung können die stationäre Lagermittenlage und das dynamische Verhalten der Welle beeinflusst werden. Diese Beeinflussung erlaubt, wie Nordmann [64] aufzeigte, die Verwirklichung neuer Funktionen.

Als Beispiel diene eine Schleifeinheit zum Präzisions-Innenschleifen von kleinen Bohrungen [64]. Abbildung 9.30 zeigt den Aufbau der Schleifeinheit. Die Schleifwelle ist fliegend gelagert. Der Schleifzylinder und die Schleifwelle drehen sich mit über 100 000 U/min. Das zu schleifende Werkstück kann sich bis zu 3600 U/min drehen. Die Schleifspindel ist durch zwei elektromagnetische Radiallager gestützt, die Axialkraft übernimmt ein ebenfalls elektromagnetisches Axiallager. Durch elektromagnetische Steuerung ist es möglich, den Schleifzylinder in axialer Richtung um wenige Mikrometer hin und her schwingen zu lassen, wodurch der Schleifprozess verbessert wird. Die beim Schleifen auftretende Schleifnormalkraft verformt insbesondere den überhängenden Wellenteil. Diese Verformung führt zu einer prinzipiellen Konizität der innenliegenden Schleiffläche. Diese Erscheinung kann in Abhängigkeit von der

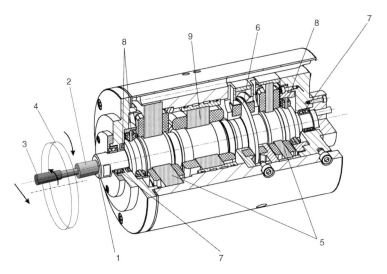

Abb. 9.30. Schleifeinheit mit elektromagnetischen Radial- und Axiallagern nach [64]. *1* Schleifwelle, *2* Werkzeug, *3* Schleifzylinder, *4* Werkstück, *5* radiale Magnetlager, *6* axiales Magnetlager, *7* Hilfslager, *8* Wegsensoren, *9* Antriebsmotor

jeweils auftretenden Schleifnormalkraft durch Schiefstellen der Schleifwelle automatisch ausgeregelt werden. Fehler im Rundlauf des Werkstücks lassen sich durch eine hochfrequente Lageregelung der Schleifspindel ausgleichen. Diese Maßnahmen liefern dann eine hochgenaue und korrekte Zylinderfläche.

Andererseits rufen Störungen durch Unwuchtkräfte und abnormale Schleifkräfte durch Schleifkörperabrieb oder -bruch u. ä. Reaktionen im Magnetfeld der Lager hervor, die durch eine entsprechende Diagnose der aufgenommenen Signale durch Vergleich mit dem digitalen Modell im Rechnersystem erkannt werden und unmittelbar in einem gewissen Maße ausgeglichen werden können. Grenzwerte führen zum Abbruch der Schleifoperation.

Fehlerdiagnosefähigkeiten an überwachten Magnetlagern lassen sich für Rotorsysteme von Turbinen, Kompressoren usw. mit Hilfe der Mechatronik nutzen. Abbildung 9.31 zeigt die Modellbildung für ein Fehlerdiagnosesystem nach [2]. Das Rotorsystem wird durch eine Modellbildung erfasst, so dass seine dynamischen Eigenschaften beschreibbar werden. Wegsensoren, z. B. an den Lagern, erfassen das augenblickliche Rotorverhalten. Dabei können Veränderungen durch Störungen im fluidischen System, im Lagersystem oder am Roter selbst, z. B. plötzliche Unwuchtkräfte durch Schaufelbruch, auftreten. Das veränderte Verhalten wird aus den Signalen des veränderten Feldverhaltens im Magnetlager bzw. durch Sensoren erfasst und erkannt. Für verschiedene Fälle gibt es unterschiedliche charakteristische Erscheinungsformen. Mit Hilfe einer Analyse wird das Diagnoseergebnis verglichen, der Fehler identifiziert und dann entsprechende, vorprogrammierte Maßnahmen eingeleitet.

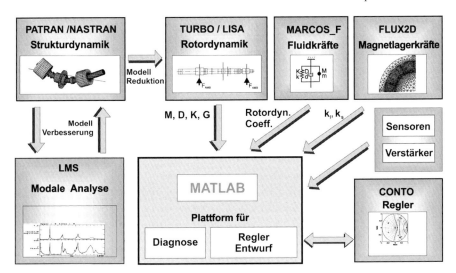

Abb. 9.31. Modellbildung für ein Fehlerdiagnosesystem von Rotorsystemen nach [2]

9.6 Adaptronik
Adaptronics

9.6.1 Allgemeines und Begriffe
Fundamentals and definitions

Der Begriff Adaptronik setzt sich aus **Adap**tive Structures und Elec**tronic**s zusammen. Gemeint ist nach Hanselka [29–31] eine Integration maschinenbaulicher Baustrukturen mit den Möglichkeiten der Elektrotechnik und Elektronik unter Zuhilfenahme der Regelungstechnik und der Informationstechnik. Andere Autoren wie Elspaass und Flemming [12] bezeichnen dieses Lösungsfeld auch als Struktronik oder andere ordnen Adaptronik der Mechatronik unter.

Ziel ist es, Baustrukturen durch *aktive Selbstanpassung* auf Belastungsänderungen, Störgrößeneinfluss, veränderten Funktionsanforderungen u. ä. selbsttätig reagieren zu lassen, damit sie ihre Aufgabe vollkommen erfüllen können. Durch die Anwendung von Adaptronik wird auf die Eigenschaften der Baustruktur unmittelbar Einfluss genommen, indem Aktoren und Sensoren als multifunktionale Werkstoffe in die Baustruktur integriert werden. Sie liegen im Kraftfluss, reagieren, melden, steuern und wirken regelnd über Informationssysteme auf die eigene Baustruktur ein, die vornehmlich als eine aktive Faserverbundbauweise anzusehen ist.

In dem vorliegenden Buch ist in 7.4.3 das Prinzip der Selbsthilfe beschrieben worden. Dort leistete die rein mechanische Baustruktur durch geschickte Anordnung selbstverstärkende, selbstausgleichende und selbstschützende Ef-

618 9 Lösungsfelder

fekte. Mit Hilfe der Adaptronik unter Nutzung von Sensoren, Aktoren und Datenverarbeitung ist es nun möglich, die Fähigkeiten der Baustruktur ganz wesentlich zu erweitern und zu verbessern. Dabei ist es ein typisches Kennzeichen, dass Aktoren und Sensoren auch zu tragenden Teilen der Baustruktur werden, also immer, aber in abgestimmter Weise mitwirken.

Im Vergleich zu der in 9.5 beschriebenen Mechatronik bestehen folgende charakteristische Unterschiede:

- Es liegt immer eine Baustruktur mit aktiven Werkstoffanteilen vor.
- Die Aktoren können zugleich Sensoren oder umgekehrt sein.
- Es ist immer ein digitales Gesamtmodell hinterlegt, das über Sensoren die Veränderungen der aktiven Baustruktur modellmäßig mitmacht und über eine Regelung Aktoren der Baustruktur ansteuert.
- Die Reaktion im Modell und die Regelung erfolgt immer im Echtzeitbetrieb.

Solche multifunktionalen Werkstoffe können sein: Piezokeramik, Formgedächtnislegierungen, Polymer PVDF (Polyvinylidenfluorid) in Form von Filmen oder Folien, optische Glasfasern, multifunktionale Werkstoffsysteme in Verbundbauweise, z. B. aus faserverstärkten, verklebten Lagen und eingebetteter Piezokeramik. Piezo-Aktoren können in mannigfacher Form gestaltet werden, um sie in einer Baustruktur wirkungsvoll einsetzen zu können [12,29]. Abbildung 9.32 zeigt Ausführungsformen als Folien, Fasern und Beschichtungen. In einem Stapelaktor liegt in dessen Längsachse die Hauptdehnrich-

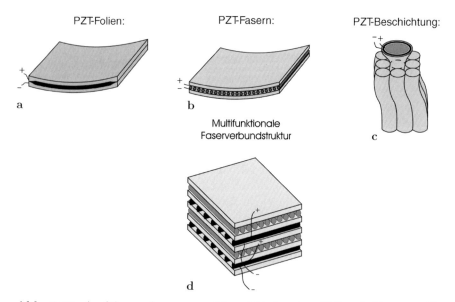

Abb. 9.32. Ausführungsformen von Piezoelektrika als a Folien, b Fasern, c Beschichtungen und d Integration als multifunktionale Faserstruktur nach [29]

tung, während flächenhafte Piezokeramiken Hauptdehnrichtungen in ihrer Flächenerstreckung aufweisen. In Baustrukturen verklebt eingebettet können sie gesteuerte oder geregelte Dehneffekte bewirken. Je nach Anordnung können solche Piezo-Aktoren in einem Stabelement Verlängerungen wie in einem Zugstab oder im äußeren Bereich einer Faserverbundplatte paarweise eingebracht als piezokeramische Biegewandler Biegeverformungseffekte hervorrufen. Unter 45° zur Hauptachse angeordnet vermögen sie Torsionsverformung zu initiieren.

Adaptronische Lösungen weisen eine grundsätzliche Struktur nach Abb. 9.33 auf. Die aktive Baustruktur ist im Wesentlichen eine Faserverbundbauweise, die auch durch eine Sandwich- oder Hybridstruktur ergänzt werden kann. Zwischen den aus Fasern und Matrix gebildeten Laminatlagen sind die Sensoren/Aktoren stoffschlüssig eingebettet. Eine eingeleitete Störung oder Veränderung wird sensorisch erkannt. Das Sensorsignal wird dem rechnerinternen Modell zugeführt, das wie die Baustruktur reagieren kann. Der Zustand der Baustruktur und des rechnerinternen Modells wird verglichen. Je nach Zielsetzung wird die Regelung aktiviert, die entsprechend dem digitalen Modell ein korrigierendes, veränderndes Aktorsignal an die Aktoren der aktiven Baustruktur sendet. Die aktive Baustruktur begibt sich in den neuen, nach dem digitalen Modell einzunehmenden Zustand. Diese Regelung erfolgt im Echtzeitbetrieb sehr schnell und kann mit hohen Frequenzen verlaufen, so dass dynamisches Reaktionsverhalten möglich ist.

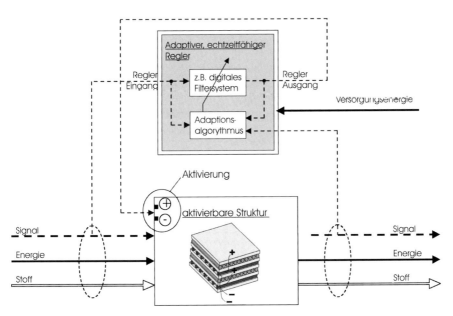

Abb. 9.33. Grundsätzliche Struktur adaptronischer Systeme nach Hanselka [29]

Wenn auch nach dem heutigen Stand der Technik die bereits aufgezeigten Anwendungen in vielen Bereichen als zu utopisch, nicht erforderlich oder zu kostenaufwendig erscheinen, sind die aufgezeigten Möglichkeiten faszinierend und geben allein durch ihr Vorbild als Spitzenreiter integrierter aktiver Bauweisen wertvolle Anregungen, in bisher konventionellen Feldern eine solche Technik zu prüfen und zu versuchen.

9.6.2 Ziele und Grenzen
Goals and limits

Mit Hilfe der Adaptronik lassen sich folgende *Ziele* verwirklichen:

– Einwirkungen auf die Struktur durch Belastung, Temperatur, Störgrößen auf den ursprünglichen Zustand zurückführen,
– aktive Schwingungs- und Lärmunterdrückung,
– aktive Gestaltveränderung oder -rückführung,
– Baustrukturen mit unendlich großer Steifigkeit an diskreten Stellen,
– aktive Positionsveränderung oder deren Nach- und Rückführung,
– Schadenserkennung in Verbundbauweisen.

Aus heutiger Sicht zeichnen sich *Grenzen* ab, die aber bei fortschreitender Entwicklung überwunden oder hinausgeschoben werden können:

– Der bauliche Aufwand ist im Vergleich zu hoch.
– Die ausgeübten Effekte der Aktoren (Kräfte oder Bewegungen) sind zu klein.
– Die entstehenden Kosten für Sensoren und Aktoren sind (noch) zu hoch.
– Die theoretische Durchdringung des jeweiligen Regelungsvorgangs ist wegen seiner Komplexität eventuell nicht möglich und daher nicht in Programme umsetzbar.
– Der angebotene Komfort oder die Verbesserung erscheint unnötig, d. h. die Kosten/Nutzen Betrachtung überzeugt (noch) nicht.

9.6.3 Entwicklung adaptronischer Baustrukturen
Development of adaptronic designs

Für die Entwicklung adaptronischer Baustrukturen gilt das unter „Entwicklung mechatronischer Lösungen" Gesagte im gleichen Maße (vgl. 9.5.3). Theoretische Durchdringung und entsprechende mathematische Beschreibung der Baustruktur, ihr intelligenter Aufbau und Gestaltung und optimierte Platzierung der Aktoren und Sensoren sind wesentlich. Die Entwicklung erfolgt wiederum in Teamarbeit unter Beteiligung verschiedener Fachdisziplinen nach methodischer Vorgehensweise.

9.6.4 Beispiele
Examples

Beispiel 1: Verformungsloser Balken

Balkenähnliche Bauteile unter äußeren Lasten, die in einer Fläche durch die Stabachse wirken, verformen sich auf Durchbiegung. Mit Hilfe adaptronischer Lösungen lässt sich diese vermeiden. Je nach Anzahl und Anordnung von Piezo-Flächen-Aktoren kann an einer oder mehreren diskreten Stellen längs der Stabachse die Durchbiegung immer auf den Wert Null gegenüber der theoretischen geraden Stabachse auch bei unterschiedlichen Lasten gebracht werden. Auch Eigendurchbiegungen lassen sich so kompensieren. Abbildung 9.34 zeigt einen Biegebalken mit Verformung in konventioneller Bauweise und eine Ausführung mit eingebrachten Piezo-Keramiken, bei dem mindestens an einigen diskreten Stellen keine Verformung infolge Durchbiegung besteht [30]. Für die rechnerinterne Berechnung der „Gegenverformung" muss ein Modell der Baustruktur und des Lastangriffs erstellt und ein entsprechender Berechnungsansatz gebildet werden. Bedeutung erhalten solche Möglichkeiten in der

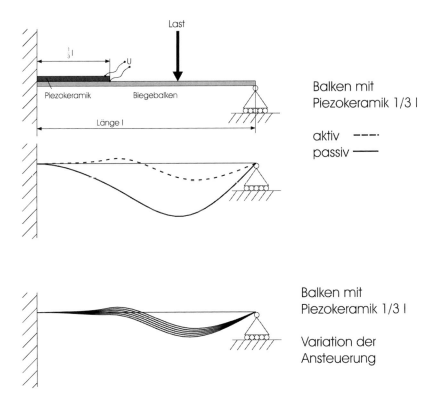

Abb. 9.34. Biegebalken mit aktiver Reduzierung seiner Durchbiegung und Variation der Ansteuerung nach Hanselka

622   9 Lösungsfelder

Robotertechnik, hochgenauen Messmaschinen und in der minimal invasiven Operationstechnik.

Beispiel 2: Selbstkorrigierender Antennenreflektor

In der Raumfahrt und bei hochgenauen Spiegelsystemen kommt es auf eine sehr genaue Ausbildung von Reflektoren an. Mit Hilfe der Adaptronik oder Struktonik ist dies erreichbar. Elspass, Flemming und Paradies [13, 47] zeigen ein Beispiel für die Steuerung einer Reflektorfläche bzw. Kompensation von Erdgravitation. Die Reflektorfläche ist gemäß Abb. 9.35 doppelwandig mit zwischenliegendem Schaumkern ausgeführt. Die äußeren Schichten der Sandwichbauweise sind strahlenförmig mit Sensoren und Aktoren ausgerüstet. Je nach verformender Einwirkung von außen oder durch die Struktur selbst wird über die Aktorik gegengesteuert. Dabei ist es möglich, auch eine Verformung mehr im Sinne eines Paraboloids oder eines Elipsoids zu initiieren. Am Hubble-Satellit ist dieses Prinzip adaptiver Selbstkorrektur zwecks Fehlerausgleich und Fokusierung der Antennenreflektoren verwirklicht worden.

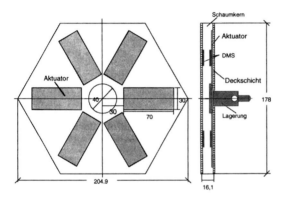

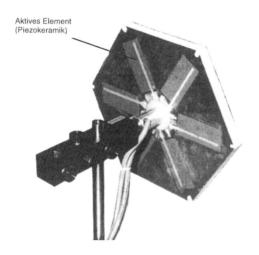

Abb. 9.35. Detaillierter Aufbau des Parabolreflektors mit aktiven Sandwich-Strukturen und Integration der Piezokeramiken nach [12, 13, 47]

Abb. 9.36. Aktive Karosserie nach [29, 30]

Beispiel 3: Schwingungsarme KFZ-Karosserie

Im Karosseriebau ergeben sich mehrere Anwendungsmöglichkeiten. Große dünnwandige Flächen neigen zum Schwingen unter Dröhnen. Diesem kann entgegengewirkt werden, indem diese Bereiche mit Piezo-Aktoren versehen werden, die diesen Schwingungen aktiv gegensteuern (vgl. Abb. 9.36).

Weiterhin können solche Flächen benutzt werden, um eine Schallverbreitung zu verhindern: Diese Flächen werden durch die Piezo-Aktoren in eine den Lärmschwingungen entsprechend entgegengesetzte Schwingung versetzt, so dass der Schall kompensiert wird. Im Inneren der Karosserie ist es dann entsprechend ruhig [12, 29, 31, 49].

In Elementen der Karosserie, wie Verbindungs- und Versteifungsgliedern, können sich streckende Piezoelemente in den Kraftfluss eingebunden werden, die ihrerseits Verlängerungen und Verkürzungen steuern, um auftretende Karosserie-Verformungen zu kompensieren. Besonders torsionsverformende Baustrukturteile können betrieblich auftretenden Torsionsverformungen entgegenwirken. Auch können im Crash-Fall gegenlaufende Verformungen als Energiesperren aufgebaut werden, die die Baustruktur so beeinflussen, dass die Crash-Verformungen in gewünschten Bahnen verläuft (vgl. Abb. 9.36).

Literatur
References

1. ACTIDYNE. Prospekt der Société de Mécanique Magnétique. Vernon, France.
2. Aenis, M.; Nordmann, R.: Fault Diagnosis in a Centrifugal Pump using Active Magnetic Bearings. The 9th International Symposium on Transport Phenomena and Dynamics of Rotating Machinery. Honolulu, Hawaii, February 10–14, 2002.
3. Breuer, B.; Barz, M.; Bill, K.; Gruber, St.; Semsch, M.; Strothjohann, Th.; Xie Ch.: The Mechatronic Vehicle Corner of Darmstadt University of Technology –

Interaction and Cooperation of a Sensor Tire, New Low Energy Disk Brake and Smart Wheel Suspension. Seoul 2000 FISITA World Automotive Congress, June 12–15 2000, Seoul, Korea, Paper F2000G281.
4. Budig, P.-K.: Drehzahlvariable Drehstromantriebe mit Asynchronmotoren. Berlin: Verlag Technik 1988.
5. Bußhardt, J.: Selbsteinstellendes Feder-Dämpfer-System für Kraftfahrzeuge. Fortschritt-Berichte VDI Reihe 12 Nr. 240, Düsseldorf: VDI-Verlag 1995.
6. DIN 19 237: Steuerungstechnik, Begriffe. Berlin: Beuth.
7. DIN 19 239: Speicherprogrammierbare Steuerungen, Programmierung. Berlin: Beuth.
8. DIN/IEC 65 A (SEC) 67: Speicherprogrammierbare Steuerungen. Berlin: Beuth.
9. Dorn, L.: Schweißgerechtes Konstruieren. Sindelfingen: expert 1988.
10. Dorn, L. u. a.: Hartlöten. Sindelfingen: expert 1985.
11. Dubbel: Taschenbuch für den Maschinenbau (Hrsg.: W. Beitz und K.-H. Grote). 20. Aufl. Berlin: Springer 2000.
12. Elspass, W. J.; Flemming, M.: Aktive Funktionsbauweisen. Berlin: Springer 1998.
13. Elspass, W. J.; Paradies, R.: Design, numerical simulation, manufacturing and expermental verification of an adaptive sandwich reflector. North American Conference on Smart Materials and Structures, Orlando February 1994.
14. Findeisen, D.; Findeisen, E: Ölhydraulik. 3. Aufl. Berlin: Springer 1978.
15. Fischer, R.: Elektrische Maschinen, 7. Aufl. München: C. Hauser 1989.
16. Flemming, M.: Faserverbundbauweisen in Dubbel, Kap. F, Taschenbuch für den Maschinenbau (Hrsg.: W. Beitz und K. H. Grote). 20. Aufl. Berlin: Springer 2001.
17. Flemming, M.; Ziegmann, G.; Roth, S.: Faserverbundbauweisen. Fasern und Matrices. Berlin: Springer 1995.
18. Flemming, M.; Ziegmann, G.; Roth, S.: Faserverbundbauweisen. Halbzeuge und Bauweisen. Berlin: Springer 1996.
19. Flemming, M.; Ziegmann, G.; Roth, S.: Faserverbundbauweisen. Fertigungsverfahren mit duroplastischer Matrix. Berlin: Springer 1999.
20. Flemming, M.; Ziegmann, G.: Design and Manufacturing Concepts with Modern Anisotropic Materials. SAMPE-Tagung Basel 1996.
21. Flemming, M.; Roth, S.: Faserverbundbauweisen, mechanische, chemische, elektrische, thermische Eigenschaften. Berlin: Springer (In Vorbereitung).
22. Gruber, St.; Semsch, M.; Strothjohann, Fh.; Breuer, B.: Elements of a Mechatronic Vehicle Corner. 1st IFAC Conference on Mechatronic Systems, Darmstadt 2000.
23. Göbel, E. F.: Gummifedern. (Konstruktionsbücher, 7). 3. Aufl. Berlin: Springer 1969.
24. Gross, S.: Berechnung und Gestaltung von Metallfedern. Berlin: Springer 1969.
25. Habedank, W.; Pahl, G.: Schaltkennlinienbeeinflussung bei Schaltkupplungen. Konstruktion 48 (1996) 87–93.
26. Habenicht, G.: Kleben. Berlin: Springer 1986.
27. Hanselka, H.: Faserverbundwerkstoffe aus nachwachsenden Rohstoffen für den ökologischen Leichtbau. Mat.-wiss. U. Werkstofftech. 29 (1998), 300–311.
28. Hanselka, H.; Herrmann, A. S.: Technischer Leitfaden zur Anwendung von ökologisch vorteilhaften Faserverbundwerkstoffen aus nachwachsenden Rohstoffen – am Beispiel eines Kastenträgers als Prototyp für hochbelastbare Baugruppen. Aachen: Shaker Verlag 1999.

29. Hanselka, H.: Adaptronik und Fragen zur Systemzuverlässigkeit. atp – Automatisierungstechnische Praxis. 44. Jahrg. 2002, H.2.
30. Hanselka, H.; Bein, Th.; Krajenski, V.: Grundwissen des Ingenieurs – Mechatronik/Adaptronik. Leipzig: Hansa Verlag 2001.
31. Hanselka, H.; Mayer, D.; Vogl, B.: Adaptronik für strukturdynamische und vibro-akustische Aufgabenstellungen im Leichtbau. Stahlbau 69. Jahrg. 2000, H. 6, 441–445
32. Hemming, W.: Steuern mit Pneumatik. Kreuzlingen: Archimedes 1970.
33. Isermann, R.: Mechatronische Systeme – Grundlagen. Berlin: Springer 1999.
34. Kallenbach, E.; Bögelsack, G. (Hrsg.): Gerätetechnische Antriebe. München: C. Hanser 1991.
35. Kollmann, F. G.: Welle-Nabe-Verbindungen. (Konstruktionsbücher, 32). Berlin: Springer 1984.
36. Kümmel, F.: Elektrische Antriebstechnik, Bd. 1 Maschinen, Bd. 2 Leistungsstellglieder. Berlin: VDE-Verlag 1986.
37. Lappe, R. u. a.: Leistungselektronik. Berlin: Springer 1988.
38. Leonhard, W.: Regelung in der elektrischen Antriebstechnik. Stuttgart: Teubner 1974.
39. Matthies, H. J.: Einführung in die Ölhydraulik. Stuttgart: Teubner 1984.
40. Mayer, M.: Elektrische Antriebstechnik, Bd. 1 Asynchronmaschinen im Netzbetrieb und drehzahlgeregelte Schleifringläufermaschinen, 1985, Bd. 2 Stromrichtergespeiste Gleichstrommaschinen und umrichtergespeiste Drehstrommaschinen, 1987. Berlin: Springer.
41. Michaeli, W.; Krusche, Th.; Pohl, Ch.; Fischer, G.: Entwicklung einer faserverbundkunststoffgerechten Konstruktion am Beispiel eines Hochleistungs-Roboterarms aus CFK. Konstruktion 49 (1997) H. 1, 9–16.
42. Michaeli, W.; Wegener, M. u. a.: Einführung in die Technologie der Faserverbundwerkstoffe. München: Hanser 1990.
43. Müller, G.: Betriebsverhalten rotierender elektrischer Maschinen, z. Aufl. Berlin: VDE Verlag 1990.
44. Neumann, A.: Schweißtechnisches Handbuch für Konstrukteure, Teil 1 bis 3. Düsseldorf: Deutscher Verlag für Schweißtechnik (DVS) 1985; 1986.
45. Niemann, G.; Winter, H.; Höhn, B.-R.: Maschinenelemente, Bd. 1. 3. Auflage Berlin: Springer 2001, Bd. 2 und 3. 2. Aufl. Berlin: Springer 1983.
46. Pahl, G.: Wissen und Können in einem interdisziplinären Konstruktionsprozess. In Wechselbeziehungen Mensch – Umwelt – Technik. Hrsg.: Gisbert Freih. zu Putlitz/Diethard Schade. Stuttgart: Schäffer-Poeschel Verlag 1997.
47. Paradies, R.: Statische Verformungsbeeinflussung hochgenauer Faserverbundreflektorschalen mit Hilfe applizierter oder integrierter aktiver Elemente. Dissertation Nr. 12003 ETH Zürich 1997.
48. Pritschow, G.: Steuerungen. In: Dubbel, Kap. T2. Taschenbuch für den Maschinenbau (Hrsg. W. Beitz und K.-H. Grote). 20. Auflage. Berlin: Springer 2001.
49. Resch, M.: Effizienzsteigerung der aktiven Schwingungskontrolle von Verbundkonstruktionen mittels angepasstem Strukturdesign. ETH Zürich, Dissertation 12584, 1998.
50. Röper, R.: Ölhydraulik und Pneumatik. In: Dubbel. 17. Aufl. Berlin: Springer 1990, H 1.

51. Roth, K.: Konstruieren mit Konstruktionskatalogen. Band I Konstruktionslehre. Springer: Berlin 2000. Band II Konstruktionskataloge. Berlin: Springer 2001. Band III Verbindungen und Verschlüsse, Lösungsfindung Berlin: Springer 1996.
52. Ruge, J.: Handbuch der Schweißtechnik. Bd. I und II. 2. Aufl. Berlin: Springer 1980.
53. Scheermann, H.: Leitfaden für den Schweißkonstrukteur. Düsseldorf: Deutscher Verlag für Schweißtechnik (DVS) 1986.
54. Schönfeld, R.; Habiger, E.: Automatisierte Elektroantriebe. 2. Aufl. Heidelberg: Hüthig 1986.
55. Semsch, M.: Neuartige mechanische Teilbelagscheibenbremse. Fortschritt-Berichte VDI-Reihe 12 Nr. 405, Düsseldorf: VDI-Verlag 1999.
56. Semsch, M.; Breuer, B.: Mechatronische Teilbelagscheibenbremse mit Selbstverstärkung. Tagungsband Abschlusskolloquium des Sonderforschungsbereichs 241 (IMES), Darmstadt 8.–9. November 2001.
57. SEW EURODRIVE: Handbuch der Antriebstechnik. München: C. Hanser 1980.
58. Siekmann, H.: Föttinger-Getriebe. In: Dubbel, Kap. R5, Taschenbuch für den Maschinenbau (Hrsg. W. Beitz und K.-H. Grote). 20. Auflage. Berlin: Springer 2001.
59. Steinhilper, W.; Röper, R.: Maschinen- und Konstruktionselemente, Bd. II. Berlin: Springer 1986.
60. Stiebler, M.: Elektrische Maschinen. In: Dubbel, Kap. V3, Taschenbuch für den Maschinenbau (Hrsg. W. Beitz und K.-H. Grote). 20. Auflage. Berlin: Springer 2001.
61. Stiebler, M.: Leistungselektronik. In: Dubbel, Kap, V4, Taschenbuch für den Maschinenbau (Hrsg. W. Beitz und K.-H. Grote). 20. Auflage. Berlin: Springer 2001.
62. Stiebler, M.: Elektrische Antriebstechnik. In: Dubbel, Kap. V5, Taschenbuch für den Maschinenbau (Hrsg. W. Beitz und K.-H. Grote). 20. Auflage. Berlin: Springer 2001.
63. Stölting, H. D.; Blisse, A.: Elektrische Kleinmaschinen. Stuttgart: Teubner 1987.
64. Straßburger, S.; Aenis, M.; Nordmann, R.: Magnetlager zur Schadensdiagnose und Prozessoptimierung. In Irretier, H.; Nordmann, R.; Springer, H. (Hrsg.): Schwingungen in rotierenden Maschinen V. Referate der Tagung in Wien 26.–28. Februar 2001. Braunschweig/Wiesbaden: Friedr. Vieweg & Söhne Verlagsgesellschaft 2001.
65. Töpfer, H.; Kriesel, W.: Funktionseinheiten der Automatisierungstechnik elektrisch – pneumatisch – hydraulisch. Düsseldorf: VDI-Verlag. Auch Berlin: VEB-Verlag Technik 1977.
66. VDI-Richtlinie 2206 (Entwurf): Entwicklungsmethodik für mechatronische Systeme. (In Vorbereitung). Düsseldorf: VDI-Verlag voraussichtlich 2002
67. VDI-Richtlinie 2230: Systematische Berechnung hochbeanspruchter Schraubenverbindungen – Zylindrische Einschraubenverbindungen. Düsseldorf: VDI Verlag 2001.
68. VDI-Richtlinie 2153: Hydrodynamische Getriebe; Begriffe, Bauformen, Wirkungsweise. Düsseldorf: VDI-Verlag 1974 bzw. 1994.

69. Vogel, J.: Grundlagen der elektrischen Antriebstechnik. 4. Aufl. Heidelberg: Hüthig 1989.
70. Wiegand, H.; Kloos, K.-H.; Thomala, W.: Schraubenverbindungen. (Konstruktionsbücher, 5). Berlin: Springer 1988.
71. Wolf, M.: Strömungskupplungen und Strömungswandler. Berlin: Springer 1962.
72. Zaremba, H.: Hart- und Hochtemperaturlöten. Düsseldorf: DVS Verlag 1987.

10 Entwickeln von Baureihen und Baukästen
Developing size ranges and modular products

10.1 Baureihen
Size ranges

Ein wesentliches Mittel zur Rationalisierung im Konstruktions- und Fertigungsbereich ist die Entwicklung von Baureihen [35].

Für den *Hersteller* ergeben sich *Vorteile:*
− Die konstruktive Arbeit wird für viele Anwendungsfälle nur einmal unter Ordnungsprinzipien geleistet.
− Die Fertigung von bestimmten Losgrößen wiederholt sich und wird dadurch wirtschaftlicher.
− Es ist eher eine hohe Qualität erreichbar.

Daraus entstehen für den *Anwender Vorteile:*
− Preisgünstiges, qualitativ gutes Produkt,
− kurze Lieferzeit,
− problemlose Ersatzteilbeschaffung und Ergänzung.

Als *Nachteile* für beide ergeben sich:
− Eine eingeschränkte Größenwahl mit nicht immer optimalen Betriebseigenschaften.

Unter einer *Baureihe* versteht man technische Gebilde (Maschinen, Baugruppen oder Einzelteile), die dieselbe Funktion
− mit der gleichen Lösung,
− in mehreren Größenstufen,
− bei möglichst gleicher Fertigung

in einem weiten Anwendungsbereich erfüllen.

Sind zusätzlich zur Größenstufung auch andere zugeordnete Funktionen zu erfüllen, ist neben der Baureihe ein *Baukastensystem* zu entwickeln (vgl. 10.2.). Baureihenentwicklungen können von vornherein vorgesehen sein oder von einem bestehenden Produkt ausgehen, auch wenn dies zunächst mit der Zielsetzung einer Einzellösung entwickelt wurde. Das Wesen einer Baureihenentwicklung besteht darin, dass man von einer Baugröße der zu entwickelnden Baureihe (Maschine, Baugruppe oder Einzelteil) ausgeht und von dieser weitere Baugrößen nach bestimmten Gesetzmäßigkeiten ableitet. Dabei werden der Ausgangsentwurf als *Grundentwurf* und die abgeleiteten Baugrößen als *Folgeentwürfe* bezeichnet [35].

Für die Entwicklung von Baureihen sind Ähnlichkeitsgesetze zwingend und dezimalgeometrische Normzahlen zweckmäßig. Sie werden deshalb zunächst als generelle Hilfsmittel erläutert.

10.1.1 Ähnlichkeitsgesetze
Similarity laws

Eine geometrische Ähnlichkeit ist aus Gründen der Einfachheit und Übersichtlichkeit erwünscht. Der Konstrukteur weiß aber, dass technische Gebilde, die rein geometrisch ähnlich vergrößert wurden (sog. Storchschnabelkonstruktionen) nur in wenigen Fällen befriedigen. Eine rein geometrische Vergrößerung ist nur statthaft, wenn die Ähnlichkeitsgesetze es zulassen, was stets zu überprüfen ist. Als Beurteilungskriterium bieten sich Gesetze an, wie sie in der Modelltechnik üblich sind und mit großem Erfolg genutzt werden [12, 18, 31, 34, 39, 42]. Es liegt nahe, diese Praxis auch auf die Entwicklung einer Baureihe zu übertragen. Gedanklich kann man das „Modell" dem ursprünglichen Entwurf, dem „Grundentwurf", schließliche „Ausführung" des Modells einem Glied der Baureihe als „Folgeentwurf" gleichsetzen. Gegenüber der Modelltechnik ergibt sich in der Regel für die Baureihenentwicklung eine andere Zielsetzung, nämlich

– eine gleich hohe Werkstoffausnutzung
– bei möglichst gleichen Werkstoffen und
– bei gleicher Technologie

zu erreichen. Daraus folgt, dass bei gleich guter Erfüllung der Funktion die Beanspruchung über weite Größenbereiche gleich bleiben muss.

Von *Ähnlichkeit* wird gesprochen, wenn das Verhältnis mindestens einer physikalischen Größe beim Grundentwurf und bei den Folgeentwürfen konstant, d. h. invariabel, bleibt. Mit den Grundgrößen Länge, Zeit, Kraft, Elektrizitätsmenge bzw. Stromstärke, Temperatur und Lichtstärke lassen sich Grundähnlichkeiten definieren: Tabelle 10.1. So ist z. B. *geometrische Ähnlichkeit* gegeben, wenn stets das Verhältnis aller jeweiligen Längen bei den Folgeentwürfen der Baureihe zum Grundentwurf konstant bleibt. Die Invariante ist der Stufensprung (Längenmaßstab) $\varphi_L = L_1/L_0$ (L_1 Abmessung des 1. Glieds in der Baureihe (Folgeentwurf), L_0 Abmessung des Grundentwurfs). Für den k-ten Folgeentwurf gilt $\varphi_{L_k} = \varphi_L^k$.

In derselben Weise lässt sich eine zeitliche, Kraft-, elektrische, thermische und photometrische Ähnlichkeit angeben.

Sind nun mehr als jeweils eine dieser Grundgrößenverhältnisse konstant, kommt man zu speziellen Ähnlichkeiten, die eine besondere Aussage ermöglichen. So spricht man bei gleichzeitiger Invarianz der Länge und Zeit von *kinematischer Ähnlichkeit*. Sind die Verhältnisse von Länge und Kraft jeweils

Tabelle 10.1. Grundähnlichkeiten

Ähnlichkeit	Grundgröße	Invariante
geometrische	Länge	$\varphi_L = L_1/L_0$
zeitliche	Zeit	$\varphi_t = t_1/t_0$
Kraft-	Kraft	$\varphi_F = F_1/F_0$
elektrische	Elektrizitätsmenge	$\varphi_Q = Q_1/Q_0$
thermische	Temperatur	$\varphi_\vartheta = \vartheta_1/\vartheta_0$
photometrische	Lichtstärke	$\varphi_B = B_1/B_0$

konstant, hat man *statische Ähnlichkeit*. Die Modelltechnik hat für wichtige, stets wiederkehrende besondere Ähnlichkeiten dimensionslose Kennzahlen definiert.

Eine sehr wichtige Ähnlichkeit ist das konstante Verhältnis von Kräften bei gleichzeitiger geometrischer und zeitlicher Ähnlichkeit, die sog. *dynamische Ähnlichkeit*. Je nachdem, welche Kräfte betrachtet werden, kommt man zu verschiedenen Kennzahlen. Daneben ist die *thermische Ähnlichkeit* wichtig, weil thermische Vorgänge oft begleitend auftreten und ihre Ähnlichkeit mit der dynamischen Ähnlichkeit bei geometrisch ähnlichen Baureihen mit gleich hoher Werkstoffausnutzung nicht in Einklang zu bringen ist (vgl. [37]).

Tabelle 10.2 enthält die für Baureihenentwicklungen mechanischer Systeme wichtigen Ähnlichkeitsbeziehungen. Sie sind keineswegs vollständig, sondern müssen je nach Anwendung ergänzt werden, z. B. für Gleitlagerentwicklungen durch die Sommerfeldzahl oder bei hydraulischen Maschinen durch die Kavitationskennzahl und die Druckziffer.

Ähnlichkeit bei konstanter Beanspruchung

In maschinenbaulichen Systemen treten Trägheitskräfte (Massenkräfte, Beschleunigungskräfte, Zentrifugalkräfte usw.) und sog. elastische Kräfte aus dem Spannungs-Dehnungs-Zusammenhang am häufigsten auf.

Soll in einer Baureihe die Beanspruchung überall gleich hoch bleiben, muss $\sigma = \varepsilon \cdot E$ konstant sein.

Der Stufensprung der Spannung wird dann $\varphi_\sigma = \dfrac{\sigma_1}{\sigma_0} = \dfrac{\varepsilon_1}{\varepsilon_0}\dfrac{E_1}{E_0} = 1$.
Mit gleichem Werkstoff, d. h. $\varphi_E = E_1/E_0 = 1$, lässt sich dies mit $\varphi_\varepsilon = \varepsilon_1/\varepsilon_0 = 1$ oder $\varphi_\varepsilon = \dfrac{\Delta L_1}{\Delta L_0}\dfrac{L_0}{L_1} = 1$ bzw. $\varphi_{\Delta L} = \varphi_L$ erreichen.

Mit dieser sog. Cauchy-Bedingung müssen alle Längenänderungen in demselben Stufensprung wie die zugehörigen Längen, d. h. geometrisch ähnlich, wachsen. Andererseits ist dann der Stufensprung einer elastischen Kraft:

$$\varphi_{F_E} = \frac{\sigma_1 A_1}{\sigma_1 A_0} = \varphi_L^2 \quad \text{mit} \quad \varphi_\sigma = \varphi_\varepsilon \cdot \varphi_E = 1 \quad \text{und} \quad \varphi_A = \varphi_L^2 \;.$$

Tabelle 10.2. Spezielle Ähnlichkeitsbeziehungen

Ählichkeit	Invariante	Kennzahl	Definition	Anschauliche Deutung
kinematische	φ_L, φ_t			
statische	φ_L, φ_F	Hooke	$Ho = \dfrac{F}{E \cdot L^2}$	bezogene elastische Kraft
dynamische	$\varphi_L, \varphi_t, \varphi_F$	Newton	$Ne = \dfrac{F}{\rho \cdot v^2 \cdot L^2}$	bezogene Trägheitskraft
		Cauchy*	$Ca = \dfrac{Ho}{Ne} = \dfrac{\rho \cdot v^2}{E}$	Trägheitskraft/ elastischeKraft
		Froude	$Fr = \dfrac{v^2}{g \cdot L}$	Trägheitskraft/ Schwerkraft
		NN**	$\dfrac{E}{\rho \cdot g \cdot L}$	elastische Kraft/ Schwerkraft
		Reynolds	$Re = \dfrac{L \cdot v \cdot \rho}{\eta}$	Trägheitskraft/Reibungskraft in Flüssigkeiten und Gasen
thermische	φ_L, φ_v	Biot	$Bi = \dfrac{\alpha \cdot L}{\lambda}$	zu- bzw. abgeführte/ geleitete Wärmeenergie
	$\varphi_L, \varphi_t, \varphi_\vartheta$	Fourier	$Fo = \dfrac{\lambda \cdot t}{c \cdot \rho \cdot L^2}$	geleitete/gespeicherte Wärmemenge

* In einigen Veröffentlichungen wird $Ca = v \cdot \sqrt{\rho/E}$ angegeben. Dies ist dann zweckmäßig, wenn Ca als Geschwindigkeitsverhältnis gelten soll.
** Nicht benannt.

Der Stufensprung der Trägheitskraft ist:

$$\varphi_{F_T} = \frac{m_1 a_1}{m_0 a_0} = \frac{\rho_1 V_1 a_1}{\rho_0 V_0 a_0}.$$

Mit $\varphi_\rho = \rho_1/\rho_0 = 1, \varphi_V = V_1/V_0 = L_1^3/L_0^3 = \varphi_L^3$

und $\varphi_a = \dfrac{L_1 t_0^2}{t_1^2 L_0} = \dfrac{\varphi_L}{\varphi_t^2}$

wird $\varphi_{F_T} = \varphi_L^4/\varphi_t^2$.

Eine dynamische Ähnlichkeit, d. h. konstantes Kraftverhältis zwischen Trägheits- und elastischen Kräften bei geometrischer Ähnlichkeit, ist nur zu erreichen, wenn $\varphi_t = \varphi_L$ wird:

$$\varphi_{F_E} = \varphi_L^2 = \varphi_{F_T} = \varphi_L^4/\varphi_L^2 = \varphi_L^2.$$

Daraus folgt wiederum für den Stufensprung der Geschwindigkeit:

$$\varphi_v = \varphi_L = \varphi_t = \varphi_L/\varphi_L = 1.$$

Tabelle 10.3. Ähnlichkeitsbeziehungen bei geometrischer Ähnlichkeit und gleicher Beanspruchung: Abhängigkeit häufiger Größen vom Stufensprung der Länge

Mit $Ca = \dfrac{\rho v^2}{E} = $ const. und bei gleichem Werkstoff, d. h. $\rho = E = $ const., wird $v = $ const. Es ändern sich dann unter geometrischer Ähnlichkeit mit dem Stufensprung der Länge φ_L:	
Drehzahlen n, ω Biege- und torsionskritische Drehzahlen n_{kr}, ω_{kr}	φ_L^{-1}
Dehnungen ε, Spannungen σ, Flächenpressung p infolge Trägheits- und elast. Kräfte, Geschwindigkeit v	φ_L^0
Federsteifigkeiten c, elastische Verformungen Δl	φ_L^1
Infolge Schwerkraft: Dehnungen ε, Spannungen σ, Flächenpressungen p	
Kräfte F Leistung P	φ_L^2
Gewichte G, Drehmomente T, Torsionssteifigkeit c_t, Widerstandsmomente W, W_t	φ_L^3
Flächenträgheitsmoment I, I_t	φ_L^4
Massenträgheitsmomente θ	φ_L^5
Beachte: Werkstoffausnutzung und Istsicherheit sind nur dann konstant, wenn der Größeneinfluss auf die Werkstoffgrenzwert vernachlässigbar ist.	

Bei gleichem Werkstoff ist dieses Ergebnis auch aus der Cauchy-Zahl (Tabelle 10.2) abzulesen, denn wenn ρ und E stets gleich bleiben, kann bei gleicher Kennzahl die dynamische Ähnlichkeit nur unverändert bleiben, wenn die Geschwindigkeit v ebenfalls gleich bleibt.

Für alle wichtigen Größen wie Leistung, Drehmoment usw. lassen sich nun unter der Bedingung $\varphi_L = \varphi_t = $ const. und $\varphi_\rho = \varphi_E = \varphi_\sigma = \varphi_v = 1$ entsprechende Stufensprünge bilden, die in Tabelle 10.3 zusammengestellt sind.

Zu beachten ist, dass Werkstoffausnutzung und Sicherheit nur dann konstant sind, wenn innerhalb der Stufung der Größeneinfluss auf die Werkstoffgrenzwerte vernachlässigt werden kann. Gegebenenfalls muss er entsprechend berücksichtigt werden.

Eine nach diesen Gesetzen entwickelte Baureihe wäre geometrisch ähnlich und hätte bei demselben Werkstoff dieselbe Ausnutzung. Dieses Vorgehen ist überall dort möglich, wo Schwerkraft und Temperaturen keinen entscheidenden Einfluss auf die Auslegung haben, andernfalls muss man zu sog. halbähnlichen Baureihen übergehen (vgl. 10.1.5).

10.1.2 Dezimalgeometrische Normzahlreihen
Decimal-geometric preferred number series

Nach Kenntnis der wichtigsten Ähnlichkeitsbeziehungen stellt sich nun die Frage, wie der jeweilige Stufensprung (Maßstab) zu wählen ist, dem eine Baureihe folgen soll. Kienzle [24, 25] und Berg [5–9] haben dargelegt, dass eine dezimalgeometrische Reihe zur Stufung zweckmäßig ist.

Tabelle 10.4. Hauptwerte von Normzahlen (Auszug aus DIN 323)

Grundreihen				Grundreihen			
R 5	R 10	R 20	R 40	R 5	R 10	R 20	R 40
1,00	1,00	1,00	1,00		3,15	3,15	3,15
			1,06				3,35
		1,12	1,12			3,55	3,55
			1,18				3,75
	1,25	1,25	1,25				
			1,32	4,00	4,00	4,00	4,00
		1,40	1,40				4,25
			1,50			4,50	4,50
							4,75
1,60	1,60	1,60	1,60		5,00	5,00	5,00
			1,70				5,30
		1,80	1,80			5,60	5,60
			1,90				6,00
	2,00	2,00	2,00				
			2,12	6,30	6,30	6,30	6,30
		2,24	2,24				6,70
			2,36			7,10	7,10
							7,50
2,50	2,50	2,50	2,50		8,00	8,00	8,00
			2,65				8,50
		2,80	2,80			9,00	9,00
			2,00				9,50

Die *dezimalgeometrische Reihe* entsteht durch Vervielfachung mit einem konstanten Faktor φ und wird jeweils innerhalb einer Dekade entwickelt. Der konstante Faktor φ ist der Stufensprung der Reihe und ergibt sich dann zu $\varphi = \sqrt[n]{a_n/a_0} = \sqrt[n]{10}$, wobei n die Stufenzahl innerhalb einer Dekade ist. Für z. B. 10 Stufen würde die Reihe einen Stufensprung $\varphi = \sqrt[10]{10} = 1{,}25$ haben und wird R 10 genannt. Die Gliedzahl der Reihe ist $z = n + 1$.

In Tabelle 10.4 ist ein Auszug aus DIN 323 wiedergegeben, in der die Hauptwerte der Normzahlreihen festgelegt sind [13, 16].

Das Bedürfnis nach geometrischer Stufung findet man im täglichen Leben und in der technischen Praxis vielfach bestätigt. Diese Reihen entsprechen dem psychophysischen Grundgesetz von Weber-Fechner, nach welchem geometrisch gestufte Reize, z. B. Schalldrücke, Helligkeiten, arithmetisch gestufte Empfindungen hervorrufen.

Reuthe [40] zeigt, wie Konstrukteure gefühlsmäßig bei der Entwicklung von Reibradgetrieben die Hauptabmessungen nach einer geometrischen Stufung wählten. Eigene Untersuchungen bestätigten dies bei Normungsarbeiten von Ölabstreifringen an Turbinenwellen: In Abb. 10.1 ist über dem logarithmisch wachsenden Wellendurchmesser die Anzahl von neukonstruierten bzw.

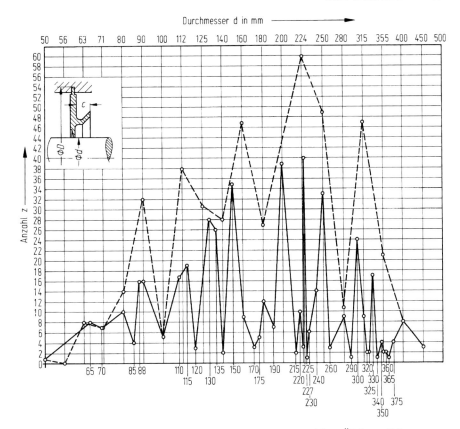

Abb. 10.1. Häufigkeit von Abdichtungsdurchmessern d bei Ölabstreifringen von Turbinenwellen. Ausgezogene Linie: vorgefundener Zustand, gestrichelte Linie: Vorschlag für eine Baureihe

bestellten Ölabstreifringen für eine Dauer von 10 Jahren aufgetragen worden. Es ergaben sich 47 Durchmesservarianten mit einer Bedarfshäufung in annähernd regelmäßigen Abständen, was auf eine geometrische Stufung deutet. Erschreckend war dagegen die Menge der willkürlich gewählten Nennmaße, z. T. nur wenige Millimeter unterschiedlich, wodurch geringe Stückzahlen pro Größe entstanden. Wie Abb. 10.1 weiterhin zeigt, lässt sich mit Normmaßen nach DIN 323, hier mit Hilfe der Reihe R 20, die Variantenzahl auf weniger als die Hälfte bei einem erheblich vergleichmäßigten und höheren Bedarf pro Nennmaß reduzieren. Wären die Konstrukteure von vornherein angewiesen worden, grundsätzlich nach einer solchen Normzahlreihe auszulegen, wäre für dieses Element von selbst eine vorteilhafte Reihe entstanden.

Die Benutzung der Normzahlreihen weist also folgende *Vorteile* auf [13]:

– Anpassung an ein bestehendes Bedürfnis, wobei mit einer jeweils anderen Stufung die Größenstufung Bedarfsschwerpunkten angepasst werden kann.

Die feineren Reihen weisen nämlich die unveränderten Zahlenwerte der gröberen Reihen auf. Bei entsprechender Einteilung ist eine Annäherung an eine arithmetische Reihe möglich.
Dadurch wird ein Springen zwischen den Reihen und somit die Erfüllung verschieden großer Stufensprünge zur Anpassung an Häufigkeitsverteilungen des Marktbedarfs möglich, was dadurch erleichtert wird, dass die Normzahlreihen sowohl Zehnerpotenzen als auch Doppel bzw. Hälften enthalten (vgl. 10.1.3).

- Reduzierung von Abmessungsvarianten bei Verwendung von Maßen, die auf den Normzahlen basieren und dadurch Aufwand in der Fertigung an Lehren, Vorrichtungen und Messwerkzeugen ersparen.
- Da Produkte und Quotienten von Reihengliedern wieder Glieder einer geometrischen Reihe sind, werden Auslegungen und Berechnungen, die überwiegend aus Multiplikationen und Divisionen bestehen, erleichtert. Da z. B. die Zahl π mit sehr guter Näherung in den Normzahlreihen enthalten ist, werden bei geometrischer Stufung von Bauteildurchmessern Kreisumfänge, Kreisflächen, Zylinderinhalte und Kugelflächen ebenfalls Glieder von Normzahlreihen.
- Sind die Abmessungen eines Bauteils oder einer Maschine Glieder einer geometrischen Reihe, so ergeben sich bei linearer Vergrößerung oder Verkleinerung Maßzahlen derselben Reihe, wenn der Vergrößerungs- bzw. Verkleinerungsfaktor ebenfalls der Reihe entnommen ist.
- Selbstständiges Wachsen sinnvoller Größenstufungen, die mit anderen schon vorhandenen oder zukünftigen Reihen verträglich sind.

10.1.3 Darstellung und Größenstufung
Selection of step sizes

1. Normzahldiagramm

Für die weitere Betrachtung ist der Gebrauch des *Normzahldiagramms* zweckmäßig. Die Normzahlen einer Normzahlreihe lassen sich als Logarithmus auf der Basis 10 durch ihren Exponenten darstellen (vgl. auch Ableitung in 10.1.2).

Jede dezimalgeometrische Normzahl (NZ) kann also mit $NZ = 10^{m/n}$ oder wieder mit

$$\lg(NZ) = m/n$$

geschrieben werden, wobei m die jeweilige Stufe in der NZ-Reihe und n die Stufenzahl der NZ-Reihe innerhalb einer Dekade angibt.

Andererseits lassen sich fast alle technischen Beziehungen in die allgemeine Form

$$y = cx^p$$

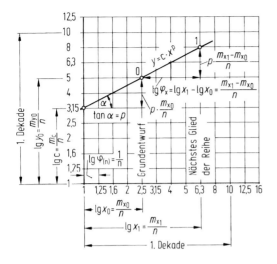

Abb. 10.2. Technische Beziehung im NZ-Diagramm: n Stufenzahl der feinsten zugrunde gelegten NZ-Reihe: jeder Rasterpunkt repräsentiert eine Normzahl dieser Reihe; jeder ganzzahliger Exponent (Wachstum) führt wieder auf eine Normzahl

bringen, deren logarithmische Form

$$\lg y = \lg c + p \lg x$$

ist.

Damit ist die technische Beziehung auch darstellbar durch

$$\frac{m_y}{n} = \frac{m_c}{n} + p \frac{m_x}{n}.$$

Trägt man das in einem orthogonalen Netz auf und schreibt man nun nicht den Logarithmus sondern sogleich deren natürliche Zahlen, erhält man das Normzahldiagramm nach Abb. 10.2. Jede Normzahl einer bestimmten Reihe steht dann mit dem gleichen Abstand (entsprechend dem Stufensprung) an diesem Koordinatennetz.

Sind abhängige Größen mit unabhängigen Größen durch ein Potenzgesetz verknüpft $y = cx^p$ (Abb. 10.2), so können beide Normzahlen nach Normzahlreihen gestuft sein. Entweder mit Exponenten $p = 1$ mit gleichem Wachstum (45°-Linie) oder bei $p \neq 1$ mit verändertem Wachstum (Steigung $p = 1/2$, 2, 3:1 o. ä.).

Diese Art der Darstellung von Normzahlen und Normzahlenreihen ist außerordentlich zweckmäßig, wie in den Beispielen in den Abschn. 10.1.4 und 5 noch gezeigt wird.

2. Wahl der Größenstufung

In den meisten Fällen wird eine Typisierung mit einmal festgelegten Größenstufen angestrebt. Hierbei ist eine *zweckmäßige Größenstufung* für Abmessungen und Kenngrößen, z. B. für Leistungen und Drehmomente, von großer Bedeutung. Die Größenstufung richtet sich nach mehreren Gesichtspunkten:

Der eine ist von der *Marktsituation* gegeben, die in der Regel eine kleine Stufung erwartet, um die Kundenforderungen mit einer möglichst zutreffenden Maschinen- oder Gerätegröße erfüllen zu können. Gründe hierfür sind z. B. der Wunsch, keine Überbemessung am Fundament oder den angrenzenden Baugruppen oder Maschinen vornehmen zu müssen, ferner Gewichtsprobleme, Betrieb im Maximum des Wirkungsgrades, spezielle Eigenschaftsforderungen oder auch ästhetische Gesichtspunkte.

Der zweite Gesichtspunkt kommt aus der *Konstruktion und Fertigung*. Aus technischen und wirtschaftlichen Gründen muss hier eine Größenstufung gewählt werden, die einerseits fein genug ist, die technischen Anforderungen (z. B. Wirkungsgrad) erfüllen zu können, die aber andererseits so grob ist, dass die wirtschaftliche Fertigung einer Reihe durch große Stückzahl infolge Typbereinigung ermöglicht wird.

Das Festlegen einer optimalen Größenstufung ist nur bei ganzheitlicher Betrachtungsweise des Systems „Markt – Konstruktion – Fertigung – Vertrieb" zu lösen. Voraussetzung hierfür sind aussagefähige Informationen über:

- Bedarfserwartungen des Markts (Vertriebs), bezogen auf die einzelnen Baugrößen,
- Marktverhalten bei Typbereinigung und den damit verbundenen Lücken,
- Fertigungskosten und Fertigungszeiten bei unterschiedlichen Größenstufungen (vgl. 12.3.4) sowie eine genaue Erfassung der sich verändernden Fertigungsgemeinkosten [36] und
- gleichbleibende Eigenschaften der Baureihenglieder bei unterschiedlichen Größenstufungen.

Da sich eine einheitliche optimale Größenstufung wegen der genannten Teilaspekte nicht immer ergibt, kann es zweckmäßig sein, den geforderten Größenbereich einer Reihe in mehrere Bereiche unterschiedlicher Größenabstände aufzuteilen.

Definiert man eine *Bereichszahl B* als Kennzeichnung eines Größenbereichs zu

$$B = \frac{\text{Größtes Glied des Größenbereichs}}{\text{Kleinstes Glied des Größenbereichs}} = \varphi^n$$

mit n Anzahl der Größenstufen im jeweiligen Bereich und $z = n+1$ Gliedzahl des Bereichs, so erhält man den Stufensprung $\varphi = \sqrt[n]{B}$.

Der Größenbereich kann nach einem *konstanten* oder *veränderlichen Stufensprung* aufgeteilt werden, und zwar durch Springen innerhalb und/oder zwischen gröberen und feineren Normzahlreihen (R 5 bis R 40). Dadurch können z. B. Stufungscharakteristiken entsprechend Abb. 10.3 entstehen.

Typ A hat einen konstanten Stufensprung (z. B. $\varphi = 1{,}25$ entsprechend R 10) über den gesamten Größenbereich.

Typ B stuft den unteren Teil des Größenbereichs zunächst grob (z. B. $\varphi = 1{,}6$ entsprechend R 5) und den oberen Teil feiner (z. B. $\varphi = 1{,}25$ entsprechend

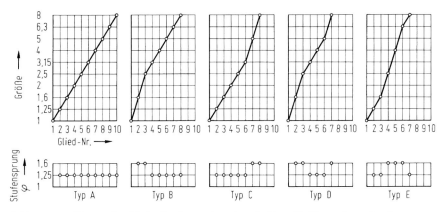

Abb. 10.3. Unterschiedliche Stufungscharakteristiken für Baureihen. Stufensprung entsprechend zugeordnet

R 10). Solche degressiv-geometrischen Baureihen wird man anwenden, wenn bei kleinen Baugrößen eine gröbere Stufung wirtschaftlich vertretbar ist, z. B. wegen kleinerer Stückzahlen.

Typ C hat im oberen Größenbereich einen größeren Stufensprung und wird eingesetzt, wenn die Bedarfshäufung bei kleineren Größen liegt. Zusammengesetzte Reihen nach Typ C bezeichnet man auch als progressivgeometrische Reihen.

Typ D besitzt im mittleren Teil des Größenbereichs einen kleineren Stufensprung, eine häufige Charakteristik, wenn der Bedarfsschwerpunkt im Mittelbereich liegt.

Typ E hat einen größeren Stufensprung im mittleren Bereich. Eine Charakteristik, die selten vorkommt.

Als Regel kann gelten, dass eine Größenstufung um so feiner sein muss, je größer der Bedarf ist und je genauer bestimmte technische Eigenschaften eingehalten werden müssen. Wenn es der Markt erfordert, kann angesichts der Gesetzmäßigkeit einer dezimalgeometrischen Baureihe eine andere Stufung ohne konstruktiven Aufwand nachträglich unmittelbar vorgenommen werden. Dabei müssen die Konsequenzen auf der Fertigungsseite beachtet werden.

Realisiert man *Teilbereiche* mit mehreren Größenstufen aus wirtschaftlichen Gründen nur mit jeweils *einer Größenstufe* (halbähnliche Baureihen, z. B. Abmessungen konstant), so entstehen waagerechte Linienstücke, die zu einer Linie mit Treppenstufen führen.

Bei der Stufung muss man zwischen *unabhängigen* und *abhängigen* Größen unterscheiden. Die Aufgabenstellung bestimmt in der Regel, welche Größen als abhängige und welche als unabhängige zu betrachten sind. So kann z. B. die geometrische Stufung der Leistung aus Marktgründen gefordert sein oder die Stufung der Abmessungen nach Normzahlreihen aus fertigungstechnischen Gründen.

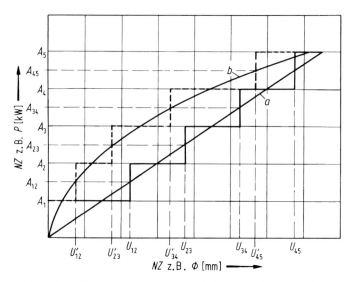

Abb. 10.4. Stufung unabhängiger (U) und abhängiger (A) Größen. Bei Potenzfunktionen besteht im Normzahldiagramm (vgl. Abb. 10.3) ein linearer Zusammenhang (Kurve a), sonst nichtlinearer Zusammenhang (Kurve b)

In Abb. 10.4 sind die abhängigen und unabhängigen Größen logarithmisch aufgetragen. Haben diese Normzahlen gleichen Stufensprung, ist der Abstand konstant (vgl. Abb. 10.2).

Es gibt aber auch Funktionszusammenhänge bei technischen Systemen, wo keine ganzzahlige Potenzabhängigkeit zwischen abhängigen und unabhängigen Funktionsgrößen oder Abmessungen vorliegt. In solchen Fällen können nicht alle Größen geometrisch gestuft sein. Hier muss der Konstrukteur je nach Aufgabenstellung entscheiden, ob er die unabhängigen oder die abhängigen Größen nach Normzahlreihen stuft.

Als Beispiel diene folgende Situation: Den geometrisch gestuften Teilbereichen $A_1 A_2$, $A_2 A_3$ usw. in Abb. 10.4 sind z. B. die Größen U_{12}, U_{23} usw. zugeordnet. Diese Zuordnung erhält man zweckmäßigerweise so, dass man die geometrisch gestuften Teilbereiche, hier $A_1 A_2$, $A_2 A_3$ usw., durch ihre geometrischen Mittelwerte $A_{12} = \sqrt{A_1 \cdot A_2}$ ersetzt und durch diese dann die Treppenstufe legt. Das ist besser, als sie nach Gefühl festzulegen. Man erkennt, dass Abhängigkeiten nach Kurve a auch für die Treppen wieder eine geometrische Stufung ergeben, während nichtlineare Verhältnisse nach Kurve b eine solche nicht ermöglichen (U'-Werte daher nicht geometrisch gestuft). Hier muss der Konstrukteur wieder entscheiden, für welche Größen eine Stufung nach Normzahlen zweckmäßig ist.

Abweichungen von streng geometrischer Stufung können sich, wie schon erwähnt, aus Fertigungsgesichtspunkten ergeben. So haben Beispiele der Praxis gezeigt, dass es kostengünstiger sein kann, arithmetische oder sogar ungleichmäßige Stufung für Bauteilabmessungen vorzusehen, damit in einer Baureihe die im Allgemeinen nicht geometrisch gestuften Halbzeuge besser ausgenutzt oder die Fertigungsvorrichtungen vereinfacht werden. Das kann dann zu halbähnlichen Reihen führen (vgl. 10.1.5). Wenn auch eine Stufung nach Normzahlreihen generell anzustreben ist, so sollte der Konstrukteur sie nicht um jeden Preis anwenden, sondern nach einer Kostenanalyse im Einzelfall entscheiden (vgl. 12.3.4).

10.1.4 Geometrisch ähnliche Baureihen
Geometrically similar size ranges

Es wird angenommen, dass ein Grundentwurf mit Werkstoffwahl und nötigen Berechnungen vorliegt. Dabei ist es vorteilhaft, wenn dieser Grundentwurf mit seiner Nenngröße etwa im Mittelfeld der beabsichtigten Baureihe liegt. Der Grundentwurf enthält den Index 0, das erste nächstfolgende Glied der Baureihe (Folgeentwurf) den Index 1, das k-te den Index k.

Fast alle technischen Beziehungen lassen sich, wie vorher schon erwähnt, in die allgemeine Form

$$y = cx^{\mathrm{p}}$$

bringen, deren logarithmische Form

$$\lg y = \lg c + p \lg x$$

ist (vgl. Abb. 10.2).

Alle *Abhängigkeiten* können als Geraden in dem *Normzahldiagramm* (einem doppeltlogarithmischen Diagramm) dargestellt werden, wobei die Steigung dieser Geraden jeweils dem Exponenten p der technischen Beziehung (Abhängigkeit) entspricht: Abb. 10.2. (Der Einfachheit halber schreibt man aber nicht die Logarithmen, sondern sogleich die Normzahlen selbst an die Koordinaten und erhält ein sehr praktikables und anschauliches Werkzeug zur Baureihenentwicklung, wie Berg [7,9] darlegte.) Jeder Rasterpunkt stellt eine Normzahl dar, der stets von Linien mit ganzzahligen Exponenten getroffen wird. Hat man auf der Abszisse die Nenngröße x aufgetragen, so ist der Stufensprung $\varphi_1 = x_1/x_0$. Bei einer geometrisch ähnlichen Abmessungsreihe ist er gleich dem Stufensprung φ_L. Alle anderen Größen wie Abmessungen, Drehmomente, Leistungen, Drehzahlen usw. ergeben sich bei Kenntnis des Grundentwurfs aus den bekannten Exponenten ihrer physikalischen bzw. technischen Beziehung (vgl. Tabelle 10.3) und können als Gerade mit entsprechender Steigung (z. B. Gewicht: $\varphi_\mathrm{G} = \varphi_\mathrm{G}^3$, also mit Steigung 3:1) eingetragen werden.

Die Baureihe entsteht auf diese Weise zunächst ohne weitere Zeichenarbeit in Diagrammform in ihren Hauptabmessungen und Hauptdaten, wie es auf den Abb. 10.5 und 10.6 am Beispiel einer Zahnkupplung dargestellt ist.

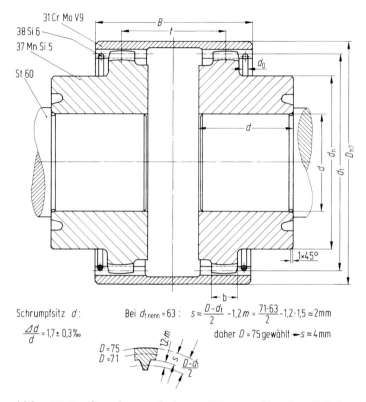

Abb. 10.5. Grundentwurf $d_t = 200$ mm für eine Zahnkupplungsreihe mit Werkstoff- und wichtigen Größenangaben

Mit Hilfe eines solchen Datenblatts ist man, vom Grundentwurf ausgehend, in der Lage, für jede Baugröße der Reihe dem Verkauf, dem Einkauf, der Arbeitsvorbereitung und der Fertigung schon wichtige Informationen zu geben, ohne dass weitere Gesamt- oder Einzelteil-Zeichnungen bestehen müssen.

Eine einfache Übertragung der Maße aus den Datenblättern auf Zeichnungen oder sonstige Fertigungsangaben, die erst im Bedarfsfall (Bestellung) angefertigt zu werden brauchen, ist aber erst möglich, wenn mindestens noch folgende Punkte überprüft worden sind:

1. *Passungen und Toleranzen* sind mit den Nennmaßen nicht geometrisch ähnlich gestuft, sondern die Größe einer Toleranzeinheit folgt der Beziehung $i = 0{,}45 \cdot \sqrt[3]{D} + 0{,}001 D$, d. h. der Stufensprung der Toleranzeinheit i folgt im Wesentlichen $\varphi_i = \varphi_L^{1/3}$.

   Infolgedessen muss besonders bei Schrumpf- und Pressverbindungen, aber auch bei funktionsbedingten Spielen an Lagern u. ä., im Hinblick auf die mit φ_L gehenden, elastischen Verformungen die Toleranz zur Sicherstel-

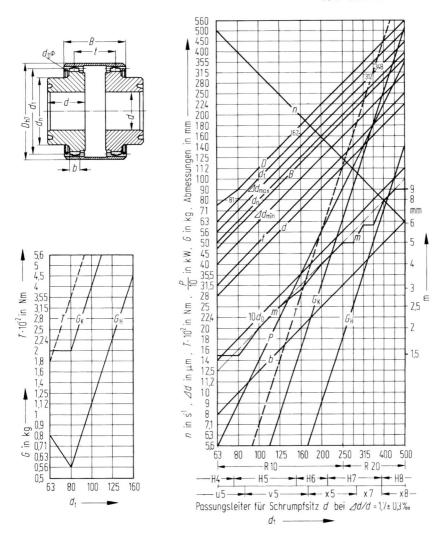

Abb. 10.6. Datenblatt der Zahnkupplungsreihe über dem Nenndurchmesser, d_t entsprechend Grundentwurf nach Abb. 10.5. Abmessungen geometrisch ähnlich. Ausnahmen: Hülsenaußendurchmesser D bei der kleinsten Baugröße aus Steifigkeitsgründen, nicht nach Normzahlen gestufte Modulen m und die Forderung nach ganzen, geraden Zähnezahlen, weswegen einige Teilkreisdurchmesser geringfügig angepasst werden mussten. Unter der Abszisse angepasste Passungsfestlegung

lung gleicher Funktionsgrenzen angepasst werden, d. h. kleinere Abmessungen bedingen höhere, größere Abmessungen erlauben eine niedrigere Qualitätsstufe (vgl. Abb. 10.6).
2. *Technologische Einschränkungen* führen oft zu Abweichungen, z. B. kann eine Gusswanddicke nicht unterschritten, eine bestimmte Dicke nicht

durchvergütet werden. Hier muss eine Überprüfung in den extremen Größenbereichen vorgenommen werden, wie z. B. in Abb. 10.6 bei der kleinsten Baugröße mit Rücksicht auf die Herstellung der Verzahnung die Steifigkeit der Hülse mit der Wanddickenvergrößerung (von $D = 71$ mm auf $D = 75$ mm) verbessert wurde. Dasselbe gilt für Messränder, Bearbeitungspratzen usw.

3. *Übergeordnete Normen* basieren nicht immer konsequent auf Normzahlen. Durch sie beeinflusste Bauteile müssen entsprechend angepasst werden (vgl. Abb. 10.6, Festlegung des Moduls).
4. *Übergeordnete Ähnlichkeitsgesetze* oder *andere Anforderungen* können eine stärkere Abweichung von der geometrischen Ähnlichkeit erzwingen. Es müssen dann halbähnliche Baureihen vorgesehen werden (vgl. 10.1.5).

Die nun ermittelten und notwendigen Abweichungen solcher geometrisch ähnlichen Baureihen mit gleicher Ausnutzung werden nach z. T. visueller Überprüfung der kritischen Zonen im Datenblatt eingetragen. Die Fertigungsunterlagen werden dann erst im Bedarfsfall angefertigt. Zur anschaulichen bildlichen Darstellung von Gliedern einer Baureihe, z. B. in Firmenkatalogen oder Anzeigen, haben sich sog. Strahlenfiguren eingeführt, die früher auch zur zeichnerischen Entwicklung eingesetzt wurden [7,25]. Abbildung 10.7 zeigt als Beispiel eine Getriebebaureihe.

Beispielhaft wird eine geometrische Baureihe von Rutschnaben, die gleiche Werkstoffausnutzung unter Beachtung übergeordneter Normen anstrebt, wiedergegeben. Abbildung 10.8 stellt den Grundentwurf dar. Bei Verschleiß der Reibbeläge soll der Drehmomentenabfall möglichst klein bleiben. Dies wird

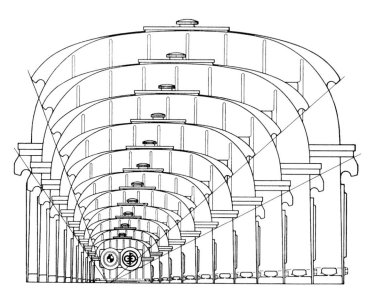

Abb. 10.7. Strahlenfigur zu einer Getriebebaureihe [15] (Werkbild Flender)

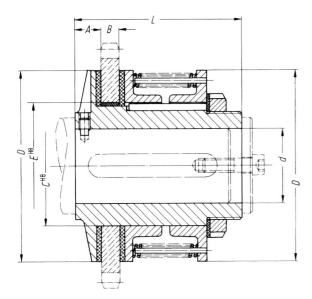

Abb. 10.8. Grundentwurf einer Rutschnabe (Bauart Ringspann KG)

hier mit einer großen Anzahl auf dem Umfang angeordneter Schraubenfedern mit einer relativ flachen Kennlinie erreicht. Alle Größen der Rutschnabe erfüllen die in Tabelle 10.3 erwähnten Ähnlichkeitsbedingungen: Alle Kraftverhältnisse bleiben über der Größenstufung bei geometrischer Ähnlichkeit konstant und die Werkstoffausnutzung ist stets gleich hoch. Abbildung 10.9a und b sind die entwickelten Datenblätter. Die erkennbare Abweichung der Größe B ist bedingt durch die in einer übergeordneten Norm festgelegte Breite von Kettenritzeln (Fremdteile), die Abweichung bei A durch die genormten Gewindestifte mit Zapfen und aus technologischen Gründen (Wanddicke). Abbildung 10.10a und b zeigen jeweils das kleinste und größte Glied der Baureihe.

10.1.5 Halbähnliche Baureihen
  Semi-similar size ranges

Geometrisch ähnliche Baureihen mit dezimal-geometrischer Stufung lassen sich nicht immer verwirklichen. Bedeutende Abweichungen von der geometrischen Ähnlichkeit können durch folgende Gründe erzwungen werden, die für die Baureihe ein anderes Wachstumsgesetz erfordern:

– Übergeordnete Ähnlichkeitsgesetze,
– übergeordnete Aufgabenstellung und
– übergeordnete wirtschaftliche Forderungen der Fertigung.

Solche Fälle führen dann zur Entwicklung sog. *halbähnlicher* Baureihen.

646   10 Entwickeln von Baureihen und Baukästen

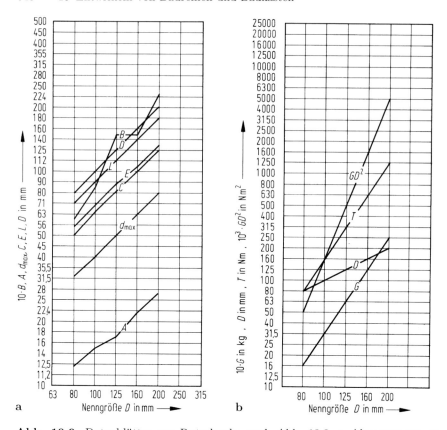

Abb. 10.9. Datenblätter zur Rutschnabe nach Abb. 10.8. **a** Abmessungen angepasst an übergeordnete Normen bzw. Fremdteile; **b** Hauptdaten: Torsionsmoment T; Gewicht G und Schwungmoment GD^2

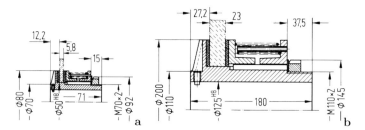

Abb. 10.10. Maßstäbliche Darstellung der Baureihe nach Abb. 10.9 (Werkbild Ringspann KG) **a** des kleinsten, **b** des größten Gliedes

1. Übergeordnete Ähnlichkeitsgesetze

Einfluss der Schwerkraft

Wirken in einer Baureihe Trägheits-, elastische und Gewichtskräfte zugleich und lassen sich letztere nicht vernachlässigen, können die aus der Cauchy-Bedingung hergeleiteten Beziehungen nicht mehr aufrechterhalten werden, weil, wie dargelegt, einerseits Trägheitskräfte und elastische Kräfte bei konstanter Geschwindigkeit vom Stufensprung der Länge mit $\varphi_{F_T} = \varphi_{F_E} = \varphi_L^2$ abhängen, hingegen die Gewichtskraft mit $\varphi_{F_G} = \rho_1 \cdot g \cdot V_1 / (\rho_0 \cdot g \cdot V_0) = \varphi_\rho \varphi_L^3$ und bei $\varphi_\rho = 1$, $\varphi_{F_G} = \varphi_L^3$ wächst.

Betrachtet man in Tabelle 10.2 die entsprechenden Kennzahlen, so erkennt man, dass bei Invarianz aller Werkstoffgrößen und der Geschwindigkeit nur noch die Größe der Länge verbleibt und so bei Größenvariation die betreffende Kennzahl nicht konstant bleiben kann, d. h. das Verhältnis der Kräfte ändert sich und damit bei ähnlichen Querschnitten auch die Beanspruchung. Es muss also eine von der geometrischen Ähnlichkeit abweichende Anpassung vorgenommen werden. Das ist z. B. im Elektromaschinenbau und bei Fördereinrichtungen der Fall.

Einfluss thermischer Vorgänge

Eine entsprechende Problematik ergibt sich bei thermischen Vorgängen. Konstanz des Temperaturverhältnisses φ_ϑ ist nur dann gegeben, wenn thermische Ähnlichkeit vorliegt, gleichgültig, ob es sich um quasistationären oder instationären Wärmefluss handelt. Ersterer wird mit der sog. Biot-Zahl [20] beschrieben,

$$B_i = \alpha L / \lambda,$$

wobei α die Wärmeübergangszahl und λ die Wärmeleitzahl der von der Wärme beaufschlagten Wand ist. Auch hier ist erkennbar, dass bei annähernd gleichbleibender Wärmeübergangszahl (die Geschwindigkeit bleibt gleich) und bei Stoffkonstanz nur noch die Größe der Lange L verbleibt, die sich aber in einer Baureihe ändern soll. Infolgedessen kann die die Thermische Ähnlichkeit sicherstellende Kennzahl nicht unverändert bleiben (vgl. [37]). Dasselbe gilt für instationär verlaufende Aufheiz- oder Abkühlvorgänge, repräsentiert durch die Fourier-Zahl

$$F_0 = \lambda t / (c \rho L^2),$$

in der λ die Wärmeleitzahl, c die spez. Wärme und ρ die Dichte des Werkstoffs ist. Bei Stoffkonstanz wären die Zeit t und die Länge L variabel. Will man die Cauchy-Zahl einhalten, ist der Stufensprung der Zeit gleich dem Stufensprung der Länge. Wiederum verbleibt nur eine Größe der Länge, die aber in einer Reihe veränderlich sein muss. Die Fourier-Zahl kann also nur dann konstant bleiben, wenn der Stufensprung der Zeit

$$\varphi_t = \varphi_L^2$$

wäre, d. h. der Stufensprung der Zeit sich im Quadrat mit dem Stufensprung der Länge ändern würde.

Diese Erscheinungen sind bekannt. Wärmespannungen, herrührend aus zeitlich veränderlichen Temperaturverteilungen, wachsen unter sonst gleichen Bedingungen bei Vergrößerung der Wand quadratisch.

Andere Ähnlichkeitsbeziehungen

Wird die Funktion einer Maschine oder eines Apparats von physikalischen Vorgängen bestimmt, die nicht durch Trägheits- und elastische Kräfte gekennzeichnet sind, müssen die dann maßgebenden physikalischen Beziehungen zur Ähnlichkeitsbetrachtung herangezogen werden [18, 34, 39, 42].

In einem Gleitlager z. B. wird der Betriebszustand durch die Sommerfeld-Zahl beschrieben

$$S_0 = \overline{p}\psi^2/(\eta\omega).$$

In einer Maschine, die sonst der Cauchy-Zahl folgt, wird der Stufensprung für die Sommerfeld-Zahl

$$\varphi_{S_0} = \frac{\overline{p}_1}{\overline{p}_0} \frac{\psi_1^2}{\psi_0^2} \frac{\eta_0}{\eta_1} \frac{\omega_0}{\omega_1} = \varphi_{\overline{p}}\, \varphi_\psi^2 \frac{1}{\varphi_\eta} \frac{1}{\varphi_\omega}.$$

Bei elastischen Kräften ist $\varphi_{\overline{p}} = 1$, bei Gewichtskräften dagegen $\varphi_{\overline{p}} = \varphi_L$; im Übrigen

$$\varphi_\psi = 1, \varphi_\omega = 1/\varphi_L, \varphi_\eta = 1 \quad \text{bei} \quad \vartheta = \text{const}.$$

Also wird bei elastischen Kräften $\varphi_{S_0} = \varphi_L$ und bei Gewichtskräften $\varphi_{S_0} = \varphi_L^2$. Die Sommerfeld-Zahl steigt mit der Baugröße, das Lager nimmt eine andere zunehmende relative Exzentrizität ein und erreicht bei einer bestimmten Baugröße möglicherweise die zulässige Schmierspalthöhe.

Ein Rohr werde laminar durchströmt. Der Druckverlust folgt der Beziehung

$$\Delta p = \lambda \frac{l}{d} \frac{\rho}{2} w^2 = 32\eta \frac{l}{d^2} w,$$

$\lambda = 64/R_e$ im laminaren Betrieb, $R_e = dw\rho/\eta$, l Rohrlänge, d Rohrdurchmesser, w Geschwindigkeit im Rohr, ρ Dichte des Mediums, η dyn. Zähigkeit des Mediums.

Mit $\eta = $ const. und φ_L als Stufensprung der Länge wird der Stufensprung des Druckverlustes

$$\varphi_{\Delta p} = \varphi_w/\varphi_L.$$

Soll z. B. der Druckverlust konstant bleiben, muss die Geschwindigkeit im Rohr mit der Baugröße wachsen. Dies wiederum könnte zur Folge haben, dass die Reynolds-Zahl soweit steigt, dass man in den Umschlagbereich zur turbulenten Strömung kommt, in dem die obigen Beziehungen ihre Gültigkeit verlieren.

Die Verwendung von elektrischen Wechselstrom-Antriebsmaschinen, die je nach Polzahl nur eine grob veränderliche Drehzahl haben, lässt es nicht zu, die Geschwindigkeit in einer feingestuften Arbeitsmaschinenreihe (z. B. Pumpen) entsprechend der Cauchy-Kennzahl konstant zu halten. Die Folge sind unterschiedliche Beanspruchungen, andere Leistungsdaten oder eine entsprechend angepasste halbähnliche Reihe.

2. Übergeordnete Aufgabenstellung

Nicht nur andere Ähnlichkeitsgesetze können eine halbähnliche Baureihe erzwingen, sondern auch eine übergeordnete Aufgabenstellung. Das ist dann der Fall, wenn die Aufgabe Bedingungen enthält, die mit den physikalisch bedingten Ähnlichkeitsgesetzen nicht verträglich sind. Vielfach ergibt sich diese Situation im Zusammenhang zwischen Mensch und Maschine. Alle Bauteile, mit denen der Mensch bei der Arbeit in Berührung kommt, müssen den physiologischen Bedingungen und Körperabmessungen des Menschen entsprechen, z. B. Bedienorgane, Handgriffe, Steh- und Sitzplätze, Überwachungseinrichtungen, Schutzeinrichtungen. Sie können sich im Allgemeinen nicht mit der Nenngröße der Baureihenglieder verändern.

Eine übergeordnete Aufgabenstellung kann aber auch infolge rein technischer Bedingungen vorliegen, indem Eingangs- oder Ausgangsprodukte nicht geometrisch ähnliche Abmessungen haben, z. B. Folien-, Papier- und Druckerzeugnisse.

Abbildung 10.11 zeigt schematisch eine Drehmaschine. Bei ihr treffen beide Fälle zu. Die vom Menschen zu handhabenden Bedienorgane wachsen mit der Baugröße nur bedingt, manche bleiben stets gleich groß. Die Arbeitshöhe muss dem Menschen angepasst bleiben. Zugleich bestehen aber auch Anwendungsbereiche mit besonders langer Drehlänge im Vergleich zum Drehdurchmesser. Auch das Umgekehrte, großer Durchmesser bei kleinen Längen,

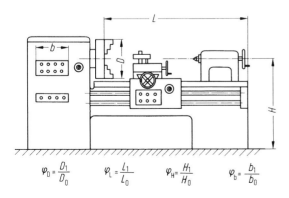

Abb. 10.11. Drehmaschine mit Hauptabmessungen und Bedienelementen, schematisch dargestellt. Anforderungen an die Verhältnisse von Durchmesser/Länge/Höhe ändern sich je nach zu bearbeitender Produktgruppe, also $\varphi_D \neq \varphi_L \neq \varphi_H$ dabei aber möglichst $\varphi_H = \varphi_b = 1$ aus ergonomischen Gründen

ist denkbar. In solchen Fällen ist dann die Gesamtmaschine stets halbähnlich zu konzipieren, während einzelne Baugruppen, wie Spindelantrieb, Reitstockeinheit usw., in einer geometrisch ähnlichen Reihe entwickelt werden können, die dann baukastenartig auf dem jeweiligen Gestell zur Drehmaschine kombiniert werden.

3. Übergeordnete wirtschaftliche Forderungen der Fertigung

Mit der Entwicklung einer Baureihe sucht man bereits eine hohe Wirtschaftlichkeit zu erzielen. In einer Baureihe selbst, besonders dann, wenn sie relativ fein gestuft werden muss, können Einzelteile und Baugruppen, gröber gestuft, eine höhere Stückzahl ergeben und so eine noch wirtschaftlichere Fertigung ermöglichen.

Wenn die diese Einzelteile und Baugruppen umgebenden anderen Zonen und selbstverständlich die Funktion es gestatten, kann man in einer an sich feingestuften Baureihe solche Teile gröber stufen. Man erhält für die umgebenden oder anschließenden Teile dann halbähnliche Baureihen.

In Abb. 10.12 ist das Datenblatt einer im Wesentlichen geometrisch ähnlich ausgelegten Turbinenreihe dargestellt, bei der sieben Typen geplant sind. Stopfbüchsen und Fixpunktbolzen werden aber gröber gestuft, womit man zu höherer Stückzahl pro Element und Jahr kommt und eine wirtschaftlichere Fertigung vorsehen kann. Abbildung 10.13 zeigt die Stückzahlerhöhung bei einer angenommenen Verkaufsprognose.

Aus diesen Beispielen geht hervor, dass nicht immer die geometrisch ähnliche Baureihe eingehalten werden kann. Vielmehr muss man unter Beachten des physikalischen Vorgangs und sonstiger Anforderungen mit Hilfe der Ähnlichkeitsgesetze Stufensprünge ableiten, die die Abmessungen oder sonstigen Kenngrößen bestimmen. Dabei ist es unter Umständen nicht mehr möglich, eine gleich hohe Ausnutzung der Festigkeit sicherzustellen, sondern man wird dann über der Baureihe die Größe festhalten, die den insgesamt höheren Nutzen bestimmt. Je nach physikalischem Geschehen kann diese Größe sogar über der Größenstufung wechseln. Die jeweilige Anpassung kann sehr vorteilhaft mit Hilfe von Exponentengleichungen vorgenommen werden, die anschließend erläutert werden.

4. Anpassen mit Hilfe von Exponentengleichungen

Die sog. Exponentengleichungen sind ein einfaches Hilfsmittel, die unter 10.1.5, Abschn. 1.–3. erläuterten Bedingungen nach der Art von Ähnlichkeitsbeziehungen zu berücksichtigen und mit ihnen eine halbähnliche Baureihe zu entwickeln.

Wie schon dargelegt, liegen fast alle unsere technischen Beziehungen in Potenzfunktionen vor. Für das Wachstumsgesetz ist unter Verwendung der Normzahldiagramme vom Grundentwurf ausgehend nur der Exponent wichtig.

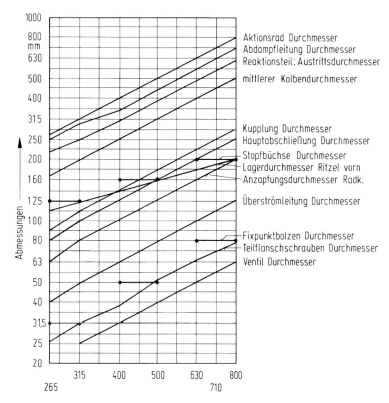

Abb. 10.12. Datenblatt einer Turbinenreihe; Hauptabmessungen verlaufen geometrisch ähnlich. Abweichungen sind durch Normen bedingt, Stopfbüchsen und Fixpunktbolzen sind gröber gestuft und überdecken bei gleicher Größe mehrere Größenstufen der Turbine

Verkaufsprognose

Typ	265	310	400	500	630	710	800
Anzahl	6	9	9	6	3	2	1

3 Fixpunktbolzen je Turbine

Größe	⌀25	⌀31,5	⌀40	⌀50	⌀63	⌀71	⌀80
Anzahl	18	27	27	18	9	6	3

Zusammengefasst zu:

Größe	⌀31,5	⌀50	⌀80
Anzahl	45	45	18

Abb. 10.13. Verkaufsprognose zur Turbinenreihe nach Abb. 10.12 und zugehöriger Fixpunktbolzen. Infolge gröberer Stufung ergibt sich eine höhere Stückzahl von Fixpunktbolzen derselben Größe

Die technische Beziehung für das k-te Glied der Baureihe hat oft die Form

$$y_k = c_k x_k^{p_x} x_k^{p_z}$$

Diese abhängig Veränderliche y und die unabhängig Veränderlichen x und z lassen sich stets, von einem Grundentwurf (Index 0) ausgehend, mit Normzahlen ausdrücken:

$$y_k = y_0 \varphi_L^{y_e k}; \quad x_k = x_0 \varphi_L^{x_e k}; \quad z_k = z_0 \varphi_L^{z_e k};$$

φ_L gewählter Stufensprung der als Nennmaß betrachteten gewählten Abmessung in der Baureihe, y_0, x_0, z_0 der entsprechende Wert des Grundentwurfs, k die jeweils k-te Stufe, y_e, x_e und z_e der zugehörige sog. Stufenexponent. Da c_k eine Konstante ist, wird für alle Glieder $c_k = c$:

$$y_k = y_0 \varphi_L^{y_e k} = c \left(x_0 \varphi_L^{x_e k} \right)^{p_x} \left(z_0 \varphi_L^{z_e k} \right)^{p_z}$$

$$y_k = c x_0^{p_x} z_0^{p_z} \cdot \varphi_L^{(x_e k p_x + z_e k p_z)}.$$

Mit $y_0 = c x_0^{p_x} z_0^{p_z}$ wird

$$y_0 \varphi_L^{y_e k} = y_0 \varphi_L^{(x_e k p_x + z_e k p_z)}.$$

Man erhält unabhängig von k durch Vergleich der Exponenten:

$$y_e = x_e p_x + z_e p_z.$$

Hierin sind y_e, x_e und z_e die festzulegenden oder zu ermittelnden Stufenexponenten und p_x und p_z die gegebenen physikalischen Exponenten von x und z. Man muss nun jeweils den Exponenten y_e in Abhängigkeit von x_e und z_e bestimmen.

Ein Beispiel möge die Handhabung und Anwendung erläutern: Zu einer Baureihe von geometrisch ähnlichen Schiebern soll eine federnde, wärmeelastische Abstützung in einer Rohrleitung nach Abb. 10.14 konzipiert werden. Folgende Bedingungen müssen erfüllt sein:

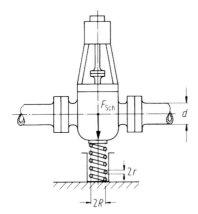

Abb. 10.14. Schieber in Rohrleitung mittels Schraubenfeder wärmeelastisch abgestützt

a) Die Federbeanspruchung durch das Schiebergewicht sei über der Reihe konstant,
b) die Steifigkeit der Feder soll im gleichen Maße wie die Biegesteifigkeit der Rohre wachsen,
c) der mittlere Federdurchmesser $2R$ ändere sich geometrisch ähnlich mit der Schiebergröße nach dem Nennmaß d.

Welchem Gesetz müssen Federdrahtdurchmesser $2r$ und die federnde Windungszahl i_F folgen?
Man stellt zuerst die maßgebenden Beziehungen auf und ermittelt daraus die entsprechenden Exponentengleichungen (Index e zeigt an, dass es sich nur um den Exponenten der entsprechenden Größe handelt):

$$F_{\text{Sch}} = Cd^3, \qquad (1) \qquad F_{\text{Sch}_e} = 3d_e, \qquad (1')$$

$$\tau_F = \frac{F_{\text{Sch}} \cdot R}{r^3 \pi/2}, \qquad (2) \qquad \tau_{F_e} = F_{\text{Sch}_e} + R_e - 3r_e = 0, \qquad (2')$$

$$c_F = \frac{Gr^4}{4i_F R^3}, \qquad (3) \qquad c_{F_e} = 4r_e - i_{F_e} - 3R_e. \qquad (3')$$

Die unabhängige Veränderliche sei d.

Da die Federbeanspruchung konstant bleiben soll, ist der Stufensprung $\varphi_t = 1$ und der Stufenexponent von τ_F ist $\tau_{F_e} = 0$. Die Steifigkeit c_F der Feder soll der Biegesteifigkeit der Rohre entsprechen. Diese folgt entsprechend Tabelle 10.3 mit $\varphi_c = \varphi_L$. Da die Bezugsabmessung d des Schiebers geometrisch wächst, ist $\varphi_{c_F} = \varphi_d$, somit wird der Stufenexponent von c_F

$$c_{F_e} = d_e. \qquad (4')$$

Die belastende Federkraft ist gleich dem Schiebergewicht F_{Sch}, der Stufensprung des Gewichts hängt von der Bezugsgröße d mit $\varphi_{F_{\text{Sch}}} = \varphi_F^3$ ab. Der Exponent von F_{Sch}, bezogen auf d, ist also

$$F_{\text{Sch}_e} = 3d_e. \qquad (5')$$

Der mittlere Federdurchmesser soll geometrisch ähnlich wachsen, also $\varphi_R = \varphi_d$ oder

$$R_e = d_e. \qquad (6')$$

Setzt man die Gln. (5') und (6') ein, ergibt sich

$$3d_e + d_e - 3r_e = 0$$

oder

$$r_e = (4/3)d_e \qquad (7')$$

Gln. (4′), (6′) und (7′) in Gl. (3′) eingesetzt, ergibt

$$4r_e - i_{F_e} - 3r_e = d_e$$
$$i_{F_e} = 4r_e - 3d_e - d_e = 4(4/3)d_e - 3d_e - d_e = (4/3)d_e \qquad (8')$$

Ergebnis:

Federdrahtdurchmesser $2r$ und die federnde Windungszahl i_F müssen mit den Exponenten $4/3$ in Abhängigkeit von der Größe d wachsen.

Der Stufensprung ist dann

$$\varphi_r = \varphi_{i_F} = \varphi_d^{4/3}.$$

Der Verlauf der einzelnen Größen ist qualitativ in dem Datenblatt in Abb. 10.15 dargestellt.

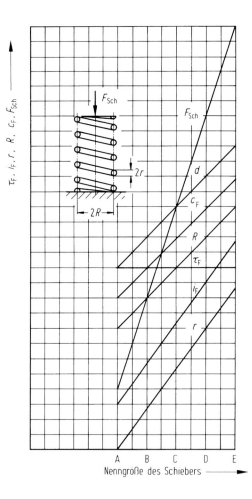

Abb. 10.15. Datenblatt für halbähnliche Schraubenfeder nach Abb. 10.14. Erläuterungen vgl. Text

5. Beispiele

Beispiel 1

Eine Baureihe für Hochdruck-Zahnradpumpen soll mit sechs Baugrößen einen Fördervolumen-Bereich von 1,6 bis 250 cm³/U bei einem maximalen Betriebsdruck von 200 bar und einer konstanten Antriebsdrehzahl von 1500 U/min abdecken. In Abb. 10.16 sind für die sechs Baugrößen die festgelegten Größenstufen für die Fördervolumina, die Teilkreisdurchmesser der Zahnräder sowie die Zahnradbreiten im Normzahldiagramm (Datenblatt) zusammengestellt. Folgende Verhältnisse liegen vor:

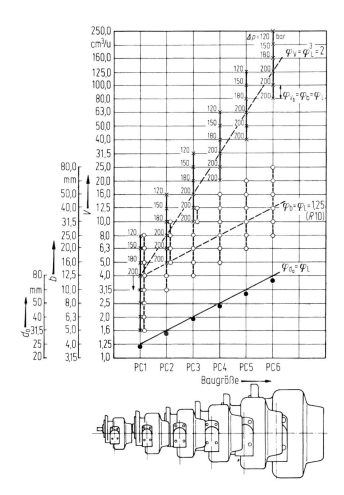

Abb. 10.16. Datenblatt einer Baureihe für Hochdruck-Zahnradpumpen. V Geometrisches Fördervolumen pro Umdrehung, b Zahnradbreite, d_0 Teilkreisdurchmesser der Zahnräder (Werksangaben der Fa. Reichert, Hof)

- Die Teilkreisdurchmesser d_0 der Baugrößen (für jede Baugröße ein konstanter Durchmesser) sind nach der Normzahlreihe R 10 mit einem Stufensprung $\varphi_{d_0} = 1{,}25$, wobei die Größen geringfügig von den Normzahlwerten abweichen, eine Folge der konstanten, ganzzahligen Zähnezahl und der von der Reihe R 10 etwas abweichenden Normwerte der Moduln m.
- Das sich aus der Zahngeometrie ergebende Fördervolumen pro Umdrehung ist

$$V = 2\pi d_0\, m b \quad (b \text{ Zahnradbreite})\,.$$

Von Baugröße zu Baugröße wächst bei geometrischer Ähnlichkeit das Fördervolumen also mit

$$\varphi_V = \varphi_{d_0}\varphi_m\varphi_b = \varphi_L^3 = 1{,}25^3 = 2\,,$$

d. h., das Fördervolumen verdoppelt sich (Abb. 10.16) von Stufe zu Stufe. Die Pumpenleistung $P = \Delta p \dot{V}$ ergibt sich mit dem Stufensprung

$$\varphi_P = \varphi_{\Delta p}(\varphi_V/\varphi_t)$$

soweit mit $\varphi_{\Delta p} = 1$ und $\varphi_t = 1$ zu

$$\varphi_P = \varphi_V = 2\,.$$

Wegen der konstanten Drehzahl stuft sich das Drehmoment entsprechend.
- Je Baugröße bzw. je Zahnraddurchmesser d_0 sind sechs Zahnradbreiten b vorgesehen, in der kleinsten Baugröße sogar acht, damit eine feinere Stufung der Fördervolumina erreicht wird. Das bedeutet, innerhalb jeder Baugröße (Teilbereich) wachsen die geometrischen Fördervolumina $V = 2\pi d_0 m b$ wegen des konstanten d_0 und m sowie der gewählten Zahnradbreiten-Stufung $\varphi_b = 1{,}25$ (R 10) mit einem Stufensprung $\varphi_{V_b} = \varphi_b = 1{,}25$. Die Leistungsstufung innerhalb einer Baugröße beträgt dann mit den bekannten Beziehungen

$$\varphi_{P_e} = \varphi_{V_b} = \varphi_b = 1{,}25\,.$$

- Damit bei gleichem Wellendurchmesser die mechanischen Beanspruchungen infolge der steigenden Drehmomente und der mit der Zahnradbreite zunehmenden Biegemomente beherrscht werden können, werden die letzten drei Glieder mit den größeren Breiten zu jeder Baugröße im zulässigen Druck nach unten gestuft. Aus übergeordneten wirtschaftlichen Fertigungsgesichtspunkten (gleicher Wellendurchmesser, gleiche Lager) werden also die ersten zwei Glieder mit den kleineren Breiten zu jeder Baugröße festigkeitsmäßig nicht voll ausgenutzt. Für die letzten drei Glieder ist durch Druckabsenkung eine Belastungsanpassung vorgesehen.
- Die Fördervolumina der einzelnen Baugrößen überlappen einander jeweils um drei Größen. Für den gesamten Fördervolumenbereich steht dadurch eine geschlossene 200-bar-Reihe zur Verfügung.

Die vorliegende Baureihe wurde also als halbähnliche Reihe mit wenigen Gehäusegrößen und mehreren Zahnradbreitenstufen je Gehäuse (Baugröße) konzipiert, damit bei gleicher Antriebsdrehzahl und gleichem Druck für den Gesamtbereich („übergeordnete Aufgabenstellung") sowie bei konstanter Zahngröße, konstantem Zahnrad- und Wellendurchmesser je Gehäusegröße („übergeordnete wirtschaftliche Forderung der Fertigung") ein möglichst großer Fördervolumen-Bereich realisierbar wird.

Beispiel 2

Für eine Elektromotoren-Baureihe sind in Abb. 10.17 zunächst die Leistungen P für Motoren unterschiedlicher Polzahl (Drehzahl) in Abhängigkeit von der Baugröße (genormte Achshöhe H) im Normzahldiagramm (Datenblatt) zusammengestellt.

Man erkennt die strenge Stufung der Achshöhen nach der Normzahlreihe R 20 mit einem Stufensprung $\varphi = 1{,}12$. Die Leistung des Elektromotors ist nach der Beziehung $P \sim \omega G B b h t D$ bei gleichbleibender Winkelgeschwindigkeit ω bzw. Drehzahl n, Stromdichte G und magnetischer Induktion B

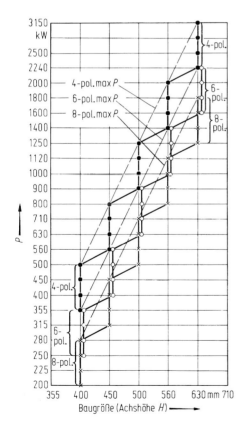

Abb. 10.17. Datenblatt über Leistungsangaben für eine Elektromotoren-Baureihe (Werksangaben der Fa. AEG-Telefunken) [1]

proportional den Leiterabmessungen b, h, t sowie dem Abstand $D/2$ der Leiter von der Wellenachse.

Die Leistungsstufung ergibt sich somit zu

$$\varphi_\text{P} = \varphi_\text{L}^4 = 1{,}12^4 = 1{,}6\,(R\,5)\,.$$

Bei der 4-poligen Maschine (1500 min^{-1}) ist damit der Leistungsbereich 500 bis 3150 kW.

Die langsamer laufenden 6- und 8-poligen Motoren müssen entsprechend der Abhängigkeit der Leistung von der Drehzahl, veränderten Leiterabmessungen und größerem Läuferdurchmesser sowie veränderter Verlustabfuhr durch Eigenbelüftung zurückgestuft werden und zwar die 6-polige Ausführung um drei Stufen (355 bis 2240 kW) und die 8-polige Ausführung um weitere zwei Stufen (280 bis 1800 kW).

Für eine marktgerechte feinere Leistungsstufung und gleichzeitig zur Erfüllung „übergeordneter wirtschaftlicher Forderungen der Fertigung" werden jeweils vier Leistungen für eine Achshöhe bzw. Baugröße vorgesehen, so dass sich die Leistungskurve als Treppenlinie abbildet. Die jeweiligen kleineren Leistungen werden durch den Einbau der elektrisch aktiven Teile mit Blechpaketen entsprechend kleinerer Länge in das unveränderte Gehäuse für die größere Leistung erzielt. Im Gegensatz zum Beispiel werden hier die Teilbereiche gleicher Polzahl nicht überlappt, obwohl dies bei anderen Motorenentwicklungen zum Einhalten bestimmter Eigenschaften, z. B. Wirkungsgrade, bekannt ist.

Abbildung 10.18 zeigt die Schweißgehäusegrößen dieser Motorenreihe in stark vereinfachter Darstellung. Für einige wichtige Abmessungen sind die ausgeführten Größenstufen in Abb. 10.19 in einem Datenblatt zusammengestellt. Man erkennt zunächst die strenge Stufung der Achshöhe H, der Gehäusehöhe HC und der Fundamentschraubenabstände B und A mit dem Stufensprung $\varphi_\text{L} = \varphi_\text{H} = 1{,}12$, wobei die Werte von H, HC und B der Reihe R 20 sowie von A und DB einer Reihe mit dem gleichen Stufensprung wie R 20, aber in ihren Gliedern verschoben, folgen. Bemerkenswert ist, wie schon erwähnt, dass bei dieser Baureihe im Gegensatz zum Beispiel 1 für die vier Leistungen je Achshöhe gemäß Abb. 10.18 nur eine Gehäuselänge BC vorgesehen wird. Aus Gründen der Fertigungsrationalisierung werden also die für die Leistungsstufen notwendigen Stufen bzw. zunehmenden Längen der elektrisch aktiven Bauteile (Blechpakete und Wicklungen) jeweils in einem Schweißgehäuse untergebracht, das dann für die unteren Leistungsstufen nicht ausgenutzt ist. Diese Ausführung, die eine Reduzierung der Anzahl der Gehäusegrößen zum Ziel hat, wird konstruktiv dadurch ermöglicht, dass die elektrisch aktiven Teile in das jeweilige Gehäuse eingehängt und verschraubt werden. Dadurch ergibt sich eine getrennte, rationelle Gehäusefertigung. Wird eine solche bausteinartige Trennung von Gehäuse und Aktivteil nicht vorgesehen, wäre eine derartige Auslegung ohne den Vorteil einer lagermäßigen Gehäusefertigung zu unwirtschaftlich, so dass dann mehrere Gehäu-

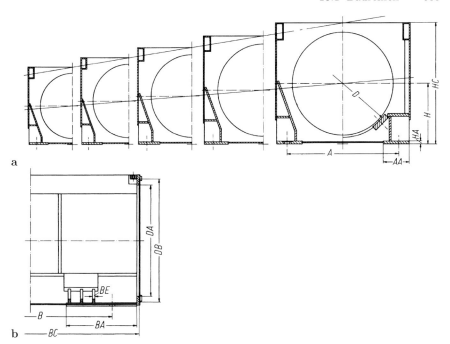

Abb. 10.18. Gehäuse einer Elektromotoren-Baureihe in vereinfachter Darstellung, gestuft nach Abb. 10.17 (Werksangaben der Fa. AEG-Telefunken). **a** Querschnitte; **b** Längsschnitt

selängen je Achshöhe zweckmäßiger wären. Eine solche Baureihe ist in [30] beschrieben.

Wegen „übergeordneter Ähnlichkeitsgesetze" auf der elektrischen Seite (z. B. für die Wickelkopfauslegung) kann die Gehäuselängen-Stufung φ_{BC} über den Gesamtbereich der Achshöhen nicht konstant gehalten werden. Man erkennt in Abb. 10.19 den mit der Achshöhe zunehmenden Stufensprung für BC, der sich erst bei den letzten beiden Gliedern des Achshöhenbereichs der Reihe R 20 nähert.

Es sollen noch einige Detailabmessungen dieser Gehäusekonstruktion betrachtet werden. Die Fußplattenabmessungen AA und BA sind nach einem Sprung gestuft, der zwischen den Reihen R 20 und R 40 liegt. Das ist wegen Materialersparnis bei Einhaltung von Mindestabmessungen, die für die Montage der Fußschrauben erforderlich sind, geschehen. Die Fußplattendicke HA wird entsprechend den wirtschaftlichen Halbzeugabmessungen gestuft, sie folgt aber in ihrer Tendenz der Reihe R 20. Für die Stützrippen zwischen Fußplatte und Blechpaketauflage wird für vier Gehäusegrößen eine gleichbleibende Dicke BE vorgesehen, lediglich für die größte Gehäusestufe müssen aus Festigkeitsgründen die Rippen verstärkt werden.

Infolge übergeordneter Ähnlichkeitsgesetze, einer übergeordneten Aufgabenstellung sowie wirtschaftlicher Gesichtspunkte der Fertigung können für

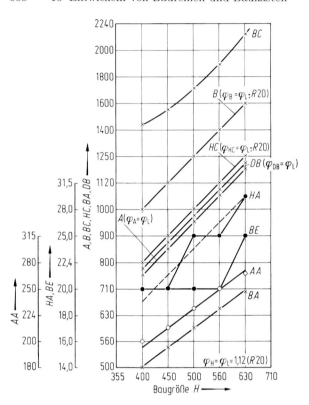

Abb. 10.19. Datenblatt für Gehäuseabmessungen einer Elektromotoren-Baureihe nach Abb. 10.17 (Bezeichnungen gem. Abb. 10.18)

die einzelnen Abmessungen und Kenngrößen Stufen erforderlich werden oder zweckmäßig sein, die von den Gesetzen, die zu geometrischer Ähnlichkeit führen, abweichen. In jedem Fall soll sich aber der Konstrukteur bemühen, eine Baureihe zunächst nach den zutreffenden Ähnlichkeitsgesetzen und den Normzahlreihen zu konzipieren, um dann die Konsequenzen aus zusätzlichen Forderungen der Aufgabenstellung und/oder wirtschaftlichen Fertigungsgesichtspunkten besser beurteilen zu können.

10.1.6 Entwickeln von Baureihen
Development of size ranges

Das Vorgehen bei der Baureihenentwicklung wird wie folgt zusammengefasst:

1. Erstellen eines Grundentwurfs, der im Zuge einer beabsichtigten Baureihe entsteht oder von einem bereits bestehenden Produkt stammt.
2. Bestimmen der physikalischen Abhängigkeiten (Exponenten) nach Ähnlichkeitsgesetzen unter Verwenden der Tabelle 10.3 für im Wesentlichen geometrisch ähnliche Baureihen oder mit Hilfe von Exponentengleichungen bei halb-ähnlichen Baureihen, wenn entsprechende übergeordnete Be-

dingungen bestehen. Darstellen der Ergebnisse im Normzahldiagramm in Form von Datenblättern.
3. Festlegen der Größenstufungen und des Anwendungsbereichs in den Datenblättern.
4. Anpassen der theoretisch gewonnenen Reihe an übergeordnete Normen oder technologische Bedingungen und Darstellen der Abweichungen in den Datenblättern.
5. Überprüfen der Baureihe durch Erarbeiten maßstäblicher Entwürfe von Baugruppen oder von kritischen Zonen für extreme Baugrößen.
6. Verbessern und Vervollständigen der Unterlagen, soweit sie zur Festlegung der Reihe und zur Erstellung nötig werdender Fertigungsunterlagen erforderlich sind.

Es kann sein, dass die Notwendigkeit einer halbähnlichen Baureihe nicht aus der Anforderungsliste oder aus der ersten Betrachtung physikalischer Abhängigkeiten zu erkennen ist und sich daher erst im Laufe der Entwicklung ergibt. Wie in 10.1.5 dargestellt, sind bei der Entwicklung von halbähnlichen Baureihen mit Hilfe von Exponentengleichungen die Wachstumsgesetze der einzelnen Komponenten bzw. Abmessungen zu bestimmen. Bei komplexen Anwendungen ist die Zahl der beteiligten Parameter schon recht groß und die Zahl der zu lösenden Gleichungen entsprechend hoch. Die Übersichtlichkeit wird dadurch stark vermindert. Kloberdanz [26] hat deshalb eine *rech-*

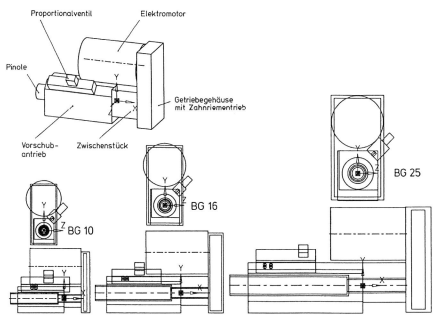

Abb. 10.20. Beispiel einer rechnerunterstützten Entwicklung einer halbähnlichen Baureihe von hydropneumatischen Vorschubeinheiten nach [26, 38]

nerunterstützte Baureihenentwicklung aufgezeigt, bei der nach Aufstellen der beteiligten physikalischen Beziehungen und Einführen von Restriktionen das Programm die Wachstumsgesetze automatisch ermittelt und die entsprechenden Verläufe der abhängigen Abmessungen über der gewählten, unabhängigen Nenngröße in Normzahldiagrammen darstellt. Schon am PC ermittelte Diagramme können interaktiv an weitere Bedingungen, z. B. Werknormen, Lagerlisten u. ä. angepasst werden.

Mit Hilfe von parametrierbaren Befehlsmakros bilden die so ermittelten Wachstumsgesetze die Grundlage für eine automatische Geometrieerzeugung von Folgeentwürfen einer halbähnlichen Baureihe (vgl. Abb. 10.20). Diese können dann in einer konzeptionellen Betrachtung als Grobgestalt ausgegeben werden. Die Feingestalt entsteht erst nach endgültiger Festlegung der Baureihe in entsprechender Ausprägung der Einzelteilmakros [26, 38].

10.2 Baukästen
Modular products

In 10.1 sind Gesetzmäßigkeiten und konstruktive Möglichkeiten einer Baureihenentwicklung dargestellt. Sie ist ein Rationalisierungsansatz für Produktentwicklungen, bei denen *dieselbe* Funktion mit dem gleichen Lösungskonzept und möglichst gleichen Eigenschaften für einen breiteren Größenbereich zu erfüllen ist.

Baukastensysteme bieten für eine andere Situation Rationalisierungsmöglichkeiten. Müssen von einem Produktprogramm bei einer oder mehreren Größenstufungen *verschiedene Funktionen* erfüllt werden, so ergibt das bei der Einzelkonstruktion eine Vielzahl unterschiedlicher Produkte, was einen entsprechend großen konstruktiven und fertigungstechnischen Aufwand bedeutet. Die Rationalisierung liegt nun darin, dass die jeweils geforderte *Funktionsvariante* durch Kombination festgelegter Einzelteile und/oder Baugruppen (Funktionsbausteine) aufgebaut wird. Eine solche Kombination wird durch Anwendung des Baukastenprinzips realisiert.

Unter einem *Baukasten* versteht man Maschinen, Baugruppen und Einzelteile, die

– als Bausteine mit oft unterschiedlichen Lösungen durch Kombination
– verschiedene Gesamtfunktionen erfüllen.

Durch mehrere Größenstufen solcher Bausteine enthalten Baukästen oft auch Baureihen. Die Bausteine sollen dabei nach möglichst ähnlicher Technologie gefertigt werden. Da sich in einem Baukastensystem die Gesamtfunktion durch die Kombination diskreter Funktionsbausteine ergibt, muss zu einer Baukastenentwicklung eine entsprechende Funktionsstruktur erarbeitet werden. Damit wird die Konzept- und Entwurfsphase viel stärker beeinflusst als bei einer reinen Baureihenentwicklung.

Ein Baukastensystem wird sich gegenüber Einzellösungen immer dann als technisch-wirtschaftlich günstig anbieten, wenn alle oder einzelne Funktionsvarianten eines Produktprogramms nur in kleineren Stückzahlen zu liefern sind und wenn es gelingt, das geforderte Spektrum durch einen oder nur wenige Grundbausteine und Zusatzbausteine zu realisieren.

Neben der Erfüllung unterschiedlicher Funktionen können Baukastensysteme auch zur Losgrößenerhöhung von Gleichteilen dienen, indem sie in mehreren Produkten die Verwendung gleicher Bausteine ermöglichen. Dieses besonders der Fertigungsrationalisierung dienende Ziel wird durch eine Elementarisierung der Produkte in bausteinartige Einzelteile erreicht, wie sie z. B. als Differentialbauweise in 7.5.8 erläutert ist. Welches der beiden Ziele im Vordergrund steht, hängt stark vom Produkt und von den zu erfüllenden Aufgaben ab. Bei einem großen Spektrum der Gesamtfunktion ist vor allem eine funktionsorientierte Gliederung des Produkts in Funktionsbausteine wichtig, bei einer nur kleinen Zahl von Gesamtfunktionsvarianten steht dagegen eine fertigungsorientierte Gliederung in Fertigungsbausteine im Vordergrund.

Oft erfolgt eine Baukastenentwicklung erst dann, wenn von einem zunächst in Einzel- oder Baureihenkonstruktion entwickelten Produktprogramm oder auch einer Baugruppe im Laufe der Zeit so viele Funktionsvarianten verlangt werden, dass ein Baukastensystem wirtschaftlich ist. Dabei wird ein bereits auf dem Markt befindliches Produktprogramm zu einem späteren Zeitpunkt in ein Baukastensystem umkonstruiert. Das hat den Nachteil, dass man zu einem gewissen Grade schon festgelegt ist, zum anderen den Vorteil, dass zunächst das Produkt mit seinen wesentlichen Eigenschaften erprobt worden ist, ehe mit einer aufwendigen Baukastenentwicklung begonnen wird.

10.2.1 Baukastensystematik
Modular product systematics

Über eine Baukastensystematik wird in [10, 11, 29] berichtet. Davon ausgehend, werden zunächst der prinzipielle Aufbau und die wichtigsten Begriffe dargelegt und durch neue Gesichtspunkte ergänzt, soweit diese für die Baukastenentwicklung zweckmäßig erscheinen [4].

Baukastensysteme sind aus *Bausteinen* aufgebaut, die lösbar oder unlösbar zusammengefügt sind.

Zunächst wird zwischen *Funktionsbausteinen* und *Fertigungsbausteinen* unterschieden. Funktionsbausteine sind unter dem Gesichtspunkt der Erfüllung technischer Funktionen festgelegt, so dass sie diese von sich aus oder in Kombination mit anderen erfüllen können. Fertigungsbausteine sind solche, die unabhängig von ihrer Funktion nach reinen fertigungstechnischen Gesichtspunkten festgelegt werden. Bei Funktionsbausteinen im engeren Sinne wurde bisher [10, 11] zwischen Ausrüstungs-, Zubehör-, Füge- und ähnlichen Bausteinen unterschieden. Diese Einteilung ist nicht eindeutig und für die konstruktive Entwicklung eines Baukastensystems nicht ausreichend.

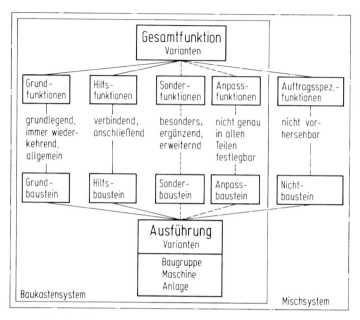

Abb. 10.21. Funktions- und Bausteinarten bei Baukasten- und Mischsystemen

Zur Ordnung von *Funktionsbausteinen* bietet sich an, diese nach bei Baukastensystemen immer wiederkehrenden Funktionsarten zu orientieren und zu definieren, die als Teilfunktionen kombiniert, unterschiedliche Gesamtfunktionen (Gesamtfunktionsvarianten) erfüllen. In Abb. 10.21 wird deshalb eine Ordnung für solche in Betracht kommenden Funktionen vorgeschlagen.

Grundfunktionen sind in einem System grundlegend, immer wiederkehrend und unerlässlich. Sie sind grundsätzlich nicht variabel. Eine Grundfunktion kann zur Erfüllung von Gesamtfunktionsvarianten allein auftreten oder mit anderen Funktionen verknüpft werden. Sie wird durch einen Grundbaustein verwirklicht, der in einer oder mehreren Größenstufen sowie ggf. in verschiedenen Bearbeitungsstufen ausgeführt sein kann. Solche Grundbausteine sind in der Baustruktur des Baukastensystems als „Muss-Bausteine" enthalten.

Hilfsfunktionen sind verbindend und anschließend und werden durch *Hilfsbausteine* erfüllt, die sich im Allgemeinen als Verbindungs- und Anschlusselemente darstellen. Hilfsbausteine müssen entsprechend den Größenstufen der Grundbausteine und der anderen Bausteine entwickelt werden und sind in der Baustruktur meistens Muss-Bausteine.

Sonderfunktionen sind besondere, ergänzende, aufgabenspezifische Teilfunktionen, die nicht in allen Gesamtfunktionsvarianten wiederkehren müssen. Sie werden durch *Sonderbausteine* erfüllt, die zum Grundbaustein eine spezielle Ergänzung oder ein Zubehör darstellen und daher Kann-Bausteine sind.

Anpassfunktionen sind zum Anpassen an andere Systeme und Randbedingungen notwendig. Sie werden stofflich durch *Anpassbausteine* verwirklicht, die nur zum Teil bereits maßlich festgelegt sind und noch im Einzelfall aufgrund nicht vorhersehbarer Randbedingungen in ihren Abmessungen angepasst werden müssen. Anpassbausteine treten als Muss- oder Kann-Bausteine auf.

Nicht im Baukastensystem vorgesehene *auftragsspezifische Funktionen* werden trotz sorgfältiger Entwicklung eines Baukastensystems immer wieder vorkommen. Solche Funktionen werden über *Nichtbausteine* verwirklicht, die für die konkrete Aufgabenstellung in Einzelkonstruktion entwickelt werden müssen. Ihre Verwendung führt zu einem *Mischsystem* als Kombination von Bausteinen und Nichtbausteinen.

Zur Baukastensystematik können noch nachfolgende *Begriffe* zweckmäßig sein:

Unter der *Bedeutung eines Bausteins* wird eine Rangordnung innerhalb eines Baukastensystems verstanden. So sind bei Funktionsbausteinen *Muss-Bausteine* und *Kann-Bausteine* [14] Gliederungen in diesem Sinne.

Ein fertigungsorientiertes Merkmal ist die *Komplexität der Bausteine*. Hierbei wird zwischen *Großbausteinen*, die als Baugruppe noch in weitere Fertigungsteile zerlegbar sind, und *Kleinbausteinen* unterschieden, die bereits Werkstücke darstellen.

Ein weiterer Gesichtspunkt einer Baukastenkennzeichnung ist die *Kombinationsart* der Bausteine. Angestrebt wird die fertigungstechnisch günstige Kombination nur gleicher Bausteine. Praxis ist aber die Kombination gleicher und verschiedener Bausteine sowie die Kombination mit auftragsspezifischen Nichtbausteinen. Letztere erfüllen als Mischsysteme marktseitige Anforderungen recht wirtschaftlich.

Zur Kennzeichnung von Baukastensystemen ist weiterhin ihr *Auflösungsgrad* geeignet. Er bestimmt für einen Baustein den Grad der funktions- und/oder fertigungsbedingten Aufgliederung in Einzelteile. Bezogen auf den gesamten Baukasten beschreibt er die Anzahl der beteiligten Bausteine und ihre Kombinationsmöglichkeiten.

Abschnittsweise Konkretisierung eines Baukastens durch Gestaltungsabschnitte (Module)

In Fällen der Einzelfertigung mit oft sehr variablen Anforderungen an Leistung und Wirkungsgrad, z. B. Turbinen, Pumpen, Verdichter u. ä., bei denen die aktiven Gestaltungszonen, wie z. B. Schaufelkanal, Kolbenabmessungen, maßlich stets angepasst werden müssen, andererseits aber viele Gestaltungszonen gleich bleiben, wie z. B. Lager, Dichtungen, Eintritts- und Austrittsteile, ist eine Gliederung in *Gestaltungsabschnitte* (Module) sehr zweckmäßig (vgl. auch Abb. 1.9, Hauptarbeitsschritt 4, und Abb. 7.1, Hauptarbeitsschritt 3). Dabei ist das ganze Produkt sowohl in eine Baureihe als auch

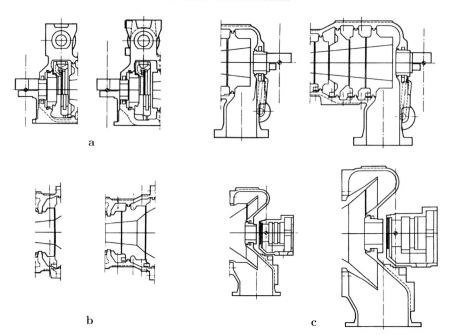

Abb. 10.22. Durch Abschnitte (Module) entstandene fiktive Bausteine einer Industrieturbinenreihe (Bauart Siemens). **a** Eintrittsabschnitte; **b** Mittelabschnitte; **c** Austrittsabschnitte

abschnittsweise in modulare Bausteine entwickelt (vgl. Abb. 10.22). Die Bausteine werden in geeigneten Größenstufen festgelegt. Das Baukastensystem besteht dabei zunächst nur fiktiv im Bereich des Herstellers, der nun je nach Anforderung die passenden Zeichnungs- bzw. Datensätze als Module zur Gesamtmaschine kombiniert (vgl. Abb. 10.23). Ein solcher fiktiver Baukasten muss nicht auf den Konstruktionsbereich beschränkt bleiben. Aus ihm werden Fertigungsmodule entwickelt, die stets gleich bleiben und so auch als Fertigungssätze in der Arbeitsvorbereitung und als programmierte Fertigungsabläufe vorliegen. Weiterhin lassen sich die gebildeten Abschnitte (Module) z. B. in den Vorrat von Gussmodellen übertragen, d. h. auch die Modelle werden als Module gegliedert und im Bedarfsfall zum entsprechenden komplexeren Gesamtteil, z. B. Gehäuse, zusammengesetzt. Je nach Bedarf lässt sich so der Konkretisierungsgrad unterschiedlich festlegen mit der Möglichkeit, Module des Baukastens entweder nur fiktiv, sozusagen in der Software, oder real bis zur Lagerhaltung als Hardware (Teile) bereitzustellen.

Zur *Baukastenabgrenzung* werden *Umfang* und *Möglichkeiten* eines Baukastensystems in sog. geschlossenen Systemen durch *Bauprogramme* mit endlicher, vorsehbarer Variantenzahl dargestellt. Mit ihrer Hilfe kann eine gewünschte Kombination unmittelbar angegeben werden. Im Gegensatz dazu enthalten sog. offene Systeme eine große Vielfalt an Kombinationsmöglich-

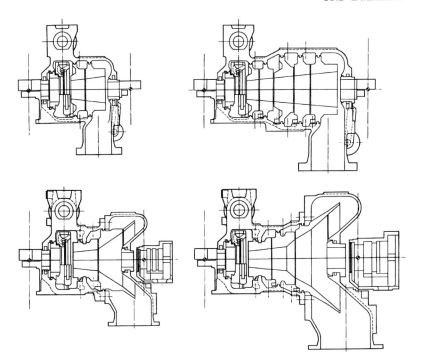

Abb. 10.23. Aus Abschnitten nach Abb. 10.22 kombinierte Gesamtmaschinen für unterschiedliche Anforderungen nach Druckgefälle und Volumenstrom (Bauart Siemens)

keiten, so dass sie nicht im vollen Umfang geplant und dargestellt werden können (vgl. Abb. 10.32). In einem *Baumusterplan* werden dann nur Beispiele vorgestellt, aus denen der Anwender typische Anwendungsmöglichkeiten des Baukastens ersieht.

In Tabelle 10.5 sind die genannten Begriffe einer Baukastensystematik zusammengefasst.

10.2.2 Vorgehen beim Entwickeln von Baukästen
Procedure for modular product development

Im Folgenden wird das Vorgehen bei der Entwicklung von Baukastensystemen anhand der Arbeitsschritte gemäß Abb. 4.3 dargelegt.

Klären der Aufgabenstellung

Bei der Formulierung von Forderungen und Wünschen, z. B. mit Hilfe der Leitlinie (vgl. Abb. 5.3) müssen vom Produktprogramm zu erfüllende, unterschiedliche Aufgaben sorgfältig und vollständig erarbeitet werden. Kennzeichnend für die Anforderungsliste eines Baukastensystems ist die Forderung

Tabelle 10.5. Begriffe zur Baukastensystematik

Ordnende Gesichtspunkte	Unterscheidende Merkmale
Bausteinarten:	– Funktionsbausteine • Grundbausteine • Hilfsbausteine • Sonderbausteine • Anpassbausteine • Nichtbausteine – Fertigungsbausteine
Bausteinbedeutung:	– Muss-Bausteine – Kann-Bausteine
Bausteinkomplexität:	– Großbausteine – Kleinbausteine
Bausteinkombination:	– nur gleiche Bausteine – nur verschiedene Bausteine – Bausteine und Nichtbausteine
Baustein- und Baukastenauflösungsgrad:	– Anzahl der Einzelteile je Baustein – Anzahl der Bausteine und ihre Kombinationsmöglichkeit
Baukastenkonkretisierungsgrad:	– nur als gegliederter Datensatz vorhanden – unterschiedliche Konkretisierung einzelner Teile – voll konkretisiert
Baukastenabgrenzung:	– geschlossenes System mit Bauprogramm – offenes System mit Baumusterplan

nach mehreren Gesamtfunktionen. Aus diesen ergeben sich dann die vom Baukastensystem zu erfüllenden *Gesamtfunktionsvarianten*.

Von besonderer Bedeutung für eine wirtschaftliche Auslegung und Abgrenzung von Baukästen sind Angaben über die marktseitig erwartete Häufigkeit der einzelnen Gesamtfunktionen. Friedewald [17] spricht von einem Quantifizieren der Funktionsvarianten mit dem Grundgedanken, einen Baukasten technisch und wirtschaftlich für diejenigen Gesamtfunktionsvarianten zu optimieren, die am häufigsten verlangt werden. Verteuert die Realisierung selten benötigter Varianten den Aufbau des Baukastens, so wird man versuchen, diese Varianten aus dem Baukastensystem im Interesse eines wirtschaftlichen Gesamtsystems herauszunehmen. Je genauer diese Untersuchungen vor der eigentlichen Entwicklung durchgeführt werden, umso größer ist die Chance für eine wirtschaftliche Verbesserung gegenüber einer Einzelausführung. Die Typbeschränkung mit dem Wegfall wenig gefragter und kostenungünstiger Funktionsvarianten kann jedoch endgültig erst dann vorgenommen werden, wenn das erarbeitete Konzept oder sogar der Entwurf Aufschluss über die Kosten der Gesamtfunktionsvarianten selbst und über den Einfluss jeder einzelnen Variante auf die Kosten des gesamten Baukastens geben.

Aufstellen von Funktionsstrukturen

Dem Aufstellen von Funktionsstrukturen kommt bei Baukastenentwicklungen eine besondere Bedeutung zu. Mit der Funktionsstruktur, d. h. mit dem Aufgliedern der geforderten Gesamtfunktion in Teilfunktionen wird die Baustruktur des Systems bereits weitgehend festgelegt. Gleich zu Beginn muss versucht werden, die geforderten Gesamtfunktionsvarianten so in Teilfunktionen aufzugliedern, dass entsprechend den in Abb. 10.21 angegebenen Funktionsarten möglichst wenige, gleiche und wiederkehrende Teilfunktionen (Grund-, Hilfs-, Sonder- und Anpassfunktionen) entstehen. Die Funktionsstrukturen der Gesamtfunktionsvarianten müssen untereinander nach logischen und physikalischen Gesichtspunkten verträglich und die mit ihnen festgelegten Teilfunktionen im Sinne des Baukastens austausch- und kombinierbar sein. Dabei wird es je nach Aufgabenstellung zweckmäßig sein, die Gesamtfunktionen durch Muss-Funktionen und durch aufgabenspezifisch hinzukommende Kann-Funktionen zu verwirklichen.

Abbildung 10.24 zeigt als Beispiel für das in [3, 23] ausführlich dargestellte Gleitlager-Baukastensystem die Funktionsstruktur mit den wichtigsten geforderten Bausteinen „Loslager", „Festlager" und „Festlager mit hydrostatischer Entlastung" sowie den dazu erforderlichen Grund-, Sonder-, Hilfs- und Anpassfunktionen. Am Beispiel der Teilfunktion „drehendes gegen ruhendes System abdichten" sei darauf hingewiesen, dass es oft wirtschaftlich ist, mehrere Funktionen zu einer komplexen Funktion zusammenzufassen: So wurde im vorliegenden Fall die Grundfunktion „Abdichten" mit einer Anpassfunktion wegen verschiedener Anschlussbedingungen kombiniert. Der diese komplexe Funktion erfüllende Fertigungsbaustein „Wellendichtung" ist deshalb als Rohteil so ausgeführt, dass er in verschiedenen Bearbeitungsstufen als einfache Schneidendichtung, als Schneidendichtung mit zusätzlichem Labyrinth oder als Dichtung mit zusätzlichem Kupplungsverschalungsträger ausgeführt werden kann (vgl. Abb. 10.25). Ferner sei darauf hingewiesen, dass es Sonderfunktionen (Sonderbausteine) gibt, die mindestens in einer Gesamtfunktionsvariante vorkommen (hier: „Axialkraft übertragen"), andere, die für alle Gesamtfunktionsvarianten nur Kann-Bausteine darstellen (hier: „Öldruck messen") sowie solche, die erst ab einer bestimmten Größenstufe einer Grundfunktion notwendig werden (hier: „Drucköl zuführen").

Zum Aufstellen von Funktionsstrukturen werden folgende Ziele hervorgehoben:

– Anzustreben ist eine Erfüllung der geforderten Gesamtfunktionen nur mit der Kombination möglichst weniger und einfach zu realisierender Grundfunktionen.
– Die Gesamtfunktionen sollten in Grundfunktionen und wenn notwendig in Hilfs-, Sonder- und Anpassfunktionen gemäß Abb. 10.21 so aufgeteilt wer-

670 10 Entwickeln von Baureihen und Baukästen

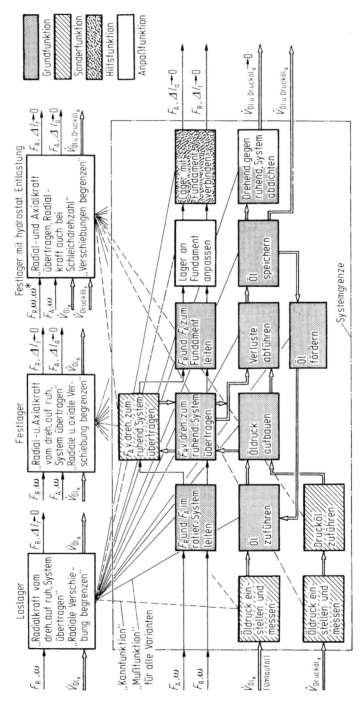

Abb. 10.24. Funktionsstruktur für ein Gleitlager-Baukastensystem in Anlehnung an [23]

10.2 Baukästen 671

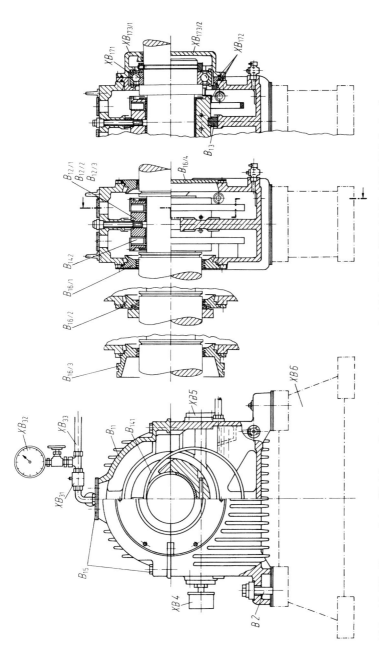

Abb. 10.25. Entwurf des Gleitlager-Baukastensystems nach Abb. 10.24 (Werkbild AEG-Telefunken)

den, dass die Varianten mit hohem Bedarf überwiegend mit Grundfunktionen und die seltener geforderten Varianten zusätzlich mit Sonder- und Anpassfunktionen aufgebaut werden. Für sehr selten geforderte Funktionsvarianten sind Mischsysteme mit zusätzlichen Einzelfunktionen (Nichtbausteinen) häufig wirtschaftlicher.
– Die Zusammenfassung mehrerer Teilfunktionen auf einen Baustein ist ebenfalls eine wirtschaftliche Lösung. Sie empfiehlt sich besonders zum Erfüllen von Anpassfunktionen.

Suchen von Wirkprinzipien und Lösungsvarianten

Es müssen nun Wirkprinzipien zum Erfüllen der Teilfunktionen gefunden werden. Bei der Suche sind vor allem solche Prinzipien zu finden, die bei Beibehaltung des gleichen Wirkprinzips und der grundsätzlich gleichen Gestaltung Varianten ermöglichen. Es ist in der Regel günstig, für die einzelnen Funktionsbausteine gleiche Energiearten und weitgehend physikalisch ähnliche Wirkprinzipien vorzusehen. So ist es z. B. wirtschaftlicher und auch technisch für die Kombination der Teillösungen zu Gesamtlösungen (Lösungsvarianten) zweckmäßiger, verschiedene Antriebsfunktionen mit nur einer Energieart zu erfüllen, als in einem Baukastensystem elektrische, hydraulische und mechanische Antriebe gleichzeitig vorzusehen.

Ein weiterer Gesichtspunkt, der zu einer fertigungsgünstigen Lösung führt, ist die Erfüllung mehrerer Funktionen durch nur einen Baustein mit verschiedenen Bearbeitungsstufen.

Generelle Regeln können hierfür jedoch wegen der Vielschichtigkeit der technischen und wirtschaftlichen Einflussfaktoren nicht ausgesprochen werden. So erscheint es bei dem konzipierten Gleitlagersystem (Abb. 10.25) technisch und wirtschaftlich günstiger, für kleine Axialkräfte die Lagerschale mit seitlichen Anlaufflächen zur Aufnahme der Axialkräfte zu versehen, anstatt nur aus prinzipiellen Erwägungen Radial- und Axialkräfte über den gesamten Größenbereich durch ausgeprägte Axial-Gleitlager zu übertragen.

Ansonsten werden für das Gleitlagersystem in der Konzeptphase vor allem zwei unterschiedliche Eigenschmiersysteme (Losring, Festring) konzipiert, da Vor- und Nachteile erst in späteren Versuchen überprüft werden sollten [23]. Der Aufbau des endgültig gewählten Lagersystems kann Abb. 10.25 entnommen werden.

Auswählen und Bewerten

Werden bei dem vorhergehenden Arbeitsschritt mehrere Lösungsvarianten gefunden, so müssen diese nun nach technischen und wirtschaftlichen Kriterien beurteilt und die günstigste prinzipielle Lösung ausgewählt werden. Eine solche Auswahl ist erfahrungsgemäß bei dem niedrigen Informationsstand über die Varianten schwierig.

So werden bei dem Gleitlagersystem einerseits bereits in der Konzeptphase durch Bewerten Vorentscheidungen getroffen, z. B. über den Einsatz eines Gleitlagers oder Wälzlagers zur Aufnahme von Axialkräften, andererseits kann die endgültige Entscheidung über das günstigste Schmiersystem (Losring, Festring) erst nach dem Bau von Prototypen und entsprechenden Versuchen getroffen werden.

Neben der Ermittlung der technischen Wertigkeiten der einzelnen Konzeptvarianten ist bei Baukastensystemen vor allem die Betrachtung der wirtschaftlichen Gegebenheiten wichtig. Dazu ist es notwendig, den fertigungstechnischen Aufwand der Bausteine und ihren kostenmäßigen Einfluss auf das gesamte Baukastensystem abzuschätzen. In einem ersten Schritt müssen also die zu erwartenden „Funktionskosten" der Teilfunktionen bzw. der sie erfüllenden Bausteine bestimmt werden. Bei der niedrigen Konkretisierungsstufe der Konzeptphase kann das in der Regel nur eine recht grobe Abschätzung sein. Da Grundbausteine in allen Ausführungsvarianten vorkommen, wird man solche Lösungen vorziehen, die Grundbausteine mit geringem Fertigungsaufwand ermöglichen und damit niedrigere Kosten ergeben. Sonder- und Anpassbausteine stehen bei einer Kostenminimierung erst an zweiter Stelle.

Zur Kostenminimierung eines Baukastensystems müssen nicht die Bausteine allein, sondern auch ihre gegenseitige Beeinflussung betrachtet werden. Besonders muss der Einfluss der Sonder-, Hilfs- und Anpassbausteine auf die *Kosten der Grundbausteine* analysiert werden. Der Kosteneinfluss jeder Gesamtfunktionsvariante auf die Kosten des gesamten Baukastensystems muss erfasst werden, und zwar für alle betrachteten Baustrukturvarianten. Die Klärung dieses Kosteneinflusses ist häufig nicht einfach. So würde z. B. bei dem betrachteten Gleitlagersystem eine Funktionsvariante, „Öl intern rückkühlen" den Grundbaustein „Lagergehäuse" mit seinen Grundfunktionen „Kraft F_R und F_A zum Fundament leiten" und „Öl speichern" durch die Abmessungen des in den Ölsumpf (Ölspeicher) des Lagergehäuses einzuhängenden Sonderbausteins „Wasserkühler" beträchtlich beeinflussen. Die Kosten aller Gesamtfunktionsvarianten, die den Grundbaustein „Lagergehäuse" enthalten, würden sich infolge des Sonderbausteins „interner Wasserkühler" und der damit verbundenen Vergrößerung des Lagergehäuses erhöhen. Liegt für diese Variante ein nur geringer Bedarf vor, so kann es durchaus wirtschaftlicher sein, einen Ölrückkühler außerhalb des Lagergehäuses anzuordnen und den Mehraufwand der dann notwendigen Ölpumpe in Kauf zu nehmen, als für alle vorkommenden und vor allem umsatzstarken Varianten des Baukastensystems den Grundbaustein „Lagergehäuse" zu verteuern.

Es ist also wichtig, die Auslegung der Grundbausteine und damit ihre Kosten nach den umsatzstarken Funktionsvarianten auszurichten. Hierbei ist der Einfluss der übrigen Bausteine auf die Grundbausteine hinsichtlich deren Optimierung bedeutsam. In [27, 28] wird ein Verfahren mit Nutzung neuronaler Netze angegeben, mit dessen Hilfe solche komplexen Zusammenhänge erkannt und beurteilt werden können.

Ist eine marktgerechte Anpassung des Konzepts nicht möglich, so sollte versucht werden, kostenungünstige Funktionsvarianten aus dem Baukastensystem zu streichen. Es wird häufig wirtschaftlicher sein, ausgefallene und das Gesamtsystem verteuernde Varianten im Bedarfsfall durch Einzelausführungen zu ersetzen, als diese mit Zwang in das Baukastensystem hineinzubringen. Eine weitere Ausweichmöglichkeit bietet auch der Einsatz von Mischsystemen.

Erstellen der Gesamtentwürfe

Nachdem das Konzept vorliegt, müssen die einzelnen Bausteine nicht nur funktions- sondern auch fertigungsgerecht gestaltet werden. In einem Baukastensystem hat die Festlegung fertigungs- und montagegerechter Bausteine eine besondere wirtschaftliche Bedeutung. Unter Beachten der in 7.5.8 und 7.5.9 dargelegten Gestaltungsrichtlinien muss versucht werden, die für den Baukasten erforderlichen Grund-, Sonder-, Hilfs- und Anpassbausteine so zu gestalten, dass die Zahl der gleichen und wiederkehrenden Werkstücke groß ist und diese möglichst mit nur wenigen Rohteilen und Bearbeitungsgängen verwirklicht werden.

Angesichts einer geforderten Größenstufung ist die richtige Wahl des Auflösungsgrades für die Bausteine wichtig. Hierbei ist eine Differentialbauweise hilfreich. Das Finden des optimalen Auflösungsgrades ist allerdings problematisch, denn er wird von zahlreichen Kriterien beeinflusst:

– Anforderungen und ihre Qualitätsmerkmale sind bei Beachten der Auswirkungen von Fehlerfortpflanzung einzuhalten (vgl. 7.4.5, Prinzip der fehlerarmen Gestaltung). So erhöht z. B. die Zahl der Einzelteile die notwendigen Passungen, oder sie wirkt sich infolge der zahlreichen Fügestellen funktionsmäßig ungünstig aus, z. B. im Schwingungsverhalten der Maschine.
– Die Gesamtfunktionsvarianten sollen durch eine einfache Montage der Bausteine (Einzelteile und/oder Baugruppen) entstehen.
– Bausteine sind nur soweit aufzulösen, wie Funktionsfähigkeit und Qualität es erfordern und die Kosten es zulassen.
– Bei Baukastensystemen, die vom Anwender als Gesamtsystem bezogen werden und deren Varianten durch unterschiedliche Bausteinkombination vom Anwender selbst zusammengestellt werden [33], sind insbesondere die häufig verwendeten Bausteine festigkeits- und verschleißmäßig so aufzugliedern und auszulegen, dass eine möglichst gleich hohe Gebrauchsdauer oder eine leichte Austauschbarkeit gegeben sind.
– Beim Festlegen des Auflösungsgrades hinsichtlich Kosten und Fertigungszeiten ist immer der gesamte Baukasten zu betrachten. Von besonderer Bedeutung ist neben den Konstruktionskosten die Erfassung der Auftragsabwicklung im Konstruktions- und Fertigungsbereich, d. h. auch der Arbeitsvorbereitung, des Fertigungsablaufs einschließlich Montage, der Materialwirtschaft und schließlich des Vertriebs.

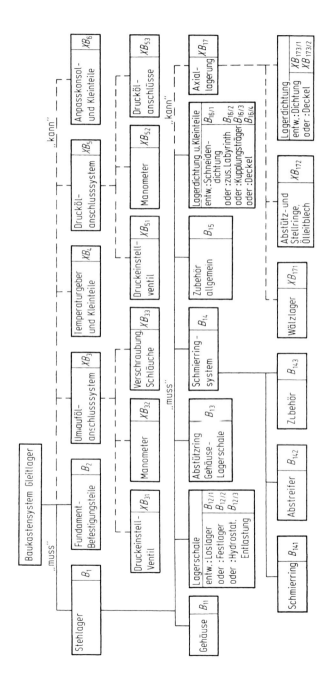

Abb. 10.26. Baustruktur (Erzeugnisstammbaum) des Baukastensystems für hydrodynamisch geschmierte Radialgleitlager mit zusätzlichem Axiallager und hydrostatischer Drucköl-entlastung gem. Entwurf nach Abb. 10.24 und 10.25 (X kennzeichnet Kann-Bausteine)

Abbildung 10.25 zeigt den Gesamtentwurf für das schon betrachtete Gleitlagersystem. In Abb. 10.26 ist entsprechend der in Abb. 10.24 dargestellten Funktionsstruktur die Baustruktur für die Gesamtfunktionsvarianten zusammengestellt. In die Abb. 10.25 und 10.26 sind wegen der Übersichtlichkeit nur die wichtigsten Baugruppen und Einzelteile des ausgeführten Gleitlagersystems eingetragen, der tatsächliche fertigungstechnische Auflösungsgrad des Baukastensystems ist größer. Bereits in Abb. 10.24 sind nur die wichtigsten Funktionsvarianten eingetragen. Vergleicht man die Funktionsstruktur mit der ausgeführten Baustruktur, so erkennt man, dass bei vorliegendem Baukastensystem mehrere Funktionen durch nur einen Baustein bzw. Varianten dieses Bausteins verwirklicht werden. Tabelle 10.6 gibt nochmals einen Überblick über die vorgesehenen Bausteine und die diesen zugeordneten Funktionen.

Tabelle 10.6. Zusammenstellung der im Baukasten nach Abb. 10.26 enthaltenen Bausteine

Baustein	Nr.	Bausteinart	Funktionen
Gehäuse	B_{11}	Grundbaustein	„F_R und F_A zum Fundament leiten", „Verluste abführen", „Öl speichern"
Lagerschale	$B_{12/1}$	Grundbaustein	„F_R vom drehenden zum ruhenden System übertragen", „Öldruck aufbauen"
	$B_{12/2}$	Bearbeitungsvariante des Bausteins $B_{12/1}$	Zusätzlich: „F_A vom drehenden zum ruhenden System übertragen"
	$B_{12/3}$	Bearbeitungsvariante des Bausteins $B_{12/1}$	Zusätzlich: „Hydrostatischen Öldruck auf Welle übertragen"
Abstützring zwischen Gehäuse und Lagerschale	B_{13}	Hilfsbaustein	„Lagerschale und Gehäuse verbinden"
Schmierring	B_{141}	Grundbaustein	„Öl fördern"
Abstreifer	B_{142}	Grundbaustein	„Öl zuführen"
Zubehör	B_{143}	Grundbaustein	„Ölstand kontrollieren" und „Öl ablassen"
Zubehör allgemein	B_{15}	Grundbaustein, Hilfsbaustein	„Zubehör- und Verbindungsfunktionen"
Lagerdichtung und Kleinteile	$B_{16/1}$	Grundbaustein	„Drehendes gegen ruhendes System abdichten"
	$B_{16/2}$	Grundbaustein/ Anpassbaustein	Zusätzlich: „Anpassen an Labyrinthdichtung"
	$B_{16/3}$	Grundbaustein/ Anpassbaustein	Zusätzlich: „Anpassen an Kupplungsträger"

Tabelle 10.6. (Fortsetzung)

Baustein	Nr.	Bausteinart	Funktionen
	$B_{16/4}$	Sonderbaustein	„Gehäusebohrung bei fehlender Welle abdichten"
Fundament-befestigungsteile	B_2	Hilfsbaustein	„Lager mit Fundament kraftschlüssig verbinden"
Druckeinsteil-Ventil	XB_{31}	Sonderbaustein	„Druck für Umlauföl einstellen"
Manometer	XB_{32}	Sonderbaustein	„Öldruck messen"
Verschraubung, Schläuche	XB_{33}	Hilfsbaustein	„Umlauföl leiten"
Temperatur und Kleinteil	XB_4	Sonderbaustein	„Temperatur messen"
Druckeinstell-Ventil	XB_{51}	Sonderbaustein	„Druck für Drucköl einstellen"
Manometer	XB_{52}	Sonderbaustein	„Öldruck messen"
Druckölanschlüsse	XB_{53}	Hilfsbaustein	„Drucköl zuführen"
Anpasskonsol- und Kleinteile	XB_6	Anpassbaustein	„Lager an Fundament anpassen"
Wälzlager	XB_{171}	Sonderbaustein (für große Axial kräfte)	„F_A vom drehenden zum ruhenden System übertragen"
Abstütz- u. Stellringe, Ölleitblech	XB_{172}	Hilfsbaustein	„Wälzlager mit Gehäuse kraftschlüssig verbinden", „Zum Wälzlager Öl zuführen"
Lagerdichtung	$XB_{173/1}$	Sonderbaustein	„Drehendes gegen ruhendes System bei Wälzlagervariante abdichten"
	$XB_{173/2}$	Sonderbaustein	„Gehäusebohrung bei fehlender Welle abdichten"

Ausarbeiten von Fertigungsunterlagen

Die Fertigungsunterlagen müssen so ausgearbeitet werden, dass bei der Auftragsabwicklung eine einfache, möglichst DV-unterstützte Zusammenstellung und Weiterverarbeitung der gewünschten Gesamtfunktionsvarianten möglich ist.

Für einen entsprechenden Zeichnungsaufbau sind eine zweckmäßige Sachnummerung und Klassifizierung wichtig, da diese eine Grundlage für die Verkettung der Bausteine (Einzelteile und Baugruppen) untereinander bilden. Nähere Hinweise zur Sachnummerung und Klassifizierung werden in 8.3 gegeben.

Die Verbindung der einzelnen Bausteine zur Produktvariante wird in der Stückliste festgehalten. Als Stücklistenaufbau eignet sich hierfür die sog.

Varianten-Stückliste [14], die auf der Baustruktur des Produkts aufbaut und die Muss- und Kann-Bausteine herausstellt. Eine Darlegung des Stücklistenaufbaus erfolgt in 8.2.3.

Besonders geeignet für die Nummerung von Zeichnungen und Stücklisten bei Baukastensystemen ist die Parallelverschlüsselung, die eine Identifizierungsnummer zur eindeutigen und unverwechselbaren Bezeichnung von Bauteilen und Baugruppen sowie eine Klassifikationsnummer zur funktionsorientierten Einordnung und zum Abruf dieser Bauteile und Baugruppen enthält. Die Klassifikationsnummer ist für ein Baukastensystem besonders wichtig, da man mit ihr die Ähnlichkeit oder Gleichheit von Bauteilen hinsichtlich ihrer Funktion oder sonstiger Sachmerkmale erkennen kann.

10.2.3 Vorteile und Grenzen von Baukastensystemen
Advantages and limitations of modular systems

Für die *Hersteller* ergeben sich in nahezu allen Unternehmensbereichen *Vorteile:*

– Für Angebote, Projektierung und Konstruktion stehen bereits fertige Ausführungsunterlagen zur Verfügung. Der Konstruktionsaufwand wird nur einmalig vorab nötig, was hinsichtlich der erforderlichen Vorleistung ein Nachteil sein kann.
– Auftragsgebundener Konstruktionsaufwand entsteht nur für nicht vorhersehbare Zusatzeinrichtungen.
– Kombinationsmöglichkeit mit Nichtbausteinen,
– vereinfachte Arbeitsvorbereitung und bessere Fertigungsterminsteuerung sind möglich,
– Auftragsabwicklung im Konstruktions- und Fertigungsbereich kann mit Hilfe bausteinbedingter Parallelfertigung stark gekürzt werden, außerdem schnelle Lieferbereitschaft.
– Eine DV-unterstützte Auftragsabwicklung wird erleichtert.
– Einfache Kalkulation möglich,
– Bausteine können auftragsunabhängig in optimalen Losgrößen gefertigt werden, was z. B. zu kostengünstigeren Fertigungsmitteln und -verfahren führen kann.
– Günstige Montagebedingungen infolge zweckmäßigerer Baugruppenunterteilung,
– Einsatzmöglichkeiten der Baukastentechnik in verschiedenen Konkretisierungsstufen des Produktionsprozesses, so bei der Zeichnungs- und Stücklistenerstellung, also im Konstruktionsbereich, bei der Aufstellung von Arbeitsplänen, bei der Beschaffung von Rohteilen und Halbzeugen, bei der Teilefertigung bis hin zur Montage sowie auch beim Vertrieb.

Für den *Anwender* sind auch eine Reihe von *Vorteilen* erkennbar:

– Kurze Lieferzeit,

- bessere Austausch- und Instandsetzungsmöglichkeiten,
- besserer Ersatzteildienst,
- spätere Funktionsänderungen und Erweiterungen im Rahmen des Variantenspektrums,
- Fehlermöglichkeiten durch ausgereifte Gestaltung fast ausgeschlossen.

Für den *Hersteller* ist die *Grenze* eines Baukastensystems erreicht, wenn die Unterteilung in Bausteine zu technischen Mängeln und wirtschaftlichen Einbußen führt:

- Eine Anpassung an spezielle Kundenwünsche ist nicht so weitgehend möglich wie bei Einzelkonstruktionen (Verlust der Flexibilität und Marktorientierung).
- Der Konstruktionsaufwand wird in größerem Umfang einmalig vorab notwendig. Häufig werden deshalb bei festgelegter Baustruktur die Werkstattzeichnungen erst bei Auftragseingang angefertigt. So vervollständigt sich der Zeichnungsbestand eines Bauprogramms allmählich.
- Produktänderungen sind nur in größeren Zeiträumen wirtschaftlich vertretbar, da die einmaligen Entwicklungskosten hoch sind.
- Technische Formgebung wird stärker als bei Einzelausführungen von der Bausteingestaltung und dem Auflösungsgrad bestimmt.
- Erhöhter Fertigungsaufwand, z. B. an Passflächen. Fertigungsqualität muss höher liegen, da eine Nacharbeit ausgeschlossen ist.
- Erhöhter Montageaufwand und größere Sorgfalt sind erforderlich.
- Da nicht nur die Gesichtspunkte des Herstellers, sondern auch des Anwenders herangezogen werden müssen, ist in vielen Fällen das Festlegen eines optimalen Baukastensystems schwer.
- Seltene Kombinationen im Rahmen des Baukastenprogramms zur Erfüllung ausgefallener Gesamtfunktionsvarianten können kostenmäßig ungünstiger sein als eine eigens für diese Aufgabenstellung durchgeführte Einzelausführung.

Auch für den *Anwender* sind *Nachteile* erkennbar:

- Spezielle Wünsche des Anwenders sind schwer erfüllbar.
- Bestimmte Qualitätsmerkmale können ungünstiger liegen als bei Einzelausführungen.
- Wegen der z. T. höheren Gewichte und Bauvolumina als bei einem speziell für die Funktionsvariante entwickelten Produkt steigen u. U. Platzbedarf und Fundamentkosten.

Die Erfahrung zeigt, dass mit Baukastensystemen vor allem die Gemeinkosten (Personalaufwand und -kapazität) reduziert werden können, weniger Material- und auch Fertigungslohnkosten, da das Baukastenprinzip zu Gewichts- und Volumenvergrößerungen an Bausteinen und damit Ausführungsvarianten gegenüber der Einzelausführung führen kann. Wird ein Baukastensystem mit dem Ziel entwickelt, dass jede Funktionsvariante kostengünstiger sein soll als ein für diese Aufgabenstellung speziell entwickeltes

Produkt, kann man sich den Entwicklungsaufwand sparen. Ein Baukastensystem kann nur als Gesamtsystem günstiger sein als eine den Gesamtfunktionsvarianten entsprechende Anzahl von Einzelausführungen.

10.2.4 Beispiele
Examples

Getriebesysteme

Zahnradgetriebe sind ein bekanntes Beispiel für Baukastensysteme, da bei ihnen eine Vielzahl von marktseitig geforderten Funktionsvarianten (z. B. Anbaumöglichkeiten von Antriebs- und Abtriebsmaschinen, Wellenlage, Übersetzung) bei grundsätzlich bekanntem Aufbau vorliegen. Mehrere Beispiele finden sich in [21, 22, 43].

Modulare Straßenbahn

Am Beispiel einer modular aufgebauten Straßenbahn wird gezeigt, wie durch richtige Wahl der Modulparameter in einem Baukastensystem sowie einer Konstruktionsstrategie mit abgestimmtem Einsatz von CAx-Werkzeugen hohe Flexibilität bei gleichzeitig reduzierten Kosten erreicht werden kann.

Die äußere Gestalt einer Straßenbahn wird, neben Designaspekten, bestimmt durch die geforderte Transportkapazität und die vorhandene Infrastruktur des Betreibers. Die *Länge* des Fahrzeugzugs wird dabei im Wesentlichen durch die geforderte Beförderungskapazität festgelegt, die *Breite* aus den maximal zulässigen Werten der Straßenverkehrsordnung und der Infrastruktur, z. B. durch vorhandene Gleisabstände bei zweigleisigen Strecken. Die Gliederung des Fahrzeugs, also die *Anzahl* und jeweilige *Länge* der Fahrzeugteile und die *Anordnung* der Fahrwerke, wird ebenfalls durch die Infrastruktur bestimmt. Entscheidend sind hier u. a. zu befahrende Kurvenradien, an der Strecke vorhandene Gebäude, Bürgersteige usw.

Da die genannten Einflüsse auf die äußere Gestalt der Bahn bei jedem Betreiber unterschiedlich sind, ebenso die geforderten Transportaufgaben, ist im Laufe der Zeit eine sehr große Zahl von Fahrzeugkonzepten entstanden. Im vorgestellten Beispiel bestand die Aufgabe darin, durch eine sehr beschränkte Anzahl von unterschiedlichen Fahrzeugteilen, Modulen (Grundbausteinen) in lediglich 3 Breiten und maximal zwei Längen, alle bisherigen Einsatzfälle abzudecken. Nach umfangreichen Marktanalysen einerseits und einer Analyse der bisher produzierten Fahrzeuge, konnten die in Abb. 10.27 dargestellten drei Grundmodule (Grundbaustein-Typen), nämlich Kopfmodul, Fahrwerksmodul und Mittenmodul definiert werden.

Das Kopfmodul gibt es in zwei Ausprägungen, mit und ohne Fahrerarbeitsplatz, das Fahrwerksmodul mit angetriebenem und nicht angetriebenem Fahrwerk und das Mittenmodul in zwei Längen. Die längere Variante gestattet zwei unterschiedliche Türanordnungen. Alle Module gibt es nur in drei definierten Breiten. In Abb. 10.28 sind die definierten Module abgebildet.

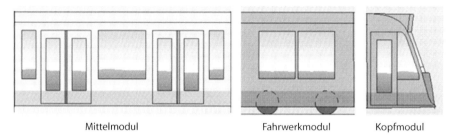

Abb. 10.27. Grundmodule einer modularen Straßenbahn

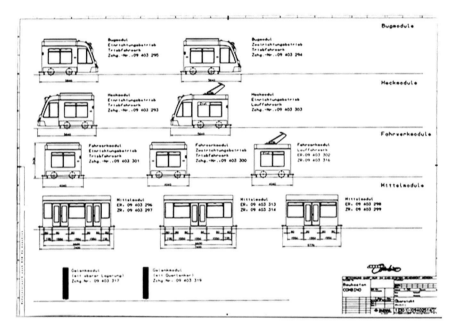

Abb. 10.28. Definierte Module der modularen Straßenbahn

Die Konstruktion des Rohbaus basiert auf einer strengen Gestaltungslogik. Sie kann mit Hilfe eines parametrischen 3D-Modellierers abgebildet werden und innerhalb eines festgelegten Parameterbereichs verändert werden. Die Längenabmessungen der einzelnen Konstruktionselemente der Module, wie beispielsweise die Gelenkquerträger, die Dachquerriegel, die Voutenträger, also die beiden Dachaußenlängsträger, usw. besitzen eine eindeutige geometrische Abhängigkeit untereinander. Durch Vorgabe der Parameter für die Außenabmessungen der Module, wie Modullänge und -breite, Türanzahl usw., ergeben sich die Abmessungen der Konstruktionselemente für das Modul zwangsläufig. In Abb. 10.29 ist beispielhaft der Rohbau eines Mittel-Moduls dargestellt.

Abb. 10.29. Rohbau mit parametrisch abhängigen Konstruktionselementen

Eine Besonderheit stellt das Kopfmodul dar. Der Rohbau des Fahrzeugs besteht aus Aluminiumstrangpressprofilen, die verschraubt werden. Um dem Marktwunsch nach unterschiedlichen Kopfdesigns gerecht zu werden, wurde die Kopfstruktur in GFK-Sandwich-Bauweise realisiert. Ihre Schnittstellen zum Rohbau bleiben aber in ihrer Fahrzeugbreitenklasse unberührt. Die trotz unterschiedlicher Designs vorhandene hohe Flexibilität und Kostenneutralität ist u. a. in der realisierten CAD-CAM-Kopplung begründet. Dabei werden die 3D-CAD-Daten des Kopfes ausgeleitet und direkt an die Formenfräsmaschine für die Schaumkerne der GFK-Sandwich-Struktur geschickt. Dies ist neben der geschilderten Aufbau- und Gestaltungslogik des Rohbaus ein ganz wesentlicher Punkt bei der Planung solcher modularen Produkte. Es wurde mit der Entwicklung des Produkts gleichzeitig das Potenzial und der mögliche Einsatz moderner Entwicklungswerkzeuge analysiert und geplant.

Die gewählte Fahrzeuggliederung lässt nur drei sinnvolle Fahrzeugtypen unterschiedlicher Länge zu. Es handelt sich dabei um drei-, fünf- und siebenteilige Fahrzeuge. In Abb. 10.30 ist die Fahrzeugfamilie aus Fahrzeugmodulen in jeweils unterschiedlichen Längen dargestellt. Es ist ein geschlossenes Baukastensystem.

Die Grundkonfigurationen der Fahrzeuge können als Standardproduktstrukturen in einem Produktions-Planungs-System (PPS) hinterlegt werden. Die oben angesprochene Logik der Module kann durch ein Konfigurationsmanagementsystem beschrieben werden. Gearbeitet wird dann mit dem System auf folgende Weise:

Im ersten Schritt wird die entsprechend der oben genannten Kriterien erforderliche Struktur des Fahrzeugs, drei-, fünf- oder siebenteilig, ausgewählt. Dann werden die Parameter des Fahrzeugs in das Konfigurationsmanagementsystem eingegeben. Dieses ermittelt aus dem angeschlossenen digitalen Archiv die erforderlichen Zeichnungen mit zugehöriger Identnummer und

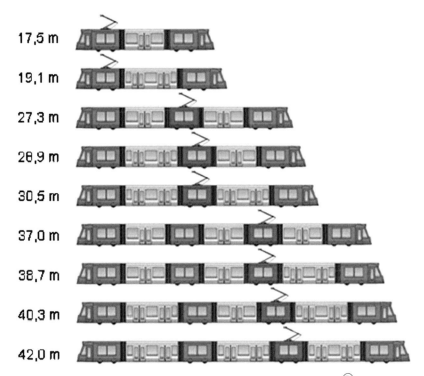

Abb. 10.30. Fahrzeugtypen der Fahrzeugfamilie COMBINO® nach [32] als ein geschlossenes Baukastensystem

trägt sie an entsprechender Stelle der Produktstruktur ein. Im zweiten Schritt werden die nicht vorhandenen, also kundenspezifischen Bauteile und Komponenten als Sonderbausteine oder Nichtbausteine entwickelt und konstruiert. Hierbei handelt es sich um „klassische" Entwicklungs- und Konstruktionstätigkeiten. Auf diese Weise wird die Produktstruktur mit den erforderlichen Identnummern gefüllt (vgl. Abb. 10.31).

Das geschilderte Vorgehen ist hier nur schematisch beschrieben. Eine ausführliche Beschreibung findet sich in [32].

Weitere Beispiele aus der Hydraulik, Pneumatik und dem Werkzeugmaschinenbau können der Literatur entnommen werden [2, 19, 29, 41].

Offene Baukastensysteme der Fördertechnik

Während die bisher gezeigten Systeme Beispiele für „geschlossene" Baukastensysteme mit einem festgelegten Bauprogramm waren, soll das folgende Beispiel ein „offene" Baukastensystem erläutern. Abbildung 10.32 zeigt beispielhaft ein solches System mit festgelegten Bausteinen a und einem Kombinationsbeispiel b.

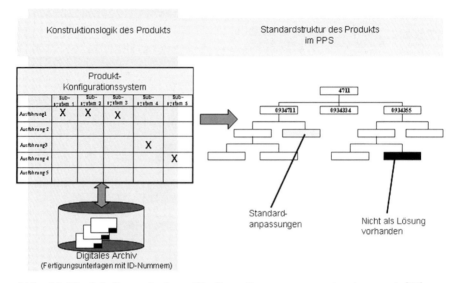

Abb. 10.31. Arbeiten mit einem Konfigurationsmanagementsystem nach [32]

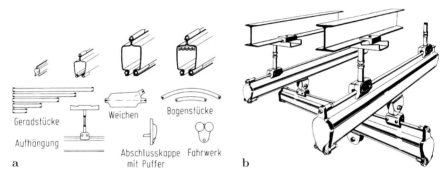

Abb. 10.32. Offenes Baukastensystem für die Fördertechnik (Werkbild Demag, Duisburg). **a** Bausteine; **b** Kombinationsbeispiel

10.3 Neuere Rationalisierungsansätze

10.3.1 Modularisierung und Produktarchitektur

Nach der VDI-Richtlinie 2221 (vgl. 1.2.3-3) wird nach dem Erkennen der Prinzipiellen Lösung das Gliedern in Module gefordert. Damit entsteht im Bauzusammenhang die Baustruktur (vgl. Abb. 2.13) oder wie im englischen Sprachgebrauch verwendet, eine Produktarchitektur [44].

Die Produktarchitektur ist das Beziehungsschema zwischen der Funktionsstruktur eines Produkts und seiner physikalischen Struktur, also der Baustruktur. Die besondere Bedeutung der Produktarchitektur hat erstmals

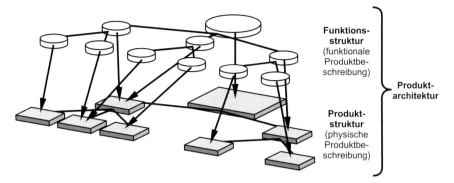

Abb. 10.33. Produktarchitektur als Beschreibung der Beziehungen zwischen der Funktions- und der Produktstruktur nach [45]

Urlich [44] herausgestellt. Nach Göpfer [45] ist demnach die Erstellung der Produktarchitektur eine wesentliche Aufgabe der Produktentwicklung und kann als Transformation der funktionalen in eine physikalische Produktbeschreibung betrachtet werden. Die Eigenschaften der Beziehungen zwischen beiden Größen kennzeichnen den Charakter der Produktarchitektur, Abb. 10.33.

Die Produktarchitektur kann nun genutzt werden, um die Modularität eines Produkts zu beschreiben. Die Modularität einer Produktarchitektur kann anhand der funktionalen und physikalischen Unabhängigkeit ihrer Komponenten klassifiziert werden. Funktional unabhängig ist eine Komponente dann, wenn sie genau eine Teilfunktion erfüllt. Es besteht also eine eindeutige Beziehung zwischen Funktion und Komponente. Vor dem Hintergrund des Ziels einer Produktmodularisierung ist eine Komponente physikalisch unabhängig, wenn sie vor dem Zusammenbau des Produkts eine zusammenhängende Einheit bildet, also beispielsweise unabhängig vom restlichen Produkt geprüft werden kann. Das Ziel der Produktmodularisierung ist nicht die Maximierung der Modularität, das würde eine unnötige Zunahme von Schnittstellen bedeuten, sondern deren Optimierung für unterschiedliche Zielsetzungen.

Eine klare Abgrenzung der Begriffe ist bisher nur im Ansatz vorhanden, denn die wissenschaftliche Aufarbeitung ist noch im Gange.

Auf Basis der Produktarchitektur und der bisherigen Darstellungen können die Begriffe zur Modularisierung eines Produkts aber wie folgt definiert werden:

Modularität:
Ist eine graduelle Eigenschaft der Produktarchitektur im Sinne einer zweckmäßigen Strukturierung.

Modularisierung:
Ist die Produktstrukturierung, bei der die Modularität eines Produkts erhöht wird. Ihr Ziel ist die Optimierung einer bestehenden Produktarchitektur, um

Produktanforderungen zu erfüllen [46] oder um Rationalisierungseffekte in der Produktentstehungsphase zu erzielen.

Modul:
Ist eine funktional und physisch beschreibbare Einheit, die von den restlichen Produktmodulen weitgehend unabhängig ist [46].

10.3.2 Plattformbauweise

Die Plattformbauweise ist erstmalig in der Automobilindustrie bekannt geworden [47]. Als Plattformkonzept wird eine Vorgehensweise zur Entwicklung variantenreicher Produkte mit kurzen Zykluszeiten bezeichnet, bei der durch eine gezielte Planung Rationalisierungspotenziale aufgrund gleicher Teile und Strukturen genutzt werden [48, 49]. Ein Plattformprodukt besteht aus einer ausführungsneutralen Produktplattform und produktspezifischen Anbauten, die auch als Produktgestaltungselemente bezeichnet werden [48]. Die Produktplattform wird unter funktionalen Gesichtspunkten festgelegt und bildet den größten gemeinsamen Nenner einer Produktfamilie. Dass die Produktverwandtschaft der gemeinsamen Produktplattform unter der nach außen wahrnehmbaren Produktoberfläche nicht erkennbar ist, stellt ein weiteres Kennzeichen der Plattformbauweise dar [50].

Plattform- und Baukastenbauweise können aufgrund der beschriebenen Merkmale nicht als identische Bauweisen bezeichnet werden, denn die Produktvarianten werden bei der Plattformbauweise nicht grundsätzlich durch Konfiguration von mehreren vorausgedachten Bausteinen zusammengesetzt.

Literatur
References

1. AEG-Telefunken: Hochspannungs-Asynchron-Normmotoren, Baukastensystem, 160 kW–3150 kW. Druckschrift E 41.01.02/0370.
2. Achenbach, H.-P.: Ein Baukastensystem für pneumatische Wegeventile. wt-Z. ind. Fertigung 65 (1975) 13–17.
3. Beitz, W.; Keusch, W.: Die Durchführung von Gleitlager-Variantenkonstruktionen mit Hilfe elektronischer Datenverarbeitungsanlagen. VDI-Berichte Nr. 196. Düsseldorf: VDI Verlag 1973.
4. Beitz, W.; Pahl, G.: Baukastenkonstruktionen. Konstruktion 26 (1974) 153–160.
5. Berg, S.: Angewandte Normzahl. Berlin: Beuth 1949.
6. Berg, S.: Die besondere Eignung der Normzahlen für die Größenstufung. DIN-Mitteilungen 48 (1969) 222–226.
7. Berg, S.: Konstruieren in Größenreihen mit Normzahlen. Konstruktion 17 (1965) 15–21.
8. Berg, S.: Die NZ, das allgemeine Ordnungsmittel. Schriftenreihe der AG für Rat. des Landes NRW (1959) H. 4.

9. Berg, S.: Theorie der NZ und ihre praktische Anwendung bei der Planung und Gestaltung sowie in der Fertigung. Schriftenreihe der AG für Rat. des Landes NRW (1958) H. 35.
10. Borowski, K.-H.: Das Baukastensystem der Technik. Schriftenreihe Wissenschaftliche Normung, H. 5. Berlin: Springer 1961.
11. Brankamp, K.; Herrmann, J.: Baukastensystematik – Grundlagen und Anwendung in Technik und Organisation. Ind.-Anz. 91 (1969) H. 31 und 50.
12. Dietz, P.: Baukastensystematik und methodisches Konstruieren im Werkzeugmaschinenbau. Werkstatt u. Betrieb 116 (1983) 185–189 und 485–488.
13. DIN 323, Blatt 2: Normzahlen und Normzahlreihen (mit weiterem Schrifttum). Berlin: Beuth 1974.
14. Eversheim, W.; Wiendahl, H. P.: Rationelle Auftragsabwicklung im Konstruktionsbüro. Girardet Taschenbücher, Bd. 1. Essen: Girardet 1971.
15. Flender: Firmenprospekt Nr. K 2173/D. Bocholt 1972.
16. Friedewald, H.-J.: Normzahlen – Grundlage eines wirtschaftlichen Erzeugnisprogramms. Handbuch der Normung, Bd. 3. Berlin: Beuth 1972.
17. Friedewald, H.-J.: Normung integrieren – der Bestandteil einer Firmenkonzeption. DIN-Mitteilungen 49 (1970) H. 1.
18. Gerhard, E.: Baureihenentwicklung. Konstruktionsmethode Ähnlichkeit. Grafenau: Expert 1984.
19. Gläser, F.-J.: Baukastensysteme in der Hydraulik. wt-Z. ind. Fertigung 65 (1975) 19–20.
20. Gregorig, R.: Zur Thermodynamik der existenzfähigen Dampfblase an einem aktiven Verdampfungskeim. Verfahrenstechnik (1967) 389.
21. Hansen Transmissions International: Firmenprospekt Nr. 6102-62/D. Antwerpen 1969.
22. Hansen Transmissions International: Firmenprospekt Nr. 202 D. Antwerpen 1976.
23. Keusch, W.: Entwicklung einer Gleitlagerreihe im Baukastenprinzip. Diss. TU Berlin 1972.
24. Kienzle, O.: Die NZ und ihre Anwendung VDI-Z. 83 (1939) 717.
25. Kienzle, O.: Normungszahlen. Berlin: Springer 1950.
26. Kloberdanz, H.: Rechnerunterstützte Baureihenentwicklung. Fortschritt-Berichte VDI, Reihe 20, Nr. 40. Düsseldorf: VDI-Verlag 1991.
27. Kohlhase, N.: Methoden und Instrumente zum Entwickeln marktgerechter Baukastensysteme. Konstruktion 49 (1997) H. 7/8, 30–38.
28. Kohlhase, N.; Schnorr, R.; Schlucker, E.: Reduzierung der Variantenvielfalt in der Einzel- und Kleinserienfertigung. Konstruktion 50 (1998) H. 6, 15–21.
29. Koller, R.: Entwicklung und Systematik der Bauweisen technischer Systeme – ein Beitrag zur Konstruktionsmethodik. Konstruktion 38 (1986) 1–7.
30. Lang, K.; Voigtländer, G.: Neue Reihe von Drehstrommaschinen großer Leistung in Bauform B 3. Siemens-Z. 45 (1971) 33–37.
31. Lehmann, Th.: Die Grundlagen der Ähnlichkeitsmechanik und Beispiele für ihre Anwendung beim Entwerfen von Werkzeugmaschinen der mechanischen Umformtechnik. Konstruktion 11 (1959) 465–473.
32. Lashin, G.: Baukastensystem für modulare Straßenbahnfahrzeuge. Konstruktion 52 (2000) H. 1 u. 2, 61–65.
33. Maier, K.: Konstruktionsbaukästen in der Industrie. wt-Z. ind. Fertigung 65 (1975) 21–24.

34. Matz, W.: Die Anwendung des Ähnlichkeitsgesetzes in der Verfahrenstechnik. Berlin: Springer 1954.
35. Pahl, G.; Beitz, W.: Baureihenentwicklung. Konstruktion 26 (1974) 71–79 und 113–118.
36. Pahl, G.; Rieg, F.: Kostenwachstumsgesetze für Baureihen. München: C. Hanser 1984.
37. Pahl, G.; Zhang, Z.: Dynamische und thermische Ähnlichkeit in Baureihen von Schaltkupplungen. Konstruktion 36 (1984) 421–426.
38. Pahl, G.: Konstruieren mit 3D-CAD-Systemen. Kap. 8.8: Baureihenentwicklung. Berlin: Springer 1990.
39. Pawlowski, J.: Die Ähnlichkeitstheorie in der physikalisch-technischen Forschung. Berlin: Springer 1971.
40. Reuthe, W.: Größenstufung und Ähnlichkeitsmechanik bei Maschinenelementen, Bearbeitungseinheiten und Werkzeugmaschinen. Konstruktion 10 (1958) 465–476.
41. Schwarz, W.: Universal Werkzeugfräs- und -bohrmaschinen nach Grundprinzipien des Baukastensystems. wt-Z, ind. Fertigung 65 (1975) 9–12.
42. Weber, M.: Das allgemeine Ähnlichkeitsprinzip der Physik und sein Zusammenhang mit der Dimensionslehre und der Modellwissenschaft. Jahrb. der Schiffsbautechn. Ges., H. 31 (1930) 274–354.
43. Westdeutsche Getriebewerke: Firmenprospekt. Bochum 1975.
44. Ulrich, K.: The role of product architecture in manufacturing firm. In.: Research Policy 24. (1995) Nr. 3, S 419–440.
45. Göpfer, J.: Modulare Produktentwicklung. Zur gemeinsamen Gestaltung von Technik und Organisation. Wiesbaden: Dt. Univ.-Verl. 1998. Zugl.: München Univ., Diss., 1998.
46. Baumgart, I.: Modularisierung von Produkten im Anlagenbau. Dissertationsschrift; Rheinisch-Westfälische Technische Hochschule Aachen. Aachen 2004.
47. Piller, F.T.; Waringer, D.: Modularisierung in der Automobilindustrie – neue Form und Prinzipien. Aachen: Shaker Verlag 1999.
48. Haf, H.: Plattformbildung als Strategie zur Kostensenkung. VDI Berichte 1645 (2001), S. 121–137.
49. Cornet, A.: Plattformkonzepte in der Automobilentwicklung. Wiesbaden: Dt. Univ.-Verlag, 2002. Zugl.: Vallendar, Wiss. Hochsch. für Unternehmensführung. Koblenz, Diss., 2000.
50. Stang, S.; Hesse, L.; Warnecke, G.: Plattformkonzepte. Eine strategische Gradwanderung zwischen Standardisierung und Individualität. ZWF 97 (2002) Nr. 3, S. 110–115.

11 Methoden zur qualitätssichernden Produktentwicklung
Design for quality

11.1 Nutzung methodischen Vorgehens
Applying a systematic approach

Produktqualität wird heute umfassend definiert. Sie beinhaltet neben der geforderten Funktionserfüllung die Einhaltung der Anforderungen hinsichtlich Sicherheit, Gebrauchs- und Ergonomieeigenschaften, Recycling und Entsorgung [4] sowie Herstellungs- und Nutzungskosten (vgl. 2.1.7, Abb. 2.15 und 7.2). Entscheidend ist die Erkenntnis, dass mangelnde Produktqualität sowohl aus Konstruktions- als auch aus Verfahrensmängeln resultieren kann.

Das Erreichen einer marktfähigen Produktqualität, d. h. die Qualitätssicherung, beginnt in der Konstruktion [2, 19]. Qualität kann nicht erprüft, sondern muss konstruiert und produziert werden. Vergleichbar mit der hohen Kostenverantwortung der Konstruktion (vgl. 12) entstehen nach [26] 80% aller Fehler durch unzureichende Entwicklung, Konstruktion und Planung. 60% aller Ausfälle innerhalb der Gewährleistung haben ihren Ursprung in fehlerhaften und unreifen Entwicklungen.

Die Qualitätssicherung bzw. Qualitätsverbesserung ist eine Gemeinschaftsaufgabe mit ganzheitlicher Betrachtungsweise, die bei der Produktplanung und dem Marketing beginnt, in Entwicklung und Konstruktion entscheidend beeinflusst wird und schliesslich im Fertigungsbereich produziert werden muss. Grundlage, auch in terminologischer Hinsicht, ist eine internationale Normung (DIN ISO 9001 bis 9004 [12–16]).

Eine Qualitätssicherung in der Produktentwicklung und Konstruktion wird zunächst schon durch die mit vorliegendem Buch vorgeschlagene methodische Vorgehensweise hinsichtlich Arbeitsablauf, Lösungs- und Gestaltungsmethoden sowie Auswahl- und Bewertungsmethoden unterstützt [2, 3, 33].

Der Trend, die konstruktionsmethodischen Arbeitsschritte in einen integrierten Produktentstehungsprozess einzubinden, der unter einem Projektmanagement mit Projektteams durchgeführt wird, erleichtert nochmals die Sicherstellung einer umfassenden Produktqualität (vgl. 4.3). Die in Abb. 4.5 dargestellte Prozesskette eines integrierten Produktentstehungsprozesses ermöglicht durch Überlappung ihrer Hauptphasen oder durch Rekrutierung von Mitarbeitern dieser Bereiche und von Zulieferern in zeitlich befristeten Projektteams eine ganzheitliche Zusammenfassung des Sachverstandes, eine durchgängige Beachtung von Kundenanforderungen und vor allem kurze und direkte Informationswege zum iterativen und schrittweisen Abstimmen des Konstruktionsfortschritts. Die Interdisziplinarität der Projektteams gewährleistet zudem eine ausgewogene Beurteilung und Entscheidungsfindung, beides wichtige Voraussetzungen zum Erreichen eines hohen Qualitätsstandards.

Von den Grundregeln, Prinzipien und Richtlinien zur Gestaltung leisten folgende schon durch ihre Anwendung einen Beitrag zur Qualitätssicherung:

Eindeutige und *einfache* Lösungen helfen, Wirkungen und Verhalten von Wirkprinzipien und Baustrukturen zuverlässig vorauszusagen und so die Gefahr von ungewollten Störungen zu mindern (vgl. 7.3.1 und 7.3.2).

Die Prinzipien der *unmittelbaren Sicherheitstechnik* (sicheres Bestehen, beschränktes Versagen, redundante Anordnungen) und der *mittelbaren Sicherheitstechnik* (Schutzsysteme, Schutzeinrichtungen) bieten wichtige Möglichkeiten, Haltbarkeit, Zuverlässigkeit, Unfallfreiheit und Umweltschutz durch konsequente Gestaltung zu gewährleisten (vgl. 7.3.3).

Eine *fehlerarme* Gestaltung unterstützt eine Fehlerminimierung durch konstruktive Maßnahmen, z. B. durch Kompensation von Störgrößen (Prinzip des Kraftausgleichs), durch Wirkprinzipien und Wirkstrukturen, bei denen die Funktionsgrößen weitgehend unabhängig von den Störgrößen sind (Prinzip der Aufgabenteilung, vgl. 7.4.2), oder durch toleranzausgleichende Zwischenelemente (vgl. 7.4.5).

Bei Kraftleitungen zwischen Bauteilen entstehen oft durch Verformungsdifferenzen (Betrag und Richtung) Zusatzbeanspruchungen, die dadurch vermieden werden können, dass man mit dem *Prinzip der abgestimmten Verformungen* gestaltet, d. h. dass Kraftrichtung und Geometrie so festgelegt werden, dass an den Bauteilfügeflächen gleichgerichtete und gleich große Verformungen für eine gleichmäßige Lastübertragung sorgen (vgl. 7.4.1-3).

Das *Prinzip der Stabilität* hilft, dass Störungen eine sie selbst aufhebende oder zumindest mildernde Wirkung hervorrufen (vgl. 7.4.4-1).

Beim *Prinzip der Selbsthilfe* wird nicht nur versucht, Betriebs- und Störgrößen zu einer die Funktion unterstützenden Hilfswirkung auszunutzen, sondern durch Selbstausgleich von Spannungen und Änderungen der Beanspruchungsart bei Überlastung eine selbstschützende Wirkstruktur zu realisieren (vgl. 7.4.3).

Ausdehnungs- und kriechgerecht gestalten heißt, thermisch und spannungsbedingte Bauteilausdehnungen ohne oder mit Einfluss der Belastungszeit so durch Werkstoffauswahl zu minimieren oder durch Führungen eindeutig aufzunehmen, dass keine Eigenspannungen, Klemmungen oder sonstige Betriebsstörungen entstehen (vgl. 7.5.2 und 7.5.3).

Korrosions- und verschleißgerecht gestalten heißt, durch Ursachenvermeidung (Primärmaßnahmen) oder durch Werkstoffwahl, Beschichtungen oder einfache Instandhaltungsmaßnahmen (Sekundärmaßnahmen) Korrosion und Verschleiß zu vermeiden, zu minimieren oder zumindest für den Betrieb ungefährlich zu machen (vgl. 7.5.4 und 7.5.5).

Fertigungs-, montage- und prüfgerecht gestalten verringert nicht nur Fertigungskosten und -zeiten, sondern stellt auch eine wesentliche Grundlage für die Qualitätssicherung dar. Hier befindet sich traditionell der Schwerpunkt qualitätssichernder Methoden und Maßnahmen (vgl. 7.5.8 und 7.5.9).

Eine wichtige Strategie ist auch *risikogerecht* zu gestalten, bei dem mögliche Fehler aus Erkenntnis- und Informationslücken oder denkbare Störgrößen vorausschauend bei der Konstruktion so berücksichtigt werden, dass sie, wenn sie tatsächlich im Prüffeld auftreten, problemlos und mit ertragbarem Aufwand durch einfache Zusatzmaßnahmen beseitigt werden können (vgl. 7.5.12).

Normgerecht konstruieren hat eine besondere Bedeutung für die Qualitätssicherung, da die Einhaltung von Normen die Anwendung anerkannter Regeln der Technik bedeutet, eine Instandhaltung ermöglicht und international vereinbarte Qualitätsmerkmale sicherstellt (vgl. 7.5.13-4).

Definiert man die Produktqualität umfassend, so kommen noch Gestaltungsrichtlinien wie *ergonomiegerecht, gebrauchsgerecht, recycling- und entsorgungsgerecht* hinzu (vgl. 7.5.6, 7.5.7 und 7.5.11).

Durch die Anwendung der genannten Konstruktionsmethoden bzw. Gestaltungsstrategien wird die Produktqualität durch Vermeiden von Fehlern und Störgrößen, durch einfache und eindeutige Wirk- und Baustrukturen sowie durch Erreichen gewünschter Produkteigenschaften günstig beeinflusst, und das oft ohne wesentliche Mehrkosten. Solche *Primärmaßnahmen* sind aufwendigen Analyse- und Prüfmethoden vorzuziehen.

Neben diesen Gestaltungsmethoden dienen eine Reihe methodischer Arbeitsmittel der Qualitätssicherung. So ist das Instrument der *Anforderungsliste* geeignet, keine wesentlichen Forderungen und Wünsche für die Produkteigenschaften zu vergessen. Sie ist dadurch für die Qualitätssicherung von besonderer Bedeutung (vgl. 5.2). Zur Grobauswahl (Ausscheiden und Bevorzugen von Lösungsvarianten) haben sich *Auswahllisten* eingeführt (vgl. 3.3.1), zur detaillierten Bewertung und zum Erkennen von Schwachstellen die *Nutzwertanalyse*, oder ähnliche Verfahren (vgl. 3.3.2). Die *Fehlerbaumanalyse* ist zum Abschätzen von Störgrößen- und Fehler-Auswirkungen eingeführt (vgl. 11.3).

Zur *Toleranzanalyse und -synthese*, heute rechnerunterstützt, als wichtiges qualitätssicherndes Hilfsmittel sind Strategien und Hilfsmittel bekannt, mit denen der Konstrukteur bei komplexen Teile- und Baustrukturen kosten- und qualitätsgünstige Toleranzen festlegen kann (vgl. 7.5.8-3 und [29]).

Rechnerunterstütze *Zuverlässigkeitsanalysen* dienen zur Abschätzung der Lebensdauer bzw. der Ausfallwahrscheinlichkeit von Maschinenkomponenten, Maschinen und Anlagen und sind damit ebenfalls ein wichtiges Hilfsmittel zur Qualitätssicherung [5, 24].

Rechnerbasierte *Optimierungsverfahren*, mit denen technische Systeme auch für komplexe Zielsysteme bei Berücksichtigung von Restriktionen optimiert werden können, sind ein weiteres wichtiges Arbeitsmittel zur Konstruktion einer umfassenden Produktqualität (vgl. 2.).

Zur Strukturanalyse hinsichtlich auftretender Spannungen und Verformungen bei mechanischen und thermischen Belastungen und damit zur schrittweisen Optimierung der Struktur hinsichtlich Sicherheit, Werkstoffausnutzung oder anderer Merkmale hat sich die *Finite Elemente Methode* (FEM) umfassend eingeführt. Auch alle analytischen Nachberechnungs- und Auslegungsverfahren dienen der Sicherstellung von Qualitätsmerkmalen (vgl. 2.).

Trotz der Vielfalt dieser Möglichkeiten der Konstruktionsmethodik zur Unterstützung der Qualitätsverantwortung des Konstrukteurs wird heute in den Unternehmen im Rahmen einer Qualitätsoffensive zusätzlich ein *Qualitätsmanagement* eingeführt, dass mit den Strategien *Total Quality Management* (TQM) oder *Total Quality Control* (TQC) eine Qualitätsphilosophie ausdrückt, die alle am Produktentstehungsprozess Beteiligten zu einem durchgängigen und ganzheitlichen *Quality-Engineering* einbindet [20–22, 25–27]. TQM ist zunächst ein organisatorisch orientiertes Managementinstrument mit den Handlungsfeldern qualitätsbewusstes Führen und Gestalten (Führung), Mitarbeiterentwicklung (Mitarbeiter), Beziehungsmanagement (Kunden), Zulieferantenintegration (Zulieferer), Verantwortung gegenüber der Allgemeinheit (Gesellschaft), prozessorientierte Organisationsstrukturen (Prozesse), qualitätsorientiertes Controlling (Controlling) und qualitätsförderliche Zielplanung (Zielplanung) [25]. TQM hat aber auch Einzelmethoden entwickelt, die die Konstruktionsmethodik wirksam ergänzen.

Zunächst ist hier die *FMEA* (Fehler-Möglichkeits- und Einfluss-Analyse) zu nennen, die mögliche Fehler und die mit diesen verbundenen Risiken (Auswirkungen) analysiert und noch umfassender als mit der Fehlerbaumanalyse möglich abschätzt. Wegen ihrer Bedeutung wird sie unter 11.4 gesondert behandelt.

Als weitere Methode bzw. Arbeitsmittel hat sich das *Quality Function Deployment* (QFD) eingeführt, das insbesondere zum Ziel hat, Kundenforderungen in beschreibbare und möglichst quantifizierbare Forderungen für die einzelnen Unternehmensbereiche umzusetzen und diese Umsetzung auch sicherzustellen [3, 9, 10, 17, 23, 25]. QFD ist damit auch ein Hilfsmittel zur Präzisierung und Vervollständigung der Anforderungsliste und zur Durchführung einer methodischen Produktplanung. Wegen der großen Bedeutung von QFD für die Unternehmenspraxis wird diese Methode unter 11.5 gesondert behandelt.

Als weiterer methodischer Ansatz ist das *Design Review* zu nennen, mit dem in den einzelnen Entwicklungs- und Konstruktionsphasen Ergebnisüberprüfungen im Team (Review Team) durchgeführt werden [33]. Diese Überprüfungen (Bewertungen) dienen ebenfalls der Abschätzung und Reduzierung von Risiken.

In Abb. 11.1 sind zusammenfassend die häufigsten produkt- und verfahrensbezogene Fehler und die wesentlichen Maßnahmen zu ihrer Vermeidung, die auch in diesem Werk vorgestellt werden, aufgeführt.

Zusammenfassend sei festgestellt, dass die in diesem Buch dargestellte Konstruktionslehre alle Grundlagen für ein Quality Engineering enthält. Die

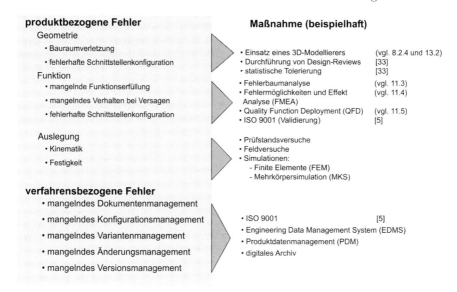

Abb. 11.1. Mögliche Fehler in der Entwicklung und Konstruktion und Maßnahmen zu ihrer Vermeidung

speziellen Methoden eines TQM sollten als Ergänzung zu dieser Konstruktionsmethodik und nicht umgekehrt gesehen werden [6–8, 18, 33]. Denn wenn die Suche nach geeigneten Lösungsprinzipien und die Beachtung von Regeln, Prinzipien und Richtlinien zur Gestaltung nicht ausgeschöpft worden sind, vermögen die Methoden des TQM diese grundsätzlichen Mängel auch nicht auszugleichen.

11.2 Fehler und Störgrößen
Design faults and disturbances

Der Entwicklungs- und Konstruktionsprozess ist durch kreative und korrektive Arbeitsschritte gekennzeichnet. Auswahl- und Bewertungsmethoden (vgl. 3.3) sowie Versuche und Berechnungen helfen, Schwachstellen zu erkennen und zu beseitigen. Dennoch können dem Konstrukteur *Fehler* unterlaufen, oder sein Erkenntnisstand reicht nicht aus, um fehlerbehaftete bzw. störungsbehaftete Zusammenhänge zu erkennen bzw. auszuschließen. Werden Informationslücken und Beurteilungsunsicherheiten bewusst, können durch „risikogerechtes Gestalten" (vgl. 7.5.12) gravierende technische und wirtschaftliche Folgen vermieden werden.

Oft ist ein Fehlverhalten nicht auf Konstruktionsfehler, sondern auf *Störgrößen* zurückzuführen. Dabei soll beachtet werden, dass nach Rodenacker [28] Störgrößeneinflüsse aus den Schwankungen der Eingangsgrößen,

d. h. aus den Qualitätsunterschieden der in das System eingehenden Stoff-, Energie- und/oder Signalflüsse entstehen können (vgl. Abb. 2.14). Diese müssen u. U. durch die Art der Lösung (z. B. Regelung) ausgeglichen werden, wenn sie das Ausgangsergebnis unzulässig beeinflussen. Die Grundlagen hierzu werden mit den gewählten Wirkprinzipien festgelegt, welche in ihrer Summe und Verkettung das Konzept des Produkts darstellen. Anzustreben ist in jeden Fall ein robustes Konzept, bei dem die Ausgangsgrößen unabhängig von der Qualität der Eingangsgrößen sind. Beispielsweise ist der Wirkungsgrad bei einem Reibradgetriebe sehr stark abhängig von der Qualität der Reibflächen, ein Umstand der die Qualität des Gesamtprodukts negativ beeinflussen kann.

Störungen ergeben sich aus der *Funktionsstruktur*, wenn die Zuordnung und Verknüpfung der Teilfunktionen nicht eindeutig ist, aus dem *Wirkprinzip* im Wesentlichen dadurch, dass der physikalische Effekt nicht die angenommene Wirkung nach Höhe und Gleichmäßigkeit annimmt. Die gewählte theoretische *Gestalt* mit den verbundenen schwankenden *Werkstoffeigenschaften* und den durch die *Fertigung* und *Montage* bedingten Toleranzen bezüglich Form, Lage und Oberfläche ergeben andere Eigenschaften als sie vorausgesetzt wurden. Schließlich bilden die von *außen einwirkenden Störgrößen* wie Temperatur, Feuchtigkeit, Staub, Schwingungen usw. einen nicht zu vernachlässigenden Einfluss. Der Störgrößeneinfluss muss dann gegebenenfalls unter Beachtung der Fehlerfortpflanzung unterdrückt werden.

Fehlverhalten durch Störgrößen kann durch „fehlerarme Gestaltung" (vgl. 7.4.5) und [30] sowie durch die Anwendung anderer Gestaltungsprinzipien (vgl. 7.4) und Gestaltungsrichtlinien (vgl. 7.5) präventiv abgebaut, aber nicht ausgeschlossen werden.

Umfassende Hinweise zum Erreichen einer hohen Maschinengenauigkeit gibt Spur [29]. Dabei wird ein „Genauigkeitssystem Maschine" definiert, das durch die Genauigkeit der Werkstoffeigenschaften, der Bauteilgeometrie, der Baugruppengeometrie, der Maschinenbewegungen, der Maschinensteuerung sowie der Genauigkeit im Arbeitszustand bestimmt wird.

Wichtigste Voraussetzungen zum Vermeiden von Fehlern und Störgrößen oder zumindest zum Abschwächen von deren Folgewirkungen ist das Erkennen und Abschätzen möglicher Fehler und Störgrößen zu einem möglichst frühen Zeitpunkt des Produktentstehungsprozesses. Bewährte Hilfsmittel hierzu werden im Folgenden behandelt.

11.3 Fehlerbaumanalyse
Fault-tree analysis

Fehlverhalten und Störgrößeneinfluss können zur Sicherheits- und Zuverlässigkeitsanalyse für Anlagen und Systeme, d. h. technische Produkte, im Rahmen des methodischen Konstruierens gezielt und konsequent mit der

Fehlerbaumanalyse (auch in der Sicherheitstechnik *Gefährdungsbaumanalyse* genannt) ermittelt werden [11]. Die Fehlerbaumanalyse beruht auf der Bool'schen Algebra und dient der quantitativen Abschätzung von Fehlern, Fehlerfolgen und Fehlerursachen bei sicherheitsrelevanten Systemen. Sie ist eine Kausalitätsmethode, d. h. jedes Ereignis muss mindestens eine Ursache aufweisen. Erst wenn diese Ursache eintritt, tritt auch das Ereignis, der Störfall, ein.

Aus der Konzeptphase ist die Funktionsstruktur mit den einzelnen Teilfunktionen, die zu erfüllen sind, bekannt. Durch die Entwurfsbearbeitung sind die erforderlichen Nebenfunktionen ebenfalls erkannt worden. Die Funktionsstruktur kann somit ergänzt werden. Für eine Baugruppe oder eine zu prüfende Zone können alle notwendigen Funktionen dargestellt werden.

Die erkannten Funktionen werden nun nacheinander negiert, d. h. es wird unterstellt, dass sie nicht erfüllt würden. Unter Nutzung der in 7.2 gegebenen Leitlinie sind dann mögliche Ursachen eines solchen Fehlverhaltens oder Störgrößeneinflusses zu suchen, ihre ODER- bzw. UND-Verknüpfung zu erkennen und nach Auswirkungen zu analysieren.

Die daraus zu ziehenden Konsequenzen führen zu einer entsprechenden Verbesserung des Entwurfs, im Notfall zur Überprüfung des Konzepts, oder zu Vorschriften hinsichtlich Fertigung, Montage, Transport, Gebrauch und Instandhaltung.

Ein Beispiel möge dieses Vorgehen erläutern.

Ein Sicherheits-Abblaseventil für Gasbehälter (Abb. 11.2) soll bereits in der *Konzeptphase* auf mögliches Fehlverhalten untersucht werden. Ausgehend von der Anforderungsliste und den erkennbaren Funktionen lässt sich der Zusammenhang in Abb. 11.3 ableiten. Bei Überschreiten des 1,1fachen Betriebsdrucks (Abblasedruck) soll das Sicherheitsventil öffnen, bei Unterschreiten des Betriebsdrucks wieder schließen. Die Hauptfunktionen sind zu diesen Zuständen: „Ventil öffnen bzw. schließen". Die Gesamtfunktion kann

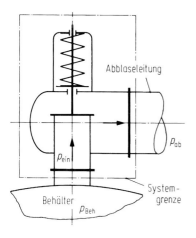

Abb. 11.2. Schema eines Sicherheits-Abblaseventils für Gasbehälter

696 11 Methoden zur qualitätssichernden Produktentwicklung

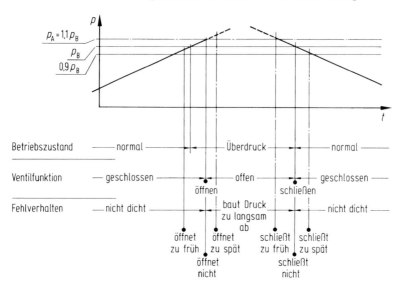

Abb. 11.3. Betriebszustand, Ventil-Hauptfunktionen und Fehlverhalten des Sicherheitsventils

auch mit „auf vorgeschriebenen Druck begrenzen" beschrieben werden. Unter Einbeziehen des zeitlichen Ablaufs wird nun ein mögliches Fehlverhalten der Gesamtfunktion durch: „Ventil begrenzt *nicht* auf vorgeschriebenen Druck" angenommen: Abb. 11.4. Ebenso werden die aus Abb. 11.3 erkennbaren Teilfunktionen mit den zeitlichen Zuordnungen negiert. Sie stehen zur Gesamtfunktion in einer ODER-Verknüpfung. Das mögliche Fehlverhalten wird nun in einem weiteren Schritt durch Fragen nach den Ursachen untersucht (Abb. 11.5), wobei als Beispiel nur das Fehlverhalten „öffnet nicht" dargestellt wurde.

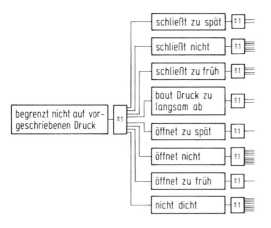

Abb. 11.4. Aufbau eines Fehlerbaums ausgehend von dem nach Abb. 11.2 erkannten Fehlverhalten

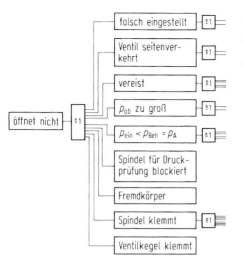

Abb. 11.5. Ausschnitt des nach Abb. 11.4 vervollständigten Fehlerbaums für das Teil-Fehlverhalten „öffnet nicht"

Es können für eine erkannte Ursache weitere Gründe vorhanden sein, die gegebenenfalls in einer ODER- bzw. UND-Verknüpfung weiterverfolgt werden.

Abbildung 11.6 gibt hierfür eine Auswahl weiterer Ausfallursachen und auch schon erkennbare Abhilfemaßnahmen, obwohl diese oft erst in der Ent-

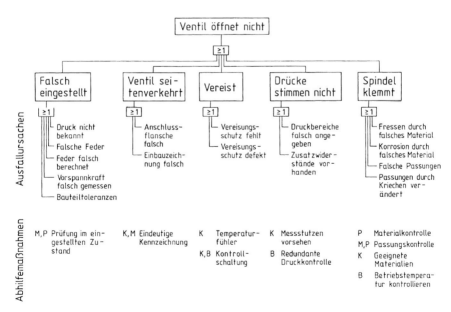

Abb. 11.6. Ausfallursachen und Abhilfemaßnahmen für Fehlverhalten nach Abb. 11.5

698   11 Methoden zur qualitätssichernden Produktentwicklung

			1.Ausgabe 1.9.73		
			Anforderungsliste für Sicherheits - Abblaseventil	Blatt: 1	Seite: 3
Änder.	F W	Pos.	Anforderungen x)		Verantw.
1.9.73		22	Ventilteller mit ebener Dichtfläche (kein Ventilkegel)		
"		23	Keine starre Verbindung Ventilteller - Spindel		
"		24	Einfache Möglichkeit Dichtflächen auszubessern oder auszutauschen		
"		25	Hubbegrenzung in definierter Lage		
"		26	Dämpfung der Ventilbewegung		
"	W	27	Aufstellung in verschlossenem, frostgeschütztem Raum (siehe auch DIN 3396 5.22)		
"		28	Keine schleifenden Dichtungen, Reibung vermeiden		
"		29	Eindeutige Einbaustellung erzwingen (z. B. unterschiedliche Flanschgrößen für Ein- und Austritt)		
			x) Forderungen wurden nach Erstellung des Fehlerbaumes und der Gegenmaßnahmen ergänzt.		
			Ersetzt Ausgabe vom		

Abb. 11.7. Ergänzung der Anforderungsliste nach Durchführen der Fehlerbaumanalyse

wurfsphase konkretisiert werden können. Die Kennzeichnung der Abhilfemaßnahmen nach betroffenen Abteilungen (vgl. Abb. 11.10) erleichtert deren Durchführung. Aufgrund der aus der Fehlerbaumanalyse gewonnenen Erkenntnisse der gesamten Untersuchung ergibt sich oft auch eine Verbesserung bzw. Vervollständigung der Anforderungsliste (Abb. 11.7), bevor an die Entwurfsarbeit herangegangen wird. So können wichtige Erkenntnisse zur zweckmäßigen Gestaltung gewonnen und Fehler vermieden werden.

Das zweite Beispiel bezieht sich spezieller auf die Entwurfsphase. Eine Wellendichtung in der Bauform einer Packungsstopfbüchse (vgl. Abb. 11.8) dient zur Sperrung von Luftleckagen aus der unter Überdruck stehenden Kühlluft eines Großgenerators, der mit einer Rohrturbine gekuppelt ist. Die Druckdifferenz beträgt 1,5 bar, die Abmessungen sind beachtlich. Die Stopf-

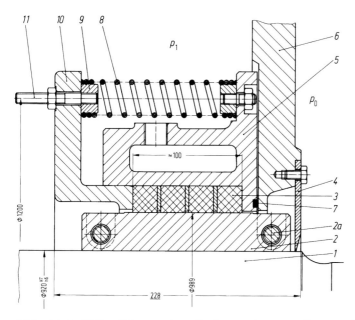

Abb. 11.8. Wellendichtung eines Großgenerators zum Sperren der Kühlluft

büchsenpackung läuft gegen eine sog. „Wärmeschutzhülse". Die Baugruppe ist auf denkbares Fehlverhalten zu untersuchen.

Die Gesamtfunktion ist „Sperren der Kühlluft". Zu Beginn der Untersuchung ist es zweckmäßig, sich die Teilfunktionen klar zu machen, die von den einzelnen Bauteilen erfüllt werden müssen. Dies geschieht, wenn z. B. noch keine Funktionsstruktur vorliegt, am besten mit Hilfe einer Tabelle nach Abb. 11.9. Für die Sperrfunktion sind folgende Teilfunktionen wesentlich:

– Anpresskraft aufbringen,
– gleitend abdichten und
– Reibungswärme abführen.

Im weiteren Verlauf der Analyse werden nun diese Teilfunktionen negiert und gleichzeitig nach möglichen Ursachen eines Fehlverhaltens gesucht (vgl. Abb. 11.10).

Das Ergebnis der Fehlerbaumanalyse deutet in erster Linie auf ein Fehlverhalten der Wärmeschutzhülse 2 infolge wärmeinstabilen Verhaltens (vgl. 7.4.4-1) hin:

Die an der Gleitfläche entstehende Reibwärme kann praktisch nur über die Hülse in die Welle abfließen. Dabei erwärmt sich die Hülse und dehnt sich aus. Damit verstärkt sie aber den Reibungseffekt und hebt bei weiterer Erwärmung von der Welle ab, wodurch eine zusätzliche Leckage und eine Schädigung der Wellenoberfläche durch unzulässiges Gleiten der Hülse auf der Welle entstehen. Diese Anordnung ist untauglich und bedarf einer prinzi-

Nr.	Teil	Funktion
1	Welle	Drehmoment übertragen, Hülse aufnehmen, Reibungswärme ableiten
2, 2a	Hülse (2teilig, verschraubt)	Lauf- und Dichtfläche bieten, Welle schützen, Reibungswärme leiten
3	Packungsringe	Medium gleitend abdichten, Anpresskraft aufnehmen und Dichtdruck ausüben
4	Abstreifring	Spritzöl abhalten
5	Stopfbüchsengehäuse	Packungsringe aufnehmen, Anpresskraft aufnehmen und übertragen
6	Gestell	Teile 4 und 5 aufnehmen
7	Runddichtung	Zwischen p_1 und p_0 abdichten
8	Zugfeder	Anpresskraft erzeugen
9	Federaufnahme	Federkraft leiten
10	Spannring	Anpresskraft übertragen, Zugfedern aufnehmen
11	Schraube	Federn einstellbar vorspannen

Abb. 11.9. Analyse der Teile nach Abb. 11.7 zum Erkennen der von ihnen übernommenen Funktionen

piellen konstruktiven Verbesserung: Entweder Packungsstoffbüchse mit Welle verspannen und unter Wegfall der Wärmeschutzhülse mit der Welle umlaufen lassen (Wärmeabfuhr über Gehäuse 5) oder Verwendung einer Gleitringdichtung mit radialen Dichtflächen.

Weitere konstruktive Abhilfemaßnahmen sind bei Beibehaltung der Bauart als Packungsstopfbüchse erforderlich:

— Die Abstützung des Gehäuses 5 gegen das Gestell 6 ist ungenügend, da das Gehäuse sich bei vorgespannter Packung mit der Welle mitdrehen kann. Die Anpresskraft aus der Druckdifferenz ist bei der innenliegenden Dichtung 7 zu gering, um das Reibmoment über einen Reibschluss aufnehmen zu können. Abhilfe: Dichtung 7 am äußeren Durchmesser von Gehäuse 5 anordnen, besser wäre eine zusätzliche Formschlusssicherung zur Übertragung des Reibmoment.
— In der gezeichneten Lage lassen sich die Federn 8 nicht weiter nachspannen. Abhilfe: ausreichenden Spannweg einplanen.
— Aus Gründen der Betriebssicherheit und Einfachheit der Bauweise ist eine Druckfeder statt einer Zugfeder vorteilhafter.

Grundsätzlich sind neben konstruktiven Maßnahmen auch solche im Bereich Fertigung, Montage und Betrieb (Gebrauch und Instandhaltung) vorzusehen, wenn trotz einer verbesserten konstruktiven Gestaltung dies noch erforderlich erscheint. Gegebenenfalls sind entsprechend Prüfprotokolle zu erzwingen (vgl. Abb. 11.10).

Zusammenfassend lässt sich für die Fehler- und Störgrößensuche und ihre Beseitigung folgendes Vorgehen angeben:

Abb. 11.10. Fehlerbaumanalyse der Wellendichtung nach Abb. 11.8

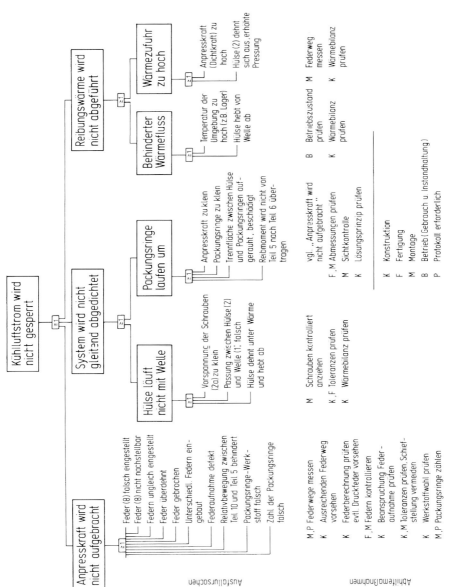

- Funktionen erkennen und negieren.
- Gründe für Nichterfüllung suchen aus:
  nicht eindeutiger Funktionsstruktur,
  nicht idealem Wirkprinzip,
  nicht idealer Gestalt,
  nicht idealem Werkstoff,
  nicht idealen Eingangsgrößen des Stoff-, Energie- und Signalflusses, nicht normalen Einflüssen, die ein unerwünschtes Systemverhalten bewirken, hinsichtlich Beanspruchung, Formänderung, Stabilität, Resonanz, Verschleiß, Korrosion, Ausdehnung, Abdichtung sowie Sicherheit, Ergonomie, Fertigung, Kontrolle, Montage, Transport, Gebrauch und Instandhaltung entsprechend der für den Entwurfsprozess angegebenen Leitlinie.
- Feststellen, welche Voraussetzungen erfüllt sein müssen, damit das Fehlverhalten entsteht, z. B. durch eine UND-Verknüpfung oder schon durch eine ODER-Verknüpfung.
- Einleiten einer entsprechenden Abhilfe im konstruktiven Bereich durch eine andere Lösung, Lösungsverbesserung oder durch Kontrollmaßnahmen bei der Fertigung, Montage, Transport, Gebrauch und Instandhaltung. Dabei ist eine Bereinigung durch eine verbesserte Lösung in der Regel vorzuziehen.

Kritisch muss zu diesem Vorgehen angemerkt werden, dass die Fehlerbaumanalyse wegen des Arbeitsaufwands in ihrer vollständigen Anwendung in der Regel auf wichtige Zonen und kritische Abläufe beschränkt bleiben muss. Wesentlich ist, dass der Konstrukteur sich diese Denkweise zu eigen macht und sie auch ohne formalen Aufwand betreibt. Dies geschieht dadurch, dass er die erkennbaren Teilfunktionen negiert und unter Anwendung der Leitlinie mit den Hauptmerkmalen Wirkprinzip, Auslegung, Haltbarkeit, Formänderung usw. (vgl. Abb. 7.3) die Ursachen eines möglichen Fehlverhaltens sucht.

11.4 Fehler-Möglichkeits- und Einfluss-Analyse (FMEA)
Failure mode and analysis

Eine FMEA ist eine weitgehend formalisierte analytische Methode zur systematischen Erfassung möglicher Fehler und zur Abschätzung der damit verbundenen Risiken (Auswirkungen) [19, 26, 32]. Hauptziel ist die Risikoverminderung bzw. -vermeidung. Die FMEA beruht auf einer unmittelbaren Betrachtung eines Fehlers und dessen Folgen sowie Ursachen. Sie lässt also nur eine unmittelbare Verknüpfung zwischen Fehlerursachen und Fehlerfolgen zu. Eingesetzt wird diese Methode im Wesentlichen bei Neuentwicklungen. Man unterscheidet zwischen der Konstruktions- bzw. Entwicklungs-FMEA und der Prozess- bzw. Fertigungs-FMEA. Bei der Konstruktions-/Entwicklungs-FMEA steht die Frage im Vordergrund, ob die in der Anforderungsliste geforderten Funktionen erfüllt werden. Mit Hilfe der Prozess-FMEA wird geprüft,

11.4 Fehler-Möglichkeits- und Einfluss-Analyse (FMEA)

ob der geplante Herstellprozess geeignet ist, die geforderten Produkteigenschaften zu erreichen.

Abbildung 11.11 zeigt den Aufbau eines FMEA-Formblatts mit Beispiel, in dem potentielle Fehler mit ihren Folgen und Ursachen, ihrer Risiko-Prioritätszahl (RPZ), den vorgesehenen Prüfmaßnahmen (Istzustand) und den empfohlenen und letztlich getroffenen Abhilfemaßnahmen zusammengestellt werden. Es gibt gleichzeitig den Ablauf einer FMEA wieder:

1. Risikoanalyse mit der Betrachtung von Bauteilen/Prozessschritten in Bezug auf:
   – Potentielle Fehler,
   – Fehlerfolgen,
   – Fehlerursachen,
   – geplante Maßnahmen zur Vermeidung der Fehler,
   – geplante Maßnahmen zur Entdeckung der Fehler.
2. Risikobewertung:
   – Abschätzung der Wahrscheinlichkeit des Fehlerauftritts,
   – Abschätzung der vom Kunden wahrgenommenen Auswirkungen beim Auftreten des Fehlers,
   – Abschätzung der Wahrscheinlichkeit, dass der Fehler vor Auslieferung entdeckt wird (hohe Entdeckungswahrscheinlichkeit bedeutet kleines Risiko und gleichzeitig kleine Punktezahl).
3. Bestimmung der Risikoprioritätszahl: Ab RPZ > 125 ist der Zustand kritisch.
4. Risikominimierung: Entwickeln von Maßnahmen zur Verbesserung der Konstruktion/des Prozesses.

Von besonderer Bedeutung ist eine Risikobewertung mit Hilfe von Risiko-Prioritätszahlen, die die Wahrscheinlichkeit des Auftretens eines Fehlers, der Folgen und der Entdeckbarkeit abschätzen. Der letztgenannte Punkt erfordert also ein erfahrenes Team zur Risikobeurteilung, damit der Fehler mit hoher Wahrscheinlichkeit entdeckt wird. Die FMEA hat einen mehr qualitativen Charakter und ist eine Methode der Qualitätsbewertung. Mit der Durchführung befassen sich ähnlich wie bei der Wertanalyse (vgl. 1.2.3) Arbeitsgruppen aus Bereichen Entwicklung/Konstruktion, Fertigungsplanung, Qualitätswesen, Einkauf und Vertrieb/Kundendienst. Neben der Bewertung des möglichen Ausfallverhaltens durch Fehler und Störgrößen fördert eine FMEA eine Zusammenarbeit der an der Produktentstehung beteiligten Bereiche zu einem frühen Zeitpunkt. Im Gegensatz zur Fehlerbaumanalyse, die dem Konstrukteur unmittelbar dienen soll, ist eine FMEA auch eine Art Übergabeprotokoll für die Fertigung und dient der Steuerung des gesamten Qualitätssicherungsprozesses.

Schließlich bietet die FMEA nach einem Zeitraum der Anwendung über die Dokumentation und Auswertung der Formblätter einen ständigen Erkenntniszuwachs hinsichtlich qualitätssichernder Maßnahmen.

Fehler-Möglichkeiten und Einfluß-Analyse

TU-Berlin

Konstruktions-FMEA ☒   Prozeß-FMEA ☐

Name/Abteilung/Lieferant/Telefon: Institut für Maschinenkonstruktion - Konstruktionstechnik

Teil-Benennung: **Kurvenzylinder**

Erstellt durch (Name/Abt./Telefon): Hr. Wende

Fehler-Ort/Merkmal	Fehler-Art	Fehler-Auswirkung	Fehler-Ursache	Derzeitiger Zustand					Empfohlene Maßnahmen	Verbesserter Zustand				
				Kontroll-Maßnahmen	A	B	E	RPZ		Getroffene Maßnahmen	A	B	E	RPZ
Welle	Bruch der Welle	Totalausfall	Belastungsart nicht korrekt erkannt		3	10	10	300	Auftretende Belastung durch geeigneten Berechnungsansatz erfassen	Festigkeitsnachweis der Welle	1	10	10	100
Lagerung	Spiel in der Lageranordnung	unexakte Funktionserfüllung	Lockern der Wellenmutter im Betrieb (Stoßbeanspruchung)		3	8	10	240	Zusätzliche Sicherung der Wellenmutter		1	8	10	80
	Dichtung durchlässig	frühzeitiger Lagerverschleiß	Dichtung genügt nicht den Anforderungen		2	5	10	100	Radialwellendichtring nach DIN verwenden		1	5	10	50
Welle-Nabe-Verbindung (Flanschschraubverbindung)	Reibschluß nicht ausreichend	Querbeanspruchung der Schrauben	Auslegungsfehler (Nichtberücksichtigung der Reibwerte)		2	6	10	120	Ausreichenden Sicherheitsbeiwert berücksichtigen		1	6	10	60
	Passungsgenauigkeit	Fügen nicht möglich bzw. Zentrierung nicht ausreichend	Konstruktionsfehler		2	5	1	10	Toleranzrechnung überprüfen		1	5	1	5
	Bruch der Schrauben	Totalausfall	Belastungsart nicht korrekt erkannt		3	10	10	300	Geeigneten Berechnungsansatz für den vorliegenden Belastungsfall verwenden	dynamische Schraubenauslegung	1	10	10	100
Kurvenzylinder	Flächenpressung zu groß	Pittings (Grübchen) in der Lauffläche	zu hohe Flächenpressung durch den Hebel		7	8	10	560	Geeignete Werkstoffpaarung Angepaßte Geometrie		2	8	10	160

A: Auftreten
Wahrscheinlichkeit des Auftretens (Fehler kann vorkommen)
unwahrscheinlich = 1
sehr gering = 2 - 3
gering = 4 - 6
mäßig = 7 - 8
hoch = 9 - 10

B: Bedeutung
Auswirkungen auf den Kunden
kaum wahrnehmbare Auswirkungen = 1
unbedeutender Fehler (geringe Belästigung des Kunden) = 2 - 3
mäßig schwerer Fehler = 4 - 6
schwerer Fehler (Verärgerung des Kunden) = 7 - 8
äußerst schwerwiegender Fehler = 9 - 10

E: Entdeckung
Wahrscheinlichkeit der Entdeckung (vor Auslieferung an Kunden)
hoch = 1
mäßig = 2 - 5
gering = 6 - 8
sehrgering = 9
unwahrscheinlich = 10

RPZ: Risiko-Prioritätszahl
hoch = 1000
mittel = 125
keine = 1

Abb. 11.11. FMEA-Formblatt. Das eingetragene Beispiel betrifft Welle, Lagerung und Kurvenzylinder des in 7.7 behandelten Entwurfs (Abb. 7.160)

Speziell für den Fertigungsablauf wird häufig mit dem gleichen Formblatt noch eine Prozess-FMEA durchgeführt. Diese Bewertung der Fertigungsschritte ist aber indirekt oft bereits in der Konstruktion-(produkt-)FMEA enthalten, da bei dieser bereits die später vorgesehenen Fertigungsprozessschritte berücksichtigt werden müssen.

11.5 Methode QFD
Quality Function Deployment

Quality Function Deployment (QFD) ist eine Methodik zur Qualitätsplanung und -sicherung. Sie dient der systematischen Kundenorientierung der Produkt- und Prozessplanung. Die Kundenanforderungen werden gezielt in Produktmerkmale und diese wiederum in Betriebsabläufe und Produktionsanforderungen übertragen. Die Frage lautet dabei, ob aus Sicht des Kunden alle Funktionen realisiert werden können. Im deutschsprachigen Raum ist die QFD-Methodik erst 1992 von Akao [1] veröffentlicht worden. Seitdem hat sie sich schnell eingeführt [9, 10, 17, 20–22, 25] und wird mittlerweile auch bereits in der Produktplanungsphase eingesetzt [31].

Bei der QFD-Methodik handelt es sich um ein vierstufiges Verfahren. In Abb. 11.12 sind diese Stufen dargestellt. Wie bei der FMEA (vgl. 11.4) führt auch die QFD-Methode zu einer Integration der Teilprozesse des Produktentstehungsprozesses.

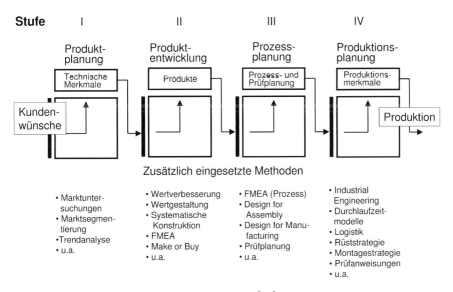

Abb. 11.12. QFD als Integrationsinstrument [33]

Wesentliches Arbeitsmittel von QFD ist das sog. House of Quality (Abb. 11.13 und Abb. 11.14). Es erlaubt in anschaulicher Weise die Umsetzung von Kundenwünschen, oft auch nur mit vagen Formulierungen, in Qualitätsmerkmale (Eigenschaften, Zielforderungen) des zu entwickelnden Produkts. Im Dach des Hauses werden die Wechselbeziehungen bzw. die Zielkonflikte zwischen den Zielforderungen untereinander gekennzeichnet, im Mittelquadrat die Beziehungen zwischen den Kundenwünschen und den Zielforderungen. Ferner können Gewichtungsfaktoren für die Kundenwünsche, eine Konkurrenz-Einschätzung der Kunden, Zielwerte als quantitative Formulierung der Zielforderungen, eine Beurteilung von Wettbewerbsprodukten sowie eine gewichtete Bewertung der Zielforderungen eingetragen werden.

Dieses Basisschema kann auch für die weiteren Phasen des Produktentstehungsprozesses eingesetzt werden, wobei das „Wie" des vorhergehenden House of Quality das „Was" des nachfolgenden ist [6, 10].

Die Anwendung von QFD im Rahmen konstruktionsmethodischen Vorgehens bringt folgenden Nutzen:

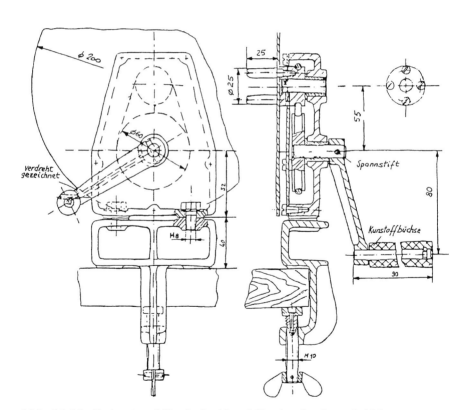

Abb. 11.13. Grobentwurf für ein Lochband-Handspulgerät nach [17]

11.5 Methode QFD 707

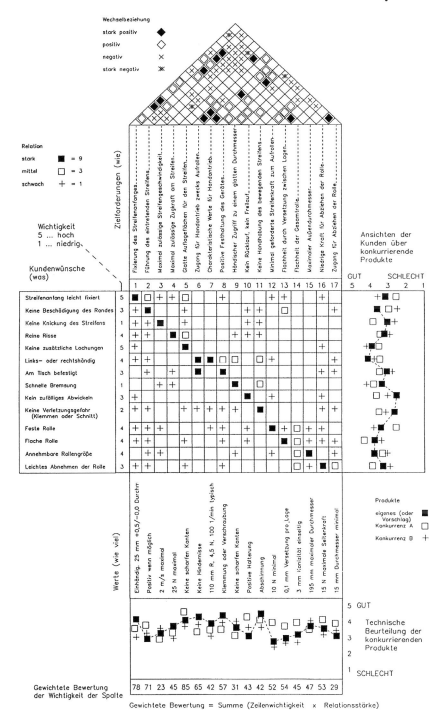

Abb. 11.14. House of Quality für Beispiel in Abb. 11.13 [17]

- Verbesserte Erstellung der Anforderungsliste durch bessere Darstellung der Kundenwünsche,
- Identifikation kritischer Produktfunktionen (kundenorientierte Funktionsstruktur),
- Definition kritischer technischer Anforderungen und Identifikation kritischer Bauteile,
- Erkennen zukunftsweisender Entwicklungs- und Kostenziele aufgrund von Kundenwünschen und Wettbewerbsanalysen.

Dieser Planungsaufwand erscheint vor allem bei größeren und langfristigen Projekten notwendig. Auch bei diesen sollten aber die in Kap. 5 dargestellten einfacheren und damit schnelleren Methoden der Aufgabenklärung und des Aufstellens von Anforderungslisten als erste Basis durchgeführt werden.

Literatur
References

1. Akao, Y: QFD – Quality Function Deployment. Landsberg: Verlag moderne Industrie 1992.
2. Beitz, W.: Qualitätsorientierte Produktgestaltung. Konstruktion 43 (1991) 177–184.
3. Beitz, W.: Qualitätssicherung durch Konstruktionsmethodik. VDI-Berichte Nr. 1106. Düsseldorf: VDI-Verlag 1994.
4. Beitz, W.; Grieger, S.: Günstige Recyclingeigenschaften erhöhen die Produktqualität. Konstruktion 45 (1993) 415–422.
5. Bertsche, B.; Lechner, G.: Zuverlässigkeit im Maschinenbau. Berlin: Springer 1990.
6. Bors, M. E.: Ergänzung der Konstruktionsmethodik um Quality Function Deployment – ein Beitrag zum qualitätsorientierten Konstruieren. Produktionstechnik-Berlin (Hrsg. G. Spur), Nr. 159. München: C. Hanser 1994.
7. Braunsperger, M.: Qualitätssicherung im Entwicklungsablauf – Konzept einer präventiven Qualitätssicherung für die Automobilindustrie (Diss. TU München). Diss: Reihe Konstruktionstechnik München, Bd. 9. München: Hanser 1993.
8. Braunsperger, M.; Ehrlenspiel, K.: Qualitätssicherung in Entwicklung und Konstruktion. Konstruktion 45 (1993) 397–405.
9. Clausing, D.: Total Quality Development. A step-by-step guide to Word-Class. Concurrent Engineering. New York: ASME Press 1994.
10. Danner, St.: Ganzheitliches Anforderungsmanagement mit QFD – Ein Beitrag zur Optimierung marktorientierter Entwicklungsprozesse. Diss. TU München 1996.
11. DIN 25424 Teil 1: Fehlerbaumanalyse; Methode und Bildzeichen. Berlin: Beuth.
12. DIN ISO 9000: Qualitätsmanagement – Qualitätssicherungsnormen; Leitfaden zur Auswahl und Anwendung. Berlin: Beuth.
13. DIN ISO 9001: Qualitätssicherungssysteme – Modell zur Darlegung der Qualitätssicherung in Design/Entwicklung, Produktion, Montage und Kundendienst. Berlin: Beuth.

14. DIN ISO 9002: Modell zur Darlegung der Qualitätssicherung in Produktion und Montage. Berlin: Beuth.
15. DIN ISO 9003: Modell zur Darlegung der Qualitätssicherung bei der Endprüfung. Berlin: Beuth.
16. DIN ISO 9004: Qualitätsmanagement und Elemente eines Qualitätssicherungssystems; Leitfaden. Berlin: Beuth.
17. Eder, W. E.: Methode QFD-Bindeglied zwischen Produktplanung und Konstruktion. Konstruktion 47 (1995) 1–9.
18. Feldmann, D. G.; Nottrodt, J.: Qualitätssicherung in Entwicklung und Konstruktion durch Nutzung von Konstruktionserfahrung. Konstruktion 48 (1996) 23–30.
19. Franke, W. D.: Fehlermöglichkeits- und -einflussanalyse in der industriellen Praxis. Landsberg: Moderne Industrie 1987.
20. Kamiske, G. F.; Brauer, J.-P.: Qualitätsmanagement von A bis Z. 2. Aufl. München: C. Hanser 1995.
21. Kamiske, G. F. (Hrsg.): Die hohe Schule des Total Quality Management. Berlin: Springer 1994.
22. Kamiske, G. F. (Hrsg.): Rentabel durch TQM-Return an Quality. Berlin: Springer 1996.
23. King, B.: Doppelt so schnell wie die Konkurrenz – Quality Function Deployment, 2. Aufl. St. Gallen: gfmt 1994.
24. Maeguchi, Y.; Lechner, G.; v. Eiff, Brodbeck, P.: Zuverlässigkeitsanalyse eines Trochoi den Getriebes. Konstruktion 45 (1993) H. 1.
25. Malorny, Ch.: Einführen und Umsetzen von Total Quality Management. (Diss. TU Berlin). Berichte aus dem Produktionstechnischen Zentrum Berlin (Hrsg. G. Spur), Berlin: IWF/IPK 1996.
26. Masing, W. (Hrsg.): Handbuch der Qualitätssicherung, 3. Aufl. München: C. Hanser 1994.
27. Pfeifer, T.: Qualitätsmanagement: Strategien, Methoden, Techniken. München: Hanser 1993.
28. Rodenacker, W. G.: Methodisches Konstruieren, 4. Aufl. Berlin: Springer 1991.
29. Spur, G.: Die Genauigkeit von Maschinen – eine Konstruktionslehre. München: Hanser 1996.
30. Taguchi, G.: Taguchi on Robust Technology Development: Bringing Quality. New York: ASME Press 1993.
31. Timpe, K.-P.; Fessler, M.: Der systemtechnische QFD-Ansatz (QFD^S) in der Produktplanungsphase. Konstruktion 51 (1999) H. 4 S. 45–51.
32. VDA: Qualitätskontrolle in der Automobilindustrie, Bd. 4 – Sicherung der Qualität vor Serieneinsatz, 2. Aufl. Frankfurt: VDA 1986.
33. VDI-Richtlinie 2247 (Entwurf): Qualitätsmanagement in der Produktentwicklung. Düsseldorf: VDI-EKV 1994.

12 Kostenerkennung
Costs

12.1 Beeinflussbare Kosten
Variable costs

In allen Phasen des Konstruktionsprozesses spielt das hinreichend richtige und rechtzeitige Erkennen von Kosten eine bedeutende Rolle. Dies trifft sowohl beim Konzipieren als auch beim Entwerfen sowie beim Entwickeln von Baureihen und Baukästen zu. Es ist bekannt, dass der überwiegende Teil der Kosten durch das gewählte Lösungsprinzip und seine Gestaltung festgelegt wird und die nachfolgende Fertigung und Montage nur noch relativ wenig Spielraum zur Kostensenkung haben. Zur Kostenminimierung ist es daher zweckmäßig, in einem möglichst frühen Stadium des Konstruktionsprozesses mit einer kostenmäßigen Optimierung zu beginnen, da durch Wahl einer günstigen prinzipiellen Lösung die Produktkosten im Allgemeinen stärker gesenkt werden können als durch reine Fertigungsmaßnahmen. Andererseits bedeuten konstruktive Änderungen erst im Stadium der Fertigung häufig hohe Änderungskosten. Eine Kostensenkung sollte also so früh, wie es der Erkenntnisstand zulässt, beginnen. Unter Umständen bedeutet dies eine Verlängerung der Konstruktionszeit, was nach [17] oft kostengünstiger ist als nachträgliche Aktionen zur Kostenreduzierung.

In den nachfolgenden Beispielen sind an einigen Stellen absolute Geldbeträge in GE (Geldeinheiten) angegeben. Diese entsprechen aus dem Entstehungsanlass in der Regel mit 1 GE = 1 DM = etwa 0,5 EURO.

Die bei der Herstellung eines Produkts anfallenden *Gesamtkosten* werden nach der Art der Verrechnung in Einzelkosten und Gemeinkosten unterschieden. *Einzelkosten* sind nach [6] Kosten, die einem Kostenträger direkt zugeordnet werden können, z. B. Materialkosten und die Fertigungslohnkosten für ein Einzelteil. Andererseits lassen sich eine Reihe von Kosten nicht direkt zuordnen, z. B. die Lohnkosten des Materiallagerverwalters, Beleuchtung der Werkhalle. Sie werden dann als *Gemeinkosten* bezeichnet.

Bestimmte Kosten sind von der Auftragsmenge, dem Beschäftigungsgrad oder von der Losgröße abhängig. So steigen mit höherem Umsatz Materialkosten, Fertigungslohnkosten, Kosten für Hilfs- und Verbrauchsstoffe. Sie werden als *variable Kosten* in die Kostenbetrachtung eingeführt, während *fixe Kosten* solche sind, die in einem bestimmten Zeitraum unveränderlich anfallen. Sie werden im Allgemeinen durch die Betriebsbereitschaft verursacht, z. B. Gehälter für Werkmeister, Mieten für Räume, Kapitalzinsen.

Die *Herstellkosten* (vgl. Abb. 12.1) sind die im Zusammenhang mit der Produktherstellung anfallenden Gesamtkosten für Material und Fertigung einschließlich zugehöriger Sonderkosten, z. B. für Vorrichtungen, Entwicklung, soweit sie dem jeweiligen Produkt zugeordnet werden. Die Herstellkosten umfassen daher variable wie auch fixe Kosten. Für *Entscheidungen* im Konstruktionsbereich sind aber nur die *variablen Kosten* interessant [35], weil diese direkt von den Festlegungen im Konstruktionsbereich beeinflusst werden, z. B. Aufwand für Material und Fertigungszeiten, sowie Losgröße, Art der Fertigung und Montage. Es interessieren also die variablen Anteile der Herstellkosten, die sich aus Einzelkosten und variablen Gemeinkosten zusammensetzen.

Die variablen und fixen Gemeinkosten werden in den Firmen unterschiedlich berücksichtigt: meistens als Zuschlag zu den Einzelkosten durch multiplikative Faktoren, z. B. Materialkostenzuschlagsfaktor 1,05 bis 1,3; Fertigungslohnkostenzuschlagsfaktor 1,5 bis 10 und höher oder durch unterschiedliche Maschinenstundensätze je nach Fertigung und Maschinenpark. Bei hohen Zuschlagsfaktoren bzw. Maschinenstundensätzen ist es durchaus ratsam, zu prüfen, ob z. B. durch eine andere Fertigungsart mindestens kalkulatorisch eine Kostenminderung erreicht werden kann. Dieses „Ausweichen" erhöht bei unveränderter Betriebsstruktur aber die jeweiligen Zuschlagsfaktoren bzw. -sätze, so dass von der Fabrikplanung her dann eine Anpassung an die veränderte Produkt- und Fertigungsstruktur erfolgen muss.

Aus dem vorher Gesagten folgt, dass variable Gemeinkosten in der Regel durch multiplikative Faktoren bei den Einzelkosten berücksichtigt werden und auf diese Weise die Herstellkosten beeinflussen. Der Konstrukteur kann sich somit im Allgemeinen für Kostenvergleiche von Lösungs- oder Produktvarianten auf die Ermittlung der variablen Einzelkosten beschränken.

Im Sinne einer Früherkennung ist es wesentlicher, die Kosten abschätzen zu können, als sie im Einzelnen sehr genau zu berechnen. Letzteres möge dann bei Bedarf durch eine entsprechende Vor- bzw. Nachkalkulation geschehen. In jüngster Zeit haben sich verbesserte Möglichkeiten der Kostenerkennung ergeben, die nachfolgend beschrieben werden.

12.2 Grundlagen der Kostenrechnung
Cost calculation

Nach 12.1 werden die *variablen Anteile* der Herstellkosten, hier als *VHK* bezeichnet, als *Entscheidungsbasis* zugrunde gelegt. Diese umfassen die Materialeinzelkosten *MEK* und Fertigungslohnkosten *FLK*. In letztere sind die Montagekosten eingeschlossen. Alle Kosten der Fertigungs- und Montageoperationen müssen dabei aufsummiert werden:

$$VHK = MEK + \sum FLK . \tag{12.1}$$

12.2 Grundlagen der Kostenrechnung

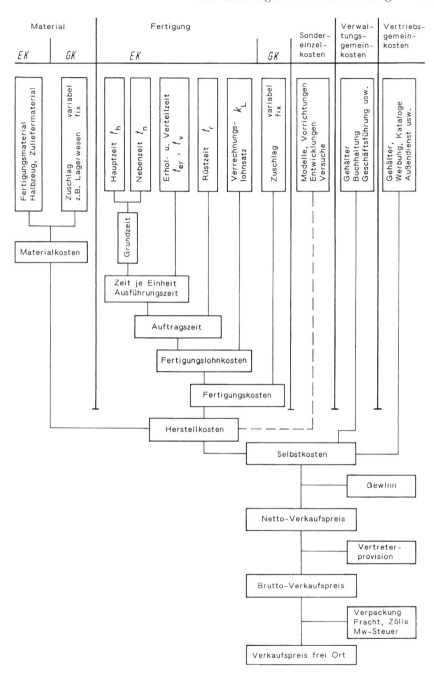

Abb. 12.1. Entstehung und Zusammensetzung von Kosten

Die *Materialeinzelkosten* werden vom Rohgewicht G oder vom Rohvolumen V bestimmt, wobei die entsprechenden spezifischen Preise k als Preis pro Gewicht bzw. Volumen Berücksichtigung finden:

$$MEK = k_\mathrm{G} \cdot G = k_\mathrm{V} \cdot V\,. \tag{12.2}$$

Die *Fertigungseinzelkosten* ermitteln sich aus den Fertigungszeiten der einzelnen Fertigungs- und Montageoperationen, die mit einem Verrechnungslohnsatz k_L multipliziert werden (vgl. Abb. 12.1). Die Fertigungszeiten bestimmen sich durch die Hauptzeiten t_h, Nebenzeiten t_n und Rüstzeiten t_r sowie durch Verteil- und Erholzeiten. Letztere werden im Allgemeinen als konstanter Faktor auf die Grundzeit t_g als Summe von Haupt- und Nebenzeit berücksichtigt, wodurch die Zeiten pro Einheit entstehen. Für die Kostenerkennung sind daher Haupt-, Neben- und Rüstzeiten von Bedeutung. Vereinfacht und unter gleichem Verrechnungslohnsatz gilt daher für die jeweilige Fertigungsoperation:

$$FLK = k_\mathrm{L}(t_\mathrm{h} + t_\mathrm{n} + t_\mathrm{r})\,. \tag{12.3}$$

Genauere und stärker gegliederte Betrachtungen auch unter Berücksichtigung variabler Fertigungsgemeinkosten sind in [21, 22, 36, 37] zu finden.

Aus Vorstehendem ist erkennbar, dass die *Herstellkosten* sich aus Einzel- und Gemeinkosten *additiv* zusammensetzen. Einzelkosten selbst entstehen sehr häufig aus Produkten, z. B. errechnet sich die Hauptzeit für Langdrehen [31] nach der Gleichung

$$t_\mathrm{h} = \frac{D \cdot \pi \cdot B \cdot i}{v_\mathrm{c} \cdot f \cdot 1000} \quad \text{in min} \tag{12.4}$$

mit

D = Drehdurchmesser in mm, B = Drehlänge in mm,
i = Anzahl der Schnitte,
v_c = Schnittgeschwindigkeit in m/min,
f = Vorschub in mm/Umdrehung.

Die einzelnen Summenglieder sind somit in der Regel Potenzfunktionen unterschiedlichen Grades von kostenbeeinflussenden Parametern x mit den zugehörigen Exponenten p und Konstanten C. Die allgemeinste Form von Kostengleichungen wäre dann mit m Anzahl der Parameter x_j im Kostenanteil i und n Anzahl der Kostenanteile:

$$VHK = \sum_{i=1}^{n} C_\mathrm{i} \cdot \prod_{j=1}^{m} x_\mathrm{ij}^{p_\mathrm{ij}}\,. \tag{12.5}$$

Bei z. B. drei variablen Einflussgrößen würde dann

$$VHK = \sum_{i=1}^{n} (x_\mathrm{i1}^{p_\mathrm{i1}}) \cdot (x_\mathrm{i2}^{p_\mathrm{i2}}) \cdot (x_\mathrm{i3}^{p_\mathrm{i3}})\,.$$

So ergeben sich die variablen Einzelkostenanteile der Herstellkosten für ein gedrehtes Einzelteil z. B. aus Materialeinzelkosten und Drehkosten, wobei für t_h die Gleichung (12.4) zu verwenden wäre:

$$VHK = \frac{\pi}{4}D^2 \cdot B \cdot k_\mathrm{V} + \left(\frac{D \cdot \pi \cdot B \cdot i}{v_\mathrm{c} \cdot f \cdot 1000} + t_\mathrm{n} + t_\mathrm{r}\right) k_\mathrm{L}$$

angenähert mit

$D \approx D_\mathrm{Roh}$ (Rohdurchmesser),
$B \approx L_\mathrm{Roh}$ (Rohlänge).

Die hier zu betrachtenden, variablen Anteile der Herstellkosten lassen sich also sachgerecht nur als Potenzreihen unterschiedlichen Grades darstellen. Bei der Aufsummierung mehrerer Fertigungsoperationen entstehen entsprechend viele Glieder in der Potenzreihe nach Gleichung (12.1) bzw. (12.5).

Für *Kostenschätzungen* nach Kurz- oder Pauschalkalkulationen erscheint die Ermittlung der Einzelkosten streng nach ihren einzelnen Abhängigkeiten vielfach zu aufwendig. Es wurde daher versucht, andere Wege zu gehen. Einmal ist durch die Definition von *Relativkosten* eine höhere Allgemeingültigkeit und längerfristige Gültigkeit erreicht worden (vgl. 12.3.1). Zum weiteren sind *Schätzungen aus Materialkostenanteilen* entwickelt worden (vgl. 12.3.2), die aber nur in vergleichbaren Größenbereichen gültig sein können. Neuerdings wurden mit Hilfe von Erhebungen in einem oder mehreren Betrieben statistisch die angefallenen Kosten ermittelt und mit Hilfe von *Regressionsrechnungen* ein funktionaler Zusammenhang zwischen Kosten und variablen Einflussgrößen gesucht (vgl. 12.3.3).

Für diese Regressionsfunktion wird als Ansatz eine Potenzreihe gewählt, dessen Exponenten und Koeffizienten so bestimmt werden, dass die erhaltene Gleichung möglichst wenig vom vorgefundenen Ergebnis abweicht. Die so gewählten Exponenten und Koeffizienten geben in der Regel die wahren Abhängigkeiten nicht wieder, sondern repräsentieren lediglich mathematische Funktionen. So ist in [25] gezeigt worden, dass für den selben Sachverhalt sehr unterschiedliche Ansätze von Regressionsgleichungen gute Annäherungen ergeben können.

In den Fällen, wo ein Einfluss stark überwiegt und dieser auch erkannt ist und so von vornherein beim Aufstellen der Regressionsgleichung durch Wahl entsprechender variabler Größen eingeführt wurde, ist es denkbar, dass der betreffende Einfluss auch physikalisch annähernd richtig wiedergegeben wird. Wenn es weiterhin gelingt, alle Kostenparameter auf nur eine variable charakteristische Größe x, z. B. Durchmesser oder Gewicht, zurückzuführen, kann die Kostenfunktion auf eine Gleichung dieser Form reduziert werden:

$VHK = a + bx^\mathrm{p}$

(Beispiel vgl. 12.3.3).

Die *Hochrechnung* mit Hilfe von *Ähnlichkeitsbeziehungen* geht dagegen grundsätzlich von den gegebenen physikalischen Zusammenhängen in der Technologie aus und benutzt daher Potenzreihen mit den jeweils zutreffenden Exponenten aus den Gleichungen für Materialkosten, Haupt- und Nebenzeiten bzw. Zeiten je Einheit. Die Koeffizienten der Glieder werden aus den betriebsspezifischen Gegebenheiten am Beispiel eines Bezugsobjekts (Grundentwurf oder Operationselement) gewonnen (vgl. 12.3.4). Wesentlich bei der Entwicklung dieses Verfahrens war, dem Konstrukteur die vorhandenen Abhängigkeiten deutlich werden zu lassen, damit er zielgerechter entwickeln und entscheiden kann. Die Anwendung von Ähnlichkeitsbeziehungen verlangt das Vorhandensein eines vergleichbaren ähnlichen Teils oder einer Baugruppe bzw. entsprechender Fertigungsoperationen.

Bei *geometrischer Ähnlichkeit* (vgl. 10.1.4) ergeben sich in Abhängigkeit einer geometrischen Bezugslänge recht einfache Kostenwachstumsgesetze mit Polynomen maximal 3. Grades. Für *halbähnliche Varianten* (vgl. 10.1.5) (manche geometrische Größe bleibt konstant oder ändert sich abweichend von der geometrischen Ähnlichkeit) müssen stärker gegliederte Kostenwachstumsgesetze aufgestellt werden, in denen alle beteiligten geometrischen und werkstofflichen Variablen enthalten sind. Ihre Form sind Potenzreihen mit Potenzfunktionen, die auch einen gebrochenen Exponenten haben können. Sie werden auch als differenzierte Kostenwachstumsgesetze bezeichnet. Letztere erzielen eine relativ hohe Genauigkeit in der Anwendung bei mäßigem Aufwand.

Kostenfrüherkennung durch Bereitstellen solcher Methoden verbunden mit den Möglichkeiten des Rechnereinsatzes mit Hilfe von CAD und wissensbasierten Systemen ist Ziel heutiger Bemühungen [10].

In den nachfolgenden Abschnitten werden die einzelnen Methoden näher erläutert. Je nach Anforderungen an Zeitaufwand und Genauigkeit sowie bereits aufgearbeiteten, vorliegenden Unterlagen wird die eine oder andere Methode zu bevorzugen sein.

12.3 Methoden der Kostenerkennung
Methods to determine costs

12.3.1 Vergleichen mit Relativkosten
Comparison to relative costs

Bei Relativkosten werden Preise bzw. Kosten zu einer Bezugsgröße ins Verhältnis gesetzt. Dadurch ist die Angabe sehr viel länger gültig als bei Absolutkosten. Für die Gestaltung von Relativkostenkatalogen sind Grundsätze [7] erarbeitet worden. Gebräuchlich sind Relativkostenkataloge für Werkstoffe, Halbzeuge und Zukaufteile. Bei *Materialkosten* sind die relativen Werkstoffkosten k^* meistens auf USt 37-2 bezogen und werden als vom Gewicht oder

12.3 Methoden der Kostenerkennung

Volumen abgeleitete spezifische Werkstoffkosten k_G^* bzw. k_V^* in folgender Form gewonnen:

$$k_\mathrm{G,V}^* = \frac{k_\mathrm{G,V}}{k_\mathrm{G,V}(Bezugsgröße)}$$

Zu beachten ist, dass die so gewonnenen Relativwerte größenabhängig sind. Richtlinie VDI 2225 Blatt 2 [34] gibt daher für alle gebräuchlichen Werkstoffe Werte sowohl für kleine, mittlere und große Abmessungen an. Der Werkstoffeinsatz hängt von den dabei zu verfolgenden Zielen ab. So wird bei Festigkeitsanforderungen ein anderer Werkstoff in Frage kommen als bei übergeordneten Steifigkeitsfragen.

Abbildung 12.2-1 zeigt die relativen Werkstoffkosten k^* für einige Werkstoffe bei mittleren Abmessungen und gibt gleichzeitig die Relation zur Zugfestigkeit R_m (Festigkeitsbetrachtung) und entsprechend zum E-Modul (Verformungsbetrachtung) an. Gleichzeitig wurde die Kostenrelation für Zerspanen nach [28] angegeben. Hieraus ergibt sich z. B., dass bei Vergütungs- und Einsatzstählen im Allgemeinen die Festigkeit schneller wächst als die Werkstoffkosten, was auf einen wirtschaftlich günstigen Einsatz dieser Werkstoffgruppe hinweist. Bei geforderten steifen Bauformen sind Grauguss und Kunststoffe gegenüber Stahl preislich bedeutend unterlegen. Die in Abb. 12.2-1 angegebenen Relationen ändern sich allerdings bei Gussteilen und solchen aus Kunststoff stark mit der Kompliziertheit der Gestalt und sind anders bei Zusatzbedingungen wie Korrosionsbeständigkeit, besonderen Oberflächenanforderungen u. a. Höher legierte Werkstoffe erfordern im Allgemeinen ein kostenaufwendiges Zerspanen.

Von Interesse sind vielfach Gusskosten. Prinzipiell werden diese nach dem Gewicht errechnet, wobei aber neben der Stückzahl Stückgewicht und Schwierigkeitsgrad eine Rolle spielen. Eigene Ermittlungen [25] bei Stahlguss ergaben die in Abb. 12.3 wiedergegebenen Abhängigkeiten, d. h. die spezifischen Stahlgusskosten fallen mit zunehmendem Stückgewicht, also mit $\varphi_\mathrm{k} = \varphi_\mathrm{G}^{-0,12}$, so dass die Gussmaterialkosten nur mit $\varphi_\mathrm{M} = \varphi_\mathrm{G}^{-0,9}$ statt mit $\varphi_\mathrm{M} = \varphi_\mathrm{G}^1$ steigen (vgl. Kostenwachstumsgesetze 12.3.4).

Bei *Halbzeugen* ist hinsichtlich des Formeinflusses nach Abb. 12.4 festzustellen, dass Rund-, Viereck-, Blech- und Profilmaterial, soweit sie gewalzt sind, annähernd gleiche spezifische Preise aufweisen. Merklich teurer sind gezogenes Material (Faktor $\approx 1,6$) und geschlossene Profile, die etwa 2-fache Kosten bei gleichem Gewicht fordern. Abbildung 12.4 zeigt ferner die bedeutend bessere Materialausnutzung bestimmter Profile unter Biegebeanspruchung. Der bei gleichem Widerstandsmoment nötige Querschnitt, d. h. auch das Gewicht pro Länge, ist bei ihnen merklich kleiner und entsprechend auch der aufzuwendende Absolutpreis.

Bei *Zukaufteilen* ändern sich die Relativkosten stark mit der Größe (vgl. auch Kostenwachstumsgesetze 12.3.4). Rieg [27] hat ein Verfahren zur Ermittlung und Darstellung angegeben. Als Beispiel ist das Relativkostendiagramm

	Kurzname	Dichte γ	E-Modul E	Streckgrenze R_{eH}, $R_{p0,2}$	Zugfestigkeit R_m	Bruchdehnung A	E/E_{St37}	R_m/R_{mSt37}	k_G^*	k_V^*	$\dfrac{k_G^*}{R_m/R_{mSt37}}$	$\dfrac{k_G^*}{E/E_{St37}}$	Relativkosten für Zerspanung
	W.-Nr.	g/cm³	N/mm²	N/mm²	N/mm²	%							
Allgemeine Baustähle DIN 17100	USt37-2 1.0112	7,85	2,15·10⁵	215...235	360...440	25	1	1	1	1	1 - 0,82	1	1
	St50-2 1.0532	7,85	2,15·10⁵	275...295	490...590	20	1	1,36...1,64	1,1	1,1	0,81 - 0,67	1,1	1
kaltgezogen DIN1652	St37-2K+G 1.0161	7,85	2,15·10⁵	195...215	330...440	25	1	0,92...1,22	1,6	1,6	1,75 - 1,31	1,6	1
Automatenstähle DIN 1651	10S20K+N 1.0721	7,85	2,10·10⁵	195...225	340...350	25	0,98	0,94...0,97	1,9	1,9	2,01 - 1,95	1,94	0,73
	9SMn28K+N 1.0715	7,85	2,10·10⁵	205...235	350...370	23	0,98	0,97...1,03	1,8	1,8	1,85 - 1,75	1,89	
	45S20K+N 1.0727	7,85	2,10·10⁵	305...335	570...700	14	0,98	1,58...1,94	2	2	1,26 - 1,03	2,05	
Vergütungsstähle DIN 17200	Ck35V 1.1181	7,85	2,15·10⁵	295...420	490...770	22...17	1	1,36...2,14	1,6	1,6	1,18 - 0,75	1,6	0,91
	Ck45V 1.1191	7,85	2,15·10⁵	380	630...780	17	1	1,75...2,17	1,78	1,78	1,02 - 0,82	1,78	1,05
	34Cr4V 1.7033	7,85	2,15·10⁵	470	700...850	15	1	1,94...2,36	2,13	2,13	1,1 - 0,9	2,13	1,43
	42CrMo4V 1.7225	7,85	2,15·10⁵	650	900...1100	12	1	2,30...3,05	2,24	2,24	0,9 - 0,73	2,24	1,73
	50CrV4V 1.8159	7,85	2,15·10⁵	700	900...1100	12	1	2,50...3,05	2,25	2,25	0,9 - 0,74	2,25	2,09
	C35K+N 1.0501	7,85	2,15·10⁵	275	490...590	22	1	1,36...1,64	1,7	1,7	1,25 - 1,04	1,7	
	Ck35K+V	7,85	2,15·10⁵	325...410	540...790	20...16	1	1,50...2,19	1,85	1,85	1,23 - 0,84	1,85	

Abb. 12.2-1. Kenngrößen und relative Werkstoffkosten k^* für einige Werkstoffe (Bezugsgröße USt 37-2 mit $R_m = 360$ N/mm²)

12.3 Methoden der Kostenerkennung   719

Einsatzstähle DIN 17210	C15 1.0401	7.85	$2.15 \cdot 10^5$	355...440	590...890	14...12	1	1.64...2.47	1.1	1.1	0.67-0.45	1.1	0.86
	Ck15 1.1141	7.85	$2.15 \cdot 10^5$	355...440	590...890	14...12	1	1.64...2.47	1.4	1.4	0.85-0.57	1.4	
	16MnCr5G 1.7131	7.85	$2.15 \cdot 10^5$	440...635	640...1190	11...9	1	1.78...3.30	1.7	1.7	0.96-0.51	1.7	1.14
Nitrierstähle DIN 17211	34CrAlNi7V 1.8550	7.85	$2.15 \cdot 10^5$	590	780...980	13	1	2.17...2.72	2.6	2.6	1.2-0.95	2.6	2.0
	41CrAlMoV7V 1.8509	7.85	$2.15 \cdot 10^5$	635...735	830...1130	14...12	1	2.30...3.14	2.6	2.6	1.13-0.83	2.6	
	31CrMoV9 1.8519	7.85	$2.15 \cdot 10^5$	700	900...1050	13	1	2.50...2.92					2.0
Nichtrostende Stähle DIN 17440	X20Cr13 1.4021	7.70	$2.10 \cdot 10^5$	440...540	640...940	18...8	0.99	1.78...2.61	3.14	3.2	1.8-1.2	3.21	1.25
	X12CrNi188 1.4300	7.80	$2.03 \cdot 10^5$	220	500...700	50	0.94	1.39...1.94	8.45	8.4	6.08-4.35	8.95	1.24
Gußwerkstoff Vollguß ohne Kerne und Aussparungen	GG-25 0.6025	7.35	$1.30 \cdot 10^5$		250		0.60	0.69	2.0	1.2	2.88	3.3	1.45
	GS-45 1.0443	7.85	$2.15 \cdot 10^5$	225	445...590	22	1	1.24...1.64	1.8	1.8	1.46-1.1	1.8	0.36
Nichteisenmetalle	AlMg3F23 3.3535.26	2.66	$0.70 \cdot 10^5$	140	230	9	0.33	0.64	10.0	3.4	15.65	30.7	0.51
Leichtmetalle	AlMg5F26 3.3555.26	2.64	$0.72 \cdot 10^5$	150	250	8	0.33	0.69	11.6	3.9	16.70	34.6	
	AlMgSiF32 3.2315.72	2.70	$0.7 \cdot 10^5$	250	310	10	0.33	0.86	8.72	3.0	10.13	26.8	(0.4)
Nichtmetalle	Hartgewebe Hgw 2088	1.25	$7 \cdot 10^3$		50		0.33	0.14	62.8	10	452.2	1928	(0.71)
	Polyesterharz glasfaserverst. HM 2472	1.60	$10 \cdot 10^3$		100		0.046	0.28					(0.27)
	Polyamid 66 PA 66	1.14	$2 \cdot 10^3$		65		0.039	0.18	22.72	3.3	125.8	2442	

Abb. 12.2-2. (Fortsetzung)

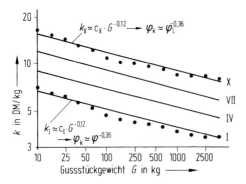

Abb. 12.3. Stahlgusskosten pro Gewicht in Abhängigkeit vom Stückgewicht und von der Schwierigkeitsklasse nach [27].
Schwierigkeitsklasse I: Vollguss ohne Kerne und Aussparungen
Schwierigkeitsklasse IV: Vollguss mit einfachen Kernen und Aussparungen
Schwierigkeitsklasse VI: Hohlguss (Kernguss) mit einfachen Rippen und Aussparungen
Schwierigkeitsklasse X: Hohlguss (Kernguss) mit schwieriger Kernarbeit

Profil	Rd 100 DIN 1013	Vierkant 85 DIN 1014	L 160×17 DIN 1028	Rohr 159×5,6 DIN 2448	U 160 DIN 1026	I PE 160 DIN 1025
W/A in mm	12,5	14,1	20,8	37	48,3	54
I/A in mm²	625	601	2374	2944	3854	4323
k_G^* gewalzt / gezogen	1 / 1,6	1,02 / 1,6	1,06	1,6 – 2,1 / 2,8	1	1

Abb. 12.4. Spezifische Werkstoffkosten k_G^* für Halbzeuge. Vergleichswiderstandsmoment $W \approx 10^5$ mm³, entspricht Rd 100 oder IPE 160. W/A: Verhältnis Widerstandsmoment/Querschnittsfläche. I/A: Flächenträgheitsmoment/Querschnittsfläche

für Wälzlager in Abb. 12.5 wiedergegeben. Bezugsgröße ist das Rillenkugellager Reihe 60 mit $d = 50$ mm, $\varphi_d = 1$. Bei der Erhebung der Kosten betrug der Preis GE 24,80, $\varphi_P = 1$. Aus einer Anfrage sei der derzeitige Preis für ein Rillenkugellager 6007 mit $d = 35$ mm zu GE 18,33 bekannt. Gesucht sei der Preis für das Lager 6036 mit $d = 180$ mm. Man erhält:

$$d = 35 \text{ mm} \quad \varphi_d = \frac{38}{50} = 0{,}7 \quad \text{aus Abb. 12.5:} \quad \varphi_{P_{6007}} = 0{,}61,$$

$$d = 180 \text{ mm} \quad \varphi_d = \frac{180}{50} = 3{,}6 \quad \text{aus Abb. 12.5:} \quad \varphi_{P_{6036}} = 28,$$

$$P_{6036} = P_{6007} \cdot \frac{\varphi_{P_{6036}}}{\varphi_{P_{6007}}} = 18{,}33 \cdot \frac{28}{0{,}61} = 841{,}- \text{ GE}.$$

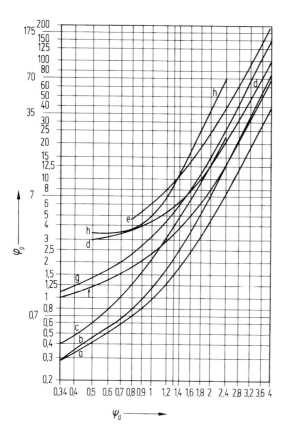

Abb. 12.5. Relativkosten für Wälzlager nach [27]. Bezugsgröße: a R60 mit $d = 50$ mm ($\varphi_\mathrm{d} = 1$) mit $P = 24{,}80$ GE ($\varphi_\mathrm{P} = 1$)

Weitere Diagramme für Schrauben, Sicherungsringe, Flansche, Ventile und Schieber vgl. [26] und [27]. Abbildung 12.6 zeigt einen Kostenvergleich für unterschiedliche Schraubenverbindungen nach [5]. Wie in 12.3.4 und 12.3.5 dargestellt, können sich die Kostenrelationen mit der Größe ändern, was auch in Abb. 12.6 zum Ausdruck kommt.

Relativkostenangaben sind unter kritischer Würdigung aller Umstände zu verwenden [1]. Beim Vergleichen und Auswählen sind die erforderliche Funktion, der zulässige Anwendungsbereich, der nötige oder angestrebte Raumbedarf, Anforderungen an die Formgebung u. a. neben den Kostenrelationen zu beurteilen. Auch sind Extrapolationen in der Regel nicht zulässig. Der einfache Kostenvergleich der Elemente ohne ihre Rückwirkung auf die Gestaltungsumgebung ist nicht ausreichend.

722   12 Kostenerkennung

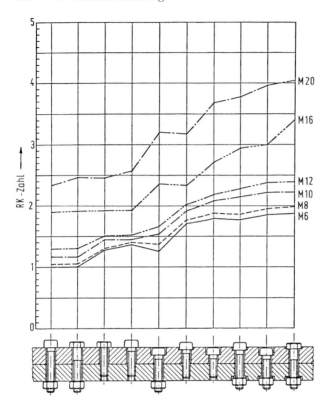

Abb. 12.6.
Relativkosten-Zahlen für Schraubverbindungen mit Zylinder-Schrauben nach DIN 912 und Sechskantschrauben nach DIN 931 in den Größen M6 bis M20, Festigkeitsklasse 8.8 nach [5] und [6]

12.3.2 Schätzen über Materialkostenanteil
Estimated overall and material costs

Ist in einem bestimmten Anwendungsbereich das Verhältnis m von Materialkosten MK zu Herstellkosten HK bekannt und annähernd gleich, können nach Richtlinie VDI 2225 [33] bei ermittelten Materialkosten die Herstellkosten abgeschätzt werden.

Sie ergeben sich dann zu $HK = MK/m$. Dieses Verfahren versagt allerdings bei Änderung der Kostenstruktur insbesondere bei starker Variation der Baugröße (vgl. Kostenschätzung mit Hilfe von Ähnlichkeitsbeziehungen 12.3.4 und Kostenstrukturen 12.3.5).

12.3.3 Schätzen mit Regressionsrechnungen
Estimated costs utilizing regressions

Durch statistische Auswertung werden die Kosten bzw. Preise in Abhängigkeit von charakteristischen Größen (Leistung, Gewicht, Durchmesser, Achshöhe u. a.) ermittelt. Das Ergebnis kann graphisch über einer dieser Größen aufgetragen werden. Mit Hilfe der Regressionsrechnung wird ein Zusammenhang gesucht, der mit Hilfe der Regressionskoeffizienten und -exponenten die

Regressionsgleichung bestimmt. Mit ihr können dann die Kosten bei einer gewissen Streubreite errechnet werden. Der Aufwand zur Erstellung kann erheblich sein und ist meist nicht ohne Rechnereinsatz möglich. Die Regressionsgleichung sollte so aufgebaut sein, dass sich ändernde Größen, wie Stundensätze, aus Gründen der Aktualisierung eigene Faktoren darstellen oder in Form von Relativkosten eingebracht werden.

Als Beispiel sei die von Pacyna [23] ermittelte Regressionsgleichung für handgeformte Gussstücke aus Grauguss wiedergegeben:

$$P = 7{,}1479\, L^{-0,0782} V_{\mathrm{G}}^{0,8179} G^{-0,1124} D^{0,1655} V^{0,1786} Z_{\mathrm{V}}^{0,0387} R_{\mathrm{m}}^{0,2301} S_{\mathrm{S}}^{1,00}$$

in Geldeinheiten (GE)/Stück,

$P \,\widehat{=}\, MEK$ Materialeinzelkosten des Gussstücks,
$L \,\widehat{=}\,$ Fertigungslosgröße in Stück,
$V_{\mathrm{G}} \,\widehat{=}\,$ Werkstoffvolumen in dm^3,
$G \,\widehat{=}\,$ Gestrecktheit (vgl. Abb. 12.7),
$D \,\widehat{=}\,$ Dünnwandigkeit (vgl. Abb. 12.7),
$V \,\widehat{=}\,$ Verpackungssperrigkeit (vgl. Abb. 12.7),
$Z_{\mathrm{v}} \,\widehat{=}\,$ Zahl der Kerne (kernlos = 0,5),
$R_{\mathrm{m}} \,\widehat{=}\,$ Zugfestigkeit in N/mm^2,
$S_{\mathrm{S}} \,\widehat{=}\,$ Schwierigkeitsfaktor (normal = 1, Hauptbereich 0,9 bis 1,4).

Diese Gleichung bedarf der jeweiligen Aktualisierung. Weitere Angaben zum Vorgehen und Beispiele bezüglich Regressionsrechnungen in [11–13] und VDI-Richtlinie 2235 [35].

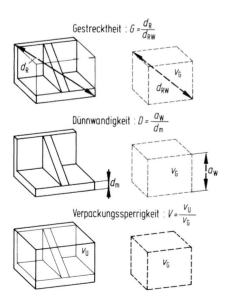

Abb. 12.7. Gestaltungsmerkmale für Gussteile nach [23]. Als Vergleichskörper dient ein Würfel, der dem Werkstückvolumen des Gussstücks V_{G} entspricht

Aus Regressionsanalysen lassen sich unter Vereinfachungen und Ähnlichkeitsbetrachtungen (vgl. 12.3.4) einfach handhabbare *Kostenfunktionen* ermitteln. Das folgende Beispiel ist von Klasmeier [18].

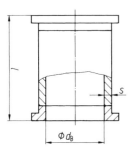

Abb. 12.8. Geometrische Größen am Druckbehälter eines Hochspannungsschalters. Innendurchmesser des Behälters d_B; Länge des Behälters l; Wanddicke des Behälters s; Nenndruck PN

Kosten für Druckbehälter von Hochspannungsschaltern (Einflussgrößen auf variable Kosten s. Abb. 12.8):

Aus einer Regressionsanalyse gewonnene Regressionsgleichung für geschweißte Druckbehälter

$$VHK = a + b \cdot d_B^{1,42} \cdot PN^{0,94} \cdot l^{0,21} \cdot s^{0,17}.$$

(Die Faktoren a und b durften als unternehmensspezifische Größen nicht genannt werden.)

Ableitung einer speziellen aber einfachen Kostenfunktion:
Nach elektrotechnischen Gesetzmäßigkeiten gilt:

Spannung $U \sim$ Elektrodenentfernung $e \sim$ Behälterdurchmesser d_B.

Daraus folgt:

$$U \sim e = c_1 \cdot d_B.$$

c_1 berücksichtigt Leiterabmessungen und einen Sicherheitsabstand bei konstantem Gasdruck und konstanter Temperatur.

Bei vorliegenden dünnwandigen Behältern gilt die Kesselformel. Da die festigkeitsbedingte Wanddicke unter der vorgeschriebenen Mindestwanddicke bleibt, kann $s = s_{min} =$ const. gesetzt werden.

Ferner gilt $l =$ const., da die zulässige Spannung unabhängig von der Behälterlänge ist.

So ergibt sich die Reduktion der Kostenfunktion auf die variable Größe der Spannung:

$$VHK = a_1 + b_1 \cdot U^{1,42}.$$

12.3.4 Hochrechnen mit Ähnlichkeitsbeziehungen
Estimate with similarity laws

1. Grundentwurf als Basis

Liegen geometrisch ähnliche oder halbähnliche Bauteile in einer Baureihe oder auch nur als eine Variante von schon bekannten Bauteilen vor, ist die Bestimmung von Kostenwachstumsgesetzen aus Ähnlichkeitsbeziehungen zweckmäßig [27]. Der Stufensprung der Herstellkosten φ_{HK} stellt das Verhältnis der Kosten des *Folgeentwurfs* HK_q (gesuchte Kosten) zu denen des *Grundentwurfs* HK_0 (bekannte Kosten) dar und wird über Ähnlichkeitsbetrachtungen ermittelt (vgl. 10.1.1):

$$VHK = \frac{VHK_q}{VHK_0} = \frac{MEK_q + \sum FLK_q}{MEK_0 + \sum FLK_0}.$$

Der Grundentwurf (Index 0) wird so gewählt, dass er einen möglichst großen Bereich unterschiedlicher Baugrößen repräsentieren kann. Liegt er etwa in der geometrischen Mitte dieses Bereichs, sind Abweichungen bei der Hochrechnung am geringsten. Der hochgerechnete Folgeentwurf muss innerhalb des Gültigkeitsbereiches des Grundentwurfs liegen, d. h. gleiche Fertigungsart, gleiche Fertigungsstätte u. ä.

Das Verhältnis der Materialeinzelkosten und der einzelnen Fertigungskosten bzw. -zeiten, z. B. für Drehen, Bohren, Schleifen, zu den Herstellungskosten wird für den Grundentwurf berechnet und wie folgt ausgewiesen:

$$a_m = \frac{MEK_0}{VHK_0}; \quad a_{F_k} = \frac{FLK_{k_0}}{VHK_0} \quad \text{je} \quad k. \text{ Fertigungsoperation}.$$

Die so definierten Verhältnisse sind Anteile an den betreffenden variablen Herstellkosten und repräsentieren die Kostenstruktur des Grundentwurfs (vgl. 12.3.5).

Bei bekannten Kostenwachstumsgesetzen der Einzelanteile ergibt sich das Kostenwachstumsgesetz des Ganzen mit:

$$\varphi_{VHK} = a_m \cdot \varphi_{MEK} + \sum_k a_{F_k} \cdot \varphi_{FLK_k}.$$

In allgemeiner Form lässt sich in Abhängigkeit von einer charakteristischen Länge schreiben:

$$\varphi_{VHK} = \sum_i a_i \cdot \varphi_L^{X_i}, \varphi_L = \frac{L}{L_0} \text{ (vgl. 10.1.1) mit } \sum_i a_i = 1 \text{ und } a_i \geq 0.$$

Das Verfahren ist überbetrieblich anwendbar. Durch die Bildung der Koeffizienten a_i mit Hilfe des Grundentwurfs geht die betriebseigene Kalkulationsart ein und gleichzeitig ist durch ihn der aktuelle Stand sichergestellt. Die Ergebnisse sind daher betriebsspezifisch.

Die Bestimmung der Exponenten x_i in Abhängigkeit von den entsprechenden Abmessungen (charakteristische Länge) ist für *geometrisch ähnliche Teile* einfach. Es kann zum *schnellen Abschätzen* nach [27] mit ganzzahligen Exponenten gearbeitet werden und es ergibt sich folgendes Polynom:

$$\varphi_{\text{VHK}} = a_3 \cdot \varphi_L^3 + a_2 \cdot \varphi_L^2 + a_1 \cdot \varphi_L^1 + \frac{a_0}{\varphi_z} \quad \text{mit} \quad \varphi_z = \frac{z_q}{z_0}, \quad z = \text{Losgröße}.$$

Maschinentyp	Verfahren	Exponent errechnet	Exponent gerundet	Treffsicherheit
Universal-Drehbank	Außen- und Innendrehen	2	2	+ +
	Gewindedrehen	≈1	1	+
	Abstechen	≈1,5	1	+
	Nuten drehen			
	Fasen drehen	≈1	1	+
Karussel-Drehmasch.	Außen- und Innendrehen	2	2	+ +
Radialbohrmaschine	Bohren Gewindeschneiden Senken	≈1	1	0
Bohr- und Fräswerke	Drehen Bohren Fräsen	≈1	1	0
Nutenfräsmaschine	Paßfedernuten fräsen	≈1,2	1	+
Universal-Rundschleifmaschine	Außenrundschleifen	≈1,8	2	+ +
Kreissäge	Profile sägen	≈2	2	0
Tafelschere	Bleche scheren	1,5...1,8	2	+
Kantmaschine	Bleche kanten	≈1,25	1	+
Presse	Profile richten	1,6...1,7	2	+
Fasmaschine	Bleche fasen	1	1	+ +
Brennmaschine	Bleche brennen	1,25	1	+ +
MIG- und E-Hand-schweißen	I-Nähte	2	2	+ +
	V,X,Kehl-,Ecknähte	2,5	2	+ +
Glühen		3	3	+ +
Sandstrahlen (je nach Verrechnung über Gewicht oder Oberfläche)		2 o. 3	2 o. 3	+ +
Montage		1	1	+ +
Heften zum Schweißen		1	1	+ +
Verputzen von Hand		1	1	+ +
Lackieren		2	2	+ +

Abb. 12.9. Exponenten für Zeiten je Einheit bei geometrischer Ähnlichkeit unterschiedlicher Fertigungsoperationen nach [26, 27].
Legende: + + gute Treffsicherheit
 + geringer als bei + +
 0 stärkere Streuungen sind möglich

Für Materialkosten gilt im Allgemeinen $\varphi_{\mathrm{MEK}} = \varphi_{\mathrm{L}}^3$. Für die Fertigungsoperationen dient Abb. 12.9 nach [26, 27].

Die Anteile a_i werden in einem Schema aus dem Grundentwurf (Beispiel in Abb. 12.10 und 12.11) unter Zuordnung zu den einzelnen ganzzahligen Exponenten errechnet. Das Kostenwachstumsgesetz dieses Beispiels wäre dann mit $\varphi_Z = 1$

$$\varphi_{\mathrm{VHK}} = 0{,}49 \cdot \varphi_{\mathrm{L}}^3 + 0{,}26 \cdot \varphi_{\mathrm{L}}^2 + 0{,}20 \cdot \varphi_{\mathrm{L}} + 0{,}05\,.$$

Eine doppelt so große, geometrisch ähnliche Variante mit $\varphi_{\mathrm{L}} = 2$ würde dann eine Kostensteigerung mit Stufensprung $\varphi_{\mathrm{VHK}} = 5{,}41$ ergeben.

Aber auch für eine *genauere Hochrechnung* und bei *halbähnlicher Variation* ist das Verfahren gut handhabbar, wie folgendes Beispiel von Antriebswalzen nach Abb. 12.12 zeigt. Es handelt sich dabei um reibgeschweißte Wellenzapfen mit den Hauptabmessungen d und l, die mit einem gesenkgeschmiedeten scheibenförmigen Ansatz versehen sind und in Rohre eingeschweißt und anschließend fertiggedreht werden.

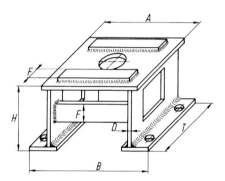

Abb. 12.10. Grundentwurf (Schweißteil) für geometrisch ähnliche Baureihe nach [27]

Operation		Kosten mit φ_L^3 steigend	Kosten mit φ_L^2 steigend	Kosten mit φ_L steigend	konst. Kosten
Material		800			15
Brennen	⎫			60	
Fasen	⎬ Fügen			35	
Heften	⎪			105	
Schweißen	⎭		500		
Glühen		80			
Sandstrahlen		40			
Anreißen				40	
Bohrwerk	⎱ mech.			100	70
Raboma	⎰ Bearb.			30	15
1890 GE = H_0 =		Σ_3 (=920)	Σ_2 (=500)	Σ_1 (370)	Σ_0 (100)
		$\Sigma_3 \mathrm{IH}_0$ $a_3 = 0{,}49$	$\Sigma_2 \mathrm{IH}_0$ $a_2 = 0{,}26$	$\Sigma_1 \mathrm{IH}_0$ $a_1 = 0{,}20$	$\Sigma_0 \mathrm{IH}_0$ $a_0 = 0{,}05$

Abb. 12.11. Rechenschema zum Ermitteln der Anteile a_i am Grundentwurf

728 12 Kostenerkennung

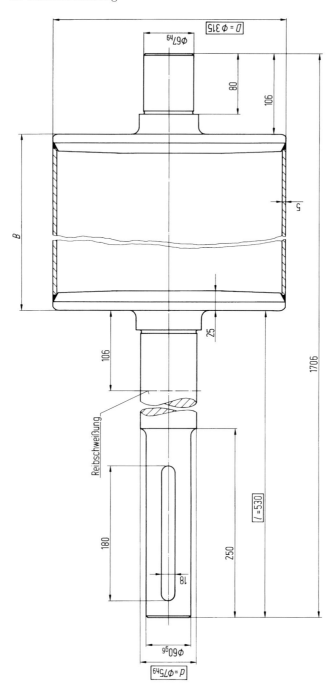

Abb. 12.12. Antriebswalze (Grundentwurf oder Bezugsgröße)

Die charakteristischen Größen für die Rohre sind der Walzendurchmesser D und die Walzenlänge B, die unabhängig voneinander gewählt werden können. Der Wellenzapfendurchmesser d und die Zapfenlänge l sind stets proportional zum Walzendurchmesser D gewählt.

Die Abhängigkeiten der Zeiten von den einzelnen geometrischen Größen wurden nach [24,26,27] aus einer Analyse der Haupt- und Nebenzeiten gewonnen. So ist z. B. beim Drehen die Hauptzeit von der Drehfläche, repräsentiert durch Durchmesser und Länge des Bauteils bestimmt, während die Nebenzeit im betrachteten Größenbereich konstant war. Die Schweißkosten dagegen steigen nach [24] in Abhängigkeit von der Nahtdicke s bzw. a mit $\varphi_s^{1,5}$ und mit der Schweißnahtlänge l linear, d. h. mit φ_l^1. Das Herrichten zum Schweißen ist neben der Anzahl der Teile im Wesentlichen von der Wurzel aus dem Gewicht, also mit $\varphi_G^{0,5}$ abhängig, oder auch durch $\varphi_D \cdot \varphi_B^{0,5}$ beschreibbar.

Abbildung 12.13 zeigt die Kostenanteile der einzelnen Operationen beim Grundentwurf $D = 315$ mm und $B = 1000$ mm.

Das daraus gewonnene differenzierte Wachstumsgesetz lautet in seiner allgemeinen Form, wenn die Anteile gleicher Abhängigkeit und Parameter zusammengefasst werden:

$$\varphi_{\text{VHK}} = 0{,}164 \cdot \varphi_{\text{KGR}} \cdot \varphi_D^2 \cdot \varphi_B + 0{,}222 \cdot \varphi_{\text{KGZ}} \cdot \varphi_d^2 \cdot \varphi_l + \varphi_{\text{kL}}(0{,}081 \cdot \varphi_D^{2,5}$$
$$+ 0{,}075 \cdot \varphi_D \cdot \varphi_B + 0{,}113 \cdot \varphi_d \cdot \varphi_l + 0{,}038 \cdot \varphi_d^2 + 0{,}081 \cdot \varphi_D \cdot \varphi_B^{0,5}$$
$$+ 0{,}011 \cdot \varphi_D + 0{,}144) + 0{,}07 \,.$$

Durch Einsetzen von $\varphi_D = \varphi_B = \varphi_d = \varphi_l$ bei geometrischer Ähnlichkeit der Walzenabmessungen bzw. $\varphi_D = \varphi_d = \varphi_l =$ const. und φ_B veränderlich

Material, Fertigungsoperation	Kostenanteil	Kostenwachstumsgesetz
Material		
Rohr	0,164	$\varphi_{\text{kGR}} \cdot \varphi_D^2 \cdot \varphi_B$
Scheibe u. Zapfen	0,222	$\varphi_{\text{kGZ}} \cdot \varphi_d^2 \cdot \varphi_l$
Konstantanteil	0,070	
Fertigungsoperation		
Herrichten zum Schweißen	0,049	$\varphi_{\text{kL}} \cdot \varphi_D \cdot \varphi_B^{0,5}$
Schweißen	0,081	$\varphi_{\text{kL}} \cdot \varphi_D^{2,5}$
Verputzen	0,011	$\varphi_{\text{kL}} \cdot \varphi_D$
Drehen, Rohr längs	0,054	$\varphi_{\text{kL}} \cdot \varphi_D \cdot \varphi_B$
Drehen, Zapfen längs	0,097	$\varphi_{\text{kL}} \cdot \varphi_d \cdot \varphi_l$
Drehen, Zapfen plan	0,038	$\varphi_{\text{kL}} \cdot \varphi_d^2$
Drehen (konst.)	0,114	φ_{kL}
Fräsen	0,016	$\varphi_{\text{kL}} \cdot \varphi_d \cdot \varphi_l$
Fräsen (konst.)	0,021	φ_{kL}
Oberflächenbehandlung	0,021	$\varphi_{\text{kL}} \cdot \varphi_D \cdot \varphi_B$
Herrichten zum Oberfl. beh.	0,032	$\varphi_{\text{kL}} \cdot \varphi_D \cdot \varphi_B^{0,5}$
Sägen	0,001	$\varphi_{\text{kL}} \cdot \varphi_D$
Sägen (konst.)	0,009	φ_{kL}
	1,000	

Abb. 12.13. Kostenanteile beim Grundentwurf. $D = 315$ mm und $B = 1000$ mm der Antriebswalze nach Abb. 12.12. φ_{kG} Stufensprung der spezifischen Werkstoffkosten, φ_{kL} Stufensprung des Verrechnungslohnsatzes

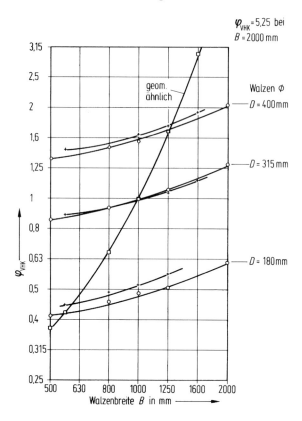

Abb. 12.14. Relative Herstellkosten geometrisch ähnlicher und halbähnlicher Antriebswalzen nach Abb. 12.12. Grundentwurf D = 315 mm, B = 1000 mm, + konventionell kalkuliert

lässt sich dann das in Abb. 12.14 dargestellte Diagramm für das gesamte Kostenspektrum der vorkommenden Varianten aufstellen. Dabei sind φ_{kL} und φ_{kGZ} für alle Größen konstant, dagegen ändert sich φ_{kGR} oberhalb $D = 355$ mm um 1,25 wegen eines Mindermengenaufpreises.

Da in den Einzelkosten immer konstante Anteile enthalten sind, z. B. Rüstkosten bei gegebener Losgröße, und andererseits z. B. die Materialkosten mit der 3. Potenz einer charakteristischen Länge wachsen, ist der Kostenverlauf für die variablen Herstellkosten über der Größe eines Teils oder Baugruppe grundsätzlich auch in doppelt-logarithmischer Darstellung nicht linear, sondern progressiv gekrümmt (vgl. Abb. 12.14).

Der Vergleich zwischen konventioneller Kalkulation und Hochrechnung über Kostenwachstumsgesetze lässt erkennen, dass eine ausreichend genaue Ermittlung der Kosten möglich ist. Aufgrund des Fehlerausgleichs bei vielen Summanden ist die Abschätzung der Herstellkosten recht zutreffend. Die Unsicherheit ist in der Regel kleiner als ±10%. Dagegen können einzelne Operationen mit größeren Abweichungen behaftet sein [16, 27]. Weitere Beispiele in [18, 24, 26, 27].

2. Operationselement als Basis

Anstelle eines Grundentwurfs kann auch nach Beelich [24] ein sog. *Operationselement* treten, das ein bestimmtes Fertigungsverfahren repräsentiert. Die Grundidee ist die Definition eines normierten, relativ einfachen Elements, das alle wesentlichen Teiloperationen der betreffenden Fertigungsoperation (z. B. Drehen, Schleifen, Schweißen) enthält, von dem auf ein reales Bauteil hochgerechnet werden kann. Die Normierung besteht darin, dass alle maßgeblichen geometrischen Größen auf den Zahlenwert 1 gesetzt werden, so dass spezifische Fertigungszeiten entstehen. Für das Operationselement werden die erforderlichen Fertigungszeiten, die durch die jeweilige Technologie bestimmt sind, ermittelt.

Von diesem Operationselement wird unter Bildung der Stufensprünge $\varphi_i = X_{iB}/X_{iO}$ (X_{iB} Größe am Bauteil, X_{iO} Größe am Operationselement) wie vorher beschrieben das jeweilige Kostenwachstumsgesetz ermittelt, das die Berechnung der Herstellkosten dann erlaubt.

Besonders vorteilhaft wird von einem Operationselement Gebrauch gemacht, wenn es sich vorwiegend nur um eine Fertigungsoperation handelt. Andererseits ermöglichen ebenso die Operationselemente verschiedener Fertigungsoperationen die Hochrechnung komplexer Bauteile.

Für die Fertigungsoperation „Elektroden-Handschweißen" hat Beelich [24] die Erstellung eines Operationselements aufgezeigt.

Beispiel zur *Erstellung eines Operationselements*

Die Analyse der Fertigungsoperation „Elektroden-Handschweißen" ließ folgende Zeitanteile für Teiloperationen erkennen:

Die Zeiten für *Zusammenstellen, Ausrichten und Heften* der Bauteile zur Schweißgruppe lassen sich in Anlehnung nach Ruckes [29] bestimmen:

$$t_{ShZH} = C_{ZH} \cdot \alpha \cdot \sqrt{G} \cdot \sqrt{x}.$$

α Schwierigkeitsfaktor Abb. 12.15, G Gesamtgewicht, x Teilezahl.

Art, Form der Schweißnähte		V-Naht 60°	Kehlnaht 90°
Art der Konstruktion	Form der Bauteile Länge der Schweißnähte		
eben	Wannenlage lange Schweißnähte	1	2
räumlich	Blech, Flachstahl kurze Nähte	1,5	2,5
	Profile wie U,L Rohr	2	3
	Profile wie T,I	2,5	4

Abb. 12.15. Schwierigkeitsfaktor α für übliche Maßgenauigkeit und im wesentlichen rechte Winkel. (Bei höherer Maßgenauigkeit und schiefem Winkel ist der Faktor um 1 bis 2 Punkte zu erhöhen)

Die Hauptzeit für reines *Nahtschweißen* berechnet sich aus der Zeit, die erforderlich ist, um ein bestimmtes Nahtvolumen durch ein entsprechendes Elektrodenvolumen zu füllen. Nach [24] gilt:

$$t_{\text{ShN}} = C_{\text{h}} \cdot s^{1,5} \cdot l,$$

s Blechdicke bei V-Naht, a Nahtdicke, $a = s$ bei Kehlnaht, l Schweißnahtlänge.

Die Nebenzeiten für *Elektroden wechseln, erneutes Anschweißen, Schlacke entfernen und Naht säubern* sind von der Zahl der Elektroden z_{E} und der Zahl der Schweißlagen z abhängig. Beide Größen lassen sich mit den Volumina und den Querschnitten von Naht und Elektrode in Zusammenhang bringen und vergleichen [24]. Die Untersuchungen zeigten außerdem den Einfluss des Schwierigkeitsfaktors α. Sinnvoll erschien es, diesen Faktor wurzelbezogen einzubringen:

$$t_{\text{SnEA}} + t_{\text{SnSL}} = C_{\text{n}} \cdot \sqrt{\alpha} \cdot s^{1,5} \cdot l.$$

Die Materialkosten des *Schweißguts* lassen sich aus dem spezifischen Schweißnahtgewicht G_{N}^* und dem spezifischen Kostenfaktor k_{G} berechnen:

$$M_{\text{S}} = G_{\text{N}}^* \cdot s^2 \cdot l \cdot k_{\text{G}}.$$

Damit ergibt sich folgender formelmäßiger Zusammenhang für die gesamten Fertigungsschweißkosten in GE (Geldeinheiten)

$$F_{\text{S}} = k_{\text{L}}[C_{\text{ZH}} \cdot \alpha \cdot \sqrt{G} \cdot \sqrt{x} + (C_{\text{h}} + C_{\text{n}} \cdot \sqrt{\alpha})s^{1,5} \cdot l] + G_{\text{N}}^* \cdot s^2 \cdot l \cdot k_{\text{G}}.$$

Für das Operationselement „Elektroden-Handschweißen" (Abb. 12.16) errechnen sich die Schweißkosten mit den normierten Daten und betriebsspezifischen Fertigungszeiten:

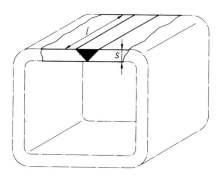

Abb. 12.16. Operationselement „Schweißen"

12.3 Methoden der Kostenerkennung

$\alpha = 1$ $\quad k_\text{L} = 1$ GE/min (Verrechnungslohnsatz)
$G = 1$ kg $\quad k_\text{G} = 10$ GE/kg (spez. Werkstoffkosten)
$x = 1$ $\quad C_\text{ZH} = 1$ min/kg^{0,5}
$s = 1$ mm $C_\text{h} = 0{,}8$ min/mm$^{1,5} \cdot$ m (spez. Fertigungszeiten)
$l = 1$ m $\quad C_\text{n} = 1{,}2$ min/mm$^{1,5} \cdot$ m
$\qquad\qquad G_\text{N}^* = 0{,}0095$ kg/mm$^2 \cdot$ m (spez. Nahtgewicht mit Naht-
$\qquad\qquad\qquad\qquad$ überhöhung von $k_\text{Nü} = 1{,}21$)

$F_\text{S0} = 3{,}095$ GE.

Kostenanteile im Operationselement 0 errechnen sich dann zu:

$$a_\text{ZH} = \frac{F_\text{SZH0}}{F_\text{S0}} = \frac{1}{3{,}095} = 0{,}32\,,$$

$$a_\text{Nh} = \frac{F_\text{SN0}}{F_\text{S0}} = \frac{0{,}8}{3{,}095} = 0{,}26\,,$$

$$a_\text{Nn} = \frac{F_\text{SEA0} + F_\text{SSL0}}{F_\text{S0}} = \frac{1{,}2}{3{,}095} = 0{,}39\,,$$

$$a_\text{M} = \frac{M_\text{S0}}{F_\text{S0}} = \frac{0{,}095}{3{,}095} = 0{,}03\,.$$

Damit lautet das Kostenwachstumsgesetz für das Operationselement „Elektroden-Handschweißen"

$$\varphi_\text{FS} = \varphi_\text{kL} \big(\underbrace{0{,}32 \cdot \varphi_\text{a} \cdot \varphi_\text{G}^{0,5} \cdot \varphi_\text{x}^{0,5}}_{\substack{\text{Herrichten:} \\ \text{Zusammenstellen,} \\ \text{Ausrichten,} \\ \text{Heften}}} + \underbrace{(0{,}26}_{\substack{\text{Schweißen:} \\ \text{Naht-} \\ \text{schweißen}}}$$

$$+ \underbrace{0{,}39 \cdot \varphi_\text{a}^{0,5}}_{\substack{\text{Elektroden wechseln} \\ \text{erneutes Anschweißen,} \\ \text{Schlacke entfernen}}} \big) \cdot \varphi_\text{s}^{0,5} \cdot \varphi_\text{l} + \underbrace{0{,}03 \cdot \varphi_\text{s}^2 \cdot \varphi_\text{l} \cdot \varphi_\text{kG}}_{\text{Schweißmaterial}}\,.$$

Mit ihm können Schweißteile unter Einsetzen der jeweiligen Parameterwerte zur Bestimmung der Stufensprünge φ kostenmäßig hochgerechnet werden.

Beispiel zur *Anwendung des Operationselements:*

Der in Abb. 12.17 dargestellte, geschweißte Rahmen ist hinsichtlich der Kosten hochzurechnen: Die Schweißkosten lassen sich mit den Daten der Baugruppe und den auf das Operationselement bezogenen Stufensprüngen nach Abb. 12.18 berechnen. Werden die entsprechenden Werte in obige Gleichung für V- und Kehlnaht getrennt eingesetzt, ergibt sich nach Abb. 12.19 als Stufensprung:

$$\varphi_\text{FS} = 163{,}67\,.$$

Die Herstellkosten für die Fertigungsoperation „Elektroden-Handschweißen" wären dann

$$HK = F_\text{S0} \cdot \varphi_\text{FS} = 3{,}095 \cdot 163{,}67 = 506{,}-\text{GE}\,.$$

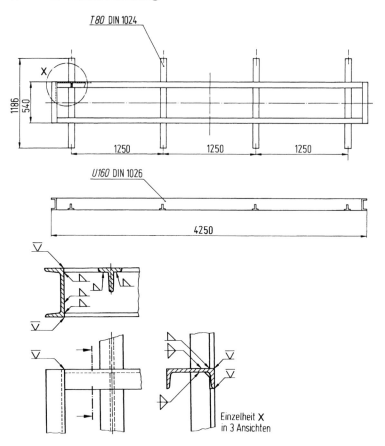

Abb. 12.17. Baugruppe „Rahmen vorn"

Es ist ersichtlich, dass die Nahtdicken von erheblichem Einfluss sind. Ließe sich beispielsweise allein die V-Naht von 10 auf 8 mm reduzieren, ergibt sich eine merkliche Kostenreduzierung, indem φ_s nicht gleich 10, sondern nur 8 wäre. Wegen der Exponenten 2 bzw. 1,5 reduzieren sich die entsprechenden Zahlenwerte (vgl. Abb. 12.19) und die Herstellkosten auf

$HK = 3{,}095 \cdot 143{,}22 = 443{,}- \text{ GE}$.

12.3.5 Kostenstrukturen
Cost structures

Aus vorstehender Betrachtung ist die Änderung der *Kostenstruktur* mit der Baugröße bzw. halbähnlichen Variante erkennbar. Von dominierendem Einfluss sind die mit φ_L^3 bzw. φ_L^2 wachsenden Kostenanteile, z. B. Materialkosten und oberflächenabhängige Kosten, wenn ihre Anteile hoch sind. Abbil-

12.3 Methoden der Kostenerkennung 735

TH Darmstadt MuK	Datenliste für: Rahmen vorn					
Fertigungsoperation, Material	Benennung		Dimension	Daten der Schweißgruppe	Daten des Operationselements	Stufensprung φ
Herrichten zum Schweißen	Gewicht der Baugruppe	G	kg	226	1	226
	Teilezahl	x		16	1	16
	Schwierigkeitsfaktor	α		3	1	3
	Verrechnungslohnsatz	k_L	DM/min	1	1	1
Naht schweißen / Kehlnaht	Nahtdicke	a	mm	4	1	4
	Nahtlänge	l_K	m	4,52	1	4,52
	Schwierigkeitsfaktor	α		3	1	3
Naht schweißen / V-Naht	Blechdicke	s	mm	10	1	10
	Nahtlänge	l_V	m	2,44	1	2,44
	Schwierigkeitsfaktor	α		2	1	2
Schweißmaterial	spez. Werkstoffkosten	k_G	DM/kg	10	10	1
Datum: 1.85	Bearbeiter: BL					

Abb. 12.18. Datenliste zum Errechnen der Stufensprünge

Fertigungsoperation Material		Wachstumsgesetz	Rechnung	Stufenspr. φ s=10mm	s=8mm
Herrichten		$\varphi_{HZS} = 0{,}32 \cdot \varphi_{kL} \cdot \varphi_\alpha \cdot \varphi_G^{0,5} \cdot \varphi_x^{0,5}$	$0{,}32 \cdot 1 \cdot 3 \cdot 226^{0,5} \cdot 16^{0,5}$	57,73	57,73
Schweißen	Kehlnaht	$\varphi_N = (0{,}26 + 0{,}39 \cdot \varphi_\alpha^{0,5}) \cdot \varphi_s^{1,5} \cdot \varphi_l \cdot \varphi_{kL}$	$(0{,}26 + 0{,}39 \cdot 3^{0,5}) \cdot 4^{1,5} \cdot 4{,}52 \cdot 1$	33,83	33,83
	V-Naht		$(0{,}26 + 0{,}39 \cdot 2^{0,5}) \cdot 10^{1,5} \cdot 2{,}44 \cdot 1$	62,62	44,81
Schweißmaterial	Kehlnaht	$\varphi_M = 0{,}03 \cdot \varphi_s^2 \cdot \varphi_l \cdot \varphi_{kG}$	$0{,}03 \cdot 4^2 \cdot 4{,}52 \cdot 1$	2,17	2,17
	V-Naht		$0{,}03 \cdot 10^2 \cdot 2{,}44 \cdot 1$	7,32	4,68
			$\varphi_{FS} =$	163,67	143,22

Abb. 12.19. Berechnung des Stufensprungs der Schweißkosten aus dem Operationselement „Schweißen" für die Schweißgruppe nach Abb. 12.17

dung 12.20 zeigt die Veränderung der Herstellkostenstruktur in Abhängigkeit von der Baugröße und Losgröße nach Ehrlenspiel [12]. Mit zunehmender Losgröße reduziert sich der Einmalkostenanteil bzw. die von der Größe unabhängigen Anteile, also vornehmlich die Rüstkosten. Für das in Abb. 12.10 dargestellte Beispiel ist in Abb. 12.21 die Kostenstruktur in Abhängigkeit von der Baugröße wiedergegeben. Es ist bei einer Größenvariation im Bereich von $\varphi_L = 0{,}4$ bis $\varphi_L = 2{,}5$, d. h. um das 6,25fache, die Veränderung der Kostenstruktur von anfänglich überwiegenden Fertigungskosten zu den dann überwiegenden Materialkosten zu erkennen. Kostenstrukturen von Gussteilen vgl. [14].

Ohne Kenntnis der Kostenstruktur, d. h. ohne Kenntnis der Anteile von Materialeinzelkosten und Fertigungslohnkosten an den variablen Herstellkosten, kann der Konstrukteur nicht erkennen, welche Maßnahmen zu einer Kos-

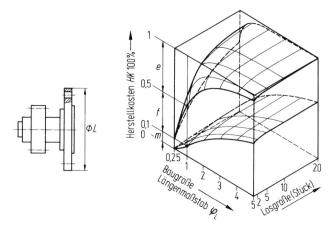

Abb. 12.20. Herstellkostenstruktur für Zahnräder in Abhängigkeit von Baugrößen bzw. Längenstufensprung φ_L und Losgröße nach [11, 35]. m Materialkostenanteil, f Fertigungskostenanteil, e Einmalkostenanteil (Rückkosten)

Material	0,13				
		0,26	0,42		
Fügen	0,45			0,57	
		0,45			0,67
Glühen u. Sandstrahlen	0,02	0,04	0,38		
		0,04			
	0,40			0,28	
Mechanische Bearbeitung		0,25	0,06		0,20
			0,14	0,09	0,10
				0,06	0,03
$\varphi_L =$	0,4	0,63	1,00	1,60	2,50

Abb. 12.21. Kostenstruktur des Beispiels nach Abb. 12.10. Sie zeigt die starke Veränderung der Anteile mit der Größenänderung

tensenkung führen. Deshalb ist es wichtig, solche Unterlagen bereitzustellen: Bei Neukonstruktionen eine vorkalkulatorische oder aus Ähnlichkeitsbeziehungen abgeleitete Hochrechnung und bei *Anpassungskonstruktionen* entsprechende Nachkalkulationsunterlagen von früheren Aufträgen.

Abbildung 12.22 zeigt als Beispiel die Kostenverteilung für einen Synchrongenerator [19]. Man kann daraus z. B. entnehmen, dass es sich bei der Welle $L1$ kaum lohnen wird, mit konstruktiven Maßnahmen die Fertigungslohn- und Fertigungsgemeinkosten senken zu wollen, dass aber eine Gewichtsminderung oder geeignete Werkstoffwahl bei dem hohen Materialkostenanteil zu nennenswerten Kostensenkungen führen könnte. Anders liegen die Verhältnisse beim Ständer $S3$, wo infolge des hohen Fertigungsgemeinkostenanteils eine konstruktiv ermöglichte Änderung des Fertigungsverfahrens oder Fertigungsmittels aussichtsreich erscheint.

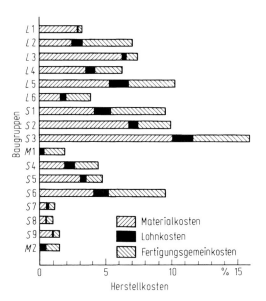

Abb. 12.22. Kostenstruktur für einen Synchrongenerator nach [19] z. B.: $L1$ Welle; $L2$ Läuferkörper; $S3$ Ständergehäuse; $S5$ Lager; $S6$ Armstern; $M2$ Montagegruppe Hilfseinrichtungen

12.4 Kostenzielvorgabe
Target Costs

Der Marktpreis und die anfallenden Betriebskosten sind für den Kunden wichtige Entscheidungskriterien bei konkurrierenden Produkten oder Verfahren. Eine ungünstige Kostensituation auf dem Markt ist vielfach ein wesentlicher Anlass bei auch sonst befriedigenden Produkteigenschaften für eine Neu- oder Weiterentwicklung. Es steht dann die Reduzierung der Herstellkosten als vorrangiges Entwicklungsziel im Vordergrund des Interesses, um die eigene Marktsituation zu verbessern. In einem solchen Fall wird das Projektmanagement versuchen durch eine *Kostenzielvorgabe*, auch *Target Costs* genannt, ganz bestimmte Anforderungen an das Kostenniveau von vornherein zu erfüllen [3, 30]. Durch ein solches Kostenmanagement wird dann die Entwicklung etwa wie folgt ablaufen:

Durch eine vorgängige Marktanalyse (vgl. 3.1.4) wird im Hinblick auf die Kundenerwartung und im Vergleich zur Konkurrenz ein attraktiver, möglichst niedriger Verkaufspreis ermittelt. Unter Berücksichtigung von Gewinn und internen Zuschlägen (vgl. Abb. 12.1) werden anschließend die vertretbaren, nun zulässigen Herstellkosten geschätzt. Soweit möglich und erkennbar sind dann die Gesamtherstellkosten auf einzelne Funktions- oder/und Baugruppen herunterzubrechen und sinnvoll zuzuordnen, um dadurch für einzelne Teilsysteme wiederum Teilkostenziele vorgeben zu können. Ein Vergleich mit den Herstellkosten des bisherigen Produkts zeigt dann die erforderliche Senkung der Herstellkosten auf. Gegebenenfalls sind in angemessener Weise auch Betriebskosten einzubeziehen.

Im Gegensatz zur konventionellen Produktentwicklung werden die Herstellkosten nicht nachträglich im Sinne einer Kostenüberprüfung ermittelt, sondern auch für Teilsysteme als Kostenziele vorgegeben, um von ihnen aus die Lösungsentwicklung zu steuern [4,9]. Die ermittelten, zulässigen Herstellkosten sind also vorrangige Entwicklungsziele, wobei ähnlich wie beim Vorgehen der Wertanalyse (vgl. 1.2.3-2 und [8,32,38]) auch bisherige Funktionen, Ausstattungen, Bauweisen u. a. in Frage gestellt werden. Wenn möglich sollen dabei funktionelle Verbesserungen, Leistungsgewinne, Materialersparnisse u. ä. mit in Betracht gezogen werden, um das Produkt bei niedrigen Kosten zusätzlich attraktiv zu machen.

Kostensenkungspotentiale sind vor allem bei Teilsystemen (Funktions- oder Baugruppen) mit wesentlichen Kostenanteilen zu suchen, die durch veränderte Aufgabenstellung, andere Lösungs- und Gestaltungsprinzipien, Werkstoffe, Fertigungsverfahren und/oder Montagearten auf ein deutlich niedrigeres Kostenniveau gebracht werden. Vorrangig bleibt die Erfüllung der Kundenerwartung in einer Gesamtsicht aus Funktion, Zuverlässigkeit und ansprechender Ausstattung bei günstigem Preis und niedrigen Betriebskosten. Ehrlenspiel gibt in [9, 15] ein instruktives Beispiel für die Neuentwicklung eines Betonmischers nach den Target Costs.

Es ist naheliegend, dass Target Costs nur erfolgreich in einem *Entwicklungsteam* unter Einschluß aller an der Produktentstehung beteiligten Bereiche ähnlich wie beim Vorgehen unter Simultaneous Engineering geleistet werden kann. Dabei wird das Team die in diesem Kapitel dargestellten Methoden zur Kostenerkennung und Kostenminimierung bewußt einzusetzen haben, um schon im Frühstadium der Entwicklung und bei der Lösungssuche und -auswahl die Erreichbarkeit der vorgegebenen Kostenziele sicherstellen zu können.

Eine interessante Anwendung auf Baukastensysteme zeigt die Dissertation Kohlhase [20]. Für einzelne Bausteine und/oder Bausteinkombinationen werden durch Zielkostenspaltung zulässig erscheinende Kosten festgelegt. Diese Kosten umfassen Herstellkosten und anfallende Prozesskosten. Mit Hilfe neuronaler Netze werden die gegenseitigen Einflüsse erfasst und berücksichtigt. Bei Vorliegen hinreichender Daten können dann kostengünstige Kombinationen von Baukastengliedern unter Berücksichtigung des Bedarfs ermittelt werden. Die Ergebnisse lassen dann auf Baukastenstrukturen schließen, die kosten- und bedarfsmäßig vorteilhaft sind.

12.5 Regeln zur Kostenminimierung
Methods to minimize costs

Neben den in 7.5.8 und 7.5.9 gemachten Aussagen lassen sich nach [11, 13, 35] allgemeine Regeln aufstellen:

- Geringe Kompliziertheit, d. h. geringe Zahl der Teile und Fertigungsoperationen, anstreben.
- Kleine Baugröße wegen geringer Materialkosten vorsehen, da diese mit der Größe, meist Durchmesser, überproportional ansteigen.
- Hohe Stückzahl (Losgröße) zur Reduzierung von Einmalkostenanteilen ermöglichen, z. B. wegen Verteilung von Rüstkosten, aber auch wegen Einsatzes leistungsfähigerer Fertigungsverfahren und Nutzung von Wiederholeffekten.
- Begrenzte Genauigkeitsanforderungen stellen, d. h. möglichst große Toleranzen und Rauigkeitswerte zulassen.

Diese Aussagen sind hinsichtlich Aufgabe und Objektgröße stets zu relativieren.

Neben den aufgeführten allgemeinen Regeln zur Kostenminimierung lässt sich aber auch zeigen, dass wirtschaftliche Gesichtspunkte nicht im Gegensatz zu Fragen des Umweltschutzes stehen, sondern diese eher unterstützen [2]. Dies gilt besonders, wenn energie- und materialsparende Maßnahmen bei der Lösungssuche und der Gestaltung von vornherein berücksichtigt werden. Diese führen zu Kostensenkungen und reduzieren die Ressourcen- und Umweltbelastung zugleich, wie nachfolgende Aufstellung zeigt, die auch als Prüfliste betrachtet werden kann:

Energieeinsparung durch

- Vermeiden von Energiewandlung (vgl. 6.3 Aufstellen von Funktionsstrukturen),
- Absenken von Strömungsverlusten,
- Absenken von Reibungsverlusten (vgl. 7.4.1 Prinzip des Kraftausgleichs),
- Nutzen von Verlustenergie (vgl. 7.4.3 Prinzip der Selbsthilfe),
- an den Arbeitsprozess angepasste Maschinengrößen,
- Aufteilung in Teilsysteme mit insgesamt höherem Wirkungsgrad,
- Einsatz verlustärmerer Maschinenkomponenten.

Materialeinsparung durch

- sachgerechte Werkstoffwahl (vgl. 12.3.1 Relativkosten),
- Zug-Druck-Beanspruchung (vgl. 7.4.1 Prinzip der kurzen und direkten Kraftleitung),
- beanspruchungsgerechte Querschnitte (vgl. 12.3.1 Relativkosten),
- Lastaufteilung und -verzweigung (vgl. 7.4.2 Prinzip der Aufgabenteilung),
- Geschwindigkeitserhöhung,
- Integralbauweise und Funktionsintegration (vgl. 7.3.2 Einfach und 7.5.7 Fertigungsgerecht),
- Vermeiden von Überdimensionierung bei gleich hoher Sicherheit (vgl. 7.3.3 Sicher, Prinzip des beschränkten Versagens),
- materialsparende Teilefertigung durch Gießen, Schmieden, Tiefziehen u. ä.

Literatur
References

1. Bauer, C. O.: Relativkosten-Kataloge – wertvolles Hilfsmittel oder teure Sackgasse? DIN-Mitt. 64. (1985), Nr. 5, 221–229.
2. Beitz, W.: Möglichkeiten zur material- und energiesparenden Konstruktion. Konstruktion 42 (1990) 378–384.
3. Bugget, W.; Weilpütz, A.: Target Costing – Grundlagen und Umsetzung des Zielkostenmanagements. München: C. Hanser 1995.
4. Burkhardt, R.: Volltreffer mit Methode – Target Costing. Top Business 2 (1994) 94–99.
5. Busch, W.; Heller, W.: Relativkosten-Kataloge als Hilfsmittel zur Kostenfrüherkennung.
6. DIN 32990 Teil 1: Kosteninformationen; Begriffe zu Kosteninformationen in der Maschinenindustrie. Berlin: Beuth 1989.
7. DIN 32991 Teil 1 Beiblatt 1: Kosteninformationen; Gestaltungsgrundsätze für Kosteninformationsunterlagen; Beispiele für Relativkosten-Blätter. Berlin: Beuth 1990.
8. DIN 69910: Wertanalyse. Berlin: Beuth 1987.
9. Ehrlenspiel, K.: Integrierte Produktentwicklung. München: C. Hanser 1995.
10. Ehrlenspiel, K.: Kostengesteuertes Design – Konstruieren und Kalkulieren am Bildschirm. Konstruktion 40 (1988) 359–364.
11. Ehrlenspiel, K.: Kostengünstig Konstruieren. Konstruktionsbücher, Bd. 35. Berlin: Springer 1985.
12. Ehrlenspiel, K.; Kiewert, A.; Lindemann, U.: Kostenfrüherkennung im Konstruktionsprozeß. VDI-Berichte Nr. 347. Düsseldorf: VDI-Verlag 1979.
13. Ehrlenspiel, K.; Kiewert, A.; Lindemann, U.: Kostengünstig Entwickeln und Konstruieren – Kostenmanagement bei der integrierten Produktentwicklung, 2. Auflage, Berlin: Springer – VDI 1998.
14. Ehrlenspiel, K.; Pickel, H.: Konstruieren kostengünstiger Gussteile – Kostenstrukturen, Konstruktionsregeln und Rechneranwendung (CAD). Konstruktion 38 (1986) 227–236.
15. Ehrlenspiel, K.; Seidenschwanz, W.; Kiewert, A.: Target Costing, ein Rahmen für kostenzielorientiertes Konstruieren – eine Praxisdarstellung. VDI-Berichte Nr. 1097, Düsseldorf: VDI Verlag 1993, 167–187.
16. Kiewert, A.: Kurzkalkulationen und die Beurteilung ihrer Genauigkeit. VDI-Z. 124 (1982) 443–446.
17. Kiewert, A.: Wirtschaftlichkeitsbetrachtungen zum kostengerechten Konstruieren. Konstruktion 40 (1988) 301–307.
18. Klasmeier, U.: Kurzkalkulationsverfahren zur Kostenermittlung beim methodischen Konstruieren. Schriftenreihe Konstruktionstechnik, H. 7. TU Berlin: Dissertation 1985.
19. Kloss, G.: Einige übergeordnete Konstruktionshinweise zur Erzielung echter Kostensenkung. VDI-Fortschrittsberichte, Reihe 1, Nr. 1. Düsseldorf: VDI Verlag 1964.
20. Kohlhase, N.: Strukturieren und Beurteilen von Baukastensystemen. Strategien, Methoden, Instrumente. Diss. Darmstadt 1996.
21. Maurer, C.; Standardkosten- und Deckungsbeitragsrechnung in Zulieferbetrieben des Maschinenbaus. Darmstadt: S. Toeche-Mittler-Verlag 1980.

22. Mellerowicz, K.: Kosten und Kostenrechnung, Bd. 1. Berlin: Walter de Gruyter 1974.
23. Pacyna, H.; Hildebrand, A.; Rutz, A.: Kostenfrüherkennung für Gussteile. VDI-Berichte Nr. 457: Konstrukteure senken Herstellkosten – Methoden und Hilfsmittel. Düsseldorf: VDI Verlag 1982.
24. Pahl, G.; Beelich, K. H.: Kostenwachstumsgesetze nach Ähnlichkeitsbeziehungen für Schweißverbindungen. VDI-Berichte Nr. 457. Düsseldorf: VDI Verlag 1982.
25. Pahl, G.; Rieg, F.: Kostenwachstumsgesetze für Baureihen. München: C. Hanser 1984.
26. Pahl, G.; Rieg, F.: Kostenwachstumsgesetze nach Ähnlichkeitsbeziehungen für Baureihen. VDI-Berichte Nr. 457. Düsseldorf: VDI Verlag 1982.
27. Pahl, G.; Rieg, F.: Relativkostendiagramme für Zukaufteile. Approximationspolynome helfen bei der Kostenabschätzung von fremdgelieferten Teilen. Konstruktion 36 (1984) 1–6.
28. Rauschenbach, T.: Kostenoptimierung konstruktiver Lösungen. Möglichkeiten für die Einzel- und Kleinserienproduktion. Düsseldorf: VDI-Verlag 1978.
29. Ruckes, J.: Betriebs- und Angebotskalkulation im Stahl- und Apparatebau. Berlin: Springer 1973.
30. Seidenschwarz, W.: Target Costing – Marktorientiertes Zielkostenmanagement. München: Vahlen 1993. Zugl. Stuttgart Universität. Diss. 1992.
31. Siegerist, M.; Langheinrich, G.: Die neuzeitliche Vorkalkulation der spangebenden Fertigung im Maschinenbau. Berlin: Technischer Verlag Herbert Cram 1974.
32. VDI: Wertanalyse. VDI-Taschenbücher T 35. Düsseldorf: VDI Verlag 1972.
33. VDI-Richtlinie 2225 Blatt 1: Konstruktionsmethodik; Technisch-wirtschaftliches Konstruieren; Anleitung und Beispiele. Düsseldorf: VDI Verlag 1977.
34. VDI-Richtlinie 2225 Blatt 2: Konstruktionsmethodik; Technisch-wirtschaftliches Konstruieren; Tabellenwerk. Berlin: Beuth 1977.
35. VDI-Richtlinie 2235: Wirtschaftliche Entscheidungen beim Konstruieren; Methoden und Hilfen. Düsseldorf: VDI-Verlag 1987.
36. VDI-Richtlinie 3258 Blatt 1. Kostenrechnung mit Maschinenstundensätzen: Begriffe, Bezeichnungen, Zusammenhänge. Düsseldorf: VDI-Verlag 1962.
37. VDI-Richtlinie 3258 Blatt 2: Kostenrechnung mit Maschinenstundensätzen: Erläuterungen und Beispiele. Düsseldorf: VDI-Verlag 1964.
38. Vogt, C.-D.: Systematik und Einsatz der Wertanalyse. Berlin: Siemens Verlag 1974.

13 Rechnerunterstützung
Use of computers

13.1 Übersicht
Overview

Für die Bearbeitung einzelner Konstruktionsaufgaben bzw. die Unterstützung entsprechender Konstruktionstätigkeiten sind eine Vielzahl von Einzelprogrammen und Programmsystemen verfügbar (Beispiele vgl. 13.2).
Programme zum:

– Berechnen von Teilen, Gruppen oder Produkten (Nachrechnen oder Auslegen), z. B. hinsichtlich Festigkeit, Maschinendynamik, thermischem Verhalten oder Prozessabläufen (z. B. DUBBEL-Interaktiv, Springer-Verlag 2002),
– Optimieren von Produkten, Komponenten oder Prozessen,
– Simulieren von Bewegungszusammenhängen und Arbeitsprozessen,
– Zeichnen geometrischer Gebilde und Strukturen,
– Unterstützen des Industrial Design durch Modellierung der äußeren Form und durch Animation [37],
– Aufbau und Ändern von geometrischen und technologischen Produktmodellen („Produktmodellierung"),
– Bereitstellen von gespeicherten Informationen in Form von Daten, Texten oder Zeichnungen vielfältigster Art, z. B. von Normen, Werkstoffen, Zukaufteilen, Maschinenelementen, Altprodukten, physikalischen Effekten, Wirkprinzipien u. a.

Die Anwendung solcher Einzelprogramme durch den Konstrukteur bedeutet bereits eine große Unterstützung und führt zu Produkt- und Arbeitsverbesserungen. Sie führt aber auch zu Unterbrechungen und Arbeitsproblemen während des Konstruktionsprozesses durch zwischengeschaltete konventionelle Tätigkeiten, durch erforderliche, wiederholte Ein- und Ausgabeprozeduren mit entsprechendem Aufwand und Fehlermöglichkeiten sowie durch unterschiedliche Benutzeroberflächen, Programmstrukturen und dergleichen. Es ist deshalb naheliegend, eine Verknüpfung von Einzelprogrammen zu Programmsystemen anzustreben, mit denen der Konstruktionsprozess durchgängig und flexibel unterstützt werden kann. Eine solche Verknüpfung dient insbesondere der durchgehenden Nutzung einmal eingegebener Daten oder erarbeiteter Konstruktionsergebnisse sowie einheitlicher

Datenbanksysteme [69]. Für diese Zielsetzungen liegen Entwicklungen vor, die als *Konstruktionsleitsysteme* bzw. *Konstruktionssysteme* bezeichnet werden [4, 5, 19, 24, 28, 42, 51, 55, 57, 64]. Diese haben neben der datentechnischen Verknüpfung von Programm-Modulen auch die Aufgabe, den Konstrukteur während der Aufgabenbearbeitung methodisch zu führen und ihm das Abrufen spezieller Programm-Module durch eine anwendungsfreundliche Benutzeroberfläche [70] zu erleichtern. Abbildung 13.1-1 zeigt die Struktur einer solchen kontinuierlichen Rechnerunterstützung des Konstruktionsprozesses auf der Grundlage der Arbeitsabschnitte nach VDI 2221. Wenn auch ein solches Konstruktionsleitsystem für unterschiedliche Aufgabenstellungen flexibel anwendbar sein soll, so erscheint es doch aus Effizienzgründen zweckmäßig, jeweils ein unternehmens- bzw. produktprogrammspezifisches System aufzubauen, was nur die Arbeitsschritte und Programm-Module enthält, die vom jeweiligen Anwender benötigt werden [24].

Besondere Merkmale des in Abb. 13.1-1 dargestellten Systems sind zum einen eine konsequente Protokollierung der Arbeitsergebnisse der einzelnen Konstruktionsphasen (Konstruktionshistorie) als Grundlage für eine Prüfung sowie eine spätere Wiederverwendung für ähnliche Aufgabenstellungen, zum anderen eine Arbeitsplanung der Konstruktionsphasen auf Grund einer Neuplanung oder vorhandener, passender Arbeitspläne.

Methodische und programmtechnische Voraussetzungen für solche Konstruktionssysteme sind:

– Das Vorhandensein eines rechnerinternen Produktmodells, das mit Teilmodellen (Partialmodellen) sowohl für die Konkretisierungsstufen der Produktentwicklung (Phasenmodelle) als auch für unterschiedliche Komplexitätsstufen (Produkt, Gruppe, Teil) schrittweise aufgebaut werden kann [2, 3, 6, 17, 35, 39, 42, 43, 45, 53, 56–58, 72] (in Abb. 13.1-1 mit PM bezeichnet).
– Operationsmethoden für Analyse, Such-, Kombinations-, Auslegungs-, Nachrechnungs-, Auswahl- und Bewertungsschritte. Hierzu gehören insbesondere auch leistungsfähige Geometriemodellierer (z. B. CATIA, Pro/ENGINEER, I-DEAS, SolidWorks), mit denen möglichst alle 2D- und 3D-Geometrieoperationen in allen Konstruktionsphasen durchgeführt werden können, oder unterschiedliche Geometriesoftware, die an definierten Schnittstellen verknüpfbar ist (in Abb. 13.1-1 mit OM bezeichnet).
– Ein leistungsfähiges Datenbankverwaltungssystem einschließlich einer Daten- und Wissensbank (Datenbasis), mit dem alle Kommunikations-, Steuer- und Konstruktionsdaten sowie Konstruktionsmethoden gespeichert und bereitgestellt werden können. Bei Verwendung wissensbasierter Systeme muss auch eine Wissensspeicherung möglich sein (in Abb. 13.1-1 mit DW bezeichnet).
– Anwendungsfreundliche (-flexible) Benutzerschnittstellen, Eingabe- und Ausgabemethoden sowie Zuordnungs- bzw. Klassifikationsstrategien (Editoren), mit denen der Konstrukteur effizient und in seiner gewohnten Arbeits- und Begriffswelt arbeiten kann (in Abb. 13.1-1) mit ED bezeichnet).

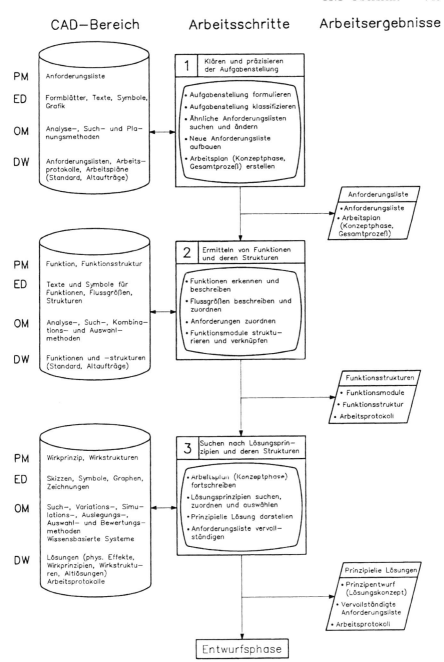

Abb. 13.1-1. Ablauf einer durchgängigen Rechnerunterstützung des Konstruktionsprozesses in Anlehnung an [2,6]. Arbeitsabschnitte 1 bis 3 nach VDI 2221, PM Produktmodell, ED Editor, OM Operationsmethoden, DW Daten- und Wissensspeicher

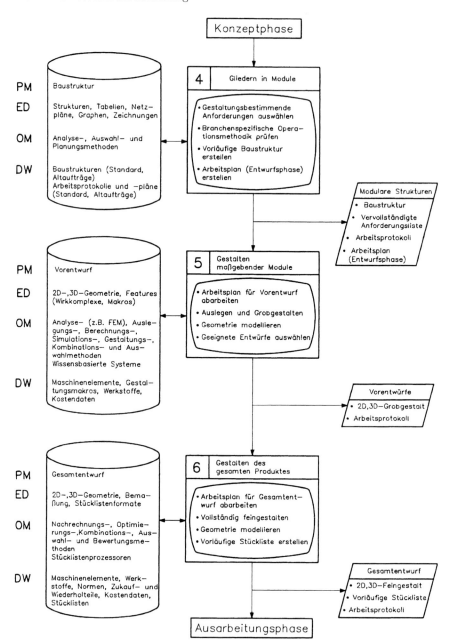

Abb. 13.1-2. Ablauf einer durchgängigen Rechnerunterstützung des Konstruktionsprozesses in Anlehnung an [2,6]. Arbeitsabschnitte 4 bis 6 nach VDI 2221, PM Produktmodell, ED Editor, OM Operationsmethoden, DW Daten- und Wissensspeicher

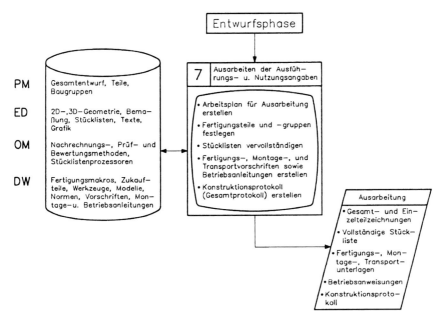

Abb. 13.1-3. Ablauf einer durchgängigen Rechnerunterstützung des Konstruktionsprozesses in Anlehnung an [2,6]. Arbeitsabschnitt 7 nach VDI 2221, PM Produktmodell, ED Editor, OM Operationsmethoden, DW Daten- und Wissensspeicher

In Abb. 13.1-1 sind nicht die Informationsbrücken bzw. Vernetzungen zwischen den einzelnen Arbeitsschritten und zu anderen Arbeitsplätzen innerhalb des Konstruktionsbereichs oder in anderen Unternehmensbereichen im Rahmen einer verteilten, integrierten Produktentwicklung (Simultaneous Engineering) eingezeichnet. Eine kontinuierliche Informationsbereitstellung in integrierten CAD-Prozessen hat aber eine große Bedeutung [23, 26].

Der Konstruktionsprozess (vgl. 3.2) ist trotz bekannter und teilweise rechnerunterstützter Lösungs- und Gestaltungsmethoden durch die Erfahrung und das Wissen des Konstrukteurs geprägt. Diese schlagen sich insbesondere in den Auswahl- und Bewertungs- sowie den Korrektur- und Entscheidungsschritten nieder. Erfahrung und Wissen erfordern gutes Gedächtnis, eine Fähigkeit für komplexe, ganzheitliche Betrachtungsweisen sowie eine personelle Kontinuität bei der Aufgabenbearbeitung.

Diese Bedingungen sind nicht immer gegeben, so dass der Wunsch entstand, mit sogenannten *wissensbasierten Systemen* (auch Expertensysteme genannt) die reine Informationsbereitstellung von Datenbanksystemen zu übertreffen. Gespeichertes Wissen setzt aber voraus, dass es in Regeln fassbar ist und zu rechnerinternen Entscheidungen genutzt werden kann. Das ist nur möglich, wenn sich das zu verarbeitende Wissen über einen speziellen, fest abgegrenzten Bereich erstreckt und wohl definiert ist. Abbildung 13.2 zeigt den

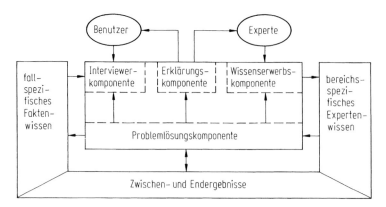

Abb. 13.2. Struktur eines wissensbasierten Systems [18]

prinzipiellen Aufbau eines wissensbasierten Systems. Die Wissensbasis enthält fallspezifisches Faktenwissen und bereichsspezifisches Expertenwissen sowie die bei einer Problemlösung entstehenden Zwischen- und Endergebnisse. Das Wissen ist z. B. in Regeln mit der Fragestellung „Wenn – Dann" in Frames oder semantischen Netzen aufgebaut [19]. Kern des Systems ist die Problemlösungskomponente, mit der die vom Benutzer eingegebene Aufgabenstellung gelöst wird.

Die Wissenserwerbekomponente (auch Wissensakquisitionskomponente genannt) dient zum Aufbau der Wissensbasis, wobei der Experte durch eine Erklärungskomponente unterstützt wird. Der Dialog mit dem Benutzer erfolgt über eine Interviewerkomponente (auch Dialogkomponente genannt), wobei die Erklärungskomponente dem Benutzer die Vorgehensweise des Systems transparent macht. Leere Expertensysteme ohne Wissensbasis werden auch in Form sog. „Shells" angeboten.

Für den Entwicklungs- und Konstruktionsprozess sind wissensbasierte Systeme z. B. für folgende begrenzte Aufgabenstellungen entwickelt worden (Auswahl) [66]: Auslegung von Welle-Nabe-Verbindungen [21, 27], Anwendung von Berechnungsmethoden [71], Schadensanalyse [13].

Zur Verkürzung von Entwicklungszeiten und zur parallel zum Konstruktionsprozess mitlaufenden, schnellen Herstellung von Modellen und Prototypen zur Anschauung und Variation, Funktions- und Maßüberprüfung sowie gegebenenfalls zum Rohabguss bei Gussteilen wurde das *Rapid Prototyping* (RP) entwickelt, das ein generatives Herstellverfahren von freigeformten Körpern (*Solid Freeform Manufacturing* SFM) darstellt [29]. Voraussetzungen für RP ist ein vollständiges und konsistentes 3D-Geometriemodell, die Beherrschung numerischer Steuerungstechnik und eine leistungsfähige Herstellungstechnologie (z. B. Stereolithographie, Laminated Object Manufacturing (LOM), Selective Laser Sintering).

Mit *Virtual Reality* (Virtuelle Realität) wird eine zukunftsweisende Mensch-Rechner-Kommunikation bezeichnet, die mit entsprechender Hard-

und Softwareausstattung die vom Menschen ausgehenden Kommandos (z. B. mit Fingerzeig, Kopf- und Körperbewegung) in Echtzeit rechnerintern interpretiert, auf die rechnerinterne Simulation abbildet und wieder dem Menschen präsentiert. Dadurch erhält der Benutzer den Eindruck eines direkten, intuitiven und unmittelbaren Einwirkens auf die im Rechner enthaltenen virtuellen Zusammenhänge [10].

Ein *Digital Mock-Up* (Digitale Nachbildung) stellt Methoden und Funktionen bereit, um eine vollständig digital repräsentierte Produktbeschreibung (auf der Basis von Produktmodellen) handhaben, darstellen und analysieren zu können. Dadurch entsteht eine Basis für alle durchzuführenden Simulationen zur Absicherung der Produktfunktionalität und der Prozesssicherheit. Diese virtuelle Produkt- und Prozessprüfung ist eine kosten- und zeitgünstige Alternative zum Bau physischer Prototypen oder zur Anwendung von Solid Freeform Manufacturing [10, 65].

13.2 Ausgewählte Beispiele
Selected examples

Der heutige Stand der Rechnerunterstützung bzw. des Einsatzes der Informationstechnik im Entwicklungs- und Konstruktionsprozess enthält eine Fülle interessanter und lohnender Anwendungsbeispiele, deren nur einigermaßen vollständige Wiedergabe den Rahmen dieses Buches sprengen würde. Es wird deshalb vor allem auf das Schrifttum verwiesen. Im Folgenden sollen nur wenige Ansätze behandelt werden, bei denen konstruktionsmethodische Aspekte entsprechend der Zielsetzung dieses Buches unterstützend wirken.

1. Durchgängige Rechnerunterstützung

Vor den bekannten, schon durchgängig arbeitenden Konstruktionssytemen [4, 5, 19, 23, 24, 28, 42, 51, 55, 57, 64] soll hier nur ein Beispiel angeführt werden, das sich in einer ständigen Weiterentwicklung befindet und deshalb aktuell ist [10, 17].

Abbildung 13.3 zeigt die Struktur des Konstruktionssystems mfk, Abb. 13.4 eine Anwendung für Blechteile, Abb. 13.5 eine Anwendung für Drehteile und Abb. 13.6 Unterstützungstools für Berechnungen in der Entwurfsphase. Die dargestellten Anwendungen sind prototypenhaft implementiert.

2. Programme für Einzelaufgaben

Wissensbasiertes Auslegungssystem

Entsprechend Abb. 13.7 ermöglicht z. B. WIWENA (Wissensbasiertes System für Welle-Nabe-Verbindungen) die Analyse der Aufgabenstellung (Anforderungen, Restriktionen), die Auswahl geeigneter Verbindungen einschließlich

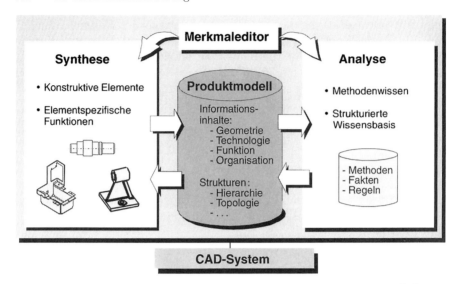

Abb. 13.3. Struktur des Konstruktionssystems mfk nach Meerkamm, in [11]

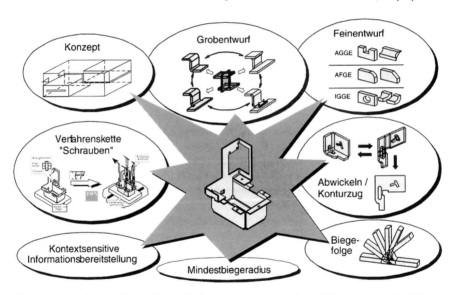

Abb. 13.4. Anwendung des mfk-Systems für komplexe Blechteile nach Meerkamm [11]

Bewertung, Berechnung und Dimensionierung und schließlich die Gestaltung der gewählten Verbindung, letzteres durch Verknüpfung mit einem Geometriemodellierer [21].

Kennzeichnend für derartige Systeme ist meistens, dass beim Übergang von einem Teilschritt zum nächsten Eingaben und Ergebnisse erhalten bleiben und das Informationsniveau während der Arbeit kontinuierlich erhöht

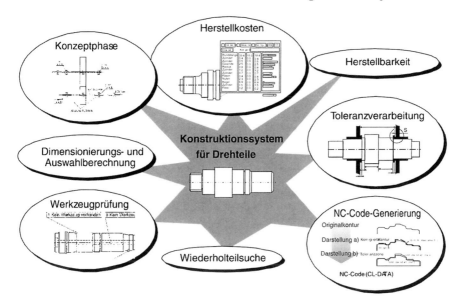

Abb. 13.5. Anwendung des mfk-Systems für komplexe Blechteile nach Meerkamm [11]

werden kann. Bei einer (Grob-)Dimensionierung innerhalb eines wissensbasierten Auslegungssystem hat der Benutzer die Möglichkeit, die Auslegungsparameter in vorgegebenen Grenzen zu ändern, um seine Verbindung zu optimieren. Die so ermittelten Werte sind Eingangsdaten der dann folgenden Berechnung.

Für die exakte Berechnung (der Verbindungen z. B. in WIWENA) sind Programme integriert, die eine Berechnung entsprechend dem Stand der genormten bzw. in der Literatur veröffentlichten Verfahren oder mit entsprechender Standardsoftware durchführen. Nach dem Aufruf dieser Programme werden fehlende Daten gezielt erfragt und die Berechnung durchgeführt. Der Konstrukteur kann dabei interaktiv die bisher festgelegten Daten ändern, wenn die Berechnungsergebnisse dies erfordern.

Bei der abschließenden Gestaltung der Verbindung werden die gewonnenen Daten für die Geometriemodellierung herangezogen. Für jede einzelne Verbindung definierte Makros erzeugen die Geometrie abhängig von den Ergebnissen aus den vorhergehenden Arbeitsschritten. Für diesen Schritt der Auslegung ist ein Geometriemodellierer erforderlich, auf den diese Makros abgestimmt sein müssen.

Ein wesentliches Element eines wissensbasierten Systems ist die durch die Technik der Wissensverarbeitung mögliche flexible Abbildung der Wissensbasis. Eine „Systemshell" ermöglicht eine objektorientierte Repräsentation des Wissensgebietes [z. B. für WIWENA 16, 18, 23]. Durch die hierarchische Struktur der Speicherung können Werte für Geometriedaten definiert werden

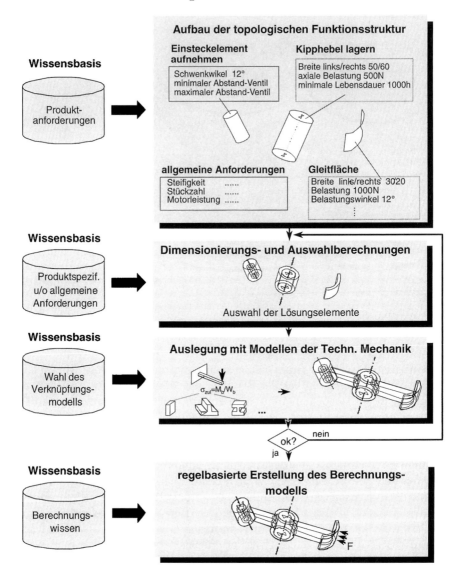

Abb. 13.6. mfk-Tools zur Untersuchung bei Berechnungen in der Entwurfsphase nach Meerkamm [11]

und an Unterklassen „vererbt" werden. Eine regelbasierte Ableitung von Eigenschaftswerten erlaubt die Berücksichtigung spezieller Randbedingungen.

Strukturanalysen

Für Analysen mechanischer Strukturen hinsichtlich ihres Spannungs- und Verformungszustandes aufgrund mechanischer und/oder thermischer Belas-

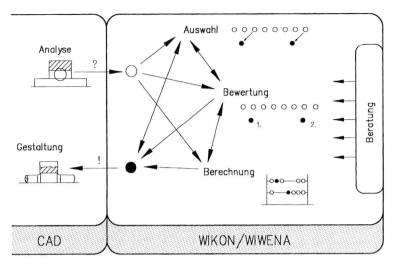

Abb. 13.7. Grobablauf des Systems WIWENA [20]

tungen stehen leistungsfähige numerische Verfahren zur Verfügung, von denen die Finite Elemente Methode (FEM) und die Boundary Elemente Methode (BEM) die bekanntesten sind [40].

Beispiele sind u. a. in [38, 59–63] enthalten.

Optimierungsprogramme

Optimierungsprogramme können als höhere Stufe der Auslegungsprogramme angesehen werden. Im Unterschied zu diesen werden jedoch die in Betracht kommenden Parameter so variiert, dass ein bestimmter Wert oder eine bestimmte Funktion einen Extremwert (Optimum) annimmt.

Die einfachste Optimierungsaufgabe liegt vor, wenn lediglich ein Optimierungskriterium (eine Variable) zu einem Extremum gebracht werden soll und alle übrigen Größen beliebige Werte annehmen können. Diese Aufgaben sind in der Regel geschlossen, d. h. mit rein mathematischen Methoden lösbar. Schwieriger wird es, wenn bestimmte Variable im Problem nur diskrete Werte annehmen können, wie das z. B. bei Vorliegen von genormten Maßen der Fall ist.

Fertige Programmsysteme liegen für den Fall vor, dass alle Parameter miteinander über lineare Beziehungen verbunden sind und für eine Anzahl von ihnen bestimmte Größt- oder Kleinstwerte vorgegeben sind, wobei die Zielgröße ebenfalls als lineare Funktion vorliegt (*lineare* Optimierung). Beim in der Konstruktion häufigeren Fall der nichtlinearen Verknüpfung der Parameter oder nichtlinearer Zielfunktion wachsen indessen die Schwierigkeiten und der Zeitaufwand für eine Lösung mittels des Rechners an (*nichtlineare* Optimierung). Bei Aufgabenstellungen, bei denen mehrere Optimierungskriterien vorliegen, erfolgt eine Lösung unter Zuhilfenahme von Gewichtungsfaktoren (vgl. 3.3.2).

Eine Erweiterung von Auslegungs- und Optimierungsprogrammen besteht darin, Vorzugswerte (z. B. Normwerte, lagermäßige Teile usw.) durch sog. Vorzugskenner im Programm zu erzwingen. Diese Möglichkeit ist für eine wirtschaftliche Konstruktion sehr wichtig.

Optimierungsprogramme sind vor allem für einfache technische Systeme relativ leicht aufzustellen. Bei komplexen Systemen steigt der numerische Aufwand stark an, so dass solche schon wegen des Programmieraufwands auf wichtige Einzelfälle beschränkt bleiben werden.

Simulationsprogramme

Wenn Berechnungsprogramme in der Lage sind, die Abhängigkeit der wesentlichen Objektmerkmale von der Zeit zu ermitteln und darzustellen, z. B. in Form von Bewegungsvorgängen, so spricht man von Simulationsprogrammen. Solche Programme sind für den Konstrukteur besonders hilfreich, wenn die Objekte rechnerintern als 3D-Darstellung vorliegen und der Bewegungsablauf räumlich dargestellt werden kann. Typische Anwendungsbeispiele sind die Simulation der Bewegungen von Werkstück und Werkzeug im Arbeitsraum von Werkzeugmaschinen oder der Bewegung von Industrierobotern [8, 9, 32, 34].

Informationssysteme

Entsprechend dem großen Informationsbedürfnis des Konstrukteurs ist eine rechnerunterstützte Bereitstellung von Informationen, insbesondere von Konstruktionsdaten über Normteile, Halbzeuge, Werkstoffe, Zukaufteile, Wiederholteile und Kostendaten von großer Bedeutung [26]. Der unmittelbare Zugriff vom Konstrukteur oder mittelbare Zugriff über Anwenderprogramme erfolgt, wie bereits dargelegt, über Daten- bzw. Wissensmanagementsysteme.

Eine weitere Möglichkeit zur Beschaffung von Informationen über handelsübliche Maschinenelemente, Zukauf- und Normteile sowie sonstige Herstellerunterlagen und -dienstleistungen besteht im Aufbau sog. *virtueller Marktplätze*, die den Zugriff auf Informationen über das Internet gestatten [7].

Gestalten und Darstellen

Die Möglichkeiten von 2D- und 3D-Geometriemodellierern (CAD-Systemen) zum Gestalten und Darstellen (zeichnerisch und bildlich) sind heute bekannt und werden auch weitgehend genutzt. Es wird deshalb nur ein typisches Gestaltungs- und Darstellungsbeispiel gezeigt, das exemplarisch die Leistungsfähigkeit der heutigen CAD-Systeme veranschaulichen soll.

Abbildung 13.8 zeigt ein Druckgießwerkzeug, dessen Einzelelemente durch unterschiedliche Tönung herausgehoben wurden. Die formgebende Kontur

Abb. 13.8. Druckgießwerkzeug mit dem CAD-System Pro/ENGINEER modelliert

des Einsatzes wird vom Referenzmodell abgeleitet. Durch die Darstellung der Öffnung des Werkzeuges im CAD-System kann die Bewegung der Einzelteile im späteren Gebrauch überprüft werden.

Gestalten und Berechnen

Der Gestaltungsprozess, bei dem Form und Werkstoff von Bauteilen sowie deren Verbindungen zur Baustruktur festgelegt werden müssen, erfordert neben der Geometriemodellierung auch Auslegungs-, Nachrechnungs- und Optimierungsrechnungen. In vielen Fällen erfolgt heute das Zusammenwirken von Geometriefestlegung und Berechnung so, dass die geometrischen Daten eines Entwurfs als Eingabedaten für ein Berechnungsprogramm dienen und dessen Ergebnisse dann gegebenenfalls zur Gestaltänderung erneut in das CAD-System eingegeben werden. So kann man iterativ zu einer Gestaltoptimierung kommen. Anzustreben ist dagegen eine Integration von Gestaltung und Berechnung, bei der der Iterationsprozess vom Programmsystem durch internen Datenaustausch zwischen CAD-Systemen und Berechnungssoftware ohne Dialogeingriffe des Konstrukteurs erfolgt [48].

3. Sonstige CAD-Anwendungen

Die vorgestellten Programmbeispiele dienen in erster Linie der Unterstützung von Konstruktionstätigkeiten der Entwurfs- und Ausarbeitungsphase (Berechnen, Gestalten, Informieren, Zeichnen). Zur Unterstützung der Konzeptphase (vgl. Abb. 13.1-1) sind ebenfalls CAD-Programme zum Teil bereits verwirklicht. Diese beruhen vor allem auf Dateien mit gespeicherten physikalischen Effekten und Lösungsprinzipien. Erste Ansätze gibt es auch für Kombinationsprogramme mit Verträglichkeitsprüfungen und für das Konzipieren mit branchenorientierten Funktionsträgern [41]. Eine interessante Entwicklung zum rechnerunterstützten Konzipieren wurde in [6] begonnen.

Für Produktentwicklungen, bei denen bereits entwickelte Bauteile und Baugruppen nach den Anforderungen der Aufgabenstellung ausgewählt, angepasst und zum Endprodukt kombiniert werden, liegen ebenfalls bewährte Programmsysteme vor. Als Ergebnis der Rechnerbearbeitung solcher Konstruktionsaufgaben wird die fertige Stückliste ausgedruckt (vgl. Abb. 8.7).

13.3 Arbeitstechnik mit CAD-Systemen
Working with CAD-systems

Wichtige Grundlage für eine rationelle Arbeitstechnik beim rechnerunterstützten Konstruieren ist die Bildung bzw. Definition geeigneter Beschreibungsstrukturen, d. h. von *Modellen* (vgl. 2.3.2). Solche Modelle entstehen durch Abstraktion, Vereinheitlichung und/oder Definition von realen Zusammenhängen und Objekten. Berechnungsmethoden bauen auf Modellen auf, die eine komplexe Realstruktur eines Objektes auf eine der Berechnung zugängliche Ersatzstruktur zurückführen. Für die Bedürfnisse der einzelnen Konstruktionsphasen sind unterschiedliche Partialmodelle zweckmäßig [39].

Aufgabenbeschreibende Modelle sind z. B. normierte Anforderungsmerkmale, wie sie für die Programmeingabe von Aufgabenstellungen eingesetzt werden (vgl. Abb. 13.1-1). Funktionsbeschreibende Modelle sind z. B. Schaltpläne für allgemeine und logische Funktionen (Funktionsstrukturen), wie sie insbesondere in der Steuerungs- und Regelungstechnik, aber auch in der Konstruktionsmethodik üblich sind (vgl. 6.3).

Gestalt- bzw. geometriebeschreibende Modelle sind entsprechend der großen Bedeutung geometrischer Festlegungen für das Konstruieren und Herstellen von besonderer Wichtigkeit. Sie werden durch technische, technologische und baustrukturelle Angaben zu Produktmodellen ergänzt und sollen deshalb im Rahmen dieses Buches kurz behandelt werden. Vorgaben für eine einheitliche Beschreibung von CAD-Benutzungsfunktionen und die Gestaltung nach ergonomischen Gesichtspunkten werden in der VDI-Richtlinie 2249 [70] gemacht. Diese Richtlinie kann als Hinweis auf einen Mindestumfang an Funktionalitäten, eine Grundlage für die CAD-Ausbildung und Anleitung für die Anordnung von Symbolen (Piktogrammen) für die Menütechnik dienen.

13.3.1 Erzeugen eines Produktmodells
Generation of a product model

Nachfolgend wird vom Konstruieren mit 3D-CAD-Systemen ausgegangen, da nur diese in der Lage sind, einen integrierten Rechnereinsatz im gesamten Produktionsprozess mit einem auf einer einzigen Datenbasis gründenden Produktmodell zu unterstützen. Wie in 2.3 dargelegt, muss dabei eine volle Kompatibilität und Nutzbarkeit eines abgeleiteten 2D-Zeichnungssystems gewährleistet sein. Die Bildung von Produktmodellen verlangt eine andere Arbeitsweise des Konstrukteurs als die Erstellung von Zeichnungen mit Hilfe von 2D-CAD-Systemen, die ein mehr oder weniger konventionelles Vorgehen gestatten. Vorgehen, Probleme und Lösungen beim Konstruieren mit CAD-Systemen werden in der Regel ausführlich von den Anbietern in Schulungsunterlagen, Handbüchern und weiteren Hilfen beschrieben, weswegen hier nur eine Kurzfassung wesentlicher Aspekte wiedergegeben wird.

1. Notwendige Partialmodelle

Entsprechend 2.3.2 enthalten Produktmodelle alle zur Beschreibung eines Produkts erforderlichen Daten. Dabei steht bei stofflichen Produkten und insbesondere bei der Entwurfsphase naturgemäß die geometrische Modellierung im Vordergrund. Bei der Beschreibung und Modellierung von Funktions- und Wirkstrukturen werden dagegen andere Daten und Zusammenhänge benötigt. *Teil- bzw. Partialmodelle* für diese Konstruktionsphasen werden auch *Phasenmodelle* genannt [39].

Partialmodelle werden aber häufig auch für andere Teilsichten eines Produktmodells gebildet. So arbeitet man mit *geometrischen Partialmodellen*, die Abmessungen von Bauteilen und Baugruppen einschließlich ihrer Toleranzen, Passungen, Oberflächenzustände und dergleichen beinhalten, oder mit *baustruktur-orientierten Partialmodellen*, die

– die Baustruktur als Zusammenhang zwischen Teilen, Baugruppen und Erzeugnissen,
– die automatische Erstellung der Konstruktionsstückliste und
– Fertigungs- und Montageanweisungen beschreiben.

Zur Modellierung von Produktmodellen bzw. Partialmodellen haben sich neben den in 2.3 gezeigten Informationsmodellen (Linien-, Flächen- und Volumenmodellen) sogenannte *Features* [68] eingeführt, die einen Zusammenhang von Daten und Strukturen (geometrischer und nichtgeometrischer Art) zur Beschreibung und rechnerinternen Speicherung technischer Sachverhalte bei CAD-Anwendungen darstellen [47].

Entsprechend den generellen Zusammenhängen bei technischen Produkten (vgl. 2.1.3–2.1.5) ist es zweckmäßig, *Funktions-Features*, *Prinzip-Features*, *Bau- bzw. Bauteil-Features* und *Form-Features* zu definieren. Mit diesen können dann die Partialmodelle für die unterschiedlichen Konkretisierungsstufen modelliert werden [57]. Abbildung 13.9 zeigt solche Feature-Klassen am Beispiel eines Wälzlagers.

Solche Features erleichtern insbesondere dann die Eingabe und Modellierung, wenn sie unternehmensintern oder extern standardisiert sind und aus einer Feature-Bibliothek in das Produktmodell übernommen werden können, ohne jewils neu erzeugt zu werden. Solche Standard-Features können sein:

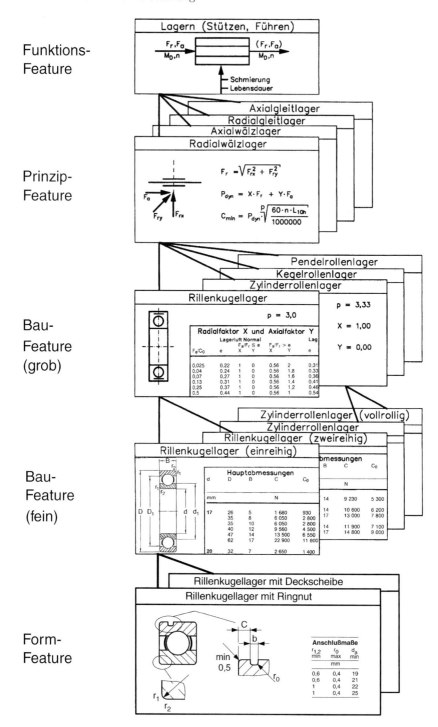

Abb. 13.9. Feature-Klassen am Beispiel von Wälzlagern

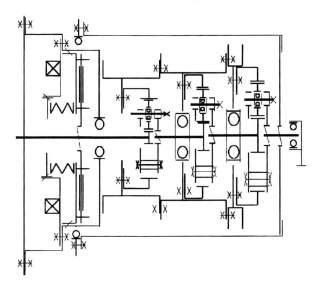

Abb. 13.10. Wirkstruktur des Getriebes gemäß Abb. 13.11, aufgebaut aus Prinzip-Features (Wirkelemente, Wirkkomplexe)

- Formelemente, z. B. Fasen, Rundungen, Nuten, Sacklöcher,
- Wirkelemente, z. B. Gewinde, Keilwellenprofile, Verzahnungen, die in Paarungen auftreten,
- Wirkkomplexe, z. B. Schrauben- und Sicherungsringverbindungen, die in der Regel aus Normteilen, Form- und Wirkelementen und Zonen der Objekt- bzw. Produktgeometrie bestehen,
- Norm- und Wiederholteile.

Abbildung 13.10 zeigt als Beispiel die mit Prinzip-Features aufgebaute Wirkstruktur des Getriebes gemäß Abb. 13.11.

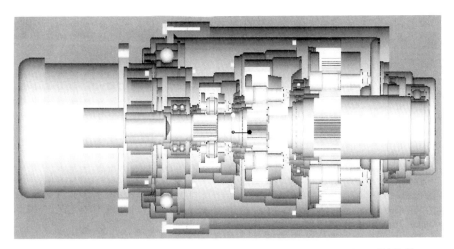

Abb. 13.11. Getriebebaugruppe für Laufkatze, modelliert mit dem CAD-System Pro/ENGINEER

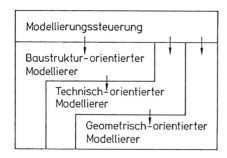

Abb. 13.12. Zugriff der Modellierungssteuerung auf unterschiedliche Modellierer der entsprechenden Partialmodelle

Zur verbesserten Informationsbereitstellung und -verarbeitung werden auch sogenannte *Informations-Features* als multimediale Produktdaten- und Informationsträger definiert [26]. Diese sollen vor allem die Referenzierung multimedialer Daten und Dokumente an die Produktgeometrie, eine integrierte Absender- und Empfängerkennung sowie die Integrierbarkeit bzw. Kombinierbarkeit beliebiger Produktinformationen durch offene Multimediaschnittstellen ermöglichen.

Alle Partialmodelle müssen erzeugt und modifiziert, d. h. „modelliert" werden können, weswegen auch von jeweiligen Modellierern gemäß Abb. 13.12 gesprochen werden kann. Je nach Situation erfolgt der Zugriff zwecks Generierung, Ergänzung oder Änderung direkt oder im Zusammenhang höherer Modellierfunktionen vom übergeordneten Modellierer indirekt.

2. Arbeitstechnik beim Konzipieren

Es wurde bereits in 2.3 eine Rechnerunterstützung auch für die Arbeitsschritte der Konzeptphase (vgl. Abb. 13.1-1) angedeutet. Beitz und Mitarbeiter [4,6,31] haben im Rahmen eines Konstruktionsleitsystems Programm-Module entwickelt, mit denen die Aufstellung einer Anforderungsliste unterstützt [21, 22], die Analyse der Anforderungen durch den Rechner nach Klassen ermöglicht, das Erkennen von Funktionen und Bilden von Funktionsstrukturen erreicht sowie das Erarbeiten von Wirkprinzipien und Wirkstrukturen durchgeführt werden können.

Voraussetzung für Partialmodelle der Konzeptphase sind Festlegungen für eine Symbolik zur Beschreibung von Funktionen und Funktionsstrukturen sowie von Wirkprinzipien [5,12,19,31]. Zur Lösungssuche für einzelne Teilfunktionen müssen Lösungsspeicher zur Verfügung stehen, aus denen geeignete Wirkprinzipien abgerufen werden können.

Zur Variation solcher Wirkstrukturen eignen sich z. B. *semantische Modelle*, mit denen die Bedeutung der einzelnen Elemente einer Wirkstruktur beschrieben und anschließend mit Hilfe geeigneter Strategien Verknüpfungsvarianten abgeleitet werden können [19,54].

Trotz der mit dem Schrifttum genannten Entwicklungen ist der Rechnereinsatz in der Konzeptphase erst am Anfang. Das liegt zum einen an den noch begrenzten Möglichkeiten der CAD-Systeme für Handskizzeneingabe und -verarbeitung [36] sowie semantische Verknüpfungen, zum anderen vor allem an der starken Durchdringung der Konzeptphase mit kreativ-schöpferischen Tätigkeiten, wozu menschliches Denken und die Erfahrungen des Konstrukteurs erforderlich sind. Trotzdem versucht man, durch Entwicklung kognitiver Werkzeuge zum Problemlösen die Rechnerunterstützung zu steigern [16].

3. Arbeitstechnik beim Entwerfen

Das Vorgehen beim konventionellen Entwerfen wurde ausführlich in 7.1 beschrieben. Nach dem Klären der gestaltungsbestimmenden Anforderungen ist unter Kenntnis des erarbeiteten Konzepts bzw. der prinzipiellen Lösung ein gedankliches Strukturieren in Module erforderlich, um mit Hilfe eines CAD-Systems den Entwurfsprozess einleiten zu können. Für einen ersten Grobentwurf könnte, ausgehend von einer Wirkstruktur, besonders wenn sie schon rechnerunterstützt erstellt wurde, in Zukunft das in Abb. 13.13 [44] geschilderte Verfahren zur automatischen Erstellung einer ersten Grobgestalt hilfreich sein. Beim Modellieren beginnt man mit dem Grobgestalten und geht dann zum Feingestalten über. Die zwischengeschaltete Suche nach Lösungen für Nebenfunktionen wird merklich durch die Übernahme von Norm- und Wiederholteilen sowie von Zukaufteilen geprägt sein. Die Art des Produkts und die vorherrschende Grundgestalt bestimmen maßgebend die Strategien zur Modellierung. Im Rahmen dieses Buches sollen nur eine generelle Modellierungsstrategie dargestellt werden. Die verschiedenen Werkzeuge und Vorgehensweisen zur Grob- und Feingestaltung von 3D-CAD-Modellen werden in Handbüchern und Schulungen dem Systemnutzer auf dem aktuellen Stand und für das verwendete System vermittelt.

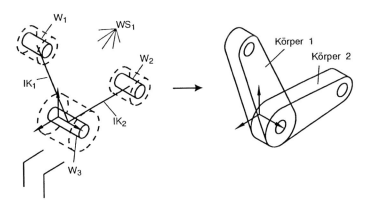

Abb. 13.13. Automatisches Erzeugen eines Flachteils (Hebel) aus vorgegebener Wirkstruktur WS_1, bestehend aus abgeformten Wirkflächen W_1, W_2, W_3 und den inneren Kupplungen IK_1 und IK_2. Das System generiert die Körper 1 und 2, die anschließend mengentheoretisch vereinigt werden [44]

4. Generelle Modellierungsstrategie

Gegenüber konventionellem Arbeiten muss der Konstrukteur in einem CAD-System eine bestimmte Vorgehensweise beachten und schon sehr früh bestimmte Festlegungen treffen, die er früher zunächst offen lassen konnte [43, 46]:

- *Festlegen einer Generierungsstrategie* besonders zu Beginn der Arbeit nach grundkörper- oder flächenorientiertem Vorgehen. Vielfach wird eine Kombination der beiden Vorgehensweisen zur Erstellung komplexerer Körper oder Teile zweckmäßig sein.
- Generell gilt, dass *Generierungen* bei der Grob- und Feingestaltung nur soweit detailliert vorgenommen werden sollen, wie es der jeweilige Zweck erfordert. In vielen Fällen genügt es, bestimmte Einzelheiten z. B. erst bei Abruf der bildlichen Darstellung einzufügen, wenn diese im Sinne einer Normung ohnehin festgelegt sind. Sinn dieser Empfehlung ist es, den Generierungsaufwand möglichst klein zu halten, die Antwortzeiten zu reduzieren und das Erreichen etwaiger Modellgrenzen zu vermeiden oder hinauszuschieben.
- Bei jeder Generierung ist das entstehende *Teil* zu *benennen*, damit es immer eindeutig identifiziert und automatisch in die Baustruktur bzw. Stückliste aufgenommen werden kann.
- Spätestens bei der Körpererzeugung sind alle *Abmessungen vollständig* zu *beschreiben*, auch wenn sie nicht endgültig festliegen und somit später geändert werden müssen.
- Alle *Körper* oder Teile sind zu *positionieren*.
- In der Regel *erst Grobgestalten, dann früh zonenweise Feingestalten*, damit Manipulationsfunktionen wie Spiegeln und Vervielfältigen ohne weiteren Ergänzungsaufwand genutzt werden können.
- Der Generierungsaufwand kann durch Nutzung von Wiederhol- und Normteilen gesenkt werden. Der *Aufbau einer* im Rechnerzugriff liegenden *Norm- und Wiederholteildatenbank* mit der Möglichkeit, diese Teile oder Zonen direkt zu übernehmen, ist Voraussetzung.
- Zudem ist eine *Produktsystematik* zu *entwickeln*, die es gestattet, möglichst viele Norm-, Wiederholteile bzw. Wiederholzonen oder auch Features zu definieren. Letztere sollten weitgehend mit entsprechenden Fertigungs- und Montagemodulen identisch sein oder ihnen nahekommen.

Für die rechnergestützte Arbeitsweise ergibt sich darüber hinaus:

- Die Zahl der benötigten Ansichten und Schnitte verringert sich beim rechnergestützten Entwerfen, weil der Zugriff auf perspektivische Darstellungen des Objekts (z. B. Dimetrie) einen häufigen Ansichtswechsel in orthogonaler Projektion stark reduziert.
- Es ist ein *Wechsel zwischen 3D- und 2D-Arbeitstechnik*, d. h. zwischen Isometrien und Dimetrien einerseits und orthogonalen Ansichten oder Schnitten andererseits zweckmäßig.

Die konstruktive Gestaltung wird also in der jeweils zweckmäßigsten Ansicht vorgenommen unter Zugriff auf das rechnerinterne Modell, von dem zu gegebener Zeit die für einen bestimmten Zweck benötigten Darstellungen in Form von Zeichnungen, Bildern und Ansichten abgeleitet werden. Der Zeichnungssatz entsteht erst danach und wird dann nur noch zweckspezifisch gebildet: Eine einfache Geometrieerzeugung führt zu einer einheitlicheren und fertigungsgerechteren Gestaltung.

13.3.2 Beispiele
Example

Lager

In den Abb. 13.14a und 13.14b ist ein einfaches Beispiel für die Grob- und Feingestaltung abgebildet. Zunächst wurde das Lager grob gestaltet. Diese Gestalt mit den Abmaßen wäre ausreichend, um in Baugruppen den Bauraum festzulegen und so mit der parallelen Bearbeitung der Anschlussteile zu beginnen. Änderungen der Maße sind mit wenig Aufwand einzubringen.

Je weiter der Detailierungsgrad zunimmt, je größer wird der Aufwand zur Änderung des Bauteils. Deshalb sollte die Feingestaltung, also das Modellieren von Bohrungen, Schrägen, Rundungen usw., so spät wie möglich erfolgen. Zweckmäßige Vorgehensweisen werden in der Regel durch den CAD-Anbieter in Schulungsunterlagen und Handbüchern zur Verfügung gestellt. Viele CAD-Systeme legen eine bestimmte Bearbeitungsfolge fest bzw. schlagen eine Reihenfolge vor, so dass der Konstrukteur unterstützt wird.

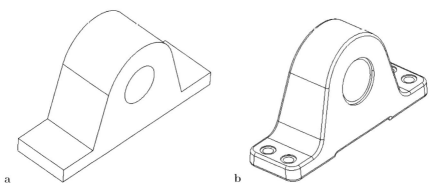

Abb. 13.14. Beispiel Lager. **a.** Nach dem Grobgestalten **b.** Während der Feingestaltung

13.4 Möglichkeiten und Grenzen der CAD-Technik
Chances and limitations of CAD

Ein DV-System kann nur Operationen durchführen, die mit einer eindeutigen Vorgehenslogik festlegbar, d. h. algorithmierbar sind. „Schöpferisch-kreative" Arbeitsschritte, wie sie insbesondere beim Beurteilen und Auswählen von Lösungen aufgrund komplexer Anforderungsprofile erforderlich sind, können dem Rechner nicht übertragen, allenfalls von diesem im Dialogbetrieb unterstützt werden [16]. Somit kann nur das bearbeitet werden, was an Daten, Datenstrukturen und operativen Anweisungen eingegeben wird bzw. in Form von Programmen und Daten vorliegt. Diese Feststellung schließt wissensbasierte Systeme mit ein, bei denen zwar rechnerinterne Entscheidungen getroffen werden, deren Grundlage aber auch gespeichertes Wissen, z. B. in Form von Entscheidungstabellen, ist.

Bei der Ersteingabe geometrischer Objekte ist in der Regel kein genereller Zeitvorteil gegenüber konventionellem Zeichnen gegeben, es sei denn, man kann die Möglichkeiten der Vervielfältigung von Teilen und Gruppen sowie die Anwendung von Norm- und Wiederholteilen in Form von Makros bzw. Features stärker nutzen. Die entscheidenden Vorteile graphischer Datenverarbeitung liegen dagegen in der vielfältigen Nutzung des gespeicherten rechnerinternen Geometrie- bzw. Produktmodells

– zur Variantenbildung,
– zum schnellen Anfertigen von Ansichten, Schnitten, Explosionszeichnungen, räumlichen Darstellungen und Teilzeichnungen einschließlich Bemaßungen bei Vorgabe unterschiedlicher Maßstäbe,
– zum Darstellen kinematischer Abläufe und Simulieren von Montagevorgängen,
– zum Anfertigen von Arbeitsplanungsunterlagen durch rechnerinterne Weitergabe der Konstruktionsdaten,
– sowie zur automatischen Ableitung von Steuerbefehlen für NC-Werkzeugmaschinen.

Hinsichtlich der Bearbeitung von Konstruktionsaufgaben unterschiedlichen Neuheitsgrades sind CAD-Systeme vor allem für *Variantenkonstruktionen* geeignet, bei denen alle Teile und Gruppen, ihr Größenbereich, ihre möglichen Kombinationen sowie die Berechnungs- und Verknüpfungslogiken bekannt bzw. vorab entwickelt sind, so dass im Auftragsfall die Konstruktionsarbeit in einem festen Algorithmus mit bekannten Daten durchgeführt werden kann.

Auch bei *Anpassungskonstruktionen*, bei denen Konzept und genereller Entwurf vorliegen, können die kundenseitigen Anforderungen durch gestaltende und berechnende Anpassungen rechnerunterstützt durchgeführt werden, wenn das die rechnerintern gespeicherten Geometrie- bzw. Produktmodelle und Berechnungsalgorithmen zulassen.

Bei *Neukonstruktionen* wird dagegen auch künftig der Anteil konventioneller Entwicklungs- und Konstruktionstätigkeiten noch recht hoch bleiben, da die Konzipierungsschritte weitgehend die Kreativität des Konstrukteurs erfordern.

Schwerpunkte der nichtgraphischen Datenverarbeitung sind die Anwendung vielfältiger Berechnungs- und Optimierungsprogramme sowie die Bereitstellung von Konstruktionsdaten, insbesondere auch von Normen und Vorschriften, mit Hilfe von Datenbanksystemen. Da der zeitliche Anteil und die Häufigkeit der konventionellen Informationsbeschaffung am Konstruktionsprozess recht hoch ist, hat diese Datenbereitstellung eine große Bedeutung für die Rationalisierung des Konstruktionsprozesses und für den Abbau von Störeffekten beim Konstruieren. Hinzu kommen die Möglichkeiten einer für das gesamte Unternehmen integrierten Datenverarbeitung (CIM), natürlich unter Einbeziehung auch der Geometriedaten.

Ein rechnerinternes Produktmodell ist auch Voraussetzung für eine parallele Bearbeitung beim Produktentstehungsprozess (Simultaneous Engineering, Concurrent Engineering).

13.5 CAD-Einführung
Installation of CAD

Die Einführung von CAD-Systemen in die Konstruktionspraxis und deren Erfolg sind von folgenden Bedingungen abhängig [33, 50, 67]:

Ausbildungsstand:

Das Erlernen der Grundlagen und Möglichkeiten der CAD-Technik während des Ingenieurstudiums ist heute gegeben.

Wichtig für den Konstrukteurnachwuchs sind neben dem exemplarischen Kennenlernen der wesentlichen CAD-Möglichkeiten nach wie vor das Beherrschen der Grundlagen aus Mathematik, Mechanik, Werkstofftechnik, Maschinenelemente, Fertigungstechnik und Konstruktionsmethodik. Vertiefte Kenntnisse über spezielle Hard- und Softwaresysteme können der Schulung und Weiterbildung während der Berufspraxis überlassen bleiben.

Akzeptanz:

Die Akzeptanz von CAD-Systemen durch Konstrukteure hängt zunächst von ihrem Ausbildungsstand ab. Ein weiterer wichtiger Aspekt ist die sinnvolle Einbindung eines CAD-Systems in den Konstruktionsprozess, daher ist die Beteiligung der Konstrukteure in der Planungs- und Einführungsphase erforderlich [67]. Wesentlich erscheint auch eine Anpassung handelsüblicher CAD-Systeme hinsichtlich ihrer Ein- und Ausgabeprozeduren an die unternehmens- bzw. branchenspezifischen Eigenschaften und Begriffe sowie ein hoher Arbeitskomfort [50] (Benutzerschnittstelle).

Wirtschaftlichkeit:

Die Wirtschaftlichkeit von CAD-Systemen hängt vor allem von folgenden Aspekten ab:

Istzustand und Zielsetzung:

Alle angebotenen CAD-Systeme haben ihre Stärken und Schwächen für bestimmte Operationen und Anwendungsgebiete. Es ist deshalb vor ihrer Beschaffung wichtig, den zu unterstützenden Konstruktionsprozess einer detaillierten Tätigkeits- und Datenanalyse zu unterziehen. Speziell für die Eignung eines Graphiksystems ist darüber hinaus eine Formenanalyse notwendig, aus der man z. B. den Anteil von Drehteilen, die Formenvielfalt oder erforderliche Darstellungsformen erkennen kann. Es muss die kurz-, mittel- und langfristige CAD-Einsatzbreite und CAD-Einsatztiefe (CAD-Einsatzfeld) festgelegt werden, um Voraussetzungen für eine Wirtschaftlichkeit zu schaffen.

Methodische Voraussetzungen:

Ohne eine Strukturierung des Konstruktionsprozesses und der zu entwickelnden Produkte nach methodischen und arbeitstechnischen Gesichtspunkten ist ein wirtschaftlicher Einsatz von CAD-Systemen nicht zu erwarten [43]. Hierzu gehören auch organisatorische Festlegungen zur Arbeitsteilung und zur effizienten Nutzung der CAD-Systeme [52].

Systemintegration:

Eine nur auf den Konstruktionsbereich begrenzte CAD-Ausstattung und -Anwendung ist nur in seltenen Fällen wirtschaftlich. Deshalb ist eine Integration mit DV-Systemen vorgelagerter Bereiche, z. B. des Angebotswesens und des Vertriebs, und nachgeschalteter Bereiche, wie der Fertigungsplanung und -steuerung, der Teilefertigung und Montage sowie des Einkaufs, der Lagerhaltung und des Kundendienstes anzustreben (CIM). Diese Integration gewinnt bei der Arbeitsteiligkeit mit Zulieferern und über international aufgeteilte Entwicklungsprozesse zunehmende Bedeutung.

13.6 Produktdatenmanagementsysteme (PDMS)
Product Data Management Systems (PDMS)

Die in 3.1 dargestellte Unternehmensstrategie zum Produktlebenszyklusmanagement (PLM), macht ein gezieltes und koordiniertes Verwalten und Steuern aller während des gesamten Produktlebenszyklus verwendeten und erzeugten Daten erforderlich. Letztlich geht es darum, die richtigen Daten in der erforderlichen Qualität und dem erforderlichen Umfang zum richtigen Zeitpunkt dem richtigen Bearbeiter zur Verfügung zu stellen, und dies – wie bereits in 3.1 geschildert – nicht nur unternehmensintern sondern auch über die Grenzen des Unternehmens hinweg.

Schon bei einfacheren Produkten fallen heute im Laufe des Lebenszyklus sehr große Datenmengen aus sehr verschiedenen Quellen an. Die Tendenz ist diesbezüglich steigend. Ein Grund hierfür ist z. B. eine aus Produkthaftungsgründen geforderte hohe Entwicklungsqualität des Produkts, die umfangreiche Simulationen erfordert. Doch auch die heute häufig anzutreffende Einbindung eines Unternehmens in einen Entwicklungs- und/oder Fertigungsverbund trägt zu dem geschilderten Wachstum der Datenmenge bei. In der Praxis werden deshalb zunehmend rechnerunterstützte Systeme zum Speichern und Verwalten der Daten eingesetzt. Sie werden als *Produktdatenmanagement-Systeme (PDMS)* bezeichnet [69].

Ein Produktdatenmanagement-System (PDMS) ist ein rechnerunterstütztes Datenbank- und Kommunikationssystem zur Speicherung, Verwaltung und Bereitstellung aller produktbeschreibenden Daten während des gesamten Produktlebenszyklus [69].

PDMS können in Bezug auf Ausprägung und Leistungsumfang sehr spezifisch konfiguriert sein; der prinzipielle Aufbau und die Funktionalität der Systeme ist jedoch stets vergleichbar. Letztere beziehen sich typischerweise auf das Produkt-, das Prozess- und das Dokumentenmanagement:

Produktmanagement:

– Integration aller Applikationen
– Konfigurationsmanagement: Regeln über zulässige Produktkonfigurationen und deren Verwaltung
– Variantenmanagement: Regeln über zulässige Produktvarianten und deren Verwaltung.

Prozessmanagement:

– Abbildung der Unternehmensprozesse (Workflow)
– Definition von Rollen: Regeln, welche Daten eingesehen und/oder bearbeitet werden dürfen
– Projektmanagement
– Kooperationsmanagement: Regeln, welche Daten weitergegeben werden dürfen

Dokumentenmanagement:

– Änderungsmanagement: Regeln, wie Änderungen durchgeführt werden.
– Versionsmanagement: Regeln zum Festlegen von Dokumentenversionen.

768   13 Rechnerunterstützung

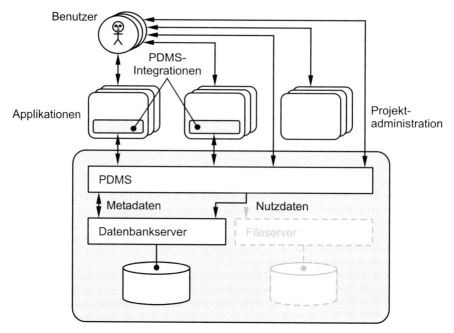

Abb. 13.15. Prinzipielle Einbindung eines PDMS in die Softwarelandschaft eines Unternehmens

In Abb. 13.15 ist die prinzipielle Einbindung eines PDMS in die Software-Landschaft eines Unternehmens dargestellt. Die in der Abbildung aufgeführten Applikationen können beispielsweise FEM- oder 3D-Modellierer sein.

Bei den zu verwaltenden und zu steuernden Daten handelt es sich prinzipiell um produktbezogene bzw. prozessbezogenen Daten. Während des gesamten Entwicklungs- und Konstruktionsprozesses, wie er beispielsweise in Abb. 1.9 dargestellt ist, werden sehr viele Daten und Informationen benötigt, um die einzelnen Prozessschritte ausführen zu können. Zur Festlegung des Durchmessers einer Getriebewelle beispielsweise werden deren Belastungen und die entsprechenden Kennwerte des gewählten Werkstoffes benötigt. Diese Daten sind also Eingangsgrößen des Prozessschritts. Andererseits werden in den einzelnen Prozessschritten wiederum Daten und Informationen erzeugt, die für die weiteren Arbeiten benötigt werden. So wird das bearbeitete Produkt im Laufe des Prozesses immer exakter in seinen Eigenschaften festgelegt und beschrieben. Die Summe dieser Daten und ihre Beziehungen untereinander werden als *Produktdatenmodell* bezeichnet.

Ähnliches gilt auch für die Teilprozesse, welche im Rahmen der Produktentwicklung und Konstruktion durchlaufen werden. Ihre Reihenfolge ist größten Teils durch die Erfordernisse des Entwickelns und Konstruierens festgelegt. Dies wird beispielsweise durch den Ausdruck „es wird von innen nach außen konstruiert" beschrieben. Die restliche, nicht durch diese logische Abfolge vorgegebene Anordnung von Prozessschritten wird in den meisten Unternehmen durch die Aufbau-, bzw. die Ablauforganisation bestimmt. In den meisten Unternehmen gibt es heute sehr ausgeprägte Bestrebungen, basierend auf den beschriebenen Überlegungen, einen *Produktentstehungsprozess (PEP)* als Standard zu definieren. Ein solcher PEP umfasst dabei i. Allg. die Phasen von der Produktidee bis zum Produktionsanlauf. Zur Beschreibung dieses PEP´s wird das Prozessmodell verwendet. Ähnlich wie das Produktdatenmodell für das Produkt, beschreibt es für den Prozess der Produktentstehung jeden Teilschritt mit seinen Inhalten, Ein- und Ausgängen sowie die Reihenfolge der Teilschritte, die in ihrer Summe den PEP ergeben.

Die dritte Größe in diesem Zusammenhang ist das so genannte *Rollenmodell*. Das Rollenmodell könnte auch als Aufgabenmodell eines Unternehmens bezeichnet werden. Es beschreibt, welche Rollen, also Aufgabenbereiche, es im Unternehmen gibt und welche mit den unterschiedlichen Rollen verbundenen Befugnissen. Typische Rollen im technischen Bereich eines Unternehmens sind die Rollen „Entwickler", „Konstrukteur", „Berechner" usw. Die typischen Befugnisse der Rolle „Konstrukteur" sind z. B. das Anlegen von Modellen in einem 3D-Modellierer, das Ändern von Modellen, das Abfragen von Verfügbarkeitsdaten im Produktionsplanungssystem (PPS) usw. Der Rolle „Einkäufer" wäre beispielsweise nur die Befugnis „Bauteilzeichnung ansehen" zugeordnet, nicht jedoch die Befugnis „Bauteilmodell ändern". Wer im realen Prozess diese Rolle wahrnehmen soll, ist damit noch nicht festgelegt. Dies geschieht durch die Unternehmensorganisation.

Die Hauptfunktionalität eines PDMS besteht darin, das Produktdatenmodell, das Prozessmodell und das Rollenmodell eines Unternehmens zu speichern und deren Verwaltung und Bearbeitung zu ermöglichen. Die Speicherung des Produktdatenmodells erfolgt dabei i. Allg. auf Basis einer entsprechenden Applikation, wie beispielsweise eines 3D-Modellierers und PPS. Der Zugriff und die Verwaltung der betreffenden Daten des Produktdatenmodells erfolgt hingegen mit Hilfe des PDMS.

Anders verhält es sich mit dem Prozess- und Rollenmodell des Unternehmens. Diese werden direkt im PDMS gespeichert und verwaltet. Dabei sind diese Modelle sehr eng miteinander verknüpft und hängen deshalb stark voneinander ab. Dieses ist in dem Umstand begründet, dass zur Ausführung eines Prozessarbeitsschritts bestimmte Befugnisse und Zugriffsrechte, z. B. auf ein CAD-System und entsprechende Geometriedaten, erforderlich sind.

Der PEP wird im PDMS mit Hilfe von PDMS-spezifischen Symbolen abgebildet. Diese Symbole repräsentieren also einen bestimmten Arbeitsschritt und sind mit den vorhergehenden bzw. nachfolgenden Prozessschritten logisch verknüpft. Den Symbolen für einen Arbeitsschritt ist gleichzeitig die Beschreibung der durchzuführenden Tätigkeiten zugeordnet sowie die Benennung der Rollen, die zu ihrer Ausführung erforderlich sind. Auf diese Weise werden alle Prozessparameter beschrieben und festgelegt und die Prozessstruktur durch die logische Verknüpfung der Arbeitsschrittsymbole abgebildet. Das Ergeb-

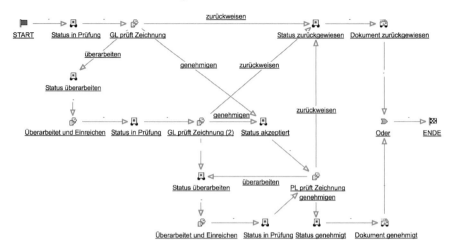

Abb. 13.16. Beispielhafter Workflow, wie er von einem PDMS abgebildet wird

nis dieser Beschreibung heißt *Workflow*. In Abb. 13.16 ist ein beispielhafter Workflow, wie er in einem PDMS dargestellt wird, wiedergegeben.

Da in einem Workflow jede Rolle einem Mitarbeiter zugewiesen wird, sind die Befugnisse eindeutig geklärt. Ein Mitarbeiter kann also mit Hilfe des Workflows erkennen, welche Aufgabenumfänge er für ein Projekt insgesamt zu erledigen hat und welche Aufgaben als nächstes angegangen werden müssen.

Durch den Einsatz eines PDMS erwarten Unternehmen deutliche Verbesserungen und Unterstützung verschiedener Aktivitäten [1, 49]:

– Qualitätssteigerung ihrer Produkte;
– Senkung der Entwicklungs-, Produktions- und Produktkosten;
– Beherrschung der Variantenvielfalt;
– Prozessstandardisierung;
– Steigerung der Prozesstransparenz und Prozesseffektivität;
– Eindeutige und vollständigen Beschreibung der Prozessschritte;
– Beherrschung des Verwaltungs- und Pflegeaufwands vorhandener und zukünftiger Daten. Damit sind vor allem Prozess- und Produktdaten, insbesondere 3D-CAD-Daten, einschließlich der Datenmigration angesprochen;
– Erstellung eines Rollenmodells für Projektmitglieder;
– Steigerung der Sicherheit durch eine eindeutige Zugriffsrechteverwaltung auf die Systemdaten;
– ...

Die Einführung eines PDMS erfordert systematische Vorbereitungen und die Überprüfungen des IST-Zustands verschiedener Parameter im Unternehmen. Insbesondere sind Fragen zur exakten Definition des Produktdaten- und Prozessmodells des Unternehmens zu klären [14, 25, 30]. Ziel dieser Untersuchungen ist es, die PDMS-Fähigkeit des Unternehmens zu ermitteln und den notwendigen Aufwand zur Einführung eines solchen Systems abschätzen zu können. Unter der PDMS-Fähigkeit eines Unternehmens wird Folgendes verstanden [15]:

„PDMS-Fähigkeit" beschreibt die Fähigkeit eines Unternehmens, zu einem bestimmten Zeitpunkt ein PDMS effektiv und effizient in Übereinstimmung mit den definierten Zielen einzusetzen.

Literatur
References

1. Abramovici, M., Gerhard, D.: Use of PDM in Improving Design Process – State of the Art, Potentials and User Perspectives. In: Proceedings of the 11th International Conference on Engineering Design (ICED 97). S. 317–22, 1997.
2. Bauert, F.: Methodische Produktmodellierung für den rechnerunterstützten Entwurf. Schriftreihe der TU Berlin (Hrsg. W. Beitz), H. 18 (1991).
3. Bauert, F.; Keller, M.; Simonsohn, T.: Variations-, Berechnungs- und Bewertungsmethoden für die Produktmodellierung mit Beispielen aus dem System GEKO. Konstruktion 43 (1991) 53–60.
4. Beitz, W.: Konstruktionsleitsystem als Integrationshilfe. VDI-Berichte Nr. 812, S. 181–201. Düsseldorf: VDI-Verlag 1990.
5. Beitz, W.; Feldhusen, J.: Management Systems and Program Concepts for an Integrated CAD Process. Res. Eng. Des. 3 (1991) 61–73.
6. Beitz, W.; Kuttig, D.: Rechnerunterstützung beim Konzipieren. VDI Berichte Nr. 953, S. 1–24. Düsseldorf: VDI-Verlag 1992.
7. Birkhofer, H.; Büttner, K.; Reinemuth, J.; Schott, H.: Netzwerkbasiertes Informationsmanagement für die Entwicklung und Konstruktion – Interaktion und Kooperation auf virtuellen Marktplätzen. Konstruktion 47 (1995) 255–262.
8. Buck, M.: Simulation interaktiv bewegter Objekte mit Hinderniskontakten Dissertation: Universität des Saarlandes, Technische Fakultät, 1999, S. 1–132.
9. Daberkow, A.: Featurebasierte Modellierung zur CAD-integrierten Bewegungssimulaton mechanischer Systeme. In: Konferenz-Einzelbericht: Features verbessern die Produktentwicklung – Integration von Prozesskette, VDI-Bericht 1322, 1997, S. 257–278.
10. Dai, F.; Reindl, P.: Enabling Digital Mock-Up with Virtual Reality Techniques – Vision, Concept, Demonstrator. In: Proceedings of the 1996 ASME Design Engineering Technical Conferences, 96-DETC/DFM-1406.
11. Dangelmeier, W.; Gausmeier, J. (Hrsg.): Fortgeschrittene Informationstechnologie in der Produktentwicklung und Fertigung. HNI-Verlagsschriftreihe, Bd. 19. Paderborn: Heinz Nixdorf Institut 1996.
12. Dierneder, S.: Computergestütztes Konzipieren auf der Basis einer „Funktionalen Zergliederung"; Konstruieren 2000/7-8; S. 51–55.
13. Ehrlenspiel, K.; Neese, J.: Eine Methodik zur wissensbasierten Schadensanalyse technischer Systeme. Konstruktion 44 (1992) 125–132.
14. Feldhusen, J., Gebhardt, B., Macke, N., Nurcahya, E., Bungert, F.: Development of a Set of Methods to Support the Implementation of a PDMS for SMEs with a High Product Variance. In: Proceedings of CIRP 2005, 12th CIRP Seminar on Life Cycle Engineering, Grénoble, France, 3rd -5th April 2005.

15. Feldhusen, J., Gebhardt, B.: Ein Beitrag zur Bewertung der PDMS-Fähigkeit eines Unternehmens - die Capability Scorecard (CSC). In: Informations- und Wissendrehscheibe Produktdatenmanagement (Tagungsband), S. 25-46. Berlin: GITO Verlag, 2005.
16. Forkel, M.: Kognitive Werkzeuge – ein Ansatz zur Unterstützung des Problemlösens. Produktionstechnik-Berlin (Hrsg. G. Spur) Nr. 166. München: C. Hanser 1995 (Diss.).
17. Gausemeier, J. (Hrsg.): CAD '94 – Produktdatenmodellierung und Prozessmodellierung als Grundlage neuer CAD-Systeme. München: C. Hanser 1994.
18. Grabowski, H.: Elektronische Datenverarbeitung. In: DUBBEL-Taschenbuch für Maschinenbauer, 18. Auflage Berlin: Springer 1995.
19. Groeger, B.: Die Einbeziehung der Wissensverarbeitung in den rechnerunterstützten Konstruktionsprozess. Schriftenreihe Konstruktionstechnik der TU Berlin (Hrsg. W. Beitz), H. 23 (1992).
20. Groeger, B.; Klein, St.: Unterstützung der Produktoptimierung durch Kopplung von CAD- und wissensbasierten Systemen. VDI-Bericht 993.3. Düsseldorf, VDI-Verlag 1992.
21. Groeger, B.; Klein, St.; Suhr, M.: Auslegung von Verbindungselementen am Beispiel der Welle-Nabe-Verbindung mit Hilfe der Wissensverarbeitung. Konstruktion 44 (1992), S. 145–153.
22. Groeger, B.: Ein System zur rechnerunterstützten und wissensbasierten Bearbeitung des Konstruktionsprozesses. Konstruktion 42 (1990) S. 91–96.
23. Grote, K.-H.; Birke, C.; Beyer, C.; Tenbusch, A.: Die Kopplung von Rapid Prototyping und Reverse Engineering im Konstruktionsprozess. In: Konferenz Einzelbericht: 44. Internationales wirtschaftliches Kolloquium, Ilmenau. In: Vortragsreihen: Maschinenbau im Informationszeitalter. 1999/Band 3; S. 87–92.
24. Helbig, D.: Entwicklung produkt- und unternehmensorientierter Konstruktionsleitsysteme. Schriftenreihe Konstruktionstechnik (Hrsg. W. Beitz) Nr. 30. TU Berlin 1994 (Diss.).
25. Höfener, C.: Methode zur Bewertung des strategischen Nutzens von integriertem Produktdaten-Management (PDM). Dissertation an der Technischen Universität Darmstadt, 1999
26. Kiesewetter, Th.: Integrativer Produktentwicklungsarbeitsplatz mit Multimedia und Breitbandkommunikation. Diss. TU Berlin 1996.
27. Klein, St.: An Example of Knowledge-based Decision Making when Selecting Standard Components: Shaft-Hub-Connections. Proceedings of the 4th International ASME Conference on Design Theory and Methodology. DTM '92, Phoenix, AZ, 1992.
28. Klose, J.; Römer, S.; Steger, W; Zetzsche, T.: Methoden zur Integration von Berechnungsverfahren in Konstruktionssysteme. In: Neue Generationen von CAD/CAM- Systemen – erfüllte und enttäuschte Erwartungen. VDI-Berichte, Band 1357 (1997) S. 143–159.
29. Kochan, D.: Solid Freeform Manufacturing – Neue Verfahren mit vielfältigen Anwendungen und Effekten. wt-Produktion und Management 84 (1994) 325–329.
30. Krause, L.: Methode zur Implementierung von integriertem Produktdatenmanagement (PDM). Berlin: GITO Verlag, 2002.
31. Kuttig, D.: Die Funktionsstruktur als integraler Bestandteil des rechnerunterstützten Konstruktionsprozesses. Konstruktion 44 (1992) 183–192.

32. Lang, J.-R.: Kolben-Zylinder-Dynamik – Finite Elemente Bewegungssimulation unter Berücksichtigung strukturdynamischer und elastohydrodynamischer Wechselwirkungen. In: Deutsche Dissertation: Fortschrittbericht Strukturanalyse und Tribologie Band 7 (1997) S. 1–146.
33. Langner, Th.: Analyse von Einflussfaktoren beim rechnerunterstützten Konstruieren. Schriftenreihe Konstruktionstechnik der TU Berlin (Hrsg. W. Beitz), H. 20 (1991).
34. Li, W.: Graphische Konstruktion und Simulation von Robotern. Konstruktion 44 (1992) 113–117.
35. Lippart, S.: Gezielte Förderung der Kreativität durch bildliche Produktmodelle. Dissertation; In: Fortschritt-Berichte VDI; Band 325 (2000)
36. Liu, J.: Handskizzeneingabe von Freiformgeometrien für CAD-Modelle. Produktionstechnik-Berlin (Hrsg. G. Spur) Nr. 173. München: C. Hanser 1995.
37. Lüddemann, J.: Virtuelle Tonmodellierung zur skizzierenden Formgestaltung im Industriedesign. Diss. TU Berlin 1996.
38. Maaß, H.: Der Zylinderkopfdichtverband – eine Verformungsstudie mit Hilfe Finiter Elemente. Konstruktion 28 (1976) 151–158.
39. Müller, J.; Praß, P.; Beitz, W.: Modelle beim Konstruieren. Konstruktion 44 (1992), H. 10.
40. Neubauer, I.: Potential der FEM bei der Auslegung von Massivumformvorgängen; In: Konferenz-Einzelbericht: Werkzeug- und Prozesstechnik für die Massivumformung: In: Fachgespräche zwischen Industrie und Hochschule, Institut für Umformtechnik; Universität Hannover, 1997, S. 1–7.
41. Osterrieder, P.; Werner, F.; Kretzschmar, J.: Biegedrillknicknachweis Elastisch-Plastisch für gewalzte I-Querschnitte. Stahlbau: 1998, 10, S. 794–801.
42. Pahl, G.: Konstruieren mit CAD-Systemen. Grundlagen, Arbeitstechnik, Anwendungen. Berlin: Springer 1990.
43. Pahl, G.: Modellierungsstrategien beim Einsatz von 3D-CAD-Systemen. Konstruktion, Teil 1: 41 (1989) S. 406–415, Teil 2: 42 (1990) S. 79–83.
44. Pahl, G.; Daniel, M.: Funktionsorientierte Generierungsverfahren im Baugruppenzusammenhang. VDI-Berichte Nr. 993.3. Düsseldorf: VDI-Verlag 1992.
45. Pahl, G.; Reiß, M; Mischmodelle-Beitrag zur anwendergerechten Erstellung und Nutzung von Objektmodellen. VDI-Berichte Nr. 993.3. – Düsseldorf: VDI-Verlag 1992.
46. Predki, W.: Stand der Planetengetriebe-Entwicklung. In: Konferenz-Einzelbericht: Zahnrad 99: VDI-Berichte 1999, Band 1460, S. 1–21.
47. Rieger, E.: Semantikorientierte Features zur kontinuierlichen Unterstützung der Produktgestaltung. Produktionstechnik-Berlin (Hrsg. G. Spur) Nr. 158. München: C. Hanser 1995 (Diss.).
48. Riest, K.: Eine Konstruktionsumgebung für integriertes Gestalten und Berechnen am Beispiel von Kalandern. Fortschritt-Berichte VDI, Reihe 3: Verfahrenstechnik, 1999. Band 599, S. 1–110.
49. Schöttner, J.: Produktdatenmanagement in der Fertigungsindustrie. München, Wien: Hanser 1999.
50. Springer, H.: Systematik zur ergonomischen Gestaltung von CAD-Software. VDI-Fortschrittsberichte Reihe 20, Nr. 60. Düsseldorf: VDI-Verlag 1992.
51. Spur, G; Uhlmann, E.; Ising, M.: Virtualisierung der Werkzeugmaschinenentwicklung. ZWF Zeitschrift für wirtschaftlichen Fabrikbetrieb; 1999/12 S. 740–745.

52. Steidel, F.: Modellierung arbeitsteilig ausgeführter, rechnerunterstützter Konstruktionsarbeit – Möglichkeiten und Grenzen personenzentrierter Simulation. Diss. TU Berlin 1994.
53. Steinmeier, E.: Konstruktion im Maschinenbau. Dissertation, TU München 1998.
54. Stürmer, U.: Informationsmodell zum Abbilden funktionaler und wirkstruktureller Zusammenhänge im Maschinenbau. Schriftenreihe Konstruktionstechnik der TU Berlin (Hrsg. W. Beitz), H. 17 (1990).
55. Tegel, O.: Methodische Unterstützung beim Aufbau von Produktentwicklungsprozessen. Schriftenreihe Konstruktionstechnik (Hrsg. W. Beitz) Nr. 35. TU Berlin 1996 (Diss.).
56. Tenbusch, A.; Grote, K.-H.: Geometriedaten-bestimmte Prozessketten: Konstruktion 2000/6, S. 45–49.
57. TU Berlin: CAD – Rechnerunterstützte Konstruktionsmodelle im Maschinenwesen. Abschlussbericht SFB 203. TU Berlin 1992.
58. Vajna, S.; Weber, W.: Teilmodelle im Konstruktionsprozess – Bindeglied zwischen methodischer und rechnerunterstützter Konstruktion. Konstruktion 2000/4; S. 46–50.
59. VDI: Datenverarbeitung in der Konstruktion '83. VDI-Berichte Nr. 492. Düsseldorf: VDI-Verlag 1983.
60. VDI: Datenverarbeitung in der Konstruktion '85. VDI-Berichte Nr. 570. Düsseldorf: VDI-Verlag 1985.
61. VDI: Datenverarbeitung in der Konstruktion '88. VDI-Berichte 700.1–4. Düsseldorf: VDI-Verlag 1988.
62. VDI: Datenverarbeitung in der Konstruktion '90. VDI-Berichte 861.1–5. Düsseldorf: VDI-Verlag 1990.
63. VDI: Datenverarbeitung in der Konstruktion '92. VDI-Berichte 993.1–5. Düsseldorf: VDI-Verlag 1992.
64. VDI: Datenverarbeitung in der Konstruktion '94. VDI-Berichte 1148. Düsseldorf: VDI-Verlag 1994.
65. VDI: Effiziente Anwendung und Weiterentwicklung von CAD/CAM-Technologien. VDI-Berichte 1289. Düsseldorf: VDI-Verlag 1996.
66. VDI: Wissensverarbeitung in Entwicklung und Konstruktion. VDI-Berichte 1217. Düsseldorf: VDI-Verlag 1995.
67. VDI-Richtlinie 2216: Datenverarbeitung in der Konstruktion; Einführungsstrategien und Wirtschaftlichkeit von CAD-Systemen., Düsseldorf: VDI-Verlag 1994, 11.
68. VDI-Richtlinie 2218 (Entwurf): Feature Technologie. Düsseldorf: VDI-Verlag 1999, 11.
69. VDI-Richtlinie 2219: Informationsverarbeitung in der Produktentwicklung; Einführung und Wirtschaftlichkeit von EDM/PDM-Systemen. Düsseldorf: VDI-Verlag 2002.
70. VDI-Richtlinie 2249 (Entwurf): CAD-Benutzungsfunktionen. Düsseldorf: VDI-Verlag 1999, 4.
71. Weltz, R.: Ein wissensbasiertes Programmsystem zur Unterstützung bei der Berechnung der Schwingfestigkeit gekerbter Wellen. Diss. TU Berlin 1991.
72. Wellniak, R.: Das Produktmodell im rechnerintegrierten Konstruktionsarbeitsplatz. Konstruktionstechnik München (Hrsg. K. Ehrlenspiel) Nr. 17. München: C. Hanser 1995 (Diss.).

14 Übersicht und verwendete Begriffe
Overview and used terms

14.1 Einsatz der Methoden
Using the methods

Nach Darstellung der historischen Entwicklung und der Grundlagen sowie allgemein einsetzbarer Lösungs- und Beurteilungsmethoden orientiert sich dieses Buches am Produktentwicklungsprozess, der vom Klären der Aufgabenstellung ausgeht und über das Konzipieren, Entwerfen und Ausarbeiten zu den Ausführungs- und Nutzungsunterlagen mit integrierter Rechnerunterstützung führt. Wichtige und neuzeitliche Lösungsfelder geben prinzipielle Anregungen bei der Lösungssuche. Zur Verringerung des Entwicklungsaufwands dienen die Entwicklung von Baureihen und Baukästen. Methoden der Qualitätssicherung und zur Kostenerkennung helfen die Kundenzufriedenheit zu steigern und um auf dem Markt bestehen zu können.

Konzipieren und *Entwerfen* sind die Schwerpunkte bei der Entwicklung eines technischen Systems. In den Abb. 14.1 und 14.2 sind diese Hauptarbeitsschritte zusammengestellt und die jeweiligen Methoden bzw. Hilfsmittel nach ihrem hauptsächlichen oder hilfsweisen Einsatz zugeordnet (vgl. auch Methodenübersicht in [11]). Die Übersicht lässt den *Arbeitsablauf*, die *Bedeutung* und den zeitlich richtigen *Einsatz der Methoden* erkennen. Aufgabenstellung und Probleme sind bei unterschiedlichen Produkten verschieden und das Vorgehen und der Einsatz der Methoden werden von branchen- oder firmenspezifischen Bedingungen beeinflusst, was zu anderen Folgen oder Ausprägungen und Benennungen der Arbeitsschritte führen kann. Das in diesem Buch dargestellte, prinzipielle Vorgehen sollte dann flexibel angepasst werden, ohne dabei das Grundanliegen des methodischen Vorgehens oder der vorgestellten Einzelmethoden zu vernachlässigen oder gar aufzugeben. Auch erfordern nicht alle Probleme oder Hauptarbeitsschritte alle einsetzbaren Methoden.

Wichtig ist, dass Methoden nur soweit angewandt werden, wie sie für das jeweilige Teilziel erforderlich und nützlich sind. Der Anwender soll keine Arbeit um der Systematik willen oder nur aus Freude an der Perfektion aufwenden, die nicht im angemessenen Verhältnis zum Erfolg steht. Die Methoden stellen dabei unterschiedliche Ansprüche. Je nach Veranlagung, Übung und Erfahrung wird man diese oder jene vorziehen oder andere meiden, besonders

14 Übersicht und verwendete Begriffe

Methoden und Hilfsmittel (● hauptsächlich, ○ hilfsweise)	Arbeitsschritte	Planen des Produkts, Auswählen der Aufgabe	Klären der Aufgabenstellung, Erarbeiten der Anforderungsliste	Abstrahieren zum Erkennen der wesentlichen Probleme	Aufstellen von Funktionsstrukturen	Suchen nach Wirkprinzipien	Kombinieren der Wirkprinzipien	Auswählen geeigneter Varianten	Konkretisieren zu prinzipiellen Lösungen	Bewerten von prinzipiellen Lösungen
Trendstudien Marktanalysen	3.1	●	○							
Anforderungsliste	5.2		●	○						
Gedankliche Abstraktion	6.2			●	○					
Black-Box-Darstellung Funktionsbilder	6.3			○	●					
Literaturrecherchen	3.2.1	○	○			●			○	
Analyse — natürlicher Systeme	3.2.1				○	●				
Analyse — bekannter Lösungen	3.2.1		○			●	●	●	○	
Analyse — Mathematisch-physikalischer Zusammenhänge	3.2.1				●	●				
Versuche, Messungen	3.2.1					●	●		●	
Brainstorming, Galeriemethode Synektik	3.2.2	○				●				
Systematische Untersuchung des physikalischen Geschehens	3.2.3					●				
Ordnungsschema	3.2.3					●	●			
Kataloge	3.2.3					●	●			
Skizzen Intuitiv betonte Verbesserung	6.5.1					○	●		●	
Auswahlverfahren	3.3.1				○	○	●	●	○	
Bewertungsmethoden	3.3.2									●
Methoden der Qualitätssicherung	11						○	○	●	●
Methoden der Kostenerkennung	12								○	●
Wertanalyse	1.2.3								○	○

Abb. 14.1. Zuordnen von Methoden und Hilfsmitteln zu den Arbeitsschritten der Konzeptphase. (Zahlen geben Kapitel bzw. Abschnitte an; Vollkreise: hauptsächlicher Einsatz, Leerkreise: hilfsweiser Einsatz)

14.1 Einsatz der Methoden

Methoden und Hilfsmittel ● hauptsächlich ○ hilfsweise	Arbeitsschritte	Erkennen gestaltungsbest. Anforderungen	Darstellen räumlicher Bedingungen	Strukturieren in gestaltungsb. Hauptfunktionsträger	Grobgestalten Hauptfunktionsträger	Auswählen geeigneter Entwürfe	Grobgestalten weiterer Hauptfunktionsträger	Suchen von Lösungen für Nebenfunktionsträger	Feingestalten der Hauptfunktionsträger	Feingestalten der Nebenfunktionsträger	Bewerten der vorläufigen Entwürfe	Anschließendes Gestalten des Gesamtentwurfs	Kontrollieren auf Fehler und Störgrößeneinfluss	Vervollständigen durch vorl. Stückliste und Anweisungen
Anforderungsliste	5.2	●	●								○		○	
Funktionsstruktur	6.3			●										
Konzept	6.	●	●	●	○		○							
Lösungsmethoden Lösungsfelder	4. 9.							●						
Leitlinie	7.2.				●	○	●		●	●				
Grundregeln einfach eindeutig, sicher	7.3				●	○	●	○	●	●	○	○	○	○
Gestaltungsprinzipien Kraftleitung Aufgabenteilung Selbsthilfe Stabilität und Bistabilität fehlerarme Gestaltung	7.4			●	●		●	○	○					
Gestaltungsrichtlinien Beanspruchungsgerecht Formänderungsgerecht Stabilitätsgerecht Resonanzgerecht Kriechgerecht Relaxationsgerecht Korrosionsgerecht Verschleißgerecht Ergonomiegerecht Formgebungsgerecht Fertigungsgerecht Montagegerecht Kontrollgerecht Transportgerecht Gebrauchsgerecht Instandhaltungsgerecht Recyclinggerecht Normgerecht	7.5				○		○		●	●		●		●
Auswahlverfahren	3.3.1					●		●						
Qualitätssicherung Risikobegegnung	11 7.5.12										○	●	●	
Kostenerkennung	12					○					●			
Bewertungsmethoden	3.3.2 7.6							○			●			

Abb. 14.2. Zuordnen von Methoden und Hilfsmitteln zu den Arbeitsschritten der Entwurfsphase (Zahlen geben Kapitel bzw. Abschnitte an; Vollkreise: hauptsächlicher Einsatz, Leerkreise: hilfsweiser Einsatz)

dann, wenn mehrere Methoden im Sinne eines Wechsels der Betrachtungs- und Denkebenen zur Unterstützung des jeweiligen Arbeitsschritts in Frage kommen. Dieser Wechsel, der auch durch Voreilen (Vorstellen eines schon konkreteren Schrittes) und anschließendem Zurückgehen (Analysieren des Ergebnisses und daraus Neu-Konzeption) erzielt werden kann, spielt hinsichtlich des Denkverhaltens beim Lösungssuchen eine wichtige Rolle. Eine flexible Anpassung und Auswahl geeigneter Einzelmethoden erfordert aber deren Kenntnis und mindestens eine gewisse Anwendungserfahrung. Hier gilt studieren und probieren.

Abstraktionsvermögen, systematisches Arbeiten und folgerichtiges Denken, aber auch kreative Fähigkeiten und Fachkenntnisse mit Erfahrungsgewinn sind erforderlich. Bei den einzelnen Arbeitsschritten werden diese Fähigkeiten unterschiedlich stark angesprochen.

Abstraktionsvermögen ist vor allem beim Erkennen der wesentlichen Probleme, beim Aufstellen der Funktionsstruktur, beim Finden von ordnenden Gesichtspunkten für Ordnungsschemata und bei der Übertragung von Gestaltungsprinzipien und -regeln erforderlich.

Systematisches und folgerichtiges Denken hilft bei der Bearbeitung der Funktionsstrukturen, beim Aufstellen von Ordnungsschemata, bei der Analyse der Systeme und Vorgänge, beim Kombinieren, bei der Fehlererkennung sowie beim Auswählen und Bewerten.

Kreative Fähigkeiten nützen bei der Variation von Funktionsstrukturen, bei der Lösungssuche mit Hilfe intuitiv betonter Methoden, aber auch bei der Kombination mit Hilfe von Ordnungsschemata oder Katalogen sowie bei der Anwendung von Grundregeln, Gestaltungsprinzipien und -richtlinien.

Produktabhängige *Fachkenntnisse* unterstützen besonders das Aufstellen der Anforderungsliste, die Schwachstellensuche, das Auswählen und Bewerten, den Kontrollvorgang mit Hilfe von Leitlinien und die Fehlersuche.

Erfahrungen im Methodenumgang fördern die Planung und Verfolgung des Produktentwicklungsprozesses. Fachspezifische Erfahrungen helfen schneller und zielgerichteter Lösungen zu finden sowie die Spreu vom Weizen zu trennen. Frankenberger [5] beobachtete bei seinen Untersuchungen aber auch, dass neben dem überwiegend positiven Einfluss von Erfahrung auch negative Einflüsse bei erstarrter und unflexibler Erfahrungsvermittlung auftreten können.

Abbildung 14.3 gibt ferner eine Zusammenstellung der für die einzelnen Konstruktionsphasen empfohlenen *Leitlinien* mit ihren Hauptmerkmalen, die die kreativen Tätigkeiten und die Korrekturphasen unterstützen. Es ist erkennbar, dass sie der generellen Zielsetzung und den Bedingungen folgen, die in 2.1.7 genannt sind, wodurch sichergestellt wird, dass die technische Funktion bei wirtschaftlicher Realisierung und bei der Sicherheit für Mensch und Umgebung erfüllt wird. Zur Lösungssuche sind Zusammenhänge der Funktions-, Wirk- und Baustruktur sowie allgemeine und aufgabenspezifische Bedingungen zu beachten. Die Merkmale sind dem jeweiligen Konkretisierungsgrad angepasst.

Aufgabe klären	Konzipieren		Entwerfen	
Erarbeiten der Anforderungsliste	Auswählen	Bewerten	Gestalten Kontrollieren	Bewerten
Anforderungen erfassen	Wirkstruktur finden	Optimales Konzept finden	Gestalt und Werkstoff festlegen	Optimalen Entwurf finden
(Abb. 5.3)		(Abb. 6.22)	(Abb. 7.3)	(Abb. 7.148)
Geometrie	Verträglichkeit gegeben	Funktion	Funktion	Funktion
				Wirkprinzip
Kinematik		Wirkprinzip	Wirkprinzip	Gestalt
Kräfte	Forderungen erfüllt	Gestaltung	Auslegung Haltbarkeit	Auslegung
Energie			Formänderung	
Stoff	grundsätzlich realisierbar		Stabilität Resonanzfreiheit	
Signal			Ausdehnung Korrosion Verschleiß	
Sicherheit	unmittelbare Sicherheitstechnik gegeben	Sicherheit	Sicherheit	Sicherheit
Ergonomie		Ergonomie	Ergonomie	Ergonomie
Fertigung		Fertigung	Fertigung	Fertigung
Kontrolle		Kontrolle	Kontrolle	Kontrolle
Montage	im eigenen Bereich bevorzugt	Montage	Montage	Montage
Transport		Transport	Transport	Transport
Gebrauch		Gebrauch	Gebrauch	Gebrauch
Instandhaltung		Instandhaltung	Instandhaltung	Instandhaltung
Recycling		Recycling	Recycling	Recycling
Kosten	Aufwand zulässig	Aufwand	Kosten	Kosten durch wirtsch. Wertigkeit erfasst
Termin			Termin	Termin

Abb. 14.3. Übersicht zu den Leitlinien mit ihren Hauptmerkmalen und Angaben zugehöriger Hauptarbeitsschritte

Beim Aufstellen der Anforderungsliste sind Anforderungen zu erfassen, damit Funktionen und wichtige Bedingungen erkennbar werden. Aus diesem Grunde treten anstelle des Hauptmerkmals „Funktion" andere Assoziationsmerkmale: Geometrie, Kinematik, Kräfte, Energie, Stoff und Signal, die helfen, die Funktion besser zu finden. In ähnlicher Weise wird beim Entwerfen, wo die Gestaltung Schwerpunkt und Ziel ist, das Merkmal „Gestaltung" durch die Auslegungsmerkmale ersetzt, die zur zweckmäßigen Gestaltung führen. Beim Bewerten sind die Bewertungskriterien aus den auf gleicher Basis entstandenen Hauptmerkmalen zu gewinnen. Die Hauptmerkmale weisen eine wünschenswerte Redundanz auf, wodurch erreicht wird, dass bei verschiedenartiger Betrachtung oder Anregung alle wesentlichen Punkte erfasst werden. Die Methoden der Qualitätssicherung und Kostenerkennung sollen so früh wie möglich, spätestens aber hier eingesetzt werden.

Ein Teil der angeführten Methoden und Hilfsmittel sind auf verschiedenen Konkretisierungsstufen verwendbar und damit *wiederholt einsetzbar*. Die durch die Methodenanwendung entstandenen Unterlagen werden in den späteren Phasen oft erneut herangezogen (z. B. Anforderungsliste, Funktionsstruktur, Teillösungsschemata, Auswahl- und Bewertungslisten). Ferner zeigt sich, dass für eine bestimmte Produktgruppe methodisch erarbeitete Unterlagen eine gewisse Allgemeingültigkeit behalten und wiederverwendet werden können. Der Aufwand beim methodischen Vorgehen sinkt damit für nachfolgende Produktentwicklungen.

14.2 Erfahrungen in der Praxis
Practical experiences

Die in diesem Buch beschriebenen Vorgehensweisen und angeführten Methoden sind in den letzten Jahren vielfach bei der Lösung von Problemen der Industrie anlässlich von Studien- und Diplomarbeiten, bei methodischer Begleitung von Projekten sowie in Konstruktionsbereichen der Industrie eingesetzt worden. Die dabei gewonnenen Erfahrungen wurden ausgewertet und veröffentlicht [1–3, 8].

Zu den Einzelmethoden lässt sich feststellen:

– Das Klären der Aufgabenstellung und Aufstellen der *Anforderungsliste* hat sich als wichtiges und unverzichtbares Instrument erwiesen.
– Das Abstrahieren und Aufstellen von *Funktionsstrukturen* bereitet wegen der abstrakteren Darstellung vielfach Schwierigkeiten. Der Konstrukteur ist es gewohnt, stärker in Gegenständen und bildhaften Vorstellungen zu denken [6]. Ungeachtet dessen ist mindestens das Erkennen und Auflisten von Hauptfunktionen für viele methodische Schritte notwendig und hilfreich.
– *Intuitive Suchmethoden* werden hauptsächlich dann eingesetzt, wenn auf konventionelle Weise keine Lösung erreichbar erscheint. Bei Gestaltungsfragen ist die Galeriemethode wirksamer als das Brainstorming. Beide können aber nur Lösungsanregung geben, eine sorgfältige Analyse und Weiterentwicklung solcher Ergebnisse ist notwendig.
– *Diskursive Lösungsmethoden*, wie z. B. Ordnungsschemata, morphologischer Kasten, machen anfangs Schwierigkeiten, weil die zutreffenden, abstrakteren „ordnenden Gesichtspunkte" mit ihren Merkmalen nicht oder nicht umfassend genug erkannt werden. Dies deutet auf eine mangelnde methodische Schulung in der Ausbildung hin. Sind solche Systematiken

aber erkannt und erarbeitet, verhelfen sie zu fundiertem Überblick, der zu besseren Lösungen mit vermehrten Patentmöglichkeiten oder besseren Einschätzung der Konkurrenzlösungen führt.
– *Auswahl-* und *Bewertungsmethoden* werden vielfach angewandt, jedoch methodisch gesehen manchmal in unzulässiger Weise kombiniert. Dabei entstehen hausgemachte Vorgehensweisen. Korrekt angewandt helfen sie jedenfalls, Entscheidungen objektiver begründet zu treffen und erscheinen in vielen Fällen unverzichtbar.

Jüngere Arbeiten, wie von Schneider [9], bestätigen die oben gemachten Aussagen, und die von Wallmeier [10] betonen die Bedeutung von Erfahrung und fortwährender Beurteilung durch eine ständige Reflexion mit dem jeweils vorliegenden Ergebnis.

Vielfach wird eingewendet, dass das methodische Vorgehen in der Konzeptphase zu zeitaufwendig sei. Es ist richtig, dass bei Neuentwicklungen der *Zeitaufwand* in der *Konzeptphase* steigt, wobei der Zeitanteil der in dieser Phase ebenfalls notwendigen Arbeiten zum Konkretisieren zu prinzipiellen Lösungen, z. B. durch überschlägiges Berechnen, verbesserndes Skizzieren, Studieren von Anordnungen usw., nach wie vor übermächtig 60–70% ausmachen. Erfahrungsgemäß wird dieser scheinbare Zeitverlust in den nach folgenden Phasen des Entwerfens und Ausarbeitens mehr als hereingeholt, da dort dann Irritationen, Nebenwege und erneute Lösungssuche entfallen, d. h. die Arbeit geht zielgerichteter und zügiger voran.

Die *Entwurfsphase* selbst profitiert ebenfalls durch methodisches Vorgehen. Die Beachtung der Leitlinien, der Grundregeln, der Gestaltungsprinzipien und -richtlinien verringert in der Regel den Arbeitsaufwand, vermeidet Fehler und Störungen, erhöht die Materialausnutzung und verbessert die Produktqualität. Die Überprüfung mit Hilfe von Methoden der Fehler- und Kostenerkennung sorgt ebenfalls für eine Verbesserung der Produktqualität und wird nur dann unangemessen aufwendig, wenn sie nicht auf das Wesentliche beschränkt bleibt. Bewertungen sind wenig zeitaufwendig im Vergleich zu den erzielten Erkenntnissen, insbesondere durch die der Schwachstellensuche.

Zusammenfassend ergibt sich:

– Die Industrie zeigt ein klares *Interesse* an der Konstruktionsmethodik insbesondere dann, wenn sie häufig Neuentwicklungen zu betreiben hat und wenn eine Einführung oder Ausweitung von CAD bevorsteht.
– In der industriellen Praxis findet eine *Infiltration* der Methodik statt, genutzt werden aber oft nur einzelne Methoden oder Teile davon, die nach jeweiligen Erfordernissen eingesetzt werden.
– Konstruktionsmethodik wird vor allem im Bereich der *Entwicklung* und *Neukonstruktion* angestrebt, wo es gilt, immer wieder unkonventionelle Lösungen zu finden, d. h. neue Funktionen mit neuen Lösungen zu erfüllen.
– Methodisches Vorgehen hat kaum oder gar nicht in die Bereiche Eingang gefunden, die nur *Anpassungskonstruktion* oder Abwicklung von Varianten

betreiben [2, 4]. Dies ist auch verständlich, da in diesen Bereichen Funktionsbetrachtungen nicht im Vordergrund des Interesses stehen. Diese Konstruktionsart wird daher vielmehr von den DV-Möglichkeiten profitieren können.

Unternehmen der Industrie, die *Konstruktionsmethodik anwenden*, sagen aus:

– Die Zahl der Patente, mindestens der Sperrpatente, hat sich erhöht.
– Die Gesamtheit der Entwicklung ist trotz einer längeren Konzeptphase kürzer.
– Die Wahrscheinlichkeit gute Lösungen zu finden ist höher.
– Die wachsende Komplexität der Probleme bzw. Produkte ist leichter zu beherrschen.
– Kreativität steigt bei realistischen Terminvorgaben [7].
– Es erhöht sich ein Transfereffekt, in anderen Gebieten ebenfalls systematischer zu arbeiten.

Folgende Nebeneffekte waren zu beobachten:

– Der Informationsfluss hat sich verbessert.
– Teamarbeit und Motivation wird begünstigt.
– Die Kommunikation mit dem Kunden kann intensiviert werden.

In der Konstruktionsmethodik ausgebildete junge Ingenieure sind überraschend schnell vollwertige Mitarbeiter, ohne dass sie erst umfangreiche Erfahrungen gewinnen müssen (besonderer Erfolg der Konstruktionsmethodik).

Kritische Bemerkungen zielen in folgende Richtungen:

– Verfahren zur Kostenschätzung sind zu wenig entwickelt.
– Methodik lässt sich nur anwenden, wenn Konstrukteure und Führungskräfte geschult sind und beide die Methodik konsequent voneinander abfordern.
– Intuition und Kreativität kann nicht durch Methodik ersetzt werden, letztere kann nur Hilfsmittel sein.

14.3 Verwendete Begriffe
Used terms

Nachstehend sind in alphabetischer Reihenfolge in diesem Buch verwendete, methodisch orientierte Begriffe erläutert:

Anforderungsliste	Geklärte Aufgabenstellung durch den Konstrukteur für den Konstruktionsbereich.
Aufgabe	Gedachtes Ziel (Zweck, Wirkung) unter gegebenen bestimmten Bedingungen.
Aufgabenstellung	Formulierung der Aufgabe durch den Aufgabensteller.

diskursiv	Von einem Gedankeninhalt zum anderen fortschreitend, dabei ist die Entstehung in Teilschritten verfolgbar.
Effekt	Gesetz oder Grundsatz, der ein physikalisches, chemisches, biologisches usw. Geschehen beschreibt.
Entwerfen	allg.: Planen, zeichnen, in Umrissen darstellen, hier: Entwickeln der Baustruktur.
Entwurf	Festgelegte Baustruktur einer Lösung.
Ergonomie	Lehre von der menschlichen Arbeit. Anpassung der Arbeit oder der Maschine an den Menschen und umgekehrt (Beachten der Mensch-Maschine-Beziehung).
Feature	Fester Zusammenhang von Daten und Strukturen (geometrischer und/oder nicht-geometrischer Art, z. B. funktions- und produktionsorientiert) zur Beschreibung technischer Sachverhalte bei CAD-Anwendungen.
Funktion	Allgemeiner und gewollter Zusammenhang zwischen Eingang und Ausgang eines Systems mit dem Ziel, eine Aufgabe zu erfüllen.
Gesamtfunktion	Funktion, die die Aufgabe in ihrer Gesamtheit erfasst.
Teilfunktion	Funktion, die eine Teilaufgabe erfasst.
Hauptfunktion	Teilfunktion, die unmittelbar der Gesamtfunktion dient.
Nebenfunktion	Teilfunktion, die die Hauptfunktion unterstützt und daher nur mittelbar der Gesamtfunktion dient (Einordnung je nach Betrachtungsebene unterschiedlich).
Allgemein anwendbare Funktion	Funktion, die in technischen Systemen allgemein vorkommt.
Elementarfunktion	Funktion, die sich nicht weiter gliedern lässt und allgemein anwendbar ist.
Grundfunktion	Funktion, die in einem bestimmten System (z. B. Baukasten) grundlegend und dort immer wiederkehrend ist.
Logische Funktion	Funktion, die eine Verknüpfung zwischen Eingang und Ausgang in Form von Aussagen einer zweiwertigen Logik ermöglicht: UND-, ODER-, NICHT-Funktion und deren Kombination.
Funktionsstruktur	Verknüpfung von Teilfunktionen zu einer Gesamtfunktion.
Funktionsträger	Technisches Gebilde, das eine Funktion erfüllt.

Gestalt	Form, Lage, Größe und Anzahl technischer Gebilde.
Gestaltung	Verknüpfung von Gestalt und Werkstoff.
Gestaltungsmerkmal	Wirkgeometrie, Wirkbewegung und Werkstoff oder sonstige Angaben zur stofflichen Verwirklichung.
Gestaltungsprinzip	Grundsatz, von dem bei stofflicher Verwirklichung die Gestaltung abgeleitet wird.
Gestaltungsvariante	Mögliche Gestaltung neben anderen.
Hauptgröße	Größe, die für eine Teilfunktion unmittelbar erforderlich ist (z. B. Drehmoment, Druck, Menge pro Zeit).
Intuition	Plötzliche Eingebung, überraschendes Entdecken von neuen Gedankeninhalten, meist ganzheitlich.
intuitiv	Einfallsbetontes Erkennen, Gegensatz zu diskursiv.
Konzept	allg.: erste Fassung, Plan, Programm; hier: festgelegte prinzipielle Lösung. Siehe auch Lösungskonzept.
Konzipieren	allg.: eine Grundidee von etwas gewinnen; hier: Durchlaufen der Konzeptphase.
Lösung	Erfüllung der Aufgabe durch konkrete Angabe von Merkmalen zur stofflichen Verwirklichung.
Lösungskonzept	Festgelegte prinzipielle Lösung nach Durchlaufen der Konzeptphase.
Lösungsprinzip	Grundsatz, von dem die Lösung abgeleitet wird und welches das Wirkprinzip umfasst.
Lösungsvariante	Mögliche Lösung neben anderen.
Methode	Planmäßiges Vorgehen zum Erreichen eines bestimmten Ziels.
Methodik	Planmäßiges Vorgehen unter Einschluss mehrerer Methoden und Hilfsmittel.
Modell	Ein dem Zweck entsprechender Repräsentant (Vertreter) eines Originals.
Modellieren	Erstellen und Verändern (Modifizieren) eines Modells im Gesamten oder in Teilen.
Nebengröße	Größe, die eine Teilfunktion zwangsläufig oder unterstützend begleitet (z. B. Zentrifugalkraft, Axialkraft aus Schrägverzahnung).
Prinzip	Grundgesetz, Grundsatz, wovon Späteres oder Besonderes abgeleitet wird.
Prinzipielle	Kombination von Wirkprinzipien zum Erfüllen der

Lösung	Gesamtfunktion (Wirkstruktur) mit erster Konkretisierungsvorstellung.
Problem	Aufgabe oder Fragestellung, deren Lösung nicht erkennbar ist und auch nicht direkt mit bekannten Mitteln angegeben werden kann.
Teilproblem	Teil eines Problems, problematischer Teil einer Aufgabe.
Produktmodell	Modell, das alle relevanten Informationen über ein Produkt in hinreichender Vollständigkeit enthält.
Struktur	Gegliederter Aufbau, innere Gliederung, Gefüge, das aus Teilen besteht, die wechselweise voneinander abhängen.
System	Gesamtheit geordneter Elemente, z. B. Funktionen oder technische Gebilde, die aufgrund ihrer Eigenschaften durch Relationen verknüpft und durch eine Systemgrenze umgeben sind.
Teilsystem	(Untersystem) Abgeschlossenes kleineres System eines Gesamtsystems.
Systemgrenze	Trennung zwischen System und Umgebung. Die nach außen bestehenden Verbindungen (Eingänge und Ausgänge), die das Systemverhalten zeigen, werden dabei kenntlich.
Systematik	Ganzheitliche Betrachtung mit „Ordnenden Gesichtspunkten bzw. Merkmalen".
Technisches Gebilde	Anlagen, Apparate, Maschinen, Geräte, Baugruppen oder Bauteile.
Wirkbewegung	Bewegung, mit der eine Wirkung erzwungen oder ermöglicht wird.
Wirkfläche	Fläche, an der oder über die eine Wirkung erzwungen oder ermöglicht wird.
Wirkgeometrie	Anordnung von Wirkflächen (bzw. -linien, -räumen), über die eine Wirkung erzwungen oder ermöglicht wird.
Wirkkörper	Körper, durch den oder an dem eine Wirkung erzwungen oder ermöglicht wird.
Wirkort	Ort, an dem durch Wirkflächen und Wirkbewegungen Wirkungen erzwungen oder ermöglicht werden.

Wirkprinzip	Grundsatz, von dem sich eine bestimmte Wirkung zur Erfüllung der Funktion ableitet (physikalischer, biologischer, chemischer Effekt oder Effekte sowie geometrische und stoffliche Merkmale in Verbindung mit einer Teilfunktion).
Wirkstruktur	Verknüpfung von Wirkprinzipien mehrerer Teilfunktionen zum Erfüllen der Gesamtfunktion.
Wirkungsweise	Zusammenwirken von technischen Gebilden, um Funktionen nach bestimmten Wirkprinzipien zu erfüllen.
Zweck	Ziel, Sinn einer Tätigkeit, vorgestellter und gewollter Vorgang oder Zustand.

Literatur
References

1. Beitz, W.; Birkhofer, H.; Pahl, G.: Konstruktionsmethodik in der Praxis. Konstruktion 44 (1992) Heft 12.
2. Birkhofer, H.: Methodik in der Konstruktionspraxis – Erfolge, Grenzen und Perspektiven. Proceedings of ICED '91, HEURISTA 1991. Vol. l, S. 224–233.
3. Birkhofer, H.; Derhake, T; Engelmann, F.; Kopowski, E.; Rüblinger, W.: Konstruktionsmethodik und Rechnereinsatz im Sondermaschinenbau. Konstruktion 48 (1996), S.147–156.
4. Franke, H.-J.: Konstruktionsmethodik und Konstruktionspraxis – Eine kritische Betrachtung. ICED '85 Hamburg. Schriftenreihe WDK 12, S. 910–924. Edition Heurista.
5. Frankenberger, E.: Arbeitsteilige Produktentwicklung – Empirische Untersuchung und Empfehlungen zur Gruppenarbeit in der Konstruktion. Fortschritt-Berichte VDI-Reihe 1, Nr. 291. Düsseldorf: VDI-Verlag 1997.
6. Jorden, W.; Havenstein, G.; Schwartzkopf, W.: Vergleich von Konstruktionswissenschaft und Praxis – Teilergebnisse eines Forschungsvorhabens. ICED '85 Hamburg. Schriftenreihe WDK 12, S. 957–966. Edition Heurista.
7. Pahl, G.: Denkpsychologische Erkenntnisse und Folgerungen für die Konstruktions lehre. Proceedings of ICED '85 Hamburg. Schriftenreihe WDK 12, S. 817–832. Edition Heurista.
8. Pahl, G.; Beelich, K. H.: Lagebericht. Erfahrungen mit dem methodischen Konstruieren. Werkstatt und Betrieb 114 (1981), S. 773–782.
9. Schneider, M.: Methodeneinsatz in der Produktentwicklungs-Praxis. Empirische Analyse, Modellierung, Optimierung und Erprobung. Fortschritte-Berichte VDI-Reihe 1, Nr. 346. Düsseldorf: VDI-Verlag 2001.
10. Wallmeier, S.: Potentiale in der Produktentwicklung. Möglichkeiten und Tätigkeitsanalyse und Reflexion. Fortschritt-Berichte VDI-Reihe 1, Nr. 352. Düsseldorf: VDI-Verlag 2001.
11. VDI-Richtlinie 2221: Methodik zum Entwickeln und Konstruieren technischer Systeme und Produkte. Düsseldorf: VDI-Verlag 1993.

Sachverzeichnis

Abgestimmte Verformung 358
Abhängigkeit, zeitliche 227
Ablagerungskorrosion 421
Ablauforganisation 205
Abrasiver Verschleiß 429
Abstrahieren 232, 237
Abstraktion 75, 232, 235
Abstraktionsgrad 235
Adaptronik 617
Adaptronische Baustruktur 620
Adhäsionsverschleiß 429
AD-Merkblätter 507
Ähnlichkeit 630
Ähnlichkeitsbeziehungen 631, 725
Ähnlichkeitsgesetze 630, 645, 725
Ähnlichkeits-Kennzahlen 632
Aktive Redundanz 334
Aktiver Beitrag des Menschen 435
Allgemein anwendbare Funktionen 47
Allgemein wiederkehrende Methoden 74
Allgemeine Arbeitsmethodik 68
Allgemeiner Lösungsprozess 189
Allgemeintoleranzen 454, 558
Altstoffgruppen 488
Altstoffrecycling 485
An- und Einpressen 469
Analogiebetrachtungen 126, 132
Analyse 74
Analyse bekannter technischer Systeme 124
Analyse natürlicher Systeme 122
Analyse physikalischer Zusammenhänge 142
Ändern 48
Anfertigungsart 557
Anforderungen 215, 217–219, 222, 306, 436

Anforderungsliste 94, 213, 215, 216, 225, 228, 277, 289
Anlage 39
Anlaufprüfung 345
Anpassbaustein 665
Anpassfunktionen 665
Anpassungskonstruktionen 4, 94, 764
Antriebe 591
Anwendungsrichtlinien 588, 597, 600
Apparat 39
Arbeitsfluss 193
Arbeitsmethodik, allgemeine 68
Arbeitsschritte 105, 194, 232, 305, 307, 489, 552, 776, 777
Arbeitssicherheit 330, 350, 351
Arbeitsstile, individuelle 70
Arbeitsstromprinzip 340
Arbeitstechnik beim Entwerfen (CAD) 761
– beim Konzipieren (CAD) 761
Arbeitsteilung 78
ARIZ 136
Assoziation 128, 219
Attraktivitätsforderungen 219
Aufarbeitung 487
Aufbauorganisation 205
Aufbauübersicht 554, 555
Aufbereitung 485
Aufgabe 60
Aufgabenherkunft 2
Aufgabenklärung 213
Aufgabenspezifische Funktionen 44, 46, 665
Aufgabenstellung 213, 649
Aufgabenteilung 366, 368
Aufheizvorgang 404
Aufheizzeitkonstante 404
Auflösungsgrad 247, 665, 679

Auftrag abwickeln 199
Auftragsspezifische Funktionen 665
Aufwand 58
Ausarbeiten 197, 551
Ausdehnung 350, 395
Ausdehnungsgerecht 394
Ausdruck, Formgebung 442
Ausfallbedingte Instandsetzung 480
Ausgangsgrößen 17, 40, 44, 243
Ausgleichselemente 363
Auslegung 308, 310, 313, 317, 323
Ausnutzung 348
Ausrichten 469
Auswählen 162, 261
Auswahlkriterien 162
Auswahlliste 162, 262, 287, 296
Auswahlredundanz 333, 334
Auswahlverfahren 162
Autoklavverfahren 606

Baugruppe 39
Baukasten 629, 662
Baukastenentwicklung 669
Baukasten-Stückliste 563
Baukastensystematik 663
Baukastensysteme 629, 662, 663, 678
Baumusterplan 667
Bauprogramm 666
Baureihen 629, 641, 645
Baureihenentwicklung 660
Bausteinarten 663
Bausteinbauweise 452
Baustruktur 55, 56, 305, 446, 470, 669
Bauteilfestigkeit 348
Bauzusammenhang 56
Beanspruchungsgerecht 393
Bedienung 441
Bedingungen 57, 213, 215, 217, 434
Beeinflussbare Kosten 711
Begleitende Flüsse 250
Begriffe 775
Begriffserläuterungen 782
Belastungsverlauf 394
Bemessungslehre 14
Berechnungsprogramm 743
Bereichszahl 638
Berührungsabhängige Korrosion 421
Beschränktes Versagen (Fail-safe-Verhalten) 331

Betriebssicherheit 329
Beurteilungsmethoden 162, 166
Beurteilungsunsicherheit 179, 693, 703
Bewerten 166, 182, 268, 478, 513
Bewerten der Entwürfe 513
Bewertungskriterien 167, 269, 270, 302, 498, 513, 514
Bewertungsliste 174, 287, 301
Bewertungsverfahren 166
Biegeumformen 458
Binäre Bewertung 178
Biomechanik 431
Biomechanische Aspekte 431
Bionik 122
Biot-Zahl 632, 647
Bistabilität 343, 386, 389
Blockdarstellung 243
Bohren 461
Boolesche Algebra 49
Brainstorming 128, 279, 283

CAD-Anwendungen 754, 755
CAD-Arbeitsplatz 80
CAD-Arbeitstechnik 756
CAD-Einführung 765
CAD-Systeme (2D, 3D) 82, 83
CAD-Technik, Grenzen 764
Cauchy-Zahl 632
CEN 506
CENELEC 506
Checkliste 76, 118, 220, 270
Concurrent Engineering 205

Darstellungsart 556, 557
Datenbank 86
Datenbanksystem 86
Datenverarbeitungssystem 608
Datenverwaltung 86
Definition 191
Dehnungsinduzierte Korrosion 424
Delphi-Methode 132
Demand-Pull 111
Demontage 487, 490, 491
Demontagegerechte Verbindungen 490
Denkbarriere 137
Denken 61, 62, 69, 128, 134
Denkfehler 66
Denkoperationen 69

Denkpsychologischer Zusammenhang 61
Denkstruktur 62
Design 114
Design Review 692
Detaillieren 551
Dezimalgeometrische Normzahlreihen 633
Dienstleister 114
Differentialbauweise 447, 602
Digital Mock-Up 749
DIN 506
DIN-Katalog 509
Diskursiv betonte Methoden 142
Diskursives Denken 62, 69, 142
DITR-Datenbanken 509
Divergentes Denken 76
Diversifikationsgrad 106
Dokumentation 567
Dokumentenmanagement 767
Dominanzmatrix 177
Doppelpassungen 316
Drehen 461
Dringlichkeit 65
Duroplaste 602
Dynamische Ähnlichkeit 631

Effekt, physikalischer 52, 148, 154, 157
Effektkatalog 138
Eigenschaftsgrößen 170, 271
Eigenspannungen 349
Eindeutig 314, 315
Einfach 314, 322
Eingangsgrößen 17, 40, 44, 243
Einsatz der Methoden 775
Einschränkungen 242
Einstellen 469, 475
Einwirkungen 56, 57
Einzelkosten 711, 712
Einzelteil 39, 450, 554
Einzelteil-Zeichnung 559
Elastischer Kraftschluss 588
Elastizitätsmodul 408
Elektrische Antriebe 591
Elektrische Steuerungsmittel 599
Energie 41
Energiearten 148
Energieumsatz 41, 43, 243, 248
Entscheidungsprozeß 65, 192

Entscheidungsschritte 194
Entscheidungsverhalten 65, 311, 516
Entwerfen 196, 305, 311, 515
Entwickeln von Baukästen 669
Entwickeln von Baureihen 660
Entwicklungsarbeitsplatz 79
Entwicklungstendenzen 8
Entwurf, vorläufiger 196, 308
Entwurfsphase 513
Entwurfsskizzen 559
Entwurfsvarianten 478
Entwurfs-Zeichnung 558
Epistemische Struktur 61
Erfahrungen in der Praxis 780
Ergonomie 58, 350, 431
Ergonomiegerecht 431
Ergonomische Anforderungen 436
– Bedingungen 434
– Gesichtspunkte 435
– Grundlagen 431
Erosionskorrosion 424
ERP-Systeme 567
Erzeugnisgliederung, Erzeugnis 553
Erzeugnisstrukturen 566
Evolutionsgesetze technischer Systeme 141
Expertensystem 747
Exponentengleichungen 650

Fabrikarbeitsplatz 431
Fail-safe-Verhalten 331
Faktorisierung 78
Fallwerke 485
Farbe 443, 445
Faserverbundbauweise 124, 603
Feature 757
Fehler 689, 693, 702
Fehlerarme Gestaltung 391
Fehlerbaumanalyse 695
Fehlererkennung 693
Fehler-Möglichkeits- und Einfluß-Analyse (FMEA) 702
Fehlverhalten 693, 699
Feingestalten 308, 309
Feingestaltung 306, 551, 762
9-Felder-Modell 137, 222
Feldkraftschluss 587
Fertigung 58, 321, 324, 352, 446
Fertigungs-Zeichnung 558

Fertigungsablauf 450
Fertigungsart 446
Fertigungsbausteine 453, 663
Fertigungseinzelkosten 714
Fertigungsgerecht 445
Fertigungskosten 445
Fertigungslohnkosten 712
Fertigungsqualitäten 445
Fertigungs-Stücklisten 565
Fertigungsunterlagen 468, 553, 677
Fertigungszeiten 445, 714
Festpunkt 400
Finite-Elemente-Methode 376, 394
Fixe Kosten 711
Flächenkorrosion 418
Flächenmodell 84
Flexibilität 65
Fluidische Antriebe 593
Fluidische Steuerungsmittel 599
Flussarten 45
FMEA 692, 702
Folgeentwurf 630, 641
Forderungen 215, 650
Form 442
Formenschlüssel 573
Formgebung 441
Formgebungsgerecht 438, 441
Formgebungsgerechte Kennzeichen 441
Formschluss 584
Fortschreibung von Anforderungslisten 226
Föttinger-Getriebe 596
Fourier-Zahl 632, 647
Fräsen 462
Fremdteile 467
Froude-Zahl 632
Fügegerecht 460
Fügen 473
Fügestellen 470, 473
Fügeteile 473
Führung (Team) 208
Führungen 398
Füllen 469
Funktion 44, 242, 366, 368, 373, 582, 663
– ästhetische 116
– allgemein anwendbare 47, 247

– Anzeichenfunktion 116
– aufgabenspezifische 46, 243
– logische 49
– produktsprachliche 116
– Symbolfunktion 116
Funktionsanalyse 368
Funktionsbausteine 663
Funktionsbegriff 44, 255
Funktionsgestalt 441
Funktionskette 46
Funktionsträger 256, 308, 366
Funktionstruktur 44, 45, 243, 250–254, 279, 293, 664
Funktionszusammenhang 44
Funktionszuverlässigkeit 330
Fuzzy-Logik 180

Galeriemethode 131
Ganzheitsdenken 75
Gebrauch 58, 322, 327, 352, 438
Gebrauchsmerkmale 438
Gefährdungsbaumanalyse 695
Gefahrenfreiheit 329
Gefahrenquellen 351
Gefahrenstellen 351
Gemeinkosten 711
Generierung 762
Geometrie modellieren 84, 751
Geometrisch ähnliche Baureihen 641
Geometrische Ähnlichkeit 630
Geometrische Merkmale 53, 149
Geradenverfahren 177
Gerät 39
Gerätesicherheitsgesetz 351
Gesamt-Zeichnung 559
Gesamtaufgabe 44, 234
Gesamtentwurf 309
Gesamtfunktion 44, 243
Gesamtfunktionsvarianten 669
Gesamtkosten 711
Gesamtlösung 259
Gesamtwert 168, 174, 270
Gesamtwertigkeit 168, 174
Gesamtwirkung 378
Gesamt-Zeichnung 557
Gesenkformen (Schmieden) 457
Gesenkgerecht 457
Gestalt 53
Gestalten 312

Gestalten und Berechnen 755
Gestalten und Darstellen 754
Gestaltfestigkeit 354, 364
Gestaltung 58, 312, 453, 763
Gestaltungsabschnitte 665
Gestaltungsbestimmende Anforderungen 306
Gestaltungsprinzipien 353
Gestaltungsprobleme 353
Gestaltungsrichtlinien 393, 443, 455
Getriebe 589
Gewichtung 168
Gewichtungsfaktor 168
Gliederungsteil 152
Graphik 444
Grenzabweichung 558
Grenzrisiko 329
Grenztemperatur 408
Grobgestalten 306, 308, 762
Grobvergleich 177
Großbausteine 665
Größenbereich 638
Größenstufung 636
Grundähnlichkeiten 630
Grundbausteine 664
Grundentwurf 630, 641, 725
Grundforderungen 337
Grundfunktionen 664
Grundkörper 84
Grundregeln 314
Grundreihen 634
Gruppen-Zeichnung 557

Halbähnliche Baureihen 645
Halbzeug, Kosten 717
Halbzeugwahl 465
Haltbarkeit 393
Handauflegeverfahren 605
Handeln 339
Handhabung 469
Handlungsempfehlungen 93
Handlungsoperationen 69
Hauptarbeitsschritte 194, 214, 307, 779
Hauptfluss 42, 46, 244, 250
Hauptfunktion 45, 308
Hauptfunktionsträger 308
Hauptgrößen 362

Hauptmerkmallisten 220, 270, 313, 514, 779
Hauptphasen 194
Herstellermerkmal 271
Herstellkosten 466, 712, 714
Heuristik 69
Heuristische Kompetenz 66
Heuristische Struktur 61, 63
Hilfsbausteine 664
Hilfsfunktionen 664
Hilfswirkung 377
Hinweisende Sicherheitstechnik 327
Historische Entwicklung 11
Hochrechnung von Kosten 725
Hohlkörper 458
Hooke-Zahl 632
House of Quality 706, 707
Hüllprinzip 454
Hybride Bauweisen 607
Hydrodynamische Getriebe 596
Hydrogetriebe 594
Hydrostatische Getriebe 594
Hyperbelverfahren 177
Hypermedia-Systeme 156

ideale Maschine 137
Idealität 137
Idealsystem 78
Identifizierung 569
IEC 506
IGP 138
Industrial Design 438
Information 41, 67, 191
Informationsausgabe 67
Informationsflüsse 7
Informationsgewinnung 67, 213
Informationsmodelle 82
Informationssysteme 67, 754
Informationsumsatz 67
Informationsverarbeitung 67
Innovation 95
Innovationscheckliste 136, 223
Innovationsgrad 94, 103
Innovationsplanung 103
Innovationsstrategie
– widerspruchs orientierte 26
Innovative Grundprinzipien 138
Inspektion 480
Inspektionsmaßnahmen 481

Instandhaltbarkeit 479
Instandhaltung 58, 322, 327, 352, 479
Instandhaltungsgerecht 479
Instandhaltungsgerechte Gestaltung 481
Instandhaltungsstrategie 480
Instandsetzung 480
Instationäre Relativausdehnung 404
Integralbauweise 450, 602
Intelligenz 64
INTERNET 87, 156
Internet- und Patentrecherche 138
Intuition 10, 61, 69, 127
Intuitiv betonte Methoden 127
Intuitives Denken 61, 69
Invention 95
ISO 506
Iterieren 68

Kaltfließpressteile 458
Kann-Bausteine 665
Kataloge 150
Kavitationskorrosion 424
Kennzahl 631
Kennzeichen, bedienorientierte 441
Kennzeichen, zweckorientierte 441
Kennzeichnung 569
– von Gegenständen 569
– recyclinggerecht 491
Kennzeichnungsgestalt 441
Kerbwirkung 394
Kernteam 207
Kinematische Ähnlichkeit 630
Klären der Aufgabe 195, 213
Klassifizierung 569, 572
Klassifizierungsnummernsysteme 572
Kleinbausteine 665
Kollektionsverfahren 122
Kombinieren 54, 160, 259
Kompaktieren 485
Kompatibilität 85
Komplexität 60
Konfrontation 191
Konkretisieren 265
Konstruieren, Entwickeln 1, 193
Konstrukteur 1
Konstruktionsarten 4
Konstruktionsaufgabe 2, 4
Konstruktionsbereich 1

Konstruktionselemente 590
Konstruktionskatalog 152
Konstruktionsleitsystem 744
Konstruktionsmethoden 10, 11, 16, 21
Konstruktionsmethodik 10, 28, 782
Konstruktionsorganisation 2
Konstruktionsprozess 189
Konstruktions-Skizzen 559
Konstruktions-Stückliste 565
Konstruktionssysteme 744
Konstruktionstätigkeiten 1
Konstruktionswissenschaft 10
Kontaktkorrosion 421
Kontrolle 58, 191, 309, 321, 346, 352, 553
Kontrolle, sicherheitstechnisch 346
Kontrollieren 469
Konventionelle Hilfsmittel u. Methoden 122
Konvergentes Denken 77
Konzeptfindung 255, 274, 275
Konzeptphase 514
Konzipieren 195, 231, 275
Körperkräfte 431
Körpermaße 431
Körperumrissschablone 431, 432
Korrosion 350, 416, 422
Korrosionsgerecht 416
Korrosionsgerechte Gestaltung 426
Kosten 43, 58, 711
– fixe 711
– variable 711
Kostenerkennung 711, 716
Kostenführerschaft 102
Kostenfunktionen 724
Kostenkenngrößen 718
Kostenminimierung 738
Kostenminimum 465
Kostenplanung 203
Kostenrechnung 712
Kostenschätzung 715
Kostensenkungspotenziale 738
Kostenstrukturen 734
Kostenvergleich 716
Kostenwachstumsgesetze 725
Kostenzielvorgabe 737
Kraftausgleich 362, 366
Kraftausgleichsprinzip 374

Kraftfluss 354, 363
Kraftleitung 355, 363
Kraftschluss 585
Kreation 192
Kreativität 64
Kreativitätstechnik 69
Kriechen 410
Kriechgerecht 408
Kundenintegration 104
Kundennutzen 113
Kundenorientierung 104, 218

Lösungsidee 111
Labilität 386, 387, 389
Längenausdehnungszahl 395, 396
Lärmarme Gestaltung 436, 437
Lebenslauf 3
Lebensphasen 19, 20
Lebenszyklus
– betriebswirtschaftlicher 97, 106, 110
– intrinsischer 97
– technologischer 97, 110
Leichtbau 122, 447, 466
Leistungsdifferenzierung 102
Leistungsverteilung 375
Leistungsverzweigung 373
Leiten 48, 248
Leitlinien 58, 220, 270, 312, 313, 437, 514, 779
Lernprozess 17
Linienmodell 82
Literaturrecherchen 122
Lochkorrosion 419
Logik 49
Logische Funktion 49
Logische Grundverknüpfung 49
Lösung, prinzipielle 56
Lösungsbestimmende Probleme 234, 236
Lösungsfeld 121, 256, 581
Lösungskombination 156
Lösungsmethoden 121, 127, 143
Lösungsprinzip 55, 231, 266
Lösungsprozess, allgemeiner 189
Lösungssammlung 150
Lösungssuche 70, 121
– generierend 72
– korrigierend 73
Lösungsvarianten, prinzipielle 265

Magnetische Lagerungen 590
Marketing 103, 118
Markt 93
Marktanteil 97
Marktportfolio 108
Maschine 39
Maschinenbauliches System 39
Maschinenelemente 589
Maschinenschutzgesetz 351
Maßbilder 557
Maßstab 633
Materialeinzelkosten 712
Materialkosten 712, 716
Materialkostenanteil 722
Materialrecycling 483, 494
Materie 41
Mathematische Methoden 160
Matrix-Werkstoffe 488, 602
Mechanische Steuermittel 599
Mechatronik 608
Mehrfachanordnung 334, 373
Meldung 339
Menge 43
Mengenübersichts-Stückliste 561
Mensch 431
Menschlichkeit 435
Mensch-Maschine-Beziehung 350
Mentale Modelle 81
Merkmale 53, 58, 145, 146, 148, 220, 270, 313, 437, 512, 514, 779
Messungen 126
Methode 130, 664
Methode QFD 705
Methoden, allgemein wiederkehrende 74
Methodenbaukasten 93
Methodeneinsatz 775
Methoden, Übersicht 776, 777
Methodisches Vorgehen 59
Mikrosystemtechnik 609
Mindermengenaufpreis 730
Mindestforderungen 215
Mischsystem 665
Mittelbare Sicherheitstechnik 327, 336
Modell, mentales 81
– rechnerinternes 81, 85, 86
Modelle 80
Modellieren 761

Modellieren der Feingestalt 761
– der Grobgestalt 761
Modellierungsstrategie 762
Modelltechnik 630
Modellversuche 126
Module 665
Montage 58, 309, 322, 325, 352, 468, 552
Montage, automatisch 470
Montage, manuelle 469
Montageart 470
Montagebeurteilung 478
Montagegerecht 468
Montagegerechte Baustruktur 470
Montageoperationen 446, 468
Montage-Stückliste 565
Montageteile, Speichern von 468
Morphologischer Kasten 159, 256, 259
Motivation 69, 208
Motoren 591
Muldenkorrosion 418
Multi-Life-Produkte 101
Muss-Bausteine 665

Natürliche Systeme 122
Nebenfluss 42, 46, 244
Nebenfunktion 45, 244, 255
Nebenfunktionsträger 309
Nebengrößen 362
Nebenwirkung 56, 57
Negation 76
Netzplantechnik 200
Neukonstruktionen 4, 94, 765
Neukonzeption 76
Newton-Zahl 632
Nicht-Bausteine 665
Nichtlineare Optimierung 753
Normenarten 506
Normenbereitstellung 508
Normenbeurteilung 513
Normenentwicklung 511
Normengerecht 505
Normengerechtes Gestalten 509
Normstrategie 107
Normung 505
Normungsfähigkeit 511
Normzahl-Diagramm 636, 643
Normzahlen 634
Normzahlreihe 634

Numerische Steuerungen 600
Nummernsysteme 569
Nummerntechnik 569
Nutzen 166
Nutzer 431
Nutzwertanalyse 167

Oberflächenzerrüttung 429
Obersystem 223
Objektbezogene Betrachtung 436
Objektformulierung 138
Operationselement 731
Operator MZK 137
Optimieren 197, 309, 552, 753
Optimierungsprogramme 753
Ordnende Gesichtspunkte 146, 148, 149
Ordnung 78, 145, 553, 554
Ordnungsschemata 145, 256, 258, 259, 264, 285, 294
Organisation 2, 203
Organisationsformen, effektive 203

Parallelfertigung 448
Parallel-Nummernsystem 571
Partialmodelle 86, 757
Partielle Anforderungsliste 228
Passive Betroffenheit 435
Passive Redundanz 334
Passungen in Baureihen 642
Patentrecherche 122
PDMS 767
Personenbedingte Fehler 179
Pflichtenheft 213
Phasenmodelle 757
Physikalische Effekte 52, 148, 154, 157
Physikalische Geschehen 52, 142
Physiologische Aspekte 432
Piezoelektrika 618
Planung
– der Aufgabe 193, 195
– inhaltliche 193
– zeitliche und terminliche 200
PLM 100
PLM-Strategie 100
PNF 138
Polynom 726
Portfolio 107
Portfolio-Matrix 107

Portfoliotechnik   107
Positionieren   469, 475
Positionsnummer   560
PPEP   769
PPS Produktions-Planungs-System   567
Präventionsfreiheit   481
Präventive Instandsetzung   480
Praxiserfahrungen   780
Präzisieren   213
Prepegs   601
Primär Nützliche Funktion   138
Primär Schädliche Funktion   138
Prinzipielle Lösung   56, 266
Prinzipielle Stoffeigenschaften   148
Prinzipkombination   54, 159, 259
Prinzipkonstruktionen   4
Prinzipredundanz   334, 341
Problem   60
– formulieren   234, 237
Problemanalyse   74
Problemformulierung   138
Problemidee   111
Problemlösen, Problemlöser   64
Product Lifecycle Management   100
Produktüberwachung   104
Produktdatenmanagement-System   767
Produktdatenmodell   768
Produktdefinition   119
Produktdokumentation   551, 566
Produktentstehungsprozess   769
Produktentwicklung   1, 189
– integrierte   1, 206
– kooperative   100
Produktidee   103, 111, 112
Produktlebenszyklusmanagement   100
Produktlebenszyklusmanagement-Strategie   100
Produktmanagement   767
Produktmodelle   80, 86, 468, 757
Produktplanung   93, 103, 105
Produktqualität   689
Produktrecycling   483, 494
Produktverfolgung   103
Produktvorschlag   117, 119
Programme für Einzelaufgaben   749
Programmsystem   743

Projektgruppe   208
Projektleitung   206, 208
Prototyp   199
Prozesskette   567
Prozessmanagement   767
Prüfbarkeit   344
PSF   138
Psychologische Aspekte   433
Pull   111
Push   111

Qualität   43, 215, 689
Qualitätskontrolle   453
Qualitätssichernde Konstruktion   689
Qualitätsverbesserung   689
Quality Control   692
Quality Engineering   692
Quality Function Deployment (QFD)   104, 692
Quantität   43, 215

Rapid Prototyping   748
Rechnerausstattung   80
Rechnereinsatz   566, 743
Rechnerunterstützung   743, 749
Recycling   58, 322, 327, 483
Recyclingfähigkeit   496
Recyclinggerecht   483
Recyclingverfahren   483, 485
Redundante Anordnung   333
– Schaltungen   334
Redundanz   333, 341
Referenzdaten   566
Regressionsanalyse   724
Regressionsrechnung   715, 723
Reibkorrosion   350, 424
Reibkraftschluss   586
Relativausdehnung   402
– instationäre   404
– stationäre   402
Relativkosten   716
Relaxation   412
Relaxationsgerecht   408, 412
Resonanzen   350
Ressourcencheckliste   137
Reynolds-Zahl   632, 649
Richtlinien   507
Risiko   328
Risikoabschätzung   347, 496, 702

Risikoanalyse 703
Risikobegegnung 499
Risikobewertung 703
Risikogerecht 499
Risiko-Prioritätszahl 703
Rohteil-Zeichnung 557
Rollenmodell 769
Rovings 601
RTM Resin Transfer Molding 606
Rückwärtschreiten 77
Rückwirkung 56, 57
Ruhestromprinzip 339

S-Kurve 98, 141, 223
Sachmerkmale 573
Sachmerkmal-Leiste 576, 579
Sachnummer 560, 570
Sachnummernsysteme 570
Safe-Life-Verhalten 331
Sammel-Zeichnung 560
Sandwichbauweise 606
Schachtelung 466
Schadensakkumulation 394
Schaltungslogik 49
Schema-Zeichnung 557
Schleifen 460, 462
Schlussarten 581
Schmiedegerecht 457
Schneiden 460
Schredderanlage 485
Schriftfeld 560
Schutz 329
Schutzeinrichtungen 336, 346
Schutzkreis, primärer, sekundärer 342
Schutzmaßnahmen 330
Schutzorgane 336
Schutzsysteme 336, 338
Schwachstellen 180, 274
Schwachstellenanalyse 75
Schwachstellensuche 180, 274, 309, 515
Schwimm-Sink-Anlage 485
Schwingungskorrosion 350
Schwingungsprobleme 394
Schwingungsrisskorrosion 423
Selbstanpassung, aktiv 617
Selbstausgleichende Lösungen 383
Selbsthelfend 378
Selbsthilfe 354, 376

Selbsthilfegewinn 378
Selbsthilfegrad 377
Selbstschadend 378
Selbstschützende Lösungen 385
Selbstüberwachung 339
Selbstverstärkende Lösungen 379
Selektive Korrosion 425
Semantisches Netz 61
Sensoren 608
Separationsprinzipien 140
Serienprodukt 5
Sicher 314, 327
Sicheres Bestehen (Safe-Life-Verhalten) 331
Sicherheit 58, 327
Sicherheitsabstände 346
Sicherheitsforderung 328
Sicherheitsnormen 437, 507
Sicherheitstechnik 327, 328
– mittelbare 336
– unmittelbare 330
Signal 41, 42
Signalumsatz 41, 43, 243
Simulationsprogramme 754
Simultaneous Engineering 9, 205, 738, 765
Sinterteile 456
Situationsanalyse 107
Skizzen 557
Sollsicherheit 348
Sommerfeld-Zahl 648
Sonderbaustein 665
Sonderfunktionen 664
Spaltkorrosion 420
Spangerecht 460
Spannung, zulässige 348
Spannungsrisskorrosion 423
Spannungszustand 394
Sparbau 466
Speichern 48, 248
Speicherprogrammbare Steuerungen 600
Spezielle Ähnlichkeitsbeziehungen 632
Sprödbruch 349
Stabilität 349, 386, 387, 394
Stabilitätsprobleme 394
Stammbaum 555, 556

Stammdaten 566
Stamm-Zeichnung 557
Standardteile 467
Stärke-Diagramm 176, 271
Stationäre Relativausdehung 402
Statische Ähnlichkeit 631
Steuerungen 590, 598
Steuerungstätigkeit 437
Stoff 42
Stoff-Feld-Modell 141
Stoffliche Merkmale 53, 148
Stoffschluss 583
Stoffumsatz 41–43, 243
Störgrößen 693
Störgrößeneinfluss 56, 57, 693
Störwirkung 56, 57
Streubereich 331
Struktronik 617
Strukturanalyse 74, 124, 752
Strukturdaten 566
Struktur-Stückliste 561
Stückliste 560
Stücklistenarten 561
Stücklistensatz 560
Stücklistensysteme 560
Stücklistenverarbeitung 560
Stufensprung 631, 633, 638, 641
Stufenzahl 634
Stufungscharakteristiken 638
Styling 116
Suchfeld 111
Suchstrategien 110
Symbole für Funktionsstrukturen 44, 45, 48
Symmetrische Anordnung 363, 366
Synektik 132
Synthese 75
System 17, 40
Systematische Erweiterung 236
– Kombination 159, 259
– Suche 143, 145
– Variation 78, 143
Systematisieren 78
Systemdenken 17, 39, 78
Systeme 39, 40
Systemgrenze 17, 46
Systemshell 751
Systemstruktur 55

Systemtechnik 17
Systemzusammenhang 56, 223
Szenario-Technik 113, 219

Target Costs 737
Teamarbeit 206
Teamverhalten 209
Teamzusammensetzung 207
Technische Wertigkeit 167, 271, 513, 533
Technisches Gebilde 39
Technologieportfolio 109
Technology-Push 111
Teilaufgaben 44, 243
Teilestammdaten 566
Teileverwendungsnachweis 566
Teilfunktion 44, 243, 366
Teilsysteme 40
Termine 352
Theorie des erfinderischen Problemlösens 222
Thermische Ähnlichkeit 631
Thermoplaste 602
Toleranzen 642
Tolerierungsgrundsatz 454
Total Quality Control 692
Total Quality Management 692
TOTE-Einheit 63
Tragweite 328, 347
Transport 58, 322, 325, 352
Trend 111
Trendforschung 111
Trennen 485
Trenngerecht 460
Tribologische Reaktion 429
TRIZ 134, 222
Typisierung 637

Übergeordnete Ähnlichkeitsgesetze 645
Überwachungstätigkeit 437
Umfeld 93
Umformgerecht 456
Umgehbar, nicht umgehbar 338
Umwehrung 346
Umweltsicherheit 330
Unabhängigkeitsprinzip 454
Unmittelbare Sicherheitstechnik 327, 330

Unsicherheit 499
Unternehmensziele 102
Untersystem 223
Urformgerecht 454
Ursprungswirkung 376
Urteilsschema 173

Variable Kosten 711
Variantenkonstruktionen 4, 94
Varianten-Stückliste 563
VDE-Bestimmungen 506
VDI-Richtlinien 21, 507
Verallgemeinerung 232, 233
Verbindungen 581
Verbrauchermerkmal 271
Verbundbauarten 603
Verbundbauweise 452, 601
Verbund-Nummernsystem 571
Verdeckung 346
Verfahrensbedingte Fehler 179
Verformung 349, 355, 358, 366, 385
Verfügbarkeit 329
Vergleichsredundanz 335
Vergleichsspannung 348
Verkleidung 346
Verknüpfen 48, 248
Verschleiß 350, 429, 491
Verschleißformen 429
Verschleißgerecht 429
Verschleißmarken 430
Verschleißpartikel 430
Verträglichkeit 160, 161, 260
Verträglichkeitsmatrix 161
Verwendung 483
Verwertung 485
Verzerrungszustand 399
Virtual Reality 748
Virtuelle Marktplätze 156
Volumenmodell 84
Vordruck-Zeichnung 557
Vorgehen 72
– ablauforientiert 72
– bereichsorientiert 72
Vorgehensmodell 21, 22, 105, 198, 214, 232, 307, 551
Vorgehenspläne 189, 214, 232, 307
Vorgehensweise 189
Vorurteil 69, 233
Vorwärtsschreiten 76

Wahrscheinlichkeit 328, 347, 703
Wandeln 48, 249
Warnsysteme 331
Wartung 480
Wartungsmaßnahmen 481
Weiterverwendung 483
Werknormen 508
Werkstoffgrenzwert 348
Werkstoffkosten 718
Werkstoffverträglichkeit 488
Werkstoffwahl 465
Werkstück 446, 453
– handhaben 469, 477
Werkzeuggerecht 460
Wert 166, 170
Wertanalyse 19, 76
Wertfunktion 172
Wertigkeit 176, 271
– technische 176, 177, 271, 513
– wirtschaftliche 176, 177, 271, 513
Wertigkeitsdiagramm 177, 273
Wertprofil 180, 181, 274, 302
Wertskala 172
Wertvorstellung 167, 170, 271
Wesenskern der Aufgabe 15, 233
Wettbewerbssituation 108
Wichtigkeit 65
Wickelverfahren 605
Widerspruchsmatrix 140
widerspruchsorientierte Problemlösung 135
Wiederanlaufsperre 344
Wiederholkonstruktion 94
Wiederholteile 308, 467, 572
Wiederholteiledatenbank 762
Wiedermontage 491
Wiederverwendung 483, 487
Wirkbewegung 53, 148
Wirkfläche 53, 149
Wirkgeometrie 53, 149
Wirkkomplexe 759
Wirklinie 53
Wirkort 53
Wirkprinzip 54, 148, 150, 255, 259
Wirkraum 53
Wirksamkeit 435
Wirkstruktur 54, 255, 263
Wirkungsbezogene Betrachtung 436

Wirkzusammenhang 51, 54
Wirtschaftliche Wertigkeit 167, 176, 271, 513
Wissensbasiertes System 747
Workflow 770
Wünsche 215

Zähigkeit 349
– viskose 143
Zeichnungsarten 558
Zeichnungsregeln 309
Zeichnungs-Satz 558, 559
Zeichnungssysteme 556
Zeichnungsvereinfachung 560
Zeitaufwand 781
Zeitkonstante 405
Zerkleinern 485
Ziehen 458
Zielbereich 168
Ziele 28, 57, 167
Zielgröße 167, 169

Zielgrößenmatrix 170
Zielkriterien 170
Zielsetzung 28, 57
Zielstufe 169
Zielsystem 167, 300
Zielvorstellungen 167
Zugriffsteil 153
Zukaufteile 467
– Kosten 717
Zusammenarbeit 79, 203
Zusammenhänge 44, 51, 56
Zusammenlegen 469
Zuschlagsfaktor 712
Zuverlässigkeit 329
Zwangsläufig 337
Zweckwirkung 56, 57
Zweifeln, methodisches 76
Zweistufiges Handeln 339
Zweiwertige Logik 49
Zwergemodellierung 137
Zykluszeit 97

Printing and Binding: Stürtz GmbH, Würzburg